# 小分子探针与信号转导

张礼和　陈拥军　张　艳　陈　鹏　等著

科　学　出　版　社
北　京

## 内 容 简 介

“基于化学小分子探针的信号转导过程研究”重大研究计划是国家自然科学基金委员会从推动和促进我国科学技术跨越式发展的战略高度出发，于2007年启动的第一个面向化学生物学领域的重大研究计划。经过严格的同行评议筛选，共有来自全国19个省、自治区、直辖市的160个项目获得了资助，涉及数学物理、化学、生命、工程与材料、信息和医学等六个学部。通过全体项目科学家的不懈努力，该重大研究计划以小分子探针为主要工具，对细胞信号转导中的重要分子事件和机理进行了深入的研究，尤其是在细胞命运调控、糖脂代谢、多能性维持与重编程及一系列经典信号转导通路的研究中取得了突破性进展。揭示了细胞增殖、分化、凋亡、迁移及重编程等生命过程的分子机制，解析了其与细胞信号转导通路和表观遗传调控的关系，并获得了特异干预和调控相应过程的靶向分子，实现了既定科学目标，于2015年圆满结束，并在国家自然科学基金委员会组织的结题验收中被评为优秀。

本书对该重大研究计划所取得的重要成果进行了全面的总结，适合相关领域的战略和管理专家、高等院校师生、研究机构研究人员阅读，是科技工作者把握科学前沿和重点方向的指南，也是社会公众了解化学生物学发展现状和规律的素材，同时也为科技管理部门提供重要的决策参考。

**图书在版编目（CIP）数据**

小分子探针与信号转导 / 张礼和等著. —北京：科学出版社，2020.8

ISBN 978-7-03-065193-8

Ⅰ. ①小… Ⅱ. ①张… Ⅲ. ①生物化学－研究 Ⅳ. ①Q5

中国版本图书馆 CIP 数据核字（2020）第 086522 号

责任编辑：李明楠 高 微 / 责任校对：杜子昂

责任印制：吴兆东 / 封面设计：蓝正设计

科学出版社 出版

北京东黄城根北街16号

邮政编码：100717

http://www.sciencep.com

北京建宏印刷有限公司 印刷

科学出版社发行 各地新华书店经销

*

2020年8月第 一 版 开本：787×1092 1/16

2022年10月第四次印刷 印张：44 1/2

字数：1 032 000

**定价：298.00 元**

（如有印装质量问题，我社负责调换）

# 前　言

化学生物学（chemical biology）是 20 世纪 90 年代发展起来的一门以研究生命的复杂体系为目标，通过化学、生物学、医学和其他相关学科的合作，发展生物相容反应、标记探测方法、活性小分子探针等新技术，系统地探索和阐明从一个信号通路到信号网络，最终到整个生命体系的分子过程的新兴学科。虽然我国化学生物学研究起步较晚，但近年来取得了长足的进步。本书汇集了国家自然科学基金委员会（以下简称“国家基金委”）重大研究计划“基于化学小分子探针的信号转导过程研究”（2007～2016 年）的主要研究成果。它反映了我国化学生物学研究队伍已经形成了自己的体系和特色，也反映了我国广大化学生物学研究工作者追赶国际前沿的步伐。

新学科的发展总是缘于现有的研究方法和技术已经不能满足解决新科学问题的需要，科学家力图突破传统学科的束缚，寻找其他相关学科的方法和技术，并逐步形成了学科间相互渗透、相互融合的新方向。化学家在生命体系的研究中有过漫长的探索过程。从 J. Watson 和 F. Crick 提出双螺旋结构的 DNA 分子模型到 H. G. Khorana 开创的磷酸二酯法合成寡核苷酸，证明了 DNA 上每 3 个碱基组成一个三联体密码子编码 1 个氨基酸，基于此提出了一整套遗传密码，并开始了 DNA 的人工合成，都可以看到不同学科对生命体系的探索和推动。生物化学家利用生物化学技术分离纯化了很多种类的酶，并且用同位素跟踪的办法了解到这些酶的底物的反应特异性。有机化学家发展了合成方法并利用对有机反应机理的了解，设计合成了酶的模拟物及不同结构特点的底物，进一步揭示了酶在生物体系中的催化机理。这些都成为生物有机化学的研究热点。1986 年，T. Kaiser、R. Breslow 和 K. Nakanishi 在美国纽约组织了第一届生物有机化学学术讨论会。生物有机化学（bioorganic chemistry）得到国际科学界重视的标志是 1987 年将诺贝尔化学奖授予了 D. J. Cram、J. M. Lehn 和 C. J. Pederson，他们在“主-客体化学”（D. J. Cram，hosts-guests chemistry）、超分子化学（J. M. Lehn，supra molecular chemistry）及冠醚化学（C. J. Pederson，crown ethers chemistry）方面的发现，开创了分子识别（molecular recognition）的广阔研究领域。今天，分子识别的概念不仅用于酶的催化反应、模拟酶的合成，而且发展到生物体的受体系统、信号转导通路，以及基因的调控和转录、药物的设计。1988 年，美国哈佛大学 S. Schreiber 合成了免疫抑制剂 FK-506，并发现了 FK-506 的结合蛋白 FKBP12。1991 年，S. Schreiber 和他的合作者在 *Cell* 杂志发表了 FK-506 和 FKBP12 复合物的作用目标蛋白是钙调磷酸酶（calcineurin）的文章。随后他和斯坦福大学 G. Crabtree 提出了钙-钙调磷酸酶-NFAT（nuclear factor of activated T-cells）的信号通路（即 calcium-calcineurin-NFAT）。这一里程碑式的发现及后来的一系列研究，阐明了信息分子从细胞表面进入细胞核的信号通路，即现在人们熟知的 Ras-Raf-MAPK 通路。*Cell* 于 1994 年创刊了新的杂志，命名为 *Chemistry & Biology*（2016 年正式更名为 *Cell Chemical Biology*），标志着一个化学和生物学交叉融合的新的学科的诞生。

我国化学家和生物学家合作研究也有很好的传统。20 世纪 60～70 年代牛胰岛素的人工合成和丙氨酸 *t*-RNA 的全合成就是最好的成功实例。20 世纪 90 年代，国家计划委员会（现国家发展和改革委员会）启动“攀登计划”，组织了国内化学家和生物学家参与研究“生命过程中的化学问题”，促进了学科的交叉和融合，使生物有机化学得到了很大的发展。在此基础上，一批教育部、中国科学院的重点实验室和国家重点实验室相继成立，用化学的方法和策略研究生命科学中的问题也逐步成为这些实验室的研究方向。2001 年，在北京召开了第一届全国化学生物学学术会议，到 2019 年该会议已发展到第十一届，参会人数达到 2300 人。国家基金委从推动和促进我国科学技术跨越式发展的战略高度出发，在 20 世纪初启动了重大研究计划，2003～2006 年多次研讨了化学生物学的国内外研究进展，凝练科学问题，最终聚焦在生命活动中的基本单元——细胞及其复杂的信号转导网络。细胞中的各种信号转导过程决定了细胞的命运，也直接关系到正常的生理过程和疾病的病理过程，针对“细胞是如何进行信号转导的”这一重大科学问题，化学生物学研究有着巨大的空间，并由此确定了以化学小分子探针为工具，通过对信号转导通路的探测、监控，以达到解析这一复杂生命网络的内部结构和功能的目的。2007 年，“基于化学小分子探针的信号转导过程研究”重大研究计划正式立项并启动，这也推动了教育部、中国科学院和国家基金委把化学生物学正式列入化学二级学科。

“工欲善其事，必先利其器”。方法学的飞速进展推动了化学生物学研究向更深的方向发展。FK-506 的发现和在生物学研究中的成功应用，提示了“小分子探针的发现”在化学生物学研究中不可或缺的地位，利用小分子探针来标记和“垂钓”目标蛋白的各种化学方法也是成功的关键。天然产物库和结构骨架的多样性合成及 DOS（diversity-oriented synthesis）和 TOS（target-oriented synthesis）合成策略的创造，都以找到新的小分子探针为目标。点击化学反应（click 反应）及随后发展的多种生物正交化学（bioorthogonal chemistry）也都为化学生物学研究提供了有用的化学工具。我国有着长期研究天然产物和有机合成的基础，也有很多从事生物分析的化学家，但实际上在大量具有生物活性的合成化合物和天然产物中只有少数可以发展成分子探针，在大量的分析化学方法中只有少数可以用于生物活体分析。区别于传统的药物化学研究和药理学研究，也区别于传统的生物化学研究和细胞生物学研究，“基于化学小分子探针的信号转导过程研究”搭建了一个以研究“信号转导”这个科学问题为中心的多学科合作平台，成为吸引相关化学家、生物学家和医学家参加的研究共同体。在本书中我们高兴地看到：从天然产物中发现的腺花素（adenanthin）发展成为对白血病细胞中调控基因表达和细胞分化的分子探针，发现腺花素的细胞内效应目标蛋白是过氧化物还原酶 peroxiredoxin Prdx Ⅰ 和 Prdx Ⅱ，提出 peroxiredoxin 可作为一个新的抑制白血病细胞分化的分子靶点；在合成化合物中发现了新型自吞噬抑制剂 Spautin-1，发现其可抑制去泛素酶 USP10 和 USP13，促进 Vps34 复合物和 p53 蛋白的降解，Spautin-1 成为研究细胞自吞噬的重要探针工具。同时，利用小分子探针标记和“垂钓”目标蛋白的各种化学方法也得到了发展，近红外光激活和“化学脱笼”激活被外界称为激活和研究目标蛋白的“诱人”技术；过去生物正交化学仅用于活细胞体系的化学成键反应，现在也用于化学键断裂反应。发展的新的高分辨、多参数成像分析研究平台提供了细胞信号转导相关蛋白的信息，同时更准确有效地获取和分析了细胞中单分子动态变化的信息。表观遗传学的研究是生物学研究的热点和前沿，我国的化学生物学研究也在这一领域做出了贡献。修饰核酸的检测技术是目前表观遗传学研究的重要内容，用化学小分子识别修饰核酸是一个重要方向，卤代铵盐衍生物可高选择性识别 DNA 链中的 5mC，区分 5mC 和 5hmC、5-醛基胞嘧啶，有望融合下一代测序方法为表观遗传学和肿瘤疾病诊断的相关研究提供有力的工具。同时，科学家也研究了 RNA 表观遗传靶酶，继而借助化学探针研究了调节信使 RNA 上 $m^6A$ 的动态修饰过程，为揭示 $m^6A$ 修饰与细胞可塑性的信号转导关联途径提供了有别于传统遗传学的创新工具。在本书中我们还展示了信号转导的新途径和新网络，以及由此开发的潜在的治疗剂。S. Schreiber 早年在憧憬化学生物学的发展时，提出用小分子探针系统地研究生命体系，做到 1 种化合物调控 1 个基因（one compound，one gene）。今天，我国科学家已经能够用 4 种化合物代替细胞重编程 4 个调控基因，使得成纤维细胞转化为诱导多功能干细胞（iPS）。我国化学生物学的研究成果得到越来越多的国际同行的认可和重视。

通过全体科学家的不懈努力，“基于化学小分子探针的信号转导过程研究”取得了重大进展。本书把取得的成果分成四个部分（四篇）以飨读者：第一篇，用于细胞信号转导过程研究的分子探针（统稿：雷晓光，北京大学）；第二篇，探测细胞信号转导过程的新技术和新方法（统稿：张艳，南京大学）；第三篇，基于化学探针的细胞信号转导研究（统稿：伊成器，北京大学）；第四篇，基于信号转导途径的药物靶标和先导化合物发掘（统稿：杨财广，中国科学院上海药物研究所，中国科学院大学）。每章作者列于相应各章末。全书总统稿人：陈鹏（北京大学）、张艳（国家自然科学基金委员会），全书总负责人：张礼和（北京大学医学部）、陈拥军（国家自然科学基金委员会）。这一研究项目前后共有数百人参加，他们在项目过程中付出了大量心血和劳动。由于篇幅有限，内容不免有所疏漏，敬请谅解。

“基于化学小分子探针的信号转导过程研究”从立项到实施，从遴选项目到总结成果，采取了基于广泛调研的顶层设计，这样既可以集思广益，又能组织攻关。指导专家组、管理专家组及秘书组在项目组织和实施过程中做出了重要贡献。在此，对所有参加项目的同志表示衷心感谢。

张礼和

2020 年 3 月于北京

# 目　　录

前言

## 第一篇　用于细胞信号转导过程研究的分子探针

**第 1 章　基于天然产物化学合成的细胞信号转导探针** ······ 3
1.1　引言 ······ 3
1.2　研究进展与成果 ······ 4
1.2.1　天然产物分子探针引导的化学生物学研究工作案例 ······ 6
1.2.2　功能导向的天然产物合成促进药物创新 ······ 9
1.2.3　天然产物生理活性机制研究促生新机制和新概念 ······ 13
1.3　讨论与展望 ······ 15
1.3.1　培植适宜于交叉融合研究的文化土壤 ······ 16
1.3.2　变革科学家知识结构和教育方式 ······ 16
1.3.3　发掘具有中国特色和影响力的生理药理活性天然产物研究素材 ······ 17
1.3.4　加强基础教育训练和人才储备 ······ 17
参考文献 ······ 18
**第 2 章　靶向细胞自噬通路的小分子探针** ······ 21
2.1　引言 ······ 21
2.2　研究进展与成果 ······ 24
2.2.1　自噬调控化合物筛选 ······ 24
2.2.2　MBCQ 对自噬的抑制效应 ······ 25
2.2.3　MBCQ 构效关系研究 ······ 30
2.2.4　MBCQ 抑制自噬相关的细胞死亡 ······ 35
2.2.5　探究 MBCQ 抑制自噬的作用机理 ······ 35
2.2.6　MBCQ 系列小分子抑制自噬的应用研究 ······ 47
2.3　讨论与展望 ······ 49
参考文献 ······ 51
**第 3 章　化学遗传学与小分子库** ······ 54
3.1　引言 ······ 54
3.2　研究进展与成果 ······ 55
3.2.1　CypA 简介 ······ 55
3.2.2　文献报道的 CypA 配体（抑制剂和激动剂） ······ 56

3.2.3 一种创新的 CypA 配体（抑制剂）化合物库 …… 57
3.2.4 一种创新的 CypA 配体（激动剂）化合物库 …… 60
3.2.5 CypA 配体（激动剂）作用位点和机制研究 …… 62
3.2.6 CypA 配体（抑制剂）介导的非小细胞肺癌新信号转导通路 …… 64
3.3 讨论与展望 …… 73
参考文献 …… 75
**第 4 章 蛋白质与多肽的化学合成** …… 79
4.1 引言 …… 79
4.2 研究进展与成果 …… 81
4.2.1 蛋白质化学合成方法的发展 …… 81
4.2.2 蛋白质翻译后修饰 …… 88
4.2.3 蛋白多肽药物 …… 97
4.2.4 镜像蛋白质 …… 102
4.3 讨论与展望 …… 106
参考文献 …… 110
**第 5 章 核酸探针分子** …… 117
5.1 引言 …… 117
5.2 研究进展与成果 …… 119
5.2.1 核酸特殊表观遗传修饰的测定 …… 119
5.2.2 高选择性靶向四链核酸性的化学小分子设计筛选及调控 …… 125
5.2.3 端粒相关蛋白相互作用 …… 130
5.2.4 利用化学小分子和 RNAi 策略研究 cADPR 介导的钙信号通路 …… 134
5.3 讨论与展望 …… 139
参考文献 …… 140
**第 6 章 聚糖分子探针的合成与应用** …… 143
6.1 引言 …… 143
6.2 研究进展与成果 …… 144
6.2.1 聚糖的化学合成 …… 144
6.2.2 聚糖探针的应用 …… 148
6.3 讨论与展望 …… 152
参考文献 …… 152
**第 7 章 非天然氨基酸探针** …… 154
7.1 引言 …… 154
7.2 研究进展与成果 …… 157
7.2.1 基因编码发展蛋白质标记新方法 …… 158
7.2.2 基因编码非天然氨基酸核磁探针 …… 160
7.2.3 非天然氨基酸探针在病毒疫苗研究领域的应用 …… 163
7.2.4 非天然氨基酸探针用于抗体药物偶联物制备 …… 170

7.2.5　基因编码非天然氨基酸探针研究模拟金属蛋白酶……177
7.3　讨论与展望……187
参考文献……190

# 第二篇　探测细胞信号转导过程的新技术和新方法

**第 8 章　单分子检测**……195
8.1　引言……195
8.2　研究进展与成果……197
8.2.1　单分子显微成像系统……197
8.2.2　活细胞体系单分子荧光标记新方法……201
8.2.3　高通量单分子定位和追踪算法……203
8.2.4　蛋白激活和转运的新模式与新机制……205
8.3　讨论与展望……219
8.3.1　发展具有更高特异性和光学稳定性的荧光探针及内源蛋白标记方法……219
8.3.2　发展兼具高空间和时间分辨率的超分辨显微成像技术……220
8.3.3　发展细胞内和活体组织的 3D 单分子荧光成像方法……220
8.3.4　发展更加精确可靠的单分子数据分析方法……221
8.3.5　发展光学成像与谱学相结合的方法……221
参考文献……222
**第 9 章　单细胞分析**……226
9.1　引言……226
9.2　研究进展与成果……229
9.2.1　基于小分子探针的单细胞成像技术……229
9.2.2　微流控芯片辅助的单细胞分析技术……235
9.2.3　基于小分子探针的流式细胞分析技术……239
9.2.4　借助电化学技术的单细胞分析方法……242
9.3　讨论与展望……244
参考文献……246
**第 10 章　基因组测序与分析**……251
10.1　引言……251
10.2　研究进展与成果……254
10.2.1　基于微流控芯片的单细胞全基因组异质性研究……255
10.2.2　基于微流控芯片的单细胞全转录组异质性研究……258
10.2.3　针对微量细胞样品的染色质免疫沉淀测序技术的研发……259
10.2.4　单细胞环形 RNA 与线性 RNA 的同时检测技术的研发……261
10.3　讨论与展望……263
参考文献……268

**第 11 章　化学分子介导的蛋白质靶向降解** ······ 271
11.1　引言 ······ 271
11.1.1　通过降低细胞内目标蛋白的含量抑制蛋白质活性 ······ 271
11.1.2　化学分子介导蛋白质的靶向降解策略简介 ······ 271
11.1.3　化学分子介导蛋白质的靶向降解策略研究进展 ······ 273
11.2　研究进展与成果 ······ 275
11.2.1　神经退行性疾病及相关重要病理蛋白 ······ 275
11.2.2　化学分子介导 Tau 蛋白的靶向降解 ······ 275
11.2.3　化学分子介导 TDP-43 蛋白的靶向降解 ······ 291
11.3　讨论与展望 ······ 296
参考文献 ······ 299
**第 12 章　金属离子探针与检测** ······ 301
12.1　引言 ······ 301
12.2　研究进展与成果 ······ 302
12.2.1　化学小分子类金属离子探针的开发 ······ 302
12.2.2　基于核酸的金属离子探针的开发 ······ 312
12.2.3　基于纳米材料的金属离子探针的开发 ······ 313
12.2.4　蛋白质水平的金属离子探针的开发 ······ 313
12.2.5　全细胞水平的金属离子探针的开发 ······ 315
12.3　讨论与展望 ······ 323
参考文献 ······ 324
**第 13 章　荧光传感与光调控** ······ 329
13.1　引言 ······ 329
13.2　研究进展与成果 ······ 331
13.2.1　监测细胞代谢的遗传编码荧光探针 ······ 331
13.2.2　大分子光开关 ······ 337
13.2.3　基于光诱导成键反应的化学探针及光调控开关 ······ 341
13.3　讨论与展望 ······ 347
13.3.1　光化学生物学的前沿研究方向和挑战 ······ 347
13.3.2　光遗传学的前沿研究方向和挑战 ······ 349
13.3.3　遗传编码荧光探针的前沿研究方向和挑战 ······ 350
参考文献 ······ 351
**第 14 章　荧光蛋白与超分辨成像** ······ 356
14.1　引言 ······ 356
14.2　研究进展与成果 ······ 358
14.2.1　单体光转换荧光蛋白的开发 ······ 358
14.2.2　光开关荧光蛋白的开发与应用 ······ 360
14.2.3　新型超分辨成像技术——SIMBA ······ 368

14.2.4 冷冻光电关联成像 …… 369
14.3 讨论与展望 …… 371
参考文献 …… 374

## 第三篇　基于化学探针的细胞信号转导研究

**第 15 章　白血病细胞分化的分子机制与小分子干预** …… 379
15.1 引言 …… 379
15.1.1 白血病与化学生物学 …… 379
15.1.2 天然产物与白血病化学生物学 …… 381
15.2 研究进展与成果 …… 383
15.2.1 腺花素诱导 AML 细胞分化 …… 383
15.2.2 腺花素的构效关系和分子探针的合成 …… 385
15.2.3 腺花素靶向过氧化物还原酶Ⅰ/Ⅱ …… 386
15.2.4 PrdxⅠ/Ⅱ是腺花素诱导白血病细胞分化的有效靶标 …… 388
15.2.5 腺花素靶向 PrdxⅠ/Ⅱ诱导白血病细胞分化的信号机制 …… 389
15.3 讨论与展望 …… 390
15.3.1 *ent*-Jungermannenone C 以与腺花素相似的机制诱导 AML 细胞分化 …… 391
15.3.2 以 PrdxⅠ为靶标发现新的诱导 AML 细胞分化的新化合物 …… 391
15.3.3 腺花素靶向 PrdxⅠ/Ⅱ的抗肿瘤效应的拓展 …… 392
参考文献 …… 393
**第 16 章　细胞可塑性的调控机制研究** …… 395
16.1 引言 …… 395
16.2 研究进展与成果 …… 397
16.2.1 细胞有丝分裂的化学生物学研究 …… 397
16.2.2 细胞命运抉择可塑性的化学生物学研究 …… 403
16.3 讨论与展望 …… 405
参考文献 …… 407
**第 17 章　靶向 Wnt 信号通路的小分子调节剂** …… 410
17.1 引言 …… 410
17.2 研究进展与成果 …… 412
17.2.1 NC043 …… 412
17.2.2 HLY78 …… 429
17.3 讨论与展望 …… 435
参考文献 …… 437
**第 18 章　细胞的糖脂代谢** …… 439
18.1 引言 …… 439
18.1.1 胆固醇代谢平衡的调控 …… 439

18.1.2　内质网应激与糖脂代谢平衡 …… 440
18.2　研究进展与成果 …… 441
18.2.1　揭示胆固醇代谢过程的调控机制 …… 442
18.2.2　揭示 IRE1α 通路在糖脂代谢调控中的作用机制 …… 444
18.2.3　系列成果：溶酶体与过氧化物酶体形成膜接触介导胆固醇转运 …… 446
18.2.4　系列成果：新的胆固醇修饰蛋白筛选鉴定及功能 …… 454
18.2.5　系列成果：SCAP-SREBP 途径特异性抑制剂的发现及其机理与功能研究 …… 462
18.3　讨论与展望 …… 483
18.3.1　溶酶体与过氧化物酶体形成膜接触介导胆固醇转运 …… 484
18.3.2　胆固醇修饰 SMO 的调控及功能模型 …… 485
18.3.3　白桦酯醇是 SREBP 途径的特异性抑制剂 …… 485
18.3.4　内质网应激 IRE1α 通路：代谢紊乱的干预靶标 …… 487
参考文献 …… 487
**第 19 章　核酸及其修饰物介导的信号转导研究** …… 489
19.1　引言 …… 489
19.2　研究进展与成果 …… 494
19.2.1　DNA 中胞嘧啶衍生物的检测技术 …… 495
19.2.2　RNA 修饰检测技术 …… 497
19.2.3　生物调控功能（寡或环）核苷酸的修饰研究 …… 499
19.3　讨论与展望 …… 501
参考文献 …… 502
**第 20 章　靶向细胞信号转导的天然产物生物合成路径与机制** …… 507
20.1　引言 …… 507
20.2　研究进展与成果 …… 508
20.2.1　以硫醇化学为核心的林可酰胺类抗生素的生物合成机制研究 …… 508
20.2.2　螺环乙酰乙酸内酯/内酰胺类抗生素骨架构筑的生化机制研究 …… 514
20.2.3　硫肽类抗生素的生物合成机制和作用机制研究 …… 518
20.2.4　复用组合生物合成技术建立天然产物类似物库 …… 525
20.2.5　联二吡啶类抗生素骨架构筑和结构修饰的生物合成机制研究 …… 527
20.3　讨论与展望 …… 530
参考文献 …… 531

**第四篇　基于信号转导途径的药物靶标和先导化合物发掘**

**第 21 章　抗肿瘤药物新靶标功能确证和先导化合物设计** …… 537
21.1　引言 …… 537
21.1.1　主要进展概述 …… 537
21.1.2　研究策略与目标 …… 538

21.1.3　技术路径 …… 538
21.2　研究进展与成果 …… 539
21.2.1　靶向铜离子转运蛋白 ATOX1 的药物设计及作用机制研究 …… 540
21.2.2　靶向 E3 泛素连接酶 SPOP 的药物设计及作用机制研究 …… 545
21.2.3　靶向脂类激酶 PI4KⅡα 的药物设计及作用机制研究 …… 550
21.3　讨论与展望 …… 558
21.3.1　药物的蛋白靶点空间的拓展 …… 559
21.3.2　靶向 RNA 的小分子药物开发 …… 561
参考文献 …… 562
**第 22 章　抗炎药物新靶点的发现和确证 …… 568**
22.1　引言 …… 568
22.2　研究进展与成果 …… 570
22.2.1　炎症相关的重要信号转导通路 …… 570
22.2.2　抗炎药物的靶点 …… 575
22.2.3　孤儿核受体 Nur77 …… 577
22.2.4　Nur77 激动剂的发现 …… 579
22.2.5　脓毒症及相关的小鼠模型 …… 582
22.2.6　以 Nur77 为靶点的抗脓毒症先导化合物的研究 …… 583
22.2.7　靶向 TLR 的小分子探针 …… 590
22.3　讨论与展望 …… 599
22.3.1　抗炎药物研发存在的问题 …… 599
22.3.2　今后炎症领域研究的可能突破口 …… 603
参考文献 …… 605
**第 23 章　金属药物的抗肿瘤研究 …… 613**
23.1　引言 …… 613
23.2　研究进展与成果 …… 615
23.2.1　具有亚细胞水平靶向的 PDT 光敏剂 …… 615
23.2.2　具有多模式抗肿瘤功能 PDT 光敏剂 …… 628
23.2.3　诱导细胞自噬的金属配合物 …… 634
23.2.4　靶向 G-四链体、影响端粒的铂配合物 …… 635
23.3　讨论与展望 …… 641
参考文献 …… 643
**第 24 章　抗细菌感染新靶标的发现和验证 …… 650**
24.1　引言 …… 650
24.2　研究进展与成果 …… 651
24.2.1　CcpE 蛋白：控制金黄色葡萄球菌致病力的代谢传感器 …… 651
24.2.2　酪蛋白水解酶 ClpP：通过氨基酸的“多米诺骨牌”效应调控水解活性 …… 656
24.2.3　CrtN 蛋白：具有成药性的抗金黄色葡萄球菌感染的分子靶点 …… 658

24.2.4　靶向 SrtA 蛋白：新的小分子抑制剂 …… 661
24.3　讨论与展望 …… 665
参考文献 …… 666
**第 25 章　农药活性小分子探针及其作用机制 …… 670**
25.1　引言 …… 670
25.2　研究进展与成果 …… 672
25.2.1　毒氟磷的创制及其作用靶标的发现 …… 672
25.2.2　环氧虫啶的创制及作用机制 …… 675
25.2.3　原卟啉原氧化酶的化学生物学及高选择性探针的分子设计 …… 678
25.2.4　具有新颖骨架 HPPD 抑制剂的设计与超高效除草剂喹草酮的创制 …… 682
25.2.5　具有反抗性的乙酰羟酸合成酶探针分子的设计 …… 686
25.3　讨论与展望 …… 692
参考文献 …… 693

# 第一篇

# 用于细胞信号转导过程研究的分子探针

# 第 1 章　基于天然产物化学合成的细胞信号转导探针

## 1.1　引　　言

各种生理活性的天然产物作为特定来源的小分子有机化合物，在当今化学和生物医药科学中扮演着无以替代的角色。这些自然机制创造的多样性分子结构不仅给有机化学带来了无尽的发展动力，促进了有机合成化学发展和延续近 200 年的辉煌传奇，更为重要的是，生理活性天然产物已经成为连接化学与生物学的天然桥梁，以及当今各类现代化学生物学和药学研究不可多得的主题性素材。进入 21 世纪以来，作为科学经典的天然产物合成化学被越来越多地赋予新的科学内涵，包括通过其分子创造的能力在化学生物学和创新药物研发等领域开疆拓土，成为这些领域中众多科学发现的发动机[1]。天然产物合成化学不仅能提供高效、特异性的细胞信号转导探针，而且其部分研究结果构成了创新药物研究的基础。因此，天然产物化学合成已经成为化学生物学和药物研究不可或缺的核心组成部分。

围绕生理活性天然产物的化学生物学研究工作，除了较少的例子直接使用未经修饰的原型天然化合物之外，大多数需要通过有机合成设计和构建合适的、符合具体生物学实验工作要求的分子探针工具（图 1.1），因此有针对性、高效率、高选择性的有机合成方法是实现这一目标的必要前提和技术保障。

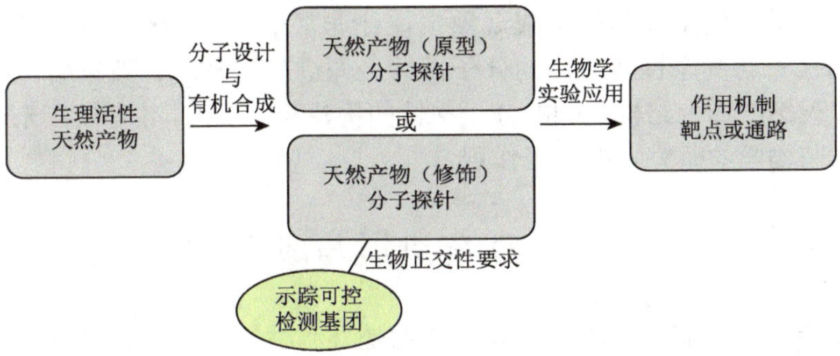


图 1.1　发展和运用天然产物分子探针的化学生物学研究工作程序示意图

有机合成方法学领域在过去十年间取得了一系列合成方法和策略的新进展和研究成果，推动了天然产物合成化学向一个新的高度进军。重要进展包括以下几方面。

（1）光驱动的氧化还原化学（photo-redox-chemistry）反应在天然产物中的应用。光化学，特别是可见光促进的化学反应，结合单电子转移过程，成为过去十年中最为耀眼的合成方法学进展之一。同时，温和条件下可见光促进的化学反应具有易操作性和自由基反应属性，为很多复杂天然产物合成中存在的困扰带来了新的解决方案。美国密歇根大学化学系 C. R. J. Stephenson 教授在 2016 年对光化学反应在天然产物中的应用问题作了较为完整的总结[2]。

（2）电化学（electro-chemistry）反应在天然产物中的应用。与光化学类似，具有悠长研究历史的电化学也再次登上了方法学舞台的前沿阵地。以美国 Scripps 研究所 P. Baran 教授为代表的合成化学家近年来把电化学反应运用到活性天然产物的全合成研究中，取得了一系列可喜的研究成果。最近，华盛顿大学化学系 K. D. Moeller 教授对该类反应作了综述[3]。

（3）流体化学（flow chemistry）反应在天然产物中的应用。结合化工流程自动化的理念，流体化学也从较为简单的药物工业产品的生产工艺进入复杂天然产物的合成路线，表现了挑战传统有机合成实验室文化的强劲势头。以英国剑桥大学 S. Ley 教授、英国达勒姆大学 I. Baxendale 和美国麻省理工学院 T. Jamison 教授为代表的合成化学家近年来用流体化学高效地完成了一系列具有重要生物活性天然产物的合成。最近，S. Ley 教授将该类反应作了较为系统的综述[4]。

（4）构建活性天然产物或类天然产物活性探针的合成化学新理念与新思想。面对新时期生物、医学和药物学的广泛合作需求，合成化学家对待传统合成研究工作的方式和思考重点也在不断地与时俱进，并通过各种科学文献表达并提出了一系列重要的新概念、新思想，其中包括：①S. Danishefsky 教授提出的发散性全合成（diverted total synthesis，DTS）[5]；②P. Wender 教授倡导的功能导向的合成（functional-oriented synthesis，FOS）[6]；③H. Waldmann 教授提出的生物活性导向的合成（bioactivity-oriented synthesis，BIOS）[7]；④D. Tan 提出的天然产物启迪的多样性导向合成（natural product-inspired diversity-oriented synthesis/informatics approach）[8]；⑤J. Porco 倡导的模拟生物途径的天然产物合成策略（biomimetic strategies to access natural products）[9]；⑥J. Taunton 的用于发现新颖药物靶点的迈克尔受体方法（exploring Michael acceptors for novel therapeutic target ID）[10]等。

在具体的研究中，我们不难理解天然产物的活性和结构普遍呈现“个体化”特点，与其分子作用机制关联的生物学表现或现象也往往非常个性化，因此研究过程中需要针对性地设计和合成符合其个性化特点的分子探针。先进方法技术、新策略、新思想无疑将进一步强化以天然产物为结构基础的分子探针的构建获取能力，并有望在未来很长时间里对生命科学和药物学的研究发挥积极作用。

## 1.2 研究进展与成果

当前研究涉及的大部分生理活性天然产物是外源性的小分子化合物，常被用于在生物医学和药学研究中操控和调节生物学功能，因此非常符合化学生物学研究的概念性要求。通过天然产物激发、改变实验单元（组织、器官或细胞）的正常生理状态，观察随后发生的生长或发育等表象变化，可以获知或推定这些作为干扰物质的天然产物所引起的生理变化和影响程度。这种研究思维与实验操作类似于遗传学研究的工作方式，只是使用了小分子调控相应的生物学表象变化，具备可逆性、可控性和操作性强等优点，是典型的化学生物学工作方式。相较于其他经典的生物学议题，天然产物作用机制具有很强的不可预知性、基础性，不是研究者事先可以进行设计或推测的。另外，与天然产物紧密联系在一起的化学特征就是结构复杂性，一般情况下，天然产物所含的官能团众多，生理活性随化学结构变化巨大，因此构效关系规律也比较复杂。这些特点蕴含了很多科学发现的机会，如新的作用机制、新的生物学靶点及新的信号转导通路的发现等。很多著名的天然产物曾被成功地作为分子探针工具应用于相应的化学生物学研究中，揭示了一批未知的生理活性机制、作用靶点或者信号转导通路，如红霉素（erythromycin）、环孢菌素 A（cyclosporine A）、FK506（即 tacrolimus，他克莫司）、雷帕霉素（rapamycin）、格尔德霉素（geldanamycin）、trapoxin A、FTY720（即 fingolimod，芬戈莫德）及含氯环肽 A（diazonamide A）等[1, 11]（图 1.2）。

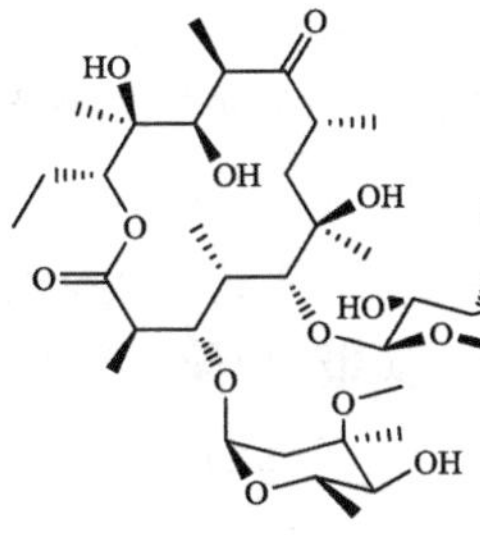
红霉素

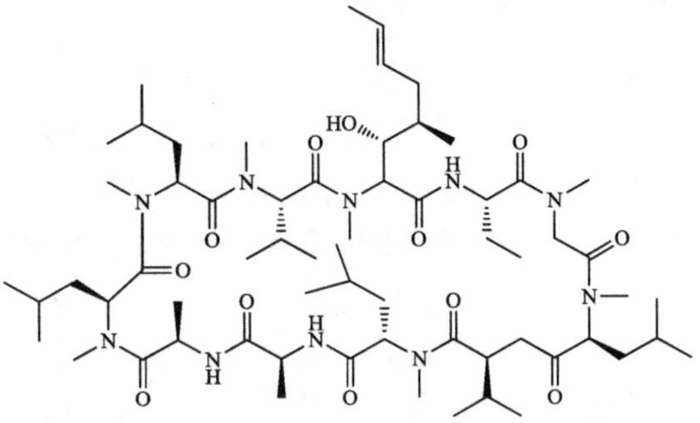
环孢菌素A

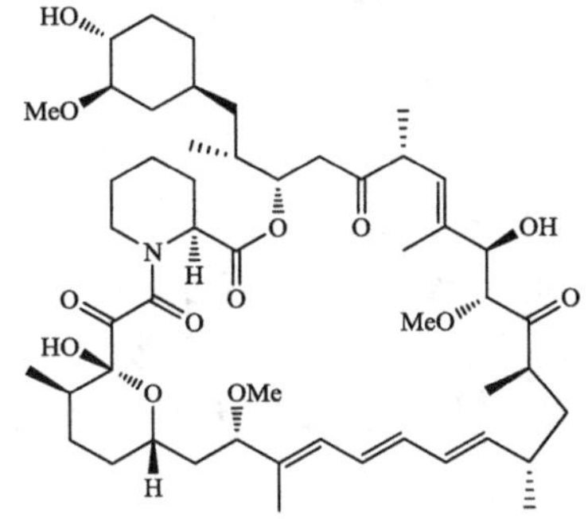
雷帕霉素

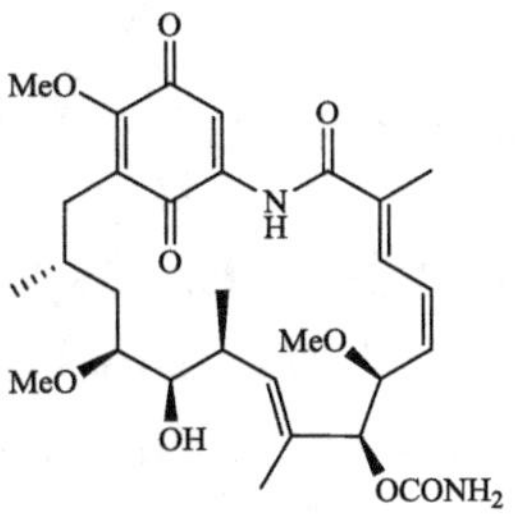
格尔德霉素

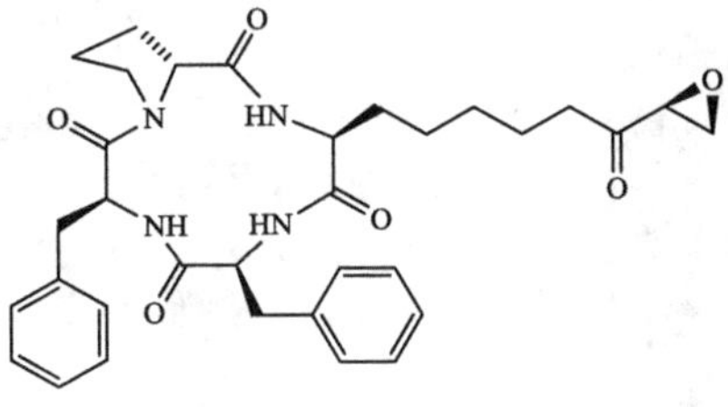
曲颇克星A

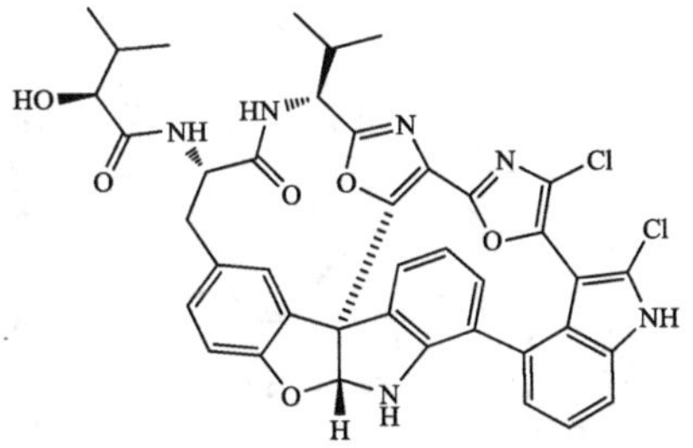
含氯环肽A

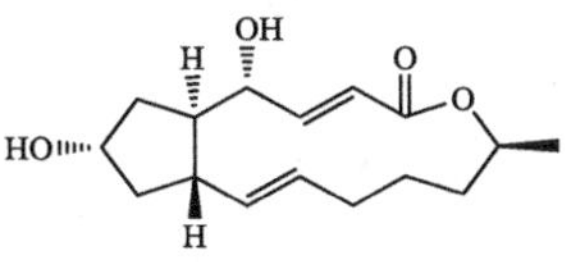
布雷菲德菌素A

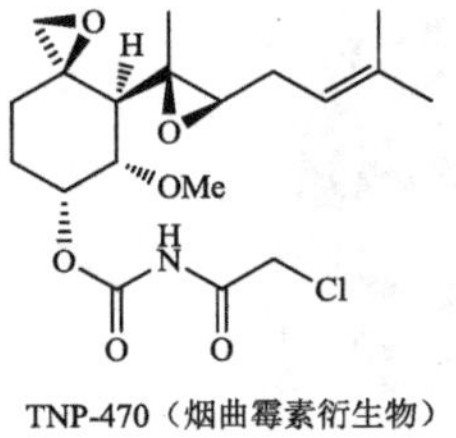
TNP-470（烟曲霉素衍生物）

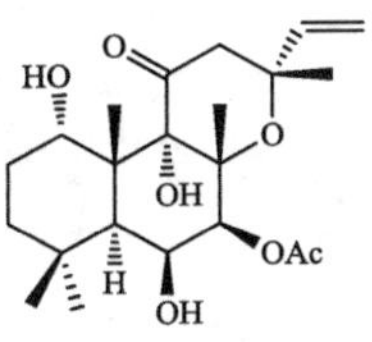
毛喉萜（forskolin）

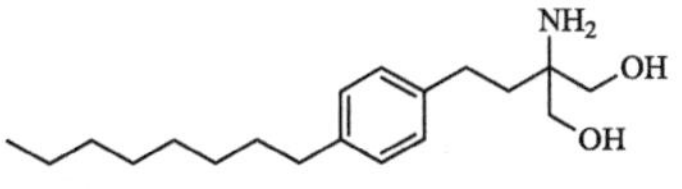
FTY720

图 1.2　在化学生物学研究中获得应用的部分生理活性天然产物

前面提到，针对天然产物生理或药理活性的化学生物学分子机制研究，设计、制作和运用合适的分子探针工具是关键，有机合成创造分子探针工具由此成为揭示作用机制相关信号通路和确定天然产物作用靶点过程中的核心问题。下面将介绍几个天然产物分子探针引导的化学生物学研究工作的成功案例。

### 1.2.1　天然产物分子探针引导的化学生物学研究工作案例

1. 生物碱含氯环肽 A 的分子探针化、作用靶点和作用机制

由 Harran 等完成的肽类生物碱含氯环肽 A 的作用机理研究就是天然产物化学生物学研究的经典例子。含氯环肽 A 最初从海鞘 *Diazona angulata* 附生物中分离获得[12]，被发现对多种不同类型的癌细胞都具有非常强烈的细胞毒性，引起了合成化学家的广泛关注。在初期，NCI's COMPARE 筛选认为其抗肿瘤作用与微管蛋白结合活性相关。但是，随着研究的深入，研究者发现这种天然产物并不与其他微管蛋白结合药物（如秋水仙碱和长春藤碱）发生竞争性结合。在这种令人费解的机制问题面前，Harran 研究组开始着手完成这一复杂结构的天然产物的化学合成，并提供成功的全合成矫正了错误归属的天然化合物结构[13]；同时，该研究组也由此建立了对这一重要天然产物的结构修饰方法，最终发展了基于含氯环肽 A 结构的分子探针[14]。

借助有机合成手段，Harran 和 Wang 等组成的研究组获得了生物素标记的含氯环肽 A 分子探针，并应用它发现了这一天然产物的直接生物学靶标为鸟氨酸-$\delta$-氨基转移酶（OAT，一种线粒体基质酶）（图 1.3）[15]。为了分离与含氯环肽结合的目标蛋白，HeLa 细胞破碎后的萃取液经过 Hitrap Q 阴离子交换色谱层析；同时采用有效化合物和无效化合物的平行下拉（pull down）实验结果比较判断其差异性。最后，亲和色谱纯化的蛋白质可由

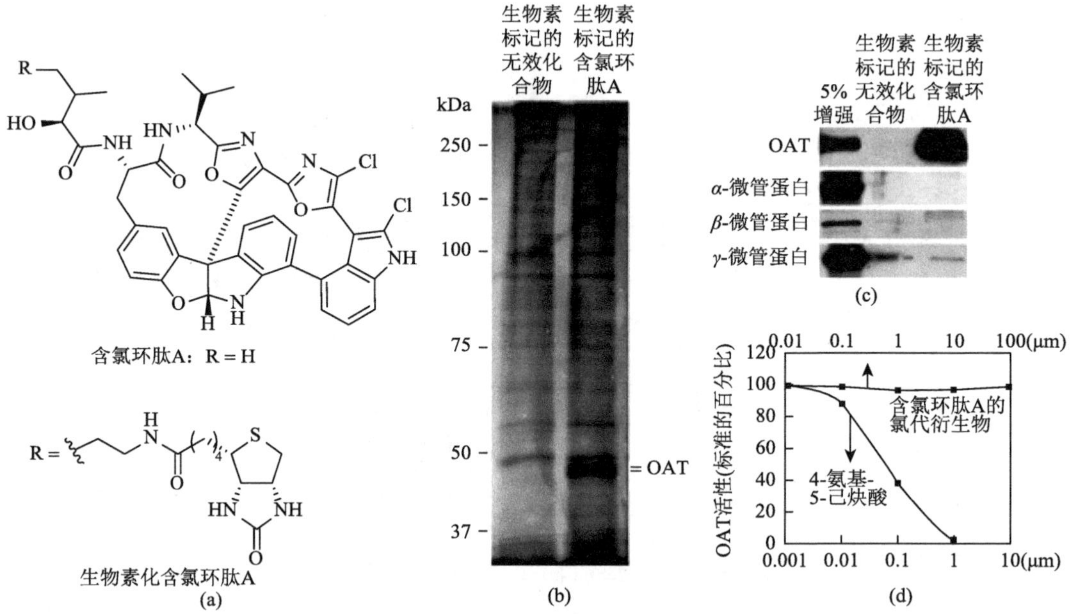


图 1.3　天然产物含氯环肽 A 结合蛋白 OAT 的确定

银染 SDS/PAGE 实验可视化，两个分子量约为 50kDa 条带经质谱蛋白质分析技术鉴定为线粒体基质酶 OAT。这些实验证据表明，OAT 介导的信号转导通路在含氯环肽 A 的作用机制中起到了关键的作用，同时表明 OAT 是一种新的癌症化疗药物靶点。毫无疑问，天然产物含氯环肽 A 的全合成不仅矫正了错误的化学结构，而且在随后的化学生物学故事中扮演了核心的角色，最终意外发现了一种自相矛盾的细胞分裂现象中涉及的非常关键的 OAT 功能。

2. 二萜腺花素的探针化、作用靶点和抗白血病作用分子机制

作为一大类结构多样的生物次级代谢物，二萜化合物数量巨大且生物活性的表现类型非常宽广。确定重要二萜化合物的直接生物学靶点并阐述其生理活性机制，是当前化学生物学研究广泛关注的一个重要方向。2012 年，上海交通大学医学院陈国强及合作者报道了从植物 *Rabdosia adenantha* 叶子中分离获得的二萜腺花素（adenanthin）诱导急性早幼粒细胞白血病（acute promyelocytic leukemia，APL）细胞分化的分子机制（图 1.4）[16]。具体的机理研究显示，二萜腺花素与 Prdx Ⅰ和 Prdx Ⅱ（Prdx 表示过氧化物还原酶）的半胱氨酸残基发生直接作用，从而抑制了它们的过氧化物还原酶的反应特性。借助有机合成方法，研究者在二萜腺花素的 C3 位置的羟基官能团上引入了生物素标记，即合成了生物

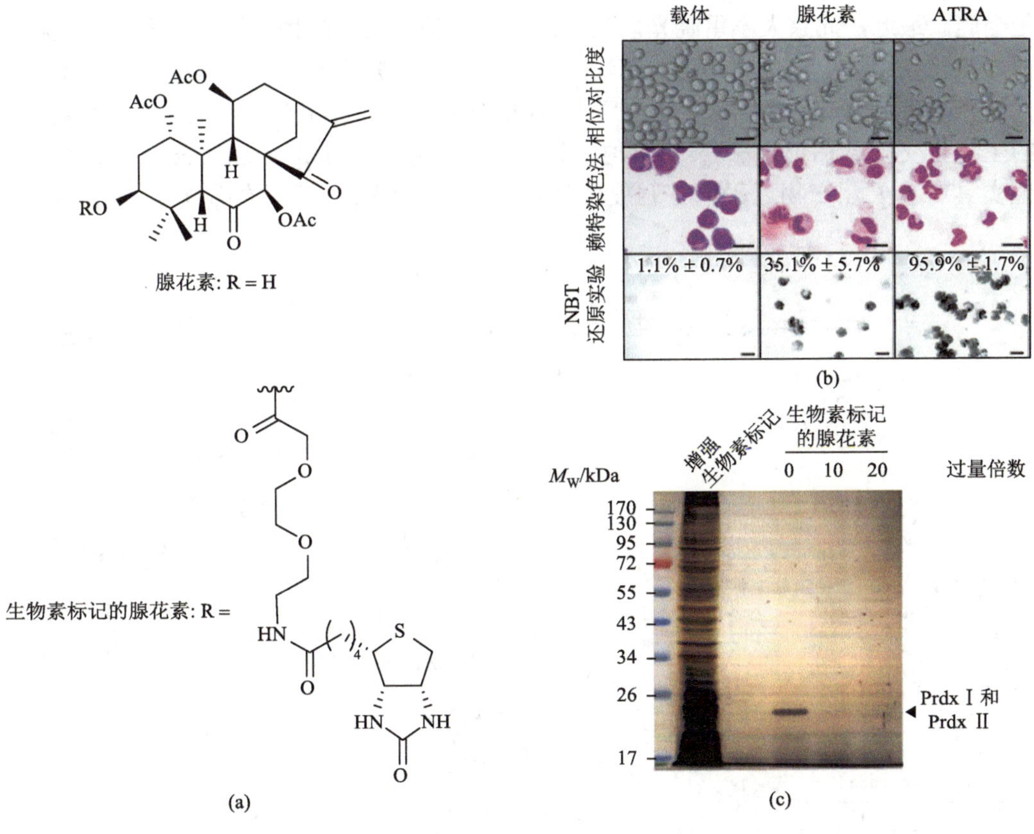


图 1.4　二萜腺花素诱导 ATRA-敏感的 NB4 细胞分化

素标记的腺花素（biotin-adenanthin）衍生物。该分子工具保留了天然产物诱导 NB4 细胞（急性早幼粒细胞，白血病细胞株）的分化能力，同时又适合应用于相应的垂钓生物学大分子靶标的 pull-down 实验。NB4 细胞裂解物与生物素标记的腺花素衍生物或生物素一起孵育，然后再经链霉抗生物素蛋白（streptavidin）包被的琼脂糖固载化试剂处理发生沉积，接着进行凝胶电泳和银染实验。实验发现，仅有一条分子量约为 23kDa 的条带被生物素标记的腺花素衍生物沉淀下来，而不会和单一生物素一起沉淀；同时，这一条带（蛋白质）可以在实验中被高浓度的天然腺花素竞争掉。这些证据说明这一蛋白质与天然腺花素和生物素标记的腺花素衍生物都可以发生结合作用。质谱学分析显示，和腺花素发生结合的蛋白质是 Prdx Ⅰ与 Prdx Ⅱ（Prdx：过氧化物还原酶）。结合其他生物学的实验证明，Prdx Ⅰ与 Prdx Ⅱ是二萜腺花素诱导 APL 细胞分化的直接生物学作用靶点。

3. 天然产物(–)-兔儿风倍半萜三聚体（ainsliatrimer A）的生物学靶点确认

菊科植物兔儿风（*Ainsliaea*）是一种我国传统药物记载的药用全草，可用于治疗风湿病、创伤性损伤、水肿、胃痛和厌食症等。植物化学研究文献显示，从这些植物中分离获得的次级代谢产物主要是愈创木内酯（guaianolides）的单体、二聚体或者三聚体[17]。天然产物(–)-ainsliatrimer A 就是一例倍半萜的三聚体，不仅化学结构独特和复杂，而且显示出对多种肿瘤细胞强烈的细胞毒作用并诱导细胞凋亡。但是，具体的作用机制一直是个谜。最近，北京大学雷晓光研究组发展了一种把天然产物多样性全合成和生物正交键合方法相结合（生物正交键合，硫醌正交键合）的研究方案，并将其成功应用于复杂结构天然产物(–)-ainsliadimer A 的生物学靶标的确认工作（图 1.5）[18]。这一工作采用一种新的生物正交键合标记方法获得化学探针乙烯基硫醚修饰的 ainsliatrimer A。该分子工具被证实具有和天然产物近乎同等强度的活性表现，且保留了诱导细胞凋亡的能力；工具

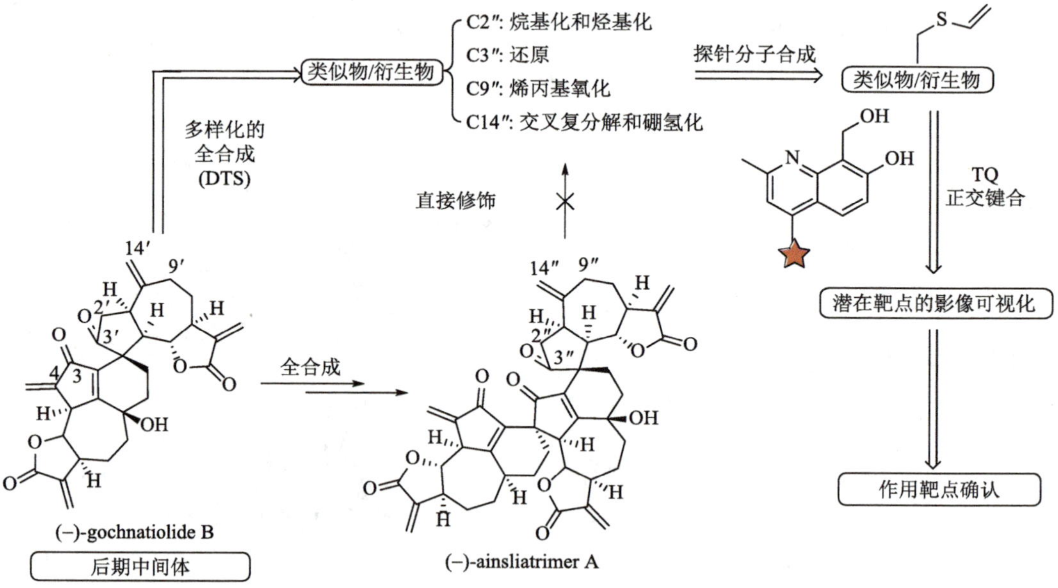


图 1.5　通过多样性全合成和生物正交键合标记方式确认天然(–)-ainsliatrimer A 的生物学作用靶点

分子中引入的基团还可以辅助活细胞环境开展细胞形态的影像学研究。分析获得的细胞影像学实验证据，研究人员推测这一天然产物的可能靶点应该位于细胞核内。借助两种精心设计的小分子探针及亲和 pull-down 实验，最终揭示 PPAR 为天然(–)-ainsliatrimer A 的生物学功能相关联的直接作用靶标。

### 1.2.2　功能导向的天然产物合成促进药物创新

作为天然产物合成化学和化学生物学之间的连接点，分子探针设计与制备在研究目标、方式和理念上有明显的方向性，正如天然产物化学合成越来越强调“功能导向”。这种思想观念的变革极大促进了功能性的类天然产物化学的迅速发展，从而对小分子药物的发现产生巨大助益[11]。尤其在美国，鉴于发达的基础科学研究能力和水平，以及高度完善的高技术市场化社会机制，其在这个领域取得了巨大的成功。成功范例包括，斯坦福大学 Wender 等针对草苔虫素（bryostatin）进行的全合成研究及结构类似活性研究就是功能导向性研究的具体实例；哈佛大学 Kishi 于 1992 年完成了软海绵素 B（halichondrin B）的全合成，并随后经过近 20 年的努力成功开发了基于天然产物的上市药物艾日布林（eribulin）；哈佛大学 Myers 利用一种非常汇聚式的路线，将红霉素基本骨架分解为多个小片段，再以固定的反应模式修改后片段的对接来完成大环骨架和侧链的衍生，用于新抗菌素药物的研发（图 1.6）等。

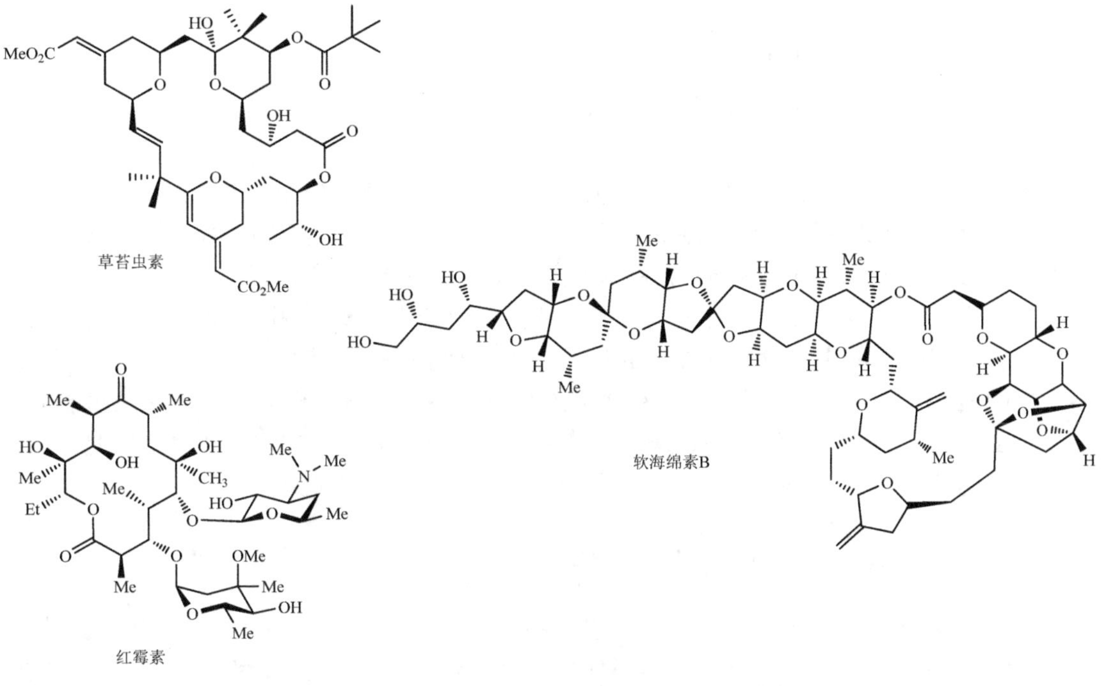


图 1.6　天然产物草苔虫素、软海绵素 B 和红霉素的化学结构

1. 从软海绵素 B 全合成到 eribulin 的发明

软海绵素 B 是 1986 年由日本化学家从海绵 *Halichondria okadai* 中分离出来的具有抗

癌活性的大环内酯天然产物，具有复杂的聚醚和多环结构[19]。尽管这种天然化合物具备作为药物进行深入研发的高度潜质[20]，但是其天然来源非常受限。哈佛大学 Kishi 教授研究组在 1992 年成功实现了天然产物软海绵素 B 的全合成[21]。同时，他们实验室在该项研究中获得了一批结构经过改造的天然产物类似物，活性结构对比研究发现天然产物右侧大环部分是生物活性的主要贡献者。为此，该研究组和 Eisai 公司紧密合作，通过将近 20 年的努力，将复杂左侧侧链结构简化，最终得到药效更好的化合物 eribulin（商品名 halaven）（图 1.7）[22]，该化合物目前也只有通过全合成的方式供应全球。eribulin 于 2010 年由美国食品药品监督管理局（Food and Drug Administration，FDA）批准上市，用于治疗转移性乳腺癌。

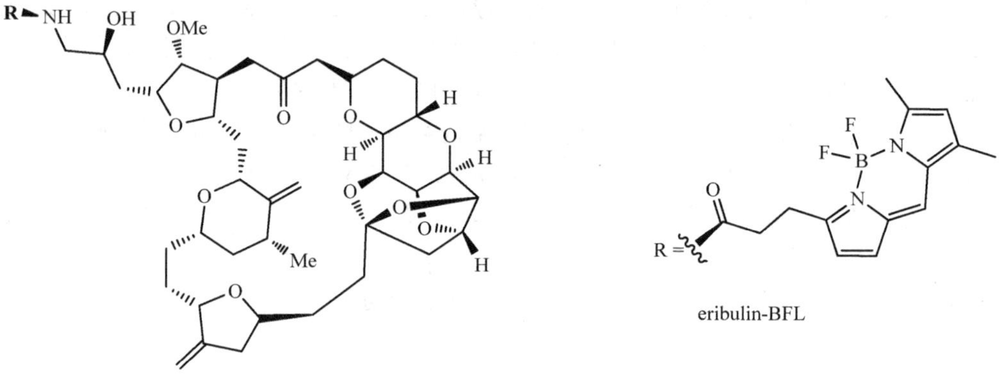

eribulin (R = H)

eribulin-BFL

图 1.7　抗癌药物 eribulin

eribulin 是一种独特的微管动力学抑制剂，主要与现有微管正端的少量高亲和力位点结合。eribulin 兼具细胞毒性和非细胞毒性两种不同的作用机制。其细胞毒性作用与其抗有丝分裂活性有关，其中癌细胞的凋亡是在长期和不可逆的有丝分裂阻断后诱导的。除了其细胞毒性基于抗有丝分裂的机制外，人乳腺癌模型的临床前研究表明，eribulin 还对存活的癌细胞和残留肿瘤的生物学发挥复杂的作用，这些肿瘤似乎与其抗有丝分裂作用无关。值得一提的是，这个过程产生的不少类似物也被制作为探针分子，作为生物学作用机制研究的分子工具用于相应的研究之中，例如，荧光标记的 eribulin-BFL[23]已被用于研究体内单细胞水平的药代动力学和药效学性能，得到了很多重要的药学结论。

2. 从天然 bryostatin 1 到高活性简化结构分子

苔藓虫素 bryostatin 1 是从海洋总合草苔虫（*Bugula neritina*）中分离得到的具有抗癌活性的大环内酯化合物（图 1.8），能竞争性地抑制佛波醇酯与蛋白激酶 C（PKC）的结合，使慢性淋巴细胞性白血病 WSU-CLL 细胞系中 BAX 与 Bcl-2 蛋白含量明显增加从而促进细胞凋亡；另外它还有免疫调节、促进血小板凝聚、促进生血等功能[24-26]。II 期临床试验结果显示，bryostatin 1 与紫杉醇联用治疗晚期食管癌具有一定的协同作用。Wender 教授在大环内酯天然产物苔藓虫素化学合成研究[27]中，采用研究组长期工作建立的全合成路线和方法，对分子中 C26-位甲基和 A、B 环进行结构修改，获得了一例新的先导化合物 picolog[28]。新化合物不仅对其与目标蛋白 PKC 的抑制常数（$K_i$）由原来的 1.4nmol/L 降低到 0.3nmol/L，更重要的是，化学合成路线和方法在研究过程中也不断地得到优化，目前对先导化合物的合成仅需 29 步，最近还发表了一条可以放大的合成路线[29]，而 bryostatin 1 的全合成则需要 70 多步才能完成。同时，美国犹他大学化学系 Keck 研究组也独立发展了以苔藓虫素分子结构为主体的一系列简化结构分子 Merle，新近合成的荧光标记化合物 Merle 44 被美国国家癌症研究院（NCI）合作者应用于细胞影像学研究，可观察到苔藓虫素类天然产物对 U937 细胞增殖影响的动态变化过程[30]。

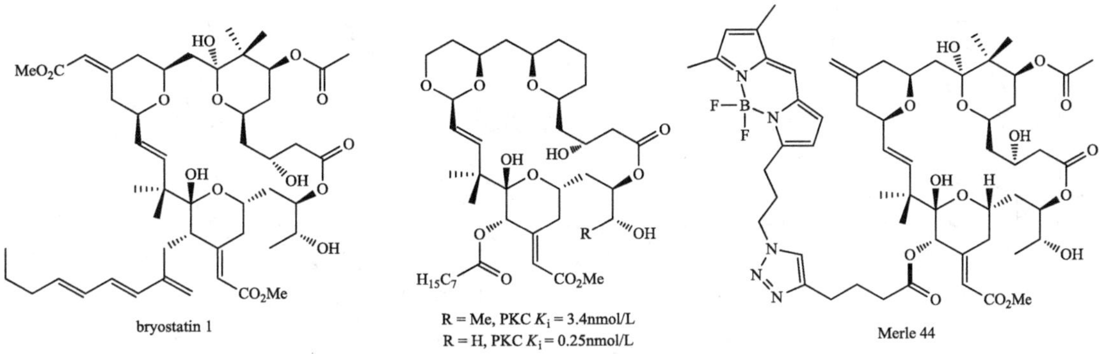


图 1.8　海洋大环内酯 bryostatin 1 及其高活性简化结构

3. 红霉素作为新抗生素分子的创新平台

“老树结新果”。对于很多曾经的明星药物分子来说，再次创新无异于一种重生，但需要新的科学思维。红霉素（erythromycin）是一种大环内酯类的抗生素，可用于治疗呼吸道感染、皮肤感染、披衣菌感染以及梅毒。红霉素主要通过微生物发酵工程生产，我国红霉素原料药产量规模居世界第一。红霉素的首次化学全合成由哈佛大学的诺贝尔化学奖获得者 R. B. Woodward 教授领导完成[31]。对一种抗生素的再度研发，通常以天然结构为原型，通过修改其部分官能团获得变体结构，药物工业界在红霉素衍生物上也屡有斩获，如克拉红霉素（clarithromycin，1991 年批准上市）、阿奇霉素（azithromycin，1991 年批准上市）、泰利霉素（telithromycin，2004 年批准上市）、赛红霉素（cethromycin，临床）、索利霉素（solithromycin，临床）等，但是成效并不明显[32]。

最近若干年，哈佛大学的 Myers 研究组打破传统，开创了一种“逐一击破”的策略，以 3 个含有内酯键的大环结构为原型，运用结构拓扑学分析，依次断开每个环，使其成为含有 8 个原子的独立片段。随后，研究人员对这些碎片进行修饰，并按照全合成方式重新组合成整体的类天然产物分子[33]。按照这种思路，研究团队共构建出 305 种全新的大环内酯类化合物（部分结构见图 1.9）。为了验证这些化合物是否具有抗菌效果，研究人员以实验室培养的细菌为材料，发现大多数化合物都有抗菌活性，其中 83%的化合物能够有效抑制肺炎链球菌（*Streptococcus pneumoniae*）。此外，有几种化合物能够有效抑制对抗生素本已产生抗性的细菌，包括耐甲氧西林的金黄色葡萄球菌、耐万古霉素的肠球菌。这一例子以特定天然产物为研究对象，以全合成和碎片化组装相互结合的分子创造思维取得了令人瞩目的成功，为一些原料丰富且具有重要用途的天然产物提供了新的活性分子创造思路，对天然产物化学生物学和天然药物学研究十分有帮助。

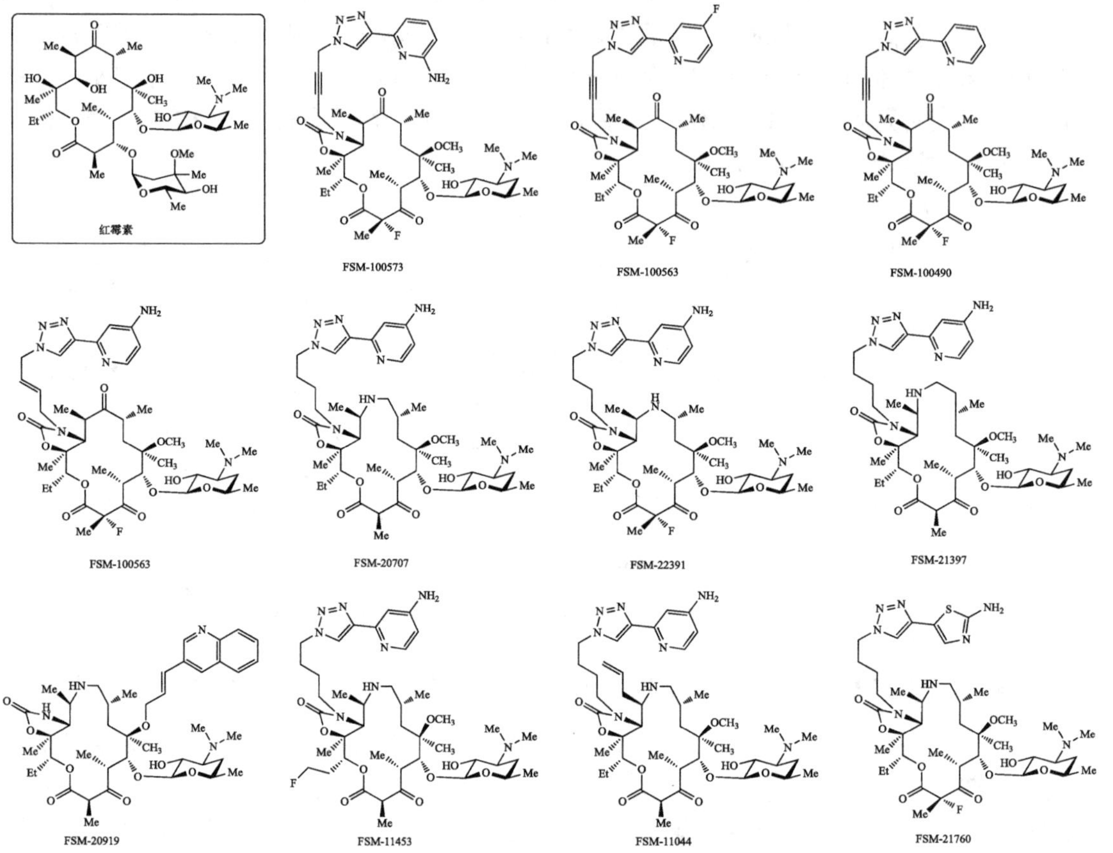


图 1.9　Myers 研究组以全合成思路发展的部分高活性红霉素衍生物

4. 类甾体生物碱皮质抑素

类甾体生物碱皮质抑素（cortistatins）是由 Kobayashi 小组从印度尼西亚的海绵体 *Corticium simplex* 中分离得到的，被发现是非常优秀的 CDK8 和 CDK19 蛋白激酶抑制剂[34]。该类型天然分子具有非常独特的化学结构，含有一个[6, 7, 6, 5]四环系的中心碳环骨架，以及多个连续手性中心和季碳中心，此外中心碳环骨架中还含有一个氧桥结构，从而形成一个特殊的[3, 2, 1]七元氧桥环结构（图 1.10）。除了独特的化学结构外，皮质抑素类天然产物还具有十分显著的生物活性[35]。例如，cortistatin A 对人类的脐静脉血管内皮细胞（human umbilical vein endothelial cells，HUVECs）显示出非常强的抑制作用，其 $IC_{50}$ 达到 1.8nmol/L。该分子可以抑制由血管内皮生长因子（VEGF）或碱性成纤维细胞生长因子（bFGF）诱导的脐静脉血管内皮细胞的迁移和微管的形成，且选择性指数是其他常见纤维细胞和肿瘤细胞的 3300 倍。这些数据表明 cortistatin A 对于血管新生具有非常高的选择性抑制作用，该类型天然分子具备开发新一代高选择性抗癌药物的潜力。

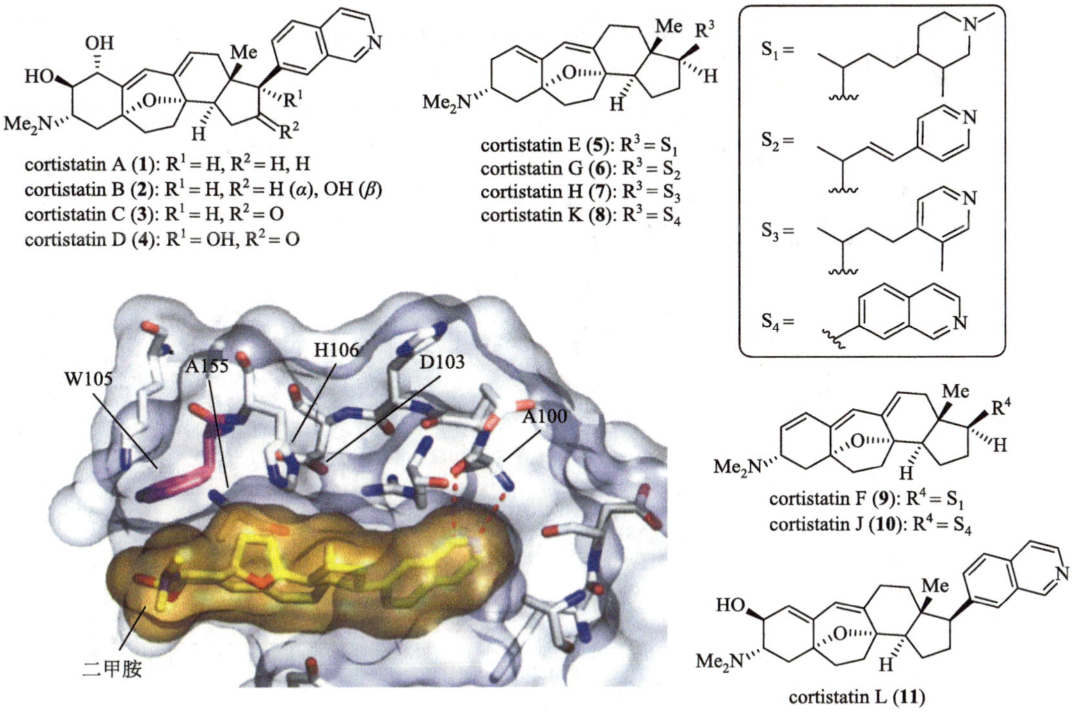


图 1.10　类甾体生物碱 cortistatins 和 cortistatin A 与 CDK8 结合的晶体结构

针对如此复杂结构的海洋天然产物，要继续开展生物医学方面的研究，物料的持续供应是一个大问题；同时，针对天然化合物的结构修改和结构优化是接下来的第二个挑战。毫无疑问，化学合成是解决这两个问题的敲门砖。哈佛大学 Shair 课题组在 2008 年完成了(+)-cortistatin A 的不对称合成[36]后，通过生物学研究和目标蛋白与 cortistatin A 之间的结合物晶体数据表征，证明(+)-cortistatin A 是一例高活性和高选择性的蛋白激酶 CDK8 和 CDK19 的抑制剂[37]。该研究成果以 2000 万美元转让给美国默克公司。与此同时，美国 Scripps 研究所 Baran 研究组也通过其全合成工作发现了一些在生物学性质方面表现非常有前景的(+)-cortistatin A 的类似物[38, 39]。

### 1.2.3　天然产物生理活性机制研究促生新机制和新概念

由于大多数天然产物（除了内源性天然物质）对于人体而言都是外源性的，化学生物学研究中运用外源性小分子天然产物（及其衍生物和分子工具）作为研究探针刺激正常生命体系，其生理应答和规律缺少可预测性，常会发现一些全新的信号通路途径。在这种与传统生物学有差异性的研究之下，研究者在阐述新的作用机制的同时，也经常提出一些新概念或药物工具分子设计的新思维，对促进未来生命科学和医学领域的发展非常有帮助。

1. 天然有机过氧化合物诱导癌症细胞发生铁依赖的细胞死亡

著名的天然产物青蒿素在中国被发现之前，整个科学界对于有机过氧化合物的认识都是十分有限的，大多数停留在诸如过氧化氢之类的氧化性质阶段[40]。随着天然存在的、具有多样性结构的有机过氧化合物被不断发现及其生理活性谱宽广[41]，人们开始着手研究与有机过氧化合物有关的一些生理活性机制问题[42, 43]，特别是发现这类化合物在铁离子（或 Heme）存在下可以分解激发产生自由基物种[44, 45]。其中，通过化学合作手段将天然青蒿素改造成生物学实验可以使用的化学分子工具（探针，图 1.11）如 Art-Flu[41]和 AP1[45]，这在相应的实验结论形成过程中提供了巨大的帮助。

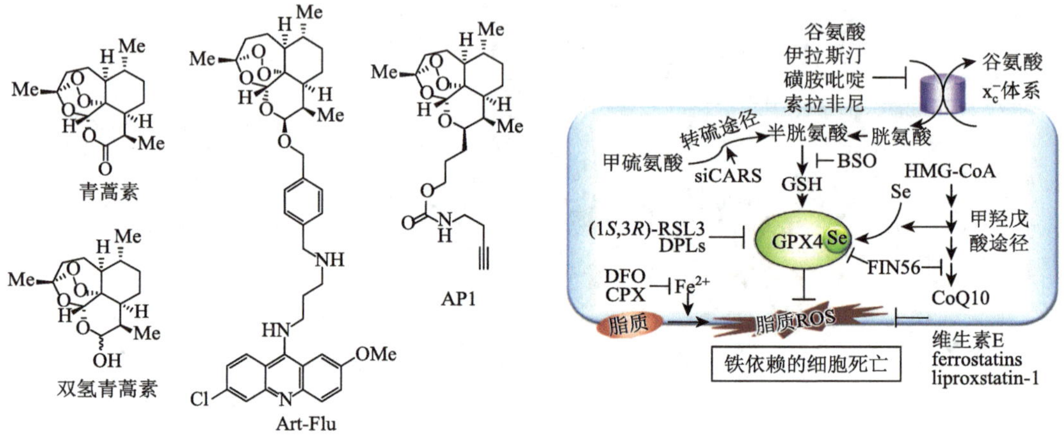


图 1.11 青蒿素衍生物与 Ferroptosis 调控的信号通路

尽管青蒿素衍生物已经成为著名的抗疟药物，但是关于青蒿素等有机过氧化合物的化学生物学故事还远远没有结束，新应用和新机制还在文献中不断涌现。铁依赖的细胞死亡（Ferroptosis）是近年来发现的铁依赖的、可调控的细胞死亡方式（图 1.11），由 Stockwell 等于 2012 年提出并命名[46]。铁依赖的细胞死亡的主要原因是脂质代谢产生的过氧化物和铁代谢产生的活性氧物种（reactive oxygen species，ROS）的大量积累。在基因、生化和生理特征等方面，这种铁依赖的细胞死亡方式与凋亡、自噬、坏死、程序性坏死等细胞死亡方式不同。最近 Liang 等研究发现，双氢青蒿素（dihydroartemisinin，青蒿素的还原化合物）和某些有机过氧化合物可通过诱导铁依赖的细胞死亡机制，使头颈癌细胞的细胞周期阻滞[47]。

### 2. 泛素化作用和 PROTAC 药物设计技术

向自然学习并加以利用转化是科学研究中重要的方法，也是人类文明进步的重要实现方式。内源性化学物质作为天然产物的一部分（包括蛋白质和多肽），在人体中起着广泛而重要的生理作用。其中，泛素介导的蛋白质降解通路控制着真核细胞内绝大多数蛋白质的选择性降解。肿瘤的发生与肿瘤特异癌蛋白的表达密切相关，调控这些蛋白质的降解已成为肿瘤治疗的一种新方法。近年来，一种人工合成的蛋白靶向降解嵌合分子（proteolysis targeting chimeric molecule，PROTAC），能通过人工设计方式诱导和利用细胞固有的泛素-蛋白酶体系统调控靶向病变蛋白质并进行催化降解，是小分子药物设计思维的一次革命性变革[48]。传统的化学生物学的异质二聚体（heterodimer）由三个部分构成：目标蛋白结合基团、泛素连接酶结合基团及连接链（图 1.12）。在细胞内，PROTAC 可以同时与目标蛋白及 E3 结合，使本来不能与 E3 结合的目标蛋白泛素化，进而被蛋白酶体识别并降解。与传统的针对蛋白激酶活性位点的小分子不同，PROTAC 的目标蛋白可以是没有明显活性位点的蛋白质，这能够显著增加目标蛋白的数量，也使我们能利用现有的 E3 连接酶处理新发现的目标蛋白，增加 PROTAC 在设计上的选择性。此外，PROTAC 分子本身的灵活性使得其应用前景十分广泛。目前已有很多学者对 PROTAC 技术进行了研究，包括设计合成针对特定目标蛋白［如雄激素受体（androgen receptor，AR）、雌激素受体（estrogen receptor，ER）、芳香烃受体（aryl hydrocarbon receptor，AHR）和蛋氨酸氨肽酶 2（methionine aminopeptidase-2，MetAP-2）］的 PROTAC 分子，以及探索各种提高 PROTAC 活性的途径，并取得了一定的进展[49, 50]。

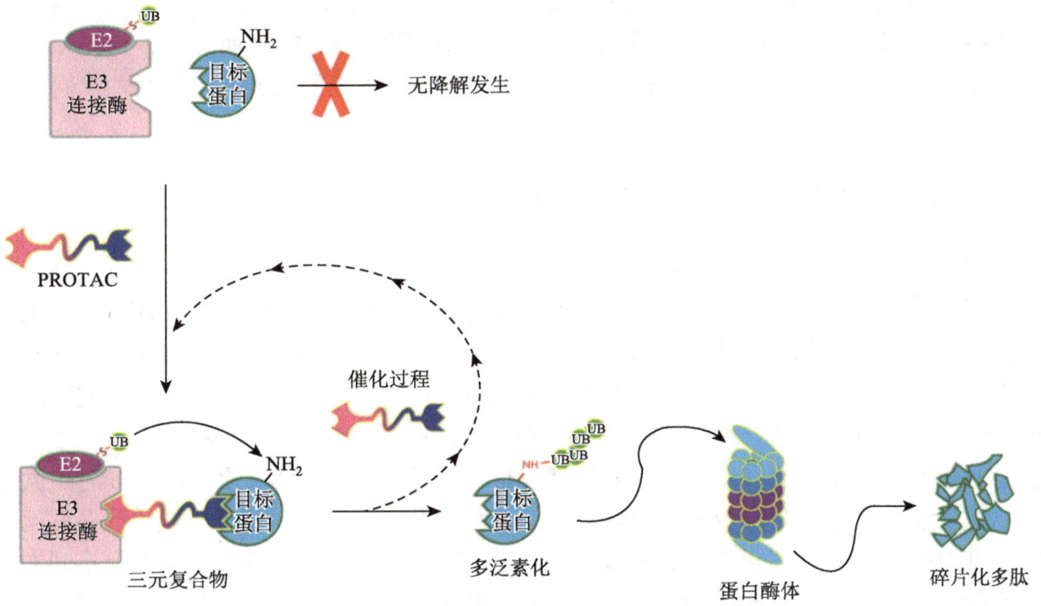


图 1.12　PROTAC 作用机制示意图

PROTAC 分子在反应过程中并不消耗，可以循环利用，是一种真正意义上的化学催化剂，因此使用量将可以很少。理论上，凡具有和靶点相互作用的小分子都具有发展为相应的 PROTAC 分子的潜力，克服了传统药物发展过程中的各种限制性要求，是一种药物设计和应用的变革性新思维。

## 1.3　讨论与展望

随着国家各种人才计划的实施，大批具有优质教育背景和科研训练的青年人才持续加盟各大高校和研究机构，中国科学的科研方式和内容都发生了实质性的变化，与世界发达国家（特别是美国）之间的差距被进一步拉近。过去的十年，也是中国化学从量变走到质变的重要阶段，化学生物学作为较为年轻的交叉学科，也迎来了快速发展的时期。在此期间，国家基金委通过“基于化学小分子探针的信号转导过程研究”重大研究计划组织和凝聚了一大批国内对化学和生物科学交叉融合感兴趣的研究人员，从2007年开始在这个领域展开持续性研究，在国内各大高校和科研机构形成了开展化学生物学前沿研究的新格局。鉴于中国传统药物的知识积累，以天然产物为主题的化学生物学研究在该重大研究计划中占据了十分显著的比例，从中产生了一批重要成果，一批优秀科学家也脱颖而出；我们在本章中收录介绍的例子仅是过去十年来成果的一个缩影。尽管如此，与发达国家（尤其是美国和日本）的相关领域方向相比，我们在科学选题的前沿性、科研成果的创新性、国际学术知名度等各个关键的学术指标上都存在巨大的差距；科研水平和平均产出明显低于美国和日本。因此，我们仍旧要保持虚怀若谷、努力进取的情怀，夯实学科基础，埋头苦干，砥砺前行，争取通过持续科学积累和研究创新，早日和美国、日本等发达国家在这个领域并驾齐驱。

作为连接有机化学与生命科学的天然桥梁，天然产物的科学问题是一个“上帝赐予”的纯天然交叉融合命题，科研人员需要重新认识、优化传统科目的科研方式方法，并将科研合作精神升华为一种日常科研文化，从而开辟天然产物研究的新格局。为此，我们提出以下几点思考和建议，供各位读者参考商榷。

### 1.3.1　培植适宜于交叉融合研究的文化土壤

天然产物合成化学不仅是有机化学中最早、最综合、最精华的基础科学分支，更是一个国家高端化学制造业的核心技术。通过天然产物合成培育的小分子药物占比超过其他类型的合成化合物，天然产物合成化学领域培养的人才在过去几十年的时间里一直担当合成药物工业界的技术力量支柱。在当今交叉融合的科学背景下，生理活性天然产物毫无疑问已经是一个综合科学的命题。天然产物化学家仅持有对化学结构的深刻精准理解显然是不够的；同时，科学家所接受的专业教育和所经历的科技训练也不可能使自己成为一名全能研究者，做不到以一己之力回答围绕天然产物的多科学属性的各种问题。那么，科研合作就成为必要的科研方式。长期以来，交叉科学合作研究过程中必定涉及很多人员，需要组织协调；不同专业和不同科研文化相互碰撞，需要相互理解；科研进度和结果的讨论，需要科学家学习更多的知识等，融合不同的科研文化。在中国，这种文化融合成功的比例还是很低的。除了科研文化的冲突，在中国还需要变革的是，在合作研究中如何看待集体贡献的重要性。中国特色的单位归属决定了对成果归属排行榜的贡献，这种对成果的单位/个人归属甚至要重于对科学贡献的认可，导致很多科研合作无疾而终。

培植适合于交叉科学研究的文化土壤依旧是中国科技社会的巨大挑战，天然产物化学生物学研究也一样身处其中。需要进一步淡化科技贡献归属，强化科学创新贡献的集体创新发现荣誉感，在科研成果的归属和科技报告的引述时，务必正确看待合作研究者的贡献，把对科学研究的精神追求放在比物质利益更高的位置。毫无疑问，这是一项国家、单位、科研人员个人之间的一项非常复杂的综合治理文化改革工程，任重而道远；但是对于交叉科学发展而言，却是紧迫而重要的。

### 1.3.2　变革科学家知识结构和教育方式

作为现代研究生教育和博士后培养制度的结晶，各种高端人才的知识宽度和深度随着学历的升级越来越专门化，因此，这种教育结构适合从事专门化的传统科学议题研究。对天然产物化学生物学而言，不仅需要对化学结构与化学键的精深理解，而且要知悉天然产物的自然形成规律及生理活性表现，更加重要的是，必须具备对于生物学重要规律的基础知识，推测和洞察活性表型背后可能的细胞生物学细节规律的能力。毫无疑问，科研人员需要具备更加宽阔的知识覆盖面。除了在科研过程中根据实际需要不断学习完善，我们的大学和研究生教育方式和课程设置也需要进行大幅度变革，针对多学科交融组织新的课程，扩展未来一代科学家的知识面，以适应新时代科学发展的需要。

### 1.3.3　发掘具有中国特色和影响力的生理药理活性天然产物研究素材

科研素材的选择永远是科研最为重要的核心。就天然产物合成化学和小分子探针而言，立题是根本，我们需要选择可以在世界上立足的科学问题开展研究工作，尤其是需要发掘天然产物特异性结构的“新”来源问题。近年来，人们从海洋生物中得到了许多化学结构新颖的活性化合物；海洋环境高盐、高压、缺氧和避光的特性，造成海洋生物具有独特的生物合成途径和酶反应机制，从而产生不同于陆生生物的多样性代谢产物。此外，植物内生菌与其宿主植物长期共生，在进化过程中发生基因重组而获得了宿主的某些基因，产生了一些化学结构特异性的代谢产物。

中国的天然产物研究可以追溯的历史非常久远，尽管现代化学和生物学研究的引入只有 100 年左右，但是先祖为我们留下了非常珍贵而特异的研究素材，即世界上其他国家无法比拟的传统药物知识宝库。现代科学和传统中医药科学要摒弃观念冲突，求同存异，发掘具有中国特色的药用天然产物素材，将传统的技术问题和残留的科学问题一起升华为现代化学生物学科学研究的主题，必将大大推进各自领域的发展，有望做出更多类似于青蒿素的优秀工作，在国际科技界占据与中国历史发展与贡献相称的地位。

### 1.3.4　加强基础教育训练和人才储备

任何事情都有正反两个方面，这是哲学问题。天然产物的化学生物学强调了其交叉融合性，可能也会渐渐弱化单一学科的重要性，这也正是我们需要警惕的地方。如果没有合成化学，绝大多数的分子探针将不会存在；如果没有基础生物学的进步，我们无法回答天然产物化学生物学课题的后半截；如果没有分析技术的进步，我们不能得到更高精度的结论。因此，我们对天然产物的核心科学各个分支的重视非但不能减弱，而是要进一步加强夯实。我们应吸取近期中美贸易战中涉及核心科技竞争方面的深刻教训，不能完全以当前社会热度作为科技发展的导向指标。天然产物有机合成作为核心技术的科研发展、教育和人才储备必须被持续重视，要做到扛得住热闹、耐得住寂寞，包容开放，积极主动与其他学科交叉融合，才能持续进步，阔步迈向新的辉煌。

本章作者：姚祝军①，杨　震②

①南京大学；②北京大学

## 参 考 文 献

[1] （a）Newman D J，Cragg G M，Grothaus P. Chemical Biology of Natural Products. Routledge：CRC Press，2017；（b）Civjan N. Natural Products in Chemical Biology. Hoboken：John Wiley & Sons，2012.

[2] （a）Karkas M D，Porco J A Jr，Stephenson C R J. Photochemical approaches to complex chemotypes：applications in natural product synthesis. Chem Rev，2016，116：9683-9747；（b）Staveness D，Bosque I，Stephenson C R J. Free radical chemistry enabled by visible light-induced electron transfer. Acc Chem Res，2016，49：2295-2306.

[3] Moeller K D. Using physical organic chemistry to shape the course of electrochemical reactions. Chem Rev，2018，118：4817-4833.

[4] Brzozowski M，O'Brien M，Ley S V，et al. Flow chemistry：intelligent processing of gas-liquid transformations using a tube-in-tube reactor. Acc Chem Res，2015，48：349-362.

[5] （a）Wilson R M，Danishefsky S J. Small molecule natural products in the discovery of therapeutic agents： the synthesis connection. J Org Chem，2006，71：8329-8351；（b）Oskarsson T，Nagorny P，Krauss I J，et al. Diverted total synthesis leads to the generation of promising cell-migration inhibitors for treatment of tumor metastasis：*in vivo* and mechanistic studies on the migrastatin core ether analog. J Am Chem Soc，2010，132：3224-3228；（c）Fürstner A. From total synthesis to diverted total synthesis：case studies in the amphidinolide series. ISR J Chem，2011，51：329-345.

[6] （a）Wender P A，Verma V A，Paxton T J，et al. Function oriented synthesis，step economy，and drug design. Acc Chem Res，2008，41：40-49；（b）Wender P A，Miller B L. Synthesis at the molecular frontier. Nature，2009，460：197-201.

[7] （a）van Hattum H，Waldmann H. Biology-oriented synthesis：harnessing the power of evolution. J Am Chem Soc，2014，136：11853-11859；（b）Wetzel S，Bon R S，Kumar K，et al. Biology-oriented synthesis. Angew Chem Int Ed，2011，50：10800-10826.

[8] （a）Bauer R A，Wenderski T A，Tan D S. Biomimetic diversity-oriented synthesis of benzannulated medium rings via ring expansion. Nat Chem Biol，2013，9：21-29；（b）Kopp F，Stratton C F，Akella L B，et al. A diversity-oriented synthesis approach to macrocycles via oxidative ring expansion. Nat Chem Biol，2012，8：358-365.

[9] Roche S P，Porco J A Jr. Dearomatization strategies in the synthesis of complex natural products. Angew Chem Int Ed，2011，50：4068-4093.

[10] （a）Arrowsmith C H，Audia J E，Austin C，et al. The promise and peril of chemical probes. Nat Chem Biol，2015，11：536-541；（b）Bradshaw J M，McFarland J M，Paavilainen V O，et al. Prolonged and tunable residence time using reversible covalent kinase inhibitors. Nat Chem Biol，2015，11：525-531.

[11] Yao Z J，Wei W G. Natural Product Synthesis for Drug Discovery and Chemical Biology//Huang P Q，Yao Z J，Hsung R P. Efficiency in Natural Products Total Synthesis. Hoboken：John Wiley & Sons，2018.

[12] Lindquist N，Fenical W. Isolation and structure determination of diazonamides A and B，unusual cytotoxic metabolites from the marine ascidian diazona chinensis. J Am Chem Soc，1991，113：2303-2304.

[13] （a）Li J，Jeong S，Esser L，et al. Total synthesis of nominal diazonamides—part 1：convergent preparation of the structure proposed for (–)-diazonamide A. Angew Chem Int Ed，2001，40：4765-4769；（b）Li J，Burgett A W G，Esser L，et al. Total synthesis of nominal diazonamides—part 2：on the true structure and origin of natural isolates. Angew Chem Int Ed，2001，40：4770-4773.

[14] Wang G，Shang L，Burgett A W，et al. Diazonamide toxins reveal an unexpected function for ornithine $\delta$-amino transferase in mitotic cell division. Proc Natl Acad Sci USA，2007，104：2068-2073.

[15] Williams N S，Burgett A W G，Atkins A S，et al. Therapeutic anticancer efficacy of a synthetic diazonamide analog in the absence of overt toxicity. Proc Natl Acad Sci USA，2007，104：2074-2079.

[16] Liu C X，Yin Q Q，Zhou H C，et al. Adenanthin targets peroxiredoxin Ⅰ and Ⅱ to induce differentiation of leukemic cells. Nat Chem Biol，2012，8：486-493.

[17] （a）Zhan Z J，Ying Y M，Ma L F，et al. Natural disesquiterpenoids. Nat Prod Rep，2011，28：594-629；（b）Fraga B M.

Natural sesquiterpenoids. Nat Prod Rep，2010，27：1681-1708；（c）Fraga B M. Natural sesquiterpenoids. Nat Prod Rep，2008，25：1180-1209.

[18] Li C，Dong T，Li Q，et al. Probing the anticancer mechanism of (–)-ainsliatrimer a through diverted total synthesis and bioorthogonal ligation. Angew Chem Int Ed，2014，53：12111-12115.

[19] Hirata Y，Uemura D. Halichondrins-antitumor polyether macrolides from a marine sponge. Pure Appl Chem，1986，58：701-710.

[20] Bai R L，Paull K D，Herald C L，et al. Halichondrin B and homohalichondrin B，marine natural products binding in the vinca domain of tubulin. Discovery of tubulin-based mechanism of action by analysis of differential cytotoxicity data. J Biol Chem，1991，266：15882-15889.

[21] Aicher T D，Buszek K R，Fang F G，et al. Total synthesis of halichondrin B and norhalichondrin B. J Am Chem Soc，1992，114：3162-3164.

[22] （a）Towle M J，Salvato K A，Budrow J，et al. *In vitro* and *in vivo* anticancer activities of synthetic macrocyclic ketone analogues of halichondrin B. Cancer Res，2001，61：1013-1021；（b）Yu M J，Kishi Y，Littlefield B A. Discovery of E7389，a fully synthetic macrocyclic ketone analogue of halichondrin B//Newman D J，Kingston D G I，Cragg G M. Anticancer Agents from Natural Products. Washington DC：Taylor & Francis，2005.

[23] Laughney A M，Kim E，Sprachman M M，et al. Single-cell pharmacokinetic imaging reveals a therapeutic strategy to overcome drug resistance to the microtubule inhibitor eribulin. Sci Transl Med，2014，6（261）：261 ra 152.

[24] Harford B. The bryostatins' tale. Chem Eng News，2011，89（43）：10-17.

[25] Pettit G R，Cherry H L，Doubek D L，et al. Isolation and structure of bryostatin 1. J Am Chem Soc，1982，104：6846-6848.

[26] Kollár P，Rajchard J，Balounová Z，et al. Marine natural products：bryostatins in preclinical and clinical studies. Pharm Biol，2014，52：237-242.

[27] Wender P A，Baryza J L，Bennett C E，et al. The practical synthesis of a novel and highly potent analogue of bryostatin. J Am Chem Soc，2002，124：13648-13649.

[28] De Christopher B A，Fan A C，Felsher D W，et al. "Picolog，" a synthetically-available bryostatin analog，inhibits growth of MYC-induced lymphoma *in vivo*. Oncotarget，2012，3：58-66.

[29] Wender P A，Hardman C T，Ho S，et al. Scalable synthesis of bryostatin 1 and analogs，adjuvant leads against latent HIV. Science，2017，358：218-223.

[30] Cummins T J，Kedei N，Czikora A，et al. Synthesis and biological evaluation of fluorescent bryostatin analogues. ChemBioChem，2018，19：877-889.

[31] （a）Woodward R B，Logusch E，Nambiar K P，et al. Asymmetric total synthesis of erythromycin. 1. Synthesis of an erythronolide a seco acid derivative via asymmetric induction. J Am Chem Soc，1981，103：3210-3213；（b）Woodward R B，Logusch E，Nambiar K P，et al. Asymmetric total synthesis of erythromycin. 2. Synthesis of an erythronolide a lactone system. J Am Chem Soc，1981，103：3213-3215；（c）Woodward R B，Logusch E，Nambiar K P，et al. Asymmetric total synthesis of erythromycin. 3. Total synthesis of erythromycin. J Am Chem Soc，1981，103：3215-3217.

[32] Pal S. A journey across the sequential development of macrolides and ketolides related to erythromycin. Tetrahedron，2006，62：3171-3200.

[33] Seiple I B，Zhang Z，Jakubec P，et al. A platform for the discovery of new macrolide antibiotics. Nature，2016，533：338-345.

[34] Aoki S，Watanabe Y，Sanagawa M，et al. Cortistatins A，B，C，and D，anti-angiogenic steroidal alkaloids，from the marine sponge *Corticium simplex*. J Am Chem Soc，2006，128：3148-3149.

[35] Aoki S，Watanabe Y，Tanabe D，et al. Structure-activity relationship and biological property of cortistatins，anti-angiogenic spongean steroidal alkaloids. Bioorg Med Chem，2007，15：6758-6762.

[36] Lee H M，Nieto-Oberhuber C，Shair M D. Enantioselective synthesis of (+)-cortistatin A，a potent and selective inhibitor of endothelial cell proliferation. J Am Chem Soc，2008，130：16864-16866.

[37] Pelish H E，Liau B B，Nitulescu，I I，et al. Mediator kinase inhibition further activates super-enhancer-associated genes in AML. Nature，2015，526：273-276.

[38] Shenvi R A, Guerrero C A, Shi J, et al. Synthesis of (+)-cortistatin A. J Am Chem Soc, 2008, 130: 7241-7243.

[39] Mousseau G, Clementz M A, Bakeman W N, et al. An analog of the natural steroidal alkaloid cortistatin a potently suppresses tat-dependent HIV transcription. Cell Host & Microbe, 2012, 12: 97-108.

[40] White N J. Assessment of the pharmacodynamic properties of antimalarial drugs *in vivo*. Antimicrob Agents Chemother, 1997, 41: 1413-1422.

[41] Vennerstrom J L, Arbe-Barnes S, Brun R, et al. Identification of an antimalarial synthetic trioxolane drug development candidate. Nature, 2004, 430: 900-904.

[42] Eckstein-Ludwig U, Webb R J, van Goethem I D A, et al. Artemisinins target the SERCA of *Plasmodium falciparum*. Nature, 2003, 424: 957-961.

[43] Ariey F D R, Witkowski B, Amaratunga C, et al. A molecular marker of artemisinin-resistant *Plasmodium falciparum* malaria. Nature, 2013, 505: 50-55.

[44] (a) Wu W M, Wu Y K, Wu Y L, et al. Unified mechanistic framework for the Fe(Ⅱ)-induced cleavage of qinghaosu and derivatives/analogues. The first spin-trapping evidence for the previously postulated secondary $C_{24}$ radical. J Am Chem Soc, 1998, 120: 3316-3325; (b) Wu W M, Yao Z J, Wu Y L, et al. Ferrous ion induced cleavage of the peroxy bond in qinghaosu and its derivatives and the DNA damage associated with this process. Chem Commum, 1996: 2213-2214.

[45] Wang J, Zhang C J, Chia W N, et al. Haem-activated promiscuous targeting of artemisinin in *Plasmodium falciparum*. Nat Commun, 2015, 6: 10111.

[46] Dixon S J, Lemberg K M, Lamprecht M R, et al. Ferroptosis: an iron-dependent form of nonapoptotic cell death. Cell, 2012, 149: 1060-1072.

[47] Lin R, Zhang Z, Chen L, et al. Dihydroartemisinin (DHA) induces ferroptosis and causes cell cycle arrest in head and neck carcinoma cells. Cancer Lett, 2016, 381: 165-175.

[48] (a) Lai A C, Crewa C M. Induced protein degradation: an emerging drug discovery paradigm. Nat Rev Discov, 2017, 16: 101-117; (b) Churcher I. Protac-induced protein degradation in drug discovery: breaking the rules or just making new ones? J Med Chem, 2018, 61: 444-452; (c) Gadd M S, Testa A, Lucas X, et al. Structural basis of PROTAC cooperative recognition for selective protein degradation. Nat Chem Biol, 2017, 13: 514-521.

[49] Zhuo B, Hu J, Xu F, et al. Discovery of a small-molecule degrader of bromodomain and extraterminal (BET) proteins with picomolar cellular potencies and capable of achieving tumor regression. J Med Chem, 2018, 61: 462-481.

[50] Schiedel M, Herp D, Hammelmann S, et al. Chemically induced degradation of sirtuin 2 (Sirt2) by a proteolysis targeting chimera (PROTAC) based on sirtuin rearranging ligands (SirReals). J Med Chem, 2018, 61: 482-491.

# 第2章　靶向细胞自噬通路的小分子探针

## 2.1　引　　言

autophagy 一词来源于希腊语，意思是自体吞噬，简称自噬。自噬是细胞依靠溶酶体降解胞内物质的统称[1]。1962 年，Ashford 和 Porten 通过电子显微镜观察，最早发现了细胞中存在包裹着细胞器的空泡结构，以及被裹内容物在空泡中降解的现象。Ashford 和 Porten 将这种现象命名为自噬。20 世纪 90 年代，随着分子生物学、分子遗传学等实验技术的日臻完善，自噬研究也有了长足的进展。研究发现，自噬在细胞的生长、发育和疾病发生中起着重要的作用，而且自噬调控机制的失调与多种疾病的发生和发展相关，如神经退行性疾病、恶性肿瘤、衰老、病原微生物感染、肌细胞功能失调等多种疾病[2-5]。

自噬发展包括 4 个阶段：自噬的诱导，自噬体膜核心的形成，自噬泡的形成，自噬体的成熟及相关内容物的循环利用。每个阶段都受相关基因和蛋白的程序性调控。下面将分别介绍自噬的各个发展阶段和相关的分子调控机制。

自噬在细胞的生长、代谢和抵御外界压力等多个方面起重要作用。根据目前的研究结果，自噬主要作用机制（图 2.1）大体分为以下三个方面。

（1）存活机制：在正常情况下，自噬并不活跃，仅处于一个基本水平。当细胞处于饥饿状态，生长因子短缺，或者亟需大量生物能量时，自噬活性高度上调。在饥饿压力下，细胞通过自噬降解蛋白质和细胞器，获得维持生存所必需的氨基酸、脂肪酸和核酸等营养物质。例如，幼鼠出生后，胎盘营养供给突然中断，而此时乳汁供养体系还没有迅速建立，幼小的生命面临一个十分严峻的饥饿期。研究发现幼鼠在出生后 3～12h，自噬水平快速上升，从而保证了幼鼠在没有外部营养供给时维持生存[6]。而自噬基因缺失的幼鼠在出生不久便死亡[7]。

（2）清除和免疫机制：营养物质充分时，自噬主要负责细胞的自我净化，通过降解和重复利用细胞内老旧蛋白和细胞器，维持细胞内环境稳定和代谢平衡。细胞内容物的降解主要采用以下两种途径，短半衰期的蛋白质主要通过泛素-蛋白酶体系统降解；长半衰期的蛋白质及线粒体、过氧化物还原酶体等细胞器或细胞器的一部分（如高尔基体和内质网的某些部分）则可通过自噬降解。自噬也参与细胞的发育和分化过程中机体的重新构建，清除无用的细胞器和分子。例如，在红细胞成熟过程中，未成熟细胞中的线粒体、核糖体必须由细胞自身清理，在此过程中自噬起着重要的作用[8]。

（3）死亡机制：通过自噬过分降解细胞内关键蛋白，可以导致细胞死亡。细胞自噬性死亡又称Ⅱ型程序性细胞死亡，区别于细胞凋亡（Ⅰ型程序性细胞死亡）。在特定情况下，细胞凋亡被抑制，自噬性死亡则可作为细胞的一种替代死亡形式。与凋亡不同的是，以大量自噬泡为特征的自噬性细胞死亡时，中间丝与微丝重新分布，但并不降解，肌动蛋白仍然保持聚合状态，因此细胞骨架系统保持完好；与之相反，凋亡过程中很早就出现肌动蛋白的解聚和中间丝的降解，细胞骨架系统遭到破坏[9]。另外，有人提出自噬对基因组稳定也有重要贡献；还有报道发现自噬有一定的抗炎作用。直到现在，自噬的生理作用还有很多方面并不为人所知，相信随着将来研究的深入，关于自噬的生理意义会有更加全面和深入的了解。国内马大为课题组是该研究方向的代表科研团队。

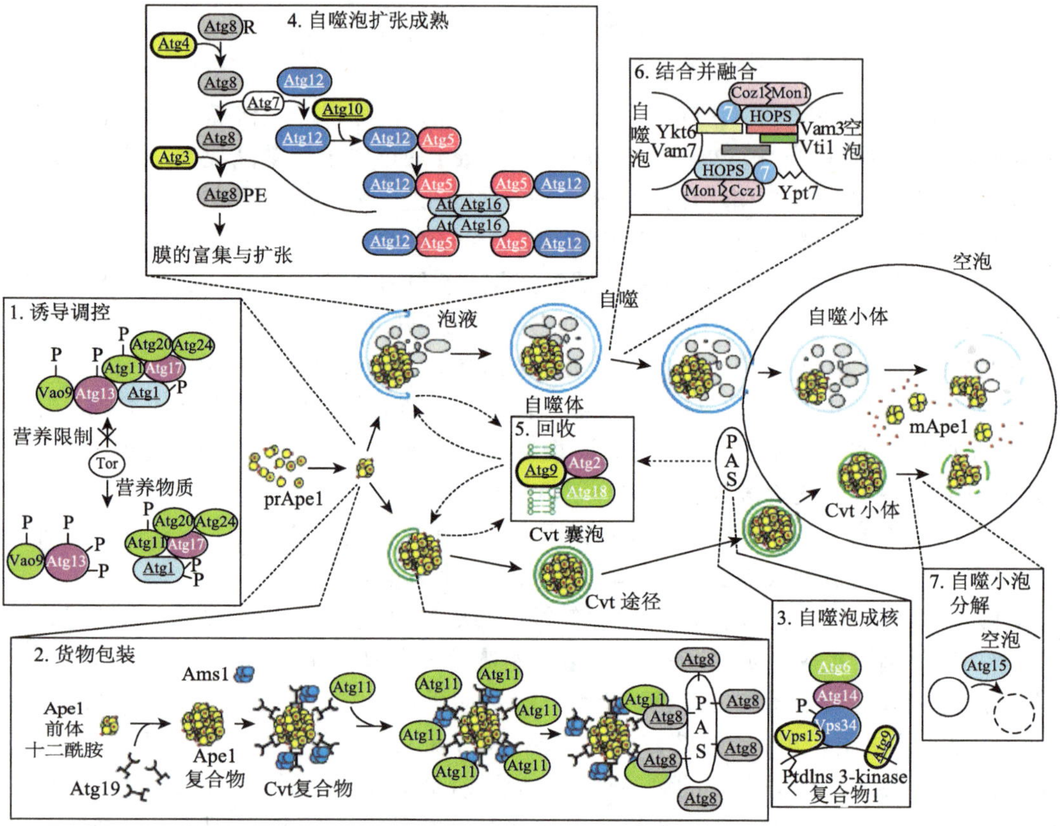


图 2.1　自噬的分子机制[10]

癌症现在已经是人类的头号杀手。近年来，随着自噬研究的深入，人们发现自噬与肿瘤的发生和发展及肿瘤的抗药性有着密切的联系。然而，与凋亡和血管生成等生理活动不同，自噬与肿瘤之间的关系非常复杂。在肿瘤发展的不同阶段，或者不同因素的作用下，甚至不同的组织和细胞中，自噬可能起着抑制肿瘤的作用，也可能起着促进肿瘤生长的作用。一方面，在癌症发生早期，自噬有防御病变的作用。Beclin1 是促进自噬的关键蛋白之一，在乳腺癌、卵巢癌、前列腺癌等肿瘤细胞中，经常出现自噬核心蛋白 Beclin1 的等位基因缺失。Shao 等通过实验发现，在永生化的老鼠上皮细胞中干扰 Beclin1 或 Atg5 蛋白表达，可以导致 DNA 的损伤，继而加剧了癌变的可能；在另一项实验中，敲除 Beclin1 基因的老鼠中，肿瘤突发的概率明显高于正常老鼠[11]。另一方面，代谢压力在实体瘤中普遍存在，正是自噬帮助肿瘤抵抗代谢压力生存下来。一般实体瘤发展到 1～2mm，才会刺激新血管生成（angiogenesis），而在此之前肿瘤的营养主要靠细胞内糖酵解和自噬提供。即使在成熟的实体瘤中，其内部血管结构也紊乱，往往供血不足，而且细胞内的糖酵解效率低下，根本无法满足肿瘤的能量需求，所以在瘤体的中心区域和低氧区域，自噬十分活跃。

自噬不仅为肿瘤提供营养物质，自噬信号通路激活还可阻塞 apoptosis 通路传导，阻碍了肿瘤的凋亡[12]。Lum 等发现 $Bax^{-/-}$ $Bak^{-/-}$-（Bax/Back 双敲除）细胞中自噬上调，阻止了细胞因生长因子缺失所引起的萎缩致死[13]。Bauvy 等使用硫化舒磷酸，诱导人宫颈癌 HT-29 细胞发生凋亡时，发现一部分去极化的线粒体进入自噬途径，从而抑制了线粒体功能紊乱，并隔离凋亡因子的释放，使细胞免于凋亡[14]。

与此同时，将促凋亡和抑制自噬相组合杀死癌细胞的疗法引起很多研究者的兴趣。因为许多肿瘤细胞具有抗凋亡能力，所以仅依靠细胞毒药物治疗效果并不理想。如今通过促凋亡药物与自噬抑制相组合疗法为肿瘤治疗另辟蹊径。

马大为课题组设想：在肿瘤萌发阶段，通过刺激自噬，清除可能的致病因素，抑制或杀死癌变病灶；而在实体瘤成型时期，通过抑制自噬，切断肿瘤的营养供给，削弱其抵抗凋亡的能力。当然，这种调控也可能存在比较高的风险。例如，过分减弱自噬可能增加瘤体周围正常细胞癌变的可能；而增强自噬不当，也会导致癌细胞凋亡被抑制，还会增加心肌受损等疾病发生的危险。

因此，在抗肿瘤药物的基础研究和临床应用中充分认识，并且合理协调利用自噬、凋亡与溶酶体抗肿瘤的积极因素，调动肿瘤细胞自身死亡机制，将有助于弥补甚至突破当前抗肿瘤用药的缺陷与不足，推动肿瘤研究及其相关学科的共同发展。总之，马大为课题组有充足的理由相信，通过合理调控自噬，人类在肿瘤治疗方面又可以多一把利器。

急性胰腺炎为腹部外科常见病，由于胰酶对胰腺的自我消化，进而对外周组织特别是腹腔内重要脏器造成严重的损害，因此死亡率非常高。近年来重型胰腺炎发病率逐渐增多，受到医学界广泛关注。病理形态学上，发生炎症的胰腺组织可能水肿，小叶结构紊乱，腺泡细胞中细胞核固缩甚至破裂，严重者还会出现组织大面积坏死。

胰腺细胞分泌多种胰酶酶原（包括 trypsinogen、proelastase、procarboxypeptidase 和 chymotrypsinogen 等蛋白水解酶），这些酶原被包装成酶原小颗粒。在正常情况下，酶原小颗粒封闭紧密。直到进入十二指肠，酶原才会被释放并发生剪切活化。而在病变情况下，胰蛋白水解酶酶原未等分泌至十二指肠，便在胰腺细胞内部剪切活化，引起胰腺发炎。

现在人们已经认识到，自噬是急性胰腺炎的一个致病要害[15, 16]，所以通过适当抑制自噬，有可能防止急性胰腺炎的发生或恶化。对于这种疗法，Yamamura 小组也进行了初步探索。他们发现，在 ANP 大鼠模型上，用 RNAi 技术沉默 Atg5 蛋白，可以使胰腺内的胰酶活性明显降低。在将来的研究中，如果能发现具有药用价值的自噬抑制小分子，Yamamura 小组关于急性胰腺炎治疗设想就有可能在临床中得以实现。

自噬调控机制的失调还与其他疾病密切相关。例如，神经退行性疾病（neurodegenerative diseases）、组织衰老、肌病等都与自噬功能衰竭有关，而有些病原体（鼻病毒和腺病毒等）感染和扩张性心脏病等也可能与自噬过分活跃有关。如今，自噬研究的长足进步为这些疾病的治疗带来曙光。马大为课题组相信深入了解自噬生理和相关病理的分子机制，将会帮助人们开发出效果更加良好的药物和疗法。

综上所述，开发自噬调控小分子，不但可以实现快速、可逆的调控自噬，而且可以研发治疗自噬相关疾病的药物。

## 2.2　研究进展与成果

### 2.2.1　自噬调控化合物筛选

1. 筛选平台

高等生物 LC3 蛋白与酵母 Atg8 蛋白同源，以 LC3-Ⅰ和 LC3-Ⅱ两种形态分布于细胞中。LC3-Ⅰ存在于胞质中，而 LC3-Ⅱ则定位于前自噬体、自噬体和自噬溶酶体膜表面。

马大为课题组首先通过荧光显微镜直接观察绿色荧光蛋白标记的 LC3 蛋白（GFP-LC3）的荧光变化，同时运用高内涵筛选技术（high-content screening，HCS）对 1000 个经化合物处理过的细胞的荧光进行统计学分析，HCS 分析数据包括每个细胞平均亮点数目、每个细胞平均亮点面积和每个细胞平均亮点亮度三项指标。

实验中，除了 GFP-LC3 荧光蛋白标记自噬体之外，马大为课题组还采用 DAPI 对细胞核进行染色，使用 FYVE-Red 红色荧光蛋白标记自噬体，利用 ArrayScan 4.0 高内涵药物筛选系统不但可以对细胞进行图像直接分析，而且同时获得细胞数目、核形态及包括大小、数目及 GFP-LC3 荧光亮度等与细胞自噬相关的结果；而且利用多通道数据采集系统，还可以统计同一视野中 GFP-LC3 和 FYVE-RFP 两种或者多种不同荧光蛋白的变化。

2. 筛选得到可能的自噬抑制剂——MBCQ

通过对 800 多种化合物进行筛选，马大为课题组找到了 15 种可能的自噬抑制剂，随后比较其化合物结构、活性和毒性，确定化合物 MBCQ 为目标化合物，并作进一步研究。

从图 2.2 中可以看到，用阳性药物雷帕霉素（rapamycin，RAPA）刺激后，每个细胞上平均 GFP-LC3 亮点的数目、面积和荧光亮度均增加了 2 倍以上；而且在 RAPA 连续刺激下，GFP-LC3 亮点增强并且能够持续 24h。这说明采用马大为课题组的 H4-LC3 细胞，可以建立一个 24h 保持稳定的自噬上调模型。同时，统计结果也显示，MBCQ 与 RAPA 协同作用后，相对于阳性对照（RAPA），GFP-LC3 亮点明显减弱，这种作用呈现时间依赖性。MBCQ 单独作用于 H4-LC3 细胞中，GFP-LC3 亮点的相关参数也都明显低于阴性对照（DMSO）。三种统计方法所得曲线的起伏趋势相同。以上实验结果证明 MBCQ 是一种可能的自噬抑制剂。

MBCQ 是多取代喹唑啉类化合物，1994 年由 Takase 小组最早发现。最初发现 MBCQ 对 PDE5（磷酸二酯酶 5）有明显的抑制作用（$IC_{50}$ = 19nmol/L）[17]；而且有良好的特异选择性，对同系列其他蛋白（PDE4、PDE3 等）的抑制率仅为 PDE5 的 1‰。而该类化合物对自噬的抑制作用则未见文献报道，抑制 PDE5 与抑制自噬相关也未见文献报道。

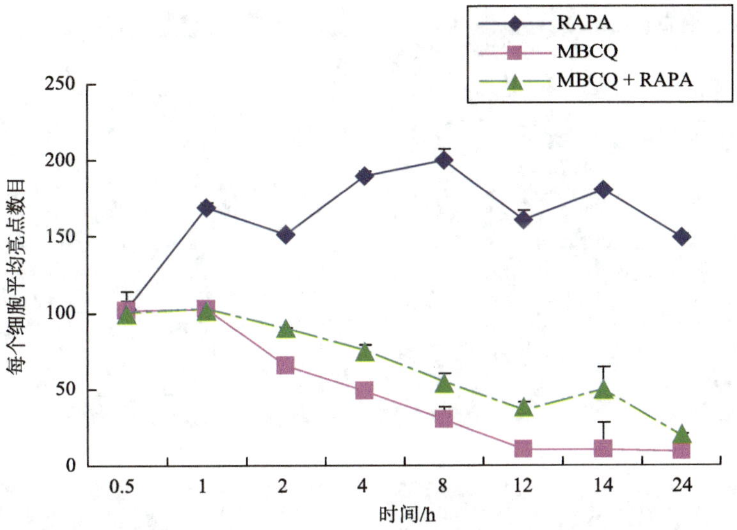


图 2.2　MBCQ 对 GFP-LC3 荧光亮点的减弱作用具有时间依赖性

### 2.2.2　MBCQ 对自噬的抑制效应

1. 免疫印迹检测结果证明 MBCQ 可以降低细胞内 LC3 蛋白水平

1）MBCQ 降低 H4-LC3 细胞中的外源 GFP-LC3 蛋白

荧光显微镜观察 MBCQ 可以使 GFP-LC3 荧光亮点显著减弱（图 2.3），为了分辨这种减弱作用是由荧光猝灭引起，还是促进 GFP-LC3 降解所致，马大为课题组进行了免疫印迹检测。

如图 2.4 所示，在 RAPA 刺激下 GFP-LC3-Ⅱ荧光亮点明显增强，而 MBCQ 可以明显促进 GFP-LC3-Ⅱ蛋白降解，而且 GFP-LC3-Ⅰ蛋白也有部分减少。这说明 MBCQ 对 FP-LC3 荧光亮点的减弱，确实由其促进 GFP-LC3 降解所致。

2）MBCQ 降低 H4-LC3 细胞中的内源 LC3 蛋白

通过免疫印迹实验，进一步检测 MBCQ 对 H4-LC3 细胞内源 LC3 的影响。以 DMSO（1‰）处理 H4-LC3 细胞为阴性对照，MBCQ（5μmol/L）孵育 H4-LC3 细胞 8h［图 2.5（a）］或 24h［图 2.5（b）］后，发现 MBCQ 实验组内源 LC3 蛋白含量显著降低。

3）MBCQ 促使 293T 细胞和 MEFs 细胞内 LC3 蛋白降解

为了进一步确证 MBCQ 对 LC3 蛋白有促进降解作用，马大为课题组分别换用 293T 细胞和 MEFs 细胞，用 RAPA 和 MBCQ 处理后，进行免疫印迹检测，发现 MBCQ 可以明显抑制 LC3-Ⅱ蛋白水平。

4）MBCQ 对 LC3 蛋白的促降解作用具有时间依赖性

MEFs 细胞含有比较丰富的 LC3-Ⅰ和 LC3-Ⅱ蛋白，便于免疫印迹检测。所以马大为课题组以 MEFs 作为研究对象，检测在 MBCQ 不同处理时间下 LC3-Ⅱ蛋白的变化情况。结果发现 MBCQ 最快可以在 0.5h 内就能拮抗 RAPA 诱导的自噬。细胞与 MBCQ 孵育 1h，就可以检测到 LC3-Ⅱ蛋白水平明显降低，这与 MBCQ 减少 GFP-LC3 荧光亮点的时间依赖性相吻合。以上数据为 MBCQ 抑制自噬的效应提供了有力的证据。

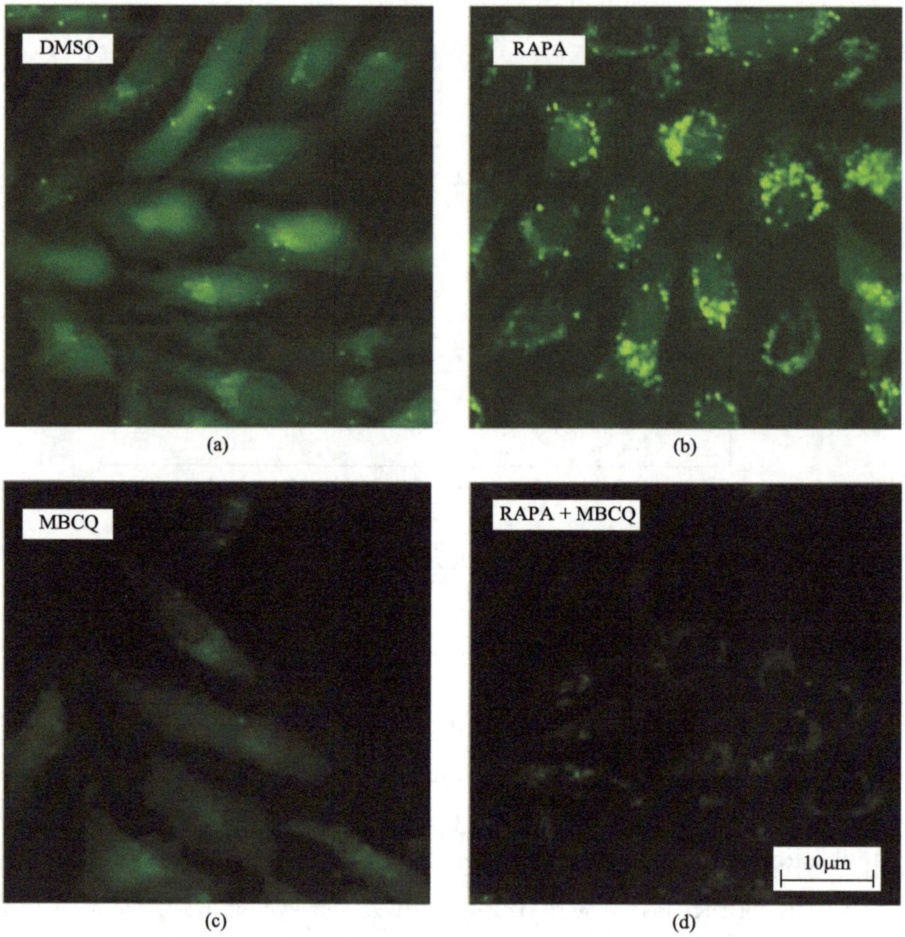


图 2.3　MBCQ 作用于 H4-LC3 24h，GFP-LC3 荧光完全被抑制

（a）DMSO（1‰）；（b）RAPA（0.2μmol/L）；（c）MBCQ（5μmol/L）；（d）RAPA（0.2μmol/L）+ MBCQ（5μmol/L）

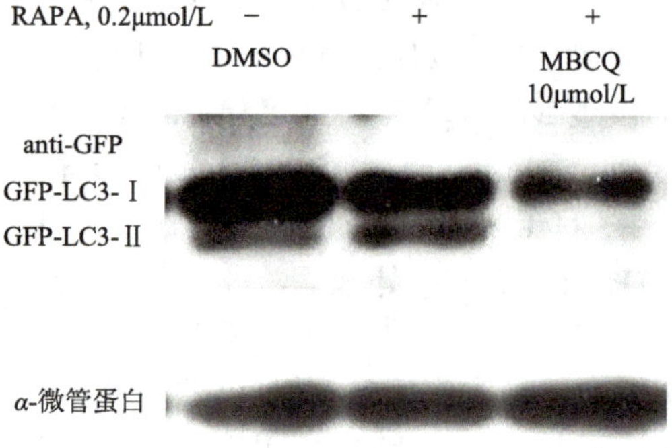


图 2.4　MBCQ 诱导外源 GFP-LC3-Ⅱ蛋白水平降低

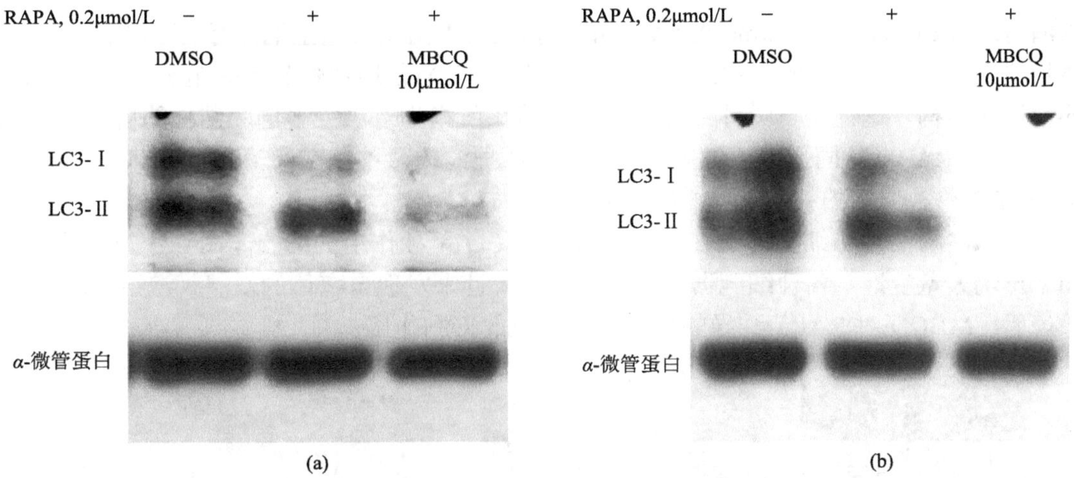


图 2.5　MBCQ 促使 H4-LC3 细胞内源 LC3 蛋白水平降低

5）MBCQ 对 LC3 蛋白的降解依赖于蛋白酶体途径和溶酶体途径

马大为课题组进一步研究了 MBCQ 通过何种途径促使 LC3 蛋白降解。MG132 是已知的蛋白酶体抑制剂，$NH_4Cl$ 是已知的溶酶体抑制剂。马大为课题组发现 MBCQ 单独作用或分别和 MG132 或 $NH_4Cl$ 共同作用后，MG132 和 $NH_4Cl$ 都能拮抗 MBCQ 减少 LC3 蛋白的作用。实验说明，MBCQ 对 LC3 蛋白的降解作用依赖于蛋白酶体途径和溶酶体途径（图 2.6）。

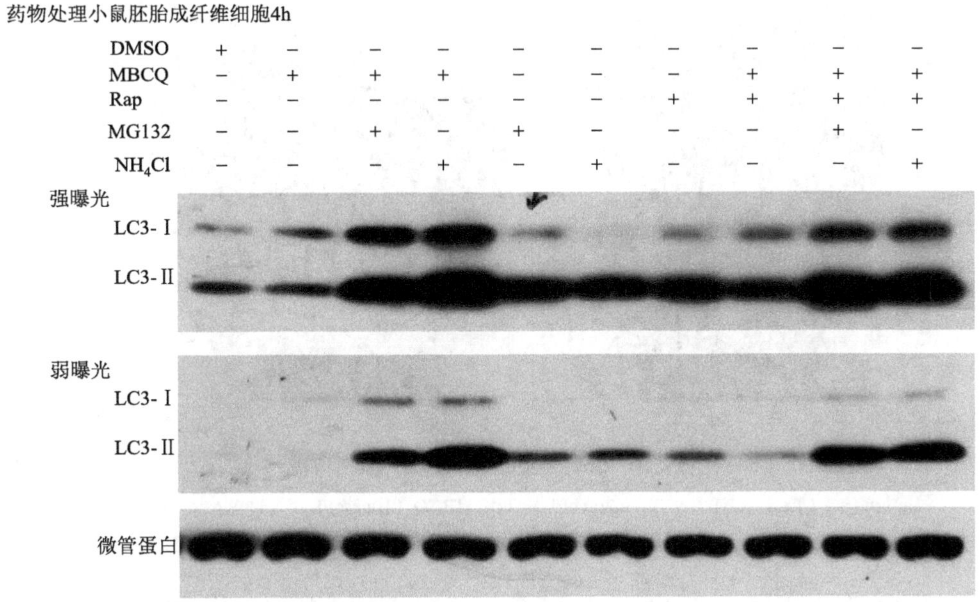


图 2.6　MBCQ 依赖蛋白酶体途径和溶酶体途径降解 LC3 蛋白

## 2. 电子显微镜（EM）观察 MBCQ 抑制自噬

马大为课题组通过 EM 直接观察 MBCQ 作用于 H4 细胞所导致的亚细胞结构变化。可以清楚地看到 RAPA（0.2μmol/L）刺激的细胞胞浆中出现大量空泡，而且正常细胞器（如线粒体）很少。进一步放大图片［图 2.7（e）］，可以清楚地观察到包裹胞浆和残存细胞器的双层膜结构，这便是自噬体［图 2.7（e）箭头所指为双层或多层膜结构的自噬体］。而 MBCQ 与 RAPA 共同作用于细胞时，RAPA 诱导的大量胞浆空泡消失，亚细胞形态类似于 DMSO 单独作用的细胞［图 2.7（e）］。

另外，阴性对照细胞［图 2.7（a）］和 MBCQ 单独作用的细胞［图 2.7（c）］胞浆中均未出现大量空泡，各种细胞器形态也正常，而且未发现自噬体的双层膜泡结构。EM 结果证明，MBCQ 对 RAPA 诱导的自噬具有明显的抑制作用。

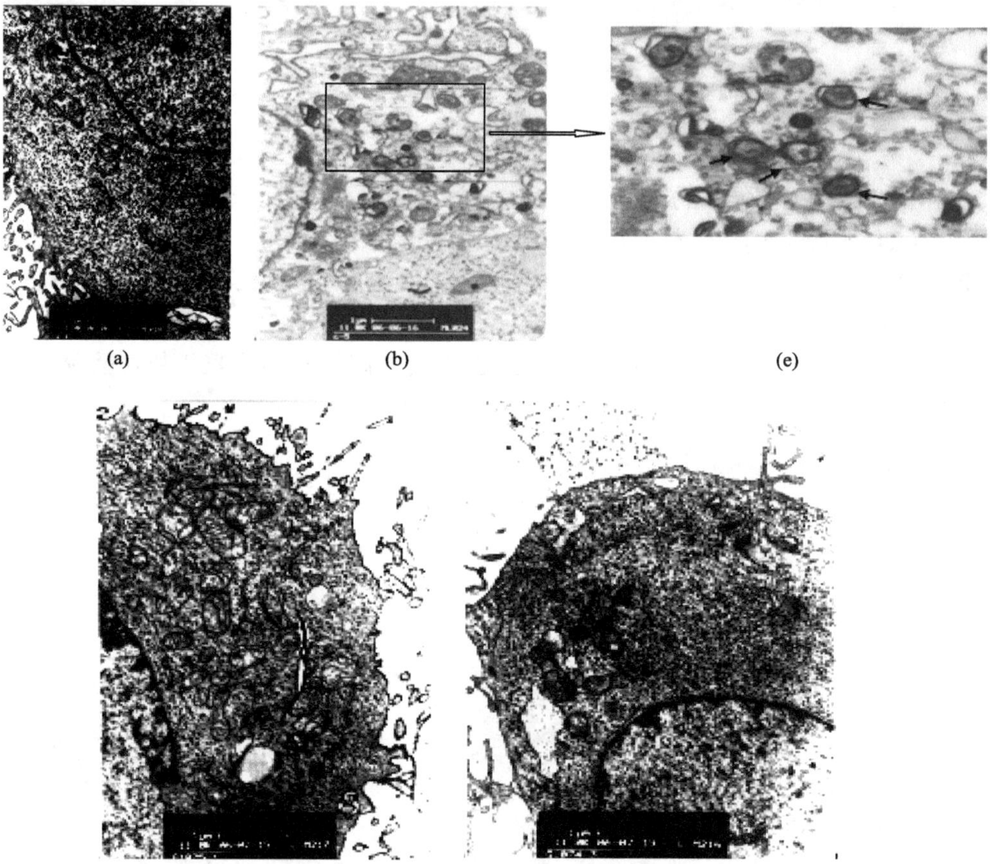


图 2.7　EM 结果证明 MBCQ 抑制自噬

（a）DMSO（1‰）；（b）RAPA（0.2μmol/L）；（c）MBCQ（10μmol/L）；（d）RAPA（0.2μmol/L）+ MBCQ（10μmol/L）；（e）图（b）放大图

3. MBCQ 抑制自噬的半数有效浓度

以 0.2μmol/L RAPA 诱导 H4-LC3 发生自噬，同时加入不同浓度的 MBCQ 与之共同作用，孵育细胞 12h 后，HCS 考察它们对自噬的抑制效应。以 1‰ DMSO 处理的 H4-LC3 细胞作为阴性对照，以 RAPA 单独作用的 H4-LC3 细胞作为阳性对照，考察不同浓度 MBCQ

对 GFP-LC3 荧光的影响。与前面方法相同，分别统计分析平均每个细胞亮点数目、平均每个细胞亮点面积、平均每个细胞亮点亮度的变化。

图 2.8 中虚线表示 MBCQ 与 RAPA 协同作用时，GFP-LC3 荧光指数的统计结果。当 RAPA 单独孵育细胞时，每个细胞平均亮点数目增加 2 倍，每个细胞平均亮点面积增加 2.4 倍，每个细胞平均亮点亮度增加 2.8 倍。随着 MBCQ 浓度增加，RAPA 诱导的荧光增强逐渐被抑制。实线表示 MBCQ 单独作用时，GFP-LC3 荧光指数的统计结果。同样，随着 MBCQ 浓度的增加，细胞上本底的荧光逐渐被抑制。分析结果说明 MBCQ 对 GFP-LC3 荧光亮点的减弱作用具有浓度依赖性。

从 HCS 分析结果中，选取每个细胞平均亮度指数做曲线，通过 GraphPad 软件计算出 MBCQ 对 H4-LC3 细胞的自噬抑制半数有效浓度（$EC_{50}$）为 0.788μmol/L，而从曲线中分析出 MBCQ 的工作浓度（浓度依赖曲线底部拐点对应的浓度）为 5μmol/L（图 2.9）。其浓度为目前普遍使用的自噬抑制剂——3-甲基腺嘌呤（3-methyladenine，3-MA）的工作浓度（10mmol/L）5/10000，说明 MBCQ 是一种高活性的自噬抑制剂。

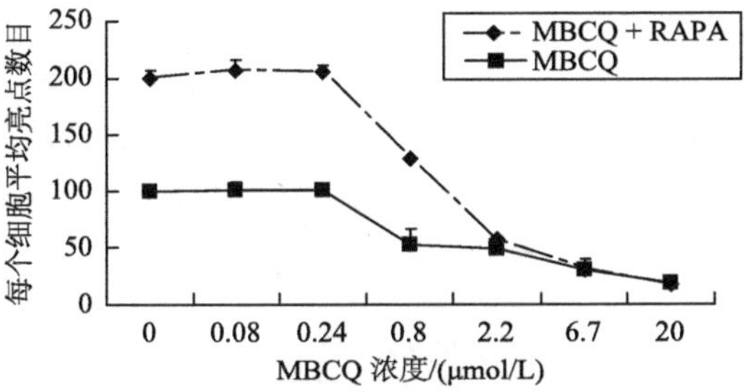


图 2.8　MBCQ 对 GFP-LC3 荧光亮点的减弱作用具有浓度依赖性

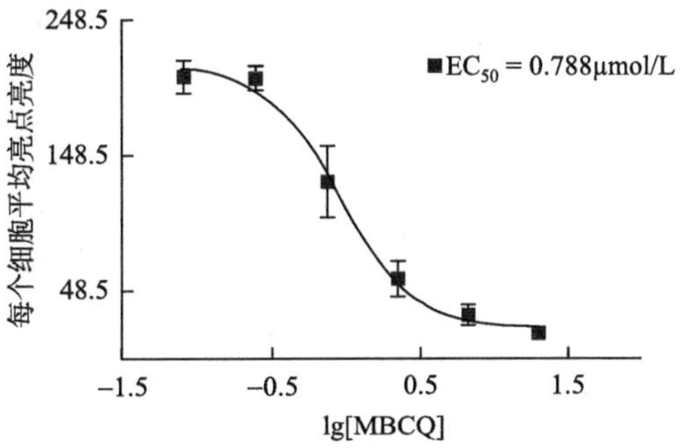


图 2.9　MBCQ 抑制 GFP-LC3 荧光-浓度曲线

RAPA 0.2μmol/L；作用时间 12h

4. MBCQ 抑制饥饿诱导的自噬

如前面所述，在营养匮乏的情况下，细胞为保证自身的存活会启动自噬。马大为课题组用 Hanks 缓冲溶液饥饿诱导 H4-LC3 细胞 1h，细胞上的荧光亮点明显增强，显示细胞此时的自噬活动增强。马大为课题组发现 Hanks 缓冲溶液饥饿诱导的细胞中荧光亮点明显增强；加入 MBCQ 可以抑制饥饿诱导的细胞中荧光亮点增强。

随后马大为课题组又使用 HCS 对细胞荧光变化统计分析，并以已知的自噬抑制剂 3-MA 和渥曼青霉素（wortmannin，WA）作阴性对照，制作了 GFP-LC3 荧光变化时间曲线。如图 2.10 所示，可以看到 0.5～2h，随着饥饿时间的延长，细胞荧光亮点数目、

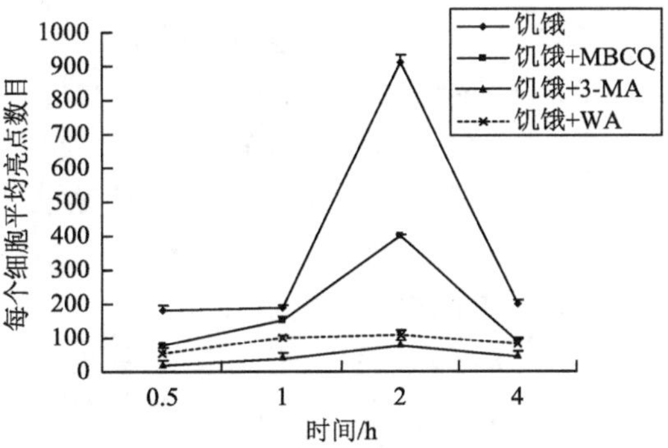


图 2.10　MBCQ 抑制饥饿诱导自噬的统计结果

亮点面积和亮点亮度均逐渐增强，MBCQ（5μmol/L）对 GFP-LC3 荧光亮点的抑制效果良好，3-MA（10mmol/L）和 WA（0.1μmol/L）也可以有效抑制荧光亮点的增强。

### 2.2.3 MBCQ 构效关系研究

确证 MBCQ 对自噬的抑制作用以后，开始研究 MBCQ 的构效关系（structure activity relationship，SAR）。第一阶段结构改造研究的目标有 3 个：①合成具有更高自噬抑制活性的 MBCQ 衍生物；②合成只具有自噬抑制活性而无 PDE5 抑制副作用的小分子；③合成与 MBCQ 结构相近而无自噬抑制活性的化合物，作为阴性对照。

1. MBCQ 衍生物的合成

MBCQ 是 4 位杂原子取代的喹唑啉化合物，观察 MBCQ 的结构（图 2.11），马大为课题组将其分为三部分：Part A、Part B、Part C，并对 MBCQ 的结构进行改造。

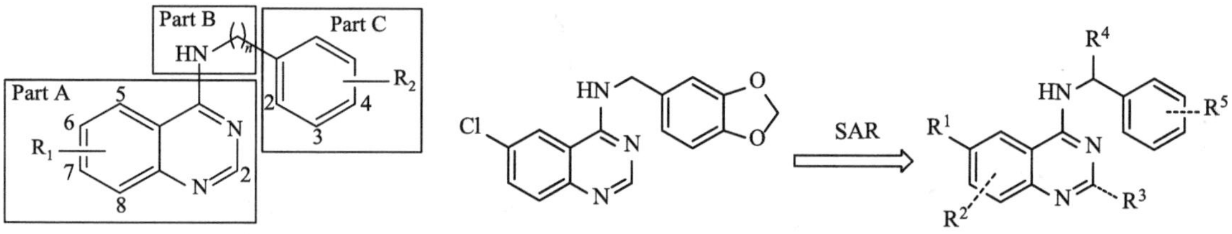


图 2.11 MBCQ 骨架图例（a）和 MBCQ 结果改造示意图（b）

Part A，喹唑啉环；Part B，连接部分；Part C，取代苯环

1）对 Part A 的结构改造

（1）在 6 位引入不同取代基团：卤素（如 F、Cl、Br、I）、吸电子基团（如硝基、甲基亚磺酰基等）、推电子基团（如甲氧基、氨基等）。

（2）7 位或 8 位引入卤素（如 F、Cl、Br、I）。

（3）6 位、8 位同时引入卤素（如 F、Cl、Br、I）或甲氧基。

（4）在 2 位引入甲基或氨基等。

2）对 Part B 的衍生化

（1）考察不同长度碳链（$n = 1$、2、3 等）对活性的影响。

（2）考察 Part B 部分杂原子 N，被其他原子（如 O、S 等）代替后对活性的影响。

（3）引入支链烷基取代，考察它的改变对活性的影响，如图 2.11 中 $R^4$ 位置。

3）对 Part C 的结构改造

（1）苯环 4 位引入不同取代基团：卤素（如 F、Cl、Br、I）、吸电子基团（如硝基、三氟甲基等）、推电子基团（如氨基等）。

（2）苯环 3 位和 4 位，被亚甲二氧基、卤素（如 F、Cl）双取代。

（3）对苯环 3 位和 4 位三取代（如甲氧基等）。

（4）将取代苯环改为无取代的苯环、4-吡啶环、吗啉环、呋喃环等。

考察不同杂环对活性的影响。

2. 活性衍生物的筛选

用不同浓度的 MBCQ 衍生物与 RAPA 协同作用后，利用 HCS 技术，马大为课题组研究了 112 种衍生物的自噬抑制活性，方法同前面所述。根据 HCS 活性检测结果，初步总结 MBCQ 构效关系。

（1）Part A 喹唑啉环的 6 位为活性关键部位：6 位为吸电子取代基（如硝基）时，化合物具有较高自噬抑制活性（如 C29 等）；6 位为供电子取代基（如氨基）时，化合物没有活性（如 C42）；喹唑啉环没有取代基时，化合物也有中等程度的活性（如 C19）。

（2）取代基在 Part A 喹唑啉环 7 位或 8 位时，化合物活性会消失（如 C82、C83 或 C08）；6 位和 8 位双取代时，化合物的活性也会消失（如 C18、C20）。

（3）Part A 喹唑啉环取代基空间位阻过大，会削弱化合物活性，甚至导致活性消失（如 C01、C70 或 C107）。

（4）当 Part B 部分的杂原子为氧或硫时，化合物的自噬抑制活性消失（如 C101、C45）。

（5）当 Part B 部分的杂原子为氮，且与 1～3 个碳原子相连时，活性较好（如 C16、C51 和 C13）；无碳原子或多于 3 个碳原子时无活性（如 C30、C49）。

（6）Part B 支链过长会削弱化合物活性，甚至导致活性消失（如 C87、C81、C86 和 C94）。支链的不同构型 *R*、*S* 型对化合物活性的影响不大。马大为课题组共合成了两组旋光异构体（C84 与 C85，C76 与 C77），发现 *R*、*S* 构型分子在活性上并没有明显区别。

（7）当 Part C 部分苯环是活性核心官能团时，该苯环被吗啉、呋喃环或 4-吡啶环等替代，该化合物失去活性（如 C78、C54 和 C14 等）。

（8）苯环被卤素（如 F、Cl、Br、I）取代，或 3、4 位被亚甲二氧基取代时，化合物活性较好（如 C29、C24 和 C40 等）；Part C 引入吸电子取代基（如硝基）时，活性消失（如 C15）；Part C 苯环取代基空间位阻过大，会导致化合物活性消失（如 C03、C102）。

从 112 种 MBCQ 衍生物中，马大为课题组筛选出 15 种与 MBCQ 活性相当或更好的衍生物（代表化合物见表 2.1）。其中，C29 是活性最好的化合物，它的自噬抑制半数有效浓度为 0.083μmol/L，约为 MBCQ 的 1/10。

**表 2.1　常用的自噬调控小分子[18]**

| 化合物名称 | 目标蛋白 | 药效 |
|---|---|---|
| RAPA[19] | mTOR | 诱导自噬 |
| 锂盐[20] | IP3 相关肌醇单磷酸酶 | 降低 IP3 水平，诱导自噬 |
| 3-MA[21] | PI3K | 抑制自噬 |
| WA[21] | PI3K | 抑制自噬 |
| 巴伐洛霉素 A1[22] | 空泡 ATP 酶 | 抑制自噬 |
| 氯喹 | 溶酶体 | 抑制自噬 |
| 他莫昔芬[23] | Beclin1 蛋白 | 诱导自噬 |

在 HCS 检测的同时，马大为课题组也通过普通荧光显微镜，观察被测药物对 GFP-LC3 荧光的影响。C29 和 C43 可以明显抑制 GFP-LC3 荧光亮点，观察到的现象与 HCS 检测结果完全吻合。

为了确证 HCS 检测的准确性，马大为课题组选取化合物 C29、C43 和 C71 作用于 MEFs 细胞 4h，然后免疫印迹检测 LC3 蛋白的变化（图 2.12）。以 DMSO（1‰）处理 MEFs 细胞 4h 为阴性对照，以 RAPA（0.2μmol/L）处理细胞 4h 为阳性对照，分别用 MBCQ（10μmol/L）、C43（10μmol/L）、C29（10μmol/L）、C71（10μmol/L）处理细胞 4h。

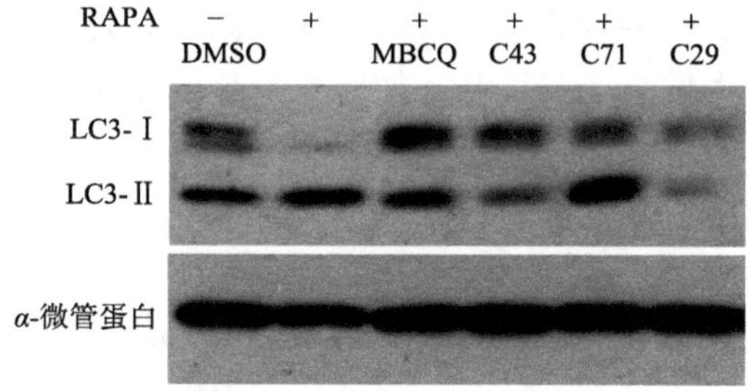


图 2.12　免疫印迹检测 MEFs 细胞内源 LC3 蛋白

DMSO（1‰）；RAPA（0.2μmol/L）；MBCQ（10μmol/L）；C43（10μmol/L）；C29（10μmol/L）；C71（10μmol/L）

免疫印迹检测发现，C43、C29 和 MBCQ 都能抑制 RAPA 引起的 LC3-Ⅱ蛋白水平升高；而结构阴性对照 C71 却不能抑制 RAPA 引起的 LC3-Ⅱ蛋白水平升高。免疫印迹的检测结果与 HCS 检测完全吻合。HCS 结果计算的 C29 和 C43 的自噬抑制半数有效浓度分别为 $EC_{50}$ = 83nmol/L 和 $EC_{50}$ = 0.87μmol/L；而与 MBCQ 结构类似的化合物 C71 却无自噬抑制活性，马大为课题组选择 C71 作为阴性对照。

通过 EM 观察亚细胞结构的变化，进一步确证 C29 和 C43 对自噬的抑制作用。以 DMSO（1‰）处理 MEFs 细胞 4h 为阴性对照，以 RAPA（0.2μmol/L）处理 MEFs 细胞 4h 为阳性对照，分别用 C29（10μmol/L）或 C43（10μmol/L）单独作用，或者与 RAPA（0.2μmol/L）共同处理细胞。4h 后，用异戊二醛固定，送电镜室分析。

DMSO（1‰）孵育的细胞［图 2.13（a）］，C29（10μmol/L）单独作用的细胞［图 2.13（e）］，以及 C43（10μmol/L）单独孵育的细胞［图 2.13（f）］中，胞浆内均未见大量空泡，各种细胞器形态正常，也未观察到双层膜结构的自噬体。用 RAPA（0.2μmol/L）处理过的细胞胞浆中，出现大量空泡［图 2.13（b）］。而 C29（10μmol/L）与 RAPA（0.2μmol/L）共同作用［图 2.13（c）］，或 C43（10μmol/L）与 RAPA（0.2μmol/L）共同作用［图 2.13（d）］的细胞胞浆中，却没有出现大量空泡；图 2.13（c）和（d）中均可以看到正常的线粒体，亚细胞形态类似于 DMSO 作用结果［图 2.13（a）］。EM 观察结果进一步确证了 C29 和 C43 对自噬的抑制作用。

通过对 MBCQ 的构效研究，马大为课题组得到了自噬抑制活性为 MBCQ10 倍的衍生物 C29（$EC_{50}$ = 83nmol/L），还得到了结构与 MBCQ 类似却无自噬抑制活性的 C71 和 C82，作为阴性对照。

马大为课题组对 MBCQ 衍生物的构效关系研究还处于初期阶段。只有深入了解 MBCQ 作用机理，探明该分子目标蛋白后，才会在分子水平真正理清该系列抑制剂的构效关系。

3. MBCQ 抑制自噬作用与 PDE5 活性无关

1）MBCQ 衍生物 C43 仅有自噬抑制活性，而 PDE5 抑制作用不明显

如前面所述，在环鸟苷酸（cGMP）的内循环过程中，PDE5（磷酸二酯酶 5）催化

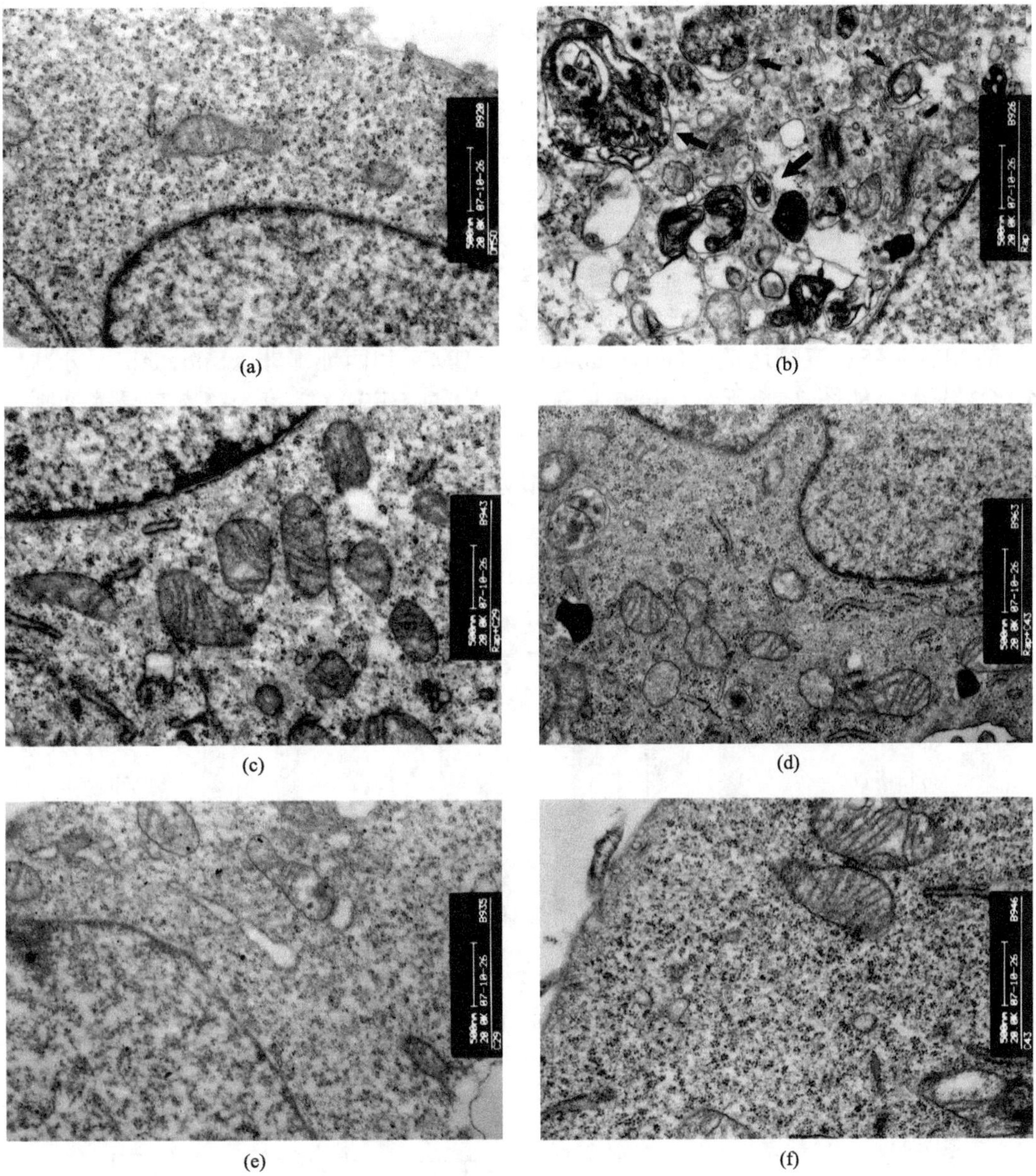

图 2.13　EM 结果证明 C29 和 C43 可以抑制自噬

（a）DMSO（1‰）；（b）RAPA（0.2μmol/L）；（c）C29（10μmol/L）+ RAPA（0.2μmol/L）；（d）C43（10μmol/L）+ RAPA（0.2μmol/L）；（e）C29（10μmol/L）；（f）C43（10μmol/L）

cGMP 环酯开环，使 cGMP 变成鸟苷酸。MBCQ 是已知的 PDE5 酶特异性抑制剂，通过抑制 PDE5 的活性，继而引起细胞内 cGMP 浓度上升。MBCQ 的自噬抑制作用是否与其 PDE5 抑制活性有关呢？从 112 种 MBCQ 衍生物中，马大为课题组选取 14 种化合物进行 PDE5 酶活抑制筛选[24]。再次筛选中，马大为课题组成功找到了自噬抑制活性与 MBCQ 相当，而 PDE5 抑制作用相当小的衍生物 C43（自噬抑制 $EC_{50} = 0.87\mu mol/L$），如图 2.14 所示。

化合物 C43（$EC_{50}$ = 0.87μmol/L）在 2μmol/L 浓度时（如前面所述），可以明显抑制自噬；而在相同浓度下却无 PDE5 抑制活性。当浓度增加到 20μmol/L 时，C43 对 PDE5 仅有 40%的抑制率。这说明 MBCQ 及其活性衍生物抑制自噬活性与 PDE5 抑制无关。同时，马大为课题组也发现 C43 对其他磷酸二酯酶抑制作用也不明显。结果证明 MBCQ 及其活性衍生物抑制自噬活性与 PDE5 抑制无关。

2）其他 4 种 PDE5 抑制剂无明显自噬抑制活性

为了进一步确证 MBCQ 抑制自噬活性与 PDE5 活性或 cGMP 浓度之间的关系，马大为课题组使用了几种典型的 PDE5 抑制剂进行对照实验。以 RAPA 为阳性对照，用 PDE5 抑制剂 MY-5445、双嘧达莫（Dipyridamole）、IBMX 和西地那非（Sildenafil）分别作用 H4-LC3 细胞。如图 2.15 所示，可知只有 MBCQ 对 GFP-LC3 荧光亮点有显著抑制。而其他几种 PDE5 抑制剂对 RAPA 引起的 GFP-LC3 蛋白荧光亮点增强，均没有明显的抑制（图 2.15）。实验结果说明 MBCQ 抑制自噬与 PDE5 活性及 cGMP 浓度无关。

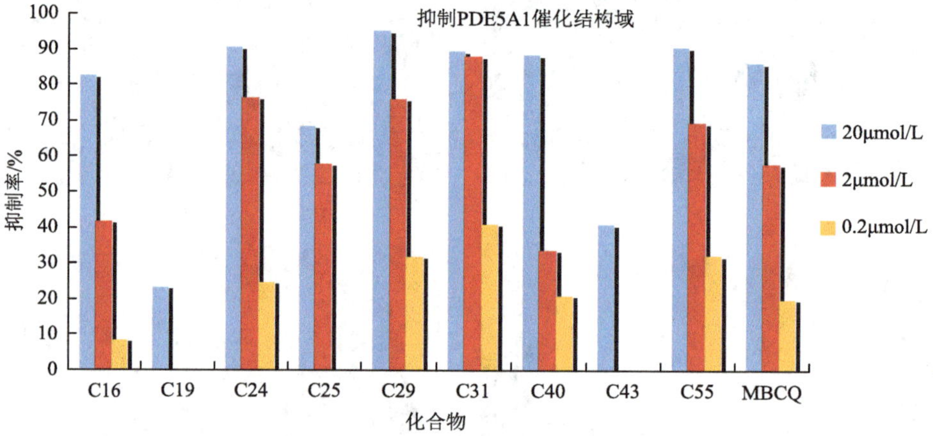


图 2.14　化合物抑制 PDE5A1 的作用

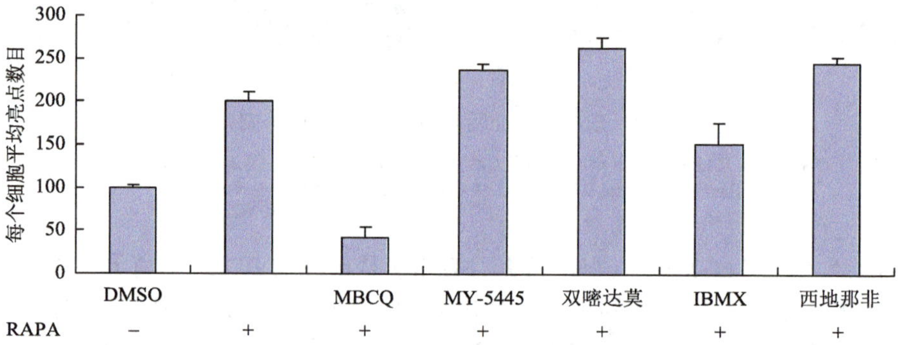


图 2.15　HCS 检测各种 PDE5 抑制剂对 GFP-LC3 荧光亮点的影响

### 2.2.4　MBCQ 抑制自噬相关的细胞死亡

马大为课题组通过台盼蓝染色统计细胞存活率、流式细胞周期检测和 MTT 法细胞活力检测等方法确证 MBCQ 及其活性衍生物不影响 H4 细胞生长，还用 MTT 法检测不同浓度 C29 作用于 H4 细胞 24h 和 48h 后细胞的生长状况。结果发现 C29 基本不影响细胞生长。通过 MTT 实验，该课题组还检测了 MBCQ 及其衍生物（C43、C29、C82）不同浓度，孵育 293T 细胞 4h，没有明显细胞死亡发生。这说明 MBCQ 及其衍生物对 293T 细胞没有明显细胞毒性。

为进一步证明 MBCQ 的低毒性，该课题组运用流式细胞仪进行细胞凋亡检测和细胞周期分析。MBCQ 作用后，流式检测未发现凋亡峰，证明 MBCQ 对 H4 细胞生长没有明显影响，说明 MBCQ 是一种低毒性的自噬抑制剂。

### 2.2.5　探究 MBCQ 抑制自噬的作用机理

1. MBCQ 对 mTOR 通路中主要信号分子没有明显影响

MBCQ 可以抑制 RAPA 和饥饿诱导的自噬，而 RAPA 和饥饿信号通过 mTOR 通路刺激自噬。

马大为课题组研究发现在 RAPA 单独作用下，mTOR 及 mTOR 底物、P70S6K 和 S6 蛋白的磷酸化水平明显下降；但是，MBCQ 并不影响 RAPA 对 mTOR 及其底物的去磷酸化作用；而且，MBCQ 单独作用，也不影响 mTOR、P70S6K 和 S6 蛋白磷酸化水平（图 2.16）。同时，马大为课题组也发现 MBCQ 对 GSK-3$\alpha/\beta$ 和 AKT 蛋白的磷酸化水平也没有明显影响。因为 AKT 磷酸化受 ClassI PI3K 调控，所以 MBCQ 对 ClassI PI3K 激酶活性也无明显影响。根据以上结果，推断 MBCQ 对 mTOR 通路和 ClassI PI3K 激酶没有明显影响。

2. MBCQ 对细胞内其他细胞器（内体、溶酶体和高尔基体）及蛋白酶体降解系统没有明显影响

自噬体的成熟过程与内体、溶酶体等其他几种细胞器密切相关。通过各种方法，马大为课题组也检测了 MBCQ 对其他几种细胞器的影响，结果如下。

1）MBCQ 不影响早期内体

EEA1（early endosomal antigen 1）蛋白是早期内体的特异标记物。MBCQ（10μmol/L）分别作用 H4 2h 和 8h 后，免疫荧光实验显示，MBCQ 并不影响 EEA1 在 H4 细胞内的分布状况（图 2.17），说明 MBCQ 不会影响早期内体在细胞中的分布。

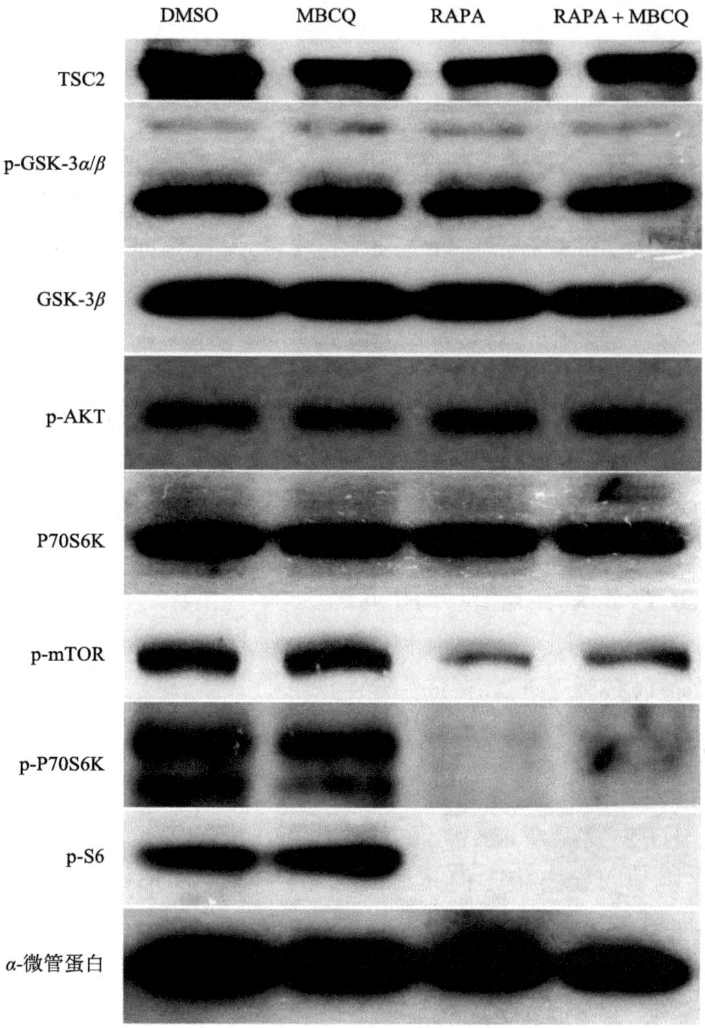


图 2.16　MBCQ 不影响 mTOR 信号通路上相关蛋白的含量和磷酸化水平

DMSO（1‰）；RAPA（0.2μmol/L）；MBCQ（5μmol/L）

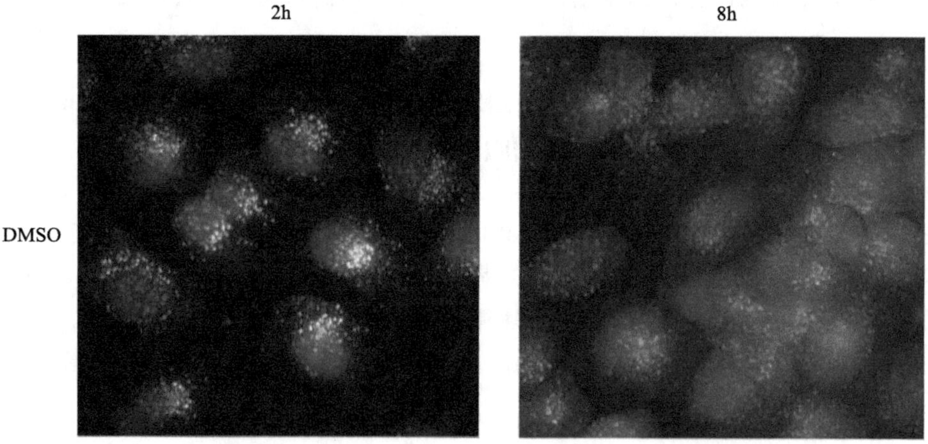

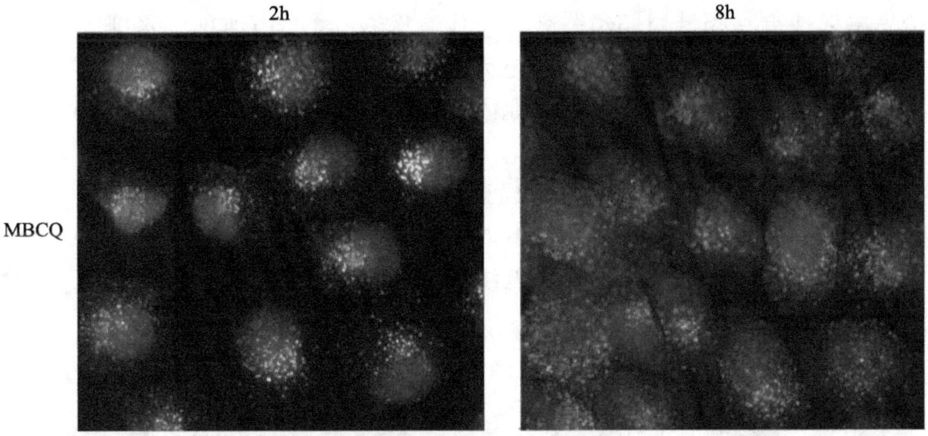


图 2.17　免疫荧光染色，MBCQ 对 EEA1 没有明显影响

DMSO（1‰）；MBCQ（10μmol/L）

2）MBCQ 对内吞过程无明显影响

受体介导的内吞作用（receptor mediated endocytosis）是一种选择浓缩机制，内吞后的物质立即被运送至早期内体，早期内体呈管状和小泡状的网络结构，是对内吞物质进行分选的主要场所[25]，不同类型的受体具有不同的胞内体分选途径，一般来说主要分为三类[26]：①运送至溶酶体降解；②返回胞膜；③受体被运至质膜的不同结构域，如具有极性的上皮细胞，是一种将内吞作用与外排作用相结合的物质跨膜转运方式，即转运的物质通过内吞作用从上皮细胞的一侧被摄入细胞，再通过外排作用从细胞的另一侧输出。

马大为课题组分别选择转铁蛋白（transferrin）和表皮生长因子（EGF，epidermal growth factor）两种经历不同分选途径的分子，研究 MBCQ 对内吞的影响（图 2.18）。

该课题组使用荧光分子 Alexan 568 标记的转铁蛋白，发现 MBCQ 检测组与对照组中，荧光减弱趋势相同。细胞器的酸性程度对内吞过程有很大的影响，文献报道，V-ATPase 抑制剂巴伐洛霉素 A1 降低了细胞内的酸性，使得 $Fe^{3+}$不能与转铁蛋白分离，从而能够减缓转铁蛋白的回收过程，使之累积聚集在核周围。这些实验结果与文献较好地吻合。而实验证明 MBCQ 对细胞的内吞和转铁蛋白的回收都没有明显影响。

EGF 是人体内分泌的一种重要生长因子，极微量即能强烈促进表皮细胞的分裂和生长，此外，它还能刺激细胞外一些大分子（如透明质酸和糖蛋白等）的合成和分泌。EGF 与细胞表面表皮生长因子受体（EGFR）结合后，此部分质膜凹陷形成有被小窝，小窝与质膜脱离形成有被小泡，继而与初级内体融合，进一步通过转运必需内体分选复合物（ESCRT）和酸性更强的晚期内体再转运至溶酶体，最终降解。EGF 正是通过内吞作用减少质膜中受体量来调节信号转导的。

Rh-EGF（tetramethylrhodamine-EGF）是红色荧光标签的重组细胞表皮生长因子，可以用来检测细胞内吞的变化。H4 细胞预先血清饥饿过夜，促使大量 EGFR 募集于细胞膜；然后用 100ng/mL Rh-EGF 孵育细胞 10min。该课题组研究发现，与对照组（1‰ DMSO）相同，在 MBCQ 作用下，EGF 内吞进入细胞并不受到影响。EGF 随后会通过晚期内体转运至溶酶体降解，所以阴性对照组在孵育 35min 后，荧光信号开始减弱。MBCQ 作用的细胞中，荧光减弱速度与阴性对照组一致。巴伐洛霉素 A1 因为抑制了细胞内膜 V-ATPase 酶活性，而阻止了 EGF 被运往溶酶体的过程，所以荧光会发生聚集。结果说明 MBCQ 不影响细胞内吞和早期内体，也不影响晚期内体向溶酶体运输过程。

3）MBCQ 不影响溶酶体

Lamp2 是溶酶体的特异标记蛋白，通过免疫荧光，马大为课题组检测了 Lamp2 在细胞内的分布变化。免疫荧光实验发现，MBCQ 并不影响 Lamp2 的分布（图 2.19）。Lysotracker 是比较常用的溶酶体特异性染料。该课题组用 Lysotracker 研究发现，MBCQ 不会影响溶酶体的形态。

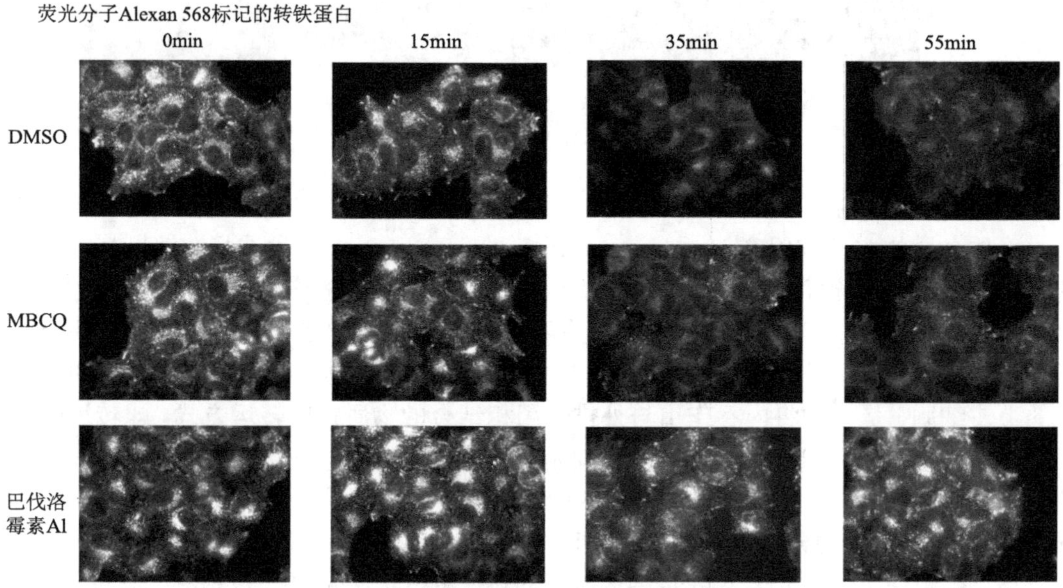


图 2.18　MBCQ 对转铁蛋白内吞和胞内转运无影响

DMSO（1‰）；MBCQ（10μmol/L）；巴伐洛霉素 A1（80nmol/L）

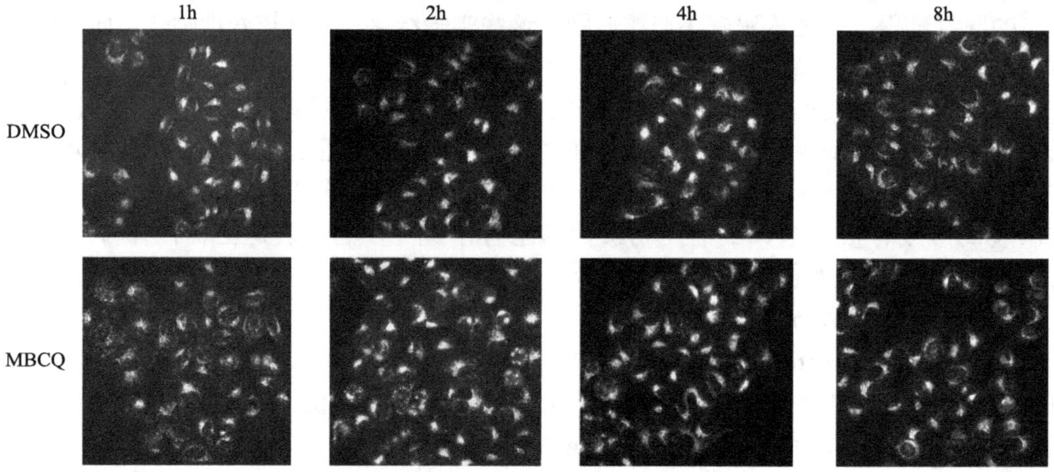


图 2.19　MBCQ 对溶酶体无明显影响

Lysotracker，溶酶体荧光染色；DMSO（1‰）；MBCQ（10μmol/L）

4）MBCQ 不影响蛋白酶体（proteasome）蛋白降解途径

泛素-蛋白酶体系统是细胞内降解短寿命蛋白的主要途径。Ding 等发现蛋白酶降解系统与自噬有互补和竞争关系。马大为课题组利用 GFP 蛋白 C 末端连接一段蛋白酶体降解的信号肽（pEGFP-CL1），来反映药物对蛋白酶体活性的影响。在蛋白酶体活性完整的情况下，细胞内转染表达 pEGFP-CL1 质粒后，GFP 即迅速被细胞内蛋白酶体降解。

该课题组研究发现，蛋白酶体抑制剂 MG132 能明显增强 pEGFP-CL1 的荧光亮度，而 MBCQ 并不能明显增强 GFP 荧光亮度，其亮度衰减程度与阴性对照相同（图 2.20），说明 MBCQ 不干扰细胞内 pEGFP-CL1 蛋白运输至蛋白酶体并被降解的过程。

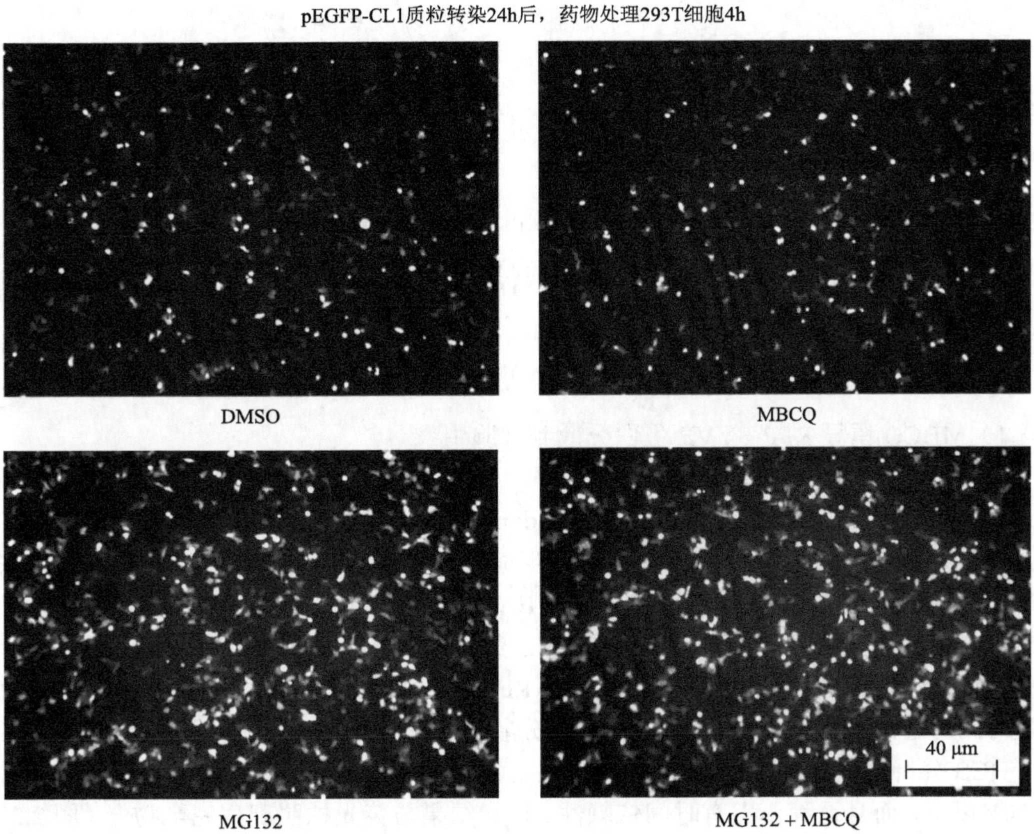


图 2.20　MBCQ 对蛋白酶体降解系统没有明显影响

DMSO（1‰）；MBCQ（10μmol/L）；MG132（1μmol/L）

为进一步证明 MBCQ 不影响蛋白酶体的活性，该课题组以泛素蛋白抗体进行免疫印迹实验，检测细胞内泛素化蛋白水平变化。研究发现，MBCQ 单独作用或与 RAPA 共同作用，对泛素化蛋白的含量没有明显影响。以上研究汇总于图 2.21。

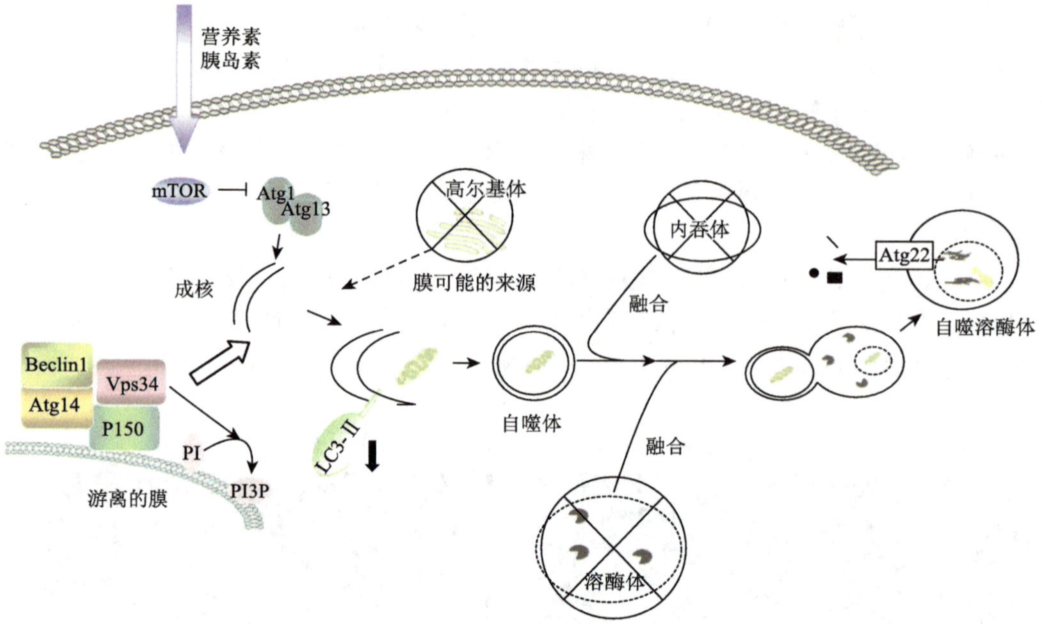


图 2.21　MBCQ 对细胞内其他细胞器无明显影响

如图 2.21 所示，MBCQ 及其衍生物对其他细胞器无明显影响，是一类具有高度选择性的自噬抑制剂。

3. MBCQ 及其活性衍生物影响 PI3P 的代谢水平

1）MBCQ 诱导 RFP-FYVE 蛋白分散到细胞中

Vps34（Ⅲ型 PI3K）催化底物磷脂酰肌醇（PtdIns，PI）形成 3-磷酸磷脂酰肌醇（PI3P）。PI3P 募集胞浆中含有 FYVE 锌指结构域（domain）的蛋白于细胞器膜表面，来调控各种细胞活动，其中包括自噬体膜泡的发育和形成。马大为课题组构建并筛选获得稳定表达 RFP-FYVE 融合蛋白的细胞株——H4-FYVE，便于检测细胞内 FYVE 蛋白的变化。研究发现，RAPA 可以在 2h 内迅速使 RFP-FYVE 荧光亮点增多；而 MBCQ 不但可以抑制本底 RFP-FYVE 荧光，而且可以抑制 RAPA 刺激 RFP-FYVE 荧光亮点增多。随着 MBCQ 作用于细胞时间的延长，RFP-FYVE 荧光亮点逐渐分散到细胞胞质中。

HCS 分析发现，MBCQ 作用于细胞 8h，可以使细胞内荧光亮点数目减少至阴性对照的 10%以下，而且这种作用有时间依赖性。这一结果与荧光拍照观察完全吻合（图 2.22）。

该课题组还发现随着 MBCQ 处理时间的延长，RFP-FYVE 荧光亮点只是分散至细胞胞质中，而红色荧光并没有减弱。这种现象区别于 MBCQ 作用下，GFP-LC3 蛋白荧光完全消失（图 2.23），因为 GFP-LC3 蛋白已被完全降解，所以怀疑 MBCQ 并未促使降解锌指结构域（FYVE domain）蛋白，只是影响其分布。

该课题组通过免疫实验进一步印迹检测 MBCQ 对细胞内 RFP-FYVE 蛋白水平的影响。研究发现，C43 和 MBCQ 单独作用，或者与 RAPA 协同作用，都不影响细胞内 FYVE domain 蛋白水平（图 2.24）。以上结果说明，MBCQ 及其活性衍生物并不会促使 FYVE domain 蛋白的降解，而是诱导 RFP-FYVE 亮点分散到细胞中。

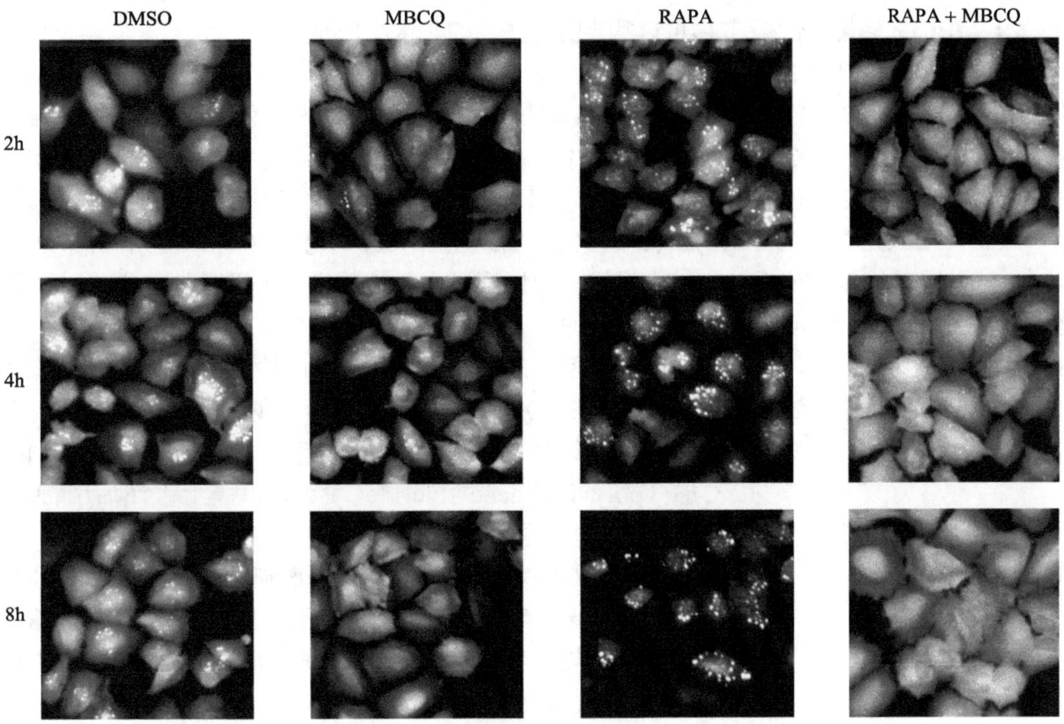


图 2.22　荧光照片，MBCQ 可以明显降低 FYVE-RFP 荧光亮点

DMSO（1‰）；MBCQ（10μmol/L）；RAPA（0.2μmol/L）

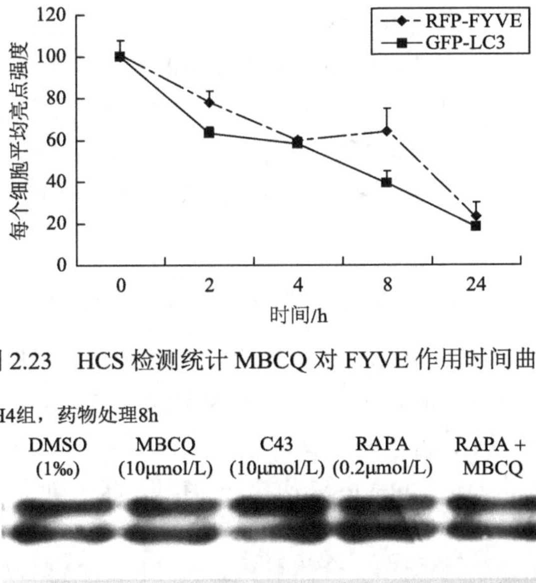


图 2.23　HCS 检测统计 MBCQ 对 FYVE 作用时间曲线

图 2.24　MBCQ 不影响细胞内 RFP-FYVE 蛋白水平

α-微管蛋白为蛋白内参

2）MBCQ 及其活性衍生物可以引起细胞内 PI3P 水平降低

如前面所述，FYVE domain 蛋白由 PI3P 募集于细胞膜上[27]，在本组建立的稳转细胞株 H4-FYVE 中，FYVE domain 蛋白向细胞膜上富集，就表现为红色荧光亮点增多。现在马大为课题组发现 MBCQ 可以诱导 FYVE domain 蛋白分散到细胞中，所以怀疑该现象是由 MBCQ 降低细胞内 PI3P 水平所致。

最初，马大为课题组尝试用 HPLC 直接分析细胞内 PI3P 水平的变化，因为 PI3P 分子不能通过紫外吸收检测仪分析。文献中报道，可以通过电导检测仪分析磷脂肌醇分子，但是细胞内存在大量 PI3P 异构体——PI4P 会带来严重干扰，需用分离效率比较高的色谱柱。马大为课题组经过多次尝试，发现国内所能联系到的研究机构所提供的检测条件，较难实现课题组的目标，所以只能通过间接实验寻找 MBCQ 与细胞内 PI3P 的可能关系。

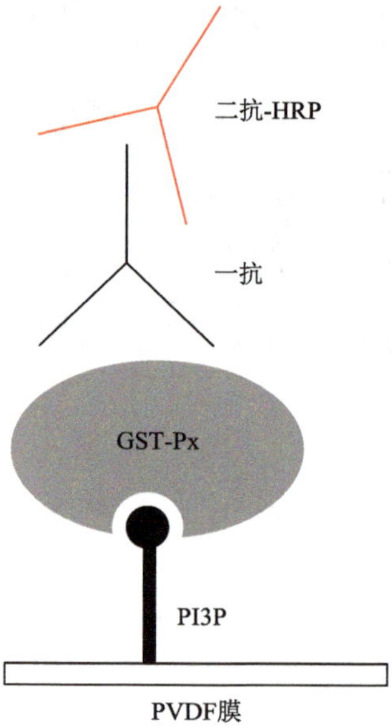

图 2.25　斑点印迹法检测细胞内 PI3P 水平示意图

该课题组先萃取细胞中的磷脂，并使磷脂吸附于聚偏氟乙烯（polyvinylidene fluoride，PVDF）膜上；然后用特异性结合 PI3P 的蛋白 GST-Px 与 PVDF 膜孵育；平行条件下，结合在膜上的 GST-Px 蛋白的丰度与细胞中 PI3P 的丰度成正比。而 GST-Px 蛋白可以通过斑点印迹法（Dot-Blot）检测其含量。最终通过比较斑点灰度，可以检测细胞内 PI3P 水平的变化，也解决了直接检测时 PI4P 带来的干扰等问题。

通过斑点印迹实验（图 2.25），该课题组研究发现，RAPA 可以引起 PI3P 一定程度的上调，这与 RAPA 刺激自噬作用相吻合［图 2.26（a）］。MBCQ 单独作用 MEFs 细胞 3h，或者与 RAPA 协同作用细胞 3h，均能降低细胞内 PI3P 水平。该课题组以细胞内 PI4P 作为总量控制（loading control），通过 PH domain 蛋白与之结合，进行检测。将 MBCQ 处理细胞时间延长至 4h 后，结果发现细胞内 PI3P 水平降低更为明显［图 2.26（b）］。而且化合物 C43 也能降低细胞内 PI3P 水平。

4. MBCQ 并不直接抑制 GFP-Beclin1/flag-Vps34 复合物的活性

如前面所述，PI3P 是由 Beclin1/Vps34 复合物磷酸化磷脂酰肌醇（PI）生成的[27]。在 MBCQ 作用下，细胞内 PI3P 明显下降。马大为课题组首先怀疑，这是由 MBCQ 抑制 Beclin1/Vps34 复合物活性所引起。

该课题组把 GFP-Beclin1 和 flag-Vps34 质粒共同转染 293T 细胞 21h 后，通过免疫共沉淀获得细胞内 GFP-Beclin1/flag-Vps34 复合物。在体外分别用 DMSO、C29 和已知的 PI3K 抑制剂 WA 孵育该复合物 10min，然后将蛋白复合体与 PtdIns、$^{32}$P-ATP 混合液孵育 1h。通过薄层层析（thin layer chromatography）、TLC 和放射自显影，检测 GFP-Beclin1/flag-Vps34 酶催化产物 PI3P 的含量。结果发现只有 WA 能明显抑制 GFP-Beclin1/flag-Vps34 的活性，而 MBCQ 衍生物 C29 与阴性对照的作用没有显著差别（图 2.27）。该结果说明，MBCQ 并非直接作用于 Beclin1 或 Vps34 蛋白，其作用机理与 WA 有区别。

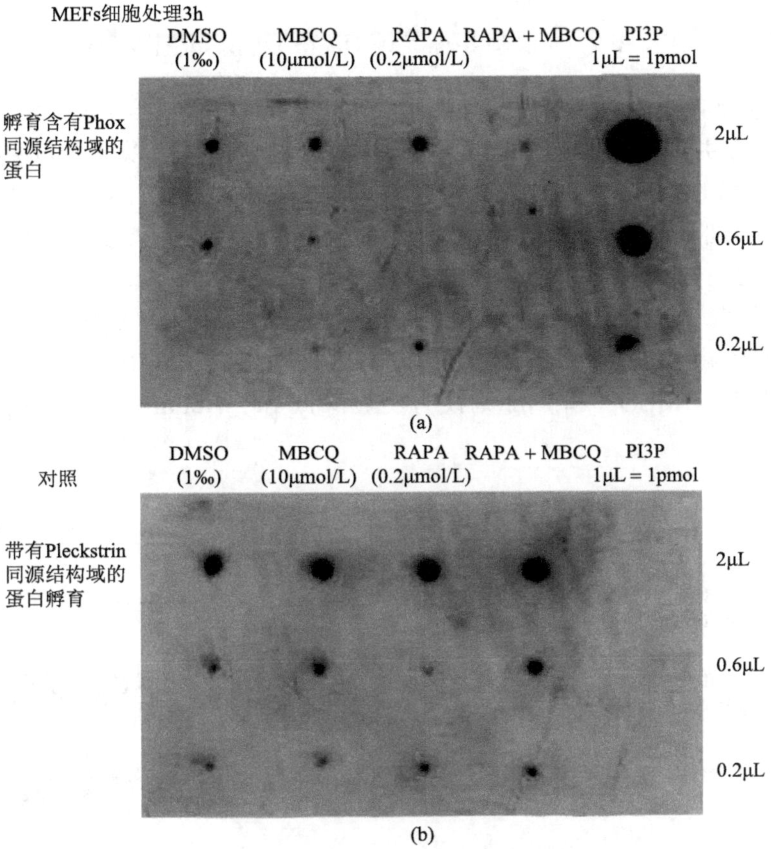


图 2.26　MBCQ 和 C43 可以降低细胞内 PI3P 水平

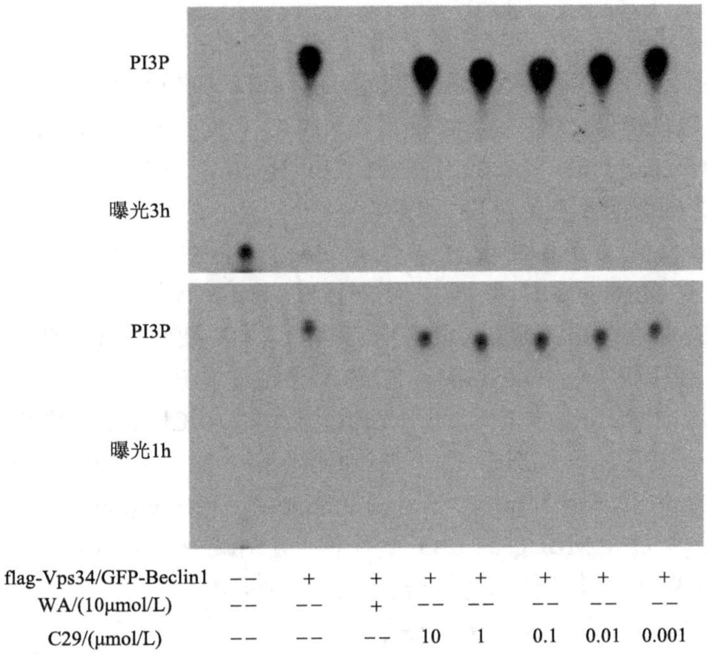


图 2.27　MBCQ 并不直接抑制 Vps34 酶活性

5. 免疫印迹证明 MBCQ 可以特异性促进 Beclin1/Vps34/P150/Atg14 蛋白复合物降解

1）MBCQ 及其活性衍生物促使外源蛋白 flag-Beclin1 和 HA-Vps34 水平降低

因为 MBCQ 并不直接影响 Beclin1/Vps34 复合物活性，所以马大为课题组进一步怀疑 MBCQ 会减弱 Beclin1 蛋白与 Vps34 蛋白的结合。该课题组计划用免疫共沉淀的方法加以检测。因为细胞内源 Vps34 丰度比较小，不便于免疫共沉淀实验，所以该课题组准备用外源蛋白 flag-Beclin1 和 HA-Vps34，进行免疫共沉淀实验。

在 293T 细胞中，该课题组同时转染 flag-Beclin1 和 HA-Vps34 质粒，研究发现 MBCQ 及其衍生物（C29、C43）降低了细胞内外源蛋白 flag-Beclin1 和 HA-Vps34 水平；而阴性对照（DMSO）和 C82 则没有明显降低 flag-Beclin1 和 HA-Vps34 蛋白水平（图 2.28）。

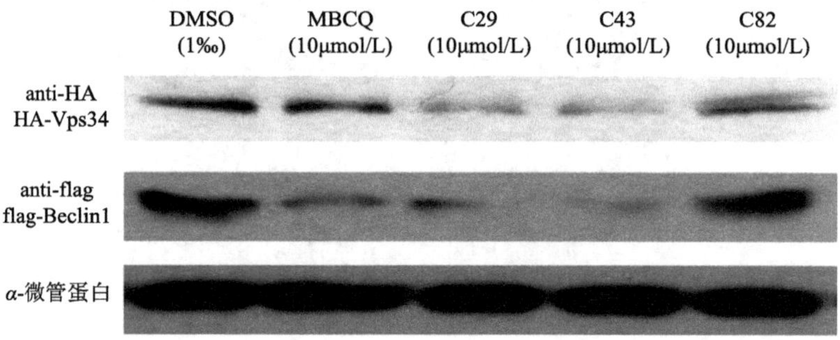


图 2.28　MBCQ、C29 和 C43 可以降低外源 flag-Beclin1 和 HA-Vps34 蛋白水平

2）MBCQ 及其活性衍生物促使外源蛋白 GFP-Beclin1 蛋白水平降低

为了辨别马大为课题组的发现是否为假阳性，将转染质粒改为 GFP-Beclin1，重复以上实验。结果发现，转染 293T 细胞 24h 后，MBCQ 和 C43 作用的细胞内 GFP-Beclin1 荧光明显减弱；MBCQ、C29 和 C43 细胞内 GFP-Beclin1 水平也明显降低；而阴性对照（DMSO）和 C82 则影响不明显（图 2.29）。

3）MBCQ 及其活性衍生物可以促使内源 Beclin1 蛋白水平降低

为进一步检测 MBCQ 及其活性衍生物对内源 Beclin1 蛋白水平是否有相同作用。先用 MBCQ（10μmol/L）和 C43（10μmol/L）分别孵育 293T 细胞 20h（图 2.30）；然后用蛋白合成抑制剂环己酰亚胺（cycloheximide，CHX）分别与 MBCQ 或 C43 协同作用 1h 和 6h，免疫印迹检测细胞内 Beclin1 水平。发现 MBCQ 或 C43 与 CHX 协同作用 1h，内源 Beclin1 蛋白水平变化并不明显；而相对于 CHX 单独作用 6h，MBCQ 或 C43 与 CHX 协同作用 6h 后，内源 Beclin1 蛋白则明显减少。通过 Image-Pro Express 软件分析 Beclin1 条带灰度，发现 Beclin1 蛋白在 MBCQ 或 C43 作用下，分别减少了 48%和 53%。MBCQ 和 C43 对内源 Beclin1 蛋白水平的降低与对外源蛋白的水平影响一致。

4）MBCQ 抑制自噬与 Rab5 蛋白无关

有文献报道，Beclin1 蛋白是通过 Rab5 蛋白募集于细胞内体膜上，马大为课题组怀疑

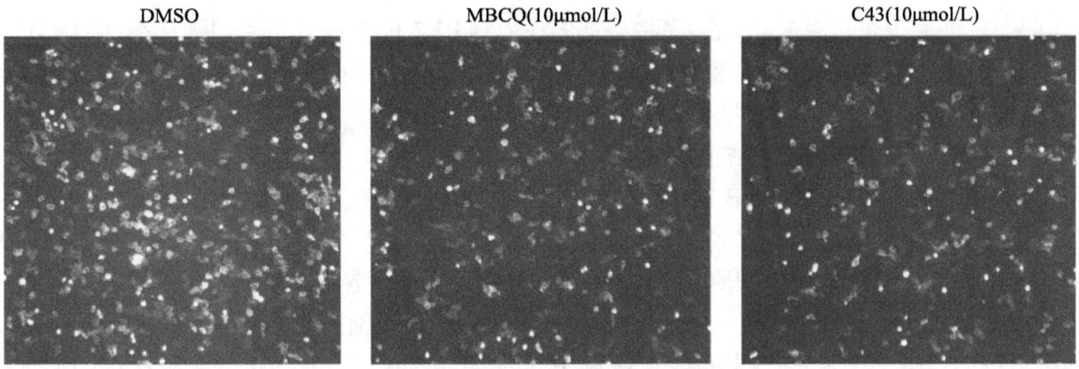


(a) MBCQ和C43可以减弱GFP-Beclin1亮点荧光

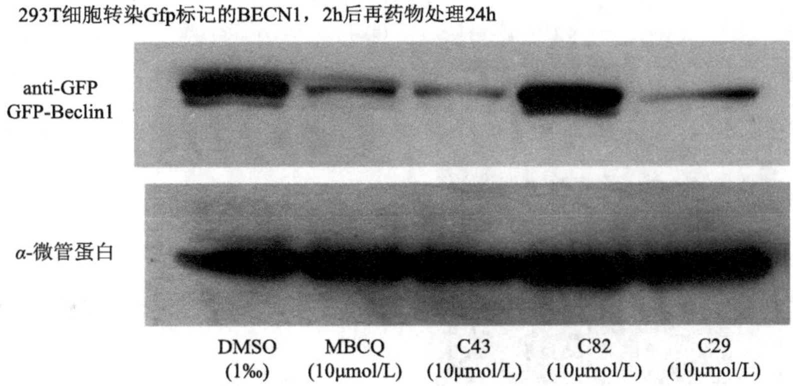


(b) MBCQ和C43可以降低外源GFP-Beclin1蛋白水平

图 2.29　MBCQ、C29 和 C43 可以降低外源 GFP-Beclin1 蛋白水平

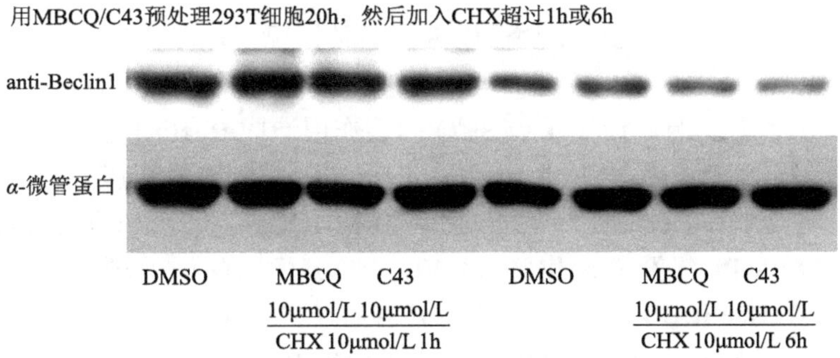


图 2.30　C29、MBCQ 和 C43 可以降低细胞内源 Beclin1 蛋白水平

α-微管蛋白为蛋白内参

MBCQ 干扰 Rab5，继而干扰 Beclin1 蛋白复合物在膜上的结合，并使其降解。所以该课题组直接通过基因沉默技术，敲除 Rab5 蛋白，希望能够重现 MBCQ 的自噬抑制效果。在 H4-LC3 和 H4-FYVE 细胞上通过小干扰（siRNA）干扰，沉默 Rab5 蛋白表达。结果却发现，沉默 Rab5 并不能抑制 H4-LC3 细胞中 RAPA 对 GFP-LC3 荧光的刺激［图 2.31（a)］；而且在

H4-FYVE 细胞上，沉默 Rab5 也不能拮抗 RAPA 对 RFP-FYVE 荧光的增强［图 2.31（b）］。所以该课题组推断 MBCQ 可能并不通过干扰 Rab5 影响 Beclin1 蛋白复合物在膜上的结合，结合之前的结论——MBCQ 并不影响细胞内体，进一步确定 MBCQ 并不是通过干扰内体以及干扰内体上蛋白 Rab5 等来抑制自噬的。

同时该课题组发现，MBCQ 及其活性衍生物不会影响内源蛋白 Beclin1 与 Vps34 的结合。

5）三苯氧胺通过诱导细胞内 Beclin1 蛋白水平上调，拮抗 MBCQ 对自噬的抑制

有文献报道，三苯氧胺（tamoxifen）可以通过诱导细胞内 Beclin1 蛋白水平上调，从而刺激细胞自噬。三苯氧胺孵育 293T 细胞 12h 后，GFP-LC3 荧光亮点明显增强，MBCQ 和 C43 均不能抑制该 GFP-LC3 亮点的增强。

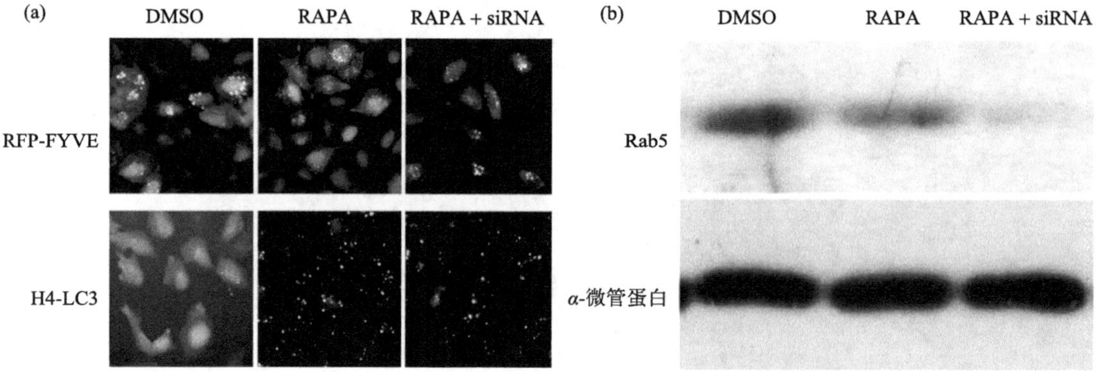


图 2.31　通过 siRNA 降低 Rab5 蛋白水平，不能抑制细胞自噬

DMSO（1‰）；RAPA（0.2μmol/L）

事实上，MBCQ 及其活性衍生物可以抑制多种情况下刺激的自噬，MBCQ 及其活性衍生物不能抑制三苯氧胺刺激的自噬，马大为课题组认为，其原因可能是三苯氧胺引起的内源 Beclin1 蛋白水平上调，拮抗了 MBCQ 间接作用造成 Beclin1 蛋白失活。

6）MBCQ 及其活性衍生物促进 Beclin1 complexI 复合物的降解

293T 细胞转染 HA-Vps34 质粒 24h 后，用 MBCQ（10μmol/L）及其衍生物处理细胞 24h。结果发现 MBCQ 及其衍生物（C29，C43）可以降低外源 HA-Vps34 蛋白水平［图 2.32（a）］。在 Beclin1/Vps34 复合物中还存在 P150 等蛋白，我们也按照同样办法，在 293T 细胞中转染 GFP-P150 蛋白 24h 后，分别用 MBCQ（10μmol/L）和 C43（10μmol/L）孵育细胞 4h。免疫印迹检测发现，MBCQ 和 C43 均能促使 GFP-P150 蛋白水平降低［图 2.32（b）］。

通过以上实验，马大为课题组证明 MBCQ 及其活性衍生物通过促进 Beclin1 complex Ⅰ复合物的降解，阻止了自噬前体的形成与发展，进而导致自噬体（包括自噬前体）膜上的 LC3-Ⅱ水平降低，最终导致细胞内自噬被抑制。而该课题组已经证明 MBCQ 及其活性衍生物，是通过蛋白酶体降解（proteasome degradation）途径促进 Beclin1 complex Ⅰ（Beclin1/Vps34/P150/Atg14）复合物降解的（图 2.33）。

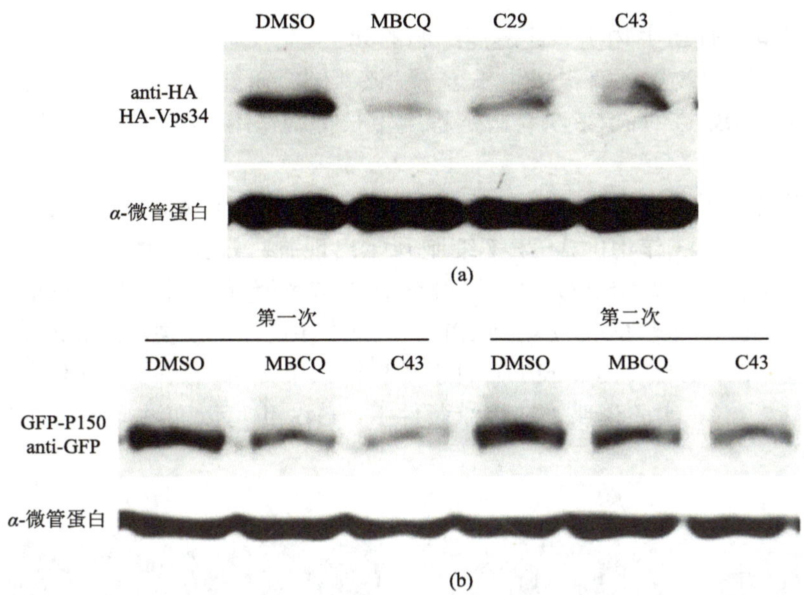


图 2.32　（a）MBCQ 和 C43 可以降低外源 HA-Vps34 蛋白水平图；（b）MBCQ 和 C43 促使 GFP-P150 水平下降

DMSO（1‰）；MBCQ（10μmol/L）；C43（10μmol/L）；作用 4h

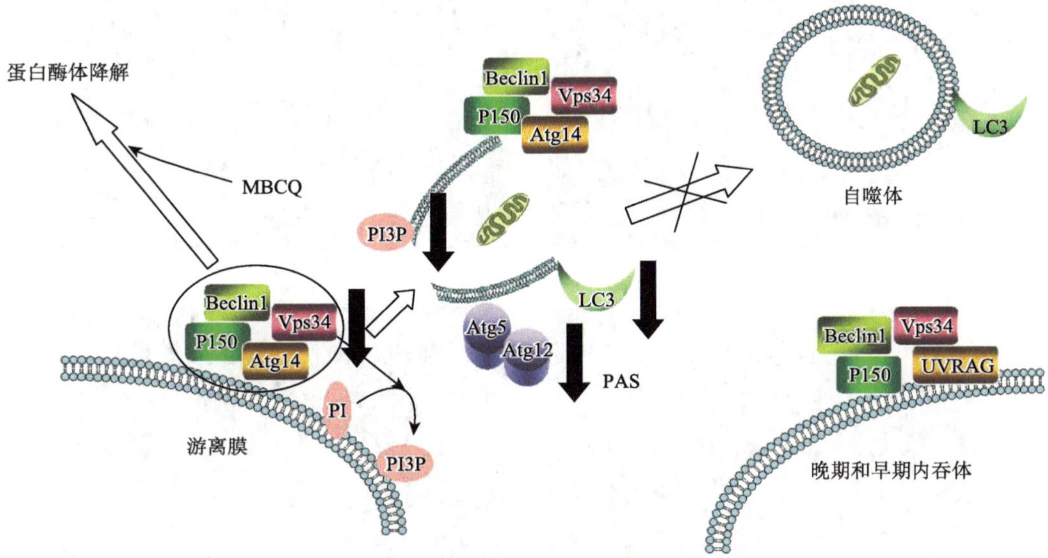


图 2.33　MBCQ 作用示意图

## 2.2.6　MBCQ 系列小分子抑制自噬的应用研究

在研究 MBCQ 作用机理的同时，马大为课题组也开展了 MBCQ 及其活性衍生物抑制自噬的应用研究，以及 MBCQ 及其活性衍生物的自噬抑制活性相关应用研究。

1. 探究 MBCQ 及其活性衍生物在促进肿瘤细胞凋亡中的应用

MBCQ 及其活性衍生物，在饥饿条件下可以促进乳腺癌细胞发生凋亡。在无糖条件下，MBCQ 及其活性衍生物明显促进癌细胞的死亡。

血清中除了营养物质还有很多生长因子。该课题组研究发现，使用无糖培养基对细胞进行饥饿处理，MBCQ 对 MCF-7 有一定程度生长抑制作用，而 C43 的生长抑制作用更为明显。

该课题组设置了正常和饥饿条件，对 C43（10μmol/L）处理 12h 的细胞分别拍照。发现饥饿条件下，C43 作用的 MCF-7 细胞开始出现凋亡迹象（图 2.34）。同时在正常培养基和无糖培养基中，以 DMSO（1‰）孵育 MCF-7 细胞为阴性对照，在正常和饥饿条件下，C43（10μmol/L）处理 MCF-7 细胞 12h 后，免疫印迹检测发现，在饥饿条件下，MCF-7 细胞内的自噬上调，C43（10μmol/L）对正常和饥饿条件下生长的癌细胞均能明显抑制细胞内自噬（图 2.35）。实验说明，在饥饿条件下，C43 也可以通过抑制细胞自噬，导致癌细胞发生凋亡。

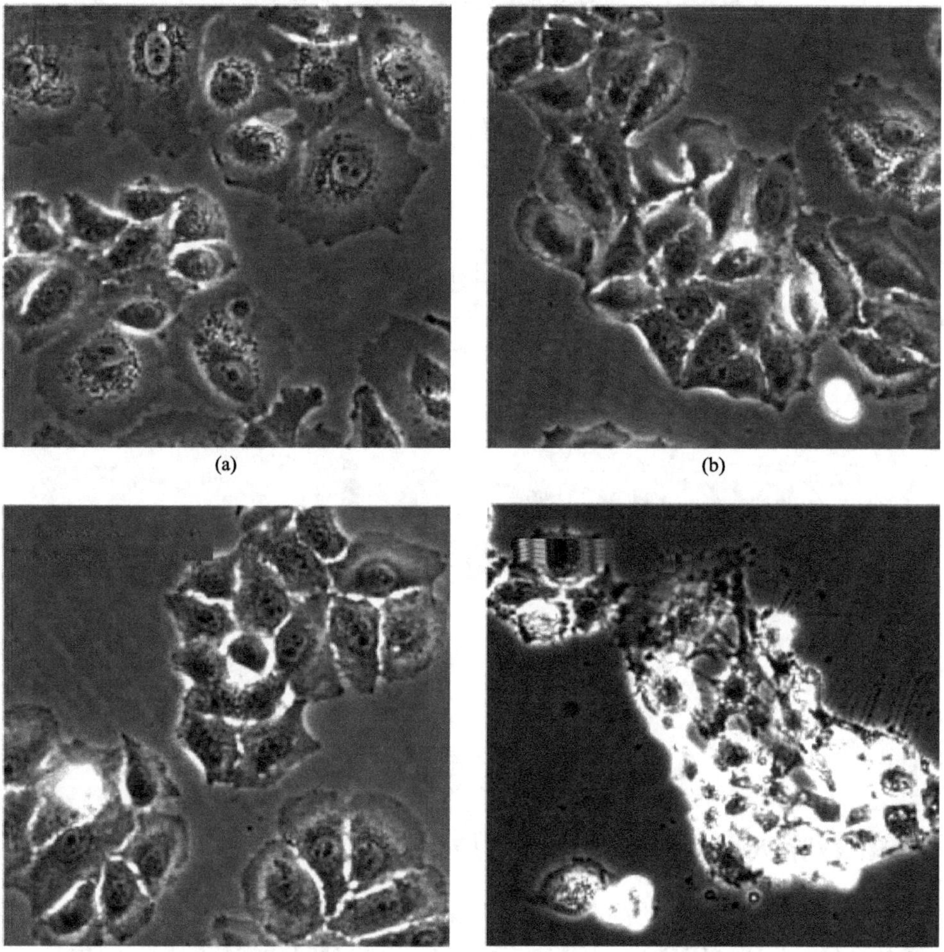

(a)　(b)　(c)　(d)

图 2.34　无糖条件下 C43 诱导 MCF-7 发生凋亡类似现象

（a）DMSO（1‰）；（b）C43（10μmol/L），作用 12h；（c）无糖，DMSO（1‰）；（d）无糖，C43（10μmol/L）

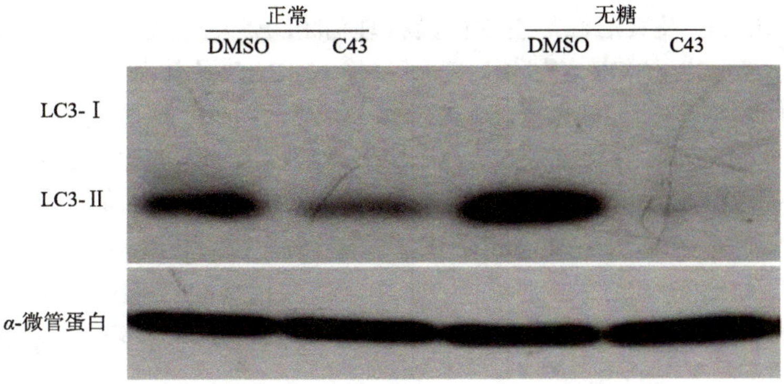


图 2.35　无糖条件下 C43 抑制 MCF-7 细胞内自噬

2. 探究 MBCQ 及其活性衍生物在小鼠活体上的自噬抑制活性，以及在活体肿瘤抑制中的作用

该课题组进一步研究 MBCQ 及其衍生物在肿瘤抑制中的作用。如图 2.36 所示，对荷瘤（S180 鼠肉瘤）的 BALB/c 小鼠给药后，化合物 C29 可以使 S180 鼠肉瘤体积明显减小。统计分析发现，C29 对 S180 鼠肉瘤抑制率为 39.91%（$P<0.036$）。

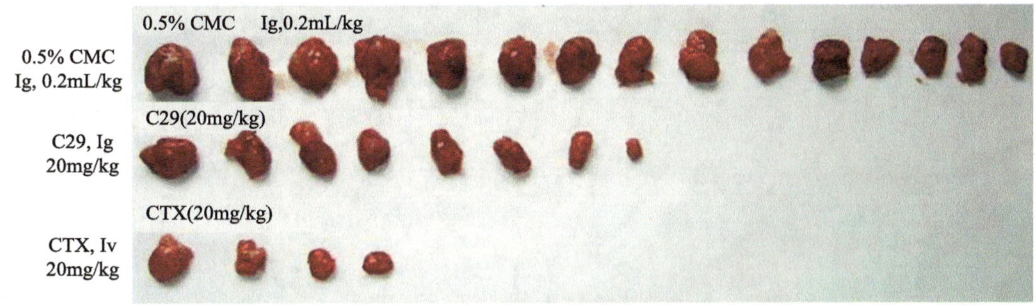


图 2.36　C29 可以抑制 S180 鼠肉瘤

阴性对照，CMC（助溶剂）表示羧甲基纤维素钠；CTX 表示头孢噻肟；给药方式：灌胃（Ig），尾静脉注射（Iv）

## 2.3　讨论与展望

综上所述，在本组建立的荧光标记自噬体筛选平台上，马大为课题组从 800 种化合物中，筛选获得了一类新的自噬抑制剂——MBCQ 及其活性衍生物。并通过免疫印迹检测和电子显微镜观察等实验，确证了 MBCQ 对自噬的抑制作用。实验证明，该系列小分子能够有效抑制多种条件下发生的自噬；MBCQ 及其活性衍生物作用比较单一，所以细胞毒性很小。

通过 MBCQ 进行构效关系研究，筛选到自噬抑制活性为 MBCQ10 倍的衍生物 C29 和具有高度选择性自噬抑制的 C43，以及结构与 MBCQ 类似却无自噬抑制活性的阴性对照小分子 C71。

研究发现 MBCQ 及其活性衍生物作用机理与 PDE5 活性无关，而且该系列化合物并不通过干扰 ClassI PI3P/mTOR 信号通路抑制自噬。MBCQ 及其活性衍生物也不影响内体、溶酶体和蛋白酶体等其他细胞器。MBCQ 及其活性衍生物通过促进 Beclin1/Vps34/P150/Atg14 复合物降解，导致细胞内 PI3P 水平下降；继而阻止自噬体的形成并促使 LC3 蛋白的降解，实现细胞内自噬的抑制。该课题组进一步证明，MBCQ 及其活性衍生物是通过蛋白酶体降解系统促进 Beclin1/Vps34/P150/Atg14（Beclin1 complex Ⅰ）复合物降解的。通过对蛋白酶体降解系统相关蛋白的研究，该课题组推测 MBCQ 可能是通过抑制某一特定的去泛素化蛋白（DUB），从而加速 Beclin1 complex Ⅰ 的降解。相关作用机理研究还在进行中。

开发自噬调控小分子，不但可以实现快速、可逆地调控自噬，而且可以将其发展成治疗自噬相关疾病的药物。现在常用的自噬抑制剂如表 2.1 所示。使用比较广泛的是 RAPA、3-MA、WA 和巴伐洛霉素 A1。它们的分子结构见图 2.37。

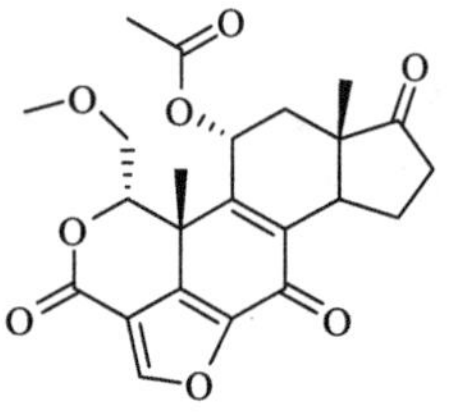

WA($M_W$ 428.4)

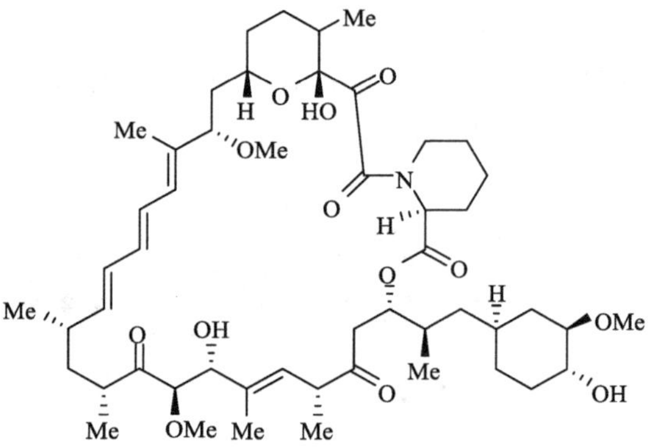

RAPA($M_W$ 914.1)

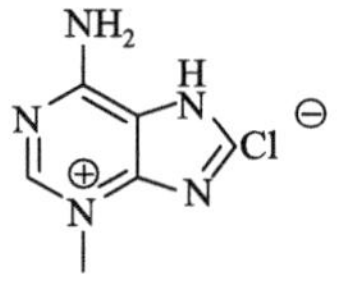

3-MA($M_W$ 185.6)

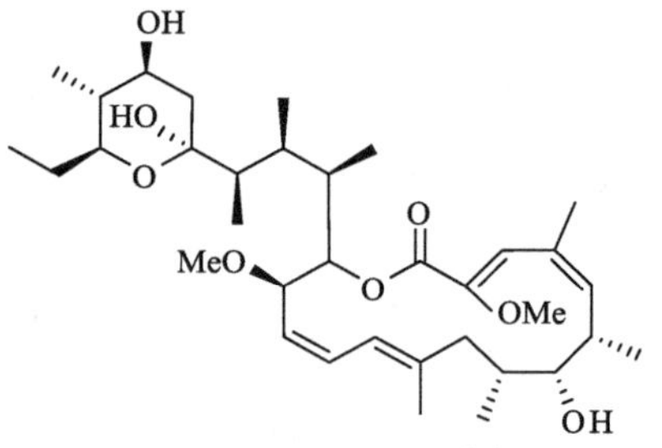

巴伐洛霉素A1($M_W$ 622.8)

图 2.37　常用的自噬调控分子

RAPA 是目前广泛使用的自噬诱导剂。RAPA 通过抑制 mTOR 蛋白，诱导自噬发生[28]。但是，除了自噬，mTOR 还调控着其他细胞生理活动，如蛋白翻译和核糖体的生成等。所以，长时间使用 PAPA，会产生免疫抑制等副作用。

巴伐洛霉素 A1 是已知的 V-ATPase 抑制剂[29]，它可以阻止自噬体和溶酶体的融合，从而引起子吞噬体的增加。但是巴伐洛霉素 A1 也能干扰其他细胞器的功能，例如，有文献报道它可以促使反式高尔基体分散。

随着化学生物学的兴起，生物学家开始同化学家合作，采用化学遗传学的手段来进行自噬的相关研究。一方面，通过化合物库的筛选，可以快捷地找到高选择性的自噬小分子调节剂，并为新药开发提供结构新颖、活性各异的先导化合物。另一方面，对小分子作用机理的研究，有利于全面阐明自噬的分子机制；而且自噬与很多疾病都有密切关系，所以用小分子工具来研究自噬死亡，还可能提出基于自噬死亡机制的新的治疗策略。

Rubinsztein 小组以表达 A53T $\alpha$-突触核蛋白（$\alpha$-synuclein）的酵母菌株为平台，筛选出 mTOR 信号通路非依赖的自噬诱导剂——SMER 系列小分子。他们还发现 SMER 分子在 HD（huntington，舞蹈病）上，表现出良好的疗效和低毒性[30]。同年，马大为课题组也发表了自噬诱导剂筛选的研究文章。借助荧光蛋白融合技术，建立了荧光标记自噬体的细胞筛选模型，并筛选到 8 种新的自噬诱导剂[24]。

但是，专注于自噬抑制剂的筛选研究却鲜有报道。目前，使用最广泛的自噬抑制剂是 3-MA、WA 等 PI3K 抑制剂[31]。但 3-MA 等分子抑制所有亚型的 PI3K 激酶活性，因而对细胞毒害作用明显，而且自噬抑制特异性不高，抑制效果也不明显（3-MA 常用工作浓度为 10mmol/L）。由于缺乏高效、特异、低毒的自噬抑制剂，3-MA 目前依然被广泛采用，所以寻找更理想的自噬小分子抑制剂势在必行。

同时马大为课题组也进行 MBCQ 及其活性衍生物抑制自噬的应用研究。研究发现，在饥饿情况下，MBCQ 系列小分子可以显著促进乳腺癌细胞（Bcap-37、BT549 和 MCF-7 等）发生凋亡。在小鼠活体实验中，MBCQ 及其活性衍生物也能抑制自噬的发生，对小鼠 S180 肉瘤有明显的抑制作用。大鼠胰腺炎模型上也发现，MBCQ 及其活性衍生物可以有效抑制发炎胰腺组织中反常的自噬水平。对 MBCQ 及其活性衍生物在癌症和胰腺炎中的应用研究还将进一步深入。

目前，使用最广泛的自噬抑制剂是 3-MA、WA 等 PI3K 抑制剂[24, 31]，但其对细胞毒害作用明显，而且自噬抑制特异性不高。到目前为止，专注于自噬抑制剂的筛选研究却鲜有报道。马大为课题组筛选到的自噬抑制剂 MBCQ 系列小分子，具有高效、低毒、特异性高的优点，在生物学基础研究中可用作比较理想的调控自噬工具小分子，并首次发现 MBCQ 衍生物 C43 在抗肿瘤和胰腺炎治疗中的潜在药用价值，C43 有希望成为抗癌或抗胰腺炎药物的先导化合物。

本章作者：刘军力，马大为

中国科学院上海有机化学研究所

## 参 考 文 献

[1] Levine B，Klionsky D J. Development by self-digestion：molecular mechanisms and biological functions of autophagy. Dev Cell，2004，6（4）：463-477.

[2] Gozuacik D，Kimchi A. Autophagy as a cell death and tumor suppressor mechanism. Oncogene，2004，23（16）：2891-2906.

[3] Nishino I. Autophagic vacuolar myopathies. Curr Neurol Neurosci Rep，2003，3（1）：64-69.

[4] Nishino I，Fu J，Tanji K，et al. Primary LAMP-2 deficiency causes X-linked vacuolar cardiomyopathy and myopathy（Danon

disease）. Nature，2000，406（6798）：906-910.

[5] Nixon R A，Cataldo A M，Mathews P M. The endosomal-lysosomal system of neurons in Alzheimer's disease pathogenesis：a review. Neurochem Res，2000，25（9-10）：1161-72.

[6] Kumal A，Hatano A，Matsui M，et al. The role of autophagy during the early neonatal starvation period. Nature，2004，432（23）：1032-1036.

[7] Kuma A，Hatano M，Matsui M，et al. The role of autophagy during the early neonatal starvation period. Nature，2004，432（7020）：1032-1036.

[8] Schweers R L，Zhang J，Randall M S，et al. NIX is required for programmed mitochondrial clearance during reticulocyte maturation. Proc Natl Acad Sci USA，2007，104（49）：19500-19505.

[9] Lum J J，Bauer D E，Kong M，et al. Growth factor regulation of autophagy and cell survival in the absence of apoptosis. Cell，2005，120（2）：237-248.

[10] Levine B，Klionsky D J. Development by self-digestion：molecular mechanisms and biological functions of autophagy. Cell，2004，6（4）：463-477.

[11] Shao Y，Gao Z，Marks P A，et al. Apoptotic and autophagic cell death induced by histone deacetylase inhibitors. Proc Natl Acad Sci USA，2004，101（52）：18030-18035.

[12] Degenhardt K. Autophagy promotes tumor cell survival and restricts necrosis，inflammation，and tumorigenesis. Cancer Cell，2006，10：51-64.

[13] Lum J，Bauer D E，Kong M，et al. Growth factor regulation of autophagy and cell survival in the absence of apoptosis. Cell，2005，120（2）：237-248.

[14] Bauvy C，Gane P，Arico S，et al. Autophagy delays sulindac sulfide-induced apoptosis in the human intestinal colon cancer cell line HT-29. Exp Cell Res，2001，268（2）：139-149.

[15] Hashimoto D，Ohmuraya M，Hirota M，et al. Involvement of autophagy in trypsinogen activation within the pancreatic acinar cells. J Cell Biol，2008，181（7）：1065-1072.

[16] Ohmuraya M，Yamamura K. Autophagy and acute pancreatitis：a novel autophagy theory for trypsinogen activation. Autophagy，2008，4（8）：1060-1062.

[17] Takase Y，Saeki T，Watanabe N，et al. Cyclic GMP phosphodiesterase inhibitors. 2. Requirement of 6-substitution of quinazoline derivatives for potent and selective inhibitory activity. J Med Chem，1994，37（13）：2106-2111.

[18] Morley B，Pirkis J，Naccarella L，et al. Improving access to and outcomes from mental health care in rural Australia. Nature Review Drug Discov，2007，（6）：304-312.

[19] Noda T，Ohsumi Y. Tor，a phosphatidylinositol kinase homologue，controls autophagy in yeast. J Biol Chem，1998，273（7）：3963-3966.

[20] Sabatini D M. mTOR and cancer：insights into a complex relationship. Nat Rev Cancer，2006，6（9）：729-734.

[21] Toogood P L. Inhibition of protein-protein association by small molecules：approaches and progress. J Med Chem，2002，45（8）：1543-1558.

[22] Hay N，Sonenberg N. Upstream and downstream of mTOR. Genes Dev，2004，18（16）：1926-1945.

[23] Wienecke R，Fackler I，Linsenmaier U，et al. Antitumoral activity of rapamycin in renal angiomyolipoma associated with tuberous sclerosis complex. Am J Kidney Dis，2006，48（3）：27-29.

[24] Zhang L H，Yu J，Pan H，et al. Small molecule regulators of autophagy identified by an image-based high-throughput screen. Proc Natl Acad Sci USA，2007，104（48）：19023-19028.

[25] Conner S D，Schmid S L. Regulated portals of entry into the cell. Nature，2003，422（6927）：37-44.

[26] Mukherjee S，Ghosh R N，Maxfield F R. Endocytosis. Physiol Rev，1997，77（3）：759-803.

[27] Meijer A J，Codogno P. Regulation and role of Autophagy in mammalian cells. Int J Biochem Cell Biol，2004，36：2445-2462.

[28] Finn P F，Mesires N T，Vine M，et al. Effects of small molecules on chaperone-mediated autophagy. Autophagy，2005，1（3）：141-145.

[29] Yamamoto A，Tagawa Y，Yoshimori T et al. Bafilomycin A1 prevents maturation of autophagic vacuoles by inhibiting fusion between autophagosomes and lysosomes in rat hepatoma cell line，H-4-II-E cells. Cell Struct Funct，1998，1（23）：33-42.

[30] Sarkar S，Perlstein E O，Imarisio S，et al. Small molecules enhance autophagy and reduce toxicity in Huntington's disease models. Nat Chem Biol，2007，3（6）：331-338.

[31] Tanemura M，Saga A，Kawamoto K，et al. Rapamycin induces autophagy in islets：relevance in islet transplantation. Transplant Proc，2009，41（1）：334-338.

# 第3章 化学遗传学与小分子库

## 3.1 引 言

化学遗传学（chemical genetics）是自20世纪90年代中期以来新兴的研究领域。从源头来讲，化学是研究分子的科学，化学遗传学是以化学小分子作为工具解决遗传学的问题，或通过小分子干扰/调节正常生物学过程了解蛋白质的功能。化学遗传学可以在以下两个重要方面促进新药开发：①鉴定出在某种疾病形成过程中起重要作用的基因或蛋白质，从而为新药筛选提供靶点；②发现特异性作用于某个基因或蛋白质的小分子化合物，从而为新药开发提供先导化合物。因此，开展化学遗传学研究，不仅可以促进人类对生命过程的了解，也是进行新药开发的一个重要手段。20世纪90年代，哈佛大学S. Schreiber教授和斯克里普斯研究所P. Schultz教授通过将构建小分子化合物库作为研究对象，从中筛选可以特异性与研究目标（DNA 或蛋白质）相互作用的小分子，做出了大量创新研究成果，奠基了化学遗传学的起源和发展[1]。

化学遗传学可分为正向化学遗传学和反向化学遗传学。正向化学遗传学以感兴趣的某种特定表型对小分子化合物库进行筛选，通过定量或定性地表征特定表型的变化情况，发现对特定表型具有调控作用的小分子化合物，继而用得到的小分子化合物识别潜在的药物靶标，因此该方法能够发现全新的生物靶标和生物作用机制。正向化学遗传学不需要知道详细的生物机理就可以找到能与小分子作用的包含在某一特定过程中的已知蛋白质，还可以找到在该过程中未知的蛋白质，因此具有较高的药物靶标发现效率。它面临两个挑战：①寻找化学结构复杂多样性、生物体安全有效性的合适小分子化合物库；②寻找高效准确的确定新表型的方法及靶标鉴定的方法。华东理工大学李剑教授团队和中国科学院上海药物研究所蓝乐夫研究员团队，以实验室自建的上市药物库（1400 余种）作为筛选对象，以金黄色葡萄球菌的毒力因子金黄色素作为表型进行正向化学遗传学研究，发现抗真菌药萘替芬能够显著抑制金黄色素的产生，最终确认萘替芬选择性抑制金黄色素合成通路关键催化酶CrtN发挥表型抑制效果。该团队以CrtN为靶点做了大量新药研发工作，用于治疗耐药的金黄色葡萄球菌感染[2]。

反向化学遗传学是从基因或蛋白质与小分子化合物的相互作用来研究基因或蛋白质对表型的影响，从而确定这些生物大分子的功能，因此该方法能够发现已知生物靶点的新调控机制或生物学功能。反向化学遗传学方法虽然不用识别目标蛋白，但要求研究人员了解某一通路中哪些蛋白质对表型影响较大，还要求目标蛋白具备足够的数量用于研究，另外还需要验证小分子功能的有效方法。勃林格殷格翰公司LaPlante等利用反向化学遗传学方法来鉴定抗丙型肝炎病毒（HCV）NS3 解旋酶的片段抑制剂，发现一些吲哚衍生物具有明显的抗HCV药效，因此是一类有效的抗HCV先导化合物，同时也证明NS3解旋酶是可成药药物靶点[3]。

由以上可知，生物活性小分子是化学遗传学的物质基础，如何构建具有化学结构多样性、潜在安全有效性的优质小分子库是化学遗传学研究的关键之一。获得小分子化合物库的方法比较多，如靶向合成法（TOS），该方法从目标化合物出发，通过逆合成分析找到反应产物中关键的结构转换因子，逆推到上一步的反应物结构，重复这一过程，得到结构比较简单的基本合成子，通过灵活运用各种有机反应进行片段连接并产生需要的立体结构，它在合成路线上是会聚于最终产物的；新兴的组合化学是获得大量小分子化合物的核心技术物的核心技术，它结合了化学合成、计算机设计、计算机技术等，能同时产生许多结构相，然后用高度灵敏的生物学方法对这些化合物同时筛选，从中确定具有生物活性的物质，再经结构测定，以期找到全新的先导化合物，具有高效、微量、高度自动化的特点；多样性合成（DOS）也是构建化合物库的新兴方法，与 TOS 的研究思路不同，它是用 3～5 步高效地合成获得具有丰富骨架和立体化学多样性的分子库，使之在多个可能的作用位点中具有立体结构和位点的选择性。此外，上市的药物、天然产物、中药活性组分等都是小分子化合物库的重要来源[4]。

## 3.2 研究进展与成果

### 3.2.1 CypA 简介

亲环素（cyclophilin，CyP）的命名与发现源于它与其配体环孢菌素 A（cyclosporin A，CsA）的高度亲和性，亲环素是一个广泛存在于从低等原核生物到高等哺乳动物的保守蛋白质家族。该蛋白质家族的共同特征是均具有肽脯氨酰顺反异构酶（peptidyl proline *cis/trans* isomerase，PPIase）活性[5, 6]。目前依据亚细胞定位及分子量等特征的不同，将人亲环素家族分为 CypA、CypB、CypC、CypD 等 16 个已知亚型[7]。亲环素 A（cyclophilin A，CypA）是亲环素家族成员中最重要的一种，它参与体内蛋白质折叠、组装和转运[8]，是一种具有多功能活性的催化蛋白质。

CypA 的结构中包含 8 股反平行的 $\beta$ 片层，这些 $\beta$ 片层围绕组成了一个桶状结构，在这个桶状结构的上下口处各有一段八螺旋将该桶的两端封闭［图 3.1（a）］，而该桶状结构的侧面存在着 CypA 配体的结合口袋[9]。这个结合口袋主要由 2 个大的亚口袋组成，分别是亚口袋 A 和亚口袋 B［图 3.1（b）］。其中亚口袋 A 主要由 Asn102、Gly109、Thr71、Ala103、Thr107、Gly74、Gln11 及 Ser110 等残基组成［图 3.1（c），蓝色残基］，该部分残基大多数为亲水性残基；而亚口袋 B 则是一个较深的疏水凹槽，主要由 Leu122、Phe60、Phe113 和 Met61 等氨基酸残基组成［图 3.1（c），绿色残基］。在这两个亚口袋之间的连接区域有 3 个亲水性残基 Arg55、His126 和 Gln63［图 3.1（c），紫色残基］，这 3 个残基参与了大部分与配体的氢键相互作用[10]。

自 1984 发现至今的三十多年研究表明，CypA 的生物学功能与人类多种生理和病理进程密切相关。有关 CypA 参与免疫抑制[11]、病毒（包括 HIV-1 病毒[12]、SARS 冠状病毒[13]和 HCV 病毒[14]）入侵感染，以及神经营养/保护[15]的机制已经被很多课题组详细研究。此外，也有研究证实 CypA 在心血管疾病发病机制中发挥重要作用，例如，作为一种

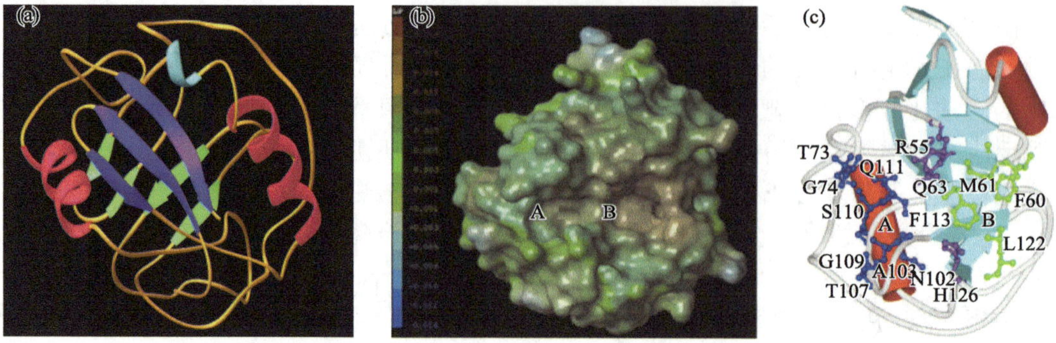


图 3.1　（a）CypA 的三维结构；（b）CypA 配体结合口袋的表面疏水性质；（c）CypA 的残基组成

氧化应激诱导分泌的生长因子，介导活性氧介质对细胞外信号调节酶（ERK1/2）的激活和血管平滑肌细胞增殖[16]；参与了细胞内小凹蛋白（Caveolin-1）/CypA/Cyclophilin 40/热休克蛋白 56（heat-shock protein 56，HSP56）复合物（胆固醇转运复合物）的形成[17]；作为炎症介质，促进动脉粥样硬化发生[18]。

### 3.2.2　文献报道的 CypA 配体（抑制剂和激动剂）

CypA 在多个生理途径中都发挥作用，与多种疾病密切相关，有关它的抑制剂研究一直是热点。按化合物来源可以将 CypA 抑制剂分为三大类：天然产物及其类似物、肽类及拟肽化合物和有机合成小分子化合物。有关 CypA 天然产物抑制剂主要集中在 CsA（**1**）[19]和 sanglifehrin A（SFA，**2**）[20]两类大环结构（图 3.2），以及它们的衍生物；肽类抑制剂主要是模拟 HIV-1 Gag 多聚蛋白的衣壳蛋白质（CA）与 CypA 的结合片断，一系列七肽类似物被陆续报道，如化合物 **3**[21]和 **4**[22]（图 3.2）；拟肽类抑制剂则是模拟其天然配体脯氨酸残基片断，如化合物 **5**[23]和 **6**[24]（图 3.2）。天然产物和肽类似物大多存在生物利用度不高、易代谢等缺点，难以成药。因此寻找选择性高、活性强的化学小分子 CypA 抑制剂具有十分重要的意义。但有关这方面的报道比较少，早期报道的小分子 CypA 抑制剂主要是一些 1, 3-苯/环己基二脲类化合物和单脲类化合物，代表化合物分别为 **7**[25]和 **8**[26]（图 3.2）。

目前以 CypA 为作用靶标，进行药物开发的大多是其抑制剂，如临床用于器官移植免疫抑制的 CsA[11]和正处于临床开发阶段的候选药物，包括处于Ⅱ期临床用于治疗 HIV 的 DEBIO-025[27]和处于Ⅰ期临床用于治疗 HCV 的 NIM-811[28]。CsA 由诺华公司于 1984 年推向市场，它在器官移植方面的临床应用已有 30 多年。有数据显示，在我国广泛应用于临床的 8 种免疫抑制药物中，CsA 无论是市场占有率还是全年销售金额均稳居第一位，2005 年销售额约 4 亿元。虽然 CsA 的临床应用使得器官移植的种类和存活率大大提高，但 CsA 药代动力学的个体差异和不良反应限制了其进一步的临床应用，其常见的不良反应主要有肾毒性、厌食、恶心、呕吐等胃肠道反应和牙龈增生伴出血。因此，开发特异性 CypA 非免疫抑制作用的抑制剂也是国际药物研究的一个热点[25, 27, 28]。

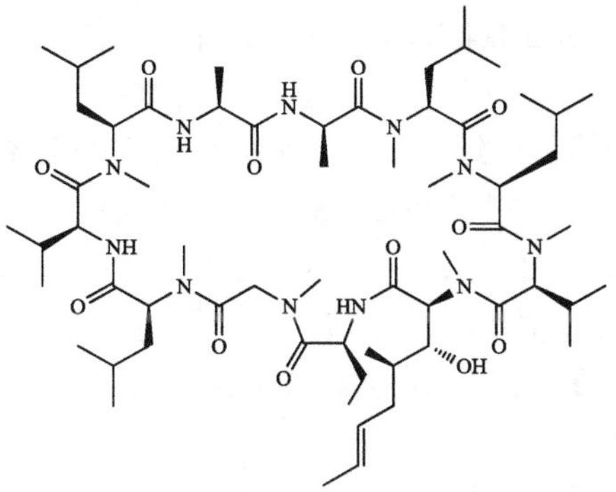

CsA (1)

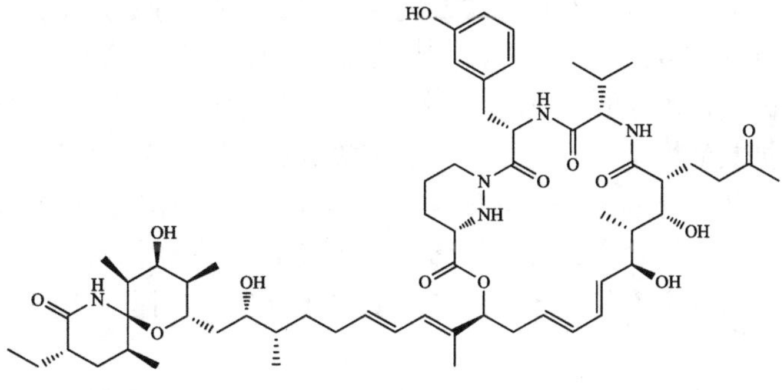

sanglifehrin A (SFA, 2)

CypA天然产物类抑制剂

Dav-His-Ala-Gly-Pro-Ile-NHBu

3

Suc-Ala-Glyψ($PO_2$Et-N)Pro-Phe-p*N*A

4

CypA肽类抑制剂

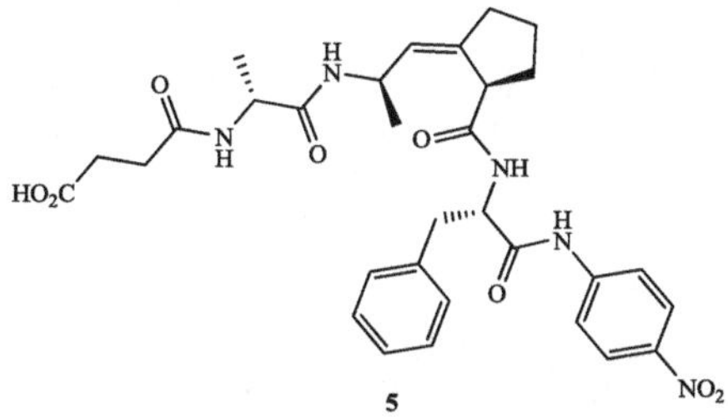

5

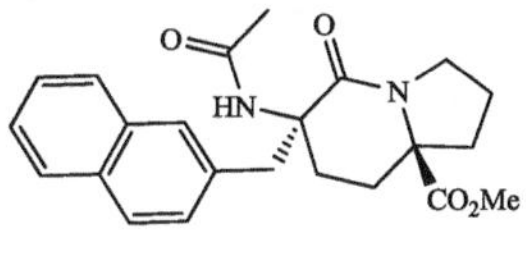

6

CypA拟肽类抑制剂

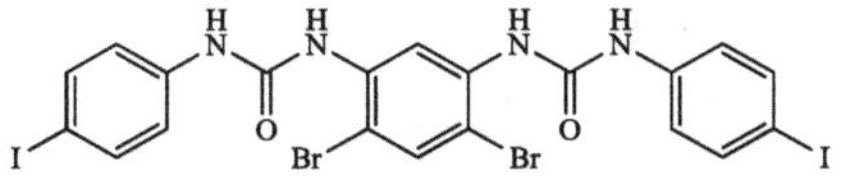

7

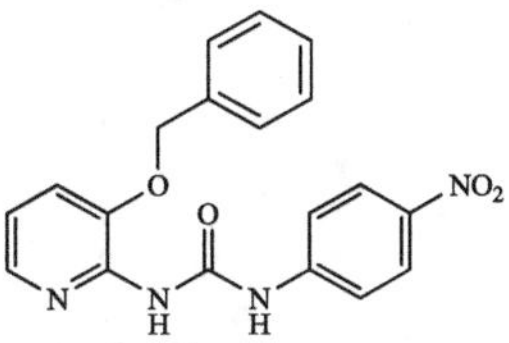

8

CypA有机合成小分子抑制剂

图 3.2　天然产物、肽类、拟肽类和有机合成小分子 CypA 抑制剂结构

CypA 激动剂报道得非常少，主要是华东理工大学李剑教授团队发现的一些酰基脲骨架衍生物（图 3.3）[29]。因此，CypA 激动剂的发现及其生物学意义研究具有重要的科学意义和广阔的应用前景。

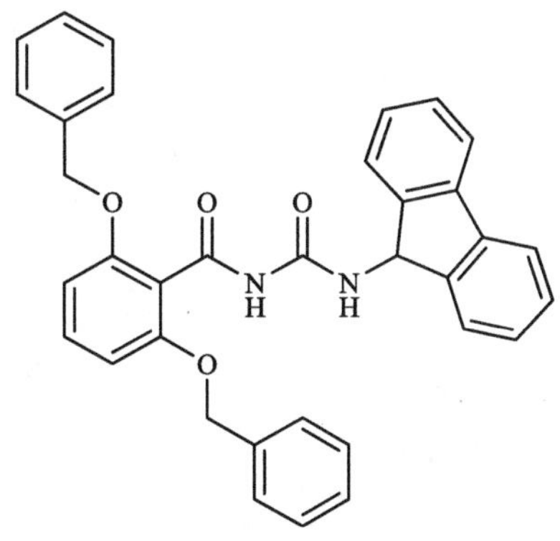

HL1a

图 3.3　有机小分子 CypA 激动剂结构

### 3.2.3　一种创新的 CypA 配体（抑制剂）化合物库

华东理工大学李剑教授团队基于 CypA/SFM（sanglifehrin macrolide）晶体复合物结构（PDB entry 1NMK）[30]，构建 CypA 的虚拟筛选模型，对 SPECS 公司商业化数据库中 28 万种小分子（http://www.specs.net）进行虚拟筛选，选取并购买了

打分函数高且类药性质好的 82 种化合物进行 CypA 结合活性测试，其中有 15 种化合物有较好的结合活性（表 3.1）[31]，然后以活性好的化合物作为 CypA 抑制剂的先导化合物进行修饰改造，共合成近 60 种新化合物，分别测试了这些化合物的受体结合活性、酶抑制活性和免疫抑制活性。在此基础上，李剑等应用中国科学院上海药物研究所蒋华良教授团队开发的从头药物设计程序 LD1.0 软件[32]，构建了一个包含 255 种小分子的 CypA 集中组合库，然后对这个集中组合库进行虚拟筛选，选取 16 种化合物进行合成和生物活性测试，结果表明这 16 种化合物全部具有较高的 CypA 结合活性，5 种化合物具有较强的 CypA 酶抑制活性[33]。

**表 3.1　代表性 CypA 抑制剂结构和酶活调控结果**

| 化合物 | 结构式 | $K_D$/(μmol/L) |
| --- | --- | --- |
| **9** | 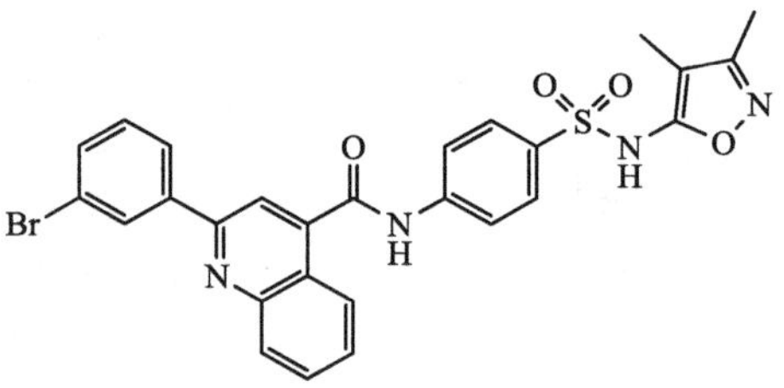 | 1.13 |
| **10** | 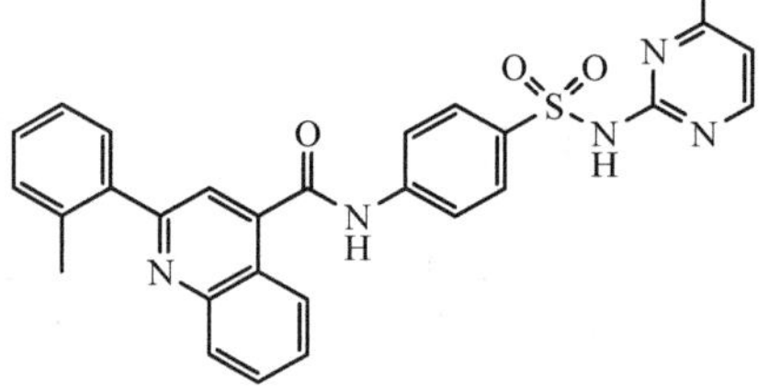 | 6.34 |
| **11** | 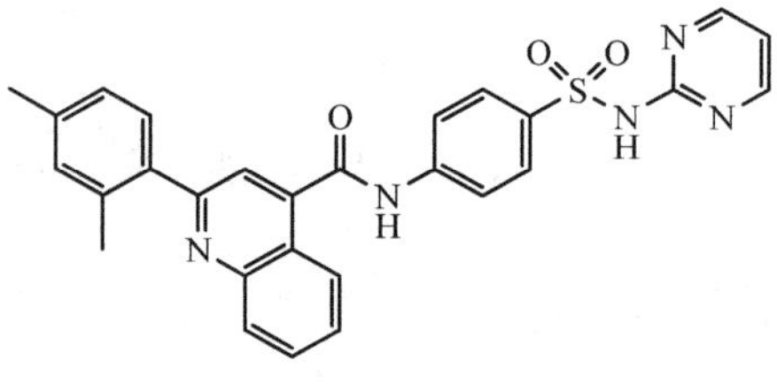 | 9.33 |
| **12** | 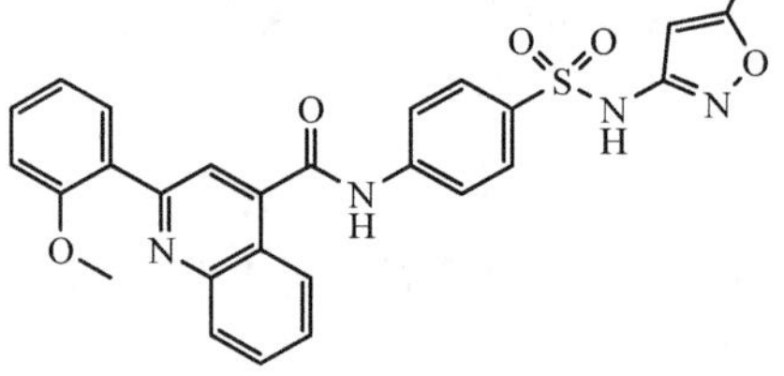 | 23.2 |
| **13** | 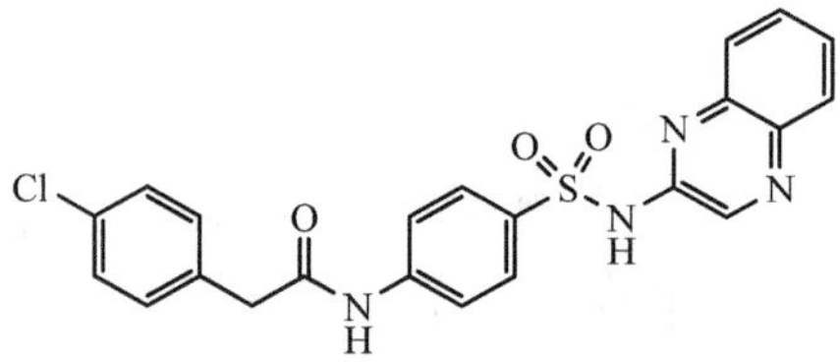 | 1.23 |

续表

| 化合物 | 结构式 | $K_D$/(μmol/L) |
| --- | --- | --- |
| **14** | 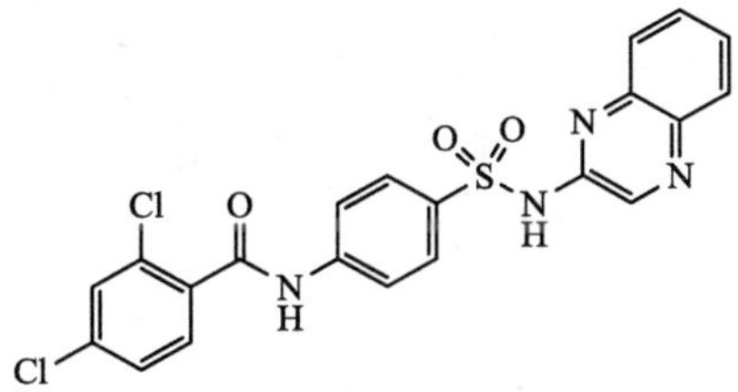 | 8.99 |
| **15** | 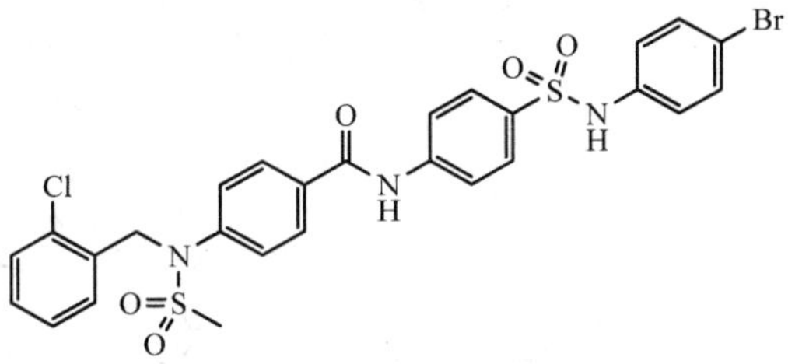 | 23.4 |
| **16** | 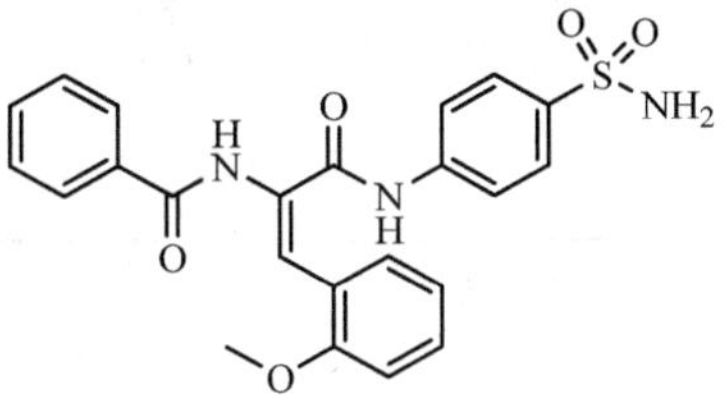 | 34.3 |
| **17** | 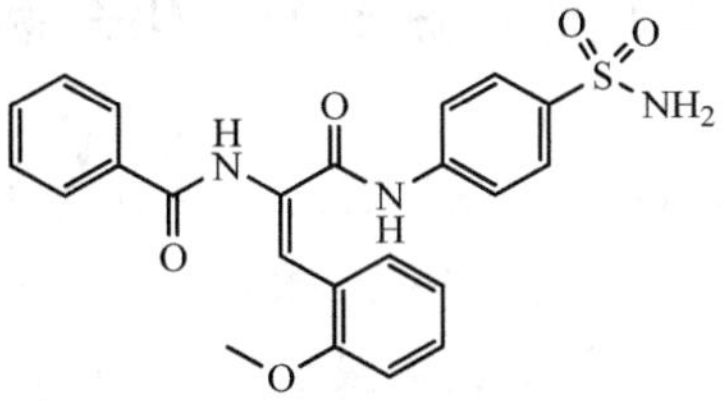 | 5.60 |
| **18** | 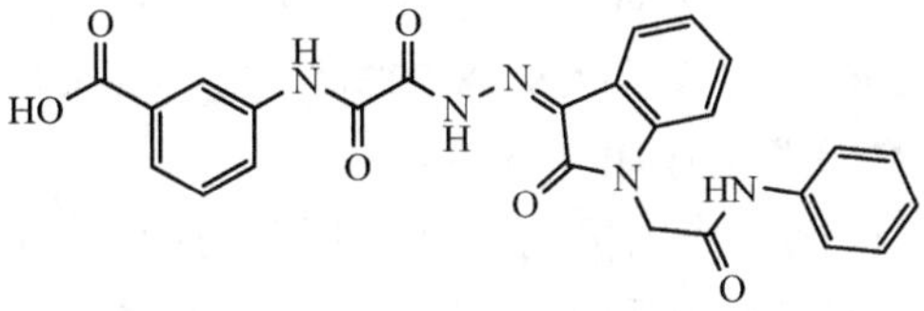 | 53.4 |
| **19** | 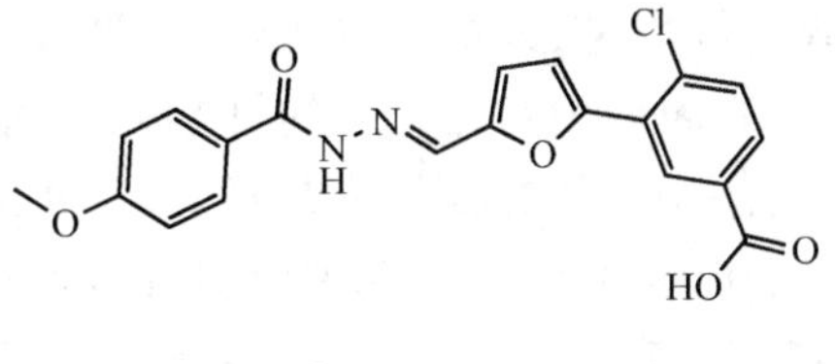 | 12.3 |
| **20** | 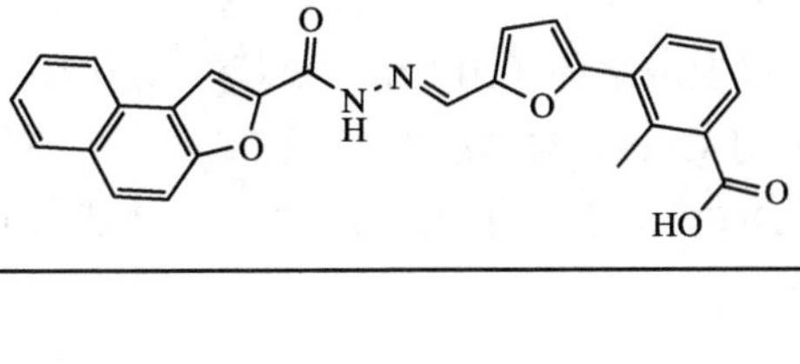 | 0.83 |

续表

| 化合物 | 结构式 | $K_D$/(μmol/L) |
|---|---|---|
| **21** | 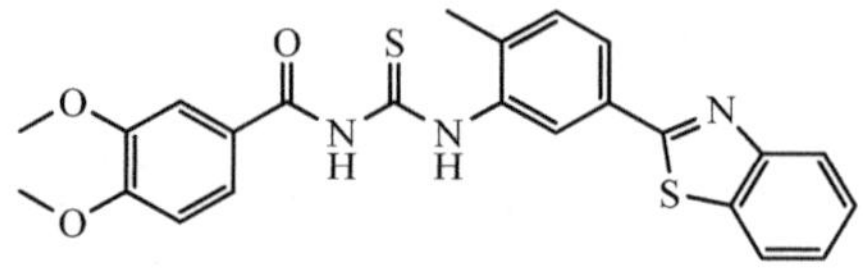 | 3.45 |
| **22** | 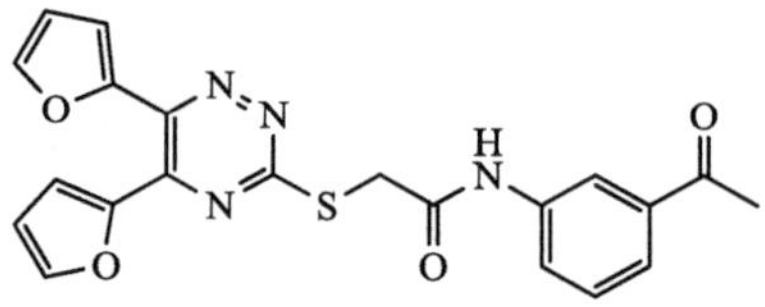 | 5.64 |
| **23** | 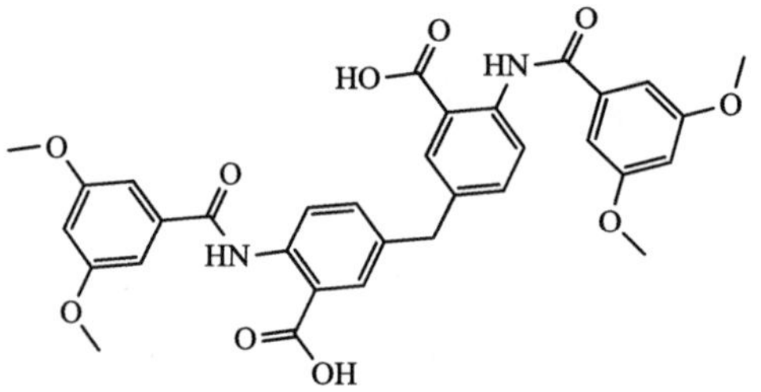 | 0.58 |

### 3.2.4　一种创新的 CypA 配体（激动剂）化合物库

当前以 CypA 为作用靶标进行药物开发的大多是其抑制剂，而 CypA 激动剂的发现及其生物学意义研究还一直未见相关文献报道。李剑团队在已发现的 CypA 抑制剂基础上，运用分子模拟和分子生物学测试手段进行结构优化过程中，发现一类酰基脲类骨架化合物 HL01a（图 3.3），其在 CypA 酶水平活性测试中显示较强的激动活性（其量效曲线图见图 3.4），HL01a 既可以增强 CypA 的酶活性［图 3.4（a）］，还可以有效逆转 CypA 抑制剂 CsA 对 CypA 的酶抑制作用［图 3.4（b）］。

为了探讨 CypA 激动剂的作用机制、潜在药理用途，该团队以 HL01a 为先导化合物，对已发现的 CypA 激动剂进行合理的结构修饰改造和优化，共设计、合成了 13 种 HL01a 的衍生物，并测试了这些化合物对 CypA 的 PPIase 的调节活性，结果发现随着取代基 $R^1$、$R^2$ 和 $R^3$ 的变化，衍生物交替表现出对 CypA 的抑制或激动活性（图 3.5 和表 3.2）。初步的构效关系总结为：HL01a 结构中的 2, 6-二苄氧基（$R^1$ 和 $R^2$）取代基对维持激动活性至关重要，改变成单苄氧基（HL02a）或脱去苄基（HL03a）或换成氟取代（HL04a）后，激动活性丧失或反转成抑制剂（表 3.2）；HL01a 结构中的芴环（$R^3$）取代基可做适当修饰（HL05a～HL14a），其中替换成萘环（HL05a）或苯环（HL10a）或 3-氯-4-氟苯环（HL14a）取代时，衍生物具有一定的 CypA 激动活性（表 3.2），但还是以 HL01a 激动活性最佳。因此 HL01a 最终被确定为激动剂小分子探针，用于下一步作用机制研究。

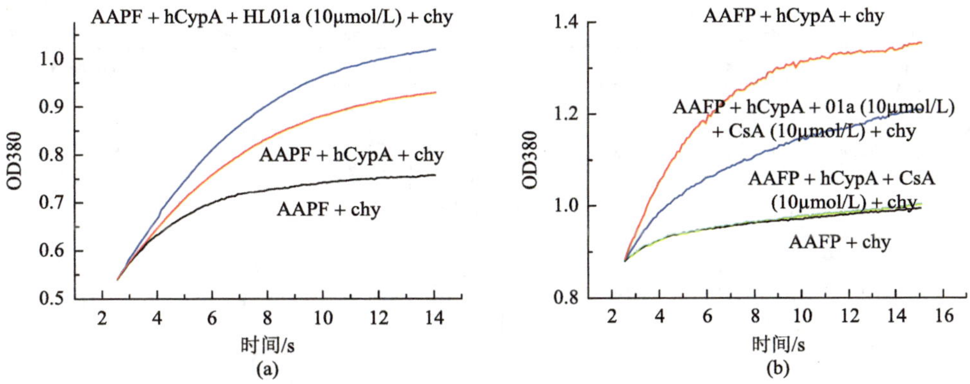


图 3.4　HL01a 激活 CypA 酶活效应图，AAPF（Suc-Ala-Ala-Pro-Phe-4-nitroanilide）为 CypA 的 PPIase 酶催化底物，chy 为糜蛋白酶，CsA 为 CypA 已知抑制剂环孢菌素。(a) 单独加入化合物 HL01a 孵育 2h 后测定酶活，(b) 同时加入 HL01a 和 CsA 共同孵育 2h 后测定酶活

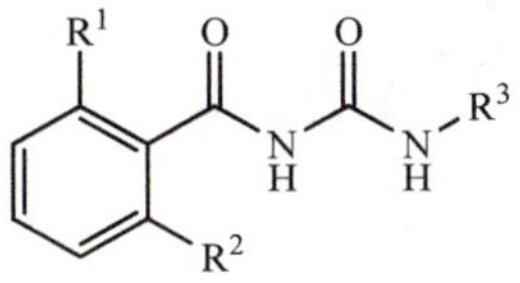


图 3.5　CypA 激动剂 HL01a 及其衍生物的化学结构通式

**表 3.2　CypA 激动剂 HL01a 及其衍生物对 CypA 的酶活调控结果**

| 编号 | 化合物 | R[1] | R[2] | R[3] | 抑制率(–)或激动效率(+) |
|---|---|---|---|---|---|
| 1 | HL01a | BnO— | BnO— | 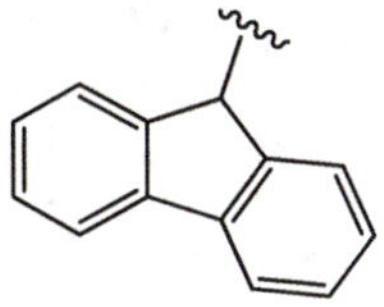 | + 50% @ 10μmol/L |
| 2 | HL02a | BnO— | H— | 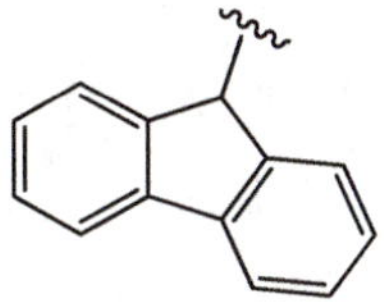 | –89% @ 10μmol/L |
| 3 | HL03a | HO— | HO— | 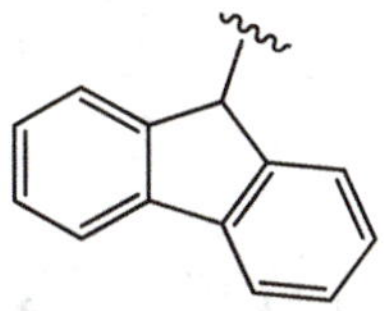 | –100% @ 10μmol/L |
| 4 | HL04a | BnO— | F— | 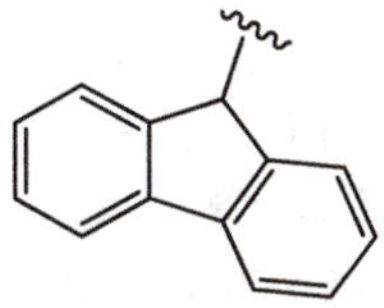 | NA |
| 5 | HL05a | BnO— | BnO— | 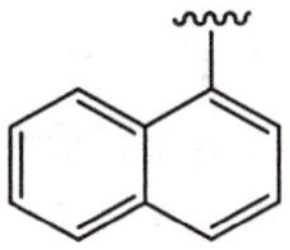 | + 16% @ 10μmol/L |

续表

| 编号 | 化合物 | R¹ | R² | R³ | 抑制率(–)或激动效率(+) |
|---|---|---|---|---|---|
| 6 | HL06a | BnO— | BnO— | 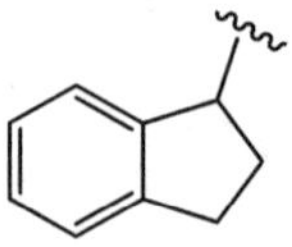 | NA |
| 7 | HL07a | BnO— | BnO— | 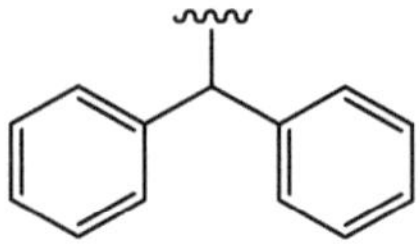 | NA |
| 8 | HL08a | BnO— | BnO— | 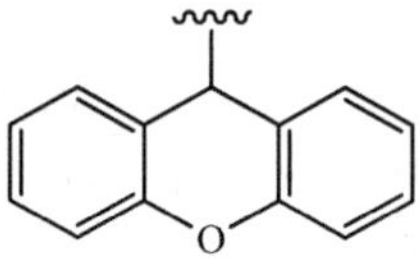 | –18% @ 10μmol/L |
| 9 | HL09a | BnO— | BnO— | 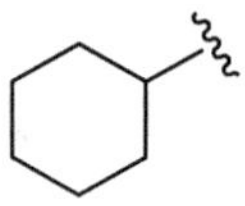 | NA |
| 10 | HL10a | BnO— | BnO— | 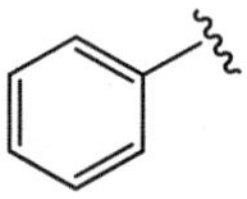 | + 22% @ 10μmol/L |
| 11 | HL11a | BnO— | BnO— | 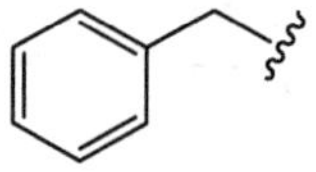 | NA |
| 12 | HL12a | BnO— | BnO— | 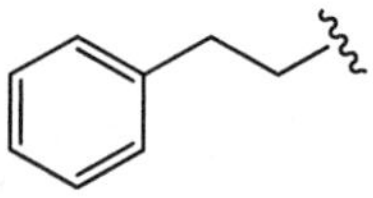 | –17% @ 10μmol/L |
| 13 | HL13a | BnO— | BnO— | 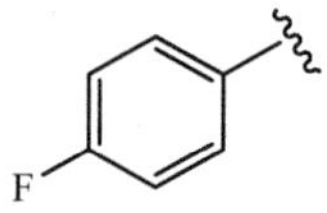  | NA |
| 14 | HL14a | BnO— | BnO— | 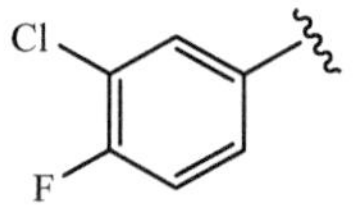  | + 42% @ 1μmol/L，NA @ 10μmol/L |

### 3.2.5　CypA 配体（激动剂）作用位点和机制研究

李剑团队进一步以激动剂 HL01a 为小分子探针，综合运用分子动力学模拟、氨基酸点突变和分子生物学实验，揭示激动剂与 CypA 结合位点及作用机制，应用分子生物学方法解释 CypA 介导的信号转导通路新规律。有关 CypA 抑制剂的作用位点和 CypA 的 PPIase 催化机制已有文献报道[34, 35]，这些报道采用了动力学模拟的方法推测催化机制，因此李剑等将类似的方法用到激动剂的催化机制研究中。为了更准确地预测激动剂的作用机制，首先要准确地判断出激动剂的作用位点。结合分子动力学模拟提供的信息，李剑等开展了

2 个循环的点突变实验（突变点总数为 27 个）。突变体蛋白经 CD 谱分析后，均保持原二级结构，然后以 HL01a 为探针分子，测试其对各种突变体的调节活性，代表性结果见表 3.3，根据这些结果，可以推测出激动剂 HL01a 与 CypA 的结合位点在 Cys52 为中心的蛋白表面区域，这个区域不同于传统的 CypA 抑制剂结合位点。从图 3.5（a）可以看出，激动剂 HL01a 结合于 CypA 底物催化口袋的下方。

**表 3.3　HL01a 对 CypA 突变体的酶活结果**

| 氨基酸残基 | 突变氨基酸 | 突变位点 | 激动效率/% | 氨基酸残基 | 突变氨基酸 | 突变位点 | 激动效率/% |
|---|---|---|---|---|---|---|---|
| 未突变（野生型） | | | 43.7 | His70 | Arg | 结合位点 | 2.3 |
| | | | | His70 | Trp | 结合位点 | 37.8 |
| Cys52 | Phe | 结合位点 | 0 | Lys151 | Ala | 结合位点 | 38.0 |
| Cys52 | Ser | 结合位点 | 6 | Thr152 | Phe | 结合位点 | 19.5 |
| Cys52 | Leu | 结合位点 | 19.8 | Thr152 | Trp | 结合位点 | 17.5 |
| Cys52 | Ala | 结合位点 | 39.2 | Thr152 | Ala | 结合位点 | 49.5 |
| His54 | Trp | 结合位点 | 34.3 | Lys155 | Ala | 结合位点 | 25.8 |
| Arg55 | Ala | 结合位点 | 24.8 | Glu23 | Ala | 外周 | 37.9 |
| Arg55 | Trp | 结合位点 | 22.6 | Phe46 | Ala | 外周 | 45.2 |

确定了大致的激动剂结合位点，李剑等运用分子动力学模拟，在原子水平上，研究了激动剂 HL01a 与 CypA 相互作用时，CypA 酶催化活性口袋［图 3.6（a）中底物结合位点］的氨基酸动态变化特征，重点关注文献已经报道的对催化活性至关重要的几个氨基酸残基动态变化特征。图 3.6（b）展示了晶体结构（PDB entry：1M9C）中底物与 CypA 的相互作用特征，由图 3.6（b）可知，CypA 发挥 PPIase 活性时，有 3 个氨基酸残基（H54、R55 和 Q111）与底物形成了 3 个氢键相互作用［图 3.6（b）中黄线］，1 个氨基酸残基（F60）与底物形成了 1 个 π-π 相互作用［图 3.6（b）］。对比 CypA 与底物结合状态［图 3.6（c）中绿色］和非结合状态［图 3.6（c）中粉色］下，上述 4 个关键氨基酸残基的构象变化情况，发现催化口袋中 2 个氨基酸残基（R55 和 F60）的侧链构象发生了显著的变化，非底物结合状态下，R55 和 F60 的侧链显著外翻，相当于完成催化后，释放底物的“张开”状态。也可以理解为 CypA 发挥 PPIase 催化的过程就是一个“闭合→张开→闭合”的循环过程，催化效率（速度）的高低取决于这个循环过程的快慢。进一步分子动力学模拟表明，当激动剂 HL01a 与 CypA 结合后，可以使 CypA 发挥催化作用的 2 个关键氨基酸残基 R55 和 F60 一直处于催化活性构象，即侧链的“闭合”状态［图 3.6（d）中青色］，增加了 CypA 发挥 PPIase 催化的效率，从而表现出激动效果。

为了在功能实验上证实 HL01a 的激动效果，李剑等进行了 Western Blot 实验探索。CypA 通过和 CD147 相互作用可促进 ERK1/2 的磷酸化已被文献广泛报道，这种上调作用依赖于 CypA 的 PPIase 活性，且能被 CypA 抑制剂阻断。在 CypA/CD147/ERK1/2 通路中，发现 CypA 激动剂 HL01a 能拮抗抑制剂 CsA 对 ERK1/2 磷酸化的抑制作用［图 3.7（a）］，从功能实验上证实了激动效果。

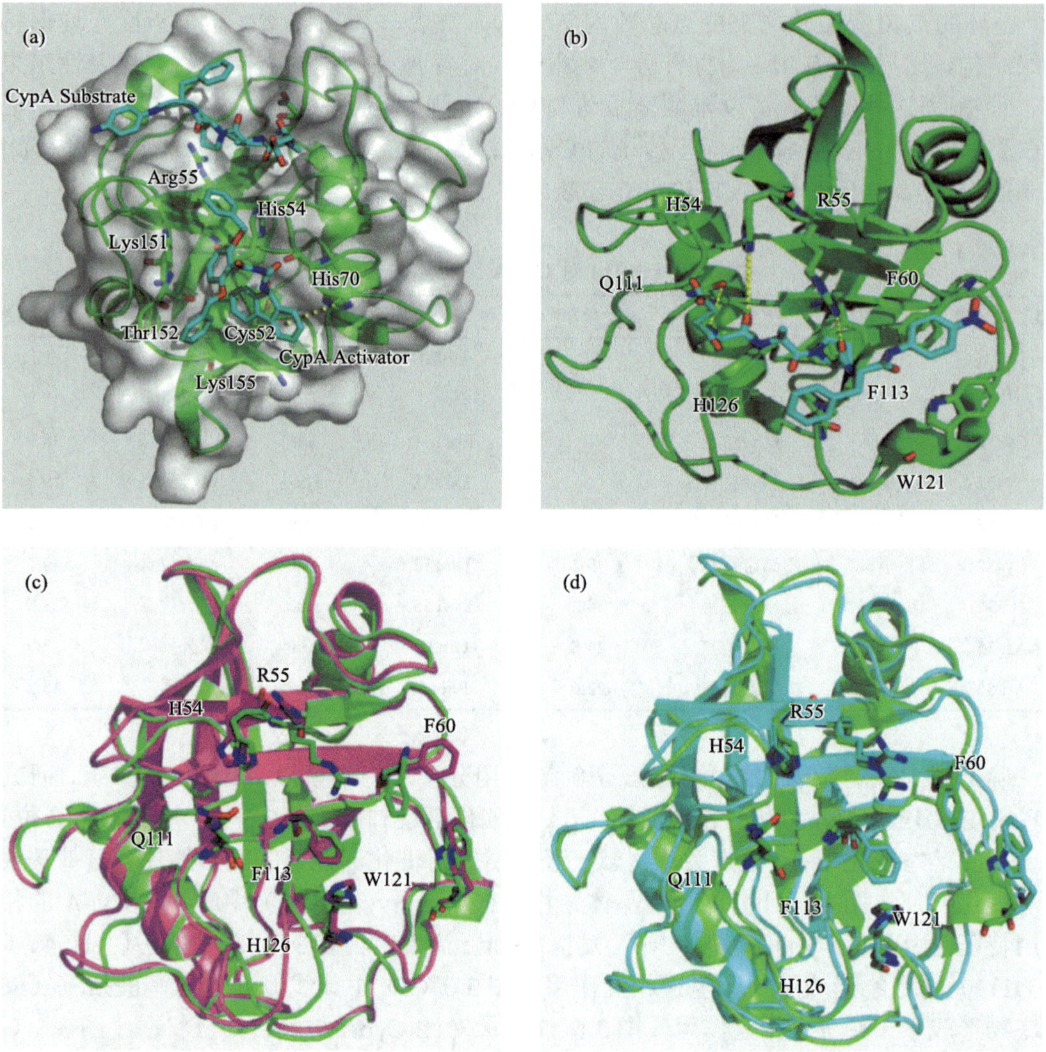


图 3.6　激动剂结合位点（a）及其激动机制（b）～（d）。（a）上方的青色棍状分子为 CypA 酶催化底物（PDB entry：1M9C），下方的青色棍状分子为激动剂 HL01a，（b）晶体结构（PDB entry：1M9C）中 CypA 与底物的结合特征，氢键作用用黄线标示，（c）底物结合（绿色）与非结合（粉色）两种状态下 CypA 蛋白骨架叠合图，（d）底物结合（绿色）与底物/激动剂共结合（青色）两种状态下 CypA 蛋白骨架叠合图

### 3.2.6　CypA 配体（抑制剂）介导的非小细胞肺癌新信号转导通路

越来越多的证据表明 CypA 与肿瘤的发生和发展密切相关。自从 1999 年首次报道 CypA 在一些肿瘤细胞中异常高表达以来[36]，大量的蛋白质组实验研究证实，CypA 在多数肿瘤细胞（包括各种实体瘤和神经胶质瘤）中异常高表达，被推测为引起肿瘤化疗药物产生耐药性的原因[37]，这引起了人们对 CypA 介导肿瘤细胞信号转导通路的研究兴趣。早期的研究结果表明，CypA 可能参与肿瘤细胞增殖（proliferation）/分化（differentiation）/迁

移（migration）[16, 38-49]、凋亡（apoptosis）[50-58]以及细胞周期（cell cycle）[59-63]等各个环节。文献报道的 CypA 介导的机制和参考文献见表 3.4。

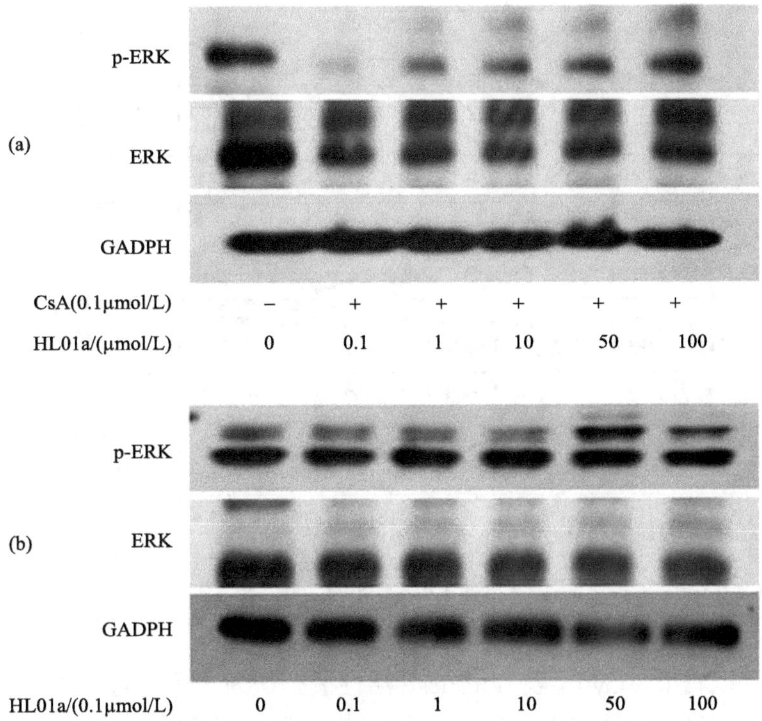


图 3.7　在 H446 细胞中检测不同实验条件下 ERK1/2 的磷酸化水平。(a) 共同孵育 CsA（0.1μmol/L）和不同浓度（0～100μmol/L）的 HL01a，48h 后 WB 结果；(b) 单独孵育不同浓度（0～100μmol/L）的 HL01a，48h 后 Western Blot 结果

**表 3.4　CypA 与肿瘤发生和发展的关系**

| | CypA 介导的机制 | 是否与 PPIase 相关 | 参考文献 |
|---|---|---|---|
| 增殖/分化/迁移 | 通过 CypA/CD147 相互作用，激活 ERK1/2，促进肿瘤细胞增殖 | 是 | [16, 48, 49] |
| | 外源性 CypA，下调 NRP-Ⅰ和 VEGF 的 mRNA 水平，促进肿瘤细胞增殖 | 是 | [47] |
| | 通过 CypA/CD147 相互作用，激活 p38 MAPK 通路，上调 IL-5 和 IL-17，促进肿瘤细胞增殖 | 是 | [46] |
| | CypA 参与 CXCR4 调节的细胞迁移 | 是 | [45] |
| | CypA 通过与催乳素受体 PRLr 结合，激活 Jak2，促进肿瘤细胞增殖和迁移 | 是 | [43-44] |
| | 通过 CypA/Hensin 相互作用，促进上皮细胞分化 | 是 | [42] |
| | CypA 通过与 N-WASP 结合，稳定 N-WASP/Arp2/3 复合物，促进细胞增殖和迁移 | 是 | [41] |
| | 过表达 CypA，上调 MMP-3 和 MMP-9，促进肝癌细胞迁移 | 未知 | [40] |
| | 下调 CypA 表达，调控 MMP-9，减弱 NSCLC 增殖和迁移 | 是 | [39] |
| | 通过 CypA/CD147 相互作用，上调 MMP-9，促进肿瘤细胞增殖和迁移 | 是 | [38] |

续表

| | CypA 介导的机制 | 是否与 PPIase 相关 | 参考文献 |
|---|---|---|---|
| 凋亡 | 形成 CypA/钙网蛋白复合物，影响 $Ca^{2+}$浓度，抑制凋亡 | 否 | [50, 58] |
| | 通过 VEGF/VEGFR2 通路，抑制凋亡 | 是 | [57] |
| | 在氧化应激诱导的心肌细胞，CypA 上调 Bcl-2，抑制凋亡 | 未知 | [56] |
| | 形成 CypA/AIF 复合物，促进凋亡 | 否 | [55] |
| | CypA 抑制 ROS 产生和线粒体膜电位去极化，抑制凋亡 | 未知 | [54] |
| | 形成 CypA/*p53* 复合物，抑制凋亡 | 是 | [53] |
| | 形成 CypA/AIF/组蛋白 H2AX 三元复合物，促进凋亡 | 否 | [52] |
| | 形成 CypA/细胞色素 C 复合物，阻止半胱氨酸天冬氨酸蛋白酶原-9 和半胱氨酸天冬氨酸蛋白酶原-3 的激活，抑制凋亡 | 未知 | [51] |
| 细胞周期 | 抑制 CypA，激活 *p53* 转录，上调 *p21*，抑制 CylcinE/Cdk2 复合物，阻滞细胞周期进展 | 是 | [63] |
| | CypA 可能参与 DNA 复制过程中的细胞周期进程（G1 期→S 期） | 未知 | [62] |
| | CypA 通过调控 Cyclin D1/Cdk4 的激活，而调节细胞周期进程（G1 期→S 期） | 是 | [60, 61] |
| | CypA 对完成胞质分裂（cytokinesis）和维持基因组稳定起关键作用 | 是 | [59] |

从表 3.4 可以看出，CypA 及其 PPIase 活性被公认为一种促癌因子。其中有关 CypA 介导肿瘤增殖、分化和迁移的机制被研究得比较透彻。大多数学者认为 CypA 通过与其胞外膜受体 CD147 相互作用，激活下游 ERK1/2[16, 48, 49]或 *p38* MAPK[46]通路，上调目标蛋白（如 IL-5 或 MMP-9）的表达，促进肿瘤细胞增殖和迁移。也有少数学者认为 CypA 通过不依赖于 CD147 的信号通路，如 PRLr[43, 44]或 N-WASP[41]等参与的通路，来促进细胞增殖和迁移。有关 CypA 介导肿瘤细胞凋亡的机制比较复杂，例如，CypA 既可以通过与凋亡诱导因子（AIF）相互作用而促进凋亡[52, 55]，也可以通过上调 Bcl-2[56]或与 *p53*[53]相互作用而抑制凋亡。相对而言，有关 CypA 介导肿瘤细胞周期的研究比较少，通过蛋白质组学的研究推测，CypA 与肿瘤细胞 S 期捕获相关[60-62]，初步的机制研究认为 CypA 通过 *p53* 和 *p21* 介导肿瘤细胞周期阻滞[63]，但确切的分子机制有待进一步证明。

由文献已有研究可以看出，尽管 CypA 与肿瘤的密切相关性已经被基本证实，但有关 CypA 如何介导肿瘤细胞周期进展（干预细胞的可塑性）方面的研究还很少。化学遗传学是利用化学工具（尤其是活性有机分子）来研究生物体系的一种新兴手段，可以有效应对传统生物学难以解决的问题，尤其是可被用于研究疾病相关的信号通路，从而鉴定出在某种疾病形成过程中起重要作用的基因或蛋白质，为新药开发提供有效靶点。因此李剑团队采用化学遗传学的策略，应用 CypA 小分子抑制剂为探针，探索 CypA 与肿瘤细胞周期进展的关系。

李剑等筛选了 6 种文献中报道的高表达 CypA 的肿瘤细胞，分别是人小细胞肺癌 H446、人胰腺导管上皮癌细胞 PANC-1、人结肠癌细胞 HCT116、人宫颈癌细胞 Hela、人前列腺癌细胞 Du-145 和人肝癌细胞 HepG2。MTT 实验发现 CypA 激动剂 HL01a 对这 6 种肿瘤细胞的生长没有明显的作用，但其结构衍生物抑制剂 HL03a（也就是 HL01，后文 HL01 即为 HL03a）对 H446 肿瘤细胞增殖有明显的抑制作用（$IC_{50}$ = 6.7～17.6μmol/L）。因此研究体系确定为高表达 CypA 的肿瘤细胞株人小细胞肺癌 H446，小分子探针确定为 CypA 抑制剂 HL01[$IC_{50}$ = (31.6±2.0)nmol/L]。

通过流式细胞术的细胞周期分选功能发现 HL01（10μmol/L，32h）能阻断 H446 细胞从 S 期向 G2/M 期的转变［图 3.8（a)］，且检测浓度和时间内细胞未出现凋亡。进一步应用蛋白质组差异分析实验，HL01（10μmol/L，48h）可有效调控 H446 细胞中多个蛋白质的表达量，李剑等首次发现有一个和细胞周期进展相关的已知蛋白 G3BP1 在 HL01 作用下，表达量大幅下调［图 3.8（b)］。这种下调表现出 HL01 浓度和时间依赖［图 3.9（a）和（b)］。应用 RNA 干扰实验沉默 CypA 的表达，也下调 G3BP1 的表达［图 3.9（c)］，进一步证实了 CypA 与 G3BP1 之间的相互调控。

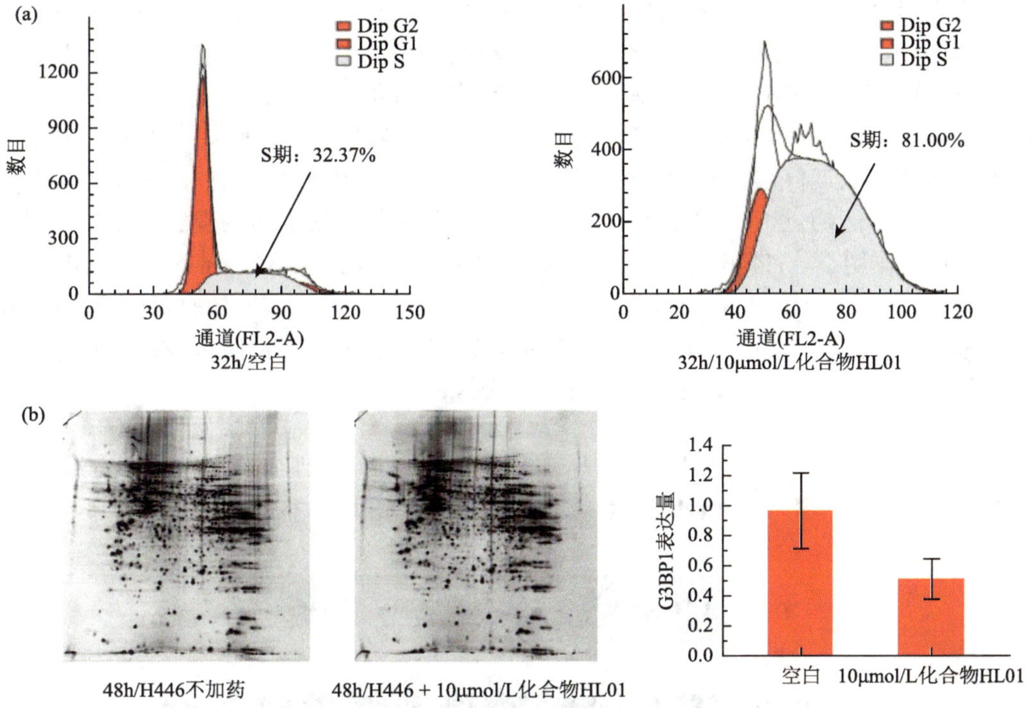


图 3.8　小分子探针 HL01 调控 H446 细胞周期和 G3BP1 蛋白表达

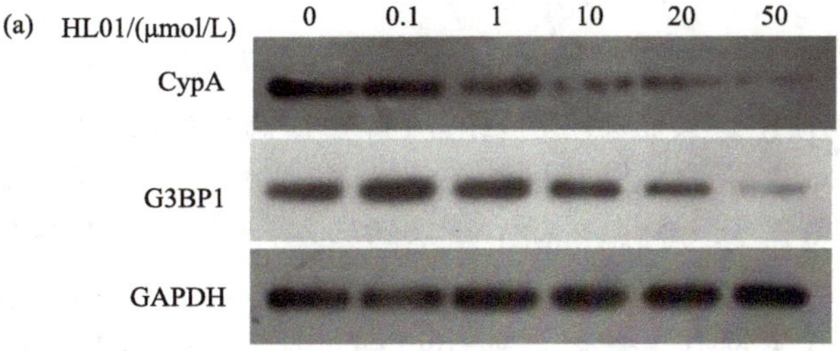

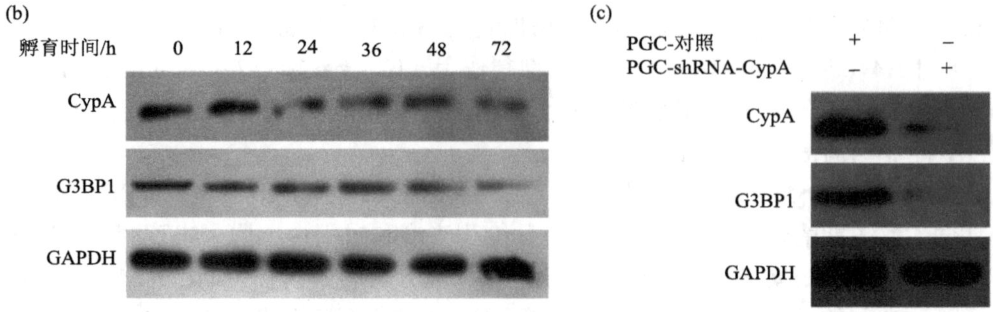


图 3.9　HL01 以浓度和时间依赖的方式下调 G3BP1 蛋白表达

G3BP（Ras GTPase-activating protein SH3 domain binding protein）是一种在真核生物进化过程中高度保守的 Ras GAP 结合蛋白，参与 Ras 下游信号通路，属于 RNA 结合蛋白家族，主要定位于细胞质中。自 1996 年第一次分离鉴定得到 G3BP1 以来[64]，目前在哺乳动物细胞中至少发现 3 种 G3BP 亚型（G3BP1、G3BP2a 和 G3BP2b）[65]。G3BP 具有核酸内切酶和 DNA 解旋酶活性，能够诱导应激颗粒的形成，参与多种细胞生长、分化、凋亡和 RNA 代谢的信号通路，有望成为一个肿瘤治疗的新靶点[66]。已经发现 G3BP 在多种肿瘤组织和细胞中高表达，G3BP1 可以调节细胞从 G1 期进入 S 期[67]，并且有研究证实哺乳动物细胞周期长期停留在 G1/S 边界将最终导致 S 期的阻滞[68]。这些已有研究部分解释了上述的结果，即通过下调 G3BP1 使得 H446 细胞发生 S 期阻滞的现象。李剑等进一步研究了 HL01 作用下，H446 细胞中与 S 期相关的细胞周期蛋白 Cyclin A 和 Cyclin E 的表达变化情况，发现 Cyclin A 的表达并没有发生明显的变化，而 Cyclin E 的表达量呈现 HL01 剂量依赖的下调（图 3.10）。由于 Cyclin E 主要在 G1→S 期的过渡阶段发挥作用，其表达量的下调也部分说明 HL01 诱导 S 期阻滞的原因。

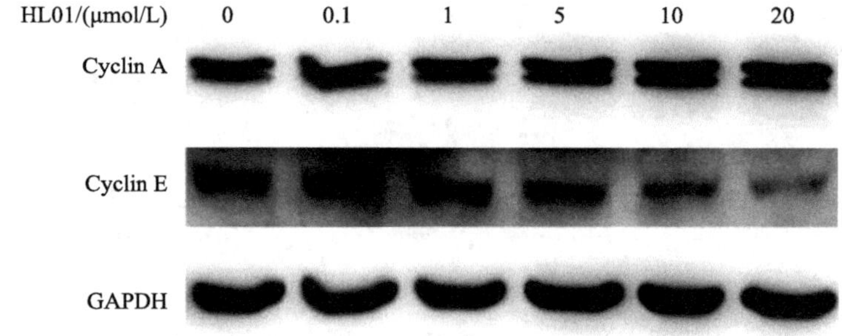


图 3.10　HL01 以浓度依赖的方式下调 Cyclin E 蛋白表达

尽管李剑等首次证实了 CypA 与 G3BP1 之间的相互调控关系，但 CypA 与 G3BP1 之间是否有直接的相互作用，或者说两者之间是否还存在其他信号转导网络节点，需要被进一步研究。据报道，p53 蛋白能够分别与 CypA 和 G3BP1 形成直接的相互作用。其中，*p53* 与 CypA 的作用位点为其 N 端 68-81 氨基酸残基片段（富含脯氨酸）[53]，*p53* 与 G3BP1 的作用位点分别为 *p53* 的 C 端 320-393 和 G3BP1 的 C 端 230-466 氨基酸残基[69]。*p53* 最初由 Linzer 等于 1979 年鉴定并命名，到 1988 年被认为是一种肿瘤抑制基因。目前，*p53*

被公认为与人类肿瘤关系最为密切的基因，也是人类恶性肿瘤中最常见的突变基因，约 50%的人类肿瘤中可发现 *p53* 基因的突变。野生型 *p53* 参与了 DNA 损伤修复、细胞周期调控、细胞凋亡及抑制血管生成等过程。G3BP1 与 *p53* 的 C 端结合，使得 *p53* 的亚细胞定位发生改变，从细胞核转移至细胞质中[46]，影响其转录活性，从而导致肿瘤的形成。基于上述文献调研结果，李剑等初步勾勒出 CypA/*p53*/G3BP1 这样一条新的肿瘤细胞周期相关信号通路（图 3.11），并且通过一系列实验初步证实了这条信号转导通路的可行性。

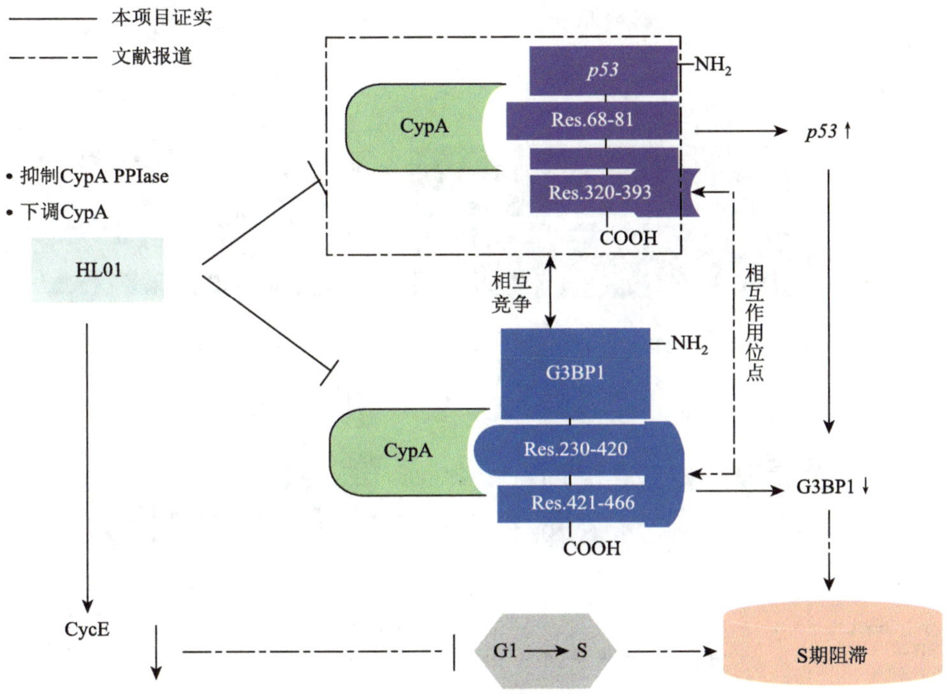


图 3.11　CypA/*p53*/G3BP1 肿瘤细胞周期相关信号通路

GST-Pull down 实验研究表明 CypA 抑制剂 HL01 可以以剂量依赖的形式抑制 CypA 和 *p53* 的相互作用［图 3.12（a）］；HL01 可剂量依赖地诱导 H446 细胞中 *p53* 的表达上调［图 3.12（b）］；向 H446 细胞中转染 *p53* 的表达质粒，发现随着 *p53* 的过表达，G3BP1 的表达水平出现下调，证实 G3BP1 的下调与 *p53* 的上调有关［图 3.12（c）］。

研究表明，CypA 与 *p53* 存在直接相互作用［图 3.13（a）］，CypA 与 G3BP1 存在直接相互作用［图 3.13（b）］，*p53* 和 G3BP1 可以竞争性结合 CypA［图 3.13（c）和（d）］。文献报道，*p53* 与 CypA 的作用位点为其 N 端 68-81 氨基酸残基片段（富含脯氨酸）[53]，*p53* 与 G3BP1 的作用位点分别为 *p53* 的 C 端 320-393 和 G3BP1 的 C 端 230-466 氨基酸残基[69]。因此在竞争实验中，李剑等构建了 GST-*p53*（1-81）来与 G3BP1 竞争结合 CypA。使用 CNBr 树脂偶联纯化的 CypA 作为固相，与 H446 细胞裂解液（HL01 20μmol/L 或等量 DMSO 处理 24h）过夜孵育，然后进行后续的 Western Blot 分析。与对照组相比，HL01 处理后的 H446 细胞裂解产物中，*p53* 与 CypA 的相互作用增强，而 G3BP1 与 CypA 的相互作用减弱。这一结果与 G3BP1/*p53* 在裂解液中的含量是一致的［图 3.13（e）］，并再次说明细胞中 G3BP1/*p53* 可能竞争结合 CypA，而 HL01 可能通过影响 CypA/*p53* 和 CypA/G3BP1 复合物的多少来影响 H446 细胞周期进展。

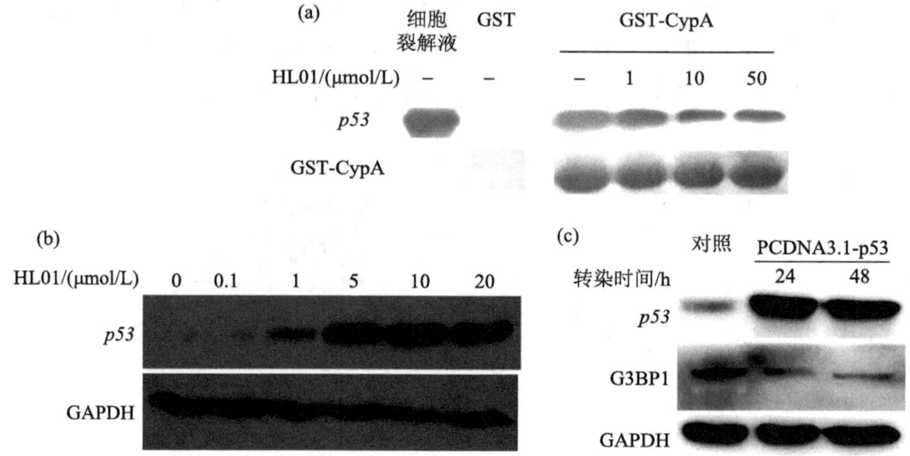


图 3.12　HL01 抑制 *p53* 和 CypA 的结合（a），上调 *p53* 的表达（b），引起 G3BP1 的下调（c）

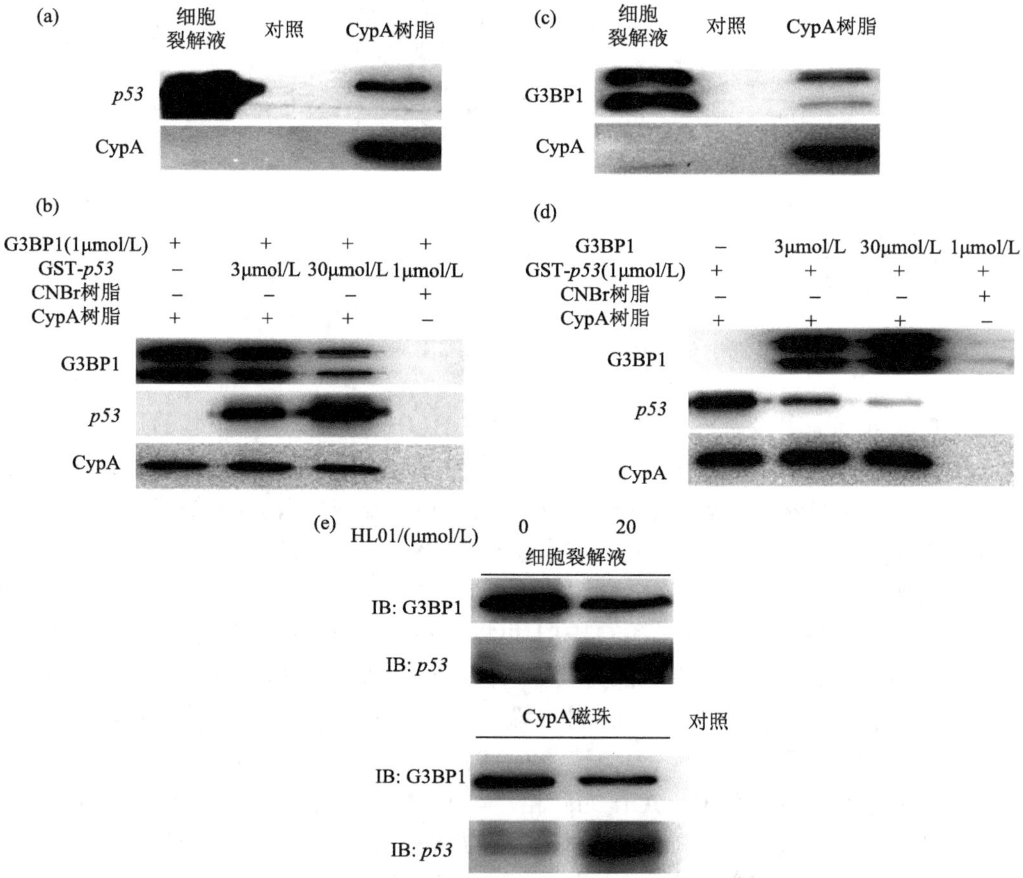


图 3.13　分子和细胞水平验证 *p53* 和 G3BP1 均可以和 CypA 结合且相互竞争

李剑等进一步应用激光共聚焦实验，将 H446 铺在共聚焦培养皿中，用 HL01（20μmol/L，24h）处理后，利用免疫细胞荧光技术来分析 CypA/*p53*/G3BP1 在细胞内的亚细胞定位情况。图 3.14（a）和（b）显示为 CypA/G3BP1 结果，图 3.14（a）为 DMSO 对照组，图 3.14（b）为 HL01 处理组。蓝色为细胞核 Hoechst 染色，红色为 CypA，绿色为 G3BP1。图 3.14（c）和（d）显示为 CypA/*p53* 结果，图 3.13（c）为对照组，图 3.14（d）为 HL01 处理组。蓝色为细胞核 Hoechst 染色，红色为 CypA，绿色为 *p53*。从图 3.14 中可以明显看出：正常情况下，CypA 在细胞质和细胞核中都有表达，*p53* 主要定位在细胞核中，G3BP1 主要定位在细胞质中。在 HL01 刺激后，*p53* 表达量显著提高［图 3.14（d）中绿色荧光增强］，G3BP1 表达量降低［图 3.14（b）中绿色荧光减弱］，CypA 出现明显的入核聚集现象［图 3.14（b）和（d）中红色荧光聚集成核状］且和 *p53* 在核内共定位。这一现象可能与 *p53*/G3BP1 竞争结合 CypA 有关。在正常状态下，*p53* 表达量很低，CypA 主要在细胞质中与 G3BP1 发生相互作用。当 HL01 刺激后，*p53* 表达量大大提高，而 G3BP1 表达量降低，诱导 CypA 入核与 *p53* 发生相互作用。

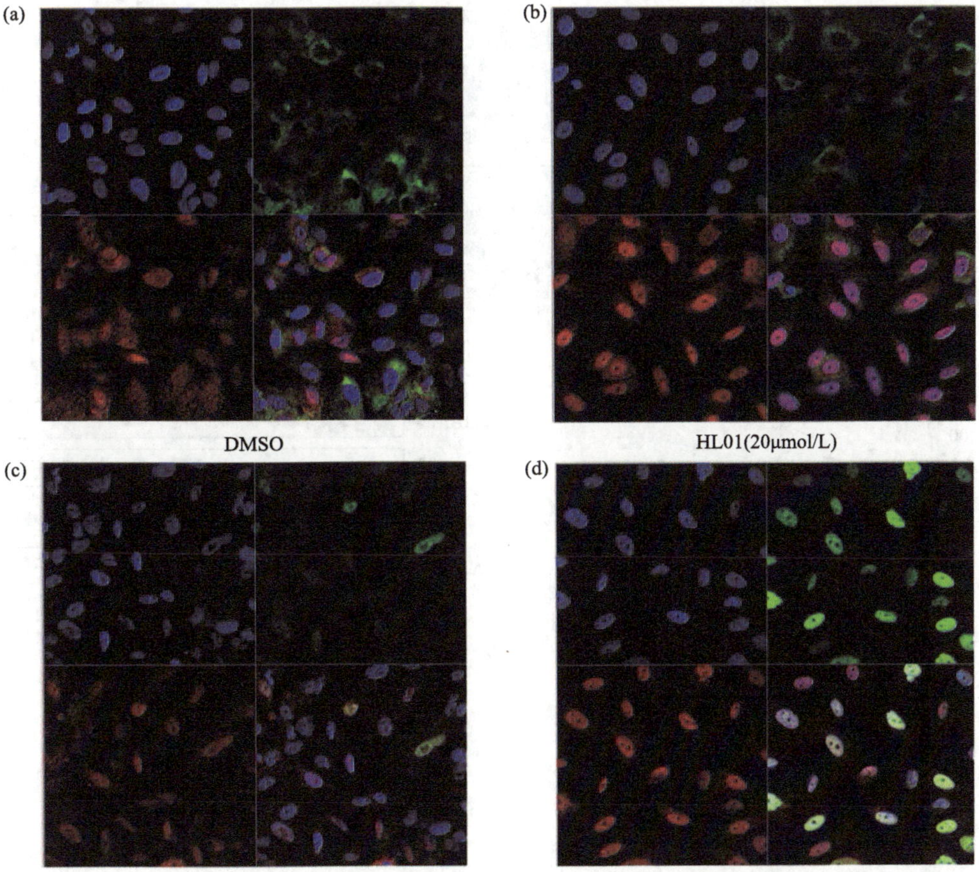


图 3.14　激光共聚焦实验显示 CypA/*p53*/G3BP1 亚细胞定位情况

至此，李剑等阐明了一条新的信号转导通路，即 CypA/*p53*/G3BP1 通路。通过这条通路，CypA 抑制剂可以阻滞肿瘤细胞至 S 期。这不仅解释了 CypA 抑制剂抗肿瘤的作用机制，也为抗肿瘤药物的研发提供了新的思路和作用途径。

最后，他们对 HL01 体内抗肿瘤活性进行了验证研究。A549 细胞增殖抑制实验表明，HL01 与顺铂联用后，表现出强效协同抗细胞增殖效果，联合指数（CI）为 0.385 [图 3.15（a）]，细胞克隆形成实验也证实了该药效 [图 3.15（b）]。利用 A549 细胞裸鼠皮下移植瘤模型，发现 HL01 可以显著抑制 A549 细胞在裸鼠体内的生长 [图 3.15（c）]。针对裸鼠移植瘤的 Western Blot 及免疫组化分析，发现 HL01 在体内同样具有下调 G3BP1 和上调 p53 蛋白表达量的作用，与体外实验结果完全一致 [图 3.15（d）和（e）]。考虑到化疗药物较强的毒副作用，在新机制的指导下，本项目还评价了 HL01 与顺铂联用的体内药效，在动物水平上应用原位瘤模型，发现 HL01 与顺铂联用可以协同强效抑制 A549 原位移植瘤的生长 [图 3.15（e）、（f）和（h）]。因此，HL01 可能作为一个新颖的个性化靶标治疗药物，与已有化疗药物联用，作为一种新的治疗策略用于 NSCLC 患者[70]。

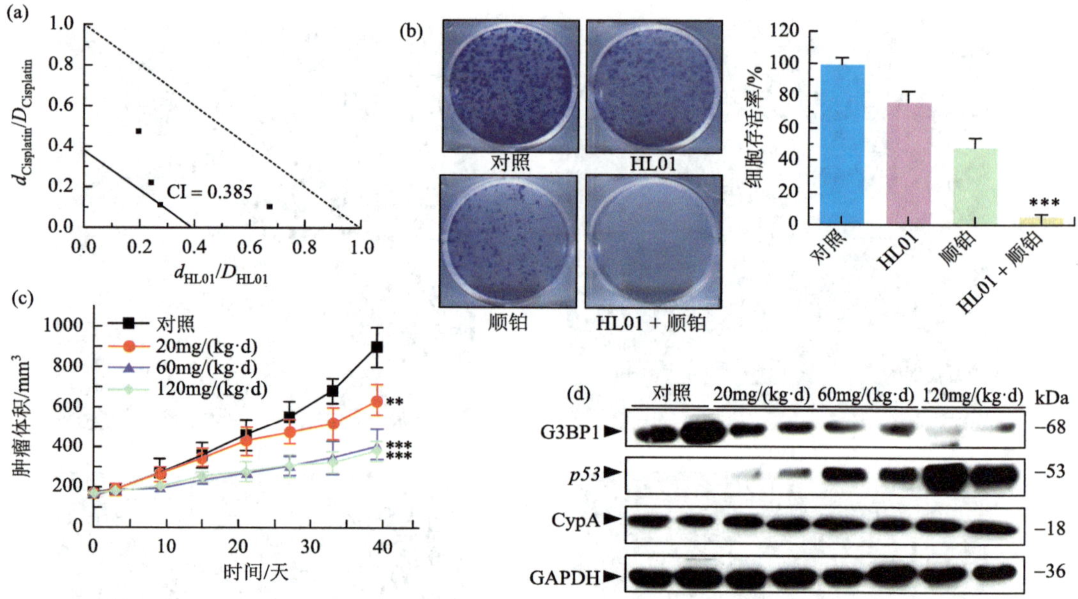

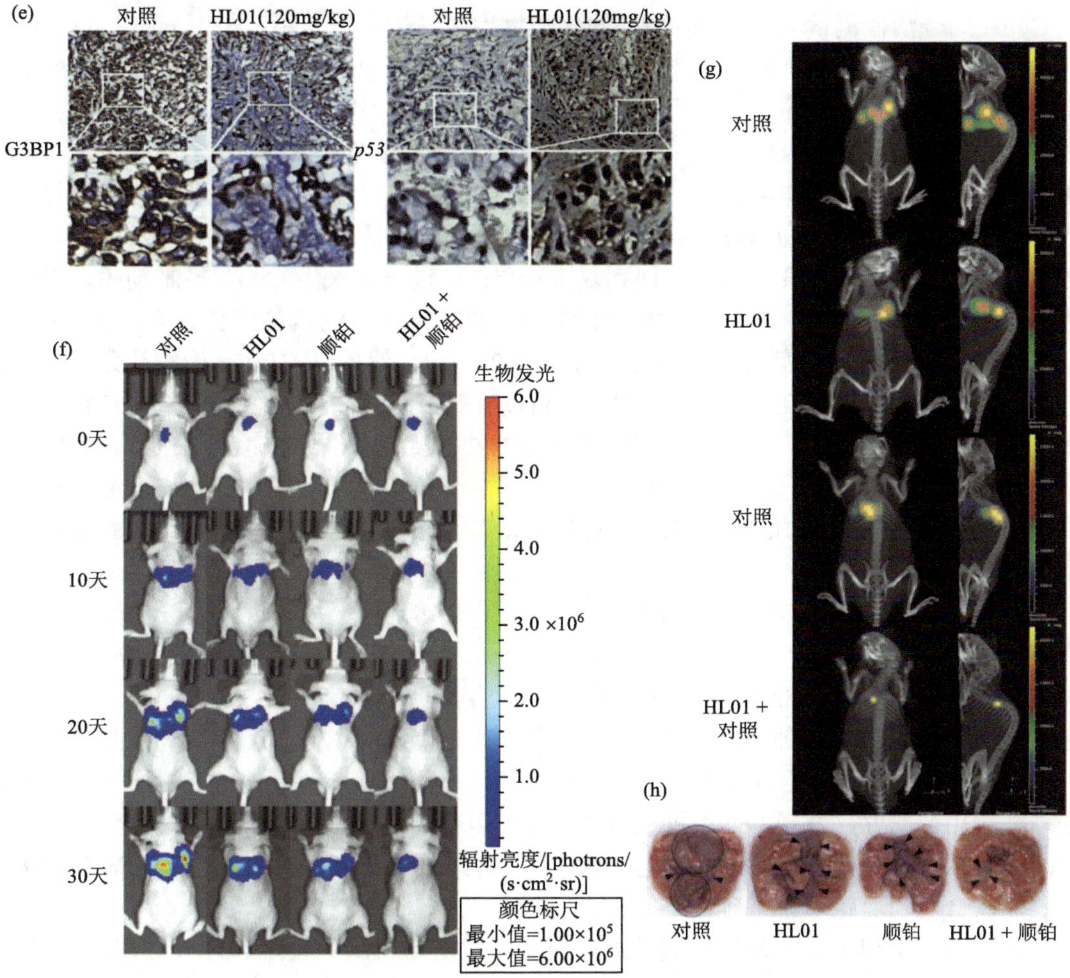


图 3.15　HL01 与顺铂联用后针对 A549 肿瘤细胞的体内外抗肿瘤活性结果

## 3.3　讨论与展望

化学遗传学是近年来新兴的研究领域，是化学和生命科学产生的一个新的交叉学科，是化学在生命研究中新的应用，它的兴起和深入研究为一些生命问题的解决和重大疾病的治疗带来新的希望。化学遗传学在新药研发中已经显示了巨大的应用潜力，一方面采用小分子探针鉴定出在某种疾病形成过程中起重要作用的基因或蛋白质，寻找新的信号转导通路和作用机制，从而为疾病治疗和新药研发提供新的靶点；另一方面通过对小分子化合物库筛选，发现特异性作用于某个基因或蛋白质的小分子化合物，从而为新药开发提供新的先导化合物。

CypA 在多个生理途径中都发挥作用，与多种疾病密切相关，有关它的抑制剂研究一直是个热点，已被广泛报道，但激动剂一直未见报道，对其抑制剂和激动剂的研究都具有重要的科学意义和广阔的市场前景。李剑等通过虚拟筛选和应用蒋华良教授课题组开发的 LD1.0 软件构建小分子 CypA 集中组合库，筛选出打分函数高且类药性质好的化合物后进行 CypA 结合活性测试，然后以活性好的化合物为先导化合物，进行结构修饰改造和优化，从而构建了 CypA 抑制剂和激动剂小分子化合物实体库。研究中意外发现一种酰基脲类骨架化合物 HL01a，在 CypA 酶水平活性测试中显示较强的激动活性，既可以增强 CypA 的酶活性，还可以有效逆转 CypA 抑制剂 CsA 对 CypA 的酶抑制作用。为了从原子水平研究激动剂与 CypA 的相互作用特征，阐明激动剂与 CypA 结合位点及作用机制，李剑等首先进行 CypA/激动剂复合物单晶培养，但由于发现的激动剂与 CypA 的结合力不够强，且水溶性较差，尝试了多种条件也没有得到复合物单晶。进一步采用 CypA 抑制剂的作用位点和催化机制研究的方法，即动力学模拟的方法推测 CypA 激动剂的结合位点及催化机制，开展了 2 个循环的点突变实验（突变点总数为 27 个），然后以 HL01a 为探针分子，测试其对各种突变体的调节活性，由结果推测出激动剂 HL01a 与 CypA 的结合位点在 Cys52 为中心的蛋白表面区域，这个区域不同于传统的 CypA 抑制剂结合位点。因此，李剑等首次发现了 CypA 激动剂，并揭示了其与 CypA 的结合位点及催化机制，为 CypA 激动剂的发展、CypA 介导的新的信号转导通路研究及靶向 CypA 的新颖药物先导结构的发现奠定了基础。

在研究小分子激动剂探针作用机制的同时，李剑等还开展了 CypA 介导的信号转导通路研究，以化学遗传学为手段，应用 CypA 小分子抑制剂 HL01 为探针分子，确证了一条 CypA 介导的全新肿瘤细胞周期相关信号转导通路，即 CypA/*p53*/G3BP1 通路，通过这条通路，CypA 抑制剂可以阻滞肿瘤细胞至 S 期。这不仅解释了 CypA 抑制剂抗肿瘤的作用机制，也为抗肿瘤药物的研发提供了新的思路和作用途径。李剑等进一步开展了新机制抗肿瘤联合用药研究，发现 CypA 抑制剂 HL01 可以显著提高 NSCLC 患者对细胞毒类药物（如顺铂）的敏感性，降低细胞毒类药物的有效治疗剂量而减轻毒副作用，为研发新机制抗肿瘤联合用药奠定理论基础。

化学遗传学和小分子库的快速发展，对疾病发病新机制的发现和疗效好、副作用小、安全性好的新机制治疗药物的发现有很大的推动作用，尤其是抗菌药物、抗肿瘤药物、抗病毒药物等容易产生耐药性的药物，更需要新作用靶点药物来克服耐药性的问题，这将对创新药物发现与开发有着革命性的影响。传统的方法确定了致病基因或蛋白质并不能随后就确定相关的治疗，而化学遗传学使用小分子探针获得了基因或蛋白质的功能后，还能以该小分子探针为先导化合物，进行结构修饰改造、活性研究、临床前药代动力学、安全性研究等，为疾病治疗和预防提供新靶点候选药物。

化学遗传学和小分子化合物库研究还面临着一些挑战：①如何快速高效构建结构多样性的小分子活性化合物库；②如何克服活性小分子化合物杂泛性问题（脱靶效应）；③如何快速高效通过表型筛选和机制研究，寻找小分子化合物的作用靶标等。但我们相信，随着有机合成技术的完善、蛋白质结构信息的积累及一些新技术的出现，化学遗传学和小分子化合物库研究方法将进一步推动生物医药等领域的发展。

本章作者：李　剑，毛　斐，徐以香
王熳炯，李晓康，黄　瑾
华东理工大学

# 参 考 文 献


[1] 赵鹏，张礼和. 化学遗传学和多样性合成. 大学化学，2004，2：1-7.

[2] Chen F，Di H，Wang Y，et al. Small-molecule targeting of a diapophytoene desaturase inhibits *S. aureus* virulence. Nat Chem Biol，2016，12：174-179.

[3] LaPlante S R，Padyana A K，Abeywardane A，et al. Integrated strategies for identifying leads that target the NS3 helicase of the hepatitis C virus. J Med Chem，2014，57：2074-2090.

[4] 井庆川，赵静，赵宝祥，等. 化学遗传学在生物医学研究中的应用. 生物医学工程学杂志，2009，26：448-451.

[5] Takahashi N，Hayano T，Suzuki M. Peptidyl-prolyl *cis-trans* isomerase is the cyclosporin A-binding protein cyclophilin. Nature，1989，337：473-475.

[6] Fischer G，Wittmann-Liebold B，Lang K，et al. Cyclophilin and peptidyl-prolyl *cis-trans* isomerase are probably identical proteins. Nature，1989，337：476-478.

[7] Braaten D，Luban J. Cyclophilin A regulates HIV-1 infectivity，as demonstrated by gene targeting in human T cells. EMBO J，2001，20：1300-1309.

[8] Freskgard P O，Bergenhem N，Jonsson B H，et al. Isomerase and chaperone activity of prolyl isomerase in the folding of carbonic anhydrase. Science，1992，258：466-468.

[9] Kellen J，Spitzfaden C，Zurini M G M，et al. Structure of human cyclophilin and its binding site for cyclosporin A determined by X-ray crystallography and NMR spectroscopy. Nature，1991，353：276-279.

[10] 贵春山. 针对几类重要疾病靶标的药物设计与分子模拟. 上海：中国科学院上海药物研究所，2005.

[11] Liu J，Farmer J D，Lane W S，et al. Calcineurin is a common target of cyclophilin-cyclosporin A and FKBP-FK506 complexes. Cell，1991，66：807-815.

[12] Gamble T R，Vajdos F F，Yoo S，et al. Crystal structure of human cyclophilin A bound to the amino-terminal domain of HIV-1 capsid. Cell，1996，87：1285-1294.

[13] Luo C，Luo H，Zheng S，et al. Nucleocapsid protein of SARS coronavirus tightly binds to human cyclophilin A. Biochem Biophys Res Commun，2004，321：557-565.

[14] Feng Y，Robotham J M，Nelson H B，et al. Cyclophilin A is an essential cofactor for hepatitis C virus infection and the principal mediator of cyclosporine resistance *in vitro*. J Virol，2008，82：5269-5278.

[15] Boulos S，Meloni B P，Arthur P G，et al. Evidence that intracellular cyclophilin A and cyclophilin A/CD147 receptor-mediated ERK1/2 signalling can protect neurons against *in vitro* oxidative and ischemic injury. Neurobiol Dis，2007，25：54-64.

[16] Jin Z G，Melaragno M G，Liao D F，et al. Cyclophilin A is a secreted growth factor induced by oxidative stress. Circ Res，2000，87：789-796.

[17] Everson W V，Smart E J. Influence of caveolin，cholesterol，and lipoproteins on nitric oxide synthase：implications for vascular disease. Trends Cardiovasc Med，2001，11：246-250.

[18] Patrizia N，Kimio S，O'Dell M R，et al. Cyclophilin A is an inflammatory mediator that promotes atherosclerosis in apolipoprotein E-deficient mice. J Exp Med，2011，208：53-66.

[19] Borel J F. Comparative study of *in vitro* and *in vivo* drug effects on cell-mediated cytotoxicity. Immunology，1976，31：631-641.

[20] Fehr T，Kallen J，Oberer L，et al. Sanglifehrins A，B，C and D，novel cyclophilin-binding compounds isolated from *Streptomyces* sp. A92-308110. Ⅱ. Structure elucidation，stereochemistry and physico-chemical properties. J Antibiot，1999，52：466-473.

[21] Li Q，Moutiez M，Charbonnier J B，et al. Design of a Gag pentapeptide analogue that binds human cyclophilin A more efficiently than the entire capsid protein：new insights for the development of novel anti-HIV-1 drugs. J Med Chem，2000，43：1770-1779.

[22] Demange L，Moutiez M，Dugave C. Synthesis and evaluation of Glypsi（PO（2）R-N）Pro-containing pseudopeptides as novel

inhibitors of the human cyclophilin hCyp-18. J Med Chem，2002，45：3928-3933.

[23] Hart S A，Etzkorn F A. Cyclophilin inhibition by a（*Z*）-alkene *cis*-proline mimic. J Org Chem，1999，64：2998-2999.

[24] Wang H，Kim K，Bakhtiar R，et al. Structure-activity studies of ground-and transition-state analogue inhibitors of cyclophilin. J Med Chem，2001，44：2593.

[25] Wu Y Q，Belyakov S，Choi C，et al. Synthesis and biological evaluation of non-peptidic cyclophilin ligands. J Med Chem，2003，46：1112-1115.

[26] Guichou J，Viaud J，Mettling C，et al. Structure-based design，synthesis，and biological evaluation of novel inhibitors of human cyclophilin A. J Med Chem，2006，49：900-910.

[27] Paeshuyse J，Kaul A，de Clercq E，et al. The non-immunosuppressive cyclosporin DEBIO-025 is a potent inhibitor of hepatitis C virus replication *in vitro*. Hepatology，2010，43：761-770.

[28] Ma S，Boerner J E，Tiongyip C，et al. NIM811，a cyclophilin inhibitor，exhibits potent *in vitro* activity against hepatitis C virus alone or in combination with alpha interferon. Antimicrob Agents Chemother，2006，50：2976-2982.

[29] Lv M，Shi T，Mao X，et al. 1-（2，6-Dibenzyloxybenzoyl）-3-（9*H*-fluoren-9-yl）-urea：a novel cyclophilin A allosteric activator. Biochem Biophys Res Commun，2012，425：938-943.

[30] Sedrani R，Kallen J，Martin Cabrejas L M，et al. Sanglifehrin-cyclophilin interaction：degradation work，synthetic macrocyclic analogues，X-ray crystal structure，and binding data. J Am Chem Soc，2003，125：3849-3859.

[31] Li J，Chen J，Gui C，et al. Discovering novel chemical inhibitors of human cyclophilin A：virtual screening，synthesis，and bioassay. Bioorg Med Chem，2006，14：2209-2224.

[32] Chen G，Zheng S，Luo X，et al. Focused combinatorial library design based on structural diversity，druglikeness and binding affinity score. J Comb Chem，2005，7：398-406.

[33] Li J，Zhang J，Chen J，et al. Strategy for discovering chemical inhibitors of human cyclophilin a：focused library design，virtual screening，chemical synthesis and bioassay. J Comb Chem，2006，8：326-337.

[34] Hur S，Bruice T C. The mechanism of *cis-trans* isomerization of prolyl peptides by cyclophilin. J Am Chem Soc，2002，124：7303-7313.

[35] Hamelberg D，McCammon J A. Mechanistic insight into the role of transition-state stabilization in cyclophilin A. J Am Chem Soc，2009，131：147-152.

[36] Rey O，Baluda M A，Park N H. Differential gene expression in neoplastic and human papillomavirus-immortalized oral keratinocytes. Oncogene，1999，18：827-831.

[37] Chen S，Zhang M，Ma H，et al. Oligo-microarray analysis reveals the role of cyclophilin A in drug resistance. Cancer Chemother Pharmacol，2008，61：459-469.

[38] Takahashi M，Suzuki S，Ishikawa K. Cyclophilin A-EMMPRIN interaction induces invasion of head and neck squamous cell carcinoma. Oncol Rep，2012，27：198-203.

[39] Qian Z，Zhao X，Jiang M，et al. Downregulation of cyclophilin A by siRNA diminishes non-small cell lung cancer cell growth and metastasis via the regulation of matrix metallopeptidase 9. BMC cancer，2012，12：442.

[40] Zhang M，Dai C，Zhu H，et al. Cyclophilin A promotes human hepatocellular carcinoma cell metastasis via regulation of MMP3 and MMP9. Mol Cell Biochem，2011，357：387-395.

[41] Calhoun C C，Lu Y C，Song J，et al. Knockdown endogenous CypA with siRNA in U2OS cells results in disruption of F-actin structure and alters tumor phenotype. Mol Cell Biochem，2009，320：35-43.

[42] Peng H，Vijayakumar S，Schiene-Fischer C，et al. Secreted cyclophilin A，a peptidylprolyl cis-trans isomerase，mediates matrix assembly of hensin，a protein implicated in epithelial differentiation. J Biol Chem，2009，284：6465-6475.

[43] Clevenger C V，Gadd S L，Zheng J. New mechanisms for PRLr action in breast cancer. Trends Endocrinol Metab，2009，20：223-229.

[44] Zheng J，Koblinski J E，Dutson L V，et al. Prolyl isomerase cyclophilin A regulation of Janus-activated kinase 2 and the progression of human breast cancer. Cancer Res，2008，68：7769-7778.

[45] Pan H，Luo C，Li R，et al. Cyclophilin A is required for CXCR4-mediated nuclear export of heterogeneous nuclear ribonucleoprotein A2，activation and nuclear translocation of ERK1/2，and chemotactic cell migration. J Biol Chem，2008，283：623-637.

[46] Li M，Zhai Q，Bharadwaj U，et al. Cyclophilin A is overexpressed in human pancreatic cancer cells and stimulates cell proliferation through CD147. Cancer，2006，106：2284-2294.

[47] Li M，Wang H，Li F，et al. Effect of cyclophilin A on gene expression in human pancreatic cancer cells. Am J Surg，2005，190：739-745.

[48] Obchoei S，Weakley S M，Wongkham S，et al. Cyclophilin A enhances cell proliferation and tumor growth of liver fluke-associated cholangiocarcinoma. Mol Cancer，2011，10：102.

[49] Yang H，Chen J，Yang J，et al. Cyclophilin A is upregulated in small cell lung cancer and activates ERK1/2 signal. Biochem Biophys Res Commun，2007，361：763-767.

[50] Demaurex N，Distelhorst C. Apoptosis-the calcium connection. Science，2003，300：65-67.

[51] Bonfils C，Bec N，Larroque C，et al. Cyclophilin A as negative regulator of apoptosis by sequestering cytochrome *c*. Biochem Biophys Res Commun，2010，393：325-330.

[52] Artus C，Boujrad H，Bouharrour A，et al. AIF promotes chromatinolysis and caspase-independent programmed necrosis by interacting with histone H2AX. EMBO J，2010，29：1585-1599.

[53] Baum N，Schiene-Fischer C，Frost M，et al. The prolyl cis/trans isomerase cyclophilin 18 interacts with the tumor suppressor p53 and modifies its functions in cell cycle regulation and apoptosis. Oncogene，2009，28：3915-3925.

[54] Choi K J，Piao Y J，Lim M J，et al. Overexpressed cyclophilin A in cancer cells renders resistance to hypoxia-and cisplatin-induced cell death. Cancer Res，2007，67：3654-3662.

[55] Candé C，Vahsen N，Kouranti I，et al. AIF and cyclophilin A cooperate in apoptosis-associated chromatinolysis. Oncogene，2004，23：1514.

[56] Seko Y，Fujimura T，Taka H，et al. Hypoxia followed by reoxygenation induces secretion of cyclophilin A from cultured rat cardiac myocytes. Biochem Biophys Res Commun，2004，317：162-168.

[57] Alvarez-Arroyo M V，Yague S，Wenger R M，et al. Cyclophilin-mediated pathways in the effect of cyclosporin A on endothelial cells：role of vascular endothelial growth factor. Circ Res，2002，91：202-209.

[58] Reddy P A，Atreya C D. Identification of simian cyclophilin A as a calreticulin-binding protein in yeast two-hybrid screen and demonstration of cyclophilin A interaction with calreticulin. Int J Biol Macromol，1999，25：345-351.

[59] Bannon J H，O'Donovan D S，Kennelly S M，et al. The peptidyl prolyl isomerase cyclophilin A localizes at the centrosome and the midbody and is required for cytokinesis. Cell Cycle，2012，11：1340-1353.

[60] Li Z，Zhao X，Bai S，et al. Proteomics identification of cyclophilin a as a potential prognostic factor and therapeutic target in endometrial carcinoma. Mol Cell Proteomics，2008，7：1810-1823.

[61] Semba S，Huebner K. Protein expression profiling identifies cyclophilin A as a molecular target in Fhit-mediated tumor suppression. Mol Cancer Res，2006，4：529-538.

[62] Decker E D，Zhang Y，Cocklin R R，et al. Proteomic analysis of differential protein expression induced by ultraviolet light radiation in HeLa cells. Proteomics，2003，3：2019-2027.

[63] Zhang L H，Youn H D，Liu J O. Inhibition of cell cycle progression by the novel cyclophilin ligand sanglifehrin A is mediated through the NFkappa B-dependent activation of p53. J Biol Chem，2001，276：43534-43540.

[64] Parker F，Maurier F，Delumeau I，et al. A Ras-GTPase-activating protein SH3-domain-binding protein. Mol Cell Biol，1996，16：2561-2569.

[65] Kennedy D，French J，Guitard E，et al. Characterization of G3BPs：tissue specific expression，chromosomal localisation and rasGAP（120）binding studies. J Cell Biochem，2001，84：173-187.

[66] Cui W，Wei Z，Chen Q，et al. Structure-based design of peptides against G3BP with cytotoxicity on tumor cells. J Chem Inf Model，2010，50：380-387.

[67] Guitard E，Parker F，Millon R，et al. G3BP is overexpressed in human tumors and promotes S phase entry. Cancer Lett，2001，162：213-221.

[68] Zhu H，Zhang L，Wu S，et al. Induction of S-phase arrest and p21 overexpression by a small molecule 2[[3-(2, 3-dichlorophenoxy) propyl] amino]ethanol in correlation with activation of ERK. Oncogene，2004，23：4984-4992.

[69] Kim M M，Wiederschain D，Kennedy D，et al. Modulation of p53 and MDM2 activity by novel interaction with Ras-GAP binding proteins（G3BP）. Oncogene，2007，26：4209-4215.

[70] Lu W，Cheng F，Yan W，et al. Selective targeting p53（WT）lung cancer cells harboring homozygous p53 Arg72 by an inhibitor of CypA. Oncogene，2017，36：4719-4731.

# 第 4 章　蛋白质与多肽的化学合成

## 4.1　引　　言

蛋白质与多肽是由 $\alpha$-氨基酸以酰胺键方式连接并按一定的顺序排列组成的生物分子，具有经过折叠形成的特定的三维空间结构[1]。自然界的蛋白质与多肽通常依据分子生物学的中心法则来产生，即首先将 DNA 的遗传信息转录成信使 RNA（mRNA），然后核糖体根据 mRNA 编码的遗传信息翻译产生蛋白质与多肽。作为生命系统中最为普遍存在的生物分子，蛋白质与多肽参与各种生命活动，负责协调细胞内种类繁多的相互作用与生物功能，包括遗传信息的复制转录与翻译、催化生物化学反应、维持肌肉及细胞骨架的结构或机械功能、应答响应刺激、调控信号转导、免疫应答、细胞黏附、细胞周期及生物分子的转运等。鉴于蛋白质与多肽在生命活动中占据的重要地位，针对蛋白质与多肽的科学研究长期以来一直是生物医学研究的核心，其主要研究内容包括：蛋白质生化功能、蛋白质结构机制、蛋白质调控网络、蛋白质的外源活性分子干预及蛋白质动态变化规律等。这些研究是阐明生命现象本质、深入认知自然和人类自身的核心基础科学问题，同时也涉及国家生物安全、粮食安全、医药卫生、农业和绿色产业发展等的重大战略需求。

蛋白质与多肽科学研究需要多方面的方法手段与技术支撑，其中蛋白质与多肽样品的获取是关键核心问题之一。从生物体系原位提取或检测是最为经典同时也是最能保真的方案，在一些超大、复杂及脆弱的蛋白质与多肽样品的研究中发挥不可替代的作用[1]。但这一方法受限于样品体系的纯度与可变化操作能力，在探索蛋白质结构-性质变化规律、蛋白质与外源活性分子相互作用及蛋白质动态变化规律等方面有局限性。依托宿主的基因重组技术是更为常用的蛋白质样品获取方法，通常通过原核或真核系统的生物表达来获得各种目标蛋白，再经过体外纯化可以获得高纯度及氨基酸序列高度可变的蛋白质样品，适用于生化功能、蛋白质相互作用、结构机制、外源活性分子筛选与评估、动态规律等多方面研究[1, 2]。重组技术的主要局限在于氨基酸种类的选择，通常受限于自然界常见的 20 种天然氨基酸，在蛋白质生物素化、引入 D 型-氨基酸或安装荧光标签等应用需求方面存在不足。近年来发展的依托“扩展遗传代码”的非天然氨基酸嵌入技术能够在重组蛋白中引入 1～2 种不同于自然界常见的 20 种氨基酸的其他氨基酸，但该技术目前仍不能满足获取多个位点、含有多种非天然氨基酸的蛋白质与多肽[2, 3]。

获取蛋白质与多肽的另一方法是蛋白质与多肽的化学合成[4, 5]。这一方法的核心思路与天然产物的化学全合成同时诞生，从原理上可以合成任何物理规律所允许的蛋白质与多肽分子。蛋白质与多肽化学合成早期依赖于溶液中化学缩合的方法，合成效率低、实施难度大，代表性案例是我国科学家在 1965 年首次人工合成牛胰岛素，证明化学合成可以制备具有充分天然活性的生物大分子。1963 年，Merrifield 提出了固相多肽合成（SPPS）方法，带来了蛋白质与多肽化学合成上的一次革命[6]。这一方法的优点主要表现在最初的反应物和产物都连接在高分子树脂固相载体上，因此可以在一个反应容器中进行所有的反应，便于自动化操作[7]。每个反应步骤中加入过量的反应物可以确保酰胺键的高效生成，同时由于目标产物连接在固相载体上，过量的反应物与添加剂可以通过淋洗来快速分离，简化了传统液相合成中烦琐的分离步骤，显著地提高了合成效率。伴随着机械制造能力的提升及人工智能技术的引入，固相多肽合成可以在程序控制的自动化多肽合成仪上进行，目前成为合成长度少于 50～60 个氨基酸残基多肽的最有效技术。此外，随着各种优异的偶联剂、物理性质更好的树脂、新型连接单元与正交保护基团的发展，以及用于纯化和表征的色谱方法和分析仪器的改进，多肽合成的效率仍然在不断进步。多肽合成的高效率与自动化相结合，极大地扩展了多肽在现代科学研究领域的应用，如纳米技术、药物发现、蛋白质组学等。

固相多肽合成技术的主要局限在于多肽链聚集和固相表面空间拥挤，导致伴随肽链的增长，每一偶联步骤的副产物都不可避免地逐渐增加。当这些副产物在迭代步骤中的积累达到一定量时，最终目标多肽产物的产率降低、纯度变差，直至难以有效分离出足够纯度的终产物。因此，固相多肽合成技术通常难以直接获取长度大于 50～60 个氨基酸残基的多肽，这一能力难以满足获取常规大小的蛋白质（平均约 300 个氨基酸残基）的需求[8]。为克服这一问题，人们发展了多种化学连接多肽片段方法，用于拼接组装较小的多肽片段以产生更大的蛋白质与多肽。在这一领域的早期探索主要集中于拼接侧链带有保护基的多肽片段，但由于带有保护基的多肽片段溶解性差，以及多肽 C-末端氨基酸残基在活化过程中容易消旋，这一策略已经基本被放弃。解决问题的关键方案是如何将完全未保护的多肽片段在水相溶液中实现高效率缩合，遵循这一思路，目前最成功的方法是基于硫酯键和半胱氨酸残基的“自然化学连接”（native chemical ligation，NCL）方法，其优点是可以采用完全未保护的多肽，因此通常不存在溶解性问题，其反应也是在缓冲水溶液中进行的[9]。

自然化学连接方法的出现，使得人们能够获取之前通过重组方法无法获得的众多蛋白质与多肽，这在解决生物学和医学中的许多重要问题方面发挥了关键作用[4, 5]。目前最具活力与潜力的应用领域包括以下三个方向。

第一，蛋白质翻译后修饰。目前研究已知，细胞内的蛋白质组总体上比相对应的基因组复杂得多，例如，人类细胞内约 25000 个基因对应了超过 1000000 个蛋白质的蛋白质组[10]。产生这种巨大蛋白质多样性的原因是核糖体合成蛋白质后通常在氨基酸侧链上发生的酶促翻译后修饰，包括磷酸化、甲基化、乙酰化、糖基化、泛素化、类泛素化和脂基化等[11]。这些翻译后修饰使得蛋白质类型增多，以多种方式调节蛋白质的结构和功能，从而导致蛋白质结构更复杂、调控更精确、作用更专一、功能更完善。深刻阐明蛋白质翻译后修饰的生化功能、蛋白质相互作用、结构机制、活性分子干预及动态规律是当前生物医学中的重要命题，对攻克肿瘤、炎症、代谢疾病等重大疾病具有积极推动作用。蛋白质化学合成为研究蛋白质翻译后修饰提供了结构精准、可以定向改变的蛋白质与多肽样品，为揭示翻译后修饰蛋白的生物学奥秘带来了有效工具，在蛋白质修饰组学与蛋白质修饰的生物化学、生物物理等方面发挥着重要的作用[5, 12, 13]。

第二，蛋白质与多肽药物。多肽和蛋白质在作用于药物靶点时具有精确特异性和高效力，在近期得到了生物医药界的广泛关注[14-16]。近几年美国食品和药物监督管理局（Food and Drug Administration，FDA）对蛋白多肽药物的批准率是小分子的 2 倍多。目前已有 100 多种经批准的多肽类药物和 200 多种蛋白质治疗药物被批准用于临床，占医药市场的 10%以上（年销售额约 400 亿美元）。此外，数百种多肽和蛋白质正处于临床试验或临床前评估，因而未来蛋白多肽药物的市场占有率将进一步大幅增大。然而，蛋白多肽药物通常有 2 个缺点，其限制了它们的治疗适用性：①它们的分子量较大，降低了生物利用度；②天然肽键易被蛋白酶降解，导致其生物半衰期较短[14]。引入天然修饰基团（如糖基化）或安装诸如聚乙二醇 PEG 化、脂基化或 *N*-甲基化的“定制修饰”已被证明可以显著克服蛋白多肽药物的缺点[17, 18]。实现这些定向修饰的一种重要策略就是蛋白质化学合成，其在药物研发及工业化生产中都已经得到成功应用[16]。

第三，人造蛋白质。蛋白质是生命活动的关键分子，是生命进化的物质基础。合成自然界不存在的蛋白质，一方面是拓展仿生的思路，创造出类似蛋白质结构与性质的催化剂与软材料，在仿生催化或先进材料方面带来新的应用[19]；另一方面，人造蛋白质有可能用于构筑全新的生物分子体系，为生命起源等研究带来新的机遇[20]。例如，全部由 D 型 $\alpha$-氨基酸组成的 D 型蛋白质与天然蛋白质互为手性对映体，它们具有独特的结构和功能，使其在外消旋结晶、仿生催化、软物质材料、D 型-多肽药物研发、疾病诊断与治疗物质等方面具备潜在的应用价值[19, 21, 22]。镜像蛋白质尚无法通过生物重组技术制备，因而蛋白质化学合成成为获取这些非天然蛋白质的不可替代方法[23]。

## 4.2　研究进展与成果

### 4.2.1　蛋白质化学合成方法的发展

蛋白质化学技术通过高选择性化学反应将一段多肽 C 端与另一段多肽 N 端选择性连接形成天然肽键，得到更大的多肽片段。目前已经发展的蛋白连接方法包括日本大阪大学 Aimoto 等发展的基于多肽硫酯的方法[24]，美国芝加哥大学 Kent 等发展的 C 端硫酯和 N 端 Cys 的 NCL[9]，瑞士苏黎世联邦理工学院 Bode 等发展的酮酸-羟胺连接（keto acid-hydroxylamine ligation，KAHA）[25]，香港大学的 Li 等发展的丝氨酸/苏氨酸连接等（serine/threonine ligation）[26]等。其中 NCL 技术是目前最实用、使用最广泛的蛋白合成技术。该技术的基本原理是：在中性缓冲溶液中，一个侧链未保护的多肽片段的 C 端硫酯与另一个多肽片段的 N 端半胱氨酸首先发生可逆的硫-硫交换，生成一个多肽硫酯中间体，该中间体迅速发生不可逆的硫-氮酰基迁移，得到连接位点是天然酰胺键的目标多肽片段（图 4.1）。

NCL 的一个关键中间体是 N 端半胱氨酸多肽片段。半胱氨酸的天然丰度仅有 1.7%左右，这导致经常无合适的半胱氨酸连接位点。为克服该限制，前人发展了辅助基团 Aux 介导的蛋白连接。这一策略的基本思想是在 N 端氨基上引入一个含巯基的化学官能团，利用该巯基来介导多肽的连接，得到连接产物后，该修饰基团又能在酸性或光照等条件下被原位定量脱除，得到连接位点是天然酰胺键的目标多肽[27, 28]（图 4.2）。但是该策略常出现连接效率低的问题。

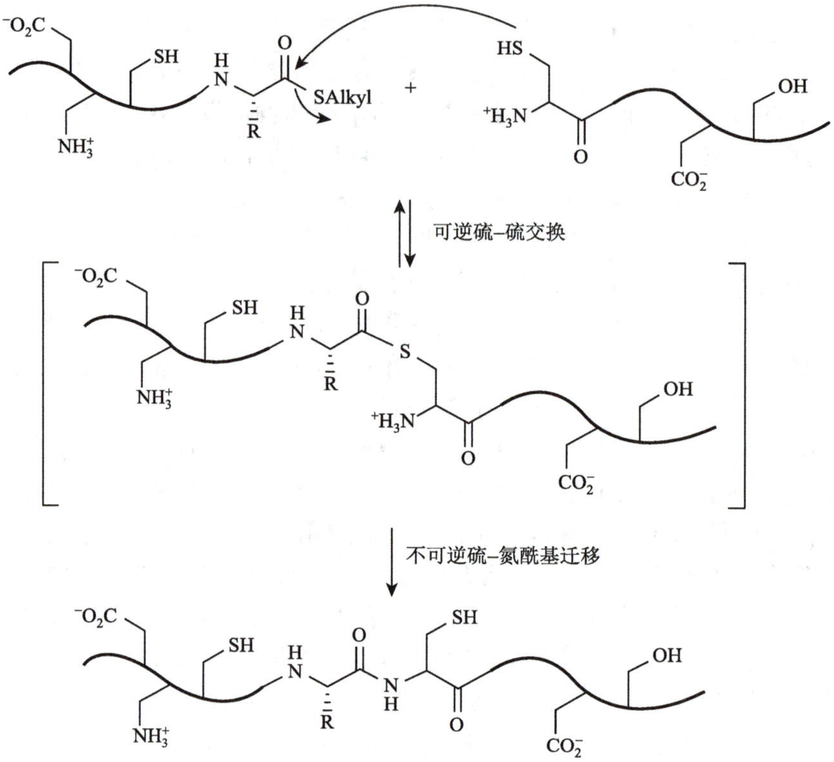


图 4.1　自然化学连接的基本原理

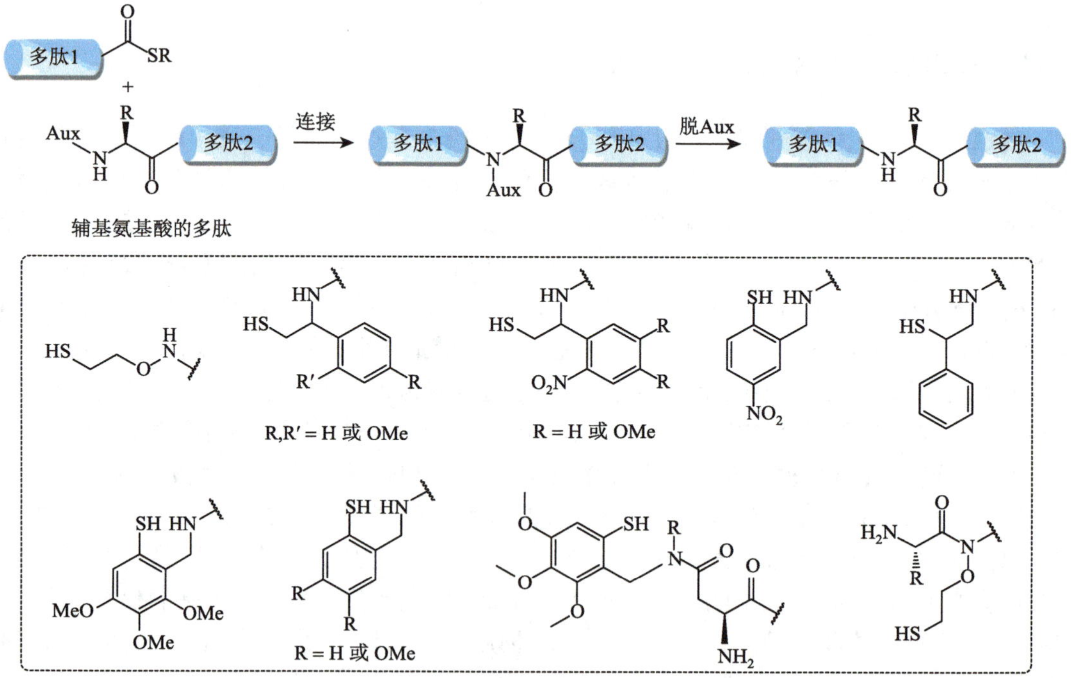


图 4.2　辅基氨基酸介导的蛋白连接

克服半胱氨酸限制的另一个重要策略是连接-脱硫策略（图 4.3）。Dawson 等首次在利用半胱氨酸进行 NCL 之后进一步使用 Raney-Ni 催化的脱硫反应实现了 Ala 位点的连接[29]。在此基础上，蛋白化学家们发展了一系列 *β*/*γ*-巯基化的氨基酸介导蛋白连接，再通过脱硫反应得到了 Ala/Phe/Val/Lys 等非半胱氨酸连接位点，极大拓展了 NCL 的适用范围[30]。值得一提的是，连接-脱硫策略的一个重要方面是脱硫反应的发展。为了在更温和条件下实现更高效的脱硫反应，Danishefsky 等发展了自由基介导的脱硫反应。该反应以 VA-044 为自由基引发剂，在 TCEP 等还原剂存在条件下实现了巯基定量脱除[31]。

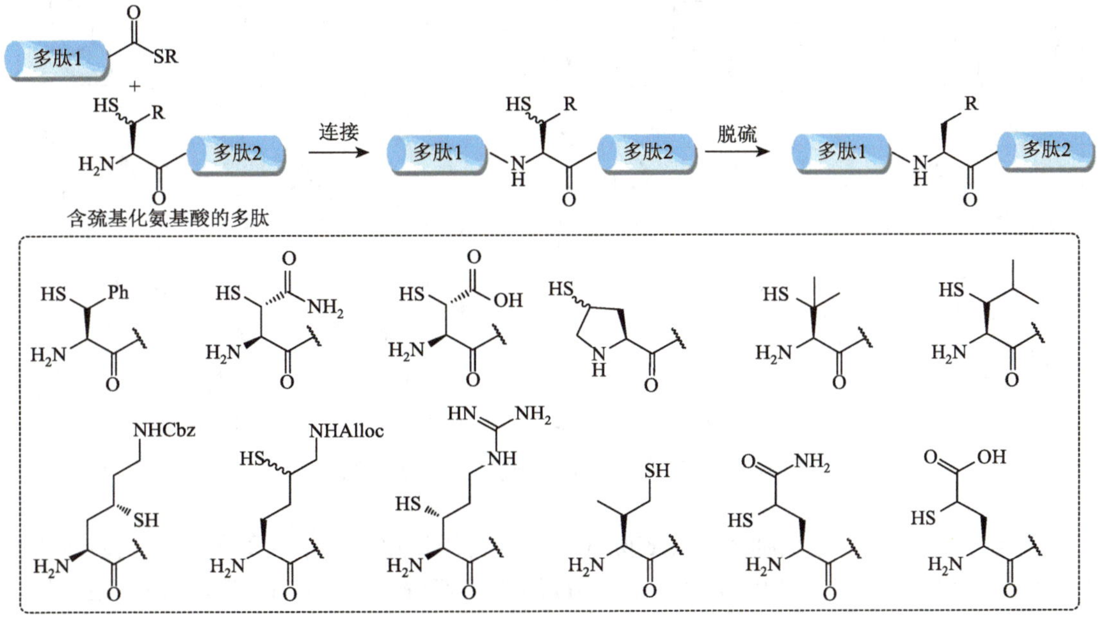


图 4.3　巯基化氨基酸介导的蛋白连接

NCL 的另一个关键中间体是 C 端硫酯多肽片段。多肽硫酯制备的一种常用方法是 Boc-SPPS 方法[32]。该方法最后的侧链保护基脱除及从树脂上切割的步骤需要在 HF 等强酸条件下进行，这一强酸条件导致多肽切割处理步骤需要在特殊实验装置下进行，且环境不友好。同时，强酸性条件与酸敏感基团如磷酸化、糖基化等不兼容。因此，利用更常用的 Fmoc-SPPS 方法制备多肽硫酯成为一种更理想的多肽硫酯制备方法。但是硫酯键是一种在碱性条件下不稳定的官能团，这一特性导致多肽硫酯键与 Fmoc 保护基的碱性脱除条件不兼容[33]。为实现 Fmoc-SPPS 合成多肽硫酯，科学家尝试了一系列策略。一种策略是 Aimoto 等利用甲基四氢吡咯/六亚甲基亚胺/羟基苯并三氮唑（1-methylpyrrolidine/hexamethylenimine/1-hydroxybenzotriazole）的混合溶剂替代哌啶进行 Fmoc 基团脱除，实现了含有 25 个氨基酸残基的多肽硫酯制备[34]。另一种策略是发展氧酯化合物替代多肽硫酯，再通过原位的氧-硫酰基迁移反应原位获得硫酯进行 NCL 反应[35]。目前已经发展了多种氧酯结构用于多肽片段连接。此外，也可利用酰胺化合物作为多肽硫酯前体，再通过氮-硫酰基迁移反应得到多肽硫酯。目前已发展出多种结构用于多肽硫酯制备（图 4.4）。其中清华大学刘磊等发展的不可逆氮-硫酰基迁移策略克服了氮-硫迁移反应通常存在的迁移反应可逆且需外加硫醇等缺点，实现了多肽硫酯的高效制备[36]。同时，与氮-硫酰基迁移策略类似，Melnyk 等利用硒醇的强亲核性，发展了基于氮-硒迁移、硫醇置换制备多肽硫酯的策略[37]。

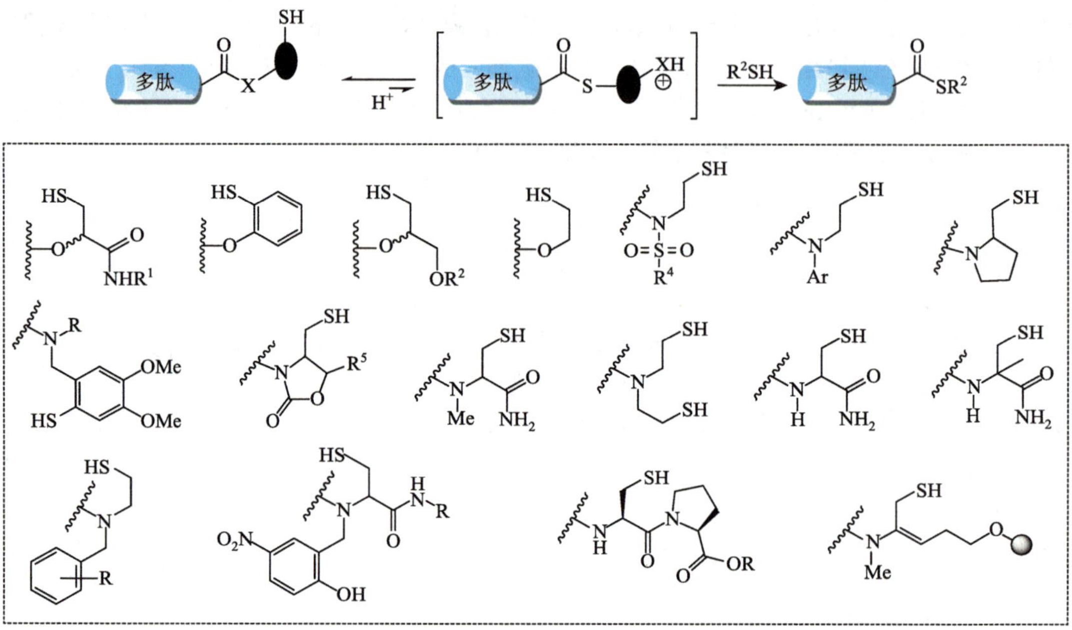


图 4.4　氧-硫或氮-硫酰基迁移反应制备多肽硫酯

利用 Fmoc-SPPS 方法制备多肽硫酯的另一种常用策略是先活化 C 端，再用硫醇进行亲核取代得到多肽硫酯。Ellman 等利用磺酰胺连接臂进行多肽链的组装，最后通过碘代物烷基化活化磺酰胺及硫醇的亲核取代反应得到多肽硫酯［图 4.5（a）］[38]。Scripps 研究

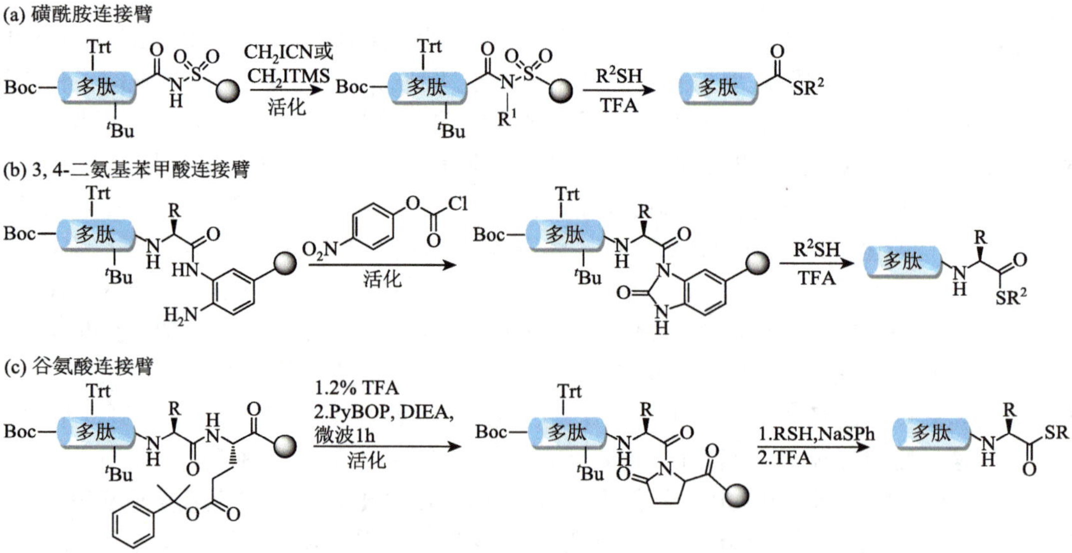


图 4.5　C 端活化-硫醇解策略制备硫酯

所的 Dawson 等通过 3, 4-二氨基苯甲酸为连接臂实现了多肽链的组装，最后通过氯甲酸对硝基苯基酯活化及硫醇的亲核取代反应得到多肽硫酯［图 4.5（b）］[39]。Jensen 等利用缩合试剂 PyBOP 活化生成焦谷酰亚胺后用硫醇取代得到多肽硫酯［图 4.5（c）］[40]。此外，Raj 等利用丝氨酸侧链羟基辅助、*N, N'*-二琥珀酰亚胺基碳酸酯活化主链骨架酰胺后，再外加硫酯进行硫解得到了多肽硫酯[41]。

清华大学刘磊等经过大量的尝试，发展了蛋白酰肼连接反应[42]。该反应使用多肽酰肼为底物，可将其原位转化为多肽硫酯并与蛋白质另一多肽片段发生选择性连接反应，高效率生成目标蛋白。具体来说，多肽酰肼在−15℃左右的低温下，用 $NaNO_2$ 氧化活化得到酰基叠氮，该活性中间体在过量硫醇存在条件下进行原位硫解得到多肽硫酯，再加入半胱氨酸多肽片段就可以进行 NCL（图 4.6）。多肽酰肼连接技术可以实现 Xaa-Cys 位点的连接（Xaa 是除了 Asp、Asn 和 Gln 位点的任意氨基酸）。

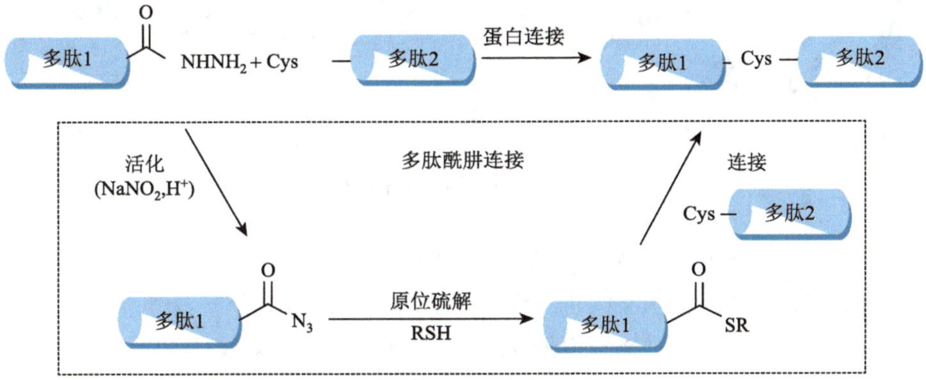


图 4.6　多肽酰肼连接技术的基本原理

固相多肽合成技术制备多肽酰肼的基本步骤是首先用 5%的水合肼肼解 2-Cl-Trt-Cl 树脂，得到的肼树脂再用标准的 Fmoc-SPPS 完成多肽链的组装，最后用三氟乙酸（TFA）进行切割得到多肽酰肼片段[8]。值得一提的是，多肽酰肼片段也可以通过生物表达技术得到：利用 Intein 技术得到酰肼前体或通过非天然氨基酸嵌入技术得到含骨架氧酯前体，再通过肼解就能高效得到蛋白酰肼片段（图 4.7）[42, 43]。多肽酰肼制备简单高效，且稳定性强，易于分离和保存，因而能够有效提高蛋白质化学合成的效率。目前，多肽酰肼连接法已被用于实现核糖体蛋白 RpS25[44]、翻译后修饰核小体[45]、多聚泛素链[46]、核酸聚合酶[20]、光控制趋化因子 CCL5[47]和难溶性膜蛋白[48]等蛋白质的高效全合成，被国际学术界与工业界广泛使用。

蛋白质合成的另一个重要的主题是多片段连接。因为固相合成技术只能快速得到长度约 50 个氨基酸的多肽链，一次连接反应只能得到约 100 个氨基酸的蛋白质。但是，蛋白质的功能结构域一般含有 200～300 个氨基酸残基。因此，需要发展多片段连接技术。目前，常用的策略包括顺序连接（C-to-N 连接或 N-to-C 连接）和收敛式连接策略。

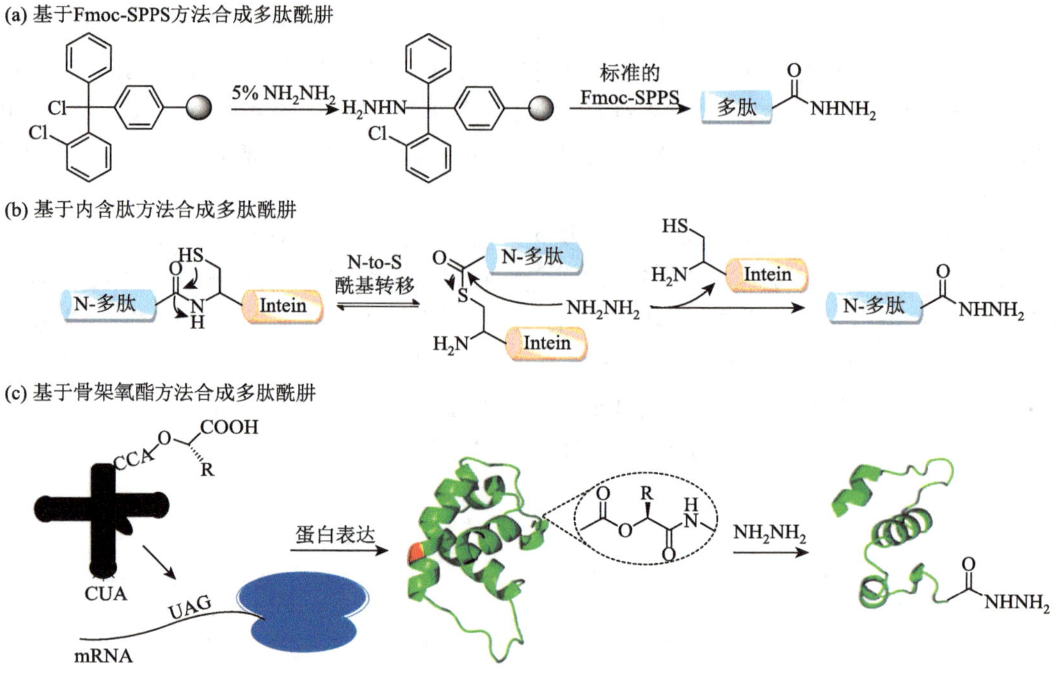


图 4.7　多肽酰肼的合成策略

从 C 端到 N 端的顺序连接的关键是 N 端半胱氨酸的保护[49]。以三片段 C-to-N 连接为例，由于中间多肽片段含有 N 端半胱氨酸和 C 端硫酯，因此第一次连接时，中间片段的 N 端半胱氨酸活性必须被临时掩蔽以避免其发生自身环化或寡聚等副反应；第一次反应完成后，将 N 端半胱氨酸的临时保护基脱除，进行第二次连接反应即可得到目标蛋白序列。目前常用的保护基包括巯基保护基乙酰胺甲基（Acm）[50]和 2-氨基巯基保护基噻唑衍生物（Thz）[51]等。Acm 保护基可以使用重金属化合物（如乙酸汞或乙酸银）定量脱除；Thz 则在甲氧胺盐酸盐条件下定量脱除。其中 Thz 的脱除反应与下一步的连接过程中不需要分离，可用于实现三片段一锅法连接。进一步地，清华大学刘磊等发展了一种三氟乙酰胺甲基（Tfacm）用于巯基可逆保护。该保护基能够在 pH 11.5 条件下 0.5h 内定量脱除。通过原位调节反应体系 pH 即可实现脱保护，不需要外加其他亲电或者亲核试剂，因此，通过原位调节反应体系 pH，能够保证反应体系相对简单，实现多片段等当量连接（图 4.8）。利用该策略，清华大学刘磊等成功地实现了一锅法四片段合成植物蛋白 Crambin 和人源趋化因子 CCL21[52]。

从 N 端到 C 端顺序连接的关键则是 C 端硫酯的反应活性问题。为实现选择性反应，人们发展了“高活性芳基硫酯-低活性烷基硫酯”、“高活性 I 型氧酯-低活性 II 型氧酯”等反应活性差别大的结构单元，实现了高活性部分与 Cys 的动力学控制的连接（图 4.9）。但是，这种基于活性差别的选择性反应存在肽链内环化、自身连接等问题。多肽酰肼技术的出现，有效地解决了 C 端硫酯活性临时掩蔽的问题，成为多片段连接的一项关键技术。利用基于多肽酰基的 N-to-C 连接策略，与帕金森病密切相关的 $\alpha$-突触核蛋白等的合成被成功实现[8]。

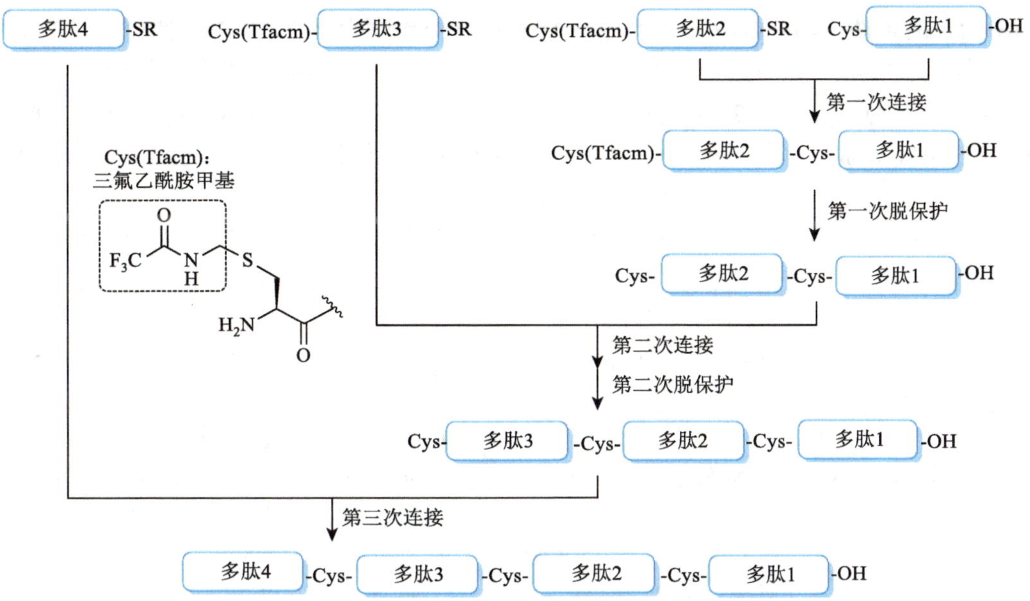


图 4.8　基于三氟乙酰胺甲基的一锅法四片段合成策略

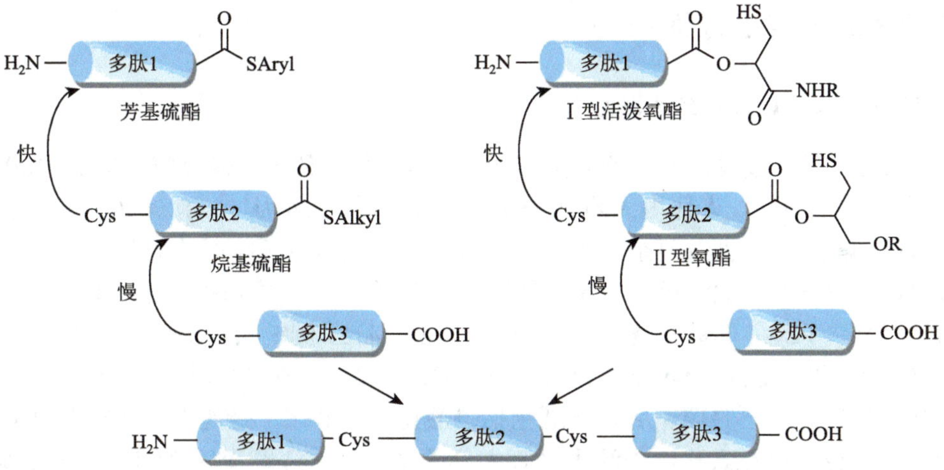


图 4.9　动力学控制 N-to-C 三片段一锅法连接策略

在蛋白质多片段（片段数超过 4 个）连接时，若使用顺序连接法，则连接总产率取决于每一步的连接效率，最终产率较低。而采用收敛法时，由于左右部分的反应平行进行，多步连接反应的总产率提高，效率较高[49]。收敛式合成过程中需要使用多肽酰肼片段，由于多肽酰肼只有在原位活化后才能进行下一步的连接反应，基于多肽酰肼的连接反应为收敛式连接策略提供了新方法，可同步实现蛋白质高效化学合成，广泛应用于合成大分子量的蛋白质，包括 142 个氨基酸残基的核糖体蛋白 RpS25[44]和 352 个氨基酸残基的 DNA 聚合酶 Dpo4[53]等。以收敛式合成 142 个氨基酸的 RpS25 为例，收敛式合成的具体过程如下：首先，Tbeoc 保护的 Thz 多肽片段 1 在 pH 3～4 条件下，用 $NaNO_2$ 氧化活化，然后在 pH 为 7 的条件下与 Cys-多肽片段 2 连接。在这个步骤中，Tbeoc-Thz 被转换成 Thz，该连接产物是 Thz-(1 + 2)肽。然后，用 $MeONH_2 \cdot HCl$ 处理 Thz-(1 + 2)多肽片段，可以很容易地将其转化为 Cys-(1 + 2)肽，用于下一步的连接。如图 4.10 所示，通过顺序连接分别合成左右两段多肽后，通过最后一次连接即可得到目标核糖体蛋白 RpS25。

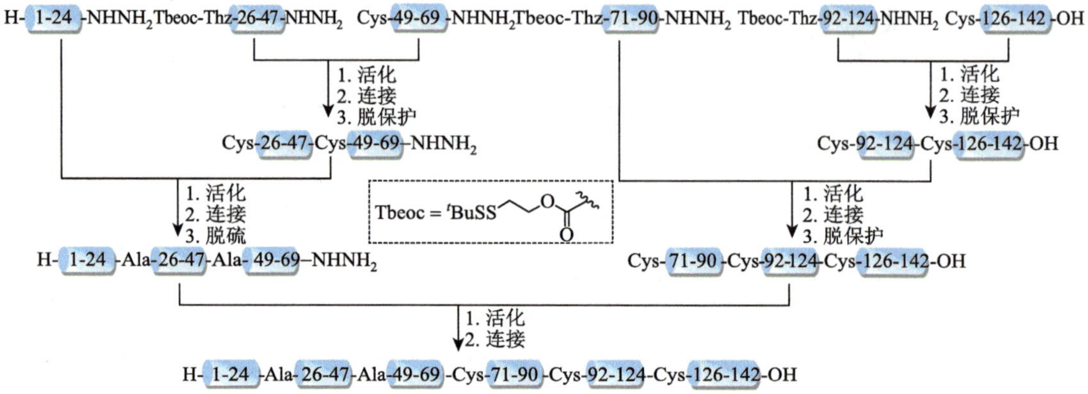


图 4.10　基于多肽酰肼的多片段收敛式连接策略

### 4.2.2　蛋白质翻译后修饰

1. 蛋白质翻译后修饰的生物发现

蛋白质参与了生物体的几乎所有生命活动，包括催化体内酶促反应、DNA 修复、免疫应答、转运其他分子等。人体内大约有 25000 种蛋白质，大小从 70 到 5000 个氨基酸不等。然而细胞内功能的多样性及复杂性远超过这些数量的蛋白质所能调控的范围。蛋白质翻译后修饰可以在另一个层面调控蛋白质功能和结构多样性。蛋白质表面的一些氨基酸的活性官能团如赖氨酸（Lys）侧链氨基（—$NH_2$）、精氨酸（Arg）侧链胍基（—NH—CNH—$NH_2$）、苏氨酸（Thr）和丝氨酸（Ser）侧链羟基（—OH）等，在生物体内一些酶系统的作用下会发生共价修饰。常见的翻译后修饰既包括磷酸化、乙酰化、糖基化、甲基化和脂基化等小分子修饰，也包括泛素化、类泛素化等大分子修饰。这些翻译后修饰出现在复制转录、蛋白质降解、细胞自噬、信号传导、DNA 损伤修复、炎症免疫反应、干细胞分化等各种生物过程中，影响蛋白质的结构、功能、稳定性等，发挥着关键的调控作用。

针对蛋白质翻译后修饰的探索已成为国际上的研究热点，然而运用传统生物技术难以获得性质均一、足够数量的翻译后修饰蛋白而致使该方面研究遭遇瓶颈。近年来，运用蛋白质化学合成技术精准获得不同类型翻译后修饰蛋白及其探针，为蛋白质翻译后修饰的生物化学发现提供了有效工具。蛋白质的动态翻译后修饰复杂而多变，人们依赖基因组学、蛋白质组学及表观遗传技术获得了海量的组学数据，但与之不相匹配的是分子机制真正被解析的修饰蛋白及被确证的药物靶标数目和种类非常有限。为了应对当前存在的挑战，发展、运用翻译后修饰蛋白工具将引导蛋白质的修饰研究从静态向动态、从体外向体内、从定性向定量、从简单体系向复杂体系，进而推动科学问题和分子机制的解答，并为新药研发等应用目标的实现奠定基础。

1）小分子修饰

蛋白质表面一些氨基酸的活性残基可以在体内某些特定酶的作用下，发生一些活性小分子的修饰，这类修饰已被证明与肿瘤、糖尿病等重大疾病的发生、发展具有直接和密切的关系，为这些疾病的治疗带来了新的机遇。例如，微管结合蛋白 Tau 是治疗阿尔茨海默病的一个有效的药物靶点，瑞士的 Lashuel 等通过蛋白质半合成的方法，首次在体外获得了含有单、双磷酸化及乙酰化修饰的 Tau 蛋白的微管蛋白结合域[54]［图 4.11（a)］。表面等离激元共振（SPR）和微管蛋白聚合实验结果表明，Tau 蛋白的过度磷酸化会影响 Tau 蛋白与微管蛋白的结合，乙酰化的 Tau 蛋白则会干扰微管蛋白的聚集。上述研究首次从生化层面阐明了翻译后修饰对 Tau 蛋白功能的调控。悉尼大学 Payne 等发现凝血相关蛋白 Madanin-1 和 chimadanin 中酪氨酸的磺酸化对于抗血栓的形成和抗凝血活性至关重要[55]。研究人员通过一锅连接-脱硫的蛋白质半合成的方法，体外获得了均一的含有酪氨酸磺酸化修饰的蛋白样品[56]［图 4.11（b)］。进一步，他们通过亲和力测试发现修饰后的 Madanin-1 和 chimadanin 蛋白与底物蛋白之间的亲和力明显提高，而抗凝血活性实验表明双磺酸化修饰的 Madanin-1 和 chimadanin 蛋白的抗凝血活性比未修饰的高出 3 个数量级。清华大学刘磊与合肥工业大学李宜明等发现自噬蛋白 Atg3 的乙酰化能够通过促进

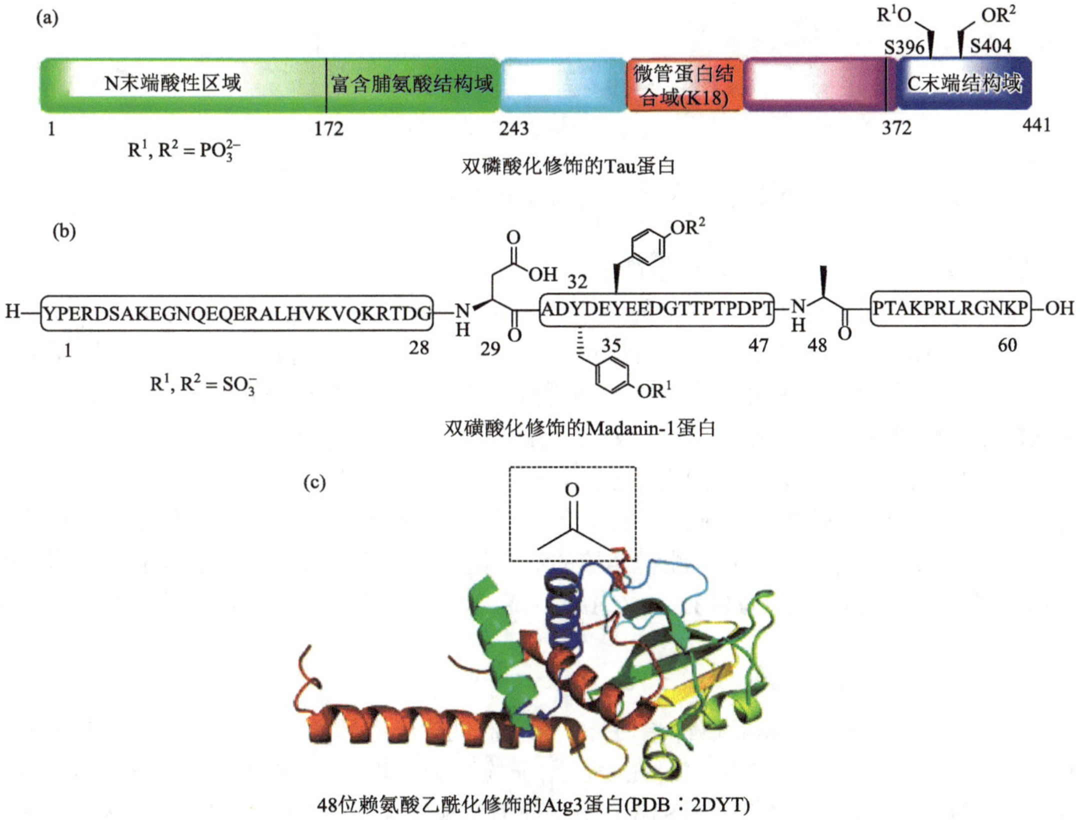


图 4.11　（a）双磷酸化修饰的 Tau 蛋白；（b）双磺酸化修饰的 Madanin-1 蛋白；（c）48 位赖氨酸乙酰化修饰的 Atg3 蛋白

Atg8 脂化过程而发挥调控自噬强度的关键作用[57]。研究者通过化学半合成的方法，体外得到了性质均一的双乙酰化修饰 Atg3［图 4.11（c）］，进一步以乙酰化 Atg3 为分子工具，通过生物化学及生物物理实验，改进了乙酰化是通过加强 Atg3 与 Atg8 相互作用进而加快其脂化的可能机制，表明乙酰化 Atg3 可以作为“抓手”，通过增强与含有 PE 脂质体的结合进而促进 Atg8 脂化过程，首次揭示了乙酰化具有促进蛋白质与磷脂膜分子结合作用的新分子机制。

蛋白质的小分子化学修饰中，除了一些常见的修饰，某些独特的修饰类型也被不断地发掘出来。清华大学陈永湘等发现 Rheb 蛋白和 K-Ras4B 蛋白 C 末端的法尼基化对于该蛋白的生理功能有着重要的影响[58]。他们运用蛋白质化学连接和脂肽合成组合的方法，首次获得了 C 端带有法尼基修饰的 Rheb 和 K-Ras4B 甲酯[59]（图 4.12）。酶解实验证明，法尼基通过硫醚键与 Rheb 和 K-Ras4B 蛋白 C 末端的半胱氨酸相连，内切蛋白酶 Rce1 识别法尼基化的半胱氨酸，切除半胱氨酸之后的序列，暴露出的羧基末端随后在甲基转移酶 Icmt 的作用下发生甲基化。法尼基化在此过程中起到关键性的定位作用，参与对 Rheb 蛋白和 K-Ras4B 蛋白致癌活性的调控。

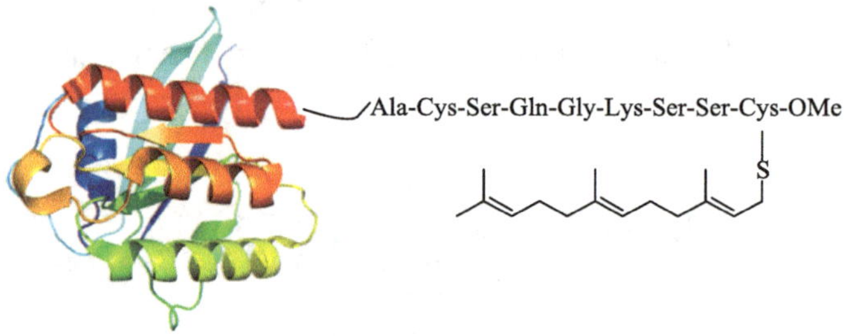


图 4.12　S-法尼基化 Rheb 甲酯（PDB：1XTQ）

2）泛素化、类泛素化大分子修饰

除了化学小分子修饰，一些小的调节蛋白也可以作为一类翻译后修饰来修饰底物蛋白。泛素和 SUMO（small ubiquitin-like modifier）是常见的修饰蛋白。泛素的分子质量约为 8.5kDa，广泛存在于真核生物体的几乎所有组织中，泛素化修饰参与了蛋白质降解、细胞自噬、转录调节、信号传导、DNA 损伤修复、炎症免疫反应等几乎一切生命活动。例如，Brik 等报道了通过酯键连接的泛素化人源 α 球蛋白（图 4.13）对于去泛素化酶的降解表现出不同的生理活性[60]。蛋白质化学合成方法帮助他们在体外获得了足量的泛素化的人源 α 球蛋白，酶解实验证明，酯键连接的泛素化修饰同样可以被一些已知的去泛素化酶（USP2、USP7、OTUB1、OTUB2、UCHL3）降解，而相比于天然的异肽键修饰，酯键修饰的降解速率更快。

3）翻译后修饰蛋白探针

近年来，除了天然翻译后修饰蛋白外，含有活性化学基团修饰的蛋白质探针工具也逐步被引入翻译后修饰蛋白的生化研究中，用于检测和发现与修饰相关的效应蛋白。Brik 等首次报道了基于脱氢丙氨酸（DHA）与半胱氨酸巯基特异性反应的泛素化人源 α 球蛋白探针[61]，为研究泛素化底物的“读码器”拓展了新的思路。研究人员通过蛋白质半合成的方法，将装有活性脱氢丙氨酸的泛素装载到 α 球蛋白上，获得了泛素化人源 α 球蛋白

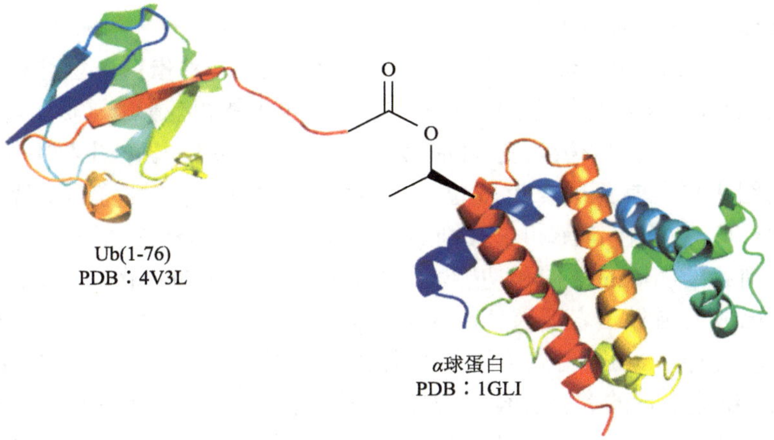


图 4.13　泛素化修饰的 α 球蛋白

DHA 探针［图 4.14（a）］。体外的交联实验证明，该探针可以特异性地交联出红细胞中存在的一些已知的去泛素化酶，如 USP7、USP15、USP5、OTUB1。通过与红细胞裂解液的交联实验和组学分析，他们首次发现 USP15 可能是 α 球蛋白新的去泛素化酶，参与调控红细胞内 α 球蛋白的泛素化水平。荷兰莱顿大学 Ovaa 等发展了基于活性的 mono-SUMO、di-SUMO 探针（ABPs）[62]，为研究 SUMO 与效应蛋白的结合提供了强有力的工具。他们通过一次性固相合成策略在 mono-SUMO 的 N 末端引入带有活性的炔丙基基团，得到了 mono-SUMO 炔丙基探针。同时，应用蛋白质半合成的方法，在异肽键的位置引入一个带有活性的烯烃基团，构成了 K11 di-SUMO 探针［图 4.14（b）］。以上述探针为分子工具，作者尝试分析 SUMO 蛋白酶对于 mono-SUMO 及 di-SUMO 识别的特异性。与 HeLa 细胞裂解液的交联实验结果表明，SUMO 蛋白酶 SENP3 和 SENP7 更偏向于和 mono-SUMO2/3 结合，SENP1 和 SENP2 并未表现出明显的特异性；除了 SENP8（NEED8 特异性蛋白酶），SENP 家族的蛋白酶均能识别 K11 di-SUMO，并首次揭示了相比于 mono-SUMO，SENP3 更偏向于结合 di-SUMO。

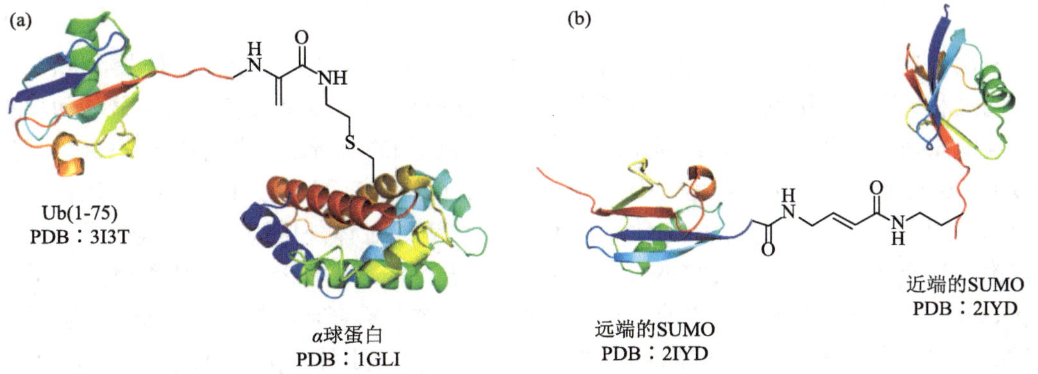


图 4.14　泛素化人源 α 球蛋白 DHA 和 K11 di-SUMO 探针

4）组蛋白翻译后修饰系统

在生物体内，蛋白质翻译后修饰并不是单独存在的，一种蛋白质上往往存在多个相同或不同的翻译后修饰，多种修饰之间可能独立存在，也可能相互影响（促进或抑制）而形成精细的交叉会话，进一步构成极其复杂的翻译后修饰调控网络。真核生物中作为染色体的基本结构蛋白的组蛋白是常见的含有多位点、多修饰的蛋白质（目前已发现大约有 400 个位点），这些修饰一般因修饰酶和去修饰酶的共同作用而处于动态平衡中，通过修饰位点和类型精确控制着染色体的结构和功能，参与调控众多的生命过程。因此，针对组蛋白动态修饰的探索已成为国际上表观遗传领域的研究热点。

美国普林斯顿大学 Muir 等致力于各种化学修饰的组蛋白、核小体的合成与组装，并以此研究这些控制细胞命运的关键复合体的功能和性质，这一工作使我们对染色体的“结构-性质-功能”之间的关系产生全新的认识[11]。Muir 等创造性地将 DNA 条形码技术引入染色质的生化分析中，通过流线型的方式将 DNA 条形码组装到修饰的核小体上，用纯化后的效应蛋白处理带有 DNA 条码的核小体，随后通过染色质免疫共沉淀分离所需产物，然后进行多重 DNA 条形码的染色质免疫共沉淀-高通量测序（*in vitro* ChIP-Seq）（图 4.15）。

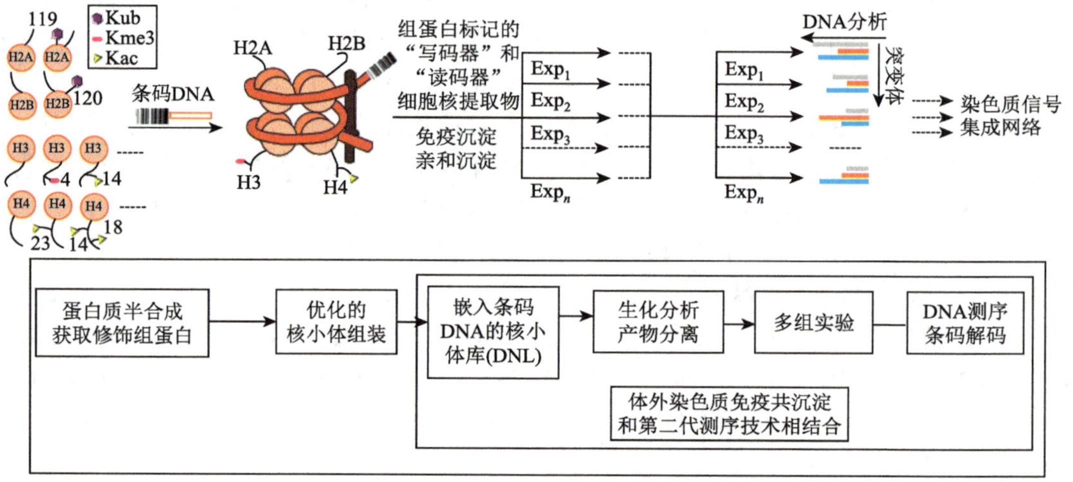


图 4.15　核小体 DNA 条码库分析技术

应用 ChIP-Seq 技术，可以研究翻译后修饰的核小体招募下游“写码器”和“读码器”的过程，通过与细胞核蛋白组的共同作用，解析核小体翻译后修饰的信号如何单独或者协同地在细胞水平产生影响。例如，p300 是一种已知的组蛋白乙酰转移酶（HAT），溴结构域（bromo-domain，BD）是一类与赖氨酸乙酰化修饰有弱相互作用的结合蛋白，p300 如何识别组蛋白 H4 乙酰化的核小体尚不清楚。作者通过体外用酶法制备得到了 H4 乙酰化修饰的核小体，随后将其与 DNA 条形码组装到一起。体外表达并纯化得到全长的人源的 p300 蛋白，与带有 DNA 条码的 H4 乙酰化的核小体共孵育，经过免疫共沉淀实验、*in vitro* ChIP-Seq 及酶促实验，Muir 等发现，相比于未修饰的核小体，p300 更倾向于与 H4 乙酰化的核小体结合。当 BD 被移除，p300 的乙酰转移酶的活性几乎完全丧失。所以，BD 可能参与 H4 乙酰化的核小体招募 p300 的过程[63]（图 4.16）。

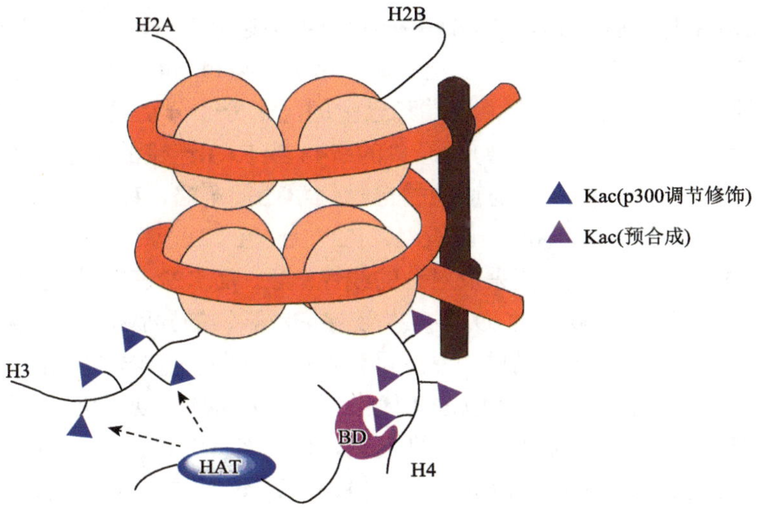


图 4.16　p300 与 H4 乙酰化核小体的作用

2. 蛋白质翻译后修饰相关的结构机制

翻译后修饰精准调节蛋白质的结构和功能，一方面直接影响被修饰蛋白本身的性质，如控制蛋白酶的活性、改变底物蛋白的动态构象；另一方面也深刻影响蛋白质-蛋白质间的相互作用，进而调节细胞内多种多样的信号通路。翻译后修饰导致蛋白质的功能更丰富，并在调控过程中呈现精确的类型特异性和位点选择性，从而导致蛋白质结构更为复杂同时作用更为专一。阐明蛋白质特定翻译后修饰发挥作用的分子结构机制是认识该过程的重要命题，不仅有助于揭示蛋白质修饰发生及发挥功能的生物学奥秘，而且对相关疾病的病因揭示、靶向治疗及活性分子的发现具有积极的促进作用，进而产生重要的医学应用价值。针对修饰相关的生化及其结构机制研究，结构精准的修饰蛋白分子是不可或缺的样品。传统的重组表达和生物酶法在制备均一结构的修饰蛋白样品上存在困难，而蛋白质化学合成能够弥补前两者的不足，逐渐成为获取修饰蛋白样品的重要技术手段，极大促进了蛋白质翻译后修饰的结构机制研究。

蛋白质泛素化是生命体中存在最为广泛、形式最复杂的修饰类型，几乎参与调控细胞生命活动的所有方面，包括经典的蛋白酶体降解通路、线粒体自噬、DNA 损伤修复、细胞间信号转导、mRNA 稳定性及免疫系统的调节等。蛋白质泛素化是动态可逆的过程，受到泛素形成相关酶（E1/E2/E3）和去泛素化酶的共同调节。泛素序列中的 7 个赖氨酸残基和 N 端氨基都能被其自身所修饰，进而形成多种不同类型的泛素链，介导特异性的信号过程，构成了复杂而精确的“泛素密码”。不同类型泛素链被选择性生成、识别及擦除所依赖的分子机制是解密泛素信号的核心问题之一。蛋白质化学合成由于能提供结构精准的泛素修饰蛋白样品，为破解“泛素密码”提供了必要的研究基础。

化学合成技术在破解“泛素密码”上的一个重要应用是合成非典型的、结构复杂的多聚泛素链，用于泛素链自身的生物化学与生物物理性质研究，其中代表性的工作是 K6、K29、K27 等泛素链的化学合成及结构解析。2010 年，在尚未发现特异性的 E2-E3 酶的情况下，Virdee 等利用基于遗传编码的正交保护和活化连接策略（GOPAL）引入天然异肽键的方法，化学合成了 K6 及 K29 连接的二泛素，并用于结构和功能分析[64]。晶体结构表明 K6 泛素链采取一种不对称的紧密构象，近端和远端的泛素分子分别通过不同的氨基酸残基介导彼此间的直接相互作用，这一结构与经典的 K48 或 K63 连接的泛素链的结构都不同[64]［图 4.17（a）］。2016 年，借助辅基辅助的自然化学连接策略，K27 连接的二泛素的化学全合成得以实现；利用外消旋辅助结晶策略，K27 连接的二泛素及三泛素的晶体结构得到解析[65]。结构分析揭示 K27 二泛素采取对称的线性构象，而 K27 三泛素则是三角形构象，并非线性链状结构［图 4.17（b）和（c）］。K27 连接的泛素链的异肽键被包埋在两个泛素分子中间，并不暴露在溶液中，这一独特的构象不同于结构已知的所有形式的泛素链［图 4.17（b）］。进一步地通过上述化学合成方法进行改进和优化，研究人员还实现了更长、更复杂的泛素链合成，如 K27 连接的四泛素、K11 连接的四泛素，以及 K11/K33、K11/K63 混合链接的三泛素[66, 67]，并对其结构和构象进行了初步的研究［图 4.17（d）］。非典型及复杂泛素链的化学合成策略，作为传统生物表达策略的重要补充，为泛素链的生物化学及生物物理性质分析提供了有力支持；而新形式的泛素链的结构解析，也极大拓展了人们对于泛素链结构的了解。

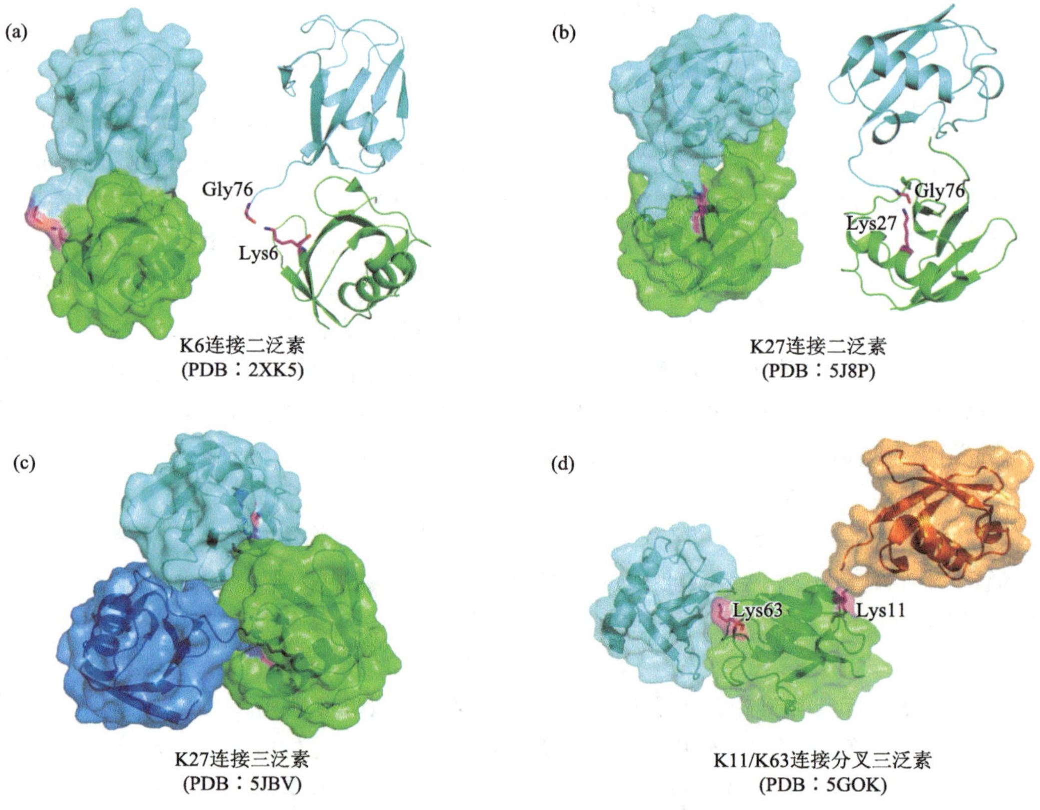


图 4.17　化学合成的非典型泛素链的结构示意图

在针对泛素链自身的结构性质研究之外，化学合成定向改造的、结构精准的泛素链及泛素链衍生物，也极大程度地促进了泛素与其相关效应蛋白的识别机制研究，特别是泛素与去泛素化酶之间的相互作用机制。在泛素分子或者泛素链的异肽键中引入活性基团，通过共价连接的方式将去泛素化酶捕获在其活性状态中，可以更有针对性地研究去泛素化酶的作用机制。研究人员先后合成了带有活性反应基团的泛素及泛素链，如泛素-醛（Ubal）、泛素-乙烯基甲酯（VME）和泛素-炔丙基（PA）等。这些探针的发展，帮助研究者解析了许多泛素与去泛素化酶的复合物结构，包括 Usp7 与 Ubal、UCHL1 与 Ub-VME、UCH-L5 与 Ub-PA 等复合物结构[68-70]。进一步地通过化学合成方法在二泛素链的远端和近端泛素分子之间引入具有活性的反应基团，在泛素与去泛素化酶结合过程中，直接与催化中心的残基反应形成共价键，更加全面地揭示了去泛素化酶选择特异性的结构机制及催化机理。

2016 年，Mevissen 等报道了 K11 泛素链与去泛素化酶 Cezanne 特异性相互作用的结构机制[71]。他们合成了泛素-卤代烷基探针 Ub-C2Br 及带活性基团的 K11 二泛素探针 K11-diUb-ABP（图 4.18），分别构建了 Ub-C2Br、ABP 与去泛素化酶 Cezanne 的共价复合物并解析了晶体结构。结合生物化学分析，首次阐明了完整的去泛素催化循环过程，揭示了 Cezanne 特异性识别 Lys11 泛素链的分子基础。在初始状态下，Cezanne 的动态结构促使其 S1 位点与多聚泛素结合，并解除由 Cys-loop 介导的自抑制构象。这一过程促使 S1′位点结构重塑，使得只有 Lys11 连接的多聚泛素能够与 S1′位点形成有利的接触，进而介导酶与泛素链的相互作用完成催化反应过程。异肽键水解后，构象变化破坏 S1′位点并释放近端泛素。在近端泛素释放后，Cezanne 恢复其自身抑制状态。上述研究成果证实了化学合成定向改造的、结构精准的泛素链及泛素链衍生物，能够作为一种奏效的分子工具，用于研究泛素与去泛素化酶、泛素与其他类型的效应分子之间的相互作用机制。

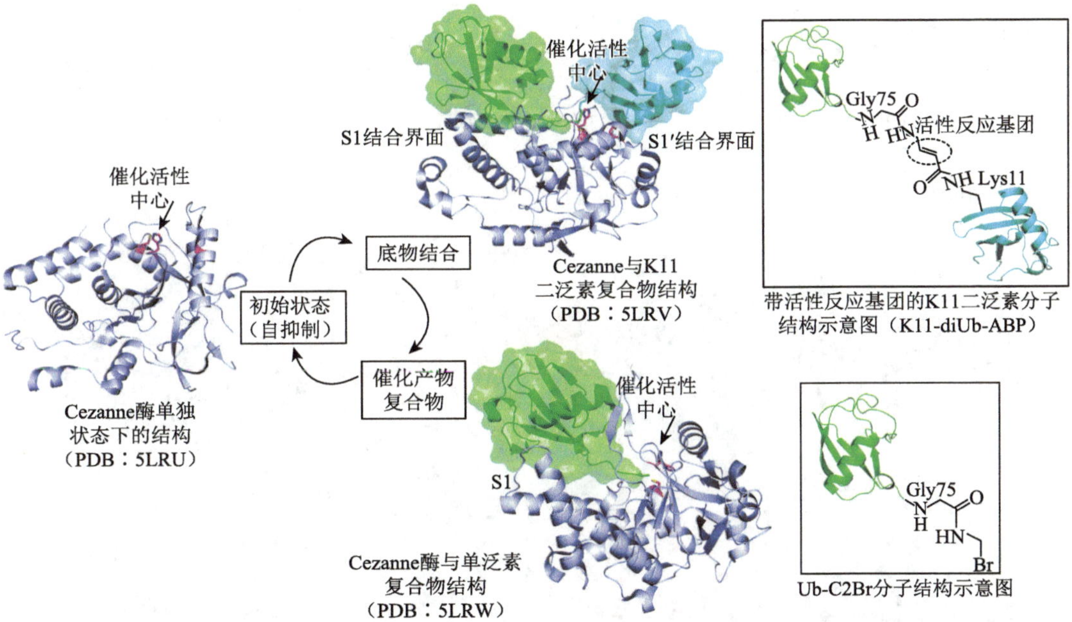


图 4.18　去泛素化酶 Cezanne 特异性水解 K11 连接的二泛素的结构机制

化学合成的修饰蛋白在结构机制研究中的另一个重要应用是阐明“组蛋白密码”相关的表观遗传调控的分子机制。在 4 种核心组蛋白上，存在 30 多种修饰类型，超过 400 个位点的翻译后修饰，这些修饰既相互协作又相互区别，以独立或组合的形式发挥调控功能，参与几乎所有 DNA 相关的生命过程。理解“组蛋白密码”的核心问题是组蛋白不同修饰发挥功能所依赖的分子结构基础，包括特定修饰直接改变染色体结构的作用方式及被效应蛋白选择性识别的分子机制。蛋白质化学合成技术能提供足够量的精准结构的修饰组蛋白样品，在理解“组蛋白密码”的调控机制研究中展现出巨大的应用价值。

2008 年，利用化学合成的甲基化修饰组蛋白，包括 Lys20 二甲基化修饰 H4（H4K20me2）和 Lys79 二甲基化修饰 H3（H3K79me2），Lu 等分别解析了 2 种修饰组成核小体的晶体结构，在分子水平分析了甲基化对核小体结构的调节作用[72]。2016 年，Suzuki 等通过蛋白质化学半合成技术制备了精准结构的 Lys122 巴豆酰化修饰的组蛋白 H3（H3K122cr），结合晶体结构解析揭示该位点的巴豆酰化并没有改变核小体的整体结构，但会影响局部的水分子介导的氢键作用，从而减弱组蛋白和 DNA 间的相互作用[73]（图 4.19）。此外，结构更为复杂的组蛋白泛素修饰的调控机制研究也取得了重要进展。2016 年，泛素修饰核小体的晶体结构首次被报道，利用二硫键交换的方法，研究者制备了位点特异性泛素修饰的组蛋白 H2BK120Ub 和 H4K31Ub 用于体外核小体组装和晶体结构解析，发现连接的泛素分子具备高度的柔性，同时发现不同位点的泛素修饰对核小体稳定性的影响并不相同[74]。随后，化学全合成的 Lys34 泛素修饰 H2B（H2BK34Ub）组成的核小体的结构也被成功解析，研究者在结构解析中采用了单颗粒冷冻电镜技术，报道了一种完全不同的泛素修饰核小体结构[45]。

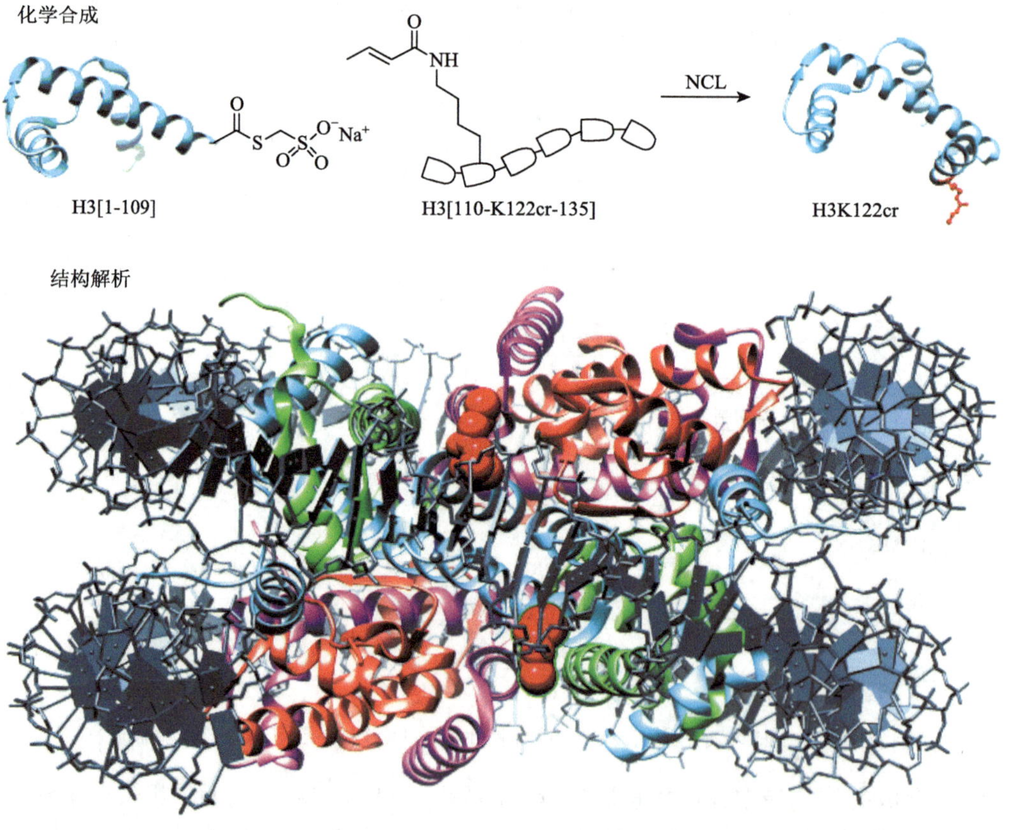


图 4.19　巴豆酰化组蛋白 H3K122cr 的化学合成及其核小体的晶体结构（PDB：5B0Y）

巴豆酰化赖氨酸标记为红色

组蛋白修饰研究并不局限于修饰核小体的结构变化，更为重要的是特定修饰被效应蛋白（包括“读码器”和“读码器”）选择性识别的分子机制。相关研究的基础是获取精准结构的修饰组蛋白分子，并在体外重现识别过程开展复合物的结构解析。代表性的研究成果是解析泛素修饰组蛋白 H2B（H2BK120Ub）组成核小体被 Spt-Ada-Gcn5 乙酰转移酶的去泛素化模块（SAGA-DUBm）识别的晶体结构[75]（图 4.20）。H2BK120Ub 是组蛋白上的一类非常重要的翻译后修饰，在转录激活、延长及 DNA 复制、损伤修复等过程中发挥重要作用，并参与修饰间的交叉会话，促进组蛋白 H3 甲基化修饰的生成，并且 H2B 泛素化水平受到 SAGA-DUBm 的特异性调控而处于动态平衡。为解析相关复合物结构以阐明 SAGA-DUBm 选择性识别 H2BK120Ub 的分子机制，首先要获取结构精准的泛素化组蛋白分子，并且需要其在体外的复合物重构过程中能稳定存在。为此，研究者利用二氯丙酮连接臂，化学合成了非水解活性的 H2BK120Ub，并以此成功构建和解析了修饰核小体结合 SAGA-DUBm 的复合物结构。结构解析揭示亚基 Sgf11 中的精氨酸簇和组蛋白 H2A/H2B 的酸性口袋形成强相互作用，同时活性亚基 Ubp8 提供作用位点结合组蛋白和泛素结构域[75]。在结构解析的基础上，研究者又利用化学半合成方法制备了天然结构的泛素修饰组蛋白样品，开展了精准的结构导向的去泛素化活性验证实验，进一步证明两者特异性相互作用所依赖的关键蛋白结构域和氨基酸残基，最终揭示去泛素化酶特异性水解 H2BK120Ub 的结构基础[75]。此外，结构分析还预测 H2A 的 Tyr57 磷酸化（H2AY57ph）修饰会抑制该去泛素化过程，通过化学全合成制备结构均一的 H2AY57ph 蛋白样品，这种抑制作用被直接的实验证据验证[76]。

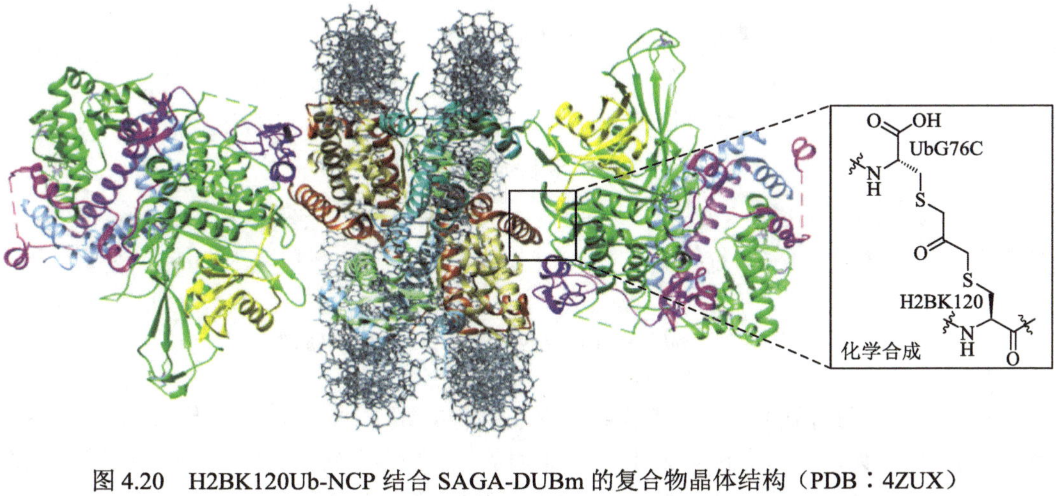


图 4.20　H2BK120Ub-NCP 结合 SAGA-DUBm 的复合物晶体结构（PDB：4ZUX）

框内为泛素和组蛋白之间的二氯丙酮连接方式

### 4.2.3　蛋白多肽药物

多肽和蛋白质类分子具有比小分子更大的分子截面，因而在调节蛋白质-蛋白质相互作用方面有独特的优势。通过活性区域的多肽序列的截断，潜在的生物活性多肽分子不难获取。然而，这种方法获得的天然多肽存在诸多缺陷，包括酶学稳定性差和细胞膜穿透能力弱。近期国际上出现了多种方法用于解决这些缺陷。它们主要为稳定多肽二级结构的“钉书肽”策略和稳定多肽二硫键的替代物方法。在这里，我们重点介绍这两方面的研究进展与成果。

1. 烯烃复分解反应构建 *α*-螺旋“钉书肽”

1998 年，Blackwell 和 Grubbs 首次将烯烃复分解反应用于多肽的侧链环化上，并证明改造后的多肽的 *α*-螺旋程度得到提高[77]。Verdine 等发现这种螺旋肽的酶学稳定性和细胞膜通透性得到显著提高，并以“钉书肽”命名这类多肽分子。“钉书肽”的碳氢连接臂可以引入在 *α*-螺旋肽的 *i*，*i* + 4 或者 *i*，*i* + 7 位[78]（图 4.21）。Verdine 等展示了“钉书肽”在多肽类药物设计方面的巨大潜力，掀起了国际上对这种多肽药物改造策略的研究热潮[79]。*α*-螺旋“钉书肽”成为多肽药物研发的重要策略，已经被用于多个目标蛋白的功能调控，例如，被用于发展癌症相关 KRAS 蛋白的阻断剂[80]，被用于破坏 NOTCH 转录因子复合物[81]，被用于抑制 $GABA_B$ 受体功能[82]，被用于负调控肝细胞转录因子 HNF1β[83]和 NF-κB 信号通路[84]等。在这一系列“钉书肽”中，比较突出的是由美国 Aileron 制药公司开发的强效 P53 激动剂 ALRN-6924[85]。ALRN-6924 在治疗固态瘤和淋巴瘤方面效果显著，目前正处于临床二期阶段。

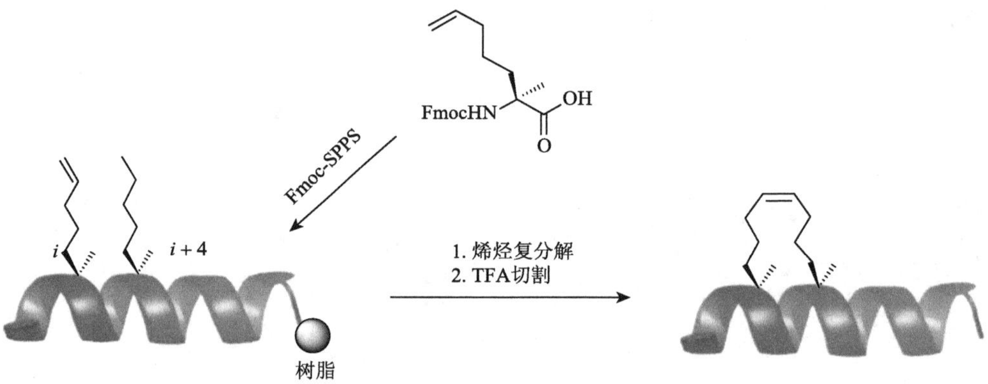


图 4.21　烯烃复分解反应构建 *α*-螺旋“钉书肽”

“钉书肽”所必需的烯烃氨基酸单元商业品种有限，通常 *α*-位取代基局限于甲基，导致选择改造的氨基酸位点通常为不含功能团的 Ala。为了解决这一问题，上海第二军医大学胡宏岗等发展了一种高效制备 *α*-位含有多种官能团的烯烃氨基酸的方法[86]，拓展了“钉书肽”策略在更多种类氨基酸上的应用，成功展示了其在调控 Wnt/β-catenin 信号通路方面的能力。

虽然烯烃复分解反应在多肽合成中能比较稳健地实施，但该反应立体专一性较差，会产生两种不同构型（*E*-式和 *Z*-式）的烯烃产物，加大了活性组分纯化分离和鉴定方面的难度。为了探索这一问题，Grubbs 等采用双烯烃复分解反应和乙烯醇分解反应，在多肽底物上实现了构型可控的烯烃复分解反应[87]。此外，Grossmann 等通过附加还原烯烃化反应，发展了饱和烷烃链的“钉书肽”，并用于设计抑制病毒因子 Esp 的活性肽分子[88]。

2. Cys 侧链巯基的烷基化反应构建 $\alpha$-螺旋“钉书肽”

Cys 侧链巯基具有较高的亲核性，能高效地与多种溴代物进行成硫醚键反应（图 4.22）。2012 年，Jo 等通过研究不同类型二溴代物与 Cys 的反应，发现 1, 3-二（溴甲基）苯能够与多肽序列中两个 Cys 的侧链巯基快速高效反应，提出使用巯基的烷基化反应构建“钉书肽”的策略[89]。相对碳链的“钉书肽”，侧链硫醚键构建过程无需使用特殊氨基酸，因而合成成本和实施难度相对更低。该策略的一个代表性实例是 Peraro 等发展的能够促进细胞自噬的细胞通透性多肽配体 DD5-o[90]。非常有意思的是，Grison 等利用二溴代马来酰亚胺与 Cys 发生可逆的交换反应[91]，发展了一种新颖的可逆性“钉书肽”。

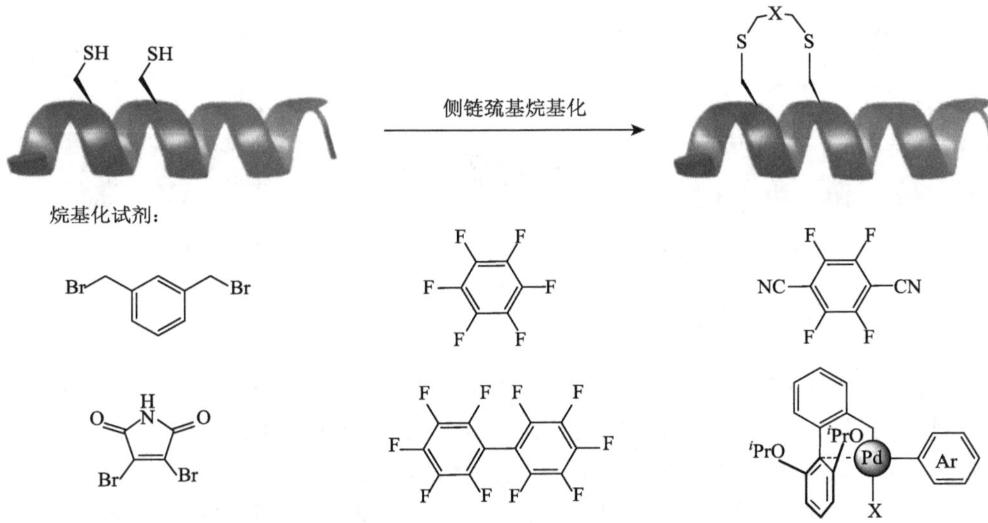

图 4.22　侧链巯基烷基化反应构建 $\alpha$-螺旋“钉书肽”

Cys 不仅能与溴代物发生反应，还能与氟代苯发生亲核取代反应。Pentelute 等研究表明含有氟代苯的“钉书肽”，具有更高的靶标结合力、细胞通透性和酶学稳定性[92]。令人惊讶的是，他们发现这种修饰甚至能够帮助多肽通过血脑屏障[93]。最近，厦门大学吴川六等对这类反应进行了深度研究，发现 2, 3, 5, 6-四氟对苯二甲腈与青霉胺和 Cys 的反应具有动力学选择性，在多环框架肽设计中展现了该方法的诱人前景[94]。通常认为，Cys 侧链巯基会导致金属试剂中毒。Buchwald 等惊奇地发现 Cys 能够与金属有机 Pd 试剂发生侧链巯基的芳基化反应[95]，并在未保护多肽的骨架上构建了含有单个苯环连接臂的“钉书肽”[96]。

北京大学李子刚等最近发现，Met 在 1%甲酸溶液中具有与 Cys 相似的性质，能够与二溴代物发生烷基化反应[97]。与 Cys 不同，Met 的烷基化产物会额外引入 2 个正电荷，因而更加有助于多肽透过细胞膜。独特的是，Met 位点的烷基化产物可以与细胞内谷胱甘肽

(GSH)发生交换反应，实现向母体多肽的转化。该方法为多肽药物的细胞内递送提供了一个非常有趣的策略。

3. thiol-ene 反应构建含手性连接臂的 $\alpha$-螺旋“钉书肽”

由于高度的反应专一性，thiol-ene 反应在生物材料的改性和制备领域中广受使用。Wang 等通过 2 个 Cys 残基与 $\alpha$, $\omega$-二烯烃的 thiol-ene 反应以高产率获得了不同链长度的“钉书肽”[98]。值得注意的是，thiol-ene 反应可以在未保护肽上进行。通过 thiol-ene 反应，北京大学李子刚等构建了连接臂含有手性碳的“钉书肽”[99]（图 4.23）。有趣的是，他们发现连接臂的手性中心能够调控“钉书肽”的螺旋度、细胞膜通透性和靶标亲和力。利用这种特性，他们制备了独特的高性能超电容多肽类材料[100]。

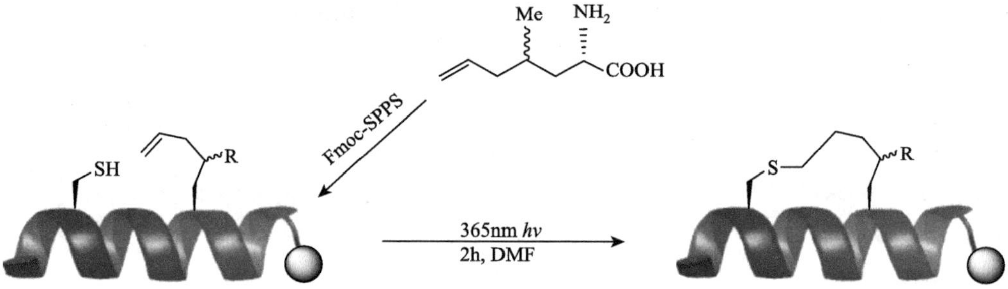


图 4.23 thiol-ene 反应构建含手性连接臂的 $\alpha$-螺旋“钉书肽”

4. 多肽分子内氢键模拟物

与“钉书肽”的侧链环化策略不同，多肽分子内氢键模拟物策略是通过稳定 $\alpha$-螺旋内部的氢键达到稳定多肽的二级结构的。这一策略是 Arora 等提出的[101]。多肽分子内氢键模拟物策略不会改变多肽序列内的氨基酸侧链，能完全保留多肽的序列信息，是设计“钉书肽”的另一种重要技术手段。但需要指出，这里被选择模拟的氢键通常局限在 N 末端的氢键。由于制备难度高于传统“钉书肽”，该策略目前并未被广泛使用。

5. 多肽二硫键模拟物

二硫键广泛存在于多肽药物的结构中，如胰岛素、普卡那肽和利那洛肽等。二硫键对多肽药物的活性十分重要，能稳定二级结构和提高蛋白酶学稳定性。但是，二硫键并非完全稳定。例如，在细胞内，二硫键能够被 GSH 还原破坏；在二硫键异构酶作用下，二硫键会发生异构化；在高温条件下，二硫键易于化学降解。这些过程产生的二硫键错配多肽可能具有潜在的毒性，会给多肽类药物带来潜在的问题。为了解决这一问题，人们提出使用不可逆的化学键替代二硫键的策略。多肽二硫键类似物策略成为多肽类药物改造的一个重要手段（图 4.24）。

多种方式可用于稳定多肽二硫键，包括碳碳键、硫醚键、硒醚键、硒硒键和三氮唑结构替代物策略[102]。碳碳键替代物包括饱和碳链和不饱和碳链两种类型。不饱和碳链替代物的获取与“钉书肽”的合成方法类似。在固相合成过程中，两个需要改造的 Cys

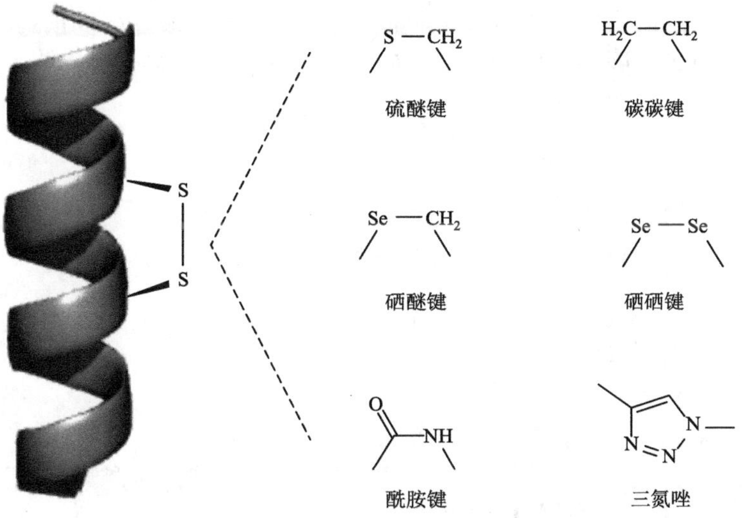


图 4.24　多肽二硫键模拟物

被烯烃氨基酸所替代；在固相合成完成后，利用烯烃复分解反应实现分子内环化，达到二硫键的碳碳键替代。经过还原烯烃化反应，不饱和碳链的二硫键替代物可以转化为饱和碳链的形式。

硫醚键与二硫键差别细微，因而其替代物对母体肽的结构几乎不产生干扰。通常，硫醚键的构建是通过侧链巯基与溴代物的烷基化反应或者 thiol-ene 反应来实现的。硫醚键替代策略在毒素蛋白质中被广泛使用，包括芋螺毒素 G1、胰岛素和催产素[103-105]。近期，Cramer 等发现 2 个邻近的 Cys 可以与碘甲烷发生高效反应形成稳定的硫缩醛结构[106]。这一策略的有效性在奥曲肽、催产素、血管抑制素、细菌素和芋螺毒素等中得以展示。

硒代半胱氨酸被认为具有与半胱氨酸类似的生化性质，因此是替代 Cys 的一种有效策略。与 Cys 不同，硒代半胱氨酸具有更高的亲核性。在酸性条件下，硒代半胱氨酸仍然能够与卤代氨基酸发生快速的烷基化反应，生成硒醚键。Alewood 等利用该策略制备了具有生物活性的催产素和芋螺毒素类似物[107, 108]。

硒硒键比二硫键更加稳定，且易于形成。Alewood 等证明了硒代芋螺毒素的体外折叠复性更为快速和高效[109]。非常有意思的是，二硫键本身也可以被改造。厦门大学吴川六等发现青霉胺与 Cys 之间的成键能力要远远大于普通 2 个 Cys 之间的二硫键[110]。他们展示了这一策略在设计特定拓扑结构方面的潜力。

除上述之外，酰胺键和三氮唑结构也被用于构建二硫键替代物。Hargittai 等制备了含有分子内酰胺键的活性芋螺毒素肽[111]。三氮唑替代物在芋螺毒素 MrIA 和向日葵蛋白酶抑制剂上得到展示[112]。

### 6. 二氨基二酸策略

通常二硫键替代物骨架的构建需要在多肽底物上进行多步化学反应，因而并不高效。如何高效合成这类分子成为人们比较关心的问题。为了解决这一问题，清华大学刘磊等发展了基于二氨基二酸的多肽二硫键类似物固相合成法[113]。该方法以预制的二氨基二酸作为结构单元，避免了在固相合成中构建二硫键替代物框架，实现目标分子的标准化 Fmoc SPPS（图 4.25）。

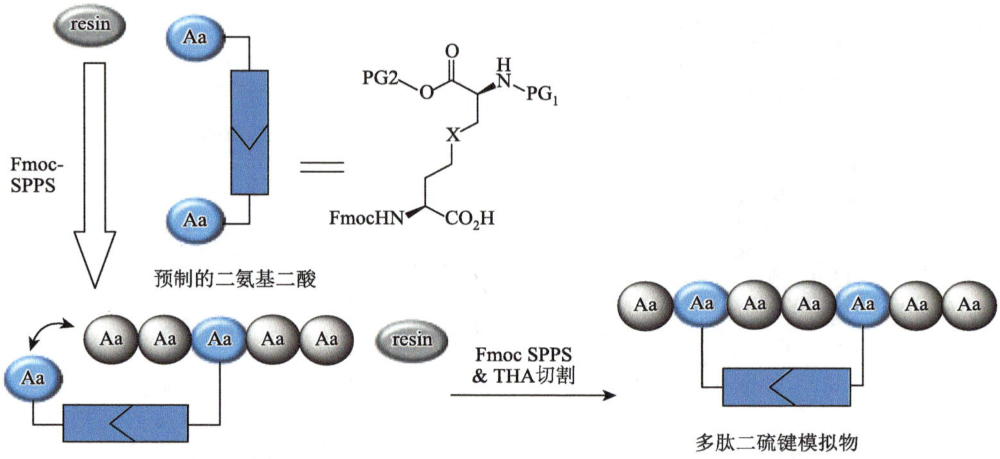


图 4.25　二氨基二酸法固相合成多肽二硫键模拟物

二氨基二酸的品种丰富，包括硫键、碳碳键和三氮唑连接臂[114]，因而有利于多肽二硫键类似物连接臂的多样化设计。初期，碳碳键连接的二氨基二酸是采用低效率的电解偶联反应制备的。为了解决这一问题，合肥工业大学李宜明等发展了镍催化偶联反应制备碳碳键连接的二氨基二酸[115]。

二氨基二酸法的实用性在多个体系中得到充分展示。通过使用不同类型的二氨基二酸，崔洪奎等高效制备了多种抗菌肽 TPI-1 类似物。在后续的活性检测中，他们惊奇地发现 TPI-1 的二硫键类似物具有不同的菌种选择性。通过预先引入二硫键类似物连接臂，郭叶等发现许多折叠效率低的二硫键丰富的多肽，包括 $\mu$-芋螺毒素 SIIIA 和铁调素的体外复性效率得到显著提高[116]。通过晶体和核磁技术，中国科学技术大学田长麟等精准地获得了多肽二硫键类似物的结构[113, 116]。

### 4.2.4　镜像蛋白质

镜像蛋白质的研究目前主要有三个方面，即镜像蛋白结晶技术、镜像蛋白多肽药物以及镜像合成生物学。

1. 镜像蛋白结晶技术

X 射线衍射法技术是一种解析蛋白结构的有效方法，该技术通过分析分子电子密度获得结构信息。但是 L 型天然蛋白的晶体空间缺少一个对称中心或对称轴，使得它的衍射相位在 0～360°之间任意分布，导致随机相位问题。为了解决该问题，科学家发展了多波长反常色散、多重同晶置换及分子置换等技术[117]。同时，Zawadzke 等于 1993 年提出了镜像蛋白结晶的概念，该方法将 L 型和 D 型蛋白质以等物质的量混合，从而形成了具有对称中心的外消旋蛋白晶体[118]。这种晶体在 X 射线晶体解析过程中消除了随机相位问题，有效简化了 X 射线衍射数据分析。同时，镜像蛋白结晶技术由于在晶体中引入了新的对称性，使得外消旋结晶体堆积过程中能够进入更多的空间群，能够有效提高中小型蛋白质的结晶成功率。

利用蛋白化学全合成技术得到 D 型蛋白质，再结合镜像蛋白结晶技术，芝加哥大学 Kent 等解析了一系列蛋白质的结构，如抗冻蛋白 sfAFP[119]、蝎毒 Kaliotoxin[120]、蛇毒蛋白 omwaprin[121]和海葵毒素 ShK[122]等蛋白质。最近，清华大学刘磊等利用镜像蛋白结晶技术，首次实现了 K27 位二泛素和三泛素晶体结构解析[65]。值得一提的是，用常规方法进行结晶时，这些蛋白结晶困难甚至无法结晶。

在此基础上，Kent 等提出了准镜像蛋白结晶的概念，即利用与镜像蛋白相似但不完全一致的准镜像蛋白与目标蛋白进行共结晶。利用准镜像蛋白结晶技术的一个优势是可以避免 D 型镜像蛋白全合成可能存在的合成困难的问题。例如，Kent 等将 N-糖基化的 CCL1 与无糖基化的 D 型 CCL1 孵育，成功地获得了它们的共晶结构[123]。受此启发，清华大学刘磊等发展了一种高效获得各种多聚泛素链结构的准镜像结晶方法，也被称为单体/寡聚体准外消旋结晶法（monomer/oligomer quasi-racemic protein crystallography），该方法通过将 D 型单泛素镜像单体与目标多聚泛素链共结晶，成功实现了线性三泛素和四泛素、K11/K63 分叉三泛素的结构解析[67]。

2. 镜像蛋白多肽药物

多肽和蛋白类药物具有选择性好、特异性强、活性高和副作用小等优势，是目前药物研发的热点领域。但是多肽类药物也存在稳定性差的问题，易被体内的蛋白酶水解。为此，可以对蛋白骨架或侧链进行修饰，从而提高多肽类药物的酶解稳定性[19]。同时，D 型多肽/蛋白类药物具有很好的酶解稳定性、较低的免疫原性和更高的代谢稳定性，这些特性使得镜像多肽/蛋白类药物成为一类理想的药物分子，甚至有可能成为口服多肽类药物[124]。

为了获得镜像多肽类活性物质，一种常用的策略是镜像噬菌体筛选技术（mirror image phage display，图 4.26）。该技术由麻省理工学院 Kim 等于 1996 年首次提出[125]，利用目标蛋白的镜像形式 D 蛋白为作用靶标，利用噬菌体展示技术得到与镜像蛋白有特异性结合的 L 型多肽/蛋白活性分子。镜像对称地，L 型多肽/蛋白活性分子的镜像形式 D 型多肽/蛋白就能与 L 型目标蛋白特异性结合。镜像噬菌体筛选技术兼具噬菌体展示具有的“表型与基因型统一”的特点，能够快速、有效地从一个大文库中获得具有靶点特异性且生理条件下稳定的镜像活性物质。但是，镜像噬菌体筛选技术的一个技术瓶颈是要通过化学全合成技术得到镜像目标蛋白。例如，Kim 等选择酪氨酸激酶 c-Src 的 SH3 结构域为靶标，先通过化学全合成手段获得镜像 D-SH3，再利用噬菌体展示技术筛选获得了一种与 D-SH3 特异性结合的 L 型多肽配体，最后化学合成 L 配体的镜像 D 型多肽，通过活性测试和结构解析表明该 D 型多肽与天然 SH3 目标蛋白能够特异性作用。此后，Kim 小组还以 HIV 外膜蛋白 gp41 的 N 端保守序列的卷曲螺旋（coiled-coil）结构为靶标，利用镜像噬菌体筛选技术得到了与 gp41 蛋白 N 端保守区域的能够特异结合的 D 型多肽 D10-p1[126]。

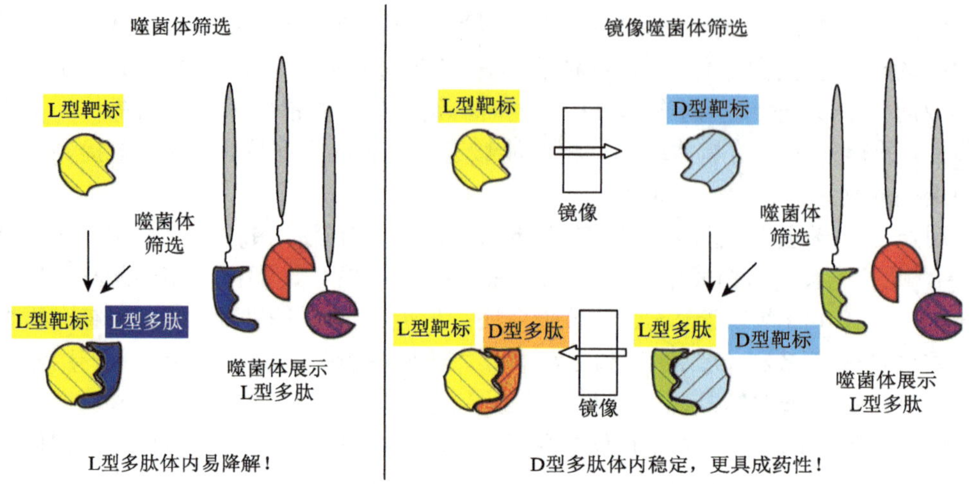


图 4.26　镜像噬菌体展示技术原理示意图

在 Kim 等的研究基础上，美国犹他大学 Kay 等针对 HIV 外膜蛋白 gp41 进行了镜像噬菌体筛选优化，通过聚乙二醇（PEG）连接 D 型多肽，得到了镜像蛋白 PIE7 及其衍生物等，它们与靶点的结合力达到 pmol/L 级别，具有很好的成药性[127]。

美国马里兰大学陆五元等以 MDM2 蛋白的 p53 结合域作为目标蛋白，全合成 D 型 MDM2，利用镜像噬菌体展示技术，筛选得到了能抑制 MDM2 与 p53 结合的 D 型多肽 D-PMIα，该抑制剂能有效抑制人神经胶质瘤细胞的生长，抑制荷瘤模型动物的肿瘤生长[128]。

清华大学刘磊等以免疫检查点 PD-L1 为靶标，通过基于多肽酰肼的自然化学连接技术得到了 D 型 PD-L1 胞外域，结合镜像噬菌体筛选技术，筛选得到了首例靶向免疫检查点 PD-L1 的 D 型多肽抑制剂，能够有效抑制 PD-1/PD-L1 的相互作用，延长荷瘤小鼠的生存时间，为癌症免疫疗法相关的药物发现提供了新思路[129]。

### 3. 镜像生物学

路易斯 · 巴斯德（Louis Pasteur）在 1848 年首次发现生物分子具有手性。目前，地球上已发现的大多数生命分子都是由手性分子组成，例如，蛋白质由 L 型氨基酸构成，核酸由 D 型核糖核苷酸组成，而多糖分子由 D 型单糖单体组成等。为了探究这种手性偏好性来源这一关于生命起源最深刻的问题，科学界进行了大量的努力和尝试。以英国生化学家莱斯利 · 奥格尔（Leslie Orgel）为代表的研究者认为，尽管原则上产生手性对映体的概率一样，但在生命演化过程中地球上某些外在条件（如圆偏振光效应等）产生的累积效应，使 L 型氨基酸得以占据主导。以英国遗传学家约翰 · 波顿 · 桑德森 · 霍尔丹（John Burdon Sanderson Haldane）为代表的研究者则认为手性不对称性来源于物理规律的不对称性，如弱力的宇称不守恒等[130]。哈佛大学戴维 · 邱奇（David Church）等则致力于构建一个完全由镜像分子组成的“镜像生命体系”，这将为探索为什么生命是单一手性提供了一种新的线索。同时，镜像生物学研究可能在材料、能源和制药科学等方面具有极大的应用前景[131]。

研究镜像生命的初级版本就是构建具有生命活动的原始镜像细胞。镜像细胞体系构建过程中存在有待克服的一系列问题，如能否重建镜像体系中各关键蛋白组分的镜像结构和功能，镜像酶、镜像折叠和镜像物质转运系统等。为解答这些问题，前人进行了一系列有意义的初步探索。芝加哥大学 Kent 等首次实现了 HIV-1 蛋白酶的 L 型/D 型镜像蛋白合成，并首次发现镜像蛋白对底物多肽的水解活性具有手性专一性[132]。犹他大学 Kay 等通过合成 L-和 D-DapA 研究了伴侣蛋白辅助折叠问题[133]。此外，中国科学技术大学郑基深等研究人员在介导物质输运的镜像膜蛋白的功能研究也取得了研究进展[134]。他们利用可脱除骨架修饰策略合成了镜像甲型流感病毒离子通道蛋白 M2（D-M2），并通过电生理实验，首次发现了 D-M2 具有 $H^+$离子通透活性。进一步地，他们利用抑制剂（如金刚烷胺等）实现了对镜像离子通道活性的调控。这些工作向实现镜像生命体系构建迈出了重要一步。

镜像生命研究的另一个重要目标是构建生物合成系统来产生镜像蛋白组分。目前以中心法则为基础的生命体系是由 D 型 DNA/RNA 及 L 型蛋白质为基元部件：D 型 DNA 在 L 型聚合酶的作用下经过复制、转录过程翻译得到 L 型蛋白质。人们也在体外构建了这些过程，但是始终只能实现天然的单一手性。为构建一套镜像的中心法则，清华大学刘磊和朱听等构建了与天然系统镜像对称的生物分子系统，实现了镜像遗传信息的复制与转录[20]（图 4.27）。首先，他们基于蛋白质化学全合成方法，在体外合成了完全由 D 型氨基酸组成的 D 型非洲猪瘟病毒镜像聚合酶 X（D-ASFV pol X），同时测试证明了该镜像聚合酶与天然形式完全互为镜像，能以 L-DNA 为模板完成 L-DNA 和 L-RNA 链的聚合，具有严格的手性特异性。D-ASFV pol X 只具有催化 L 型 dNTP/NTP 在 L-DNA 模板上聚合的能力。在此基础上，为获得具有更高持续聚合能力和热稳定性的聚合酶，清华大学刘磊和 NOXXON 制药公司的

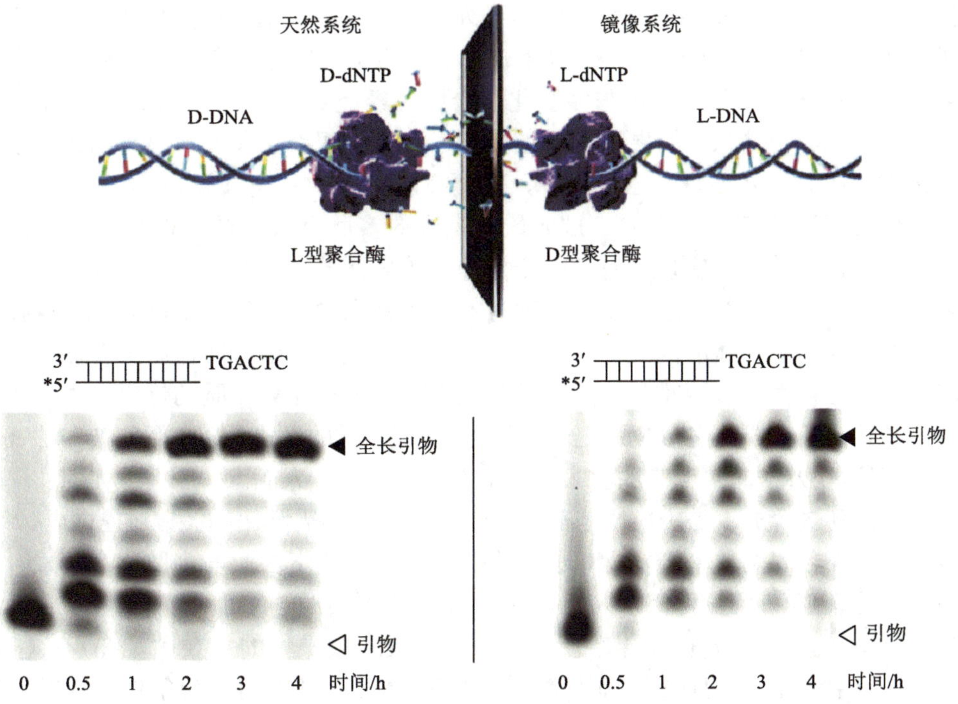


图 4.27　天然及镜像 DNA 聚合酶系统及其介导的 DNA 模板聚合[135]

Klussmann 等于 2017 年分别完成了更大的镜像 DNA 聚合酶 D-Dpo4-5m 和 D-Dpo4-3C 的合成，并证明了镜像 DNA 聚合酶能够实现镜像聚合酶链式反应（PCR）技术，用于制备镜像的大肠杆菌 5S 核糖体 RNA（rRNA）基因 *rrfB* 和镜像基因 *Sso7d*（207bp）等[53, 135, 136]。这些工作为镜像 PCR 未来的推广应用奠定了基础。

尽管真正的镜像生命体系离我们还很遥远，但对于镜像分子的合成及其功能研究将为我们探索生命起源的奥秘提供一种新的可能性。

## 4.3 讨论与展望

蛋白质与多肽作为生命运动的关键物质，是亿万年自然进化的产物。蛋白质与多肽依据一定的氨基酸序列，能够产生精致的空间结构与高度的生化活性，其性质功能、动态运动、结构机制以及化学干预构成了当前生命科学研究的主要内容，同时也启发设计人造的生物大分子去理解蛋白质折叠与进化，并创造出人造的蛋白多肽药物、材料乃至人造生物分子体系。近十年来，得益于蛋白质与多肽化学合成方法的长足进步，人们已经能够以较高的纯度与产量合成较为复杂的蛋白质与多肽，并促使蛋白质与多肽化学合成在生物化学、生物物理、生物医药以及合成生物学等方面得到了积极应用。在未来的研究里，如下一些科学问题可能会得到更多的关注。

### 1. 蛋白质与多肽化学合成方法的进一步发展

蛋白质与多肽化学合成从早期的溶液法多肽合成开始，经历了固相多肽合成、蛋白片段连接两次重要的技术发明，加之近期一系列关键方法的突破，如蛋白酰肼方法、微波辅助多肽合成等，使得蛋白质与多肽化学合成从早期的概念思想演变成今天能够满足实际应用需求的科学实践。目前蛋白质与多肽化学合成已经能够实现含有 300～500 个氨基酸残基的蛋白质的化学全合成，如果辅助以蛋白质半合成的思路，未来有望实现各种蛋白质与多肽的化学合成。为实现这一宏伟目标，需要克服以下一些瓶颈问题。

（1）困难多肽的高效率合成。目前最为先进的多肽合成方法是微波辅助的自动化多肽合成，使用该方法可以实现含有数十个氨基酸的多肽的快速合成。然而并非每一条多肽都可以便捷地获得，一些疏水的多肽序列有着较为强烈的分子间聚集倾向，难以在树脂表面完全舒展，阻碍了多肽的高效率延长。同时这些多肽在色谱分离、质谱表征以及蛋白连接反应过程中也存在很多困难。这些问题严重阻碍了困难序列多肽的化学合成，也是当前蛋白质与多肽化学合成的主要瓶颈之一。尽管有一些方法被发展（如增溶 Tag 法、骨架修饰法等），但这些方法的实现难度较大，实施效果仍然不令人满意。因此，如何实现困难序列多肽的简便高效合成，是蛋白质与多肽化学合成领域亟需解决的关键难题之一。

（2）多片段之间高效率连接。对于二或三片段连接的蛋白质与多肽化学合成，目前的方法效率基本能够满足各种需求。然而对于较大的蛋白质与多肽，其化学合成将涉及多个（如 5～10 片段）多肽的缩合连接。这种多片段连接操作的主要困难在于：①需要使用保护基防止错误位点的连接，而保护基的脱除需要尽可能的温和条件；②每一次色谱分离可能导致＞50%的损失，因此需要尽量减少分离纯化的次数。当前解决这些困难的策略是开发诸如 Pd 诱导脱除 Acm 保护基技术、收敛法连接方法以及帮助简便高效分离的多肽标签技术等，然而多片段连接的总体效率仍然远不能令人满意。因此，如何发展新的策略来实现多片段蛋白质与多肽的化学合成，是蛋白质与多肽化学合成需要关注的又一重要问题。

（3）更高效率的蛋白质半合成。蛋白质半合成综合了化学合成与生物表达的优势，即前者可以任意嵌入非天然氨基酸，而后者获取效率高、操作容易放大。通过片段连接反应，可以在非变性条件下将化学合成的多肽片段与生物表达的蛋白片段拼接起来得到目标蛋白。这一技术对于获取 N 端或 C 端翻译后修饰蛋白（如翻译后修饰组蛋白等）已经成为常用的方法，然而对于获取中间含有翻译后修饰的蛋白质还存在技术困难。主要的困难在于中间截断的蛋白难以折叠导致表达效率低，尤其是蛋白硫酯片段的表达常遇到产率低的瓶颈。发展更高效率的蛋白质硫酯表达方法或者发展新的思路（如通过化学酶法来诱导蛋白质的定点化学剪切），将进一步提升蛋白质半合成的效能。

（4）蛋白质折叠。蛋白质化学合成的一个长期瓶颈问题是如何确保体外合成的蛋白质能够高效率而且正确地折叠。迄今有一批人工合成蛋白质被成功地复性，而且复性的结构也得到了晶体学等方法的验证。然而，在很多没有被发表的案例中，并非每一个人工合成的蛋白质均能够被成功复性，或者复性的效率低导致合成的总产率难以满足应用需求。甚至一些很小的多肽也存在复性的问题，如套索肽（lasso peptides）。克服蛋白质复性问题的策略有三种：一是发展更多的蛋白质体外复性的缓冲体系；二是发展借助分子伴侣蛋白等生物催化折叠的方法；三是通过计算机辅助设计或体外进化技术，对目标蛋白进行一些突变使得其能够被高效率地体外复性。

（5）人工智能与全自动化。近期多方面的研究表明，基于人工智能的全自动合成将成为化学合成的终极方案，目前在一些有机小分子的合成中得到了初步的展示。蛋白质与多肽化学合成，作为最早引入自动化合成仪的领域，有希望也有必要实现全自动化，并借助于人工智能策略实现蛋白质与多肽化学合成的全过程，包括：蛋白质序列分析与片段拆解、片段合成与纯化、片段拼接、蛋白复性。人工智能方法的引入，有望能够大规模总结归纳更多的经验参数，提高片段拆解、片段合成等效率，并自动筛选最佳合成条件。全自动化技术则有助于解放操作员的双手，提高工作效率，更加促进蛋白质与多肽化学合成的应用研究。

### 2. 蛋白质化学合成在蛋白质翻译后修饰研究中的应用

蛋白质翻译后修饰是生命进化中的重要事件。翻译后修饰使得生命体系能够在有限的基因组规模下大幅度地扩充蛋白质组的复杂程度。具有同样氨基酸序列的蛋白质将产生若干甚至大量的蛋白质修饰变体，它们具备不同的生物化学活性（如磷酸化可以激活或抑制酶的活性）、蛋白质-蛋白质与蛋白质-核酸相互作用能力（如泛素化导致底物蛋白被招募）。蛋白质网络的复杂度增加，显著提升了生命体应答与适应外界环境变化的能力，因而深入研究蛋白质翻译后修饰对于揭示人类或其他高等生物的生理与疾病过程具有重要意义。这方面工作需要用到蛋白质化学合成，未来的任务包括以下几方面。

（1）精准翻译后修饰蛋白样品的化学合成。尽管目前的方法能够合成 100～300 个氨基酸残基的携带精准修饰位点与精准修饰基团的蛋白质，更加复杂的翻译后修饰蛋白仍然难以获取，包括：①底物蛋白质更加庞大或难以体外折叠；②存在多位点修饰（如多位点磷酸化）；③修饰基团结构复杂（如复杂泛素链）或修饰基团的化学性质活泼（如组氨酸磷酸化）。获取样品的目的是面向生物机制的研究，因此化学合成不仅要解决打通路线的问题，同时化学合成的量与纯度也经常成为瓶颈。克服问题的必由之路是发展更多的化学合成方法，并能够高效率地实现综合运用，策略性地将如下不同的方法路线联合起来构成一个平台技术：①蛋白质化学全合成；②蛋白质半合成；③蛋白质酶促修饰；④蛋白质定点化学修饰等。

（2）针对蛋白质翻译后修饰的分子工具用于检测与发现修饰相关的效应蛋白。翻译后修饰蛋白合成的重要应用方向之一是修饰过程的检测与发现，包括目标蛋白在特定时间与位置带有怎样的修饰、该修饰导致目标蛋白与哪些蛋白质或核酸等发生相互作用，以及该修饰由怎样的蛋白酶系统来选择性实现与消除。解答这些问题的根本技术手段离不开现代化的分析化学探针工具分子，包括：①特异性识别修饰（甚至依赖于底物蛋白的修饰位置）的抗体用于在体或离体的检测、定位、成像、定量等；②携带定点修饰的带有分离标签的诱饵蛋白 pull down 探针甚至是光交联蛋白探针等，用于纯化与诱饵蛋白相互作用的生物大分子；③基于反应活性的修饰蛋白探针（activity based protein probes），用于特异性捕获修饰事件的写码器和读码器。

（3）蛋白质翻译后修饰的生物化学规律与生物物理机制。翻译后修饰蛋白合成的另一重要应用方向之一是修饰事件的化学机制，包括：①翻译后修饰导致的蛋白质结构、性质变化，以及蛋白质-蛋白质或蛋白质-核酸互作复合物结构、性质的变化；②翻译后修饰的写码器和读码器如何特异性实现蛋白质定点化学修饰。解答这些问题需要制备精准位点翻译后修饰的蛋白样品，体外重构生物化学活性及选择性，然后组装相应的非共价复合物或共价交联复合物，通过各种生物物理方法（X 射线衍射、电镜、核磁、单分子荧光技术等），并辅以计算化学技术，在原子精度上解析与阐明翻译后修饰事件的化学机制，揭示化学反应的原理与选择性的根源，最终从化学的视角探索生命进化与疾病演化。

### 3. 蛋白质化学合成在蛋白多肽药物研发中的应用

蛋白多肽药物是人类创造的重要化学物质，在生物医学中方兴未艾。早期的蛋白多肽药物的化学结构完全源于天然蛋白质，大多数通过生物重组技术来获取。尽管得到了广泛的应用，天然结构的蛋白多肽药物在实践中仍暴露出稳定性差、免疫性强、生物利用度低等缺点。最近一段时间的研究表明，在蛋白多肽药物的氨基酸侧链上引入一些修饰基团（如聚乙二醇、糖、酯）或者在肽链骨架上插入一些非天然氨基酸，可以显著增强药物的稳定性与生物利用度，并在市场应用中得到了成功。这些药物的研发需要使用蛋白质化学合成技术。此外，一些从头设计的蛋白多肽药物预期在未来进入临床测试，而这些分子的获取与改造更加依赖于蛋白质的化学合成。未来需要关注以下几方面。

（1）高效率、高特异性的蛋白质化学修饰方法。蛋白质的化学修饰是在已有活性蛋白质药物的基础上进行深入研发的重要技术，主要的问题瓶颈在于如何尽可能在预定的位点引入修饰基团。解决该问题需要重视平行的两个技术路线：一方面是蛋白质全合成与半合成，使得能够更快、更准、更灵活地在不同氨基酸位点引入不同的修饰基团，迅速测试修饰蛋白的生物化学与药物化学性质，归纳结构-活性规律与提出有利的修饰方式，适合实验室研发；另一方面，在表达蛋白上直接进行化学反应（如 Lys 侧链的酰胺化反应），通过仔细优化反应试剂与反应溶液体系寻求最佳的转化率，再通过仔细优化分离纯化技术获取目标分子，保障蛋白质修饰工艺的稳健性与廉价性，适合工业生产放大。

（2）新骨架蛋白多肽药物。目前常见的蛋白质药物基本采用线性的氨基酸聚合物结构，最多辅助以 1～3 对分子内二硫键来锁定空间构象。近期研究表明新概念的环状蛋白多肽由于具有较高的热稳定性与生物稳定性以及更高的生物活性与选择性，有望成为蛋白多肽药物家族的新锐。这方面的案例包括侧链氨基酸化学成环的钉书肽、二硫键被稳定化学键替代的环肽等，其研发过程大量用到了新一代的蛋白多肽化学合成技术。未来的工作预期将更多地关注如何通过新骨架结构的创造来规避已有的知识产权，同时进一步提升蛋白多肽的稳定性与功能（包括穿透细胞膜能力、口服利用度），将较大的蛋白质（如抗体药物）小型化，为人类用药提供新一代化学物质，克服生物大分子药物高活性与高价格之间的矛盾。

（3）人造蛋白多肽药物的功能机制研究。蛋白多肽药物的主要作用靶点是细胞膜表面的膜蛋白（如 GPCR 与离子通道蛋白），这些膜蛋白自身的结构机制往往还没有被深入阐明。因此，尽管一些蛋白多肽药物已经获得了临床应用，它们的功能机制研究还亟须关注。这方面的工作不仅有助于揭示蛋白多肽药物的科学原理与结构活性规律，而且有可能启发设计更加奏效的活性蛋白多肽。此外，还存在大量已知或新发现的蛋白多肽活性分子（如自然界广泛存在的具有高度活性的毒素蛋白与毒素肽），功能机制不明阻碍了基于这些活性分子的药物开发与应用。结构生物学技术（尤其是冷冻电镜技术）在这方面的研究方兴未艾，相关的生物物理学方法（如核磁共振、单分子荧光技术）等将提供更加精准与动态的信息，蛋白质化学合成则为这些技术的实现提供了物质保障。

### 4. 蛋白质化学合成在人造生物分子体系研究中的应用

蛋白质作为生命进化所选择的关键分子，其结构特点启发人们去思考是否还有其他类似的分子可以用于构筑生命体系，这方面的例子包括 $\beta$-氨基酸、D 型氨基酸等。针对这方面的研究，其目的一方面是探索生命现象的化学起源，揭示生命进化的早期化学事件，探索不同形式生命（如地外生命）存在的可能性；另一方面，这一方向的研究有望产生新一套自编码、自复制、自催化、自放大的仿生分子体系，可用于筛选新结构骨架的诊疗物质，或发展新结构的仿生高分子材料。以镜像生物分子体系为例，具体可能的研究包括以下几方面。

（1）镜像分子生物学工具酶体系的建立。合成生物学的根本问题之一是生命过程的再造，即根据生命科学的原理与元件构筑新的生命体系。天然的生物大分子都具有严格的单一手性，因此根据天然生物大分子的镜像体系来重构生命体系从原理上可以实现。这方面研究的核心技术是如何建立一套镜像的分子生物学系统，实现镜像中心法则过程，包括镜像核酸的复制、转录及镜像蛋白质的翻译。工具酶是达成目标的关键，而这些镜像的蛋白质催化剂（聚合酶等）需要依靠蛋白质化学合成来获取。尽管之前的研究已经建立了镜像核酸复制体系，但受到所选蛋白酶复杂程度的限制，其效率还亟须提升。未来的研究将通过发掘更为强大的镜像蛋白酶，以及发展更加高效率的蛋白合成方法，来逐步建立镜像生物体系所需要的催化剂系统。

（2）镜像蛋白多肽药物与材料。镜像核酸与镜像蛋白质是具有广泛应用潜力的新结构物质，可以代替现有的天然结构核酸与蛋白质，用于检测、传感、药物、催化等多方面，是大有可为的一类人造功能材料。自然界没有天然的蛋白酶能够对它们进行降解，因此其具有更好的稳定性。同时它们不能作为遗传物质被人体所吸纳，因此也具有更高的生物安全性。目前镜像核酸与镜像蛋白质应用的研究才刚刚开始，主要的瓶颈是目标分子难以通过传统的生物分子进化技术筛选，也难以使用传统的生物重组技术制造。蛋白质化学合成提供了克服这些问题的技术路径，通过发展镜像的分子进化蛋白酶体系来实现镜像活性分子的筛选，在寡聚镜像核酸与寡聚镜像蛋白多肽方面也可以快速进入规模化生产阶段。

本章作者：刘　磊①，田长麟②，郑基深②，李宜明③
李佳斌④，孙德猛②，齐昀坤⑤

①清华大学；②中国科学技术大学；③合肥工业大学；
④苏州大学；⑤青岛大学

## 参 考 文 献

[1] Aharoni A，Gaidukov L，Khersonsky O，et al. The ‘evolvability’ of promiscuous protein functions. Nat Genet，2005，37：73-76.
[2] Chin J W. Expanding and reprogramming the genetic code of cells and animals. Annu Rev Biochem，2014，83：379-408.
[3] Liu C C，Schultz P G. Adding new chemistries to the genetic code. Annu Rev Biochem，2010，79：413-444.
[4] Dawson P E，Kent S B H. Synthesis of native proteins by chemical ligation. Annu Rev Biochem，2000，69：923-960.
[5] Kent S B H. Total chemical synthesis of proteins. Chem Soc Rev，2009，38：338-351.
[6] Merrifield R B. Solid phase peptide synthesis. I. The synthesis of a tetrapeptide. J Am Chem Soc，1963，85：2149-2154.
[7] Merrifield B. Solid phase synthesis. Science，1986，232：341-347.
[8] Zheng J S，Tang S，Qi Y K，et al. Chemical synthesis of proteins using peptide hydrazides as thioester surrogates. Nat Protoc，2013，8：2483-2495.
[9] Dawson P E，Miur T W，Clark-Lewis I，et al. Synthesis of proteins by native chemical ligation. Science，1994，266：776-780.
[10] Walsh C W. Posttranslational Modification of Proteins：Expanding Nature’s Inventory. Englewood，CO：Roberts and Company Publishers，2006.
[11] Müller M M，Muir T W. Histones：at the crossroads of peptide and protein chemistry. Chem Rev，2015，115：2296-2349.
[12] Huang Y C，Fang G M，Liu L. Chemical synthesis of proteins using hydrazide intermediates. Natl Sci Rev，2016，3：107-116.
[13] Maity S K，Jbara M，Brik A. Chemical and semisynthesis of modified histones. J Pept Sci，2016，22：252-259.
[14] Craik D J，Fairlie D P，Liras S，et al. The future of peptide-based drugs. Chem Biol Drug Des，2013，81：136-147.
[15] Northfield S E，Wang C K，Schroeder C I，et al. Disulfide-rich macrocyclic peptides as templates in drug design. Eur J Med Chem，2014，77：248-257.
[16] Liu F，Mayer J P. Protein chemical synthesis in drug discovery. Top Curr Chem，2015，362：183-228.

[17] Owens D R. New horizons-alternative routes for insulin therapy. Nat Rev Drug Discov，2002，1：529-540.

[18] Zaykov A N，Mayer J P，DiMarchi R D. Pursuit of a perfect insulin. Nat Rev Drug Discov，2016，15：425-439.

[19] Zhao L，Lu W. Mirror image proteins. Curr Opin Chem Biol，2014，22：56-61.

[20] Wang Z，Xu W，Liu L，et al. A synthetic molecular system capable of mirror-image genetic replication and transcription. Nat Chem，2016，8：698-704.

[21] Schumacher T N M，Mayr L M，Minor D L，et al. Identification of D-peptide ligands through mirror-image phage display. Science，1996，271：1854-1857.

[22] Wiesehan K，Willbold D. Mirror-image phage display：aiming at the mirror. ChemBioChem，2003，4：811-815.

[23] Zhao L，Lu W Y. D-peptide-based drug discovery aided by chemical protein synthesis. Israel J Chem，2011，51：868-875.

[24] Hojo H，Aimoto S. Polypeptide synthesis using the S-alkyl thioester of a partially protected peptide segment. Synthesis of the DNA-binding domain of c-myb protein（142-193）-$NH_2$. Bull Chem Soc Jpn，1991，64：111-117.

[25] Bode J W，Fox R M，Baucom K D. Chemoselective amide ligations by decarboxylative condensations of N-alkylhydroxylamines and alpha-ketoacids. Angew Chem Int Ed，2006，45：1248-1252.

[26] Li X，Lam H Y，Zhang Y，et al. Salicylaldehyde ester-induced chemoselective peptide ligations：enabling generation of natural peptidic linkages at the serine/threonine sites. Org Lett，2010，12：1724-1727.

[27] Canne L E，Bark S J，Kent S B H. Extending the applicability of native chemical ligation. J Am Chem Soc，1996，118：5891-5896.

[28] Malins L R，Payne R J. Modern extensions of native chemical ligation for chemical protein synthesis. Top Curr Chem，2015，362：27-87.

[29] Yan L Z，Dawson P E. Synthesis of peptides and proteins without cysteine residues by native chemical ligation combined with desulfurization. J Am Chem Soc，2001，123：526-533.

[30] Wong C T T，Tung C L，Li X C. Synthetic cysteine surrogates used in native chemical ligation. Mol BioSys，2013，9：826-833.

[31] Wan Q，Danishefsky S J. Free-radical-based，specific desulfurization of cysteine：a powerful advance in the synthesis of polypeptides and glycopolypeptides. Angew Chem Int Ed，2007，46：9248-9252.

[32] Schnolzer M，Alewood P，Jones A，et al. *In situ* neutralization in boc-chemistry solid phase peptide synthesis-rapid，high yield assembly of difficult sequences. Int J Pept Res Ther，2007，13：31-44.

[33] Zheng J S，Tang S，Huang Y C，et al. Development of new thioester equivalents for protein chemical synthesis. Acc Chem Res，2013，46：2475-2484.

[34] Li X Q，Kawakami T，Aimoto S. Direct preparation of peptide thioesters using an Fmoc solid-phase method. Tetrahedron Lett，1998，39：8669-8672.

[35] Zheng J S，Cui H K，Fang G M，et al. Chemical protein synthesis by kinetically controlled ligation of peptide O-esters. ChemBioChem，2010，11：511-515.

[36] Zheng J S，Chang H N，Wang F L，et al. Fmoc synthesis of peptide thioesters without post-chain-assembly manipulation. J Am Chem Soc，2011，133：11080-11083.

[37] Ollivier N，Blanpain A，Boll E，et al. Selenopeptide transamidation and metathesis. Org Lett，2014，16：4032-4035.

[38] Shin Y，Winans K A，Backes B J，et al. Fmoc-based synthesis of peptide-（alpha）thioesters：application to the total chemical synthesis of a glycoprotein by native chemical ligation. J Am Chem Soc，1999，121：11684-11689.

[39] Blanco-Canosa J B，Dawson P E. An efficient Fmoc-SPPS approach for the generation of thioester peptide precursors for use in native chemical ligation. Angew Chem Int Ed，2008，47：6851-6855.

[40] Tofteng A P，Sorensen K K，Conde-Frieboes K W，et al. Fmoc solid-phase synthesis of C-terminal peptide thioesters by formation of a backbone pyroglutamyl imide moiety. Angew Chem Int Ed，2009，48：7411-7414.

[41] Elashal H E，Sim Y E，Raj M. Serine promoted synthesis of peptide thioester-precursor on solid support for native chemical ligation. Chem Sci，2017，8：117-123.

[42] Fang G M，Li Y M，Shen F，et al. Protein chemical synthesis by ligation of peptide hydrazides. Angew Chem Int Ed，2011，

50：7645-7649.

[43] Li Y M，Yang M Y，Huang Y C，et al. Ligation of expressed protein alpha-hydrazides via genetic incorporation of an alpha-hydroxy acid. ACS Chem Biol，2012，7：1015-1022.

[44] Fang G M，Wang J X，Liu L. Convergent chemical synthesis of proteins by ligation of peptide hydrazides. Angew Chem Int Ed，2012，51：10347-10350.

[45] Li J，He Q，Liu Y，et al. Chemical synthesis of K34-ubiquitylated H2B for nucleosome reconstitution and single-particle cryo-electron microscopy structural analysis. ChemBioChem，2017，18：176-180.

[46] Tang S，Liang L J，Si Y Y，et al. Practical chemical synthesis of atypical ubiquitin chains by using an isopeptide-linked Ub isomer. Angew Chem Int Ed，2017，56：13333-13337.

[47] Chen X，Tang S，Zheng J S，et al. Chemical synthesis of a two-photon-activatable chemokine and photon-guided lymphocyte migration *in vivo*. Nat Commun，2015，6：7220.

[48] Li J B，Tang S，Zheng J S，et al. Removable backbone modification method for the chemical synthesis of membrane proteins. Acc Chem Res，2017，50：1143-1153.

[49] Raibaut L，Ollivier N，Melnyk O. Sequential native peptide ligation strategies for total chemical protein synthesis. Chem Soc Rev，2012，41：7001-7015.

[50] Bang D，Chopra N，Kent S B H. Total chemical synthesis of crambin. J Am Chem Soc，2004，126：1377-1383.

[51] Bang D，Kent S B H. A one-pot total synthesis of crambin. Angew Chem Int Ed，2004，43：2534-2538.

[52] Tang S，Si Y Y，Wang Z P，et al. An efficient one-pot four-segment condensation method for protein chemical synthesis. Angew Chem Int Ed，2015，54：5713-5717.

[53] Jiang W J，Zhang B C，Fan C Y，et al. Mirror-image polymerase chain reaction. Cell Discov，2017，3：17037.

[54] Haj-Yahya M，Lashuel H A. Protein semisynthesis provides access to tau disease-associated post-translational modifications（PTMs）and paves the way to deciphering the tau PTM code in health and diseased states. J Am Chem Soc，2018，140：6611-6621.

[55] Thompson R E，Liu X，Ripoll-Rozada J，et al. Tyrosine sulfation modulates activity of tick-derived thrombin inhibitors. Nat Chem，2017，9：909-917.

[56] Stone M J，Payne R J. Homogeneous sulfopeptides and sulfoproteins：synthetic approaches and applications to characterize the effects of tyrosine sulfation on biochemical function. Acc Chem Res，2015，48：2251-2261.

[57] Li Y T，Yi C，Chen C C，et al. A semisynthetic Atg3 reveals that acetylation promotes Atg3 membrane binding and Atg8 lipidation. Nat Commun，2017，8：14846.

[58] Ismail S A，Chen Y X，Rusinova A，et al. Arl2-GTP and Arl3-GTP regulate a GDI-like transport system for farnesylated cargo. Nat Chem Biol，2011，7：942-949.

[59] Chen Y X，Koch S，Uhlenbrock K，et al. Synthesis of the Rheb and K-Ras4B GTPases. Angew Chem Int Ed，2010，49：6090-6095.

[60] Sun H，Meledin R，Mali S M，et al. Total chemical synthesis of ester-linked ubiquitinated proteins unravels their behavior with deubiquitinases. Chem Sci，2018，9：1661-1665.

[61] Meledin R，Mali S M，Kleifeld O，et al. Activity-based probes developed by applying a sequential dehydroalanine formation strategy to expressed proteins reveal a potential $\alpha$-globin-modulating deubiquitinase. Angew Chem Int Ed，2018，57：5645-5649.

[62] Mulder M P C，Merkx R，Witting K F，et al. Total chemical synthesis of SUMO and SUMO-based probes for profiling the activity of SUMO-specific proteases. Angew Chem Int Ed，2018，57：8958-8962.

[63] Nguyen U T，Bittova L，Müller M M，et al. Accelerated chromatin biochemistry using DNA-barcoded nucleosome libraries. Nat Methods，2014，11：834-840.

[64] Virdee S，Ye Y，Nguyen D P，et al. Engineered diubiquitin synthesis reveals Lys29-isopeptide specificity of an OTU deubiquitinase. Nat Chem Biol，2010，6：750-757.

[65] Pan M，Gao S，Zheng Y，et al. Quasi-racemic X-ray structures of K27-linked ubiquitin chains prepared by total chemical synthesis. J Am Chem Soc，2016，138：7429-7435.

[66] Castaneda C，Liu J，Chaturvedi A，et al. Nonenzymatic assembly of natural polyubiquitin chains of any linkage composition and isotopic labeling scheme. J Am Chem Soc，2011，133：17855-17868.

[67] Gao S，Pan M，Zheng Y，et al. Monomer/oligomer quasi-racemic protein crystallography. J Am Chem Soc，2016，138：14497-14502.

[68] Hu M，Li P W，Li M Y，et al. Crystal structure of a UBP-family deubiquitinating enzyme in isolation and in complex with ubiquitin aldehyde. Cell，2002，111：1041-1054.

[69] Boudreaux D A，Maiti T K，Davies C W，et al. Ubiquitin vinyl methyl ester binding orients the misaligned active site of the ubiquitin hydrolase UCHL1 into productive conformation. Proc Natl Acad Sci USA，2010，107：9117-9122.

[70] Sahtoe D D，van Dijk W J，El Oualid F，et al. Mechanism of UCH-L5 activation and inhibition by DEUBAD domains in RPN13 and INO80G. Mol Cell，2015，57：887-900.

[71] Mevissen T E T，Kulathu Y，Mulder M P C，et al. Molecular basis of Lys11-polyubiquitin specificity in the deubiquitinase Cezanne. Nature，2016，538：402-405.

[72] Lu X，Simon M D，Chodaparambil J V，et al. The effect of H3K79 dimethylation and H4K20 trimethylation on nucleosome and chromatin structure. Nat Struct Mol Biol，2008，15：1122-1124.

[73] Suzuki Y，Horikoshi N，Kato D，et al. Crystal structure of the nucleosome containing histone H3 with crotonylated lysine 122. Biochem Biophy Res Commun，2016，469：483-489.

[74] Machida S，Sekine S，Nishiyama Y，et al. Structural and biochemical analyses of monoubiquitinated human histones H2B and H4. Open Biol，2016，6：160090.

[75] Morgan M T，Haj-Yahya M，Ringel A E，et al. Structural basis for histone H2B deubiquitination by the SAGA DUB module. Science，2016，351：725-728.

[76] Jbara M，Maity S K，Morgan M，et al. Chemical synthesis of phosphorylated histone H2A at Tyr57 reveals insight into the inhibition mode of the SAGA deubiquitinating module. Angew Chem Int Ed，2016，55：4972-4976.

[77] Blackwell H E，Grubbs R H. Highly efficient synthesis of covalently cross-linked peptide helices by ring-closing metathesis. Angew Chem Int Ed，1998，37：3281-3284.

[78] Kim Y W，Kutchukian P S，Verdine G L. Introduction of all-hydrocarbon *i*，*i* + 3 staples into alpha-helices via ring-closing olefin metathesis. Org Lett，2010，12：3046-3049.

[79] Walensky L D，Kung A L，Escher I，et al. Activation of apoptosis *in vivo* by a hydrocarbon-stapled BH3 helix. Science，2004，305：1466-1470.

[80] Leshchiner E S，Parkhitko A，Bird G H，et al. Direct inhibition of oncogenic KRAS by hydrocarbon-stapled SOS1 helices. Proc Natl Acad Sci USA，2015，112：1761-1766.

[81] Moellering R E，Cornejo M，Davis T N，et al. Direct inhibition of the NOTCH transcription factor complex. Nature，2009，462：182-188.

[82] van Lierop B J，Robinson S D，Kompella S N，et al. Dicarba alpha-conotoxin Vc1.1 analogues with differential selectivity for nicotinic acetylcholine and GABAB receptors. ACS Chem Biol，2013，8：1815-1821.

[83] Wiedmann M M，Tan Y S，Wu Y T，et al. Development of cell-permeable，non-helical constrained peptides to target a key protein-protein interaction in ovarian cancer. Angew Chem Int Ed，2017，56：524-529.

[84] Bruno P A，Morriss-Andrews A，Henderson A R，et al. A synthetic loop replacement peptide that blocks canonical NF-kappaB signaling. Angew Chem Int Ed，2016，55：14997-15001.

[85] Chang Y S，Graves B，Guerlavais V，et al. Stapled alpha-helical peptide drug development：a potent dual inhibitor of MDM2 and MDMX for p53-dependent cancer therapy. Proc Natl Acad Sci USA，2013，110：3445-3454.

[86] Wu Y，Li Y H，Li X，et al. A novel peptide stapling strategy enables the retention of ring-closing amino acid side chains for the Wnt/$\beta$-catenin signalling pathway. Chem Sci，2017，8：7368-7373.

[87] Mangold S L，Grubbs R H. Stereoselective synthesis of macrocyclic peptides via a dual olefin metathesis and ethenolysis approach. Chem Sci，2015，6：4561-4569.

[88] Spiegel J，Cromm P M，Itzen A，et al. Direct targeting of rab-GTPase-effector interactions. Angew Chem Int Ed，2014，53：2498-2503.

[89] Jo H，Meinhardt N，Wu Y B，et al. Development of alpha-helical calpain probes by mimicking a natural protein-protein interaction. J Am Chem Soc，2012，134：17704-17713.

[90] Peraro L，Zou Z J，Makwana K M，et al. Diversity-oriented stapling yields intrinsically cell-penetrant inducers of autophagy. J Am Chem Soc，2017，139：7792-7802.

[91] Grison C M，Burslem G M，Miles J A，et al. Double quick，double click reversible peptide “stapling”. Chem Sci，2017，8：5166-5171.

[92] Spokoyny A M，Zou Y K，Ling J J，et al. A perfluoroaryl-cysteine SNAr chemistry approach to unprotected peptide stapling. J Am Chem Soc，2013，135：5946-5949.

[93] Fadzen C M，Wolfe J M，Cho C F，et al. Perfluoroarene-based peptide macrocycles to enhance penetration across the blood-brain barrier. J Am Chem Soc，2017，139：15628-15631.

[94] Liu W D，Zheng Y W，Kong X D，et al. Precisely regulated and efficient locking of linear peptides into stable multicyclic topologies through a one-pot reaction. Angew Chem Int Ed，2017，56：4458-4463.

[95] Vinogradova E V，Zhang C，Spokoyny A M，et al. Organometallic palladium reagents for cysteine bioconjugation. Nature，2015，526：687-691.

[96] Rojas A J，Zhang C，Vinogradova E V，et al. Divergent unprotected peptide macrocyclisation by palladium-mediated cysteine arylation. Chem Sci，2017，8：4257-4263.

[97] Shi X D，Zhao R T，Jiang Y X，et al. Reversible stapling of unprotected peptides via chemoselective methionine bis-alkylation/dealkylation. Chem Sci，2018，9：3227-3232.

[98] Wang Y，Chou D H. A thiol-ene coupling approach to native peptide stapling and macrocyclization. Angew Chem Int Ed，2015，54：10931-10934.

[99] Hu K，Geng H，Zhang Q Z，et al. An in-tether chiral center modulates the helicity，cell permeability，and target binding affinity of a peptide. Angew Chem Int Ed，2016，55：8013-8017.

[100] Hu K，Jiang Y，Xiong W，et al. Tuning peptide self-assembly by an in-tether chiral center. Sci Adv，2018，4：eaar5907.

[101] Patgiri A，Jochim A L，Arora P S. A hydrogen bond surrogate approach for stabilization of short peptide sequences in alpha-helical conformation. Acc Chem Res，2008，41：1289-1300.

[102] Fang G，Chen X，Yang Q，et al. Discovery，structure，and chemical synthesis of disulfide-rich peptide toxins and their analogs. Chin Chem Lett，2018，29：1033-1042.

[103] Mayer J P，Heil J R，Zhang J G，et al. An alternative solid-phase approach to C-1-oxytocin. Tetrahedron Lett，1995，36：7387-7390.

[104] Knerr P J，Tzekou A，Ricklin D，et al. Synthesis and activity of thioether-containing analogues of the complement inhibitor compstatin. ACS Chem Biol，2011，6：753-760.

[105] Zhao B C，Yang D，Wong J H，et al. A thioether-stabilized d-proline-l-proline-induced beta-hairpin peptide of defensin segment increases its anti-candida albicans ability. ChemBioChem，2016，17：1416-1420.

[106] Kourra C M B K，Cramer N. Converting disulfide bridges in native peptides to stable methylene thioacetals. Chem Sci，2016，7：7007-7012.

[107] de Araujo A D，Mobli M，Castro J，et al. Selenoether oxytocin analogues have analgesic properties in a mouse model of chronic abdominal pain. Nat Commun，2014，5：3165.

[108] de Araujo A D，Mobli M，King G F，et al. Cyclization of peptides by using selenolanthionine bridges. Angew Chem Int Ed，2012，51：10298-10302.

[109] de Araujo A D，Callaghan B，Nevin S T，et al. Total synthesis of the analgesic conotoxin MrVIB through selenocysteine-

assisted folding. Angew Chem Int Ed，2011，50：6527-6529.

[110] Zheng Y W，Zhai L X，Zhao Y B，et al. Orthogonal cysteine-penicillamine disulfide pairing for directing the oxidative folding of peptides. J Am Chem Soc，2015，137：15094-15097.

[111] Hargittai B，Sole N A，Groebe D R，et al. Chemical syntheses and biological activities of lactam analogues of alpha-conotoxin SI. J Med Chem，2000，43：4787-4792.

[112] Holland-Nell K，Meldal M. Maintaining biological activity by using triazoles as disufide bond mimetics. Angew Chem Int Ed，2011，50：5204-5206.

[113] Cui H K，Guo Y，He Y，et al. Diaminodiacid-based solid-phase synthesis of peptide disulfide bond mimics. Angew Chem Int Ed，2013，52：9558-9562.

[114] Guo Y，Liu C，Song H，et al. Diaminodiacid-based synthesis of macrocyclic peptides using 1, 2, 3-triazole bridges as disulfide bond mimetics. RSC Adv，2017，7：2110-2114.

[115] Wang T，Kong Y F，Xu Y，et al. Efficient synthesis of hydrocarbon-bridged diaminodiacids through nickel-catalyzed reductive cross-coupling. Tetrahedron Lett，2017，58：3970-3973.

[116] Guo Y，Sun D M，Wang F L，et al. Diaminodiacid bridges to improve folding and tune the bioactivity of disulfide-rich peptides. Angew Chem Int Ed，2015，54：14276-14281.

[117] Yeates T O，Kent S B H. Racemic protein crystallography. Ann Rev Biophys，2012，41：41-61.

[118] Zawadzke L E，Berg J M. The structure of a centrosymmetric protein crystal. Proteins，1993，16：301-305.

[119] Pentelute B L，Gates Z P，Tereshko V，et al. X-ray structure of snow flea antifreeze protein determined by racemic crystallization of synthetic protein enantiomers. J Am Chem Soc，2008，130：9695-9701.

[120] Pentelute B L，Mandal K，Gates Z P，et al. Total chemical synthesis and X-ray structure of kaliotoxin by racemic protein crystallography. Chem Commun，2010，46：8174-8176.

[121] Banigan J R，Mandal K，Sawaya M R，et al. Determination of the X-ray structure of the snake venom protein omwaprin by total chemical synthesis and racemic protein crystallography. Protein Science，2010，19：1840-1849.

[122] Dang B B，Shen R，Kubota T，et al. Inversion of the side-chain stereochemistry of indvidual Thr or Ile residues in a protein molecule：impact on the folding，stability，and structure of the ShK toxin. Angew Chem Int Ed，2017，56：3324-3328.

[123] Okamoto R，Mandal K，Sawaya M R，et al.（Quasi-）racemic X-ray structures of glycosylated and non-glycosylated forms of the chemokine ser-CCL1 prepared by total chemical synthesis. Angew Chem Int Ed，2014，53：5194-5198.

[124] Dintzis H M，Symer D E，Dintzis R Z，et al. A comparison of the immunogenicity of a pair of enantiomeric proteins. Proteins，1993，16：306-308.

[125] Schumacher T N，Mayr L M，Minor D L，Jr，et al. Identification of D-peptide ligands through mirror-image phage display. Science，1996，271：1854-1857.

[126] Eckert D M，Malashkevich V N，Hong L H，et al. Inhibiting HIV-1 entry：discovery of D-peptide inhibitors that target the gp41 coiled-coil pocket. Cell，1999，99：103-115.

[127] Welch B D，Francis J N，Redman J S，et al. Design of a potent D-peptide HIV-1 entry inhibitor with a strong barrier to resistance. J Virol，2010，84：11235-11244.

[128] Liu M，Li C，Pazgier M，et al. D-peptide inhibitors of the p53-MDM2 interaction for targeted molecular therapy of malignant neoplasms. Proc Natl Acad Sci USA，2010，107：14321-14326.

[129] Chang H N，Liu B Y，Qi Y K，et al. Blocking of the PD-1/PD-L1 interaction by a D-peptide antagonist for cancer immunotherapy. Angew Chem Int Ed，2015，54：11760-11764.

[130] Tirard S J B S. Haldane and the origin of life. J Genet，2017，96：735-739.

[131] Singer E. Creating cell parts from scratch. MIT Technology Review，2009. https://www.technologyreview.com/s/412471/creating-cell-parts-from-scratch/.

[132] Milton R C，Milton S C，Kent S B H. Total chemical synthesis of a D-enzyme：the enantiomers of HIV-1 protease show reciprocal chiral substrate specificity. Science，1992，256：1445-1448.

[133] Weinstock M T，Jacobsen M T，Kay M S. Synthesis and folding of a mirror-image enzyme reveals ambidextrous chaperone activity. Proc Natl Acad Sci USA，2014，111：11679-11684.

[134] Guo Q Y，Zhang L H，Zuo C，et al. Channel activity of mirror-image M2 proton channel of influenza A virus is blocked by achiral or chiral inhibitors. Protein & Cell，2019，10（3）：211-216.

[135] Xu W L，Jiang W J，Wang J X，et al. Total chemical synthesis of a thermostable enzyme capable of polymerase chain reaction. Cell Discov，2017，3：17008.

[136] Pech A，Achenbach J，Jahnz M，et al. A thermostable D-polymerase for mirror-image PCR. Nucleic Acids Res，2017，45：3997-4005.

# 第5章　核酸探针分子

## 5.1　引　　言

自然界千姿百态的丰富物种，我们体内各种精巧奇妙的分子，其源头都是核酸。作为中心法则的源头，脱氧核糖核酸（deoxyribonucleic acid，DNA）和核糖核酸（ribonucleic acid，RNA）是遗传信息的携带者和基因表达的物质基础，在生命体生长、发育和繁殖等正常生命活动及肿瘤发生、发展等异常生命活动中起着决定性的作用，同时还对遗传基因信息进行传递和表达起到重要的调控作用。在极其复杂的生命功能的调控网络中，核酸是重要的靶点。生物、医学的最终目标就是要对这一调控网络实现精确的控制。化学生物学是实现这一目标的有效手段，其利用小分子作用于核酸或者其相关蛋白来操控这一过程。国内外在这方面已经有一些成功的例子。

碱基互补配对原则（A-T和C-G之间的配对）提供了遗传密码的分子基础，然而，拥有相同遗传信息的编码，却可以表达出完全不同的形式，如同卵双生的婴儿。显然除了传统的碱基互补配对及中心法则机制之外，还存在其他的分子机制。表观遗传修饰核酸（epigenetic）在不改变碱基配对的基础上，为蛋白结合提供了潜在的识别位点（或者阻碍物），从而能够被相关的酶调控，使得细胞对基因表达的调控更加多样化。因此阐明导致产物核酸碱基化学修饰的潜在机制，检测天然存在的修饰碱基是极其重要的。

其中，DNA甲基化是指由DNA甲基转移酶（DNA methyltransferases，DNMT）催化，将活性甲基从S-腺苷蛋氨酸转移至胞嘧啶的C5位上，形成5-甲基胞嘧啶（5-methylcytosine，5mC）的化学修饰过程。在基因表达调控、组蛋白修饰、发育调节和疾病产生机制等一系列重要生命活动中起着关键的调节作用[1]。目前，研究发现甲基化既可诱导原癌基因和转座子成分活化，又可诱导基因的印迹缺失并增加染色体的不稳定性，最终诱发肿瘤，并且在包括癌症在内的许多疾病中均发现了不同程度的DNA甲基化水平的失调[2]。

DNA甲基化水平在体内并不是恒定不变的，而是在甲基化和去甲基化过程中形成可逆的动态过程。目前研究中，DNA去甲基化方法仍存在较多争议。2009年，在同一期*Science*中，Heintz研究团队和Rao研究团队分别报道了哺乳动物基因组DNA中存在5-羟甲基胞嘧啶（5-hydroxymethylcytosine，5hmC）[3]，并且TET（ten-eleven-translocation）家族的氧化酶能够催化5mC转化为5hmC[4]。目前，5hmC是继5mC被称为第五个碱基之后的第六个碱基。5mC与基因表达抑制有关，羟基化后的5hmC具有什么生物学功能目前尚不是很清楚，但是，已有研究表明，5hmC在基因表达调控中具有重要作用[5]。另外，在前列腺癌、乳腺癌和结肠癌等中也发现5hmC水平显著下降[6]。这些发现促使5hmC日益成为当前表观遗传学的研究热点之一。

2011年，5-醛基胞嘧啶（5-formylcytosine，5fC）作为TET酶氧化5mC的更高氧化态的氧化产物被研究发现[7]。TET 酶不仅能够催化 5mC 到 5hmC 的转化，还能够将 5hmC 氧化为 5fC 并被胸腺嘧啶 DNA 糖苷酶（thymine DNA glycosylase，TDG）特异性地识别并切割，从而完成 DNA 的去甲基化过程。

同样地，在 RNA 上也存在许多修饰，这些修饰使人们认识到 RNA 的功能不仅是信息传递的桥梁，而且具有多重生物功能。RNA 甲基化修饰为 RNA 最普遍的修饰，占所有 RNA 修饰的 60%左右，而 N6-甲基腺苷（$m^6A$）是 mRNA 和长链非编码 RNA（lncRNA）上最为常见的修饰。目前发现的微小 RNA（miRNA）、环形 RNA（circRNA）、rRNA、转运 RNA（tRNA）上都发现有 $m^6A$ 的修饰位点。

表观遗传修饰核酸在整个生命活动中发挥着十分关键的作用。因此，无论是对于基础表观遗传学研究，还是对于包括癌症在内的许多疾病的诊断，检测实际样品中这些特殊碱基的分布具有极为重要的科学研究和临床应用价值。DNA 甲基化是表观遗传学的重要组成部分，在维持正常细胞功能、遗传印记、胚胎发育及人类肿瘤发生中起着重要作用，最近发现的羟甲基、醛基胞嘧啶同样也具有重要的生物学功能，是目前新的研究热点之一，这一新兴领域将揭开生命过程中更多的谜题。甲基胞嘧啶研究开始较早，目前已经开发出多种检测方法，包括目前广泛使用的亚硫酸氢钠测序法、甲基化敏感性限制性内切酶法，甲基化特异性的 PCR 等方法。羟甲基、醛基胞嘧啶的发现只有短短几年，但针对 5hmC 检测的芝加哥大学何川教授开发的 TET 协同的亚硫酸氢钠法测序（TET-assisted bisulfite sequencing，TAB-Seq）[8]、剑桥大学教授 Shankar Balasubramanian 开发的 $KRuO_4$ 氧化亚硫酸氢钠测序（oxidative bisulfite sequencing，oxBS-Seq）[9]以及 Shankar Balasubramanian 教授设计的针对 5fC 的检测方法[10]已取得了一些进展，这些检测方法加速了相关领域的发展。

值得一提的是 $m^6A$，尽管已经被发现几十年，但是由于其检测方法的空缺，对其生物功能的研究一直毫无头绪。直到 2012 年，Jaffrey 课题组和 Dominissini 课题组独立开发了全基因 $m^6A$ 的高通量测序方法——抗体免疫共沉淀测序方法（$m^6A$-Seq 和 MeRIP-Seq[11, 12]），掀起了 $m^6A$ 研究的热潮，进行了大量重大研究。$m^6A$ 修饰和 DNA 中甲基化一样，也是一种动态修饰，具有编码器（writer）、消码器（eraser）和读码器（reader）功能。$m^6A$ 编码器，即甲基转移酶，METTL3、METTL14、WTAP 和 KIAA1429[13]。消码器，即去甲基化酶，FTO 是第一个被发现的通过氧化的去甲基化酶[14]，之后又发现 ALKBH5 也具有去甲基作用[15]；$m^6A$ 修饰可以被 $m^6A$ 结合蛋白 YTH 和核不均一蛋白 HNRNP 所识别[16]。这些蛋白和 $m^6A$ 修饰的 RNA 一起构成了一套精密的复杂体系，在哺乳动物中发挥着重要的生物功能，例如，在转录后水平上调控 RNA 的稳定性、定位、运输、剪切和翻译[17]。因此，开发出更多特殊修饰碱基的检测及其调控方法，将可以极大促进我们对其在表观遗传功能中的研究。

G-四链体（G-quadruplexes）是 DNA 或 RNA 特殊二级结构，由核酸中富含 G 的序列通过自身组装形成，该结构存在于人端粒末端及重要癌基因的启动子区域。研究证明端粒或癌基因启动子区域在形成 G-四链体结构之后，端粒酶活性或者相应癌基因的转录和表达水平将受到很大的影响。除了端粒序列外，基因组的其他富含 G 的序列也可以形成 G-四链体。许多启动子区就富含 G 序列，如 bcl2、c-myc、vegf、c-kit、c-myb、c-Fos 和 c-ABL

等，其参与哺乳动物细胞、细菌和病毒内许多生物学事件的调节，它们的结构变化和生物学功能对疾病的诊断和治疗有十分重要的意义，是非常有希望的多功能疾病新靶点，如癌症、神经退行性疾病及 HIV 等。最近，Balasubramanian 通过荧光单克隆抗体标记明确地阐明了人类基因组在体内 G-四链体的结构存在[18, 19]。然而，使用抗体来检测 G-四链体会引起一些问题，如需要诱导 G-四链体形成的小分子配体，此外，G-四链体折叠与细胞应答之间的关系难以用抗体评估。因此，迫切需要开发出选择性的小分子探针作为 G-四链体的检测和研究工具。

端粒长度和端粒酶活性的调节在人类衰老及某些重大疾病发生中发挥重要作用，是一个复杂的生物过程。端粒酶是端粒相关蛋白调控网络的核心，在维持端粒和染色体稳定中扮演重要角色，又与生物个体衰老和寿命密切相关。研究端粒相关蛋白的功能调控网络，将有助于阐明端粒相关蛋白在疾病发生发展中的作用及机制，揭示疾病状态下整个调控网络中的重要分子靶点及信号通路。

本章的主要研究内容围绕特殊结构核酸及其相关蛋白，以化学小分子作为探针，将其与它们相互作用，来探索和调控相关信号转导过程，揭示生命过程规律，推动生物学和医药行业的发展，具体进行了四大方面的研究工作。①利用化学小分子探针和相关技术，研究特殊表观遗传修饰的核酸，包括甲基化胞嘧啶、羟甲基胞嘧啶、醛基和羧基化胞嘧啶，开发了一些核酸特殊表观遗传修饰的测定及调控方法，为诊断开发和功能研究提供了基础和前提。②设计合成能对四链核酸结构具有识别作用的化学小分子，研究它们对四链核酸构象转变的调控和对端粒酶的小分子调控机制。③端粒相关蛋白间的关系和分子作用机理，研究端粒相关信号转导通路中各重要环节的关键端粒相关蛋白之间的相互作用，发现和鉴定信号转导网络的新组分，揭示以端粒体蛋白为中心的新的信号转导通路和功能调控网络。④利用化学小分子和 RNAi 策略从与钙信号释放相关的基因中筛选与 cADPR 介导的钙信号调控相关蛋白，并建立药效团模型。

## 5.2　研究进展与成果

### 5.2.1　核酸特殊表观遗传修饰的测定

特殊修饰的碱基与表观遗传密切相关，我们利用化学法和化学小分子可调控且易衍生化的优势，首先开发了一些核酸特殊表观遗传修饰的测定方法，为功能研究和诊断开发提供了基础和前提。

针对发现较早的 5mC 的检测方法开发，周翔课题组发现了对硝基苯磺酰氯胺钠盐和间硝基苯磺酰溴胺钠盐与甲基化 DNA 的不同反应特性，通过比较 DNA 聚丙烯酰胺变性胶中 2 个反应的 DNA 带，准确定位 5mC 的位置和个数，经典的亚硫酸氢钠方法无法区分 5mC 与 5hmC。而糖基转移酶能将糖环从尿苷二磷酸葡萄糖（UDPG）特异性地转移到 5mC。因此糖基转移酶通过增大胞嘧啶上碳碳双键的位阻来进一步将 5mC 与基因中的 5hmC 区分开。当葡萄糖分子被特异性地转移到羟甲基胞嘧啶上时，间硝基苯磺酰溴胺钠盐基本上不能与之反应，从而该方法能进一步地将 5hmC 与 5mC 区分开。相对于

Maxam-Gilbert 的化学测序法，用肼处理后得到碱基 C 条带的方法采用了安全、有效、无毒的试剂；相对于锇酸钾法及高碘酸钠法大大提高了与碱基反应的特异性和避免了亚硫酸氢钠法无法区分 5mC 和 5hmC 的缺点，并且能满足单碱基检测的精度（图 5.1）[20]。研究结果发表在 *J. Am. Chem. Soc* 上。

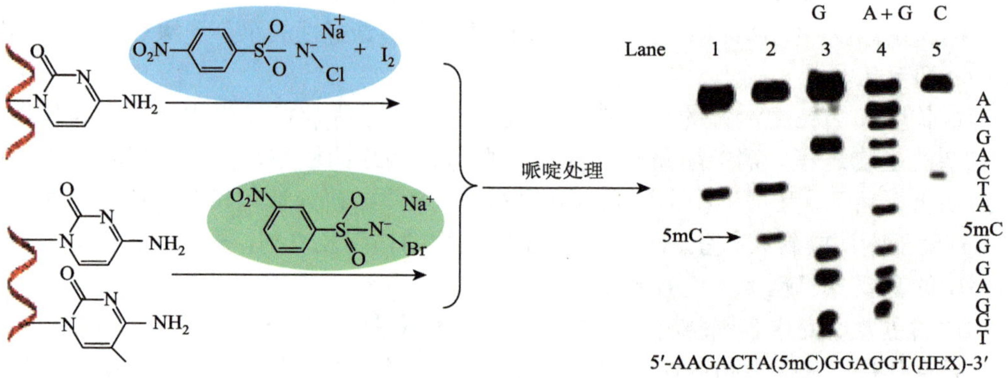


图 5.1　对硝基苯磺酰氯胺钠盐和间硝基苯磺酰溴胺钠盐与甲基化 DNA 的不同反应特性[20]

DNA 甲基化与肿瘤有密切的关系。不同于正常细胞，肿瘤细胞中全基因组 DNA 处于低甲基化水平，从而引起染色体的不稳定及原癌基因的激活等。此外，某些特定基因的高甲基化（如抑癌基因启动子 CpG 岛）导致的抑癌基因失活也是肿瘤发生的重要原因之一。因此，启动子 CpG 岛高甲基化的检测可用于肿瘤的早期检测；同时，特定基因的高甲基化也可作为肿瘤类型分类的依据。

在经过亚硫酸氢钠处理后，不同于 5mC，DNA 中的普通胞嘧啶会被特异性地转化为尿嘧啶。基于这一原理，周翔课题组特异性地引入了不对称 PCR 和带荧光基团的荧光-dGTP（Fluorescein-dGTP，以下简称 Fl-dGTP）。由于所有胞嘧啶均转化为尿嘧啶，在不对称 PCR 产物中，Fl-dGTP 所在的位置和个数对应着样本 DNA 中 5mC 的位置和个数，提供了定性和定量的结果（图 5.2）[21]。

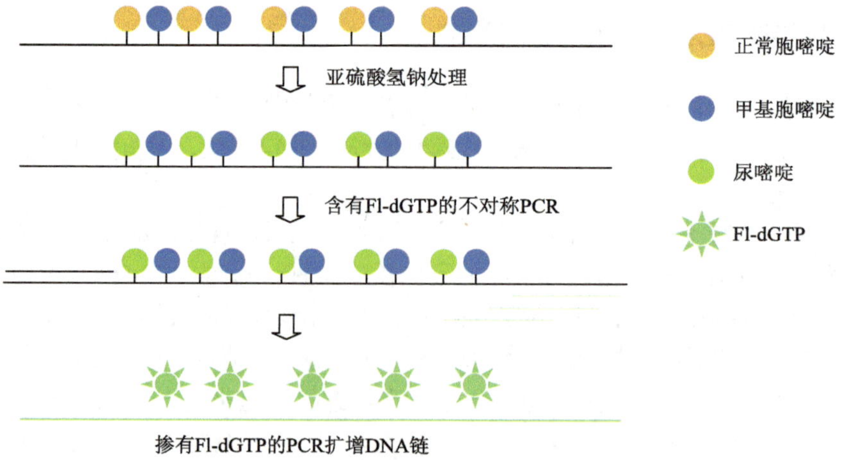


图 5.2　不对称 PCR 结合 Fl-dGTP 定性和定量检测 DNA 中 5mC[21]

在进行 DNA 甲基化研究的过程中，国外刚刚被报道发现的去甲基化中间产物为 5hmC 和 5fC，虽然其生理功能作用机制目前还不是很清楚，但也引起了周翔课题组的重视。5hmC 是 DNA 去甲基化的重要中间产物，它在某些肿瘤细胞中呈现缺失状态，因此是一种潜在的肿瘤标志物。但由于细胞中 5hmC 含量较低，增加了其检测难度。目前现有的荧光检测 5hmC 的方法都由于荧光小分子的干扰而存在背景高等缺点，同时未能应用到细胞全基因组中 5hmC 含量的检测。在课题的实施过程中，发展了新型的利用阳离子共轭聚合物（CCP），并基于荧光能量共振转移（FRET）的方法检测细胞中 5hmC 含量。DNA 中的 5hmC 首先被高钌酸钾高效氧化成为 5fC，并与含荧光基团的羟胺 BODIPY 特异性地反应，随后被 CCP 捕获，通过 FRET 作用产生荧光信号。由于游离的荧光分子不能与阳离子聚合物发生静电作用，故该方法除了信号放大外，还具有低背景等优点，已成功应用于检测 HeLa 细胞、胚胎干细胞中的羟甲基胞嘧啶的含量（图 5.3）[22]。

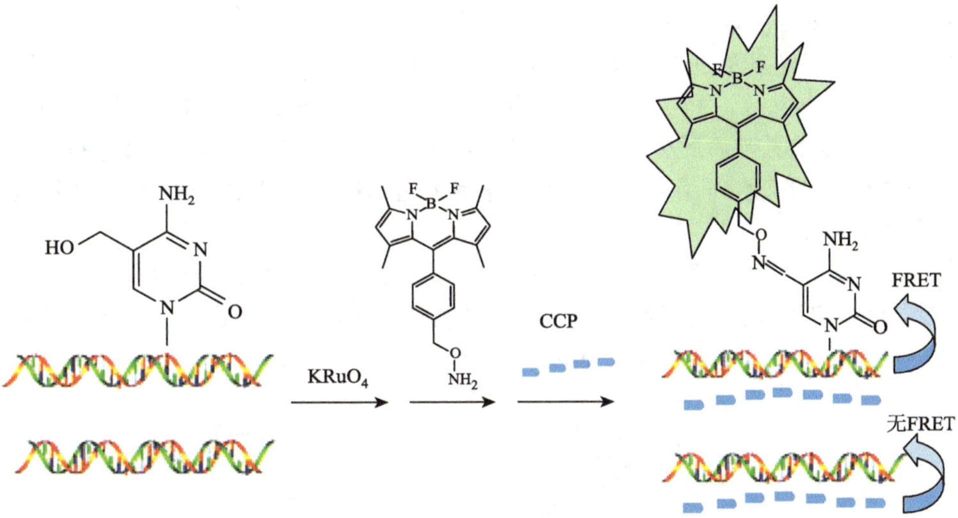


图 5.3　DNA 中羟甲基化荧光检测方法[22]

对于 CpG 岛上胞嘧啶的不同修饰（其中包括甲基化、羟甲基化、甲酰化、羧基化），周翔课题组也发现了其对于 DNA 的 *B-Z* 构型转化有不同的影响，具有重要的表观遗传学意义。包括：①对胞嘧啶进行甲基化、甲酰化、羧基化的修饰会促进 *B* 型 DNA 转化为 *Z* 型 DNA，而对胞嘧啶进行羟甲基化的修饰会抑制 *B* 型 DNA 转化为 *Z* 型 DNA。②修饰基团越多，对于 CpG DNA 的 *B-Z* 构型转化的影响也就越明显：增加被修饰的胞嘧啶的甲基、甲酰基、羧基数目，会稳定 CpG 的 *Z* 型构型；增加被修饰的胞嘧啶的羟甲基数目，会稳定 CpG 的 *B* 型构型。③虽然甲基化、甲酰化、羧基化的修饰都能对 CpG 的 *B-Z* 构型转化起到促进作用，但其促进作用强弱不同。其中甲酰化的促进作用最强，羧基化次之，甲基化最弱（图 5.4）[23]。研究结果发表在 *J. Am. Chem. Soc* 上。

作为真核生物中 RNA 上最重要及含量最丰富的表观遗传学修饰物，$m^6A$ 近年来被发现在 mRNA 的转录、翻译、核转移、剪切等方面起着十分重要的作用。最近，科学家们发现 $m^6A$ 在真核生物中是由两种去甲基化酶催化脱甲基化，即 ALKBH5 酶和 FTO 酶。

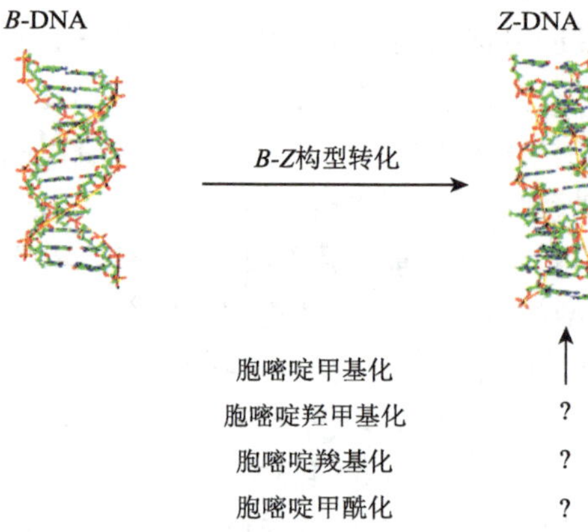


图 5.4　CpG 上胞嘧啶的修饰对于 DNA *B-Z* 构型转化的影响[23]

其中 FTO 酶还被发现与人类肥胖相关的疾病有很密切的联系。虽然 FTO 酶被发现有如此多重要功能，然而迄今没有一种小分子化合物能同时选择性地抑制和标记 FTO 酶。周翔课题组发现荧光素及其相关衍生物能够十分有效地抑制 FTO 酶，同时也被能够对细胞内的 FTO 酶进行特异性标记。

对于荧光素及其衍生物抑制 FTO 蛋白质的抑制机制，首先采用差示扫描荧光测定术（DSF），以及增加亚铁离子和 $\alpha$-KG 的浓度等方法发现这些化合物是通过与 FTO 蛋白质直接相结合来达到抑制效果的。为进一步从原子水平上研究其抑制机制，周翔课题组测定了荧光素/FTO 及 5-氨基荧光素/FTO 的晶体结构。通过对晶体结构的解析，发现荧光素及 5-氨基荧光素的羧基会与蛋白质活性口袋中的氨基酸残基 Ser229 的主链和侧链形成氢键，而荧光素及 5-氨基荧光素的羟基会与蛋白质活性口袋中的氨基酸残基 Pro93 形成氢键。此外，荧光素及 5-氨基荧光素的苯环会与蛋白质的核苷识别盖（NRL）形成较强的疏水作用力。这种疏水作用力是这些荧光小分子对 FTO 选择性抑制的一个很重要的因素。

最后通过结合光亲和标记，成功实现了对 HeLa 细胞中 FTO 酶的选择性富集。总体来说，该方法为 FTO 酶的相关功能研究及与其密切相关的疾病提供了一个十分有效的工具（图 5.5）。工作发表在 *J. Am. Chem. Soc.* 上[24]。

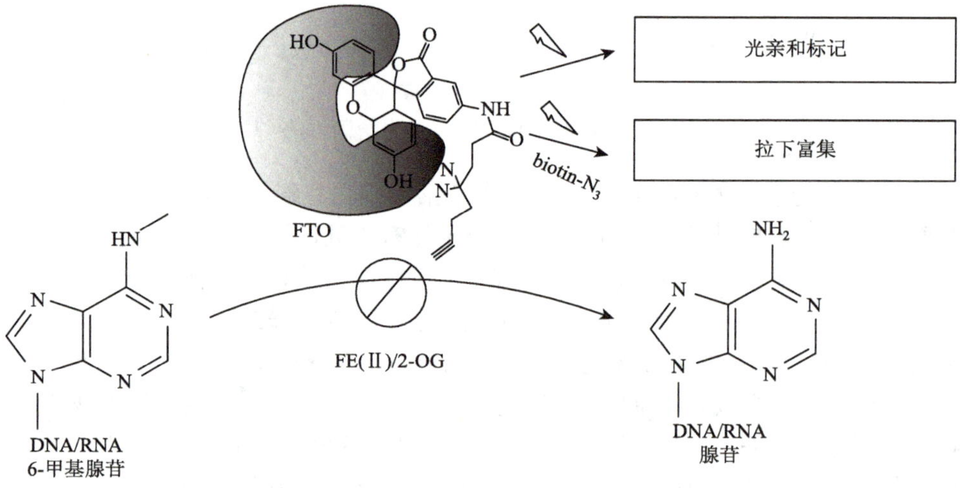


图 5.5　荧光素及其衍生物来同时抑制和标记肥胖相关蛋白（FTO）[24]

$m^6A$ 是一种广泛存在于高等真核生物 mRNA 中的修饰碱基，同时也存在于 tRNA、rRNA、N6-甲基腺嘌呤中。在 mRNA 中，$m^6A$ 占所有腺苷的 0.1%～0.4%，1 条 mRNA 上有

3～5 个 $m^6A$ 位点。由于 N6 位的一个甲基不能改变它的 Watson-Crick 碱基配对的性质，限制了 $m^6A$ 的功能研究。自 20 世纪发现 $m^6A$ 以来，直至最近研究发现了 $m^6A$ 的脱甲基化酶 FTO 和 ALKBH5，证实了 $m^6A$ 在体内是一种可逆动态的修饰，并证明 $m^6A$ 对基因的调控和细胞的分化与发育发挥着重要的作用，之后又发现了 FTO 脱甲基过程中的两个中间体——N6-羟甲基腺苷（$hm^6A$）和 N6-醛基腺苷（$f^6A$），证实了 $m^6A$ 的酶促脱甲基化机制，对其的研究逐渐火热起来。但是由于其化学性质十分稳定，近年来对 $m^6A$ 的研究主要集中在酶学脱甲基化，还未有一种化学方法可以选择性地脱甲基化。周翔发现了 $m^6A$ 在碳酸氢铵与过氧化氢的体系下可以去甲基化形成脱甲基腺苷，并产生一种全新的中间体——N6 过氧甲基腺苷（$oxm^6A$），预示这是一种与酶促脱甲基化不同的反应机制。

周翔课题组将 $m^6A$ 与 $H_2O_2/NH_4HCO_3$ 体系混合后，发现反应产生 1 个主要产物和 3 个中间体，之后利用 LC-MS 和标准样品对反应产物进行了验证，发现主要产物为脱甲基腺苷（A），其中 2 个中间体为 $hm^6A$ 和 $f^6A$，还有 1 个未知的中间产物，最后经过荧光检测和全相关谱（TOSCY）验证后，证实其为 $oxm^6A$，并推测出其反应机制。我们知道，细胞在正常代谢和免疫反应中会产生内源性的过氧化氢，并且在细胞中和血清中也存在着高浓度的碳酸氢根离子，那么这一化学脱甲基化过程可能发生在体内，与酶促脱甲基共同调节 $m^6A$ 的含量（图 5.6）[25]。

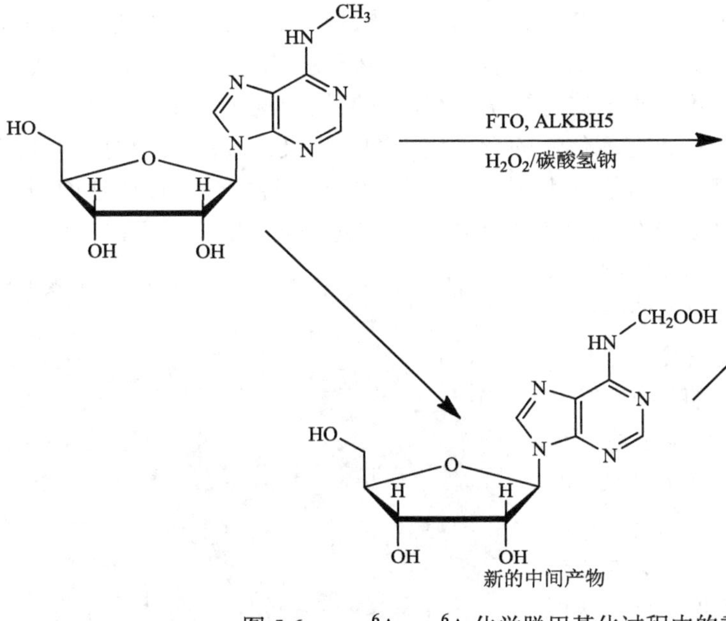


图 5.6　$oxm^6A$—$m^6A$ 化学脱甲基化过程中的重要中间体[25]

$m^6A$ 是发生在碱基 A 第 6 位 N 原子上的甲基化，$m^6A$ 在基因组上出现特定区域富集的特点与 DNA 甲基化修饰集中分布的特点一致，DNA 甲基化对基因表达具有重要的调控作用，而 $m^6A$ 作为一种转录后的修饰形式，有可能在基因的转录后调控中发挥重要作用，因此对 $m^6A$ 的研究引起了广泛的关注。周翔发明了一种简单、快速、低成本的检测 DNA 和 RNA 中 $m^6A$，并对其特定位点甲基化水平进行定量评估的方法。在 DNA 复制和

RNA 反转录过程中，甲基化位点出现会大大降低延伸效率，因此，可以在 Bst DNA 聚合酶的作用下，通过掺入脱氧核苷三磷酸进行链延伸来达到区分甲基化和非甲基化序列的目的，同时可以对 DNA 和 RNA 的特定位点的甲基化水平做出定量评估。

周翔课题组将该方法应用到临床样品中 rRNA 甲基化位点的检测。提取新鲜肝癌组织及其癌旁组织总 RNA，然后进行延伸反应，结果发现癌组织和癌旁组织的 1832（18S RNA）和 4190（28S RNA）甲基化位点基本不会延伸，而癌组织的 4189 和 4984（28S RNA）位点甲基化水平比癌旁组织低，癌组织的 1781（18S RNA）位点甲基化水平比癌旁组织高。并且对大量样本进行研究，发现该结果具有统计学意义。对 m$^6$A 定性定量的检测，为 m$^6$A 修饰的基因的功能的相关研究、疾病、癌症的研究等提供了有利的帮助（图 5.7）[26]。

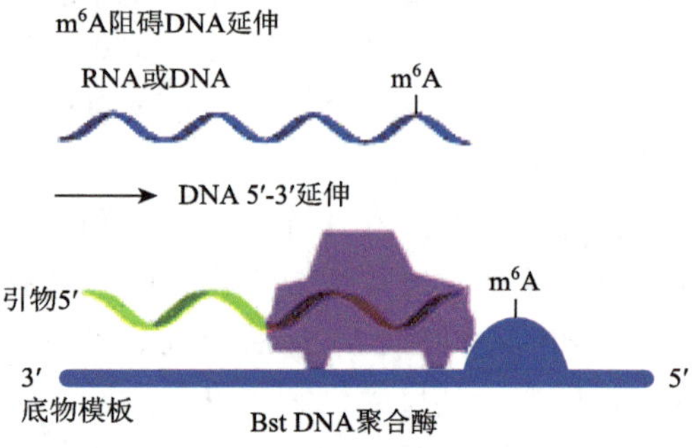


图 5.7　m$^6$A 阻碍 DNA 的合成及其应用于临床样品中 rRNA 甲基化的检测[26]

核酸中除了这些表观遗传修饰碱因其重要生物学功能引起科学研究重视之外，近些年来也报道了很多化学降解测序的方法，其中鸟嘌呤在 4 种天然的碱基中最易被氧化，也受到了越来越多人的关注。在最经典的 Maxam-Gilbert 方法中，运用硫酸二甲酯来使鸟嘌呤的 N7 位甲基化，再通过热哌啶处理使得 DNA/RNA 在鸟嘌呤处发生断裂。该方法特异性强，效果显著，缺点是硫酸二甲酯毒性太大，给实验者的操作带来很多不便。另外，还有不少的光氧化试剂可以氧化切割鸟嘌呤，缺点是条件苛刻和氧化效果太差，而合成一些具有氧化性的有机化合物过程又比较烦琐，这些因素都制约了相应实验方法的推广和应用。基于前期研究，周翔发展了一种方法可以快速简便地检测出核酸非双链区域的鸟嘌呤。首先利用钨酸钾和过氧化氢特异性地氧化损伤 DNA 链上的鸟嘌呤，再通过热哌啶处理，可以使 DNA 在鸟嘌呤处发生断裂；同样地先用钨酸钾和过氧化氢氧化损伤 RNA 链上的鸟嘌呤，再通过乙酸苯胺处理，可以使 RNA 在鸟嘌呤处发生断裂。针对单链，0～5min 内完全可以达到与最经典的 Maxam-Gilbert 方法同样的效果。而对于双链，可以通过高浓度的甲酰胺使双链变性，再通过氧化剂和哌啶处理，以达到和硫酸二甲酯同样的效果。总体来说，该方法可以结合甲酰胺来针对单双链上的鸟嘌呤特异性地氧化切割，完全可以取代硫酸二甲酯的作用；另外，该方法还可以选择性地氧化切割非双链区域的鸟嘌呤，这是经典的 Maxam-Gilbert 方法所达不到的。所以该方法大大优于最经典的 Maxam-Gilbert 方法（图 5.8）[27]。

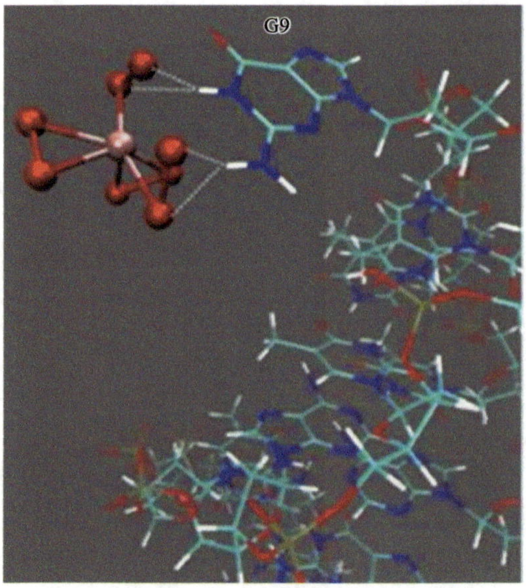


图 5.8　检测核酸中非双链区域鸟嘌呤[27]

### 5.2.2　高选择性靶向四链核酸性的化学小分子设计筛选及调控

围绕着不同结构 G-四链体的性质及识别进行了深入研究，设计发展了对不同结构 G-四链体特异性识别的小分子化合物，发现了 G-四链体结构在特定环境中不同于传统环境中的稳定性。同时也发展了端粒酶灵敏检测的方法。

黄志纾课题组研究了 G-四链体配体分子中的正电荷分布及数量对其与 G-四链体相互作用的影响。结果发现，分子中的正电荷分布由于影响了配体与 G-四链体的结合模式，从而导致结合能力明显不同（图 5.9）[28]。

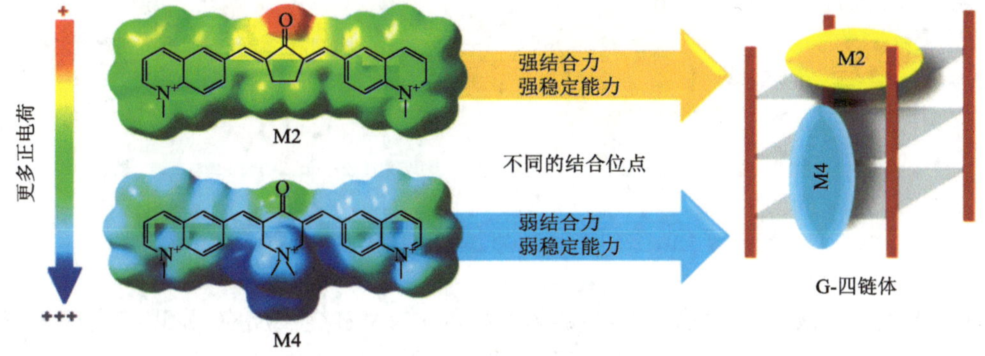


图 5.9　G-四链体配体分子对其与 G-四链体相互作用的影响[28]

同时，该课题组也系统研究了不同 pH 下的 G-四链体构象转换的情况。发现人端粒 G-四链体在酸性条件下能从混合型转化为反平行型构象，而这种转化源于 G-四链体（单链环状）loop 构象的转变，并且中心碱基为胸腺嘧啶（TT）的 G-四链体最易发生酸性条件下的构象转化（图 5.10）[29]。

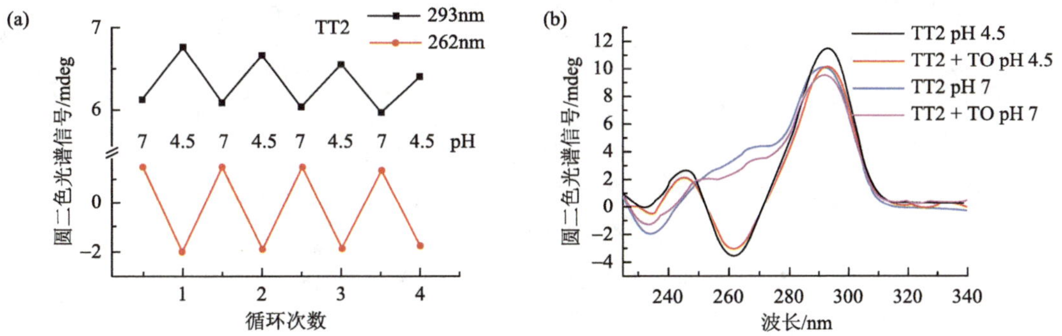

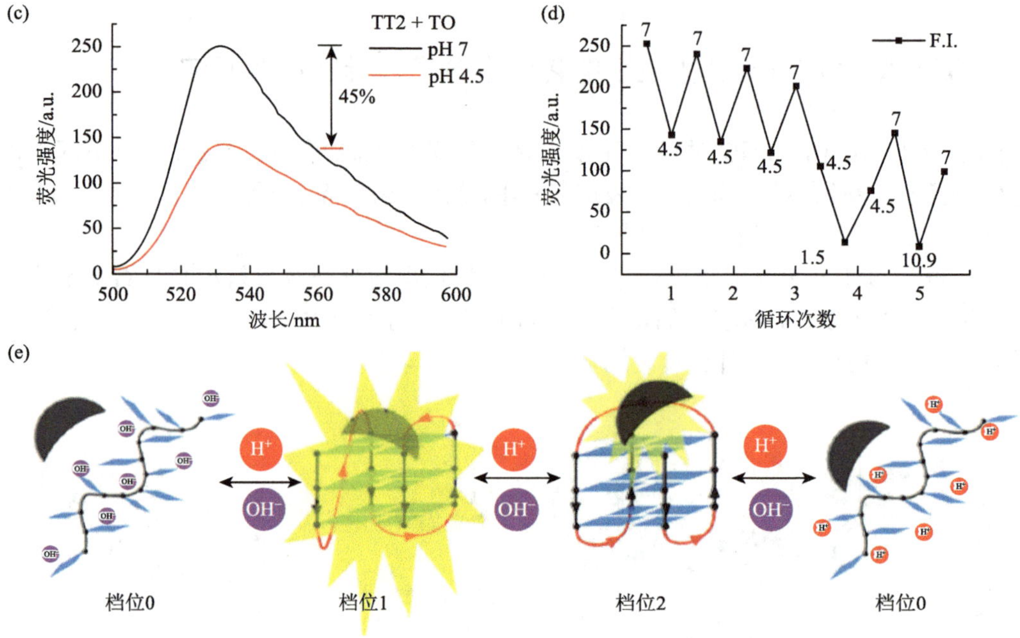


图 5.10　不同 pH 下的 G-四链体构象转换[29]

周翔课题组发现了一种基于 G-四链体结构的 DNA 链交换反应，发现特定序列形成的 G-四链体可以诱导 DNA 链交换反应，而不需要酶和 ATP 的参与，并且一直处于能量保守状态。相关研究首次证明，DNA 双链中瞬态的 G-四链体的形成正是促进这种选择性链交换反应的根本原因，而且链交换反应动力学显示出高度的特异性，G-四链体诱导的链交换反应预示着极其重要的生物学意义（图 5.11）[30]。

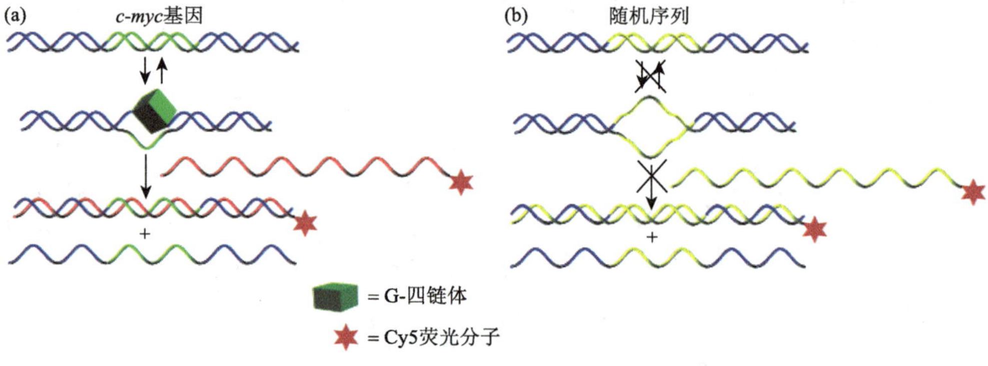


图 5.11　G-四链体可以诱导的 DNA 链交换反应[30]

在 G-四链体基础上，周翔课题组也研究了 G-三链体 DNA，这是最近被报道的一种在 G-四链体形成过程中的过渡状态的 DNA 二级结构，这种二级结构在溶液中也能较为稳定地存在。这种 G-三链体 DNA 在催化方面作为 DNA 过氧化物还原酶，也有较好的活性（图 5.12）[31]。

同时，该课题组发展了一个简单的可用于原位检测端粒酶的体系，这个体系只需要一个类似于分子信标的探针和一个 8-17 DNAzym 的底物序列。探针分子中包括端粒延伸的引物 TS 序列、一定重复数目的 CCCTAA 序列和 8-17 DNAzym 序列三个部分。利用分子信标茎杆区碱基数不同带来的稳定性的变化，使得端粒酶延伸后，分子信标中 8-17 DNAzym 序列被释放出来，从而催化对其底物序列的切割，产生荧光信号，进而实现对端粒酶活性的检测，在体外检测中，最低可以检测到 200 个细胞的端粒酶活性。利用原位端粒重复序列扩增法（telomere repeat amplification protocol，TRAP）的反应条件，此体系可以用于癌细胞中端粒酶的原位检测（图 5.13）[32]。

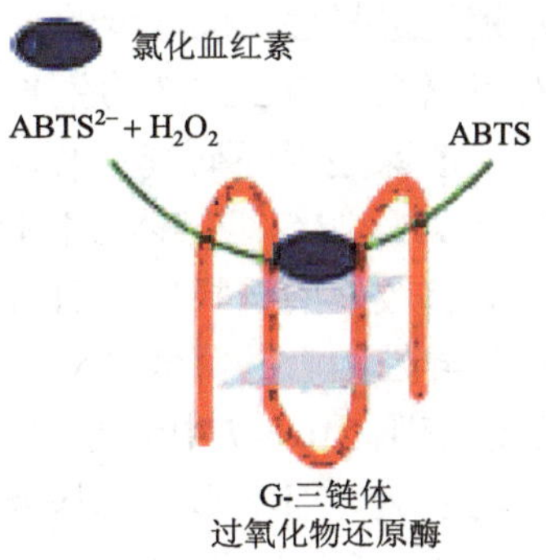


图 5.12　G-三链体 DNA 催化 DNA 过氧化物还原酶[31]

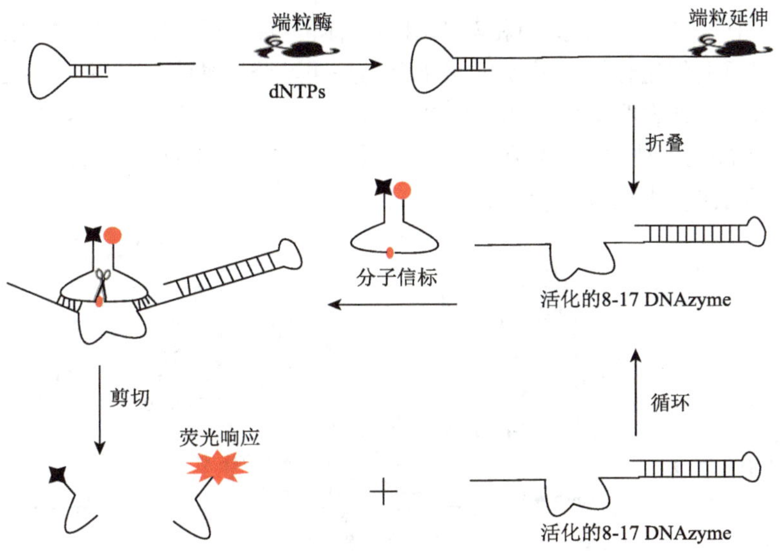


图 5.13　原位荧光检测端粒酶[32]

黄志纾课题组在喹唑啉类端粒 G-四链体小分子配体结构的基础上，设计并合成了 23 个新的喹唑啉类衍生物，发现苯甲酰氨基的引入不仅提高了与 G-四链体的相互作用能力，而且提高了对端粒 G-四链体的选择性。并且发现化合物具有明显的抑制端粒酶活性、缩短端粒长度和诱导肿瘤细胞衰老的能力[33]。

同时，该课题组设计并合成了 14 个新型的双喹啉盐取代苯类衍生物，与 G-四链体的相互作用发现间位取代的衍生物稳定 G-四链体的能力明显优于对位取代的衍生物，二者表现出对 G-四链体构象影响上的不同。分子对接研究指出了它们在结合 G-四链体模式上的差异[34]。

该课题组设计并合成了 10 个新的喹唑酮类 G-四链体小分子配体，研究发现，该类化合物能够结合并稳定癌基因 *c-kit* 启动子区域的 G-四链体结构，具有很好的 DNA G-四链体/

双螺旋选择性。进一步的生物学实验证明，化合物能够有效抑制 *c-kit* 基因的转录与表达，对胃癌细胞 HGC-27 的生长有较强的抑制活性[35]。

该课题组还研究了喹唑啉类衍生物在乳腺癌细胞 MCF-7 中对 VEGF mRNA 5′-UTR IRES-A 区域 G-四链体可能的作用机制，结果表明：喹唑啉类衍生物对于 IRES-A 区域 G-四链体具有较好的选择性，而对双链 DNA 和对应的 G-四链体 DNA 作用较弱，该类化合物能够特异性结合并降低 RNA G-四链体二级结构的稳定性。细胞内实验表明该类化合物在乳腺癌细胞 MCF-7 中通过结合 IRES-A 区域 G-四链体，从翻译水平下调其下游 VEGF-A 蛋白的表达，而不影响其基因在转录水平的正常生物功能。

通过凝胶迁移实验（EMSA）、亲和力分析（Filter binding assay）、热泳动实验（MST）、酶联免疫吸附测定（ELISA）等实验，该课题组阐明了 NM23-H2 与 c-MYC G-四链体的作用能力；通过 SPR 筛选出靶向 NM23-H2 蛋白的小分子配体 SYSU-ID-01，并通过 EMSA、Filter binding assay、MST、ELISA、定点突变等实验评价了小分子对 NM23-H2-DNA 相互作用的影响，探明了小分子与 NM23-H2 蛋白相互作用的具体位点；研究了化合物 SYSU-ID-01 在肿瘤细胞 HeLa 中的抑制增殖作用，并发现该化合物是通过诱导肿瘤细胞发生凋亡而发挥抗肿瘤活性的。基因芯片研究表明该化合物可以抑制 NM23-H2 的大部分靶基因的转录。本研究为揭示 NM23-H2 的转录调控机制及探究 G-四链体结合蛋白作为抗肿瘤新靶点可行性提供了重要理论和实验依据（图 5.14）[36]。

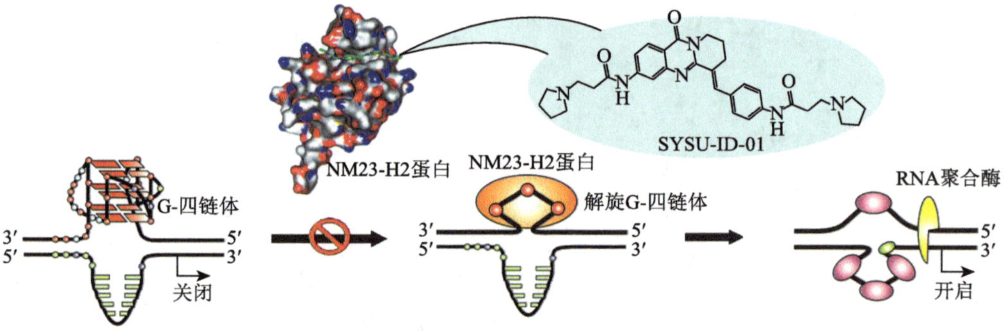


图 5.14　NM23-H2 的转录调控机制[36]

在小檗碱类 G-四链体配体引起肿瘤细胞 DNA 损伤和细胞凋亡的活性及可能的作用机制方面，该课题组以前期合成的 9 位取代小檗碱衍生物为工具，系统评价了其作为 G-四链体配体，与其发挥抗肿瘤作用之间的联系。首先运用一系列体外筛选实验研究了 9 位取代小檗碱衍生物对 G-四链体的结合能力、稳定能力、选择性抑制癌细胞能力及透膜能力，并筛选得到了综合活性较好的小分子 Ber8；其次用竞争性透析实验和圆二色光谱评价了小檗碱衍生物 Ber8 对端粒 G4 和启动子 G4 的选择性结合及对 G4 结构的诱导作用；再次从细胞水平深入研究了 Ber8 抗癌细胞增殖的作用机制，通过免疫荧光对端粒 G4 的定位研究，发现 Ber8 可以在细胞内增加端粒 G-四链体的数量、引起端粒蛋白移位和端粒末端结构破坏、引起端粒 DNA 损伤导致癌细胞的衰老。因此，Ber8 在细胞内对端粒的综合作用，可能是其发挥抑制癌细胞增殖的作用机制。最后，初步的体内水平研究证实 Ber8 可以引起肿瘤组织发生 DNA 损伤并抑制宫颈癌移植瘤的增殖和发展，且对小鼠的体重和心、肝、肾等没有明显的毒副作用，表明小檗碱衍生物 Ber8 具有一定的抗肿瘤前景。本研究为进一步确认以 G-四链体作为抗肿瘤靶点的可行性提供了实验依据（图 5.15）[37]。

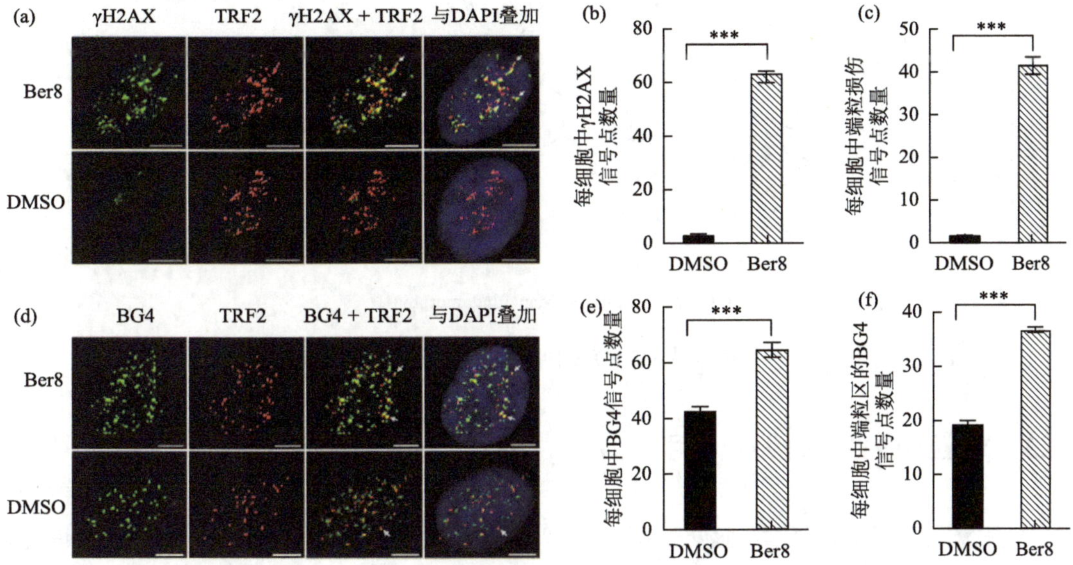


图 5.15　小檗碱衍生物 Ber8 具有抗肿瘤作用[37]

王锐课题组在噻唑类的抗癌手性类似物的设计开发方面进行了相关研究，包括一系列新的手性 2, 4-二取代噻唑酮衍生物的合成，构效关系和抗肿瘤机制的研究。通过对 5 种癌细胞的 $IC_{50}$ 和 3D-QSAR 分析，筛选了 1 种对不同肿瘤细胞株表现出较强的抑制生长活性的化合物，并且发现 2, 4-二取代噻唑酮衍生物中末端硝基必不可少，R3 和 R5 位使用萘基和苄基可以增加生物活性，R4 的改造对于活性影响不大。而化合物光学活性对于生物活性十分重要。通过流式细胞术研究了其作用机制，发现 1s 可以引起内线粒体膜的崩溃（图 5.16）[38]。

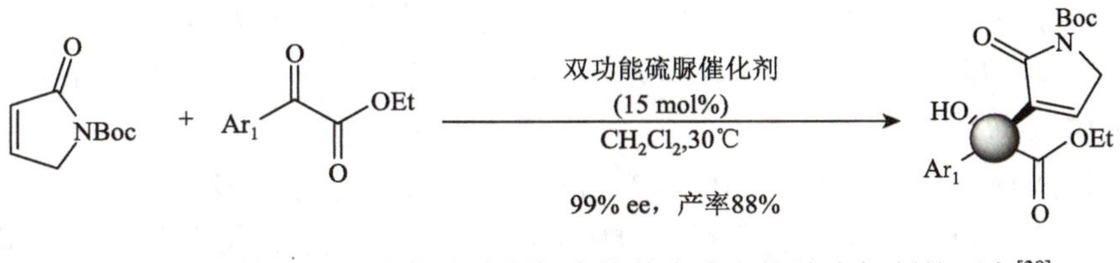


图 5.16　手性 2, 4-二取代噻唑酮衍生物的合成和抗肿瘤机制的研究[38]

王锐课题组对含有 *γ*-羟基丙炔酸酯类化合物进行了合成，并重点对其构效关系和下游机制进行深入研究。炔丙醇结构是许多天然产物及药物分子中重要的手性结构单元。此前缺乏成熟实用的 *γ*-羟基丙炔酸的不对称合成方法，从而导致未能对此类化合物进行系统的抗肿瘤活性研究。在前期研究的基础上，对已合成的 43 种化合物在肿瘤细胞上进行筛选，最终发现

LS-11 和 LS-45 两种先导化合物，并对其深入进行抗肿瘤活性研究。通过单细胞凝胶电泳实验证明，LS-11 和 LS-45 化合物都可以显著地引起细胞单链 DNA 的损伤（图 5.17）[39]。

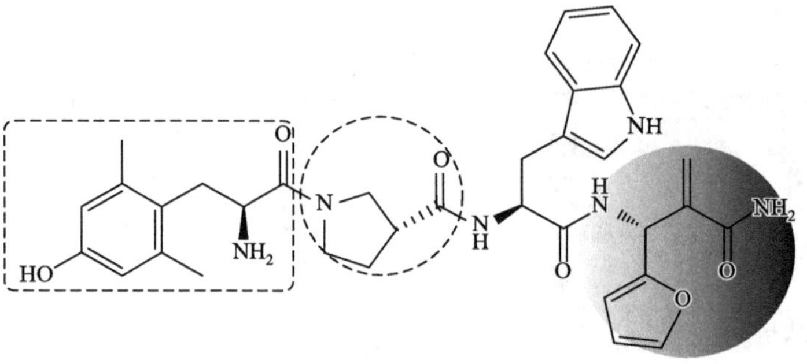

亲和常数3.72pmol/L

半效应浓度0.0420pmol/L

最大效应99.5%

[Dmt$^1$,(*R*)-*β*Pro$^2$,(2-Furyl)Map$^4$]Endomorphin-1

图 5.17 *γ*-羟基丙炔酸酯类化合物的合成和抗肿瘤机制的研究[39]

### 5.2.3 端粒相关蛋白相互作用

松阳洲课题组利用化学小分子探针和双分子荧光互补技术，研究了端粒相关信号转导通路中各个重要环节的关键端粒相关蛋白之间的相互作用和建立相应蛋白感应器，发展了高效率、高灵敏和稳定的蛋白相互作用检测系统，建立了端粒相关信号转导通路的小分子激活剂或抑制剂的细胞筛选模型。

首先完善了高通量研究蛋白质互作网络的双分子荧光互补技术（BiFC）技术平台，完成了 YFP-C 标签的 15000 人类基因的文库优化，并将文库扩大到 18000 人类基因克隆，为后续的活细胞内蛋白质相互作用研究奠定坚实的基础。同时，筛选和鉴定了一批与 TERT 相互作用的蛋白质，深入研究了 TPP1 磷酸化调控端粒酶招募的分子机制，为进一步深入理解端粒酶招募和端粒延长的机制奠定基础。建立了已知关键信号通路中约 40 对关键相互作用蛋白对，重点围绕如 Wnt、PI3K-Akt、mTOR、NF-κB 等与端粒调控可能相关的信号通路中的重要蛋白质相互作用节点，为今后建立约 200 对覆盖主要关键信号通路的关键相互作用蛋白对打下坚实基础。此外，初步建立了几对端粒相关信号转导通路中的基于 BiFC 的关键相互作用蛋白感应器，初步建立端粒相关信号转导通路的小分子激活剂或抑制剂的细胞筛选模型。

松阳洲课题组发现在人类细胞中，在细胞周期 S 期后期及 G2/M 期中，TPP1 能招募更多的端粒酶到端粒上，这个过程受到 TPP1 在 S111 位点的磷酸化调控。结构分析显示磷酸化的 Ser111（S111）处于 TPP1 OB 折叠域，正是 TPP1 与端粒酶相互作用的结构域。如果将 Ser111 突变为 Ala 等其他氨基酸，将影响 TPP1 招募端粒酶，最终导致端粒缩短。我们的研究结果为深入理解通过 TPP1 磷酸化调控细胞周期依赖的端粒酶招募和端粒延长的机制，提供了信号传导和结构生物学方面的研究基础，该成果发表在 *Proc. Natl. Acad. Sci. USA* 上（图 5.18）[40]。

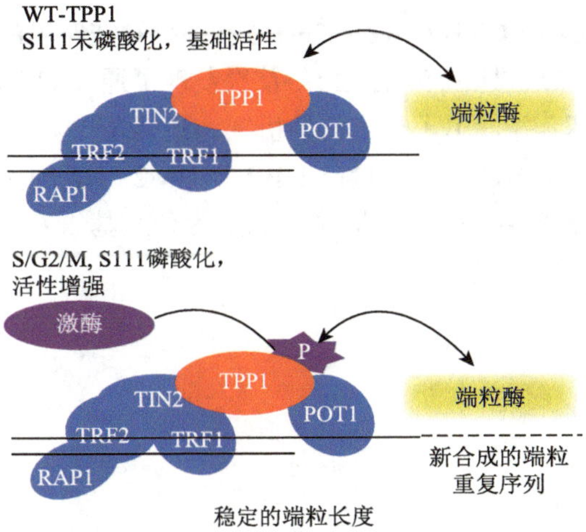


图 5.18　TPP1 磷酸化调控细胞周期依赖的端粒酶招募和端粒延长[40]

目前人们对细胞生长信号通路变化对端粒及端粒结合蛋白的影响了解得并不多。作为研究得最为广泛和经典的细胞生长信号途径，磷脂酰肌醇 3-激酶/Akt 信号通路，在调控细胞增殖、存活、代谢及 DNA 修复等细胞功能中发挥重要作用。磷脂酰肌醇 3-激酶/Akt 信号通路出现紊乱与衰老、癌症、糖尿病等疾病的发生密切相关。松阳洲课题组发现 Akt 信号通路在端粒保护中起着重要的作用。无论是用化学抑制剂还是用小分子干扰 RNA 来抑制 Akt，都会引发端粒的功能紊乱。另外，还发现端粒蛋白 TPP1 可以通过 OB 折叠结构域形成同源二聚体，而这个过程受 Akt 活性的调控。抑制 Akt 活性会破坏 TPP1 二聚化并诱发端粒紊乱，这个过程伴随着端粒蛋白 TPP1 和 POT1 在端粒处招募的减少。该研究揭示了 Akt 信号通路和端粒保护之间的联系（图 5.19）[41]。

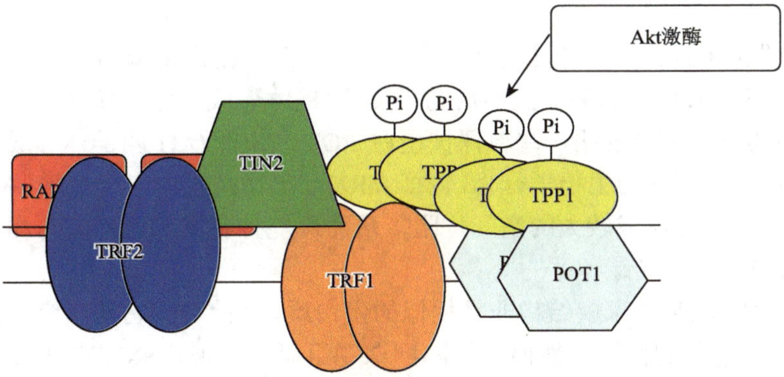


图 5.19　细胞生长信号通路变化对端粒及端粒结合蛋白的影响[41]

黄志纾课题组研究了 CNBP 蛋白在 *c-myc* 基因转录过程中可能的作用机理。首先克隆、表达和纯化了人源 CNBP 蛋白，验证了 CNBP 在体外选择性结合单链富 G 碱基 DNA，并促进平行型 G-四链体结构的形成。其次，通过 Ch-IP、RNA 干扰技术及荧光素酶报告基因分析，发现 CNBP 对 *c-myc* 的转录调控并不是如之前报道的仅促进 *c-myc* 转录，而是存在一个双向调节的现象。再次，SPR 实验结果表明，CNBP 和 NM23-H2 在体外存在明显的蛋白质-蛋白质相互作用。最后在共转染实验中，通过敲除 NM23-H2，首次发现了通过 G-四链体结构调节的 CNBP 诱导 *c-myc* 转录下降的现象，并提出了一个新的机制。研究结果也表明，阻断 CNBP 与 *c-myc* 启动子区域的单链富 G 碱基 DNA 或者切断 CNBP 和 NM23-H2 的蛋白质-蛋白质相互作用，可以有效地在转录水平上降低 *c-myc* 的表达。这一结果为开发基于 CNBP 生物功能的抗肿瘤药物提供了新的契机（图 5.20）[42]。

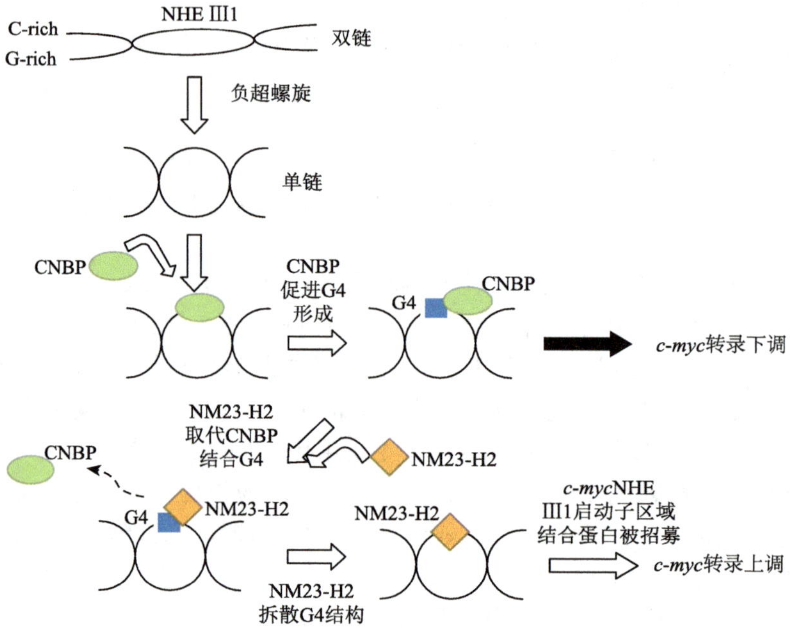


图 5.20　CNBP 蛋白在 *c-myc* 基因转录过程中的作用机理[42]

黄志纾课题组研究了端粒保护蛋白 POT1 启动子区 G-四链体对 POT1 蛋白水平表达的影响，并且初步探究了 POT1 蛋白启动子 G-四链体形成对蛋白转录水平影响的可能作用机制。目前的研究结果表明：端粒保护蛋白 POT1 启动子 G-四链体形成可以下调蛋白转录水平，进而下调下游的生物学行为，包括 mRNA 水平及蛋白表达水平；端粒蛋白 POT1 启动子 G-四链体能够形成较大的空间位阻，从而可能抑制其邻近碱基与相关转录因子的结合，进而影响蛋白的转录水平[43]。

SMCHD1 是和 SMC 家族结构非常相似的蛋白质，之前对于它的研究主要聚集在其调控 X 染色体失活方面的作用。然而，松阳洲课题组研究发现，SMCHD1 能够参与异染色质处 DNA 损伤修复。SMCHD1 可以被 53BP1 募集到异染色质 DNA 损伤处。敲除 SMCHD1 的细胞显示了持久的 DNA 损伤信号积累及对诱导 DNA 损伤药物的敏感性。此外，在 DNA 损伤修复过程中，细胞缺乏 SMCHD1 可以减少 53BP1 蛋白并增加 BRCA1 蛋白聚集在 DNA 损伤处，且伴随着在细胞周期进程中增加 G1 时期的细胞和减少 G2/M 时期的细胞。研究揭示了 SMCHD1 的一个新功能是在异染色质 DNA 损伤修复过程中，促进非同源末端连接修复（NHEJ）和抑制同源重组修复（HR）（图 5.21）[44]。

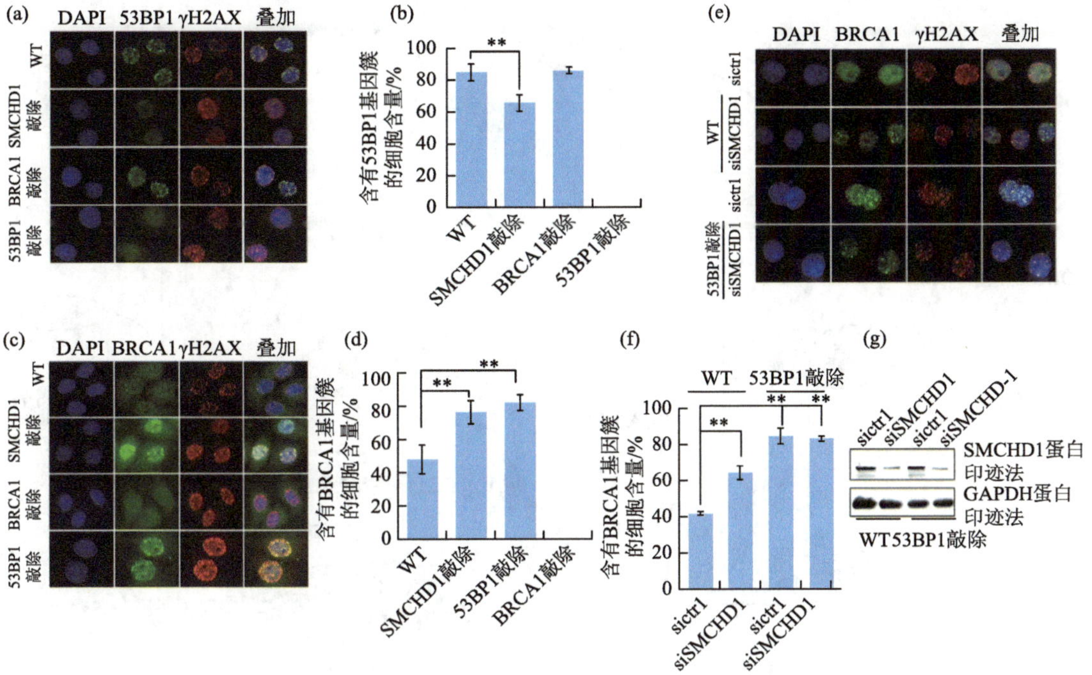


图 5.21　SMCHD1 能够参与异染色质处 DNA 损伤修复[44]

哺乳动物基因组在漫长的进化过程中由于受到各种病毒的入侵，形成了许多具有重复性序列特征的转座因子（transposable elements，TEs），主要包括反转录转座子和 DNA 转座子。尽管这些元件在物种长期的进化过程中丰富了遗传物质的来源，但是对于特定的个体，这些转座因子的表达和随机插入会导致基因组基因的突变，从而引发肿瘤等严重的疾病。在体细胞中，这些重复性序列的表达被 DNA 甲基化修饰所抑制，而在 DNA 甲基化转移酶活性非常低的胚胎干细胞、生殖干细胞和早期胚胎细胞等重要的细胞中，基因组的甲基化水平非常低，但是这些转座因子并没有因为失去 DNA 甲基化的保护而出现异常的高表达。松阳洲课题组的研究发现，在这些基因组低甲基化的细胞中，DAXX/ATRX 蛋白复合体转移到重复性序列上并招募组蛋白甲基化酶 Suv39h，介导组蛋白 H3K9 的三甲基化从而确保基因组特异地沉默包括端粒在内的重复性序列，防止转座因子随机插入而诱导基因突变。该研究结果揭示了特殊的组蛋白修饰在表观遗传调控的新机制。成果发表在 *Cell Stem cell* 上（图 5.22）[45]。

近几年，DAXX 蛋白被发现在端粒酶机制和 ALT 机制癌症中发生突变，但是其影响端粒维持的具体机制尚未被阐明。松阳洲课题组研究发现，DAXX 能够定位在端粒酶阳性的肿瘤细胞端粒上，通过调控端粒酶的组装和运输以维持端粒长度。DAXX 在 S 期早中期定位在卡哈尔体（端粒酶组装部位）上，通过其 N 端结构域与端粒酶结合，调控端粒酶的组装，C 端结构域与端粒结合，调控端粒酶运输到端粒上去延伸端粒。大多数突变体缺失 C 端使得 DAXX 不能将端粒酶带到端粒上去延伸端粒，从而导致端粒缩短。我们的研究揭示了 DAXX 的一个新功能是通过调节端粒酶运输维持端粒长度（图 5.23）[46]。

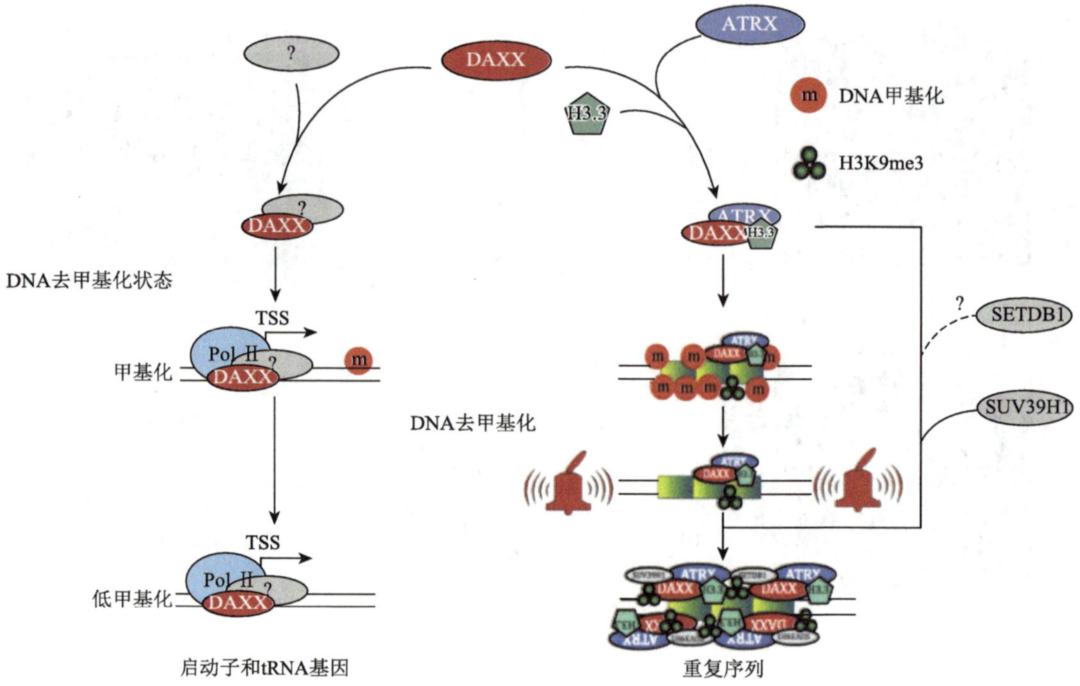


图 5.22　组蛋白修饰在表观遗传调控的新机制[45]

图 5.23　DAXX 蛋白通过调节端粒酶运输维持端粒长度[46]

端粒酶负责延伸染色体末端端粒重复序列，其表达和活性受到严格调控。在大于 85%的人类肿瘤中都可检测到端粒酶的激活。为了更好地理解端粒酶调节机制，松阳洲课题组用免疫沉淀联合质谱（IP-MS）发现新的端粒酶结合蛋白冷诱导结合蛋白（CIRP）。抑制 CIRP 导致端粒酶活性降低和端粒长度缩短，表明 CIRP 在端粒维持中的重要作用，还揭示 CIRP 通过直接结合端粒酶 TERC 组分调节端粒酶在卡哈尔体的定位。此外，CIRP 还调节 TERT mRNA 水平。在较低的温度下，TERT mRNA 通过 CIRP 依赖的方式上调来弥补低温导致的端粒酶活性的降低。这些研究结果突出了 CIRP 在调节 TERT 和 TERC 上的双重作用，揭示了低温下新的端粒酶调节机制（图 5.24）[47]。

### 5.2.4　利用化学小分子和 RNAi 策略研究 cADPR 介导的钙信号通路

钙离子是生物体内最重要的信使物质之一，生物体细胞钙信号通路与许多疾病的发生与发展具有密切联系。环腺苷二磷酸核糖（cADPR，**1**）是介导胞内钙库钙离子释放的第二

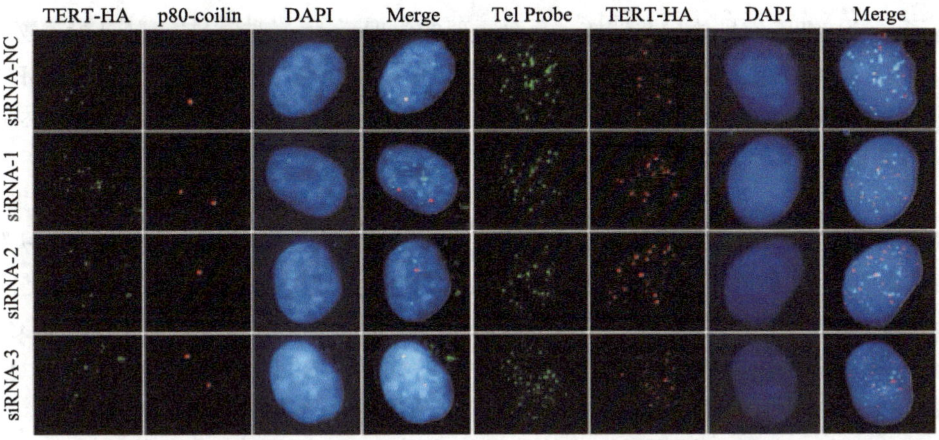


位于卡哈尔体的TERT基因　　位于端粒的TERT基因

| siRNA | cells (n) | + | − | percent (+) | siRNA | cells (n) | + | − | percent (+) |
|---|---|---|---|---|---|---|---|---|---|
| NC | 201 | 141 | 60 | 70% | NC | 243 | 86 | 157 | 35% |
| CIRP-1 | 198 | 101 | 97 | 51% | CIRP-1 | 179 | 40 | 139 | 22% |
| CIRP-2 | 170 | 75 | 95 | 44% | CIRP-2 | 217 | 40 | 177 | 18% |
| CIRP-3 | 166 | 77 | 89 | 43% | CIRP-3 | 252 | 49 | 203 | 19% |

图 5.24　CIRP 在调节 TERT 和 TERC 中的双重作用[47]

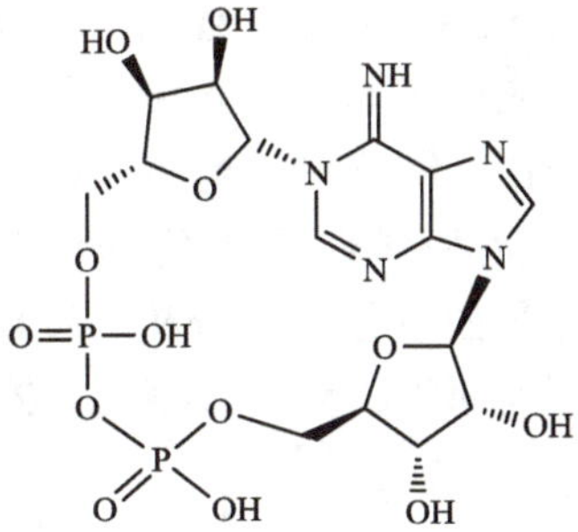

**1** (cADPR)

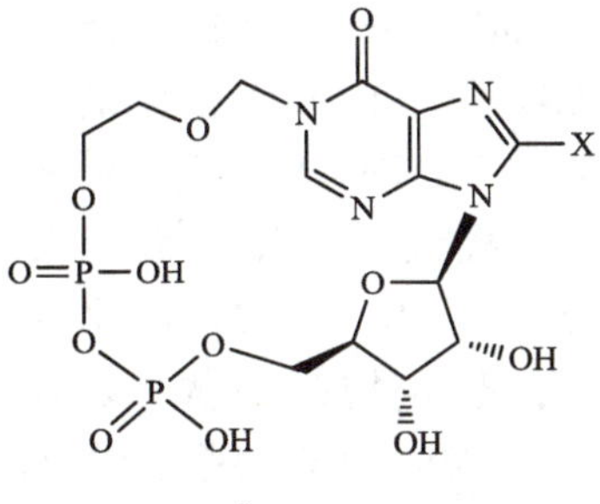

**2**
X = H (cIDRPE)
X = Cl, Br, $N_3$, $NH_2$, $CF_3$

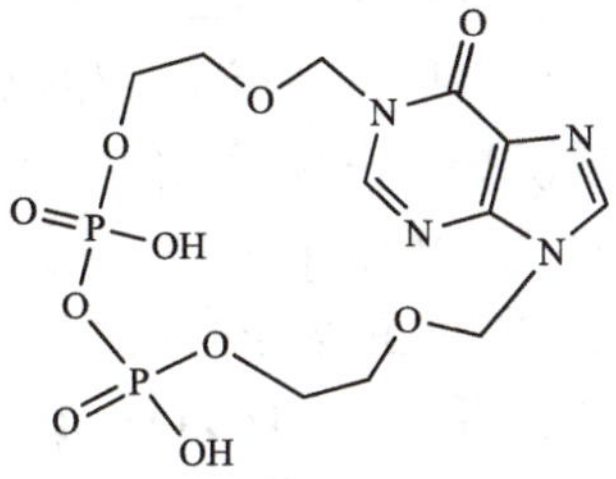

**3** (cIDPDE)

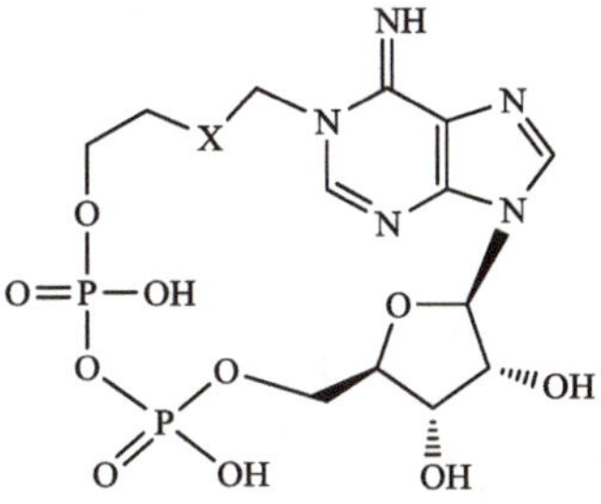

**4**
X = $OCH_2$ (cADPRE)
X = $CH_2$

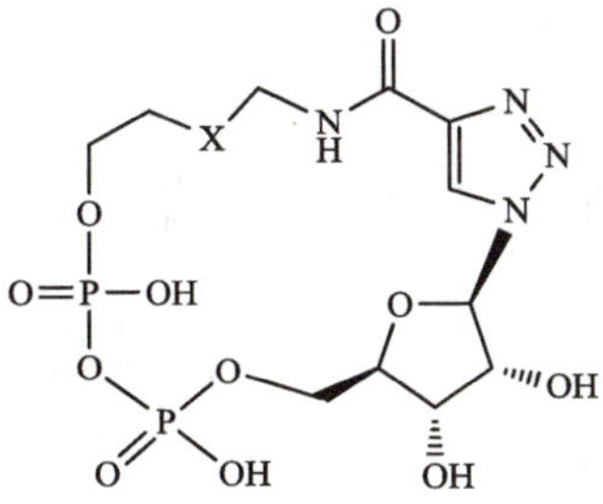

**5**
X = $CH_2$, O

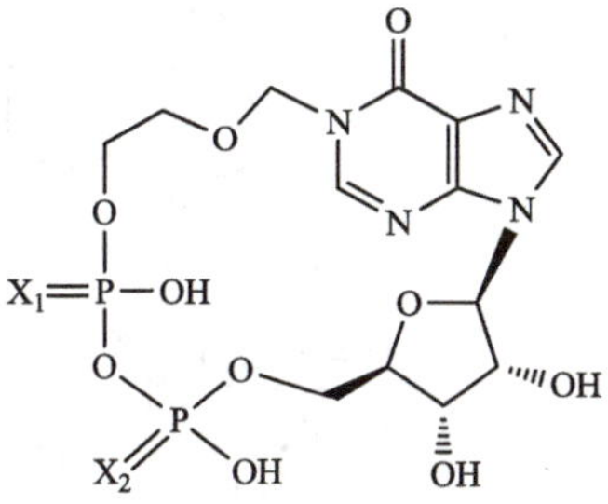

**6**
$X_1$, $X_2$ = O, S, Se
$X_1 \neq X_2$

信使分子，参与细胞信号传导并调控一系列重要的生理活动（包括受精、胰岛素分泌、肌肉收缩等），研究发现，cADPR 信号系统在不同种属、不同组织的细胞中广泛存在。cADPR 是兰尼碱受体（ryanodine receptor，RyR）的内源性激动剂。RyR 是一种钙离子释放通道，因其与植物中提取的生物碱兰诺定具有高度亲和力而得名，根据不同的组织分布分为三个亚型，即存在于骨骼肌中的 RyR1、心肌中的 RyR2 和脑中的 RyR3。cADPR 通过作用于 ER/SR 膜上的 RyR 来引发细胞内钙库的释放，这一活性可被 RyR 的特异性抑制剂（如兰诺定和钌红等）所阻断，而不受 IP3R 抑制剂（如肝素等）的影响。cADPR 与 RyR 的作用方式是悬而未决的话题，多种蛋白质被报道参与了调控过程，但调控该信号通路的特异蛋白及作用机制一直存在争议。

张亮仁等利用化学小分子研究 cADPR 介导的钙信号通路中的调控蛋白。围绕这一目标，设计并合成了多种 cADPR 的模拟物（**2**～**6**），这些模拟物涵盖了糖环、碱基及焦磷酸酯的各类修饰结构。在 T 细胞、神经元细胞等多种细胞系下研究了 cADPR 及其模拟物介导的钙信号通路，发现了 cADPR 模拟物对细胞钙信号的调控作用。构效关系研究表明，cADPR 的北区糖环对结构修饰有良好的耐受度，甚至将糖环简化成醚链后仍能保持对钙信号具有良好的激动作用，并找到了可以透过细胞膜、具有钙激动活性的 cADPR 模拟物 cIDPRE 等[48]。

为了继续探求 cADPR/RyR 钙信号通路调控的分子机制，尤其是 cADPR 的作用靶点，依据构效关系研究结果，设计合成了在北区糖环带有光亲和标记基团的 cADPR 类似物 PAL-cIDPRE（**7**）。PAL-cIDPRE 可在 Jurkat 细胞中以浓度依赖地诱导细胞内钙释放，并且伴有钙离子内流现象；在 RyR 拮抗剂、cADPR 拮抗剂预处理及 RyR2 和 RyR3 双重敲低的细胞中，PAL-cIDPRE 诱导的钙释放被显著抑制；结果说明 PAL-cIDPRE 具有与 cADPR 相同的作用机制，它通过作用于 RyR 而引发钙离子释放，同时 PAL-cIDPRE 也是一种膜透性 cADPR 激动剂。

将 PAL-cIDPRE 在 4℃下与 Jurkat 细胞匀浆一起孵育 2h，经 365nm UV 照射 30min 后，加入携带叠氮基的生物素（**8**）及 Cu（Ⅰ）催化剂，室温反应 18h 后，加入丙酮将蛋白质沉淀。作为对照组，在加入 PAL-cIDPRE 之前，先将 cIDPRE 与细胞匀浆孵育 2h 后，再加入 PAL-cIDPRE 并按同样流程处理。接下来，采用链霉亲和素偶联的磁珠纯化 PAL-cIDPRE 结合的蛋白质，通过实验组与对照组的比较对差异蛋白进行质谱分析，发现该差异蛋白为 40kDa 的蛋白为甘油醛-3-磷酸脱氢酶（GAPDH）。表面等离激元共振（SPR）实验也进一步证实了 GAPDH 与 cADPR 具有很强的结合能力（图 5.25）。

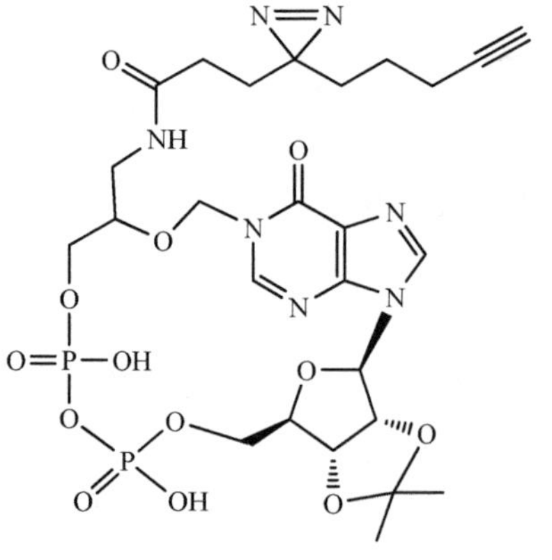

**7** (PAL-cIDPRE)

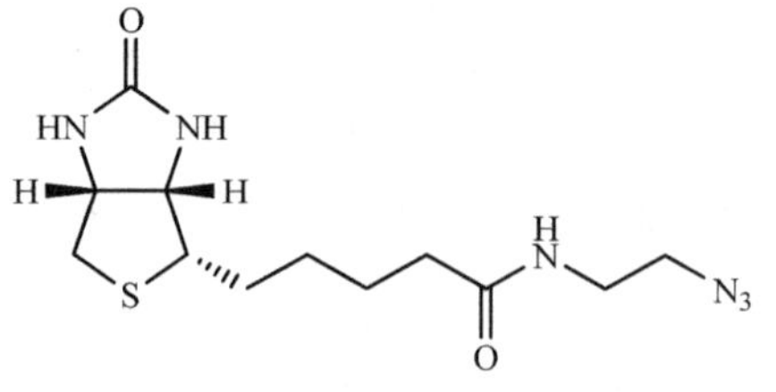

**8** (叠氮-生物素)

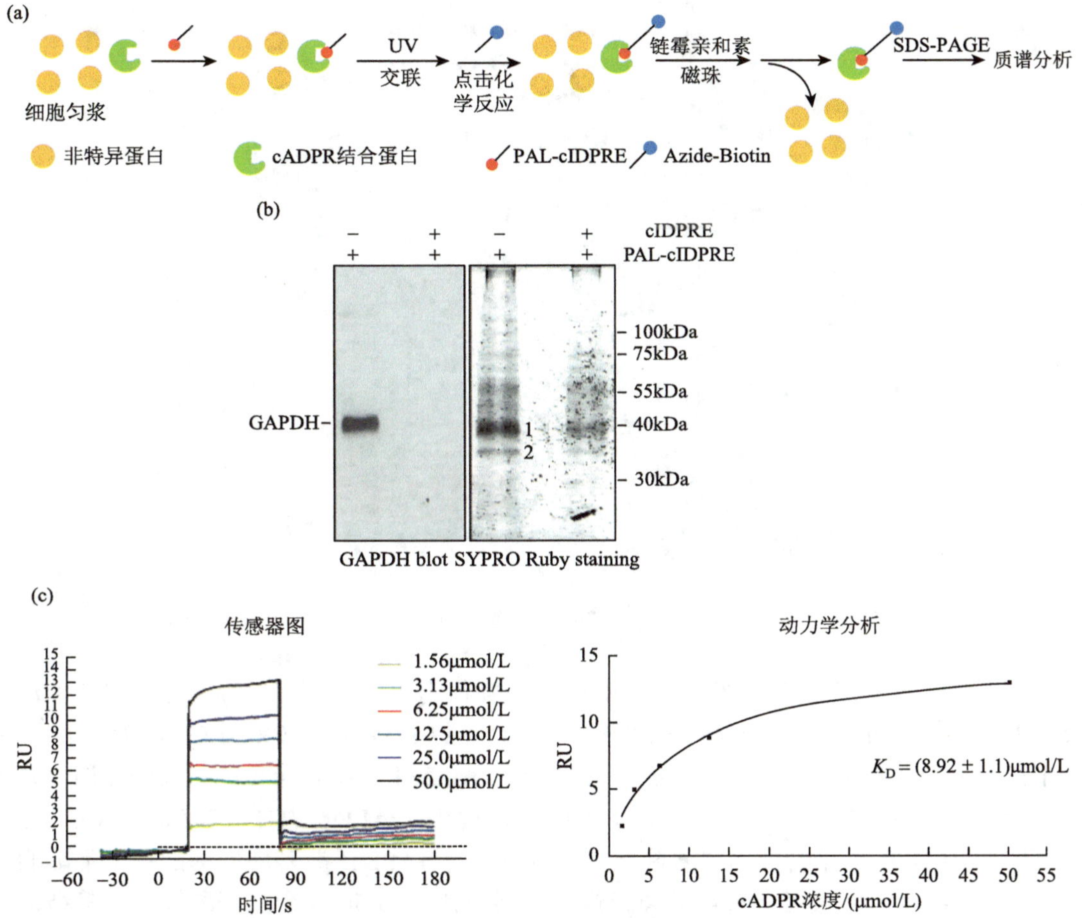


图 5.25　ADPR 结合蛋白 GAPDH 的鉴定[49]

（a）光亲和标记鉴定 cADPR 结合蛋白流程示意图；（b）GAPDH 作为 PAL-cIDPRE 结合蛋白的鉴定；（c）SPR 测定 cADPR 与 GAPDH 的结合

为了验证 GAPDH 在介导 cADPR 诱导的钙信号释放的作用，首先在 GAPDH 基因敲低的 Jurkat 细胞中进行了考察，结果显示当 GAPDH 基因敲低后，无论是笼锁型 cADPR（NPE-cADPR）还是 PAL-cIDPRE，它们诱导释放的钙信号强度都显著降低。此外，在 RyR3 高表达的 HEK293 细胞中，GAPDH 敲低后 NPE-cADPR 诱导的钙信号释放强度显著降低，在人冠状动脉平滑肌（hCASM）细胞中也看到了类似的现象。结果充分说明 GAPDH 是 cADPR 诱导的细胞钙信号释放过程中的必需蛋白。在 HEK293 及 hCASM 等多种细胞体系中，GAPDH 都能够特异性地影响 cADPR 钙激动活性，而对 IP3、ATP 及毒胡萝卜素（thapsigargin，TG）等引发的钙释放无影响，说明 GAPDH 是特异性调控 cADPR 钙信号通路的蛋白。由于 cADPR 通过 RyR 激活 ER 释放钙离子，但不直接与 RyR 结合，我们推测 GAPDH 可能是 cADPR 和 RyR 之间的桥连蛋白（图 5.26）。进一步的免疫共沉淀、免疫染色及细胞成像的研究显示，cADPR 可以瞬时增强 GAPDH 与 RyR 的相互作用，而随着时间的推移，这种相互作用会逐渐减弱（图 5.27）。在激光共聚焦显微镜及高分辨图像分析中都发现了 GAPDH 与 RyR 在细胞中的共定位[49]。

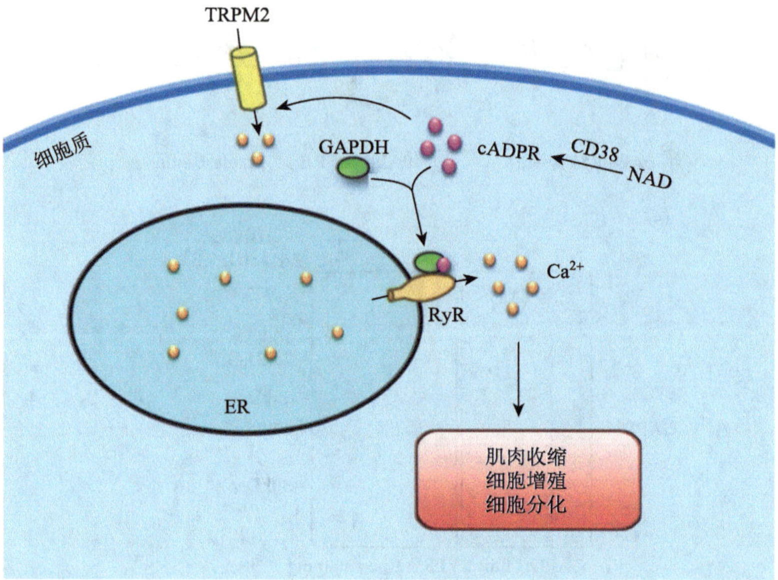


图 5.26　GAPDH 对 cADPR 介导的细胞钙信号通路的调控作用示意图

为了进一步考察 cADPR/GAPDH/RyR 的相互作用位点，张亮仁等首先采用分子对接及动力学计算分析了 cADPR 与 GAPDH 的结合，结果显示 cADPR 与 GAPDH 的结合位点不在 $NAD^+$的结合区域，氨基酸残基 His179 和 Arg234 对结合起至关重要的作用，并采用定点突变实验及 SPR 对该位点进行了验证。结果表明 GAPDH 的 His179Ala 及 Arg234Ala 突变体与 cADPR 的结合能力显著降低，并且发现，GAPDH 氨基酸残基的突变不影响其与 $NAD^+$的结合。RyR 是一种四聚体膜蛋白，其单体由约 5000 个氨基酸组成，其结构由低温冷冻电镜进行了解析，为了探讨 RyR 与 GAPDH 的作用区域，张亮仁等制备了多种 GST 融合重组蛋白，它们覆盖 RyR2，位于其 N 端胞质结构域的不同区域。随后进行的体外 GST pull-down 实验发现，RyR2 中的区域 7（残基 3512～4560）与 GAPDH 呈弱相互作用，并且当加入 cADPR 后，区域 7 和 GAPDH 的亲和力增加，从而推断 cADPR 结合在 GAPDH 的区域 7。结构解析结果显示 RyR 的区域 7 实际上是 RyR 的核心区域。随后，考察了 GAPDH 中的哪个结构域参与了与 RyR2 中区域 7 的相互作用。体外 GST pull-down 实验显示 GAPDH 的 C 端即催化结构域（而非 $NAD^+$结合结构域）与 RyR2 中的区域 7 结合。这些结果表明 GAPDH 和 RyR 之间的相互作用是特异性的，并且 cADPR 的存在增加了 GAPDH 和 RyR 之间的相互作用。

GAPDH 是胞内的“管家基因”，在糖酵解和糖原异生中发挥重要作用。GAPDH 催化 D-甘油醛 3-磷酸的氧化磷酸化（G3P）转化为 1, 3-双磷酸-D-甘油酸酯，其中 $NAD^+$可以接受氢化物离子而还原成 NADH。本研究发现 GAPDH 是介导 cADPR 诱导细胞钙释放的必需蛋白，并且发现 cADPR 与 GAPDH 结合时的位点不在底物 $NAD^+$的结合区，进一步的实验考察结果显示，cADPR 不是 GAPDH 糖酵解过程中的底物，cADPR 几乎不影响 GAPDH 的氧化磷酸化活性，在 cADPR 存在下，GAPDH 可以将 $NAD^+$水解成 ADPR 及 NMN，却无法水解 cADPR。最近有研究报道，GAPDH 在细胞中负责控制葡萄糖被加工

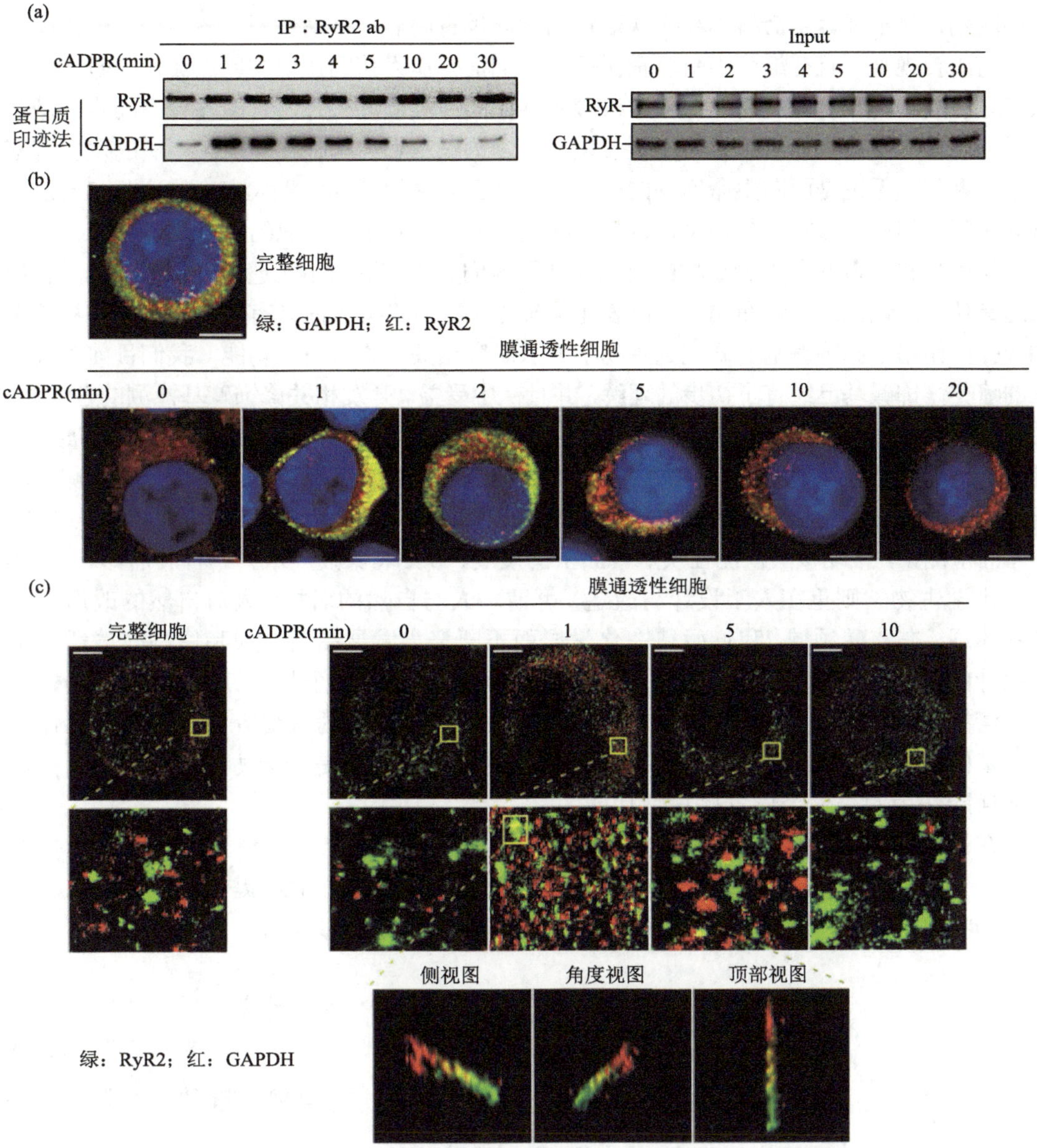


图 5.27　Jurkat 细胞中 cADPR 瞬时增强 GAPDH 与 RyR 的作用[49]

（a）免疫共沉淀显示 cADPR 瞬时诱导增强 GAPDH 与 RyR 相互作用；膜透性 Jurkat 细胞中激光共聚焦显微镜（b）及高分辨图像分析（c）GAPDH 与 RyR 的共定位

的速率，是控制 Warburg 效应的一种分子，从而为根据新陈代谢选择性地靶向杀灭肿瘤细胞提供了依据[50]。这些研究结果拓展了人们对 GAPDH 生物功能的认识，研究的不断深入将推动药物新靶点及药物先导结构的发现。

## 5.3　讨论与展望

化学与生物学、医学的交叉融合使人们对生物活性分子和化学小分子的相互作用理解得更加深刻，对于探索生命机制和疾病治疗的发展也有明显的推动作用。核酸分子一直以来因为结构比较规则，且在细胞中受重重保护，早期很少作为药物作用的靶点被直接研究。随着人们对核酸结构和功能认识的深入，核酸的神秘面纱被慢慢揭开，它的各种不同修饰碱基和不同结构也慢慢被人们所熟知，而且发现这些修饰碱基和结构往往与重大疾病的发生有密切联系。因此，无论是面向生命奥秘的探索，还是面向医学基础和重大疾病的诊断和治疗，以核酸为靶标的疾病诊断和药物设计合成始终是生命科学和医疗产业的长期发展方向。

核酸修饰碱基和其本身结构的研究增加了人们关于核酸对生物遗传、复制、转录和蛋白表达等功能的认识，它们在调节基因表达和确定细胞身份等方面具有重要的作用。从化学试剂选择性作用于修饰碱基的研究到生物学方法研究相关修饰碱基的功能，我们目前对天然存在的嘧啶修饰碱基已经有了初步的理解，并且从中受益。开发相关修饰碱基检测的各种原位、实时、高灵敏、高选择、高通量的新方法和新技术，必然会大大促进相关领域的发展。与此同时，核酸修饰碱基的检测和疾病的诊断、治疗密切相关，虽然目前已经有一些检测方法，但是真正能够应用到临床检测的方法并不多，这激励我们发展更多有效的方法用于实际临床样本的检测中，推动核酸检测在疾病诊断中的发展，以期将其发展成为一种肿瘤诊断标志物。

化学生物学则重在人工设计与改造，可谓“人与自然的对抗、人对自然的改造”最典型的体现。在核酸领域，我们亟待在化学层面不断努力发展高效合成和修饰改造活性小分子探针的方法和技术，运用化学的基本理论和方法研究小分子与大分子相互作用的原理，去弄清核酸调控蛋白、RNA、DNA 片段、染色体本身结构的改变等许多因素协同作用，调控基因何时、何地、如何表达，影响基因表达的这些元素是如何协同作用的，调控机制是如何起作用的，使个体发挥正常功能。

在深入了解小分子与核酸相互作用的方式和机理基础上，在分子水平上认识抗癌物（药物）的抗癌机理，为高效低毒抗癌新药的分子设计或体外筛选提供理论指导，相信在不久的将来，将诞生出更多以核酸为靶标的新型治疗肿瘤的方法。

本章作者：周　翔①，杜宇昊①

黄志纾②，张亮仁③

①武汉大学；②中山大学；③北京大学

## 参 考 文 献

[1] Smith Z D，Meissner A. DNA methylation：roles in mammalian development. Nat Rev Genet，2013，14：204-220.

[2] Baylin S B，Jones P A. A decade of exploring the cancer epigenome-biological and translational implications. Nat Rev Cancer，2011，11：726-734.

[3] Kriaucionis S，Heintz N. The nuclear DNA base 5-hydroxymethylcytosine is present in Purkinje neurons and the brain. Science，2009，324：929-930.

[4] Tahiliani M，Koh K P，Shen Y，et al. Conversion of 5-methylcytosine to 5-hydroxymethylcytosine in mammalian DNA by MLL partner TET1. Science，2009，324：930-935.

[5] Munzel M，Globisch D，Carell T. 5-Hydroxymethylcytosine，the sixth base of the genome. Angew Chem Int Ed，2011，50：6460-6468.

[6] Li W，Liu M. Distribution of 5-hydroxymethylcytosine in different human tissues. J Nucleic Acids，2011，2011：870726.

[7] Ito S，Shen L，Dai Q，et al. Tet proteins can convert 5-methylcytosine to 5-formylcytosine and 5-carboxylcytosine. Science，2011，333：1300-1303.

[8] Yu M，Hon G C，Szulwach K E，et al. Base-resolution analysis of 5-hydroxymethylcytosine in the mammalian genome. Cell，2012，149：1368-1380.

[9] Booth M J，Branco M R，Ficz G，et al. Quantitative sequencing of 5-methylcytosine and 5-hydroxymethylcytosine at single-base resolution. Science，2012，336：934-937.

[10] Booth M J，Marsico G，Bachman M，et al. Quantitative sequencing of 5-formylcytosine in DNA at single-base resolution. Nat Chem，2014，6：435-440.

[11] Meyer K D，Saletore Y，Zumbo P，et al. Comprehensive analysis of mRNA methylation reveals enrichment in 3′ UTRs and near stop codons. Cell，2012，149：1635-1646.

[12] Dominissini D，Moshitch-Moshkovitz S，Schwartz S，et al. Topology of the human and mouse $m^6A$ RNA methylomes revealed by $m^6A$-seq. Nature，2012，485：201-206.

[13] Haussmann I U，Bodi Z，Sanchez-Moran E，et al. $m^6A$ potentiates Sxl alternative pre-mRNA splicing for robust *Drosophila* sex determination. Nature，2016，540：301-304.

[14] Jia G，Fu Y，Zhao X，et al. N6-methyladenosine in nuclear RNA is a major substrate of the obesity-associated FTO. Nat Chem Biol，2011，7：885-887.

[15] Zheng G，Dahl J A，Niu Y，et al. ALKBH5 is a mammalian RNA demethylase that impacts RNA metabolism and mouse fertility. Mol Cell，2013，49：18-29.

[16] Patil D P，Pickering B F，Jaffrey S R. Reading $m^6A$ in the transcriptome：$m^6A$-binding proteins. Trends Cell Biol，2018，28：113-127.

[17] Cao G，Li H B，Yin Z，et al. Recent advances in dynamic $m^6A$ RNA modification. Open Biol，2016，6：160003.

[18] Biffi G，Tannahill D，McCafferty J，et al. Quantitative visualization of DNA G-quadruplex structures in human cells. Nat Chem，2013，5：182-186.

[19] Chambers V S，Marsico G，Boutell J M，et al. High-throughput sequencing of DNA G-quadruplex structures in the human genome. Nat Biotechnol，2015，33：877-881.

[20] Wang T，Hong T，Tang T，et al. Application of *N*-halogeno-*N*-sodiobenzenesulfonamide reagents to the selective detection of 5-methylcytosine in DNA sequences. J Am Chem Soc，2013，135：1240-1243.

[21] Hong T，Wang T，He Z，et al. Qualitative and quantitative detection of methylation at CpG sites using the fluorescein-dGTP incorporated asymmetric PCR assay strategy. Chem Commun（Camb），2014，50：6653-6655.

[22] Hong T，Wang T，Guo P，et al. Fluorescent strategy based on cationic conjugated polymer fluorescence resonance energy transfer for the quantification of 5-(hydroxymethyl) cytosine in genomic DNA. Anal Chem，2013，85：10797-10802.

[23] Wang S，Long Y，Wang J，et al. Systematic investigations of different cytosine modifications on CpG dinucleotide sequences：the effects on the *B-Z* transition. J Am Chem Soc，2014，136：56-59.

[24] Wang T，Hong T，Huang Y，et al. Fluorescein derivatives as bifunctional molecules for the simultaneous inhibiting and labeling of FTO protein. J Am Chem Soc，2015，137：13736-13739.

[25] Wu J，Xiao H，Wang T，et al. N(6)-hydroperoxymethyladenosine：a new intermediate of chemical oxidation of N(6)-methyladenosine mediated by bicarbonate-activated hydrogen peroxide. Chem Sci，2015，6：3013-3017.

[26] Wang S，Wang J，Zhang X，et al. N(6)-methyladenine hinders RNA-and DNA-directed DNA synthesis：application in human rRNA methylation analysis of clinical specimens. Chem Sci，2016，7：1440-1446.

[27] Mao W，Xu X，He H，et al. Specific recognition of guanines in non-duplex regions of nucleic acids with potassium tungstate and hydrogen peroxide. Nucleic Acids Res，2015，43：e3.

[28] Chen S B，Shi Q X，Peng D，et al. The role of positive charges on G-quadruplex binding small molecules：learning from bisaryldiketene derivatives. Biochim Biophys Acta，2013，1830：5006-5013.

[29] Yan Y Y，Tan J H，Lu Y J，et al. G-quadruplex conformational change driven by pH variation with potential application as a

nanoswitch. Biochim Biophys Acta，2013，1830：4935-4942.

[30] Wu Z，Xie X，Li P，et al. Equilibrious strand exchange promoted by DNA conformational switching. Sci Rep，2013，3：1121.

[31] Wang S，Fu B，Wang J，et al. Novel amplex red oxidases based on noncanonical DNA structures：property studies and applications in microRNA detection. Anal Chem，2014，86：2925-2930.

[32] Tian T，Peng S，Xiao H，et al. Highly sensitive detection of telomerase based on a DNAzyme strategy. Chem Commun（Camb），2013，49：2652-2654.

[33] He J H，Liu H Y，Li Z，et al. New quinazoline derivatives for telomeric G-quadruplex DNA：effects of an added phenyl group on quadruplex binding ability. Eur J Med Chem，2013，63：1-13.

[34] Liu Z，Zhuo S，Tan J，et al. Facile syntheses of disubstituted bis（vinylquinolinium）benzene derivatives as G-quadruplex DNA binders. Tetrahedron，2013，69：4922-4932.

[35] Wang X，Zhou C X，Yan J W，et al. Synthesis and evaluation of quinazolone derivatives as a new class of c-KIT G-quadruplex binding ligands. ACS Med Chem Lett，2013，4：909-914.

[36] Shan C，Lin J，Hou J，et al. Chemical intervention of the NM23-H2 transcriptional programme on c-MYC via a novel small molecule. Nucleic Acids Res，2015，43：6677-6691.

[37] Xiong Y X，Su H F，Lv P，et al. A newly identified berberine derivative induces cancer cell senescence by stabilizing endogenous G-quadruplexes and sparking a DNA damage response at the telomere region. Oncotarget，2015，6：35625-35635.

[38] Zhang J，Liu X，Ma X，et al. Direct asymmetric aldol addition-isomerization of alpha，beta-unsaturated gamma-butyrolactam with aryl alpha-ketoesters：synthesis of MBH-type products. Chem Commun（Camb），2013，49：3300-3302.

[39] Liu X，Wang Y，Xing Y，et al. Design，synthesis，and pharmacological characterization of novel endomorphin-1 analogues as extremely potent mu-opioid agonists. J Med Chem，2013，56：3102-3114.

[40] Zhang Y，Chen L Y，Han X，et al. Phosphorylation of TPP1 regulates cell cycle-dependent telomerase recruitment. Proc Natl Acad Sci USA，2013，110：5457-5462.

[41] Han X，Liu D，Zhang Y，et al. Akt regulates TPP1 homodimerization and telomere protection. Aging Cell，2013，12：1091-1099.

[42] Chen S，Su L，Qiu J，et al. Mechanistic studies for the role of cellular nucleic-acid-binding protein（CNBP）in regulation of *c-myc* transcription. Biochim Biophys Acta，2013，1830：4769-4777.

[43] He Q，Zeng P，Tan J H，et al. G-quadruplex-mediated regulation of telomere binding protein POT1 gene expression. Biochim Biophys Acta，2014，1840：2222-2233.

[44] Tang M，Li Y，Zhang X，et al. Structural maintenance of chromosomes flexible hinge domain containing 1（SMCHD1）promotes non-homologous end joining and inhibits homologous recombination repair upon DNA damage. J Biol Chem，2014，289：34024-34032.

[45] He Q，Kim H，Huang R，et al. The Daxx/Atrx complex protects tandem repetitive elements during DNA hypomethylation by promoting H3K9 trimethylation. Cell Stem Cell，2015，17：273-286.

[46] Tang M，Li Y，Zhang Y，et al. Disease mutant analysis identifies a new function of DAXX in telomerase regulation and telomere maintenance. J Cell Sci，2015，128（2）：331-341.

[47] Zhang Y，Wu Y，Mao P，et al. Cold-inducible RNA-binding protein CIRP/hnRNP A18 regulates telomerase activity in a temperature-dependent manner. Nucleic Acids Res，2016，44：761-775.

[48] Zhang L，Yue J，Zhang L H. Cyclic adenosine 5′-diphosphoribose（cADPR）mimics used as molecular probes in cell signaling. Chem Rec，2015，15：511-523.

[49] Zhang K，Sun W，Huang L，et al. Identifying glyceraldehyde 3-phosphate dehydrogenase as a cyclic adenosine diphosphoribose binding protein by photoaffinity protein-ligand labeling approach. J Am Chem Soc，2017，139：156-170.

[50] Liberti M V，Dai Z，Wardell S E，et al. A predictive model for selective targeting of the Warburg effect through GAPDH inhibition with a antural product. Cell Metab，2017，26：648-659.

# 第 6 章　聚糖分子探针的合成与应用

## 6.1　引　　言

聚糖、核酸和蛋白质是生命体中最重要的三类大分子量有机化合物，而对聚糖的研究却远远落后于核酸和蛋白质；在很长的一段时间里，聚糖被认为只是一种能量物质或结构物质。到了 20 世纪 50 年代，随着化学和生物学的发展和分离分析技术的进步，人们开始认识到聚糖的结构是非常复杂多样的，其生物学功能也决非仅是能量和结构上的功能，尤其是发现了人的 ABO 血型是由血细胞表面末端寡糖的微小差别而决定的。80 年代以后，人们对聚糖的认识有了质的飞跃，认识到聚糖涉及生命的全部时间和空间过程，如受精、着床、分化、发育、免疫、感染、癌变、衰老等。正因为如此，糖与疾病的发生和发展有着密切的关系。一方面，某些糖链的不正常导致疾病的发生，如先天性缺失某个糖基水解酶所导致的鞘糖脂储积症。另一方面，在很多疾病过程中，往往伴随着糖链的异常，例如，肿瘤的发生往往伴随细胞表面糖链的异常高表达，并且这些糖链的变化与肿瘤的恶化和转移等密切相关。另外，一些致病过程则是由糖直接介导的，如微生物感染和炎症等。显然，调控糖链参与的这些病变过程就有可能控制疾病。

相比核酸和蛋白质，对于聚糖的结构和功能的研究更具挑战性，主要的原因如下：①聚糖的化学结构比核酸和蛋白质复杂。核酸和蛋白质是分别通过磷酸二酯键和酰胺键相连的线形分子；而聚糖则通过糖苷键相连，糖苷键有两种立体异构形式，并且由于每个单糖有数个羟基而往往形成支链结构。因此，糖的分离、结构分析和化学合成都较困难。②聚糖在生物体中的合成也比核酸和蛋白质难以控制。核酸和蛋白质的合成是一个由模板控制的过程，是高度精确的；而在糖链的合成过程中，每个糖苷键的合成或断裂由特定位置的特定糖基转移酶或水解酶控制；这个过程是不精确的，造成了糖链的微观不均一性（micro-heterogeneity），使得均一糖链的分离极其困难。另外，不同细胞拥有不同的糖链生产线，这给利用基因工程生产糖蛋白提出了额外的问题。③糖的生物学功能更多地体现在多细胞间生命过程的调控，难以用传统的生物学手段如基因敲除来开展研究。基于这些原因，对于聚糖这样一个复杂而重要的目标，仅用生物学手段无法给出其中结构与功能问题的最终答案，而必须联用化学手段。因此，化学糖生物学（chemical glycobiology）成为当前一个重要的研究领域[1]。

聚糖的合成问题是制约糖科学发展的瓶颈之一。为此，各国科学家经过多年的不懈努力，目前已发展了多种糖基化的方法和策略，推动了聚糖合成工作的进步；然而复杂聚糖的高效合成仍然存在巨大的挑战。与国际化学糖生物学的发展同步，围绕聚糖分子探针的获得性问题及其在生物医药领域中的应用，在“基于化学小分子探针的信号转导过程研究”的国家基金委重大研究计划等国家级项目的持续资助下，我们在聚糖探针和应用的研究方向取得了一系列重要进展。

# 6.2　研究进展与成果

## 6.2.1　聚糖的化学合成

糖苷化反应是寡糖和糖缀合物合成中的关键反应，负责糖单元之间及糖单元和非糖单元之间的连接。由于糖苷键的形式非常多样，至今没有通用的糖苷化方法。而一些天然存在的糖苷键的合成还非常困难。例如，对于达玛烷型人参苷元 20 位叔羟基的糖苷化，由于空间位阻、对于酸和亲核物种的敏感性等原因，无法用已有的方法进行糖苷化。针对这些问题，俞飚课题组发展了以糖基邻炔基苯甲酸酯为给体的一价金催化的糖苷化方法，以全新的反应机制实现了此前不能实现的一系列糖苷键的合成。同时，该方法表现了极佳的通用性，已成为国内外同行实现一些复杂糖缀合物合成中的关键反应，被称为俞氏糖苷化反应（Yu glycosylation）[2]。该反应的机理如图 6.1 所示[3]。

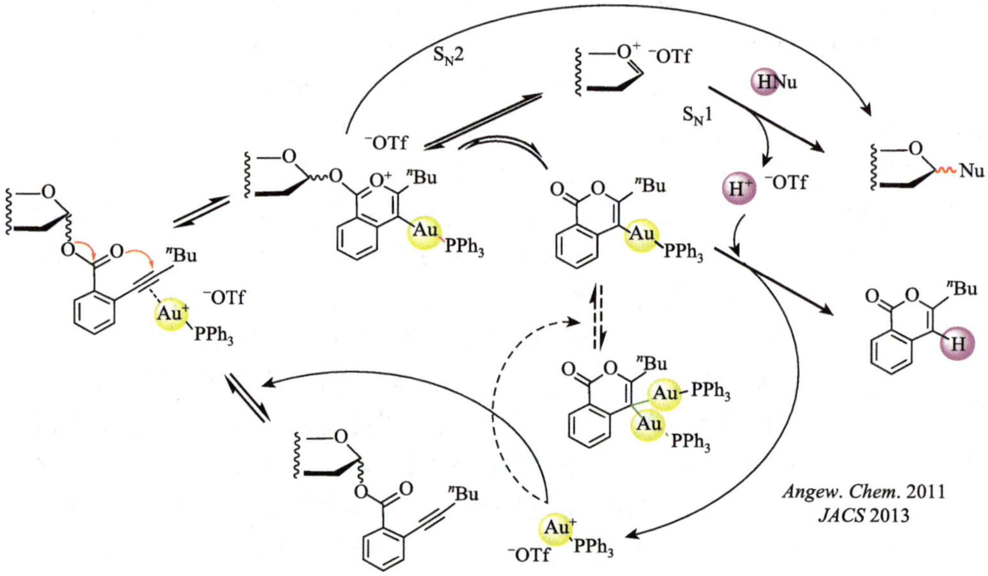


图 6.1　以糖基邻炔基苯甲酸酯为给体的一价金催化的糖苷化反应的催化机理

以该方法为关键反应，俞飚课题组完成了一系列具有重要生物活性的糖缀合物的合成。图 6.2 列出了部分合成分子。其中，A201A 是一种结构独特的核苷类抗生素，其中含环外烯醚的呋喃糖单元从未在其他天然产物中出现过。该抗生素由美国礼来公司于 1976 年从链霉菌 *Streptomyces capreolus* NRRL 3817 中分离得到，对革兰氏阳性菌和大多数厌氧性革兰氏阴性菌显示出强烈的抗菌活性。由于该化合物含有模拟 tRNA 末端的 3′-酰胺基核苷片段，推测其作用于核糖体 A 位从而抑制蛋白质的合成。在合成中，应用了一价金促进的糖苷化反应实现了嘌呤的 N-糖苷化，并实现了对含有酸性敏感基团和碱性氮原子的复杂底物的糖苷化[4]。

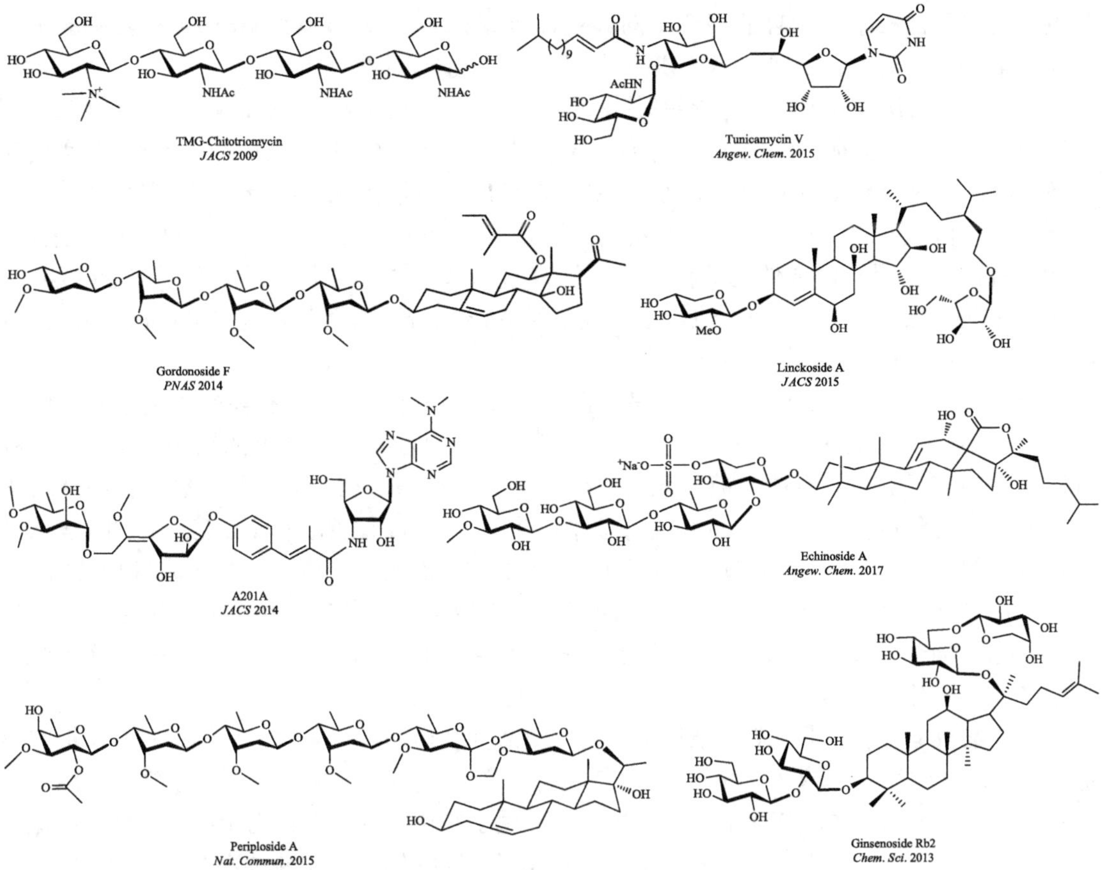


图 6.2　俞飚课题组完成的天然糖缀合物全合成的部分实例

人参皂苷（ginsenoside）主要是以（达玛烷型三萜）原人参二醇和三醇为苷元的糖苷化合物，它们与人参的诸多神奇功效有关。目前为止已经从人参类植物中分离鉴定的人参皂苷达 200 多种。从天然的复杂混合物中通过分离手段获取足量的单一人参皂苷极其困难，因此，限制了在分子水平上对人参皂苷的活性研究和药物开发。俞飚课题组以便宜易得的人参粗提物为起始原料，先经过碱性条件下的氧化降解获得原人参二醇和三醇。然后通过保护基操作对原人参二醇和三醇中的各个羟基进行区分。应用该课题组发展的一价金催化的糖苷化方法及通过分子内氢键活化，首次实现了对高度酸性敏感、大位阻和低反应活性的 20 位羟基的糖苷化，最终实现了对所有类型原人参二醇和三醇皂苷的合成[5]。

杠柳苷 Periploside A 分离于传统中药杠柳（*Periploca sepium* Bge.），体内外实验发现杠柳苷具有显著的免疫抑制活性，佐证了该中药具有治疗类风湿症的功效。该化合物具有一个独特的亚甲基缩醛桥连的七元环原酸酯结构。这一前所未见的结构模块加之连续的 2-脱氧-*β*-糖苷键使得对该类分子的化学合成成为极大的挑战。俞飚课题组利用分子内缩醛环化反应成功地构建了七元环原酸酯的核心骨架，并应用原创的三氟亚胺酯糖苷化和金催化糖苷化反应完成了原酸酯二糖与甾体苷元的拼接及脱氧四糖的延伸。通过对合成路线的微调，他们还合成了杠柳苷的多个差向异构体等系列类似物。活性测试表明，其中的七元环原酸酯的化学连接是该类分子免疫抑制活性的关键基团[6]。

海星皂苷 Linckoside A 属多羟基甾体皂苷（polyhydrosteroid glycosides）。生物活性测试表明，它们具有促神经生长活性，并对神经生长因子促进的 PC-12 细胞的分化有显著的协同效应。在合成中，使用了 Davis 氧化剂和导向还原实现了 15*α*, 16*β*-反式双羟基的构建，利用环氧水解和 Mukaiyama 水合反应分别构建了 6*β*-OH 和 8*β*-OH。随后，在 Julia 烯化条件下连接边链，并使用一价金催化的糖苷化方法高收率和高立体选择性地实现了 C29-OH 和 C3-OH 的糖片段连接[7]。另外，他们还实现了对 Asterosaponin 类海星皂苷 Goniopectenoside B 和 Astrosterioside A 的合成。

Echinoside A 是一个典型的海参皂苷，其苷元为具有 18(20)内酯环的羊毛甾醇，即海参烷型三萜（holostane），而 $\Delta^{9(11)}$, 12, 17-羟基也是海参苷元中最常见的结构特点；其四糖链以木糖与苷元相连，而该木糖单元的 4 位羟基被硫酸根取代，这也是海参皂苷中最常见的糖型。该化合物存在于数个品种的海参中，并表现出显著的抗肿瘤活性。合成路线从工业可得的羊毛甾醇出发，利用选择性的 C-H 官能团化引入了 C12、C17、C18 和 C20 的氧化态，并立体选择性地重装了边链，实现了 $\Delta^{8(9)}$-双键到 $\Delta^{9(11)}$-双键的转位。随后，通过一价金催化的糖苷化反应，分步安装了四糖链，最终引进硫酸根和脱除保护基[8]。这是对海参皂苷的首次化学合成。

糖胺聚糖是自然界中一类复杂结构且生物学活性多样的线形聚糖。从结构来看，糖胺聚糖是具有硫酸化的氨基糖（乙酰氨基糖）和糖醛酸组成的线形聚糖。除透明质酸外，糖胺聚糖是具有微观不均一的硫酸化的糖残基集合体。由于在化学性质上极为相近，对每一种糖胺聚糖的定向分离与纯化极为困难。多年来的研究提示硫酸化是调控糖胺聚糖生物学功能的关键结构因素。在无法依靠传统分离纯化方式来获得具有均一化硫酸化模式的糖胺聚糖样品的情况下，利用化学合成法进行样品的获取显得尤为重要。结合 20 世纪 80 年代开始的对于糖胺聚糖降解方法的诸多研究成果，李中军课题组开发了一种基于糖胺聚糖降解的结构明确且均一化糖胺聚糖寡糖的半合成策略。基于选择性酶解、酸解或二者结合的方式，他们完成了包括结构确证的硫酸软骨素寡糖及其衍生物或多价物在内的合成工作（图 6.3）。该合成策略

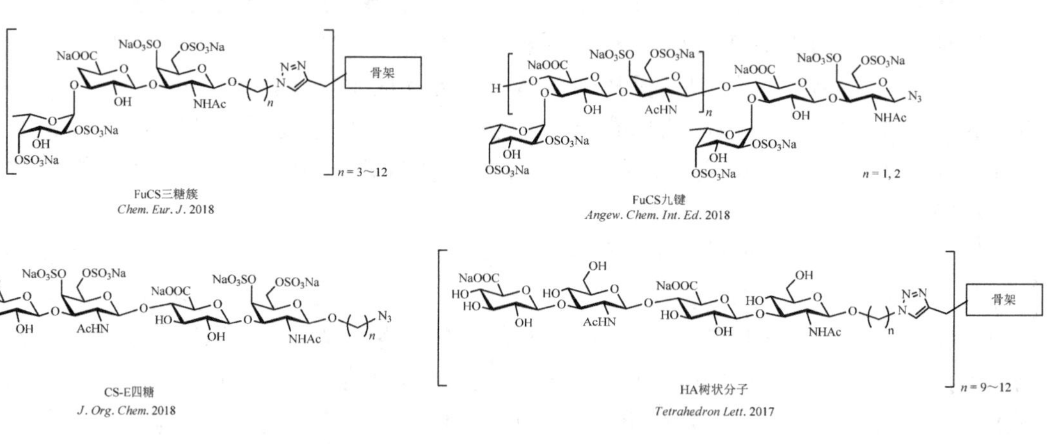


图 6.3　李中军课题组合成的部分糖胺聚糖的结构

体现了极佳的合成效率，大幅度减少了利用传统聚糖合成方法所需要的冗长的合成步骤，使得具有重要生物学活性的糖胺聚糖片段得以高效合成并具有产业化应用前景。

硫酸软骨素是人体细胞间基质中重要的组成部分，具有调节骨生长、神经生长和修复再生的诸多功能。采用廉价易得的透明质酸为原料，利用透明质酸酶进行选择性酶解，后经酯化和柱层析分离，可以 10g 级以上规模得到保护的透明质酸四糖中间体。以此为基础，可经羟基选择性保护与羟基翻转得到硫酸软骨素砌块四糖。经硫酸化与脱保护可实现硫酸软骨素寡糖的合成。此方法规避了对单糖进行逐一保护与逐次糖基化，大幅度缩减了合成步骤数，提高了收率[9]。同时，李中军课题组基于此策略，得到了在还原端具备叠氮基修饰的透明质酸四糖，并合成了树枝状分子[10]。

岩藻糖基化硫酸软骨素（FuCS）是从海参中分离得到的一种具有硫酸化岩藻糖基化修饰的硫酸软骨素衍生物，具有口服抗凝血活性，且具备与肝素不同的抗凝血机制。以酸解天然硫酸软骨素所得到的硫酸软骨素二糖骨架为基础，通过保护、岩藻糖基化、硫酸化和脱保护得到了 FuCS 三糖[11]，并完成了寡糖多价分子的合成与凝血活性的测试[12]。

经分离纯化所得的 FuCS 九糖片段被证明是 FuCS 发挥理想抗凝血活性的最小活性片段。由于其还原端糖结构在纯化过程中结构发生改变（由乙酰氨基半乳糖转变为塔洛糖），因此，通过化学合成手段复原在还原端具有天然结构的 FuCS 九糖是深入研究其抗凝血活性相关机制的关键。同时，该药物的合成路线也是 FuCS 九糖作为候选药物进行后续研究时合成工艺的重要参考。以先酸解后酶解天然硫酸软骨素所得到的硫酸软骨素六糖骨架为基础，通过保护、岩藻糖基化、硫酸化和脱保护得到了 FuCS 九糖[13]。

叶新山课题组发展了基于糖基供体“预活化”的一釜寡糖合成策略，其在寡糖合成领域得到了广泛应用，已成为寡糖化学合成的重要策略[14]。运用该策略，他们实现了结核分枝杆菌细胞壁上磷脂酰肌醇甘露糖苷 $PIM_5$ 的快速组装[15]，高立体选择性地实现了由 $\alpha$-1, 4-2-脱氧-2-乙酰氨基半乳糖醛酸单元所组成的伤寒 Vi 抗原寡糖重复片段[16]及其寡糖模拟结构[17]的合成。

大分子量多糖的合成难度更大。阿拉伯半乳聚糖（arabinogalactan）是一种重要的多糖，它是结核分枝杆菌细胞壁的重要组成成分，与细菌的存活力和致病力相关。该分子由一条半乳聚糖链（A 链）和两条紧密靠近的阿拉伯聚糖链（B 链）组成，具有高度分支的结构，其化学合成不仅为结核分枝杆菌细胞壁生物合成的机制的阐释提供了基础，而且有助于开发预防结核病的新型糖疫苗。正因为如此，该多糖分子近二十年来一直引起包括 Lowary、Ito 和 Seeberger 等多个国际一流糖化学研究小组的兴趣；然而该分子结构复杂，其人工合成存在巨大的挑战性。叶新山课题组从简单的单糖原料出发，采用基于糖基供体“预活化”的一釜寡糖合成策略，以克级规模实现了寡糖链的大量制备；并且利用构象受限的糖基供体高立体选择性地构建了 1, 2-顺式糖苷键；随后再次使用“预活化”一釜寡糖合成策略分别完成了两条多糖链（A 链和 B 链）的快速组装；最后采用他们发展的糖基化反应偶联剂，经[31 + 31 + 30]糖基化反应将两条 B 链与 A 链定点对接，顺利实现了高度分支化、由 92 个单糖单元组成的阿拉伯半乳聚糖的首次全合成（图 6.4）。这是迄今人类所合成的最大、最复杂的均一结构的多糖分子，在糖合成领域具有里程碑式的意义；该研究为复杂多糖的合成开启了新的篇章，也有益于新型结核疫苗的研制[18]。

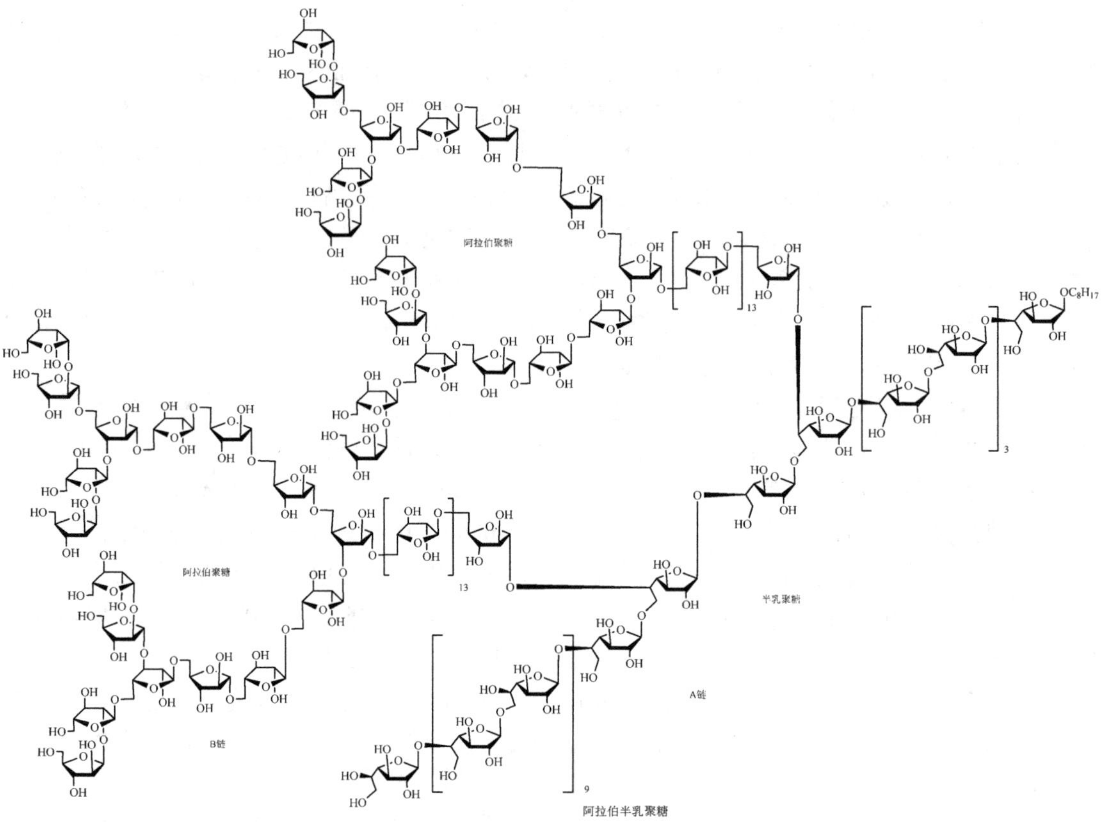


图 6.4　叶新山课题组合成的阿拉伯半乳聚糖的结构

## 6.2.2　聚糖探针的应用

对于聚糖和糖缀合物的化学合成，为研究它们的生物功能提供了必要的探针分子。下面列举一些成功的研究案例。

俞飚课题组与谢欣课题组合作，成功发现了减肥植物蝴蝶亚仙人掌（*Hoodia gordonii*）的有效成分及减肥机制[19]。蝴蝶亚是一类生长在南部非洲高温干燥的喀拉哈利沙漠地区的仙人掌类植物，当地土著在漫长的狩猎过程中常吃这类植物以抑制饥渴。文献报道该植物中抑制饥渴的活性成分为孕甾糖苷化合物 P57，但其作用机制并不清楚。天然资源的有限及知识产权的争端使许多国际大公司放弃了对蝴蝶亚和 P57 的药物研发。通过活性筛选，他们发现蝴蝶亚的孕甾糖苷化合物 Gordonoside F，而不是原先报道的 P57，可以特异性地激活与代谢密切相关的 G 蛋白偶联受体 GPR119。该化合物通过激活 GPR119 刺激胰高血糖素样肽-1（GLP-1）和胰岛素的分泌，并抑制小鼠食欲。在 GPR119 敲除小鼠中，其药效消失。有意思的是，蝴蝶亚的粗提物也是部分通过激活 GPR119 来抑制食欲，这一结果解释了蝴蝶亚的药效机制（图 6.5）。这类新型 GPR119 激动剂的发现为抗肥胖药物的开发奠定了良好基础。

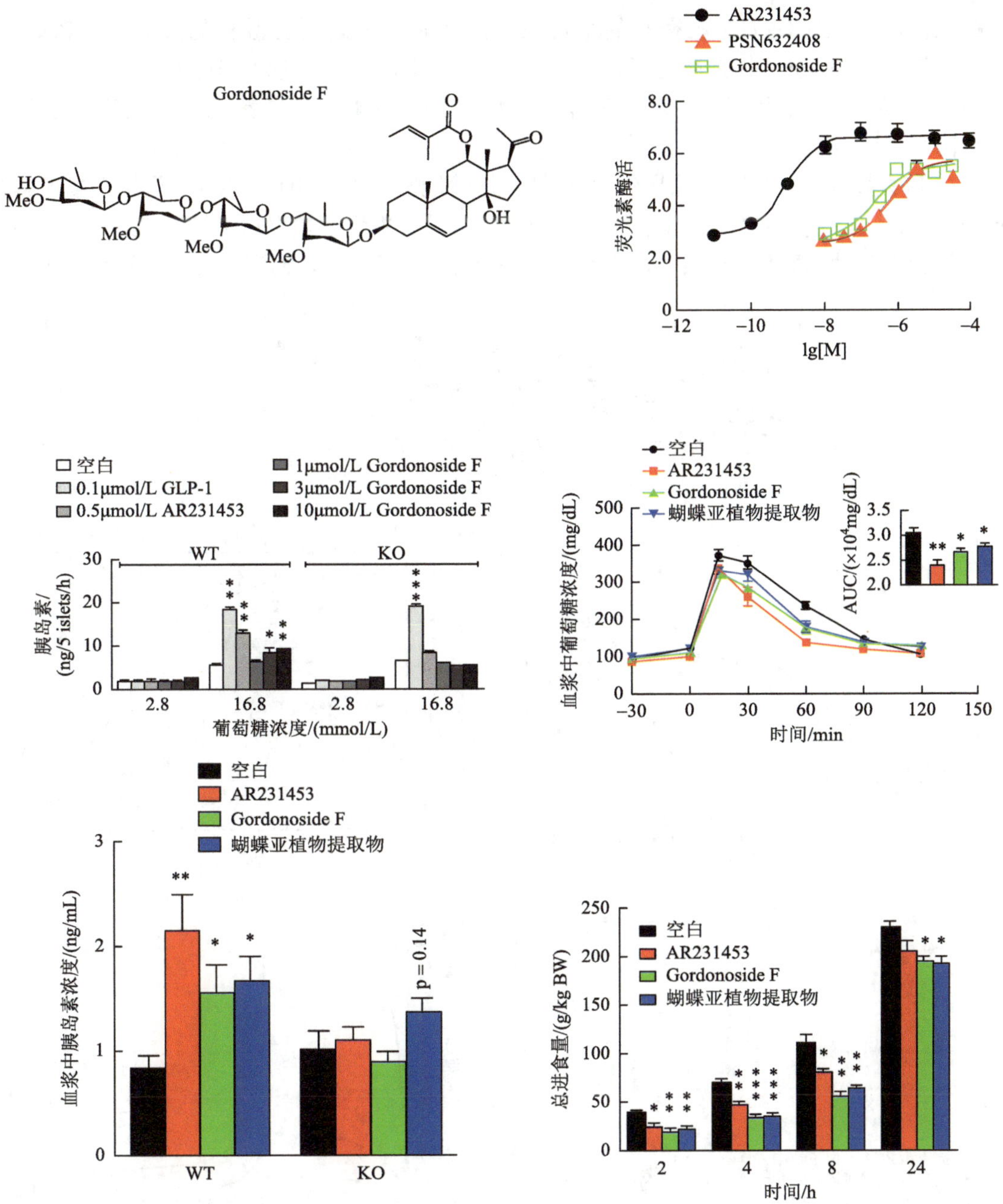


图 6.5 Gordonoside F 的减肥机制

WT 表示野生型小鼠；KO 表示 GPR119 敲除小鼠

俞飚课题组与 Price 课题组合作，发现了区分衣霉素（tunicamycins）抗菌活性和细胞毒性的关键结构因素。衣霉素是一类结构独特的核苷类抗生素，在结构上完美地模拟了氨基糖-磷酸转移酶（translocases）的双底物过渡态，因此，其能够高效地阻断细菌细胞壁的合成和真核体系蛋白质的 N-糖基化。俞飚课题组发展了一条模块化的、高立体选择性的路线，该路线实现了对衣霉素的全合成，并完成了一系列类似物的合成[20]。Price 等通过对这些合成化合物的筛选发现，对于衣霉素中脂肪链的微小改变可以大大减弱其对 N-糖基化的抑制活性而不影响其抑菌活性。这一结果为发展新的抗菌药物指出了一个方向[21, 22]。

李中军课题组与吴明一课题组合作，通过活性测试与机制研究表明，化学合成所得的 FuCS 九糖比分离得到的九糖及市售低分子量肝素具有更强的抗凝血活性。且其抗凝血机制仅与激活内源性 Xase 因子相关，而与肝素可激活的外源性凝血通路无关（图 6.6）[13]。

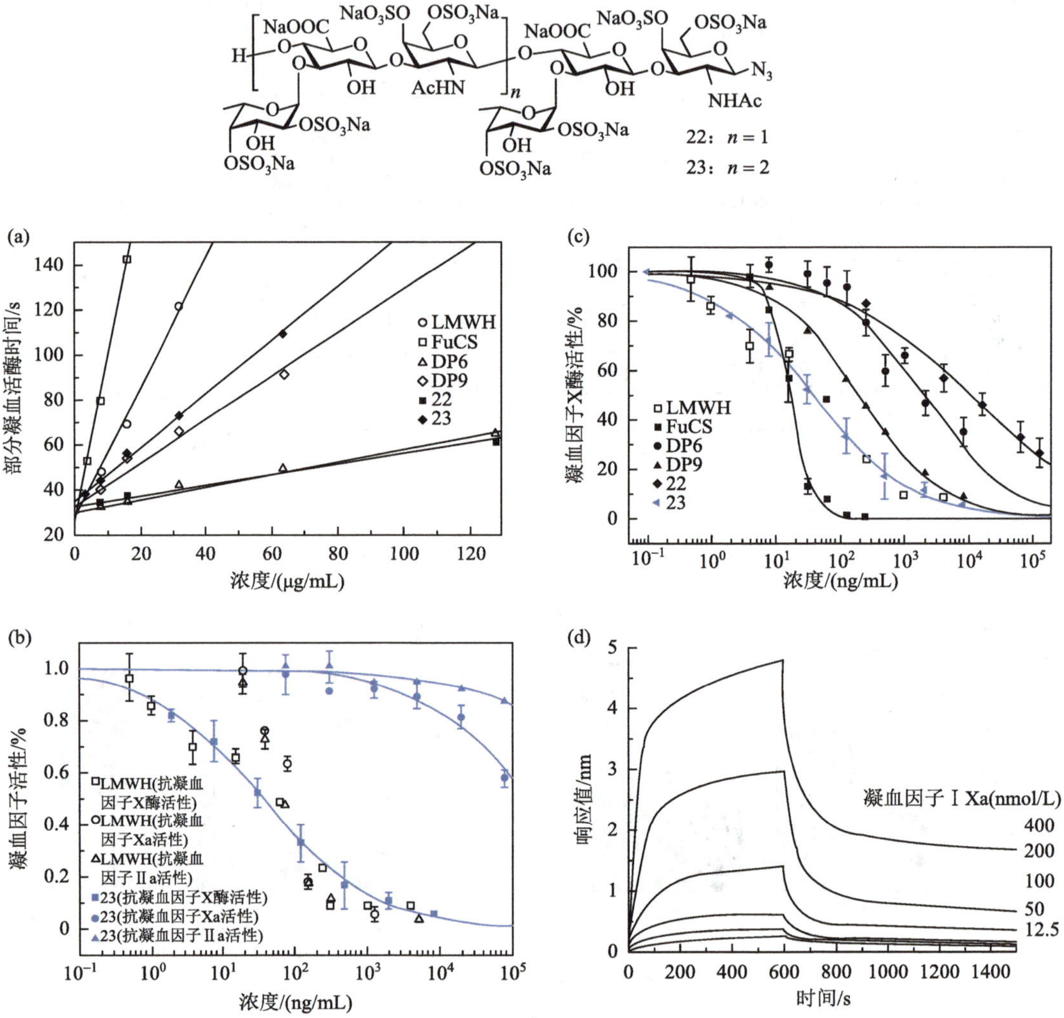


图 6.6　FuCS 九糖的抗凝血活性与机制

LMWH 表示低分子量肝素

叶新山课题组设计合成了伤寒 Vi 抗原四、五、六、七、八糖寡聚体。竞争性 ELISA 测试结果显示，五糖与抗体的亲和力明显强于四糖，六糖强于五糖，但是六、七、八糖的抑制率曲线几乎重合。此结果表明 Vi 多糖的最小抗原表位可能对应着六、七、八糖的大小，并且六糖可能是与抗体有较强结合的最小寡糖片段[16]，这为基于 Vi 寡糖的新一代合成疫苗的研究奠定了基础。

研制 HIV 疫苗是紧迫的社会需求，同表位多抗原免疫策略尚未被应用于基于糖表位的疫苗设计中。叶新山课题组将 HIV 相关的 2G12 表位中的 D1 臂甘露四糖偶联到牛血清白蛋白上制备成糖缀合物，构建了一种和 2G12 抗体具有高亲和力的糖抗原，继而使用这种糖抗原和重组的 gp120 蛋白同时或交替地免疫小鼠，以考察不同免疫方式的影响。结果发现共免疫的糖抗原可以选择性提升识别 gp120 的抗体中和 D1 臂甘露四糖相关结构结合的抗体的比例（图 6.7）[23]。这为基于糖依赖的广泛中和抗体的疫苗研发（如 HIV 疫苗）提供了经验。

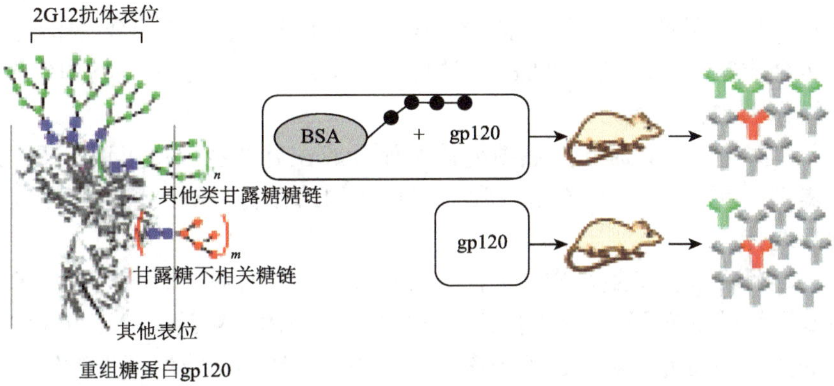


图 6.7　同表位多抗原免疫策略应用于 HIV 糖疫苗研究

BSA 表示牛血清白蛋白

在聚糖代谢标记探针的研究方面，我们发展了一种最小的具有生物正交反应性的 *N*-环丙烯基羰基报告基团，用于细胞和动物活体内含唾液酸糖链的成像。实验结果表明，该报告基团可以有效插入细胞的唾液酸中，在不同细胞中利用其与带荧光的四嗪化合物的反应而可以被快速检测；其代谢插入效率不仅优于 *N*-甲基环丙烯基羰基报告基团，而且在某些细胞中也优于目前广泛使用的叠氮报告基团。进一步，当用 *N*-环丙烯基羰基氨基甘露糖修饰物对小鼠给药时，观察到了小鼠脾细胞、血清中糖蛋白及组织的快速标记，这是环丙烯修饰的糖衍生物首次在体内实现代谢标记。因此，这一环丙烯修饰的糖探针有望在聚糖链的标记中得到应用[24]。

糖基转移酶抑制剂是另一类重要的糖探针，并且对于药物先导结构的发现也具有重要意义。叶新山课题组以环戊烷为骨架模拟唾液酸转移酶催化反应的过渡态，设计合成了一系列含环戊烷结构的胞苷磷酸类化合物；对它们的唾液酸转移酶抑制活性进行了评价，发现了其具有强抑制活性的酶抑制剂（其 $K_i$ 值达到纳摩尔水平）[25]。接着，又合成了一类新型的唾液酸转移酶的过渡态模拟物抑制剂。他们在唾液酸端基的相应位置引入酰胺键，通过酰胺键将几种糖环的替代基团与胞苷单磷酸连接。酰胺键带部分双键性质，为平面结构，可以模拟唾液酸端基碳的平面构型；同时酰胺键又不同于双键，其是极性基团，易形成氢键，因此可能与酶的催化区域作用时产生额外的作用力从而增强抑制效果。他们优化了保护基策略，成功合成了 6 对含有酰胺键的抑制剂分子，得到了迄今最强的唾液酸转移酶抑制剂[26]。

## 6.3　讨论与展望

近年来聚糖和糖缀合物的化学合成在方法和策略方面已取得重要进展，几乎所有天然存在的聚糖和糖缀合物的结构都有可能被合成出来。基于化学合成的灵活性，各种类似物和标记化合物也可以被制备，这为研究聚糖和糖缀合物的生物功能提供了必要的探针分子。然而，合成效率仍然是目前糖化学与糖生物学研究的瓶颈，特别是在涉及复杂的聚糖和糖缀合物时，如多糖、糖蛋白和糖胺聚糖等。在我们的研究中，针对特定的目标天然聚糖的结构特点，发展了基于“预活化”的一釜寡糖合成策略、基于金-炔活化的高效糖基化方法和以半合成策略为基础的糖胺聚糖的合成方法。这些方法和策略的建立，提高了复杂聚糖和糖缀合物的合成能力。

同时，令人振奋的是，对于天然糖链的酶促合成在近期也取得了许多重要进展，为糖生物学研究提供了新的手段。化学合成和酶促合成的结合将是解决聚糖和糖缀合物合成效率的一个理想选择。

目前，在针对聚糖和糖缀合物功能的研究中，糖的芯片技术、糖组学技术和糖代谢标记技术等得到了快速的发展。体外实验也将更多地得到体内实验的验证，静态的实验结果也将在动态的实验中得到诠释。各种糖探针的应用，为糖链功能的解析提供了新的强大的工具，为疾病机制的认识提供了新的探针，并为疾病的诊断、治疗和预防提供了更多的手段。未来，对于聚糖和糖缀合物功能的全面阐明将为整个生命和医学领域的发展带来革命性的进步。

本章作者：俞　飚①，叶新山②，李中军②

①中国科学院上海有机化学研究所；②北京大学

## 参 考 文 献

[1] Bertozzi C R，Kiessling L L. Chemical glycobiology. Science，2001，291：2357-2364.

[2] Yu B. Gold（I）-catalyzed glycosylation with glycosyl *o*-alkynylbenzoates as donors. Acc Chem Res，2018，51：507-516.

[3] Tang Y，Li J，Zhu Y，et al. Mechanistic insights into the gold（I）-catalyzed activation of glycosyl ortho-alkynylbenzoates for glycosidation. J Am Chem Soc，2013，135：18396-18405.

[4] Nie S，Li W，Yu B. Total synthesis of nucleoside antibiotic A201A. J Am Chem Soc，2014，136：4157-4160.

[5] Yu J，Sun J，Niu Y，et al. Synthetic access toward the diverse ginsenosides. Chem Sci，2013，4：3899-3905.

[6] Zhang X，Zhou Y，Zuo J，et al. Total synthesis of periploside A，a unique pregnane hexasaccharide with potent immunosuppressive effects. Nat Commun，2015，6：5879.

[7] Zhu D，Yu B. Total synthesis of linckosides A and B，the representative starfish polyhydroxysteroid glycosides with neuritogenic activities. J Am Chem Soc，2015，137：15098-15101.

[8] Chen X，Shao X，Li W，et al.Total synthesis of echinoside A，a representative triterpene glycoside of sea cucumbers. Angew Chem Int Ed，2017，56：7648-7652.

[9] Yao W，Zhu Y，Zhang X，et al. Semisynthesis of chondroitin sulfate E tetrasaccharide from hyaluronic acid. J Org Chem，2018，83（22）：14069-14077.

[10] Sha M，Yao W，Zhang X，et al. Synthesis of structure-defined branched hyaluronan tetrasaccharide glycoclusters. Tetrahedron Lett，2017，58：2910-2914.

[11] Liu H，Zhang X，Wu M，et al. Synthesis and anticoagulation studies of "short-armed" fucosylated chondroitin sulfate glycoclusters. Carbohydr Res，2018，467：45-51.

[12] Zhang X，Yao W，Xu X，et al. Synthesis of fucosylated chondroitin sulfate glycoclusters：a robust route to new anticoagulant agents. Chem Eur J，2018，24：1694-1700.

[13] Zhang X，Liu H，Lin L，et al. Synthesis of fucosylated chondroitin sulfate nonasaccharide as a novel anticoagulant targeting intrinsic factor Xase complex. Angew Chem Int Ed，2018，57：12880-12885.

[14] Huang X，Huang L，Wang H，et al. Iterative one-pot synthesis of oligosaccharides. Angew Chem Int Ed，2004，43：5221-5224.

[15] Wang D，Xiong D C，Ye X S. A five-component one-pot synthesis of phosphatidylinositol pentamannoside（$PIM_5$）. Chin Chem Lett，2018，29：1340-1342.

[16] Zhang G L，Wei M M，Song C，et al. Chemical synthesis and biological evaluation of penta-to octa-saccharide fragments of Vi polysaccharide from *Salmonella typhi*. Org Chem Front，2018，5：2179-2188.

[17] Zhang G L，Yang L，Zhu J，et al. Synthesis and antigenic evaluation of oligosaccharide mimics of Vi antigen from *Salmonella typhi*. Chem Eur J，2017，23：10670-10677.

[18] Wu Y，Xiong D C，Chen S C，et al. Total synthesis of mycobacterial arabinogalactan containing 92 monosaccharide units. Nat Commun，2017，8：14851.

[19] Zhang S，Ma Y，Li J，et al. Molecular matchmaking between the popular 'weight loss' herb *Hoodia gordonii* and GPR119，a potential drug target for metabolic disorder. Proc Natl Acad Sci USA，2014，111：14571-14576.

[20] Li J，Yu B. A modular approach to the total synthesis of tunicamycins. Angew Chem Int Ed，2015，54：6618-6621.

[21] Price N P J，Hartman T M，Li J，et al. Modified tunicamycins with reduced eukaryotic toxicity that enhance the antibacterial activity of $\beta$-lactams. J Antibiotics，2017，70：1070-1077.

[22] Price N，Jackson M，Vermillion K，et al. Selective catalytic hydrogenation of the *N*-acyl and uridyl double bonds in the tunicamycin family of protein *N*-glycosylation inhibitors. J Antibiotics，2017，70：1122-1128.

[23] Liu C C，Zhai C，Zheng X J，et al. Altering the specificity of the antibody response to HIV gp120 with a glycoconjugate antigen. ACS Chem Biol，2016，11：1702-1709.

[24] Xiong D C，Zhu J，Han M J，et al. Rapid probing of sialylated glycoproteins *in vitro* and *in vivo* via metabolic oligosaccharide engineering of minimal cyclopropene reporter. Org Biomol Chem，2015，13：3911-3917.

[25] Li W，Niu Y，Xiong D C，et al. Highly substituted cyclopentane-CMP conjugates as potent sialyltransferase inhibitors. J Med Chem，2015，58：7972-7990.

[26] Guo J，Li W，Xue W，et al. Transition state-based sialyltransferase inhibitors：mimicking oxocarbenium ion by simple amide. J Med Chem，2017，60：2135-2141.

# 第 7 章　非天然氨基酸探针

## 7.1　引　　言

细胞犹如一个高度有序的机器，蛋白质是其重要组成成分。根据蛋白质的定位、结构、运动及与其他生物分子的动态相互作用，细胞复杂而精确地执行着丰富多彩的功能，包括生物催化剂功能、代谢调节功能、物质的转运和存储功能、运动与支持功能及参与细胞间信息传递功能等。分子探针可以为解释生命现象、探索生物分子机理、解释科学规律提供丰富的手段和工具，如何利用分子探针实现蛋白质结构与功能的实时动态监测与精准操纵，是蛋白质科学研究的主要问题。自然界绝大多数蛋白质都由天然氨基酸组成，相比于其他蛋白质标记技术，由于对目标蛋白的结构、活性、运动及定位干扰显著减少，最大限度地保留了蛋白质在细胞中的天然性质，利用组成蛋白质的氨基酸作为探针是一个理想途径。天然氨基酸如具有芳香环侧链的三种氨基酸在紫外波段的激发下发射荧光，已被用于研究蛋白质折叠动力学。尽管活细胞在紫外波段有强吸收，但并不能用于体内蛋白质研究。其他天然氨基酸的侧链包括巯基、氨基、羟基、羧基等活性官能团，可以在体外对蛋白质进行修饰和标记。Tsien 等利用体外纯化的蛋白质并借助目标蛋白上的单个巯基，对蛋白激酶 A（protein kinase A，PKA）的调节和催化亚基分别进行定点罗丹明和荧光素标记，获得了检测二级信使分子 cAMP 浓度的荧光指示剂；他们还将标记的 PKA 显微注射到活细胞中，观测到 PKA 和 cAMP 对神经信号通路和记忆形成的重要作用[1-3]。然而，组成绝大部分蛋白质的 20 种天然氨基酸中，拥有修饰改造的功能基团仅有以上提及的几种官能基团，功能化方式十分有限，无法满足化学、生物科学研究和应用中对蛋白质结构和功能的需求。

基于此，人为赋予多样性功能基团的非天然氨基酸（unnatural amino acids，UAAs）作为探针在蛋白质研究中的优势就被凸显出来，这些非天然氨基酸可以含有酮基、醛基、叠氮、炔基、烯基、酰胺基、硝基、硫酸根、磺酸根等多样性化学功能基团，具有不同的物理化学性质，可进行多种修饰反应，如点击化学（click chemistry）、光化学、糖基化、荧光显色及氧化还原等反应。将非天然氨基酸探针直接结合在细胞目标蛋白的特定位点，还可以进行高时空分辨率的荧光成像、核磁和顺磁共振研究，有效地捕获并表征蛋白质之间的动态相互作用，理解信号通路转导机制，并对特定蛋白质进行时空可控的操纵。

已经有很多化学和生物合成方法可以将非天然氨基酸引入蛋白质中，主要包括，固相多肽合成技术[4]、自然化学连接反应[5]、Intein 介导的蛋白质连接（IPL）和表达蛋白连接（EPL）[6]、体外化学修饰蛋白。这些方法简单直接，但是均在合成过程中受到蛋白质均一性和尺寸的限制。例如，对氨基酸侧链的修饰可能会有选择性和定量的问题出现。另外，只有有限的氨基酸侧链可以被化学基团修饰。固相合成可以在多肽和小分子量蛋白质结构中引入很多修饰基团，但合成过程中产率会随蛋白质分子量增加而降低，纯化仍比较困难。最近发展的化学和内含肽（intein）介导的多肽连接可以在一定程度上合成较大的蛋白质，但是取代反应往往限制在 C 或 N 端。此外，也有在无细胞（Cell-free）翻译系统中直接放入氨酰化 tRNA，通过体外合成的方法获得非天然氨基酸标记蛋白质的报道；通过显微注射或者转染等方法直接将氨酰化 tRNA 引入细胞中，也可以实现在细胞中表达引入非天然氨基酸探针的蛋白质。这些方法容易受到氨酰化的易得性和稳定性的限制，不具有位点特异性，有限数量的氨酰化 tRNA 不能满足细胞持续增长的需求，引入非天然氨基酸的蛋白质产量小等[7, 8]。不可否认的是，以上方法在发展非天然氨基酸探针方面均起到了不可忽视的作用。

作为能够扩展遗传密码体内蛋白质位点特异性插入非天然氨基酸的基因密码子扩展方法近年来被广泛应用，该方法所涉及的生物体系包括大肠杆菌、酿酒酵母、秀丽线虫、黑腹果蝇、拟南芥、丁型肝炎病毒及哺乳动物细胞等[9-15]。运用独特的密码子“UAG”及相对应的 tRNA 和氨酰-tRNA 合成酶正交对，已经有 200 多种非天然氨基酸探针被特异性地引入了目标蛋白的特定位点[16]。这些非天然氨基酸探针具有特殊的结构和功能，例如，非天然氨基酸含有转录后修饰、金属离子螯合作用、不同氧化还原特性、光保护、光交联特性、特殊的反应官能团以及可以作为荧光标记、NMR、EPR、IR、X 射线探针等作用的基团（图 7.1）。因此被重组表达的蛋白质被赋予了新的性质和功能，可用于蛋白质基础或应用方面的研究：包含重原子的氨基酸有助于 X 射线晶体衍射，赋予特殊的立体结构和电子特征；光致交联氨基酸作为探针检测蛋白质间的相互作用；引入多个生物物理学探针或标签，或新的化学功能基团，用于蛋白质的构象及上下游蛋白间调控方面的研究；氧化还原性氨基酸调节蛋白质中的电子转移用来设计金属酶；光捕捉或光异构的氨基酸进行生物过程中的光调控；连接金属的氨基酸的催化作用和金属离子传感研究；包含荧光基团、NMR、EPR、IR、X 射线探针侧链的氨基酸研究蛋白结构和动力学特征；$\alpha$-羟基酸和 D 型氨基酸作为探针进行骨架构象和氢键互作的研究；硫酸化氨基酸和仿磷酸化氨基酸作为探针研究转录后修饰；等等。

本项目的主要研究内容是以在蛋白质特定位点插入非天然氨基酸探针为主要研究手段，结合超高分辨率荧光成像、核磁及顺磁共振技术和结构生物学、蛋白质组学技术，深入研究生物学和医药学中所涉及的功能蛋白质的结构、机理及功能相关的重要科学问题。具体进行了以下方面的研究工作。

（1）基因编码非天然氨基酸筛选平台的构建，通过人工进化的方法增加编码非天然氨基酸。首先把无义密码子“UAG”确定为新的遗传密码，进而对天然的转运核糖核酸（tRNA）基因突变，使其含有反密码子“CUA”。在此基础上从氨酰-tRNA 合成酶突变库中，筛选出可专一结合这种 tRNA 和指定非天然氨基酸的氨酰-tRNA 合成酶突变体。然后再将生命体中 mRNA 上任意一个遗传密码取代为 UAG，并在培养基中加入化学合成的非天然氨基酸，从而在蛋白质中的相应位置插入具有特殊物理或化学性质的非天然氨基酸。

（2）在活细胞内特异性标记和定位目标蛋白，发展蛋白质标记新方法。蛋白质荧光标记已成为研究蛋白质功能的重要手段，目前主要是通过目标蛋白与荧光蛋白的融合表达来实现的。荧光蛋白的分子量比较大，因此不能真实地反映目标蛋白在活细胞中的准确定位，阻碍了我们对蛋白质功能的正确理解。点击化学荧光标记具有反应速率快、背景噪声

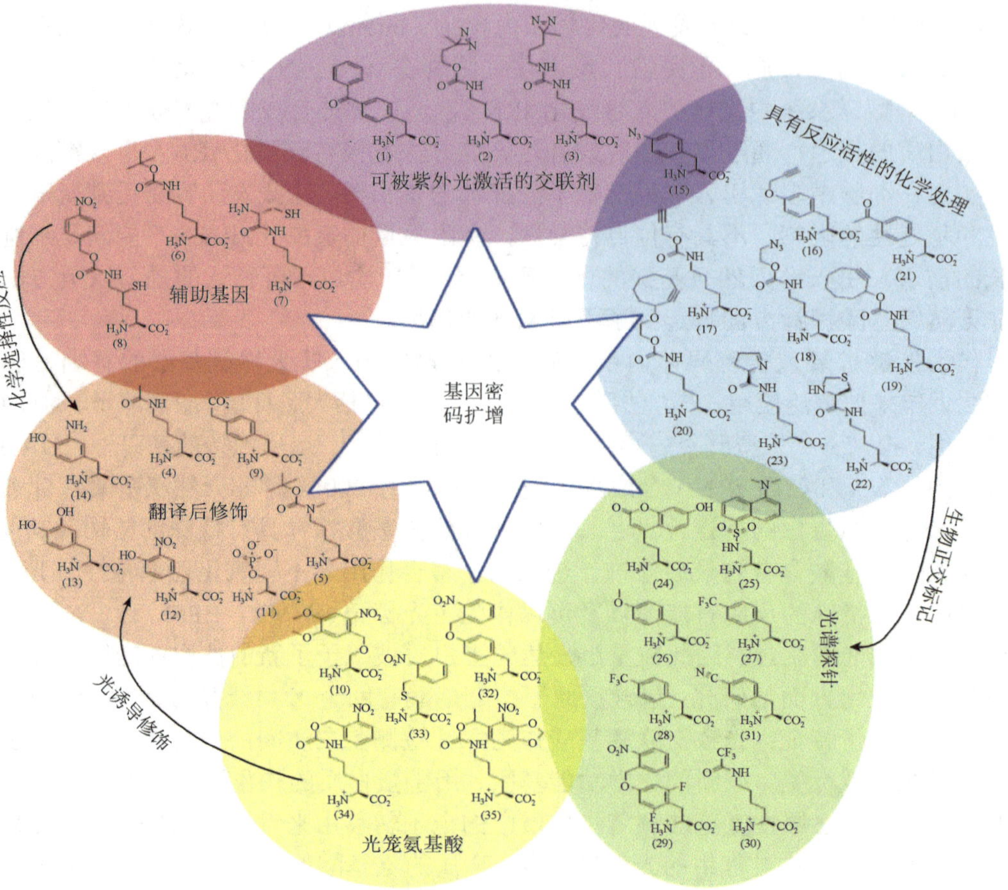


图 7.1　部分非天然氨基酸探针应用

低及对蛋白质的结构影响小的优点，光点击化学具有光驱动的时空分辨标记能力，发展该方法将能很好地弥补蛋白质标记方法的不足，实现对目标蛋白的精确定位，并可清晰展示其动态行为。通过基因密码子扩展技术引入具有非光点击活性的非天然氨基酸到蛋白质的特定位点，利用点击化学反应，即能实现时空可控的蛋白质高精度标记。

（3）GPCR 类细胞跨膜蛋白的受体激活和信号转导机理的研究。细胞膜上的受体蛋白如 GPCR 是一类极为重要的跨膜蛋白，在信号转导过程中发挥着关键作用，也是目前药物研发领域中最为关注的靶点之一。GPCR 是一类典型的膜蛋白，其 $\alpha$-螺旋链共 7 次跨膜，对 GPCR 工作原理的动态跟踪是目前人们最为关心的问题。由于荧光蛋白的体积过大，对细胞跨膜蛋白的结构和性质所造成的干扰相当严重。我们希望通过基因编码的非天然氨基酸和生物正交反应对 GPCR 信号通路中的重要蛋白进行定点特异地非天然氨基酸 NMR 或者荧光探针标记，从而在对 GPCR 结构和性质不造成干扰的情况下，特异、高效地使用核磁等手段对 GPCR 的受体激活、信号转导机理等关键性问题进行研究，在分子尺度上对 GPCR 的工作原理及信号转导过程中的结构变化进行精确的观察与捕捉，解决现有研究手段无法涉及的难题。

（4）病毒疫苗研究领域的应用和全新药用价值的蛋白质、新的抗体药物的治疗靶点及抗病毒药物靶标的发现。非天然氨基酸可以选择性插入活体蛋白质的任何位置，如果在底物蛋白质上插入了具有光交联活性或者具有共价交联活性的非天然氨基酸，在底物蛋白质和靶标作用或者病毒感染细胞的动态过程中，该非天然氨基酸将会与底物蛋白质结合的细胞受体或辅助受体共价结合，从而捕捉新的药物靶点。由于共价交联是不可逆的，通过弱的蛋白质-蛋白质间的相互作用或者呈瞬间方式与靶标结合的蛋白质，将会因此而富集起来，从而改善了蛋白质免疫共沉淀方法的灵敏度和准确性。另外将具有特殊化学、物理甚至生理性质的非天然氨基酸引入病毒的外膜蛋白上，将有可能整体推动病毒学研究，发现大量的新的药物靶标，为新型抗病毒药物研发奠定基础。

（5）抗体药物偶联（antibody-drug conjugates，ADC），实现将靶向药物通过抗体运载的方式特异性靶向肿瘤病灶来提高其安全性和有效性。大部分的肿瘤相关抗原对 ADC 的摄取是通过受体介导的内吞作用，通过与抗原结合，ADC 内化进入肿瘤细胞并被降解。因此，ADC 药物的疗效很大程度上依赖于靶向特异性、细胞表面受体密度、药物内化速度及有效的药物释放，这些因素需要分别优化从而提高 ADC 的有效性和安全性。当前，有 3 种 ADC 药物已经被 FDA 获批：gemtuzumab ozogamicin（Mylotarg：CD33 靶向抗体和 calicheamicin 的偶联物）用来治疗急性髓性白血病，brentuximab vedotin（Adcetris：CD30 靶向抗体和 monomethyl auristatin E 的偶联物）用来治疗霍奇金淋巴瘤，以及 trastuzumab emtansine（T-DM1 或 KADCYLA：HER2 靶向抗体和 maytansinoid 偶联物）用于治疗 Her2 阳性乳腺癌。然而，gemtuzumab ozogamicin 在上市后由于毒副作用和药效等问题已经退市，因此 ADC 的优化设计和功能验证等对于 ADC 的工程化至关重要。

（6）基因编码具有不同氧化还原性质的非天然氨基酸探针，模拟金属酶，发展金属蛋白酶设计新方法。在生命体中约有 1/3 的蛋白质中含有金属离子，金属蛋白/金属酶包括细胞色素 c 氧化酶、光系统Ⅰ、光系统Ⅱ、木质素降解酶及固氮酶等在生命过程中起着至关重要的作用，如电子传递、能量代谢及物质传输等功能，对金属酶的合成及模拟将有可能解决和国计民生息息相关的能源环境问题等。而如何改造生物元件，实现高效可控的电荷分离，是利用化学生物学手段生产可再生能源的主要瓶颈，且在这些高分子量蛋白质中普遍存在着利用传统生物学难以引入的对活性至关重要的翻译后修饰形成的共价交联。基于基因密码子扩展技术可以将具有金属离子结合能力的非天然氨基酸引入任意蛋白质的任意位置，进而实现在蛋白质中的电子传递等过程。同时，由于金属离子的体内检测一直是科学研究的热点，非天然氨基酸的引入被赋予金属离子结合能力的蛋白质将可能被用于发展金属离子的荧光探针，以上研究将为金属蛋白和小分子荧光探针设计提供有力的工具。

## 7.2　研究进展与成果

基因密码子扩展技术由于具有细胞内重组表达、修饰精确、应用广泛等特点。通过借助具有生物正交性质的酰胺-tRNA 合成酶/tRNA 正交对，改变酰胺-tRNA 合成酶对非天然氨基酸识别特异性，可以特异性地将非天然氨基酸引入细胞内的蛋白质翻译路径，并通过重新定义终止密码子（通常是 UAG），最终将非天然氨基酸插入蛋白质的特定位点。我们建立了基因编码非天然氨基酸筛选平台，通过人工进化的方法增加了可编码的非天然氨基酸作为探针，用于研究生物学和医药学研究中所涉及的重要科学问题。

### 7.2.1　基因编码发展蛋白质标记新方法

蛋白质荧光标记已成为研究蛋白质功能的重要手段，目前主要通过目标蛋白与荧光蛋白的融合表达来实现的。但是由于荧光蛋白的分子量比较大，因此不能真实地反映目标蛋白在活细胞中的准确定位，这就阻碍了我们对蛋白质功能的正确理解。因此发展新的蛋白质荧光标记方法对了解蛋白质真实的生物学功能具有十分重要的意义。

基因编码生物正交的非天然氨基酸相比于在蛋白 N 端或者 C 端引入融合荧光蛋白的标记方法具有许多优势。例如：①小分子非天然氨基酸在不影响蛋白活性的条件下可以插入到蛋白的任何暴露位点；②基因编码的方法可实现的标记物种类比较多，可以用来研究各种蛋白翻译后修饰，如糖基化、乙酰化、甲基化、泛素化、磷酸化等修饰；③生物正交标记方法可以在原位实时调控蛋白的功能。

点击化学也称链接化学、速配结合组合式化学，主旨是通过小单元的拼接，来快速可靠地完成形形色色分子的化学合成。光点击化学的优点是不需要 Cu(Ⅰ)催化，而是通过光诱导引发反应。

基于基因编码非天然氨基酸的光点击化学蛋白质荧光标记具有以下的优点：①反应速率快［达到 50L/(mol·s)］；②光驱动的蛋白质时空分辨标记；③点击化学反应引发的荧光基团生成，背景噪声低；④光点击活性非天然氨基酸的蛋白质定点插入对蛋白质的结构影响小。所以，通过基因密码子扩展技术引入具有光及非光点击活性的非天然氨基酸到蛋白质的特定位点，利用点击化学反应，即能实现时空可控的蛋白质高精度标记。

通过基因密码子扩展的手段将具有光点击活性的 *p*-(2-四氮唑)苯丙氨酸（TetPhe）引入到蛋白的特定位点，由于四唑类化合物在光照条件下很容易原位生成氰亚胺 1, 3-偶极子，该偶极子能够很快与烯烃发生环加成反应，生成具有荧光性质的吡唑啉环加成产物（图 7.2）。利用 TetPhe 和烯烃特异的光点击化学反应，还可以将任意荧光基团标记到蛋白质的特定位点。通过解析特异识别 TetPhe 的氨酰 tRNA 合成酶和非天然氨基酸复合物的结构，揭示了氨酰-tRNA 合成酶特异识别底物的机制，采用基因编码非天然氨基酸方法引入蛋白质的荧光基团非常小，对蛋白本身结构与功能的影响较小，更能真实反映蛋白质行为。2010 年，研究结果发表在 *JACS* 上[17, 18]。

通过扩展基因密码子，实现了具有光点击活性的非天然氨基酸环丙烯赖氨酸 CpK 在哺乳动物中的基因编码。在光照条件下，特异位点整合了环丙烯赖氨酸的蛋白质与小分子四唑化合物发生环加成反应（图 7.3），生成荧光活性基团，从而实现了时空可控的对哺乳动物细胞内蛋白特异位点的标记。由于只有在有光照的条件下环丙烯赖氨酸才会和四唑化合物反应，这一方法为哺乳动物细胞中时空可控的蛋白标记提供了新的策略和手段。

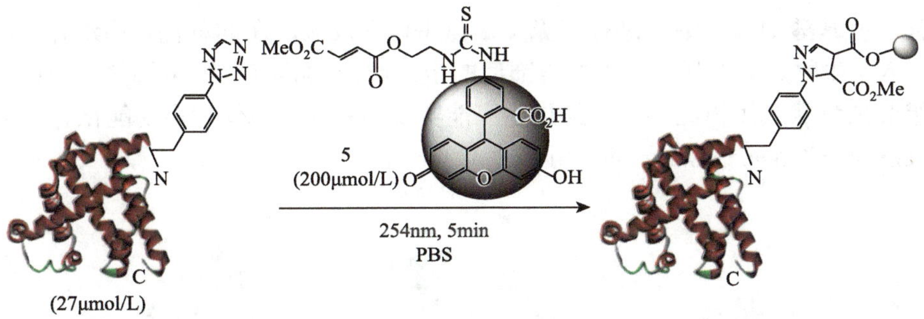


图 7.2　用基因编码非天然氨基酸的方法及光点击化学反应实现蛋白质的快速可控荧光标记

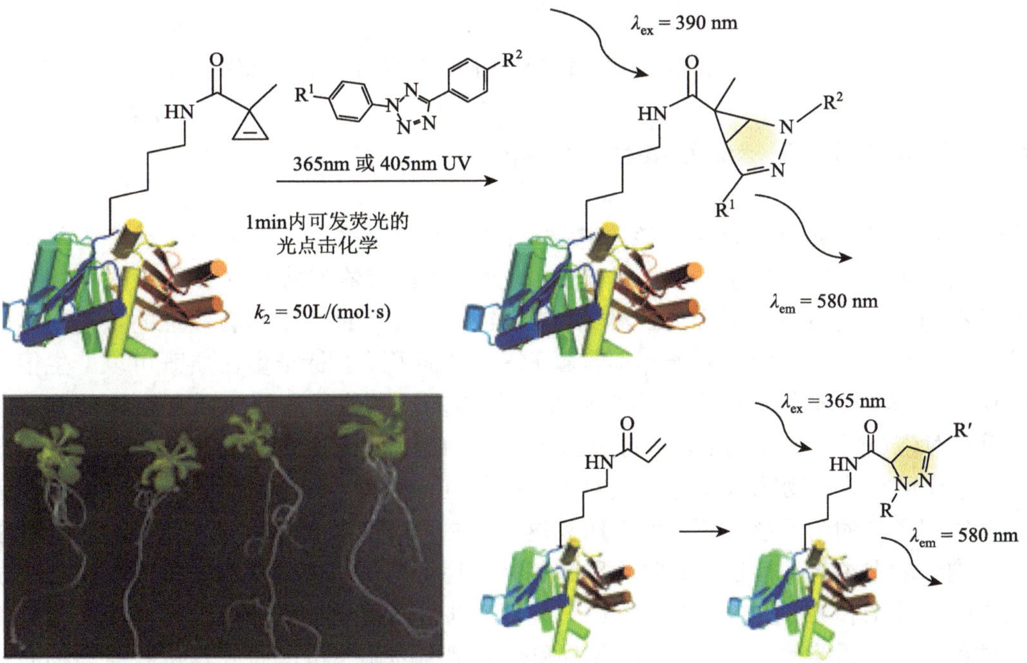


图 7.3　基因编码的环丙烯赖氨酸和四唑染料在紫外光/紫光作用下高效特异的反应

通过丙烯酰赖氨酸 AcrK 在大肠杆菌和哺乳动物细胞中蛋白质的特异性插入，并在 365nm 紫外或 405nm 紫外激发下与四唑化合物进行点击化学反应，实现了大肠杆菌细胞骨架蛋白 FtsZ 的活细胞荧光标记。同时在模式植物拟南芥中实现了丙烯酰赖氨酸基因密码子的扩展，这为利用基因编码非天然氨基酸结合光点击化学反应研究植物微丝骨架的动态组装机制奠定了基础。研究为基于光点击化学的哺乳动物细胞或者植物细胞中时空可控的蛋白质荧光标记研究蛋白质功能提供了新的策略和有力的工具。结果发表在 Angew. Chem. Int. Ed.（2012 年）和 Angew. Chem. Int. Ed.（2013 年）期刊上[13]。

利用基因密码子扩展技术，实现了在烟草花叶病毒（TMV）衣壳蛋白的表面引入含有叠氮基团的非天然氨基酸 2-氨基-6-（3-叠氮丙氧基酰胺基）己酸 KPN（图 7.4）。与野生型烟草花叶病毒外壳蛋白一样，突变后的蛋白依然保留了其原始的组装特性。进一步利用非天然氨基酸的叠氮基团进行了无 Cu 点击化学反应，在烟草花叶病毒外壳蛋白的表面成功引入了生物素功能基团，经过修饰后的蛋白质依然具有自组装特性，能够在不同的条件下组装成盘状或短棒结构，该结果将可能实现药物输送载体的多功能化。2014 年，该研究结果发表在 *Chem. Commun.*期刊上[19]。

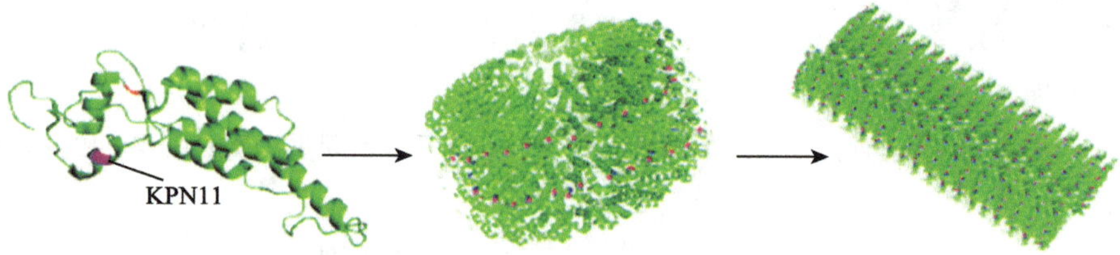


图 7.4　烟草花叶病毒的衣壳蛋白表面的高效化学修饰

## 7.2.2　基因编码非天然氨基酸核磁探针

除了传统的荧光标记方法，核磁共振（NMR）也是检测生物大分子动态构象变化的重要手段，可以研究距离小于 2nm 的动态构象变化。溶液 NMR 技术是研究蛋白质-蛋白质相互作用、测定蛋白质复合物三维结构的强大工具。$^{19}$F 由于具有较强的核磁信号而对环境敏感，而大多数生物大分子都不含氟元素，因此用 $^{19}$F 标记蛋白质既可以产生很高的信噪比，又可能在活细胞中获得蛋白质相互作用的动态信息和蛋白质复合物的动力学特征，而且对蛋白质结构和功能的扰动达到最小（$^{19}$F 和氢原子的半径类似）。运用 $^{19}$F NMR 信号，选择重要的药物靶点作为研究对象，在靶点活性中心编码氟代酪氨酸，在活细胞中或接近生理条件的溶液状态下，可以研究这些蛋白质复合物，特别是低亲和力、瞬时蛋白质复合物的动态结构和性质、蛋白质之间相互作用的分子机制，探测蛋白质之间是否发生相互作用及其亲和力、蛋白质之间的结合界面，以及通过对构象变化的探究研究细胞信号转导过程及信号通路等，为重要信号蛋白和药物靶标的调控机理研究及抗肿瘤药物的筛选提供有力工具。

1. 发展利用 $^{19}$F 核磁探针研究酪氨酸磷酸化及动态构象变化的新方法

酪氨酸磷酸化是一种重要的蛋白质翻译后修饰，其在酶活性、蛋白质构象及蛋白质-蛋白质相互作用的调节过程中发挥着极其关键的作用。酪氨酸激酶活性中心的酪氨酸异常磷酸化是导致许多疾病发生的主要原因，尤其与肿瘤的发生关系密切。目前针对酪氨酸激酶活性中心设计的抑制剂已经成为肿瘤治疗的主要手段。但是随着酪氨酸激酶上的药物作用位点的突变，越来越多的患者对现有的抗肿瘤药物产生了耐药性。因此发展快捷灵敏的检测酪氨酸激酶活性中心构象的方法对设计新的抗肿瘤药物具有十分重要的意义。

通过基因密码子扩展的手段实现了 3, 5-二氟代酪氨酸在原核酪氨酸激酶 Etk 活性中心 Tyr574 位点的高效特异插入，通过比较磷酸化及非磷酸化状态的 $^{19}$F NMR 信号强度，发现激活环上的 574 位酪氨酸磷酸化只有 4%左右。当将 Arg614 突变为 Ala 时，574 位酪氨酸磷酸化增加到 12%。以 $^{19}$F NMR 作为磷酸化探针获得 Etk 活性中心的 pTyr574 与 Arg614 之间相互作用是 Etk 被激活的直接证据。该新方法首次使得精确定量测量蛋白质上特定位点磷酸化的丰度成为可能，并提供了一种研究特定位点氨基酸参与酪氨酸磷酸化反应机理的新方法。

另外，将氟代酪氨酸引入真核酪氨酸激酶 c-Src 活性中心的 Tyr416 磷酸化位点，利用 $^{19}$F NMR 检测到了达沙替尼（Dasatinib）（针对 BCR/Abl 和 c-Src 的抗肿瘤药物）与 c-Src 激活状态活性中心的结合所引起的构象变化（图 7.5）。这些数据为 Dasatinib 和磷酸化的 c-Src 的激活环有直接相互作用首次提供了直接的证据。由于酪氨酸磷酸化是一种重要的蛋白质翻译后修饰，其在酶活性、蛋白质构象及蛋白质-蛋白质相互作用的调节过程中发挥着极其关键的作用。酪氨酸激酶活性中心的酪氨酸异常磷酸化是导致许多疾病发生的主要原因，尤其与肿瘤的发生关系密切。而目前基于细胞的酪氨酸激酶抑制剂筛选方法假阳性率较高，一种全新的筛选酪氨酸激酶抑制剂的策略被提出。2013 年，该研究结果发表在 *Angew. Chem. Int. Ed* 期刊上[20]。

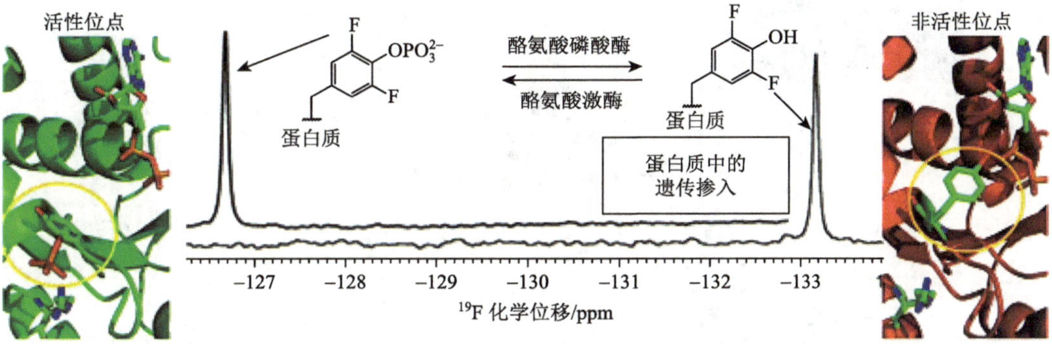


图 7.5　基因编码的 F2Y 的 $^{19}$F NMR 信号对酪氨酸磷酸化的响应

2. *发展利用 $^{19}$F 核磁探针研究 G 蛋白偶联受体磷酸化编码介导的信号转导机制*

G 蛋白偶联受体（GPCR）是药物研究的重要靶点，超过 30%的临床处方药是直接作用在 GPCR 上的。GPCR 主要通过 G 蛋白或者视紫红质抑制蛋白（arrestin）信号转导行使功能，然而无论是 G 蛋白还是 arrestin，如何识别特异的受体产生的信号指令，并翻译成下游的功能的机制是不清楚的。

应用最新的非天然氨基酸编码方法和 $^{19}$F NMR 技术，发现 arrestin 是通过精确识别受体特异的磷酸化密码信息，来指导下游信号转导的机制，并提出了新的重要的假说（图 7.6）。研究发现，arrestin 可以通过 N 端的 10 个磷酸化位点来识别特异的受体磷酸化编码信息，并产生相应的多种特异性构型变化，从而选择性地结合下游蛋白，产生多种功能。据此结果，提出了受体信号转导的笛子模型：受体的磷酸化编码产生的花样指导 arrestin 的信号时，就像手指按在笛子的孔上，不同的磷酸化组合可以带来不同的手指组合，从而形成特异的音符，指导 arrestin 的多样性功能。一种 1-4-6-7 的音符可以激活 clathrin，从而介导受体内吞。而另一种 1-5 音符可以激活 SRC，促进细胞的迁移等。考虑到 10 个磷酸化位点的组合可以带来超过 1000 种变化（$2^{10}-1=1023$），受体 C 末端不同的磷酸化花样就可以引起超过 1000 种 arrestin 的特异性构型；受体在理论上可以通过 arrestin 启动超过 1000 种信号途径。这个新的磷酸化编码理论可以部分解释长期以来的一个悬而未决的问题：即人体内超过 800 个 GPCR 如何利用仅有的 24 个效应器蛋白（20 个 G 蛋白，4 个 arrestin）行使多种多样的（>1000 种）细胞功能。2015 年，该研究结果发表在 *Nat. Commun.* 期刊上[21]。

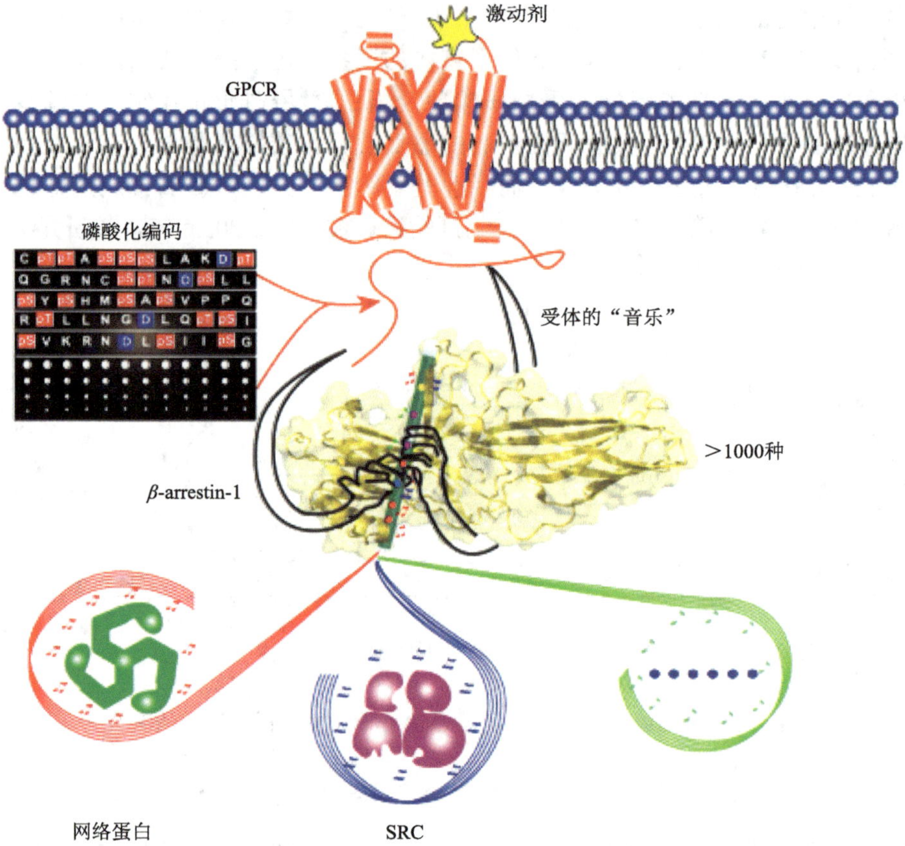


图 7.6　GPCR 磷酸化编码介导的 arrestin 信号转导途径

3. 发展利用 $^{19}$F 核磁探针研究 GPC 通路信号转导机制，打破 Arrestin 只是接头蛋白的概念

进一步利用基因密码子扩展技术及 $^{19}$F-NMR 方法系统阐释了 800 多个 GPCR 与下游含有 SH3 结构域的近 300 个蛋白（SH3-domain containing proteins，SH3-CPs）之间的信号转导规律，不仅发现了重要信号转导分子 arrestin 的 3 个多聚脯氨酸是 GPCR 联系下游 SH3 结构域蛋白的停靠码头（docking sites），还发现别构调控是介导 arrestin 与下游 SH3 结构域蛋白的主要机制。利用体外重构实验，非天然氨基酸核磁探针标记、荧光猝灭及 BRET 方法，证明了 GPCR 与 *β*-arrestin-1 复合物能够激活下游的 SH3-CPS（图 7.7），如 SRC，

其作用机制也是通过别构调控作用完成的。研究揭示了 GPCR 与 SH3-CPs 之间的作用机制，主要包含两个层面的别构调节，第一个层面是通过 GPCR 磷酸化编码，别构调控 arrestin，进而招募不同的 SH3-CP，传递下游信号。第二个层面是 GPCR 与 arrestin 复合物可以与 SH3-CPs 蛋白如 SRC 蛋白结合，通过别构调控机制将其激活，发挥其下游生理功能。这项研究打破了 arrestin 只具有接头蛋白（adaptor）的功能的传统观念。arrestin 不仅只起到募集的作用，还起到重要的催化作用，是理念上的一次创新和突破，也是 GPCR 信号转导规律的一项重要的新发现。将会为药物设计带来一定的指导。2018 年，该研究结果发表在 *Nat. Chem. Biol.* 期刊上[22]。

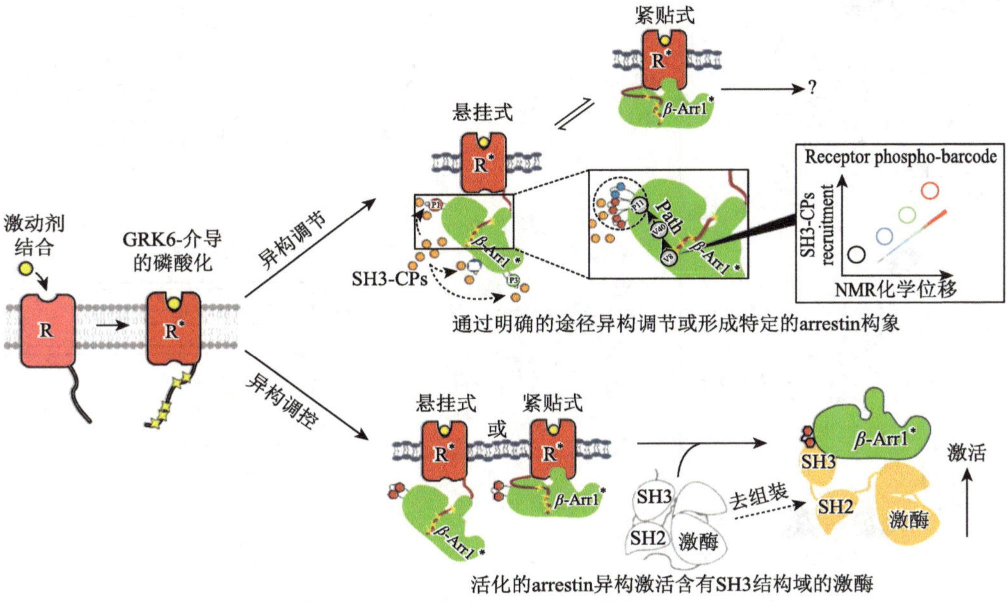


图 7.7　GPCR 通过和 $\beta$-arrestin-1 形成的复合物的别构调控激活下游信号通路

### 7.2.3　非天然氨基酸探针在病毒疫苗研究领域的应用

1. 非天然氨基酸探针在病毒疫苗研究领域的应用

生物技术药物是国际上发展最快、利润最高、竞争也最激烈的研发领域，其中蛋白质药物尤为引人注目，在市场中的比例逐年增加。然而半衰期短、免疫原性强等先天缺陷严重影响了蛋白质药物的临床应用。引入化学修饰可以显著改善蛋白质药物的原有性质，从而提高其成药性，传统的修饰方法利用蛋白质表面赖氨酸的端位氨基和半胱氨酸的巯基进行修饰化学修饰。但是赖氨酸、半胱氨酸的广泛分布，导致了蛋白质药物的非定点、非定量修饰等异质性，进而影响了其自身功能，不利于生物药物的一致性评价。基于基因密码子扩展的非天然氨基酸标记技术，是国际上新兴的蛋白质科学研究方法。通过改变蛋白质翻译过程中终止密码子的功能，可以成功地将自然界中不存在但能人工合成的具有特殊性质的非天然氨基酸定点置入蛋白质药物中，可以建立温和、快速、高效、定量和特异的蛋白质定点修饰方法，包括蛋白质药物的定点 PEG 化、ADC 药物定点偶联和基因治疗用病毒载体定点靶向修饰等，为实现生物大分子药物从异质向均一的跨越提供了关键技术突破。借助此方法在干扰素药物的一系列位点引入不同长度的 PEG 分子，北京大学药学院周德敏教授/张礼和院士课题组完成了 PEG 化生物大分子药物构效关系研究，发现了能显著延长寿命并增强生物利用度的新一代 PEG 化干扰素（图 7.8）。同时，基于非天然氨基酸生物正交特性，仅使蛋白质的易降解部位选择性 PEG 化，实现了 PEG 化干扰素由异质向均一的跨越。该方法的推广将会推动一大批长效蛋白质药物的更新换代。

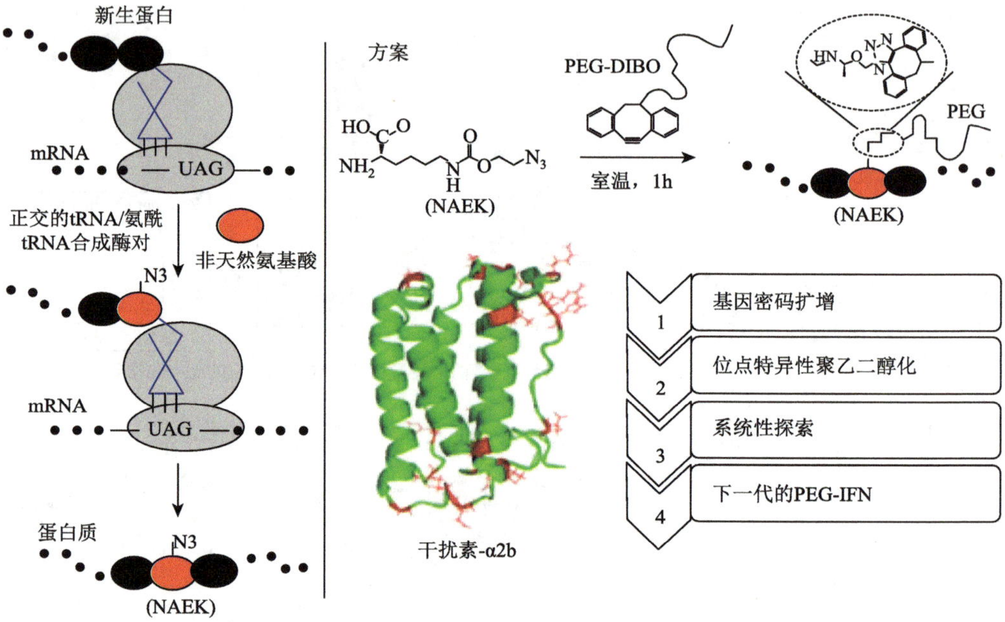


图 7.8　基因编码非天然氨基酸发展下一代干扰素药物

进一步地，周德敏教授/张礼和院士课题组将该方法拓展到基因治疗学研究领域。他们针对慢病毒载体宿主范围广、细胞和组织感染选择性差的缺陷，建立了病毒载体定点修饰进而引入靶头分子的方法（图 7.9 和图 7.10），发现了慢病毒载体的结构修饰与靶向感染能力的构效关系，以及载体的可修饰位点和高度保守区。他们通过在慢病毒载体的数个位点引入环形 RGD 分子，使其对富含整合素受体肿瘤细胞的靶向感染能力提高近 10 倍。靶向病毒载体整合蓬勃发展的 RNA 干扰、基因敲除/入和 CRISPR 基因修复等现代生物技术，必将推动基因治疗药物向精准治疗方向的发展。相关成果已经申请国内外专利，部分成果已在线发表在学科代表性期刊（*Acta Biomater*，2015 年；*Nucleic Acids. Res.*，2015 年）[23, 24]上。

该课题组还将该方法拓展到基因治疗学研究领域，针对腺相关病毒载体宿主范围广、细胞和组织感染选择性差的缺陷，建立了病毒载体定点修饰进而引入靶头分子的方法（图 7.10），发现了腺相关病毒载体的结构修饰与靶向感染能力的构效关系，以及载体的可修饰位点和高度保守区。通过在腺相关病毒载体的数个位点引入环形 RGD 分子，使其对

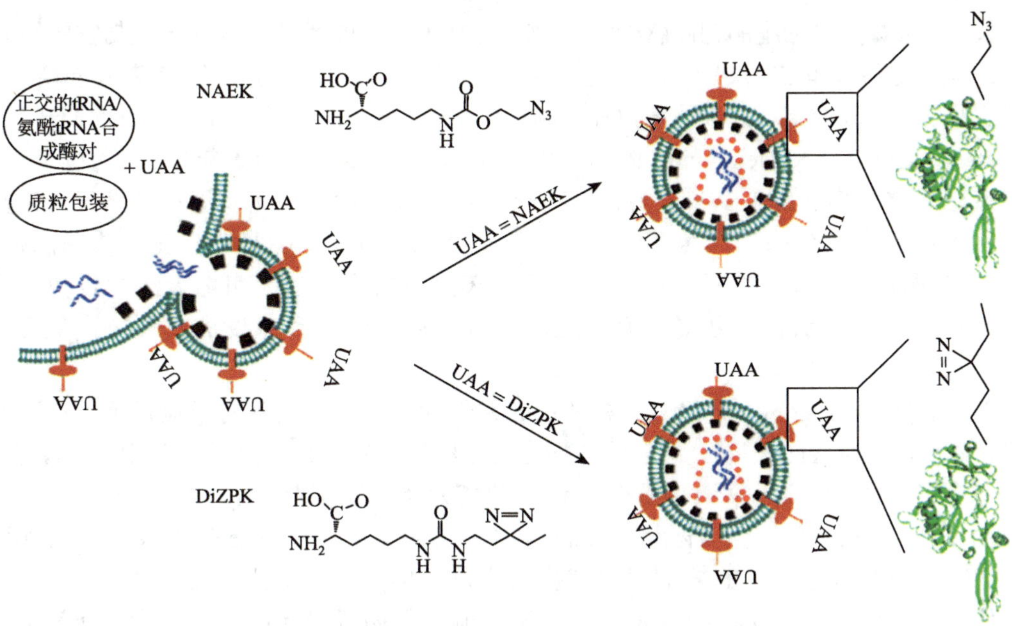


图 7.9 慢病毒载体定点修饰非天然氨基酸探针

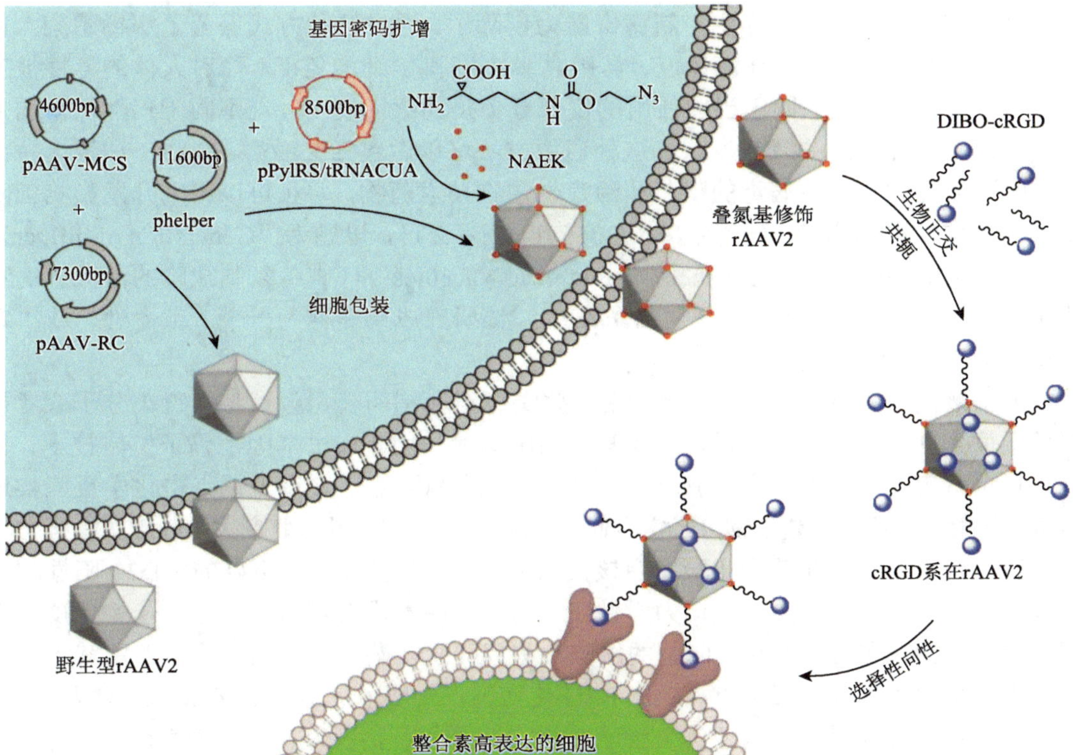


图 7.10 腺病毒载体定点修饰非天然氨基酸

富含整合素受体肿瘤细胞的靶向感染能力提高近 10 倍。靶向病毒载体整合蓬勃发展的 RNA 干扰、基因敲除/入和 CRISPR 基因修复等现代生物技术，必将推动基因治疗药物向精准治疗方向的发展。相关成果已经申请国内外专利，部分成果已在线发表在学科代表性期刊（Acta Biomater，2015 年；Nucleic Acids. Res.，2015 年；Biomaterials，2015 年）[23, 24, 25]上。

流感、艾滋病、SARS 和埃博拉出血热等由于致命性传染病及周期性爆发，时刻危害着人类健康和社会稳定，其“幕后黑手”是结构多样、功能复杂且变异快速的病毒，而疫苗是预防病毒感染的有效手段。当前临床使用的疫苗或因病毒灭活导致免疫原性和安全性差，或因制备工艺复杂而不通用，或因病毒突变致免疫逃逸失效，从而使人们谈病毒色变。

以流感病毒为模型，周德敏/张礼和课题组发明了人工控制病毒复制从而将病毒直接转化为疫苗的技术（图 7.11），即在保留病毒完整结构和感染力的情况下，仅突变病毒基因组的一个三联码，使流感病毒由致命性传染源变为预防性疫苗，再突变三个以上三联码，病毒由预防性疫苗变为治疗病毒感染的药物，并且其药效随着三联码数目的增加而增强。这一“四两拨千斤”的技术不仅使疫苗研发不再复杂，而且摆脱了对病毒生物学知识的依赖，并适用于几乎所有病毒。这一发现颠覆了病毒疫苗研发的理念，成为活病毒疫苗的重大突破。

该研究研发的疫苗是活病毒疫苗，即保留了野生流感病毒完全的感染力，只是将它感染人体后在细胞内的复制和生产新病毒能力剔除了。通过这种方式保留了病毒感染人体引发的全部免疫原性，即体液免疫、鼻腔黏膜免疫和 T 细胞免疫，而对人体的毒性被控制了。这种方法完全不同于当前使用的仅部分免疫的灭活疫苗，也不同于仍然保留弱复制能力而有毒性危险的减活疫苗。这种通用方法可以做包括艾滋病、SARS 和埃博拉出血热等几乎任意致命性病毒的疫苗和治疗性生物技术药物，并且可以用来开发影响国防安全的预防性生化武器。研究结果于 2016 年 12 月 2 日，以题为“Generation of influenza a viruses as live but replication-incompetent virus vaccines”（制备复制缺陷的活流感病毒疫苗）的论文发表在国际顶级期刊 *Science* 上。该研究成果被称为一个“革命性”或“颠覆性”的发现[26]。

为了增强抗体药物的药效，国际上一些课题组和制药公司尝试将剧毒小分子或者放射性同位素偶联到抗体表面，以提高其杀伤肿瘤的作用。通过基因密码子扩展技术，在利妥昔单抗表面定点引入含叠氮基团的非天然氨基酸，进而通过无铜点击化学反应实现与携带放射性同位素的螯合物分子定点偶联（图 7.12）。该课题与北京大学肿瘤医院杨志教授课题组合作，细胞和动物实验表明该类新型 ADC 药物表现出更好的 CD20-阳性肿瘤细胞的结合能力和更好的药代动力学性质。为了解决困扰人重组生长激素药物免疫原性强、肾清除快、在血液中易被降解的缺陷，利用终止密码子扩展技术，在保留其活性的前提下，实现了生长激素多点、定点 PEG 化修饰，发现了生长激素 Y35、G131 和 K145 的多点 PEG 化，显著改善了生长激素药物的免疫原性、活性及药代动力学性质，并在垂体切除的大鼠模型中获得了验证。两项成果分别发表于 *Bioconjugate. Chem.*（2016 年）[27]和 *J. Controlled. Release.*（2017 年）[28]期刊上。

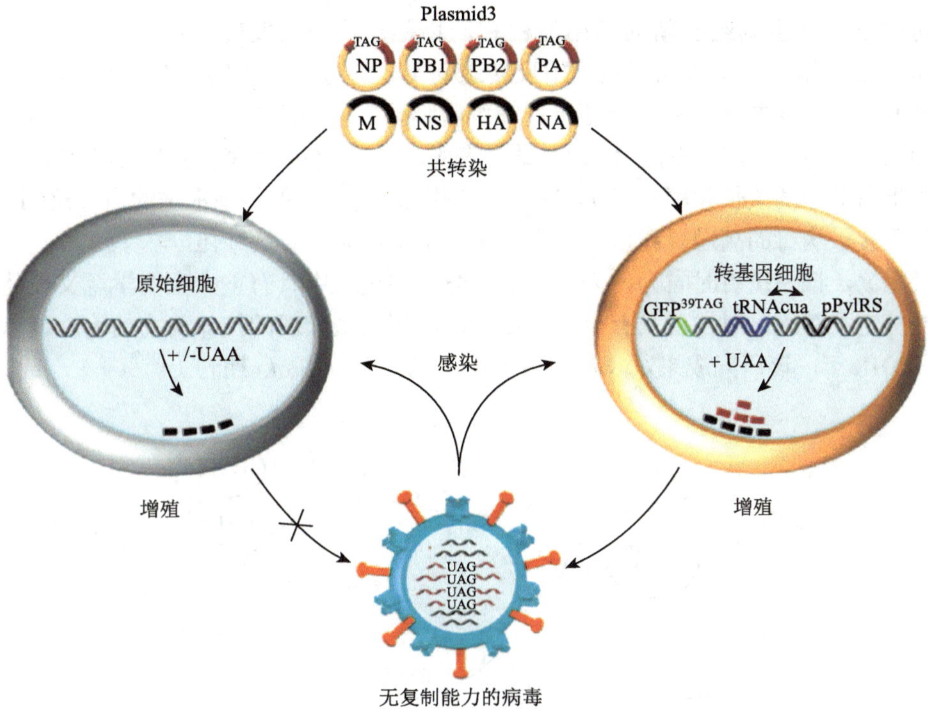


图 7.11　与非天然氨基酸正交系统兼容的病毒粒子包装系统

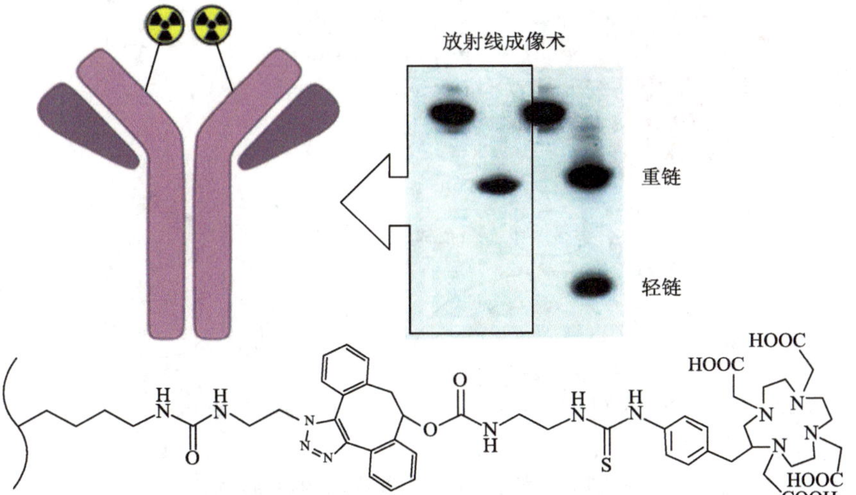


图 7.12　抗体-同位素定点偶联的抗肿瘤药物

2. 非天然氨基酸探针用于发现全新药用价值的蛋白质和新的抗体药物的治疗靶点

人类基因组中有超过 2000 个基因编码分泌蛋白，约占整个基因组的 10%，其中富含调控生命活动的具有重大药用价值的蛋白，包括激素、细胞因子、生长因子、趋化因子和蛋白酶等。然而目前大多数分泌蛋白质的功能尚不清楚，同时缺乏有效的专门针对分泌蛋白的筛选方法，严重制约了新的药用蛋白和药物靶点蛋白的发现。

北京大学药学院刘涛研究团队利用反转录病毒，通过一个细胞一个基因（one gene one cell，OGOC）的感染技术，利用分泌蛋白在细胞膜外定位的特点，实现了分泌蛋白基因库的富集（图 7.13）。基因深度测序（NGS）结果表明，共有 3699 个基因被富集出来，其中已知的分泌型蛋白基因的读长频率占了 77.77%。该团队还建立了单细胞水平的自分泌筛选系统，这种基于反转录病毒的高通量新型筛选系统避免了蛋白质的表达纯化，与基于 96 孔板的传统筛选方式相比，该系统省时省力，为筛选在生命调控过程中具有重大生物学意义及药用价值的蛋白质奠定了基础，对发现具有全新药用价值的蛋白质和新的抗体药物的治疗靶点具有重大意义。2018 年，该研究成果发表在 *Cell* 子刊 *Cell. Chem. Biol.* 期刊上[29]。

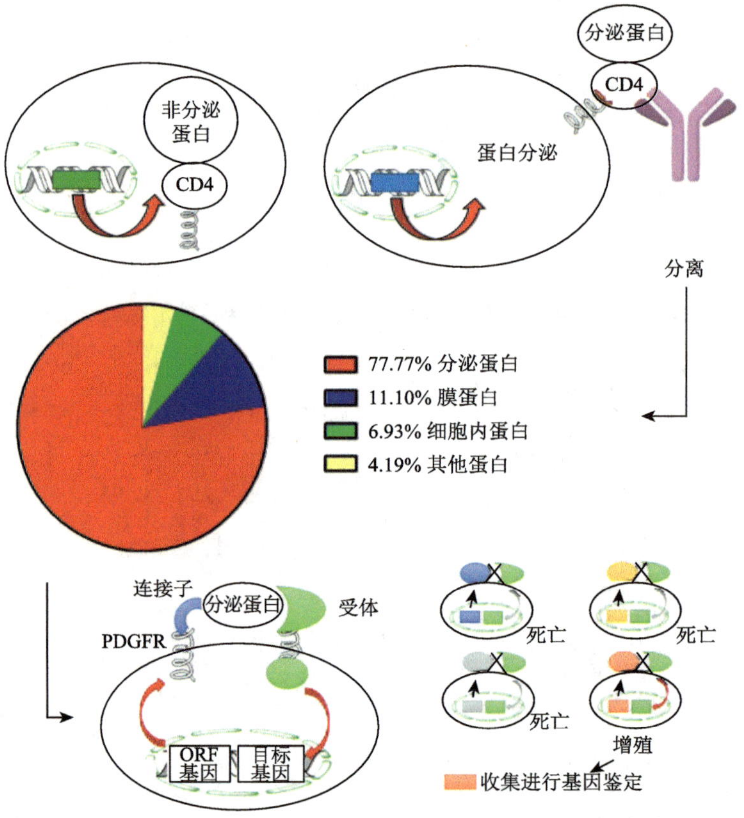


图 7.13 慢病毒分泌型文库的构建与筛选

酪氨酸磷酸化修饰是常见的蛋白翻译后修饰方式之一，在细胞信号转导中起着重要作用，当该修饰发生异常时，会导致相关疾病的产生。酪氨酸磷酸化修饰具有可逆性，由蛋白酪氨酸激酶（protein tyrosine kinase，PTK）负责添加磷酸基团，由蛋白酪氨酸磷酸酶（protein tyrosine phosphatase，PTP）催化去掉磷酸基团。迄今，研究者们广泛地研究 PTK 催化机理及其在相关疾病诱发中的作用，目前已经有 20 多种基于 PTK 的药物在临床上应用。相比之下，虽然有个别 PTP 的抑制剂在临床研究阶段，由于研究技术的瓶颈，对 PTP 功能的阐述以及其与底物相互作用的研究仍然处于初级阶段。

刘涛研究员团队结合基因密码子扩展技术和蛋白组学分析，开发了简单有效的 PTP 研究技术（图 7.14）。基于 PTP 共价抑制剂的作用机制，设计合成了一系列具有反应活性的酪氨酸类似物，通过基因密码子扩展技术定点编码到底物蛋白上，再根据磷酸酶对底物蛋白的识别和亲和性，拉近其活性位点上的半胱氨酸和底物蛋白磷酸化位点上的非天然氨基酸的距离，从而产生共价交联反应形成复合物。将共价复合物进行分离和蛋白质组学鉴定分析，获得催化底物蛋白特定位点的 PTP。该研究以原癌基因人类表皮生长因子受体 2 的磷酸化位点 Y1221 为例，利用此方法发现了磷酸酶 PTP1B 特异催化 HER2 1221 位点的去磷酸化，这也是首次报道 PTP1B 与 HER2 的直接相互作用。该技术为 PTP 的研究奠定了基础，对绘制 PTP 信号通路及研发相关疾病的药物具有重要的意义。该研究成果发表在 *JACS*（2018 年）期刊上[30]。

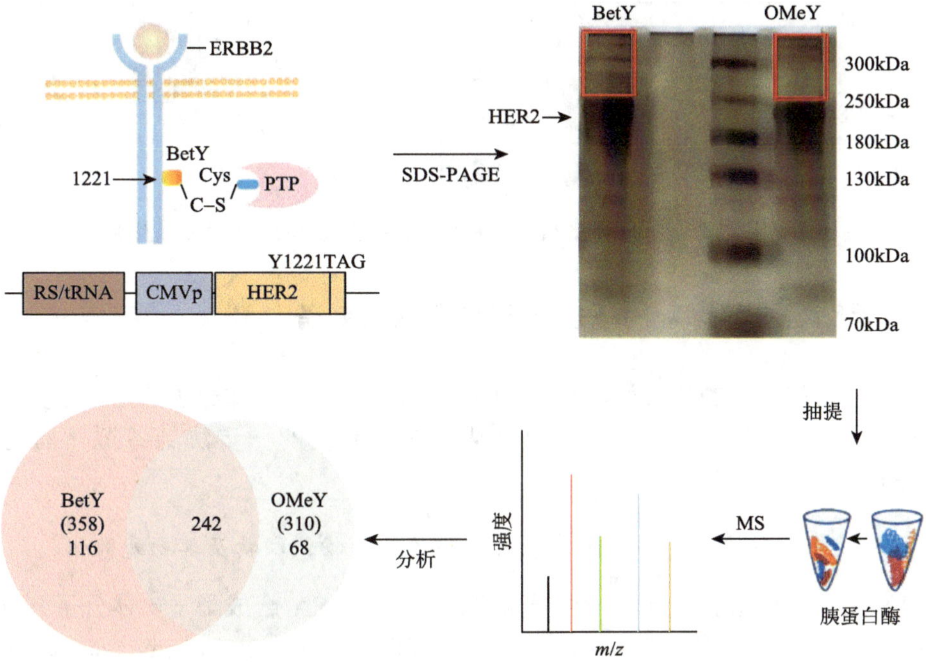


图 7.14　底物特异性磷酸化酶的鉴定

蛋白质乙酰化网络的调节是延长寿命和治疗疾病有希望的策略。已开发出多种小分子来靶向脱乙酰酶，但这些分子中极少有分子能够激活线粒体 NAD 依赖性脱乙酰酶 sirtuin-3（SIRT3）。锰超氧化物歧化酶（MnSOD）是线粒体中主要的超氧化物清除剂，其活性受 SIRT3 介导的脱乙酰化调节，特别是在 Lys68 位点。为了研究 Lys68 乙酰化对 MnSOD 活性的影响，利用遗传密码子扩增方法，在 Lys68 位点产生含 MnSOD 蛋白的突变型 *N*-乙酰赖氨酸（AcK），进而解析了这种乙酰化 MnSOD（MnSODK68AcK）的晶体结构，揭示了 Lys68 乙酰化活性显著降低的结构和静电基础。在研究 SIRT3 介导的 MnSODK68AcK 脱乙酰反应的基础上，鉴定了一种新型的 SIRT3 活化剂——7-羟基-3-（4′-甲氧基苯基）香豆素（C12），它与 SIRT3 具有高亲和力，能促进 MnSOD 的脱乙酰和活化（图 7.15）。C12 增加了极少数 SIRT3 激活剂的储备，这些激活剂对于通过调节细胞乙酰基治疗各种疾病具有潜在价值。2017 年，该研究结果发表在 *Free Radic. Biol. Med.* 期刊上[31]。

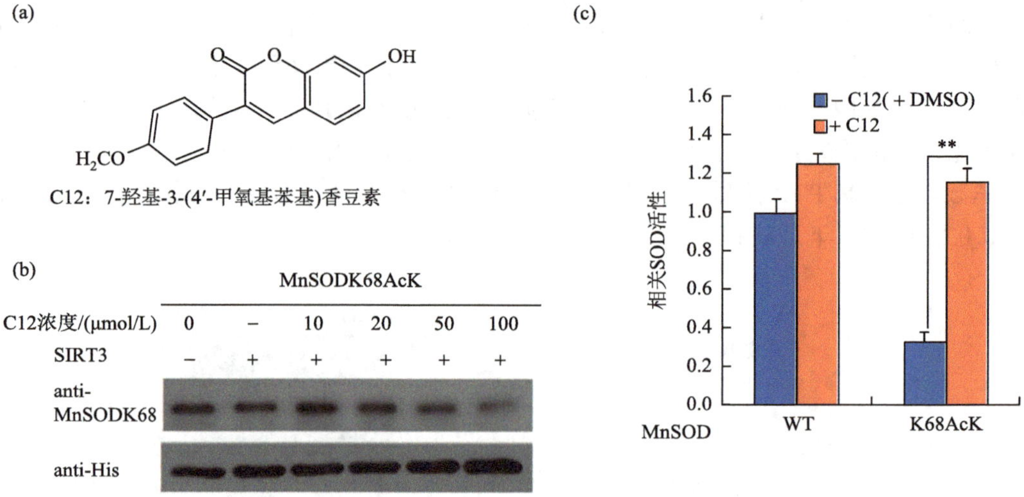


图 7.15　小分子 C12 激活 SIRT3 促进体外培养的 MnSOD 的脱乙酰化和活化

### 7.2.4　非天然氨基酸探针用于抗体药物偶联物制备[32-34]

采用遗传密码改造的非天然氨基酸，可以在蛋白质或者抗体分子的指定位置位点特异性地引入具有独特反应功能的官能团，从而实现简便的一步法制备抗体药物偶联物（ADC）的可能性。

1. 非天然氨基酸位点特异性修饰策略制备抗体药物偶联物及其功能验证

可以采用与表达宿主细胞不同种属来源的 tRNA/RNA 合成酶与抗体分子共同表达，从而在抗体分子上位点特异性地引入乙酰基-苯丙氨酸（*p*-acetyl-phenylalanine，pAcF），而经过优化的抗体突变体的表达水平与野生型抗体相接近。抗体分子上 pAcF 上的酮基官能团可以和带有氨基氧的衍生药物在 pH 4～5 的条件下选择性地形成肟键，从而制备均一的偶联物。肟键在生理条件下是非常稳定的，而 pAcF 与天然氨基酸酪氨酸和苯丙氨酸在结构上的相似性，可以避免非天然氨基酸的引入造成的抗体结构不稳定。第一个采用该方法制备的 Her2 靶向 ADC，是在哺乳动物细胞中瞬时转染同时整合有琥珀密码子的 trastuzumab 抗体基因和 *E.coli* 衍生的 pAcF 特异性 tRNA/RNA 合成酶基因的表达质粒，从而表达带有两个 pAcF 残基的 trastuzumab 全抗体。Trastuzumab 突变体进一步与带有氨基氧的 auristatin 类似物进行偶联，可以获得>90%的产率及>95%的纯度。在体外细胞毒性实验中，ADC 对 SKBR3 和 MDA MB435/Her2 细胞显示了良好的杀伤活性，$EC_{50}$ 可以达到 100～400pmol/L。此外，在小鼠体内肿瘤实验中，在注射 ADC 后 14 天即可看到完全的肿瘤清除效果，且没有任何毒副作用（图 7.16）。在药物代谢动力学研究中，发现与传统非特异性偶联制备的 ADC 相比，采用非天然氨基酸位点特异性修饰制备的 ADC，其半衰期显著延长，可以达到野生型 trastuzumab 抗体的半衰期。采用非天然氨基酸位点特异性修饰策略制备 ADC 时，可以选择特定的修饰位点，避免了对抗体可变区的修饰造成的结合活性下降，同时也避免了对功能性恒定区的修饰造成的药代动力学的改变，因此可以极大程度上保留抗体在肿瘤靶向和体内药代的完整性。这种方法目前已经应用于 CXCR4、PSMA 和 CD74 靶向抗体与药物的偶联中，并显示了良好的肿瘤杀伤活性及安全性，从而证明了合成和优化化学位点特异性修饰策略用于制备功能良好且成分均一 ADC 的优越性。

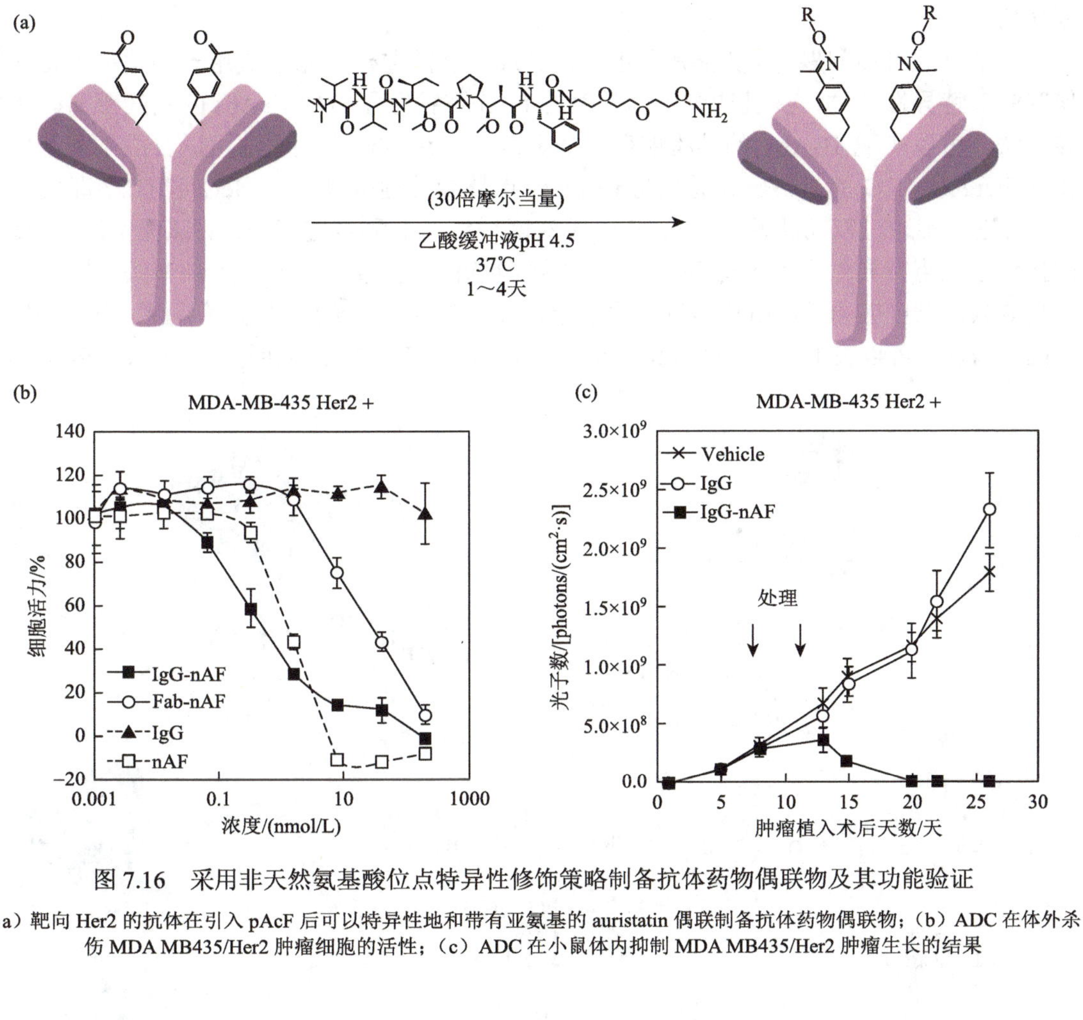


图 7.16　采用非天然氨基酸位点特异性修饰策略制备抗体药物偶联物及其功能验证

（a）靶向 Her2 的抗体在引入 pAcF 后可以特异性地和带有亚氨基的 auristatin 偶联制备抗体药物偶联物；（b）ADC 在体外杀伤 MDA MB435/Her2 肿瘤细胞的活性；（c）ADC 在小鼠体内抑制 MDA MB435/Her2 肿瘤生长的结果

2. 双特异性抗体

杀伤性 T 细胞通过 TCR 与靶细胞表面的 MHC Ⅰ类主要组织相容性复合体识别，从而发挥杀伤功能。免疫突触的行程可以引发 TCR 信号通路，从而引起 T 细胞活化、细胞毒性蛋白表达，实现对靶细胞的杀伤。目前已有报道，双特异性抗体（bispecific antibodies，

BsAbs）可以同时结合 T 细胞 TCR 复合物中的 CD3 受体蛋白及肿瘤细胞上的肿瘤相关抗原，引起 MHC 非依赖的 TCR 信号通路活化，从而实现对肿瘤细胞的特异性杀伤。传统的用于制备 BsAbs 的方法主要为蛋白融合表达策略，而这样的方法会影响抗体之间的结构折叠，造成空间位阻效应。此外，传统的 BsAbs 通常采用单链抗体（scFv）作为工程化骨架，存在表达量低、容易引起蛋白聚集及半衰期短等问题。而通过半合成的方法制备的 BsAbs，可以将独立的两个抗体或者抗体片段通过化学方法偶联起来，从而更好地在结合位点和结合距离上进行调整。传统的半合成方法采用半胱氨酸和赖氨酸化学键合方法，而该方法最终导致产物复杂且不均一。如果这些产物不稳定或者容易聚集，最终因为 CD3 受体偶联引起的非特异性 T 细胞活化，将会引发难以控制的细胞因子风暴和毒副作用。

为了克服上述问题，可以将具有正交化学反应性的非天然氨基酸用于构建位点特异性偶联的双特异性抗体，并且通过不同长度的 PEG 连接分子调控 BsAbs 的空间距离。采用该方法，可以实现 BsAbs 的结构明确且成分均一。通过两步偶联法可以合成不同结构的靶向 Her2 和 CD3 的 BsAbs。通过将 pAcF 位点特异性地分别引入 Her2 和 CD3 靶向抗体上，再进一步通过双功能性 PEG 连接分子对两种抗体的酮基进行修饰，从而实现 Her2 靶向抗体上位点特异性引入叠氮基，而 CD3 靶向抗体上位点特异性引入环辛烷基团，而两个功能域可以直接通过点击化学反应偶联起来（图 7.17）。借助非天然氨基酸位点特异性引入的广谱性，可以在 Her2 靶向的 trastuzumab 全抗体 HA121 位点或者 trastuzumab 抗体片

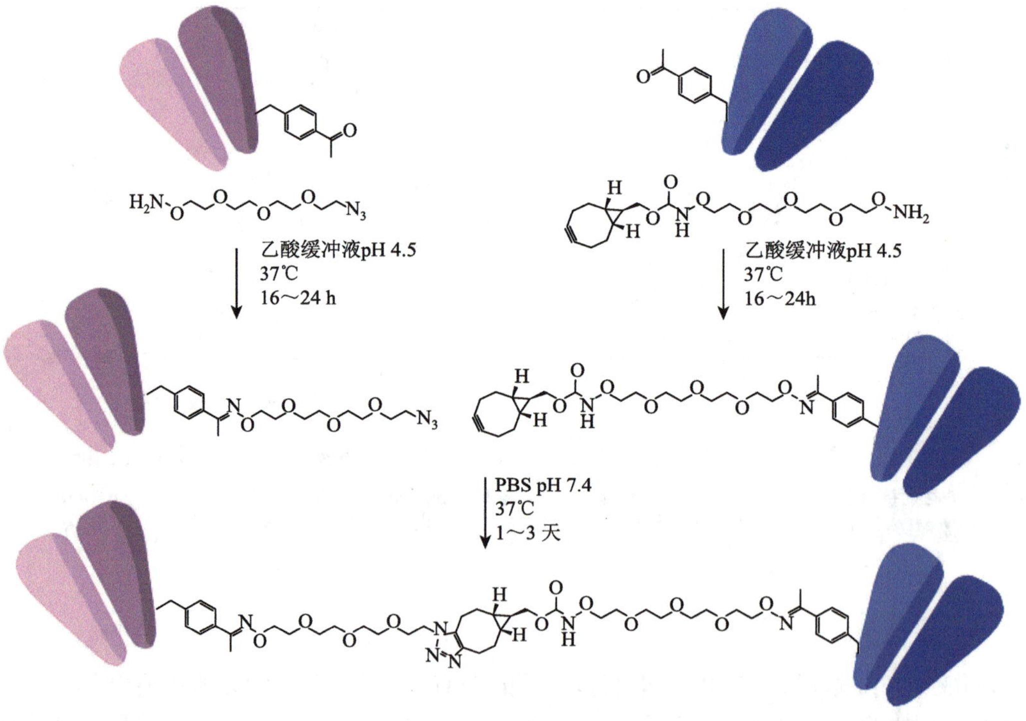


图 7.17　抗体引入 pAcF 后进一步采用位点特异性偶联法制备双特异性抗体

段 Fab 的 LS202 位点引入 pAcF，同时在 CD3 靶向的 UCHT1 抗体片段 Fab 的 HK138 位点或者 Fab 的 LS202 和 HK138 位点引入 pAcF，并进行修饰偶联，可以得到不同结构的 BsAbs，这些抗体具有靶向 Her2 和 CD3 的不同结合效价，并赋予了功能性 Fc 结构域（图 7.18）。

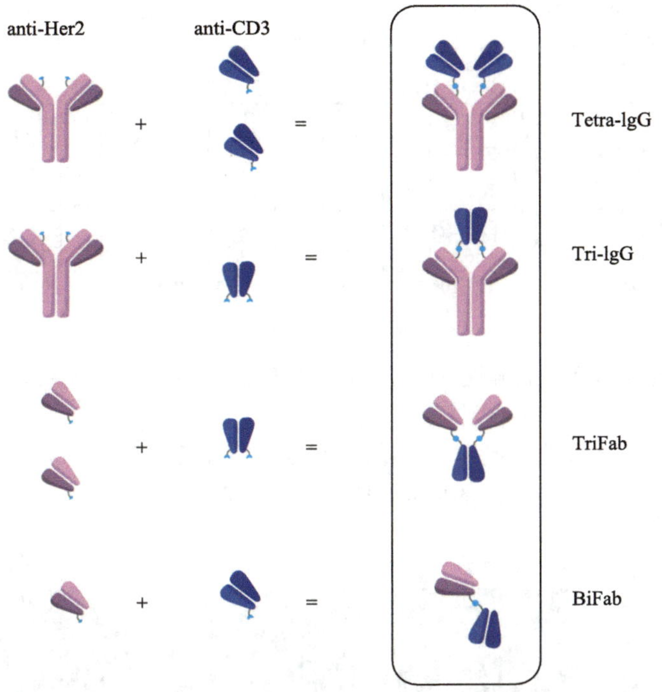


图 7.18　通过引入非天然氨基酸位点特异性偶联制备的不同结构双特异性抗体

体外的细胞毒性实验发现 BsAbs 对不同靶向抗原的结合效价，并不会产生显著差别的肿瘤杀伤活性，而对全抗体和 Fab 为基础的 BsAbs 的比较发现，带有 Fc 功能域的 BsAbs，在 Her2 高表达（3+）的肿瘤细胞上的杀伤效果明显好于不带有 Fc 功能域的 BsAbs，而在 Her2 中表达（2+）和 Her2 低表达（1+）的肿瘤细胞上，两者没有明显的区别。此外，在没有 Her2 表达的细胞系上发现带有 Fc 功能域的 BsAbs 会潜在地桥连 T 细胞和辅助性免疫细胞（NK 细胞和巨噬细胞），从而引发非特异性的 T 细胞活化，产生脱靶毒性，而这种非特异杀伤活性在不含有 Fc 功能域的 BsAbs 没有出现（图 7.19）。

进一步，将不同结果的 BsAbs 和 ADC（trastuzumab-auristatin 位点特异性偶联物）进行体外和体内的比较（图 7.20），可以看到，ADC 的抗肿瘤活性依赖于抗体的内化，因此 ADC 只有在 Her2 3 +和 2 +的肿瘤细胞上才能充分行使药物递送的功能，从而杀伤肿瘤细胞，而在 Her2 1 +的肿瘤细胞上只有微弱的杀伤活性；与此相反，BsAbs 在肿瘤杀伤中，只需要特异性地将 CD3 阳性 T 细胞引导并识别 Her2 阳性（3 +、2 + 或者 1 +），就可以诱导形成免疫突触，从而杀伤肿瘤细胞，因此与 ADC 相比，BsAbs 具有更加广谱的肿瘤杀伤功能，可以有效地杀伤抗原异质性表达的肿瘤细胞或者由于抗原表达量降低对 ADC 耐受的肿瘤细胞。引入非天然氨基酸通过位点特异性修饰策略构建的 BsAbs，其结构更加灵

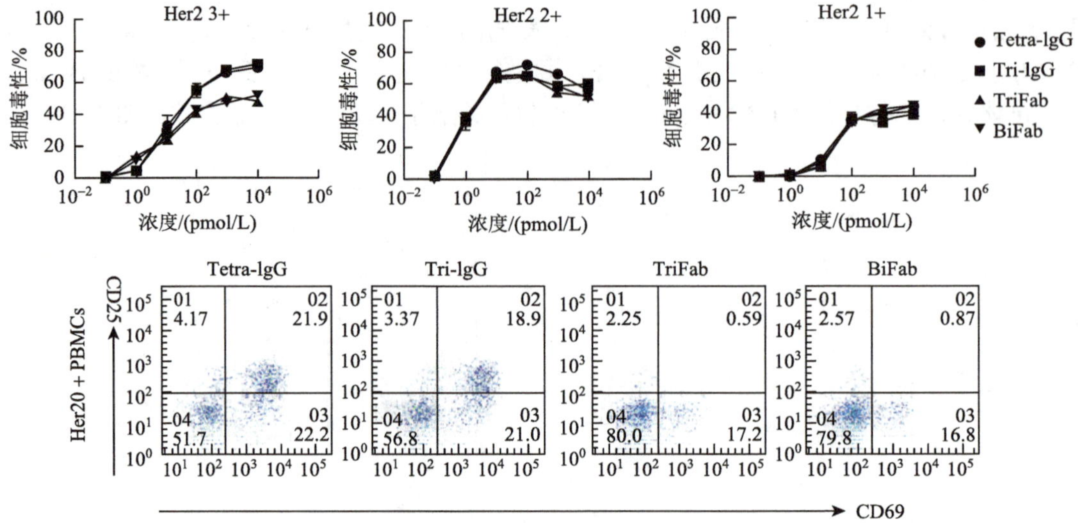


图 7.19　比较不同结构的双特异性抗体在对不同抗原表达水平肿瘤细胞的杀伤活性和脱靶毒性

活，在充分保留更部分活性的同时，可以随意地对 BsAbs 的结构、结合效价和细胞桥联距离进行调整，从而实现其最优的肿瘤识别杀伤功能。

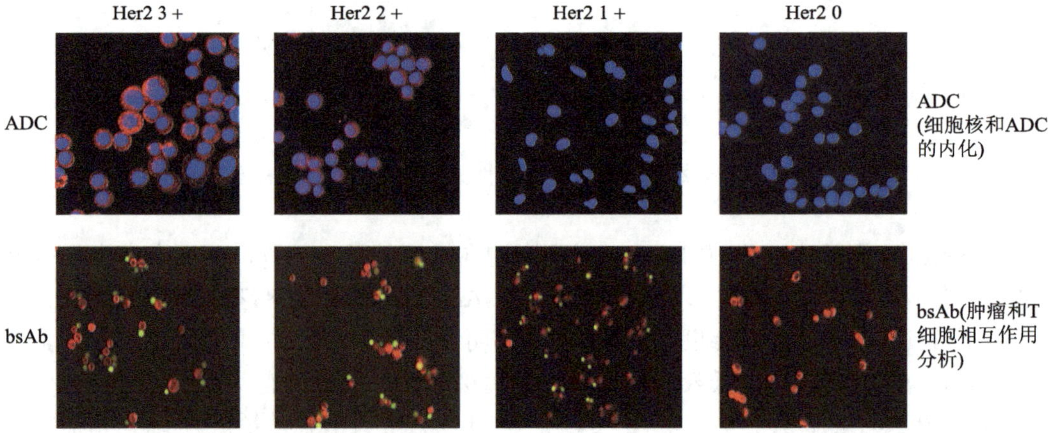


图 7.20　比较双特异性抗体和 ADC 在对不同 Her2 表达水平的肿瘤细胞的作用机制

### 3. 可调控嵌合抗原受体 T 细胞

嵌合抗原受体 T 细胞（chimeric antigen receptor T cells，CAR-T）是目前非常有前景的肿瘤治疗策略。CAR 可以通过对病患 T 细胞进行工程化改造，赋予其 MHC 非依赖的肿瘤识别杀伤活性。2017 年，已经有两款用于靶向 CD19 的 CAR-T 疗法被 FDA 批准用于治疗复发的急性 B 淋巴细胞白血病和弥漫性大 B 细胞淋巴瘤。传统的 CAR-T 细胞疗法通常会面对一系列的挑战。其中最重要的就是脱靶毒性和细胞因子风暴。因此，设计和开发可调控 CAR-T 细胞策略刻不容缓。2012 年，Tamada 等开发了标签介导 CAR-T 技术用于调整

CAR-T 的活性。T 细胞通过工程化表达可以识别 FITC 分子的 CAR，并采用 FITC 标记的抗体分子作为调控分子介导其肿瘤杀伤功能。然而在这项研究中，抗体分子通过非特异性随机化学偶联的方法与 FITC 分子结合，其修饰效率为平均 1 个抗体分子结合 3 个 FITC 分子；通过该方法制备的调控分子会由于随即位点修饰，从而影响抗体分子的结合活性，甚至造成脱靶毒性；另外，这种随机修饰无法确保稳定调控肿瘤细胞和 CAR-T 细胞的结合距离或结合状态，从而无法实现稳定的免疫突触，也就无法行使稳定的肿瘤杀伤功效。

采用非天然氨基酸定点引入抗体分子的指定位置，进而进行位点特异性整合 FITC，实现结构稳定、效价均一的调控分子，对于精准调控 CAR-T 细胞的抗肿瘤功能十分重要。研究发现在 CD19 抗体（FMC63）、CD22 抗体（M971）及 Her2 抗体（4D5）的可变区的骨架区及恒定区，通过位点特异性突变，引入叠氮基-苯丙氨酸（*p*-azido-phenylalanine，pAzF），进一步与带有环辛烷基团的 FITC 分子，通过一步点击化学反应，可制备位点特异性修饰的调控分子（图 7.21）。当抗体识别抗原的表位距离细胞膜较远时，如 FMC63 抗体识别 CD19 抗原的膜外远端，为了实现最佳的肿瘤杀伤活性，需要对 FMC63 的可变区的骨架区修饰引入 FITC 分子，从而有效介导 CAR-T 细胞的肿瘤杀伤；而对于 M971 和 4D5 抗体，它们识别 CD22 和 Her2 抗原接近于细胞膜，因此 CAR-T 细胞对于把修饰位点选择在恒定区而不是可变区的调控分子，识别效果最佳；不仅如此，我们也在体外和体内的功能实验中，验证了将抗体分子修饰 2 个 FITC 分子更加容易介导 CAR 在 T 细胞的二聚化，从而实现有效的肿瘤杀伤。以上研究充分佐证了采用非天然氨基酸位点特异性修饰策略制备的调控分子可以精准地调控肿瘤细胞与 T 细胞的结合、免疫突触形成及有效的肿瘤杀伤效果（图 7.22）。

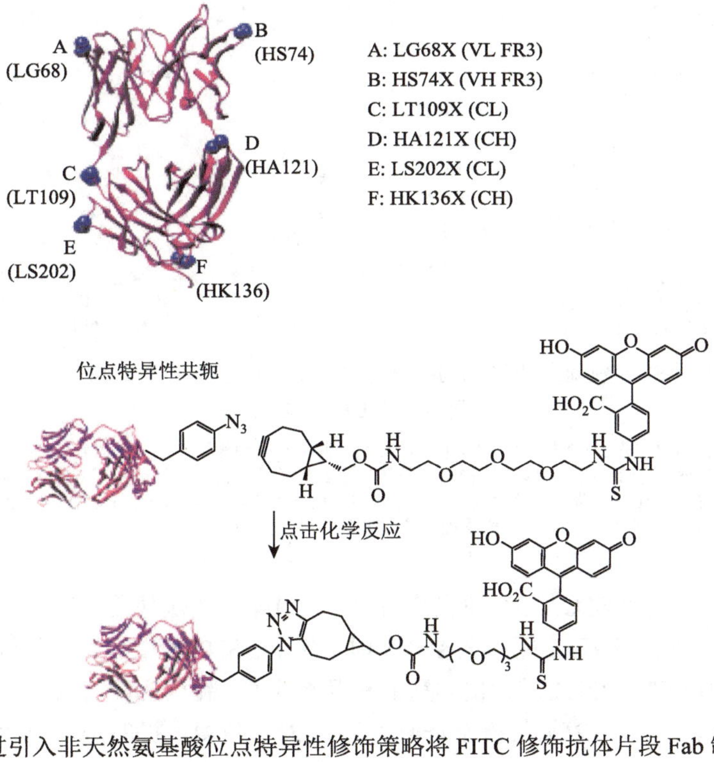


图 7.21　通过引入非天然氨基酸位点特异性修饰策略将 FITC 修饰抗体片段 Fab 制备调控分子

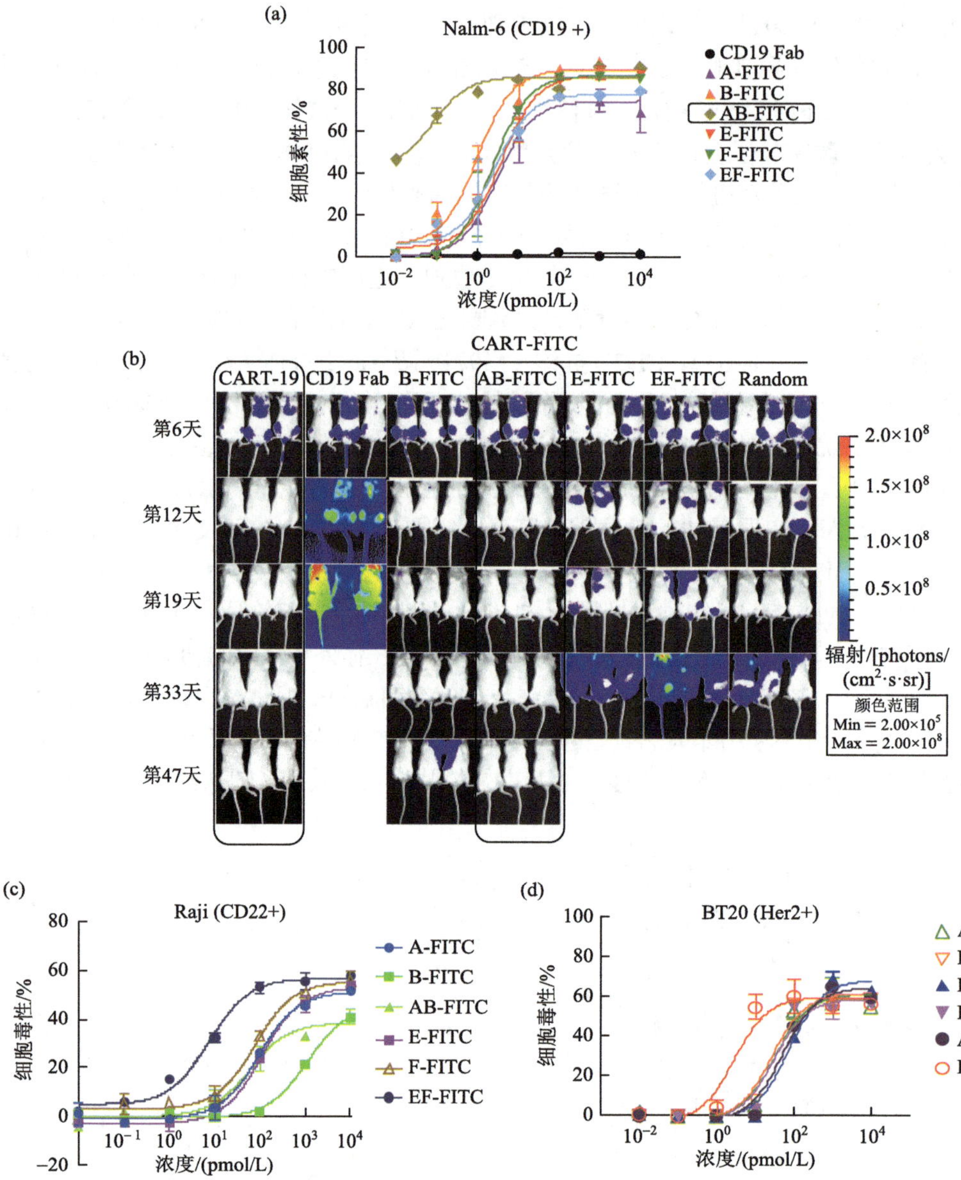


图 7.22　采用 FITC 标记的不同靶向抗体介导 FITC 靶向 CAR-T 细胞对表达不同抗原的肿瘤细胞的杀伤功能

（a）比较不同 CD19 靶向调控分子介导 CAR-T 细胞对 CD19 阳性 Nalm6 肿瘤细胞的体外杀伤功能；（b）采用不同 CD19 靶向调控分子介导 CAR-T 细胞对负荷有 CD19 阳性白血病细胞的小鼠的治疗情况；(c)比较不同 CD22 靶向调控分子介导 CAR-T 细胞对 CD22 阳性淋巴瘤细胞的体外杀伤功能；（d）比较不同 Her2 靶向调控分子介导 CAR-T 细胞对 Her2 阳性 BT2 乳腺癌肿瘤细胞的体外杀伤功能

在 Her2 靶向的可调控 CAR-T 细胞策略中，凭借非天然氨基酸可以引入蛋白质分子上任意位点这一特性，在制备 Her2 靶向调控分子时，除了 LS202X/HK138X 两位点以外，我们选择在 Fab 的 LG212X/HK221X 或者抗体重链和轻链的 C 端位点引入 pAzF，制备了 3 对不同的双位点 FITC 修饰的 Her2 靶向调控分子（图 7.23）。值得一提的是，LS202X/HK138X 两个位点的直线距离是 24.4Å，而 LG212X/HK221X 或者的抗体重链和轻链 C 端的直线距离是 11.6Å，在此基础上制备的 FITC 修饰调控分子，其活性的发挥还需要进一步与 CAR 铰链区的设计有关，如果修饰位点距离较远（如 LS202X/HK138X：24.4Å），需要和带有伸展性好的铰链区（如 CD8 铰链区）的 CAR-T 细胞结合，从而发挥最佳的抗肿瘤活性；如果修饰位点距离较近（如 LG212X/HK221X，或者直接抗体双链 C 端：11.6Å），需要和结构较紧密的铰链区（如 IgG4 S228P 突变铰链区）的 CAR-T 细胞协同，效果最佳。这些在层面对 CAR 和调控分子的精密设计，已经突破了传统意义的 CAR-T 细胞制备技术，而且是非特异性修饰制备的调控分子无法实现的，因此引入非天然氨基酸用于蛋白质类生物大分子的定点修饰，精密调控其功能，可以实现其在药物开发和肿瘤治疗中的重要意义。

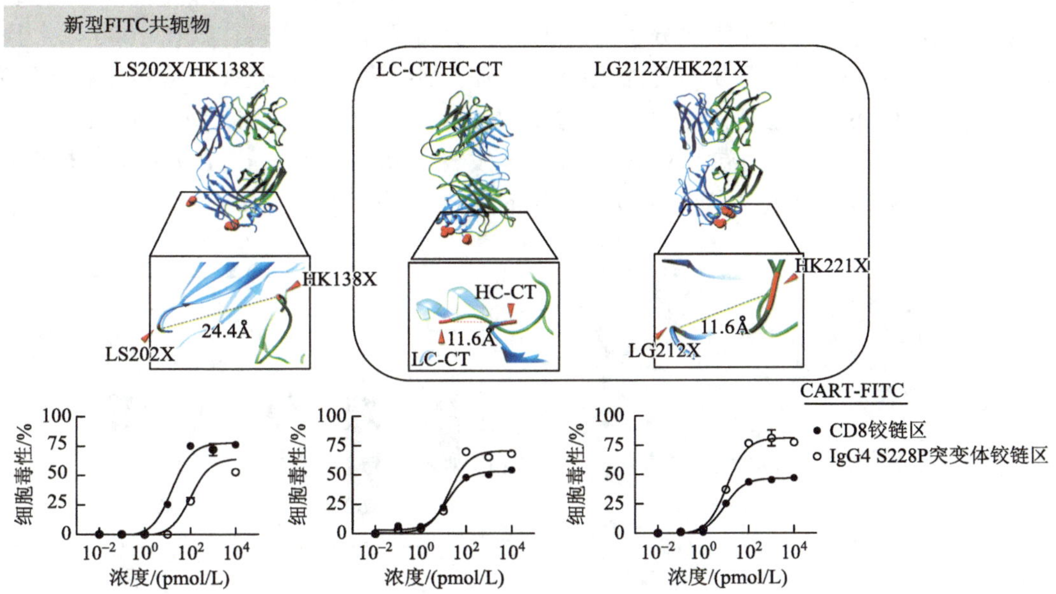


图 7.23　对靶向 Her2 的抗体 Fab 选择不同的修饰位点并结合不同长度铰链区的 CAR-T 细胞，用于肿瘤体外杀伤验证实验，选择 LS202X/HK138X、LC-CT/HC-CT 及 LG212X/HK221X 进行 FITC 标记后制备调控分子，结晶图示显示修饰位点的直线距离；进一步与不同长度铰链区的 CAR-T 细胞结合，比较其对肿瘤的体外抑制杀伤活性

### 7.2.5　基因编码非天然氨基酸探针研究模拟金属蛋白酶

金属蛋白/金属酶在生命过程中起着至关重要的作用，发挥着电子传递、能量代谢及物质传输等功能。在这些高分子量蛋白质中普遍存在着利用传统生物学难以引入的对活性至关重要的翻译后修饰形成的共价交联，如细胞色素 c 氧化酶中的 Tyr-His 交联、细胞色素 c 亚硝酸盐还原酶中的 Tyr-Cys 交联等。基于基因密码子扩展技术可以将具有不同氧化还原能力的非天然氨基酸引入任意蛋白质的任意位置，进而实现在蛋白质中的电子传递等过程。同时将 Tyr-His 类似物 3-咪唑酪氨酸和具有氧化还原活性的 3-甲硫基酪氨酸插入肌红蛋白中，将可能分别模拟细胞色素 c 氧化酶和细胞色素 c 亚硝酸盐还原酶，用以验证 Tyr-His 和 Tyr-Cys 辅助因子的功能及催化机制。

1. 基因编码具有不同氧化还原性质的非天然氨基酸探针，研究模拟血红素-铜氧化酶

细胞色素 c 氧化酶（CcO）（图 7.24）即呼吸链复合体Ⅳ，是线粒体氧化呼吸的限速酶，它直接参与线粒体中氧气的还原和质子梯度产生，它的损伤会影响线粒体功能，导致产生大量活性氧。由于 CcO 在能量产生和调节中的重要地位，自它被发现以来一直是生物研究领域中重要的研究课题。X 射线晶体衍射研究发现哺乳动物或细菌中都含有翻译后修饰形成的 Tyr-His 共价交联，但因受技术手段的限制及缺乏直接的证据，对于共价交联 Tyr-His 的确切作用目前仍是科学研究争议的焦点。利用非天然氨基酸的定点编码技术，实现了用 18kDa 的肌红蛋白（Mb）模拟呼吸链中重要膜蛋白质复合物 CcO。将 Tyr-His 类似物 3-咪唑酪氨酸引入肌红蛋白中，获得的突变功能蛋白可以结合铜离子，并能够高效特异地催化还原氧气转化为水分子（产生小于 6%的活性氧），转化数在 1000 以上且催化剂没有明显降解。而缺乏 3-咪唑酪氨酸或铜离子都会引起催化效率及特异性显著下降，多数氧气分子被还原为过氧化氢。此工作首次提供了 CcO 中保守翻译后修饰 Tyr-His 功能的直接证据，研究成果作为卷首文章于 2012 年发表在 *Angew. Chem. Int. Ed.* 上，该工作被国际同行在 C&EN 上评论为蛋白质设计领域的重要进展[35]。

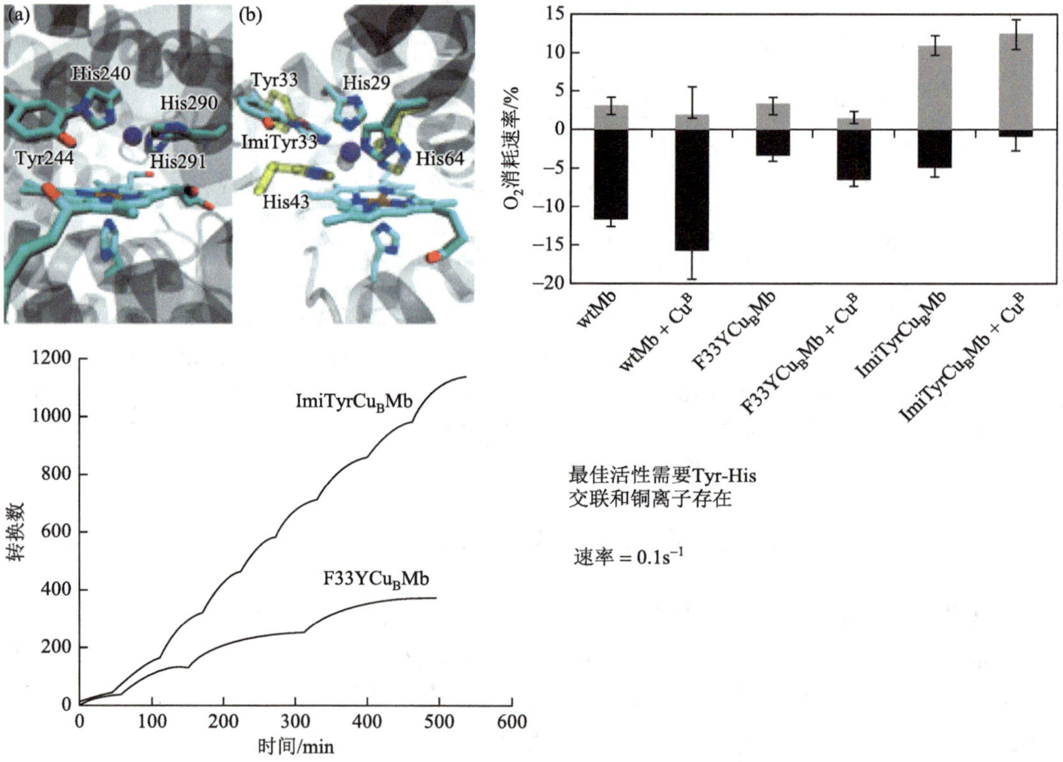


图 7.24　CcO 的结构机理及 CcO 模拟酶

将具有氧化还原活性的 3-甲硫基酪氨酸引入肌红蛋白中，模拟了细胞色素 c 亚硝酸盐还原酶活性中心的 Tyr-Cys 辅助因子（图 7.25）。Tyr-Cys 共价交联基团可以显著

降低苯环侧链的 p$K_a$ 值和还原电位，因此促进了酶作用底物和 Tyr-Cys 辅助因子之间的质子耦合电子转移，而这对优化酶活性是至关重要的因素。活性测试结果得到的突变功能蛋白质可以高效地催化羟胺还原成铵根离子，该研究第一次提供了酪氨酸酚羟基邻位的甲硫基取代能够显著地影响酶功能的直接证据，为研究金属酶中天然存在的酪氨酸与半胱氨酸共价交联辅助因子的催化机制提供了研究基础，以上研究为金属酶的理性设计提供了有力的工具，并有望在生物能学中获得重要应用。2013 年，该研究成果发表在 *Angew. Chem. Int. Ed.* 期刊上[36]。

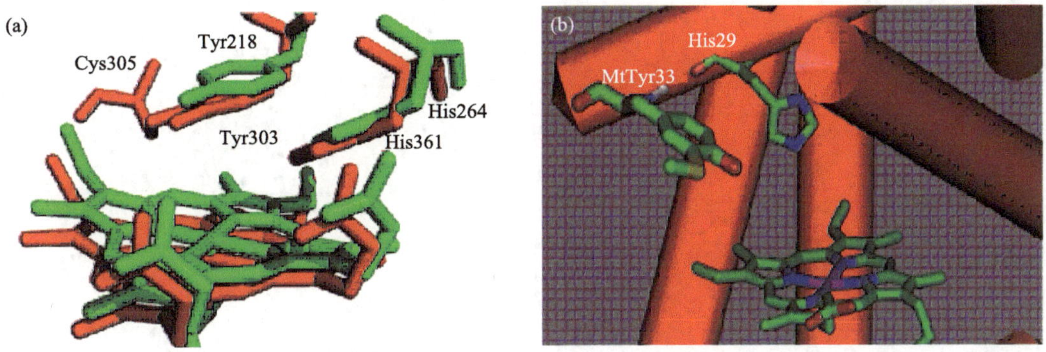


图 7.25　(a) *Wolinella succinogenes* 与 *T. nitratireducens* 细胞色素 c 亚硝酸盐还原酶活性中心的晶体对比结构图；(b) MtTyrMb 的结构模型图

血红素-铜氧化酶是一类在呼吸链末端高效催化氧气还原为水的金属蛋白酶。在这类酶的活性中心有一个保守的酪氨酸。学术界认为这一残基在反应中贡献质子和电子，并在反应中生成自由基中间体。通过基因编码的方法将一系列类似酪氨酸的非天然氨基酸，包括 3-氯代酪氨酸（ClY）、3, 5-二氟代酪氨酸（F2Y）和 2, 3, 5-三氟代酪氨酸（F3Y），引入基于肌红蛋白的氧化酶模型，作为光谱探针研究含自由基的反应中间体，通过改变 p$K_a$，调节氧化酶的酶活，揭示了酪氨酸质子传递能力对酶活的影响。研究通过测定含非天然氨基酸的突变体，揭示了氧化酶的酶活与酪氨酸的 p$K_a$ 存在线性关系（图 7.26）。另外，本

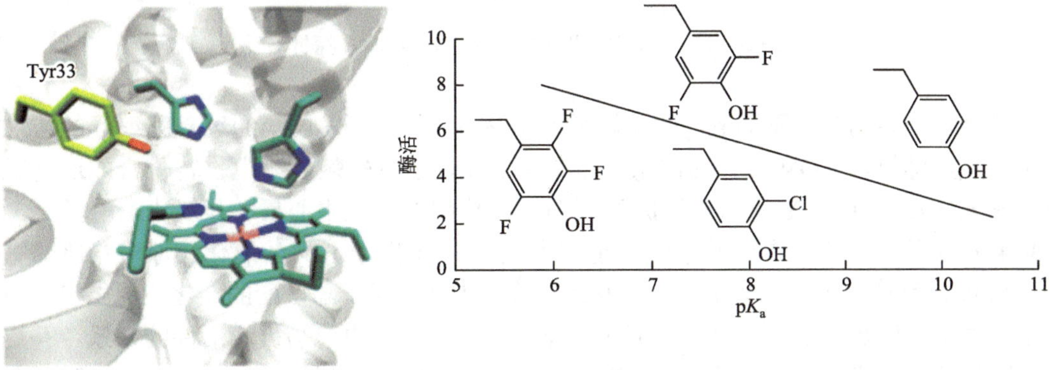


图 7.26　通过非天然氨基酸探针研究氧化酶的酶活与酪氨酸 p$K_a$ 的关系

研究发展了非天然氨基酸作为光谱探针的方法，利用含卤素和氘原子的非天然氨基酸具有不同电子顺磁共振信号的特点，确定了在与过氧化氢反应中生成的自由基源自活性中心的酪氨酸（图 7.27）。这一研究直接证明了酪氨酸贡献质子的能力与反应活性的联系，并提供了通过非天然氨基酸探针的插入提高酶活的方法，为金属蛋白的理性设计方面提供了新的研究工具。2015 年，该研究成果发表在 *JACS* 期刊上[37]。

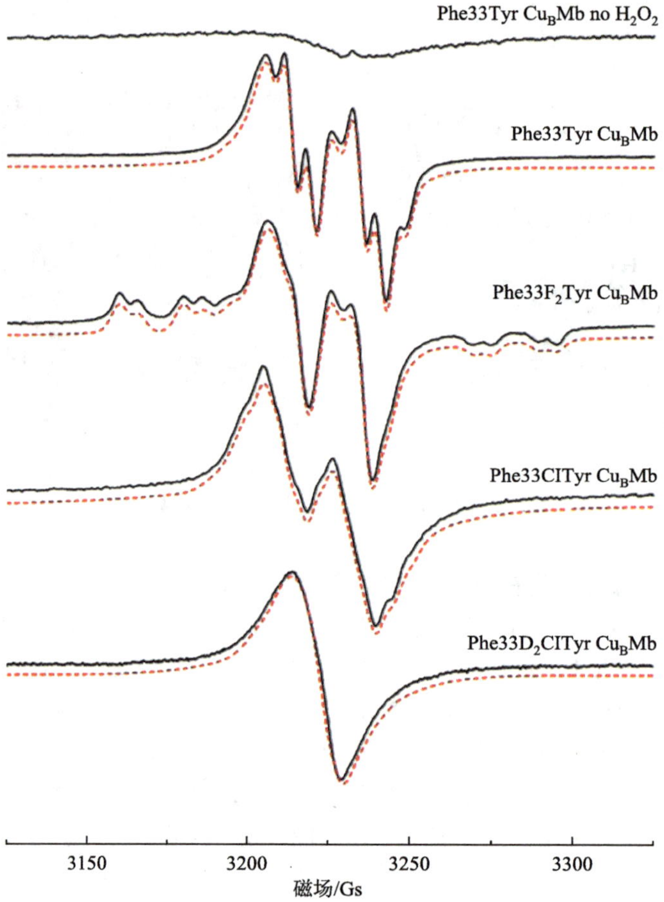


图 7.27　基因编码的非天然氨基酸 EPR 探针

在引入一系列具有不同 p$K_a$ 的酪氨酸类似物的基础上，发展了通过基因编码的方法引入 3-甲氧基酪氨酸（OMeY）的体系，并实现了通过酪氨酸裂解酶生物转化合成这一氨基酸（图 7.28）。将 OMeY 引入基于肌红蛋白的氧化酶的活性中心后，其氧化酶酶活增加到了原来的 3 倍，产生的自由基中间体也大大减少。由于 OMeY 的氧化还原电势比酪氨酸低 179mV，而 p$K_a$ 近似，含 OMeY 突变体的酶活增加说明了酪氨酸的氧化还原电势调节在氧化酶中非常重要。这一研究直接证明了酪氨酸氧化还原电势与反应活性的联系，并提供了通过非天然氨基酸的插入提高酶活的方法，为金属蛋白的理性设计提供了新的研究工具。2015 年，该研究成果发表在 *Chem. Sci.*期刊上[38]。

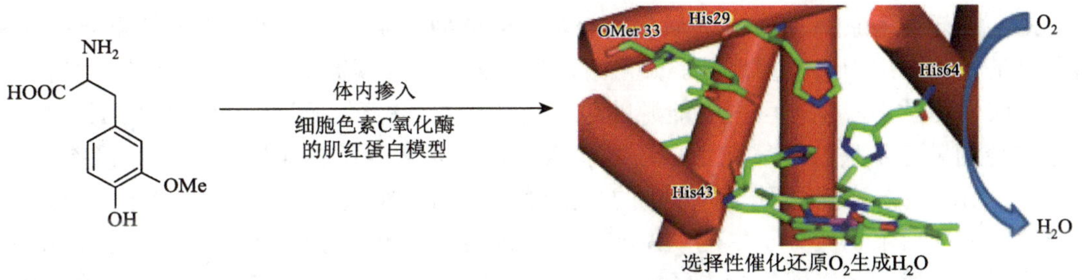


图 7.28　通过非天然氨基酸 3-甲氧基酪氨酸研究氧化酶的酶活与酪氨酸氧化还原电势的关系

进一步，通过在基于肌红蛋白的氧化酶中引入 3 个将带负电的氨基酸换为带正电的赖氨酸的突变，将肌红蛋白模型蛋白和细胞色素 b5 之间的电子传递速率提高了 400 倍（图 7.29）。通过构建 NADH-细胞色素 b5 还原酶—细胞色素 b5—基于肌红蛋白的氧化酶的电子传递通路，基于肌红蛋白的氧化酶的酶活从 $0.3s^{-1}$ 提高到 $52s^{-1}$，达到了天然的血红素-铜氧化酶的酶活（$50s^{-1}$）。至此，通过一系列的进化设计，通过在肌红蛋白模型酶中引入一系列非天然氨基酸探针，通过对酶复杂机理的解析，完美地实现了对血红素-铜氧化酶这类膜蛋白活性的小蛋白模拟。这一研究进一步揭示了电子传递在氧化酶反应中的重要作用，为其他金属酶的设计提供了新的思路和方法。小蛋白系统更易得、易改造，使得人工设计的酶可以被直接应用于生物技术领域，例如，生物燃料电池中的酶电极有望在生物能学中获得重要应用。2015 年，该研究成果发表在 *JACS* 期刊上[39, 40]。

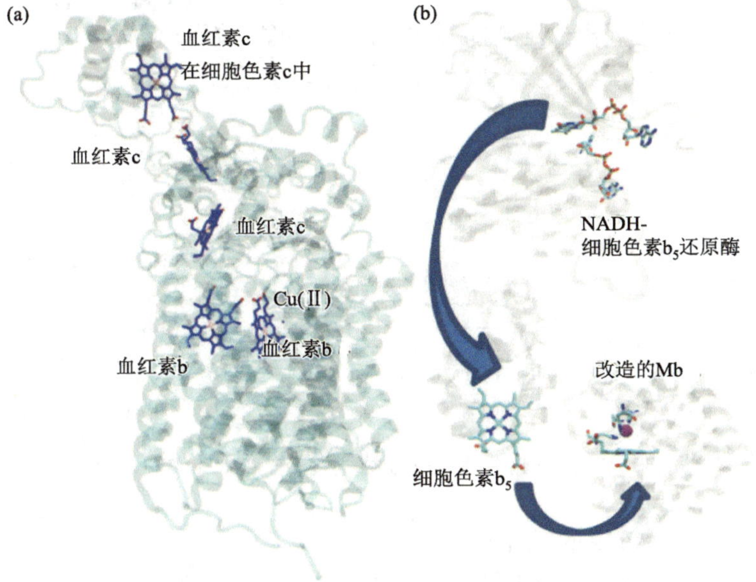


图 7.29　细胞色素 cbb3 氧化酶（a）和经设计的氧化酶（b）的电子传递路线

**2. 基因编码非天然氨基酸作为光致电子转移探针，模拟光合系统中的电子转移过程**

光致电子传递（PET）涉及生物体内许多重要的生化过程，广泛存在于生物系统中，如 CcO、核苷酸还原酶、DNA 光解酶等，其对磁感应等生物过程也具有非常重要的意义，同时也是光合作用中的主要反应。如何改造生物元件，实现高效可控的光致电荷分离，是利用合成生物学手段生产可再生能源的重要问题和主要瓶颈。同时，目前蛋白质中的电子传递实验测量通常只能依靠在蛋白质本身含有的残基组氨酸或半胱氨酸上连接探针来进行研究，因此该方法仅能用于研究小的可溶性蛋白，限制了其应用。PET 导致的荧光猝灭是一种用来探索生物大分子中的动态构象变化的有力工具。但由于受到目前技术的限制，其只能用酪氨酸或色氨酸作为电子供体。通过基因密码子扩展，实现在活细胞中编码可以接受或者提供电子的非天然氨基酸，可以为研究生物大分子中的 PET 现象以及利用生物元件实现高效可控的光致电荷分离提供有力的工具。

将具有金属螯合能力的 3-吡唑酪氨酸 pyTyr 和 8-羟基喹啉丙氨酸 8-HqAla 定点插入绿色荧光蛋白中，验证了荧光蛋白发光中心至铜离子之间发生的快速光致电子转移，实现了高效可控的光致电荷分离，以及在荧光蛋白活性中心至 3-吡唑酪氨酸之间的快速 PET，并测量到电子转移发生在 1ns 之内（接近光中心的速度，图 7.30）。虽然荧光蛋白已经被发现了 40 多年，但是它在水母体内的功能一直不清楚。我们依据实验结果提出了荧光蛋白是光的感受器的观点。同时，利用光诱导电子传递实现荧光猝灭是一种用来探索 1.4nm 以内蛋白质动态构象变化的有力工具。新发展的方法为蛋白动态构象变化研究提供了新的研究手段，为研究生物大分子中的光致电子转移现象，以及利用生物元件实现高效可控的光致电荷分离提供了有力的工具。为利用合成生物学手段生产可再生能源提供了新的研究思路。研究成果作为内封面发表在 *Angew. Chem. Int. Ed.*期刊上，该方法由于可以为类似研究提供思路和灵感而被国际同行在 F1000 上推荐。同时，金属离子的体内检测一直是科学研究的热点，由于非天然氨基酸的引入被赋予金属离子结合能力的蛋白质将可能被用于发展金属离子的荧光探针，以上研究将为金属蛋白和小分子荧光探针设计提供有力的工具[41]。

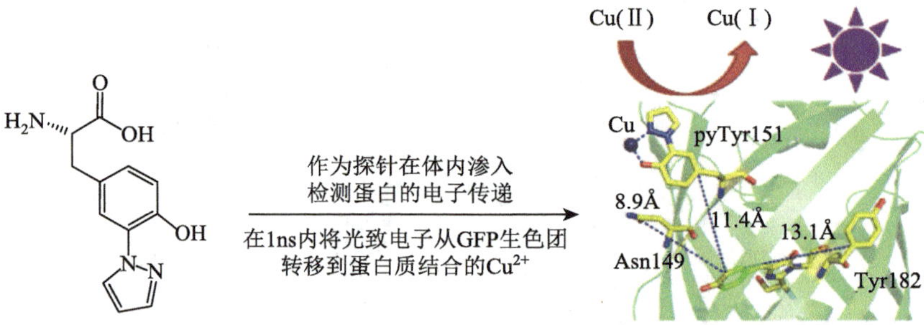


图 7.30　非天然氨基酸 3-吡唑酪氨酸是蛋白质上 PET 的探针

光合系统和呼吸系统中的氧化还原反应均为电子传递过程。研究者一直在寻求利用生物元件实现对复杂系统中电子转移及光致电荷分离进行高效可控的模拟，而如何基因编码有效的电子受体是合成生物学中的主要瓶颈。已知自然界中的天然氨基酸均为电子供体，而目前基因编码的用于研究电子传递过程的非天然氨基酸也均为电子供体。前期工作证明金属螯合能力的非天然氨基酸探针可作为电子受体，但由于铜离子不能进入蛋白质内部、有毒性且对环境敏感等原因而无法被推广。为克服这一缺陷，将氟代硝基苯丙氨酸和间硝基苯丙氨酸两种电子受体非天然氨基酸通过基因密码子扩展手段定点插入绿色荧光蛋白（GFP），首次实现了利用电子受体非天然氨基酸研究绿色荧光蛋白中的快速 PET 过程（图 7.31），并且利用飞秒瞬态光谱测量到电子转移发生在皮秒范围（接近光系统 I 中最快的电子转移步骤）。利用晶体结构研究测量了发色团到电子受体之间的距离，揭示了该电子转移过程是距离依赖的过程（与光系统 I 一致）。并且该电子受体非天然氨基酸的氧化还原电势与生物体内重要的氧化还原产物 NAD(P)H、铁硫中心 A 和铁硫中心 B 类似，因此可为利用合成生物学手段模拟复杂还原酶（光系统 I 、光系统 II 、氢酶、固氮酶等），进而研究其机制和模拟其功能提供新的方法。并且引入的氟原子还可用于对电子转移进行 EPR 和 NMR 测定。2015 年，该研究成果发表在 *JACS* 期刊上[42-44]。

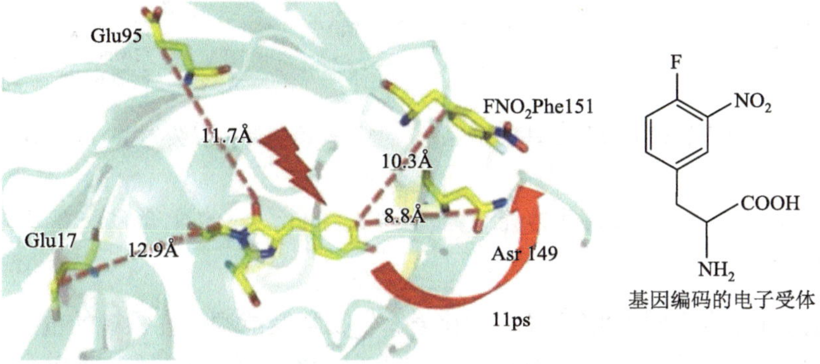


图 7.31　基因编码高效电子受体非天然氨基酸氟代硝基苯丙氨酸

基因编码和荧光蛋白传感器是生物学研究中的重要技术手段。在过去的几十年中，人们已经开发出多种荧光蛋白传感器，用于监测金属离子、pH、第二信使和翻译后修饰，这对于解析它们在体内信号转导网络中的作用是至关重要的。这些荧光蛋白传感器通常依赖于荧光共振能量转移或者绿色荧光蛋白（GFP）荧光团酚基的质子化/去质子化来发挥作用。尽管它们现在已被广泛应用，但是在分析物结合前后，这些荧光蛋白传感器的荧光强度变化通常都在两倍以内。相比之下，光致电子转移机制开始越来越广泛地被引用到荧光传感器设计中，最重要的原因在于分析物结合前后，荧光蛋白传感器可以展现出显著的荧光强度变化（通常可以增强 10～100 倍）。

将一系列卤族元素取代的酪氨酸，包括［3-氯代酪氨酸（ClY）、3, 5-二氯代酪氨酸（Cl2Y）、3, 5-二氟代酪氨酸（F2Y）、2, 3, 5-三氟代酪氨酸（F3Y）、2, 3, 5, 6-四氟代酪氨酸（F4Y）］，通过基因密码子扩展的手段定点插入荧光蛋白（iLov2）中，发现在非天然氨基酸与荧光蛋白发光中心 FMN 之间发生了快速的光致电子转移，并测量到电子转移发生在 0.2ns 之内。荧光检测发现得到了一系列对 pH 具有不同响应能力的荧光蛋白突变体，我们利用该传感器检测了细胞质的酸化过程，该传感器将适用于研究活细胞中的 pH 的变化过程，同时得到了可以基因编码的对 Mn(III)敏感的荧光蛋白，这将有利于检测与生物和环境相关的 Mn(III)的浓度，为筛选高效的锰过氧化物还原酶提供了平台，为实现高效的木质素降解及生物质转化提供了研究工具（图 7.32）。该研究为蛋白动态构象变化研究提供了新的研究手段，为利用合成生物学手段生产可再生能源提供了新的研究思路，为蛋白质设计提供了新的工具。2014 年，该研究成果发表在 *JACS* 期刊上[45]。

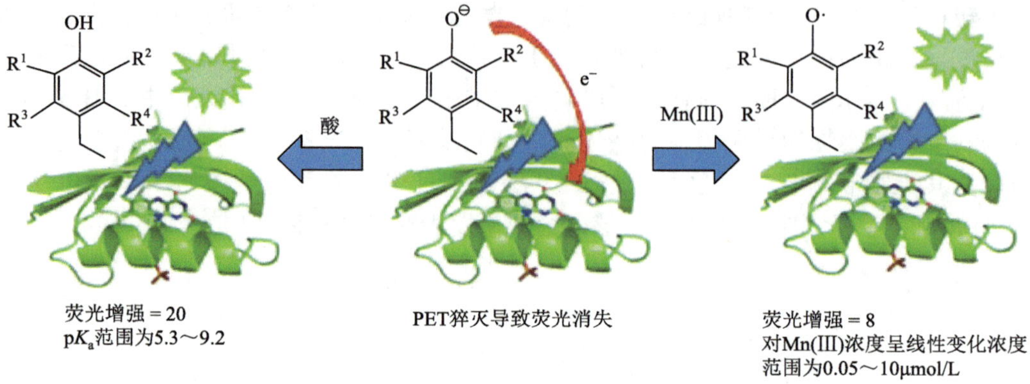


图 7.32　基因编码非天然氨基酸作为光致电子转移探针扩展荧光蛋白的传感性质

3. 基因编码非天然氨基酸作为光致电子转移探针，模拟光合系统暗反应实现利用光能还原二氧化碳

如何将太阳能转换为化学能已经成为化学、生物学及能源研究领域的重点问题。2018 年 9 月 19 日，中国科学院院长、中国科学院院士白春礼等在《焦耳》期刊发文，提出在化石燃料枯竭的未来，“液态阳光”可能是解决问题的关键，而实现液态阳光的关键在于利用丰富的太阳能，将能源利用过程中过量排放的二氧化碳重新循环转化为稳定、可存储、高能量的化学物质。植物的光合作用系统作为一种天然的解决方案，因其清洁、自组装、可持续和高效的光致电荷分离效率等优势受到广泛关注。但是如何利用和模拟光合作用的高光合效率来驱动具有挑战性的化学转化是目前的研究热点。影响该领域发展的技术挑战及研究难点在于：①天然光合作用系统由复杂的膜蛋白亚基和多种辅酶组成，这给研究和实际应用带来了不便；②光合系统中产生的还原分子 NAD(P)H 由于还原力较低不能直接用于还原 $CO_2$；③相比化学小分子催化剂，天然光合作用系统的二氧化碳还原效率较低。为解决这些问题，王江云课题组多年来一直致力于应用合成生物学方法，开发基因编码的人工光合作用系统，使其兼具天然光系统和化学小分子催化剂的优势。这种人工设计的光合蛋白质不仅可以为研究挑战性的化学转化提供新思路，也可以为进化具有非天然光催化活性的人工生命体提供研究基础。

设计基于荧光蛋白突变体的高效二氧化碳光还原蛋白质的核心问题在于如何延长其发色团受激发后所生成的还原性中间态的寿命，降低它的还原电势。研究团队选择了一种带有二苯甲酮取代基的酪氨酸类似物（BpA）来改造发色团。二苯甲酮是一种有机光催化中常用的光敏剂。当它受到一定波长的光照射时，其激发态以近 100%的效率系间窜越为寿命较长的三重态。这种三重态进而和牺牲性还原剂反应生成高活性的自由基态，催化下游氧化还原反应。基于密码子扩展方法插入 BpA 改造荧光蛋白的发色团后，其新生成的光敏蛋白（PSP）保留了这种特性。瞬态吸收光谱的研究表明，受光激发后，BpA 组成的新发色团可以几乎全部转化为三重态；在和生物相关牺牲还原剂的存在下，三重态中间体快速氧化牺牲还原剂从而生成自由基态。该自由基被蛋白质骨架保护，因此在没有氧气存在的条件下可以稳定存在 10min 以上。晶体结构衍射显示，PSP 处于自由基状态时其发色团呈现出更加扩展的共平面构象，这与紫外-可见吸收光谱检测得到的红移吸收结果一致。同时，合成的含有 BpA 发色团小分子的电化学分析表明，所生成的自由基态具有接近 −1.5V 的还原电势。这不仅满足了还原 $CO_2$ 的需求，也低于已知的天然生物还原剂。

在获得了该光敏蛋白后，研究人员进一步应用化学生物学方法在 PSP 蛋白表面特定位点引入了一种小分子 $CO_2$ 电化学还原催化剂三联吡啶镍配合物（图 7.33）。这种杂合蛋白质具有在光照条件下还原 $CO_2$ 生成 CO 的活性，光量子产率为 2.6%，高于大部分已报道的 $CO_2$ 光还原催化剂。这说明了基于蛋白质自组装特性所带来的电子传递优化和活性的提高。该光敏蛋白催化剂具有以下优势：①无重金属；②可以很容易地被引入各种生物体；③通过合理的设计或定向进化有显著的扩展能力。因此，PSP 能够潜在地光敏化多种挑战性的化学转化，涉及的领域多样，如太阳能转化、光生物学、环境修复和工业生物学等。2018 年，该研究成果发表在 *Nat. Chem.* 期刊上[46]。

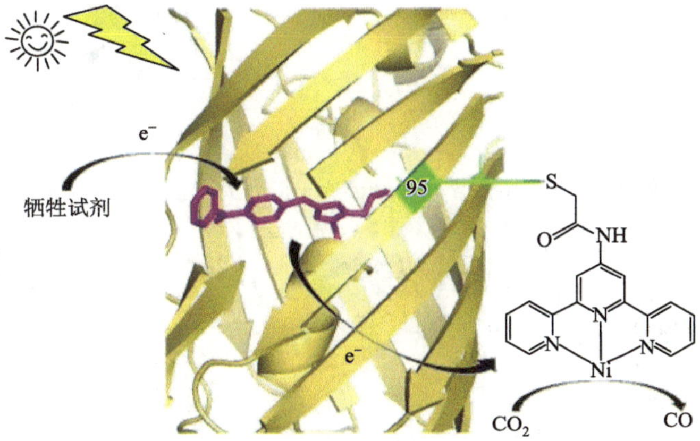


图 7.33 基因编码非天然氨基酸探针模拟光合系统还原二氧化碳

4. 基因编码非天然氨基酸探针扩展了荧光蛋白的发色功能

为了充分利用太阳光中不同能量的波段，扩展天然光合作用中的吸光范围，基因编码了一系列可以扩展荧光蛋白发色团的非天然氨基酸探针，如 8-羟基喹啉丙基酸（HqAla）、萘酚氨基酸（Naphthol-Ala）等（图 7.34）；发展了 HqAla 一步高效的生物合成方法，得到的 HqAla 无需柱纯化，其结合铜离子能力可以达到 0.1fmol/L，对包括稀土在内的多数金属离子都有较高的亲和性。将 HqAla 引入各种荧光蛋白变体的活性中心，获得了激发和发射波长均红移 30nm 以上的突变体，得到了迄今报道的类绿色荧光蛋白中远红外区的最大发射波长。sfGFP-66-HqAla 晶体结构研究揭示了 8-羟基喹啉-咪唑啉酮发色团的形成，为发色团红移机理的揭示提供了结构基础。进一步研究表明 cpsfGFP-66-HqAla 突变体具有很好的锌离子响应性能，在加入锌离子后荧光强度提高 7 倍，可以用于在活细胞内检测锌离子（图 7.35）。研究成果作为内封面发表在 *Angew. Chem. Int. Ed.* 期刊上。这些蛋白突变体将可能被作为体内成像研究的标记物，增加探测的灵敏度，进而进行深层组织成像或者作为荧光能量共振转移传感器。同时该系列研究为设计蛋白传感器提供了新的策略和手端，为利用顺磁共振研究蛋白质动态构象变化及金属蛋白的理性设计提供了有力的研究工具[47]。

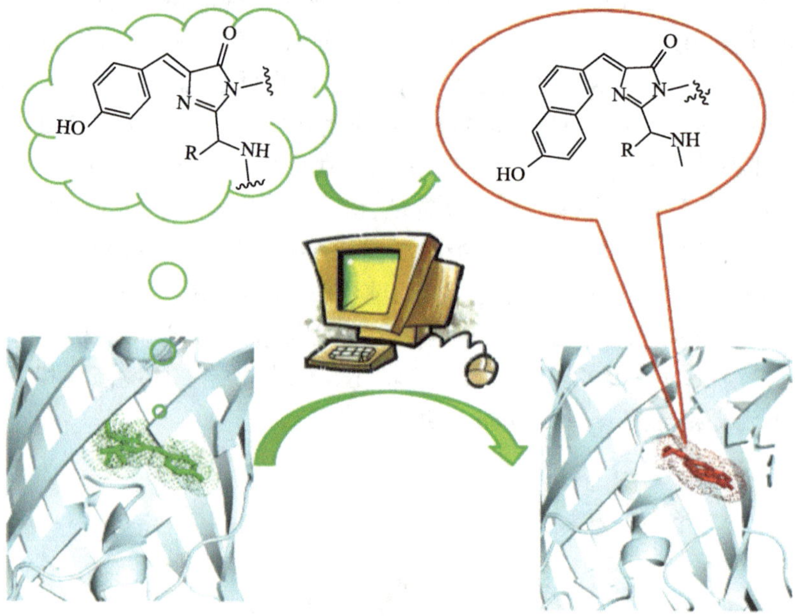


图 7.34　基因编码 Naphthol-Ala 扩展荧光蛋白光学性质

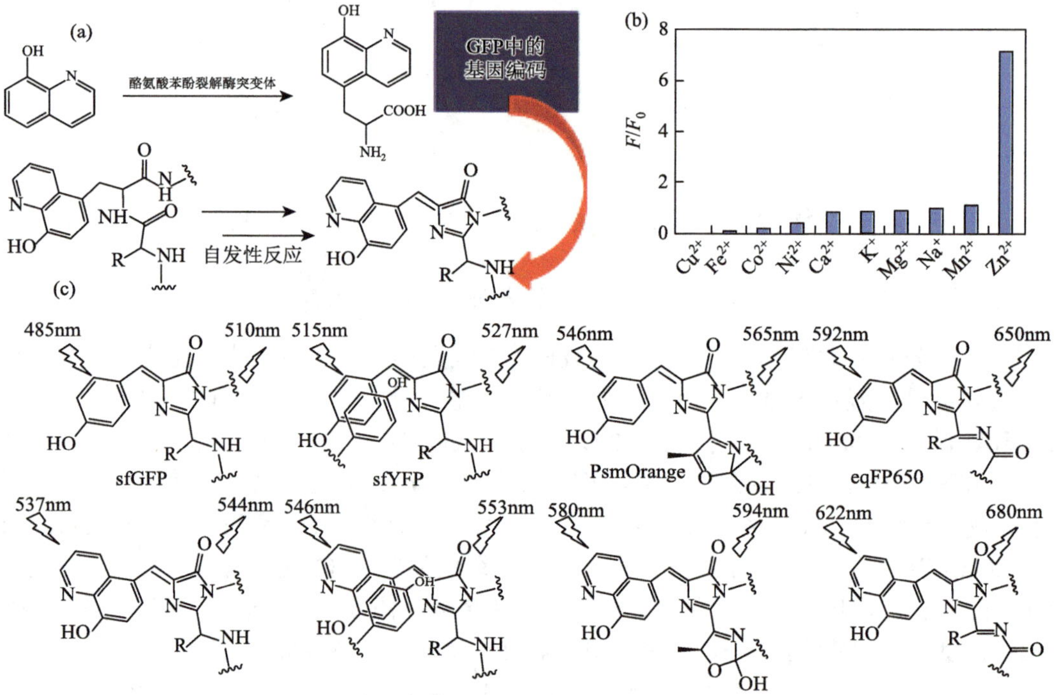


图 7.35　基因编码 HqAla 扩展荧光蛋白光学性质

## 7.3　讨论与展望

功能蛋白质机理的研究、功能的模拟、药物靶点的鉴定是认识生命现象本质，以及和能源、粮食及造福人类健康等息息相关的重大课题，在化学、生物、能源及医药学研究等方面都具有重要战略地位。功能蛋白质结构、机理研究及功能模拟将从分子水平上揭示生物体系的结构特征及分子机理，有助于设计和合成具有高稳定性和高效率的生物复合体，或者赋予天然生物分子新的符合人类生产生活需求的功能，实现在生物技术、生物医学及新型可再生能源方面的广泛应用。21 世纪以来，由于蛋白质科学研究更为深入，传统的生物学研究手段已不能满足该学科中诸前沿课题研究的需求，因此，使用化学小分子如非天然氨基酸探针作为工具解决生物学问题的化学生物学方法逐渐被应用到该学科中，推动了该学科的飞跃发展。

本项目以基因编码子扩展技术为基础，利用酪氨酸、亮氨酸和吡咯赖氨酸氨酰-tRNA 合成酶/tRNA 正交对，以及大肠杆菌和酵母筛选系统，在大肠杆菌、植物细胞、哺乳动物细胞及病毒细胞蛋白质中特定位点引入特殊的非天然氨基酸，包括可用于光点击化学的非天然氨基酸、具有特殊 NMR、EPR 等性能的非天然氨基酸、高效率的光交联氨基酸、较大双光子吸收截面的光转化氨基酸、含有翻译后修饰形成共价交联元素的非天然氨基酸等。以蛋白质荧光成像技术、蛋白质动态相互作用的检测和机理研究，以及蛋白质功能操纵技术的重要瓶颈为切入点，打破传统位点特异性突变方法的局限，扩展了活体中合成、标记及控制蛋白质的能力，研究了蛋白质科学中的重要科学问题，包括以下方面。

（1）在活细胞内特异性标记和定位目标蛋白，发展蛋白质标记新方法，为研究蛋白质动态构象变化机制及筛选治疗肿瘤药物提供研究平台。

（2）在 GPCR 蛋白信号通路蛋白中编码 $^{19}F$ 信号非天然氨基酸探针，使我们能够更加精准、清晰、实时地揭示这类重要受体相关蛋白的激活机制和信号转导途径。

（3）构筑特殊细胞包装系，将非天然氨基酸引入病毒包膜蛋白、病毒基因的合适位置，制备了外膜蛋白含有具有光交联活性非天然氨基酸的活病毒，探索寻找 HIV、HCV、VSVG 等病毒感染细胞所依赖的受体，尤其是呈瞬间方式或结合力弱的辅助受体，为药物靶标发现提供了新的研究手段等。

（4）采用遗传密码改造的非天然氨基酸，通过在蛋白质或者抗体分子的指定位置位点特异性地引入具有独特反应功能的官能团，从而实现简便的一步法制备抗体药物偶联物。

（5）通过利用易生产、易优化、易改造的体系编码不同氧化还原性质的非天然氨基酸探针揭示金属酶的催化机理，发展金属蛋白设计的新方法；通过编码一系列具有电子传递功能的非天然氨基酸，研究了光合作用系统蛋白中光致电子转移机制，并实现了利用光能驱动二氧化碳还原功能，对于解决和人们生活息息相关的能源粮食问题具有重要的基础研究意义。在此基础上通过进一步揭示光能高效捕获、传递、转化的原子机制，将有可能建立更高效的人工模拟系统。

基于非天然氨基酸探针的以上相关研究促进了我国在高时空分辨的在体蛋白质动态

研究这一国际前沿领域的重要跨越，并将这些新技术应用于解决生命科学中诸多重大的基础性问题，推动了我国蛋白质研究重大科学研究计划向前发展，为实现国家中长期科技规划的预定目标作出了重大贡献。

基于基因密码子扩展技术已经为非天然氨基酸探针的发展提供了新的技术方法来探索蛋白质结构和功能，改变蛋白质功能，甚至可以创造新的功能。此外还有许多其他的蛋白质工程方法发展日趋成熟，包括定向进化、高通量筛选、不同的量子化学及分子动力学计算方法。另外，一些技术手段已在其他领域显示了其强大的应用功能，如机器学习和实验室自动化的数据驱动的蛋白质工程工具等。在未来的技术解决方案上，这些方法可以与发展非天然氨基酸编码平台结合使用。

定向进化是模仿自然选择过程来进化目标蛋白一种蛋白质工程手段，基于大量天然氨基酸的突变，按照特定的需求和目的给予选择压力，目前已经可以实现具有期望特征蛋白质的进化。尽管构建具有不同非天然氨基酸的突变文库在技术上具有挑战性，但是基于含有非天然氨基酸的突变的定向进化是有效的。两种方法的结合将优化定向进化，进一步加速优化并产生活性超过天然酶的突变体。

表面展示方法是一种将外源肽或蛋白基因与特定蛋白基因在生物体表面进行融合表达的技术。例如，用抗体、受体、核酸以及某些碳水化合物可以从噬菌体随机肽库中筛选出与之结合的肽段，因此其在抗原表位分析、分子间相互识别、新型疫苗及药物的开发研究方面有广泛的应用前景。它们可用于高通量筛选，结合基因密码子扩展技术，在非天然氨基酸探针的存在下可以筛选得到具有特定功能活性的含有非天然氨基酸的蛋白质或者多肽。

Rosetta 是用于蛋白质工程的计算软件包，包括酶从头设计、抗体设计、蛋白质和肽设计等。Rosetta 的大部分工作集中在使用天然氨基酸，缺乏非天然氨基酸的参数化。BpyAla，一种金属配位的非天然氨基酸首先在 Rosetta 中被参数化。利用 Rosetta 构建具有 BpyAla 的金属位点，并将其安装在宿主蛋白中，与具有天然氨基酸的蛋白质相似，实验确定的结构与设计的结构匹配[48]。这项工作证明了 Rosetta 用非天然氨基酸设计蛋白质的能力。采用类似的策略，通过增加非天然氨基酸的参数化数据，扩展 Rosetta 在设计含有非天然氨基酸探针功能化蛋白质的能力。

由于蛋白质在许多细胞活动中的中心作用，在蛋白质中编码非天然氨基酸探针允许我们解码生命过程，也有可能创造新的生命形式。此方向未来发展趋势和内容包括以下方面。

随着经济和社会的发展，人们对健康的需求也迅速增加。健康是人类最普遍、最根本的需要。人民健康也是国家繁荣昌盛重要标志。因此，疾病的预防、个体功能的改善、良好的健康状况、延长健康寿命是普遍关注的问题。“主动健康”是一种将被动疾病治疗转变为主动的健康管理。要实现主动健康，首先要做到“早预防、早诊断、早治疗”。随着医院可穿戴设备及大型数据平台的普及，基于非天然氨基探针检测技术在人体健康各项指标数据中的应用，非天然氨基探针检测技术也必将在主动健康的早期诊断中大显身手。

所有 64 个可能的三重密码子组合都被占据，因此通过遗传密码子扩增的非天然氨基酸结合目前依赖于密码子重新分配。已有研究证明 DNA 和 RNA 聚合酶可以识别一对非天然碱基 d5SICs 和 dNaM。将对应的非天然三磷酸核苷转运体引入大肠杆菌，使细胞能够在 DNA 复制和转录过程中利用非天然碱基[49]。未来发展的趋势将是细胞翻译的进一步工程化，使用非天然碱基编码非天然氨基酸将成为可能。新碱基对的引入可以增加未分配的密码子，将极大地提高扩展遗传密码子的能力。

生命过程的一个关键特征是手性（chirality）。除了没有手性中心的甘氨酸，蛋白质中的氨基酸都是 L-对映异构体。DNA 和 RNA 中的核糖元件是 D-对映体，而在自然界中没有发现 L 型。因此在生命起源研究中仍存在很多疑问，例如，手性是如何在地球上进化的，以及是否存在未被发现镜像系统等问题。一种新近发现的 D-DNA 聚合酶（非洲猪瘟病毒聚合酶 X），由 D-氨基酸和甘氨酸组成的 DNA 聚合酶通过肽合成和自然化学连接组装而成[50, 51]。D-DNA 聚合酶可以以 L-DNA 为模板复制和转录相应的 L-DNA 和 L-RNA 链。此外，在聚合酶反应中产生的 L-脱氧核酶表现出正确的活性。这一发现提供了创造含有非天然氨基酸的生物镜像分子的可能性，进一步将可能执行基本的生物学功能，甚至形成自我维持的细胞。

随着合成生物技术日新月异的发展，合成生物的应用范围日益广泛，如何保障合成生物的生物安全性成为一个极其重要并且亟待解决的关键问题。合成生物学研究中大量涉及来自于病毒、致病性细菌和真菌的强毒力基因元器件，且被设计和使用的毒性基因元件和调控元件的数目也从少数几个跃升为几十个、上百个，乃至整个基因组的重新设计和编辑改造。如果缺乏有效管控或被恶意谬用，这些人工合成生物体可能会对生态环境平衡、公共卫生安全乃至国家国防安全造成威胁。生物封存（biocontainment）的目的是在受控的实验室条件下限制有害生物。除了目前正在开发的包括营养不良、诱导表达系统和安全电路策略，基于非天然氨基酸探针，可能构建一套依赖非天然氨基酸依赖性的合成营养缺陷性生物遏制体系。目前已有初始的研究证明，对大肠杆菌中的六种关键酶进行了重新设计，使其能容纳大量的非天然氨基酸-联苯丙氨酸，经过改造的工程大肠杆菌只能在非天然氨基酸存在下存活[52]。结果显示工程菌逃逸频率低于检测限的 $10^{-10}$。非天然氨基酸的应用将为合成生物安全防控策略的设计提供重要的预防手段和策略。

作为探索蛋白质的结构和机制并进一步扩展天然功能的工具箱，非天然氨基酸探针的引入已经在各个重要领域发展中发挥了重要作用，显示了其潜在的应用价值。随着科学技术的进步及各种新技术的巧妙集成，必然将催生出对生命体更多的新机制、新规律的认识。越来越多的超乎人们想象的新功能蛋白也将被持续开发出来，促成更多新的应用领域的发展。非天然氨基酸探针必将在推动“智慧生命”发展中发挥越来越重要的作用。

本章作者：王江云①，周德敏②，刘晓红①
刘　涛②，王　峰①，吕　华②
轩维民③，曹　宇②，罗小舟④
①中国科学院生物物理研究所；②北京大学；③南开大学；
④中国科学院深圳先进技术研究院

## 参 考 文 献


[1] Zhang J，Hupfeld C J，Taylor S S，et al. Insulin disrupts beta-adrenergic signalling to protein kinase A in adipocytes. Nature，2005，437：569-573.

[2] Zaccolo M，De Giorgi F，Cho C Y，et al. A genetically encoded，fluorescent indicator for cyclic AMP in living cells. Nat Cell Biol，2000，2：25-29.

[3] Saucerman J J，Zhang J，Martin J C，et al. Systems analysis of PKA-mediated phosphorylation gradients in live cardiac myocytes. Proc Natl Acad Sci USA，2006，103：12923-12928.

[4] Merrifield R B. Solid-phase peptide synthesis. 3. An improved synthesis of bradykinin. Biochemistry，1964，3：1385-1390.

[5] Proulx A，Merrifield P A，Naus C C. Blocking gap junctional intercellular communication in myoblasts inhibits myogenin and MRF4 expression. Dev Genet，1997，20：133-144.

[6] Vila-Perello M，Muir T W. Biological applications of protein splicing. Cell，2010，143，191-200.

[7] Hwang J S，Bhuta P，Zemlicka J. Chemical aminoacylation of transfer ribonucleic acid. The reaction of *Escherichia coli* tRNA with ethyl *N*-benzyloxycarbonylorthoglycinate. Biochimica et Biophysica Acta，1997，479：143-151.

[8] Noren C J，Anthonycahill S J，Griffith M C，et al. A general-method for site-specific incorporation of unnatural amino-acids into proteins. Science，1989，244：182-188.

[9] Bianco A，Townsley F M，Greiss S，et al. Expanding the genetic code of drosophila melanogaster. Nat Chem Biol，2012，8：748-750.

[10] Chen P R，Groff D，Guo J，et al. A facile system for encoding unnatural amino acids in mammalian cells. Angew Chem Int Ed，2009，48：4052-4055.

[11] Chin J W，Cropp T A，Anderson J C，et al. An expanded eukaryotic genetic code. Science，2003，301：964-967.

[12] Greiss S，Chin J W. Expanding the genetic code of an animal. J Am Chem Soc，2011，133：14196-14199.

[13] Li F，Zhang H，Sun Y，et al. Expanding the genetic code for photoclick chemistry in *E. coli*，mammalian cells，and *A. thaliana*. Angew Chem Int Ed，2013，52：9700-9704.

[14] Lin S，Yan H，Li L，et al. Site-specific engineering of chemical functionalities on the surface of live hepatitis D virus. Angew Chem Int Ed，2013，52：13970-13974.

[15] Wang L，Brock A，Herberich B，et al. Expanding the genetic code of *Escherichia coli*. Science，2001，292：498-500.

[16] Dumas A，Lercher L，Spicer C D，et al. Designing logical codon reassignment-expanding the chemistry in biology. Chem Sci，2015，6：50-69.

[17] Wang J，Zhang W，Song W，et al. A biosynthetic route to photoclick chemistry on proteins. J Am Chem Soc，2010，132：14812-14818.

[18] Yu Z P，Pan Y C，Wang Z Y，et al. Genetically encoded cyclopropene directs rapid，photoclick-chemistry-mediated protein labeling in mammalian cells. Angew Chem Int Ed，2012，51：10600-10604.

[19] Wu F C，Zhang H，Zhou Q，et al. Expanding the genetic code for site-specific labelling of tobacco mosaic virus coat protein and building biotin-functionalized virus-like particles. Chem Commun，2014，50：4007-4009.

[20] Li F，Shi P，Li J，et al. A genetically encoded $^{19}$F NMR probe for tyrosine phosphorylation. Angew Chem Int Ed，2013，52：3958-3962.

[21] Yang F，Yu X，Liu C，et al. Phospho-selective mechanisms of arrestin conformations and functions revealed by unnatural amino acid incorporation and $^{19}$F-NMR. Nat Commun，2015，6：8202.

[22] Yang F，Xiao P，Qu C X，et al. Allosteric mechanisms underlie GPCR signaling to SH3-domain proteins through arrestin. Nat Chem Biol，2018，14：876.

[23] Zhang B，Xu H，Chen J，et al. Development of next generation of therapeutic IFN-alpha2b via genetic code expansion. Acta Biomater，2015，19：100-111.

[24] Zheng Y，Yu F，Wu Y，et al. Broadening the versatility of lentiviral vectors as a tool in nucleic acid research via genetic code

expansion. Nucleic Acids Res，2015，43：e73.

[25] Mei D，Lin Z，Fu J，et al. The use of α-conotoxin ImI to actualize the targeted delivery of paclitaxel micelles to α7 nAChR-overexpressing breast cancer. Biomaterials，2015，42：52-65.

[26] Si L，Xu H，Zhou X，et al. Generation of influenza A viruses as live but replication-incompetent virus vaccines. Science，2016，354：1170-1173.

[27] Wu Y，Zhu H，Zhang B，et al. Synthesis of site-specific radiolabeled antibodies for radioimmunotherapy via genetic code expansion. Bioconjugate Chem，2016，27：2460-2468.

[28] Wu L，Chen J，Wu Y，et al. Precise and combinatorial PEGylation generates a low-immunogenic and stable form of human growth hormone. J Controlled Release，2017，249：84-93.

[29] Liu T，Jia P，Ma H，et al. Construction and screening of a lentiviral secretome library. Cell Chem Biol，2017，24，767-771：e763.

[30] Tang H，Dai Z，Qin X，et al. Proteomic identification of protein tyrosine phosphatase and substrate interactions in living mammalian cells by genetic encoding of irreversible enzyme inhibitors. J Am Chem Soc，2018，140：13253-13259.

[31] Lu J，Zhang H，Chen X，et al. A small molecule activator of SIRT3 promotes deacetylation and activation of manganese superoxide dismutase. Free Radical Biol Med，2017，112：287-297.

[32] Cao Y，Rodgers D T，Du J，et al. Design of switchable chimeric antigen receptor T cells targeting breast cancer. Angew Chem Int Ed，2016，55：7520-7524.

[33] Du J，Cao Y，Liu Y，et al. Engineering bifunctional antibodies with constant region fusion architectures. J Am Chem Soc，2017，139：18607-18615.

[34] Ma J S，Kim J Y，Kazane S A，et al. Versatile strategy for controlling the specificity and activity of engineered T cells. Proc Natl Acad Sci USA，2016，113：450-458.

[35] Liu X H，Yu Y，Hu C，et al. Significant increase of oxidase activity through the genetic incorporation of a tyrosine-histidine cross-link in a myoglobin model of heme-copper oxidase. Angew Chem Int Ed，2012，51：4312-4316.

[36] Zhou Q，Hu M，Zhang W，et al. Probing the function of the Tyr-Cys cross-link in metalloenzymes by the genetic incorporation of 3-methylthiotyrosine. Angew Chem Int Ed，2013，52：1203-1207.

[37] Yu Y，Lv X，Li J，et al. Defining the role of tyrosine and rational tuning of oxidase activity by genetic incorporation of unnatural tyrosine analogs. J Am Chem Soc，2015，137：4594-4597.

[38] Yang Y，Zhou Q，Wang L，et al. Significant improvement of oxidase activity through the genetic incorporation of a redox-active unnatural amino acid. Chem Sci，2015，6：3881-3885.

[39] Yu Y，Cui C，Liu X，et al. A designed metalloenzyme achieving the catalytic rate of a native enzyme. J Am Chem Soc，2015，137：11570-11573.

[40] Hu C，Chan S I，Sawyer E B，et al. Metalloprotein design using genetic code expansion. Chem Soc Revs，2014，43：6498-6510.

[41] Liu X，Li J，Dong J，et al. Genetic incorporation of a metal-chelating amino acid as a probe for protein electron transfer. Angew Chem Int Ed，2012，51：10261-10265.

[42] Lv X，Yu Y，Zhou M，et al. Ultrafast photoinduced electron transfer in green fluorescent protein bearing a genetically encoded electron acceptor. J Am Chem Soc，2015，137：7270-7273.

[43] Hu C，Wang J. Method for enzyme design with genetically encoded unnatural amino acids. Methods Enzymol，2016，580：109-133.

[44] Hu C，Yu Y，Wang J Y. Improving artificial metalloenzymes' activity by optimizing electron transfer. Chem Commun，2017，53：4173-4186.

[45] Liu X，Jiang L，Li J，et al. Significant expansion of fluorescent protein sensing ability through the genetic incorporation of superior photo-induced electron-transfer quenchers. J Am Chem Soc，2014，136：13094-13097.

[46] Liu X，Kang F，Hu C，et al. A genetically encoded photosensitizer protein facilitates the rational design of a miniature photocatalytic $CO_2$-reducing enzyme. Nat Chem，2018.

[47] Liu X，Li J，Hu C，et al. Significant expansion of the fluorescent protein chromophore through the genetic incorporation of a metal-chelating unnatural amino acid. Angew Chem Int Ed，2013，52：4805-4809.

[48] Mills J H，Khare S D，Bolduc J M，et al. Computational design of an unnatural amino acid dependent metalloprotein with atomic level accurac. J Am Chem Soc，2013，135：13393-13399.

[49] Malyshev D A，Dhami K，Lavergne T，et al. A semi-synthetic organism with an expanded genetic alphabet. Nature，2014，509：385.

[50] Xu W，Jiang W，Wang J，et al. Total chemical synthesis of a thermostable enzyme capable of polymerase chain reaction. Cell Discov，2017，3：17008.

[51] Wang Z，Xu W，Liu L，et al. A synthetic molecular system capable of mirror-image genetic replication and transcription. Nat Chem，2016，8：698-704.

[52] Mandell D J，Lajoie M J，Mee M T，et al. Biocontainment of genetically modified organisms by synthetic protein design. Nature，2015，518：55-60.

# 第二篇

# 探测细胞信号转导过程的新技术和新方法

# 第8章　单分子检测

## 8.1　引　　言

细胞信号转导包括细胞外信号转换为细胞内响应的整个过程及其中间的一系列步骤[1]。细胞信号转导系统作为由细胞内多种行使不同功能的信号蛋白所组成的信号传递链，构成了复杂的信号网络。这个网络系统中的蛋白质分子与上、下游的蛋白质之间存在瞬时或者较稳定的相互作用，这些相互作用在时间和空间上都具有动态变化的特性；同时，信号蛋白的构象或结构也往往是动态可变而非静止的。这使得信号蛋白具有普遍的异质性和不均一性。高效、准确地获取信号蛋白间动态相互作用的信息，是阐明细胞信号转导分子机制的关键。由于细胞信号转导控制着细胞的生长、分化和死亡等重要功能，细胞信号转导的失控可导致包括恶性肿瘤在内的多种疾病，对细胞信号转导分子机制的深入了解将为揭示生命奥秘、防治疾病和开发新药等奠定基础。

传统的分子生物学技术主要基于固定细胞、细胞裂解液及大量分子系综平均等研究方法，通常得到的是分子行为和特征的平均值，往往会掩盖单个分子的动态行为变化及分子间的非均一性[2]，制约了对信号转导动态过程分子机制的认识。而基于单分子检测的活细胞单分子荧光成像技术具有高的探测灵敏度和时间空间分辨率，不但可以对单个细胞内的单个分子进行纳米尺度的定位和追踪，而且可以观测单个生物分子在多种状态之间的动态转换过程，并可通过对大量的单个分子行为的统计，研究生物分子动态行为特征的统计学分布及其构效关系。

综上所述，基于活细胞单分子荧光成像的单分子检测技术，可以在尽可能不干扰细胞活性的情况下获得具有高时空分辨率的生物分子定位及其动力学的实时定量信息，真实全面地呈现生物分子的动态变化和相互作用，为深入了解细胞信号转导途径和分子机制提供了新的研究策略和方法[3-5]。因此，发展研究信号蛋白的活细胞单分子检测技术具有重要意义。

2000 年，日本 Yanagida 研究组首次利用单分子荧光成像技术观察到了细胞膜上单个荧光分子标记的表皮生长因子受体（PRTKs）的二聚体[6]，同年德国 Schindler 等实现了对单个荧光分子标记的脂类分子在细胞膜上扩散行为的追踪[7]，这两个研究工作标志着单分子光学成像技术首次成功应用于活细胞的研究领域。自此，活细胞单分子荧光成像技术及其在生命科学研究领域的应用得到了迅速的发展，推动了研究人员在分子马达、基因调控、DNA/RNA 与蛋白质的相互作用、细胞膜和细胞核内结构及细胞信号转导等研究中取得突破[4, 8]。

全内反射荧光显微镜（TIRFM）是最早用于活细胞单分子荧光成像领域也是目前在该领域应用最广泛的显微成像工具。TIRFM 利用隐失场成像，具有激发体积小和信噪比高的特点，能特异性地对细胞膜区的生物分子的动态行为进行定量表征，广泛应用于膜蛋白的研究[4]。转盘式激光共聚焦显微镜（spinning disk confocal microscopy）是另一种较常应用于活细胞成像的工具，相对于传统的点扫描激光共聚焦显微镜（laser scanning confocal microscopy）而言，其扫描速度更快且光毒性更小，更适用于活细胞的动态成像，如信号转导过程中膜上受体分子内吞与胞内转运及下游信号分子的研究[9]。宽场荧光显微镜因其较大的激发体积，导致较高的成像背景，其信噪比较 TIRFM 和共聚焦显微镜低，但因其有较大的成像深度，也被用于研究细胞内信号分子等。近年来，快速发展的超分辨荧光成像显微镜及光片照明显微镜逐渐在活细胞成像领域发挥重要作用。

随着单分子荧光成像技术的不断进步，单分子检测逐渐成为研究细胞信号转导机制的一种新工具，应用于 G 蛋白偶联受体（GPCR）、受体酪氨酸激酶（EGFR）、转化生长因子受体（TGF-β 受体）、T 细胞受体（TCR）等信号转导受体和信号通路的研究，包括细胞膜上受体的亚基组成[10, 11]，受体-受体、受体-配体之间的动态相互作用[12, 13]，以及胞内信号分子之间的相互作用和动态转运等过程[14]。这些研究突破了传统方法的局限，给信号蛋白的研究带来了新的认识。例如，人们长期以来认为 EGFR 在细胞膜上主要以单体形式存在，配体表皮生长因子（epidermal growth factor，EGF）刺激引起受体二聚化激活从而转导信号。然而，通过单分子荧光成像的方法对细胞膜表面荧光标记的单个 EGFR 分子进行成像、追踪和定量分析，发现细胞膜表面的 EGFR 单体和二聚体之间存在动态平衡[15]。

近几年来，利用新的荧光标记方法、多色单分子荧光成像等新技术，通过实时表征信号分子在信号转导中的动态相互作用，信号转导分子机制的研究不断取得新的突破。利用双色活细胞单分子荧光成像技术对荧光标记的 G 蛋白偶联受体（携带 SNAP 标签的 α2 肾上腺素受体）和 G 蛋白（携带 CLIP 标签的抑制性 G 蛋白 $G\alpha_{i1}$）同时进行成像追踪，实时观察到了单个 G 蛋白偶联受体与 G 蛋白在细胞膜上的动态结合（1s 左右），揭示了微丝骨架、微管及网格蛋白内吞小泡等结构能够促使 G 蛋白偶联受体与 G 蛋白在细胞膜的局部聚集进而促使二者的结合和信号转导，进一步证实了纳米尺度 GPCR 信号微区的存在[16]。基于 DNA 的新型嵌合抗原受体系统（DNA-CARζ）和活细胞单分子荧光成像追踪研究，揭示了单个配体结合的 T 细胞受体转变为聚集体的过程是 T 细胞受体磷酸化和胞质酪氨酸激酶 ZAP70 招募的首要步骤和必要条件，提出了 T 细胞受体-配体复合物的空间组成分布在 T 细胞信号调节中的重要作用[17]。此外，活体组织中定量研究活细胞信号转导动态过程成为可能。通过对内源性表达 EGFR-EGFP 的小鼠移植瘤进行成像追踪，首次对 EGFR 在肿瘤组织内的定位和内吞转运等进行了定量研究，发现在移植瘤内仅有非常少量的 EGFR 被激活和泛素化，表明一小部分激活的 EGFR 足以驱动肿瘤的发生[18]。除了信号蛋白外，活细胞单分子荧光成像技术在相关的基因表达调控[19-23]、脂类分子转运转化[24]、内吞调节机制[25]等多个研究领域也具有广泛的应用。

在国家自然科学基金委员会“基于化学小分子探针的信号转导过程研究”重大研究计划的支持下，方晓红课题组发展了细胞信号转导相关蛋白的活细胞单分子荧光成像和超分辨纳米显微成像方法，通过建立单分子荧光成像及超分辨荧光成像技术平台，对信号转导通路相关蛋白的化学计量比、膜受体上膜动力学、胞内蛋白上膜激活的动力学及细胞内蛋白分子的定位与运动等过程进行定量表征，以期发现和研究信号通路激活和信号转导的新机制和新途径。本章将围绕以转化生长因子（TGF-β）信号通路为主的研究体系，对上述研究进展进行较详细的介绍。

# 8.2　研究进展与成果

## 8.2.1　单分子显微成像系统

针对研究信号转导通路受体分子的化学计量比、受体上膜的动力学、受体内吞和胞内转运动力学及细胞内信号蛋白上膜激活动力学等需求，方晓红课题组搭建了高效稳定、适用于细胞信号转导研究的活细胞单分子检测平台，包括：①全内反射荧光成像显微镜（TIRFM）和 STORM/PALM（随机光学重建显微镜/光激活定位显微镜）超分辨荧光显微成像系统；②半全内反射荧光成像显微镜（quasi-TIRFM）；③受激辐射耗尽（STED）超分辨成像系统及其联用系统等。以下对这几类单分子显微成像系统进行介绍。

1. TIRFM 和 STORM/PALM 超分辨荧光显微成像系统

TIRFM 是一种最常用的研究细胞膜区生物学行为的活细胞单分子荧光成像技术。TIRFM 利用全内反射产生的窄激发深度隐失波来激发样品荧光，使得激发区域局限于细胞表面的膜区，相比于宽场成像显微镜，TIRFM 具有很高的信噪比及对比度。其原理简述如下[26]。

光入射到两种折射率不同的介质界面时，会发生反射与折射，反射光和折射光遵守斯内尔定律（又称折射定律）。如果光从高折射率的光密介质（$n_1$）入射到低折射率的光疏介质（$n_2$），当入射角超过临界角 $\theta_c$ 时，会发生全反射现象。即使在光发生全反射时，仍有部分能量以隐失波的形式进入低折射率的介质。不同于直射光以直线传播，隐失波平行于界面向前传播，其强度在垂直于界面方向上呈指数衰减。TIRFM 正是利用光通过光密介质如玻璃（$n_1 = 1.52$）进入光疏介质如水溶液（$n_2 = 1.33$）中，当入射角度大于其临界角 61°时，会发生全反射，因隐失波的存在则可以对玻璃表面的样品如细胞膜进行成像。通常活细胞 TIRFM 成像实验以可见光为激发光源，隐失波的激发深度通常为 100～200nm。因此，TIRFM 的激发区域局限于细胞膜区的荧光分子，减少了对细胞内荧光分子的激发，从而显著提高了信噪比，使之成为研究细胞膜上单分子行为的最重要的工具。

方晓红课题组自行搭建了使用多个激发波长的物镜型 TIRFM 显微镜，配备双通道分光器件和 $Z$ 轴防漂移设备，可以实现活细胞多色荧光成像。利用自行搭建的 TIRFM，实现了细胞膜表面 TGF-β 受体的单分子荧光成像，系统地研究了受体分子在细胞膜上的聚集状态、受体单体-二聚体的动态变化、受体的内吞与上膜、细胞内信号分子上膜激活等一系列过程。在搭建 TIRFM 成像系统的基础上，通过增加适合于 PALM/STORM 的分束滤玻片和机械快门等光学元件，以及编写能控制循环活化的程序，构建了 PALM/STORM 超分辨荧光成像系统。利用该系统，实现了对荧光染料标记的 DNA 分子及光活化荧光蛋白标记的 TGF-βⅡ型受体分子的超分辨率成像。

2. quasi-TIRFM

quasi-TIRFM 是在 TIRFM 基础上发展的新技术，当全内反射显微镜的入射光的入射角度略小于临界角时，折射光能以近乎平行的方式斜入照射细胞，这种照明方式下照射的深度与 TIRFM 成像相比有所增加，能照亮原本隐失场覆盖不到的细胞内区域。由于激发光斜穿样品，较焦平面更深层面的荧光分子不会被照亮，减少了背景荧光干扰。使用 quasi-TIRFM 成像得到的图像信号背景比介于 TIRFM 成像和宽场成像之间。相比 TIRFM，quasi-TIRFM 成像方法牺牲了一些信号背景比，以换取更深范围的成像和细胞内分子的成像。这种成像方法也被称为角度可调的宽场落射式荧光显微镜（variable angle epi-fluorescence microscopy，VAEM）[27]或者高入射角度光片层照明（highly inclined and laminated optical sheet，HILO）[28]等。方晓红课题组在自行搭建的 TIRFM 成像系统上进行了光路改造，设计了两条独立的光路来分别实现全内反射照明和半全内反射照明及两种照明方式的交替切换[29]（图 8.1），实现了同时对细胞膜和细胞内生物分子的快速、高信噪比成像，发现了细胞内新合成的 TGF-β 受体分子通过囊泡形式的上膜转运。

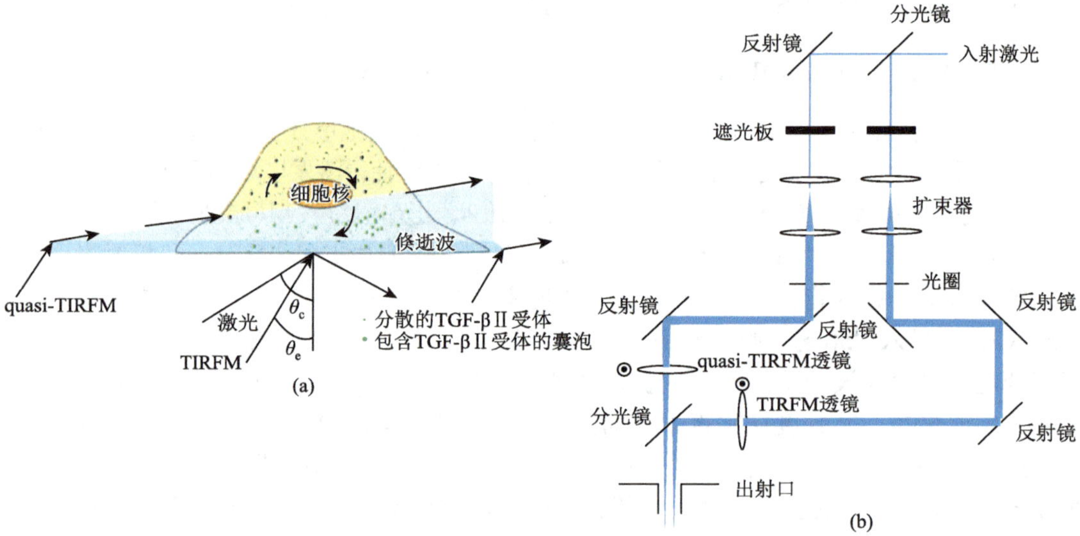


图 8.1　半全内反射荧光成像的示意图（a）和交替切换全内反射/半全内反射荧光成像系统光路图（b）[29]

### 3. STED 超分辨成像系统

STED 超分辨成像技术作为第一个突破光学衍射极限的远场显微成像技术，其基本原理是采用两束激光同时照射样品，其中一束激光用来激发荧光分子，使艾里斑范围内的荧光分子处于激发态；同时，用另外一束中心光强为零的高强度环形损耗激光与之叠加，使艾里斑边沿区域处于激发态的荧光分子通过受激辐射返回基态而不产生自发辐射荧光，因此只有中心区域的荧光分子可通过自发辐射发出荧光信号，从而获得小于衍射极限的荧光发光点。方晓红课题组使用单束超连续宽带光源产生的两束脉冲光作为 STED 超分辨显微镜的激发光源，搭建了 STED 超分辨显微成像系统，对自主研发的波长选择系统、同步调节系统和对准系统进行进一步的优化，研发了 STED 显微镜多光束的五维对准技术，提高了系统的稳定性和分辨率。此外，方晓红课题组还发展了一种基于最大相似度估计的盲目反卷积算法，用于 STED 超分辨显微图像的处理，获得了更高的对比度[30]。

方晓红课题组利用所搭建的 STED 系统对荧光纳米球进行成像，空间分辨率优于 40nm。同时，实现了细胞体系的 STED 显微成像。通过对 HEK293 细胞的微丝进行 STED 成像，可以清晰地分辨出相邻 5 条距离为 63nm 的微丝，而在共聚焦显微镜图中则无法区分这些细节（图 8.2）。

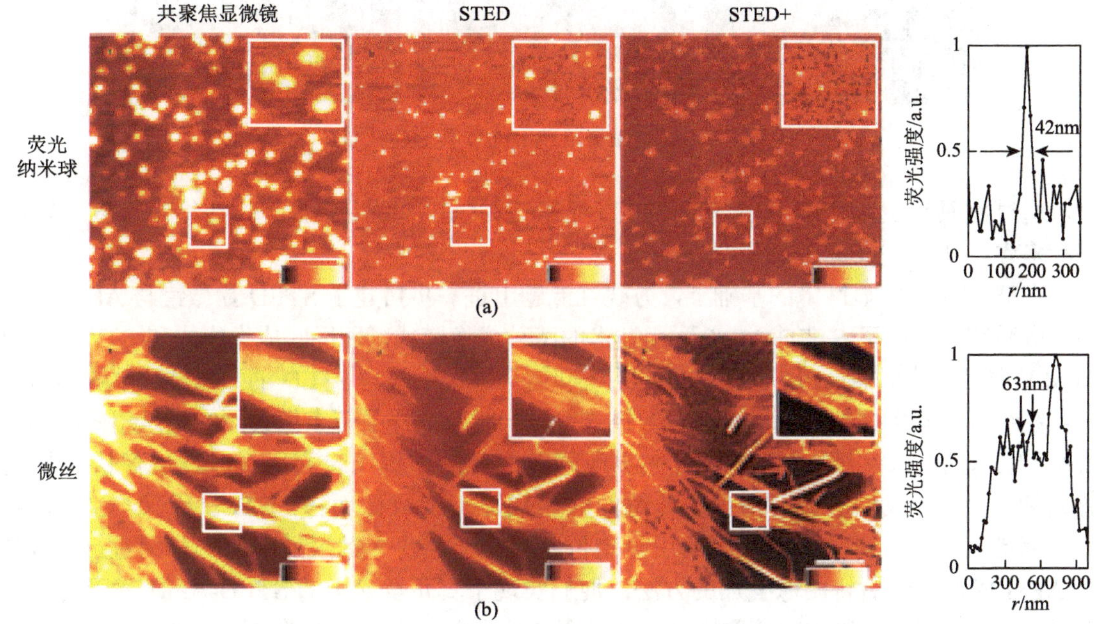


图 8.2　荧光纳米球［40nm；（a）］及荧光标记的细胞微丝（b）的共聚焦显微成像、STED 显微成像、STED 显微成像去卷积处理（STED +）图像和用以表征成像分辨率的荧光强度图[30]

他们进一步搭建了双色 STED 超分辨成像系统，利用一台超连续脉冲激光器作为唯一激光光源，提供所需的两束激发光和一束公用 STED 损耗光，这样既能实现双色同时成像，又能避免双通道成像时图像横向漂移。此外，他们自主研发了时间门控交替线扫描成像模式，成功解决了通道间的串色问题。通过将红色和绿色两种荧光微球混合后进行成像，结果显示通道 1（发射波长 620～660nm）可获得 80nm 的空间分辨率，通道 2（发射波长 660～680nm）可获得 40nm 的空间分辨率，成功地实现了双色 STED 超分辨成像。他们对细胞微管进行双色标记，双色 STED 成像结果显示，两个通道存在较好的共定位（图 8.3）。该双色 STED 成像系统可进一步应用于细胞内蛋白质相互作用的研究。

4. STED 与 AFM 联用成像系统

为了更加全面地获得样品的综合特性，将光学显微镜与其他类型的显微镜联用成为显微成像领域的发展趋势。光学显微镜与原子力显微镜（AFM）联用成像能够同时获得样品的光学和力学信息，然而，AFM 具有纳米数量级的高分辨成像能力，而传统的光学显微镜只能达到数百纳米量级的空间分辨率，这限制了光学显微镜与 AFM 显微镜联用的精

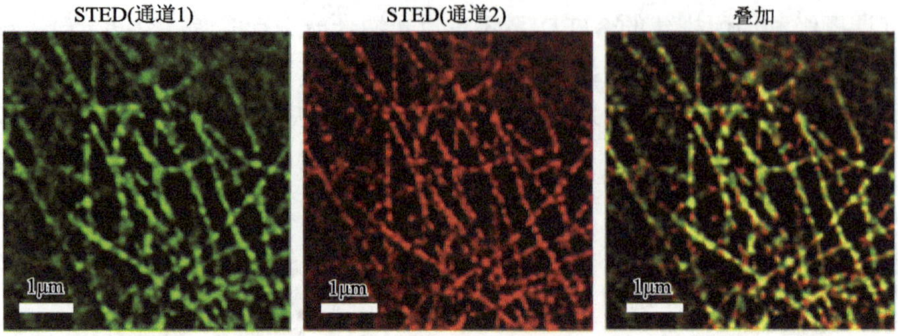


图 8.3　细胞微管双色 STED 共定位成像

度。通过将具有更高空间分辨率的 STED 显微镜与 AFM 联用成像，可在纳米尺度对样品进行多参数表征，具有非常重要的意义。

在研制 STED 显微镜的基础上，方晓红课题组进一步搭建了 STED 显微镜与 AFM 的联用成像系统，实现了 STED-AFM 联用技术的两种成像模式，即同时成像模式和 STED 引导 AFM 成像模式[30]。将 AFM 的扫描控制系统和信号采集系统与 STED 的扫描控制系统和信号采集系统进行同步控制，通过同时成像模式可以同时获取样品每个像素点的光学超分辨形貌特征和力学信息。引导成像模式可在实现同时成像的前提下，利用 STED 成像快速找到感兴趣的 AFM 成像区域。相对于传统的共聚焦显微镜成像而言，STED 成像与 AFM 的分辨率更为接近，可实现更准确的引导定位。相比于之前文献报道中的先分别进行 STED 和 AFM 成像，然后将图像叠加的方法，他们实现了真正意义上的 STED-AFM 联用同时成像［图 8.4（a）］，可以同时获取样品每个像素点的光学、形貌和力学信息。

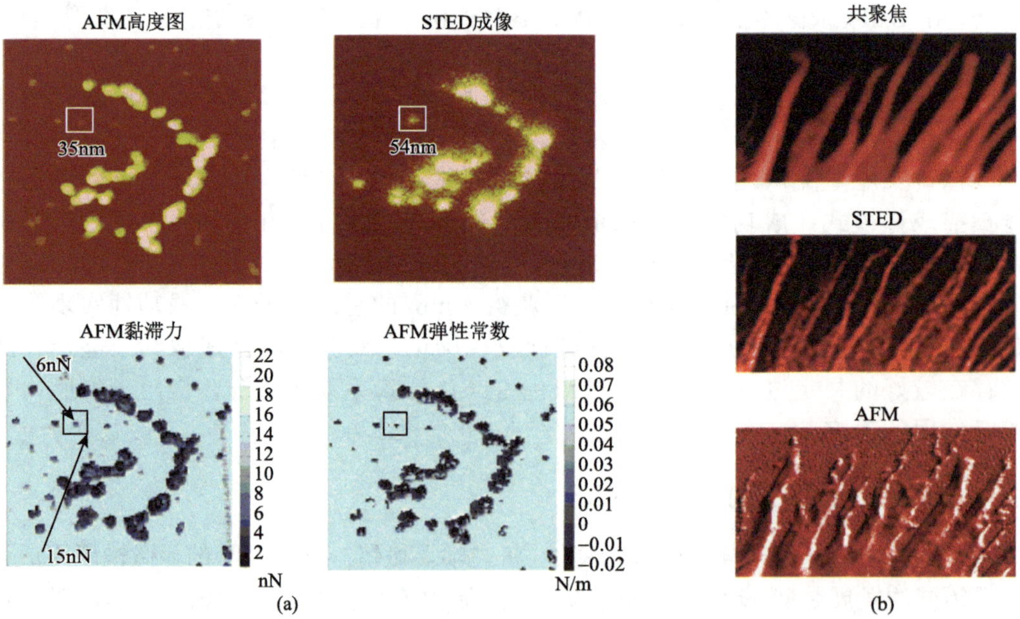


图 8.4　（a）荧光纳米球（40nm）的 STED 超分辨和 AFM 多模式同步成像图；（b）STED-AFM 对人宫颈癌细胞系 CaSki 细胞伪足的同步成像[30]

他们使用 STED-AFM 联用成像系统对人宫颈癌细胞系 CaSki 细胞的伪足进行成像［图 8.4（b）］。与共聚焦显微镜成像相比，STED 成像可以揭示更加精细的微丝细节，且 AFM 同时给出细胞伪足的高度图[30]，这表明 STED 及其联用系统可以有效地应用于细胞的多种结构性质的同时表征研究。

5. STED 与荧光相关光谱技术等联用

荧光相关光谱（fluorescence correlations spectroscopy，FCS）又被称为单分子波动相关光谱（single molecule fluctuation correlations spectroscopy），是基于高度聚焦的激光照射微区内荧光分子由于布朗运动或化学反应而产生的荧光信号涨落，通过对荧光涨落信号进行相关分析，从而获得检测微区内荧光分子浓度、分子的扩散行为和分子相互作用等信息的一种单分子检测方法。由于 FCS 具有灵敏度高、分析时间短、统计精度和时间分辨率高、非侵入式探测等特点，可用于分子相互作用、分子构象、分子浓度和扩散行为等的研究。

然而，将 FCS 应用于生物分子相互作用的实时检测仍存在局限性。传统的基于共聚焦显微镜的 FCS 测量，探测荧光区域的大小为一个光学衍射极限下的艾里斑体积，FCS 系统获得的光强波动可能来自于此焦斑内多个荧光分子辐射荧光的统计平均值。由于衍射极限的限制，共聚焦显微镜的有效焦斑体积约 0.1fL①。为了获得信噪比较好的单分子扩散相关曲线，通常需要待测分子浓度小于 0.1mol/L。与此同时，较大的焦斑体积也增加了背景信号，降低了单分子检测的信噪比，限制了 FCS 在活细胞体系分子运动研究中的应用。将 STED 超分辨技术引入 FCS 中可以减小有效焦斑体积，扩展可检测样品的浓度范围，将更加有效地应用于对生理状态下的蛋白质等生物分子的实时检测。

方晓红课题组通过在 STED 系统中引入时间相关单光子计数方法，在光子计数的同时记录探测光子相对于实验开始的时间延迟及探测光子相对于激发光脉冲的时间延迟，实现了在超分辨条件下的荧光相关光谱（STED-FCS）、荧光寿命成像（STED-FLIM）及荧光寿命相关光谱（STED-FLCS）测量，将 STED-FCS 的探测体积减小到共聚焦-FCS 探测体积的十分之一，可以探测小于光学衍射极限体积内的单个分子的运动和分子微环境的变化，拓展了 FCS 在活细胞中应用的动态测量范围，并可用以表征样品的三维超分辨结构、分子扩散系数、荧光寿命及分子构象变化等参数。

### 8.2.2　活细胞体系单分子荧光标记新方法

选择合适的荧光探针及对应的标记方法是单分子荧光成像实验至关重要的第一步。数十年来，各种荧光探针和标记方法被开发并应用于多种活细胞生物体系中的单分子荧光成像实验。融合表达的荧光蛋白因其生物相容性好和标记特异性高等特点被大量应用于目标蛋白分子的标记和单分子荧光成像，但荧光蛋白尺寸较大，可能对目标蛋白的功能产生干扰，并且荧光蛋白的荧光强度较低，容易被漂白，限制了对目标蛋白分子的长时间成像和追踪。

非天然氨基酸作为一种新型的蛋白标记技术，近年来得到了快速的发展。通过特定合

① $1fL = 10^{-15}L$。

成酶/tRNA 体系可将某些具有叠氮、炔基或酮等特殊化学基团的非天然氨基酸引入目标蛋白的特定位点中，这些特殊基团可通过点击化学反应等生物正交反应与含有互补基团的小分子荧光探针连接，实现对目标蛋白的特异标记进而进行生物成像。这类小分子荧光探针与荧光蛋白相比，尺寸小且量子产率高，不但能够特异性地在特定位点对目标蛋白进行标记，而且因其具有不易被光漂白的特性，可以对目标蛋白进行更长时间的追踪，可应用于生物大分子的结构探测和相互作用等的研究。方晓红课题组通过合作构建带有非天然氨基酸 ACPK 的 TGF-βⅡ型受体质粒（TβRII-ACPK），利用无铜催化的点击化学反应（SPAAC）将小分子染料（DBCO545）与 ACPK 特异性连接，实现了在哺乳动物活细胞中非天然氨基酸标记 TGF-βⅡ型受体（简称 TβRII）的高效表达和单分子荧光成像与追踪[31]，成功观察到活细胞膜上 TβRII 单体与二聚体之间的动态转换过程，并计算了二聚体的解离常数。通过生物正交反应进行蛋白分子特异性标记，为单分子荧光成像研究活细胞中膜蛋白的功能和动力学提供了一种具有广阔前景的研究策略。

为了获取在超分辨 STED 成像中具有强光稳定性和抗漂白性的荧光标记探针，方晓红课题组研制了一种基于导电高分子聚合物的荧光纳米颗粒（polymer dots，Pdots）。这种 Pdots 具有优异的光学性质，包括非常强的光稳定性、高亮度和较大的斯托克斯位移，并且可以非常容易地对其表面进行修饰使其与目标蛋白结合。方晓红课题组将这种 Pdots 用于超分辨 STED 成像，获得了 71nm 的分辨率，其抗光漂白性能优于文献报道的各类 STED 探针。应用这种 Pdots 实现了生物素受体在细胞内连续 2h 的 STED 成像（图 8.5），并观察到活细胞中溶酶体的融合与分离。这些结果表明 Pdots 作为一种新型的纳米颗粒探针，在活细胞超分辨成像领域有着良好的应用前景，也有望在长时间单分子荧光成像追踪领域发挥重要作用[32]。

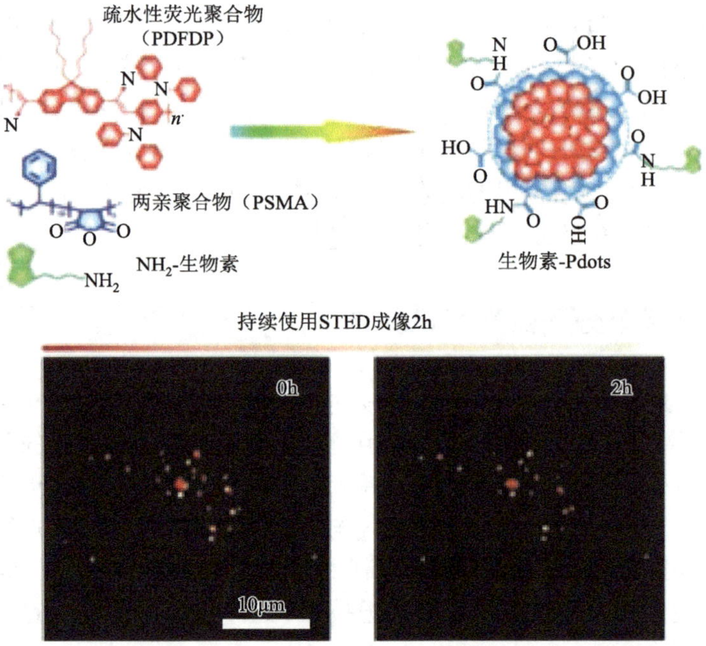


图 8.5 Pdots 用于长时间 STED 超分辨成像[32]

### 8.2.3　高通量单分子定位和追踪算法

首先通过荧光探针特异性地标记目标生物分子，然后用光学显微镜进行高时空分辨率的成像分析，可得到生物分子活细胞单分子荧光图像。在得到一系列生物分子随时间变化的荧光图像后，单分子荧光成像分析的第一步是对每一帧的荧光分子进行准确定位，然后将相邻帧之间的荧光分子按照相应特征进行连接进而形成完整的分子运动轨迹，最后对运动轨迹进行统计分析进而得到生物分子构象和相互作用相关的动力学信息（图 8.6）。上述图像分析处理都需要用到单分子荧光成像和单分子追踪（single molecule tracking，SMT）算法。近年来，相关的单分子检测算法研究呈指数型增长。

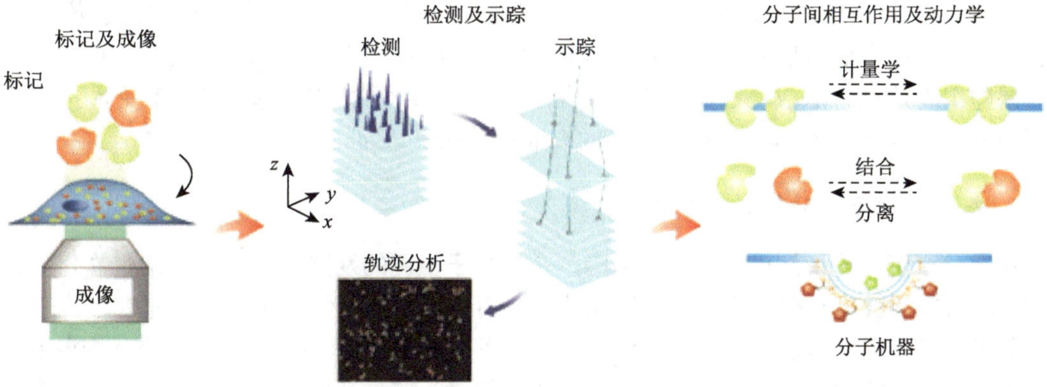


图 8.6　活细胞单分子荧光成像与单分子追踪实验流程示意图[33]

单分子的定位精度是活细胞单分子荧光成像及追踪研究的一个关键因素，不准确的定位会对之后的轨迹连接造成较大的影响。活细胞单分子图像定位与追踪的准确性主要受到三个因素的限制：首先是光学显微镜空间分辨率的限制；其次是活细胞单分子荧光成像实验中噪声带来的限制，较低的信噪比往往会增加定位的不确定度从而造成假阴性或假阳性的定位结果，因此需要通过相应的算法将单分子荧光图像中的信号分子从背景中区分出来并进行亚像素纳米级的精确定位；最后是活细胞中生物分子具有不均一性。这些因素都对图像的精确、可靠和自动分析提出了更高的要求。方晓红课题组针对上述问题，开发了以下两种新的单分子数据分析算法。

1. 基于单分子荧光强度变化的分析

单分子荧光光漂白阶梯分析是近年来在生理条件下研究蛋白质亚基组成和蛋白质复合物结构的新方法。对于单个荧光分子而言，其荧光漂白过程具有典型的一步光漂白特征，即荧光信号出现从“有”陡然下降到“无”的台阶式变化；如果荧光信号来自两个荧光分子，由于两个分子同时被猝灭的概率较小，则可观察到荧光信号在不同时间下降的两个台阶，即两步光漂白，依次类推。为了减少对荧光漂白台阶变化数据的人为主观判断误差，提高荧光漂白数据的分析速度和减少系统误差，发展可从弱信噪比的单分子荧光变化数据中自动、准确地确定光漂白阶梯的算法具有重要意义。

近年来，基于隐藏马尔可夫模型（HMM）、信息论（information theory）和小波阈值收缩（wavelet shrinkage）等的算法被用于光漂白台阶的计算。在这些算法中最常见的是HMM，但传统的HMM方法有其局限性：首先，基于HMM的算法需要有较长的轨迹去训练算法以得到准确的参数；其次，基于HMM的算法需要预先知道光漂白台阶的数目。然而，活细胞单分子光漂白数据很难有足够长的轨迹以满足上述要求，同时由生物分子亚基组成和聚集状态确定的光漂白台阶是未知的。针对传统HMM算法的局限性，方晓红课题组发展了一种基于HMM的新算法，提出利用最大相似度度量的聚类算法（maximum-likelihood clustering）初始化HMM的发射概率矩阵，并利用扩展轮廓（silhouette）聚类标准估计单分子所处的态数，克服了常规HMM在处理短时间序列的单分子荧光强度变化数据时存在的局限性，实现了光漂白阶数和每步漂白时间点的计算机自动分析[34]。使用人造数据的模拟实验表明，新方法可以有效地分析信噪比大于2的单分子荧光光漂白数据。进一步，方晓红课题组将这种方法成功应用于通过活细胞单分子荧光成像得到的TGF-β受体的光漂白数据的分析，实现了受体在聚集状态下的高通量分析和表征[34]。

### 2. 基于单分子运动轨迹的分析

从单分子荧光成像到单分子运动追踪，是单分子检测的发展趋势。通过检测单分子的荧光位置随时间的变化，得到单分子的运动轨迹，可定量分析生物分子的扩散速度、扩散类型和扩散半径等参数，而这些参数的变化反映了在不同生理/病理条件下的生物分子构象变化、其所处的微环境的改变（如不同细胞膜微区或细胞器）或与其他蛋白质的相互作用。单分子荧光追踪技术为表征活细胞体系生物分子间相互作用的动态变化提供了有效的手段。

基于粒子概率图像的概念，方晓红课题组与英国Lu教授课题组合作发展了一种可以用于低信噪比活细胞荧光显微图像粒子探测的新算法。他们利用从粗到精的单粒子增强算法提取单粒子区域，并根据其Haar特征将像素粗分类为粒子像素和背景像素，然后通过特定的特征保持非局域均值（FP-NLM）滤波器提取粒子特征，运用分水岭分割算法确定粒子所在区域，并计算其质心位置，实现单粒子定位探测。通过建立几种单粒子运动模型，构建交互多模式（IMM）滤波器，以预测粒子下一时段的运动位置，通过最大相似度估计与下一帧中探测的单粒子建立互连，实现单粒子追踪。不同于传统的粒子探测算法，这种算法的优势在于省略了一般的去噪步骤，避免信号被过度平滑，能够在低信噪比的活细胞荧光成像中取得较好的效果。

对于活细胞体系信噪比较低的单分子信号，他们利用全局最优的追踪算法，尽可能准确地将相邻帧之间的单分子点连接成完整的轨迹。单分子追踪的第一步是将帧与帧之间的单分子点连接起来，建立基于线性任务分配（LAP）的目标矩阵，根据待追踪分子的运动行为，选择自由扩散或者自由扩散加上线性运动，通过空间及时间最优的算法，将相邻帧之间的点连接成片段；第二步是考虑片段的三种可能连接（连接空隙、融合和分离），通过全局最优的算法将片段连接起来，形成完整的单分子追踪轨迹。

基于得到的单分子位置及强度等信息，方晓红课题组编写了用于定量分析生物分子扩散速度、扩散类型和扩散半径等动力学参数的统计分析程序。目前上述追踪及统计分析方法已被成功用于 TGF-β 信号转导活细胞单分子荧光成像的数据分析，对受体分子的扩散速度、荧光强度、运动方向等进行了高通量的定量表征。

### 8.2.4 蛋白激活和转运的新模式与新机制

基于上述的活细胞单分子荧光成像、超分辨纳米显微成像技术及生物单分子动力学行为的表征方法，方晓红课题组实现了对重要信号蛋白的实时检测表征，并从单分子水平上研究了与恶性肿瘤和心血管疾病相关的转化生长因子 TGF-β 信号通路和肾上腺素受体（2-AR）信号通路相关的受体及下游信号转导蛋白在信号转导过程中的动态变化，用以表征肿瘤细胞和心肌细胞病变的分子基础，为深入了解这两类疾病发生发展的分子机制及在此基础上发展有效的诊断治疗新方法提供新的依据。

1. 单分子荧光成像研究转化生长因子 TGF-β 信号通路

TGF-β 是一个为数众多的细胞因子家族，在从果蝇、线虫到小鼠和人类等各种多细胞生物体中，目前已经发现的 TGF-β 家族细胞因子超过 60 个。TGF-β 家族细胞因子广泛参与调控细胞分化、细胞衰老、细胞凋亡、细胞粘连与迁移、胞外基质合成与重塑、表皮-间充质细胞转变、免疫抑制和血管形成等过程，因此在早期胚胎发育、组织器官形成和成体稳态平衡中发挥重要作用，其调节失控会导致癌症和组织纤维化等多种人类疾病。因此，阐明 TGF-β 信号通路的受体激活、下游信号蛋白激活及传递信号等机制对于发展重大疾病诊断和治疗新方法具有非常重要的意义。

1）TGF-β 受体的新激活模式

晶体结构解析及大量生化实验均表明，配体二聚体 TGF-β 刺激细胞后，两个 TGF-β 分别与两个 TGF-βⅡ型受体（TβRⅡ）结合，二聚体 TβRⅡ再分别结合两个 TGF-βⅠ型受体（TβRⅠ），从而形成配受体复合物并启动信号。已建立的 TGF-β 信号转导通路模型认为这类丝氨酸/苏氨酸激酶受体在配体刺激前的静息状态下以同源二聚体或寡聚体形式存在，经配体刺激后发生 TβRⅡ和 TβRⅠ异聚传递信号。但是受研究手段的限制，以往关于 TGF-β 受体聚集状态和激活的研究结果都是在过量表达受体和离体（细胞破碎后）条件下得到的。方晓红课题组通过单分子荧光成像对 TβRⅡ的单分子荧光强度和单分子荧光漂白步数进行统计分析，发现该受体在低表达量时，主要以单体形式存在，配体刺激导致受体二聚体的比例显著增加（图 8.7）[35]，表明 TβRⅡ与受体酪氨酸激酶一样，可以通过配体诱导受体二聚化的方式激活。方晓红课题组还发现当 TβRⅡ表达量增加时会形成寡聚体，从而解释了为何以往基于过量表达受体的生化研究结果未能揭示 TGF-β 受体的单体存在形式。因此，方晓红课题组与合作者提出配体诱导单体发生二聚的受体激活模型对于 TGF-β 信号通路这种丝氨酸/苏氨酸激酶类受体仍然适用的新观点。

方晓红课题组进一步对该家族参与信号转导的 TGF-βⅠ型和Ⅲ型受体进行了单分子荧光成像和表征。结果表明两种受体在肿瘤细胞内低表达时均以单体形式为主，但经配体 TGF-β1 刺激后，具有丝氨酸/苏氨酸激酶活性的Ⅰ型受体会发生单体向二聚体的转变，而

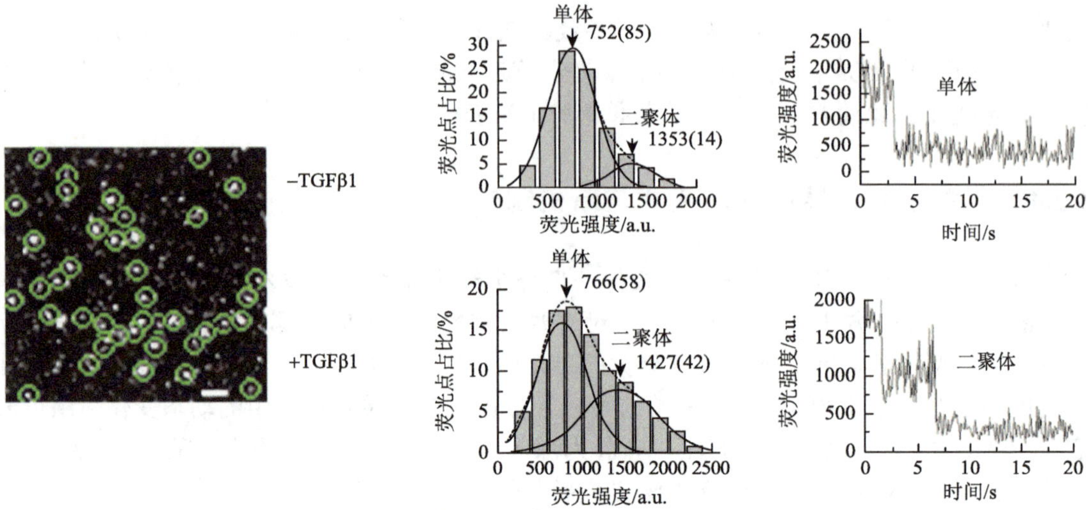


图 8.7　单分子荧光成像揭示配体诱导 TGF-β 受体单体二聚化激活的新模式[35]

配体刺激并不会引起不具有丝氨酸/苏氨酸激酶活性的辅助III型受体的二聚化[36]。这进一步证实了丝氨酸/苏氨酸激酶类受体可由单体形成二聚体激活的新观点。

方晓红课题组还与美国得克萨斯大学 Hinck 课题组合作，利用一种只能与一个 TβR Ⅰ分子和一个 TβR Ⅱ 分子结合的 TGF-β3 突变体，通过单分子漂白步数分析，证实了在细胞体系中突变体 TGF-β3 不能像野生型 TGF-β3 一样使 TβR Ⅰ 和 TβR Ⅱ 二聚体比例增加，但其仍能激活下游信号，表明单对 TβR Ⅰ 和 TβR Ⅱ 异聚体可独立地激活信号通路[37]（图 8.8），促进了对 TGF-β 信号通路分子机制的深入了解。

上述在 TGF-β 受体激活模式方面的新发现可进一步应用于对病变细胞分子的基础研究。通过采用单分子荧光成像技术，方晓红课题组与合作者比较了 TGF-β 受体在正常心肌细胞和肥大心肌细胞膜上的聚集状态，并采用生化实验研究 TGF-β 受体的聚集状态与其信号转导之间存在的关联。在受体低表达的情况下，大鼠心肌细胞膜上的 TβR Ⅱ 主要以单体形式存在，配体 TGF-β1 刺激后能诱导 TβR Ⅱ 的二聚化；在肥大心肌细胞膜上 TβR Ⅱ 的二聚化程度增加，并与下游 Smads 信号的激活相关[38]。

该课题组利用 TGF-β 受体激活模式研究了干扰 TGF-β 信号通路的小分子化合物和药物作用机制。

有研究表明二甲双胍（metformin）可以抑制 TGFβ1-Smad3 信号通路，并有效地缓解心肌肥大的症状，这提出了一种可能的老药新用的新适应证。方晓红课题组与合作者的前期研究揭示了 TβR Ⅱ 二聚化的升高与心肌肥大的关联，进一步研究了二甲双胍是否通过抑制 TGF-β1 诱导的 TβR Ⅱ 二聚化来达到抑制 TGF-β 信号通路的效果。用 TIRFM 对经过二甲双胍处理后的细胞进行 TβRII-GFP 单分子荧光成像，并用漂白步数分析的方法来计算其二聚化比例，二甲双胍能够显著抑制配体刺激引起的 TβR Ⅱ 二聚化，而且二甲双胍抑制 TβR Ⅱ-GFP 二聚化的程度存在浓度依赖性（图 8.9），提出二甲双胍可以通过抑制 TGF-β1 诱导的 TβR Ⅱ 二聚化来抑制 TGF-β 信号通路，从而抑制心肌肥大。这些研究成果为这种老药新用的临床应用打下了基础[39]。

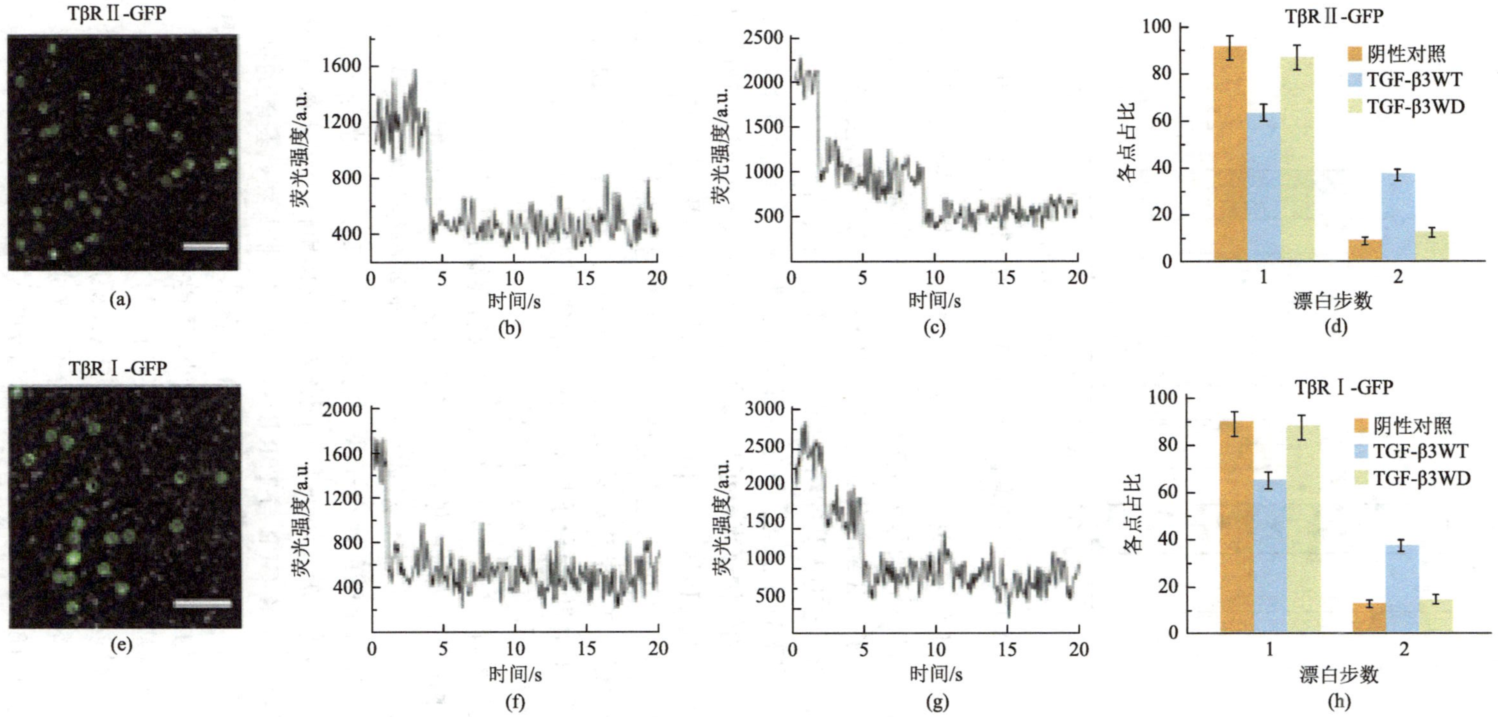


图 8.8　单分子荧光成像分析表明突变体 TGF-β3 不能诱导 TβR Ⅱ（a～d）和 TβR Ⅰ（e～h）二聚体比例增加[37]

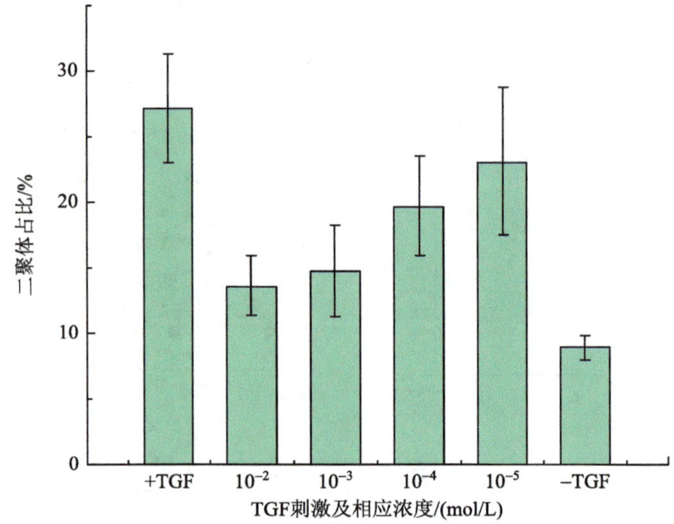


图 8.9　二甲双胍抑制配体刺激引起的 TβRⅡ受体二聚化[39]

该课题组还首次将单分子荧光和单分子力谱联用技术应用到信号转导通路小分子拮抗剂的抑制机理研究中。通过活细胞荧光成像实验和光漂白步数分析，发现小分子化合物柚皮素能够抑制配体诱导的 TβRⅡ二聚化。方晓红课题组进一步利用活细胞单分子力谱法，发现柚皮素可以降低 TGF-β1 与 TβRⅡ的结合概率，但不影响其结合力的大小[40]。通过分子对接和分子动力学模拟柚皮素对 TGF-β1 与 TβRⅡ结合的影响，发现柚皮素能够结合 TβRⅡ的胞外段，从而增加 TβRⅡ的变构概率。正是这种变构概率的增加会导致 TβRⅡ与 TGF-β1 结合概率的降低，从而抑制 TβRⅡ与 TGF-β1 结合。这与目前已报道的 TGF-β 信号通路小分子抑制剂的分子机制完全不同，因此其是一类新的 TGF-β 信号通路抑制分子。而与其结构类似的白藜芦醇没有这种功能，这与柚皮素具有抗肿瘤作用而白藜芦醇没有抗肿瘤作用的动物实验结果一致，表明了利用活细胞单分子技术进行抗肿瘤药物筛选的可行性。

2）TGF-β 受体单体-二聚体的动态转化

方晓红课题组在早期利用单分子荧光成像研究绿色荧光蛋白标记的 TGF-β 受体时，发现 TGF-β 受体在低表达时能够以单体的形式存在，并提出配体诱导受体单体二聚化的新激活模式。但由于荧光蛋白相对体积较大，可能影响受体的二聚化过程。为解决这一问题，他们基于非天然氨基酸的小分子染料标记方法，实现了对小分子染料标记的 TβRⅡ的活细胞单分子荧光成像，进一步证实了配体诱导受体单体二聚化激活的模式。整合非天然氨基酸的 TβRⅡ-40ACPK-GFP 与 TβRⅡ-GFP 相比，非天然氨基酸的标记未对受体二聚体的比例产生显著影响。而相比于 TβRⅡ-GFP 标记，TβRⅡ-40ACPK-DBCO545 二聚体比例略有上升，这是因为 DBCO545 的位阻较小，可能更加接近于生理状况下的未标记蛋白，这也是应用非天然氨基酸标记策略研究蛋白的优势之一。

利用小分子染料较好的抗漂白性质，方晓红课题组对细胞膜表面的 TβRⅡ-40ACPK-DBCO545 分子进行了较长时间的活细胞单分子荧光成像。通过对单分子荧光轨迹的追踪及荧光强度分析，发现了 TβRⅡ单体和二聚体之间的动态转化，并定量表征了其动力学参数。结果表明二聚体的解离常数不依赖于配体刺激（图 8.10）[配体刺激前：(3.95±0.33) $s^{-1}$，配体刺

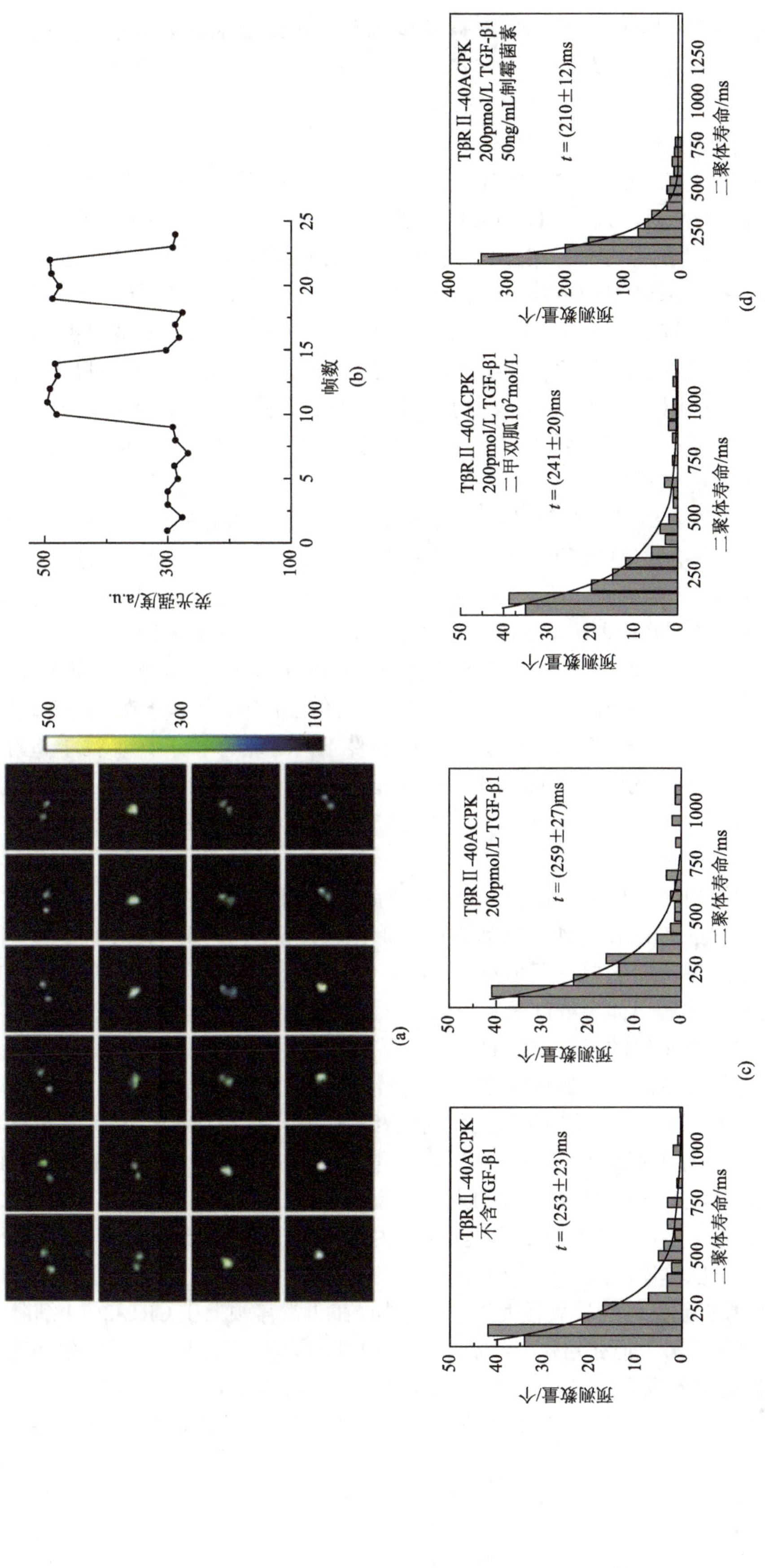


图 8.10　活细胞单分子荧光成像研究非天然氨基酸标记的 TGF-β 受体单体-二聚体的动态转化（a～c）和不同药物的影响（d）[31]

激后：（3.86±0.36）$s^{-1}$］[31]。同时，二聚化抑制剂二甲双胍的加入并不影响受体二聚体的解离常数，但破坏脂筏的药物制霉菌素（nystatin）会降低受体二聚体的稳定性，使其解离常数增加。

3）受体在细胞膜上的扩散动力学

通过对细胞膜上的TβRⅠ和TβRⅡ进行单分子追踪和运动速度分析，方晓红课题组发现在配体TGF-β1激活后，TβRⅠ和TβRⅡ在细胞膜上的扩散速度都显著降低了，而TβRⅠ扩散速度的变化取决于是否共表达TβRⅡ。共表达TβRⅡ的细胞中，在TGF-1刺激下，TβRⅠ的扩散系数从0.049$m^2/s$降到0.015$m^2/s$，运动范围也由（1.24±0.26）μm增大到（1.34±0.31）μm。当使用药物破坏细胞膜的脂筏后，在TGF-β1作用前后，TβRⅠ在共表达TβRⅡ的细胞膜上的扩散系数未明显减小，而下游信号分子的磷酸化则明显减弱[41]，表明脂筏在促进信号转导过程中起重要的调节作用。已有文献报道认为TβRⅠ和TβRⅡ的信号复合物是通过脂筏内吞降解的，脂筏不利于信号转导[42]，而该课题组的研究结果则表明脂筏对此TGF-β信号转导过程可能具有双重影响。

如前所述，该课题组通过单分子荧光成像技术研究了TβRⅡ的化学计量比、动态运动及二聚化的动态过程等，这些研究都是在受体低表达水平下完成的，以此保证得到分散程度高的衍射极限内的单个荧光点，降低当荧光点的密度增加时引起的相邻分子荧光信号的互相干扰。值得注意的是，受体表达量在不同细胞系和不同细胞生长阶段都会有所不同，在某些恶性肿瘤细胞中其表达量增加，因此对高表达的TβRⅡ进行单分子荧光成像和追踪非常必要。同时，TβRⅡ倾向于形成多聚体，它们会像单分子一样在细胞膜上单分散，但每个分散的点中包含多个无法光学分辨的受体分子，在这种条件下，传统的单分子/单粒子追踪（SPT）会导致不精确甚至错误的结果。而基于超分辨成像的sptPALM（single-particle tracking photoactivated localization microscopy）方法能够准确地定位追踪高密度的分子[43]，是适合追踪高表达TβRⅡ的新工具。

方晓红课题组用光活化荧光蛋白mEos3.2标记TβRⅡ，并分别利用sptPALM和传统SPT对高表达水平的TβRⅡ的动态运动进行追踪比较，证明了sptPALM优于传统SPT，能得到更接近于生理状态的单分子信息。同时，通过配体刺激实验也证明了经TGF-β1刺激后，高表达的受体聚集体会继续聚集[44]，从而证明sptPALM是一种研究TβRⅡ及其他高表达信号蛋白动态变化的可信方法。

TGF-β信号的过度激活会促进晚期肿瘤的转移，从而加快肿瘤的扩散。因此，方晓红课题组研究了TβRⅡ的二聚化的程度是否与肿瘤细胞的侵袭能力相关，利用sptPALM表征了HPV-16阳性的人子宫颈鳞癌系Siha细胞和正常宫颈上皮细胞系CRL-2614细胞的细胞膜上高表达的TβRⅡ，并与HPV-18阳性的人宫颈癌HeLa细胞的细胞膜上高表达TβRⅡ的运动行为进行了比较。在HeLa和Siha两类癌细胞中，TβRⅡ有着一致的行为，即低表达水平下大部分受体分子以单体形式分散在衍射极限的荧光点内；而在高表达水平下TβRⅡ形成聚集体，配体刺激引起受体的聚集程度进一步增加。在正常宫颈上皮CRL-2614细胞中，TβRⅡ具有同样的变化趋势，但在宫颈癌细胞膜上TβRⅡ的聚集程度高于正常宫颈细胞。

4）TGF-β受体形成后高尔基体囊泡在细胞内的存储和转运

由于传统生化手段的限制，对于TβRⅡ在活细胞中的存在状态了解甚少。通过单分子全内反射成像的方法，方晓红课题组实现了对细胞膜上 TGF-β 受体的聚集和扩散过程的追踪；进一步利用全内反射照明和半全内反射照明交替成像方法，实现了对 TβRⅡ-GFP 的细胞内追踪。方晓红课题组发现细胞中新生成的 TβRⅡ-GFP 能以囊泡的形式出现在细胞质中，通过膜染料染色发现此聚集体具有膜结构，并且与高尔基体囊泡共定位，推测其为后高尔基体囊泡，与 TβRⅡ的后高尔基体转运相关。共聚焦荧光成像观察到这些含有 TβRⅡ-GFP 的囊泡沿微管运动，通过对单个受体囊泡的速度分析可知 TβRⅡ-GFP 囊泡的后高尔基体转运过程依赖于微管而非微丝。在配体 TGF-β1 刺激下，一部分 TβRⅡ-GFP 囊泡向细胞膜迁移并与细胞膜融合消失（图 8.11）[29]，提出 TGF-β 受体具有以后高尔基体囊泡形式存储和转运的途径。

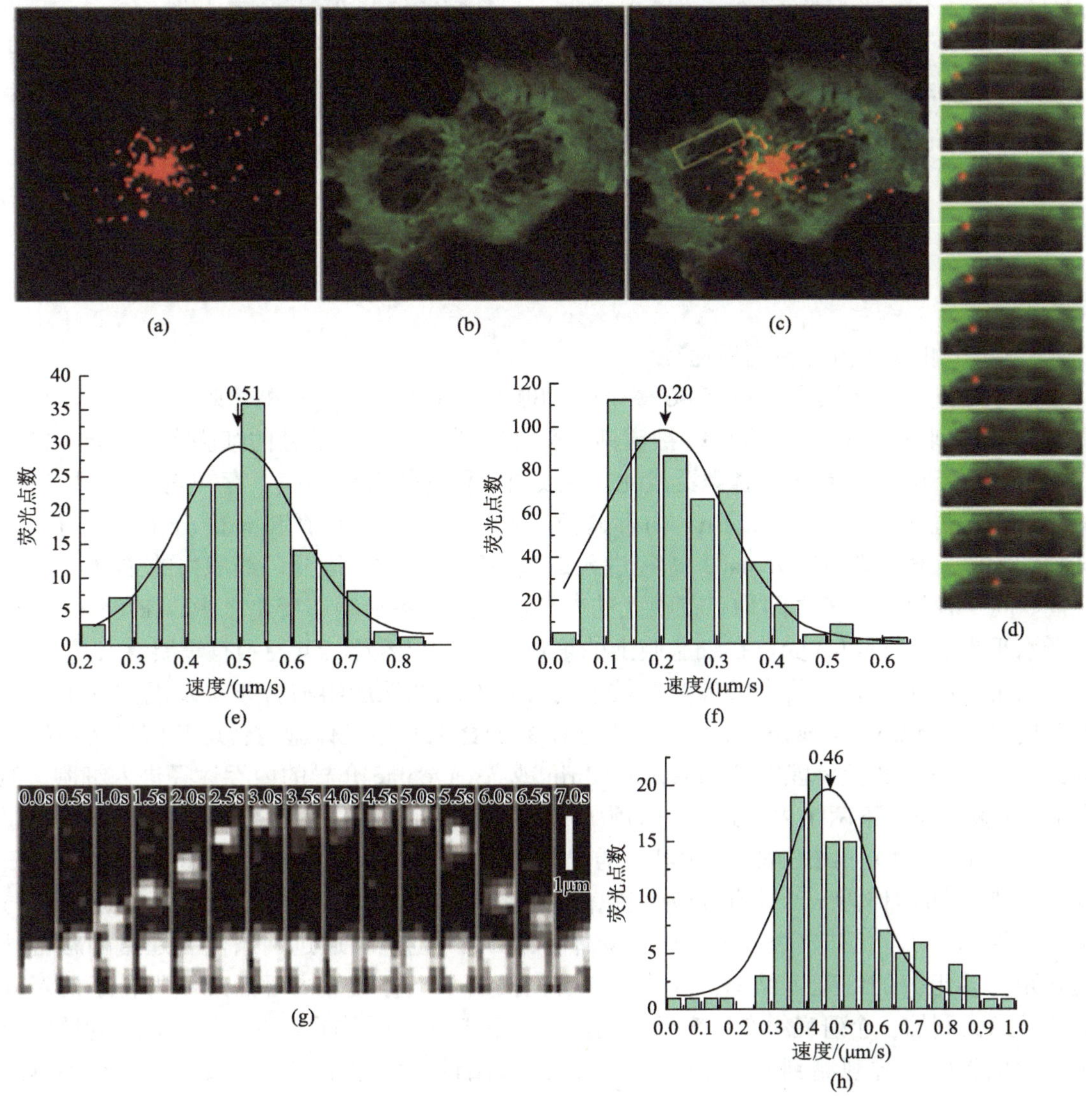


图 8.11　单粒子追踪 TβRⅡ后高尔基体囊泡的转运[29]

由于传统光学显微镜衍射极限的限制，无法直观地观察到细胞内上述 TβRⅡ囊泡的结构特征，也无法对受体在囊泡上的分布等性质做进一步研究。方晓红课题组通过 STED 超分辨成像对在细胞内新合成的 TβRⅡ进行表征，发现并证明部分 TβRⅡ在细胞质内以后高尔基体囊泡的形式存在，STED 超分辨成像可清楚地显示出用普通荧光成像无法分辨的囊泡环状结构。进一步表征受体囊泡的尺寸为 300～1000nm，TβRⅡ以聚集体的形式分布于后高尔基体囊泡上（图 8.12）[45]。

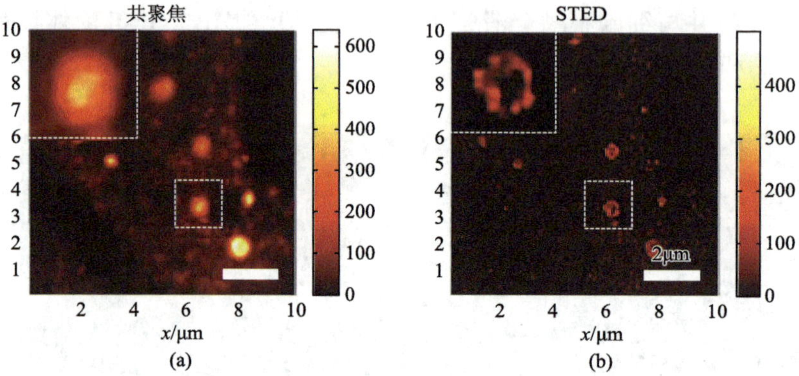


图 8.12　STED 超分辨成像表征 TβRⅡ后高尔基体囊泡[45]

5）TGF-β 受体内吞转运新途径

单个细胞的细胞膜上一般有 40 多个的 TβRⅠ和 TβRⅡ，而在配体刺激后，并非全部受体均参与到下游信号的激活中。被激活的受体在激活过程中所处的细胞微区不同，以及接受的修饰不同如泛素化或者类泛素化，导致同一种受体在细胞膜上存在差异性，即有些受体选择通过网格蛋白（clathrin）内吞途径进入细胞并激活下游 Smads 分子，而有些则选择细胞膜穴样内陷（caveolae）途径进入细胞并发生降解。因此，细胞内的 TGF-β 受体之间、同一种信号分子之间均存在很大的差异性，处于各种动态变化之中。在单细胞、单分子水平上表征 TGF-β 受体在细胞膜上的聚集、内吞转运及其调控具有重要意义。

利用活细胞单分子荧光成像及单粒子追踪，方晓红课题组与合作者发现并提出了一种新的利用 clathrin 和 caveolae 两种内吞通路的融合来介导受体胞内转运和信号转导的新模式。尽管 TGF-β 受体能够分别通过 clathrin 或者 caveolae 介导的内吞途径进入细胞，但在 Rab5 蛋白介导下两条内吞途径在细胞内能够发生融合，将内吞后的受体转运至小窝蛋白-1（caveolin-1）和 EEA1 同时阳性的早期内涵体，这种 caveolin-1 和 EEA1 同时阳性的早期内涵体作为一个多组分的细胞内结构，可参与 TGF-β 信号转导、受体循环与降解（图 8.13）。此外，表皮生长因子受体（EGFR）也能够通过两条内吞通路的融合被运输至该多组分的细胞内结构。因此，该研究揭出了一种受体内吞后细胞内转运的新模式[46]。意大利的一个研究组在研究活体炎症状态下 TGF-β 受体的内吞过程中，对老鼠的组织切片成像时同样观测到 caveolin-1 和 EEA1 双阳性的囊泡结构，证实了方晓红课题组的发现，并提出了上述以融合囊泡形式转运受体的生理学意义，即在某些疾病状态下，caveolae 和早期及晚期内涵体的融合可以帮助减弱 TGF-β 信号的传递[47]。

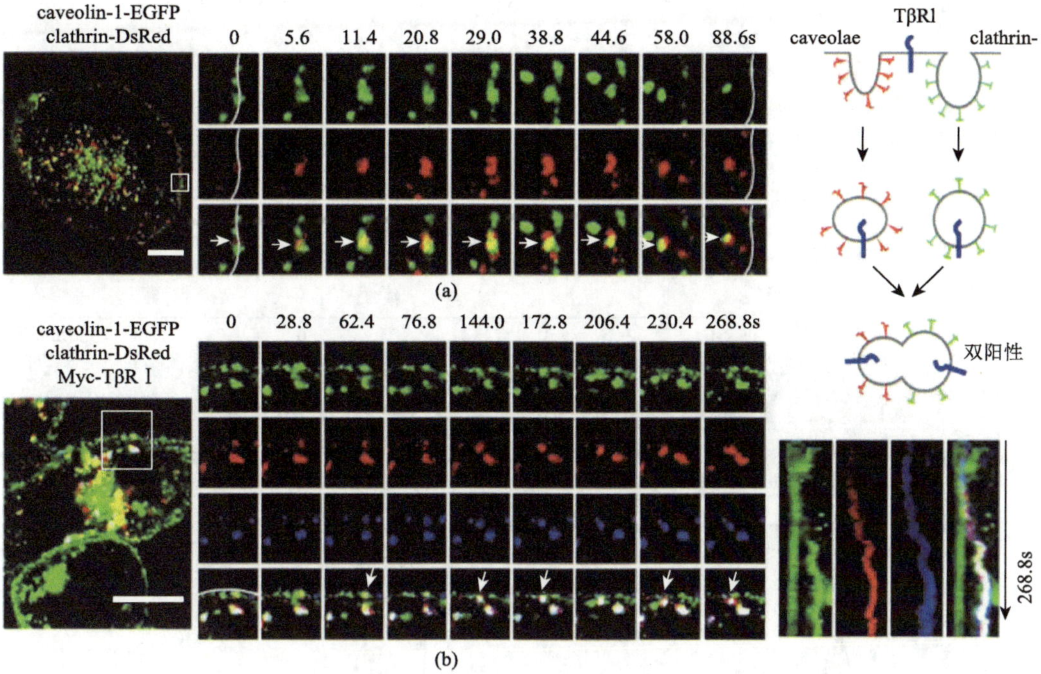


图 8.13　caveolae 和 clathrin 内吞囊泡在细胞内的融合介导 TGF-β 受体内吞转运[46]

该课题组利用自主设计并搭建的双色 STED 超分辨显微镜进一步研究两条内吞途径在细胞内的融合及 TGF-β 信号通路相关蛋白在细胞内囊泡上的定位，观察到了介导 TGF-β 受体内吞的 clathrin 和 caveolae 半融合囊泡的结构，并实现了早期内涵体的超分辨成像；他们发现许多在共聚焦模式下处于共定位的囊泡，在 STED 超分辨模式下并不存在共定位，表明双色 STED 超分辨成像技术提供了一种更加精确的方法来研究亚细胞器尺度的相互作用。

6）TβR II 以单分子形式上膜激活

已有大量研究对于细胞膜上受体的聚集状态进行了表征，但目前对于新转运上膜的受体研究甚少，而这主要是因为传统的方法难以区分新转运上膜的受体和已存在于细胞膜上的受体。为此，方晓红课题组发展了荧光漂白恢复（fluorescence recovery after photobleaching，FRAP）和单分子活细胞成像（single-molecule live cell imaging，SMI）相结合的方法（以下简称 FRAP-SMI）来实时跟踪新上膜驻留的受体，在活细胞中单分子水平量化新转运上膜受体的化学计量比和动力学性能。应用此方法，在低表达量条件下，TβR II 主要以单体的形式运输到细胞膜上，而 TGF-β1 的刺激可以延长新转运上膜的 TβR II 在细胞膜上的停留时间（图 8.14）。因此，他们与合作者提出了 TGF-β1 诱导 TβR II 单体二聚化的新机制，即 TβR II 二聚体形成主要发生在细胞膜上，TGF-β1 刺激可以通过延长新转运上膜的 TβR II 停留时间，进而增加 TβR II 在细胞膜上的密度，增加形成二聚体的概率[48]。

7）Smad 蛋白的上膜激活机制

方晓红课题组利用活细胞单分子荧光成像技术及高通量的单分子追踪算法，定量分析了 TGF-β 信号通路下游信号蛋白 Smad3 的动态上膜过程和其在细胞膜区域的激活机制。Smad3 在 TGF-β 信号由细胞膜到细胞核的转导过程中发挥着非常重要的作用。由于 Smad3 激活的

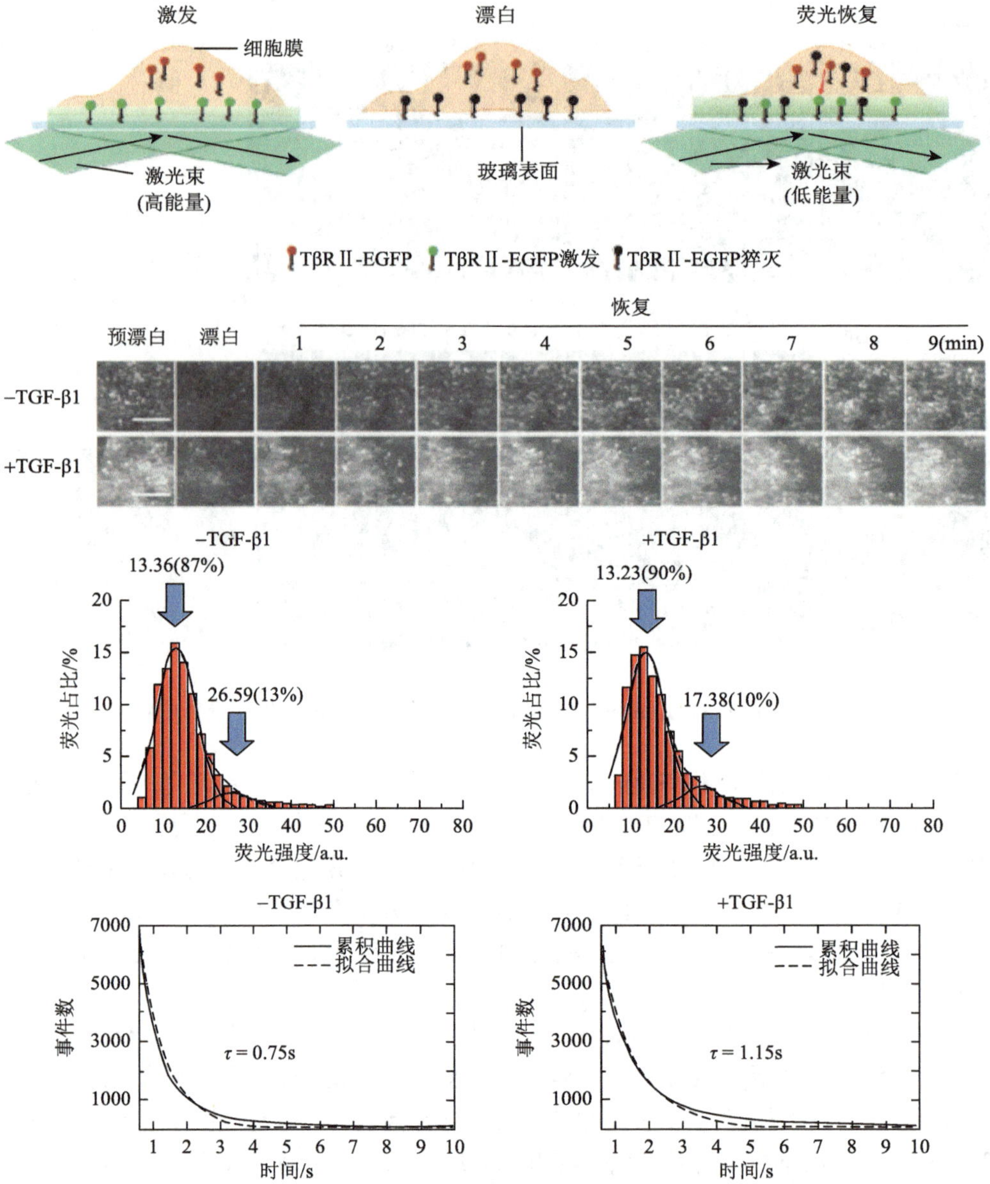


图 8.14　FRAP-SMI 成像揭示 TβRⅡ以单体形式上膜[48]

瞬时性和非同步性，通过传统的生物学方法很难了解其激活过程，因此对 Smad3 的激活机制（包括在细胞膜上还是在受体内吞囊泡中磷酸化激活，哪些蛋白调控 Smad3 的激活）一直存在着较大的争议。通过对上膜的 Smad3 分子进行活细胞单分子荧光成像，方晓红课题组实时地观察到了在 TGF-β 信号通路中单个 Smad3 分子上膜激活的动态行为；通过表征在不同条件下（抑制 Smad3 磷酸化、抑制 TβRⅠ磷酸化、抑制内吞等）Smad3 在膜上扩散速度和停留时间的变化，他们与合作者提出了 Smad3 在细胞膜区的激活模型，即在无配体刺激时 Smad3 在细胞质和细胞膜之间进行穿梭，并且可以通过与细胞膜上的 TβRⅠ结合而上膜；TGF-β1 刺激引起 Smad3 和激活的受体复合物结合，在细胞膜上被磷酸化，与受体复合物的解离常数从 1.96$s^{-1}$ 下降至 1.67$s^{-1}$。Smad3 的磷酸化导致 Smad3 在细胞膜上有较长的停留时间，而 Smad3 与受体复合物的结合则导致 Smad3 在细胞膜上有较慢的扩散速度。Smad3 的上膜及膜上的磷酸化过程，不受受体内吞的影响（图 8.15）[49]。因此，方晓红课题组建立并发展了细胞内信号转导蛋白的活细胞单分子荧光成像和高通量追踪方法，实现了对转化生长因子受体信号通路下游蛋白 Smad 上膜动力学过程的单分子荧光成像和定量分析，解决了传统生物学方法难以检测 Smad 蛋白瞬时、动态上膜的问题。

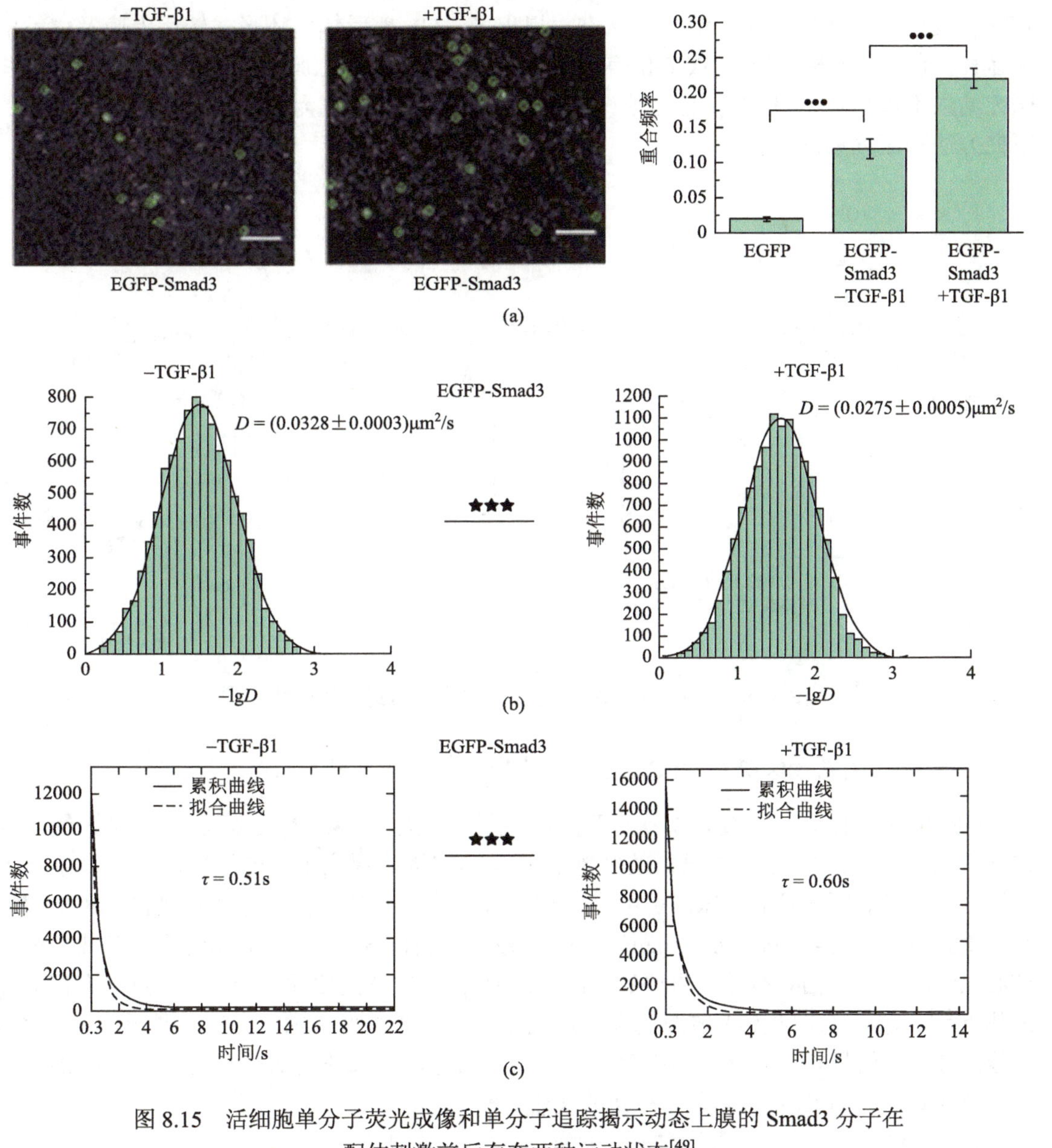


图 8.15　活细胞单分子荧光成像和单分子追踪揭示动态上膜的 Smad3 分子在配体刺激前后存在两种运动状态[49]

综上所述，方晓红课题组通过活细胞单分子荧光成像技术，建立了从细胞膜表面的受体分子到细胞内下游的信号转导分子，从静态分布到动态追踪的信号转导通路单分子研究方法，系统地表征了 TGF-β 信号转导通路的重要信号蛋白，获得了传统生化方法无法得到的受体动态变化和相关信号转导动力学参数，为阐明 TGF-β 信号通路激活和信号转导的机制提供了新的依据（图 8.16）。通过荧光光漂白步数分析的方法，他们与合作者提出配体诱导丝氨酸/苏氨酸激酶受体二聚化激活的新机制，并将其用于疾病机制的探索及小分子药物作用机制的研究；通过小分子荧光染料标记和单分子追踪，获得了 TGF-β 受体单体和二聚体之间动态转变的动力学参数；通过单分子检测平台，还表征了配体刺激前后 TGF-β 受体分子在细胞膜上的运动状态，提出了 TGF-β 受体单体形式转运上膜及内吞的新途径；他们还定量分析了 TGF-β 信号通路下游蛋白 Smad 上膜激活的动力学过程。这些研究结果不仅揭示了 TGF-β 信号通路诸多新的分子机制，也为信号转导研究提供了新的研究方法和研究思路。

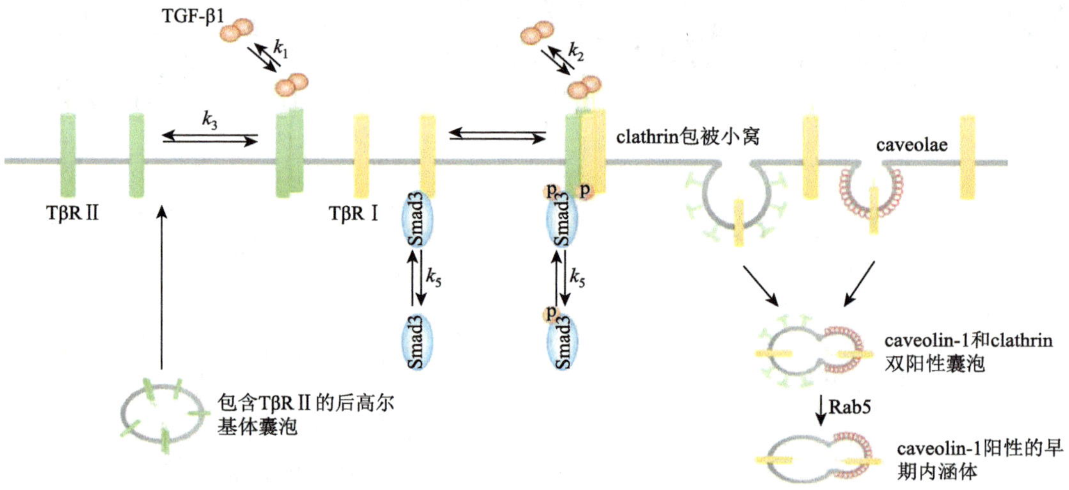


图 8.16　单分子检测技术用于 TGF-β 信号通路研究结果[50]

2. 单分子荧光成像研究 GPCR 信号通路的偏向激活及转激活

GPCR 家族作为一类具有 7 次跨膜结构域的膜受体，由占人类基因组 3%基因编码的 1000 多个成员组成，是目前已知的细胞表面受体家族中最大的，也是生理功能最丰富的家族之一。目前所开发的临床用药中有 50%是针对 GPCR 的。作为一种典型的 GPCR，β2-肾上腺素受体（β2-adrenergic receptor，β2AR）调控着机体的诸多生理过程，尤其是在调节心血管功能等方面具有极为重要的作用，因此 β2AR 及其相关功能研究一直是人们关注的热点[51]。除了 TGF-β 信号转导通路，应用单分子荧光成像技术，方晓红课题组对 GPCR 家族的 β2AR 信号转导通路的偏向激活及 β2AR 信号转导通路对其他信号转导通路的转激活进行了研究，在以下几个方面有新的发现。

1）β2AR 通过受体二聚化实现偏向激活

偏向激活是指不同配体与受体结合后能够选择性激活不同的信号通路。作为典型的 A

型 GPCR 受体，β2AR 可与多种配体在细胞膜表面发生结合，并进一步参与调节生物体内多种生理功能与病理过程。根据其激活 G 蛋白效率的不同，β2AR 的配体通常可分为激动剂、拮抗剂和反向激动剂。激动剂与受体结合后能够稳定其激活构象，促进 G 蛋白信号通路的激活；反向激动剂则能稳定受体的非激活构象，抑制 G 蛋白信号通路的激活；而拮抗剂因不具有内在活性，只是通过与受体结合后占据结合位点而阻止其他配体的结合，拮抗剂对 G 蛋白信号通路的激活并无影响。

近期研究发现一些传统意义上对 β2AR 的 G 蛋白信号通路而言是拮抗剂或反向激动剂［如卡维地洛（Carvedilol）］的配体反而能够作为激动剂激活独立于 G 蛋白的信号通路，即在有效阻断 G 蛋白信号通路的同时却能够选择性激活 β-arrestin 所介导的信号通路，如 β-arrestin 依赖的 ERK1/2 通路。β2AR 中依赖 β-arrestin 介导的信号通路的发现，颠覆了人们以前对 GPCR 单一依赖 G 蛋白信号通路的传统认识，出现了“偏向激活”的概念[52]。与受体结合后能引起“偏向激活”的配体被称为“偏向激动剂”。不同配体与 β2AR 结合，可以分别激活细胞内的 G 蛋白或 β-arrestin 介导的信号通路，从而产生不同的生物学效应。临床上像卡维地洛等能够引起 β2AR 偏向激活的药物表现了一定的心脏保护功能，明确这些药物对信号通路的作用机制将有望指导新一代选择性抗心血管疾病药物的研制。

方晓红课题组选用了四种临床常用药物，分别为完全激动剂异丙肾上腺素（Isoproterenol）、拮抗剂萘异丙仲胺（Propranolo）及偏向激动剂卡维地洛和 ICI 118551，利用单分子荧光成像技术，研究了活细胞细胞膜上 β2AR 的聚集状态及这些偏向配体和非偏向配体对其聚集状态的影响。发现在低表达量条件下，β2AR 主要以单体形式存在于细胞膜上，偏向激动剂卡维地洛和 ICI 118551 可以诱导细胞膜上 β2AR 的二聚化（图 8.17）。而完全激动剂 Isoproterenol 和拮抗剂 Propranolol 却不会对细胞膜上 β2AR 的聚集状态产生影响。用偏向配体卡维地洛刺激敲减 β-arrestin1 的细胞后，β2AR 二聚化的增多比例相对未敲减细胞明显降低，而其刺激敲减 β-arrestin2 的细胞后，β2AR 的二聚化程度不再升高，表明偏向配体卡维地洛诱导细胞膜上 β2AR 的二聚化需要 β-arrestin 分子特别是 β-arrestin2 的参与。通过 TIRFM 对不同荧光标记的 β2AR 和 β-arrestin 进行双色单分子荧光成像，细胞质中的 β-arrestin 在完全激动剂 Isoproterenol 和偏向激动剂卡维地洛刺激后被招募上膜，并与 β2AR 发生共定位，且卡维地洛刺激下 β-arrestin 与细胞膜上 β2AR 二聚体的共定位比例明显高于 Isoproterenol 刺激的情况，佐证了偏向激活需要 β2AR 的二聚化。通过多色荧光共定位成像和生化实验的进一步验证，他们与合作者提出了 β2AR 通过受体二聚化实现偏向激活的新观点[53]。

2）β2AR 转激活 EGFR 受体的机制

细胞膜上不同的信号转导受体并非孤立存在，不同的信号转导通路间存在转激活的现象，如 β2AR 通过转激活 EGFR 产生一定的生理病理效应，但是转激活的机制目前仍存在争议。通过活细胞单分子检测表征转激活过程中被激活受体的动力学行为，对于揭示受体之间的相互作用具有重要意义。更进一步，单分子检测方法可以指导研究者们发现新的受体与受体之间的相互作用，如 β2AR 与 TGF-β 受体之间的相互作用，进而建立了细胞膜上这两大类重要受体之间的功能联系。

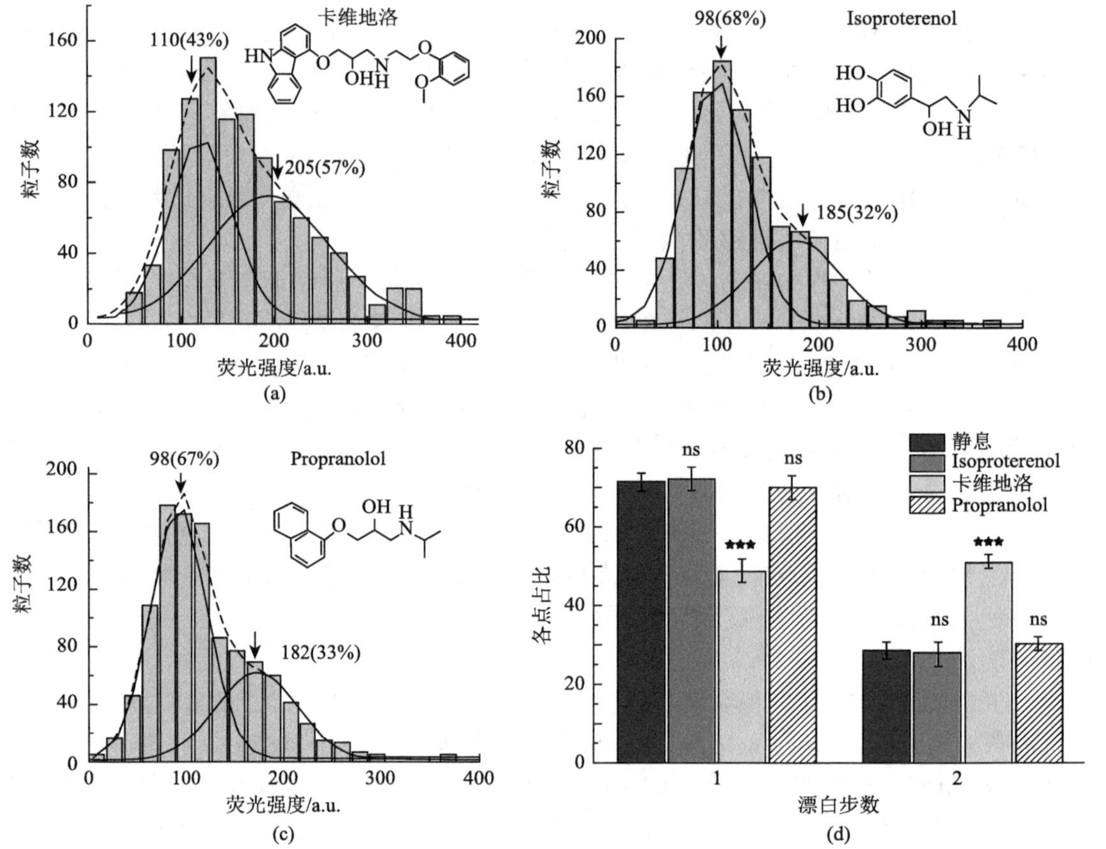


图 8.17　不同药物分子对 β2AR 受体二聚化的影响[53]

EGFR 聚集状态在空间和时间上的动态变化对其细胞信号转导起着重要的作用。已有研究表明 EGFR 信号转导通过其同源配体的结合引发细胞表面的受体二聚化，进而提高其内在蛋白酪氨酸激酶活性，引起 C 末端尾部的自磷酸化和下游信号激活[54]。同时，许多研究发现 EGFR 可以被 GPCR 转位激活，进而调节许多非常重要的生理或者病理过程[55-57]。

方晓红课题组通过单分子荧光成像与单粒子追踪方法，研究了单个 EGFR-EGFP 分子在 β2AR 完全激动剂（Isoproterenol，ISO）刺激介导的转激活过程中的聚集状态及动力学行为变化。EGFR 在静息状态下主要以单体形式存在，Isoproterenol 刺激导致 EGFR 的二聚体比例增加（图 8.18），β2AR 对 EGFR 的转激活并非由配体刺激引起两种受体之间的直接相互作用引起的，而是由酪氨酸激酶 Src 介导，Src 能够调控 Isoproterenol 刺激引起的 EGFR 的二聚化，进而影响 EGFR 的磷酸化和激活[58]。这些结果为研究 GPCR 介导 EGFR 转激活机制提供了新依据。

此外，通过单分子荧光成像和免疫荧光等分析方法，他们与合作者发现 β2AR 可以转激活 TGF-β 受体。静息状态下两种受体分布在细胞膜上，而当加入 β2AR 激动剂 Isoproterenol 后，细胞膜上的两种受体会出现明显的聚集和内化，而且内化后的 β2AR 与 TGF-β 受体之前存在明显的共定位；而 TGF-β 受体激动剂 TGF-β1 仅对 TGF-β 受体的聚集状态和分布产生影响，对 β2AR 则无明显影响。

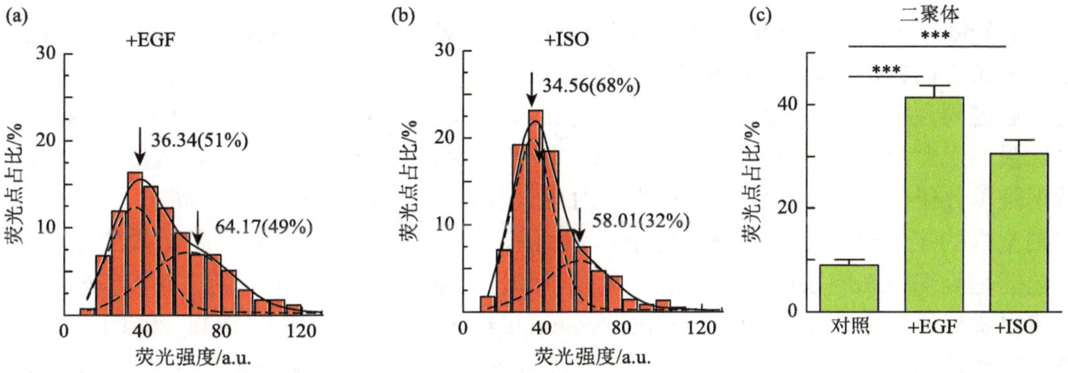


图 8.18　β2AR 激动剂 Isoproterenol 引起 EGFR 二聚体增多[58]

综上所述，方晓红课题组通过对细胞膜表面受体分子的荧光强度和漂白步数分布分析，研究了 TGF-β 受体在激活前后亚基组成的变化；通过对小分子染料标记的 TGF-β 受体进行定位和追踪，分析了 TGF-β 受体分子在单体和二聚体之间的动态转变过程；通过活细胞单分子荧光成像技术和单分子追踪技术，表征了 TGF-β 受体在细胞膜上的运动状态、受体分子的上膜、内吞和细胞内转运；利用活细胞单分子荧光成像技术研究了 TGF-β 信号通路下游 Smad 蛋白的上膜激活；将单分子荧光成像技术和单分子力谱结合，对 TGF-β 信号通路配受体的相互作用及小分子药物对 TGF-β 信号通路的抑制作用进行了研究。通过这些研究，他们与合作者提出了 TGF-β 受体激活和转运的新模式及化合物抑制受体激活的新机制，并进一步将建立的单分子检测技术应用于其他信号转导通路，如 GPCR 家族 β2AR 偏好激活、β2AR 信号通路对 EGFR 信号通路和 TGF-β 信号通路转激活等机制的研究。

## 8.3　讨论与展望

单分子荧光成像尤其是活细胞中单个生物分子的动态成像，是化学与生命科学交叉领域最具挑战性的前沿研究方向之一。单分子荧光成像技术的应用，为阐明细胞信号通路等重要生命过程的分子机制提供了新的研究工具和视角，其进一步的发展将面临如下的挑战和机遇。

### 8.3.1　发展具有更高特异性和光学稳定性的荧光探针及内源蛋白标记方法

目前活细胞单分子荧光成像常用的分子探针主要为荧光蛋白、荧光染料和纳米颗粒。遗传编码的荧光蛋白具有特异性标记的优势，但其发光强度较低、光稳定性差及尺寸较大，这些性质都不利于荧光蛋白用于活细胞长时间追踪的研究。

荧光蛋白的标记主要是通过遗传编码方法，通常是通过异位表达（ectopic expression）含有荧光蛋白和目标蛋白的基因序列，从而对融合荧光蛋白的目标蛋白进行单分子检测。而利用基因编辑技术如 ZFN（zinc finger nucleases）和 TALEN（transcription activator-like effector nuclease）及最近发展的更加简单有效的 CRISPR/Cas9（clustered regularly-interspaced short palindromic repeats-associated nuclease Cas9）技术[59]，能够直接对内源性的目标蛋白进行荧光蛋白标记。这些基因编辑工具能够在目标蛋白的基因位点上制造一个双链断裂，之后通过同源重组的方式将荧光蛋白序列插入目标基因，从而将荧光蛋白融合到内源性的目标蛋白上[60, 61]。基因编辑方法能够最大限度地保证目标蛋白的生理表达量，因此通过活细胞单分子荧光成像能够更加真实地对生理状态下蛋白质分子的聚集状态、动力学行为和细胞内的定位分布等进行精确定量。然而基因编辑工具也可能存在脱靶效应[62]，对于构建的基因编辑细胞系进行有效的质量控制和评价非常关键。此外，通过基因编辑技术可以将自我标记蛋白标签（self-labelling protein tag）如 HaloTag、SNAP-Tag 和 CLIP-Tag 等与内源性目标蛋白融合表达，携带荧光染料的底物可以与这些自我标记蛋白结合，进而对内源性目标蛋白进行特异性的标记。这种方法将荧光蛋白和有机染料的优点相结合，成为对内源性蛋白进行活细胞单分子荧光标记和成像的重要技术手段。

有机小分子和无机荧光纳米颗粒是两类广泛应用于活细胞单分子荧光成像与追踪的荧光探针。应用最广泛的有机荧光染料包括商品化的 Alexa Fluor、ATTO 和 Cy 系列染料。这些有机染料分子具有很多优于荧光蛋白的光学性质，例如，其具有较小的尺寸、较高的亮度，同时具有更宽的光谱范围。无机纳米颗粒如量子点、硅纳米晶体、纳米金刚石和贵金属纳米团簇等拥有更强的光稳定性，可用来进行更长时间的单分子追踪实验，但除了量子点外，其他纳米颗粒的荧光强度有待提高。荧光染料和纳米粒子都可以用于研究细胞膜表面分子的动力学过程。然而，大多数荧光染料尤其是纳米粒子很难自主进入细胞内，限制了其在研究细胞内生物分子运动及功能等方面的应用。因此，有机小分子染料和纳米粒子在单分子荧光成像领域的应用还需要解决诸多问题，如提高染料分子的生物相容性和细胞膜的通透性，减小纳米颗粒的尺寸，以及发展可特异性标记细胞内蛋白质而无须分离未结合的荧光探针的标记方法等。

### 8.3.2 发展兼具高空间和时间分辨率的超分辨显微成像技术

尽管突破衍射极限的超分辨成像技术发展迅速，但其在活细胞分析方面的应用还有较大的发展空间。超分辨显微成像技术和单粒子追踪的结合可以让人们以超高分辨率观察高密度的蛋白质等生物分子的复杂动态运动，从而揭示它们在生命过程中的功能和作用机制。然而对于超分辨成像技术而言，仍然需要探索在提高单分子荧光成像和定位空间分辨率的同时，进一步提高时间分辨率，以适合于探测和追踪活细胞内生物分子在不同时间尺度的快速动态变化。未来超分辨成像技术会向着更高（空间分辨率）、更小（纳米尺度生物结构）、更快（时间分辨率）的方向不断发展，为细胞信号转导等研究提供更有效的工具。

### 8.3.3 发展细胞内和活体组织的 3D 单分子荧光成像方法

目前活细胞单分子荧光成像多用于检测细胞膜区的生物分子，例如，TIRFM 已被广泛用于对细胞膜或膜附近的单个分子进行探测追踪，具有较高的信噪比。然而对于离膜较远的细胞内的单分子的探测和追踪则面临着许多挑战。为此，近年来研究人员发展了多种方法改进成像方式，如半全内反射或通过大角斜射来降低常用落射式激发垂直方向的激发深度，使细胞内单分子的成像成为可能。单点边缘激发（SPEED）和反射式薄层照明等成像方法，将单分子的检测能力拓展到细胞核区。此外，仍需要发展适合于探测和追踪低信噪比背景下细胞内单分子的 3D 追踪方法。

虽然体外培养的细胞为研究复杂生物体系的分子机制和结构功能等提供了非常简单有效的研究体系，但是由于体外培养的细胞缺乏体内细胞所处微环境的物质和结构基础，有可能无法全面真实地反映体内细胞的生物、物理、化学过程。因此，如何在活体组织的生理环境中研究细胞的结构功能和分子机制是巨大的挑战，同时也是一个蓬勃发展的领域。晶格光片层显微镜（lattice light-sheet microscopy）是诺贝尔化学奖得主 Eric Betzig 领导的研究小组最新发展的适用于活体组织和细胞的 3D 高分辨率快速成像新技术，其不仅提高了成像速度和 3D 分辨率，还极大地减少了光毒性，可以快速记录活细胞中细胞器和生物分子的 3D 动态活动过程[63]。然而，激发光和发射荧光在非均匀的活体组织内传播时会由于折射、散射、吸收等作用使光波波前发生畸变，严重影响成像的分辨率、信噪比和成像深度。通过将自适应光学（adaptive optics）[64, 65]技术引入晶格光片层显微镜，矫正了活体组织成像过程中由于组织样品及成像介质和光路缺陷导致的光学畸变，从而实现了对活体组织内亚细胞结构的 3D 高分辨率成像，提供了一种全新的可以用于活体组织 3D 高分辨率成像的研究工具，在活细胞、活体单分子荧光成像领域具有重要的应用前景[66]。

### 8.3.4 发展更加精确可靠的单分子数据分析方法

单分子荧光成像和单分子运动的分析，需要通过检测单分子荧光信号强度和信号位置随时间的变化来获得，而活细胞体系由于存在大量动态变化的背景和噪声信号干扰，容易造成荧光信号的涨落掩盖或信号缺失。此外，活细胞体系中荧光分子瞬时的荧光波动，生物分子在 2D/3D 运动过程中的消失、再现、分离和融合，以及活细胞内生物分子密度较高等因素，都会给单分子运动轨迹准确而可靠的连接带来较大的挑战。如何发展从高背景信号干扰中准确地提取 2D 特别是 3D 信号的单分子图像处理模型和算法，高通量地统计大量单分子的动态变化数据，实现活细胞中单分子动力学过程的定量表征，仍需要更进一步的研究。

### 8.3.5 发展光学成像与谱学相结合的方法

化学成像是近年来兴起的新型表征技术，它将荧光成像技术与谱学测量相结合，以期同时获得目标分子化学成分的含量及其空间分布的信息，将光学成像与谱学方法结合起来有望实现在生物化学反应和过程中对复杂物质与体系进行分子结构及性能的原位实时研究，突破生命化学等前沿交叉领域研究的技术瓶颈。然而，现有的化学成像技术由于时间和空间分辨率的限制，大多难以实现分子水平的原位检测，而且基本上是单一模式成像，难以进行分子结构和分子间相互作用的多组分/多参数分析、验证和形成机制探讨。

方晓红课题组近期参与研制了高分辨多功能化学成像系统，以超分辨 STED 光学成像为基础，将具有超空间分辨的光学成像、质谱和光谱等谱学技术及扫描探针显微成像技术相结合，在对样品的形貌进行成像的同时，对其化学组成、结构、分子间的相互作用及其动态变化等进行分子水平的原位、实时、多参数表征。通过发展纳米尺度和分子水平的化学成像新技术和新原理，将为单分子检测技术的发展和应用带来新的突破。

综上所述，随着化学、生物、医学、物理、计算机和纳米科学等领域新技术的不断发展和学科交叉融合，活细胞单分子荧光成像技术将迎来新的发展机遇，进一步成为解析生命动态过程分子机制的一种重要研究手段。通过更多相关化学生物学研究项目的资助，将进一步加强我国在单分子检测领域的研究力量，培养和稳定交叉学科人才队伍，促进这一前沿分析检测方法在解决重大生命科学问题中的应用，使我国在这一国际前沿研究领域中占据更加重要的地位，创建重要的原创性方法和做出重大的创新成果。

本章作者：方晓红①，罗　放①，李　楠②，何康敏③

①中国科学院化学研究所；②植物和微生物科学中英联合研究中心；

③中国科学院遗传与发育生物学研究所

## 参考文献

[1] Ploegh H，Martin K C. Molecular Cell Biology. 8th ed. New York：W. H. Freeman & Co Ltd，2016.

[2] Walter N G，Huang C Y，Manzo A J，et al. Do-it-yourself guide：how to use the modern single-molecule toolkit. Nat Methods，2008，5（6）：475-489.

[3] Liu Z，Lavis L D，Betzig E. Imaging live-cell dynamic s and structure at the single-molecule level. Mol Cell，2015，58：644-659.

[4] Xia T，Li N，Fang X. Single-molecule fluorescence imaging in living cells. Annu Rev Phys Chem，2013，64：459-480.

[5] Kusumi A，Tsunoyama T A，Hirosawa K M，et al. Tracking single molecules at work in living cells. Nat Chem Biol，2014，10：524-532.

[6] Sako Y，Minoghchi S，Yanagida T. Single-molecule imaging of EGFR signalling on the surface of living cells. Nat Cell Biol，2000，2（3）：168-172.

[7] Schutz G J，Kada G，Pastushenko V P，et al. Properties of lipid microdomains in a muscle cell membrane visualized by single molecule microscopy. EMBO J，2000，19（5）：892-901.

[8] 陈宜张，林其谁. 生命科学中的单分子行为及细胞内实时检测. 北京：科学出版社，2005.

[9] Stehbens S，Pemble H，Murrow L，et al. Imaging intracellular protein dynamics by spinning disk confocal microscopy. Methods Enzy Mol，2012，504：293-313.

[10] Ulbrich M H，Isacoff E Y. Subunit counting in membrane-bound proteins. Nat Methods，2007，4：319-321.

[11] Calebiro D，Rieken F，Wagner J，et al. Single-molecule analysis of fluorescently labeled G-protein-coupled receptors reveals complexes with distinct dynamics and organization. Proc Natl Acad Sci USA，2013，110（2）：743-748.

[12] Yu J，Wang Q，Shi X，et al. Single molecule force spectroscopy study of interaction between transforming growth factor β1 and its receptor in living cells. J Phys Chem B，2007，111：13619-13625.

[13] Kasai R S，Suzuki K G，Prossnitz E R，et al. Full characterization of GPCR monomer-dimer dynamic equilibrium by single molecule imaging. J Cell Biol，2011，192：463-480.

[14] Das S，Yin T，Yang Q，et al. Single-molecule tracking of small GTPase Rac1 uncovers spatial regulation of membrane translocation and mechanism for polarized signaling. Proc Natl Acad Sci USA，2015，112：267.

[15] Chung I，Akita R，Vandlen R，et al. Spatial control of EGF receptor activation by reversible dimerization on living cells. Nature，2010，464：783-787.

[16] Sungkaworn T，Jobin M L，Burnecki K，et al. Single-molecule imaging reveals receptor-G protein interactions at cell surface hot spots. Nature，2017，550（7677）：543.

[17] Taylor M J，Husain K，Gartner Z J，et al. A DNA-based T cell receptor reveals a role for receptor clustering in ligand discrimination. Cell，2017，169（1）：108-119.

[18] Pinillamacua I，Grassart A，Duvvuri U，et al. EGF receptor signaling，phosphorylation，ubiquitylation and endocytosis in tumors *in vivo*. eLife，2017，6：e31993.

[19] Wang G，Hauver J，Thomas Z，et al. Single-molecule real-time 3D imaging of the transcription cycle by modulation interferometry. Cell，2016，167（7）：1839.

[20] Chong S，Dugastdarzacq C，Liu Z，et al. Imaging dynamic and selective low-complexity domain interactions that control gene transcription. Science，2018，361（6400）：329-330.

[21] Wu B，Eliscovich C，Yoon Y J，et al. Translation dynamics of single mRNAs in live cells and neurons. Science，2016，352（6292）：1430-1435.

[22] Morisaki T，Lyon K，Deluca K F，et al. Real-time quantification of single RNA translation dynamics in living cells. Science，2016，352（6292）：1425-1429.

[23] Chen J，Zhang Z，Li L，et al. Single-molecule dynamics of enhanceosome assembly in embryonic stem cells. Cell，2014，156（6）：1274-1285.

[24] He K，Marsland I R，Upadhyayula S，et al. Dynamics of phosphoinositide conversion in clathrin-mediated endocytic traffic. Nature，2017，552（7685）：410-414.

[25] Cocucci E，Aguet F，Boulant S，et al. The first five seconds in the life of a clathrin-coated pit. Cell，2012，150（3）：495-507.

[26] Sako Y，Uyemura T. Total internal reflection fluorescence microscopy for single-molecule imaging in living cells. Cell Struct Funct，2002，27（5）：357-365.

[27] Konopka C A，Bednarek S Y. Variable-angle epifluorescence microscopy：a new way to look at protein dynamics in the plant cell cortex. Plant J，2008，53（1）：186-196.

[28] Tokunaga M，Imamoto N，Sakata-Sogawa K. Highly inclined thin illumination enables clear single-molecule imaging in cells. Nat methods，2008，5（2）：159-161.

[29] Luo W，Xia T，Xu L，et al. Visualization of the post-Golgi vesicle-mediated transportation of TGF-beta receptor Ⅱ by quasi-TIRFM. J Biophotonics，2014，7：788-798.

[30] Yu J Q，Yuan J H，Zhang X J，et al. Nanoscale imaging with an integrated system combining stimulated emission depletion microscope and atomic force microscope. Chin Sci Bull，2013，58：4045-4050.

[31] Cheng M，Zhang W，Yuan J，et al. Single-molecule dynamics of site-specific labeled transforming growth factor type Ⅱ receptors on living cells. Chem Commun（Camb），2014，50：14724-14727.

[32] Wu Y，Ruan H，Zhao R，et al. Ultrastable fluorescent polymer dots for stimulated emission depletion bioimaging. Adv Opt Materials，2018，6：1800333.

[33] Li N，Zhao R，Sun Y H，et al. Single-molecule imaging and tracking of molecular dynamics in living cell. Natl Sci Rev，2017，4（5）：739-760.

[34] Yuan J H，He K M，Cheng M，et al. Analysis of the steps in single-molecule photobleaching traces by using the hidden markov model and maximum-likelihood clustering. Chem Asian J，2014，9（8）：2303-2308.

[35] Zhang W，Jiang Y，Wang Q，et al. Single-molecule imaging reveals transforming growth factor-beta-induced type Ⅱ receptor dimerization. Proc Natl Acad Sci USA，2009，106：15679-15683.

[36] Zhang W，Yuan J，Yang Y，et al. Monomeric type Ⅰ and type Ⅲ transforming growth factor-beta receptors and their dimerization revealed by single-molecule imaging. Cell Res，2010，20（11）：1216-1223.

[37] Huang T，David L，Mendoza V，et al. TGF-β signalling is mediated by two autonomously functioning TβRⅠ：TβRⅡ pairs.

EMBO J，2011，30：1263-1276.

[38] He K，Fu Y，Zhang W，et al. Single-molecule imaging revealed enhanced dimerization of transforming growth factor beta type Ⅱ receptors in hypertrophic cardiomyocytes. BioChem BioPhys Res Commun，2011，407（2）：313-317.

[39] Xiao H，Zhang J S，Xu Z H，et al. Metformin is a novel suppressor for transforming growth factor（TGF）-beta 1. Sci Rep，2016，6：28597.

[40] Yang Y，Xu Y C，Xia T，et al. A single-molecule study of the inhibition effect of Naringenin on transforming growth factor-β ligand-receptor binding. Chem Commun，2011，47：5440-5442.

[41] Ma X，Wang Q，Jiang Y. Lateral diffusion of TGF-beta type Ⅰ receptor studied by single-molecule imaging. BioChem BioPhys Res Commun，2007，356：67-71.

[42] Di G G，Le R C，Goodfellow A F，et al. Distinct endocytic pathways regulate TGF-beta receptor signalling and turnover. Nat Cell Biol，2003，5（5）：410-421.

[43] Manley S，Gillette J M，Patterson G H，et al. High-density mapping of single-molecule trajectories with photoactivated localization microscopy. Nat Methods，2008，5（2）：155.

[44] Ye Z，Li N，Zhao L B，et al. Super-resolution imaging and tracking of TGF-receptorⅡ on living cells. Sci Bull，2016，61（8）：632-638.

[45] Ruan H F，Yu J Q，Yuan J H，et al. Nanoscale distribution of transforming growth factor receptor on post-Golgi vesicle revealed by super-resolution microscopy. Chem Asian J，2016，11：3359-3364.

[46] He K M，Yan X H，Li N，et al. Internalization of the TGF-β type Ⅰ receptor into caveolin-1 and EEA1 double-positive early endosomes. Cell Res，2015，25（6）：738-752.

[47] Balogh P，Magyar M，Szabo A，et al. The subcellular compartmentalization of TGFβ-RⅡ and the dynamics of endosomal formation during the signaling events：an *in vivo* study on rat mesothelial cells. Eur J Cell Biol，2015，94：204-213.

[48] Zhang M L，Zhang Z，He K M，et al. Quantitative characterization of the membrane dynamics of newly delivered TGF-β receptors by single-molecule imaging. Anal Chem，2018，90：4282-4287.

[49] Li N，Yang Y，He K M，et al. Single-molecule imaging reveals the activation dynamics of intracellular protein Smad3 on cell membrane. Sci Rep，2016，6：33469.

[50] Zhao R，Li N，Xu J C，et al. Quantitative single-molecule study of TGF-β/Smad signaling. Acta Biochim BioPhys Sin，2018，50（1）：51-59.

[51] Manglik A，Kobilka B. The role of protein dynamics in GPCR function：insights from the β2AR and rhodopsin. Curr Opin Cell Biol，2014，27（1）：136-143.

[52] Drake M T，Violin J D，Whalen E J，et al. Beta-arrestin-biased agonism at the beta2-adrenergic receptor. J Biol Chem，2008，283（9）：5669-5676.

[53] Sun Y，Li N，Zhang M L，et al. Single-molecule imaging reveals the stoichiometry change of β2-adrenegic receptors by pharmacological biased ligand. Chem Commun，2016，52（44）：7086-7089.

[54] Jorissen R N，Walker F，Pouliot N，et al. Epidermal growth factor receptor：mechanisms of activation and signalling. Exp Cell Res，2003，284（1）：31-53.

[55] Daub H，Weiss F U，Wallasch C，et al. Role of transactivation of the EGF receptor in signalling by G-protein-coupled receptors. Nature，1996，379（6565）：557-560.

[56] Drube S，Stirnweiss J，Valkova C，et al. Ligand-independent and EGF receptor-supported transactivation：lessons from beta 2-adrenergic receptor signalling. Cell Signal，2006，18（10）：1633-1646.

[57] Noma T，Lemaire A，Naga P S，et al. Beta-arrestin-mediated beta1-adrenergic receptor transactivation of the EGFR confers cardioprotection. J Clin Invest，2007，117（9）：2445-2458.

[58] Zhang M L，He K M，Wu J M，et al. Single-molecule imaging reveals the stoichiometry change of epidermal growth factor receptor during transactivation by β2-adrenergic receptor. Sci China，2017，60：1310-1317.

[59] Ran F A，Hsu P D，Wright J，et al. Genome engineering using the CRISPR-Cas9 system. Nat Protoc，2013，8：2281-2308.

[60] Sander J D，Joung J K. CRISPR-Cas systems for editing，regulating and targeting genomes. Nat Biotechnol，2014，32：347-355.

[61] Fetter J，Samsonov A，Zenser N，et al. Endogenous gene tagging with fluorescent proteins. Methods Mol Biol，2015，1239：231-240.

[62] Tsai S Q，Zheng Z，Nguyen N T，et al. GUIDE-seq enables genome-wide profiling of off-target cleavage by CRISPR-Cas nucleases. Nat Biotechnol，2015，33：187-197.

[63] Chen B，Legant W R，Wang K，et al. Lattice light-sheet microscopy：imaging molecules to embryos at high spatiotemporal resolution. Science，2014，346（6208）：1257998.

[64] Ji N. Adaptive optical fluorescence microscopy. Nat Methods，2017，14（4）：374-380.

[65] 张财华，赵志伟，陈良怡，等. 自适应光学在生物荧光显微成像技术中的应用. 中国科学：物理力学天文学，2017，47（8）：084204.

[66] Liu T，Upadhyayula S，Milkie D E，et al. Observing the cell in its native state：imaging subcellular dynamics in multicellular organisms. Science，2018，360（6368）：243352.

# 第 9 章　单细胞分析

## 9.1　引　　言

细胞作为生命体结构与功能的基本单位，是生命科学领域的重要研究对象。不同的组织、器官及生物体都是由细胞组成的。每一种组织包含着许多类型的细胞，某些类型的细胞在生物体的不同状态下也会发生变化。因此，不同的细胞间，甚至相同类型的不同细胞个体间，都存在着行为上的差异[1]。单个细胞表现出来的行为和特征，以及不同细胞间的差异性，在一些关键的生命过程中，如在神经系统发育、胚胎发育、癌症病变上，具有重要的研究意义。例如，神经系统中的细胞具有明显的差异性，不仅仅体现在它们的形态及功能上，深入的研究发现每一个神经细胞间都存在着基因拷贝数的差异。正是由于不同神经细胞间的协调及合作，它们相互间组成了复杂的神经网络，使得人们的大脑能够完成感觉、认知、思考及记忆等过程[2]。又如，在癌症形成阶段，癌症干细胞与其分化发育而来的后期细胞间存在着许多差异，而一些促使癌细胞生长、发育及转移的细胞与癌细胞也存在着共性和异质性[3]。再如，免疫系统具有抵挡外来病原菌入侵的重要功能，其组成是基于单个细胞上的高度随机的基因重组，细胞间在重组的基础上又存在着细微的差别，大大增加了免疫系统研究的挑战性，只有对单个细胞进行逐个分析，人们才能了解这些细微的差别[4, 5]。

单细胞分析指的是在大量细胞群体中阐述细胞与细胞间的异质性，如在尺寸、形态、生长速度或者分子内含物如脂质、蛋白、代谢物、DNA/RNA 等方面的差异。对于单细胞的研究而言，除了可以解决基本问题，如为什么细胞间具有差异及这些差异如何影响细胞的物理性质及生理性质外[6]，还可以使人们更好地了解细胞群体中某些特殊的细胞功能，更加深入地认识细胞的个体差异，完成细胞内和细胞间的传递信息、细胞功能的分子水平调节及药物和毒物刺激的生理影响，从而应用于许多前沿研究领域，如癌症病理研究、干细胞发育研究、神经系统研究、免疫系统研究等。2012 年，美国 *Science* 期刊成功预测了单细胞研究将成为 2013 年六大重点研究之首。2013 年，*Science* 期刊再次展望单细胞研究将成为 21 世纪生命科学研究的主要突破口。

如今，单细胞分析受到越来越多的关注，但是真正在单个细胞水平上实现检测和分析仍然具有很大的挑战。首先，一般来说，单细胞的尺寸极小，直径为 10～30μm，体积大约在 pL①级别，对取样操作的要求极高，所使用的实验仪器及探针有很高的精密性及稳定性。其次，单细胞内的成分组成非常复杂，因此要求检测方法具有高选择性。另外，单细胞内不同化学组分的含量差异大，某些靶标分子含量极低，如一些小分子和蛋白质，它们的含量在飞摩尔级别，对于它们的分析需要高灵敏度的分析技术。同时，高准确度的定量

① $1pL = 10^{-13}L$。

与输出能够确保异质性的分析真正来源于细胞本身，而不是系统噪声。最后，由于不同单细胞个体之间存在着明显差异，为了获得更加全面的信息，在对单细胞进行分析时需要尽可能多的样本，这就要求所使用的单细胞分析检测手段具有较大的检测通量及较快的检测速度。一些复杂生物样品的单细胞分析，尤其是其遗传组学分析时，所带来的信息量呈指数型增长，亟需生物统计学、生物信息学、计算生物学等学科辅助。

目前单细胞分析的主要内容涉及细菌、酵母、哺乳细胞的各种组学研究，如基因组、转录组、蛋白质组、表观遗传组、金属组及代谢组等[7]；对单个细胞的培养及多种细胞间相互作用的研究；对单细胞行为的研究，如变形性，迁移率等；对单细胞内部基因转移或化学物质流动的分析[8]。

现有的单细胞研究方法包括成像技术、微流控技术、流式细胞术、电化学技术、质谱技术等。利用这些平台，同时借助于小分子探针，可将待测靶标信号转化为可视或可读信号，从而为单细胞分析甚至更深层次的亚细胞研究如局部细胞质、囊泡、线粒体等研究提供可能。针对不同的分析对象及不同的需求，选择和发展相适应的操作平台、信号转化和输出方式，是目前单细胞分析的主要手段。

其中，成像技术是细胞生物学研究中的重要手段，也是单细胞分析的重要技术之一。目前单细胞成像分析方法主要包括光学显微镜如一般的荧光显微镜，以及共聚焦荧光显微镜、多光子荧光显微镜、荧光相关显微镜、全内反射荧光显微镜、荧光寿命显微镜等显微成像方法，其中很大一部分显微成像技术都需要借助于分子探针对所需成像的物体进行标记与识别。20世纪90年代，陈观铨课题组研制出了阿达玛变换显微成像分析仪并将它应用于单细胞中蛋白质和DNA的成像分析，但这种技术受到了数据采集时间长的限制[9]。之后，Yeung课题组利用倒置荧光显微镜、激光诱导荧光与电荷耦合原件成像结合，获得了单个神经胶质细胞中5-羟色胺的荧光图像[10]。共聚焦荧光显微镜将光束聚焦为直径1μm，探测体积1fL，从而为探测化合物在细胞内的空间分布提供可能。然而共聚焦荧光显微镜对细胞的研究存在一些缺陷，如对细胞的光损伤较大，荧光燃料易产生光漂白作用等，多光子荧光显微镜能够解决以上问题。有研究者利用量子点标记天花蛋白，然后利用双光子荧光显微镜来研究人绒癌细胞内天花蛋白的分布[11]。全内反射荧光显微镜的激发仅深入到距离细胞表面100nm处，特别适合观察细胞膜上的分子荧光图像和相关动力学过程[12]。荧光相关显微镜通过测量并提供细胞内局部浓度、分子扩散、分子间反应过程图像，常用于活细胞研究[13]。荧光寿命显微镜可以根据荧光寿命的差异有效避开干扰从而进行如活细胞内的pH成像分析[14]等，但其分辨率仍然有限。还有一些超分辨成像技术如近场扫描光学显微镜等可以突破光衍射的光学极限，空间分辨率可达20nm甚至更低，能够为细胞内部精细结构的测定提供可能。除了广泛应用的光学显微镜之外，扫描电化学显微镜（SECM）也有较多的应用，不仅可以进行单细胞成像分析，还可以测定电活性物质跨细胞膜的传递与转移[14]。另外一种重要的光谱成像技术——拉曼光谱能够用于活体或者动态系统的无损成像。根据样品中拉曼光谱的某些参数，就可以得到一张拉曼光谱成像图。这些参数不仅包括直接的、谱图可见的信息（如峰强度、峰位置和峰宽等），还包括间接的信息（如峰强比）。因为这些参数是样品中某一组分的化学性质（或者物理性质）的函数，所以拉曼光谱成像图其实就反映了该组分的分布情况。近年来，随着仪器技术的进步，各种拉曼光谱新技术纷纷出现，如共聚焦显微拉曼光谱（CRS）、激光光镊拉曼光谱（LTRS）、相干反斯托克斯拉曼光谱（CARS）、受激拉曼光谱（SRS）、针尖表面增强拉曼光谱（TERS）及其他技术与拉曼光谱的联用等。CRS 技术极大地提高了空间分辨率，其纵向分辨率通常能达到 1～2μm，可以用来精确获取细胞核、细胞质的非共振拉曼光谱，被广泛应用于生物医学领域。LTRS 技术使单个活细胞的操作成为可能。另外，CARS 和 SRS 技术在生物成像领域显示了强大的生命力。TERS 已经成为微区表面分析的有力工具。拉曼光谱反映的是分子的振动信息，它有特异性高、无标记和不受水的干扰等优点，非常适于组织和细胞等生物样品的分析。由此，拉曼光谱可围绕细胞内的一些物质组分，如染色体、蛋白质、脂类、胆固醇等[15]，或者一些具有共振拉曼信号的组分，如类胡萝卜素、血红蛋白、细胞色素等进行测量，从而对一些细胞生理过程进行实时检测。另外，还可以通过对比正常及患病细胞的拉曼光谱信息，进而追踪它们在分子组成和结构上的差异，可辅助临床进行早期诊断[16]。目前，发展准确、灵敏、高分辨率、高信噪比、经济的成像分析方法，是单细胞成像分析的主要方向。

微流控技术是指在微纳米尺度水平的管道内进行皮升或纳升体积液体的精确操控的技术，涉及材料、化学、物理、机电、生物、医学等领域。微流控芯片是实施该技术的平台，一般通过微小的通道对液体实施操作和控制，通道至少有一维的尺度在微米或者微米以下，其控制液体的体积在皮升到纳升范围。微流控对液体的操控尺度，刚好适合于单细胞样品的处理操作，为单细胞分析开辟了新的方向[17]。微流控芯片把化学和生物等相关领域中的样品引入、预处理、反应、检测等功能及细胞培养、筛选、裂解等基本操作集成到一块几平方厘米（甚至更小）的芯片上，具有成本低、体积微小、操作简单、通量高、样品消耗少等优点，因此在单个细胞融合、转染、染色、分选、测序等研究中有着广泛的应用前景。基于微流控芯片的细胞分选和捕获方法，结合小分子探针技术，已被广泛应用于单细胞及其内容物分析。通过设计微流控芯片的各种微结构可以实现细胞分选和捕获，目前主要的微结构形式包括微液滴生成结构、微阵列结构、微阀控制结构等。Zare 课题组集成了对单细胞的进样、定位、试剂引入及检测功能于一体的单细胞分析微流控芯片[18]。Ramsey 课题组发展了一种高通量细胞微流控芯片，通过在芯片上进行细胞的操控、快速溶胞、芯片电泳和激光诱导荧光检测，可以在 2.2s 内完成对细胞内容物的分离并达到每分钟 7～12 个单细胞的分析[19]。Kennedy 课题组报道了能够连续检测单个胰岛细胞的胰岛素释放的基于芯片电泳的免疫分析技术，其可应用于药物的筛选[20]。国内的研究者黄岩谊、方群、林金明等同样也在微流控单细胞分析方面做出了很多贡献，作者将在后面着重介绍。目前，该领域主要的发展方向为如何利用微流控芯片实现高通量、自动化、快速、灵敏的单细胞检测及如何与其他分析手段如质谱技术、光学技术实现联用。

流式细胞术（FCM）是一种对悬液中的细胞或细胞大小的颗粒进行快速定量分析和分选的先进技术。它不仅可以对细胞进行分选，还可以对单个细胞进行分析，从而快速探测单细胞的物理及化学参数，如细胞大小、细胞体积、细胞计数、细胞内蛋白质或者核酸的含量，其分析通量极高。20 世纪 70 年代末，Dolbeare 课题组利用了流式细胞仪对单细胞的行动态酶活进行分析[21]。Murphy 课题组利用双荧光流式细胞仪对单细胞的内生 pH 进行检测[22]。Krutzik 课题组利用流式细胞仪进行高内涵单细胞药物筛选[23]。基于流式细胞术的单细胞分析技术已经被广泛使用，如对单细胞蛋白质组学的分析[24]或对某些信号通路的分析[25]。目前，流式单细胞分析技术的发展方向主要是开发高空间分辨率及高检测灵敏度的分析方法，实现对单细胞及亚细胞结构的分析。

单细胞的电化学分析技术主要集中于利用微米电极及上面提到的结合光学与电化学技术的扫描电化学显微镜进行单细胞分析。微米电极具有尺寸小的特点，因此非常适用于单细胞的分析。传统的微电极化学方法包括将微米电极无限靠近个体细胞来实现实时检测细胞内的胞吐物[26]。微电极单细胞分析的优点是不需标记、定量检测、灵敏性高及时间分辨率为亚毫秒[27]。近年来，微电极的大小被缩小至纳米尺寸，从而可以被插入细胞内以记录细胞内的信号从而获得胞内信息[28]，且不会对细胞造成过大伤害而产生应激反应。碳纤维微米电极（CFME）及碳纤维纳米电极（CFNE）[29]的开发促进了低噪声、高灵敏的单细胞检测。例如，利用纳米碳管修饰碳纤维纳米电极[30]，对单个 PC12 细胞中的神经递质多巴胺进行检测或对 PC12 细胞单个活囊泡释放多巴胺[31]进行监测。这一部分的研究主要的发展方向是如何实现高通量检测，从而提高分析效率。

## 9.2 研究进展与成果

利用小分子探针，通过化学分析方法与化学生物学关键问题的密切交叉合作，促进分析方法的进步，一批新颖、实用的新方法和新技术在国家自然科学基金委员会“基于化学小分子探针的信号转导过程研究”重大研究计划中得到发展。这些领先的手段使得对单细胞的精确定量方法得到进步，将对复杂生命体系的分析推进到单一个体水平，得到了更加客观和定量的分析结果。作者将从以下几个方面对该项目中该领域的进展进行总结。

### 9.2.1 基于小分子探针的单细胞成像技术

成像分析已成为分析化学领域中的研究前沿，各种先进的精密仪器和新型的成像方法不断涌现，极大地推动了这一技术的飞速发展，是分析学家们的有力研究工具。在细胞生物学领域，利用各种新型成像分析技术，科学工作者已能够在单细胞、亚细胞、单分子甚至单原子水平上研究细胞的形态结构和功能特征，使人类对生物学问题的理解更加深入和全面。单细胞成像分析的研究对象已逐渐从细胞表面形态观测过渡到细胞内的组分含量、结构特征和生理功能等方面。研究者们分别实现了对单细胞外膜蛋白及其缀合糖基、单细胞内各类化学分子如氨基酸、核酸、金属离子等及单细胞行为的研究。

首先是细胞外膜部分的研究。华中科技大学刘笔锋团队利用活性导向的探针分子（ABP）靶向细胞膜表面 GABAB 受体，实现了在单细胞水平上对低丰度蛋白 GABAB 受体的成像与检测[32]，如图 9.1 所示。人们知道，膜蛋白是能够结合或整合到细胞或细胞器的膜上的蛋白质的总称，被分为外在膜蛋白、内在膜蛋白和整合膜蛋白。GABAB 受体是蛋白偶联受体家族中的一种具有配体结合和信号转导功能的跨膜蛋白。受体在细胞中的丰度很低，疏水性较强，使得其提取和功能研究难以进行。ABP 探针是一种通过模块设计及有机化学方法，人工合成的具有导向性的小分子探针，它能够根据活性与细胞蛋白质组中特定的成员结合，然后利用荧光或化学发光等高灵敏度的方法对目标蛋白进行检测。它由三个部分组成：头部能够特定性结合蛋白质，通常是商业化的药物小分子，因为这些小分子所结合的目标蛋白相对比较明确，结合常数等动力学参数也比较完整，有利于实验结果的分析和解释；尾部具有显色或发光特性的报告基团，通常是荧光基团和具有化学发光特性的基团；中间连接结构主要是将活性基团与荧光基团联系在一起。在样品中加入 ABP 后，ABP 特异性地靶向蛋白并与之结合，经过洗脱之后，与特异性蛋白质结合的 ABP 被保留下来，其可通过分离分析的方法被检测出来。该团队利用能够特异性结合 GB1 的 ABP 荧光探针分子靶向细胞表面的受体，然后将标记的细胞提交给单细胞毛细管电泳激光诱导荧光系统来分析。他们首先获得了单个 HEK 细胞 GABAB1 的蛋白质组表达谱，通过对比过量表达的细胞蛋白质 GABAB1 的 HEK 细胞蛋白质表达谱和蛋白质分子量谱，确认了其在图谱中的位置。同时，他们在单细胞水平上对比了 GABAB1 在不同细胞系之间及同一细胞系不同细胞之间的表达结果，发现了其存在的异质性。另外，通过此方法，他们探究了小鼠原代颗粒神经元细胞的 GABAB1 表达分析，发现了同源细胞群体内部的细胞异质性，并通过进一步的 GABAB1 拮抗剂和激活剂的药物竞争性实验证实了结果的可靠性。

山东师范大学唐波团队则是将探针技术与微流控技术结合起来，发展了一种高通量单细胞表面蛋白检测技术[33]。他们首先设计了一种基于核酸适配体和内切酶辅助的荧光信号放大体系，该体系用到两种探针：发夹型探针和信号探针。发夹型探针由三个部分组成：与 PTK7 结合的适配体 sgc8、连接序列和用于扩增的 DNA 序列。信号探针是双标记猝灭型探针，两端分别标记荧光团 FAM 和猝灭团 ECLIPSE。当目标蛋白不存在时，发夹型探针的茎环结构能够稳定存在。当目标蛋白存在时，适配体和细胞膜蛋白 PTK7 结合，导致发夹型探针发生构象变化，进而释放出扩增序列。之后，信号探针与扩增序列杂交，形成内切酶的识别位点，导致内切酶切割信号探针，荧光团和猝灭团距离增大，产生荧光信号。扩增序列能够继续和未反应的信号探针结合，重复这一过程，进行循环放大，使最终的荧光信号大大增强。接着，他们将这种荧光信号放大体系与微液滴技术结合起来，通过液滴

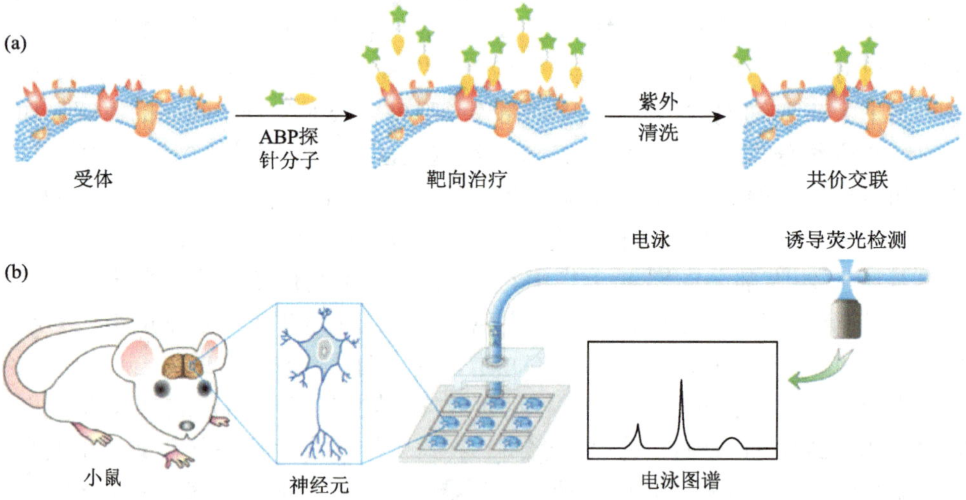


图 9.1　利用 ABP 小分子探针进行单细胞糖蛋白检测原理图

包裹单细胞，利用液滴的限域空间提供的单细胞反应的环境，使放大产物进一步富集，在单细胞水平上实现细胞膜蛋白的高通量和高灵敏均相检测。

除了蛋白质本身种类的异质性外，蛋白质的翻译后修饰作为高等生物体的蛋白质组区别于简单生物体的一个最重要的特征，其对于蛋白质功能的特异性也具有极大的影响。北京大学陈兴团队利用糖基化探针及增强绿色荧光蛋白（EGFP）发展了一种能在单细胞水平上识别特异性蛋白的糖基化技术[34]。细胞表面糖基化参与调控细胞表面的各种生物识别过程，如细菌感染、病毒入侵及细胞-细胞间相互作用等。而在细胞内，糖基化对蛋白质输运和翻译等也起到重要的调控作用。糖基化修饰必须受到严格的调控，其改变或失调往往伴随着各种人类疾病的产生，如糖尿病、炎症和癌症等。目前为止，哺乳动物蛋白质组中已有超过 50%的蛋白质被发现具有糖基化修饰，并且这一比例还在不断增加。然而，蛋白质糖基化研究目前采用较多的方法为高效富集或基于质谱色谱等方法，无法特异性地识别某些蛋白质的糖基化。另外，目前针对蛋白质糖基化的抗体在这方面也不具有特异性，如已经报道的 RL2[35]和 CTD110.6[36]。陈兴团队利用 EGFP 特异性识别某种蛋白质，用糖基化探针识别糖基化，如图 9.2 所示。当 EGFP 和糖基化探针距离很近时，它们形成了荧光共振转移对。当两个探针通过特异性识别吸附于靶标上时，通过激发 EGFP，产生荧光共振转移，从而激发特定蛋白上糖基化位点上的荧光探针，从而实现单细胞特定蛋白糖基化的成像。这种方法具有极高的普适性，可以针对不同种蛋白进行糖基化研究。南京大学鞠熀先团队设计了一种利用两种金纳米探针构建区域控制的表面增强拉曼光谱（SERS）效应用于细胞表面特定糖蛋白上聚糖拉曼成像[37]。其中，拉曼信号分子和二苯环辛炔胺功能化的 10nm 的金纳米子制备的信号探针可以识别叠氮标记的聚糖但不会产生 SERS 信号。而适配体修饰的 30nm 或 40nm 的金纳米粒子可以作为基质探针特异性地识别目标蛋白，并且可以控制目标蛋白上面的有效 SERS 区域。他们通过控制基质探针的尺度

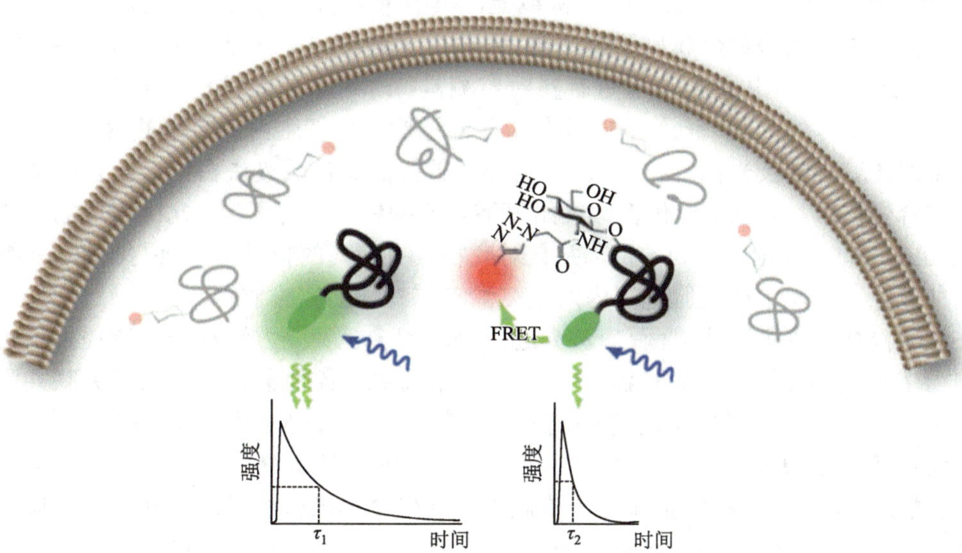


图 9.2 单细胞特异性蛋白糖基化检测原理图

FRET 表示荧光共振转移

来调控有效 SERS 区域，从而使其与蛋白特定的聚糖表达区域相匹配，因此只有连接在目标蛋白特定聚糖上的信号探针有效 SERS 区域内才能产生 SERS 信号。利用这种方法，他们对 MCF-7 细胞 EpCAM 蛋白上的聚糖表达进行了原位检测，同时测得了细胞表面特定糖蛋白间的距离，这项研究在特定蛋白水平上研究聚糖的相关生物过程方面具有应用前景。

除了细胞外膜部分的研究外，细胞内组成研究也是单细胞研究的热点。华东理工大学杨弋团队利用遗传编码荧光探针 Frex，在国际上首次实现了在活细胞及各种亚细胞结构中对烟酰胺腺嘌呤二核苷酸（NADH）分子的实时动态、特异性的检测与成像[38]。氧化还原反应存在于所有生物体内，它们参与了生物体内众多的生命活动，如细胞增殖、分化、衰老和死亡、生物大分子分解代谢和合成代谢、线粒体功能、氧化还原稳态等，同时它们也与癌症、糖尿病、心血管疾病、冠心病等疾病紧密相关[39]。烟酰胺腺嘌呤二核苷酸（NADH/$NAD^+$）和烟酰胺腺嘌呤二核苷酸磷酸（NADPH/$NADP^+$）作为生物体内辅酶Ⅰ和核心代谢物，介导了三羧酸循环、线粒体呼吸、糖酵解等重要的能量代谢途径，常作为细胞内能量代谢状态的一个关键指标[40]。传统上对于 NADH/$NAD^+$的检测主要依赖于细胞裂解的酶循环法、电化学法、色谱法及代谢物间接指示法等。这些方法既破坏了细胞或生物体的完整性，又易受到人为干扰。而活体水平的检测主要依赖于 NADH 的自发荧光，然而该方法存在信号弱、特异性差、空间分辨率低等问题。为了解决这些问题，杨弋团队利用合成生物学技术，将来自谷草芽孢杆菌中结合 NADH 的转录因子 B-Rex 与环化的黄色荧光蛋白融合，开发了一系列能够特异性检测 NADH 的遗传编码荧光探针 Frex，从而实现了对单细胞 NADH 分子的检测与成像。他们监控到人类和哺乳动物细胞内葡萄糖代谢、线粒体呼吸链功能、氧化还原调控条件下 NADH 代谢情况，并发现 NADH 可以自由跨膜进入细胞内调控多种生命活动。利用相似的方法，杨弋团队对细胞内组氨酸也进行了探究[41]。氨基酸是组成蛋白质的结构单元，具有非常重要的生理意义。其中，组氨酸在多种蛋白质中起到传输金属离子的作用。人体内组氨酸的含量异常通常与某些疾病的发生有关。因此，对细胞内的组氨酸进行实时监测具有非常重要的意义。传统的生化分析方法可以检测氨基酸的含量，但是不能时空特异性地检测单细胞内的氨基酸含量的变化。该团队采用遗传编码的荧光探针技术，通过将环化置换的黄色荧光蛋白插入来自细菌的组氨酸周质结合蛋白中，构建了遗传编码的组氨酸荧光探针。通过测定，此种探针的解离常数为 22μmol/L，动态变化倍数为 6 倍，并且对底物具有较高的特异性。他们在 HeLa 细胞中引入这种探针，实现了在细胞胞浆内对组氨酸动态变化的实时监控。

在细胞内金属离子检测方面，唐波课题组则利用多色荧光方法结合微流控技术实现了单细胞内多种金属离子的同时检测[42]。在神经系统中，各种金属离子相互关联共同发挥着至关重要的作用。金属离子的超载或缺乏都会导致一系列神经退行性疾病[43]。因此，神经系统中各种金属离子的检测对于神经系统疾病的基础研究和临床检测至关重要。但是，目前基于大量细胞样品的金属离子检测方法会使个体细胞的异质性和多种金属离子之间的精确关联被群体细胞的平均数据掩盖。而金属离子的单细胞分析则有助于人们更好地认识以上问题。在单细胞金属离子检测中如何特异性地同时获取多种金属离子的信号并避免细胞中复杂的生物基质干扰是该领域研究所面临的重要挑战。唐波课题组针对以上问题，将微流控芯片电泳技术与多色荧光检测相结合，成功地实现了对单个 PC-12 细胞中 $Na^+$、$K^+$、$Mg^{2+}$、$Ca^{2+}$的同时检测。作者首先将细胞内的这四种离子用荧光探针进行衍生标记，然后在微流控芯片中，利用液压结合电场操控，完成单细胞的上样、装载及捕获。接下来在高压电场的作用下细胞发生溶膜，衍生化后的四种离子由于具有不同的荷质比，可通过芯片电泳得到高效分离。最后，利用课题组自行设计搭建的多色荧光检测系统，同时得到单个细胞内四种金属离子的电泳谱图，且细胞内其他生物分子对检测无干扰。

单细胞中核酸分子的测量也是一项研究热点。南京大学鞠熀先团队利用一种结构类似 RNA 的锁核酸（LNA）来修饰分子信标（LNA-m-MB），并通过静电作用组装在 PEI-g-GNR 上进行细胞转染[44]。其中，PEI-g-GNR 指的是在生理条件下用表面带有大量阳离子的聚乙烯亚胺（PEI）聚合物对石墨烯带（GNR）进行功能化，并将这种复合纳米颗粒作为基因载体（图 9.3）。LNA 具有高的热力学稳定性及强的识别碱基错配的能力，使得 LNA 修饰的核酸探针成为一种非常具有前景的特异性检测 miRNA 的探针[45]。因为 PEI 具有“质子池”效应，被认为是一种最有效的阳离子聚合物基因载体。当 PEI 上大量的胺基被质子化后，能通过渗透作用进入细胞，将其运载的基因释放到细胞质中。他们将 HeLa 细胞作为模型，以 PEI-g-GNR 作为载体，LNA-m-MB 探针中的 miRNA 特异性识别使荧光基团与猝灭基团分离从而产生荧光，最终实现了单细胞内的 miRNA 原位成像。山东大学金文睿团队发展了一种基于量子点标记的超灵敏微阵列分析方法用于对单细胞内多 mRNA 的定量标记[46]。mRNA 分析是理解基因表达对细胞影响的基础，通常细胞内基因分析都是测定大量细胞中的平均表达量，忽略了细胞间的异质性。获取单个细胞内的 mRNA 含量对于理解各种生命现象和生理过程具有重要意义。已报道的针对单细胞 mRNA 的检测方法受检测灵敏度低的限制，需要对其进行扩增[47]。微阵列检测是单细胞中定量检测的有力工具。一般来说，微阵列分析的原理是将分子预先以微点的形式点样于固相支持物上，然后将样品溶液中扩增后的荧光标记靶标与预先点样的分子杂交，最后利用芯片扫描仪采集阵列点上所有分子的荧光信号。金文睿团队利用量子点标记 cDNA 实现了对单个细胞

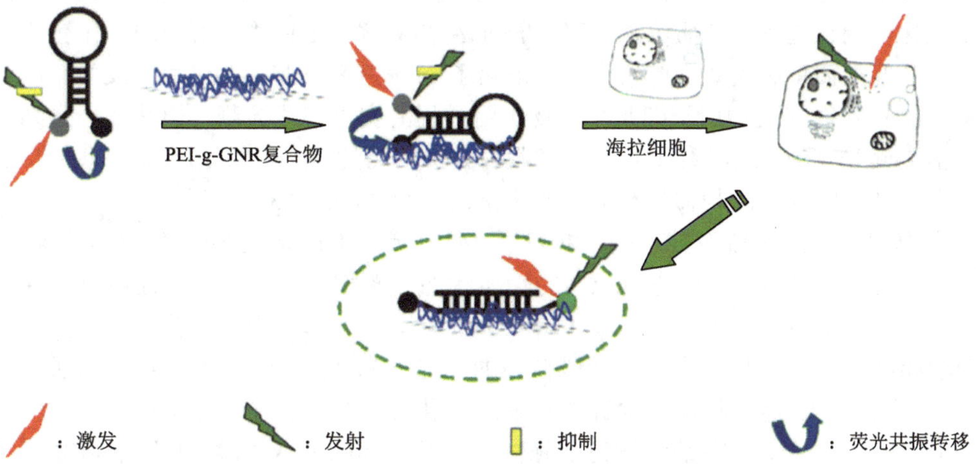


图 9.3　基于 LNA-m-MB 的单细胞 miRNA 检测原理图

中多种基因表达定量测定，全过程中单细胞内的 mRNA 无需被扩增就可以直接检测。他们首先通过点样在硅烷化的玻片上制备氨基修饰的微阵列，然后将单细胞中的 mRNA 进行反转录，所得到的溶液滴至玻片上的阵列，通过杂交反应结合至阵列的各个点上。接着，他们将用量子点标记的 DNA2s 与芯片上的 cDNA 杂交反应，得到量子点标记的 cDNA。结合他们组研制的超灵敏单分子微阵列检测方法，实现了单细胞内多靶标 mRNA 的测定。目前对于单细胞 mRNA 的成像希望能够朝着更多靶标 RNA 的同时检测迈进。如清华大学李景虹课题组介绍的一种用于单细胞 RNA 原位扩增和成像的 SeqEA 技术[48]，该技术使用一条编码的 DNA 序列作为 RCA（滚环扩增）扩增子，可以同时与多种 RNA 进行结合和扩增，并根据扩增位置的不同给出不同的荧光信号，以此实现 RNA 的原位成像。

单细胞中多种靶标类型的同时检测还可用于探究细胞活性的变化。武汉大学胡继明课题组利用共聚焦显微拉曼光谱研究细胞中核酸、脂类和蛋白质的含量，从而探究 NO 刺激下鳞癌细胞的凋亡[49]。肿瘤转移是癌症患者死亡的重要原因，早期发现和阻断肿瘤的发生发展及浸润转移是预防与治疗肿瘤的关键所在。传统的细胞生物学方法包括 Western Blot、酶联免疫组化（ELISA）和免疫细胞化学（IC）等，这些技术大多需要复杂的样品前处理，如细胞固定、成分提取和染色等。它们存在侵入性、耗时及假阳/阴性结果等缺点，无法实时、原位地获得细胞内物质结构的具体信息。拉曼光谱是基于光子激发振动发生非弹性散射而建立起来的一种无损光谱技术，具有指纹识别特征，能从分子水平获得物质的结构及组成信息。而且，表面增强拉曼光谱技术的发展极大地提高了检测分析的灵敏度，甚至能够实现单分子检测。与红外、荧光等其他光谱手段相比，它还具有不受水干扰、不易猝灭、可用红光激发、光谱带宽窄等优点，因此非常适合于生物体系，特别是单个活细胞的研究。武汉大学胡继明团队利用一种血管扩张药物——硝普钠（SNP）来释放细胞培养环境中的 NO。NO 的量可以通过调节培养液中的 SNP 浓度来控制。他们通过拉曼光谱研究了不同 NO 浓度刺激的鳞癌细胞及相同 NO 浓度下不同培养时间的细胞。结果显示，随着 NO 浓度的增加，细胞中核酸、脂类和蛋白质的相关拉曼振动峰强度逐渐降低。而当 NO 浓度保持不变时，随着培养时间的延长，上述物质的相关振动峰强度也会逐渐降低。这些光谱变化与凋亡过程中核质浓缩、染色质 DNA 的降解及蛋白质水解酶的活化有关。同时，他们还用荧光显微镜和流式细胞仪进一步证实了 NO 刺激细胞凋亡过程的发生。尽管共聚焦拉曼光谱技术能够成功用于细胞与药物作用过程的实时在线检测，但获取一张细胞的谱图一般需要曝光 60s，这不利于其用于细胞内分子物质的瞬态观察。所以，他们课题组将 SERS 技术引入单细胞的检测中，进一步提高了细胞检测的灵敏度[50]。

随着高灵敏度细胞成像技术的不断发展，研究者们也开始关注亚细胞器。线粒体中活性氧簇（ROS）值和 pH 波动与线粒体的功能状态紧密相关。在很多神经性退行性疾病或癌症中，这两个指标常表现为异常。目前，同时监测线粒体内 ROS 值和 pH 仍然存在挑战。唐波团队发展了一种新颖的靶向线粒体的荧光纳米传感器，用于实时检测活细胞中的 $H_2O_2$ 含量及 pH[51]。他们将荧光探针装载在二氧化硅纳米微粒（MSN）的小孔中，然后将聚乙烯亚胺附着其上，再在纳米颗粒上修饰靶向线粒体的三苯基膦。共聚焦显微镜成像表明这种纳米传感器可以高效靶向线粒体并且成功地实时检测其内 $H_2O_2$ 含量及 pH 波动。

通过这种方法，他们实现了线粒体内多靶标检测，为活体细胞内的其他多靶标检测提供了新思路。

除了对单细胞或细胞器内外组成成分的研究外，利用小分子探针实现对单细胞行为能力的研究也取得了很大的进展。清华大学医学院祁海团队和化学系刘磊团队合作发展了双光子光控趋化因子，实现了体外和体内光控细胞运动，为体内及体外以高分辨率研究细胞趋化运动及定位提供了新的手段[52]。趋化因子介导的细胞运动迁移和定位在正常的免疫监视、免疫反应及某些重大疾病如癌症与自身免疫病等过程中扮演着至关重要的角色。目前还缺乏能用于研究细胞趋化运动和趋化因子及受体信号的高时空分辨的分子工具，同时也没有方法在体内实现人为控制细胞运动。刘磊团队通过化学合成法合成了双光子光控的人源趋化因子（CCL5），由于在 CCL5 的 N 端引入两个双光子敏感的光敏基团，因此在正常情况下 CCL5 无法与受体相互作用。然而通过小于 5s 的短时间光照，其能重新恢复趋化能力，诱导 T 细胞的定向运动。祁海团队通过体外双光子解笼锁及共聚焦显微镜单细胞拍摄技术实现了小于 0.1μm$^2$ 的高分辨率的双光子解笼锁，并利用这一工具在单细胞水平上证明了磷脂酰肌醇-3-羟激酶（PI3K）在杀伤性 CD8$^+$T 细胞趋化运动过程中不影响其方向感知，而影响持续性运动，同时在体内表皮和淋巴组织内首次实现了利用双光子光控的 CCL5 人为改变 CD8$^+$T 细胞的运动和分布。这一技术创新，为体外及体内以高分辨率研究趋化因子及受体信号、细胞运动调控细胞命运等问题开辟了新途径，也为化学合成制造光控蛋白质提供了普适的方法。

### 9.2.2 微流控芯片辅助的单细胞分析技术

有很长一段时间，单细胞分析技术受制于其内在基因和蛋白质等物质的极低含量，检测困难。这一领域的突破性进展在很大程度上得益于近年来两种技术的迅速进步，第一是成像技术，包括成像时空分辨率和通量的显著改善；第二则是微流控芯片技术。经过这些年的努力，微流控芯片的潜力已经在细胞研究中得到淋漓尽致的发挥。与传统实验室分析方法相比，微流控技术具有样品消耗量小、分析速度快、自动化程度高、微型化、易于集成等优势。目前，光镊或超声捕获、光穿孔、电穿孔、细胞裂解、电泳分离和细胞流失计数等单元操作已被尽可能地集成到一块微流控芯片上，并把从互补的各种单元技术中得到的信息汇集在一起，用以完成对单个细胞的精确操控分析。开发单细胞的操纵、筛选及分析方法，研究细胞的异质性，对于疾病诊断、药物筛选等方面都具有十分重要的意义。作者将从微流控芯片辅助下的单细胞分选、单细胞捕获、单细胞内含物分析等方面进行总结。

北京大学黄岩谊团队开发了一种简易的光流控芯片用以分选细胞[53]。流式细胞仪作为一种细胞分选装置，它的应用领域日益扩大。但由于常规仪器体积大，价格昂贵，其广泛应用受到制约。因此，流式细胞术小型化、微型化的设想开始被人们所考虑，其中光流控技术由于具有集成度高、体积小、样品消耗少的特点，可以很好地实现细胞的检测及分选。黄岩谊团队利用封闭管道填充法，将一种基本光学元件光波导集成到微流控芯片中。相比文献常报道的鞘流型液芯-液包层光波导，他们的液芯-固包层光波导制备简单，为静态结构，不需要复杂的流速控制，即有稳定的性能。检测芯片体积小巧，成本低廉。这样一种基于芯片的检测系统有望在某些场合取代大体积、高成本的流式细胞仪进行检测，实现了芯片上高速、低用量的单细胞计数。

对于单细胞的捕获而言，目前主要包括微液滴、微阵列、微阀微泵控制或其他集成方法。利用这些方法结合小分子探针等技术，可以实现对单细胞捕获后所需靶标的检测。

在众多种类的微流控芯片中，微阵列芯片由于制作简单，且其体系开放，易于实现细胞捕获、培养和回收等复杂操作，所以被最早应用于单细胞的研究。厦门大学杨朝勇团队利用胶原蛋白微阵列的微流控芯片实现了在三维培养条件下的单细胞异质性的分析，证明了三维培养条件下单细胞研究的可行性，如图 9.4 所示[54]。已有的报道对于单细胞的研究几乎完全是在二维培养条件下实现的。与二维培养条件相比，三维培养模仿了生物体内的环境，为细胞的生长和研究提供了更为真实的细胞微环境。此环境下细胞的生命活动和行为与生物体内更为贴近。尽管三维细胞培养为细胞的研究提供了一种更富潜力的研究方法，但是其一直受较高的细胞培养成本、难以重复的三维培养基条件及繁杂的三维培养基操作等条件限制。而三维培养条件下的单细胞分析更是困难重重。杨朝勇团队将聚二甲基硅氧烷（PDMS）薄膜用含有一定浓度细胞的胶原蛋白培养基溶液浸润，同时利用另外一块平整的 PDMS 膜按压微阵列薄膜。在室温下，胶原蛋白培养基溶液逐渐成胶固化后，揭去覆盖膜，即可获得包裹有单细胞的高通量胶原蛋白微阵列。接着将获得的胶原蛋白微阵列薄膜置于培养皿底部，用细胞培养基将其完全覆盖，从而实现高通量单细胞三维条件下的长时间培养及细胞异质性的研究和分析。林金明课题组借助微阵列芯片发展了一种双层结构芯片用于量子点对单细胞毒性的分析[55]。量子点由于其荧光稳定[56]、尺寸小[57]的特点，被广泛用于细胞成像和药物运输。然而，量子点的毒副作用始终无法被克服，成为纳米药物应用的一大阻碍。细胞对于纳米粒子的吸收受到细胞周期[58]及细胞间相互作用的影响[59]。另外，细胞所处的微环境也会影响细胞对纳米粒子的吸收。就量子点而言，已有的报道关注于细胞群体受量子点毒性的平均影响，忽略了细胞本身的异质性。而对在特定微环境、特定细胞周期的细胞进行逐一统计分析，可更加全面客观地解析量子点毒性的复杂机制。林金明课题组利用双层结构芯片用以探究量子点对单细胞的毒性影响。底层为微阵列结构，根据设计不同的微阵列结构单元可对细胞密度及细胞与细胞间的距离进

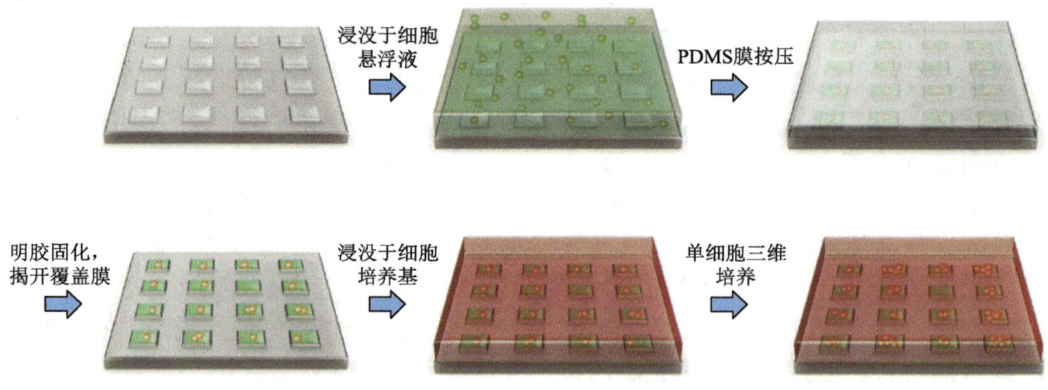


图 9.4　胶原蛋白微阵列用于单细胞三维培养原理图

行调控，这对于控制细胞微环境变量有着重要的作用。顶层为微通道结构，可在通道内不断注入量子点溶液，保证通道内的量子点浓度恒定。当微阵列芯片捕获完细胞后，将上下两层芯片固定在一起，可使阵列中的单细胞在恒定量子点浓度环境下生长，以此观察其所受到的影响。作者利用荧光探针测量了不同周期下单细胞中的活性氧簇含量及谷胱甘肽（GSH）含量，作为细胞毒性的检测靶标。利用这种方法，作者成功探究了量子点在不同细胞周期及不同细胞微环境中对细胞毒性的复杂影响。

基于单细胞微孔阵列技术，浙江大学郭国骥团队自主开发研制了一套完全国产化的Microwell-Seq高通量单细胞测序平台，对来自小鼠近50种器官和组织的40余万个细胞进行了系统性的单细胞转录组分析，构建了首个哺乳动物细胞图谱[61]。他们利用光刻技术制作了微孔矩阵硅片，先使用聚二甲基硅氧烷材料制作微柱矩阵模块，再利用琼脂糖大规模制备单细胞捕获用的微孔板。每个微孔板上大约有10万个微孔，能同时捕获约1万个单细胞。之后每个孔都会落入大小与孔径匹配的索引磁珠，给每个细胞的mRNA标记上特异的索引序列，然后构建混合测序文库并进行高通量测序，从而实现一次实验分析成千上万个单细胞的转录组。Microwell-Seq 技术平台操作简单、成本低廉，极大地推动了单细胞测序技术的发展。

单细胞捕获的另一种形式为微液滴法，如最典型的油包水微液滴体系，被广泛应用于单细胞分析。南京大学练鸿振团队利用油包水液滴研究了细胞在微液滴中的基因转导行为[62]。在液滴中进行细胞转染可以实现基因转导的原位检测，对于基因组学研究具有非常重要的意义。传统的烷基油液滴会损害细胞活性，并且容易将水相中的有机转染试剂萃取到油相中。为了克服这一难点，他们自行合成了 PEG-PFPE-PEG（聚乙二醇-聚丙二醇-聚乙二醇）表面活性剂，并将其添加到氟化油中，制得具有生物相容性的油相。通过微流控芯片的十字形交叉结构，他们按泊松分布将单细胞包裹进皮升级液滴中，进行细胞化学转染的研究。通过优化转染时间、DNA 浓度及液滴大小，他们获得了几乎与在大体积溶液中相同的转染效率。

微流控芯片还可以通过微阀微泵在所设计的腔体中进行单细胞的捕获及各式操作。北京大学黄岩谊团队设计并制备了一种微阀微泵辅助下的集成微流控芯片用于长期培养单细胞[63]。尽管微流控技术在从群体中分离单个细胞并应用于后续的测量检测方面已有很多报道，如使用液滴、微孔阵列[64, 65]等，但它们在分析众多单个细胞时，由于单细胞仍然培养于共享的培养基中，细胞间依然存在物质与信息交换，从而干扰单个细胞的检测。黄岩谊团队通过集成在芯片装置上的压力阀可以精确地控制单细胞定位到不同的培养小室中进行分隔培养，避免了细胞之间直接接触的相互作用。通过优化培养液的换液频率及引入条件培养基等培养方法，他们实现了单细胞在微流控芯片上长达四天的正常培养。在培养过程中，他们将数百个细胞分别培养在芯片上的一个独立培养小室中，并将其生成的条件培养基持续提供给与之连通的单细胞培养小室中的单个细胞，这种方法明显地改善了单细胞的生长状态，产生了一个更合适于原位监测单细胞独立生长的微环境。这种可长期培养单细胞的微流控芯片能够扩展到更高的通量水平，用于满足药物筛选及干细胞培养等领域的需求。除了对单细胞进行单独培养外，细胞共培养对于单个细胞的影响也是单细胞检测的一个方向。黄岩谊团队制备了一款微流控芯片对人宫颈癌细胞（HeLa）和人脐静脉内皮细胞（HUVEC）共培养过程中的相互作用进行单细胞水平的定量化的动态研究，以探索这种相互作用在肿瘤转移和血管生成过程中的功能[66]。他们利用自动化成像系统拍摄到每个培养小室的时间序列相差图片，通过对比发现在共培养过程中伴随 HeLa 细胞的靠近，HUVEC 细胞发生远离 HeLa 细胞的迁移行为。他们还通过改变细胞培养过程中的培养液更换频率，进一步证实了这种旁分泌机制的存在。这种微流控芯片技术高度可控，避免了对细胞的污染，全自动化而且成本较为低廉，对细胞与细胞之间的相互作用进行了定量化的动态研究，并对细胞培养的微环境在时间和空间上进行精确调控。

为了解决单细胞捕获效率低的问题，清华大学林金明团队开发了一种借助水凝胶来捕获单细胞的技术，如图 9.5 所示[67, 68]。他们利用荧光显微镜将微流控芯片通道内的聚乙二醇-丙烯酸（PEG-DA）进行定点光照聚合，从而形成凝胶微结构。通过定点光照，他们在不影响细胞活性的基础上选择性地将单细胞包裹于凝胶之内。通过调节不同的光照条件，他们对凝胶微结构进行形态学的控制，如对凝胶直径的控制，从而适用于不同尺寸的细胞。由于凝胶具有空隙，允许气体与小分子的物质交换，因此他们可成功地对凝胶内的单细胞进行培养。此种单细胞捕获方法操作简便，具有可选择性，且在不影响细胞活性的情况下对靶标细胞进行凝胶包裹，细胞丢失率低，同时可被实时监控及长期培养，具有较好的应用前景。另外，他们还利用这种方法将不同种类的材料（如特异性探针）固定在固态基质上，从而作为生物传感器进行靶标分子检测。

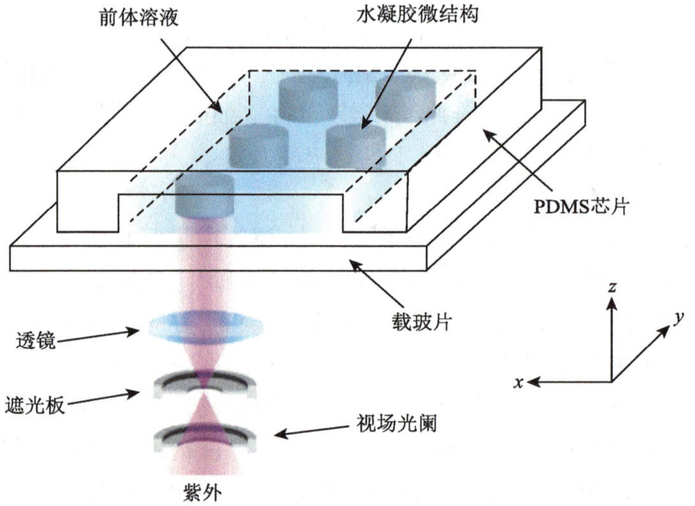


图 9.5　微流控芯片内紫外聚合水凝胶用于单细胞捕获原理图

除了上述常用的单细胞捕获结构外，一些特殊的集成化微流控芯片也推动了这个领域的发展。针对目前高通量小体系生物化学实验中液体样品操作困难的问题，黄岩谊团队开发了一种利用开口微流控芯片结合高通量阵列技术和自动控制技术的纳升级微流样品分配装置[69]。他们的样品分配系统通过利用气压驱动在多个分叉支管出口终端形成均一液滴的新手段，将几十到几百纳升的液体样品分配到具有微井的承载芯片中，分配过程中前后微井间无交叉污染，可达 3 行/s 的分配速度。该系统中所使用的微流芯片制备方法简单，可根据实验需求对芯片结构进行调整。与微流芯片配合工作的承载芯片是开放体系，有利于器件间的物质转移，不但能够使样品的多步分配/反应操作更加容易，而且能够更方便地收集产物。在这套装置下，他们将 500 个左右的细胞在 350nL 培养液中进行了单细胞培养，培养时长为 48h。他们还实现了微井中的质粒转染，并在一块微井芯片上平行地进行了 3 种不同浓度的顺铂对 U2-OS 细胞的凋亡诱导实验。在长达 48h 的培养过程中，细胞具有良好的形态及正常的增殖速度，与传统方法的结果相比，具有高度的一致性和可比性。与显微镜技术结合之后，该样品操作系统有望成为高通量全自动细胞原位培养、观察及刺激的理想平台。随着单细胞和单分子实验的发展，这种分配系统和样品操作系统在大规模生化实验中有着广阔的应用前景。中国科学院大连化学物理研究所林炳承教授团队发明了一种基于微流控芯片的简单、快速、高通量的单细胞内含物分析方法[70]。他们利用经过环氧聚合物涂层处理完全后的十字型 PDMS 芯片，使其通道表面电渗流被抑制，细胞在静压力作用下进样，在十字交叉口受到电场力作用偏转进入分离通道，然后在背景缓冲液中十二烷基硫酸钠（SDS）的作用下在 0.5s 内快速裂解，其释放出的内含物经电泳分离，通过激光诱导荧光进行检测。这项技术具有操作简单、快速和通量高的优点，为检测活性周期较短的不稳定的中间产物提供了可能。他们利用这项技术实现了单个 K562 细胞在 SDS 作用下的快速裂解和胞内核酸组分分离、同时检测的全集成过程。蒋兴宇团队则开发了另外一类将微流控技术和印迹分析技术相结合的装置[71]。印迹分析技术已经存在并且发展了三十多年，被生物医学的各个领域广泛采用，几乎已经成为分子生物学中蛋白质与核酸分析的“金标准”。尽管如此，这项技术仍然存在着许多问题，如操作复杂、耗时较长、重复性不能保证、灵敏度有限制、检测通量低等。微流控芯片的样品需求量小，便于进行高通量检测等优点使其成为蛋白质、核酸、小分子等生物标志物诊断分析的重要手段。将微流控与印迹分析技术结合能够在一定程度上解决上述问题。蒋兴宇课题组使用传统的印迹方法进行电泳分离及转膜，在得到固定有蛋白质的聚偏氟乙烯（PVDF）固态支持膜之后，将一个含有多个平行管道的 PDMS 微流控芯片覆盖于膜上，管道的方向与蛋白质条带的方向相垂直。这样就可以在不同的微流管道中引入不同的抗体，从而实现对一块 PVDF 同时进行多个目标物的检测。

### 9.2.3　基于小分子探针的流式细胞分析技术

流式细胞术检测速度快，最高每秒可分析或分选数万个细胞，可进行多参数检测，能实现对细胞大小、内部结构、DNA、RNA、蛋白质、金属离子等物理、化学及生化性质的多参数同时测量。另外，它能在短时间内得到大量的数据，获得细胞性状的统计分布图，以及参数间大量的相关信息。然而，由于检测灵敏度的局限性，传统的流式细胞仪难以检测荧光强度小于几百个荧光素分子或尺寸小于 0.5μm 的细胞或颗粒，使得其在细胞的微弱信号检测和纳米颗粒表征等领域的应用受到极大的限制。厦门大学颜晓梅团队首次将瑞利光散射技术融入鞘流单分子荧光检测技术，通过减小探测区体积至飞升级及延长纳米颗粒穿越激光探测区的时间至毫秒等措施有效地降低了背景信号和增加发射光子数，使流式检测技术的检测灵敏度大幅度提升。目前，他们的超高灵敏度流式检测技术，实现了单个低折射率纳米颗粒的散射检测灵敏度达到前所未有的 24nm，较传统流式细胞仪至少提升 5 个数量级，同时实现了纳米颗粒的多参数同时表征，且检测速率高达每秒钟上百次。使用自制仪器，同时结合荧光小分子探针，他们分别对单个细菌、线粒体、外泌体等纳米级对象进行了检测。

在单细菌研究方面，颜晓梅课题组首先借助细菌的自发荧光对其进行检测[72]。细菌在可见光区的自发荧光主要来源于细菌中氧化型的核黄素类物质[73]。这些自发荧光会掩盖低拷贝荧光标记分子或者低丰度荧光蛋白所产生的微弱荧光信号[74]，从而影响荧光显微镜成像和流式细胞仪检测[75]。此外，自发荧光的检测也能够为细菌的鉴别提供一定的理论依据。这些核黄素类物质（NADH、NADPH、FAD 等）的最大吸收波长位于 488nm 附近，发射光谱则与 FITC（异硫氰基荧光素）荧光通道的滤光片相匹配。他们课题组结合单个细菌的散射光与荧光信号强度，发现细菌自发荧光的强弱与细菌的大小密切相关。同时，他们利用三种 FITC 当量已知的商品化荧光纳米颗粒绘制 FITC 当量与荧光信号强度的标准工作曲线，对八种细菌的自发荧光分别进行了定量分析。另外，他们课题组也对致病菌的快速检测分析作出了贡献[76]。传统的病原微生物检测方法需要对细菌进行分离、培养及一系列生化反应，操作复杂、检测周期长，且无法适用于难以培养的病原菌，远不能满足实际需求。其他的一些酶联免疫反应、qPCR 技术、LAMP 技术、数字微流控技术尽管具有一定的特异性和灵敏度，但是在鉴别活菌、死菌上仍然受到限制。颜晓梅课题组使用 Alexa Fluor 647-R-PE 染料作为致病菌 *E. coli* O157∶H7 单克隆抗体的荧光探针，使用荧光染料 SYTO 9 对细菌的核酸进行染色，在纳米流式检测装置上实现双荧光通道同时检测。致病菌在绿色和红色荧光检测通道能同时产生荧光信号，而只在绿色通道产生信号的为非致病菌。双染后的细菌样品在检测时，红色和绿色荧光信号的相关峰个数代表致病菌的数量，而绿色荧光信号峰个数代表细菌总数。对双着色的致病性细菌 *E. coli* O157∶H7 和非致病性细菌 DH5a 分别进行了检测，其计数结果与传统的平板计数法具有很好的一致性。对含有不同浓度配比的致病菌和非致病菌混合样品的检测取得了与理论值非常一致的结果。因此，在选择合适的抗体与染料探针的情况下，纳米流式检测仪在食品、环境、疾病相关样本中致病菌的快速鉴定与定量分析显示出巨大的应用前景。除了对致病菌进行快速检测外，他们还发展了对耐药菌的快速检测方法[77]。近年来抗生素滥用导致细菌耐药日趋严重，已对人类健康构成严重的威胁。在多种细菌耐药机制中，$\beta$-内酰胺酶是引起 80%病原菌耐药的主要原因，它能水解抗生素的核心结构，使抗生素失效。临床样本中有耐药菌和敏感菌并存的情况，传统的检测手段难以检测少量耐药菌的存在。颜晓梅团队利用 $\beta$-内酰胺酶荧光底物 LBRL1 被 $\beta$-内酰胺酶水解后会释放出荧光残基并共价结合在耐药菌内的蛋白上的原理，依靠他们自主研发的纳米流式检测仪实现耐药菌的单细胞水平检测。

针对真核生物，颜晓梅团队主要发展了一种线粒体活性检测技术及细胞外囊泡检测技术。线粒体是细胞的能量工厂，在真核细胞的进化中发挥着重要作用。此外，线粒体还与细胞内信号转导密切相关，如自噬、细胞死亡、自然免疫等。多种复杂的人类疾病都是由线粒体的功能异常导致的[78, 79]，包括神经退行性疾病和新陈代谢紊乱。

因此，线粒体研究对于基础生命科学研究意义重大。研究表明，单个细胞内的线粒体具有异质性，并且这种异质性将对细胞的不同功能具有重要影响。因此，靶向单一线粒体对于揭示线粒体个体间差异、线粒体的多样性及特殊线粒体群体对细胞进程的影响具有重要意义。然而，线粒体的结构微小，且不同线粒体之间存在较大的异质性，它的直径一般为 0.5～1.0μm，长度为 1.5～3.0μm，散射光强度与 100～200nm 聚苯乙烯微球相当，与其功能相关的生化物质含量较低，单个线粒体水平上的检测一直以来都是一个富有挑战性的课题。迄今，流式分析仍然在单个线粒体的分析领域占据主导地位，已经有相关的研究采用流式细胞仪对线粒体的纯度、膜电位的微小变化、钙离子诱导后的形态变化及活性氧簇等进行了检测[80, 81]。遗憾的是，这些工作往往局限于对较强的荧光信号的分析。传统流式细胞仪因灵敏度的缺乏在单个线粒体的分析检测方面仍然受到很大的限制。颜晓梅团队在纳米流式检测装置上，分别采用壬基吖啶橙（NAO）和 SYTO 62 对线粒体内膜上的心磷脂和基质中线粒体核酸（mtDNA）进行特异性标记，通过对单个线粒体的散射、内膜心磷脂和 mtDNA 的同时检测实现了对线粒体的纯度和内膜结构完整性的考察；同时，通过外膜穿孔蛋白和膜间隙 cyt c 蛋白的同时检测实现了对线粒体的外膜和功能的完整性进行快速表征。他们课题组另一项针对真核生物的研究是关于细胞外囊泡（EVs）的单颗粒水平表征。EVs 在疾病诊断、预后和治疗中显示出巨大的应用前景[82, 83]。由于 EVs 的粒径及其携载的蛋白质、核酸、脂类等“货物分子”随细胞来源、细胞状态及分泌途径的不同而存在高度的异质性和多样性，传统的蛋白质印迹法、酶联免疫吸附测定无法揭示 EVs 间的异质性[84]，因此亟需发展一种单颗粒水平的高通量、多参数定量分析技术，以揭示 EVs 的个体差异，鉴定发挥重要作用的 EVs 亚群。然而，绝大多数 EVs 的粒径小于 100nm，特异性蛋白的表达量极低且异质性大，对其在单颗粒水平进行多参数定量检测一直存在诸多挑战。颜晓梅团队再次利用实验室自行研制的超高灵敏流式检测装置（HSFCM）实现了对粒径低至 40nm 的细胞外囊泡的单颗粒水平多参数定量检测，如图 9.6 所示[85]。HSFCM 的分析速率高达每分钟 10000 个颗粒，仅需几分钟即可获得具有高度统计代表性的 EVs 粒径分布特征，分辨率和准确性可与冷冻透射电镜媲美。结合免疫荧光标记和单颗粒计数，他们测定了 CD9、CD63、CD81 阳性以及同时表达其中两种蛋白的 EVs 比率，并对单个 EVs 表面这三种蛋白的拷贝数及其分布进行了测定。在临床样本分析中，研究人员通过测定 50μL 血浆中 CD147 阳性 EVs 的颗粒浓度，实现了结直肠癌的早期诊断（$P<0.001$）和预后分析（$P<0.05$）。此项技术使得研究人员能够像用传统流式细胞仪分析细胞那样对细胞外囊泡进行多参数定量检测，具有速度快、统计精确性好、实用性强等优点，将为 EVs 的异质性分析、母细胞的来源鉴定及基于 EVs 的诊断标志物的探寻和治疗制剂的开发等提供先进的分析手段。

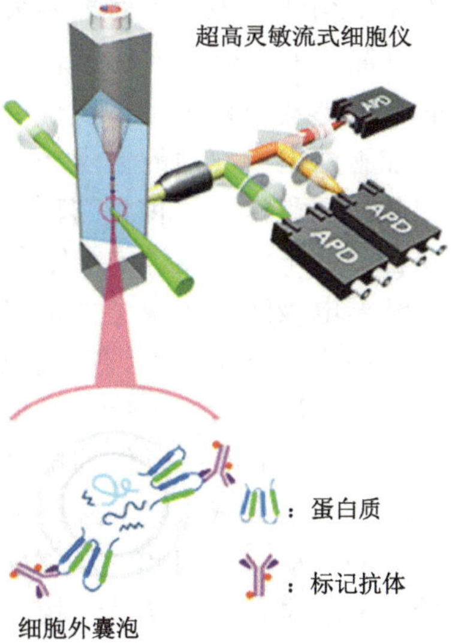

图 9.6　超高灵敏流式细胞仪对单个细胞外囊泡的检测

### 9.2.4 借助电化学技术的单细胞分析方法

细胞由生物大分子和其他必要的分子与元素构成，细胞的许多重要生理活动都涉及带电活性粒子的定向有序的传递、传导或转移，涉及细胞物质有序、专一、特异的氧化和还原，所以电化学逐渐成为研究和探讨生命现象与本质的有力手段之一。这里作者主要介绍两种电化学技术辅助下的单细胞分析方法及结合电化学与成像技术的扫描电化学显微镜单细胞成像分析。

综上所述，在细胞的各个结构组分中，细胞膜表面的聚糖分子通过与蛋白质和脂类缀合，影响蛋白质和脂类的功能，介导和调控细胞的黏附行为与信号转导。恶性肿瘤细胞的许多生长特性也表现为聚糖结构和功能的改变。原位特异性检测细胞表面聚糖，对于揭示肿瘤与细胞表面糖基化、糖分布和含量的关系，进一步了解糖基化改变在细胞黏附、迁移和恶性肿瘤形成与迁移中的作用，提出新的肿瘤诊断特异性生物标志物，开发癌症治疗的新方法都具有重要的意义。一些基于凝集素特异性识别的电化学方法已被发展用来原位检测细胞表面糖基和灵敏监测糖基化状态的动态变化[86]。与传统的质谱法和凝集素阵列法相比，它们有着明显的优势，如无需细胞裂解、细胞标记和复杂的仪器。然而，目前的电化学方法需要把细胞固定在电极表面或者用纳米粒子对细胞进行标记，两者都会对凝集素和细胞表面糖基的作用产生位阻效应。南京大学鞠熀先团队通过碳二酰亚胺偶合反应把单羧基二茂铁（FcCOOH）共价结合到凝集素伴刀豆球蛋白 A（ConA）上，构建了一种新型的电化学凝集素探针，如图 9.7 所示[87]。这种探针（Fc-ConA）既具有对细胞表面糖基的特异性识别能力，又具有二茂铁基团良好的电化学性质。在凝集素探针与细胞糖基识别过程中，溶液中可自由扩散的 Fc-ConA 探针分子浓度减少，而该减少量与溶液中的细胞数目及单个细胞表面糖基含量密切相关。因此，可以利用这一特性在均相体系中实现对细胞表面糖基数目的原位灵敏估算。利用这种探针，他们设计了一种简便的电化学传感策略用以均相追踪溶液中的 K562 细胞，同时对 K562 细胞表面的甘露糖基数目进行了原位的电化学估算。这种方法不仅可以有效避免传统凝集素标记和细胞固定过程中的位阻效应，还能保持细胞的生物活性。利用该平台，他们考察了药物苦马豆素作为一种甘露糖酶抑制剂对细胞处理后的作用，所得到的结果与流式结果相吻合。另一项电化学单细胞分析技术来自中国科学院化学研究所毛兰群团队，他们利用碳纤维电极测定了单个大鼠肾上腺细胞的抗坏血酸的分泌情况[88]。抗坏血酸是维持人体健康必需的维生素。研究发现抗坏血酸的缺乏可导致多种疾病，其含量的高低常作为某些疾病诊断及营养分析的重要指标，因此抗坏血酸的定量分析在食品、医药等领域相当重要。抗坏血酸可以作为抗氧化剂或者酶的辅因子而参与体内的生物反应，包括合成儿茶酚胺、肉毒碱、氨基酸、胆固醇等。已有的报道发现细胞经过胞吐过程进行内外抗坏血酸的流动[89]。因此，大多数报道对抗坏血酸胞吐进行研究来分析细胞内抗坏血酸的含量，采用的方法主要是液相色谱法。但是采用这种方法定量分析单个细胞内抗坏血酸比较困难。为了解决这个问题，毛兰群团队对电极进行了碱预处理以促进抗坏血酸的电化学氧化，同时减少了外源物质的干扰。利用这种方法，他们首次观察到单个细胞抗坏血酸释放，具有高灵敏度与高选择性。

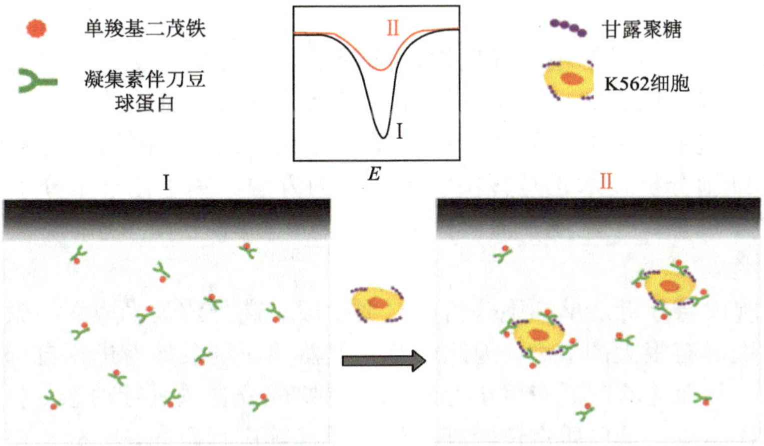


图 9.7　基于 Fc-ConA 探针的单细胞表面糖基电化学检测法原理图

扫描电化学显微术是一种分辨率介于普通光学显微镜与扫描隧道显微镜（STM）之间的电化学现场检测技术。它把一支能够进行三维移动的超微电极作为探头插入电解质溶液中，在离固相基底表面非常近的位置进行扫描，以研究基底的形貌和固/液界面的电化学性质。具有较高的化学灵敏性，不仅可以用来研究探头与基底上的异相反应动力学及探头和基底之间溶液层中的均相反应动力学，分辨电极表面微区的电化学不均匀性，给出导体和绝缘体表面的形貌，还可以对材料进行微米级加工等，从而弥补了扫描隧道显微镜或原子力显微镜（AFM）不能直接提供电化学信息的不足。扫描电化学显微镜技术已经被广泛应用于单细胞分析，如测量氧化还原活性、检测酸碱反应活性、监测细胞新陈代谢和对样品形貌进行成像。与扫描离子电导显微镜和原子力显微镜不同，在进行形貌成像实验时，通常需要外源性的氧化还原指示剂如$[Fe(CN)_6]^{4-}$或者$[Ru(NH_3)_6]^{3+}$，这些指示剂往往具有差的生物兼容性甚至毒性，因此无法展示细胞最本质的状态，所以目前关于生理环境中长期的与细胞活性相关的形貌变化的报道较少。鞠熀先团队发展了一种利用 SECM 实时监测单细胞纳米级高度变化的方法，通过分离细胞周围复合的氧气还原信号，并以其作为内源性指示剂实现对细胞状态无干扰的成像及细胞活性的评估[90]。与其他外源性指示剂相比，这种指示剂无毒且无电极污染。他们使用一种纳米铂盘电极作为扫描电化学显微镜探针来灵敏地检测近生理环境中胃癌 BGC-823 单细胞的纳米级高度变化，这种电极的最小半径可达 5nm。这种变化是由贴壁 BGC 细胞的早期凋亡导致的，因此可以间接实现对细胞活性的监测。同样是利用扫描电化学显微镜对单细胞的活性进行检测，考虑到这种方法在测定细胞呼吸活性时，所测得的电流一部分是由细胞呼吸所消耗掉的氧气引起的，还有一部分是由突起的细胞引起负反馈电流造成的，山东大学金文睿团队在利用扫描电化学显微镜测定 $Br^-$、$CN^-$及 $N_3^-$ 三种试剂对于单个中性粒细胞的呼吸活性的影响中，扣除了细胞突起引起的负反馈电流，从而较为精准地测定了试剂刺激细胞不同时间时细胞的呼吸活性的受抑制情况。

## 9.3 讨论与展望

细胞群体研究忽略了细胞的异质性，降低了系统的复杂度。这种平均化的方法会导致生物信息的稀释或丢失，在某些情况下甚至会得出矛盾的结论。另外，采用该方法发现并分离细胞群体中的“异类”的尝试变得难上加难，因为只有强信号才有可能被检测到。单细胞分析技术正是解决上述问题的方法。基于化学小分子探针的信号转导方法，在光学成像、微流控、流式细胞术、电化学等技术的辅助下，为单细胞的分析提供了可能性。

其中，细胞成像分析是单细胞分析的重要手段。高分辨荧光成像显微镜在探讨细胞的多种功能方面具有很大的潜力，因此对有关仪器的研制及如何进行自动化分析将会受到更多的关注，从而能够广泛应用于对细胞内重要成分含量进行动态分析，对细胞的凋亡和分裂、胞内运输、蛋白质定位及细胞核的迁移等进行研究。另外，在单细胞亮场光度图像测量方面，利用多探针标记、多指标判断的多光谱图像分析技术，可以对单细胞进行多种成分定量测定和细胞形态分析，从而提供十分丰富的信息，在病变（癌变）组织分析及新药筛选方面有很好的应用前景。该领域未来将会着眼于发展多种基于普通光学显微镜的、可提供单细胞数字化图像的显微镜系并将其产业化。此外，这些细胞成像技术也将在亚细胞、单分子及单原子水平上具有重要的作用。激光共焦显微镜、多光子荧光显微镜、原子力显微镜、化学力显微镜及扫描电化学显微镜等扫描探针显微成像技术由于具有很高的空间分辨率，其在单细胞成像分析领域中的应用将会受到越来越多的关注。微流控技术在近 10 年来不断地发展和完善并应用于单细胞测序样品处理的领域，相对于传统实验方法有着难以被替代的巨大优势。然而目前，研究者在不断地增大芯片的通量规模及集成化程度的同时，其仍然有一些不足和有待改进的地方。首先是芯片的制作加工需要洁净室环境及许多微加工设备，对很多实验室来说资金需求较大；其次是对于操作者要求较高，需要有一定的背景基础并且经过一定的训练，操作体验不够友好；微流控芯片体系内的反应与常规实验存在一定的差异，需要考虑比表面积、芯片的材料、表面特性影响等，这就需要对原始的化学反应参数进行一定的修改或是对芯片内部表面进行一些修饰；小体积芯片在进行多种物理量测量时，需要对反应体系作更细致的优化。如对各种物理量进行直接测量进而增加了反应优化的难度。因此，该领域未来的发展前景需要降低芯片的加工及操作门槛，使其过程方便简易，普适性高；同时，需要更多地发展芯片内多靶标如多组学的单细胞检测，借助于多种小分子探针技术或其他技术，实现“一物多用”的装置模式；另外，随着微流控技术朝着高通量发展的同时，仍需要保证对单个细胞的分析拥有足够的灵敏度及准确度，使得在保证数据质量的同时，分析效率得以提高，分析成本能够下降。流式细胞术将单细胞作为检测单元，能达到每秒 100000 个细胞的检测通量，分析速度极快，灵敏度高，可利用多种颜色标记而获取单细胞内的多种信息，如同时检测细胞表型、功能、蛋白质表达、磷酸化现象等，是目前细胞研究中最能多角度、深层次剖析细胞的工具。小分子探针的利用使得流式细胞仪在分析单细胞组成或内含物时拥有更多的可能性，利用小分子探针自身的特异性及灵敏性，通过多种探针的同时孵育，可以大大增加流式细胞仪在检测单细胞时获得的信息量。尽管这样，由于通道的限制，流式细胞术在分析单细胞靶标物时仍然会存在上限。同时，尽管目前流式细胞仪已经能够实现对纳米尺度的靶标如线粒体、细菌等分析，但是在分析时容易牺牲原有的分析速度。另外，在进行流式细胞检测时，所上样的细胞并不能被一一检测到，容易丢失大量的细胞信息，特别是在分析稀有细胞时，可能会导致稀有细胞无法被检测到。因此，该领域未来的发展应寻求更加多元化的探针及对应的检测技术；同时，针对靶标丢失问题，还应寻求更好的“防漏”方法。

未来，单细胞分析将更多地应用于临床医学领域。这是因为临床样本存在很大的异质性，而单细胞分析可以揭示这种异质性。另外，很多临床样本量有限，甚至只有一个细胞可供检测，要求人们在有限的样本中尽量多地获取数据，单细胞检测是唯一可行的方法。多参数单细胞分析可以应用于以下几个方面。首先是疾病的早期诊断，如用于疾病早期诊断标志物的寻找或者预后相关研究。例如，最近中国科学家通过国际领先的单细胞转录组测序技术和生物信息学分析方法，完整地刻画了与非小细胞肺癌相关的T淋巴细胞图谱，揭示了肺癌T细胞的亚群分类、组织分布特征、肿瘤内群体异质性及药物靶基因表达情况，鉴定了跨组织分布的T细胞类群及亚群间潜在的状态转换关系，为肺腺癌提供了新的临床标志物[91]。2014年斯坦福大学医学院的研究人员利用质谱流式技术对髋关节置换患者手术前后的免疫细胞进行分析。他们观察了人类骨髓产生的不同形态细胞中及表面的34种物质，不但能正确归类10多种不同类型的免疫细胞，还能观察到各类免疫细胞的内部变化，从而预知可能发生的变化。这将有助于更快更广泛的测量处方药对人体细胞的反应及功效，提前发现细胞病变，研发出针对个人的治疗药物[92]。其次是对疾病发生机制的研究，多参数单细胞分析可以帮助研究人员深入分析正常或者病变组织的精细构成，了解其生理或病理进程，这对于研究相关疾病的发病机制具有非常重要的意义。例如，麻省总医院（MGH）和麻省理工学院（MIT）及哈佛大学研究所的调查员领导的小组首次识别了癌症干细胞及其在人类脑肿瘤样本中的分化后代。他们通过对超过4000个个体肿瘤细胞的分析发现了三种发育类型的癌细胞，其中一种类似于神经干细胞，另外两种主要为人类脑瘤细胞的分化后代。每个患者中只有一部分癌症干细胞显示出增殖的迹象，而其他癌细胞则没有，因此，靶向特异性干细胞（如用免疫疗法），可能有益于少突胶质细胞瘤患者[93]。又如，得克萨斯大学MD安德森癌症中心的研究人员开发了一种新型的单细胞测序技术，在对单细胞的基因组进行测序的同时保留了这个细胞在组织中的空间信息。运用这项技术，研究人员对10名同时携带DCIS和IDC的乳腺癌患者体内的1293个细胞进行了单细胞测序。研究结果能够直接勾画出从DCIS演变到IDC的基因组谱系，而且研究表明DCIS细胞位于导管中时就积累了大部分的基因突变和拷贝数目变异。这项研究表明DCIS在导管中会进化出多个具有侵袭能力的肿瘤克隆，然后一个或多个克隆会脱离导管并转移到附近的组织中，形成浸润性导管癌[94]。单细胞分析还可用于药物作用机理的研究。人体组织细胞具有复杂的异质性，不同细胞对于同一药物的反应也具有差异。以往对药物作用机制的研究主要是基于细胞群体分析，但是这并不能全面反映人体组织对于药物的反应。事实上，正是一些药物对“非靶细胞”的作用，导致了药物副作用的产生。单细胞分析帮助人们了解组织中不同细胞对药物的反应。例如，全身麻醉剂会在几秒钟之内引发一种类似于昏迷的状态，从而使患者在手术时感觉不到疼痛与不适，然而科学家对这些药物的作用机制一直知之甚少。麻省理工学院的神经科学家们利用微电极测量了即将接受癫痫症神经外科手术的 3 位患者的大脑单细胞和神经网络活性。每位患者被施予了一次剂量的全身麻醉剂异丙酚，并且他们对听觉刺激的响应被用来确定其何时进入昏迷状态。研究人员发现，当意识丧失时，一种称为缓慢振荡的脑电波迅速开始。因此，麻醉药的作用原理可能与脑电波的缓慢振荡有关[95]。单细胞分析还可以为实现个体化治疗提供数据支持。单细胞分析也可以非常方便地对不同的患者样本进行比较，找出不同样本中具体的差别。这些数据可以成为制定个体化治疗方案的重要依据。

利用小分子探针工具结合其他技术创立一系列灵敏实用的分析新技术和新方法，从而发展单细胞分辨率的全尺度、贯通性生物体分析体系，将不断推动基础研究和临床研究协同发展。从某种意义上说，未来人类的健康将在很大程度上取决于人们对于自身细胞的了解程度，因为细胞是构成生命的基本单元，一切问题的根本都将归结于细胞本身。

本章作者：杨朝勇①②，朱　志①，许　醒①

①厦门大学；②上海交通大学

## 参 考 文 献

[1] Elowitz M B，Levine A J，Siggia E D，et al. Stochastic gene expression in a single cell. Science，2002，297（5584）：1183-1186.

[2] Padmanabhan K，Urban N N. Intrinsic biophysical diversity decorrelates neuronal firing while increasing information content. Nat Neurosci，2010，13：1276-1282.

[3] Marusyk A，Almendro V，Polyak K. Intra-tumour heterogeneity：a looking glass for cancer？Nat Rev Cancer，2012，12（5）：323-334.

[4] Ma C，Fan R，Ahmad H，et al. A clinical microchip for evaluation of single immune cells reveals high functional heterogeneity in phenotypically similar T cells. Nat Med，2011，17：738-743.

[5] Shendure J，Ji H L. Next-generation DNA sequencing. Nat Biotechnol，2008，26（10）：1135-1145.

[6] Weaver W M，Tseng P，Kunze A，et al. Advances in high-throughput single-cell microtechnologies. Curr. Opin. Biotech.，2014，25：114-123.

[7] Rubakhin S S，Romanova E V，Nemes P，et al. Profiling metabolites and peptides in single cells. Nat Methods，2011，8：S20-S29.

[8] Arcangeli C，Cannistraro S. *In situ* Raman microspectroscopic identification and localization of carotenoids：approach to monitoring of UV-B irradiation stress on antarctic fungus. Biopolymers，2000，57（3）：179-186.

[9] Mei E W，Gu W F，Chen G Q，et al. The analysis of DNA and protein in a single cell by Hadamard transform microscope image. Fresen J Anal Chem，1996，354（2）：250-253.

[10] Xu X H N，Yeung E S. Long-range electrostatic trapping of single-protein molecules at a liquid-solid interface. Science，1998，281（5383）：1650-1653.

[11] Zhang C Y，Ma H，Nie S M，et al. Quantum dot-labeled trichosanthin. Analyst，2000，125（6）：1029-1031.

[12] Seisenberger G，Ried M U，Endress T，et al. Real-time single-molecule imaging of the infection pathway of an adeno-associated virus. Science，2001，294（5548）：1929-1932.

[13] Bacia K，Kim S A，Schwille P. Fluorescence cross-correlation spectroscopy in living cells. Nat Methods，2006，3：83.

[14] Sanders R，Draaijer A，Gerritsen H C，et al. Quantitative pH imaging in cells using confocal fluorescence lifetime imaging microscopy. Anal Biochem，1995，227（2）：302-308.

[15] Puppels G J，de Mul F F M，Otto C，et al. Studying single living cells and chromosomes by confocal Raman microspectroscopy. Nature，1990，347：301-303.

[16] Shen A G，Liao Z X，Wang H，et al. Study on the *in vitro* and *in vivo* activation of rat hepatic stellate cells by Raman spectroscopy. J Biomed Opt，2007，12（3）：034003.

[17] Shalek A K，Satija R，Shuga J，et al. Single-cell RNA-seq reveals dynamic paracrine control of cellular variation. Nature，2014，510（7505）：363-369.

[18] Wheeler A R，Throndset W R，Whelan R J，et al. Microfluidic device for single-cell analysis. Anal Chem，2003，75（14）：3581-3586.

[19] McClain M A，Culbertson C T，Jacobson S C，et al. Microfluidic devices for the high-throughput chemical analysis of cells. Anal Chem，2003，75（21）：5646-5655.

[20] Roper M G，Shackman J G，Dahlgren G M，et al. Microfluidic chip for continuous monitoring of hormone secretion from live cells using an electrophoresis-based immunoassay. Anal Chem，2003，75（18）：4711-4717.

[21] Dolbeare F. Dynamic assay of enzyme activities in single cells by flow cytometry. J Histochem Cytochem，1979，27（12）：1644-1646.

[22] Murphy R F，Powers S，Cantor C R. Endosome pH measured in single cells by dual fluorescence flow-cytometry：rapid acidification of insulin to pH 6. J Cell Biol，1984，98（5）：1757-1762.

[23] Krutzik P O，Crane J M，Clutter M R，et al. High-content single-cell drug screening with phosphospecific flow cytometry. Nat Chem Biol，2008，4（2）：132-142.

[24] Newman J R S，Ghaemmaghami S，Ihmels J，et al. Single-cell proteomic analysis of S-cerevisiae reveals the architecture of biological noise. Nature，2006，441（7095）：840-846.

[25] Irish J M，Hovland R，Krutzik P O，et al. Single cell profiling of potentiated phospho-protein networks in cancer cells. Cell，2004，118（2）：217-228.

[26] Amatore C，Arbault S，Guille M，et al. Electrochemical monitoring of single cell secretion：vesicular exocytosis and oxidative stress. Chem Rev，2008，108（7）：2585-2621.

[27] Wightman R M，Jankowski J A，Kennedy R T，et al. Temporally resolved catecholamine spikes correspond to single vesicle release from individual chromaffin cells. Proc Natl Acad Sci USA，1991，88（23）：10754-10758.

[28] Wang Y X，Noel J M，Velmurugan J，et al. Nanoelectrodes for determination of reactive oxygen and nitrogen species inside murine macrophages. Proc Natl Acad Sci USA，2012，109（29）：11534-11539.

[29] Huang W H，Pang D W，Tong H，et al. A method for the fabrication of low-noise carbon fiber nanoelectrodes. Anal Chem，2001，73（5）：1048-1052.

[30] Chen R S，Huang W H，Tong H，et al. Carbon fiber nanoelectrodes modified by single-walled carbon nanotubes. Anal Chem，2003，75（22）：6341-6345.

[31] Wu W Z，Huang W H，Wang W，et al. Monitoring dopamine release from single living vesicles with nanoelectrodes. J Am Chem Soc，2005，127（25）：8914-8915.

[32] Xu F，Zhao H，Feng X J，et al. Single-cell chemical proteomics with an activity-based probe：identification of low-copy membrane proteins on primary neurons. Angew Chem Int Ed，2014，53（26）：6730-6733.

[33] Li L，Wang Q，Feng J，et al. Highly sensitive and homogeneous detection of membrane protein on a single living cell by aptamer and nicking enzyme assisted signal amplification based on microfluidic droplets. Anal Chem，2014，86（10）：5101-5107.

[34] Lin W，Gao L，Chen X. Protein-specific imaging of O-GlcNAcylation in single cells. ChemBioChem，2015，16（18）：2571-2575.

[35] Snow C M，Senior A，Gerace L. Monoclonal-antibodies identify a group of nuclear-pore complex glycoproteins. J Cell Biol，1987，104（5）：1143-1156.

[36] Comer F I，Vosseller K，Wells L，et al. Characterization of a mouse monoclonal antibody specific for O-linked

*N*-acetylglucosamine. Anal Biochem，2001，293（2）：169-177.

[37] Chen Y L，Ding L，Song W Y，et al. Protein-specific Raman imaging of glycosylation on single cells with zone-controllable SERS effect. Chem Sci，2016，7（1）：569-574.

[38] Zhao Y Z，Jin J，Hu Q X，et al. Genetically encoded fluorescent sensors for intracellular NADH detection. Cell Metab，2011，14（4）：555-566.

[39] Lewis C A，Parker S J，Fiske B P，et al. Tracing compartmentalized NADPH metabolism in the cytosol and mitochondria of mammalian cells. Mol Cell，2014，55（2）：253-263.

[40] Lin S J，Guarente L. Nicotinamide adenine dinucleotide，a metabolic regulator of transcription，longevity and disease. Curr Opin Cell Biol，2003，15（2）：241-246.

[41] Hu H Y，Gu Y F，Xu L，et al. A genetically encoded toolkit for tracking live-cell histidine dynamics in space and time. Sci Rep，2017，7：43479.

[42] Li L，Li P，Fang J，et al. Simultaneous quantitation of $Na^+$ and $K^+$ in single normal and cancer cells using a new near-infrared fluorescent probe. Anal Chem，2015，87（12）：6057-6063.

[43] Yang Q H，Liu T B，Kuklina E V，et al. Sodium and potassium intake and mortality among US adults prospective data from the Third National Health and Nutrition Examination Survey. Arch Intern Med，2011，171（13）：1183-1191.

[44] Dong H F，Ding L，Yan F，et al. The use of polyethylenimine-grafted graphene nanoribbon for cellular delivery of locked nucleic acid modified molecular beacon for recognition of microRNA. Biomaterials，2011，32（15）：3875-3882.

[45] Lu J，Tsourkas A. Imaging individual microRNAs in single mammalian cells *in situ*. Nucleic Acids Res，2009，37（14）：e100.

[46] Li L，Wang X W，Zhang X L，et al. Single-cell multiple gene expression analysis based on single-molecule-detection microarray assay for multi-DNA determination. Anal Chim Acta，2015，854：122-128.

[47] Chiang M K，Melton D A. Single-cell transcript analysis of pancreas development. Dev Cell，2003，4（3）：383-393.

[48] Deng R，Zhang K，Wang L，et al. DNA-sequence-encoded rolling circle amplicon for single-cell RNA imaging. Chem，2018，4（6）：1373-1386.

[49] Su L，Chen Y，Zhang G N，et al. *In vivo* and *in situ* monitoring of the nitric oxide stimulus response of single cancer cells by Raman spectroscopy. Laser Phys Lett，2013，10（4）：045608.

[50] Chen Y，Bai X R，Su L，et al. Combined labelled and label-free sers probes for triplex three-dimensional cellular imaging. Sci Rep，2016，6（1）：19173.

[51] Yang L M，Li N，Pan W，et al. Real-time imaging of mitochondrial hydrogen peroxide and pH fluctuations in living cells using a fluorescent nanosensor. Anal Chem，2015，87（7）：3678-3684.

[52] Chen X，Tang S，Zheng J S，et al. Chemical synthesis of a two-photon-activatable chemokine and photon-guided lymphocyte migration *in vivo*. Nat Commun，2015，6：7220.

[53] Fei P，Chen Z T，Men Y F，et al. A compact optofluidic cytometer with integrated liquid-core/PDMS-cladding waveguides. Lab Chip，2012，12（19）：3700-3706.

[54] Guan Z C，Jia S S，Zhu Z，et al. Facile and rapid generation of large-scale microcollagen gel array for long-term single-cell 3D culture and cell proliferation heterogeneity analysis. Anal Chem，2014，86（5）：2789-2797.

[55] Wu J，Li H，Chen Q，et al. Statistical single-cell analysis of cell cycle-dependent quantum dot cytotoxicity and cellular uptake using a microfluidic system. RSC Advances，2014，4（47）：24929-24934.

[56] Poselt E，Schmidtke C，Fischer S，et al. Tailor-made quantum dot and iron oxide based contrast agents for *in vitro* and *in vivo* tumor imaging. ACS Nano，2012，6（4）：3346-3355.

[57] Green M. Semiconductor quantum dots as biological imaging agents. Angew Chem Int Ed，2004，43（32）：4129-4131.

[58] Kim J A，Aberg C，Salvati A，et al. Role of cell cycle on the cellular uptake and dilution of nanoparticles in a cell population. Nat Nanotechnol，2012，7（1）：62-68.

[59] Snijder B，Sacher R，Ramo P，et al. Population context determines cell-to-cell variability in endocytosis and virus infection. Nature，2009，461（7263）：520-523.

[60] Li Y Y，Zhou Y L，Wang H Y，et al. Chirality of glutathione surface coating affects the cytotoxicity of quantum dots. Angew Chem Int Ed，2011，50（26）：5860-5864.

[61] Han X P，Wang R Y，Zhou Y C，et al. Mapping the mouse cell atlas by microwell-seq. Cell，2018，172（5）：1091-1197.

[62] Chen F Y，Zhan Y H，Geng T，et al. Chemical transfection of cells in picoliter aqueous droplets in fluorocarbon oil. Anal Chem，2011，83（22）：8816-8820.

[63] Zheng C H，Chen G E，Pang Y H，et al. An integrated microfluidic device for long-term culture of isolated single mammalian cells. Sci China Chem，2012，55（4）：502-507.

[64] Brouzes E，Medkova M，Savenelli N，et al. Droplet microfluidic technology for single-cell high-throughput screening. Proc Natl Acad Sci USA，2009，106（34）：14195-14200.

[65] He M Y，Edgar J S，Jeffries G D M，et al. Selective encapsulation of single cells and subcellular organelles into picoliter-and femtoliter-volume droplets. Anal Chem，2005，77（6）：1539-1544.

[66] Zheng C H，Zhao L，Chen G E，et al. Quantitative study of the dynamic tumor-endothelial cell interactions through an integrated microfluidic coculture system. Anal Chem，2012，84（4）：2088-2093.

[67] Liu J J，Gao D，Li H F，et al. Controlled photopolymerization of hydrogel microstructures inside microchannels for bioassays. Lab Chip，2009，9（9）：1301-1305.

[68] Liu J J，Gao D，Mao S F，et al. A microfluidic photolithography for controlled encapsulation of single cells inside hydrogel microstructures. Sci China Chem，2012，55（4）：494-501.

[69] Zhou Y，Pang Y H，Huang Y Y. Openly accessible microfluidic liquid handlers for automated high-throughput nanoliter cell culture. Anal Chem，2012，84（5）：2576-2584.

[70] Yu L F，Huang H Q，Dong X L，et al. Simple，fast and high-throughput single-cell analysis on PDMS microfluidic chips. Electrophoresis，2008，29（24）：5055-5060.

[71] Pan W Y，Chen W，Jiang X Y. Microfluidic western blot. Anal Chem，2010，82（10）：3974-3976.

[72] Yang L L，Zhou Y X，Zhu S B，et al. Detection and quantification of bacterial autofluorescence at the single-cell level by a laboratory-built high-sensitivity flow cytometer. Anal Chem，2012，84（3）：1526-1532.

[73] Billinton N，Knight A W. Seeing the wood through the trees：a review of techniques for distinguishing green fluorescent protein from endogenous autofluorescence. Anal Biochem，2001，291（2）：175-197.

[74] Ammor M S. Recent advances in the use of intrinsic fluorescence for bacterial identification and characterization. J Fluoresc，2007，17（5）：455-459.

[75] Mosiman V L，Patterson B K，Canterero L，et al. Reducing cellular autofluorescence in flow cytometry：an *in situ* method. Cytometry，1997，30（3）：151-156.

[76] Wu L N，Song Y Y，Luan T，et al. Specific detection of live *Escherichia coli* O157：H7 using tetracysteine-tagged PP01 bacteriophage. Biosens Bioelectron，2016，86：102-108.

[77] Shao Q，Zheng Y，Dong X M，et al. A covalent reporter of-lactamase activity for fluorescent imaging and rapid screening of antibiotic-resistant bacteria. Chem Eur J，2013，19（33）：10903-10910.

[78] Collins T J，Berridge M J，Lipp P，et al. Mitochondria are morphologically and functionally heterogeneous within cells. Embo J，2002，21（7）：1616-1627.

[79] Fuller K M，Arriaga E A. Advances in the analysis of single mitochondria. Curr Opin Biotech，2003，14（1）：35-41.

[80] Petit P X，Oconnor J E，Grunwald D，et al. Analysis of the membrane-potential of rat-liver and mouse-liver mitochondria by flow-cytometry and possible applications. Eur J Biochem，1990，194（2）：389-397.

[81] Lee D R，Helps S C，Macardle P J，et al. Alterations in membrane potential in mitochondria isolated from brain subregions during focal cerebral ischemia and early reperfusion：evaluation using flow cytometry. Neurochem Res，2009，34（10）：1857-1866.

[82] Alvarez-Erviti L，Seow Y Q，Yin H F，et al. Delivery of siRNA to the mouse brain by systemic injection of targeted exosomes. Nat Biotechnol，2011，29（4）：341-345.

[83] Peinado H，Kovic M A，Lavotshkin S，et al. Melanoma exosomes educate bone marrow progenitor cells toward a pro-metastatic phenotype through MET. Nat Med，2016，22（12）：1502.

[84] Tkach M，Thery C. Communication by extracellular vesicles：where we are and where we need to go. Cell，2016，164（6）：1226-1232.

[85] Tian Y，Ma L，Gong M F，et al. Protein profiling and sizing of extracellular vesicles from colorectal cancer patients via flow cytometry. ACS Nano，2018，12（1）：671-680.

[86] Cheng W，Ding L，Lei J P，et al. Effective cell capture with tetrapeptide-functionalized carbon nanotubes and dual signal amplification for cytosensing and evaluation of cell surface carbohydrate. Anal Chem，2008，80（10）：3867-3872.

[87] Xue Y D，Ding L，Lei J P，et al. A simple electrochemical lectin-probe for *in situ* homogeneous cytosensing and facile evaluation of cell surface glycan. Biosens Bioelectron，2010，26（1）：169-174.

[88] Wang K，Xiao T F，Yue Q W，et al. Selective amperometric recording of endogenous ascorbate secretion from a single rat adrenal chromaffin cell with pretreated carbon fiber microelectrodes. Anal Chem，2017，89（17）：9502-9507.

[89] Daniels A J，Dean G，Viveros O H，et al. Secretion of newly taken up ascorbic-acid by adrenomedullary chromaffin cells originates from a compartment different from the catecholamine storage vesicle. Mol Pharmacol，1983，23（2）：437-444.

[90] Xue Y D，Lei J P，Xu X，et al. Real-time monitoring of cell viability by its nanoscale height change with oxygen as endogenous indicator. Chem Commun，2010，46（39）：7388-7390.

[91] Guo X，Zhang Y，Zheng L，et al. Global characterization of T cells in non-small-cell lung cancer by single-cell sequencing. Nat Med，2018，24（7）：978-985.

[92] Bendall S C，Simonds E F，Qiu P，et al. Single-cell mass cytometry of differential immune and drug responses across a human hematopoietic continuum. Science，2011，332（6030）：687-696.

[93] Tirosh I，Venteicher A S，Hebert C，et al. Single-cell RNA-seq supports a developmental hierarchy in human oligodendroglioma. Nature，2016，539：309-313.

[94] Casasent A K，Schalck A，Gao R L，et al. Multiclonal invasion in breast tumors identified by topographic single cell sequencing. Cell，2018，172（1-2）：205-217.

[95] Lewis L D，Weiner V S，Mukamel E A，et al. Rapid fragmentation of neuronal networks at the onset of propofol-induced unconsciousness. Proc Natl Acad Sci USA，2012，109（49）：E3377-E3386.

# 第 10 章　基因组测序与分析

## 10.1　引　言

从 20 世纪 70 年代依靠二维色谱法进行 DNA 测序开始，DNA 测序方法至今已经历了长期的发展革新。第一代测序技术中，最重要的是 Sanger 末端终止法。它通过加入双脱氧核糖核苷酸，生成相互独立、长度不一的寡核苷酸混合物，之后利用电泳技术和激发荧光检测的方法进行序列的读取[1, 2]。这种方法直观可靠，样品的处理方法也相对简单，经过不断的改进优化后，单次序列读取的长度可达 800～1000nt，在现代生命科学和医学研究中获得了大量的应用，最著名的应用是人类基因组计划[3]。随着人类基因组图谱测定的完成，大量基于重测序的新应用诞生，大大改变了生物医学科学领域的研究方向。个体化诊断与医疗、遗传信息的深层次解析等这一系列的新方向都对测序技术提出了新的要求，如快速、廉价、简单，同时通量相比第一代测序要有显著的提高。于是，第二代测序技术，也被称为“新一代测序技术”或“高通量测序技术”，在近几年迅速发展，并投入到应用领域[4]。第二代测序技术摆脱了传统的电泳方法，通过短片段大规模并行测序技术实现了高通量测序是它们最大的特点。第二代测序技术是由多种技术方法组合而成的，其中的技术涉及模板文库构建（通过将遗传物质的末端修饰上特定的序列，制作成符合要求片段大小的核酸文库）、文库模板测序反应前的准备、序列检测、成像技术及使用计算机程序进行比对、拼接和数目定量的数据分析等。这些方法的特殊组合构成了第二代测序技术平台的多样性，并赋予了各个平台产物数据的相应特点。相比上一代使用的链终止法，新一代测序技术较多地采用边合成边测序（sequencing by synthesis，SBS）的方法，具有代表性的方法包括基于焦磷酸测序的 454 测序技术（检测化学发光）[5]和基于荧光标记与可逆保护基团的聚合酶延伸的 Illumina/Solexa 技术[6]。此外，还有基于连接酶测序的 SOLiD 技术和 Complete Genomics 公司的技术[7, 8]等。第二代测序文库模板制备采取的扩增方式主要有两种：一是乳液 PCR，二是固相桥式扩增。扩增是为了有足够的信号进行碱基类别的判定，主流商业化品牌 454 和 Life 采用的是乳液 PCR，而 Illumina 采用的是固相桥式扩增。

第二代测序技术是分子生物学具有领域里程碑意义的事件。通量的显著提升在极大程度上降低了测序的成本，使得人们对大型基因组的探究和重测序成为可能，革命性地改变了基因组学的研究方法，包括对基因组编码信息的解读，更全面的甲基化[9, 10]和转录组[11, 12]的特点分析，以及对蛋白质-DNA 相互作用[13, 14]的理解。但第二代测序技术仍然存在普遍读长较短和 PCR 过程可能带来的序列偏向性等问题，在生物学应用上有其局限性。由此，第三代测序技术应运而生，其基本理念是实现单分子测序，即不需要预先的扩增反应以实现每个碱基的读取，在读长更长、耗时更短及成本更低的方向努力推进技术的进步。目前具代表性的第三代测序技术有 Pacific Biosciences 公司基于零模式波导（zero mode waveguide，

ZMW）和将荧光标记于焦磷酸链上（phospholinked nucleotides）的单分子实时测序[15]、Oxford Nanopore Technologies 公司的纳米孔测序技术[16]及 Helicos BioSciences 公司的单分子测序技术[17]。Pacific Biosciences 公司的单分子实时测序技术也采用了边合成边测序的思想，在模板配对不同的 dNTPs 时会发出不同的荧光。其实现单分子测序的主要原因是将每个反应体系固定在直径为几十纳米的小孔内，屏蔽了小孔外围的大部分背景荧光，依据核苷酸与模板互补和自由扩散的时间差可检测到类似于脉冲的荧光信号强度。纳米孔测序不是基于光信号的测序技术，其依据电信号进行碱基的判定。随着 DNA 分子通过纳米孔，不同碱基会短暂地影响通过纳米孔的电流强度，从而可通过电流的变化进行测序。Helicos BioSciences 公司的单分子测序技术采用了类似 Illumina 的可循环切断终止法，但只用一种颜色荧光修饰的 dNTPs 按一定顺序每轮反应只加入一种 dNTP，并且用全内反射荧光成像检测互补的 dNTP 种类。第三代测序技术由于测序错误率较高、通量受限等因素，尚未完全成熟，目前第二代测序技术仍为基因型定量的主要方法。

传统的以细胞为对象的研究，不论针对的是基础生命科学问题还是医疗诊断需要，都是基于对大量细胞的认识而进行的，所获取的信息是大批细胞系综平均的结果。这样的结果在许多研究中具有重要的意义，而且许多研究也期望以系综平均的结果来消除个体差异带来的不确定因素。然而，在现代生命分析技术不断成熟后，越来越多的实验证据及相关的理论推导表明，在许多体系中，正是各个不同的单个细胞间个体化的差异，导致重要的甚至是决定性的结果。例如，在胚胎发育过程的早期阶段，每个单细胞之间都存在着本质的区别，而这些区别将引导各个细胞最终分化并发育成不同的组织和器官[18]；在癌症组织、免疫系统和神经系统中，每个细胞之间都可能存在巨大的差异，导致其高度的异质性，每个细胞间染色体的数目、序列突变、表达状态等均可能明显不同[19]。如果仅仅关注系综平均的细胞行为，往往会导致关键个体事件被系综平均所掩盖而无法直接得到其信号。新一代测序技术的出现和发展，使得单个细胞内基因组信息的测定成为可能。通过对单个细胞的遗传信息进行全面的测定和分析，可以提供整个细胞基本的全局状态，同时也有望揭示出单细胞水平上的遗传物质的异质性和随机性。

基于对单细胞的测序，多个生命医学领域研究有了重要的突破。例如，通过测定单细胞的基因组序列，发现乳腺癌中肿瘤的生长是通过断续克隆表达来实现的，而非通过持久中间体。这种发现与传统的癌症发展模型存在本质的不同，为癌症的诊断和治疗提供了新的思路[20]。又如，对一名男子的近百个精子进行单细胞全基因组测序，首次获得了高精度的个人遗传图谱，成功地解释了基因起始区重组率降低的原因，这些结论依靠之前的群体遗传学是无法获得的[21, 22]。新一代测序绝大多数都需要对样品制备“测序文库”，之后再进行测序。而单个细胞所含有的遗传物质太少，还需要在制备文库前进行一次扩增，在这一过程中，遗传物质容易发生降解丢失或者受到外源污染。因此，单细胞测序的方法学研究，关键集中在测序样品的前期制备上。单细胞测序根据测序内容对象的不同，一般可分为单细胞全基因组测序、单细胞全转录组测序和单细胞表观遗传组测序。每种不同的测序对于样品制备的处理都有不同的方法和流程。

单细胞全基因组测序的样品制备主要包括三种全基因组扩增技术：兼并寡聚核苷酸引物 PCR（DOP-PCR）[23]、多重置换扩增技术（MDA）[24]和多次退火环状循环扩增技术

（MALBAC）[22]。DOP-PCR 基因组覆盖度相对较低，且由于使用的酶保真性不高，扩增错误相对较多。MDA 是恒温反应，扩增产量较高，并能在全基因组范围内提供良好的覆盖，同时错误率较低，非常适合于单碱基核苷酸多态性（SNP）的研究。但 MDA 对杂合等位基因的丢失比较严重，降低了其在基因分型中的可靠性，此外也存在明显且随机的扩增的偏向性。相比 DOP-PCR 和 MDA，MALBAC 方法具有更小的偏向性和更高的覆盖度，同时有着更低的等位基因丢失。但其本身存在一定的序列相关的非随机偏向性，而且错误率比 MDA 高 1～2 个数量级，对于单细胞的 SNP 检测会有较高的假阳性，往往需要对多个单细胞进行相互验证。

单细胞全转录组测序的样品制备以 Tang2009 方法[25]和 Smart-Seq2[26]技术为代表。Tang2009 方法使用了寡聚胸腺嘧啶脱氧核苷酸（dT）作为引物，对带有 poly A 尾巴的 mRNA 进行反转录，形成 cDNA 并进行扩增后进一步用于测序。该方法具有较高的灵敏度，但在转录子的覆盖上存在一定的 3′偏向性。Smart-Seq2 利用模板交换，对于长的 mRNA 分子而言可以提供更好的全长 cDNA 覆盖度，在灵敏度上也表现良好。然而对于实际应用而言，大部分的单细胞全转录组测序方法的灵敏度还具有提升的空间，因为反转录中存在的丢失和扩增中存在的偏向性，对于精确定量转录子的原始数量，尤其是对于低丰度的转录子，产生的影响非常显著[27]。

表观遗传组测序是针对基因组上的表观遗传修饰（包括组蛋白修饰和核酸修饰）进行定量精确测定的应用。近期的研究显示，转录过程与多种组蛋白修饰有关[28]。染色质免疫共沉淀（chromatin immunoprecipitation，ChIP）是一项用于研究复杂的 DNA-蛋白质相互作用的重要的方法[29]，通过和高通量测序结合（ChIP-Seq），成为研究细胞表观基因调控的重要工具[30-32]。标准的 ChIP-Seq 方案需要 $10^6$～$10^7$ 个细胞，限制了该实验方法在稀有细胞群体上的应用。近年来，随着各种基于少量细胞的表观遗传学研究手段的快速发展，相继出现了细胞用量从 $10^4$ 到 $10^6$ 的 ChIP-Seq 方法[33-37]。然而，大多数方法在细胞样品准备时需要进行甲醛固定交联处理（XChIP）或在测序文库构建之前对 ChIP 材料进行预扩增处理，这降低了文库的复杂性同时会产生 PCR 错误，而且对细胞数量的要求仍然较大。Quake 实验室[38]首次报道了将染色质免疫沉淀方法的细胞用量降至 2000 个细胞的微流控体系，完成了富集位点的 qPCR 检测。但是，他们没有对目标片段进行高通量测序检测，因而无法获得整个基因组上的富集效果、在更大的动态范围内实现高分辨率、低错误和高覆盖度的分析。

微流控技术（microfluidics）是一种用于精确控制微量液体的技术。微流控芯片是实施该技术的平台，通常通过管道对液体实施操控，管道至少有一维的尺度在微米或者微米以下，其控制液体的体积为 $10^{-18}$～$10^{-9}$L。微流控对液体操控的这个尺度，刚好适合于单细胞样品的处理操作。相比传统的人工试管操作，使用微流控体系对单细胞测序的样品进行前处理有一系列的优点。首先，微流控芯片的特征体积单位是纳升（nL），与单个细胞的特征体积单位皮升（pL）匹配，可以大大减小实验体积，提升局部有效浓度，增加特异性反应的效率。其次，微流控芯片减少了对所需反应液及相关缓冲液的使用，减少了潜在的试剂污染，大大提高了单细胞测序的质量和数据有效率。微流控芯片还可以使用自动化的仪器进行操作，可以大大增加实验的可控性与平行性，减少人为误差与操作失误。通过设计大规模集成化微流控芯片，可以大大增加单个器件/仪器上实验的通量，使得单细胞测序的结果在样本间的可比较性增加。最后，通过与光学显微成像装置配合，单个细胞的操作可以加以显微监控与分析，做到实时的监控和反馈，大大减少了假阳性或者假阴性结果的产生。由此开始，一部分单细胞测序处理的新方法在微流控芯片上得到了尝试和应用，都获得了良好的效果。例如，Marcy 等发现在微流控芯片的纳升级别反应器中能有效地提升 DNA 扩增的质量[39]。他们使用 MDA 方法对大肠杆菌（*E. coli*）单细胞进行全基因组扩增，使非特异性产物降低，扩增的偏向性也减少，并且随着反应试剂消耗的减少，反应也变得更加经济。Wang 等进一步发展了一种微流控器件用于高通量的单细胞 MDA 扩增。他们使用了自动化的微流控装置，对人类精子细胞进行了全基因组扩增[40]。通过对 31 个精子进行深度测序，他们首次获得了精子细胞中重组和突变率的信息。

作为国家自然科学基金委员会“基于化学小分子探针的信号转导过程研究”重大研究计划成果之一，黄岩谊课题组在单细胞测序方面取得了重要的突破，发展和建立了基于新型微流控芯片的单细胞基因组、转录组的定量分析。单细胞转录组分析不仅可以帮助获取特定时刻特定状态下单细胞的基因表达谱，同时还可以帮助分析信号转导网络的动态变化及各个关键节点的相互影响。作者基于多层软刻蚀技术，利用可控集成的微阀和微泵，设计和操作高通量集成微流控芯片，结合高灵敏光学成像技术用于单细胞分选、捕获和转录组的扩增；同时，针对微流控芯片中得到的单细胞转录组扩增产物极其微量的特点，建立芯片外高效无偏差扩增和高通量测序文库制备的新方法，并运用与发展更适宜的生物信息学分析方法定量获取单细胞的全面表达谱，深入分析单细胞基因表达的随机性与异质性，特别是对新基因和已知基因的新外显子进行重点分析。作者还开发了基于集成微流控芯片技术和 MALBAC 及基于液滴微流控技术和 MDA 的新型单细胞全基因组扩增技术，可以同时检测高准确度的单碱基突变（SNV）和小的拷贝数变化（CNV），为单细胞全基因组异质性研究特别是癌症发生及发展过程中的异质性的研究和临床诊疗提供更精准的技术与方法。此外，作者还发展了针对微量细胞样品 ChIP-Seq 技术。这一方法学上的技术突破，将大大促进 ChIP-Seq 在少量细胞甚至单细胞水平的研究，有望实现肿瘤异质性样本表观基因组的精细观察与解析及在临床诊疗上的应用。本章将对这些工作进行详细的介绍。

## 10.2　研究进展与成果

单细胞基因组和转录组测序通常需要经过全基因组水平上的扩增，这是因为单个哺乳动物的细胞只包含皮克级的基因组 DNA 和总 RNA，这对于制备测序文库来说是远远不够的。目前已经有几种全基因组和全转录组扩增的方法被研发出来，这些方法以一个单细胞的 DNA 量为起始，可以产生纳克到微克量级的 DNA 片段产物。在这些单细胞基因组扩增方法的研究中存在的一个主要困难是，扩增过程非常容易被外源性的 DNA 片段和已存在的遗传物质污染。而微流控器件操作的液体体积通常为纳升量级，远远低于通常试管反应的微升体积，从根本上降低了污染的可能性。微流控器件操作在提高反应效率的同时还可以增加实验的通量化和结果的平行性。黄岩谊课题组的工作主要是基于大规模微流控芯片技术，开发新型的微流控器件用于单细胞全基因组与全转录组测序和微量细胞 ChIP-Seq 技术的研发，系统性地开展了针对微量核酸的扩增和测序分析的方法学研究。

### 10.2.1　基于微流控芯片的单细胞全基因组异质性研究

1. 基于集成微流控芯片技术和 MALBAC 的单细胞全基因组测序的研究

在单细胞全基因组扩增的方法中，DOP-PCR 和 MDA 方法应用不仅相对广泛，也具有相对良好的扩增结果。但是这些方法都存在显著的扩增偏向性，进而导致整个基因组上覆盖的不均匀。近年来发展的 MALBAC，即多重退火环状循环扩增技术有效地改善了在全基因组上的扩增均匀性，同时也提供了更高的测序覆盖度。黄岩谊课题组开发了一种新型的微流控器件，在芯片上稳定实现了并行 8 个单细胞的基于 MALBAC 的全基因组扩增完整流程（图 10.1）。整个芯片使用多层软刻蚀的方法制作，包括流体层和控制层，并放置在一个自制的温度控制装置上。每个芯片包含 8 个反应单元，每个反应单元包括 1 个体积为 75nL 的细胞裂解反应室、1 个体积为 500nL 的 MALBAC 线性预扩增反应室和 1 个体积为 500nL 的 MALBAC PCR 扩增反应室。因此细胞裂解和线性预扩增与 PCR 扩增的两步 MALBAC 扩增反应都可以在一个芯片内完成。为了监控细胞的导入，对单细胞进行筛选，以及对整个扩增反应进行实时的监测，作者在热循环的反应装置上搭建了一套简易的成像与图像采集系统。整个反应过程可以在4h内完成，获得的产物相比单个细胞的DNA 含量扩增了约 8000 倍[41]。

微流控芯片上的 MALBAC 单细胞扩增相比传统的试管实验具有一系列的优势。首先非常小的反应体积（总共 1.1μL）显著地降低了试剂成本。每个样品的消耗只有传统试管实验的 1/30，使得一些复杂系统的大规模单细胞测序研究在成本上具有实现的可能。进一步，裂解和反应体积的降低也显著减少了外源性的扩增污染，特别是实验试剂中包含的一些不可移除的污染。微小而封闭的微流控体系也使得扩增反应不容易被外部环境污染。其次，单细胞可以实时在显微镜下被选择和确认，确保其是需要的细胞，且仅仅是单个细胞被选中进入反应，并且整个细胞都被充分裂解。使用光刻法制作的芯片具有确定大小的容积，因而可以精确控制每一步反应的体积，使得芯片内和芯片间扩增结果相比传统的试管实验具有更高的平行性和重复性。最后，微流控平台具有高的扩展性，可以在扩增反应前端进一步集成细胞染色、细胞筛选和细胞富集等步骤。通过增加单个芯片的反应单元数目也可以很容易地提升反应的规模和通量。而且，通过对样品数据的校正，读数分布的均一性显著提升，拷贝数变异可以被更加准确地计算。作者进一步发现，这种高度重复性的扩增偏向可能源自 MALBAC 扩增技术对序列片段的 GC 含量的选择性。这就使得在缺乏标准样品的情况下，可以使用序列的 GC 含量对扩增读数分布进行校正。尽管这种方法相比样品间相互校正具有更高的噪声，但在一些异质性非常强的组织如癌症组织中，很难找到作为标准的单细胞，这种方法为一种从头开始的提升拷贝数变异检测准确度的方法。通过对测序覆盖深度-GC 含量曲线做更加细致的分析和拟合，可以提供一种更优化的方法以进一步提升校正的准确性。

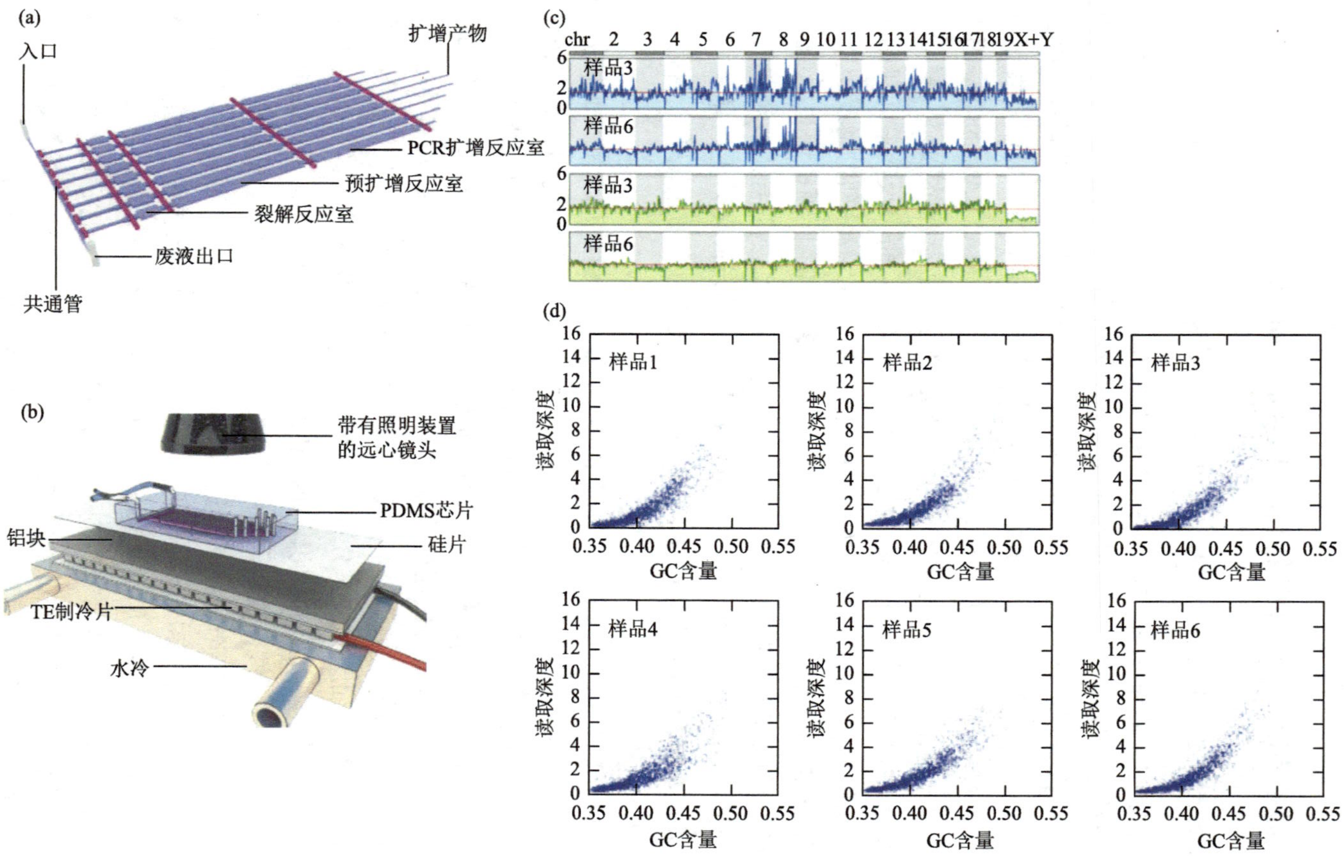


图 10.1　基于微流控芯片和 MALBAC 的单细胞全基因组测序

（a）MALBAC 芯片结构示意图；（b）实验装置示意图；（c）使用 GC 含量校正后的样品拷贝数分布和使用样品间相互校正后的样品拷贝数分布；（d）6 个样品的读取深度与 GC 含量的关系

2. 基于液滴微流控技术和 MDA 的新型单细胞微液滴化全基因组扩增技术的研发

现有的单细胞全基因组扩增方式在均匀度和准确性上还没有同时达到理想的程度，导致无法在高精准度的同时检测单细胞中的拷贝数变化和单碱基突变。主要的原因在于扩增过程中各个基因组 DNA 片段具有不同的扩增倍数，导致拷贝数变化被掩盖在扩增导致的波动中；另外在扩增中存在未修复的碱基错配和片段丢失，导致假阳性和假阴性的单核苷酸突变。黄岩谊课题组发展的新方法（图 10.2）通过使用微流控芯片产生微液滴以提高全基因组扩增的均匀度[42]。该方法通过将反应体系分散到 $10^5$ 量级的皮升大小的液滴中，实现每个液滴中平均只有一条 DNA 片段，在扩增过程中达到饱和之后，处于不同液滴中的 DNA 片段具有相近的扩增倍数，从而大大降低了常规试管多重链取代扩增（MDA）过程易带来的不均匀度。由于扩增反应在液滴间互不竞争，一些不容易被扩增的片段也能被扩增出来，增大了扩增反应的基因组覆盖度，可以提高能被检测到的单核苷酸突变数目，同

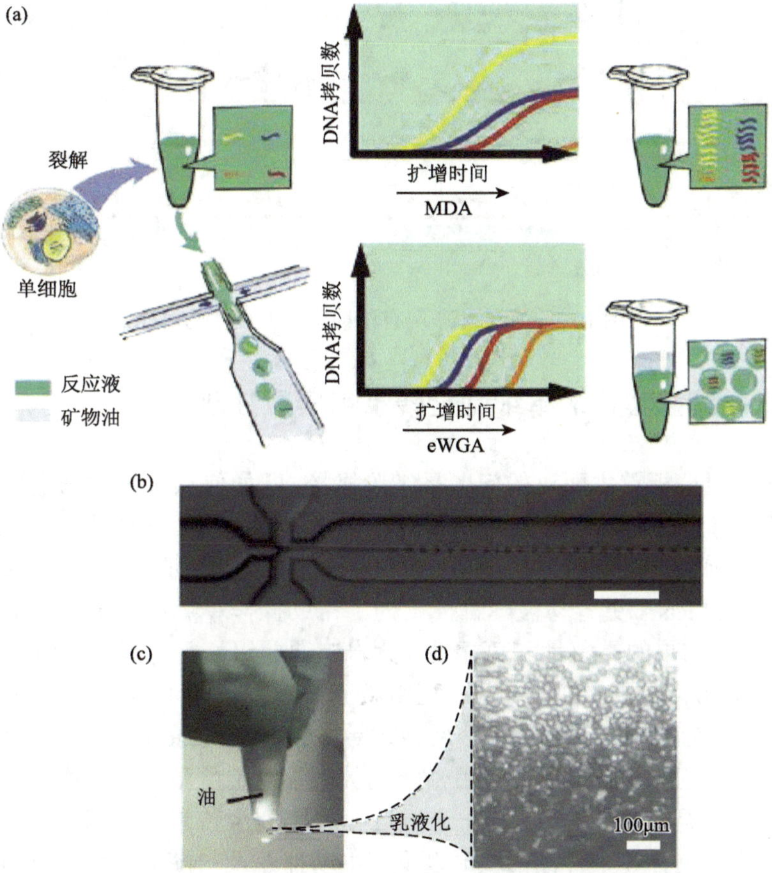


图 10.2　eWGA-Seq 和乳液化发生的过程图

（a）单个细胞在管中裂解后与 MDA 反应缓冲液混合，利用微流控装置产生均匀分布的水反应乳液滴，获得均匀扩增的 DNA 片段；（b）微流体交叉连接产生乳液滴，反应缓冲液和矿物油通过适当压力的压缩空气驱动，以获得均匀的油包水乳液；（c）反应结束，所有液滴被收集到 200μL 离心管中在 30℃恒温下进行 eWGA 反应；（d）液滴在 48h 依然稳定

时降低假阴性率。MDA 反应使用高保真酶，具有较低的错误率，而且 MDA 本身是一种在 30℃下的恒温扩增反应，非常适合液滴化的反应条件，这使作者使用 MDA 作为微流控液滴化具有可行性。液滴化后的 MDA 反应具有更高的基因组覆盖度，因此能够检测更多的碱基突变，并且使检测碱基突变的准确度得到了保证，具有低的假阳性率。作者通过正常的二倍体人脐静脉内皮细胞和带有拷贝数变异的 HT-29 结肠癌细胞系验证了液滴化 MDA 可以使全基因组的扩增更加均匀，能够在 50Kb 的精度上检测出最小 250knt 的拷贝数变化（图 10.3）。该方法改善了全基因组的覆盖度，检测出了更多的单核苷酸突变；并实现以 $10^{-5}$ 的拷贝错误率来检测单核苷酸突变；扩增产生的微生物污染也得到了明显的抑制。在同时期所有单细胞扩增方法中，液滴化全基因组扩增是唯一一个高准确度、高均一性和低丢失率的方法，可以同时检测高准确度的单碱基突变和小的拷贝数变化，为肿瘤异质性研究和临床诊疗提供更精准的技术和方法。

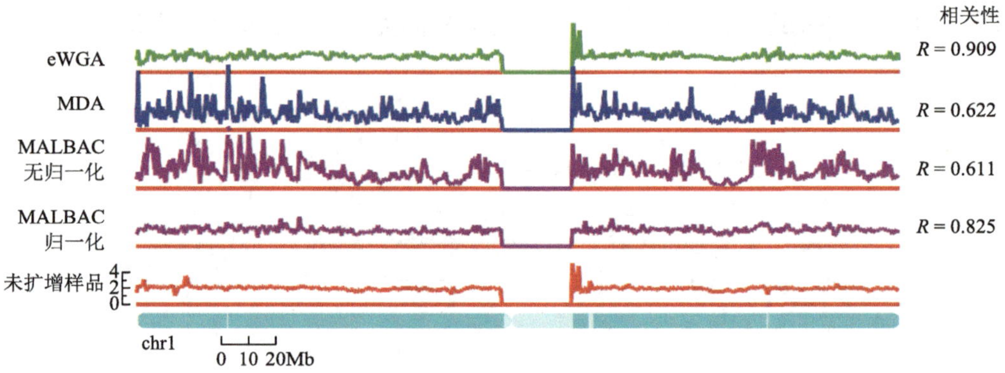


图 10.3　eWGA 和现有单细胞扩增技术的对比

## 10.2.2　基于微流控芯片的单细胞全转录组异质性研究

单细胞转录组分析首先面对的问题是细胞操控，即如何从大量的细胞群体中分离出单个细胞。另外，对于低起始量的 mRNA 而言，需要大量扩增。在扩增中，外源的 RNA 污染可能会严重影响结果。同时，由于 RNA 的稳定性较差，而环境中的 RNA 降解酶又无处不在，单细胞的 RNA 更容易被降解掉。为了帮助操作单细胞，降低单细胞转录组实验的难度，并且提高结果的重复性和可靠性，黄岩谊课题组着重开展了微流控技术辅助下的单细胞全转录组测序新方法的研究[43]。利用微流控体系（图 10.4），作者在芯片上集成了可并行操作 8 个单细胞的俘获、裂解、反转录等关键步骤的通道，不仅摆脱了对实验操作者的训练依赖，而且显著提高了转录组富集的灵敏度、定量测定的精度，以及并行反应的重复性，大大降低了实验误差和噪声。通过这一单细胞全转录组测序新技术，不但可以在单个微流控芯片上进行 8 个样品的实时观测、主动捕获及对随后反应的并行操作，而且通过这些精确的细胞操控，还可以摆脱其他类似方法中随机捕获的局限性，实现对极其少量细胞的完全捕获和反应前的表型观察，以更好地理解和验证单个细胞的异质性。除了以上的关键技术性突破外，这个工作的结果还揭示了一个重要的实验指导性发现，即通过多个细胞较低深度的转录组测序，可以获取比同等成本下单个细胞高深度测序更重要的细胞异质性信息，能更好地展现生物体系的复杂性、随机性和动态过程。作者还基于此发现在评述文章“*How deep is enough in single-cell RNA-seq?*”中简要阐述了单细胞基因表达研究中的关键挑战和对策[44]。基于微流控芯片的单细胞全转录组测序技术与已有的技术相比，不但展示了同时期最好的单细胞全转录组测序检测的灵敏度和准确性，而且将会推动单细胞全转录组的分析达到更高通量化和更广泛的水平。

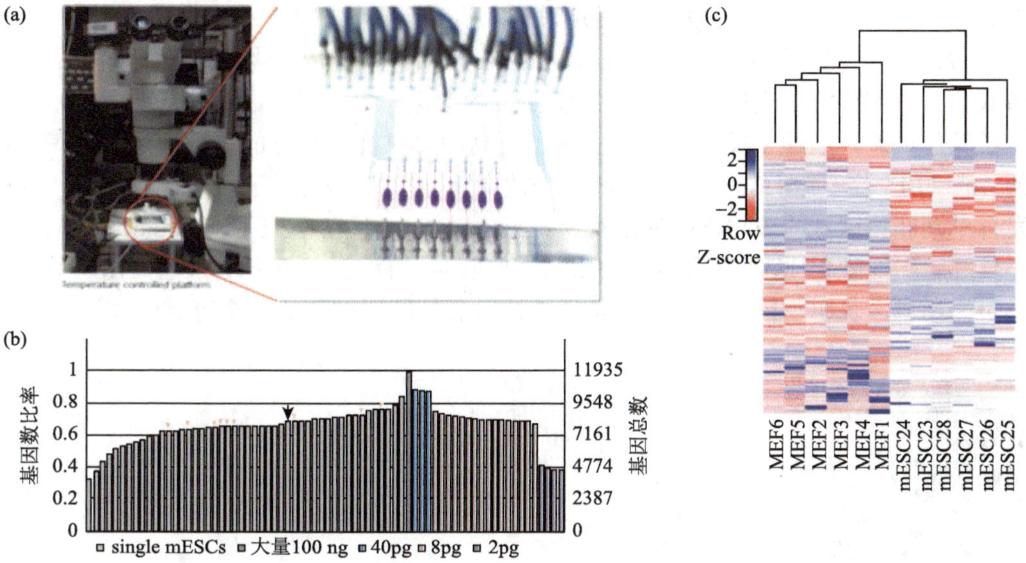


图 10.4 利用微流控技术辅助单细胞全转录组测序

（a）实验装置与微流控芯片的照片；（b）48 个单细胞及 24 个技术重复的基因表达量个数，以及占 100ng 所检测到的基因数的比例，样品按照基因数大小排序；（c）根据强异质性基因的表达量对混合细胞类型样本进行非监督聚类，小鼠胚胎干细胞（mESC）和小鼠胚胎成纤维细胞（MEF）分成两群

### 10.2.3 针对微量细胞样品的染色质免疫沉淀测序技术的研发

表观基因组是一系列不改变 DNA 一级序列的化学修饰，而且这种修饰是可以遗传的。在发育过程中，表观基因组处于高度可变的状态，并且这种改变在癌症中也被发现。因此表观基因组的研究对于分化的发生、癌症的产生等都有着相当重大的意义。组蛋白修饰是其中一种重要的表观修饰，影响着染色质的局部区域折叠情况，决定了染色质处于开放或关闭状态，对于转录的起始控制起着重要的调控作用，可以影响一个基因的表达与否及表达量的多少，对多细胞生命体的运作起着不可或缺的作用。研究组蛋白质修饰的最主要的方法是建立在 DNA-蛋白质交联基础上的 ChIP 方法，由于 ChIP 实验能富集到的 DNA 分子数目有限，并且会受到抗体的效率等诸多因素的影响，常规的 ChIP 反应需要 $10^6$～$10^7$ 个细胞作为实验材料，对于仅有少量细胞甚至单细胞的样品而言无法开展研究。针对这一问题，黄岩谊课题组与其合作者发展了一种基于微流控芯片的微量细胞样品处理与核酸俘获方法（图 10.5），成功实现了对 1000 个细胞的 ChIP，并且通过高通量测序的方法对免

疫沉淀得到的染色质进行高分辨率全基因组水平上的修饰图谱的分析（ChIP-Seq）[45]。利用微流控技术，作者将最关键的染色质与抗体-磁珠复合物的共价结合及非特异性吸附的洗涤等步骤集成在一个微流控芯片上，基于 PDMS 的透气性，挤出管道内的空气以不断地扩大反应体系，实现无 DNA 和反应液的损失，同时也精确地确定了实验体系的体积。作者还通过蠕动泵和环形的管道来实现稳定、不间断的主动混匀，以增加反应的充分性。微流控芯片大大减小了反应所需的体积，使得 DNA 的有效浓度增加，更有利于反应的正向进行。同时作者改进了测序文库的建库步骤，在同一个离心管内实现整个反应流程，去掉换管的操作以减少 DNA 的损失，并且通过加入没有同源性的 DNA 作为载体 DNA 以减少微量 DNA 的非特异吸附和损失，从而可以避免建库前对 ChIP 产物进行预扩增引起的复杂度降低和 PCR 错误的问题。以上多个关键步骤的改进，大大减少了样品起始量的消耗，并减少了操作误差，节约了反应时间，实现了更高的可靠性和更好的平行性，从传统方法所需的 $10^6$～$10^7$ 个细胞降低至 $10^3$ 个细胞时依然可以得到比较好的表观基因组图谱，使得针对发育早期胚胎这样的极端样品的表观遗传组研究成为可能。基于该方法的研究结果表明，与小鼠胚胎干细胞相比，小鼠表皮干细胞与小鼠胚胎发育至 6.5 天的外胚层细胞在该修饰模式上更为相似，表明小鼠表皮干细胞是体内植入后外胚层细胞的一个可靠的体外模型。

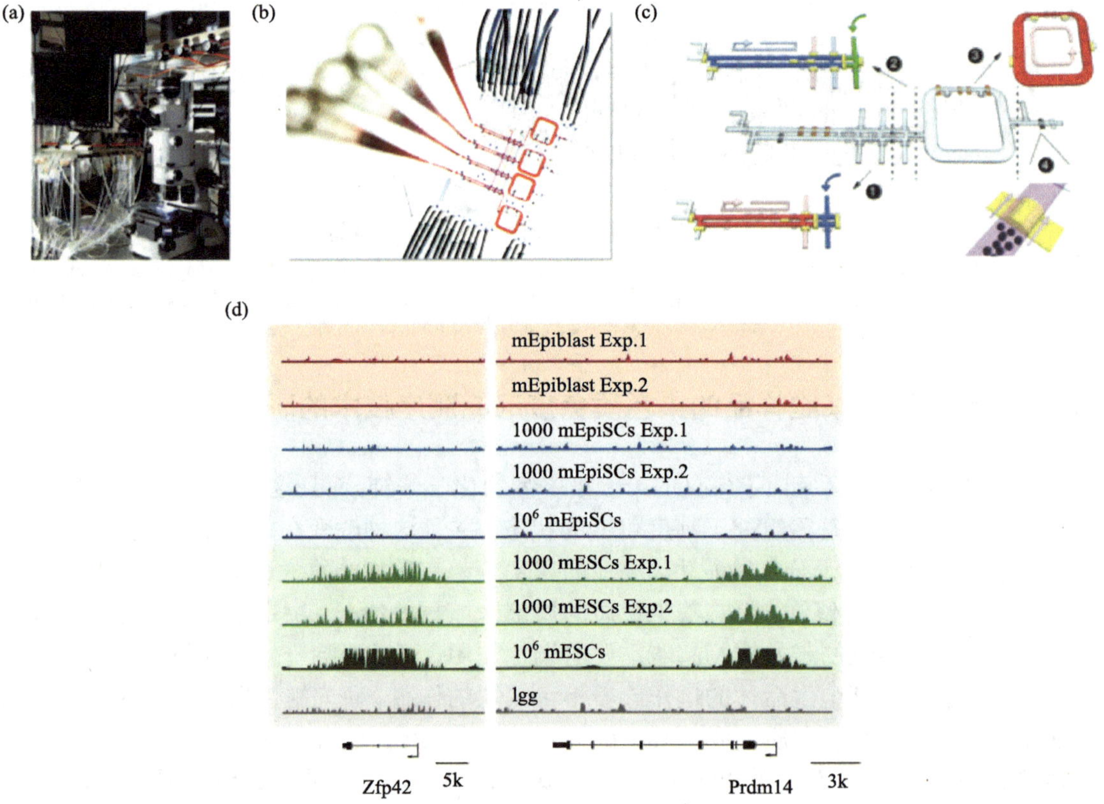


图 10.5　利用微流控技术辅助微量细胞 ChIP-Seq

（a）微流控实验装置；（b）微流控芯片的实物图；（c）微流控芯片上细胞裂解片段化部分及抗原抗体免疫结合部分示意图；（d）三种样品的特定代表性位点在 H3K4me3 修饰的 ChIP-Seq 检测中的富集情况，图中显示仅在 mESCs 中富集的代表位点与已有的技术相比，这一工作充分展示了微流控芯片具有的微型化、反应高效化、自动化和并行化等优势，是同时期细胞总起始量最少且无需测序建库前核酸预扩增的微量细胞 ChIP-Seq 的实验结果。这一技术突破将大大促进 ChIP-Seq 在少量细胞甚至单细胞水平的研究，促进对发育生物学等领域因样品收集困难悬而未决的问题的深入理解，并可以被推广到肿瘤、免疫、神经生物学等领域，有望实现对异质性样本表观基因组的精细观察与解析，并促进其在临床诊疗上的应用。

### 10.2.4　单细胞环形 RNA 与线性 RNA 的同时检测技术的研发

环形 RNA（circRNA）是一类新的非编码 RNA，与线性 RNA 不同，circRNA 没有 5′帽及 3′端的 polyA 尾，呈闭环结构，没有 5′端和 3′端方向之分。长期以来，常规的 RNA 分析方法中扩增或者片段化方法导致 circRNA 被打断，再加之其极低的含量，造成了其很难被检测到。并且 circRNA 不存在游离的 3′端或者 5′端，也不能通过 RACE 或者 polyA 富集的方法被检测到，并且 circRNA 的绝大部分序列都与线性转录本相同，导致传统的转录组测序的分析方法无法检测到 circRNA。近年来随着实验方法的改进，主要是高通量测序技术的兴起，以及基于外切酶处理的环形转录本富集方法的提出，人们能够系统性地研究 circRNA 的种类和数量。因此，越来越多有关 circRNA 的研究被报道。在 2013 年，*Nature* 刊登了两篇关于 circRNA 的文章，证明了这些 circRNA 分子在生物体中可能发挥着重要的作用；而 circRNA 在线虫、小鼠和人类等生物体中广泛表达进一步论证了它在生物学通路中扮演着重要角色。目前确定的 circRNA 的功能是作为 miRNA 海绵（miRNA sponge），理论上 circRNA 还具有丰富的潜在功能，尚待挖掘。关于 circRNA 的成环机制有多种假说，目前发现的包括外显子成环和内含子成环，但是外显子 circRNA 更为稳定，具有更大的潜在生物功能。常用的检测大起始量样品 circRNA 的方法是由 Jeck 等开发的 CircleSeq 方法[46]。circRNA 不能被普通的核糖核酸酶降解（RNase R 等），在提取总 RNA 之后，用 RNase R 核酸酶降解线性转录本，富集 circRNA，可增加检测的效率。Jeck 等利用这一方法，在人和小鼠的细胞系中找到了 26471 个 circRNA。但是，这样会损失转录组中 mRNA 的信息，无法在同一个样品中对二者做比较分析。

黄岩谊课题组与其合作者改进了单细胞转录组测序 Tang2009 方法，开发了一种新的转录组测序建库方法，即 Super-Seq（single-cell universal polyA-independent RNA sequencing）（图 10.6）[47]。通过在反转录引物上增加 6nt 长的随机序列，可以提高对不带 polyA 尾的 mRNA 的检测能力，具有较高的灵敏度、精确度和准确度，能够同时检测线性 RNA 和 circRNA。作者使用这个方法检测了小鼠胚胎发育阶段的 circRNA 的动态变化。在 69 个小鼠胚胎中发现了 2891 个 circRNA 和 913 个新的线性 RNA，且大多数的 circRNA 都具有表达特异性，即出现在特定的发育阶段。从卵母细胞开始到八细胞的过程中，circRNA 含量逐渐下降，到桑葚胚期突然急剧上升达到峰值，之后到囊胚期又急剧下降至最低水平。推测这种变化可能与早期胚胎的细胞周期调控及 DNA 修复密切相关。作者还分析了 circRNA 的成环机制。借助于胚胎阶段发现的大量 circRNA，作者发现成环的两个外显子的上下游内含子长度明显大于正常，这个规律与体细胞中相同。并且，在同一个基因中发现了多种潜在的成环方式，下游的内含子长度越长，表达量越高。

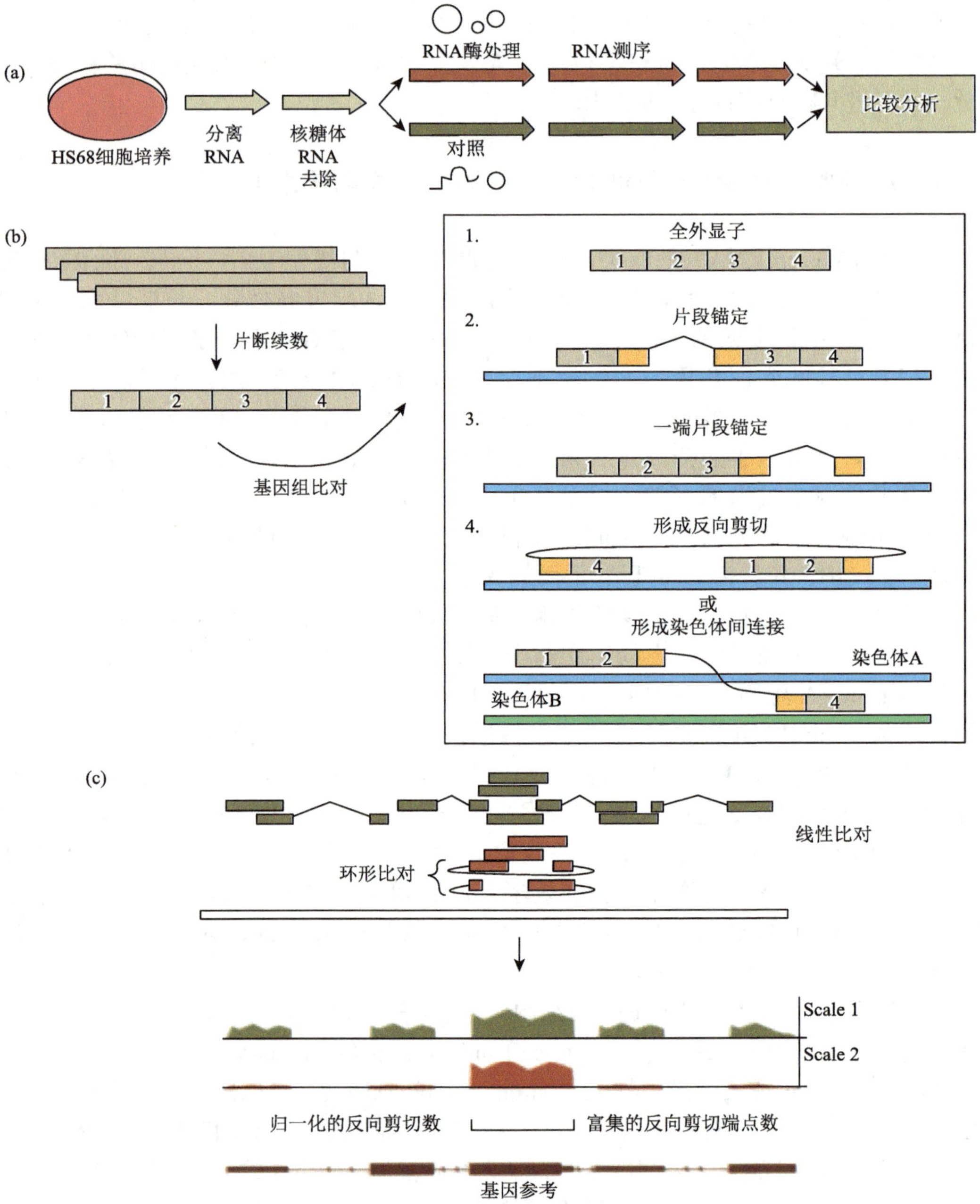


图 10.6　环形 RNA 整套实验流程

（a）细胞经过 RNA 提取，rRNA 去除后，分别进行 RNase R 处理与模拟处理和测序比对，比较两者的结果；（b）MapSplice 比对的几种情况；（c）反向剪切与控制实验的结构，作为 circRNA 的证据

这项工作揭示了在哺乳动物早期胚胎中 circRNA 的形成机制和可能的重要作用，也

说明 circRNA 在早期胚胎发育中可能具有的重要作用。circRNA 的发现是转录组研究中又一里程碑的突破，它重塑了整个转录组图谱。对于该领域将来研究的促进作用，首先是可以从分子水平上确定细胞内 circRNA 的形成机制，这样可以进一步在医疗上进行改进，可能作为癌症治疗中抑制原癌 miRNA 表达的手段。此外，还有一项很重要的研究就是在整体上确定这种转录本的功能及对一些特定的 circRNA 确定其在生物体内的作用，这将有利于科学家们更全面地了解转录组。

## 10.3　讨论与展望

新一代测序技术的出现和发展，使得单个细胞内基因组信息的测定成为可能。近几年来，伴随单细胞及极微量细胞测序技术的发展，越来越多的实验结果展示了在单细胞层次上进行生命科学研究的重要性和必要性，同时对单细胞结果的灵敏度、准确性和精确度及细胞通量都提出了更高的要求，进而也促进了单细胞测序新技术的研发与优化，并带动了各种技术平台的快速发展与高效的集成。由于每种技术或平台都有自己的优点和局限性，作者在本部分将主要针对主流方法的技术开发和数据分析这一领域的发展和挑战进行讨论与展望。

针对单细胞基因组扩增的灵敏度、准确性和精确度方面仍然存在的问题，谢晓亮团队开发了一项全新的单细胞全基因组扩增方法，被称为通过转座子插入的线性放大（linear amplification via transposon insertion，LIANTI）[48]。该方法利用 Tn5 转座子（含 T7 启动子）随机将 DNA 切碎，使得 DNA 样本能够实现线性扩增，在均匀度和准确性上表现出显著优于目前已知其他方法的结果。研究者用此方法检测了被紫外线照射过的单个人类细胞的 CNV 和 SNV，单细胞基因组经 LIANTI 技术放大后，低噪声使得基因拷贝数的测量能够达到非常高的精确度，微小基因拷贝变异（micro-CNV）的分辨率可达 kb 水平，提高了 3 个数量级，这使直观地观察 DNA 的随机复制起点成为可能，而且能检测出以前无法确定的小段碱基微缺失。这项技术的基因组覆盖度达到了 97%，使得 SNV 检测的灵敏度也大大增强，在临床应用上可以更有效、更精准地发现更多的遗传疾病，对于癌症的研究也非常重要。此外，研究者还发现，单细胞基因组中所观察到的大部分胞嘧啶到胸腺嘧啶（C-T）的突变，通常来自人工细胞裂解的操作，这一操作导致了胞嘧啶的脱氨基作用，他们提出可以通过与同类细胞的序列进行比较得以修正。

肿瘤细胞间存在高度的异质性，使肿瘤侵袭期间的基因组进化难以有效地开展研究。为了克服这些挑战，Casasent 等开发了地形单细胞测序方法（TSCS），在测量单个肿瘤细胞的基因组拷贝数图谱的同时还保留了其在组织切片中的空间位置信息[49]。他们将 TSCS 应用于 10 个同时具有导管原位癌（DCIS）和浸润性导管癌（IDC）区域的患者，共获得 1293 个单细胞的 CNV 图谱，并结合外显子组测序的数据揭示了原位和侵袭性肿瘤亚群之间的直接基因组谱系，并进一步表明大多数突变和拷贝数异常在入侵前已经在导管内完成了进化，其中一个或多个克隆逃离导管并迁移到邻近组织中建立起转移癌巢。这些结果为支持多克隆侵袭模型提供了直接的证据，将对临床的诊疗起到非常重要的指导作用。

基于分份扩增的全基因组拷贝数检测方法。对于单细胞 CNV 的检测已经发展出几种单细胞全基因组扩增的方法，其共同特征是利用测序深度来进行基因组真实拷贝数检测，最大的制约因素是扩增方法对序列的偏向性。为此黄岩谊课题组开发出一种不依赖测序深度的 CNV 检测方法，即基于分份扩增的单细胞全基因组 CNV 检测方法[50]。该方法适用于所有单细胞基因组的扩增，单细胞 DNA 片段经过加热解链后成为单链模板被分配到相互隔离的多个扩增子系统中进行独立扩增，对于单个子体系而言，某一特定片段的状态只有阳性与阴性两种状态，而与扩增后测序的覆盖深度或读取量没有直接关系，因此可以不依赖于测序深度从而有效避免扩增偏向性的影响。同时作者选择 MDA 进行单细胞全基因组扩增，能保留所用扩增方法的优点，如低错误率、高覆盖度等。

皮升体积微液滴中利用等温扩增的方法对单细胞总 RNA 进行测序与分析。通常，真核单细胞 RNA 扩增和测序方法主要通过 oligo（dT）引物反转录带有 polyA 尾的 RNA。黄岩谊课题组开发了一种简单而强大的 RNA 扩增新方法，即基于乳液的序列独立的均匀扩增和测序总 RNA 转录本方法（easier-Seq）[51]。这种方法使用 DNA 随机六聚体（N6）作为反转录引物以捕获单细胞中具有和不具有 polyA 尾的总 RNA，与 RNA 序列组成无关，并且在转录本的整个长度上具有高度一致性。之后，使用微流体装置将 cDNA 产物分配到 $1.5\times10^5$ 数量的 65pL 液滴中进行单独的等温扩增。该方法显著提高了全长转录本的均匀覆盖和低丰度 RNA 的扩增产量，而且有效地抑制了不同 RNA 分子间扩增的偏差，更准确地区分不同的细胞类型。该方法具有高效率、可重复性和准确性等优点，并且通过减少实验步骤大大提高了单细胞 RNA 测序的可操作性。此外，这种 poly（A）尾独立的总 RNA 捕获和扩增的方法，更适用于研究非 poly（A）尾的 mRNA 和非编码 RNA，以及原核生物中的 mRNA，探测复杂生物系统的转录组相互作用和动力学性能，如原位单细胞水平的宿主-病原体相互作用。

单细胞转录组测序面临的技术噪声的挑战是对转录本的准确定量，以获得真正的细胞间基因表达水平的差异和生物变异。加标（spike-ins）作为定量标准是最先被广泛采用的。spike-ins 是已知浓度的外源 RNA 分子，在单细胞裂解液中加入 spke-ins 后，再进行反转录。外部 RNA 对照组合（external RNA control consortium，ERCC）包含 96 个不同长度和 GC 含量的合成 mRNA 分子[52]，是一种最常用的 spike-ins。使用 ERCC 作为参照标准评估单细胞 RNA-Seq 实验的灵敏度、准确度和精确度已成为常规，也可用于对原始读数计数进行基于回归的标准化，以产生绝对转录本丰度的估计值。然而，ERCC 的捕获和反转录并不能准确地概括内源 RNA 转录本的相同过程。因此，使用 ERCC 为参照的基于回归的标准化可能会引发未知的偏向，而且 ERCC 的使用浓度通常很高，会占据很大比例的测序读数。另一种去除扩增偏向并实现绝对转录本计数的有效技术是使用唯一分子识别标签（unique molecular identifiers，UMIs）[53]。UMIs 是一种随机分子条形码（barcode）序列，长度为 4～20nt，在扩增步骤之前被添加在每个转录本 cDNA 的 3′端或 5′端。源自相同模板的 cDNA 扩增子都将包含相同的 UMI 序列，通过这种方式，每个包含相同 UMI 的读数可以统一计为单个转录物，因而实现对转录本的准确定量。虽然 UMIs 消除扩增偏好性的效果非常好，但是它的掺入会降低捕获效率[54]或导致测序深度更快地饱和，并且不适用于研究基因异构体和等位基因的特异表达。

在单细胞基因组扩增和 NGS 成本迅速下降的帮助下，对于高度异质的细胞群而言，如来自血液、脑、免疫和肿瘤等的细胞群，越来越多的兴趣和需求体现在对大量单细胞的测序分析研究上，来自数百甚至数千个单细胞数据的报告也陆续被发表。面对高异质性细胞群需要更高通量的操作，经典的口吸管手动挑选方式更加表现出它的局限性，自动化则成为一个重要的发展方向。凭借具有多个光谱通道每秒扫描数千个细胞的能力及具有单细胞分配能力的荧光激活细胞分选（FACS）是单细胞基因组学中使用最广泛的技术。分选出的单细胞可以通过液体操作机器人，尤其是具有亚微升精度的机器人自动化地并行处理大量单个单元的单细胞扩增与建库反应。例如，Jaitin 等在 384 孔板中对每个孔进行条形码编码，以便在 cDNA 二链合成之前汇集每 192 个条形码单细胞[55]。通过这种条形码和汇集方法，该团队可以对超过 4000 个单细胞或大约 10 个这样的 384 孔板进行测序。尽管效率很高，但对单孔进行条形码扫描需要通过大量烦琐的移液操作，因而必须由液体操作机器人来实现。然而，实现高通量的同时也会带来对其他方面的妥协。例如，FACS 通常需要数十万个细胞作为输入，不适用于如早期胚胎和活检这种样品受限的情况；另外，对于使用流式细胞仪进行单细胞分选而言，即使进行广泛的散射检查，双重污染也是一个重要的问题，而且驱动液体流动所用的高压和产生的剪切力也可能对细胞造成损坏或改变其转录谱。FACS 与手动挑选配合使用，可以帮助解决其中的一些问题，例如，当需要少量高纯度单细胞时，可以基于表面标记染色选择感兴趣的细胞，然后手动洗涤和挑选。

尽管设计并完善一款芯片需要一定的投入，但是微流控技术在单细胞测序样品制备上还是有着传统实验方法难以替代的巨大优势，并获得越来越广泛的应用。这些优点中，最重要的是，体系体积的大大减小导致局部有效浓度提高，以及反应效率和质量提高；同时，封闭体系和微量试剂使得各方面可能引入的污染大大减少。通过芯片上反应单元大规模的集成化和仪器控制的自动化，利用微流控技术在提高反应通量的同时，减少了人为操作的引入，使得实验操作一致可控。而显微成像装置的引入，也使得微流控体系对样品的整个操作可控性和准确度大大增加。新一代的芯片在通量规模不断提高的同时，也将进一步提高集成度，通过自身集成或者与其他设备联用，来整合反应前期的筛选、富集和后期的处理、检测等各个步骤。例如，Kriegstein 研究组与 Fluidigm 公司合作[56]，推出了基于微流控芯片的全自动处理单细胞转录组扩增的仪器 C1，一个芯片的一次处理可以同时进行 96 个细胞的实验，捕获细胞后可以进一步使用显微镜对其进行观察拍照和记录，之后可以进行自动的反转录和预扩增。利用该仪器捕获了大脑皮质中 11 类总计 301 个单细胞，并进行了测序分析。结果显示，对单细胞的转录组进行较浅深度的测序，就已经足够用于细胞种类的区分和生物标记的识别。通过这一方法，研究者识别出了发育中的大脑皮质中的各种细胞，包括多种祖细胞和神经细胞的亚型。同时研究者发现，在人类的放射状胶质细胞的 Notch 信号通路中存在着两个新的靶点，即 EGR1 和 FOS，这点不同于小鼠。该方法显示出基于微流控芯片的单细胞捕获结合较浅深度的转录组测序可以有效地用于组织中细胞种类的分析和比较。但是 C1 也存在如下几方面的不足：其捕获系统属于被动捕获，不同的细胞类型和大小需要使用不同的芯片，所以要求一次实验中的细胞具有类似的大小和物理性质；C1 对于黏度过高的细胞和非球型细胞的分选效果会差很多，捕获效率会大大降低；C1 由于并不能达到输入细胞的 100%捕获，需要至少 1000 个细胞作为起始细胞量，这使得数量来源受限的细胞实验无法开展。Fan 等开发了 CytoSeq[57]，它将细胞和条形码珠子扩散到微孔中，以进一步简化细胞加条形码的过程。微孔经过精心设计，仅容纳一个珠子和一个细胞，每个细胞的转录物先退火以分离珠子，然后汇集在一起用于下游的反转录和扩增。该技术可以轻松扩展，以处理数以万计的具有更多微孔的单细胞。

最近 Weitz 和 Kirschner 两个团队合作开发了两种基于油包水液滴的高通量单细胞转录组扩增方法[58, 59]，被称为 Drop-Seq 和 inDrop RNA-Seq，完全摆脱了微流控芯片的物理井的限制。通过微流控芯片产生微液滴，每个液滴含有不多于一个细胞和能同时标记细胞（cell-barcode）及不同转录本的引物，通过液滴融合的方式加入所需的试剂进行反转录，给不同的细胞加上不同的分子标记，之后再进行破碎融合液滴，将所有细胞的产物合并后进行下一步的扩增。通过细胞的分开标记后进行融合扩增的最大的优势也是可以同时处理大批量的细胞，主要用以研究细胞群体中的异质性、对大量细胞进行分类及细胞亚群的寻找。但是由于其对细胞转录本较低的捕获效率和扩增的不均匀度，部分细胞的产物在扩增后的 DNA 中所占的比例过低，在测序后无法得到足够的测序量，或者扩增质量过差无法通过数据质量的检测，都将导致相应细胞信息的丢失。并且由于泊松分布的特性，两种方法都无法做到 100%的单细胞捕获能力，故无法用于极少量细胞的扩增和分析。

黄岩谊课题组基于 2015 年建立的乳液 MDA（eWGA）单细胞全基因组扩增的方法，针对微流体的进入壁垒较高并且在通量上存在较大限制的问题，开发了两种芯片外方法。一种是利用旋转微量移液管产生乳液滴对单细胞全基因组扩增（SiMPLE）[60]。作者通过调整微量移液器的旋转速度和分配速率来高精度地控制液滴尺寸，并利用 SiMPLE 产生的乳液滴结合 eWGA 方法对手动挑选的单个小鼠胚胎干细胞（mESCs）进行了全基因组扩增。测序结果显示，每个单细胞在整个基因组上的覆盖非常均匀，显著优于常规 MDA 得到的结果。另一种是利用离心微通道阵列（centrifugal micro-channel array）高效方便地生成乳液滴，并与 eWGA 结合进行高通量单细胞全基因组扩增[61]。使用 MiCA 可一次性完成 24 个单细胞反应液的乳化过程，耗时仅 20min，一天内能够实现上百个甚至更多的单细胞全基因组扩增，并且其扩增的均一性更优于 eWGA。与其他乳液滴生成方法（通常基于微流体方法）相比，SiMPLE 和 MiCA 发生器大大简化了实验设置和操作程序，可以实现与传统实验操作和供应无缝集成，并避免了液体转移过程中的样品损失或污染，大大降低了单细胞基因组研究的技术困难，并可通过对多个微量移液器平台的工程和与其他生物测定化学品的整合，进一步扩大基于乳液滴的反应通量化。此外，根据设计原理的不同，MiCA 方法在通量与操作性上都要明显优于 SiMPLE 方法。

近几年单细胞或极微量细胞 ChIP-Seq 技术的发展也非常迅速。Weitz 和 Bernstein 实验室合作报道了结合微流体液滴技术和 DNA 分子条形码技术的 ChIP-Seq 新方法[62]，以单细胞分辨率收集的组蛋白 H3K4me3 修饰的富集图谱。但是，每个单细胞的数据是非常分散的，包括大约 1000 个读长，通过检测数千个细胞，能够鉴定由多能性和分化引发的染色质特征差异所定义的一系列亚群。该方法在丰度较低的组蛋白修饰的应用研究中受到限制，抗体-染色质复合物的富集特异性有待提高。Lu 课题组报道了一种基于微流控技术的新方法，即表面 ChIP-Seq[63]，用于分析全基因组组蛋白修饰，每个检测只需 30～100 个细胞。应用这项技术，描绘了分离自小鼠前额叶皮质和小脑的细胞的表观修饰图谱。但该方法是在试管中采用 MNase 片断化细胞染色质，然后将对应的 30～100 个细胞的染色质溶液通入芯片实施免疫共沉淀等步骤，所以并没有真正解决细胞数量受限的技术问题，亟待新方法的发展。

尽管微流控技术在单细胞测序样品处理的领域有着独特的优势，但是其仍然存在不足之处和需要改进的地方，如芯片的设计和制作技术门槛较高；尽管利用自动化的仪器设备，使用一款成熟的芯片，操作者可以相对容易地完成实验，但要针对某一个特定的应用使芯片和实验方法完善成熟，还需要相对较大的时间与资源投入；芯片体积微小，给反应过程中芯片内部各种物理量的直接测量带来了困难，进而增加了反应优化的难度；芯片内部的管路和阀门非常微小，容易造成堵塞，对实验环境的洁净程度提出了要求。目前，设计、制造和操作复杂微流体装置的能力仍然主要限于工程实验室和非常小比例的生物实验室。商业上可获得的微流体装置虽然操作简单，但是高价格抵消了减少试剂的所有潜在节省。而且，多数微流体不能提供比 FACS 更高的通量，目前只有基于液滴的单细胞条形码扩增方法与商用平台的结合可以实现上万个单细胞测序的通量水平，如 10X Genomics 公司已生产和发布的商业化仪器及相配套的试剂盒。但是，高通量往往会带来生物信息的损失，如基因组的覆盖低、转录组低丰度表达的基因丢失等，这些都可能影响分析的准确性和精确度。

综上所述，单细胞测序分析技术已经具有了强大的功能。集成微流控技术在单细胞全基因组、全转录组和表观遗传组测序样品的前处理上，都将发挥越来越重要的作用，它不仅提供了方法的集成和实现，更是提供了一套技术平台，为单细胞测序研究提供新的思路。单细胞测序分析潜在的应用价值必将继续推动该领域在未来数年内的蓬勃发展和各种相关技术的更新、进步，使更多类似于创建所有人类细胞的综合参考图谱这种计划的实施成为可能并且可行。同时，人们也应该看到单细胞测序分析在以下方面仍然需要诸多的改进：第一，捕获单细胞基因组的效率是单细胞测序灵敏度的瓶颈；第二，由于其高成本或高技术学习曲线，许多科学家无法获得目前可用于分析的自动化和提高通量的仪器及装置；第三，测序成本虽然比以前大大降低，但仍然迫使普通用户在细胞数和测序深度之间进行选择；第四，混合变量的计算建模和单细胞数据分析中的各种技术仍然有进一步提高准确性的空间；第五，从原发组织或细胞到单细胞悬液的样品处理，通常需要较长的时间并且实验步骤可能会影响细胞的转录谱，因此非常需要开发用于冷冻或固定样品的处理方法或用于原位甚至体内分析来自单细胞转录组的技术方法。

本章作者：黄岩谊，庞玉宏，虞之龙
付语思，张先念，申　洁
北京大学

## 参 考 文 献


[1] Sanger F，Nicklen S，Coulson A R. DNA sequencing with chain-terminating inhibitors. Proc Natl Acad Sci USA，1977，74：5463-5467.

[2] Sanger F，Air G M，Barell B G，et al. Nucleotide sequence of bacteriophage phi X174 DNA. Nature，1977，265：687-695.

[3] Shendure J，Mitra R D，Varma C，et al. Advanced sequencing technologies：methods and goals. Nat Rev Genet，2004，5：335-344.

[4] Shendure J，Ji H. Next-generation DNA sequencing. Nat Biotechnol，2008，26：1135-1145.

[5] Margulies M，Egholm M，Altman W E，et al. Genome sequencing in microfabricated high-density picolitre reactors. Nature，2005，437：376-380.

[6] Bentley D R，Balasubramanian S，Swerdlow H，et al. Accurate whole human genome sequencing using reversible terminator chemistry. Nature，2008，456：53-59.

[7] Valouev A，Ichikawa J K，Tonthat T，et al. A high-resolution，nucleosome position map of C. elegans reveals a lack of universal sequence-dictated positioning. Genome Res，2008，18：1051-1063.

[8] Drmanac R，Sparks A，Callow M J，et al. Human genome sequencing using unchained base reads on self-assembling DNA nanoarrays. Science，2010，327：78-81.

[9] Barski A，Cuddapah S，Cui K，et al. High-resolution profiling of histone methylations in the human genome. Cell，2007，129：823-837.

[10] Zhang Y，Jeltsch A. The application of next generation sequencing in DNA methylation analysis. Genes，2010，1：85-101.

[11] Tang F，Barbacioru C，Nordman E，et al. RNA-Seq analysis to capture the transcriptome landscape of a single cell. Nat Protoc，2010，5：516-535.

[12] Crosetto N，Bienko M，van Oudenaarden A. Spatially resolved transcriptomics and beyond. Nat Rev Genet，2015，16：57-66.

[13] Buenrostro J D，Giresi P G，Zaba L C，et al. Transposition of native chromatin for fast and sensitive epigenomic profiling of open chromatin，DNA-binding proteins and nucleosome position. Nat Methods，2013，10：1213-1218.

[14] Kharchenko P V，Tolstorukov M Y，Park P J. Design and analysis of ChIP-seq experiments for DNA-binding proteins. Nat Biotechnol，2008，26：1351-1359.

[15] Eid J，Fehr A，Gray J，et al. Real-time DNA sequencing from single polymerase molecules. Science，2009，323：133-138.

[16] Clarke J，Wu H，Jayasinghe L，et al. Continuous base identification for single-molecule nanopore DNA sequencing. Nat Nanotechnol，2009，4：265-270.

[17] Pushkarev D，Neff N F，Quake S R. Single-molecule sequencing of an individual human genome. Nat Biotechnol，2009，27：847-850.

[18] Tang F，Lao K，Surani M A. Development and applications of single-cell transcriptome analysis. Nat Methods，2011，8：6-11.

[19] Kalisky T，Quake S R. Single-cell genomics. Nat Methods，2011，8：311-314.

[20] Navin N，Kendall J，Troge J，et al. Tumour evolution inferred by single-cell sequencing. Nature，2011，472：90-94.

[21] Zong C，Lu S，Chapman A R，et al. Genome-wide detection of single-nucleotide and copy-number variations of a single human cell. Science，2012，338：1622-1626.

[22] Lu S J，Zong C H，Fan W，et al. Probing meiotic recombination and aneuploidy of single sperm cells by whole-genome sequencing. Science，2012，338：1627-1630.

[23] Telenius H，Carter N P，Bebb C E，et al. Degenerate oligonucleotide-primed PCR：general amplification of target DNA by a single degenerate primer. Genomics，1992，13：718-725.

[24] Dean F B，Nelson J R，Giesler T L，et al. Rapid amplification of plasmid and phage DNA using Phi 29 DNA polymerase and multiply-primed rolling circle amplification. Genome Res，2001，11：1095-1099.

[25] Tang F，Barbacioru C，Wang Y，et al. mRNA-Seq whole-transcriptome analysis of a single cell. Nat Methods，2009，6：377-382.

[26] Picelli S，Bjorklund A K，Faridani O R，et al. Smart-seq2 for sensitive full-length transcriptome profiling in single cells. Nat Methods，2013，10：1096-1098.

[27] Ozsolak F，Milos P M. RNA sequencing：advances，challenges and opportunities. Nat Rev Genet，2011，12：87-98.

[28] Berger S L. The complex language of chromatin regulation during transcription. Nature，2007，447：407-412.

[29] O'Geen H，Nicolet C M，Blahnik K，et al. Comparison of sample preparation methods for ChIP-chip assays. BioTechniques，2006，41：577-580.

[30] Park P J. ChIP-seq：advantages and challenges of a maturing technology. Nat Rev Genet，2009，10：669-680.

[31] Hawkins R D，Hon G C，Ren B. Next-generation genomics：an integrative approach. Nat Rev Genet，2010，11：476-486.

[32] Furey T S. ChIP-seq and beyond：new and improved methodologies to detect and characterize protein-DNA interactions. Nat Rev Genet，2012，13：840-852.

[33] Adli M，Zhu J，Bernstein B E. Genome-wide chromatin maps derived from limited numbers of hematopoietic progenitors. Nat Methods，2010，7：615-618.

[34] Shankaranarayanan P，Mendoza-Parra M A，Walia M，et al. Single-tube linear DNA amplification（LinDA）for robust ChIP-seq. Nat Methods，2011，8：565-567.

[35] Gilfillan G D，Hughes T P，Sheng Y，et al. Limitations and possibilities of low cell number ChIP-seq. BMC Genomics，2012，13：645-657.

[36] Blecher-Gonen R，Barnett-Itzhaki Z，Jaitin D，et al. High-throughput chromatin immunoprecipitation for genome-wide mapping of *in vivo* protein-DNA interactions and epigenomic states. Nat Protoc，2013，8：539-554.

[37] Sachs M，Onodera C，Blaschke K，et al. Bivalent chromatin marks developmental regulatory genes in the mouse embryonic germline *in vivo*. Cell Rep，2013，3：1777-1784.

[38] Wu A R，Hiatt J B，Lu R，et al. Automated microfluidic chromatin immunoprecipitation from 2,000 cells. Lab Chip，2009，9：1365-1370.

[39] Marcy Y，Ishoey T，Lasken R S，et al. Nanoliter reactors improve multiple displacement amplification of genomes from single cells. PLoS Genet，2007，3：1702-1708.

[40] Wang J，Fan H C，Behr B，et al. Genome-wide single-cell analysis of recombination activity and de novo mutation rates in human sperm. Cell，2012，150：402-412.

[41] Yu Z，Lu S，Huang Y. Microfluidic whole genome amplification device for single cell sequencing. Anal Chem，2014，86：9386-9390.

[42] Fu Y S，Li C M，Lu S J，et al. Uniform and accurate single-cell sequencing based on emulsion whole-genome amplification. Proc Natl Acad Sci USA，2015，112：11923-11928.

[43] Streets A M，Zhang X N，Cao C，et al. Microfluidic single-cell whole-transcriptome sequencing. Proc Natl Acad Sci USA，2014，111：7048-7053.

[44] Streets A M，Huang Y. How deep is enough in single-cell RNA-seq？Nat Biotechnol，2014，32：1005-1006.

[45] Shen J，Jiang D Q，Fu Y S，et al. H3K4me3 epigenomic landscape derived from ChIP-Seq of 1,000 mouse early embryonic cells. Cell Res，2015，25：143-147.

[46] Jeck W R，Sorrentino J A，Wang K，et al. Circular RNAs are abundant，conserved，and associated with ALU repeats. RNA，2013，19：141-157.

[47] Fan X Y，Zhang X N，Wu X L，et al. Single-cell RNA-seq transcriptome analysis of linear and circular RNAs in mouse preimplantation embryos. Genome Biol，2015，16：148.

[48] Chen C，Xing D，Tan L Z，et al. Single-cell whole-genome analyses by Linear Amplification via Transposon Insertion（LIANTI）. Science，2017，356：189-194.

[49] Casasent A，Schalck A，Gao R，et al. Multiclonal invasion in breast tumors identified by topographic single cell sequencing. Cell，2018，172：205-217.

[50] Li C，Yu Z，Fu Y，et al. Single-cell-based platform for copy number variation profiling through digital counting of amplified

genomic DNA fragments. ACS Appl Mater Interfaces，2017，9：13958-13964.

[51] Fu Y，Chen H，Liu L，et al. Single cell total RNA sequencing through isothermal amplification in picoliter-droplet emulsion. Anal Chem，2016，88：10795-10799.

[52] Jiang L，Schlesinger F，Davis C A，et al. Synthetic spike-in standards for RNA-seq experiments. Genome Res，2011，21：1543-1551.

[53] Kivioja T，Vaharautio A，Karlsson K，et al. Counting absolute numbers of molecules using unique molecular identifiers. Nat Methods，2011，9：72-74.

[54] Grün D，Kester L，van Oudenaarden A. Validation of noise models for single-cell transcriptomics. Nat Methods，2014，11：637-640.

[55] Jaitin D A，Kenigsberg E，Kerenshaul H，et al. Massively parallel single-cell RNA-seq for marker-free decomposition of tissues into cell types. Science，2014，343：776-779.

[56] Pollen A A，Nowakowski T J，Shuga J，et al. Low-coverage single-cell mRNA sequencing reveals cellular heterogeneity and activated signaling pathways in developing cerebral cortex. Nat Biotechnol，2014，32：1053-1058.

[57] Fan H C，Fu G K，Fodor S P A. Combinatorial labeling of single cells for gene expression cytometry. Science，2015，347：1258367.

[58] Macosko E Z，Basu A，Satija R，et al. Highly parallel genome-wide expression profiling of individual cells using nanoliter droplets. Cell，2015，161：1202-1214.

[59] Klein A M，Mazutis L，Akartuna I，et al. Droplet barcoding for single-cell transcriptomics applied to embryonic stem cells. Cell，2015，161：1187-1201.

[60] Chen Z T，Fu Y S，Zhang F L，et al. Spinning micropipette liquid emulsion generator for single cell whole genome amplification. Lab Chip，2016，16：4512-4516.

[61] Chen Z T，Liao P Y，Zhang F L，et al. Centrifugal micro-channel array droplet generation for highly parallel digital PCR. Lab Chip，2017，17：235-240.

[62] Rotem A，Ram O，Shoresh N，et al. Single-cell ChIP-seq reveals cell subpopulations defined by chromatin state. Nat Biotechnol，2015，33：1165-1172.

[63] Ma S，Hsieh Y P，Ma J，et al. Low-input and multiplexed microfluidic assay reveals epigenomic variation across cerebellum and prefrontal cortex. Sci Adv，2018，4：8187.

# 第 11 章　化学分子介导的蛋白质靶向降解

## 11.1　引　　言

蛋白质是生命活动的主要执行者，许多疾病的发生和发展与蛋白质的功能有着密切的关系。尤其是伴随着人类基因组的解析和蛋白质组学的发展，大量与疾病相关的蛋白质成为潜在的药物靶标。传统的调控蛋白质活性的主要策略是利用靶向目标蛋白的小分子抑制剂——生物学研究中重要的探针分子，其中一部分抑制剂已经发展成为临床药物。目前仅有约 15%的蛋白质（以具有催化活性中心的酶为主）可以利用小分子进行调控[1, 2]，10%的蛋白质（主要位于细胞的表面）可以利用生物大分子进行调控，而高达 75%的细胞内蛋白质无法利用现有的策略进行调控。这部分蛋白质往往不符合传统意义上的“可以成药”（druggable）要求：结构上缺少可以与小分子紧密结合的三维立体空腔，需要高浓度的小分子才能达到抑制效果，从而增加了脱靶风险。因此，发展调控这些“不可成药”（undruggable）蛋白质活性的新策略及新分子，已经成为近年来生物医药领域的重要研究目标。

### 11.1.1　通过降低细胞内目标蛋白的含量抑制蛋白质活性

调控蛋白质活性可以通过以下两条途径来实现：一方面可以通过外源分子直接结合目标蛋白活性位点达到抑制目的，大部分药物和探针分子都是采取此种途径；另一方面也可以通过直接降低目标蛋白的浓度以降低其活性。近年来，伴随着分子生物学和基因学的发展，通过核酸试剂如反义寡核苷酸（ASO）、小干扰 RNA（siRNA）等，可从遗传水平上抑制编码蛋白的表达，已经成为生物学研究的重要手段。但核酸试剂作为候选药物的开发仍面临着一系列的挑战，如稳定性、跨细胞膜能力等。另外，核酸试剂对于半衰期长的蛋白质含量影响不大。最近，CRISPR-Cas9 技术的发展更是展示了修改基因组本身以实现基因敲除的潜力，但这项技术的临床潜力仍在探索中。而利用化学分子直接调控细胞内的蛋白质含量可以为生物医学研究提供新方法，为药物研发提供新策略。相对于基因水平的调控，这一类直接作用于蛋白质的方法可以实现更快的时间调控（如瞬时敲除）、双向调控蛋白质含量的可能性，同时还可以避免遗传水平上的修饰[3]。因此，化学分子介导的蛋白质靶向降解成为近期生物医学和药物研发领域的重要新兴方向。

### 11.1.2　化学分子介导蛋白质的靶向降解策略简介

真核生物细胞通过蛋白质质量控制体系，如泛素-蛋白酶体系统（ubiquitin-proteasome system，UPS）等，清除不合格的蛋白质产品，同时维持各个蛋白质的合理水平。利用外源化学分子介导目标蛋白的特异性降解策略主要有两大类。一类策略被该领域的先驱科学家 R. J. Deshaies 和 C. Crews 教授命名为嵌合型分子介导的蛋白质靶向降解（proteolysis targeting chimera，PROTAC）（图 11.1）。这些外源嵌合型分子一端靶向识别目标蛋白；另一端识别蛋白质泛素化 E3 连接酶（ligases），从而诱导目标蛋白发生多聚泛素化（polyubiquitination），进而目标蛋白被细胞内的蛋白质降解工厂（如蛋白质酶体等）有效地降解；两端分子通过连接臂（linker）共价连接。泛素是一种由 76 个氨基酸组成的小蛋白质，它通过异肽键与目标蛋白的赖氨酸侧链连接，是一种常见的蛋白质翻译后修饰。泛素-蛋白酶体系统主要利用一系列的泛素化连接酶将目标蛋白进行多聚泛素化修饰，这些特异性的多聚泛素链进而介导了目标蛋白被蛋白质酶体等“降解工厂”识别并降解。另一类策略是疏水标签法（hydrophobic tagging，HyT）：利用含有双功能区域的分子，一端靶向识别目标蛋白，另一端为疏水基团（如金刚烷等）。疏水标签介导了目标蛋白的降解（图 11.1）。人们推测该策略的作用机理可能是：疏水标签使目标蛋白结构变得不稳定，导致伴侣蛋白被招募过来结合目标蛋白，进而介导它被蛋白酶体降解；或者伴侣蛋白能够直接识别疏水标签并且介导蛋白酶体降解目标蛋白[3]。

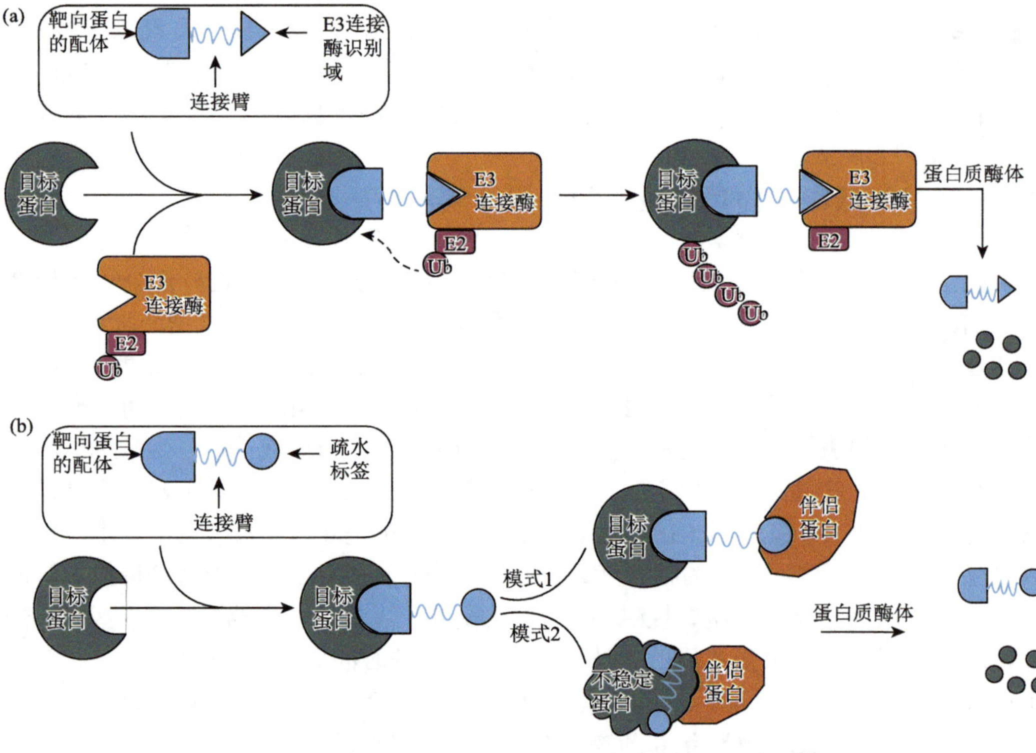


图 11.1　化学分子介导蛋白质的靶向降解策略示意图[3]

（a）嵌合型分子介导的蛋白质靶向降解；（b）疏水标签介导的蛋白质靶向降解

Ub 表示泛素蛋白

化学分子介导蛋白质的靶向降解策略的优势如下[2, 3]：

（1）介导蛋白质降解代替了直接抑制活性，从而降低了化学分子的用量及脱靶的风险，尤其是为大量缺少小分子结合口袋的“不可成药”蛋白质靶标（如细胞内的骨架蛋白、转录因子及其他非酶蛋白等）提供了有效调控方法。

（2）不同于传统小分子占位抑制，蛋白质降解是瞬时结合事件，该方法中的化学分子可以被循环多次利用。

（3）利用小分子抑制蛋白质的活性位点需要考虑抑制剂的解离动力学过程，而蛋白质靶向降解后需要更长时间重新被合成，因此在解离动力学方面占有一定优势。

（4）筛选识别目标蛋白的配体分子时选择面更广，不需要考虑配体分子必须抑制蛋白质的功能，结合在非活性及非别构调节位点的配体都可以被纳入使用范围。

（5）该方法不但减少了需要抑制的目标蛋白的含量，而且抵消了由于蛋白质功能丧失常引发的补偿性蛋白质过度表达。

（6）降低目标蛋白的含量可以与传统抑制剂治疗方案协同作用，有利于控制反馈抑制导致的目标蛋白表达量的增加。

由于化学分子介导蛋白质的靶向降解策略具有上述的优势，其不但成为生物医学研究的有效工具，而且是可行的治疗候选药物，在制药工业界引起了极大的关注。一些大的国际制药公司如 Pfizer、Genentech、Boehringer-Ingelheim、Novartis 等，积极关注并参与到此技术在药物开发中的应用。此外，一批专注于发展此类技术的医药公司也纷纷被创建，如 Arvinas（Craig Crews 创建）于 2013 年创建，C4 Therapeutics 于 2016 年建立等。其中，Arvinas 公司的两个可口服 PROTAC 蛋白质降解剂已经进入 I 期临床：ARV-110 用于治疗转移性去势抵抗性前列腺癌，ARV-471 用于治疗转移性 ER+/HER2-乳腺癌。

### 11.1.3　化学分子介导蛋白质的靶向降解策略研究进展

Deshaies 和 Crews 研究组在 2001 年首次提出了 PROTAC 概念[4]，设计和合成了第一代 PROTAC 分子，其一端是与泛素连接酶复合体［含有 Hrt1（SCF）的 Skp1-Cullin-Fbox］结合的底物磷酸化多肽，一端是识别甲硫氨酰氨肽酶 2（MetAP-2）的化学小分子卵假散囊菌素（ovalicin）。体外研究表明，PROTAC-1 可诱导 MetAP-2 的泛素化，细胞裂解物中的蛋白质分析显示其在 30min 内很快被降解。Sakamoto 等还首次证明了 PROTAC 分子可以在完整细胞环境下起作用，并经由蛋白质酶体降解途径。之后，包括作者团队在内的研究者们，针对不同的蛋白质靶标设计了更多的 PROTAC 分子（图 11.2），包括基于多肽片段和基于化学小分子的结构，降解了一大批癌症、神经退行性疾病、类风湿关节炎等疾病相关蛋白，包括雌激素受体、雄激素受体、Tau 微管相关蛋白、激酶类等。

基于多肽片段的 PROTAC 分子经历了一系列的发展：Crews 发展的下一代 PROTAC 使用来自另一类 E3 连接酶希佩尔-林道（von Hippel Lindau，VHL）的最小识别多肽片段，序列更简洁[5, 6]；同时，它还加入了细胞穿透肽序列，增强了 PROTAC 分子的跨细胞膜能力[7]。这一类型的分子进一步被不同课题组利用且成功降解了雄激素受体、雌激素受体、Smad3 蛋白、受体酪氨酸激酶（BCR-ABL）等重要肿瘤相关蛋白质[8, 9]。作者研究团队近期发展了靶向神经系统退行性疾病重要相关蛋白 Tau 的 PROTAC 多肽分子，成功实现了细胞水平和动物水平上的 Tau 蛋白降解，作者将在 11.2 节详细介绍。

2008 年，Crews 研究组报道了第一个小分子 PROTAC[10]，使用了另一类 E3 连接酶 MDM2 的小分子底物 Nutlin 衍生物，短链聚乙二醇（PEG）连接臂将其与雄激素受体的特异性配体连接起来，达到了降解 HeLa 细胞中的雄激素受体的目的。Crews 小组针对 E3 连接酶 VHL 开发了可以结合该酶的小分子，用于介导目标蛋白的泛素化。高效 VHL 小分子配体应用于多种小分子 PROTAC 的构筑，如靶向激酶 RIPK2 的 PROTAC 分子的 $DC_{50}$ 值（降解 50%目标蛋白的浓度）低至 1.4nmol/L。该小组发展了基于 E3 连接酶 cereblon 的小分子 PROTAC，成功将肿瘤相关重要目标蛋白 BRD4 降解。降解 BRD4 蛋白可导致 c-MYC 蛋白水平的下调，并且该作用效果在小分子 PROTAC 移除后保持长达 24h，效果明显优于 BRD4 蛋白抑制剂。其他课题组也开发了类似的靶向 BRD4 蛋白的 PROTAC 分子，其显示了良好的抗肿瘤活性。

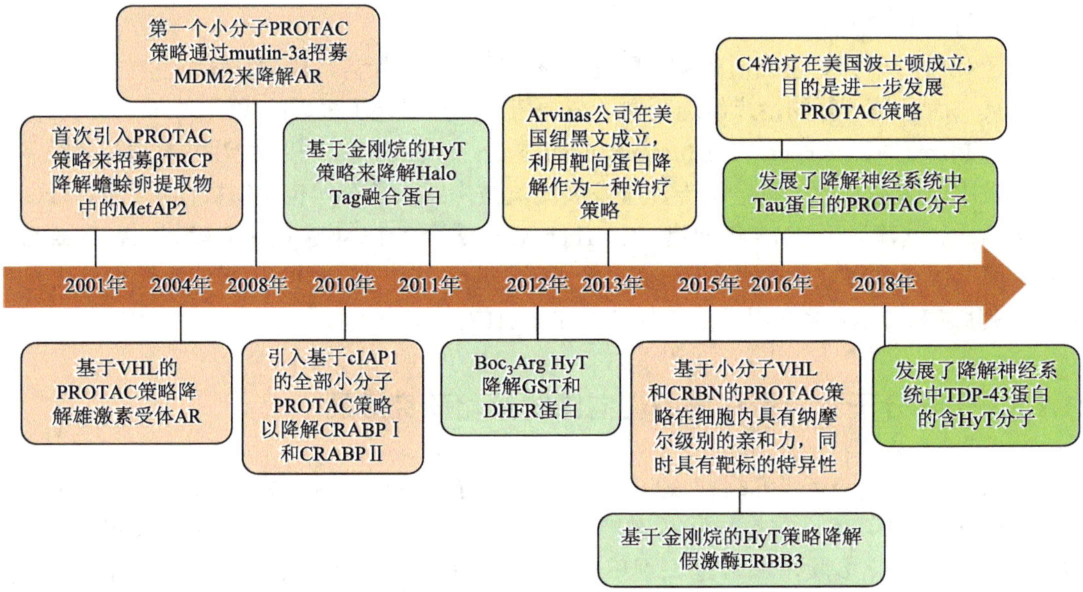


图 11.2　化学分子介导蛋白质的靶向降解策略发展时间轴[3]

关于疏水标签法介导目标蛋白的靶向降解策略，目前利用较多的疏水标签包括金刚烷和叔丁基氨基甲酸酯保护的精氨酸（$Boc_3Arg$）。早期主要发展了基于金刚烷疏水标签的双功能分子，用于靶向降解目标蛋白。2011 年，Crews 小组报道了利用含金刚烷的双功能分子降解了融合 HaloTag 的 HRAS-G12V 蛋白[11]，可抑制该外源蛋白驱动的小鼠肿瘤的生长。机理研究发现：该类分子导致了 HaloTag-HRAS-G12V 蛋白与伴侣蛋白 HSP70 结合能力增强，表明 HSP70 可能参与金刚烷基介导的蛋白质降解，而且出现了分子量较高的泛素化修饰蛋白，表明泛素-蛋白酶体系统可能参与降解。接下来，基于金刚烷疏水标签的双功能分子被进一步扩展应用于降解内源表达的蛋白质。Gray 小组将金刚烷与激酶 ERBB3 的配体偶联，成功诱导了 ERBB3 蛋白的降解，抑制了下游信号通路并且抑制了依赖 ERBB3 的细胞的增殖[12]。Crews 小组将该策略应用于降解雄激素受体，首次实现了该类分子通过非共价相互作用识别降解目标蛋白。2012 年，Hedstrom 小组首次报道了将蛋白质抑制剂与疏水标签 $Boc_3Arg$ 连接，能引起目标蛋白谷胱甘肽-S-转移酶（GST）的特异性降解[13]。之后，$Boc_3Arg$ 疏水标签介导的蛋白质靶向降解策略被应用到更多的目标蛋白。

总体来说，利用化学分子介导蛋白质靶向降解策略调控的对象主要集中于肿瘤相关的蛋白质。作者研究团队近年来在国家自然科学基金委员会“基于化学小分子探针的信号转导过程研究”重大研究计划的大力支持下，聚焦神经系统目标蛋白的调控，成功利用“化学分子介导蛋白质靶向降解”调控神经退行性疾病相关的重要病理蛋白，包括阿尔茨海默病（Alzheimer’s disease，AD）中的 Tau 蛋白、肌萎缩侧索硬化（ALS）中的 TDP-43 蛋白等，为疾病机理的研究提供了有力的工具，为疾病的治疗提供了可能的策略，同时为发展调控其他神经退行性疾病相关病理蛋白的方法提供了参考。

## 11.2 研究进展与成果

### 11.2.1 神经退行性疾病及相关重要病理蛋白

神经退行性疾病，包括一系列神经系统组织或器官的结构或功能逐步恶化的疾病，常见的包括阿尔茨海默病、帕金森病（PD）、传染性海绵状脑病（TSE）及肌萎缩侧索硬化等，是危害人类健康的一类主要疾病。神经退行性疾病通常使患者逐步丧失认知能力、行为能力和日常生活能力，给患者的生理和心理带来极大的痛苦，同时给患者家庭和社会带来重大的负担。目前许多神经退行性疾病的发病机理尚未研究清楚，大多数疾病也缺少有效的治疗方法。

神经退行性疾病的一个重要特征是：相关蛋白的错误折叠及由此导致的蛋白质聚集。例如，阿尔茨海默病中，淀粉样蛋白（amyloid-β，Aβ）蛋白聚集形成淀粉样沉淀，Tau 蛋白聚集形成神经纤维缠结[14]；帕金森病中，*α*-Syn 蛋白聚集形成路易小体；传染性海绵状脑病中，Prion 蛋白聚集形成沉积；肌萎缩侧索硬化中，TDP-43 蛋白聚集形成包涵体[15]。因此，亟需发展研究这些易聚集蛋白生理功能的工具，以及针对这些病理性蛋白的有效的治疗策略，最终推动发展安全有效的临床药物。

这种类型的神经退行性疾病相关易聚集蛋白具有传统意义上的“不可成药”蛋白的结构特点：结构松散、缺少可紧密结合小分子的三维立体空腔，而且涉及神经系统，难度更大。因此，长期缺乏直接靶向调控这些蛋白质活性的有效方法。而化学分子介导蛋白质靶向降解策略为调控该类型的蛋白质带来了新的契机。作者研究团队近期围绕神经退行性疾病病理相关蛋白，包括阿尔茨海默病中的 Tau 蛋白、肌萎缩侧索硬化中的 TDP-43 蛋白等，发展了一系列在细胞及模式生物中靶向调控这些蛋白质含量的外源化学分子，为研究蛋白质功能提供了有效工具，同时也为疾病的治疗提供了潜在策略。

### 11.2.2 化学分子介导 Tau 蛋白的靶向降解

1. 阿尔茨海默病和 Tau 蛋白

阿尔茨海默病（AD）又被称为老年性痴呆，是一种常见的神经退行性疾病。AD 严重地威胁着人类的健康，其主要临床表征为患者在无外界损伤的情况下，在较短时间内逐渐丧失认知功能，并逐渐失去方向感、语言能力，直至丧失最基本的自理能力。并且AD患者也很有可能患上严重的并发症，如糖尿病、高血压等疾病，最终导致死亡。因此AD给患者及其家庭带来了极大的痛苦和负担，也给社会带来了重大的问题[16]。目前全球罹患AD的人数、比例都呈现逐年递增的趋势。而在我国，随着老龄化社会的提前到来，加之自然环境的恶化、生活压力的增加，AD患者的人数呈现明显的逐年递增的趋势。但目前对于AD仍缺乏有效的治疗方法和药物，因此寻找有效的治疗AD的策略是亟需解决的问题且无比艰巨的任务[17, 18]。

AD有着非常复杂的致病因素，其中Aβ前体蛋白（APP）剪切产物Aβ[19]和微管相关蛋白Tau[20]被认为是两种最重要的致病蛋白。在AD患者的神经元细胞外，Aβ蛋白会大量积累，并聚集形成老年斑（senile plaques）；而在神经元细胞内，过度磷酸化的Tau蛋白则聚集形成神经纤维缠结（neurofibrillary tangle，NFT），这也是AD两个最重要的病理学特征。目前被批准的用于治疗AD的药物主要都是针对乙酰胆碱酯酶的抑制剂，如利凡斯的明（Rivastigmine）[21]、多奈哌齐（Donepezil）[22]和加兰他敏（Galantamine）[23]等。它们主要是用于中期AD患者的治疗，用于改善患者的认知能力，但是这些药物的治疗效果并不理想，不能根本治愈，仅能延缓病情。因此，寻找新的治疗策略以及新的突破口是目前该领域亟需解决的问题，具有重要的理论意义和应用价值。

Tau蛋白主要存在于神经元细胞轴突的微管上，是一种微管相关蛋白。近年来，在多家制药公司相继宣称靶向Aβ的药物研发失败后，Tau蛋白作为AD重要药物靶标引起了学术界和工业界研究者更多的关注。AD的两个重要病理特征，Tau蛋白和Aβ蛋白之间存在密切的联系。利用从AD患者脑皮质中分离出来的Aβ蛋白寡聚体处理神经元原代培养细胞，能够诱导细胞中Tau蛋白发生过磷酸化修饰，并且导致Tau蛋白从微管上脱落，进而引起神经细胞突起发生退化[24]。Tau蛋白主要在Aβ蛋白的下游通路发挥作用，Aβ蛋白的神经毒性依赖于Tau蛋白[14]。针对Tau蛋白为靶点的药物开发主要集中在以下几个方面：①针对Tau蛋白聚集的抑制剂；②针对Tau蛋白激酶的抑制剂；③针对稳定Tau蛋白的分子伴侣Hsp90的抑制剂；④自噬途径激活剂；⑤微管稳定剂等[16]。但目前对于AD的治疗，仍缺乏有效的治疗方法。

已有研究表明，Aβ需要Tau蛋白的介导来破坏神经元细胞轴突中线粒体的运输，当部分敲除Tau蛋白后，能够改善由Aβ导致的轴突运输缺陷[14]。在过表达人APP的转基因小鼠中，通过基因敲除Tau蛋白，能够部分恢复过表达APP所导致的神经毒性，提升小鼠的认知能力、行为能力，恢复小鼠的行为缺陷[25]。另外，在AD患者脑中，Tau蛋白的含量明显升高，比正常人脑中Tau的含量平均高出4～6倍，这可能是导致AD患者神经元细胞逐渐退行的主要原因之一[26]。在过表达Tau蛋白的细胞模型中，过量的Tau蛋白能够对细胞产生一定的毒性，减慢细胞的生长速率，改变细胞的形态，改变各种细胞器的分布，尤其是依赖微管、驱动蛋白运输的细胞器，如线粒体、内质网等[27]。对于AD、PD患者而言最常见的初期性状是嗅觉障碍，而过表达Tau蛋白的小鼠也表现为嗅觉丧失。在神经元细胞的树突中，Tau蛋白能够介导Aβ的毒性，通过基因敲除Tau蛋白，构建缺失或截断Tau蛋白的转基因小鼠能够阻止Aβ过表达对神经元树突造成的神经兴奋性毒性，减少记忆损伤，并且能够增加 APP 过表达小鼠的存活率[28]。综上所述，减少 AD 患者脑中 Tau 蛋白的水平，将是一种潜在的有前景的治疗 AD 的新策略。

### 2. PROTAC 分子介导 Tau 蛋白的靶向降解[29]

1）嵌合型分子的设计、合成和初步筛选

为了识别细胞内 Tau 蛋白并介导其降解，作者合成了一系列的多功能嵌合型分子（表 11.1）。这些分子包括三部分：①识别 Tau 蛋白的部分；②与 E3 连接酶结合的配体部分；③协助多肽跨细胞膜的穿透肽。为了实现对 Tau 蛋白的选择性识别，作者选择了来自 $\alpha$-微管蛋白和 $\beta$-微管蛋白的两条多肽，这些多肽可以与 Tau 蛋白的部分序列相互作用。多肽 $\alpha$ 的序列是 KDYEEVGVDSVE，可以结合 Tau 蛋白（430-441）[30]；多肽 $\beta$ 的序列是 YQQYQDATADEQG，可以结合 Tau 蛋白（422-434）[31]。同时，作者选择了两条可以分别结合两种 E3 连接酶的多肽作为连接 E3 连接酶的部分。一条多肽是源自 IκBα 的 DRHDS(p)GLDS(p)M，它可以结合 SCF E3 连接酶（E3 连接酶 Skp1cullin-F box）[4]。另一条多肽是 ALAPYIP，衍生自 VHL E3 连接酶的底物，即 VHL 肿瘤抑制蛋白[32]。在此设计基础上，作者合成了一系列嵌合型分子作为诱导 Tau 蛋白降解的候选物。Tau 蛋白识别部分与 E3-连接酶结合部分通过短肽 GSGS 或 GGSGG 连接，以增加两部分的灵活性。作者将多聚精氨酸[(D-Arg)$_8$]序列接在多肽的 C 末端，用于增加嵌合型分子整体的跨膜能力。作者预测这样设计的嵌合型多肽分子能够穿透细胞膜并与细胞内 Tau 蛋白和 E3 连接酶结合。

**表 11.1　合成的用于介导 Tau 蛋白靶向降解的 PROTAC 分子及对照多肽[29]**

| 名称 | 标签 | 识别 Tau 序列 | 连接部分 | 招募 E3 连接酶部分 | 跨膜部分 |
|---|---|---|---|---|---|
| TH001 | — | — | | DRHDS(p)GLDS(p)M | RRRRRRRR[a] |
| TH002 | — | — | | ALAPYIP | RRRRRRRR |
| TH003 | — | KDYEEVGVDSVE | GGSGG | DRHDS(p)GLDS(p)M | RRRRRRRR |
| TH004 | — | YQQYQDATADEQG | GSGS | DRHDS(p)GLDS(p)M | RRRRRRRR |
| TH005 | — | KDYEEVGVDSVE | GSGS | ALAPYIP | RRRRRRRR |
| TH006 | — | YQQYQDATADEQG | GSGS | ALAPYIP | RRRRRRRR |
| CP1 | — | AQAYQAATADAQG | GSGS | ALAPYIP | RRRRRRRR |
| CP2 | — | YQQYQDATADEQG | GSGS | ALAAYAP | RRRRRRRR |
| (CF)-TH006 | CF | YQQYQDATADEQG | GSGS | ALAPYIP | RRRRRRRR |
| (CF)-CP1 | CF | AQAYQAATADAQG | GSGS | ALAPYIP | RRRRRRRR |
| FLAG-TH006 | DYKDDDDK | YQQYQDATADEQG | GSGS | ALAPYIP | RRRRRRRR |
| FLAG-CP2 | DYKDDDDK | YQQYQDATADEQG | GSGS | ALAAYAP | RRRRRRRR |

注：CF 为 5(6)-羧基荧光素；a 表示多聚 D 型精氨酸

为了研究这些嵌合型多肽分子诱导 Tau 蛋白降解的能力，作者构建了可以稳定表达融合了荧光蛋白 EGFP 的 Tau 蛋白的小鼠成神经细胞瘤 N2a 的细胞系。作者先用合成的多肽分子（100μmol/L）处理这些细胞 24h，再用流式细胞术检测细胞内的 EGFP 荧光强度的变化。在所有测试的一系列多肽分子中（含有对照肽），命名为 TH006 的多肽诱导了

EGFP，使其荧光强度最大程度地降低；其他五条多肽（TH001～TH005）诱导的 EGFP 荧光强度降低较少［图 11.3（a）和（e）］。通过诱导 EGFP-Tau 蛋白降解的筛选结果，作者选择了 TH006 进行进一步深入研究。为了方便后续探索 TH006 诱导降解 Tau 蛋白的作用机制，作者合成了羧基荧光素（CF）标记的 TH006 分子（CF-TH006）。

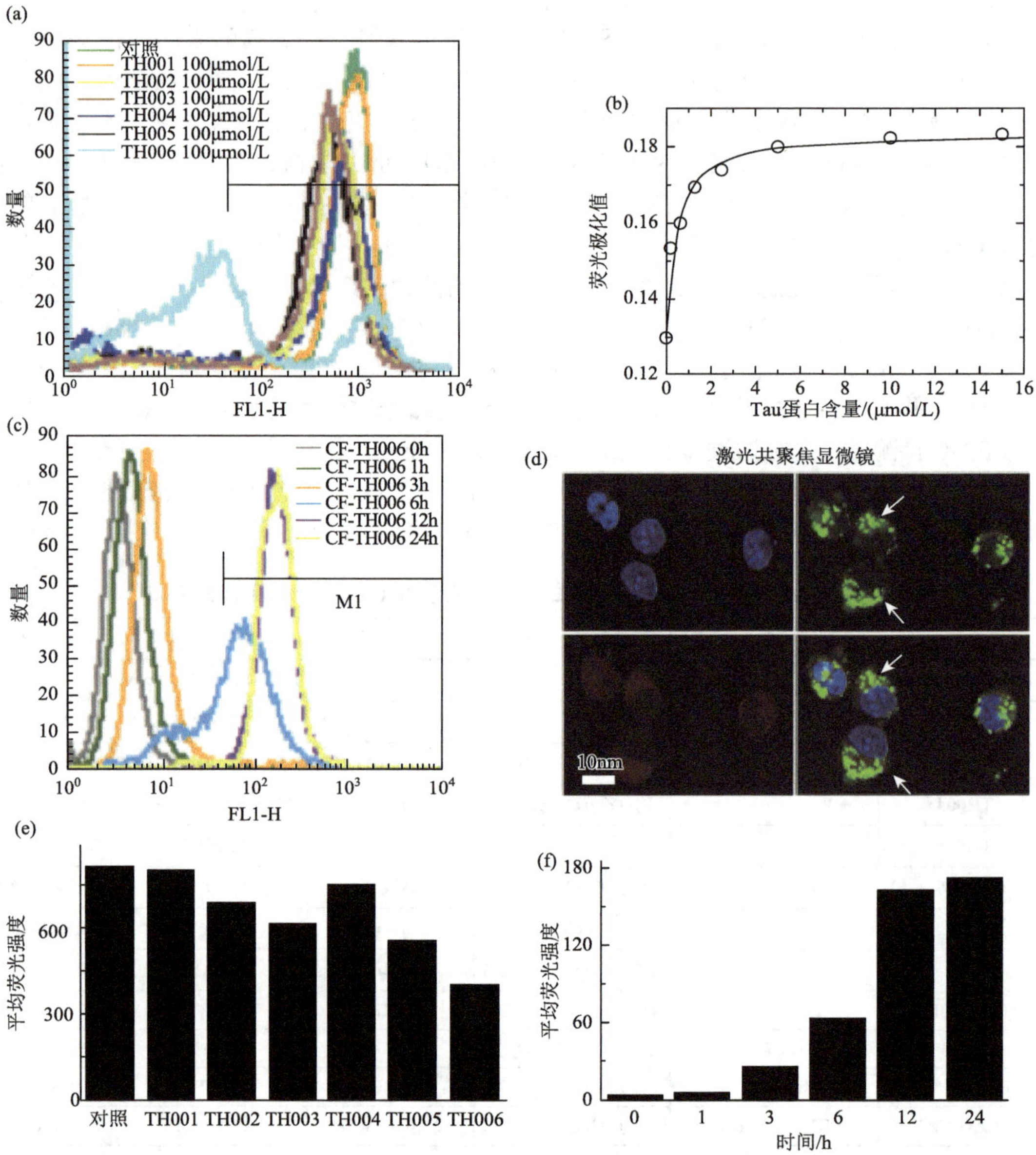


图 11.3　(a) 利用流式细胞术筛选可介导 N2a 细胞中 EGFP-Tau 蛋白降解的多肽分子，黑色水平线表示荧光正信号阈值。(b) 利用荧光极化法证明 TH006 能够在体外与 Tau 蛋白结合。(c) 利用流式细胞术证明 CF-TH006 以时间依赖的方式进入野生型 N2a 细胞。(d) 利用共聚焦显微镜成像证明 CF-TH006 可以进入细胞内。蓝色，细胞核（左上）；绿色，CF-TH006（右上）；红色，Tau（左下）。右下：合并图像。箭头显示 CF-TH006 在 N2a 细胞中的分布。(e) 和 (f) 分别为 (a) 和 (c) 的流式细胞术结果的平均荧光强度[29]

2）TH006 可以体外结合 Tau 蛋白并能够进入细胞内

首先，作者采用荧光极化法测量了 TH006 与 Tau 蛋白在体外的结合力。0.1μmol/L CF-TH006 分别与不同浓度的重组表达的人类 Tau 蛋白一起孵育，然后测量荧光极化信号值。荧光极化的测量结果可以进一步由公式拟合得出 CF-TH006 和 Tau 蛋白之间的亲和力，其 $K_D$ 值为（0.3944±0.1589）μmol/L［图 11.3（b）］。为了验证 TH006 和 Tau 蛋白之间的结合特异性，作者合成了羧基荧光素标记的对照多肽 CF-CP1，这条多肽在 Tau 蛋白结合区中含有四个突变残基。采用同样的荧光极化法分别测试了对照肽 CF-CP1 及羧基荧光素与 Tau 蛋白的结合能力。结果表明 CF-CP1 和 CF 都与 Tau 蛋白没有明显的相互作用。为了表征 TH006 具有穿透细胞膜的能力，作者将 200μmol/L CF-TH006 与野生型 N2a 细胞孵育不同的时间。流式细胞术的结果显示，随着孵育时间的延长，荧光强度逐渐增加［图 11.3（c）和（f）］。细胞共聚焦显微成像的结果也证实了 TH006 可以进入细胞内［图 11.3（d）］。

3）进一步鉴定 TH006 可诱导细胞中的 Tau 蛋白降解

为了验证筛选实验中 TH006 分子导致细胞荧光强度的降低是由 EGFP-Tau 蛋白降解导致的，作者进一步进行了流式细胞术和蛋白质印迹分析（western）实验。首先用蛋白质生物合成抑制剂——环己酰亚胺（CHX），预处理过表达 EGFP-Tau 蛋白的 N2a 细胞 2h 后，再用不同浓度的 TH006 分子处理 24h。流式细胞术结果显示细胞内荧光强度呈剂量依赖性的降低趋势［图 11.4（a）和（c）］。当用 200μmol/L TH006 处理该细胞系不同时间后，作者观察到荧光强度也以时间依赖性方式降低［图 11.4（b）和（d）］。另外，作者利用 Tau 蛋白的抗体（sc-21796）检测细胞裂解液中的 Tau 蛋白的含量，蛋白质印迹分析结果也证明 TH006 以剂量和时间依赖性的方式诱导 Tau 蛋白的降解［图 11.4（e）和（f）］。另外两条对照肽（CP1 和 CP2）分别在 Tau 蛋白结合部分和 VHL 结合部分含有突变序列，都被证明在过表达 EGFP-Tau 蛋白的 N2a 细胞中没有降低 Tau 蛋白的含量［图 11.4（g）］。以上实验说明：TH006 分子中的 Tau 蛋白结合部分和 VHL 结合部分对于诱导 Tau 蛋白降解是必需的。

作者还用 pEGFP-Tau 蛋白载体转染了人神经母细胞瘤衍生的细胞系 SH-SY5Y。用 50μmol/L TH006 处理过表达 Tau 蛋白的 SH-SY5Y 细胞 18h 后，细胞裂解，进行蛋白质印迹分析，结果显示 Tau 蛋白水平也显著下降［图 11.4（h）］。作者接下来验证了 TH006 是否能够有效地降低原代神经元中 Tau 蛋白的含量。将源自三转基因 AD 模型小鼠（3xTg AD）的原代神经元细胞用 50μmol/L TH006 处理 18h。蛋白质印迹分析结果表明，TH006 可以诱导原代神经元中的 Tau 蛋白降解［图 11.4（i）］。

4）TH006 可以通过 VHL E3 连接酶增加 Tau 蛋白的多聚泛素化从而促进其降解

作者进一步测试了 TH006 是否是通过增加 Tau 蛋白的多泛素化来促进 Tau 蛋白的降解的。蛋白酶体抑制剂 MG132 和自噬抑制剂巴弗洛霉素 A1 可以阻断两种主要的蛋白质降解途径：蛋白酶体途径和自噬途径。首先，作者发现用 200μmol/L TH006 处理 24h 后，过表达 Tau 蛋白的 N2a 细胞中的 Tau 蛋白水平降低。然后，通过添加 MG132 或巴弗洛霉素 A1 能够阻止 TH006 诱导的 Tau 蛋白降解。

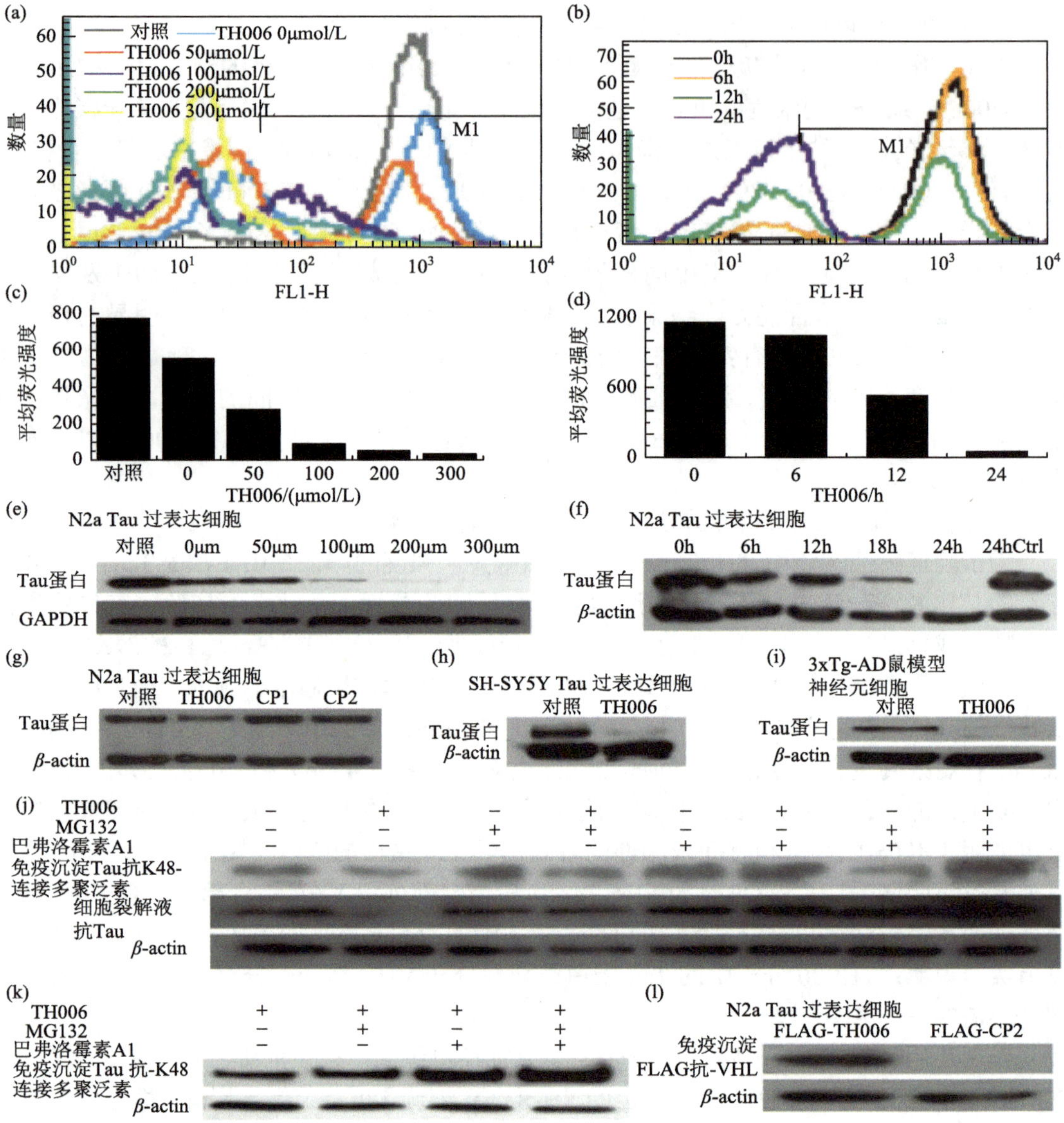


图 11.4　TH006 能够通过 VHL E3 连接酶促进 Tau 蛋白多聚泛素化并通过蛋白质量控制系统降解 Tau 蛋白[29]

（a）用不同浓度的TH006处理EGFP-Tau过表达的N2a细胞24h的流式细胞术结果。（b）用200μmol/L TH006处理EGFP-Tau过表达的N2a细胞不同时间的流式细胞术结果；黑色水平线表示荧光正信号阈值。（c）和（d）分别为（a）和（b）的流式细胞结果的平均荧光强度。（e）和（f）为经过（a）和（b）中同样处理后的蛋白质印迹测定法测试。（g）通过蛋白质印迹实验测试分别用 TH006、CP1 和 CP2 处理后 Tau 过表达的 N2a 细胞中的 Tau 水平。（h）用 TH006（50μmol/L，18h）处理后，蛋白质印迹实验测定，Tau 过表达的 SH-SY5Y 细胞中 Tau 的含量减少。（i）用 TH006（50μmol/L，18h）处理后，蛋白质印迹实验测试，在 3xTg-AD 小鼠原代神经细胞中 Tau 的含量减少。（j）利用蛋白质印迹分析比较在不同条件下，TH006 对免疫沉淀下来的 Tau 蛋白多聚泛素化水平的影响。（k）蛋白质印迹分析表明用 TH006（200μmol/L）处理 24h 后来自相同细胞系的免疫沉淀下来的 Tau 的多聚泛素化水平。（l）免疫沉淀蛋白质印迹结果显示 TH006 在体外通过 VHL E3 连接酶诱导 Tau 多泛素化；对照肽 FLAG-CP2 不能募集 VHL E3 连接酶[29]

为了测试 TH006 是否诱导了 Tau 蛋白的多聚泛素化，作者在 MG132 或巴弗洛霉素 A1 的存在下用 TH006 处理过表达 Tau 蛋白的 N2a 细胞。先用来自小鼠的抗 Tau 蛋白抗体进行免疫沉淀以富集细胞样品的 Tau 蛋白，然后将富集的蛋白进行蛋白质印迹分析。在细胞中，蛋白质降解的主要信号之一是 K48-连接的多聚泛素化。因此，使用源自兔的抗 K48-连接多聚泛素抗体来检测免疫沉淀的 Tau 蛋白上的多聚泛素化水平。同时，作者利用 Tau 蛋白抗体测量了相同样品中的 Tau 蛋白水平［图 11.4（j）］。当蛋白质降解途径不被人为影响时，由于 TH006 诱导的 Tau 蛋白降解，多聚泛素化的 Tau 蛋白信号低于对照条件。相反，当用 MG132 和巴弗洛霉素 A1 阻断蛋白质降解途径时，TH006 处理过的细胞样品中的 Tau 蛋白多聚泛素化水平比未经过 TH006 处理过的高。而当仅添加 MG132 时，在 TH006 存在下 Tau 蛋白的多聚泛素化水平比其不存在时略低。已有报道认为用 MG132 阻断泛素-蛋白酶体系统后，可能会激活其他途径来降解 Tau 蛋白。因此，作者想进一步确定 TH006 诱导的 Tau 蛋白降解所涉及的途径。

当用 TH006 处理细胞时，在存在或不存在 MG132 或巴弗洛霉素 A1 的情况下分别分析具有 K48-连接多聚泛素化的 Tau 蛋白的水平。结果表明，在 TH006 存在下，当加入一种抑制剂时，Tau 蛋白的多泛素化水平增加。此外，在 MG132 和巴弗洛霉素 A1 的共同存在下，Tau 蛋白的多聚泛素化水平是所有测试条件中最高的［图 11.4（k）］。这表明 TH006 可以增加 Tau 蛋白的多聚泛素化。而且与前人的报道一致，多聚泛素化 Tau 蛋白的降解可能与泛素-蛋白酶体途径和自噬途径相关。在确认了 TH006 可以增加 Tau 蛋白的多聚泛素化后，作者接下来研究了该过程是否依赖于 VHL E3 连接酶。作者合成了 FLAG 标签标记的 TH006 和 FLAG 标签标记的对照肽 CP2，并将它们与过表达 Tau 蛋白的 N2a 细胞裂解物一起孵育。免疫沉淀及随后进行的蛋白质印迹实验显示，TH006 与 VHL E3 连接酶有特异性的相互作用［图 11.4（l）］，这证实了作者的设想：TH006 将 Tau 蛋白连接至 VHL E3 连接酶以增加 Tau 蛋白的多聚泛素化。

5）TH006 可以逆转过表达 Tau 蛋白细胞中线粒体的不均匀分布

作者发现在过表达 Tau 蛋白后，N2a 细胞中出现细胞形态的改变：神经突的丧失和线粒体的不均匀分布。在 Tau 蛋白过表达细胞中，线粒体倾向于聚集在细胞核的一侧［图 11.5（a）和（b）］，这与以前的报道一致。因此，作者计划确定 TH006 的加入是否可以逆转过表达 Tau 蛋白的细胞中的线粒体的不均匀分布。作者进行了免疫荧光实验，并用共聚焦显微镜实验评估了线粒体的分布。与野生型 N2a 细胞相比，过表达 Tau 蛋白的 N2a 细胞具有更高水平的 Tau 蛋白，并且线粒体倾向于不均匀分布［图 11.5（a）和（b）］。当用 200μmol/L TH006 处理过表达 Tau 蛋白的 N2a 细胞 24h 后，Tau 蛋白水平降低［图 11.5（b）和（c）］。此外，在 TH006 存在下，线粒体均匀分布在整个细胞质中［图 11.5（c）］。该结果表明 TH006 可以通过部分降解细胞中过表达的 Tau 蛋白从而逆转线粒体的不均匀分布。

6）TH006 可以减弱 Aβ 的毒性并降低 AD 模型小鼠中的 Tau 蛋白水平

已有研究表明：Aβ需要 Tau 蛋白的介导来破坏神经元细胞轴突中线粒体的运输，从而导致细胞毒性[14, 33]，Tau 蛋白对于 Aβ 诱导的神经毒性至关重要。当将 10μmol/L Aβ42 加入野生型 N2a 细胞或过表达 Tau 蛋白的 N2a 细胞中 24h 后，作者通过 Cell Titer-Glo 试剂盒测量 ATP 水平，观察到 Aβ42 的显著细胞毒性。然而，当细胞用 10μmol/L Aβ42 和 75μmol/L TH006 同时处理 24h 后，细胞的存活比例显著增加［图 11.6（a）和（b）］。这

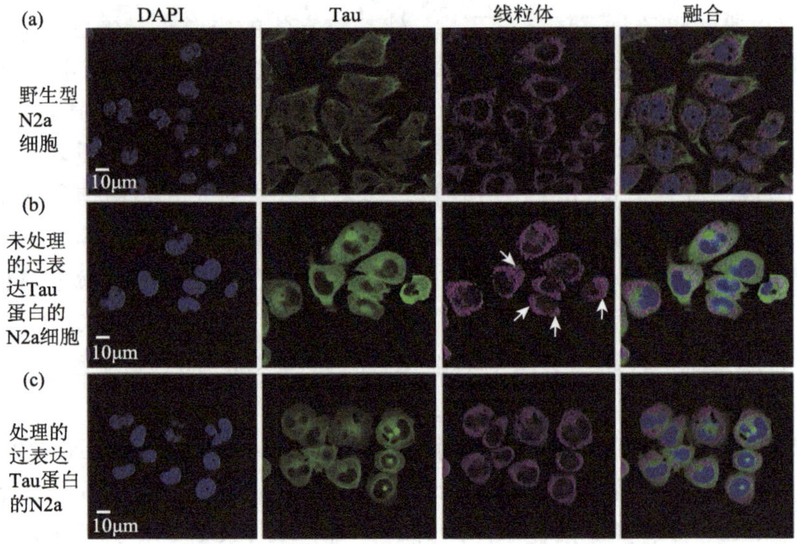


图 11.5　TH006 可以部分降解 N2a 细胞中过表达的 Tau 蛋白从而逆转线粒体的不均匀分布[29]

共聚焦显微图像显示：（a）野生型 N2a 细胞；（b）未处理的过表达 Tau 的 N2a 细胞；（c）用 200μmol/L TH006 处理过表达 Tau 的 N2a 细胞。第一列显示 4′, 6-二脒基-2-苯基吲哚（DAPI）染色的核（蓝色）。第二列显示用抗-Tau 抗体检测的 Tau 免疫荧光（绿色）。第三列显示用 Mito Tracker DeepRed 染料标记的线粒体（紫色）。第四列显示了同行中所有三个图像的合并。箭头显示线粒体的分布。比例尺，10μm[29]

些结果证明 TH006 能够通过降低野生型 N2a 细胞和过表达 Tau 蛋白的细胞中的 Tau 蛋白水平来部分减弱 Aβ42 的毒性。作者还测试了降低 Tau 蛋白含量是否可以在原代神经元中保护神经元免受 Aβ 毒性。将培养的原代海马神经元暴露于 Aβ42 18h 后，细胞存活率显著降低。用 15μmol/L TH006 处理后，Aβ42 诱导的神经毒性明显减弱［图 11.6（c）］。此外，MTT 实验表明 TH006 自身对 N2a 细胞显示出相对小的毒性，即使使用的浓度高达 200μmol/L，细胞的存活率也在 80%左右［图 11.6（d）］。作者用 TH006 进一步处理 3xTgAD 小鼠 10 天，蛋白质免疫印迹分析表明，TH006 的加入促进了该转基因 AD 模型小鼠的大脑皮质区 Tau 蛋白的降解［图 11.6（e）］；而转基因小鼠大脑海马区中的 Tau 蛋白含量减少的程度不明显。AD 模型小鼠脑部免疫组化结果进一步验证，TH006 诱导了海马 CA3 区及大脑皮质区 Tau 蛋白的降解。

### 3. 含疏水标签的多功能分子介导 Tau 蛋白的靶向降解[34]

在本章 11.1.2 节和 11.1.3 节中，作者介绍了含疏水标签的多功能分子介导目标蛋白靶向降解的策略。该策略已经发展成为有效的降解目标蛋白的方法。为了将该类方法应用于神经系统蛋白质的降解，同时为了增加调控 Tau 蛋白降解的化学分子的多样性，作者发展了一类含疏水标签的多功能分子介导 Tau 蛋白降解。

1）含疏水标签功能分子的设计、合成和初步筛选

该分子 HyT-Tau-CPP（CPP 为细胞渗透肽）含有三部分：疏水标签、Tau 识别片段和跨细胞膜片段（图 11.7）。Tau 识别片段是微管蛋白亚基序列 YQQYQDATADEQG，可以特异性地结合 Tau。金刚烷分子量小、疏水性强，已被用于介导许多不同蛋白质的降解。

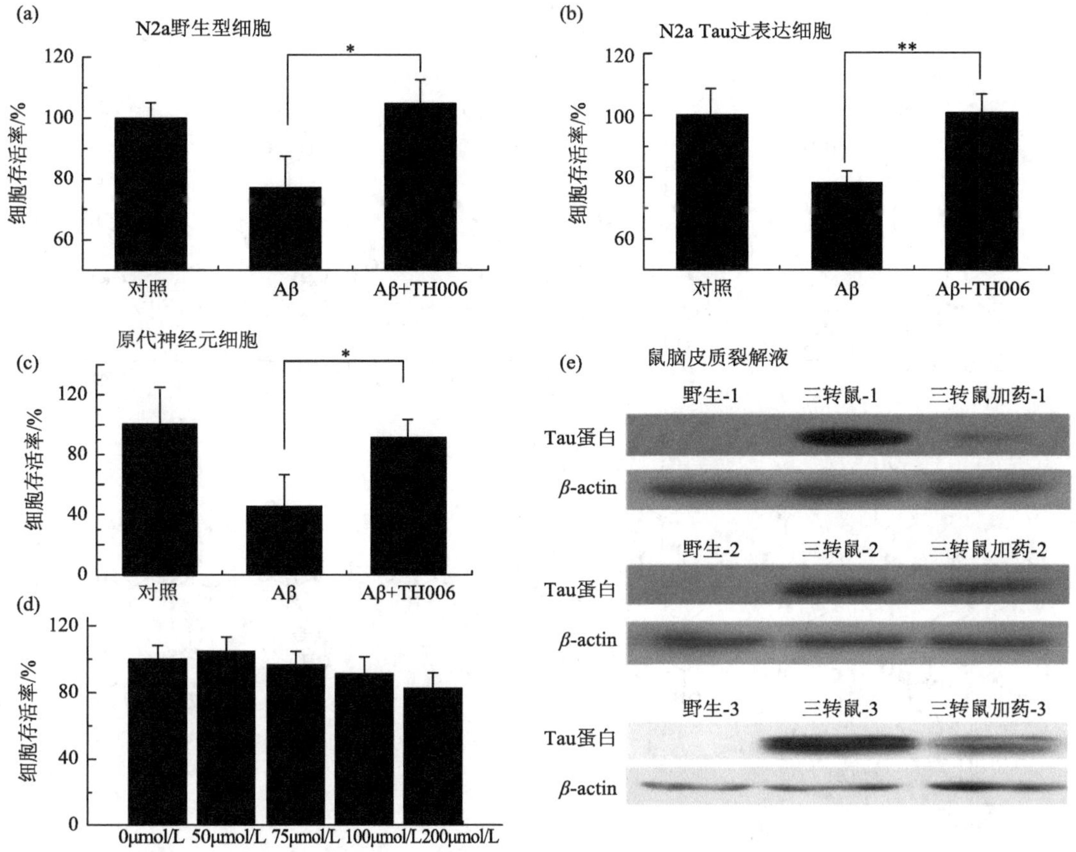


图 11.6　TH006 能够减少 Tau 蛋白介导的 Aβ 的毒性，并且能够降低转基因 AD 模型小鼠脑中 Tau 蛋白的水平[29]

（a）用 Aβ 或 Aβ 与 TH006 联合处理的野生型 N2a 细胞的存活率；（b）用 Aβ 或 Aβ 与 TH006 联合处理的 Tau 过表达细胞的存活率；（c）用 Aβ 或 Aβ 与 TH006 联合处理的原代海马神经元细胞的存活率；（d）MTT 法测量 TH006 对野生型 N2a 细胞的毒性；（e）蛋白质印迹实验测试 TH006 处理后转基因小鼠大脑皮层的 Tau 水平降低[29]

因此，作者选择了金刚烷作为疏水标签片段。作为常用的跨膜多肽，作者通过固相合成法合成 HyT-Tau-CPP，将多聚 D 型精氨酸（D-Arg）引入 HyT-Tau-CPP 分子。

2）HyT-Tau-CPP 具有识别 Tau 蛋白及跨细胞膜的能力

首先，为了评价体外重组表达 Tau 蛋白和 HyT-Tau-CPP 之间的结合力，作者用 CF 标记了 HyT-Tau-CPP 和 HyT-MTau-CPP 的侧链，从而获得 CF-HyT-Tau-CPP 和 CF-HyT-MTau-CPP。利用荧光极化法分别测定了这些多肽与 Tau 蛋白之间的结合力，结果显示：CF-HyT-Tau-CPP 可以与 Tau 结合［$K_D$ =（0.7655±0.1882）μmol/L］，而含有突变 Tau 识别序列的 HyT-MTau-CPP 则与 Tau 没有任何结合力［图 11.8（a）］。为了研究 HyT-Tau-CPP 是否能穿透细胞膜，作者将 150μmol/L CF-HyT-Tau-CPP 与野生型 N2a 细胞孵育 6h。激光共聚焦显微成像的结果表明 CF-HyT-Tau-CPP 具有在短时间大量进入细胞的能力，且均匀分布在细胞质中［图 11.8（b）］。另外，将野生型 N2a 与 150μmol/L CF-HyT-Tau-CPP 分别孵育 0h、1h、3h、4h、6h 和 8h。作者使用流式细胞术检测细胞中的荧光强度变化。结果表

(a)

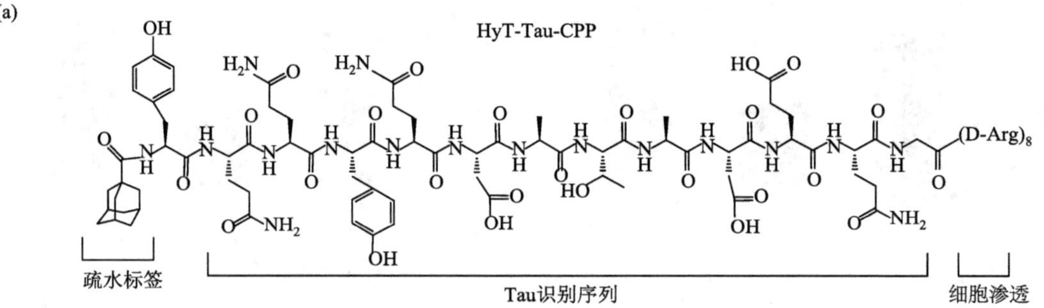
HyT-Tau-CPP
(D-Arg)$_8$
疏水标签
Tau识别序列
细胞渗透

(b)

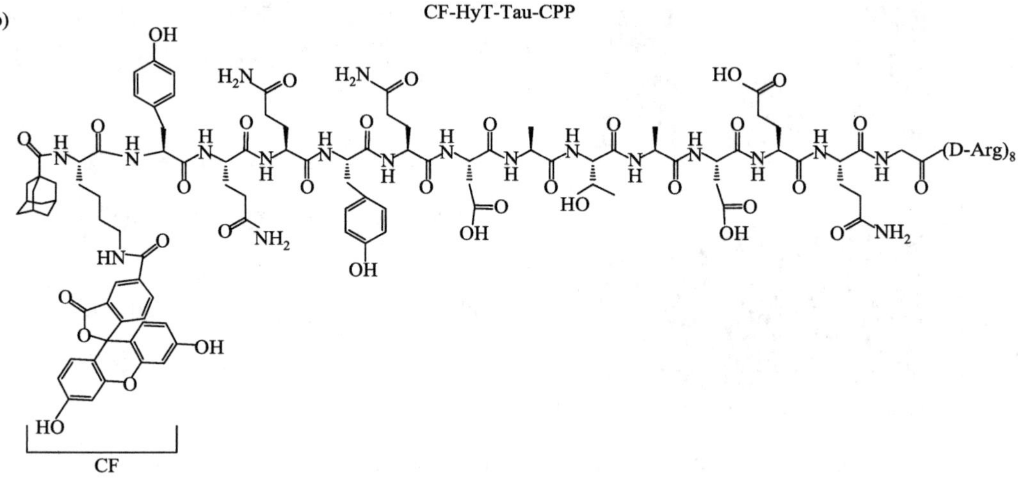
CF-HyT-Tau-CPP
(D-Arg)$_8$
CF

(c)

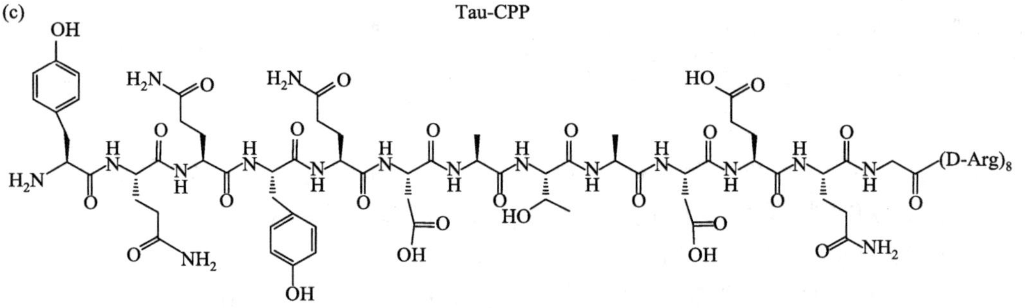
Tau-CPP
(D-Arg)$_8$

(d)

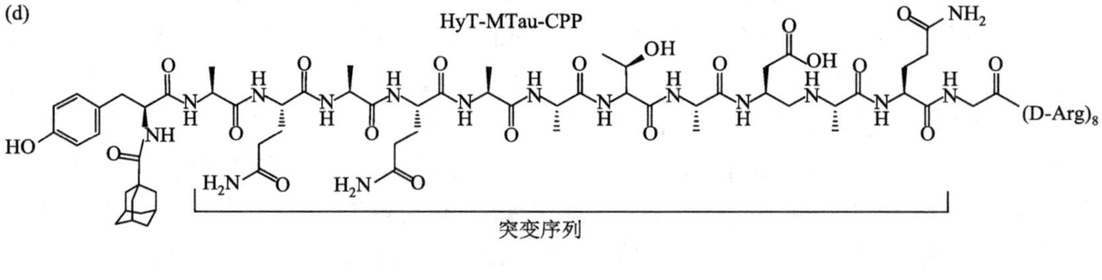
HyT-MTau-CPP
(D-Arg)$_8$
突变序列

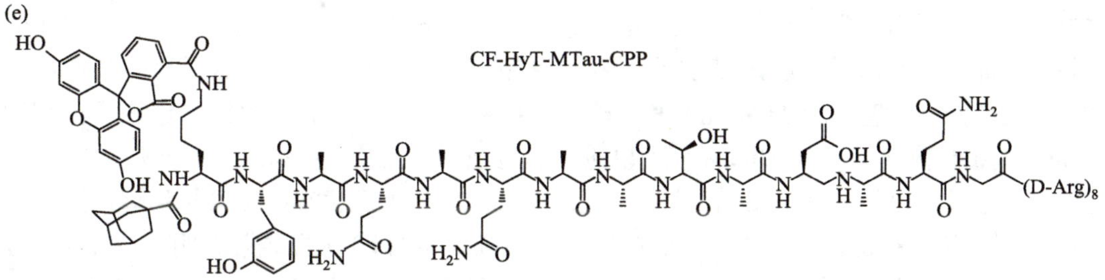


图 11.7 （a）HyT-Tau-CPP 的结构，它由三个片段组成：疏水片段、Tau 识别片段和跨细胞膜片段；（b）CF-HyT-Tau-CPP 的结构，在 HyT-Tau-CPP 中添加了荧光标签；（c）不含疏水片段的 Tau-CPP 的结构；（d）HyT-MTau-CPP 的结构，Tau 识别片段 YQQYQDATADEQG 突变为 YYQAQAATADAQG；（e）CF-HyT-MTau-CPP 的结构，在 HyT-MTau-CPP 中添加荧光标签[34]

明，荧光强度逐渐增加［图 11.8（c）］。这些结果表明 HyT-Tau-CPP 不但可以识别 Tau 蛋白，而且可以穿过细胞膜进入细胞质。

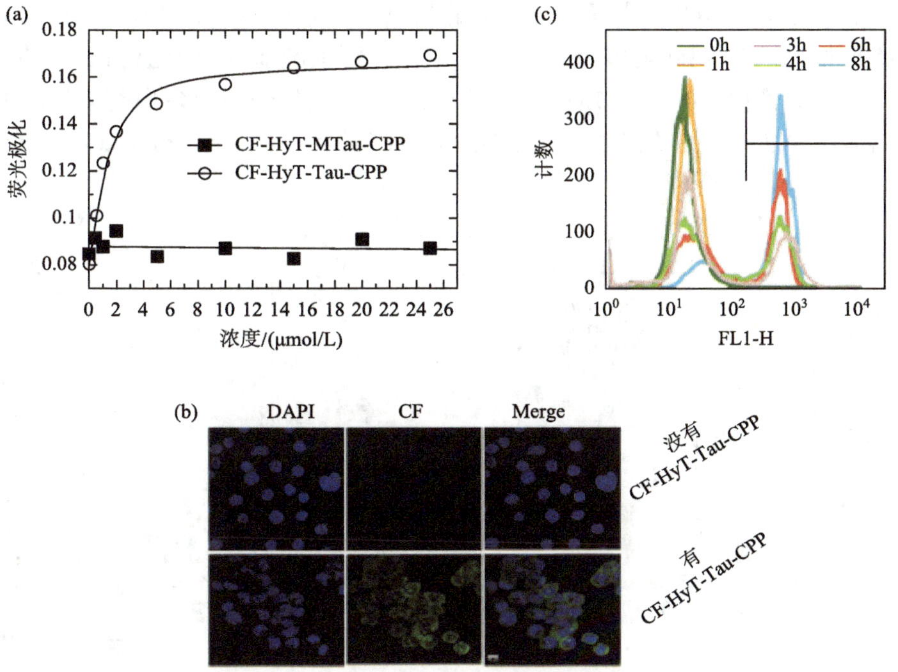


图 11.8 （a）荧光极化法测定 HyT-Tau-CPP 与 Tau 蛋白的结合力；（b）150μmol/L CF-HyT-Tau-CPP 处理野生型 N2a 细胞 6h 后的共聚焦显微镜成像结果，蓝色，细胞核；绿色，CF-HyT-Tau-CPP；比例尺，10μm；（c）流式细胞实验测定 CF-HyT-Tau-CPP 进入野生型 N2a 细胞，灰色水平线表示荧光正信号阈值[34]

3）HyT-Tau-CPP 可介导降解细胞内的 Tau 蛋白

利用过表达 EGFP-Tau 的 N2a 细胞系，作者进一步评价了 HyT-Tau-CPP 降解细胞内 Tau 蛋白的能力。该细胞系先被蛋白质生物合成抑制剂环己酰亚胺（10mg/mL）处理 2h 后，分别与浓度递增的 HyT-Tau-CPP 孵育 24h，或者与 150μmol/L HyT-Tau-CPP 分别孵育不同的时间。利用流式细胞术和蛋白质免疫印迹法分析了 Tau 蛋白含量。流式细胞实验结果显示：细胞内荧光强度以浓度依赖和时间依赖的方式降低，证明 HyT-Tau-CPP 可以降低细胞中的 Tau 含量［图 11.9（a）和（b）］。蛋白质免疫印迹实验的结果还表明：细胞内的 Tau 含量显著下降，最大降解水平以剂量依赖方式达到约 80%，而时间依赖实验中则约为 75%［图 11.9（c）和（d）］。另外，为了验证其对内源性 Tau 蛋白的降解作用，将野生型 N2a 细胞与 150μmol/L HyT-Tau-CPP 孵育 24h。免疫印迹法结果表明：HyT-Tau-CPP 还可以降低内源性 Tau 蛋白含量。为了证实 Tau 识别片段的特异性和金刚烷基团的必要性，作者合成了两条对照肽：Tau-CPP 中缺少疏水标签——金刚烷基团；HyT- MTau-CPP 中将 Tau 识别片段 YQQYQDATADEQG 突变为 YYQAQAATADAQG（图 11.7）。免疫印迹实验结果显示 Tau-CPP 和 HyT-MTau-CPP 分子不具有诱导 Tau 蛋白降解的能力［图 11.9（e）］。作者通过共聚焦显微镜成像发现 HyT-Tau-CPP 可以导致细胞内 EGFP-Tau 荧光强度显著下降，进一步证实了该分子的降解效果［图 11.9（f）］。总体来说，以上数据表明 HyT-Tau-CPP 能够以浓度依赖和时间依赖的方式降低细胞内的 Tau 蛋白含量。

4）HyT-Tau-CPP 介导降解细胞内的 Tau 蛋白依赖于蛋白酶体途径及细胞毒性

为了探索 HyT-Tau-CPP 介导的 Tau 蛋白降解机制，作者将过表达 EGFP-Tau 的 N2a 细胞与 150μmol/L HyT-Tau-CPP 孵育了 18h。在裂解细胞前，使用 10μmol/L 蛋白酶体抑制剂 MG132 处理细胞 6h。蛋白质免疫印迹实验分析结果表明：蛋白酶体抑制剂 MG132 阻断了 HyT-Tau-CPP 介导的降解，这也反映了 HyT-Tau-CPP 介导的 Tau 降解依赖于蛋白酶体途径［图 11.10（a）］。

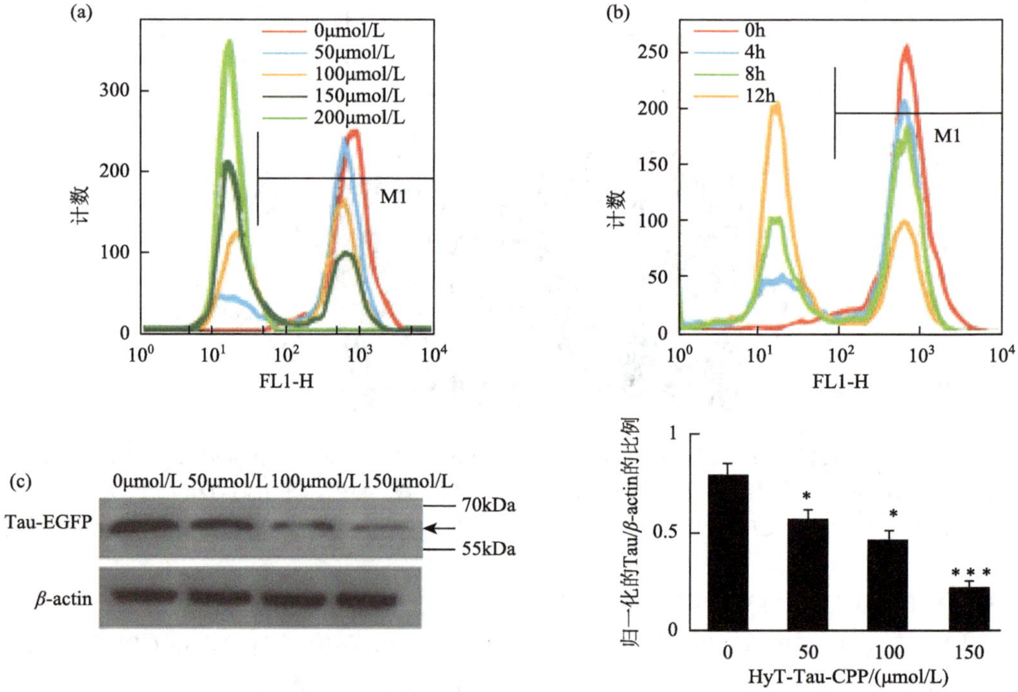

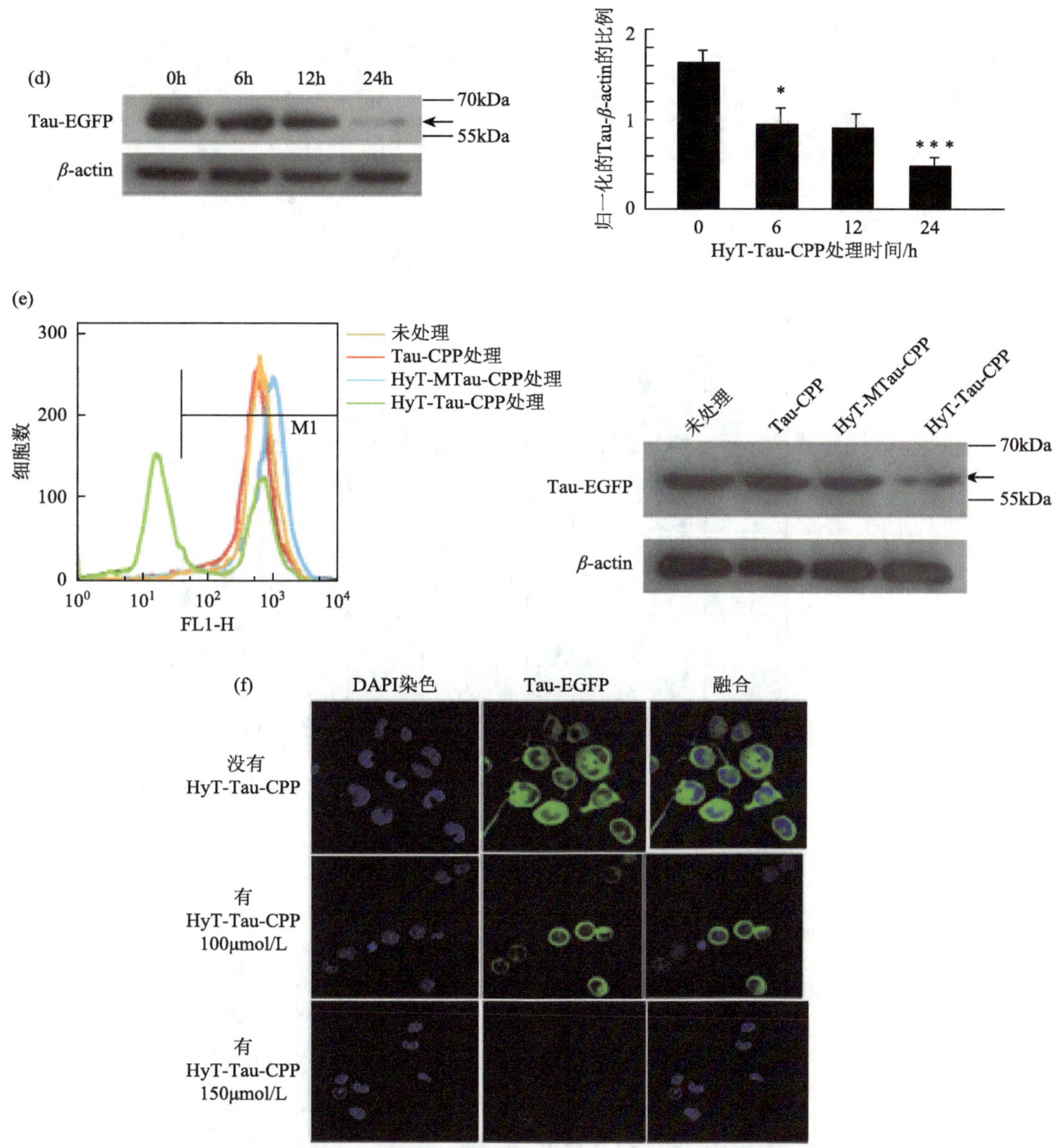


图 11.9　HyT-Tau-CPP 可介导细胞内的 Tau 的降解[34]

（a）用不同浓度 HyT-Tau-CPP 处理过表达 EGFP-Tau 细胞系 24h 的流式细胞实验结果；（b）150μmol/L HyT-Tau-CPP 处理过表达 EGFP-Tau 细胞系不同时间的流式细胞实验结果，灰色水平线表示荧光正信号阈值；（c）不同浓度 HyT-Tau-CPP 处理过表达 EGFP-Tau 细胞 24h 后的 Tau 和 β-actin 免疫印迹实验结果；（d）150μmol/L HyT-Tau-CPP 处理过表达 EGFP-Tau 细胞系不同时间后的 Tau 和 β-actin 免疫印迹实验结果；（e）150μmol/L Tau-CPP、HyT-MTau-CPP、HyT-Tau-CPP 或者载体分别处理过表达 EGFP-Tau 细胞系 24h 后的流式细胞实验和蛋白质免疫印迹实验结果；（f）共聚焦显微成像结果显示：100μmol/L、150μmol/L 或不含 HyT-Tau-CPP 分别处理相同细胞系后 EGFP-Tau 的含量，蓝色，DAPI 染色的细胞核；绿色，EGFP-Tau；比例尺，10μm

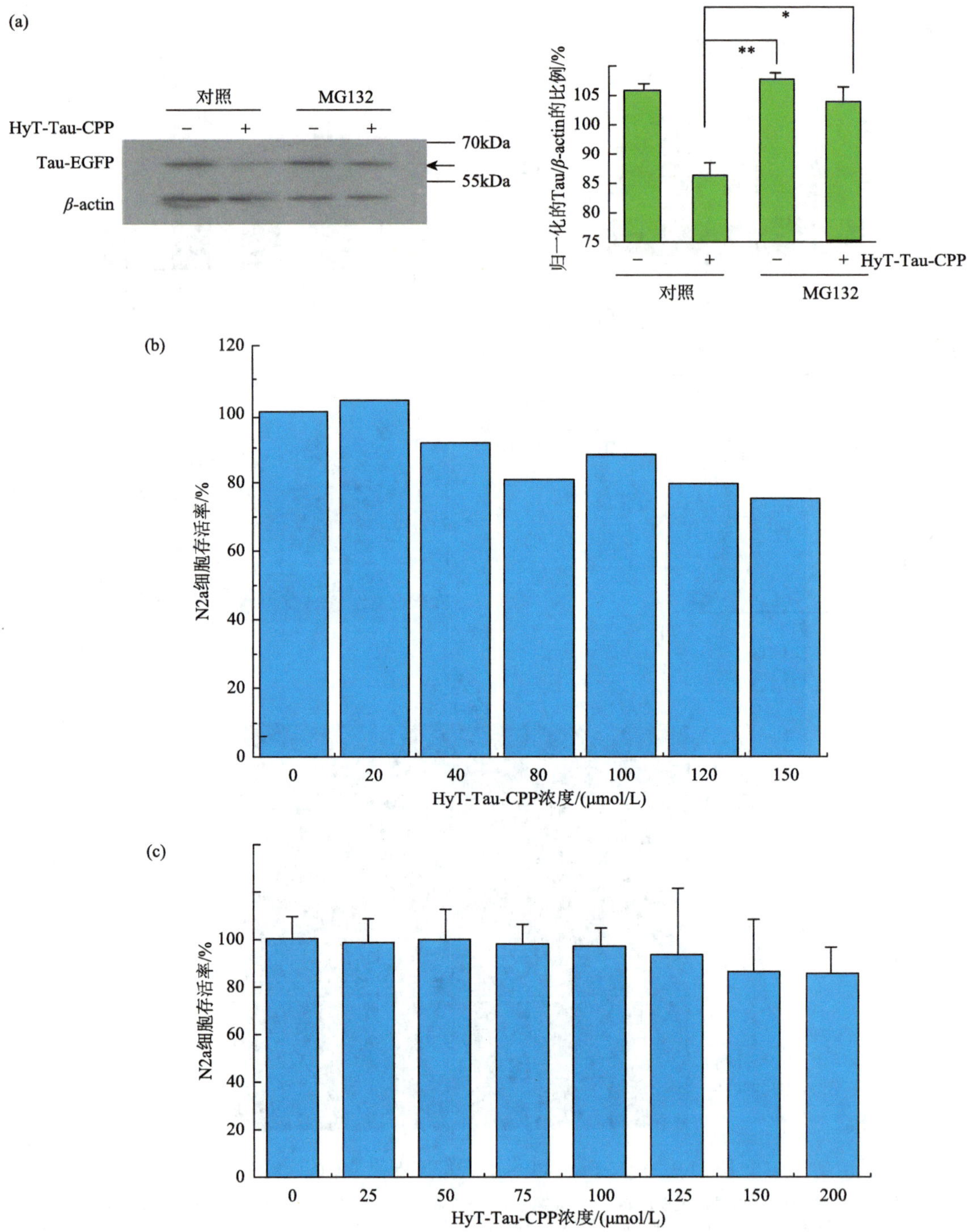


图 11.10　HyT-Tau-CPP 诱导 Tau 蛋白的降解依赖于蛋白酶体途径[34]

（a）利用蛋白质免疫印迹实验检测 MG132 对 HyT-Tau-CPP 介导 EGFP-Tau 蛋白降解的影响；（b）用不同浓度 HyT-Tau-CPP 处理的野生型 N2a 细胞的 MTT 细胞存活率实验结果；（c）用不同浓度 HyT-Tau-CPP 处理的过表达 EGFP-Tau 的 N2a 细胞的 MTT 细胞存活率实验结果

作者使用 MTT 法测定细胞的存活率，评估了 HyT-Tau-CPP 介导的细胞毒性。用不同浓度的 HyT-Tau-CPP 处理野生型 N2a 细胞 24h，MTT 实验结果表明：HyT-Tau-CPP 在低于 200μmol/L 的浓度下，表现出相对较小的细胞毒性；当细胞与 150μmol/L HyT-Tau-CPP 一起孵育时，存活率约为 80%。此外，HyT-Tau-CPP 对过表达 EGFP-Tau 的 N2a 细胞系也具有较小的细胞毒性［图 11.10（b）和图 11.10（c）］。

5）HyT-Tau-CPP 可介导降解 AD 模型小鼠脑部的 Tau 蛋白

作者进一步验证了 HyT-Tau-CPP 可以介导降解模型小鼠脑部的 Tau 蛋白。作者使用静脉注射 HyT-Tau-CPP 到 AD 模型小鼠体内。蛋白质免疫印迹实验结果显示，HyT-Tau-CPP 可显著降低 AD 小鼠模型的海马区和大脑皮层区域的 Tau 蛋白含量（图 11.11）。

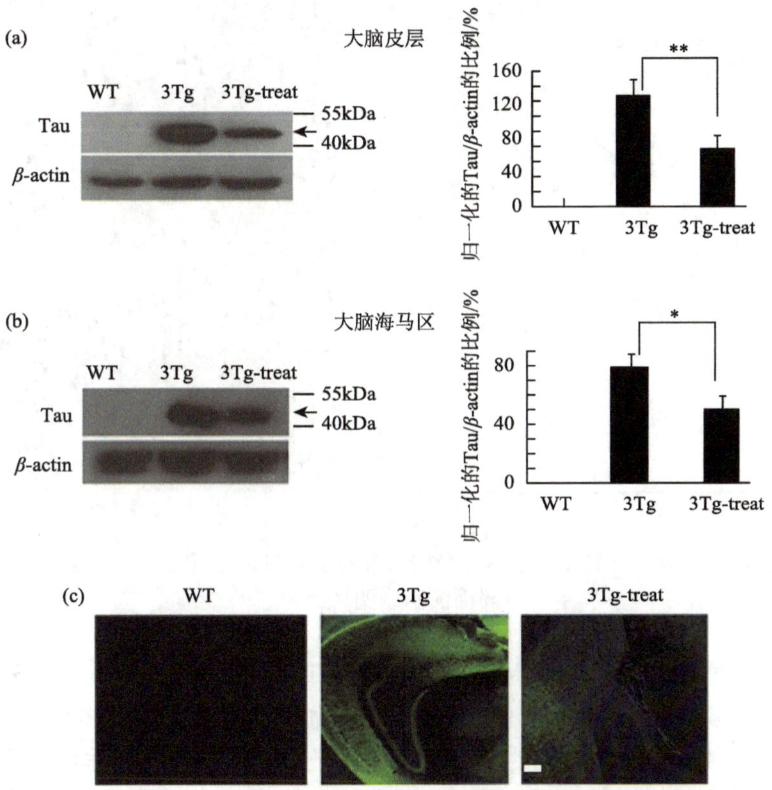


图 11.11　HyT-Tau-CPP 可降低 AD 模型小鼠大脑皮层和海马区的 Tau 蛋白含量[34]

（a）蛋白质免疫印迹实验分析 HyT-Tau-CPP 可降低 AD 模型小鼠大脑皮层中 Tau 蛋白的含量；（b）蛋白质免疫印迹实验分析 HyT-Tau-CPP 可降低 AD 模型小鼠海马区中 Tau 蛋白的含量；（c）HyT-Tau-CPP 处理过的转基因小鼠大脑皮层和海马区的 Tau 蛋白的免疫组化结果

### 4. 化学分子介导 Tau 蛋白靶向降解的重要意义和影响

Tau 蛋白的异常聚集形成的神经纤维缠结是 AD 的重要病理特征。在 AD 患者脑中 Tau 蛋白含量会增加，高水平的 Tau 蛋白能够介导 Aβ 的毒性。Tau 蛋白是一种无固定结构的非酶蛋白，通常被称为“不可成药”蛋白，很难设计靶向分子调控该蛋白质的含量和活性。为了实现识别和降解细胞内源的 Tau 蛋白，作者利用 PROTACs 策略，设计合成了一类功能嵌合型活性分子 TH006，该分子既含有能够结合 Tau 蛋白的配体，又含有能够结合 E3

泛素连接酶的配体以及跨膜肽，以期该分子能进入细胞，识别并结合 Tau 蛋白，并将 Tau 蛋白招募到泛素连接酶 E3 上，从而增加 Tau 蛋白的多聚泛素化修饰，利用细胞自身的泛素-蛋白酶体系统实现对 Tau 蛋白的降解。该分子不仅能降解多种神经细胞中的 Tau 蛋白，从而减少 Tau 蛋白介导的 Aβ 的毒性，还可以有效减少 AD 模型小鼠脑内的 Tau 蛋白水平。这些小分子的作用就像中国万里长城烽火台上的狼烟，一旦发现“敌情”就原地迅速发出信号，招募“战士”集结，“消灭敌人”。2016 年该工作发表在 *Cell Chemical Biology* 上，并被选为封面文章，如图 11.12 所示。

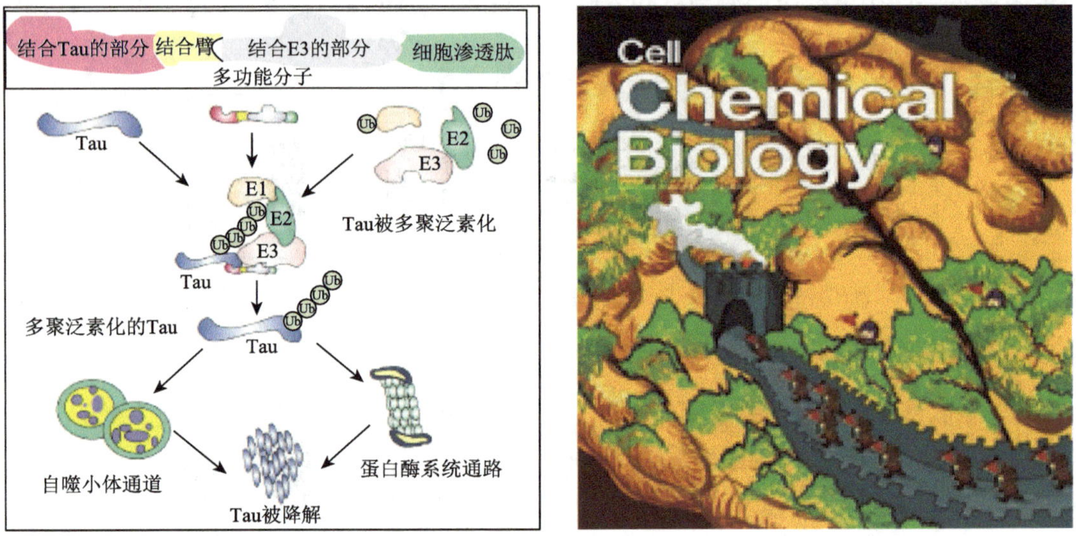


(a)　　(b)

图 11.12　PROTAC 分子介导 Tau 蛋白的靶向降解的示意图（a）和发表在 *Cell Chemical Biology* 封面的示意图（b）[29]

化学分子调控蛋白质降解领域的先驱者美国耶鲁大学的 Crews 教授在其为 *Nature Review Drug Discovery*[35]及 *Chemical Review*[36]刊物撰写的综述中对该工作进行了点评。其指出 TH006 是一种非常令人激动的 PROTAC 多肽分子，在细胞和活体水平成功降解了对于 AD 发展非常重要的 Tau 蛋白，降低了 Aβ 蛋白的活性（TH006 是一种特别令人兴奋的多肽 PROTAC，它能够诱导 Tau 的降解，Tau 是一种与 AD 的发展有关的蛋白质。通过融合来源于 *β*-微管蛋白的多肽——Tau、HIF-1α 识别序列和细胞渗透肽，褚婷婷等能够诱导泛素化的 Tau 蛋白在细胞培养条件下和体内中降解，同时也能减少 Aβ 的毒性）。

为了增加调控 Tau 蛋白降解的化学分子的多样性，作者同时发展了一类含疏水标签的多功能分子 HyT-Tau-CPP 用于介导 Tau 蛋白的降解。该分子含有三部分：疏水标签、Tau 识别片段和跨细胞膜片段，可以有效地介导降解细胞和 AD 模型小鼠脑部海马区及大脑皮层中的 Tau 蛋白。

这两类介导 Tau 蛋白靶向降解的化学分子证明了 PROTAC 策略和疏水标签策略可以有效地调控神经系统中特定蛋白的含量，为 AD 等 Tau 蛋白相关疾病的研究提供了有效的工具，也为疾病的治疗提供了可能的手段。

### 11.2.3　化学分子介导 TDP-43 蛋白的靶向降解[37]

1. 肌萎缩侧索硬化和 TDP-43 蛋白

肌萎缩侧索硬化（ALS）是一类目前不可治愈的神经退行性疾病，它主要是由于神经系统中的运动神经元受损，临床表现包括：四肢和躯体肌肉萎缩，严重地失去行动能力甚至呼吸系统衰竭。目前仍没有有效的治疗 ALS 的方法，因此揭示 ALS 的发病机制，寻找有效的药物靶标，以及发展新的治疗策略势在必行。

2006 年，人们发现了 ALS 的一种关键致病蛋白——TAR DNA 结合蛋白 43（TDP-43）。TDP-43 蛋白序列包含 414 个氨基酸残基，是一类 DNA 和 RNA 结合的蛋白。研究表明野生型 TDP-43 在哺乳细胞或转基因动物模型中的过表达会导致 TDP-43 的聚集，从而诱发细胞毒性和动物的进行性运动障碍。另外，几乎可在所有的 ALS 患者样本中检测到作为病理性标志物的 TDP-43 形成的聚集体。除此以外，越来越多的证据表明细胞内的蛋白质控制系统和蛋白质稳态网络与 ALS 的发病机理相关。TDP-43 单体蛋白的浓度对它的聚集过程影响很大：TDP-43 单体浓度越高，它的聚集速度越快。因此，TDP-43 浓度的失衡可能是 TDP-43 相关 ALS 发病机理的普遍特征，而降低 TDP-43 浓度水平很可能是潜在治疗 ALS 的方法。

2. 含疏水标签的多功能分子介导 Tau 蛋白的靶向降解

TDP-43 蛋白链非常柔性，存在内在无序结构（intrinsic disorder），与 Tau 蛋白一样缺乏小分子结合空腔，属于“难以成药”的蛋白质，靶向调控 TDP-43 蛋白的活性非常困难。因此，作者考虑利用化学分子介导蛋白质靶向降解的策略调控 TDP-43 蛋白的含量，首先发展了含有疏水标签的多功能分子。

已有的研究发现，疏水标签使目标蛋白结构变得不稳定，导致伴侣蛋白被招募过来结合目标蛋白，进而介导它被蛋白酶体降解；或者伴侣蛋白能够直接识别疏水标签并且介导蛋白酶体降解目标蛋白。目前常用的疏水标签包括金刚烷和 $Boc_3Arg$。作者已经成功发展了带有金刚烷标签的可识别 Tau 蛋白的多功能分子，介导了细胞中和 AD 模型小鼠脑部 Tau 蛋白的有效降解。因此，作者选择金刚烷作为疏水标签，发展了一类可以靶向介导 TDP-43 蛋白降解的多功能分子。

1）含疏水标签功能分子的设计、合成和初步筛选

针对 TDP-43 蛋白，作者设计了一系列多功能多肽分子（表 11.2），它们含有三个部分：一个疏水标签区、一个 TDP-43 识别区和一条细胞穿膜肽片段。为了协助多肽进入细胞，作者分别选择了 TAT（RRRQRRKKRG）和多聚 D 型精氨酸作为细胞穿膜肽片段。为了能够特异性结合 TDP-43，两个 TDP-43 核心聚集域的多肽序列（MNFGAFSINP 和 EDLIIKGISV）被选为 TDP-43 识别区。同时，不同数目的金刚烷基团（单或双）被选择为疏水区域。另外，作者使用了连接臂（GSGS 和 KGSGS）

来增强这些多功能多肽的柔性。作者期望这些多功能多肽可以很快进入细胞，介导TDP-43 蛋白被特异性降解。

**表 11.2 一系列拟介导 TDP-43 蛋白降解的多功能多肽分子和对照多肽结构[37]**

| 实体 | 附加标签 | 金刚烷数量 | 连接部分 | 识别 TDP-43 | 细胞渗透肽 |
|---|---|---|---|---|---|
| D1 | — | 1 | GSGS | EDLIIKGISV | RRRRRRRR[a] |
| D2 | — | 2 | KGSGS | EDLIIKGISV | RRRRRRRR |
| D3 | — | 1 | GSGS | EDLIIKGISV | GRKKRRQRRR[b] |
| D4 | — | 2 | KGSGS | EDLIIKGISV | GRKKRRQRRR |
| D5 | — | 1 | GSGS | MNFGAFSINP | RRRRRRRR |
| D6 | — | 2 | KGSGS | MNFGAFSINP | RRRRRRRR |
| D7 | — | 1 | GSGS | MNFGAFSINP | GRKKRRQRRR |
| D8 | — | 2 | KGSGS | MNFGAFSINP | GRKKRRQRRR |
| CP1 | — | — | GSGS | EDLIIKGISV | RRRRRRRR |
| CP2 | — | — | GSGS | EDLIIKGISV | GRKKRRQRRR |
| CF-D4 | CF | 2 | KGSGS | EDLIIKGISV | GRKKRRQRRR |

注：CF 为 5(6)-羧基荧光素；a 为多聚 D 型精氨酸；b 为 TAT

通过预筛选，作者认为编号 D5～D8 的多肽，由于其极低的水溶解性很难用于进一步的研究。初步分析这些多肽水溶性差的原因可能是序列 MNFGAFSINP 具有很高的疏水性。

2）含疏水标签功能分子的细胞毒性

为了检测编号 D1～D4 多肽分子的细胞毒性，作者将小鼠成神经细胞瘤 N2a 细胞孵育在含有不同浓度 D1～D4 的培养基中。通过 MTT 实验，作者发现 D1 和 D2 具有很高的毒性，所以在接下来的实验中使用了较低浓度；D3 和 D4 毒性相对低，所以在实验中可以使用较高浓度（图 11.13）。

3）D4 分子可以有效地介导 TDP-43 蛋白的降解

为了探索 D1、D2、D3 和 D4 的降解能力，作者首先在小鼠成神经细胞瘤 N2a 的基础

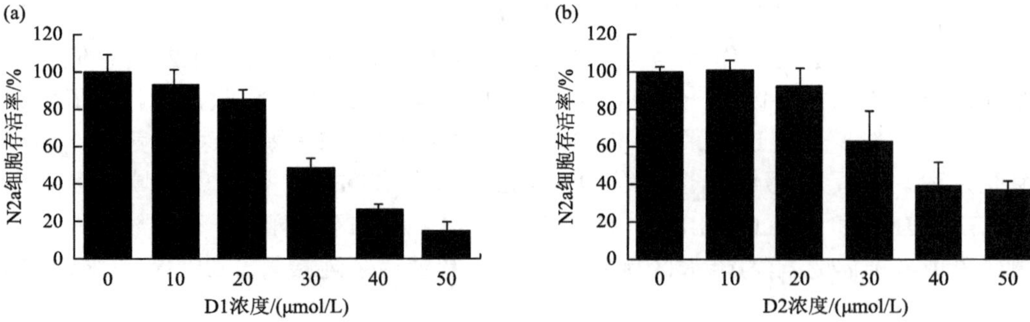

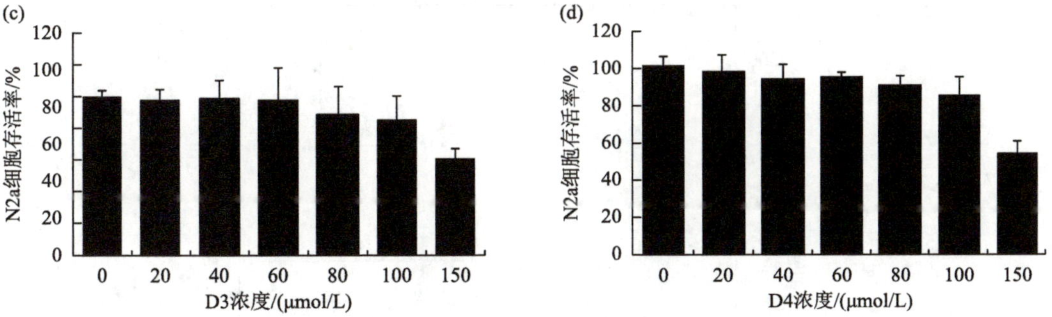


图 11.13　多肽分子 D1～D4 的细胞毒性结果[37]

上构建了融合 EGFP 蛋白的 TDP-43 蛋白片段（162～414，含有突变 A315T）(CTDP-43) 过表达细胞系。之后作者将过表达细胞与 20μmol/L D1、20μmol/L D2、100μmol/L D3 和 100μmol/L D4 分别培养 24h。最后，作者使用流式细胞术探测 EGFP 的荧光强度改变，并利用蛋白质印迹分析实验来评估 CTDP-43 的浓度水平。流式细胞术的结果说明，D4 可以引发荧光强度大幅减少，其他三条多肽则展现了相对弱的减少荧光强度的能力［图 11.14（a)］。蛋白质印迹分析结果印证了流式细胞仪的结论［图 11.14（b)］。因此，D4 被挑选进行了后续的测试。

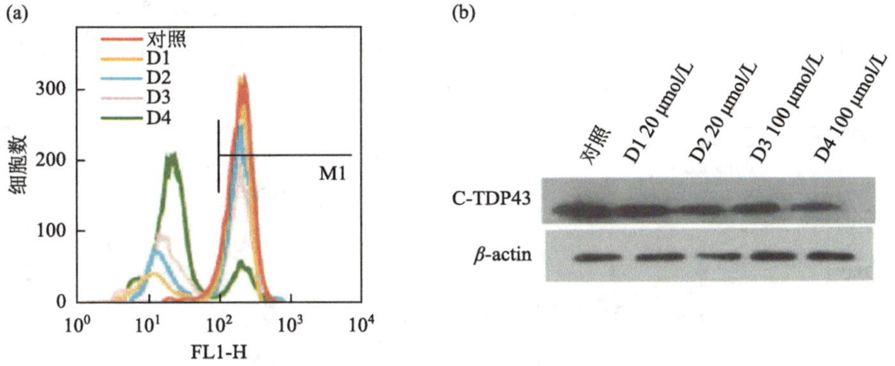


图 11.14　D4 具有最强介导 CTDP-43 蛋白降解的能力[37]

（a）过表达 CTDP-43 的细胞与空白对照，20μmol/L D1、20μmol/L D2、100μmol/L D3 和 100μmol/L D4 分别共孵育 24h 后的流式细胞实验结果，灰色水平线代表荧光阳性信号的下限；（b）过表达 CTDP-43 的细胞与空白对照，20μmol/L D1、20μmol/L D2、100μmol/L D3 和 100μmol/L D4 分别共孵育 24h 后的蛋白质印迹实验结果，抗 TDP-43（C 端）抗体（Sigma）用于检测 CTDP-43（162～414）和抗 β-actin 抗体（sigma）用于检测 β-actin

4）D4 具有跨膜进入细胞内的能力

为了检测 D4 是否能跨膜进入细胞内，作者在 D4 分子的 N 端标记了一个荧光标签——羧基荧光素，得到了多肽 CF-D4。之后，将 N2a 细胞与 100μmol/L CF-D4 分别孵育 1h、2h、4h、8h 和 12h。流式细胞实验的结果说明细胞内的荧光强度随孵育时间的延长而逐渐增强（图 11.15）。

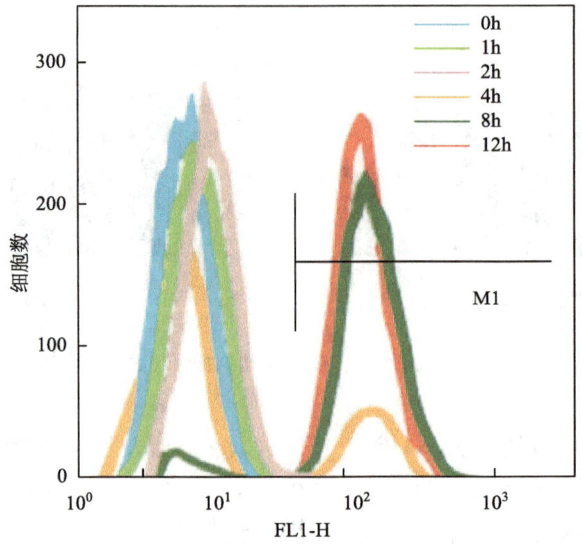


图 11.15　流式细胞实验结果表明 D4 具有跨膜进入细胞内的能力[37]

5）D4 以浓度依赖和时间依赖的方式介导 TDP-43 蛋白的降解

为了进一步评价 D4 介导 TDP-43 蛋白降解的能力，过表达 CTDP-43 的细胞与浓度逐渐增长的 D4 共孵育 24h，或与 100μmol/L D4 共孵育不同的时间。流式细胞实验与蛋白质印迹实验结果证明 D4 可以浓度依赖和时间依赖的方式，显著诱导 CTDP-43 发生降解[图 11.16（a）～（f)]。另外，作者还合成了不含疏水区域的 CP1 与 CP2 对照多肽（序

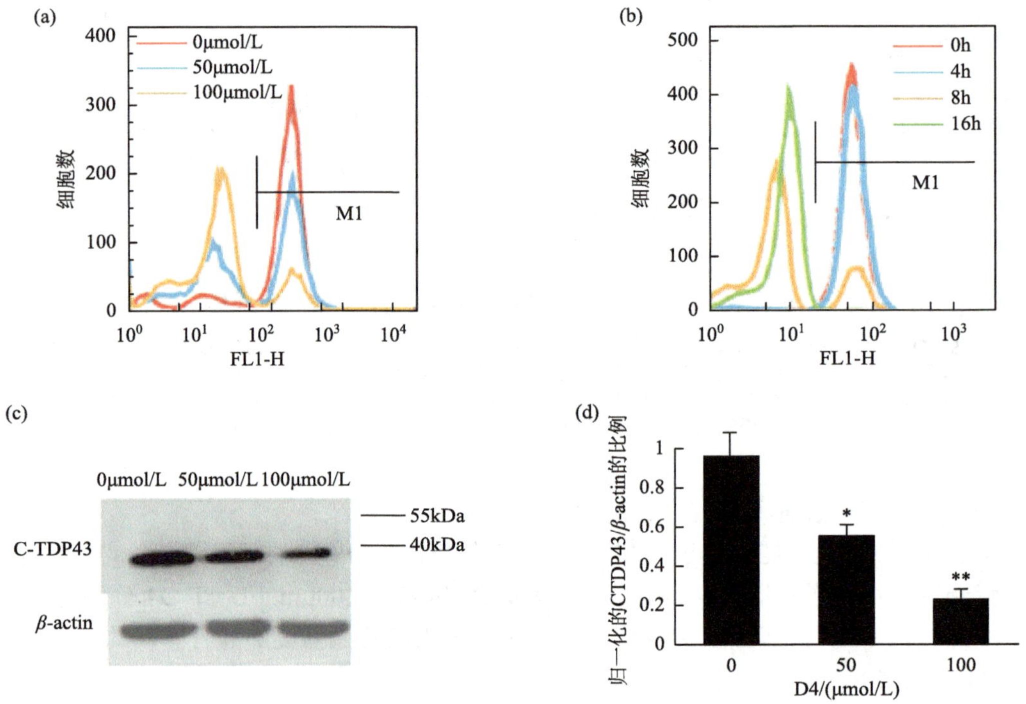

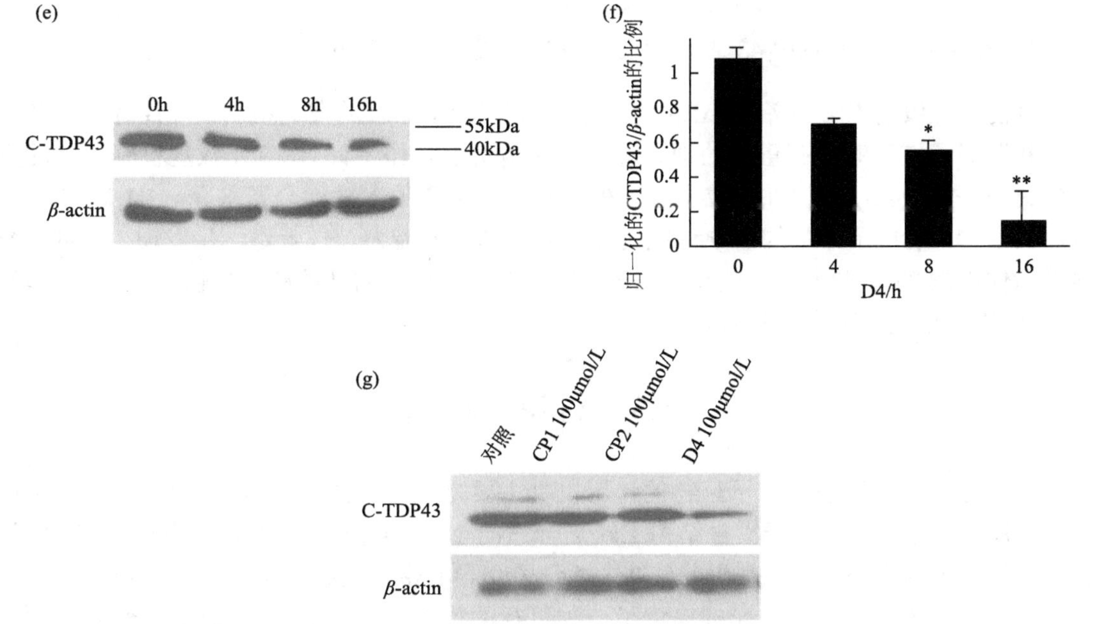


图 11.16　D4 以浓度依赖和时间依赖的方式介导 TDP-43 蛋白的降解[37]

（a）过表达 CTDP-43 细胞与 0μmol/L、50μmol/L 和 100μmol/L D4 分别共孵育 24h 后的流式细胞实验结果，灰色水平线代表荧光阳性信号的下限。（b）过表达 CTDP-43 细胞与 100μmol/L D4 分别共孵育 0h、4h、7h 和 16h 后的流式细胞实验结果，灰色水平线代表荧光阳性信号的下限。（c）过表达 CTDP-43 细胞与 0μmol/L、50μmol/L 和 100μmol/L D4 分别共孵育 24h 后的蛋白质印迹实验结果。（d）为（c）中的 TDP-43 水平由密度测定法测量并由 β-actin 水平归一化得到的统计显著性结果。（e）过表达 CTDP-43 细胞与 100μmol/L D4 分别共孵育 0h、4h、8h、16h 后的蛋白质印迹实验结果。（f）为（e）中的 TDP-43 水平由密度测定法测量并由 β-actin 水平归一化得到的统计显著性结果。（g）过表达 CTDP-43 细胞与 100μmol/L 对照、100μmol/L CP1、100μmol/L CP2 和 100μmol/L D4 分别共孵育 24h 后的蛋白质印迹实验结果

列见表 11.2）。过表达 CTDP-43 的细胞与对照、100μmol/L CP1、100μmol/L CP2 和 100μmol/L D4 分别孵育。蛋白质印迹实验结果说明 CP1 和 CP2 不能导致 CTDP-43 的降解［图 11.16(g)］。以上结果证明了疏水标签是 D4 分子介导 TDP-43 蛋白降解所必需的。

6）D4 可以减少过表达 TDP-43 果蝇中的 TDP-43 蛋白水平

为了鉴定 D4 可以诱导活体内的 TDP-43 蛋白降解，作者构建了过表达 TDP-43 全长的果蝇模型（利用 MHC-Gal4 促进了果蝇间接飞行肌中 TDP-43 的表达）。D4 与 200μL 液体果蝇食物混合得到 D4 终浓度为 200μmol/L 的食物，将其喂食过表达 TDP-43 的果蝇两周（图 11.17）。之后，作者取了 10 只果蝇的胸部并用 NP40 提取物彻底粉碎它们。应用蛋白质印迹实验检测果蝇中 TDP-43 的浓度变化，作者在实验组果蝇中观察到了明显的 TDP-43 浓度水平的降低，说明 D4 可以有效减少果蝇中的 TDP-43 水平。

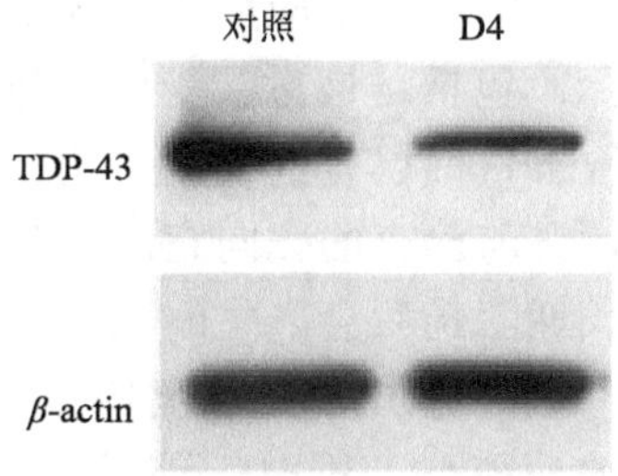


图 11.17　D4 可以减少过表达 TDP-43 果蝇中 TDP-43 的含量[37]

喂食两周 200μmol/L D4 的过表达 TDP-43 果蝇提取物的蛋白质印迹实验结果，抗 TDP-43（全长）抗体（Sigma）用于检测 TDP-43 和抗 β-actin 抗体（Sigma）作为对照组用于检测 β-actin

### 3. 化学分子介导 TDP-43 蛋白靶向降解的重要意义和影响

目前仍然没有有效的治疗 ALS 的方法，因此阐释 ALS 的发病机制，寻找有效的药物靶标并发展调控策略具有重要的理论意义和应用价值。作者针对 ALS 致病机制相关的重要蛋白——TDP-43，设计并合成了一系列含有疏水标签的多功能分子来介导 TDP-43 的降解，其中 D4 展现了最强的诱导细胞内 TDP-43 降解的能力。作者进一步发现 D4 可以诱导果蝇体内的 TDP-43 降解。该类方法为 TDP-43 蛋白相关的功能研究提供了有力的手段，为 ALS 的治疗提供了潜在的策略。

## 11.3　讨论与展望

传统靶向蛋白质的小分子药物的作用机制主要是通过占据蛋白质的结合空腔，直接调控蛋白质的功能。但是对于大量结构上缺乏合适的小分子结合位点的目标蛋白而言，此类占位调控的方法并不适用。基于此，“化学分子介导的蛋白质靶向降解”为调控这些传统意义上“难以成药”的蛋白靶标提供了一种可行的解决方案。该类型策略通过引入外源的多功能化学分子，特异性识别目标蛋白，并利用细胞内的蛋白质质量控制体系，介导了蛋白质的降解。常见的策略主要有两类：一类策略为 PROTAC，另一类策略为 HyT 介导的降解。这两类策略使用的都是多功能嵌合型分子，一端可以特异性识别目标蛋白，另一端招募细胞内蛋白质质量控制系统相关蛋白质，从而介导目标蛋白的降解。该策略具有一些超越传统小分子药物的优势，因此在生物医学研究和制药工业中引起了相当大的关注。这些优势包括：减少占位抑制目标蛋白活性的用量，减少脱靶风险；可选择目标蛋白非活性位点上的配体分子；可抑制目标蛋白由于“抑制反馈”导致的表达量增加；可调控传统意义上“难以成药”的疾病相关蛋白，如转录因子、支架蛋白、易聚集蛋白等非酶蛋白[38]。

自从 2001 年 PROTAC 概念首次被提出以来，化学分子介导的蛋白质靶向降解策略经过了多个阶段的发展，已经逐步系统化，作用机制得到了深入的研究。该类策略在不断完善的过程中被大量应用于调控多种疾病相关的目标蛋白，尤其是针对癌症相关的重要蛋白质靶标，包括雌性激素受体、雄性激素受体、BET 家族的蛋白、激酶等。利用该类策略可以改善目前已有药物产生耐药性的问题。例如，BCR-ABL 是慢性髓细胞白血病的主要原因，目前已有的靶向它的小分子药物，包括 imatinib、dasatinib 和 bosutinib 等，但一些患者长期服药后会产生耐药性。近期研究者们将这些药物和与 E3 连接酶的小分子配体偶联，构筑筛选出可以降解 BCR-ABL 的 PROTAC 分子，为对抗已有药物的耐药性提供了可能的途径[39]。同时，该类策略还可以针对一些“难以成药”的蛋白质靶标，如转录因子和骨架蛋白等，通过降解它们从而抑制其活性。这不但为生物医学提供了有力的研究工具，而且成为许多大型制药公司（如 Pfizer、Genentech、Boehringer-Ingelheim、Novartis 等）重点关注和发展的新增长点。同时，也引发国内外创立了一批专注于发展此类技术的医药公司（如 Arvinas、C4 Therapeutics、分迪科技有限公司等），推动该类型化学分子向临床药物转化。Arvinas 公司近期已经将他们发展的分别靶向雄激素受体和雌激素受体的 PROTAC 分子推动进入临床测试，用于发展治疗前列腺癌和乳腺癌的药物。

作者研究团队近年来成功地将“化学分子介导的蛋白质靶向降解”策略发展成调控神经退行性疾病病理相关的易聚集蛋白含量的有效手段，实现了在细胞水平和活性水平（AD 模型小鼠和 ALS 模型果蝇）上调控 Tau 蛋白和 TDP-43 蛋白的含量，为相关疾病的研究提供了有效的分子工具，也为疾病的治疗提供了可能的手段。作者注意到，专注于发展 PROTAC 技术的医药公司 Arvinas（Craig Crews 创建）近期也宣称：Arvinas 公司在致力于肿瘤领域的新药研发之外，将专注于在神经科学领域寻找新的靶点和新药研发。该公司声称他们曾往小鼠的大脑里直接注射 PROTAC 分子，用于降解 Tau 蛋白，并进一步开发能够穿透血脑屏障的 PROTAC 分子。该公司透露了他们在研的两个靶点，分别是 Tau 蛋白和 $\alpha$-突触核蛋白。因此，作者相信“化学分子介导的蛋白质靶向降解”将在学术界和工业界的合力推动下，为神经退行性疾病的治疗领域带来新的希望。

化学分子介导的蛋白质靶向降解策略近年来发展迅速，许多研究小组和制药公司参与该策略的发展和转化中，但仍然需要开展大量的基础研究工作，进一步优化这些多功能分子库的构筑和筛选[37, 38]。

（1）PROTAC 分子中的 E3 连接酶底物库的构建和筛选。目前常见的 E3 连接酶底物包括：VHL 连接酶底物和 CRBN 连接酶底物等，不能满足介导所有目标蛋白降解的需要。目前，已有超过 700 种的 E3 连接酶被发现，因此需要发展更多的 E3 连接酶底物用于 PROTAC 分子的构筑，增加该类分子的多样性，以便适应更多需要降解的目标蛋白。目前已有研究表明：PROTAC 分子中的 E3 连接酶底物的选择对降解活性有很大的影响。例如，上述的靶向介导 BCR-ABL 降解的 PROTAC 分子构筑，研究者合成了许多多功能分子，但是发现 bosutinib-CRBN 成功地降解了 BCR-ABL，bosutinib-VHL 却没有取得效果，而基于 imatinib 的 PROTAC 分子都无法介导 BCR-ABL 的降解[39]。因此，一方面需要发展更多的 E3 连接酶底物用于 PROTAC 分子库的构建；另一方面需要更深入地研究作用机制，可以尝试建立一些针对不同蛋白质靶标选择不同 E3 连接酶底物的标准。

（2）随着 PROTAC 策略的发展，研究者们也开始进一步地探究多功能分子招募的 E3 连接酶带来的特异性：是否有可能通过组织或疾病特异性的 E3 连接酶实现组织特异性或疾病特异性的介导目标蛋白的降解？目前越来越多的 E3 连接酶和其小分子底物被发现，这为发展特异性 PROTAC 分子提供了可能。同时，E3 连接酶在不同亚细胞的定位和调节可以为选择性介导目标蛋白的降解提供机会，例如，可以考虑利用定位于细胞核的 E3 连接酶诱导细胞核中的目标蛋白降解而不影响细胞质中的同类蛋白。另外，使用 E3 连接酶磷酸化多肽底物的 PROTAC 分子，可以通过调控磷酸化状态实现有条件地介导目标蛋白的降解。

（3）连接臂的选择。PROTAC 分子中目标蛋白的配体和 E3 连接酶的配体之间的连接臂也非常重要，它的长度、亲疏水程度和刚性都对 PROTAC 的功能非常重要，特别是要避免影响两端识别分子与目标蛋白和 E3 连接酶之间的相互作用。从合成角度上讲，连接臂可以根据需要调节长短，确定连接臂的最佳长度非常重要。已有的经验表明，较小的连接臂长度差异能够导致分子显著的活性变化。这可能是由于连接臂的长度影响了 PROTAC 分子与目标蛋白和 E3 连接酶之间的三聚体复合物形成的能力。三聚体复合物的形成受多种因素的影响，如 E3 连接酶识别的赖氨酸位置、结合位点的深度、最佳蛋白质-蛋白质结合的取向等。连接臂的长度、亲疏水程度和刚性对这些因素也有一定的影响。Kim 和同事报道了用雌二醇/VHL 多肽的 PROTAC 降解雌激素受体的连接臂长度优化，不同长度的连接臂极大地影响了该类分子介导目标蛋白降解的能力[40]。因此，在设计连接臂时需要全面考虑它的长度和化学结构，它会在很大程度上影响 PROTAC 分子-目标蛋白-E3 连接酶三聚体的形成及 PROTAC 分子跨细胞膜的能力。合适的连接臂足够长且足够灵活，使得分子的两端能够与其结合的蛋白质自由相互作用；合适的连接臂也足够短，以确保目标蛋白足够接近 E3 连接酶而产生二聚化效应；连接臂不应过度疏水（这会促进水溶液中的分子内相互作用）或过于活泼（如酯类可能在体内裂解）。

（4）含 HyT 的多功能分子介导蛋白质靶向降解的策略，已经成功应用于多种非酶蛋白的降解，显示了其高效性。作者研究团队应用 HyT 策略有效地降解了细胞和活体中的 Tau 蛋白与 TDP-43 蛋白。但是，该策略仍然存在一些问题，需要在今后的研究中得到解决。该类分子中的疏水基团可能与血清中其他蛋白质非特异性结合，导致介导目标蛋白降解的有效化合物浓度降低。此外，HyT 分子介导目标蛋白降解的分子机制目前还不是很清楚：蛋白质降解是依赖于金刚烷或 $Boc_3Arg$ 基团的识别，还是依赖于蛋白质不稳定性而引发降解。如果是后者，HyT 策略的应用对象则受到一定的限制，结构稳定的蛋白质很难被此策略降解。因此，在尚未弄清楚 HyT 策略的机制前，与 PROTAC 策略相比，该策略仍然主要是生物医学的重要研究工具，但还不能成为一种治疗策略。而使用 E3 连接酶配体介导目标蛋白的邻近-诱导泛素化的 PROTAC 策略更容易在临床实现应用。

（5）作为潜在治疗剂的双功能分子的主要缺点之一是它们的尺寸大。庞大的分子可能不溶，故不能口服吸收，同时其透膜性也差，药代动力学性质也不理想。将来，在临床应用双功能分子之前，最小化配体和接头大小，以及整体结构的优化将是解决上述问题的关键。

化学分子介导蛋白质靶向降解技术提供了一类模块化系统，可以靶向降解特定的目标蛋白。近年来该类技术取得了极大进步，不仅成功应用于已经成药的蛋白质靶标，最有吸引力的是它可以针对那些传统上认为“难以成药”的蛋白质靶点，这些蛋白质可能占了人类蛋白质组的 75%以上。由于化学分子介导蛋白质靶向降解可以通过结合目标蛋白上的任何一个位点，而不一定是活性位点，来达到选择性降解蛋白的目的。因此，理论上该技术可以用于任何一个蛋白质。而且，化学分子与目标蛋白之间的结合力不需要太高，往往微摩尔水平的结合分子就能生成纳摩尔水平的降解分子。基于化学分子介导蛋白质靶向降解策略已经表现出巨大的潜力，研究者们也已经发现了其不足和可以改善之处。该类技术还需要化学、生物学、药学、医学等多学科多领域开展交叉合作，进行长期更加深入、更加广泛的研究，才能尽快将该类分子应用于更多的生物医学研究，并将该类分子推向临床应用，最终造福于人类的健康。

本章作者：李艳梅，陈永湘

清华大学

## 参 考 文 献

[1] Russ A P，Lampel S. The druggable genome：an update. Drug Discov Today，2005，10（23-24）：1607-1610.

[2] Neklesa T K，Crews C M. Chemical biology：greasy tags for protein removal. Nature，2012，487（7407）：308-309.

[3] Lai A C，Crews C M. Induced protein degradation：an emerging drug discovery paradigm. Nat Rev Drug Discov，2017，16（2）：101-114.

[4] Sakamoto K M，Kim K B，Kumagamai A，et al. Protacs：chimeric molecules that target proteins to the Skp1-Cullin-F box complex for ubiquitination and degradation. Proc Natl Acad Sci USA，2001，98：8554-8559.

[5] Ivan M，Kondo K，Yang H，et al. HIFalpha targeted for VHL-mediated destruction by proline hydroxylation：implications for $O_2$ sensing. Science，2001，292（5516）：464-468.

[6] Jaakkola P，Mole D R，Tian Y M，et al. Targeting of HIF-alpha to the von Hippel-Lindau ubiquitylation complex by $O_2$-regulated prolyl hydroxylation. Science，2001，292（5516）：468-472.

[7] Schneekloth J S，Fonseca F N，Koldobskiy M Jr，et al. Chemical genetic control of protein levels：selective *in vivo* targeted degradation. J Am Chem Soc，2004，126（12）：3748-3754.

[8] Wang X，Feng S，Fan J，et al. New strategy for renal fibrosis：targeting Smad3 proteins for ubiquitination and degradation. Biochem Pharmacol，2016，116：200-209.

[9] Henning R K，Varghese J O，Das S，et al. Degradation of Akt using protein-catalyzed capture agents. J Pept Sci，2016，22（4）：196-200.

[10] Schneekloth A R，Pucheault M，Tae H S，et al. Targeted intracellular protein degradation induced by a small molecule：En route to chemical proteomics. Bioorg Med Chem Lett，2008，18（22）：5904-5908.

[11] Neklesa T K，Tae H S，Schneekloth A R，et al. Small-molecule hydrophobic tagging-induced degradation of HaloTag fusion proteins. Nat Chem Biol，2011，7（8）：538-543.

[12] Xie T，Lim S M，Westover K D，et al. Pharmacological targeting of the pseudokinase Her3. Nat Chem Biol，2014，10（12）：1006-1012.

[13] Long M J，Gollapalli D R，Hedstrom L. Inhibitor mediated protein degradation. Chem Biol，2012，19（5）：629-637.

[14] Rapoport M，Dawson H N，Binder L I，et al. Tau is essential to beta-amyloid-induced neurotoxicity. Proc Natl Acad Sci USA，2002，99（9）：6364-6369.

[15] Neumann M，Sampathu D M，Kwong L K，et al. Ubiquitinated TDP-43 in frontotemporal lobar degeneration and amyotrophic lateral sclerosis. Science，2006，314（5796）：130-133.

[16] Brunden K R，Trojanowski J Q，Lee V M. Advances in tau-focused drug discovery for Alzheimer's disease and related tauopathies. Nat Rev Drug Discov，2009，8（10）：783-793.

[17] Lonnroos E，Kyyronen P，Bell J S，et al. Risk of death among persons with Alzheimer's disease：a national register-based nested case-control study. J Alzheimers Dis，2013，33（1）：157-164.

[18] Prince M，Bryce R，Albanese E，et al. The global prevalence of dementia：a systematic review and metaanalysis. Alzheimers Dement，2013，9（1）：63-75.

[19] Mullan M，Crawford F，Axelman K，et al. A pathogenic mutation for probable Alzheimer's disease in the APP gene at the *N*-terminus of beta-amyloid. Nat Genet，1992，1（5）：345-347.

[20] Alonso A C，Grundke-Iqbal I，Iqbal K. Alzheimer's disease hyperphosphorylated tau sequesters normal tau into tangles of filaments and disassembles microtubules. Nat Med，1996，2（7）：783-787.

[21] McKeith I，Del Ser T，Spano P，et al. Efficacy of rivastigmine in dementia with Lewy bodies：a randomised，double-blind，placebo-controlled international study. Lancet，2000，356（9247）：2031-2036.

[22] Bentham P. Long-term donepezil treatment in 565 patients with Alzheimer's disease（AD2000）-randomised double-blind trial. Lancet，2004，363：2105-2115.

[23] Gaudig M，Richarz U. Effects of Galantamine in Alzheimer's disease：double-blind withdrawal studies evaluating sustained

versus interrupted treatment curr. Alzheimer Res，2011，8：771-780.

[24] Jin M，Shepardson N，Yang T，et al. Soluble amyloid beta-protein dimers isolated from Alzheimer cortex directly induce Tau hyperphosphorylation and neuritic degeneration. Proc Natl Acad Sci USA，2011，108（14）：5819-5824.

[25] Roberson E D，Scearce-Levie K，Palop J J，et al. Reducing endogenous tau ameliorates amyloid beta-induced deficits in an Alzheimer's disease mouse model. Science，2007，316（5825）：750-754.

[26] Bouwman F H，Schoonenboom N S，Verwey N A，et al. CSF biomarker levels in early and late onset Alzheimer's disease. Neurobiol Aging，2009，30（12）：1895-1901.

[27] Ebneth A，Godemann R. Overexpression of tau protein inhibits kinesin-dependent trafficking of vesicles，mitochondria，and endoplasmic reticulum：implications for Alzheimer's disease. J Cell Biol，1998，143：777-794.

[28] Ittner L M，Ke Y D，Delerue F，et al. Dendritic function of tau mediates amyloid-beta toxicity in Alzheimer's disease mouse models. Cell，2010，142（3）：387-397.

[29] Chu T T，Gao N，Li Q Q，et al. Specific knockdown of endogenous tau protein by peptide-directed ubiquitin-proteasome degradation. Cell Chem Biol，2016，23（4）：453-461.

[30] Maccioni R B，Rivas C I，Vera J C. Differential interaction of synthetic peptides from the carboxyl-terminal regulatory domain of tubulin with microtubule-associated proteins. EMBO J，1988，7（7）：1957-1963.

[31] Rivas C I，Vera J C，Maccioni R B. Anti-idiotypic antibodies that react with microtubule-associated proteins are present in the sera of rabbits immunized with synthetic peptides from tubulin's regulatory domain. Proc Natl Acad Sci USA，1988，85（16）：6092-6096.

[32] Hon W C，Wilson M I，Harlos K，et al. Structural basis for the recognition of hydroxyproline in HIF-1α by pVHL. Nature，2002，417：975.

[33] Vossel K A，Zhang K. Tau reduction prevents Aβ-induced defects in axonal transport. Science，2010，330：198.

[34] Gao N，Chu T T，Li Q Q，et al. Hydrophobic tagging-mediated degradation of Alzheimer's disease related. Tau Rsc Adv，2017，7（64）：40362-40366.

[35] Boland B，Yu W H，Corti O，et al. Promoting the clearance of neurotoxic proteins in neurodegenerative disorders of ageing. Nat Rev Drug Discov，2018，17：660.

[36] Burslem G M，Crews C M. Small-molecule modulation of protein homeostasis. Chem Rev，2017，117（17）：11269-11301.

[37] Gao N，Huang Y P，Chu T T. TDP-43 specifc reduction induced by Di-hydrophobic tags conjugated peptides. Bioorg Chem，2019，84：254-259.

[38] Salami J，Crews C M. Waste disposal—an attractive strategy for cancer therapy. Science，2017，355（6330）：1163-1167.

[39] Lai A C，Toure M，Hellerschmied D S，et al. Modular PROTAC design for the degradation of oncogenic BCR-ABL. Angew Chem Int Ed，2016，55（2）：807-810.

[40] Cyrus K，Wehenkel M，Choi E Y，et al. Impact of linker length on the activity of PROTACs. Mol Biosyst，2011，7（2）：359-364.

# 第12章　金属离子探针与检测

## 12.1　引　　言

生命过程的分子识别与干预是化学和生物医药交叉领域的重大课题，也是实现分子和细胞层次精准诊疗的重要基础。作为生命体系识别与调控的重要载体和靶点，金属离子在生命过程中扮演着非常重要的角色，是很多蛋白质实现其生物化学功能所必需的辅助因子，广泛地参与机体生长发育、细胞分裂分化、基因转录调控、神经信号传递等各个方面。对生命体系中金属离子的识别和时空分布研究是生物无机化学领域最活跃、最具挑战性的课题之一。发展高敏、专一的金属离子识别与探测技术，结合化学人工直接干预发展以金属离子靶向的调控与干预新机制，将为阐明相关生理、病理过程中的信号调控奠定基础。

同时，还有相当一部分重金属离子对生命体是有害的，包括人体所必需的金属离子，如浓度过高也将损害人体的健康。这些重金属离子在很低的浓度下就会对有机体产生极强的毒性，因而成为环境问题中不容忽视的一类重要污染物。近年来，随着科技水平的提高，重金属中一些化学性质稳定、物理属性优良的贵金属（如金、银、铂、钯等），被广泛应用在电子、通信、航空航天、化工、医疗等领域，以及与人们日常生活相关的各类生活日用品中。但是，由于生产技术的限制，在这一系列生产活动所产生的废弃物中仍然含有大量有害的贵金属离子，既对生态环境造成了破坏，又使得生产成本居高不下。此外，重金属污染不同于有机化合物污染，具有富集性强、在自然环境中难以降解的特点，因而具有更大的危害性。

由此可见，金属离子就像是生命体系中的一把双刃剑，开发能够灵敏地感应生命体系中金属元素离子浓度实时变化的检测方法，从而了解并把握各种化学状态或化学形态存在的金属元素与生命体之间的相互关系，使之更加可持续地应用到人类的生产、生活中，具有极其重大的科学意义。

目前，对金属离子进行体外的定性检测和定量分析的方法较多，但是通常采用化学试剂法或依赖大型分析仪器。化学试剂法虽然操作简单，费用低廉，但是一般灵敏度较低，尤其是对不同金属离子的选择性差，无法实现对某种特定金属离子的特异识别。而通过大型仪器设备检测，如原子吸收光谱法（AAS）、电感耦合等离子体光谱/质谱法（ICP-AES/MS）等，虽然对样本中金属离子的检测灵敏度高，但是仪器操作烦琐，样品耗时较长。更为重要的是，目前对金属离子及其配合物的快速检测和在生物活体体内的实时原位识别已成为目前国际上的研究热点。荧光探针技术由于具有高灵敏度、高选择性、简便快捷、实时原位无损检测等优点，在环境科学、分析化学及生命科学等领域都得到了广泛的应用。设计具有高选择性、高灵敏度、快速并能原位检测生物体内这些具有生理功能的金属离子的新型荧光探针，对不同细胞内所存在的金属离子及时准确的检测，就能够更加详尽地解析金属离子的生物功能，更加准确地了解这些金属离子在生命体内的作用机制。

金属离子探针与检测技术是通过预先设计的分子模型和目标金属离子之间的特异识别，产生比率计量的化学发光或荧光信号，实现在生物体系中快速、实时、原位检测金属离子的方法。根据与目标金属离子相匹配的分子模型的性质不同，目前被深入研究的金属离子探针主要可以分为：化学小分子探针、核酸探针、纳米材料探针、多肽及蛋白质探针、全细胞水平探针。随着近年来金属离子探针技术研究的不断发展，研究者们所面对的问题越来越复杂，研究的范围也不断扩大。

作为国家自然科学基金委员会“基于化学小分子探针的信号转导过程研究”重大研究计划成果之一，本章将首先介绍目前已报道的各类金属离子探针与检测技术，并阐述在化学小分子金属离子探针技术上所开展的生物学应用研究工作，尤其是郭子建课题组在锌离子相关的光学识别探测方面取得的进展。之后将重点介绍目前快速发展的蛋白质探针和全细胞水平金属离子探针，以及包括赵劲课题组在内所发展的基于金属蛋白合成生物学改造的全细胞重金属离子检测技术及其在生物环保方面的应用。

## 12.2 研究进展与成果

### 12.2.1 化学小分子类金属离子探针的开发

在各种金属离子探针检测技术中，化学小分子探针技术由于其设计简单，原料来源方便，同时具有良好的仪器操作性，检测限较低，对体内和体外金属离子能够实现原位检测，在生物和环境的检测中有着很大的优势，成为研究最深入的检测技术。基于荧光及颜色变化的化学小分子探针在细胞内金属离子的检测中显示出巨大的优势。在过去的几十年中，人们对金属离子的化学小分子探针做了多种研究，主要方式有通过金属离子的识别、金属介导的有机反应等手段来检测金属离子。针对生命体内关键金属离子的探针和检测技术，国内外有多个课题组开展了长期持续的研究工作。

#### 1. 铜离子探针的开发

众所周知，活细胞可以利用金属离子传递信号。已有大量报道指出碱金属与碱土金属（如钠、钾、钙等）会在信号传递中起到较为重要的作用。然而在大脑中，过渡金属（如铁、铜等）的作用也不容忽视。铜的储存和应激与许多疾病相关，如卷发综合征（Menkes and Wilson’s diseases）、阿尔茨海默病（Alzheimer’s disease）、家族性肌萎缩侧索硬化（familial amyotrophic lateral sclerosis）和朊病毒导致的脑部疾病（prion mediated encephalopathies）。但由于缺乏直接的手段对活细胞中的过渡金属进行实时监测，长期以来相关的研究都难以开展，而分子成像技术的发展与铜响应的荧光传感器的开发为研究者们提供了新的思路。来自美国加州大学伯克利分校的 Chang 课题组首先设计并合成了小分子荧光探针 coppersensor-1（CS1），用于标记活细胞中的铜离子[1]。进一步，他们又在 CS1 的基础上改进并合成了更有效率的探针——铜离子探针-3（coppersensor-3，CS3）。如图 12.1 所示，在同步荧光显微技术（synchotron-based X-ray fluorescence microsopy）的帮助下，作者发现神经元激活时将大量铜离子从细胞内转移到周围（图 12.1）。这一过程中钙离子浓度的变化也证明了铜与主要细胞信号通路间的联系。具有较高特异性和敏感性的 CS3 探针为发现和阐明活体中铜的功能提供了新的手段[2]。

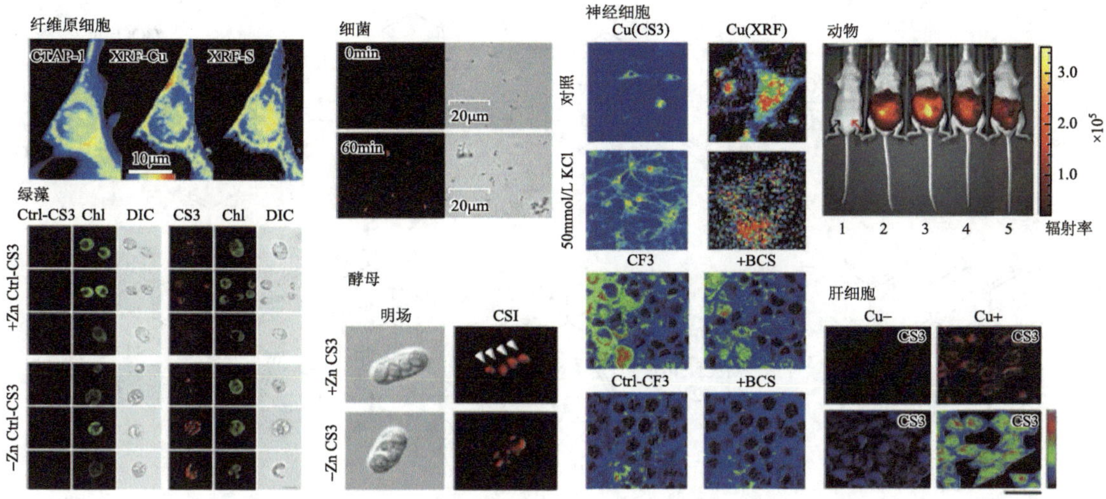


图 12.1　CS3 在不同生物学模型中的应用

然而，由于染料 BODIPY 的疏水性，探针 CS3 仍存在种种限制。Chang 课题组设计了基于对甲氨基酚（rhodol）结构的铜离子荧光感受器铜-对甲氨基酚（copper-rhodol，CR1-5），并根据实验结果进一步改进了 CR3（用三氟甲基替代底部环上的甲基）以得到最终产物 copper-fluor-3（CF3），并用此探针证明铜在神经系统中自发性的内源调节功能。相比于 CS3，CF3 具有保存周期长、适用范围广等优点。在实验中，神经元内存在的铜离子可以通过与螯合剂结合，从而形成不稳定的铜池。更进一步，通过添加铜螯合剂 BCS 及对铜通路基因 CTR1（copper transporter 1）的敲除以破坏不稳定的铜池，可以观察到海马体和视网膜神经中钙离子的变化，从而揭示了过渡金属在细胞信号传导中的重要作用[1]。

虽然铜离子荧光探针 CS3 已经广泛地应用于各种生命体（细菌、真菌、细胞及动物等）中，但 CS3 的使用仍受到一些限制，这促使研究者们对其进行了进一步改进。由于富含硫醚的基团一直是铜的良好配体，Chang 课题组的研究者们吸取之前的经验，开发了新的荧光探针 CTAP-1[2]。CTAP-1 具有良好的溶解性，同时可以与基于 BODIPY 的 CS1 和 CS3 形成透明的胶体（不影响荧光）。更进一步，他们设计了与线粒体特异性结合的探针 Mito-CS1 及其他几种探针。通过分析、比较 CS3、Mito-CS1、CF3 等探针的特性，为将来铜离子探针方面的研究提供了良好的基础和启发[3]。

### 2. 铁离子探针的开发

三价铁和亚铁离子也是生命体中重要的金属离子，是人体内含量最高的过渡金属。当细胞内铁离子的平衡被破坏时，其氧化性也会对生物大分子及生命体的代谢造成严重破坏。因而研究铁离子对生命的调节机制显得尤为重要，但是目前针对两种铁离子的荧光探针都很稀少。Chang 课题组报道了一种新的能够选择性与亚铁离子结合的荧光探针——铁离子探针-1（iron probe 1，IP1），其合成过程如图 12.2 所示。运用该铁离子探针，在维生素 C 或铁调节激素（hepcidin）的协助下，能够观察到活细胞中可变铁池的变化。

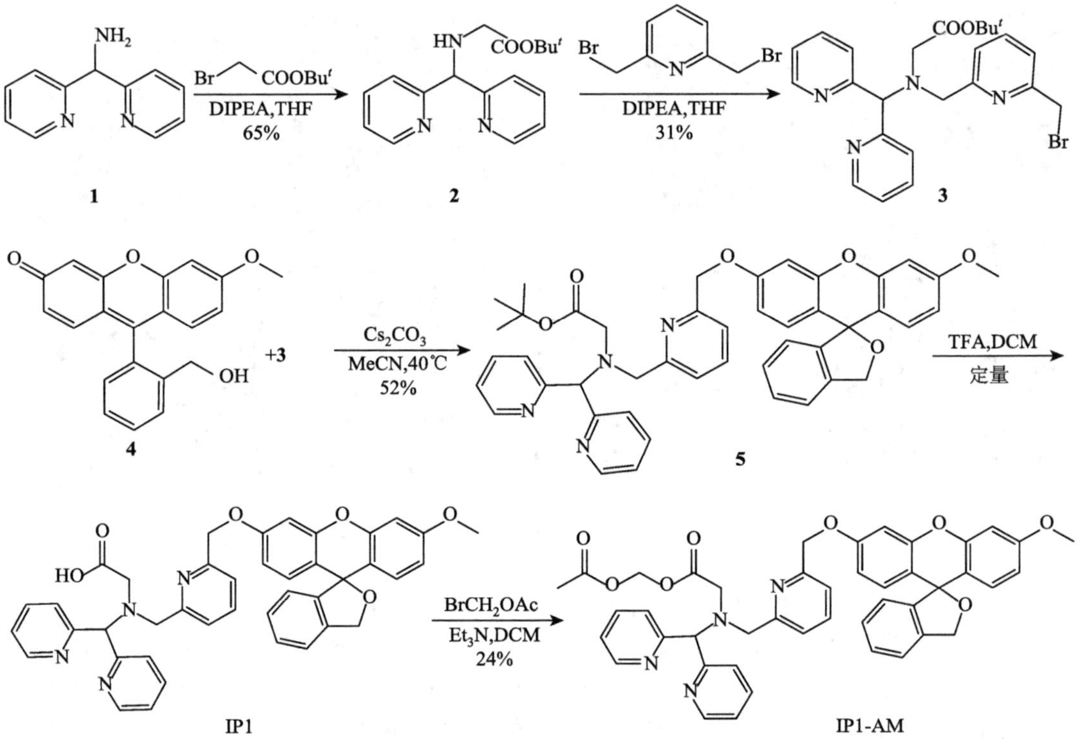


图 12.2　亚铁离子荧光探针 iron probe 1 的合成

同时，受抗疟天然产物及相关治疗的启发，Chang 课题组又报道了一种铁离子探针-1（FIP-1）的设计、合成和表征。FIP-1 能够在生命体中对可变铁池进行荧光成像。FIP-1 将两个荧光团（荧光素和 Cy3）连接到一个与亚铁离子特异性相应的基团上。当亚铁离子触发过氧化物裂解响应时，FIP-1 可以将这两种染料分离成独立的片段，同时从荧光素向 Cy3 转移的荧光共振能量（fluorescence resonance energy transfer，FRET）也将减少。FIP-1 在水缓冲液中可以对 Fe（Ⅱ）有选择性地作出反应，并且能够检测活细胞中可变铁池的变化。此外，FIP-1 在铁死亡（ferroptosis）上的应用揭示了这种细胞死亡过程中可变铁池的变化，为研究生命系统中的铁信号提供了一个新的方向[4]。最近，Chang 课题组又报道了一种铁结合荧光素探针-1（ICL-1）的合成及表征。ICL-1 是一种具有高度特异性的亚铁离子荧光探针，可以对活体内的可变铁池进行监测。ICL-1 由一种生物激发的内源过氧化物触发，释放 D-氨基虫荧光素（D-aminoluciferin），从而结合生物发光检测出正常和氧化状态的亚铁离子。该探针可以检测活细胞和小鼠体内（缺铁和铁超载）可变铁池的变化。在实验中作者通过 ICL-1 在系统性的细菌感染中的应用以验证其功效。通过 ICL-1 可以检测到该过程中铁含量显著上升，这与之前的研究结果是相同的。在活体动物中监测铁离子状态的能力为研究生理和病理中的铁代谢提供了一种强力的技术[5]。

3. 锌离子探针的开发

$Zn^{2+}$作为无机信号分子参与了神经信号传递、信号转导和基因转录等，对 $Zn^{2+}$相关生理学和病理学的研究引起了人们的极大兴趣。锌参与多种代谢过程，与生长激素、促性腺激素、催乳素、甲状腺素、肾上腺素、肾上腺皮质激素及胰岛素的分泌过程密切相关，人体中 $Zn^{2+}$是诸多神经蛋白结构或催化的重要组成部分，$Zn^{2+}$代谢的失调还与多种神经性疾病息息相关，如阿尔茨海默病、肌萎缩侧索硬化、癫痫症和帕金森病等。基于锌的重要性及其在过量时产生的污染毒性，定量地、特异性地、高效地检测生命体和环境中的 $Zn^{2+}$含量极为重要，这也成为近些年研究者非常关注的领域，并且开发各种金属离子检测方法成为目前炙手可热的研究方向。然而，$Zn^{2+}$不同于其他过渡金属离子，不呈现任何波谱或磁信号，零自旋，检测 $Zn^{2+}$更具挑战性。目前基于光致发光（PL）成像的优势，如高灵敏度和非侵入性，以及优异的时间和空间分辨率，其成为实时监测 $Zn^{2+}$分布、吸收和传输的有力工具。在过去的二十年中，人们致力于生物系统中的 PL $Zn^{2+}$成像，这证明了 $Zn^{2+}$在生理过程中的波动及其不稳定的时空分布和定位。PL 技术的进步，在解决 $Zn^{2+}$PL 成像的主要挑战方面做出了卓越的贡献，如荧光显微镜、共聚焦荧光显微镜、双光子荧光显微镜，以及基于寿命的技术和发光光学成像系统的发展。如图 12.3 所示，通过合理设计和正确使用荧光传感器，实现各种细胞系、细胞器、组织、器官及动物活体内部的 $Zn^{2+}$成像，对阐明不稳定 $Zn^{2+}$的生物学和生理学作用至关重要[6]。

图 12.3　基于光致发光技术的活细胞锌离子探测技术

作为许多酶促反应的辅助因子，$Zn^{2+}$与线粒体呼吸链密切相关，线粒体作为细胞的能量工厂，在氧化应激下发生一系列由信号小分子诱发的反应。郭子建和何卫江课题组利用锌离子探针的比例响应性能将其进一步与线粒体靶向基团三苯基膦正离子结合，构建了一个线粒体靶向的 $Zn^{2+}$荧光探针 Mito-ST[7]。如图 12.4 所示，其 $Zn^{2+}$专一诱导的激发波发生蓝移（466～397nm），证明该探针为激发比例响应探针。人宫颈癌细胞 HeLa 中线粒体共定位的 Pearson 系数达到 0.95。负载了 Mito-ST 的 HeLa 细胞的成像结果显示线粒体内的“移动” $Zn^{2+}$水平较低，而在加入外源 $Zn^{2+}$之后在线粒体中观察到强烈的绿色荧光，即外源 $Zn^{2+}$的进入有效地增加了线粒体中 $Zn^{2+}$水平。外源 $Zn^{2+}$诱导的 HeLa 细胞中线粒体不稳定性 $Zn^{2+}$的增加比人卵巢癌细胞 COC2 和人乳腺癌细胞 MCF-7 更明显，暗示不同的细胞系中线粒体 $Zn^{2+}$反应的不同，揭示了该 Mito-ST 探针能够定量和可逆地监测线粒体中的不稳定 $Zn^{2+}$浓度。利用 Mito-ST 通过成像研究不同刺激后的线粒体 $Zn^{2+}$释放表明，高浓度的 $H_2O_2$ 可以有效地刺激线粒体 $Zn^{2+}$释放，并且在一氧化氮自由基（SNOC）氧化刺激 MCF-7 细胞时的成像揭示了两者刺激均可导致线粒体 $Zn^{2+}$的快速释放，其中 $H_2O_2$ 导致的释放较小但仍然明显，而以往增强型的探针则未能揭示 $H_2O_2$ 刺激导致的线粒体 $Zn^{2+}$释放效应。此外，$H_2O_2$ 和 SNOC 很可能通过不同的机制刺激线粒体 $Zn^{2+}$的释放，溶酶体可能对 $H_2O_2$ 更敏感，而线粒体则对 SNOC 更为敏感。该研究不仅提供了一种新型可靠灵活的探针以探索线粒体 $Zn^{2+}$稳态，也为探索线粒体中 ROS/RNS 相关的 $Zn^{2+}$生物学功能提供了有力的线索。

由于许多亚细胞器在维持 $Zn^{2+}$稳态中发挥不同的作用，例如，细胞核与细胞内 $Zn^{2+}$的运输和储存有关，$Zn^{2+}$的存储蛋白（金属硫蛋白）在从 G1 到 S 的相变过程中可以从细胞质重新分布到细胞核。许多核蛋白如转录因子、聚合酶和 DNA 重塑因子都建

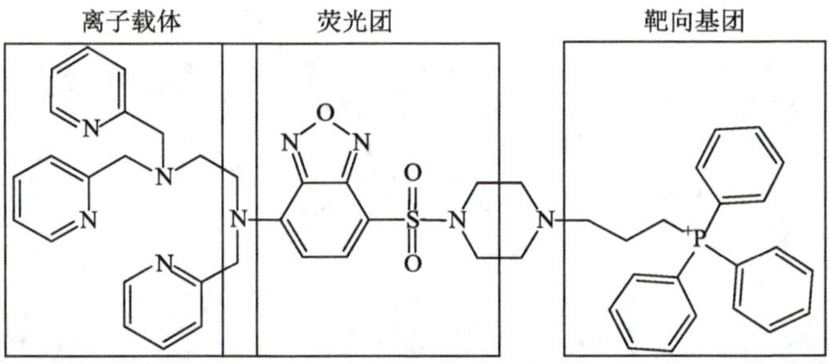


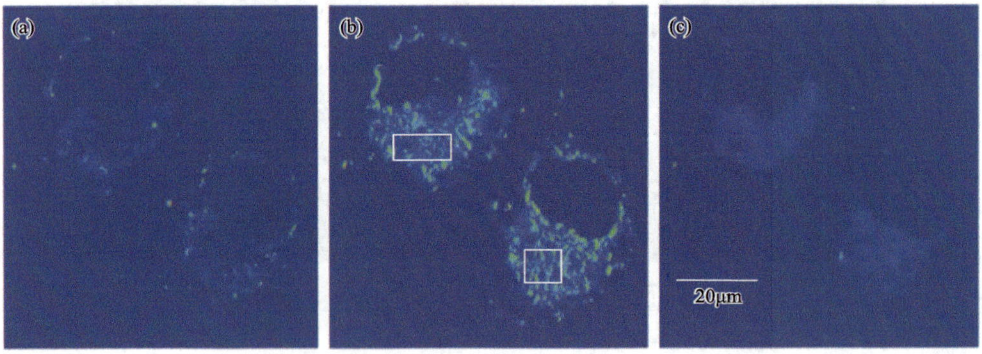

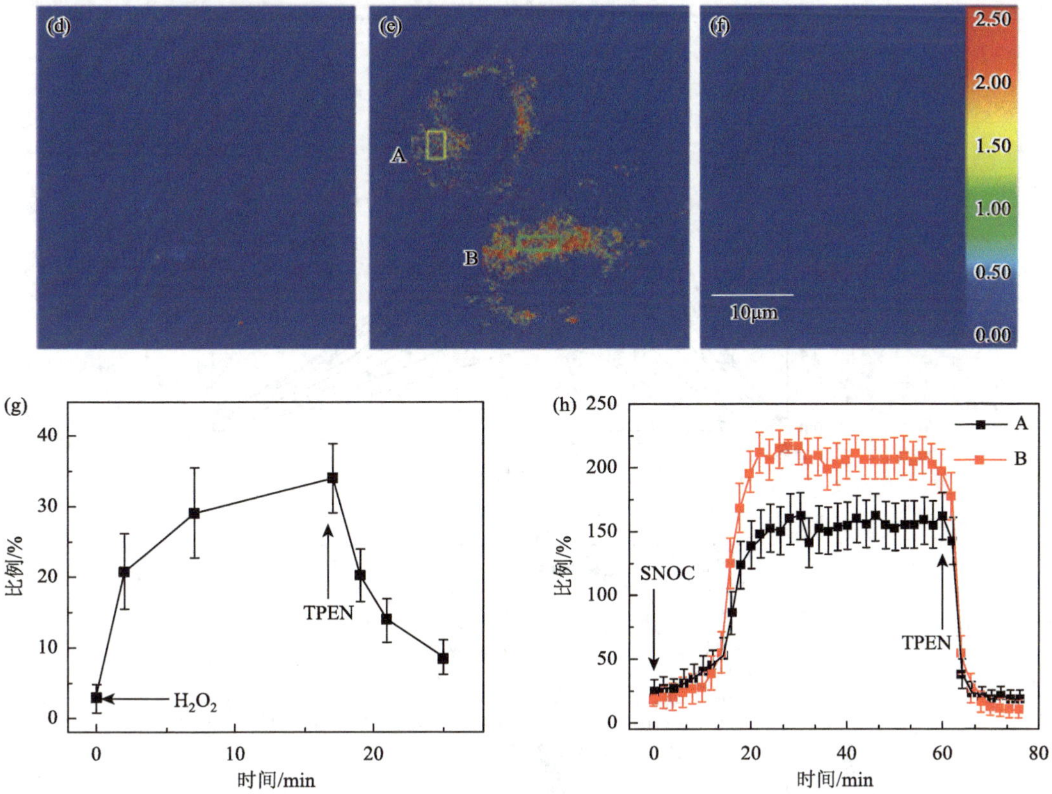


图 12.4　MCF-7 细胞在 $H_2O_2$ 及 SNOC 刺激下基于 Mito-ST 的线粒体 $Zn^{2+}$双激发比例成像及线粒体 $Zn^{2+}$释放跟踪曲线

立在 $Zn^{2+}$稳态基础上进行正常工作。多数 $Zn^{2+}$荧光探针难以在活细胞核中分布，不能进行核内 $Zn^{2+}$的成像观察。具有核包膜穿透性的小分子 $Zn^{2+}$探针由于其简单的染色操作、再现性及高稳定性和灵敏度等优点，成为 $Zn^{2+}$探针设计研究的热点。郭子建和何卫江课题组利用 1, 8-萘酰亚胺对 DNA 的靶向亲和能力，通过与 *N*, *N*-二(2-吡啶甲基)-1, 2-乙二胺（BPEA）偶联构建了两个全细胞分布的 $Zn^{2+}$荧光探针 Naph-BPEA 和 Naph-BPEA-e[8]。$Zn^{2+}$与 BPEA 的螯合导致了荧光选择性增强效应及核膜透过能力使得其具有核内锌离子响应能力。通过结构和性能对比发现其核膜透过性与 1, 8-萘酰亚胺结构密切相关，其 4-氨基-1, 8-萘二甲酰亚胺自身的 DNA 靶向能力可促进 Naph-BPEA 的细胞核渗透。在 $Zn^{2+}$滴定时，Naph-BPEA 显示出其与 $Zn^{2+}$总量呈线性发射增强，Naph-BPEA 与 $Zn^{2+}$的紫外滴定表现出 453～442nm 的吸收蓝移，在 $Zn^{2+}$滴定时仅发生一个锌配位过程，BPEA 部分的所有 N 原子都直接参与 $Zn^{2+}$配位，正是 BPEA 末端氨基 $Zn^{2+}$的直接配位引起了分子内电荷转移（ICT）吸收带的蓝移。通过筛选目标金属阳离子，验证了 Naph-BPEA 对 $Zn^{2+}$的特异性激发荧光，发现 Naph-BPEA 类似物与特定的偶氮-冠醚或偶氮-密封剂作为 $Zn^{2+}$螯合剂与 ANaph 荧光团结合可能有助于提高对 $Cd^{2+}$和 $Pb^{2+}$感知的选择性（图 12.5）。pH 为 6.5～9.0 的 Naph-BPEA 可以稳定发射荧光，表明其在生理微环境中的 pH 非依赖性，可以作为细胞内 $Zn^{2+}$成像工具。通过将 Naph-BPEA 和核染料 Hoechst33342 共染的成像方法，明确了探针在 HeLa 细

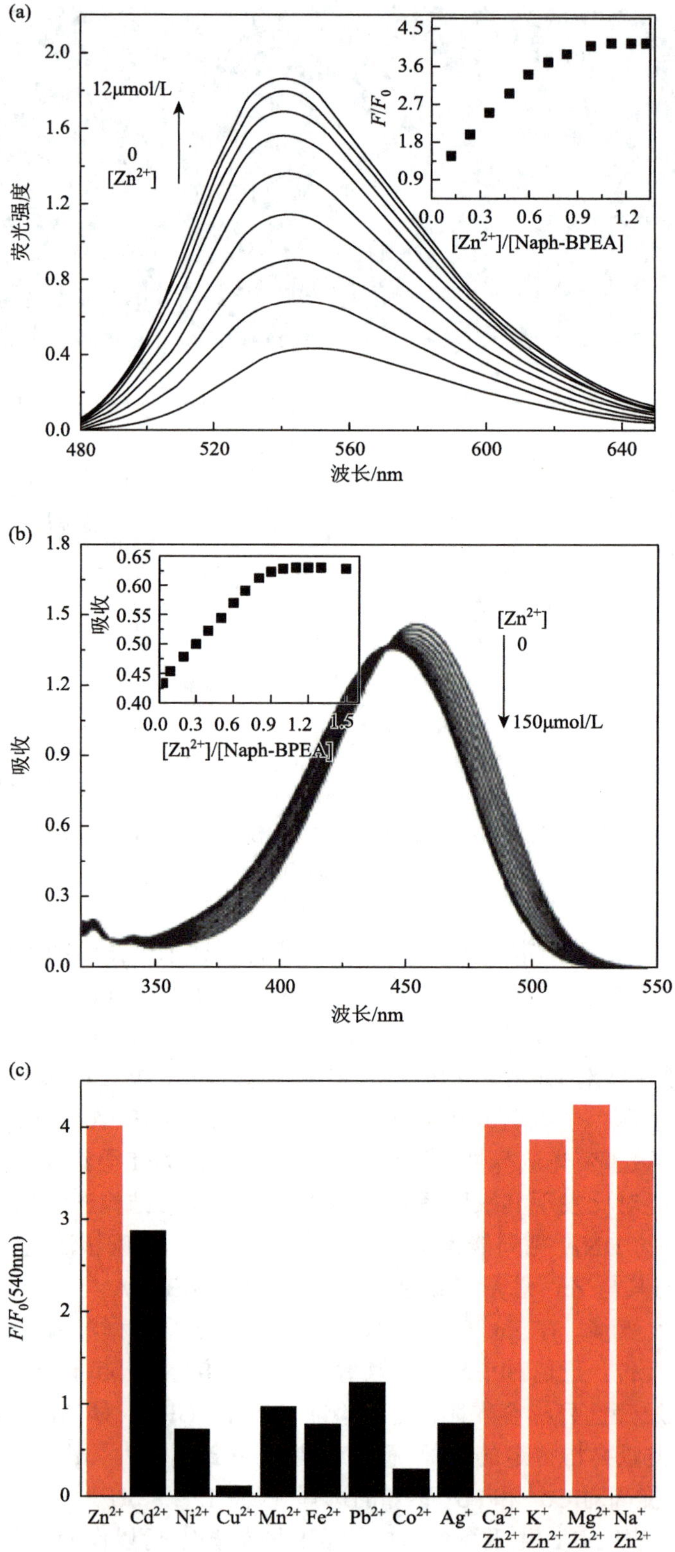


图 12.5　$Zn^{2+}$荧光探针 Naph-BPEA 的灵敏度和选择性结果

胞核中的分布。相比之下，它的类似物 NBD-BPEA 则没有细胞核部位的分布，表明 ANaph 荧光团可能是核包膜穿透性的关键基团。Naph-BPEA 的细胞内分布模式表明可以同时监测细胞核和细胞质中不稳定的 $Zn^{2+}$水平。且该探针具有胞内外源锌离子的可逆响应能力。通过 Naph-BPEA 染色获得的斑马鱼幼体图像显示其心室周围有两个对称荧光区域，并可观察到尾部的额外荧光流图像。该探针因其全细胞分布的特点，有望为同时观察核内外 $Zn^{2+}$的协同变化提供支持。

除了在细胞水平进行的 $Zn^{2+}$探针的成像研究外，活体中 $Zn^{2+}$探针也逐渐被开发并应用。作为与哺乳动物高度同源的有价值的脊椎动物模型，斑马鱼胚胎或幼虫在发育生物学、分子遗传学、神经科学、信号转导和病理学研究及体内成像的光学透明性研究中提供了很好的动物模型材料。郭子建和何卫江课题组还利用 4-氨基-7-硝基苯并噁二唑荧光团与多吡啶金属配位团偶联筛选了一个具有 $Zn^{2+}$配位专一性增强响应的荧光探针 NBD-TPEA[9]。在这项工作中，作者采用较小芳香平面的 ICT 荧光团和 4-氨基-7-硝基-2, 1, 3-苯并噁二唑，构建了可见光激发的荧光 $Zn^{2+}$探针，展示了可见的 ICT 吸收带、斯托克斯位移和生物相容性。$Zn^{2+}$配位导致的光致电子转移的阻断是其荧光增强响应的机制：NBD-TPEA 的 $Zn^{2+}$结合率为 1∶1，与不具有 $Zn^{2+}$亲和力的类似物 NBD-BPA 和 NBD-PMA 相比，NBD-TPEA 中的外部 BPA 是 $Zn^{2+}$诱导的光诱导电子转移（photo-induced electron transfer，PET）阻断及增强的 $Zn^{2+}$结合能力的原因。NBD-TPEA 探针在活细胞上成功进行了细胞内 $Zn^{2+}$成像，在溶酶体和高尔基体上表现出优先积累，在 458nm 或 488nm 处具有双重激发特性。并且利用其可见光激发特性与斑马鱼幼鱼或胚胎的透光性构建了第一例 $Zn^{2+}$活体荧光成像实验模型，率先实现了斑马鱼活体的 $Zn^{2+}$荧光成像，发现了其发育初期心前侧对称的富锌区域（图 12.6）。该对称区域随着发育而发生移动并在近一周时消失。共聚焦成像还发现 $Zn^{2+}$在其头部神经丘的富集。这为研究脊椎动物发育过程的 $Zn^{2+}$生理功能奠定了基础。该活体 $Zn^{2+}$成像模型已成为确认 $Zn^{2+}$荧光探针是否具有活体成像能力的验证模型而被国际同行广泛采用。

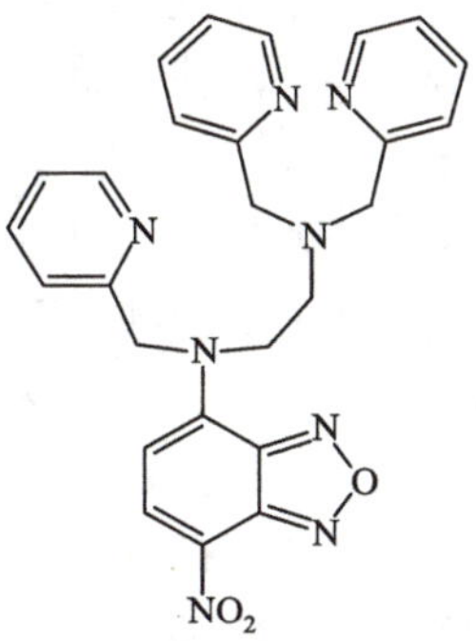


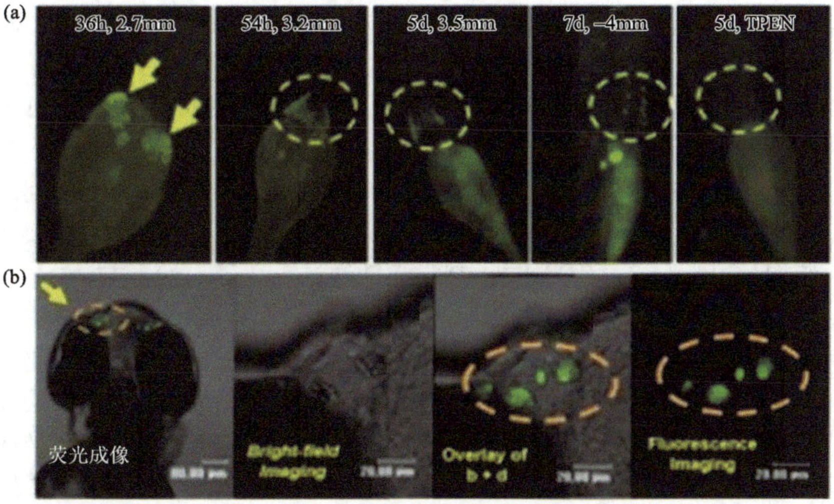


图 12.6　基于 NBD-TPEA 的活体斑马鱼锌离子荧光成像

（a）发育第一周荧光显微镜成像；（b）头部共聚焦荧光成像

除斑马鱼外，毛兰群、郭子建等课题组利用该 NBD-TPEA 探针在体内对水杨酸盐诱导大鼠听觉皮层锌离子浓度的变化进行了荧光检测[10]。探针的特异性使其在脑系统中同时存在氨基酸和其他金属离子时可以高选择性地识别 $Zn^{2+}$，为了验证大鼠脑内 $Zn^{2+}$的体内荧光检测方法，在体外将听觉皮层取样的微透析液与 NBD-TPEA 探针预混合，然后将混合物灌注到荧光比色杯中进行连续荧光检测。这种方法显示信号输出和浓度为 0.5～4μmol/L 的 $Zn^{2+}$浓度之间的线性关系，检测限为 156nmol/L，并将听觉皮层微透析液中细胞外 $Zn^{2+}$的基础水平确定为（0.52±0.082）μmol/L，这项研究提供了一种用于体内检测大鼠脑内 $Zn^{2+}$的荧光方法，为在脑系统中涉及的化学反应研究提供了新的思路。

利用具有发射波长变化的比例探针的双波长内校正效应可克服探针浓度波动导致的假象，可实现 $Zn^{2+}$的定量成像。郭子建和何卫江课题组采用 4-氨基-7-氨磺酰基苯并噁二唑荧光团的给电子性氨基衍生物 $Zn^{2+}$螯合团 *N*, *N*, *N'*-三(2-吡啶甲基)-1, 2-乙二胺，构建了 $Zn^{2+}$的比例荧光探针 SBD-TPEA[11]。该探针采用金属配位机制改变荧光团中的分子内电荷转移效应，即比例金属离子探针的有效设计理论基础。$Zn^{2+}$配位可改变光致电荷转移效应，从而导致荧光发射波长由 585nm 蓝移至 545nm，体现了比例响应的特点。通过生物相关金属阳离子的荧光滴定进一步证实了 SBD-TPEA 的 $Zn^{2+}$特异性比例响应。作者在双发射模式下使用共聚焦显微镜研究了 HepG2 细胞中 SBD-TPEA 的细胞内 $Zn^{2+}$成像，由 SBD-TPEA 染色的细胞在比率图像中显示细胞质中微弱的绿色/蓝色（较低比例），表明细胞质中不稳定的 $Zn^{2+}$水平较低，当引入外源 $Zn^{2+}$时，在细胞内观察到强烈的蓝色，$Zn^{2+}$水平增强，证实外源硫酸锌-吡啶硫酮孵育后细胞荧光比增强是由于 SBD-TPEA 的 $Zn^{2+}$结合，通过 $Zn^{2+}$孵育可以有效提高细胞内 $Zn^{2+}$水平。此外，SBD-TPEA 处理细胞的时间成像显示细胞形态在 4h 内没有变化，具有良好的生物相容性。利用该探针，作者不仅实现了活细胞中 $Zn^{2+}$的双通道比例成像，还实现了斑马鱼幼鱼比例成像，SBD-TPEA 处理的幼虫头部的共焦荧光图像主要表现在两个明亮的荧光区域，荧光和明场图像的叠加表明两个明亮的区域对称地位于两只眼睛之间，是斑马鱼前侧线系统的神经瘤，正常斑马鱼幼虫和三（吡啶-2-基甲基）乙烷-1, 2-二胺（TPEA）处理的幼虫的比率图像之间的比较表明，正常斑马鱼幼虫中的两个淡蓝色区域应与较高的不稳定 $Zn^{2+}$水平的存在相关，并发现 $Zn^{2+}$孵育可导致斑马鱼头部神经丘的 $Zn^{2+}$浓度由约 1.3nmol/L 升至约 10.9nnmol/L，估计幼虫头部神经瘤的可吸收 $Zn^{2+}$水平。这也是第一例 $Zn^{2+}$的活体比例成像的报道。

除 $Zn^{2+}$探针外，$Hg^{2+}$荧光探针的设计与应用也极其重要。利用 $Hg^{2+}$与硫原子的强配位性能，郭子建和何卫江课题组构建了荧光探针 4-*N*, *N*-二甲基氨基-7-[2-(1, 3-二噻烷)基]苯并噁二唑（DT-ABD）[12]。DT-ABD 通过 1, 2-乙二硫醇与 Al-ABD 反应生成，其单晶体结构中可见两个在 1, 3-二噻烷和 BD 平面之间具有不同二面角的 DT-ABD 分子。该探针在 $Hg^{2+}$存在时显示强烈的荧光增强效应。硫原子与 $Hg^{2+}$配位导致 1, 3-二噻烷脱保护形成醛基，无发光性能的探针分子转化为具有 ICT 荧光的分子，显示对汞离子的增强响应。在实现细胞层次外源 $Hg^{2+}$增强成像的基础上，作者进一步在斑马鱼活体中进行成像。将 DT-ABD 染色的幼虫与 $Hg^{2+}$一起孵育，可以在卵黄囊、头部、躯干和尾部周围观察到明亮的荧光，监测斑马鱼幼体中 $Hg^{2+}$的浓度。斑马鱼幼虫尾部的放大成像显示 DT-ABD 与 $Hg^{2+}$一起孵育，在幼虫的脉管系统和脊髓中显示出明亮的荧光，可以清晰地显示轴向主动脉的血脉搏。另外，在含 $Hg^{2+}$的污水中培养的斑马鱼活体中实现了 $Hg^{2+}$成像，发现污染水中的 $Hg^{2+}$可能通过血液循环传播到幼虫的不同器官，可随血液进一步扩展到全身。

4. 其他有机小分子类金属离子探针的开发

基于有机反应的金属离子检测也是设计金属离子探针的一个思路。金属参与的有机化学反应有很多种，大多数都可以通过设计应用为探针，如金属作为路易斯酸参与的水解反应、氧化还原反应、加成消除反应等。例如，基于催化反应产物 *N*-(3-(benzo[d]thiazol-2-yl)-4-(hydroxyphenyl)benzamide)HBTBC)，在干滤纸上具有强烈的固态荧光，同时利用以激发态分子内质子转移（ESIPT）为基础的大波长红移比率型探针对钯金属有选择特异性，研究者们设计合成了高选择性的检测钯系金属的荧光探针 HOBT。当探针中的烯丙基被 $Pd^0$ 催化的 Tsuji-Trost 反应水解，就会释放出荧光基团 HBTBC，该基团具有两个发射带，最大的发射光谱来源于 415nm 和 555nm 的烯醇与酮基形式，且没有重叠，可以应用于高分辨检测。由于 HOBT 探针可被钯催化产生固态荧光，钯系金属同样可以用纸带来检测，其检测极限可达 1μmol/L[13]。

通过模拟金属在生物体内的作用也能够进行金属离子的特异检测。例如，Fenton 反应是在 1984 年被发现的，它表明了一些金属（$Fe^{2+}$，$Cu^{2+}$）能够催化产生羟基自由基（·OH），Xie 课题组报道了基于铜催化 Fenton 反应的二价铜离子探针。三唑类的无色荧光底物在羟基自由基介导的内酯环开环反应下，形成有荧光底物，也可以用来检测二价铜离子的产生[14]。

PET 是被最广泛应用于金属离子荧光探针设计中的一种原理，经典的金属 PET 探针分为三个部分：发色团、连接臂、离子载体。离子载体往往是电子的供体如含有氨基的基团，而发色团往往是电子的受体。作为游离的探针，其在激发时，最高占据轨道（HOMO）的电子能够被激发到最低未占轨道（LUMO），如果离子载体的 HOMO 能量大于生色团，离子载体的 HOMO 电子将转移到生色团的 HOMO 轨道，阻止了生色团激发电子从 LUMO 轨道到其 HOMO 轨道的过程。这一荧光猝灭过程就称为 PET。当离子载体连接上金属离子后，两个部分的 HOMO 轨道之间的能量差异减小，甚至从正的变为负的，整个化合物的荧光被恢复。这种现象被定义为金属螯合荧光增强现象［metal chelation enhanced fluorescence（MCHEF）effect］[15-17]。Fahrni 课题组报道的 CTAP-1 是第一个可在体内检测 $Cu^+$的化学小分子探针，这种探针由吡唑啉偶联冠醚合成，在 365nm 的紫外光激发下，可以发出大约 4.6 倍的荧光；并且可以在细胞内做到良好的选择性。如固定的 NIH3T3 纤维肿瘤细胞中 $Cu^+$的含量就能够被 CTAP-1 测定[2]。

生色团之间的电子转移在生色团连接上电子的供体和受体基团后表现出很大的斯托克斯位移（Stokes shift），以及可见光激发的金属螯合诱导的发射位移。这一效应可以通过修饰供体和受体上的胺等基团，以及供体和受体上与金属结合的位点使激发/发射发生红移或蓝移。当金属离子结合到其供体上时将降低发色团的 HOMO 能量而产生蓝移现象。基于这一现象，Gunnlaugsson 等报道了一类 $Cd^{2+}$增强型荧光探针，虽然此类探针中的化合物可以同时响应 $Zn^{2+}$和 $Cd^{2+}$，但它们的发射位移不同，因此可以很好地被区分开来[18]。2013 年，黄维课题组报道了其合成的基于吡啶-4-吩噻嗪派生物检测 $Hg^{2+}$、$Cu^{2+}$的多功能荧光探针。该探针包含 10-乙基吩噻嗪供电子荧光基团中心和两个特异性螯合臂，对于 $Hg^{2+}$/$Cu^{2+}$的结合机制不同，分别为荧光 Turn-off 型和比率型，探针在 $10^{-7}$mol/L 的检测水平上的表现让人满意[19]。

荧光共振能量转移（fluorescence resonance energy transfer，FRET）是一种非放射性的能量转移过程，能量从供体的激发态转移到受体上。供体的发射谱和受体的激发谱必须有一定的重合。FRET 的两个发色团之间的距离很重要，受体和发射的发色团之间的距离必须为 10～100Å①[20]。黄春辉课题组以 FRET 为原理设计合成了荧光 $Cr^{3+}$探针，将 1, 8-萘二甲酰亚胺和罗丹明衍生物选为 FRET 的供体与受体。在金属离子不存在的情况下，两者之间并没有荧光能量转移。在 $Cr^{3+}$存在下，罗丹明环被打开后引起 FRET 现象的产生，能量从 1, 8-萘二甲酰亚胺转移到罗丹明上并产生荧光[21]。同样，Zhu 课题组采用了联吡啶和萘二甲酰亚胺作为 FRET 供体与受体，假设在无金属离子时，供体的发射峰和受体的激发峰之间有微弱的重叠。当 $Zn^{2+}$存在时，联吡啶类化合物的发射峰发生了明显的红移，使得两者之间的重叠区扩大，产生明显的 FRET 现象[22]。

### 12.2.2　基于核酸的金属离子探针的开发

核酸作为遗传物质，从 Watson 和 Crick 在 1953 年发现 DNA 双螺旋结构以来，已成为分子生物学、分子遗传学、基因工程学等各个领域研究的重点[23]。由于核酸的组成简单，碱基作用方式清楚，研究比较成熟，便于设计，稳定性好，且随着核酸合成技术的发展易于合成等优点，以核酸为基础的探针被广泛用于生物和化学的各个领域。

近几年来，科学家基于 DNAzyme、DNA 错配和 G4-DNA 等技术开发了一系列的可选择性检测目的金属离子的核酸探针，并将这一类探针的应用范围又做了更广阔的拓展。其中最具代表性的是美国伊利诺伊大学香槟分校的陆艺课题组首次提出通过 DNAzyme 催化的方法来检测铅离子[24]。如图 12.7 所示，作者利用以铅离子为辅助因子的 DNAzyme 17E 及其底物 DNAzyme 17S 为基础，在 DNAzyme 17E 和 DNAzyme 17S 两端分别标记荧光猝灭基团和荧光基团，当没有铅离子时，底物和酶配对，荧光猝灭基团和荧光基团靠近，没有荧光。当加入铅离子时，底物被切割，荧光猝灭基团和荧光基团分离，产生荧光。此探针的检测灵敏度可达到 10nmol/L。2011 年，陆艺课题组又利用 DNAzyme 39E 来检测放射性金属铀 $UO_2^{2+}$[25]。在 $UO_2^{2+}$ 不存在情况下，DNAzyme 39E 会和底物 DNAzyme 39S 结合，但是不能够切割 DNAzyme 39S，那么 DNAzyme 39E 和它所带的转移酶就被固定在磁珠上；当加入 $UO_2^{2+}$ 时，DNAzyme 39E 则表现出切割 DNAzyme 39S 的活性，使其自身连同转移酶从磁珠上脱落下来，脱落下来的转移酶再进一步催化有信号输出的其他反应，从而可以根据信号输出的强弱来检测 $UO_2^{2+}$ 的浓度。由于 $UO_2^{2+}$ 作为辅助因子起作用，因此其选择性很高；同时输出的信号通过酶促反应进一步放大，因此这种针对 $UO_2^{2+}$ 的探针的灵敏度也很高，其检测下限可以达到 9.1nmol/L。

---

① 1Å = $10^{-10}$m。

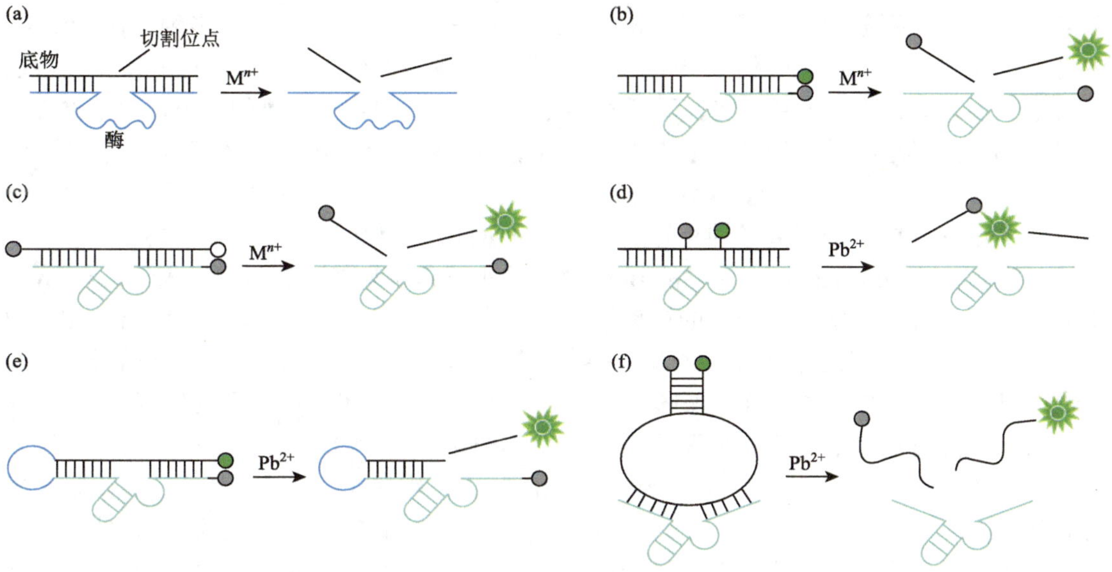


图 12.7　基于 DNAzyme 的核酸金属离子探针

## 12.2.3　基于纳米材料的金属离子探针的开发

纳米材料水平的探针技术是将纳米技术、生物技术与探针和传感技术相结合的一项受人瞩目的交叉技术。根据不同的分类方法，纳米材料包括金属、非金属、有机、无机和生物等，其中以金、银、铜为代表的贵金属纳米材料由于粒径小，表现出表面效应、微尺寸效应、量子效应等独特的物理和化学性质，并常具有常规材料没有的优越特性。例如，曲晓刚课题组在 2012 年报道了将未改性的碳纳米颗粒点作为新的环境友好型探针用于检测 $Hg^{2+}$，$Hg^{2+}$通过有效的电子传递可以猝灭荧光，从而实现检测的目的。2013 年，曲晓刚课题组又将石墨烯半导体量子点用于检测 $Ag^{+}$，石墨烯半导体量子点作为荧光指示器。当无 $Ag^{+}$存在时，石墨烯半导体量子点显示强的蓝色发射荧光，而当石墨烯半导体量子点通过静电作用吸附 $Ag^{+}$后，由于 AgNPs/GQDs 杂化，会发生荧光猝灭[26, 27]。李根喜课题组则采用电化学的方法，并结合其他一些生物学、化学手段，通过对电极表面进行功能修饰，发展新型生物传感器件。2009 年，李根喜课题组报道了通过使用 $Hg^{2+}$的特异性富含 T 的 5′端硫醇化寡核苷酸探针及金纳米粒子制备两种 $Hg^{2+}$的高敏感性电化学传感器，对 $Hg^{2+}$的检测灵敏度高，方法简单，可用于饮用水的检测[28, 29]。

## 12.2.4　蛋白质水平的金属离子探针的开发

近年来，随着生物体内的金属特异结合蛋白家族的发现，基于蛋白质来设计探针以达到对某种金属离子的特异性识别的检测方法迅速崛起。该类方法检测灵敏度高、特异性强，可以在生物体系内实时原位地定量检测目标金属离子。众所周知，由于很多重金属离子的电子层、结构、价态等物理和化学性质极为接近，通过传统手段已很难设计出选择性很强、能够仅仅特异识别某种重金属离子的化学试剂。与此相反，自然界中存在多种选择性极高、对金属离子特异识别性极强的金属蛋白质。铁、铜、锌等重金属离子是自然界微生物赖以生存的物质基础，而对于铅、镉、汞、金、银等有毒重金属离子富集的环境，微生物必须具备识别和排异这类重金属离子的能力才可以生存下来。因此，经过亿万年的进化选择，很多微生物都具备了相应的金属调控蛋白质，用以检测和调节各种金属离子在体内的含量。这些金属蛋白对金属离子的特异结合能力远远超过了化学家所能设计的极限。

例如，美国 Johns Hopkins 大学的 Berg 教授课题组和现为美国加州理工大学的 Godwin 教授课题组开发了基于锌指蛋白的锌离子生物传感器[30]。美国麻省理工学院 Imperilli 教授课题组也通过类似的办法开发了基于多肽片段的锌离子生物传感器[31]。利用绿色荧光蛋白而开发的 FRET 型重金属离子传感器也应用于重金属离子如锌离子的检测[32, 33]。

美国芝加哥大学的何川教授课题组利用 MerR 族蛋白，不仅开发了 MerR-特异识别汞（Ⅱ）、PbrR-特异识别铅（Ⅱ）（图 12.8）、MarR-特异识别镉（Ⅱ）的有毒重金属生物传感器，还开发了可以区分铜（Ⅰ）、银（Ⅰ）、金（Ⅰ）的贵重金属生物传感器。这些生物传感器能够对纳摩数量级的相应金属离子进行检测，目标离子与其最接近的背景离子的选择性都在 200 倍以上，有些甚至超过了 1000 倍[34-37]。这些蛋白质水平金属离子生物传感器的开发，实现了多种金属离子的灵敏、特异、实时和快速检测，其性能大大超越了现有的检测方式的性能。

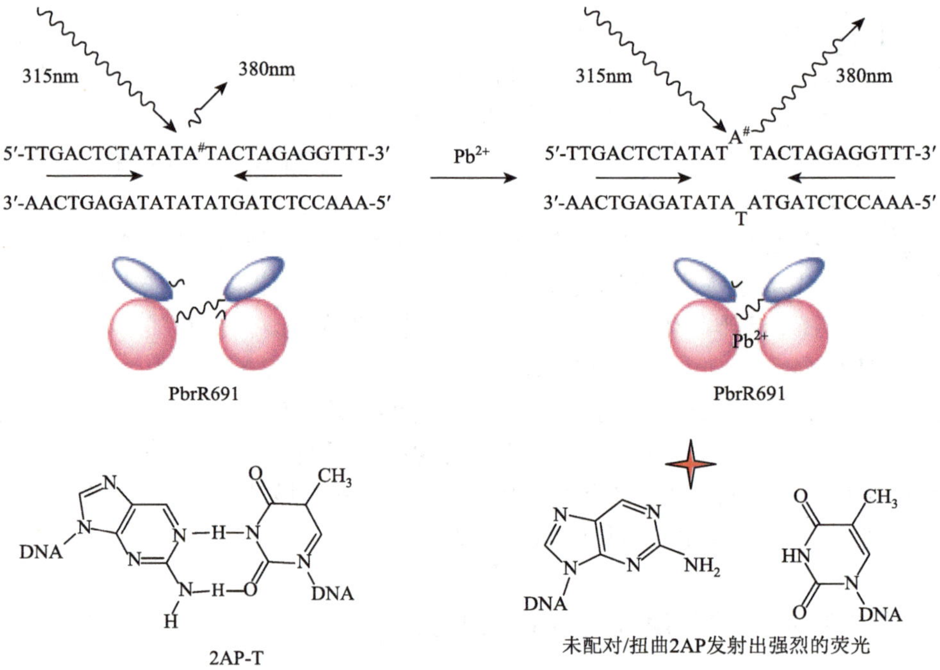


图 12.8　基于 PbrR 蛋白开发的铅离子探针

MerR 蛋白家族的成员就是一类来源于微生物的金属离子结合蛋白。它们是原核生物的转录调节因子，具有类似的结构和功能：一般可以识别环境中特定的一种或几种金属离子，或者受小分子化合物等其他类型的外界刺激，然后与 DNA 结合，激活相应的操纵子。该家族中最先被发现的 MerR 蛋白通过调控其下游的 *mer* 操纵子实现对环境中汞金属离子的识别和排异。随后又有其他一些 MerR 族蛋白的不同成员在不同种属的细菌中被发现，它们分别能够特异性识别某种金属离子，包括 $Hg^{2+}$、$Cu^{2+}$、$Pb^{2+}$、$Au^{+}$、$Cd^{2+}$、$Zn^{2+}$、$Co^{2+}$、$Ag^{+}$等。研究表明，MerR 蛋白包括保守的 N 端 DNA 结合区和 C 端调控因子（一般为金属离子）结合区，中间由一根较长的 $\alpha$ 螺旋连接并介导该蛋白的二体化。MerR 家族成员的转录调控原理是在金属离子等外界影响因素的作用下，蛋白质与 DNA 结合并导致其扭曲的过程[38, 39]。因此这类基于 MerR 族金属蛋白构建的金属离子传感器，不但在体外可以很好地检测目标金属离子，而且可以通过在细胞中的重组表达，对细胞内的金属离子浓度变化进行实时原位的检测。

### 12.2.5　全细胞水平的金属离子探针的开发

生物体系中的金属离子探针经过多年来的持续发展，无论是化学合成的小分子探针、纳米探针、多肽探针还是与生物大分子组合构建的核酸探针和蛋白质探针，已经能够很好地对生物体内外的金属离子进行高效特异性的检测。然而，由于上述这些探针在自然环境中的稳定性不够，不宜长时间保存，对反应条件有一定的要求，因此很难普遍适用于对自然环境中的金属离子尤其是有毒有害的重金属离子进行持续有效的监控。

于是研究者们将目光投向了全细胞水平的金属离子探针的开发。微生物细胞易培养，对环境耐受力强，具有良好的生物安全性，且对其进行分子操作的技术已经发展得非常成熟[40, 41]。构建这类全细胞金属离子探针的基本策略是将一个感知/报告单元（简单来说，通常是一个转录调控因子和受其控制的启动子）与一个可以提供稳定可计量输出信号的启动子报告基因相连接。其中最常用的报告基因类型为：编码绿色荧光蛋白的基因（*GFP*）、编码光致发光功能团的 *lux* 以及来自萤火虫的编码荧光素酶基因（*luc*）[42, 43]。近年来，通过基因工程改造的一系列全细胞工程菌株陆续被开发出来，用作对环境样本中重金属离子和类金属离子进行检测，如 Hg、Cr、As、Cd、Pb、Ni、Co、Zn 和 Cu[43-45]。在这些生物金属离子探针中，其金属离子响应单元都是来源于对某一种金属离子有天然耐受性的微生物菌株，大多数都依赖于 MerR 族或 ArsR/SmtB 族调控因子。在基于 MerR 族调控因子设计的全细胞生物金属离子探针中，金属离子通过与目标 DNA 的结合引起蛋白质/DNA 复合体的构象变化，从而启动下游报告基因的转录表达[46, 47]。而此类金属离子探针的选择性和灵敏度就有赖于调控单元与金属离子的结合性质及感知蛋白对相似信号的区分能力。例如，Jouanneau 课题组在 2011 年就报道了其构建的 4 种生物发光工程菌可用来识别检测环境样本中的重金属离子，如 Hg、As、Cd、Pb 等，其检测下限可以达到纳摩尔的水平[48]。

而实际上，在早期研究中，大多数基于 MerR 族调控因子设计的全细胞生物金属离子探针都表现出很高的灵敏度，但是由于感知蛋白可能会与一系列的相关蛋白产生交叉反应，这些探针的选择性都不是特别理想[43-45]。例如，有报道的基于 MerR 族一价金属蛋白——CurR 构建的铜离子探针就在能够检测 $Cu^{+}$的同时，对 $Ag^{+}$和 $Au^{+}$也能很好地识别，这就使得这些全细胞生物金属离子探针很难适应实际应用[49-52]。因此，寻找高选择性的金属离子识别/调控系统，并加以有效的合成生物学改造，开发高效特异的全细胞金属离子生物检测技术是目前亟需解决的重要课题。

1. 金离子全细胞生物传感器的开发

最近，人们从一处金矿中分离得到一种沙门氏菌（*Samonella*）。由于它可以在高浓度金的环境中生存，人们认为其应该有调控金离子的转运机制。对该沙门氏菌的进一步研究分析，成功证实了确实存在一调控金离子的转运机制，并对调控过程进行了明确的解释（图 12.9）。*Samonella* 基因组上的启动子 $p_{golTS}$ 正常启动基因 *golT*、*golS* 的表达，产生少量的与金调控相关的蛋白 GolT 和 GolS。GolT 蛋白表达后被直接固定在内膜上，而 GolS 蛋白为阻遏蛋白，直接与下游的启动子 $p_{golB}$ 结合，从而阻断下游基因的表达。当环境中的金离子通过细胞膜进入细菌体内后，金离子能够与 *golB* 基因前面的阻遏蛋白 GolS 结合在一起，使阻遏蛋白构象发生改变，从基因上脱离下来而使 *golB* 基因得以表达。GolB 蛋白是一种特异性金结合蛋白，一部分金可以通过与 GolB 蛋白结合而被固定下来，另一部分可以通过 GolT 蛋白、GerABC 蛋白转运出细胞[53]。

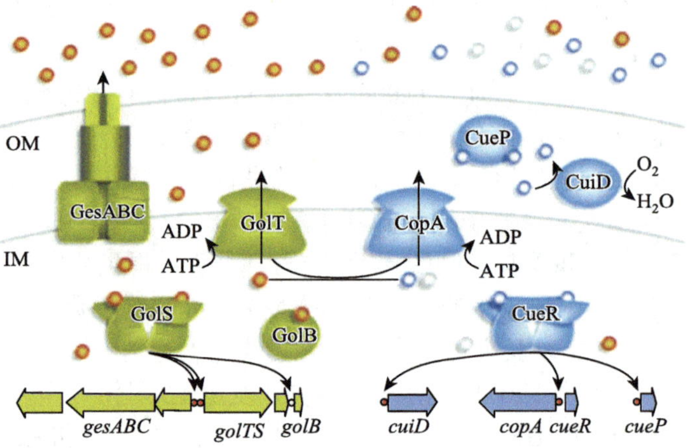


图 12.9　*Samonella* 调控金离子的通路模型

赵劲课题组首先通过对该金离子调控系统 *golS* 调控子（regulon）进行分子改造，运用两步重叠 PCR 方法去除了分子量较大的阳离子运输 ATP 酶 GolT 蛋白组件，并将 *golB* 的 C 末端与红色荧光蛋白融合，运用合成生物学中经典的 BioBrick 技术构建了微生物细胞水平的金离子传感器。当该生物传感器在 LB 培养基中生长，并在 20μmol/L 不同金属离子存在下培养过夜。结果显示，红色荧光蛋白（RFP）的表达量非常高，以至于肉眼就可以观察到细胞的红色荧光（图 12.10）。进一步的实验结果显示，即使将培养基中金离子的浓度降至 0.25μmol/L，工程菌株产生的红色荧光也依然可以被裸眼识别。不同于有机化学中基于大分子设计和合成的金属探针，实验结果显示该金离子生物传感器对金离子的选择性识别能力很强，受金离子浓度调节的红色荧光蛋白 RFP 表达水平甚至可以达到裸眼观察的程度，最终开发了微生物细胞水平的高选择性和高灵敏度的金离子生物传感器。

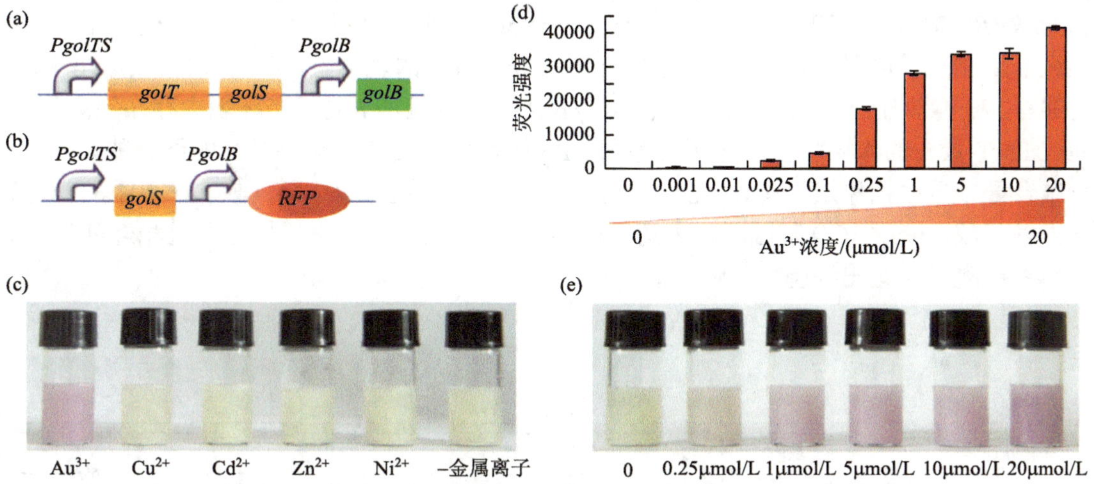


图 12.10　金离子全细胞生物传感器的选择性和灵敏度

2. 铅离子全细胞生物传感器的开发

众所周知，铅是人类应用最早的重金属元素之一，目前仍然在汽车制造、军工、电力、冶金、印刷、建筑及医学检测等方面有广泛的应用。但是，铅也是一种有很强毒性的金属，并且很早以前就为人们所认识。铅对人体的毒性表现在多方面。一方面铅可引起贫血，例如，铅对参与血红素合成的酶系统卟啉代谢有影响，卟啉是血红蛋白合成的中间产物，铅能抑制卟啉合成过程中的 $\delta$-氨基-$\gamma$-酮戊酸脱水酶（$\delta$-ALAD）和血红素合成酶，造成合成受阻，导致血红素减少[54]。铅的毒性另一个主要方面是其占用大量细胞中钙依赖性蛋白质（如钙调蛋白和酶蛋白激酶 C）的钙结合位点，从而产生相应的生理功能损伤[55, 56]。同时铅还能通过抑制 DNA 的合成与修复[57]、干扰细胞间的间隙连接通信[58]、对 DNA 造成氧化损伤[59]、改变基因表达[60]、导致抑癌基因 P53 转录后改变[61]从而诱导肿瘤的发生。

随着生物工程技术的发展，人们逐渐在生物学领域取得重要的突破，不断开发了多种用于检测铅离子的探针，主要可分为比色探针[62]、荧光探针[62, 63]、电化学探针[64, 65]。这些方法同样可以实现对铅的高灵敏性检测，虽然降低了可能的环境污染、操作简单，但是仍然需要一些仪器才能实现检测。

耐金属贪铜菌 *Cupriavidus metallidurans* CH34（以前也称 *Ralstonia metallidurans*）是一种革兰氏阴性菌，最先是从比利时一处锌处理设施中分离得到的[66, 67]。对其进一步的研究发现，其基因组上至少含有 150 个与金属调控有关的基因，对于 14 种金属或类金属均有抗性，包括 Ag（Ⅰ）、As（Ⅲ）和 As（Ⅴ）、Bi（Ⅲ）、Cd（Ⅱ）、Co（Ⅱ）、Cr（Ⅵ）、Cu（Ⅰ）和 Cu（Ⅱ）、Hg（Ⅱ）、Mn（Ⅱ）、Ni（Ⅱ）、Pb（Ⅱ）、Tl（Ⅰ）和 Zn（Ⅱ）[68]。这些基因主要位于一个 3.9Mb 的染色体或者 2.6Mb 的二号染色体或者两个质粒 pMOL28（171kb）、pMOL30（234kb）上[69]。同时耐金属贪铜菌是目前唯一一个已被证明含有特殊的铅离子调控机制的细菌。

在耐金属贪铜菌基因组中，调控铅离子的基因位于质粒 pMOL30 上[63]。铅调控的操纵子 *pbr* 以一种非同寻常的方式控制着铅离子的摄取、转出与富集。与铅调控有关的基因

（*pbrTRABCD*）均受一种 MerR 家族蛋白——PbrR 的调控（图 12.11）。*pbr* 是一个双向的操纵子，在一般情况下，其正常调控 PbrR、PbrT 蛋白的表达。PbrR 蛋白被表达出来后，能够与 *pbr* 操纵子结合，从而阻断其下游 *pbrABCD* 基因的表达。当环境中存在铅离子时，通过 PbrT 蛋白的作用将铅转运至细胞内。PbrR 蛋白对铅离子有特异性的结合能力，而这种结合导致蛋白构象发生变化，蛋白从 *pbr* 操纵子上脱离开来，从而使 *pbr* 下游的表达通路得以开放，*pbrABCD* 基因得以表达。PbrABCD 蛋白表达出来后，再通过相互间的协调作用将铅离子转运出细胞。

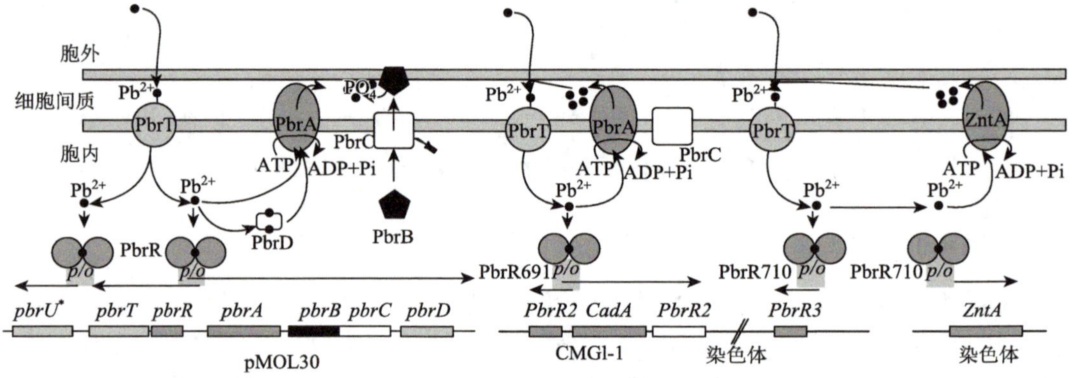


图 12.11　铅离子识别相关的调控通路

PbrR 蛋白控制着 *pbr* 操纵子，在铅调控中发挥着关键性的作用。在 *C. metallidurans* CH34 中分别存在两个 PbrR 蛋白的同系物 PbrR2（PbrR691）和 PbrR3（PbrR710）。通过在大肠杆菌中过量表达 PbrR2 蛋白发现，这种蛋白与铅的结合能力是其他金属如 Hg（Ⅱ）、Cd（Ⅱ）、Zn（Ⅱ）、Co（Ⅱ）、Ni（Ⅱ）、Cu（Ⅰ）、Ag（Ⅰ）的 1000 倍[70]。这种高选择性的结合是由铅独特的化学特性决定的——相对论效应引起铅 6s 轨道收缩，导致铅具有立体活性的孤对电子，这种孤对电子对成键电子的排斥经常使铅周围的配位键分布在半球形的区域内[71]。陈鹏课题组的研究表明由于蛋白质的折叠形成了如此的几何结构，PbrR2 蛋白能够与铅选择性结合，并且避免了其他金属进入蛋白的金属结合位点[72]。

基于耐金属贪铜菌（*Cupriavidus metallidurans* CH34）的铅转运机制，赵劲课题组将与铅离子调控相关的基因通过合成生物学手段整合到质粒 pSB1A2 上，同时设计将原基因组上的 *pbrABCD* 基因替换成表达红色荧光蛋白的基因（图 12.12）。此时，在铅离子存在的情况下，通过 *pbr* 调控子的调控作用表达红色荧光蛋白。这样就可以通过检测红色荧光的有无，达到检测铅离子的目的。

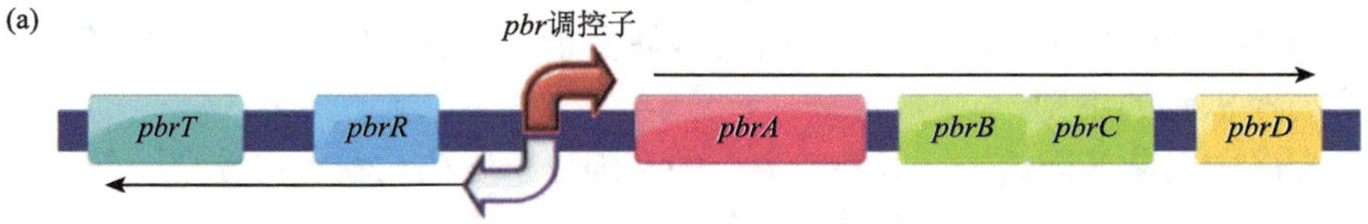

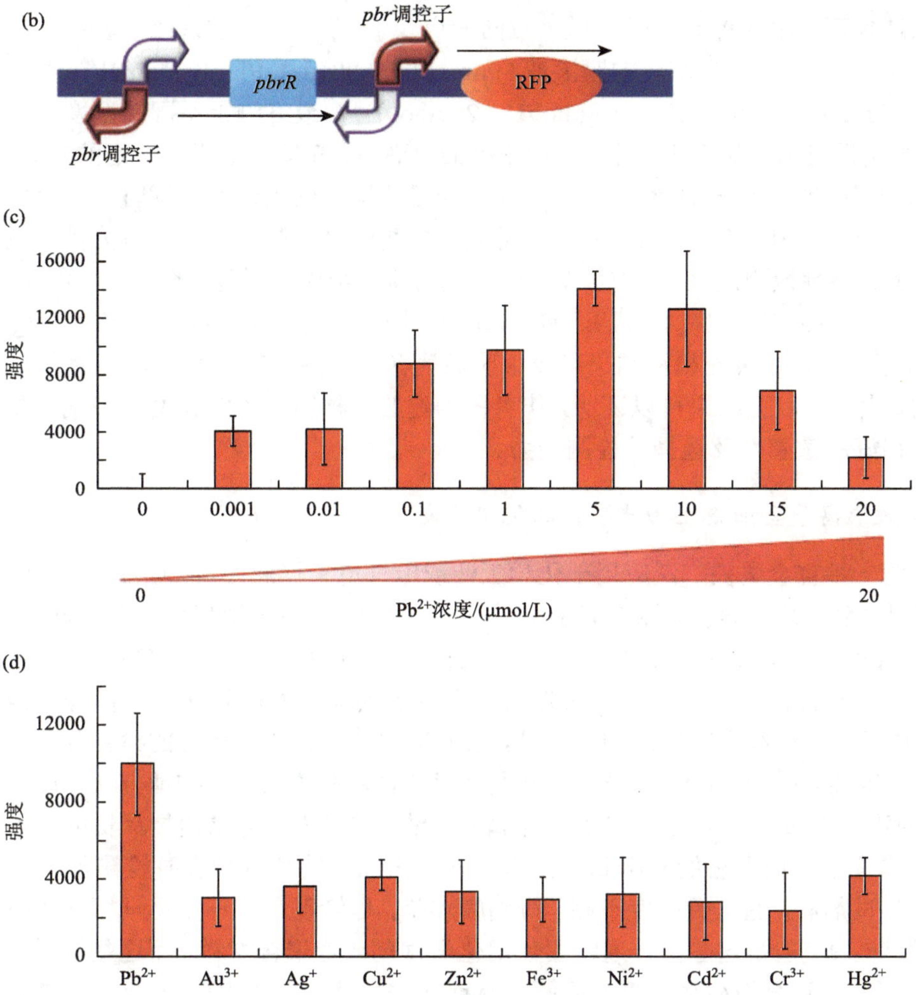


图 12.12　铅离子全细胞生物传感器的设计和构建

在构建铅离子全细胞生物传感器时，作者发现如果仅仅是以 *rfp* 基因取代原来 *pbrABCD* 基因的位置，RFP 并不能成功地表达。因此在设计调控通路时，作者选择了接入两个启动子（*ppbrA*）基因，并且两个启动子的方向是相反的。靠近 *rfp* 基因的启动子与耐金属贪铜菌基因组上启动子的方向是一致的（定为正向）。此时其调控机制就变为：在前一个反向的启动子的作用下表达 PbrR 蛋白，蛋白表达后与下一个正向的启动子结合，阻断了该启动子下游 *rfp* 基因的表达，不会产生 RFP，故使用荧光仪不会检测出荧光；而当铅离子存在时，直接与 PbrR 蛋白结合，从启动子序列上脱离，从而开放了下游的调控通道，*rfp* 基因得以表达，产生 RFP，此时使用荧光仪就可以检测出荧光。通过这一方法就可以实现铅离子的检测。

基于上述调控机制，进一步运用基因工程技术，通过两次酶切、连接，作者最终构建完成了符合调控机制的质粒（PpbrA-PbrR-PpbrA-RFP/pSB1A2）。作者将该质粒转入大肠杆菌 DH5α，即构建完成了铅离子的新型全细胞检测系统。当含有构建的检测系统的重组大肠杆菌遇到环境中的铅离子时，通过双向的启动子（*ppbrA*）的调控，表达红色荧光蛋白。实验中，给予细菌一定浓度的铅溶液（0μmol/L、0.001μmol/L、0.01μmol/L、0.1μmol/L、1μmol/L、5μmol/L、10μmol/L、15μmol/L、20μmol/L），最终测得不同铅浓度下的红色荧光强度。由结果可以明显看出，对于不同浓度的铅而言，其检测效果有一定的差异。对 0～20μmol/L 的铅溶液，该检测系统对 5μmol/L 的铅的检测效果最好。同时，也可以看到检测的最低限可达到 0.001μmol/L，有效地提高了检测限度。同时，进一步分析该检测系统对铅离子的选择性检测效果，针对大多数常见的有毒重金属离子包括金（$Au^{3+}$）、银（$Ag^{+}$）、铜（$Cu^{2+}$）、锌（$Zn^{2+}$）、铁（$Fe^{3+}$）、镍（$Ni^{2+}$）、镉（$Cd^{2+}$）、铬（$Cr^{3+}$）、汞（$Hg^{2+}$）、铅（$Pb^{2+}$）离子等，通过荧光检测结果可以很明显地看出（图 12.12），该吸附系统对铅离子有很好的选择性。以上结果可以证明，作者所构建的这种铅离子的新型全细胞检测系统对铅离子有很好的敏感性及选择性检测能力。

### 3. 高效汞离子全细胞生物传感器的优化开发

汞作为一种重金属被广泛应用于化学工业或电气电子行业中，然而它具有较强的生物毒性，可以很容易地通过皮肤和黏膜损害中枢神经系统、免疫系统和肾脏、肝脏等重要器官[73, 74]。因此，研究人员需要更加有效的方法去检测环境样品中的汞含量。

在大多数自然的环境中，汞通常伴随着少量的其他金属而存在，包括锌、镉和铅离子[75-77]。由于汞污染和毒害问题的严峻性，人们迫切希望找到强有力的检测预警工具来检测汞离子。传统的检测汞离子的方法主要是物理方法和化学方法。物理方法如原子吸收光谱法、电感耦合等离子质谱法等检测重金属的方法，这类方法通常需要昂贵的仪器设备和复杂的操作程序，使得它们应用到实验室以外的实际场地和进行实时检测不太现实[78]。传统的化学试剂法，通常灵敏度不高，辨别度较差，尽管现在有一些化学探针对汞离子检测的灵敏度较高，但是这些探针通常要使用化学试剂或者聚合材料，而这些用后废弃的试剂或者金属材料复合物往往难以被降解，从而造成二次污染[79, 80]。因此，从其他金属中选择和识别汞是一个棘手的问题。开发一种成本低、效率高、操作简单和环境友好的汞离子生物检测方法迫在眉睫。

最近，研究人员报道了一些基于寡核苷酸或 DNA-蛋白质交联的汞离子特异性探针[73, 81, 82]。在研究不同的维持内环境稳定和抗重金属性等微生物机制中，研究人员报道了一些全细胞生物传感器来检测汞等重金属[46, 83]。例如，Virta 课题组开发了一种通过汞调节的金属蛋白的荧光素探针来检测无机汞[84]。Thouand 课题组报道了一种通过生物发光细菌来检测环境样品中包括汞在内的四种重金属离子的探针[48]。最近，赵劲课题组基于前期已报道的一系列基于全细胞选择性的重金属离子的生物探针[85, 86]，通过将 *Vibrio fischeriz* 中的 *luxI-luxR* 型的群体感应系统的正反馈调节机制引入重金属离子的全细胞探针中，开发了一种通过汞离子调控 MerR 蛋白介导的汞离子特异性全细胞探针（图 12.13）。这种方法对重金属离子的快速和高灵敏检测是一个重大的改进。

在自然状况下，细菌中的基因表达存在多水平调控系统，群体感应系统是通过细胞与细胞之间的交流和配合来完成调控的。因此，系统持续分泌的某些信号分子和表达的受体信号分子能够多样化地调节革兰氏阳性菌和革兰氏阴性菌的生理活动[87-90]。当信号分子

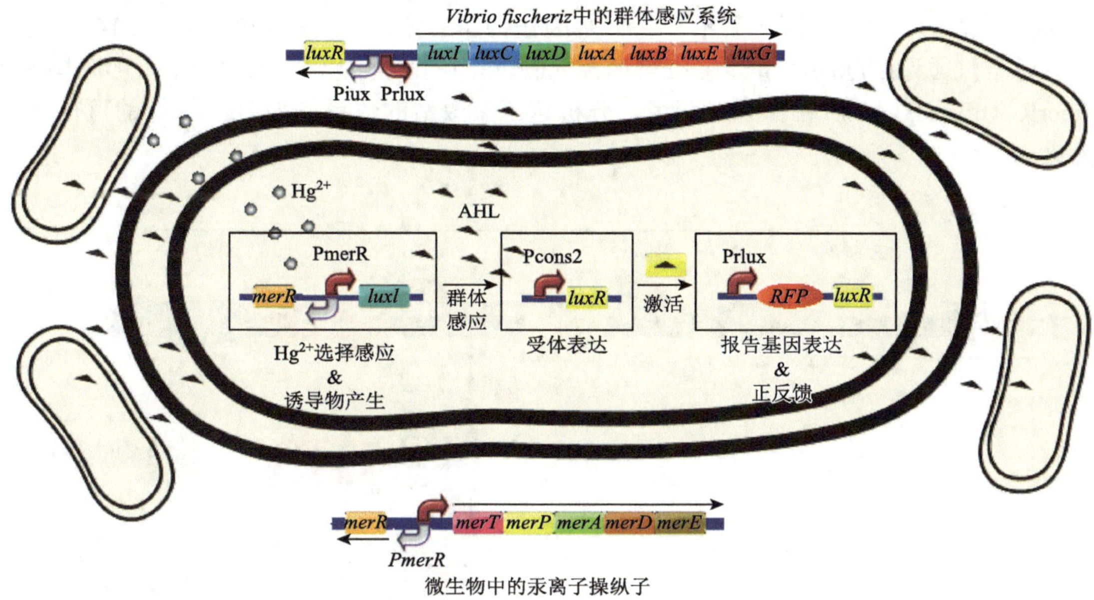


图 12.13　高效汞离子全细胞生物传感器的设计和构建

的浓度超过阈值时，信号受体被激活，正反馈循环形成。正反馈是一个广泛和著名的机制，已被广泛应用于合成生物学的领域的拓展[91, 92]。这种机制在不同通路包括在胞内极化信号过程、信号开关的设计和全细胞生物传感器方面起到至关重要的作用[93-95]。在合成生物学应用方面，正反馈调节系统对稳态、迟滞作用和扩增等多种行为都有很大的贡献[96-99]。例如，Serrano 课题组用一个简单的正反馈循环开发了一种真核基因开关[100]。Sun 课题组的研究表明基于群体感应的正反馈循环系统可以调控转录活性，能够增强 *luxR* 操纵子对自发诱导物的灵敏性[101]。所有的这些研究一直专注于正反馈对双稳态开关、加速或延迟和放大器的应用。基于这些结果，赵劲课题组开始探索优化汞生物传感器这一策略的可行性。

赵劲课题组首次基于费氏弧菌（*Vibrio fischeri*）的群体感应调控通路，将调节群体感应正反馈通路的重要元件与调控汞的操纵子 *mer* 相结合，在本课题组之前构建的汞全细胞探针的基础上，再构建了一类新型的基于正反馈体系的汞全细胞探针。在这类体系中，MerR 作为汞的响应器，调控下游 *mer* 启动子编码的 LuxI 蛋白的表达。为了得到恒定表达的 *LuxR*，作者使用了常用的 *Pcons* 家族中启动效果最强的一个恒定启动子 *Pcons2* 来恒定启动 *LuxR* 的表达。当有 $Hg^{2+}$存在时，$Hg^{2+}$与 MerR 结合，启动 *LuxI* 的表达，产生 *N*-乙酰基高丝氨酸内酯（AHL），其能自由穿过细胞膜。当胞外 AHL 达到一定浓度阈值时，能与 *LuxR* 结合，从而激活 *Prlux* 启动子和启动下游 RFP 的表达。在这套体系中，作者将汞位于耐金属贪铜菌的操纵子部分与费氏弧菌群体感应的作用元件相结合作为响应部分，以 *RFP* 作为应答部分的报告基因（图 12.14）。作者同时在 *RFP* 基因下游分别插入 *LuxI* 和 *LuxR* 基因，分别设计得到两条调控通路 QS1 和 QS2（图 12.14），从而在细胞内引入一个正反馈环，通过 *LuxI* 和 *LuxR* 的再生作用，达到可能的信号放大作用。因此在 QS1 和 QS2 中，既有细胞与细胞间的群体感应，又有细胞内正反馈环的作用，以调控 RFP 的表达。RFP 基因下游不插任何基因作为第三条调控通路 QS3（图 12.14），这条调控通路只通过细胞间的群体感应来调控 RFP 基因的表达。以前期构建的汞全细胞探针 PmerR-RFP/psB1A2 质粒作为对照组，分析这三条改造的体系作为 $Hg^{2+}$探针的可行性和优势。

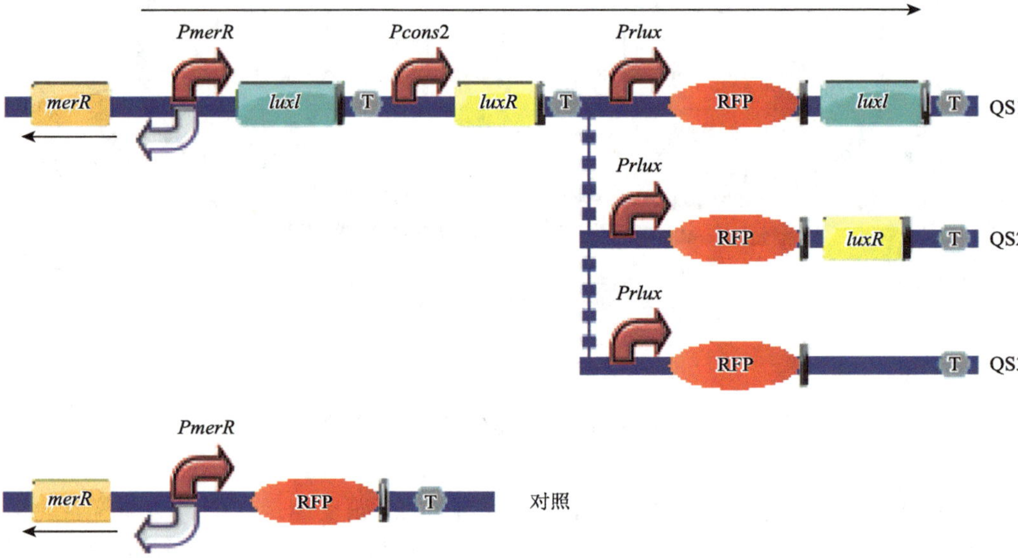


图 12.14　结合正反馈系统的汞离子识别通路构建

作者随后测试了含有 QS1、QS2 和 QS3 质粒的大肠杆菌对不同梯度浓度的 $Hg^{2+}$的响应。随着反应溶液中汞离子浓度的变化，QS1 的响应基本没有变化，这暗示着 RFP 的表达和 *LuxI* 被 *Prlux* 微弱的激活。这种影响取决于插入不同的 DNA 片段，能够增加转录次数，以便在 QS1 系统中产生比其他系统更少的 *LuxR*。所以，随着 *LuxR*-AHL 的减少，该系统的响应并不明显。但是，在含有 QS2 和 QS3 的生物传感器中，荧光信号根据 $Hg^{2+}$的浓度变化慢慢增大。为了检测这两个系统在荧光响应、信号放大的结果，作者设定了在 100nmol/L 的 $Hg^{2+}$浓度下培养不同的时间，以空质粒菌株作为对照。结果显示，QS2 和 QS3 的荧光信号强度随着时间的延长有明显的增加。这表明在全细胞探针培养过程中，AHL 的浓度在 $Hg^{2+}$的诱导下不断增加，输出的荧光信号也随着细胞与细胞之间的群体感应不断加强。因此，初步的实验结果表明含有正反馈系统的生物传感器与对照组相比有着更高的灵敏度。同时，作者又测定了 QS2 和 QS3 探针在 0～250nmol/L $Hg^{2+}$浓度下，分别诱导 1h、2h、4h 和 6h 后的荧光信号。结果表明，随着时间的延长和 $Hg^{2+}$浓度的增加，QS2 和 QS3 探针的荧光信号达到一个稳定的平台期（图 12.15）。并且 QS2 和 QS3 探针在很低和小范围的 $Hg^{2+}$浓度下都有着明显的荧光信号变化。通过 Hill 方程拟合，QS2 和 QS3 的响应曲线接近于超敏感曲线。由于超敏感性能是作为细胞循环中生物化学开关的重要指标，同时又涉及多种重要的细胞新陈代谢过程，含有 QS2 和 QS3 的工程菌通过群体感应和细胞间的交流确实能增加生物传感器的灵敏度[102, 103]。

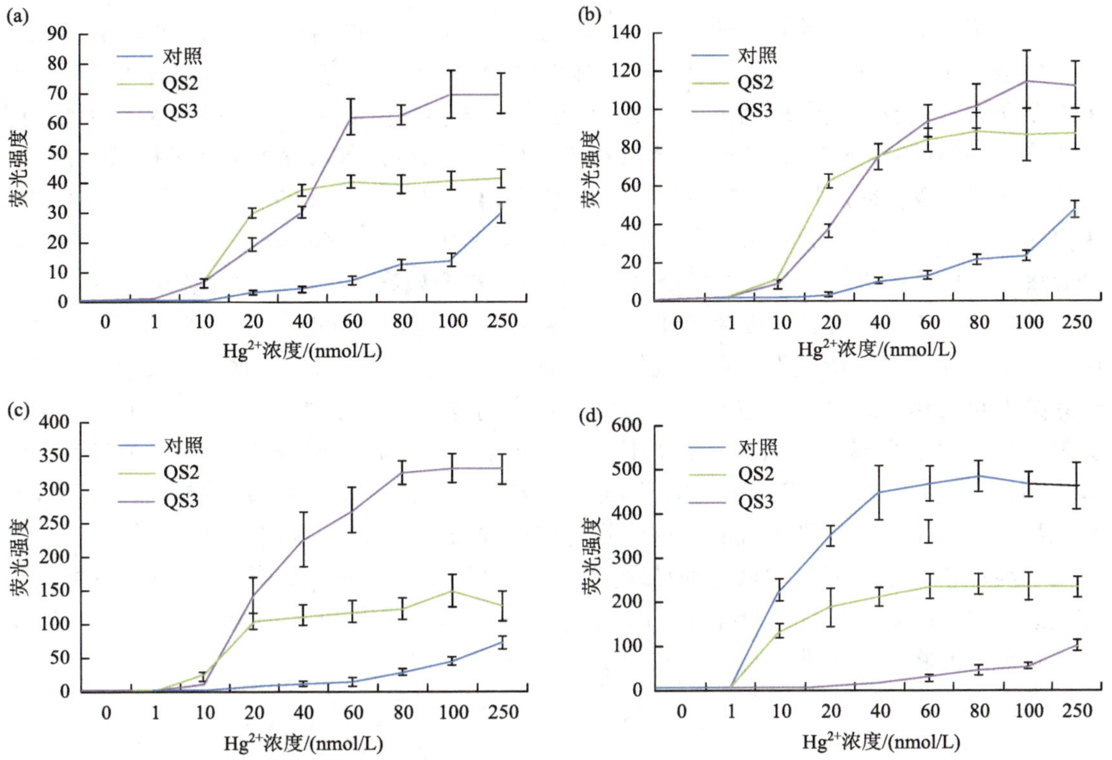


图 12.15　汞离子全细胞生物传感器高效识别汞离子的效果

随着全球范围内与日俱增的对重金属污染的忧虑，能够高效、快速和多样化检测有毒金属生物探针的不断开发，特别是汞离子探针的开发，已经成为全球范围内的挑战和不可或缺的技术。赵劲课题组通过基于群体感应的正反馈系统和 ***merR*** 操纵子结合，开发了一种新型的汞离子特异性生物传感器，能够在全细胞水平上特异性地检测环境中的 $Hg^{2+}$浓度，并且通过引入生物体本身的正反馈系统，能够实现探针检测信号的放大，并且优化了实验设计，使探针的检测灵敏性和检测范围更加广泛。作者未来的工作定向于通过细胞间的相互作用，开发和设计更有效的、在低浓度下能够产生较大信号响应的生物传感器。

## 12.3　讨论与展望

本章回顾了至今十几年来金属离子探针的发展过程及在不同研究领域的进展，随着研究的不断深入，对金属离子探针的要求也不断提高，无论是在化学小分子探针领域，还是在以核酸、蛋白质为基础的生物大分子探针领域，研究者们都在不断地突破经典设计思路，大胆创新，开发出更多新的金属离子探针和检测技术，以满足日益变化发展的科研需求。正是在国家自然科学基金委员会“基于化学小分子探针的信号转导过程研究”重大研究计划的资助下，郭子建、何卫江课题组和赵劲课题组分别从化学小分子荧光探针和全细胞金属离子生物传感器两个方向入手，做出了一系列的研究工作。

同时仍然需要注意的是，随着对生命体内部金属离子的检测和原位实时追踪的需求的日益剧增，对于金属离子荧光探针在体内成像时的对比度、灵敏度等要求也越来越高，这就需要研究者们更多地考虑利用配合物的近红外光谱特性、双光子的可激发性及更加良好的水溶性。同时还必须考虑金属离子探针如何更好地与其他成像技术如磁共振技术（NMR）、单光子发射计算机断层扫描（SPECT）和正电子发射断层扫描（PET）成像等技术相结合，为金属离子探针在体内成像和临床影像学上的实际应用提供更多的依据[104]。因此，集合各类金属离子探针的设计思路，博采众家之所长是未来金属离子探针研发的必经之路。

此外，近年来，随着我国经济建设的迅猛发展，对重金属的开采、冶炼、加工及商业制造活动日益增多，造成不少重金属如铅、镉、汞、铬等进入大气、水、土壤中，引发了一系列严重的污染事件，对生态环境造成了极大的危害。在这样的背景下，2011 年初国务院批复了《重金属污染综合防治“十二五”规划》，使其成为我国第一个“十二五”专项规划。人们不仅要在微观科研领域继续开发实用的金属离子探针，还需要将这些高效的金属离子检测手段应用到宏观的环境监测与保护领域中。以往一直被忽视而近年来在化学生物学与环境科学的交叉领域逐渐被研究者所重视的全细胞生物金属离子探针，既继承了传统金属离子探针灵敏高、选择性高的优点，又兼顾了微生物细胞环境耐受力强、生物安全的特点，其将是未来非常值得关注的研究方向。

本章作者：魏　炜，赵　劲，郭子建

南京大学

## 参 考 文 献

[1] Dodani S C，Firl A，Chan J，et al. Copper is an endogenous modulator of neural circuit spontaneous activity. Proc Natl Acad Sci USA，2014，111：16280-16285.

[2] Yang L，McRae R，Henary M M，et al. Imaging of the intracellular topography of copper with a fluorescent sensor and by synchrotron x-ray fluorescence microscopy. Proc Natl Acad Sci USA，2005，102：11179-11184.

[3] Cotruvo J A，Aron A T，Ramos-Torres K M，et al. Synthetic fluorescent probes for studying copper in biological systems. Chem Soc Rev，2015，44：4400-4414.

[4] Aron A T，Loehr M O，Bogena J，et al. An endoperoxide reactivity-based FRET probe for ratiometric fluorescence imaging of labile iron pools in living cells. J Am Chem Soc，2016，138：14338-14346.

[5] Aron A T，Heffern M C，Lonergan Z R，et al. *In vivo* bioluminescence imaging of labile iron accumulation in a murine model of *Acinetobacter baumannii* infection. Proc Natl Acad Sci USA，2017，114：12669-12674.

[6] Chen Y C，Bai Y，Han Z，et al. Photoluminescence imaging of $Zn^{2+}$ in living systems. Chem Soc Rev，2015，44：4517-4546.

[7] Liu Z，Zhang C，Chen Y，et al. An excitation ratiometric $Zn^{2+}$ sensor with mitochondria-targetability for monitoring of mitochondrial $Zn^{2+}$ release upon different stimulations. Chem Commun，2012，48：8365-8367.

[8] Zhang C，Liu Z，Li Y，et al. *In vitro* and *in vivo* imaging application of a 1，8-naphthalimide-derived $Zn^{2+}$ fluorescent sensor with nuclear envelope penetrability. Chem Commun，2013，49：11430-11432.

[9] Qian F，Zhang C，Zhang Y，et al. Visible light excitable $Zn^{2+}$ fluorescent sensor derived from an intramolecular charge transfer fluorophore and its *in vitro* and *in vivo* application. J Am Chem Soc，2009，131：1460-1468.

[10] Jiang Q，Guo Z J，Zhao Y，et al. *In vivo* fluorescence sensing of the salicylate-induced change of zinc ion concentration in the auditory cortex of rat brain. Analyst，2015，140：197-203.

[11] Liu Z，Zhang C，Chen Y，et al. *In vivo* ratiometric $Zn^{2+}$ imaging in zebrafish larvae using a new visible light excitable fluorescent sensor. Chem Commun，2014，50：1253-1255.

[12] Chen Y，Zhu C，Yang Z，et al. A new "turn-on" chemodosimeter for $Hg^{2+}$：ICT fluorophore formation via $Hg^{2+}$-induced carbaldehyde recovery from 1，3-dithiane. Chem Commun，2012，48：5094-5096.

[13] Cui L，Zhu W，Xu Y，et al. A novel ratiometric sensor for the fast detection of palladium species with large red-shift and high resolution both in aqueous solution and solid state. Anal Chim Acta，2013，786：139-145.

[14] Ruan Y B，Li C，Tang J，et al. Highly sensitive naked-eye and fluorescence "turn-on" detection of $Cu^{2+}$ using fenton reaction assisted signal amplification. Chem Commun（Camb），2010，46：9220-9222.

[15] Kobayashi H，Ogawa M，Alford R，et al. New strategies for fluorescent probe design in medical diagnostic imaging. Chem Rev，2010，110：2620-2640.

[16] Tsien R Y. Fluorescence measurement and photochemical manipulation of cytosolic free calcium. Trends Neurosci，1988，11：419-424.

[17] Terai T，Nagano T. Fluorescent probes for bioimaging applications. Curr Opin Chem Biol，2008，12：515-521.

[18] Gunnlaugsson T，Clive Lee T，Parkesh R. Highly selective fluorescent chemosensors for cadmium in water. Tetrahedron，2004，60：11239-11249.

[19] Weng J，Mei Q，Zhang B，et al. Multi-functional fluorescent probe for $Hg^{2+}$，$Cu^{2+}$ and $ClO^-$ based on a pyrimidin-4-yl phenothiazine derivative. Analyst，2013，138：6607-6616.

[20] Sapsford K E，Berti L，Medintz I L. Materials for fluorescence resonance energy transfer analysis：beyond traditional donor-acceptor combinations. Angew Chem Int Ed Engl，2006，45：4562-4589.

[21] Zhou Z，Yu M，Yang H，et al. FRET-based sensor for imaging chromium（III）in living cells. Chem Commun（Camb），2008：3387-3389.

[22] Sreenath K，Allen J R，Davidson M W，et al. A FRET-based indicator for imaging mitochondrial zinc ions. Chem Commun（Camb），2011，47：11730-11732.

[23] Watson J D，Crick F H. Genetical implications of the structure of deoxyribonucleic acid. Nature，1953，171：964-967.

[24] Li J，Lu Y. A highly sensitive and selective catalytic DNA biosensor for lead ions. J Am Chem Soc，2000，122：10466-10467.

[25] Xiang Y，Lu Y. Using personal glucose meters and functional DNA sensors to quantify a variety of analytical targets. Nat Chem，2011，3：697-703.

[26] Zhou L，Lin Y，Huang Z，et al. Carbon nanodots as fluorescence probes for rapid，sensitive，and label-free detection of $Hg^{2+}$ and biothiols in complex matrices. Chem Commun（Camb），2012，48：1147-1149.

[27] Ran X，Sun H，Pu F，et al. Ag nanoparticle-decorated graphene quantum dots for label-free，rapid and sensitive detection of $Ag^+$ and biothiols. Chem Commun（Camb），2013，49：1079-1081.

[28] Miao P，Liu L，Li Y，et al. A novel electrochemical method to detect mercury（Ⅱ）ions. Electro Chem Commun，2009，11：1904-1907.

[29] Zhu Z，Su Y，Li J，et al. Highly sensitive electrochemical sensor for mercury（Ⅱ）ions by using a mercury-specific oligonucleotide probe and gold nanoparticle-based amplification. Anal Chem，2009，81：7660-7666.

[30] Godwin H A，Berg J M. A fluorescent zinc probe based on metal-induced peptide folding. J Am Chem Soc，1996，118：6514-6515.

[31] Walkup G K，Imperiali B. Design and evaluation of a peptidyl fluorescent chemosensor for divalent zinc. J Am Chem Soc，1996，118：3053-3054.

[32] Jensen K K，Martini L，Schwartz T W. Enhanced fluorescence resonance energy transfer between spectral variants of green fluorescent protein through zinc-site engineering. Biochemistry，2000，40：938-945.

[33] van Dongen E M W M，Dekkers L M，Spijker K，et al. Ratiometric fluorescent sensor proteins with subnanomolar affinity for Zn（Ⅱ）based on copper chaperone domains. J Am Chem Soc，2006，128：10754-10762.

[34] Chen P，He C. A general strategy to convert the merr family proteins into highly sensitive and selective fluorescent biosensors

for metal ions. J Am Chem Soc，2003，126：728-729.

[35] Chen P，Greenberg B，Taghavi S，et al. An exceptionally selective lead（Ⅱ）-regulatory protein from ralstonia metallidurans：development of a fluorescent lead（Ⅱ）probe. Angew Chem，2005，117：2775-2779.

[36] Wegner S V，Okesli A，Chen P，et al. Design of an emission ratiometric biosensor from merr family proteins：a sensitive and selective sensor for $Hg^{2+}$. J Am Chem Soc，2007，129：3474-3475.

[37] Chen P R，He C. Selective recognition of metal ions by metalloregulatory proteins. Curr Opin Chem Biol，2008，12：214-221.

[38] Boal A K，Rosenzweig A C. Structural biology of copper trafficking. Chem Rev，2009，109：4760-4779.

[39] Hobman J L. MerR family transcription activators：similar designs，different specificities. Mole Microbiol，2007，63：1275-1278.

[40] Wanekaya A K，Chen W，Mulchandani A. Recent biosensing developments in environmental security. J Environ Monit，2008，10：703-712.

[41] Robbens J，Dardenne F，Devriese L，et al. *Escherichia coli* as a bioreporter in ecotoxicology. Appl Microbiol Biotechnol，2010，88：1007-1025.

[42] van der Meer J R，Belkin S. Where microbiology meets microengineering：design and applications of reporter bacteria. Nat Rev Microbiol，2010，8：511-522.

[43] Harms H. Molecular Microbiology of Heavy Metals//Nies D H，Silver S. Microbiology Monographs. Vol. 6. Berlin Heidelberg：Springer，2007，Ch. 76：143-157.

[44] Magrisso S，Erel Y，Belkin S. Microbial reporters of metal bioavailability. Microb Biotechnol，2008，1：320-330.

[45] Hynninen A，Virta M. Whole-cell bioreporters for the detection of bioavailable metals. Adv Biochem Eng Biotechnol，2010，118：31-63.

[46] Brown N L，Stoyanov J V，Kidd S P，et al. The MerR family of transcriptional regulators. FEMS Microbiol Rev，2003，27：145-163.

[47] Ma Z，Jacobsen F E，Giedroc D P. Coordination chemistry of bacterial metal transport and sensing. Chem Rev，2009，109：4644-4681.

[48] Jouanneau S，Durand M J，Courcoux P，et al. Improvement of the identification of four heavy metals in environmental samples by using predictive decision tree models coupled with a set of five bioluminescent bacteria. Environ Sci Technol，2011，45：2925-2931.

[49] Riether K B，Dollard M A，Billard P. Assessment of heavy metal bioavailability using *Escherichia coli* zntAp：：lux and copAp：：lux-based biosensors. Appl Microbiol Biotechnol，2001，57：712-716.

[50] Stoyanov J V，Brown N L. The *Escherichia coli* copper-responsive copA promoter is activated by gold. J Biol Chem，2003，278：1407-1410.

[51] Hakkila K，Green T，Leskinen P，et al. Detection of bioavailable heavy metals in EILATox-Oregon samples using whole-cell luminescent bacterial sensors in suspension or immobilized onto fibre-optic tips. J Appl Toxicol，2004，24：333-342.

[52] Charrier T，Chapeau C，Bendria L，et al. A multi-channel bioluminescent bacterial biosensor for the on-line detection of metals and toxicity. Part Ⅱ：technical development and proof of concept of the biosensor. Anal Bioanal Chem，2011，400：1061-1070.

[53] Martynov V I，Savitsky A P，Martynova N Y，et al. Alternative cyclization in GFP-like proteins family. The formation and structure of the chromophore of a purple chromoprotein from *Anemonia sulcata*. J Biol Chem，2001，276：21012-21016.

[54] Zaccaro M C，Salazar C，Zulpa de Caire，G，et al. Lead toxicity in cyanobacterial porphyrin metabolism. Environ Toxicol，2001，16：61-67.

[55] Bridgewater B M，Parkin G. Lead Poisoning and the inactivation of 5-aminolevu-linate dehydratase as modeled by the tris（2-mercapto-1-phenylimidazolyl）hydroborato lead complex，{[TmPh]Pb}[$ClO_4$]. J Am Chem Soc，2000，122：7140-7141.

[56] Lewis J A，Cohen S M. Addressing lead toxicity：complexation of lead（Ⅱ）with thiopyrone and hydroxypyridinethione O，S mixed chelators. Inorg Chem，2004，43：6534-6536.

[57] Restrepo H G，Sicard D，Torres M M. DNA damage and repair in cells of lead exposed people. Am J Ind Med，2000，38：

330-334.

[58] Apostoli P，Huard C，Chaumontet C，et al. Effects of four inorganic lead compounds on the proliferation and junctional coupling of cultured REL liver cells. Am J Ind Med，2000，38：340-348.

[59] Ye X B，Fu H，Zhu J L，et al. A study on oxidative stress in lead-exposed workers. J Toxicol Environ Health，1999，A57：161-172.

[60] Rossman T G. Cloning genes whose levels of expression are altered by metals：implications for human health research. Am J Ind Med，2000，38：335-339.

[61] Quintanilla-Vega B，Hoover D，Bal W，et al. Lead effects on protamine-DNA binding. Am J Ind Med，2000，38：324-329.

[62] Liu J，Lu Y. Improving fluorescent DNAzyme biosensors by combining inter- and intramolecular quenchers. Anal Chem，2003，75：6666-6672.

[63] Diels L S A，Mergeay M. Large plasmids governing multiple resistance to heavy metals：a genetic approach. Toxicol Environ Chem，1989，23：79-89.

[64] Xiao Y，Rowe A A，Plaxco K W. Electrochemical detection of parts-per-billion lead via an electrode-bound DNAzyme assembly. J Am Chem Soc，2007，129：262-263.

[65] Zuo X，Xiao Y，Plaxco K W. High specificity，electrochemical sandwich assays based on single aptamer sequences and suitable for the direct detection of small-molecule targets in blood and other complex matrices. J Am Chem Soc，2009，131：6944-6945.

[66] Mergeay M，Houba C，Gerits J. Extrachromosomal inheritance controlling resistance to cadmium，cobalt，copper and zinc ions：evidence from curing in a *Pseudomonas* [proceedings]. Arch Int Physiol Biochim，1978，86：440-442.

[67] Mergeay M，Monchy S，Vallaeys T，et al. Ralstonia metallidurans，a bacterium specifically adapted to toxic metals：towards a catalogue of metal-responsive genes. FEMS Microbiol Rev，2003，27：385-410.

[68] Calder K M，Horwitz M A. Identification of iron-regulated proteins of *Mycobacterium tuberculosis* and cloning of tandem genes encoding a low iron-induced protein and a metal transporting ATPase with similarities to two-component metal transport systems. Microb Pathog，1998，24：133-143.

[69] Juhnke S，Peitzsch N，Hubener N，et al. New genes involved in chromate resistance in *Ralstonia metallidurans* strain CH34. Arch Microbiol，2002，179：15-25.

[70] Chen P，Greenberg B，Taghavi S，et al. An exceptionally selective lead（Ⅱ）-regulatory protein from *Ralstonia metallidurans*：development of a fluorescent lead（Ⅱ）probe. Angew Chem Int Ed Engl，2005，44：2715-2719.

[71] Claudio E S，G H，Magyar J S. Fundamental coordination chemistry，environmental chemistry，and biochemistry of lead（Ⅱ）. Prog Inorg Chem，2003，51：1-144.

[72] Chen P R，Wasinger E C，Zhao J，et al. Spectroscopic insights into lead（Ⅱ）coordination by the selective lead（Ⅱ）-binding protein PbrR691. J Am Chem Soc，2007，129：12350-12351.

[73] Ono A，Togashi H. Highly selective oligonucleotide-based sensor for mercury（Ⅱ）in aqueous solutions. Angew Chem Int Ed Engl，2004，43：4300-4302.

[74] Harada M. Minamata disease：methylmercury poisoning in Japan caused by environmental pollution. Crit Rev Toxicol，1995，25：1-24.

[75] Boening D W. Ecological effects，transport，and fate of mercury：a general review. Chemosphere，2000，40：1335-1351.

[76] Namgaladze D，Hofer H W，Ullrich V. Redox control of calcineurin by targeting the binuclear $Fe^{2+}$-$Zn^{2+}$ center at the enzyme active site. J Biol Chem，2002，277：5962-5969.

[77] Scheuhammer A M. The chronic toxicity of aluminium，cadmium，mercury，and lead in birds：a review. Environ Pollut，1987，46：263-295.

[78] Iyengar V，Woittiez J. Trace elements in human clinical specimens：evaluation of literature data to identify reference values. Clin Chem，1988，34：474-481.

[79] Lin Y W，Huang C C，Chang H T. Gold nanoparticle probes for the detection of mercury，lead and copper ions. Analyst，2011，

136：863-871.

[80] Kim H N，Ren W X，Kim J S，et al. Fluorescent and colorimetric sensors for detection of lead，cadmium，and mercury ions. Chem Soc Rev，2012，41：3210-3244.

[81] Wegner S V，Okesli A，Chen P，et al. Design of an emission ratiometric biosensor from MerR family proteins：a sensitive and selective sensor for $Hg^{2+}$. J Am Chem Soc，2007，129：3474-3475.

[82] Chiang C K，Huang C C，Liu C W，et al. Oligonucleotide-based fluorescence probe for sensitive and selective detection of mercury（Ⅱ）in aqueous solution. Anal Chem，2008，80：3716-3721.

[83] Summers A O. Untwist and shout：a heavy metal-responsive transcriptional regulator. J Bacteriol，1992，174：3097-3101.

[84] Virta A，Komu M，Kormano M，et al. Magnetization transfer in protein solutions at 0.1 T：dependence on concentration，molecular weight，and structure. Acad Radiol，1995，2：792-798.

[85] Banu K，Shimura T，Sadeghi S. Selective detection and recovery of gold at tannin-immobilized non-conducting electrode. Anal Chim Acta，2015，853：207-213.

[86] Wei W，Liu X，Sun P，et al. Simple whole-cell biodetection and bioremediation of heavy metals based on an engineered lead-specific operon. Environ Sci Technol，2014，48：3363-3371.

[87] Waters C M，Bassler B L. Quorum sensing：cell-to-cell communication in bacteria. Annu Rev Cell Dev Biol，2005，21：319-346.

[88] Miller M B，Bassler，B. L. Quorum sensing in bacteria. Annu Rev Microbiol，2001，55：165-199.

[89] Fuqua W C，Winans S C，Greenberg E P. Quorum sensing in bacteria：the LuxR-LuxI family of cell density-responsive transcriptional regulators. J Bacteriol，1994，176：269-275.

[90] Fuqua C，Greenberg E P. Listening in on bacteria：acyl-homoserine lactone signalling. Nat Rev Mol Cell Biol，2002，3：685-695.

[91] Mishra D，Rivera P M，Lin A，et al. A load driver device for engineering modularity in biological networks. Nat Biotechnol，2014，32：1268-1275.

[92] Collins C H，Arnold F H，Leadbetter J R. Directed evolution of *Vibrio fischeri* LuxR for increased sensitivity to a broad spectrum of acyl-homoserine lactones. Mol Microbiol，2005，55：712-723.

[93] Brandman O，Ferrell J E Jr，Li R，et al. Interlinked fast and slow positive feedback loops drive reliable cell decisions. Science，2005，310：496-498.

[94] Sprinzak D，Elowitz M. B. Reconstruction of genetic circuits. Nature，2005，438：443-448.

[95] Kobori S，Ichihashi N，Kazuta Y，et al. A controllable gene expression system in liposomes that includes a positive feedback loop. Mol Biosyst，2013，9：1282-1285.

[96] Nistala G J，Wu K，Rao C V，et al. A modular positive feedback-based gene amplifier. J Biol Eng，2010，4：4.

[97] Bagowski C P，Ferrell J E Jr. Bistability in the JNK cascade. Curr Biol，2001，11：1176-1182.

[98] Veening J W，Smits W K，Kuipers O P. Bistability，epigenetics，and bet-hedging in bacteria. Annu Rev Microbiol，2008，62：193-210.

[99] Hasty J，McMillen D，Collins J J. Engineered gene circuits. Nature，2002，420：224-230.

[100] Becskei A，Seraphin B，Serrano L. Positive feedback in eukaryotic gene networks：cell differentiation by graded to binary response conversion. EMBO J，2001，20：2528-2535.

[101] Sayut D J，Kambam P K，Sun L. Noise and kinetics of LuxR positive feedback loops. Biochem Biophys Res Commun，2007，363：667-673.

[102] Ferrell J E Jr，Machleder E M. The biochemical basis of an all-or-none cell fate switch in *Xenopus oocytes*. Science，1998，280：895-898.

[103] Hooshangi S，Thiberge S，Weiss R. Ultrasensitivity and noise propagation in a synthetic transcriptional cascade. Proc Natl Acad Sci USA，2005，102：3581-3586.

[104] Liu Z，He W，Guo Z. Metal coordination in photoluminescent sensing. Chem Soc Rev，2013，42：1568-1600.

# 第 13 章　荧光传感与光调控

## 13.1　引　　言

在生命体内，生物分子在不同的时间、空间发挥不同的生物学功能，在严格遵循生命体系设定的时间和空间规则前提下，生物分子才可正常地运转，发挥其功能。生物体系一般处于动态平衡中，其中动态分子事件的时空有序性对生命体系的正常运转至关重要，这些动态平衡体系的失衡常常导致各种病理状态。对于生理及病理过程中的动态分子事件，目前人类所知的只是冰山一角，“在体”研究生命体内生物分子及其参与的动态生物学过程仍是较大的挑战。多种荧光探针的应用在揭秘复杂生物体系动态生物学的过程中正在发挥越来越重要的作用，发展具有时空分辨性的分子工具和调控方法，在时间、空间契合状态研究生物分子动态变化规律，或对生物分子进行时空分辨的调控，也是解析生物体系动态过程的重要方法。光照是当下最易获得的可实现时空分辨的外源刺激方法，同时光照还具有优良的生物相容性。因此，发展对光敏感或可受光调控的化学探针或生物分子探针，结合荧光传感或光调控，对生命体内的生物分子进行示踪检测，或对生物分子的功能进行时空分辨调控，是光化学生物学研究中的重要方向[1, 2]。

基于荧光发色团构建荧光分子探针，从而对生物分子进行荧光传感是一种可对生物分子进行“在体”示踪或检测的简单且有效的手段。生物分子荧光传感的里程碑工作可以追溯到 20 世纪发展的绿色荧光蛋白（green fluorescent protein，GFP）标记方法[3]，这也是当代生物科学研究中的最重要的工具之一。GFP 最早由日本科学家下村修（Osamu Shimomura）在水母中发现，之后由美国科学家马丁·查尔菲（Martin Charfie）发展成为可用于多种生物体系的荧光标记工具，同时基于美籍华人科学家钱永健（Roger Tsien）对 GFP 的改造使其发光更明亮、更持久，且进一步发展出具有不同荧光发射波长的红色、黄色等多色荧光蛋白，使其可广泛应用到各类生物分子的荧光示踪或检测中。这三位科学家也因其在荧光蛋白的发现和应用等方面的重大贡献而获得 2008 年诺贝尔化学奖。在荧光蛋白被开发应用的同时，基于各类不同结构、荧光性质各异的小分子荧光发色团也被陆续开发、研究并应用到生物分子的荧光传感中。这些可对生物分子进行荧光传感的荧光分子探针的组成通常包括荧光发色团、连接基团及对生物分子具有识别功能的靶向基团[4, 5]。

为了减少荧光背景信号的干扰，荧光探针通常设计为智能响应型探针，在未遇到特定生物分子时探针的荧光处于“沉默”状态，而探针与生物分子相互作用之后荧光分子探针的荧光“打开”，通过这种与生物分子相互作用后产生的荧光“关-开”变化即可实现对生物分子的高灵敏荧光传感研究。智能响应型荧光探针对生物分子的响应原理依据其结构及性质也不尽相同，其中小分子荧光探针的响应原理主要可分为光致电子转移（photoinduced electron transfer，PET）[6]和荧光共振能量转移（fluorescence resonance energy transfer，FRET）[7]。近年来，小分子荧光探针已被广泛应用到不同生物荧光传感中，例如，PET 型小分子荧光探针被应用于对大鼠海马体神经元和多功能干细胞诱导的多巴胺神经元培养过程中的膜电位变化的监测成像[8]，FRET 型小分子荧光探针被应用于对肿瘤相关成纤维激活蛋白酶的检测和成像[9]。基于荧光蛋白发色团的荧光探针的响应原理主要为蛋白质在与生物体内的生物分子发生相互作用后其构象发生变化，进而引起荧光蛋白的荧光性质发生变化，或者使两个不同荧光蛋白的距离发生变化从而造成 FRET 荧光信号的变化。例如，基于绿色和红色荧光蛋白的 FRET 型大分子荧光探针被应用于对膜电荷的检测并对免疫突触的膜区域中的电荷进行检测成像[10]，基于两种近红外荧光蛋白构建的 FRET 型荧光探针被应用于对 Rac1 GTP 酶进行检测及对活细胞中的 Rac1 GTP 酶进行荧光传感成像[11]。这些例子充分展示了荧光探针在生命体内生物分子荧光传感中的应用潜力。

利用光照对细胞内生物分子的功能进行时空分辨的调控也是科学家们长期以来一直追求的目标。光遗传学目前已发展成为一种可对生物分子功能进行光调控的有效手段，它通过在细胞内导入遗传编码的光敏蛋白，基于光对光敏蛋白的刺激响应进而实现对细胞内的生物功能分子进行实时的控制。光遗传学的基础是基因元件，它们可以表达光敏特性的功能蛋白质或与之相互作用。这些元件具有模块化、正交化的特点，可以由自然界中已有的光敏蛋白改造而成或通过合成生物学方法设计筛选获得。例如，光敏功能蛋白通常由感光模块与功能模块共同构成，在被光激活后产生构象变化，切换其生物功能，而这些变化都是可逆的。其中，各种功能结构域在合成生物学中也被广泛使用，如转录、相互作用、酶催化等。感光蛋白结构域在细菌与植物中广泛存在，如以黄素腺嘌呤二核苷酸（FAD）为辅基的光-氧-电压（LOV）结构域、藻青素为辅基的植物色素结构域甚至是荧光蛋白。它们可被不同波长的光所激发，也具有不同的激发与恢复速度。

神经科学是最早广泛应用光遗传学调控生物分子功能的领域，通过改造感光离子通道，可用光激发或抑制神经细胞活动，从而探索细胞在神经环路中的作用。这一技术也迅速在生物科学的其他领域广泛应用，如用激光控制斑马鱼的心脏跳动、用光控制秀丽隐杆线虫的运动方向、用光改变小鼠抑郁症行为等。2011 年 1 月，*Nature Methods* 将光遗传学评选为“年度研究方法”，并以特别专辑的形式报道。目前光遗传学已经成为细胞分子活动操纵技术的前沿与趋势。然而，光遗传学技术基本都需要针对目标蛋白进行一对一的设计，存在工程化的困难。近年来，瑞士、德国与中国科学家分别发展了动物光控基因表达系统，其可用于控制一切的基因表达和几乎一切的生命活动，为光遗传技术的更广泛应用提供了很好的条件。但这些技术还需要进一步的优化与正交化，在光控蛋白的激发波长、动力学参数等方面有更好的多样性以供相关研究者选择。此外，目前针对代谢、蛋白质合成、蛋白质降解、细胞增殖分化与凋亡等生物学过程的通用光遗传学技术仍然十分缺乏。这些问题都需要结合合成生物学模块化、工程化的理念来解决，设计与筛选光可控功能蛋白质分子。

科学家们开发了利用小分子对生物分子的功能进行“沉默”的笼锁技术以用于光“解笼”，这类技术通过在生物分子中的关键活性位点引入具有特定结构的光致离去基团，从而使生物分子的功能暂时“沉默”，在紫外光照射下可脱除光致离去基团而释放出活性位点，进而实现对生物分子功能的激活。例如，通过在 RNA 分子的磷酸基团中引入香豆素类笼锁分子来抑制其翻译，在紫外光激发下香豆素分子会离去，从而释放 RNA 分子进行翻译及行使下游功能[12]。这一方法在近年来已被广泛应用到各类不同生物分子的笼锁-激活控制中。然而，紫外光照射可能会对细胞造成不可逆的损伤，同时向活细胞中引入这一类笼锁小分子也存在一定的技术上的难度，因此基于新的光致离去基团来优化笼锁-激活技术仍是非常必要的。此外，目前已在生物体系调控中成功应用的光敏分子开关主要基于在光照下可发生断键反应或顺反异构化反应的结构单元。由于生物体系的复杂性对于要求特异性的成键反应尤其不利，能否基于光诱导的成键反应发展新的光控分子开关，进而对生物体系实现时空分辨的调控，这还是光化学生物学中尚需解决的难题之一。

利用光控方法对生命体内的生物分子进行荧光传感成像或者特异性的光调控已经成为一种研究生命体内生物分子及其生物学过程的有效方法。基于小分子荧光发色团、荧光蛋白发色团的荧光传感器件及基于光敏小分子、光敏蛋白的“光开关”已被陆续开发并应用，极大地推动了对生物分子及生物学过程的理解及生命科学领域的发展。作为国家自然科学基金委员会“基于化学小分子探针的信号转导过程研究”重大研究计划成果之一，本章将主要介绍华东理工大学杨戈课题组和南京大学张艳课题组在荧光传感和光调控方面的研究进展，主要包括基于荧光传感的细胞代谢探针、用于光遗传学的生物大分子光开关及基于“光点击”反应发展的探针分子和光调控开关。

## 13.2　研究进展与成果

### 13.2.1　监测细胞代谢的遗传编码荧光探针

细胞代谢为所有的细胞生理活动提供物质和能量基础。真核生物演化了多种区室化的亚细胞器结构，代谢活动在这些亚细胞区域是相对独立的，使得代谢反应的效率更高、调控更严密[13, 14]。传统基于色谱和质谱技术的代谢分析手段是对生物体系有侵入性的。基于化学小分子的方法虽然能对活细胞进行监测，但是在空间分辨方面难以满足要求[15]。另外，往细胞内或者在体输送化学小分子易受到操纵程序的影响，荧光蛋白在细胞内表达，实验结果经常比化学小分子荧光探针更具有一致性。有些微型装置如胶囊缓释系统等能操纵化学小分子探针，但是它们需要的设备和经验在普通实验室不易实行。因此，突破传统的化学小分子的技术瓶颈，发展基于荧光蛋白传感器的时空分辨细胞代谢监测技术成为该领域面临的关键问题。近年来，遗传编码荧光探针技术取得了长足的发展，解决了上述代谢监测的关键技术问题，实现了对活细胞代谢的实时、原位监测。遗传编码荧光探针是用遗传工程方法产生的由荧光蛋白和代谢物感受蛋白组成的嵌合体蛋白探针。它有两种设计方式，一种是基于单个荧光蛋白的，常用的是环形排列的荧光蛋白，这些荧光蛋白易于感受代谢物结合蛋白所构成的分子微环境，产生对目标代谢物的荧光响应。另一种是基于荧光共振能量转移方式构建的。单荧光蛋白探针可以产生巨大的荧光响应，而荧光共振能量转移型的探针通常荧光明亮，且对 pH 不敏感。探针的检测方式通常是荧光强度，在特定情况下也检测荧光偏振和荧光寿命。遗传编码荧光探针始于近二十年前钱永健研究组开发的钙离子探针[16]，2009 年荧光探针被用来监测细胞氧化还原状态和细胞能量“货币”腺苷三磷酸（ATP）[17]。但是数量众多的代谢物，特别是居于糖、脂、蛋白质代谢网络关键节点，以及为信号转导和表观修饰等提供直接底物和调控作用的重要代谢物则都没有相应的探针检测技术，这是具有重要价值的科研空白领域。华东理工大学杨弋课题组发展了一些细胞内核心代谢物的遗传编码荧光探针，与国内外同行一起促进活细胞代谢监测这一领域的发展。

1. 第一代 NADH 荧光探针 Frex 家族

2011 年杨弋课题组和美国科学家同时独立地发展了细胞代谢核心辅酶烟酰胺腺嘌呤二核苷酸（NADH 和 $NAD^+$）的探针 Frex 家族[18]与 Peredox[19]。为了构建特异性检测 NADH 的荧光蛋白探针，杨弋课题组把细菌内对 NADH 敏感的 Rex 转录因子插入环形排列的黄色荧光蛋白（cpYFP）中，经过原核表达与纯化，获得了 NADH 探针的原型（图 13.1）。在此基础上，作者进行了广泛的连接序列筛选和突变体优化，以改善探针的结合常数、动态响应范围、荧光强度，最终得到了三个具有不同亲和力的探针 Frex、C3L194K 与 FrexH，

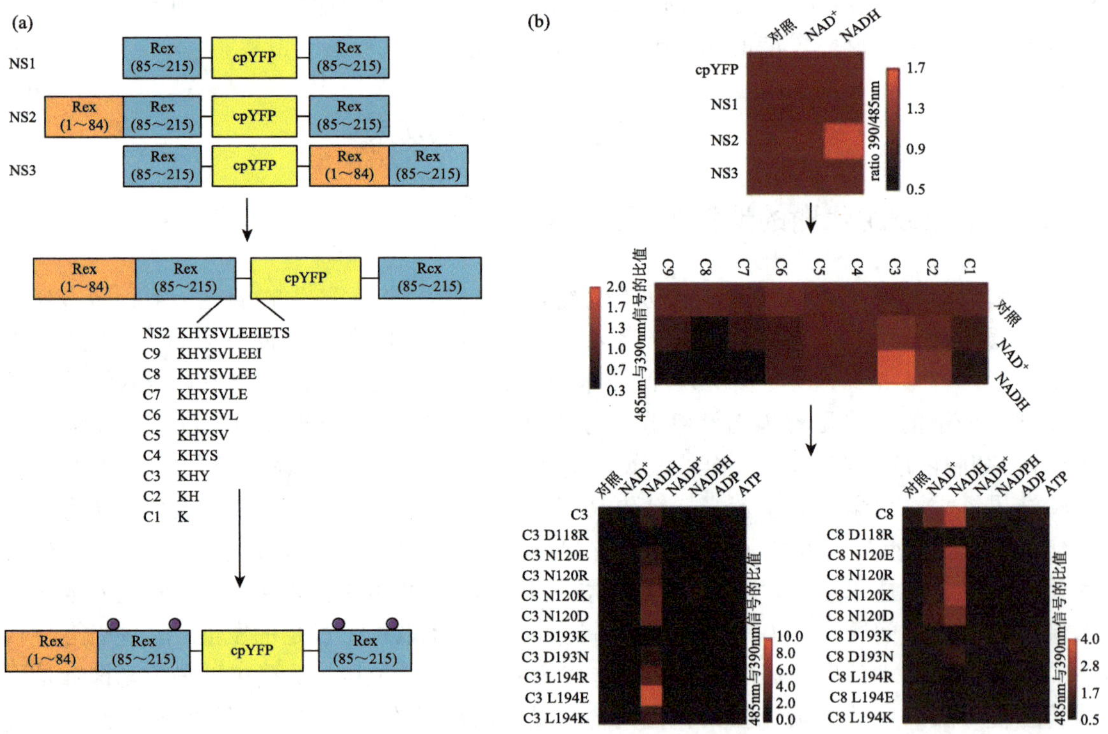


图 13.1　NADH 探针 Frex 家族的筛选和优化

（a）探针的分子结构示意图，探针的建立包括建立探针原型、调整连接序列的残基数目、点突变优化探针性质三个环节，紫色圆圈示意点突变，实际突变位点见右边图标识；（b）纯化蛋白的荧光检测结果

分别能应用于 NADH 在通常、极高、极低浓度的情形[18]。这些探针具有非常优异的荧光特性和特异性，如 Frex 探针与 NADH 结合以后，其 500nm 激发的荧光强度可以增加 9 倍[18]，且该探针只与 NADH 响应，对其氧化形式如 $NAD^+$，以及其他的类似物都没有响应。值得一提的是，Frex 探针具有两个荧光通道，一个对 NADH 敏感，另一个不敏感，因此可以用来进行比率型的荧光测定，可用于自由 NADH 的绝对定量。作者将 Frex 探针加上定位信号分别表达在细胞浆、核、线粒体中，并测定了细胞浆与线粒体中自由 NADH 的浓度。实验结果显示细胞的线粒体中具有很高浓度的 NADH。

杨弋课题组还利用 Frex 家族探针详细研究了 NADH 的转运和调控机制。在外源添加 NADH 时，作者发现 NADH 可以十分迅速地穿过细胞膜，而且不被已知的 $NAD^+$转运蛋白抑制剂阻断。这与前人的结论相反，十分有趣。线粒体内 NADH 的水平升高则比较慢。胞浆内 NADH 主要通过糖酵解产生，在丙酮酸转变成乳酸的过程中被消耗。线粒体是细胞的发电厂，其中 NADH 和 $NAD^+$是能量代谢的关键辅酶。作者发现在添加葡萄糖、丙酮酸、乳酸时，可以迅速增加细胞浆内的 NADH 浓度，而线粒体内 NADH 浓度的增加需要约 10min 的时间。作者也研究了线粒体抑制剂对其 NADH 水平的影响。呼吸链复合物Ⅰ、Ⅲ、Ⅳ抑制剂都显著增加了 NADH 浓度，而复合物Ⅱ抑制剂降低了 NADH 浓度。检测 NADH 的自发荧光得到了类似结果。NADH 从细胞浆进入线粒体需要通过苹果酸-天冬氨酸（或还原当量 NADH）穿梭途径，通过氨氧乙酸（AOA）来抑制穿梭途径，发现线粒体内的 NADH 水平明显下降[18]。

### 2. 第二代 NADH 荧光探针 SoNar 与运用

上述的第一代 NADH 探针 Frex 家族在细胞代谢成像方面已实现了中心代谢的时空分辨成像，但是该探针在原代细胞、活体动物成像中运用起来仍有困难，且在活细胞中 $NAD^+$ 的还原型和氧化型的比例是比 NADH 水平更有生理意义的代谢指标。针对这些问题，杨弋课题组将 cpYFP 插入 T-Rex 单体，并截去了 T-Rex 结合 DNA 的结构域（图 13.2），通过蛋白质工程方法筛选获得了一个可同时检测 $NAD^+$、NADH 及其比率的第二代细胞代谢荧光探针 SoNar［NAD（H）氧化还原传感器］，该探针高效折叠、荧光强度高、动态响应范围大，可用于特异性检测 $NAD^+$、NADH 及其比例[20]。SoNar 探针在纯化蛋白中动态响应范围达到 1500%，在细胞上的动态范围也有 900%，可以在细胞水平上检测各种微量代谢物如丙酮酸对细胞代谢的干扰。同时该探针的荧光明亮，为活体成像提供了便利。作者对裸鼠注射稳定表达 SoNar 的细胞株，形成移植瘤，利用活体动物成像系统，可以观察到肿瘤代谢在尾静脉注射丙酮酸后发生的变化[20]。作者还制备了 SoNar 探针的转基因小鼠用以开展细胞代谢的活体动物研究。

杨弋课题组利用 SoNar 探针的高亮度与响应性，结合自动化仪器，建立了针对细胞能量代谢的高通量、高内涵代谢调控活性的筛选平台（图 13.3）。对活性动物，作者也建立了稳定的代谢检测平台[21]。利用这些建立的技术平台，作者开展了高通量的调控细胞代谢活性的化合物筛选。对一万多种不同来源的小分子活性化合物的筛选后，发现了 400 多种改变细胞代谢的化合物[20]。作者以乳腺癌细胞株 MCF7、肺癌细胞株 H1299、

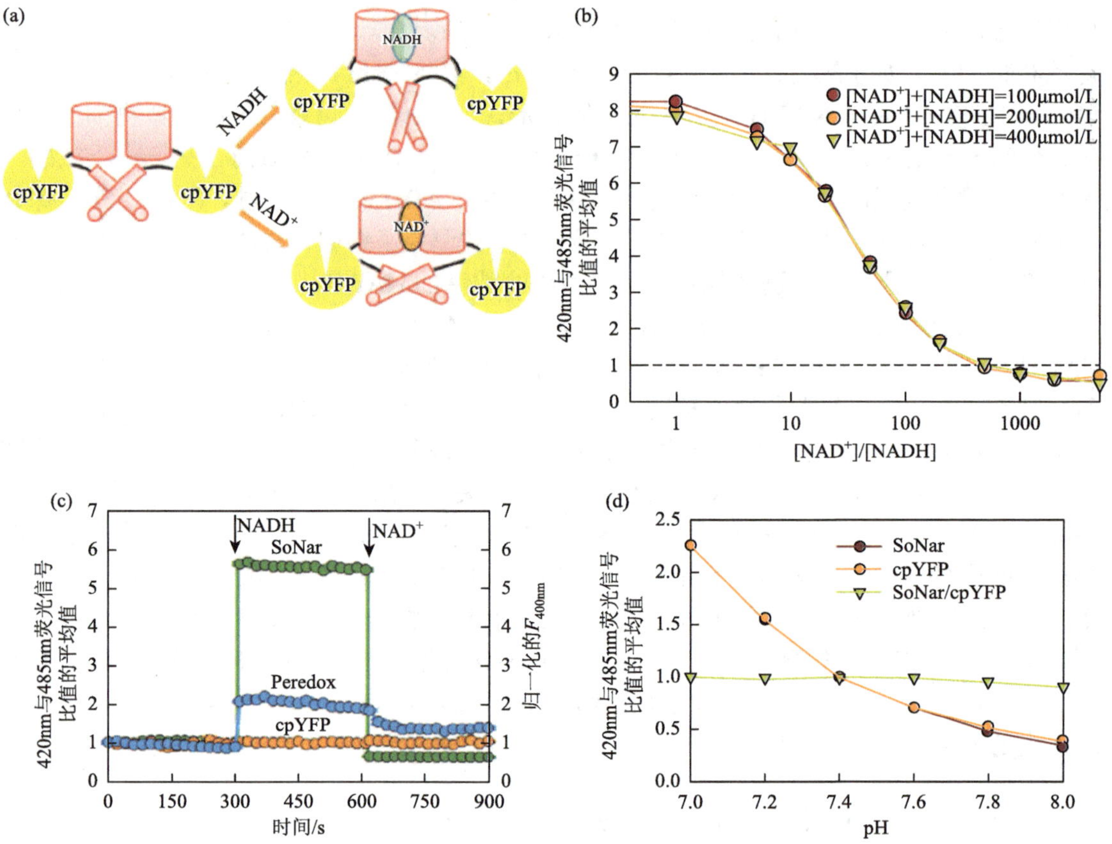


图 13.2　SoNar 探针蛋白的结构和性质

（a）SoNar 探针的示意图，它是一个同源二聚体蛋白复合物；（b）SoNar 的响应与 NADH/NAD$^+$比例相关，而对不同的 NADH 和 NAD$^+$总浓度保持不变，能严格反映 NADH/NAD$^+$水平；（c）SoNar 与 Peredox 探针的比较，SoNar 与 Peredox 都对 NADH 和 NAD$^+$有响应，但是 SoNar 比 Peredox 响应更快，幅度更大；（d）pH 对 SoNar 探针的影响，cpYFP 的平行实验在细胞生理 pH 范围内（7.0～8.0）消除了 pH 对 SoNar 探针的干扰

宫颈癌细胞株 HeLa 及正常细胞如内皮细胞、成纤维细胞等为研究对象，对这些代谢活性化合物的细胞毒性进行了研究，发现了 8 种化合物具有强烈的肿瘤细胞杀伤活性[20]。利用代谢组学、生物化学和遗传学手段，作者进而在这 8 种抗肿瘤化合物中发现 KP372-1 是一种结构新颖的氧化还原循环底物，在癌细胞中特异表达的 NQO1 酶催化下产生极度氧化应激，进而杀灭癌细胞。KP372-1 比目前已进入临床 II 期 NQO1 依赖的经典抗癌化合物 $\beta$-拉帕醌（$\beta$-lapachone）具有更高的口服利用度、更长的药物作用半衰期和更低的药效浓度，可在低浓度下广泛杀伤不同人体组织来源的癌细胞，其在小鼠移植瘤模型上也具有很好的治疗效果，且对小鼠正常组织无毒性[20]。目前国际上多个研究组已开始利用 SoNar 探针开展研究，其中作者与哈佛大学医学院 Loscalzo 课题组合作，研究了细胞在乏氧过程中能量代谢的变化[22]。

荧光探针在细胞代谢分析中发挥了不可替代的作用（图 13.4）。例如，利用 SoNar 探针的高灵敏性，作者用它监测肿瘤细胞能量代谢，率先开展了基于探针的抗肿瘤化合物筛选和机制探究[20]。Laconic 和 Peredox 探针用于揭示星形胶质细胞到神经元的能量来源和

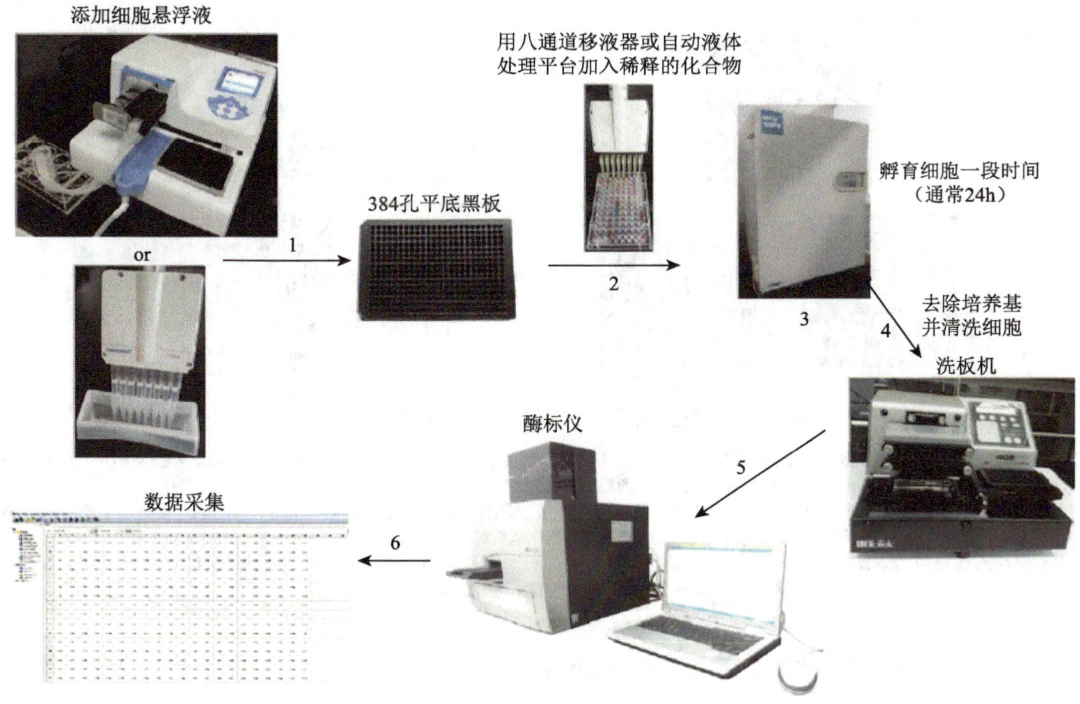


图 13.3　基于 SoNar 探针的活细胞代谢高通量筛选平台

相互作用[23, 24]，ATP 探针 Ateam 用来报告化疗药物诱导细胞释放使免疫细胞致敏的物质，Frex 和 LigA-cpVenus 探针分别显示了存在 NADH 穿细胞质膜和 $NAD^+$穿线粒体膜的运输途径[18, 25]，HyPer 家族和 iNap1 探针刻画了活体动物组织损伤、修复和再生过程中自由基与氧化还原水平的动态变化[26, 27]。利用显微成像或者流式分析技术，这些探针在多种原代细胞和肿瘤细胞中清晰地显示细胞代谢的异质性。这些成果初步显示了在灵敏地捕捉细胞代谢的时空调控特征方面，遗传编码荧光探针具有传统分析方法难以企及的优势，成为细胞代谢研究的利器。

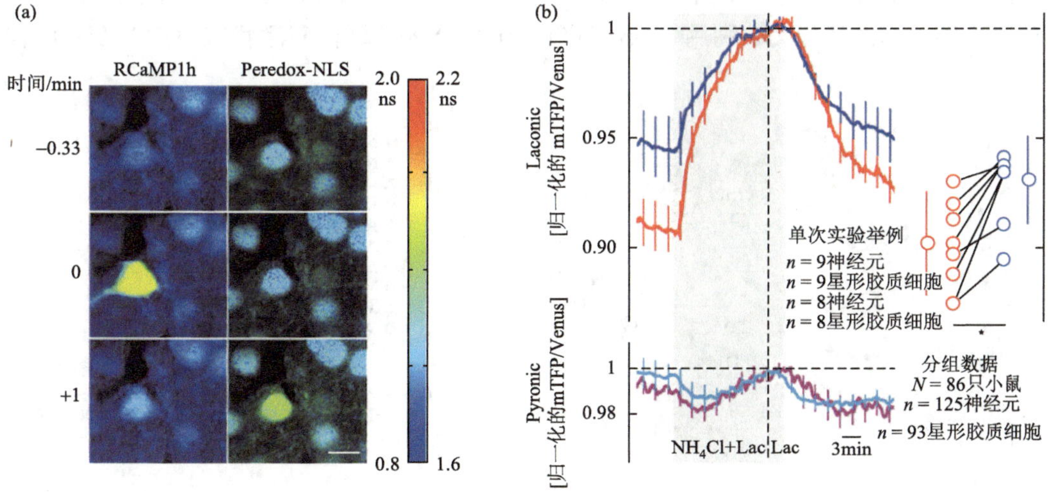

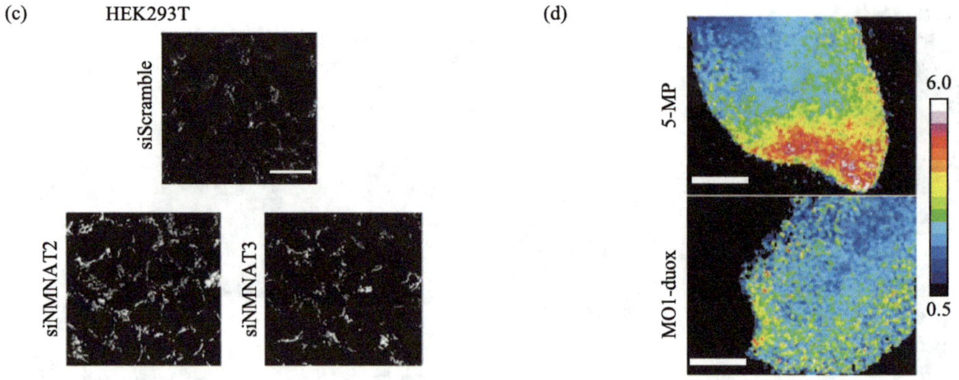


图 13.4　遗传编码荧光探针在生物学研究中的运用

（a）NADH/NAD$^+$探针 Peredox 表达在小鼠初级体感皮层神经元的细胞核中，小鼠清醒时刺激神经元，RCaMP1h 探针报告神经元激活时的钙火花，Peredox 的荧光寿命成像显示刺激后神经元 NADH/NAD$^+$迅速上升；（b）利用乳酸探针 Laconic 和丙酮酸探针 Pyronic 记录小鼠神经元和星形胶质细胞的乳酸和丙酮酸水平，星形胶质细胞的基础乳酸浓度比神经元更高；（c）在 HEK293T 细胞中，RNA 干扰沉默 NAD$^+$捕获合成途径的酶 NMNAT 对线粒体 NAD$^+$水平的影响，NMNAT2 和 NMNAT3 分别是胞浆和线粒体定位的 NMNAT 同工酶；（d）过氧化氢探针 Hyper 监测斑马鱼尾部创伤时产生过氧化氢，MO1-duox 是 NADPH 氧化酶 duox 的反义寡核苷酸，5-MP 是对照寡核苷酸

3. 理性设计的 NADPH 荧光探针 iNap 家族

NADPH 及其氧化形式和 NADH-NAD$^+$氧化还原对一样，是细胞内重要的氧化还原反应的辅酶。不过它们的生理功能却显著不同，NADH-NAD$^+$主要参与物质能量代谢，而 NADPH-NADP$^+$主要参与合成代谢及抗氧化反应。NADH 和 NADPH 的自发荧光光谱相似，传统的自发荧光分析方法很难区分这两种小分子。针对这一问题，杨戈课题组在第二代 NADH 荧光探针 SoNar 的基础上，通过对底物结合蛋白开展理性的设计和改造，发展了一系列特异性地检测 NADPH 的高性能遗传编码荧光探针 iNap 家族[26]。这些探针荧光信号强，响应度高，具有优良的性质。它们的亲和力不同，解离常数为 2～120μmol/L，可以适应监测范围宽广的 NADPH 水平（图 13.5）。

基于 iNap 家族的荧光探针，杨弋课题组对细胞内 NADPH 参与的代谢途径进行了一系列探索。已知细胞对蛋白质的氧化应激有 Trx 和 Grx 抗氧化防御体系，NADPH 为抗氧化防御提供根本的还原力。利用 iNap1 探针，作者分析了氧化应激状态下的 NADPH 代谢

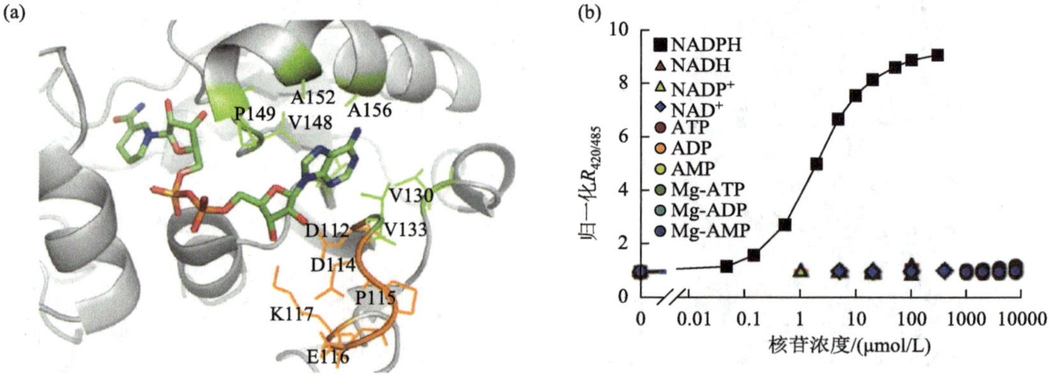

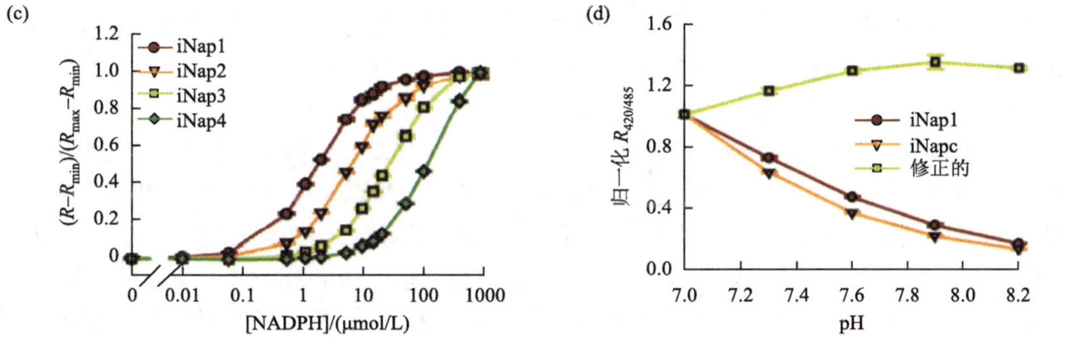


图 13.5 NADPH 的探针 iNap 家族

（a）图中所示是 NADH 结合位点，基于 SoNar 探针利用蛋白结构理性设计并获得了 iNap 探针；（b）iNap1 探针蛋白对 NADPH 和相关代谢物的响应，iNap1 具有高度的 NADPH 特异性（$R_{420/485}$ 为 420/485nm 处荧光比值）；（c）具有不同亲和力的 iNap 探针，解离常数为 2～125μmol/L；（d）pH 对 iNap1 探针的影响

机制。除了葡萄糖的戊糖磷酸途径外，有文献表明亚甲基四氢叶酸脱氢酶、苹果酸酶、异柠檬酸脱氢酶等对细胞 NADPH 库有贡献[28]。在氧化应激时，作者敲低戊糖磷酸途径的关键酶 G6PD 发现细胞存活率显著下降，因此推测戊糖磷酸途径是 NADPH 的主要生成途径。同时在氧化应激时，细胞的大分子合成减少，使得 NADPH 主要用于抗氧化防御[26]。此外，巨噬细胞激活时，产生的活性氧用于杀伤病原体，NADPH 也有显著变化。作者应用 iNap 研究了巨噬细胞激活时 NADPH 动力学。此外，机体遭遇创伤时，会产生高浓度的过氧化氢，释放损伤信号，诱导修复和再生。作者制造了活体动物如斑马鱼的尾部创伤模型，检测了活体动物 NADPH 代谢与机体创伤反应的关系[26]。

### 13.2.2 大分子光开关

长期以来，科学家们一直在追求用光来控制细胞基因的表达，但是如前言中所述一些已经报道的方法都存在着诸如技术复杂性等缺点，从而限制了它们的应用。杨弋课题组通过光遗传学的方法，以光敏蛋白作为大分子光开关建立了一系列光控基因表达的方法，为时空准确地调控基因表达提供了可靠和方便的方法，并可以用来操作范围极为广泛的生物学过程[29]。转录因子由 DNA 结合结构域和转录激活结构域组成，其中前者对于转录因子的结合特性和特异性尤为重要。杨弋课题组选取一种酿酒酵母的转录因子 Gal4 为目标蛋白，因为 Gal4 可以识别 17 个碱基对的保守序列（UASG），其中第 7～40 位氨基酸用于 DNA 的识别，但是在没有二聚化结构域的情况下则无法与 UASG 结合。同时，VVD（最小的含 LOV 域的蛋白）是粗糙链孢霉菌内参与蓝光调控细胞信号传导通路的一种光敏蛋白，已有文献报道在蓝光照射下 VVD 可以快速形成二聚体。因此，作者将 Gal4 的 DNA 结合结构域的二聚化结构域替换成光敏蛋白 VVD，改造后的重组蛋白在黑暗条件下以单体形式存在，不会与 DNA 结合，但在蓝光照射后可发生二聚化，从而结合 UASG 启动 DNA 转录。作者将 Gal4（1～65 位氨基酸）与 VVD-36 连接构建光调控的 DNA 结合蛋白。作者发现 Gal4（65）VVD 融合蛋白的光谱性质与未融合的 VVD-36 的光谱性质十分相近，光照后其吸收峰由 430nm、450nm、450nm 的吸收转变为 390nm 的单吸收。作者测试了

Gal4(65)-VVD 与 UASG DNA 结合的能力，通过凝胶迁移实验发现在黑暗条件下 Gal4(65)-VVD 与 DNA 几乎不结合，而在光照下则可发生结合，且随着蛋白浓度的增加，DNA 的结合量也相应增加。

为了构建光调控的转录因子，杨弋课题组将 VP16 转录激活结构域与 Gal4(65)-VVD 相连，组成了 Gal4-VVD-VP16，简称 GAVV，其由巨细胞病毒（CMV）启动子调控。携带目的基因的转录单元则由 5×UASG、腺病毒晚期启动子（E1b，TATA）、目的基因构成（图 13.6）。为了测试 GAVV 在光照后能否激活目的基因的表达，作者以荧光素酶（Fluc）为报告基因。作者发现相比于黑暗条件，光照下的 Fluc 的表达量明显增加，表示光照后 GAVV 可以激活目的基因的表达。但是与 CMV 启动子激活的 Fluc 的表达对比后发现，GAVV 的光照激活效率要低数十倍。为了解决这一问题，作者将 GAVV 中的 VP16AD 变更为 NF-κB p65AD，构建了 GAVP。作者发现 GAVP 的激活能力提高了数十倍，甚至略高于 CMV 启动子的激活水平。作者进而将 GAVP 中 VVD 关键部位的残基进行突变得到突变体 GAVPO（N56K/C71V），发现其在黑暗条件下表达量很低，但光照后激活能力强，接近于 CMV 启动子的激活强度，比例达到 200 倍左右。将 GAVPO 与 Fluc、mCherry、

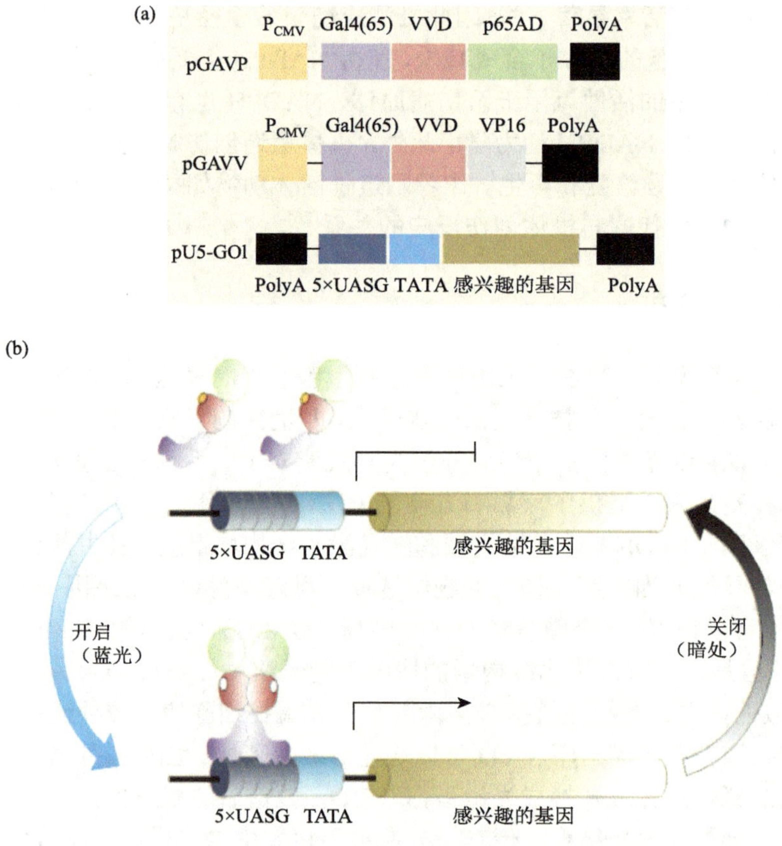


图 13.6 光调控的基因表达系统示意图

（a）LightOn 系统各组分的构成的示意图，光控转录因子由 Gal4 DNA 结合结构域、VVD 光敏结构域和转录结合结构域构成，由 CMV 启动子控制该合成的蛋白的表达，依赖于 Gal4 的启动子由 5×UASG 元件和一个 TATA 盒组成；（b）LightOn 系统原理示意图，光照后 GAVP 被激活，同源二聚化并结合到 UASG 元件上，从而启动目的基因的表达

hrGFP 等报告基因转染至 HEK293 细胞中，作者发现光照后 GAVPO 激活的基因表达类似，背景表达量低，几乎无毒性，激活位数为 200 倍左右。进而，作者测试了更多的哺乳动物细胞系，发现在不同细胞中 GAVPO 均能有效启动目的基因的表达。因此，该系统可以广泛应用于多种哺乳动物细胞中，作者将由 GAVPO 调控的基因表达系统称为 LightOn 系统。

作者对 LightOn 系统的动力学过程进行了研究，发现其转录激活极快。报告基因的 mRNA 在光照 0.5h 后增加了 13 倍，1h 后增加了 81 倍，而在光照 2h 和 3h 后蛋白表达量也增加了 13 倍和 31 倍。并且，在停止光照后，mRNA 量下降，表明系统是可逆的。此外，作者还发现使用光脉冲也可以激活 LightOn 系统，这表明连续的光照不是必需的。同时，在使用不同光照强度的光激活后，Fluc 的蛋白表达也随光照强度的增加而增加（图 13.7）。当使用比太阳光强度低 5 个数量级的光照（$15mW/m^2$）时，Fluc 蛋白的激活量增加 4 倍，这表明所需的光照强度非常低，大大降低了光照对细胞可能造成的影响。同时，在 $0.83W/m^2$ 光照强度下激活量也并未达到最大水平，表明 LightOn 系统有至少 200 倍的激活潜力。作者通过光膜片可对细胞进行“拍照”。由于 LightOn 系统是基于合成生物学构建的，组分灵活可调，通过改造该系统的靶基因序列，还可同时控制多达 4 个基因的表达。

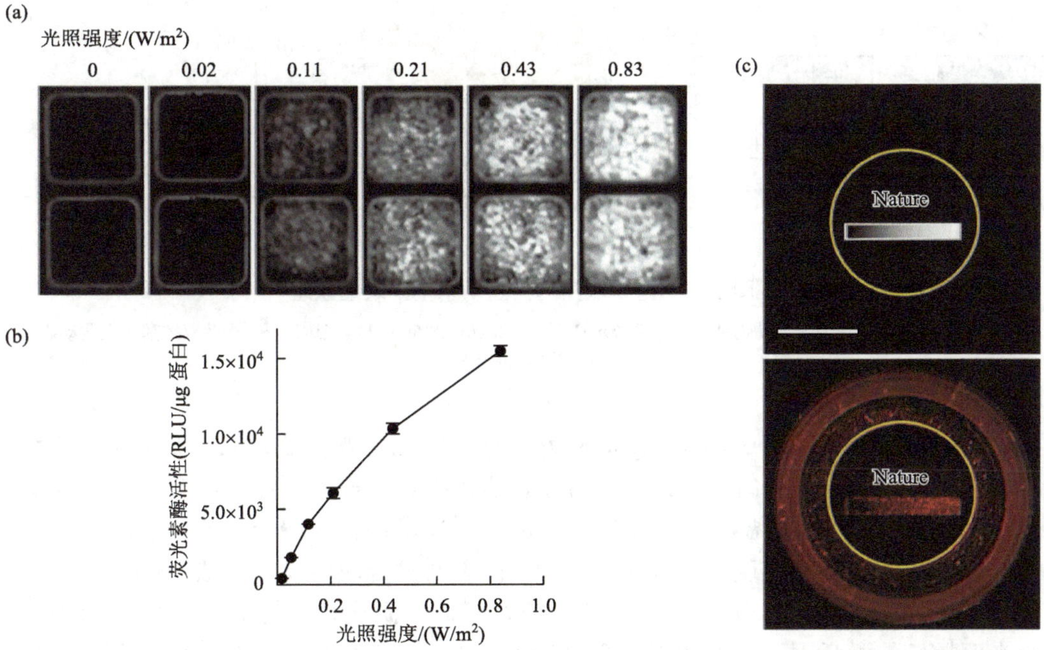


图 13.7　利用光强控制基因表达

（a）细胞内荧光蛋白表达受到光强调控；（b）LightOn 系统目的基因表达的光强依赖性；（c）通过光诱导 *mCherry* 基因表达在单层培养的哺乳动物细胞上进行影印

为了测试 LightOn 系统在活体小鼠中是否可用，作者通过水动力学的方法将 pGAVPO 与 pU5 报告质粒导入小鼠体内，光照 22h 后进行成像，发现在黑暗条件下小鼠肝肾中 *mCherry* 几乎不表达，而光照组小鼠肝肾中 *mCherry* 的表达量很高，且朝向光源的腹面 *mCherry*

的表达量明显高于背面的表达量。同时，作者还可以通过光纤控制光照的范围，从而控制 *mCherry* 在小鼠肝脏中的局部表达。对肝组织进行提取冷冻切片，并通过荧光显微镜观察也发现了相同的结果。由 CMV 启动子调控的 *mCherry* 的背腹面表达量并无明显差异。以 Fluc 为报告基因，作者也观察到了类似的结果。另外，作者以 Gluc 为报告基因，研究了 LightOn 系统在小鼠中的可逆性，发现在光照 11.5h 时，持续光照＞光照 4.5h＞光照 2.5h 的小鼠的 Gluc 表达量，表明该系统在小鼠体内激活目的基因表达的过程是可逆的。作者还尝试用 LightOn 系统在 I 型糖尿病小鼠体内表达 *insulin* 基因，进而治疗其糖尿病。结果显示 LightOn 系统可以在小鼠体内通过光激活 *insulin* 基因表达，治疗小鼠的糖尿病。然而，目前 LightOn 系统仍然存在一定的泄漏，且操作过程需要避光的问题。因此，杨弋课题组将 LightOn 系统与 TetOn、TetOff 系统进行组合[30]，形成光与 Tet 信号组成的 AND 逻辑门，进一步降低了 LightOn 系统的背景，实现了对基因表达的严谨调控（图 13.8），并且也成功在转基因小鼠上实现了这两个信号对基因表达的共同调控。

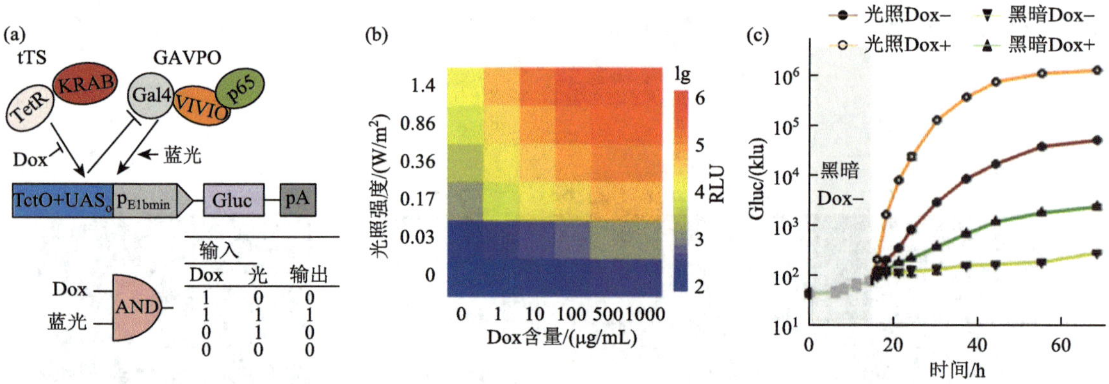


图 13.8　药物双控的哺乳动物基因表达系统

（a）光、药物双控的哺乳动物基因表达系统示意图；（b）光药剂量与基因表达；（c）光药双控基因表达动态

注：Dox 为阿霉素

除了通过引入光敏蛋白构建 LightOn 系统外，杨弋课题组还建立了 LightOff 系统[31]。作者以大肠杆菌为表达系统。大肠杆菌诱导表达系统是目前应用最为广泛的表达系统。然而，现有的小分子诱导下温度敏感的基因表达控制技术仍存在着一定的缺陷，目前仍然缺乏对原核细胞基因功能实现精密控制的技术。作者通过合成生物学方法，利用感受蓝光的 LOV 与细菌阻遏蛋白，人工创造了一种不需要任何外源化合物协助，纯粹由基因编码的单个光调控转录激活因子，作者将其命名为 LEVI，并以其为基础建立了大肠杆菌调控的 LightOff 基因表达系统，实现了对基因表达的调控 10000 倍的严谨阻遏调控，其效率远超已有的化学调控体系（图 13.9），并且可在不同时间控制基因表达。作者还可以利用光来控制细菌中 *cheZ* 基因的表达，从而控制细菌的运动速度。此外，通过合成生物学的方法，杨戈课题组引入一个 cI/PλO12 转换开关可以将 LightOff 系统由光抑制基因表达系统转变为一个蓝光激活基因表达系统，并称之为 LightOn 细菌基因表达系统，该系统也有着非常优良的诱导特性，可实现光对基因表达的上千倍的控制，但其激活速度较慢，约需要 5h。

总之，LightOff 系统可以让人们在时间和空间上精确地调控原核细胞内目标蛋白的表达，可被广泛应用于生物科学的基础研究及生物技术特别是合成生物技术中。

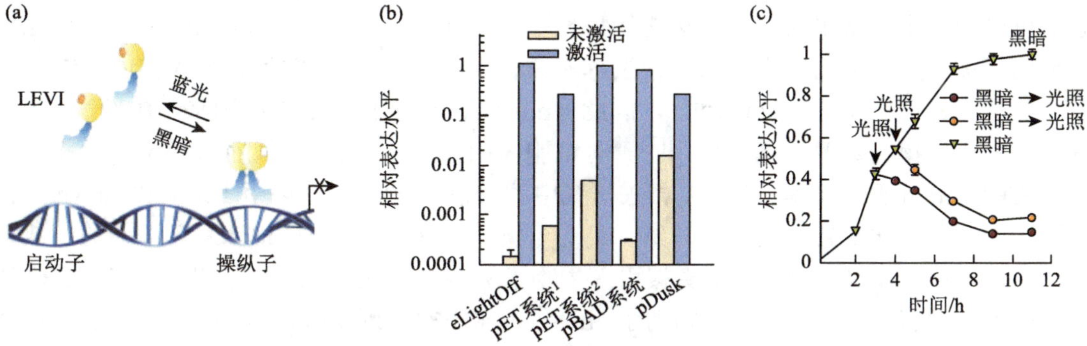


图 13.9　LightOff 系统

（a）LightOff 系统示意图；（b）LightOff 系统与现有化学调控系统相比，具有极为严谨的调控能力；（c）LightOff 系统的动态

### 13.2.3　基于光诱导成键反应的化学探针及光调控开关

在荧光传感和光调控中，除了基于蛋白等生物大分子构建探针或光开关的策略之外，基于化学小分子构建探针及光控组件也是同等重要的研究领域，如在遗传学及神经科学研究中通过引入对光敏感的基因或分子进而用光照调控基因表达或神经离子通道等已发展成为一项令人瞩目的技术，也是光化学生物学研究的重要内容之一。但目前光化学生物学研究中常用的光反应种类很少，且大多局限于光诱导的断键反应如光致离去的“笼分子”及光诱导的构型变化如偶氮苯的顺反异构化反应[1]。与此同时，在各种光诱导的化学反应中，成键反应占据非常大的比例，如能基于光诱导的成键反应发展荧光传感及光调控中新方法和新技术，则可能大大丰富用于光化学生物学研究的分子工具。但目前如何使光诱导的成键反应在复杂的生物体系内能够高效且特异性地发生仍具有较大的挑战性，南京大学张艳课题组在探寻能用于生物体系时空分辨调控的光诱导成键反应的同时，结合已被报道的“光点击”等反应在探针分子构建和生物体系光调控方面开展了一系列探索工作。

1. 化学探针

纽约州立大学布法罗分校的 Lin 教授课题组基于四氮唑分子在温和的紫外光引发下生成 1, 3-偶极子，并进而与烯烃发生快速的环合反应这一原型，建立了基于芳基取代的四氮唑与 C ═ C 双键间的“光点击”生物相容反应[32, 33]。该反应在水相中进行时具有快速的反应动力学，且生成的产物吡唑啉可作为荧光团，因此反应具有原位荧光开启的优点，可用于生物分子的连接及标记中。在细胞内存在大量亲核基团的环境中，该光诱导成键反应的效率由于羧基等亲核物种对 1, 3-偶极中间体的加成而受到影响，能否将该反应发展成为一个生物正交反应目前仍然存在争议。然而，该光点击化学反应是目前发现的为数不多的可在水相体系中快速完成的光诱导反应，且反应底物和产物均具有很好的生物相容性，因此张艳课题组基于该反应构建了数种化学探针，分别用于生物分子的靶标富集、功能成像、功能调控及组装调控等方面。以下对相关工作进行详细介绍。

微小核糖核酸（microRNA，miRNA）是近年来被发现的一类内源性单链非编码 RNA，它们可以在转录后水平对基因表达进行调控[34, 35]。在当下发现的数千种 miRNA 中，绝大部分已经被证实在动物体内或人体内发挥着关键性的调控作用，并且预测人体内大约 30%以上的基因都可被 miRNA 调控[36]。因此，miRNA 不但在正常的生理活动中，而且在病理过程中均发挥着重要的调控作用[37, 38]。细胞内由 miRNA 介导的调控网络异常复杂，对其调控网络的解析一直是 miRNA 相关研究中的难点[39, 40]。构建可用于细胞内 miRNA 靶基因富集的标签化探针分子，同时结合高通量测序方法，是鉴定 miRNA 靶基因的有效途径。然而，在 miRNA 的 3′末端直接引入生物素标签会造成 miRNA 在细胞内完全丧失调控靶基因的功能[41, 42]。同时，将外源的 miRNA 运输进入细胞后如何实时监测这些 miRNA 是否发挥功能，这也是需要发展新方法解决的 miRNA 化学生物学问题之一。

为了解决功能化 miRNA 探针构建的难题，张艳课题组结合“光点击”反应的方法，提出构建不影响 miRNA 细胞内功能的“预探针”和通过两步法富集与鉴定细胞内功能 miRNA 作用靶标的方法（图 13.10）[43]。该方法通过在 miRNA 的 3′末端引入可发生光点击化学反应的四氮唑小分子光开关，待其与细胞内靶基因结合后提取细胞裂解液并在其中通过光点击化学反应的方法引入生物素基团，即可实现对 miRNA 及其结合的靶基因的标记，并可进一步分离、富集和鉴定。

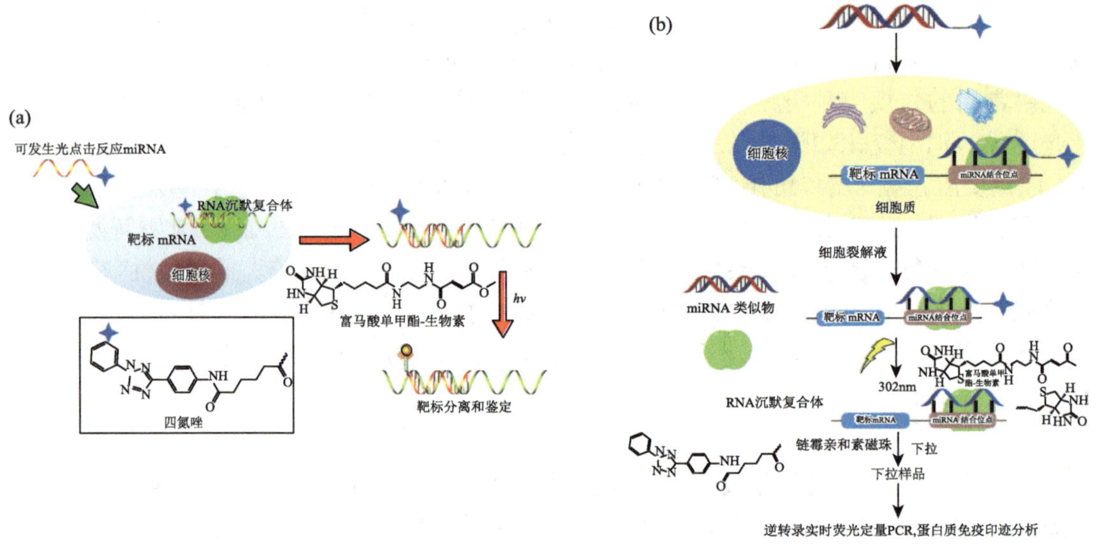


图 13.10　（a）基于光点击化学反应的 miRNA 靶基因鉴定方法示意图；（b）以四氮唑 TetI 小分子为光开关的 miRNA 靶基因及其结合蛋白的分离、鉴定流程图

作者首先通过化学合成的方法在不同种类的 miRNA 的 3′末端引入二苯基四氮唑小分子开关，并在缓冲液中对其与修饰有富马酸单甲酯的生物素（MF-biotin）之间的光反应性能进行了测试。在验证了在 miRNA 的 3′末端成功引入四氮唑小分子开关且其可顺利发

生光点击化学反应后，作者对四氮唑修饰的 miRNA 的细胞内功能进行了验证。以对 miRNA 响应的荧光素报告基因作为报告基团，作者发现四氮唑的修饰并没有对 miRNA 在细胞内的功能造成干扰，然而 3′生物素的修饰却导致了 miRNA 功能的丧失，这一结果也证实了四氮唑分子可代替生物素作为 miRNA 的“分子标签”。

进一步地，作者首先在肝癌 HepG2 细胞中以 TetI-miR122 为探针建立了 miRNA 及其靶基因的标记、分离、鉴定方法。基于这一方法，作者验证了 HeLa 细胞中 miR-106a 的已知靶基因 CDKN1A、RB1、ARID4B、ANKFY1，以及 HepG2 细胞中 miR-122 的已知靶基因 BCL-w、ADAM10、CAT-1。为了展示这一方法在 miRNA 靶基因鉴定的应用潜力，作者结合理论预测的方法对 HepG2 细胞中 miR-122 的未知靶基因进行了检测，发现了多个 miR-122 的未知靶基因。基于其中一个新的靶基因 PEG10 及其在细胞增殖和凋亡中的作用，作者通过结合分子生物学和细胞生物学的方法揭示了 miR-122 可通过调控 PEG10 促进 HepG2 细胞的凋亡这样一条全新的细胞内分子机制。

针对细胞内 miRNA 的荧光成像，作者以可发生分子内光点击化学反应的四氮唑分子为标签修饰 miRNA 的 3′末端，通过外界光源引发可对细胞内 miRNA 实现原位的荧光标记及成像（图 13.11）[44]。以萘环取代的四氮唑为标签，在光引发产生吡唑啉荧光团后，作者可对 HepG2 细胞中的 miR-122 进行单光子及双光子荧光成像，并且结合光照的时间和空间分辨能力，作者也实现了 HepG2 细胞中 miR-122 的时间和空间分辨成像。

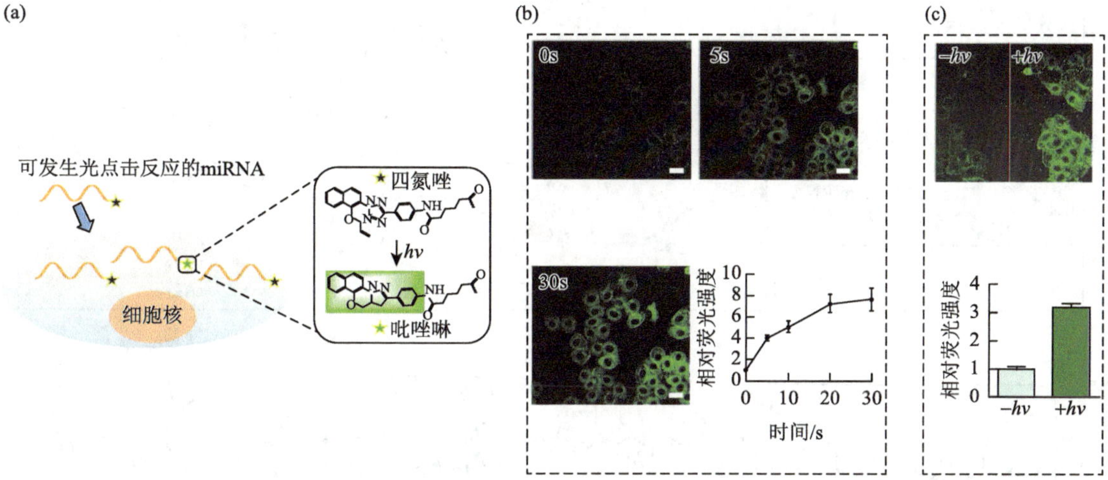


图 13.11　(a）可以分子内光点击化学反应的四氮唑为化学标签实现细胞内 miRNA 原位标记成像的策略示意图；（b，c）基于此策略的 HepG2 细胞中 miR-122 的时间（b）和空间（c）分辨成像

基于光点击化学反应的连接及荧光标记的性能，张艳课题组建立了一系列荧光探针构建的新方法。针对肿瘤凋亡相关蛋白酶 Caspase-3 的成像，作者以光点击化学反应构建了一类多功能双光子荧光探针[45]，这类探针同时带有可对 Caspase-3 进行双光子荧光成像的 FRET 荧光探针及可靶向肿瘤细胞膜表面整合素受体的精氨酸-甘氨酸-天冬氨酸（RGD）基团。基于此多功能探针，作者对凋亡的肿瘤细胞及肿瘤组织中的 Caspase-3 进行了双光子荧光成像。

为了解决对运输进入细胞中的 miRNA 的功能进行实时监测的问题，张艳课题组基于光点击化学反应的策略建立了可同时靶向运输 miRNA 进入细胞内并可对运输进入细胞内的 miRNA 的功能进行实时荧光成像的多功能探针构建新方法（图 13.12）[46]。作者以光点击化学反应为连接和标记手段，通过非常简单的化学方法构建了一个同时带有靶向 HeLa 细胞膜表面叶酸受体的叶酸分子、可与 miRNA 自组装形成纳米复合物九聚精氨酸及可对肿瘤抑制性 miR-34a 下游蛋白酶 Caspase-3 进行荧光成像的 FRET 探针。作者首先证实了该探针可与 miR-34a 在缓冲液中发生自组装而形成纳米复合物，并且该纳米复合物可选择性地将 miR-34a 运输进入叶酸受体阳性的细胞中。在此基础上，作者验证了该 miRNA 纳米复合物是通过叶酸与其受体之间的特异性相互作用运输 miR-34a 进入 HeLa 细胞中的，并且该纳米复合物也可在活体小鼠肿瘤模型中将 miR-34a 选择性地运送到肿瘤部位。基于 miRNA 纳米复合物中 miR-34a 的肿瘤抑制活性，作者在细胞和小鼠活体肿瘤模型中均证

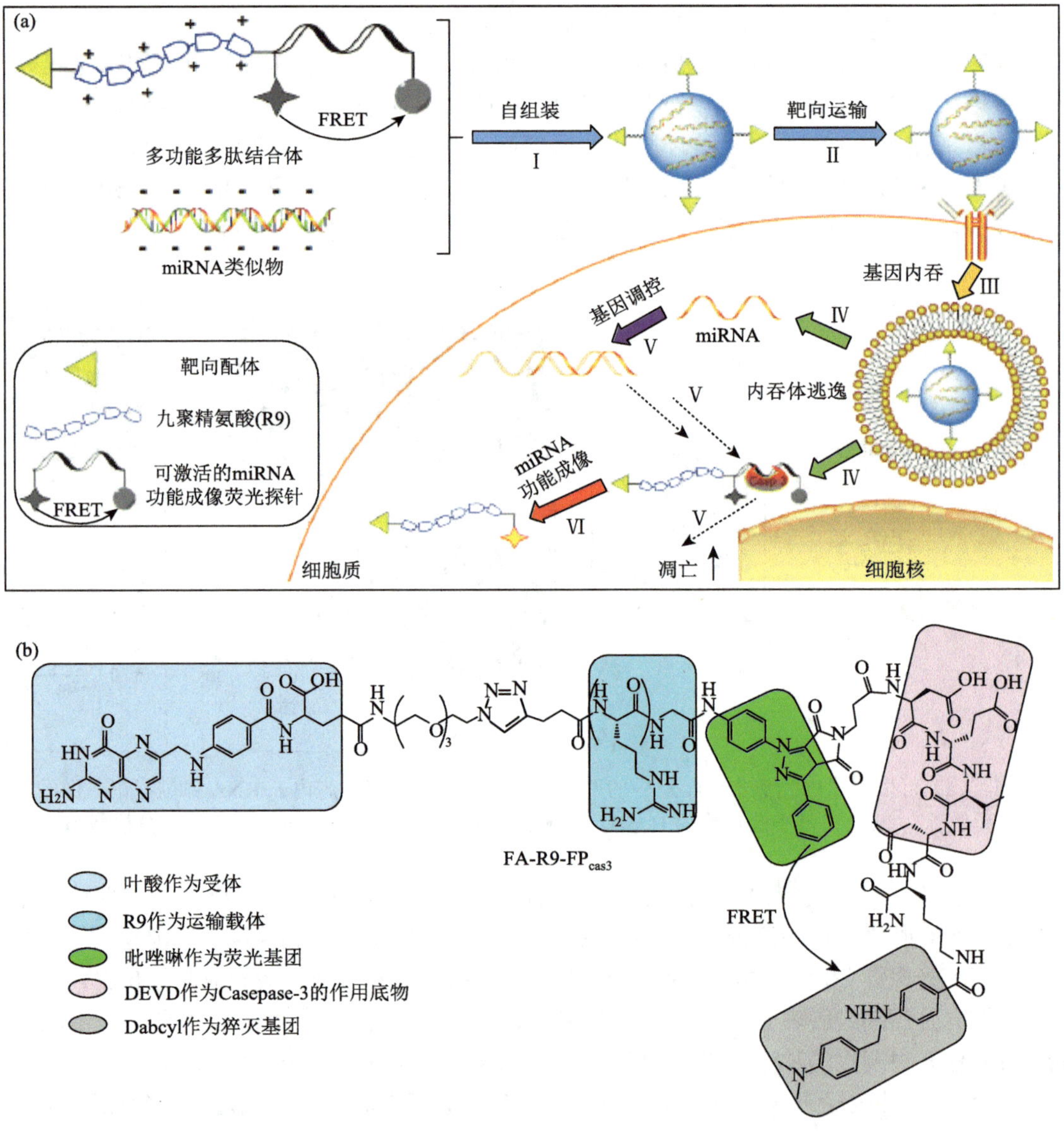

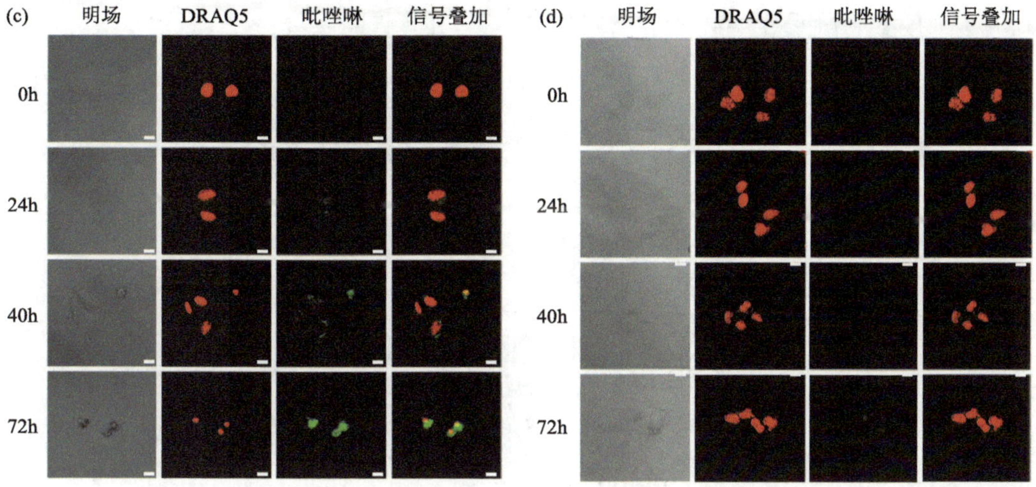


图 13.12 （a）基于光点击化学反应构建可用于 miRNA 靶向运输及细胞内功能监测的策略示意图；（b）多功能探针结构示意图；miR-34a 纳米复合物（c）及对照纳米复合物（d）对细胞中 miRNA 功能实时荧光成像图

实了纳米复合物运输进入肿瘤细胞中的 miR-34a 可诱导肿瘤细胞凋亡或者抑制肿瘤的生长，并且 miR-34a 在肿瘤细胞中的功能可以通过纳米复合物中的 FRET 荧光探针进行实时的荧光监测。

2. 光调控

超分子水凝胶作为一种具有优良生物相容性的生物材料，已广泛应用在生物医学研究中[47, 48]。而光响应型的超分子水凝胶则是一类新型的智能生物材料，具有时间和空间分辨上调节水凝胶性质进而改变所支撑的细胞周围局部微环境的性能。张艳课题组以光点击化学反应为手段构建了一类光响应型超分子水凝胶成胶因子[49]，通过在亲水短肽中引入疏水的、可发生分子内光点击化学反应的四氮唑基团得到了 Tet-GFF 成胶因子（图 13.13）。Tet-GFF 可在磷酸盐缓冲液（PBS）中形成透明的水凝胶，且在光激发下当发生分子内光点击化学反应时由于亲疏水平衡的发生破坏水凝胶的降解。为了进一步地展示该类光响应型超分子水凝胶在通过光照引发细胞微环境发生变化对细胞行为造成的影响，作者首先在 Tet-GFF 水凝胶内部包裹马血清蛋白，并在水凝胶的表面培养小鼠肌肉细胞 C2C12。由于 C2C12 细胞在与马血清蛋白发生作用后会发生分化响应，作者通过光照引发水凝胶降解可调控释放马血清进而诱导 C2C12 细胞分化。进一步地，作者将成胶因子中的短肽替换为 RGD 短肽，并在水凝胶内部三维培养人骨髓间质干细胞（hMSCs），通过光照不同时间引发 hMSCs 周围局部水凝胶的性质发生变化从而引发细胞微环境的变化，作者也证实了这一体系可通过光照改变 hMSCs 的伸展状态。

对于是否有可能在细胞内通过小分子间的光反应实现对细胞的行为和功能调控，这也是张艳课题组一直在探索的问题之一[50, 51]。以细胞内的 miRNA 作为靶标，通过光反应获取的活性小分子对 miRNA 的表达或者功能进行调控，进而影响相关 miRNA 介导的细胞内信号通路，实现对细胞行为和功能的调控，这是实现上述目标的第一步。在此思路的指

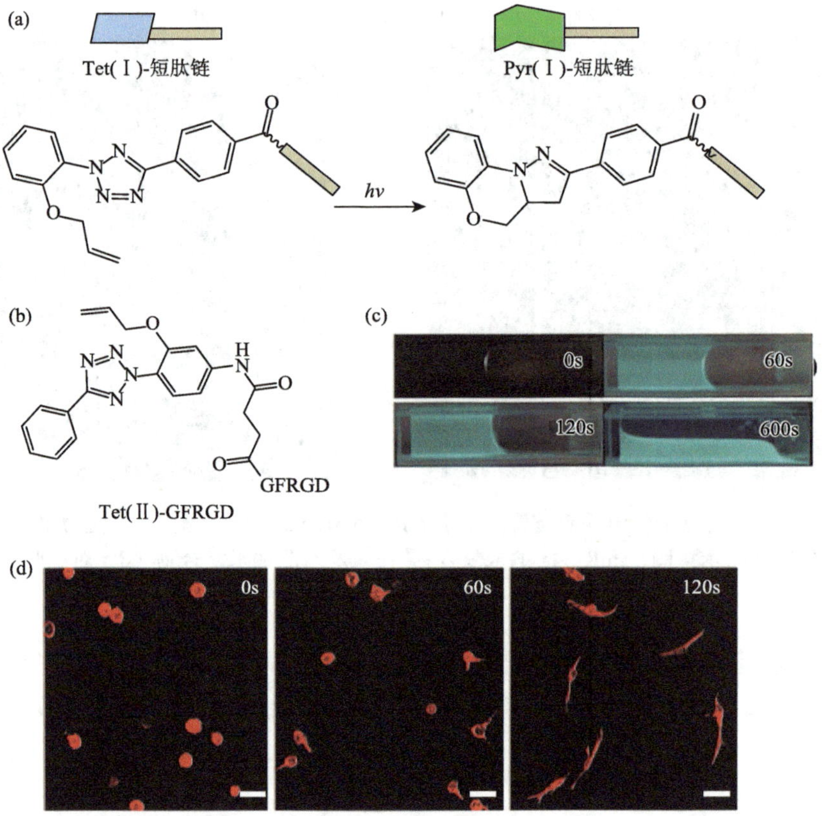


图 13.13　(a) 基于光点击化学反应和短肽建立的光敏性超分子水凝胶体系；(b) 凝胶因子结构；(c) 凝胶的光响应性能；(d) 光照调控微环境变化后 hMSCs 的形态变化

引下，张艳课题组构建了基于荧光素酶的活细胞表型筛选体系，将从多种光反应中获取的具有结构多样性的化学小分子与带有不同 miRNA 报告基因的活细胞相互作用，以荧光素酶表达情况的变化作为分子调控活性的读出信号，从而筛选对于不同的 miRNA 具有调控活性的小分子（图 13.14）。基于该体系，作者发现了从一类可见光诱导的光化环加成产物中分离得到的活性小分子 **1**，它对肌肉细胞特异性 miRNA（myomiR）具有选择性抑制活性。在肌肉细胞 C2C12 中，该活性小分子可抑制包括 miR-1、miR-133a、miR-206 在内的肌肉特异性 miRNA，而对其他如 HeLa、MCF-7 等几类细胞中的 miRNA 均没有调控活性。

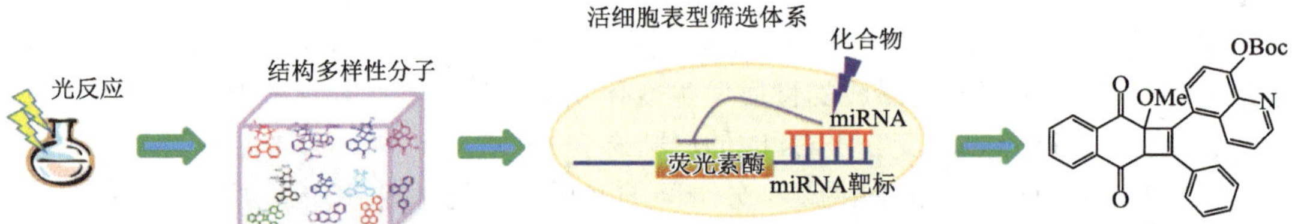

**1**

图 13.14　基于活细胞表型筛选体系对来自有机光反应的结构多样性小分子进行筛选的示意图及化学小分子 **1** 的结构示意图

作者进而以该活性小分子作为探针，发现其是在肌肉特异性 miRNA 的转录水平上对 miRNA 进行调控，且并没有调控 myomiR 的转录因子 myoD 在 mRNA 水平的表达，但抑制了其蛋白表达水平，表明在转录因子 myoD 上游可能还有其他 miRNA 发挥调控作用。结合生物信息学预测，作者发现两个 miRNA（miR-221/222）确实是 myoD 的上游调控因子，活性分子探针通过上调 C2C12 细胞中 miR-221/222 的表达进而抑制了 myoD 的蛋白表达，这是一条从未被报道过的由 miRNA 调控转录因子进而再调控新的 miRNA 的新机制。这一工作展示了从光反应中获取活性分子探针，对细胞内的 miRNA 实现调控并影响下游信号通路的可能性。然而要实现通过光诱导的成键反应在细胞内原位产生活性分子，对细胞内 miRNA 的活性或功能实现时空分辨的调控，还需要首先解决光反应的生物正交性的难题，寻找新的可见光诱导的生物正交反应，用于细胞内生物分子的时空分辨调控，这是张艳课题组目前在积极推动的研究。

## 13.3　讨论与展望

基于其特有的时间和空间分辨能力，光已在生物分子的标记示踪、实时监测、精密调控方面展现了卓越的应用潜力。一方面，利用光的非侵入性、远程调控能力、可逆性及光照能量的易调节性等优点，光遗传学及光化学生物学在生物学中的运用不断取得新的进展。另一方面，遗传编码的荧光探针能在活细胞中进行时空分辨监测，为细胞生物学研究提供了有别于传统生化分析的强有力的工具。在本节中作者将讨论光化学生物学、光遗传学及荧光探针领域发展中的瓶颈、挑战和前景。

### 13.3.1　光化学生物学的前沿研究方向和挑战

光化学生物学是利用有机小分子光反应为工具构建光敏探针，进而对生物体系中感兴趣的生物分子进行荧光传感及光调控研究。目前在光化学生物学[52]中常用的有机小分子光反应主要包括三类：①光致离去反应，如其中最为常用的硝基苄醇类光致离去小分子；②光致异构化反应，如其中较为常用的偶氮苯、螺吡喃、二苯乙烯类光致异构化小分子；③光致生物相容反应，如四氮唑类“光点击”化学反应。这些小分子工具在生物体系中的应用极大地促进了科学家们对生物体系的操纵能力并加深了对生物分子事件的理解，但在应用过程中也存在一定的缺陷及需要改进的方面。例如，光致离去的硝基苄醇类小分子经常被修饰在蛋白质中的关键氨基酸上，如丝氨酸、天冬氨酸、谷氨酸等。从探针构建合成的角度来看，在对蛋白进行修饰时，可直接在纯化后的蛋白上通过简单化学修饰的方法引入硝基苄醇类分子，但这样会造成蛋白中多个位点的氨基酸上被修饰上小分子。虽然这一修饰方法的缺陷可以通过设计硝基苄醇类分子与蛋白中的高活性位点进行特异性反应或者利用亲和基团将硝基苄醇类分子带入感兴趣部位再进行化学修饰，但是通过这些体外合成修饰的方法得到的蛋白仍然需要特殊方法如转染等才能够被引入细胞内部进行后续的研究。对于这一问题的解决，可以结合由 Scripps 研究所的 Schultz 课题组建立的非天然氨基酸插入技术[53]，这一技术可在特定蛋白的指定位点上引入修饰有硝基苄醇类分子的氨基酸，从而对蛋白的活性进行特异性调控。此外，光致离去小分子发生光反应的过程属于不可逆过程，这种不可逆性也限制了它在一些方面如离子通道研究中的应用。光致异构化类小分子的应用则可以解决光致离去小分子开关的不可逆性的问题，这类分子在不同波长的光照射下结构可发生可逆性的变化。例如，针对细胞膜表面 L 型离子通道（LTCCs）的光学调控，德国杜塞尔多夫大学的 N. Klocker 教授和纽约大学的 D. Trauner 教授将偶氮苯类光致异构小分子引入 LTCCs 的小分子抵制剂中，得到了一个可对 LTCCs 进行调控的小分子光开关[54]。当在蓝色(470nm)或黑暗状态下，小分子光开关处于反式状态，可抑制 LTCCs，而当在 395nm 紫外光照射状态下，小分子开关处于顺式状态，失去对 LTCCs 的抑制活性，作者利用这一原理对细胞和组织中由 LTCCs 介导的钙离子内流进行了光调控。而当光致异构化小分子修饰在蛋白的关键位点时，在光照过程中小分子结构的可逆变化进而会交替性地调节蛋白分子的结构或者功能。然而，光致异构化类小分子对蛋白的修饰也面临与上述的光致离去类小分子修饰相同的问题，并可通过非天然氨基酸插入的技术予以解决。为了适用于对生物分子的标记，光致生物相容反应则是另外一种理想的手段，它通过在生物分子中引入小分子“把手”，随后通过光引发在“把手”上、与互补官能团的反应进一步引入标记基团，如上述的张艳课题组在微小核糖核酸的标记调控及细胞微环境调控中所采用的光点击化学反应策略。小分子“把手”在蛋白上的引入同样可以通过非天然氨基酸插入的技术实现。但是，对于以上三类小分子在生物分子中的引入而言，除蛋白可通过非天然氨基酸插入的技术定点引入外，其他的生物分子如核酸、糖等仍然采用传统化学合成修饰的方法，而且对于序列长度较长的核酸等生物分子而言目前仍然缺乏有效的小分子修饰方法。

在光化学生物学中，对于上述三类有机小分子光反应而言，其适用波长几乎都处于紫外吸收区域，如光致离去和光致异构的适用波长大多在 365nm 左右，而光致偶联类的光点击化学反应适用波长也大多在 300～365nm。这一特点也极大地限制了有机小分子光反应在生物体系中的应用。为了解决这一问题，科学家们通过努力在小分子上进行不同的化学修饰以使其吸收波长红移，例如，可以通过对光致异构类的小分子进行芳基化修饰或者结合 FRET 技术使得它们的吸收波长进入可见区甚至红外区域。而对于光致偶联类的光点击化学反应中的四氮唑类分子而言，Lin 教授课题组通过在四氮唑分子上进行噻吩修饰使其吸收进入可见区或者进行萘环修饰使其变为双光子激发[55, 56]，这在一定程度上提高了光点击化学反应的生物相容性。然而，四氮唑类分子在光照激发后生成的 1, 3-偶极子具有极高的反应活性，非常容易与生物活性分子或水发生非特异性的反应。因而，如何发展新的具有更好生物相容性并且激发波长处于可见区或者红外区的光点击化学反应是目前光化学生物学领域发展中的重要方向。此外，从可用于生物体系的生物相容反应的种类和数量来看，目前常用的光致生物相容反应只有一例，发现更多的光致生物相容反应以适用于不同生物分子的研究也将是今后光化学生物学领域发展中的重要方向。这类生物相容反应理应与现存的光点击化学反应具有反应的正交性及光谱的正交性两个特点，即两个反应可在同一体系中互不干扰地发生，并且所采用的光应具有明显的区分度，即可通过调节光照的波长或强度分别激发两类不同的光致生物相容反应。同时，如何结合现有的光致生物相容反应与其他类型生物相容反应如点击化学反应、反式狄尔斯-阿尔德反应进行联用，即正交的生物相容反应的应用，同样也是今后光化学生物学领域中具有应用前景的重要发展方向。另外，有关蛋白、核酸、糖等生物分子在细胞内的功能及动态化学修饰相关的研究也是目前生命科学领域中的重要方向，这些研究中也不乏生物相容反应的介入，例如，北京大学陈鹏教授课题组开发了基于金属催化及反式狄尔斯-阿尔德反应的蛋白质脱笼技术以用于细胞内蛋白功能的化学调控[57-59]，北京大学陈兴教授在单核苷酸模块中引入点击化学反应底物，利用其自发代谢进入编码和非编码 RNA 中并结合点击化学反应对编码和非编码 RNA 结合的蛋白分子进行了分离鉴定等[60]，如何结合光致生物相容反应对蛋白质、核酸、糖等生物分子的功能进行调控或者对其动态化学修饰的机制及功能进行研究将是光化学生物学领域中的前沿热点方向。

### 13.3.2　光遗传学的前沿研究方向和挑战

光遗传学利用基因编码光敏蛋白构建大分子探针，从而对生物体系中的不同生物分子进行荧光传感或者光调控。光遗传学最早在神经科学中应用，随后其在时间和空间分辨中的独特优势引起了科学家们的注意并逐渐被推广至生命科学的各个领域中。光遗传学需要利用天然的光敏蛋白对其进行改造，从而构建光敏大分子探针进而通过外界光控手段在分子或细胞水平上对可与其相互作用的目标生物分子进行研究。光遗传学的发展与合成生物学类似并具有交叉性。光遗传学的基础成分为基因元件，这些元件可以表达光敏性的功能蛋白，而光敏功能蛋白又由感光蛋白结构域和功能蛋白结构域组成，其中感光蛋白结构域在光激活后产生构型变化进而调控蛋白功能。感光蛋白结构域通常是以黄素（flavin）为基础的 LOV 感光结构域、黄素蓝光受体（blue light using flavin，BLUF）结构域，以隐花色素为基础的感光结构域，以视黄醛（retinal）为基础的感光结构域，以色胆素（bilin）为基础的感光结构域，以钴胺素（cobalamin）为基础的感光结构域，甚至是荧光蛋白等。感光蛋白结构域与功能蛋白结构域的结合往往通过基因编码的方式实现。然而，从上述光敏蛋白的构建过程中也可以看出目前这一领域中存在的一个非常明显的挑战就是其普适性问题，包括可能的感光功能模块只有少数几种，同时构建过程复杂，专业性要求较高，并不适合其他领域的研究人员快速常规应用，工程化困难。建立简单易操作的并适用于不同光敏蛋白构建的策略在光遗传学领域则具有重要且深远的意义。为了解决感光功能模块不足这一问题，可以将光化学生物学中的光敏小分子与光遗传学中的功能蛋白模块联合使用，例如，来自韩国先进科学技术研究院（KAIST）的 H. Y. Kim 教授课题组和 H. S. Kim 教授课题组通过结合偶氮苯类光敏小分子与富含亮氨酸重复单元的模块蛋白（repebody），建立了一个普适性的光开关蛋白体系用于光驱动的生理过程研究[61]。repebody 蛋白骨架具有凹面和凸面两种结构，可识别同源靶标。当在 repebody 中的合适位置引入偶氮苯类光敏小分子后，可通过 370nm 和 500nm 两个波长的光可逆性地调节 repebody 的结构，进而调节其与靶标的结合力。这一策略同样可以适用于 mOrange 和表皮生长因子受体（epidermal growth factor receptor，EGFR），这表明这一光开关蛋白体系的策略具有一定的普适性。因此，为解决光遗传学中模块不足的问题，可以通过与光化学生物学中的光敏小分子联合使用的方法予以解决，然而这一联合使用的方法存在构建复杂、工程化困难的问题，仍然有待技术的进一步发展使其得以完善。

另外，光遗传学中存在的第二个挑战为光敏蛋白的多色性问题。目前，所采用的光敏蛋白的吸收波绝大部分都在蓝光区域（400～500nm），只有少数几例可到红外或近红外区域，如来自植物或细菌的光敏色素的吸收波可达到600～700nm。这些被发现的光敏蛋白种类较少，其吸收波谱也有较多的重叠，不适用于研究多分子的复杂情况。同样，在同一细胞中表达多种光敏蛋白用于研究多分子也要求具有明确区分度的光敏蛋白供选择。此外，在活细胞甚至活体动物内部应用光遗传学调控基因表达时，尤其是在需要时间和空间分辨调控时，对光控的精度具有较高的要求，蓝光的穿透能力不强且有一定程度的光毒性。因此，建立在不同波长范围内具有吸收的光敏蛋白的大分子库，可供选择用于不同背景环境下的不同分子事件的蛋白分子库，可极大推动光遗传学的发展。目前，研究者们正在努力通过基因工程的方法对光敏蛋白进行改造以拓宽现有光敏蛋白的吸收范围，另外是否可以结合荧光蛋白或者荧光小分子对现有蛋白进行改造甚至结合FRET的方法以使其在多个波段具有吸收也是一个值得尝试的改进方式。光遗传学中存在的第三个挑战是在黑暗条件下，仍然存在一定的背景，造成光照前后的对比不够明显。为了解决这一问题，杨弋教授课题组采取了逻辑门的方法，选用了光与四环素两个开关信号，只有在光和四环素同时存在的情况下才可启动基因的表达，这一方法可解决单用光激活基因表达造成的背景信号较强的问题，实现了对基因表达的严谨调控。

### 13.3.3 遗传编码荧光探针的前沿研究方向和挑战

1. 国际上代谢物遗传编码荧光探针的研究进展

遗传编码荧光探针监测细胞代谢在近十年发展比较迅速。自2009年发表的ATP探针及2011年起作者发展的一系列核心辅酶NADH和衍生物的探针以来，遗传编码探针逐渐覆盖了葡萄糖、脂肪酸、氨基酸三类代谢物及pH与重要的金属离子。它们主要包括三类在细胞生长存活和稳态维持方面起着决定性作用的代谢物。第一类探针是报告广泛参与各种生化反应的辅酶或者中间代谢物的探针，主要有ATP探针ATeam家族[17]、NADH探针Frex家族[18]、$NAD^+$/NADH探针SoNar[20]与Peredox[19]、$NAD^+$探针LigA-cpVenus[25]、$NADP^+$探针Apollo-$NADP^+$[62]、NADPH的探针iNap家族。第二类探针是监测葡萄糖、氨基酸等组成生物大分子的组分或者中间代谢产物的探针，具代表性的有葡萄糖探针FLII$^{12}$Pglu家族[63]、丙酮酸探针Pyronic[64]、乳酸探针Laconic[65]、谷氨酰胺探针FLIPQ-TV3.0家族[66]。第三类探针是监测细胞内氧化还原状态的，蛋白质巯基的代表性的探针有报告蛋白质巯基氧化还原状态的roGFP和rxRFP[67-69]、氧化和还原型谷胱甘肽比率探针Grx1-roGFP2[70]、自由基超氧阴离子探针cpYFP[71]和过氧化氢探针HyPer家族[72-73]，上面提到的iNap、SoNar与Peredox等探针监测的烟酰胺腺嘌呤二核苷酸水平也是细胞氧化还原状态的重要指标。

我国在监测活细胞代谢方面有一部分国际领先的成果。SoNar、Frex和iNap探针的动态响应范围高达800%～1500%，超过同类的Peredox、LigA-cpVenus、RexYFP探针的5～10倍[18, 20, 26]。SoNar和iNap荧光明亮，是少数能运用于活体动物成像的探针[20, 26]。超氧阴离子探针cpYFP开发较早，被用来发现线粒体的“超氧炫”现象[71]。

遗传编码荧光探针不只是在细胞代谢研究方面取得了显著进展，在细胞温度、

pH、离子浓度、细胞信号、蛋白活性等领域也有若干进展。但是还有大量技术和运用问题没有解决，这里仅就细胞代谢物探针举出三个重要方面。

2. 重要代谢物的遗传编码荧光探针库

目前大部分的细胞关键代谢物还没有发展相应的遗传编码荧光探针，主要包括三类。第一类是核心辅酶和三羧酸循环的几个重要的中间代谢物，包括 $NADP^+$、乙酰辅酶 A、酮戊二酸、2-羟戊二酸。其中吡啶核苷酸辅酶 $NADP^+$是重要的电子载体，参与细胞内各类氧化还原反应。乙酰辅酶 A 是丙酮酸和脂肪酸代谢的产物，不仅参与脂肪酸和酮体合成，也是蛋白质乙酰化修饰的底物，参与表观遗传修饰等过程。酮戊二酸作为多种双脱氧酶的底物，在表观遗传修饰等方面起重要作用，而且通过调控线粒体呼吸作用延缓生物个体的衰老。羟戊二酸是被广泛研究的致癌代谢物，由突变的异柠檬酸脱氢酶产生，在神经胶质瘤和急性髓细胞白血病中积累。第二类是脂和类脂的组分。其中胆固醇是细胞膜的组成部分，丙二酰辅酶 A 是脂肪酸合成的必需前体，也反馈性调节脂肪酸氧化，是脂肪酸代谢的核心代谢物。第三类是谷氨酰胺和支链氨基酸。谷氨酰胺是非必需氨基酸，作为营养物支持肿瘤细胞、干细胞和淋巴细胞的生长与增殖，并参与调控细胞信号和氨乙酰化修饰。支链脂肪酸包括亮氨酸、异亮氨酸和缬氨酸，其组成了哺乳动物细胞中最丰富的必需氨基酸。它们不仅是蛋白质必不可少的构件，也调控细胞信号和胰岛素抵抗。

3. 优化遗传编码荧光探针用于活体动物原位成像

在活体生物中进行原位的代谢成像具有重要的生物学意义。目前运用片层扫描能实现活体动物天然状态下的多色成像[74]。该项技术结合代谢探针可以使研究人员探测更具生理意义的代谢状态。但是，当前的能运用于活体生物原位成像的仅限于 SoNar、iNap、HyPer、HyPerRed 等极少数探针，迫切需要开发能进行在体测量的性能卓越的探针。除了上述探针尚未建立外，部分已有探针的性能包括解离常数、动态范围、荧光强度等方面还远不理想，如 $NAD^+$、$NADP^+$、丙酮酸、谷氨酰胺等探针需要进一步优化。

4. 利用遗传编码荧光探针对代谢网络进行多维成像分析

细胞代谢网络中，糖、脂肪、蛋白质等的分解和合成可以相互转化。因此准确把握细胞代谢状态，需要对细胞代谢网络进行多维度的鸟瞰式的分析，特别是监测代谢网络关键节点。目前，探针大多处于绿色波段，迫切需要发展红色波段或者近红外探针。有报道称机器学习方法可以从明场成像预测荧光成像，因此这种方法在解决探针光谱重叠问题方面前景光明[75]。

本章作者：李金波①，张　卓②，张　艳①，杨　弋②

①南京大学；②华东理工大学

## 参 考 文 献

[1] Ankenbruck N，Courtney T，Naro Y，et al. Optochemical control of biological processes in cells and animals. Angew Chem Int Ed，2018，57：2768-2798.

[2] Johnson H E，Toettcher J E. Illuminating developmental biology with cellular optogenetics. Curr Opin Biotechnol，2018，52:

42-48.

[3] Tsien R Y. The green fluorescent protein. Annu Rev Biochem，1998，67：509-544.

[4] Heal W P，Dang T H，Tate E W. Activity-based probes：discovering new biology and new drug targets. Chem Soc Rev，2011，40：246-257.

[5] Razgulin A，Ma N，Rao J. Strategies for *in vivo* imaging of enzyme activity：an overview and recent advances. Chem Soc Rev，2011，40：4186-4216.

[6] Natali M，Campagna S，Scandola F. Photoinduced electron transfer across molecular bridges：electron-and hole-transfer superexchange pathways. Chem Soc Rev，2014，43：4005-4018.

[7] Hohng S，Lee S，Lee J，et al. Maximizing information content of single-molecule FRET experiments：multi-color FRET and FRET combined with force or torque. Chem Soc Rev，2014，43：1007-1013.

[8] Kulkarni R U，Yin H，Pourmandi N，et al. A rationally designed，general strategy for membrane orientation of photoinduced electron transfer-based voltage-sensitive dyes. ACS Chem Biol，2017，12：407-413.

[9] Li J，Chen K，Liu H，et al. Activatable near-infrared fluorescent probe for *in vivo* imaging of fibroblast activation protein-alpha. Bioconjug Chem，2012，23：1704-1711.

[10] Ma Y，Yamamoto Y，Nicovich P R，et al. A FRET sensor enables quantitative measurements of membrane charges in live cells. Nat Biotechnol，2017，35：363-370.

[11] Shcherbakova D M，Cox Cammer N，Huisman T M，et al. Direct multiplex imaging and optogenetics of Rho GTPases enabled by near-infrared FRET. Nat Chem Biol，2018，14：591-600.

[12] Ando H，Furuta T，Tsien R Y，et al. Photo-mediated gene activation using caged RNA/DNA in zebrafish embryos. Nat Genet，2001，28：317-325.

[13] Arias-Mayenco I，Gonzalez-Rodriguez P，Torres-Torrelo H，et al. Acute $O_2$ sensing：role of coenzyme QH2/Q ratio and mitochondrial ROS compartmentalization. Cell Metab，2018，28：145-158.

[14] Ryu K W，Nandu T，Kim J，et al. Metabolic regulation of transcription through compartmentalized NAD（+）biosynthesis. Science，2018，360：1-13.

[15] Zhao Y，Yang Y，Loscalzo J. Real-time assessment of the metabolic profile of living cells with genetically encoded NADH sensors. Methods Enzymol，2014，542：349-367.

[16] Miyawaki A，Llopis J，Heim R，et al. Fluorescent indicators for $Ca^{2+}$ based on green fluorescent proteins and calmodulin. Nature，1997，388：882-887.

[17] Imamura H，Nhat K P，Togawa H，et al. Visualization of ATP levels inside single living cells with fluorescence resonance energy transfer-based genetically encoded indicators. Proc Natl Acad Sci USA，2009，106：15651-15656.

[18] Zhao Y，Jin J，Hu Q，et al. Genetically encoded fluorescent sensors for intracellular NADH detection. Cell Metab，2011，14：555-566.

[19] Hung Y P，Albeck J G，Tantama M，et al. Imaging cytosolic NADH-NAD（+）redox state with a genetically encoded fluorescent biosensor. Cell Metab，2011，14：545-554.

[20] Zhao Y，Hu Q，Cheng F，et al. SoNar，a highly responsive $NAD^+$/NADH sensor，allows high-throughput metabolic screening of anti-tumor agents. Cell Metab，2015，21：777-789.

[21] Zhao Y，Wang A，Zou Y，et al. *In vivo* monitoring of cellular energy metabolism using SoNar，a highly responsive sensor for NAD（+）/NADH redox state. Nat Protoc，2016，11：1345-1359.

[22] Oldham W M，Clish C B，Yang Y，et al. Hypoxia-mediated increases in L-2-hydroxyglutarate coordinate the metabolic response to reductive stress. Cell Metab，2015，22：291-303.

[23] Diaz-Garcia C M，Mongeon R，Lahmann C，et al. Neuronal stimulation triggers neuronal glycolysis and not lactate uptake. Cell Metab，2017，26：361-374.

[24] Machler P，Wyss M T，Elsayed M，et al. *In vivo* evidence for a lactate gradient from astrocytes to neurons. Cell Metab，2016，23：94-102.

[25] Cambronne X A，Stewart M L，Kim D，et al. Biosensor reveals multiple sources for mitochondrial NAD（+）. Science，2016，352：1474-1477.

[26] Tao R，Zhao Y，Chu H，et al. Genetically encoded fluorescent sensors reveal dynamic regulation of NADPH metabolism. Nat Methods，2017，14：720-728.

[27] Niethammer P，Grabher C，Look A T，et al. A tissue-scale gradient of hydrogen peroxide mediates rapid wound detection in zebrafish. Nature，2009，459：996-999.

[28] Fan J，Ye J，Kamphorst J J，et al. Quantitative flux analysis reveals folate-dependent NADPH production. Nature，2014，510：298-302.

[29] Wang X，Chen X，Yang Y. Spatiotemporal control of gene expression by a light-switchable transgene system. Nat Methods，2012，9：266-269.

[30] Chen X，Li T，Wang X，et al. Synthetic dual-input mammalian genetic circuits enable tunable and stringent transcription control by chemical and light. Nucleic Acids Res，2016，44：2677-2690.

[31] Chen X，Liu R，Ma Z，et al. An extraordinary stringent and sensitive light-switchable gene expression system for bacterial cells. Cell Res，2016，26：854-857.

[32] Ramil C P，Lin Q. Photoclick chemistry：a fluorogenic light-triggered *in vivo* ligation reaction. Curr Opin Chem Biol，2014，21：89-95.

[33] Lim R K，Lin Q. Photoinducible bioorthogonal chemistry：a spatiotemporally controllable tool to visualize and perturb proteins in live cells. Acc Chem Res，2011，44：828-839.

[34] Bartel D P. Metazoan microRNAs. Cell，2018，173：20-51.

[35] Winter J，Jung S，Keller S，et al. Many roads to maturity：microRNA biogenesis pathways and their regulation. Nat Cell Biol，2009，11：228-234.

[36] Lewis B P，Burge C B，Bartel D P. Conserved seed pairing，often flanked by adenosines，indicates that thousands of human genes are microRNA targets. Cell，2005，120：15-20.

[37] Xiao C，Rajewsky K. MicroRNA control in the immune system：basic principles. Cell，2009，136：26-36.

[38] Esquela-Kerscher A，Slack F J. Oncomirs-microRNAs with a role in cancer. Nat Rev Cancer，2006，6：259-269.

[39] Martinez-Sanchez A，Murphy C L. MicroRNA target identification-experimental approaches. Biology，2013，2：189-205.

[40] Orom U A，Lund A H. Experimental identification of microRNA targets. Gene，2010，451：1-5.

[41] Imig J，Brunschweiger A，Brummer A，et al. miR-CLIP capture of a miRNA targetome uncovers a lincRNA H19-miR-106a interaction. Nat Chem Biol，2015，11：107-114.

[42] Guo Y E，Steitz J A. 3′-Biotin-tagged microRNA-27 does not associate with Argonaute proteins in cells. RNA，2014，20：985-988.

[43] Li J，Huang L，Xiao X，et al. Photoclickable microRNA for the intracellular target identification of microRNAs. J Am Chem Soc，2016，138：15943-15949.

[44] Huang L，Chen Y，Chen L，et al. Photo-clickable microRNA for in situ fluorescence labeling and imaging of microRNA in living cells. Chem Commun，2017，53：6452-6455.

[45] Zhou M，Hu J，Zheng M，et al. Photo-click construction of a targetable and activatable two-photon probe imaging protease in apoptosis. Chem Commun，2016，52：2342-2345.

[46] Xiao X，Wang X，Wang Y，et al. Multi-functional peptide-microRNA nanocomplex for targeted microrna delivery and function imaging. Chem Eur J，2018，24：2277-2285.

[47] Du X，Zhou J，Shi J，et al. Supramolecular hydrogelators and hydrogels：from soft matter to molecular biomaterials. Chem Rev，2015，115：13165-13307.

[48] Feng Z，Zhang T，Wang H，et al. Supramolecular catalysis and dynamic assemblies for medicine. Chem Soc Rev，2017，46：6470-6479.

[49] Versteegen R M，Rossin R，ten Hoeve W，et al. Click to release：instantaneous doxorubicin elimination upon tetrazine ligation.

Angew Chem Int Ed，2013，52：14112-14116.

[50] Li J，Tan S，Kooger R，et al. MicroRNAs as novel biological targets for detection and regulation. Chem Soc Rev，2014，43：506-517.

[51] Li J，Zhang W，Zhou M，et al. Small molecules modulating biogenesis or processing of microRNAs with therapeutic potentials. Curr Med Chem，2013，20：3604-3612.

[52] Ankenbruck N，Courtney T，Naro Y，et al. Optochemical control of biological processes in cells and animals. Angew Chem Int Ed Engl，2018，57：2768-2798.

[53] Kim C H，Axup J Y，Schultz P G. Protein conjugation with genetically encoded unnatural amino acids. Curr Opin Chem Biol，2013，17：412-419.

[54] Fehrentz T，Huber F M E，Hartrampf N，et al. Optical control of L-type $Ca^{2+}$channels using a diltiazem photoswitch. Nat Chem Biol，2018，14：764-767.

[55] Yu Z，Ohulchanskyy T Y，An P，et al. Fluorogenic，two-photon-triggered photoclick chemistry in live mammalian cells. J Am Chem Soc，2013，135：16766-16769.

[56] An P，Yu Z，Lin Q. Design of oligothiophene-based tetrazoles for laser-triggered photoclick chemistry in living cells. Chem Commun，2013，49：9920-9922.

[57] Li J，Yu J，Zhao J，et al. Palladium-triggered deprotection chemistry for protein activation in living cells. Nat Chem，2014，6：352-361.

[58] Li J，Jia S，Chen P R. Diels-Alder reaction-triggered bioorthogonal protein decaging in living cells. Nat Chem Biol，2014，10：1003-1005.

[59] Wang J，Zheng S，Liu Y，et al. Palladium-triggered chemical rescue of intracellular proteins via genetically encoded allene-caged tyrosine. J Am Chem Soc，2016，138：15118-15121.

[60] Huang R，Han M，Meng L，et al. Transcriptome-wide discovery of coding and noncoding RNA-binding proteins. Proc Natl Acad Sci USA，2018，115：E3879-E3887.

[61] Heu W，Choi J M，Kyeong H H，et al. Repeat module-based rational design of a photoswitchable protein for light-driven control of biological processes. Angew Chem Int Ed Engl，2018，57：10859-10863.

[62] Cameron W D，Bui C V，Hutchinson A，et al. Apollo-NADP（+）：a spectrally tunable family of genetically encoded sensors for NADP（+）. Nat Methods，2016，13：352-358.

[63] Takanaga H，Chaudhuri B，Frommer W B. GLUT1 and GLUT9 as major contributors to glucose influx in HepG2 cells identified by a high sensitivity intramolecular FRET glucose sensor. Biochim Biophys Acta，2008，1778：1091-1099.

[64] San Martin A，Ceballo S，Baeza-Lehnert F，et al. Imaging mitochondrial flux in single cells with a FRET sensor for pyruvate. PloS one，2014，9：e85780.

[65] San Martin A，Ceballo S，Ruminot I，et al. A genetically encoded FRET lactate sensor and its use to detect the Warburg effect in single cancer cells. PloS one，2013，8：e57712.

[66] Gruenwald K，Holland J T，Stromberg V，et al. Visualization of glutamine transporter activities in living cells using genetically encoded glutamine sensors. PloS one，2012，7：e38591.

[67] Hanson G T，Aggeler R，Oglesbee D，et al. Investigating mitochondrial redox potential with redox-sensitive green fluorescent protein indicators. J Biol Chem，2004，279：13044-13053.

[68] Dooley C T，Dore T M，Hanson G T，et al. Imaging dynamic redox changes in mammalian cells with green fluorescent protein indicators. J Biol Chem，2004，279：22284-22293.

[69] Fan Y，Chen Z，Ai H W. Monitoring redox dynamics in living cells with a redox-sensitive red fluorescent protein. Anal Chem，2015，87：2802-2810.

[70] Gutscher M，Pauleau A L，Marty L，et al. Real-time imaging of the intracellular glutathione redox potential. Nat Methods，2008，5：553-559.

[71] Wang W，Fang H，Groom L，et al. Superoxide flashes in single mitochondria. Cell，2008，134：279-290.

[72] Ermakova Y G，Bilan D S，Matlashov M E，et al. Red fluorescent genetically encoded indicator for intracellular hydrogen peroxide. Nat Commun，2014，5：5222.

[73] Bilan D S，Pase L，Joosen L，et al. HyPer-3：a genetically encoded $H_2O_2$ probe with improved performance for ratiometric and fluorescence lifetime imaging. ACS Chem Biol，2013，8：535-542.

[74] Liu T L，Upadhyayula S，Milkie D E，et al. Observing the cell in its native state：imaging subcellular dynamics in multicellular organisms. Science，2018，360：243352.

[75] Christiansen E M，Yang S J，Ando D M，et al. In silico labeling：predicting fluorescent labels in unlabeled images. Cell，2018，173：792-803.

# 第 14 章　荧光蛋白与超分辨成像

## 14.1　引　言

超分辨显微成像技术拓宽了人们认知微观生命活动的视野，如今的超分辨显微成像技术呈现出百花齐放的态势，各种新技术新方法层出不穷，本章将不会详述每种方法技术的实现原理，而更多地将重点放在论述几种经典的超分辨显微技术及如何从荧光蛋白探针的角度切入，为超分辨显微技术提供更多实现的可能。

物体经过透镜系统最终在像平面上成像，因为衍射现象的存在，即使一个极小的斑点在像平面上也会变成一个具有一定半径大小的光斑。如果两个分子靠得足够近，虽然物平面仍然能够区分，但是在像平面上两个光斑合为一体从而无法分辨。这一现象受到物理定律的制约，一直以来人们认为衍射极限是无法被突破的。超分辨成像技术可以借用一些特殊的手段规避衍射极限形成的前提条件，从而打破像平面的分辨极限，实现超分辨成像。目前绝大部分超分辨显微成像技术的实现都是依靠样品时间序列的采样，通过牺牲时间分辨率来获得更多的信息，从而获得更高的空间分辨率。

超分辨图像的获取离不开荧光探针，荧光蛋白因其优良的生物相容性一直以来是生物标记探针的首选。在超分辨成像领域应用最为广泛、技术最为成熟的荧光蛋白有三类，分别是传统荧光蛋白、光开关荧光蛋白[1]及光转换荧光蛋白[2, 3]。光开关荧光蛋白及光转换荧光蛋白除了在激发光的照射下发射荧光之外，还可以在不同波长光的照射下进行不同形态的转变，光开关荧光蛋白会在明暗状态之间进行转换，光转换荧光蛋白根据发射波长会在红绿两种状态之间进行不可逆的转换。利用荧光蛋白的这些特殊性质，很多超分辨显微成像都可以实现。

通常来说，超分辨成像光学信号的记录与发出有两种方式，一是随机记录单分子点，二是结构光照射。通过对激发光进行调控，可以控制荧光蛋白使其能够以单分子的形式呈现出来。光激活定位显微成像（photo activated localization microscopy，PALM）[4]及单分子介导贝叶斯定位显微成像（single molecule-guided Bayesian localization microscopy，SIMBA）[5]等超分辨显微技术通过记录单分子的精确定位提升了分辨率。对于超分辨光学波动成像（super-resolution optical fluctuation imaging，SOFI）[6]而言则是通过记录一段时间序列单个像素点的波动，经过相关计算重构出一张超分辨图像。可逆饱和/开关光学转换技术（reversible saturable/switchable optical transitions，RESOLFT）[7]及结构光照明显微成像（structured illumination microscopy，SIM）[8, 9]则是利用结构光对样品进行照射使得荧光蛋白的发射光结构变得不均一，结果是半高宽变窄或者额外的信息获取。

从荧光蛋白的角度入手，寻找提高成像分辨率的方法是一个值得探索的领域。荧光蛋白应用与细胞生物学的研究需要考虑三大特性，分别是单体特性、亮度和光稳定性。其实荧光蛋白需要考虑的特性还有很多，只是这三种更加重要一点。单体特性好的荧光蛋白不容易自身聚集，可以想象一下，一个本身并不会聚集的蛋白如果与荧光蛋白融合表达之后反而因为荧光蛋白单体性质不好被非自然地聚集在了一起，那么人们所观察到的定位信息在很大程度上是不准确的。亮度高的荧光蛋白在成像过程中能够提供更好的信噪比，信噪比之于图像就如分辨率之于显微镜一般，是核心问题。同时亮度高的荧光蛋白在成像过程中所需要的激发光强更小，更弱的激发光照射意味着减缓了荧光蛋白的光漂白。荧光蛋白在激发光照射下进行一段时间的连续信号采集，人们如果把各个时间点的信号强度用折线图展示出来的话，那么会看到一条持续走低的曲线，这便是荧光蛋白的漂白曲线。光稳定性好的荧光蛋白意味着经过长时间的激发光照射仍然能够保持相当高的亮度，在实际应用中意味着可以对样品进行长时间的观察。

光开关荧光蛋白最初开发的目的并不是为超分辨显微成像服务，但如今其应用最广泛的领域之一便是超分辨成像。开发光开关荧光蛋白所需要考虑的特征除了单体特性、亮度和光稳定性之外，最重要的有三个，分别是光开关的速度、开关对比度及开关循环数。光开关荧光蛋白可以在特定波长激光的照射下从亮状态转变为暗状态，同时也可以在另一波长光的照射下从暗状态恢复到亮状态，状态之间转换的速度便是光开关速度。一般来说，对于 RESOLFT 及非线性结构光照明显微成像（nonlinear structured-illumination microscopy，NL-SIM），需要荧光蛋白的光开关速度越快越好，但速度快的荧光蛋白会带来一个不可避免的缺点那就是在一定时间内采集到的信号少，这意味着更低的信噪比，在超高亮度荧光蛋白开发出来之前，人们不得不在光开关速度与信噪比之间进行取舍。光开关荧光蛋白在暗状态下并不会完全丧失发射荧光能力，其还会发射微弱的荧光，亮暗状态之间荧光亮度的比值便是光开关对比度。对于 RESOLFT 及 NL-SIM 而言，光开关对比度越大，最终成像分辨率越高。开关循环数在超分辨成像中的作用类似于光稳定性，而且光循环数的极限一般与光稳定的极限密切相关。在经过长时间成像及信号采集之后仍然具有足够光开关对比度的荧光蛋白在超分辨显微成像中的优势就会更大。

光转换荧光蛋白在超分辨成像中一般用于 PALM 及 SIMBA。其应用虽然不如光开关荧光蛋白广泛，但因为 PALM 超高的空间分辨率，所以性质优良的光转换荧光蛋白仍然是人们迫切需要的。光转换荧光蛋白对于超分辨显微成像而言重要的性质有三个，分别是光转换效率、单分子光子数及单分子数。光转换荧光蛋白可以在 400nm 左右波长的激光照射下由绿色荧光蛋白（green fluorescent protein，GFP）不可逆地转换成红色荧光蛋白。在一定强度的激光照射下能有多少荧光蛋白发生光转换，这个效率在超分辨成像中是需要控制的。控制所要达成的目的是使红色荧光信号以单分子的形式出现。若是效率太低，则图像采集时间过长。若是效率太高则会出现在一个衍射极限范围内多个分子同时亮起，影响最终的精确定位。单分子的光子数则指的是红色单分子信号的亮度。荧光蛋白荧光亮度的重要性已经论述过，对于 PALM 成像而言，更多的光子数意味着更高的定位精度，也就意味着更高的分辨率。单分子数则决定着最终成像所得到的采样频率，根据奈奎斯特采样定理，如果最终想要不丢失信息地重构出原始图像，足够的采样是必需的。可以设想，如果在图像采集的后半程荧光蛋白并不能提供足够的单分子数，那么最终重构出来的图像必定是信息缺失的，这就会给科研工作者提供错误的信息。

以上分析并论述了对于适用于超分辨成像的荧光蛋白开发所要达到的目的，但如何实现这一目的是更为重要的。最理想的开发荧光蛋白的手段应该是根据每个目的实现的原理，对实现的方法进行严格的设计和计算，最终对相应的氨基酸进行突变以达到目的。但从目前的基础科学的发展来说，严格的设计和计算是不可能的。人们更多的是以进行筛选及猜想的方式对氨基酸进行突变来实现目的。对于新型荧光蛋白的开发筛选主要有两种方法，分别是随机突变和定点突变。随机突变所要达到的目的是建立包含大量样本而且样本之间重复率低并且随机率高。定点突变则是在前人研究的基础上，对氨基酸的突变及突变产生的影响做出粗略的判断和预测，所建立的突变库包含样本少，但更具目的性。将随机突变及定点突变得到的突变库进行多轮筛选，运气好的话就会得到目的突变体。最终得到突变体运气是一方面，更重要的是细心及坚持。细心在于突变库的建立一定要完备，尽量减少偏差及失误。细心还表现在筛选策略的严谨上面，一个好的筛选策略是筛选成功的一半，在错误的筛选策略下使用任何突变库都不会得到目的突变株。

应用于超分辨成像的荧光蛋白从本质上来说也是荧光蛋白，开发与研究超分辨荧光蛋白首先要解决荧光蛋白领域最为基础的问题，那就是亮度、光稳定性和单体性质。其中最重要的是单体性质，单体性质优良与否决定了荧光蛋白生物相容性的程度。单体性质不好的荧光蛋白更容易形成二聚体或多聚体，当目标蛋白融合表达时便会使目标蛋白非自然地形成聚合体，从而对其功能产生影响。基于此，作者首先对荧光蛋白的单体性质进行了优化，作者选取的模板是 mEos2[10, 11]。

## 14.2 研究进展与成果

### 14.2.1 单体光转换荧光蛋白的开发

EosFP 是目前应用最广泛的光转换荧光蛋白之一，其能够在 400nm 左右的激光照射下从绿色荧光蛋白转变为红色荧光蛋白。该红色荧光蛋白可以提供非常多的光子数，这一特性可以使其在 PALM 成像中发挥非常大的作用。为了解决 EosFP 会自发形成多聚形态这一问题，tdEosFP 以及 mEos2 被相应地开发出来。tdEosFP 虽然解决了 EosFP 在 37℃不会成熟的问题，但却会导致目标蛋白在细胞内部错误的定位。mEos2 虽然定位特性要优于前代，但是在高浓度条件下依然会形成多聚体。一般条件下 mEos2 的定位特性还算可以，但是如果标记特殊的目标蛋白如膜蛋白，就会得到错误的定位信息。

为了得到一个真正意义的单体蛋白，并且依然保持优良的光学特性，作者首先对 mEos2 的晶体结构进行了解析，最终得到了 mEos2 在绿色状态下分辨率为 2.2Å 的结构。作者经过分析发现，mEos2 会通过两个接触面形成一个四聚体。在接触面 1 上 I100、I102 及 Y121 之间会形成强有力的疏水作用力，在接触面 2 上 Y189 会与 H158 之间依靠氢键形成连接。基于以上分析，作者推测 I102 突变成 R、Y121 突变成 R 或 K、Y189 突变成 A 应该能够打破 β 桶之间的相互连接作用。和推测一致，I102N 突变体表现出了最好的单体性质，同时保留了微弱的荧光，Y121 突变体虽然也减少了聚合性质，但是却降低了荧光。幸运的是，作者发现同时进行 I102N 与 Y189A 突变得到的突变体在减少聚合趋势的同时增强了荧光，作者将其命名为 mEos2-NA。

mEos2-NA 的缺点也很明显，那就是其荧光强度仍然不高。作者又同时对 I157 及 H158

进行了突变，最终拿到了两个突变体，分别是 I157V&H158E 及 H158E，它们除了保存了良好的单体性质以外，仍然能够产生足够强度的荧光，作者将其命名为 mEos3.1 和 mEos3.2。将 mEos3.1 及 mEos3.2 与不同的膜蛋白融合之后观察定位，作者未发现异常的聚集状态，从侧面进一步验证了它们良好的单体性质。mEos3.1 和 mEos3.2 在绿色状态的亮度分别是 mEos2 的 1.55 倍与 1.13 倍，它们之间在红色状态并没有明显的亮度差异。另外，作者发现 mEos3 的成熟变得更加迅速，即使与一些不良折叠的蛋白进行融合也依然能够保持亮度。

为了能够检测 mEos3 的超分辨成像特性，作者将其与细胞骨架进行融合表达。作者发现 mEos3 的光子数要大于 mEos2 的，这也就意味着利用 mEos3 进行成像能够得到更好的定位精度，除此之外，作者发现 mEos3.2 有着最高的标记密度，也就意味着更高的采样密度。mEos3.2 的标记密度的最大值大约是 mEos2 的 3 倍，从而使奈奎斯特分辨率提高了约 1.7 倍，这可能与 mEos3 更快的成熟及更少的闪烁有关，结果如图 14.1 所示。

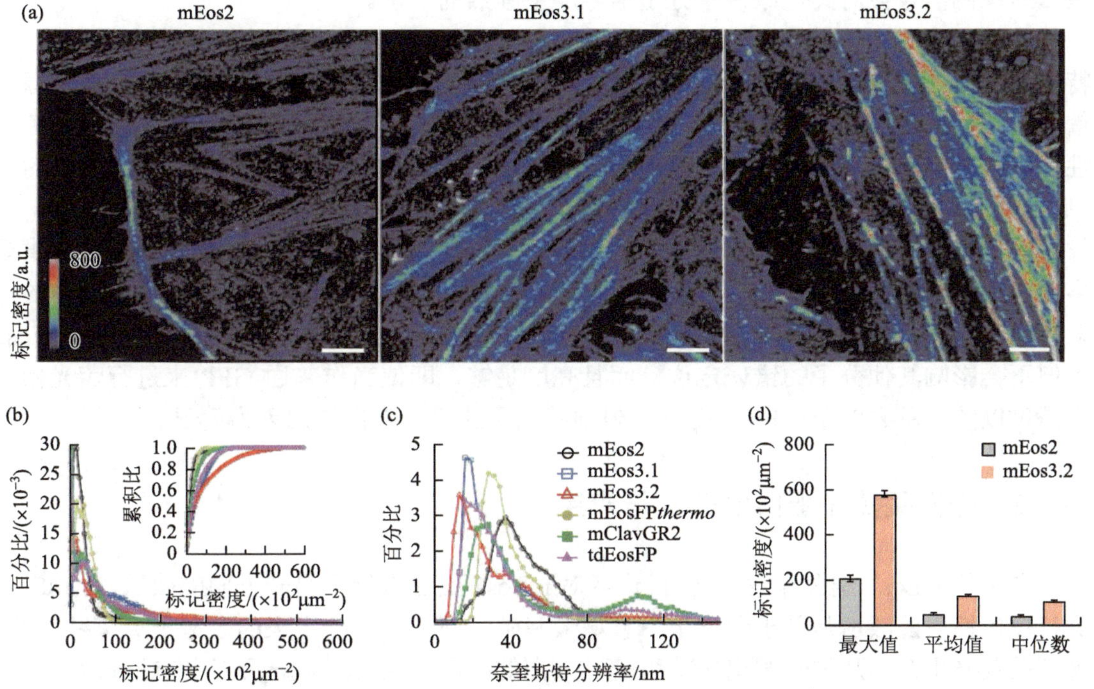


图 14.1 EosFP 变体和 mClavGR2 的标记密度与奈奎斯特分辨率比较[11]

（a）HeLa 细胞中 mEos2、mEos3.1 和 mEos3.2 标记的肌动蛋白的 PALM 超高分辨显微图像。比例尺为 3μm。（b）EosFP 变体和 mClavGR2 的标记密度的分布。（c）根据（b）中的标记密度计算的奈奎斯特分辨率的分布。（d）mEos2（$n = 14$）和 mEos3.2（$n = 10$）的标记密度

光转换荧光蛋白 mEos3 的开发为人们提供了一个更好的荧光蛋白工具，mEos3 最大的优势在于其优良的单体性质，这也使 mEos3 成为单体性质最好的荧光蛋白之一。2012 年该工作发表在 *Nature Methods* 上后在国际上引起了广泛的反响，*PSI/Nature Structural Biology Knowledge* 将其作为研究亮点进行了报道，称赞 mEos3“更小且更亮”（smaller and brighter）。该工作是我国科研工作者在方法学顶级杂志 *Nature Methods* 上发表的第 2 篇论文，“生物通”网站盘点中国学者 *Nature Methods* 杂志文章时评论说“这项工作代表了国

内在超高分辨成像领域中荧光蛋白研究方面的最高水平”。mEos3 的开发为今后许多蛋白的开发提供了一种资源，如适用于光电联合的荧光蛋白 mEos4b[12]及光开关荧光蛋白 Skylan-S 和 Skylan-NS 的单体性质便是继承 mEos3 而来的。目前 mEos3 的缺点也很明显，那就是其成熟时间过久。长的成熟时间会使得早期的细胞现象不被观察到，为了改进这个缺点作者在今后的工作中又开发出了一种快速成熟的光转换荧光蛋白。

mEos3 的单分子亮度足够并且单分子数多，这都是 PALM 成像所需要的重要性质。同时 mEos3 的光转换效率水平较高，这就意味着在拍摄过程中 400nm 波长的强度可以更低，也就减少了光漂白作用。这些特点加起来使 mEos3 成为最适合 PALM 成像的荧光蛋白之一。mMaple3[13]也非常适合 PALM 成像，但是其绿色荧光信号太弱，这使得对它进行初始定位时稍显困难，但是绿色荧光信号弱也是其更适合进行双色 PALM 成像的优势。因为 mMaple3 的绿色信号弱就相当于提高了绿色单分子信号的信噪比，否则光转换荧光蛋白的绿色信号会对其他绿色单分子信号产生强烈的干扰。

mEos3 除了光转换特性之外，其绿色状态及红色状态也呈现微弱的光开关特性。这一特性为其在 SIMBA 技术上的应用提供了基础。SIMBA 成像需要两个条件，一个是绿色信号波动及漂白信息的获取，另一个是红色信号单分子点的获取。mEos3 的绿色光开关特性可以为其绿色信号提供更多及更加明显的闪烁，这将为模型的建立提供更加精确的信息。红色单分子信号可以为初始模型的建立节约时间并且提升精度。

除了应用在超分辨成像领域外，mEos3 可以凭借其光转换效率高的优点为人们提供更多的应用。例如，对于某个区域的蛋白进行快速的光转换然后观察其在之后的时间中的运动轨迹，或是对某一时刻之前的分子进行光转换以此来区分不同时刻出现的分子等。mEos3 不但不会影响其他分子的错误定位，而且亮度足够，即使当作普通 GFP 来进行荧光标记也是可以的。总之对于 mEos3 而言，限制其应用的只是人们的想象力而已。

### 14.2.2　光开关荧光蛋白的开发与应用

在进行 mEos3 蛋白开发的同时，作者对 mEos2 蛋白进行了另一方面的改造。对 mEos2 进行单体性质的改造是基于荧光蛋白领域最基础的问题，而接下来的改造则更有针对性。光开关荧光蛋白自从被开发出来就引起了人们的广泛关注，紧接着便应用在超分辨成像领域。几乎就是为超分辨量身定做一般，光开关荧光蛋白出现的时间也是超分辨显微成像蓬勃发展的时期，同时光开关荧光蛋白的独特性质也符合许多超分辨显微技术的要求。可以毫不夸张地说，光开关荧光蛋白在超分辨领域有着举足轻重的地位，某些时候甚至会成为超分辨成像更近一步发展的瓶颈。

人们一直致力于开发出有优良特性的光开关荧光蛋白，一般来说开发选取的模板都是前人开发的光开关荧光蛋白，在这里作者选取了一个新的开发模板及思路，不再拘泥于已有的光开关荧光蛋白，而是把目光转向了光转换荧光蛋白。给予作者启示的是两个事实，一是光转换荧光蛋白在由绿变红的过程中位于发色团第一位的组氨酸是最为关键的，二是光转换荧光蛋白的绿色荧光状态会在 400nm 激光的照射下呈现出光开关的特性。由此作者想到，如果将发色团第一位的组氨酸进行突变，使其丧失光转换特性从而停留在绿色状态，其是否仍然具有光开关特性？基于此想法，作者选取 mEos2 作为模板进行筛选实验。

首先，作者对于 mEos2 的 61 位组氨酸和 212 位谷氨酸进行突变，因为根据文献报道，这两个位置的组氨酸及谷氨酸对于光转换特性非常重要。然而，除了将谷氨酸突变成为 E 之外，其余的 18 种突变体均丧失了荧光，这意味着 212 位谷氨酸在绿色荧光的保持方面也起到了重要作用。接下来作者对 61 位组氨酸进行了 19 种其他氨基酸的突变，有趣的是大部分的突变体都丧失了光转换特性并且保持了光开关特性，结果与理论猜想一致。作者将这一系列的光开关荧光蛋白命名为 mGeos[14]。

这些突变体之间虽然只有一个氨基酸的变化，但是却表现出许多不同的光学特性。mGeos-I、mGeos-T 及 mGeos-V 表现出了超过 Dronpa（一种光开关荧光蛋白）的光稳定性。在光关闭速度方面，mGeos-F 的速度最慢，大约是 Dronpa 的 3.78 倍，而 mGeos-A、mGeos-E、mGeos-I、mGeos-L、mGeos-Q、mGeos-T 及 mGeos-V 的光开关速度则与 Dronpa 相当。为了得到光开关速度更快的突变体，作者又引入了 F173S 突变位点，在所有的突变体之中，mGeos-ES 呈现出了最快的光关闭速度。除此之外，不同 mGeos 的突变体的 p$K_a$ 值也各异，其中 mGeos-E 的 pH 敏感度最高，而 mGeos-M 则展现了更高的酸耐受性。

某些荧光蛋白在细胞内会自发形成二聚体，从而提供错误的定位特性，一般认为二聚体或者多聚体的形成是由于荧光蛋白外部氨基酸侧链之间的相互作用，而作者只是对于荧光蛋白内部的一个氨基酸进行突变得到了 mGeos，理论上不会影响荧光蛋白的聚合特性。接下来作者进行了 mGeos 对于细胞内部蛋白的标记实验，验证其是否会影响亚细胞水平的蛋白定位。通过对线粒体蛋白、细胞骨架蛋白及细胞核蛋白进行标记后发现 mGeos 均未产生错误的定位信号，作者可以认为利用 mGeos 来标记目标蛋白一般情况下不会对人们产生误导。

通过标记细胞骨架并且计算每个光循环所发射的光子数，作者发现 mGeos-M 所发出的光子数甚至比 Dronpa 还要高，这意味着用 mGeos-M 来进行 PALM 成像可以获得相当高的定位精度。随后 mGeos-M 和 PAmCherry1 一起用来进行双色 PALM 的超分辨成像，在成像的过程中作者发现 mGeos-M 和 PAmCherry1 的激发及发射光谱之间并没有明显的重叠，实际操作过程中也发现红绿通道之间的串色很少，这意味着应用这一对荧光探针进行超分辨成像可以为研究者提供优良的结构及定位信息，结果如图 14.2 所示。

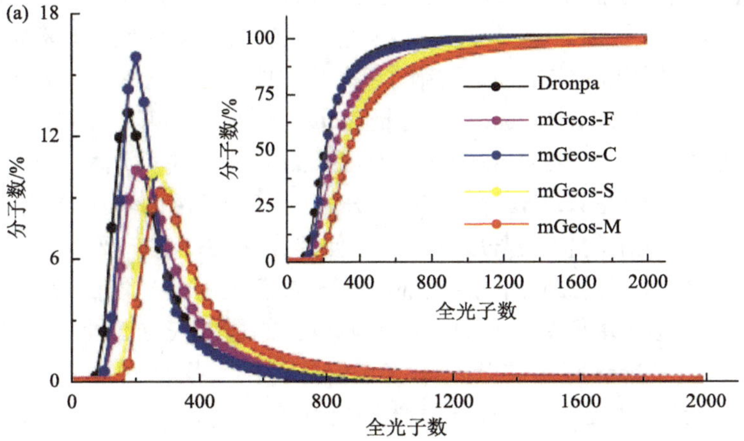

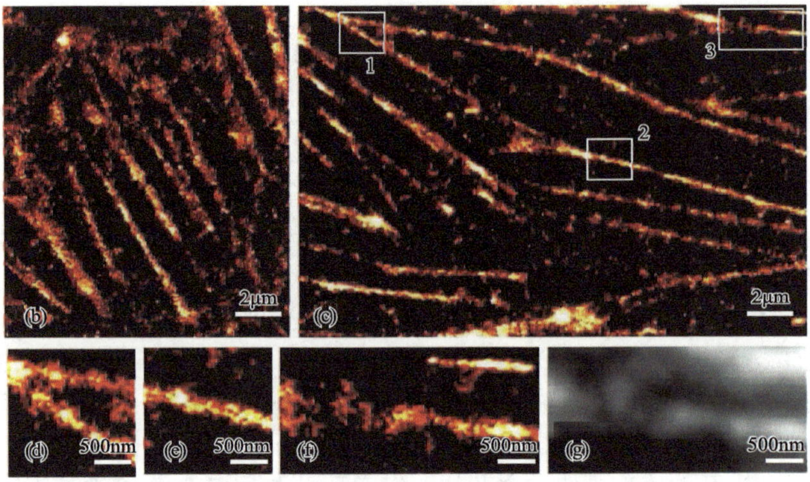


图 14.2　超分辨率显微镜中 mGeos 与 Dronpa 的比较[14]

（a）HeLa 细胞中 $\beta$-肌动蛋白与 mGeos-M、mGeos-C、mGeos-F、mGeos-S 和 Dronpa 融合，被检测到的每次爆发的全光子数与累积的全光子数（小图）的分布。Dronpa-$\beta$-肌动蛋白（b）和 mGeos-M-$\beta$-肌动蛋白（c）在固定的 HeLa 细胞中的 PALM/图像。(d)、(e) 和 (f) 分别为 (c) 图中的框 1～3 的放大图像。(g) 为 (f) 图中区域的全内反射荧光成像（total internal reflection fluorescence microscopy，TIRF）图像

mGeos 这一系列蛋白的应用其实远不止于此，mGeos-I、mGeos-T 及 mGeos-V 所表现出来的光稳定特性使活细胞的长时间成像成为可能。mGeos-E 及 mGeos-L 的快速光开关特性将使其成为能够取代 rsFastLime 的新型光开关探针。mGeos-M 因为其拥有优良的单分子特性，下一步应该会替代 Dronpa 成为更好的多色 PALM 探针。另外的如 mGeos-ES 及 mGeos-LS 则拥有非常快的光关闭速度甚至能够比肩 rsEGFP，从而为 RESOLFT 技术提供更多的探针选择。

mGeos 系列的开发与应用不只为人们提供了一个可以使用的工具，更重要的是提供了一种开发光开关荧光蛋白的思路与方法，在此思路的启发下，一系列的光开关荧光蛋白都出现在了世人眼前，以作者自己的成果为例，作者将 mEos 系列的思路与 mGeos 的思路结合起来发展了两款新的光开关荧光蛋白[15, 16]，它们可以说是在单体荧光蛋白中光开关特性最优良的或者说是光开关荧光蛋白之中单体性质最为优良的光开关荧光蛋白。该工作是国内首次发展的可用于超高分辨成像的荧光蛋白，被 *Nature Methods* 作为研究亮点在“TOOLS”专栏进行了报道。该工作发展了从光转化蛋白进化为反复光激活蛋白的新策略，北京大学的孙育杰教授用此策略发展了新的超高分辨成像探针 GMars-Q[17]。目前该工作已经被引用达 100 多次（Web of Science），包括 *Nature Cell Biology*、*JACS* 等国际著名期刊。

mGeos 的性质相对于后来的 Skylan-S 及 Skylan-NS 来说虽然稍显不足，但其设计思路却是之后荧光蛋白开发的基础。在 mGeos 开发的启发下，GMars-Q 及 GMars-T[18]也相继被开发出来，所表现出的优良光开关特性也使其在 RESOLFT 及 SOFI 技术的应用上大放异彩。mGeos 除了提供思路上的启发外，还为人们应用荧光蛋白提供了更多的选择。mGeos 算是一个小型的突变库，人们可以根据自己的需要在这个小型库里面选择适合自己需求的突变体。mGeos 应用的开发随着人们广泛的使用而得到进一步的拓展。其实 mGeos 还有进一步进行改造的潜力，毕竟相对于 mEos2 而言，mGeos 只有一个位点的改

变。虽然只有一个位点改变，但是所表现出来的光学性质却大不相同，在此基础上，有着更高需求的人们可以在 mGeos 系列中选取最符合自己要求的突变体作为初始模板，然后对其进行改造，使其性质更加优良。虽然目前并没有人以绿色荧光蛋白为模板，将其改造成为红色荧光蛋白，但 mGeos 的成功可以为红色光开关荧光蛋白的开发提供启发。如前文作者提到光转换荧光蛋白的红绿状态均有微弱的光开关特性，作者将其限制在绿色状态便形成了绿色光开关荧光蛋白，如果将其限制在红色状态就可能成功开发出红色光开关荧光蛋白。

不同于传统的超分辨显微技术，SOFI 基于纯粹的算法，光学平台与平常的成像平台无异。SOFI 最开始应用于染料或者量子点来标记成像，因此在活细胞成像领域并没有得到十分广泛的应用，在结合使用光开关蛋白 Dronpa 之后，SOFI 开始广泛应用于活体成像，并且能够得到 2～3 倍分辨率的提升及较高的信噪比。

荧光蛋白在一个成像时间序列里面的平均亮度及明暗对比度是影响 SOFI 成像最关键的因素，这两点综合起来代表了荧光蛋白的动态变化范围，直接对应 SOFI 计算的分辨率，同时范围更广的荧光动态变化能够对周围的像素点产生影响，从而提高同步性，特别是在高阶计算当中排除了断点的发生。荧光蛋白的光稳定性及单体性质也是决定成像质量好坏的重要因素，在长时程的活细胞拍摄过程中，荧光蛋白会逐渐被漂白从而导致动态变化范围变窄，进而导致分辨率变低及结构连续性出现问题，因此光稳定的荧光蛋白可以使人们在计算长时间采样的图片时不会产生误差。

在 mGeos 系列的文章中，作者提出了一种开发光开关荧光蛋白的方法，那就是将发色团第一位的氨基酸替换成为其他的氨基酸，在这次的蛋白质设计中作者采取了类似的方法。这次作者选取突变的模板是 mEos3.1。mEos3.1 因其优良的单体性质及荧光强度而被广泛应用于细胞成像与超分辨成像之中，在其基础上进行改造希望能够取得好结果。将 62 位组氨酸进行 19 种其他氨基酸替换之后，作者找到了一系列的光开关荧光蛋白，其中 H62S 突变体展现了良好的荧光动态范围，作者将其命名为 Skylan-S。

作者首先测定了 Skylan-S 与 Dronpa 的光谱特性，发现 Skylan-S 的亮度是 Dronpa 的 1.15 倍，同时是 mEos3.1 的 1.34 倍。经过 400nm 与 488nm 激光连续的照射采样之后，作者发现 Skylan-S 的亮暗比大约是 Dronpa 的 2 倍，经过 21 次循环的照射之后，Dronpa 的荧光强度大约降低了 35%，而 Skylan-S 的荧光强度几乎未变。通过对 Skylan-S 进行 400nm 激光脉冲照射，作者发现 Skylan-S 的荧光衰减半衰期大约是 3.94ns。Skylan-S 及 Dronpa 从光关闭状态自发恢复荧光的时间分别是 139min 及 840min。

通过分子筛层析、超速离心及沉降速率平衡实验，作者验证了 Skylan-S 是一种单体性质优良的荧光蛋白。使用 Skylan-S 标记细胞骨架、囊泡及膜蛋白均未发现目标蛋白不正常的聚集现象，其所展现的结构与 mEos3.2 类似。

接下来作者通过优化激发光强度及曝光时间来使 Skylan-S 更适合 SOFI 成像，作者经过条件摸索最终选择 488nm 激光、功率 2.8μW、曝光时间 40ms。作者同样对 Dronpa 用于 SOFI 成像的条件进行了优化，最终选择 488nm 激光、功率 6.4μW、曝光时间 40ms。如图 14.3 所示，在实际成像中作者发现 Dronpa 的荧光强度在 500～2000 之间进行波动，而 Skylan-S 的波动范围为 8000～14000，通过测量 Skylan-S 与 Dronpa 在成像过程中单个像素的方差，作者发现 Skylan-S 的波动范围大约是 Dronpa 的 4 倍（方差比为 1062.4∶241.1）。这些数据都表明了 Skylan-S 在实际 SOFI 成像中会取得更高的分辨率及信噪比，从而展示更多的细节。

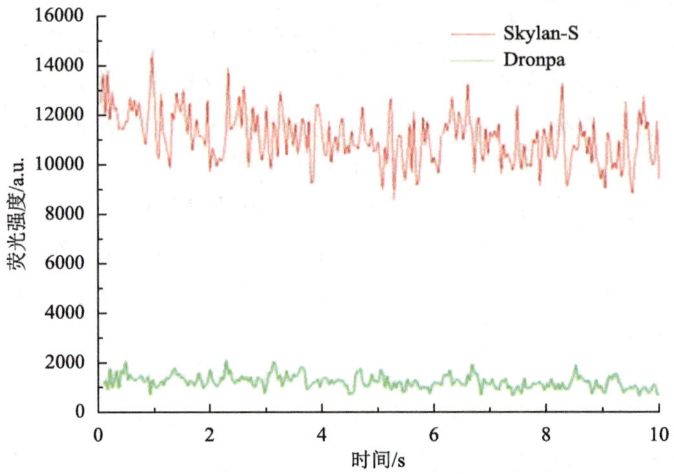


图 14.3　Skylan-S 在具有高亮度的同时具有比 Dronpa 高得多的波动范围

为了进一步确认 Skylan-S 在活体 SOFI 成像之中的应用效果，如图 14.4 所示，作者通过标记人骨肉瘤细胞（U-2 OS 细胞）的微管蛋白发现在三阶计算的条件下，空间分辨率大约提升了 2 倍。而且由于 Skylan-S 的广阔的荧光动态变化范围及光稳定性，人们在进行计算的时候不必进行由漂白导致的误差矫正。

图 14.4　Skylan-S 用于 SOFI 成像时具有高的空间分辨率

图（d）～（f）为图（a）～（c）的放大图

如图 14.5 所示，接下来作者又用 Skylan-S 标记细胞囊泡，囊泡的直径是 150～200nm，传统的荧光显微镜及 2 阶 SOFI 算法并不能准确解析其结构，但是 3 阶 SOFI 算法却能够非常完整地解析出囊泡的空心环状结构，解析出来的孔径大小与电镜结果一致。作者将 Skylan-S 及 Dronpa 同时标记囊泡并且在极短曝光时间（3ms）下进行长时间成像，结果 Skylan-S 可以在 1.5s 之内成功解析出完整准确的囊泡结构，而 Dronpa 的表现则差强人意。

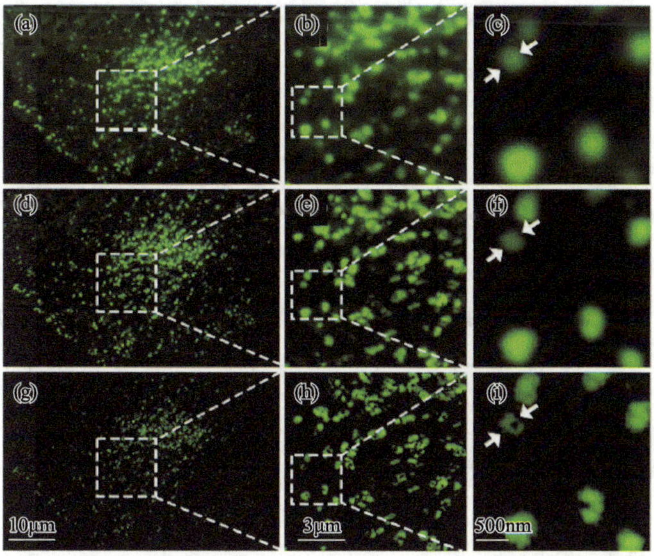


图 14.5　利用 Skylan-S 标记的网格蛋白有被小窝（CCP）囊泡进行 SOFI 成像

与 Skylan-S 同时进行开发的还有另一款光开关荧光蛋白，受 mGeos 系列开发的启发，作者对 mEos3.1 的发色团第一位氨基酸进行突变，希望能够找到一个特性优良更能够适应 NL-SIM 成像的绿色光开关蛋白，之所以选择 mEos3.1 是因为 mGeos 系列在高浓度条件下依然会有聚合现象发生，而且 mEos3 的荧光强度要优于 mEos2。通过对 mEos3.1 的 62 位组氨酸进行其他 19 种氨基酸的替换突变，作者发现 H62L 突变体的光稳定性更好，亮暗比更大，发射光子数更多，光开关速率更快，作者将其命名为 Skylan-NS。

Skylan-NS 的激发及发射峰分别在 499nm 和 511nm，在 400nm 光照射下会进入光开启状态显现出绿色荧光蛋白的特性，在 488nm 光照射下会进入光关闭状态。经过计算，Skylan-NS 的绿色荧光强度与 Dronpa 类似，大约是 EGFP 的 1.5 倍，p$K_a$ 值与 mGeos 类似，约为 5.77。分子筛层析及超速离心数据表明 Skylan-NS 同样为单体蛋白。从光关闭状态自发恢复光开启状态的时间大约是 70min，约为 Dronpa 的 1/10。将 Skylan-NS 与细胞骨架、黏着蛋白、细胞核蛋白、膜蛋白等进行融合表达未发现不正常聚集现象。

如图 14.6 所示，将 Dronpa、rsEGFP2 与 Skylan-NS 分别在非洲绿猴肾成纤维细胞（COS-7 细胞）中进行表达，并且在显微镜下进行荧光成像，作者发现，rsEGFP2 在经历了 1000 个光循环之后仍然保持着较高的荧光亮度，Dronpa 的表现最差[19]。通过计算荧光蛋白在被彻底漂白之前的光循环数，Skylan-NS 的光循环数大约是 Dronpa 的 5 倍。在光开闭速度方面，如图 14.7 所示，rsEGFP2 的光关闭速度最快，而 Dronpa 最慢，Skylan-NS 居中。Skylan-NS 的亮暗比大约是 rsEGFP2 的 2 倍[19]。另外，通过计算在经过不同光循环数之后的累积荧光强度值可知，Dronpa 的累积量最多，这也许是因为其较长的光关闭时间。

作者随后将 Skylan-NS、Dronpa 及 rsEGFP2 分别与细胞骨架进行融合表达，并且进行长时间非线性结构光照明成像（PANL-SIM）[20]。如图 14.8 所示，在 1.2s 的成像时间内，Skylan-NS 获得了 30 帧可用于计算的图像，而 Dronpa 仅仅获得 8 帧，rsEGFP2 获得了足足 60 帧，但是其信噪比却比 Skylan-NS 的差了一大截。

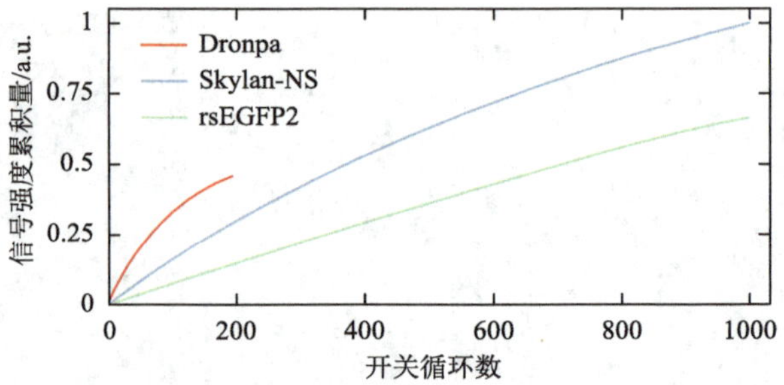


图 14.6　Skylan-NS 在 1000 个光开关循环后仍然具有高的荧光亮度[19]

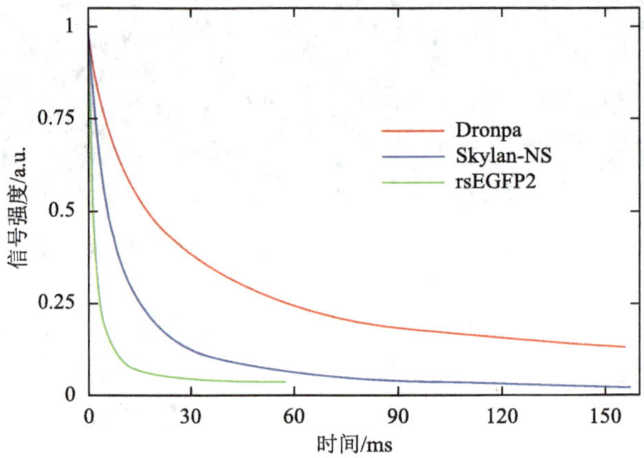


图 14.7　Skylan-NS、Dronpa 及 rsEGFP2 的关闭动力学比较[19]

Skylan-S 与 Skylan-NS 的改造思路延续了 mGeos，不同于 mGeos 的广泛性及包容性，Skylan-S 与 Skylan-NS 的专一性及目的性更强。Skylan-S 应该是目前应用于 SOFI 成像首

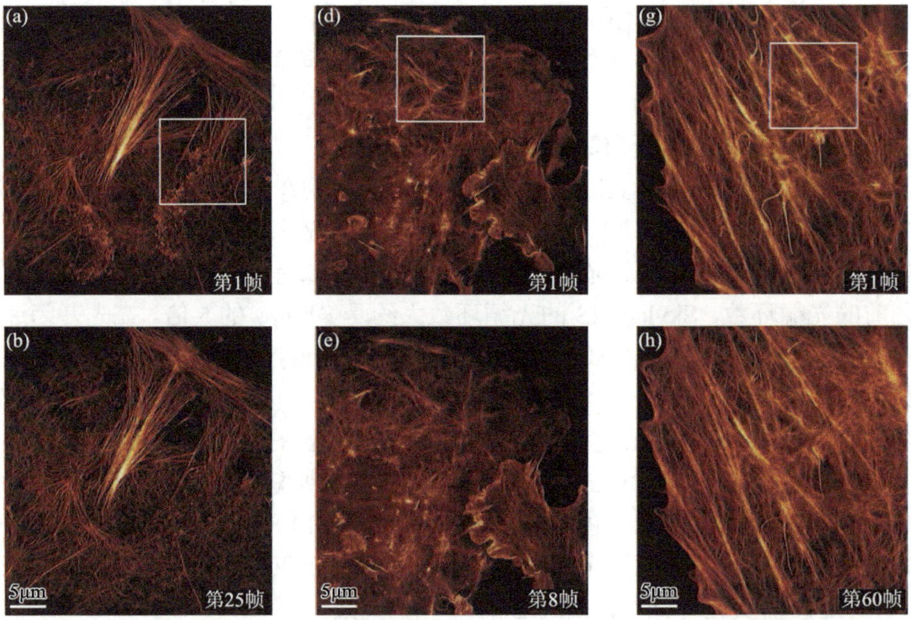

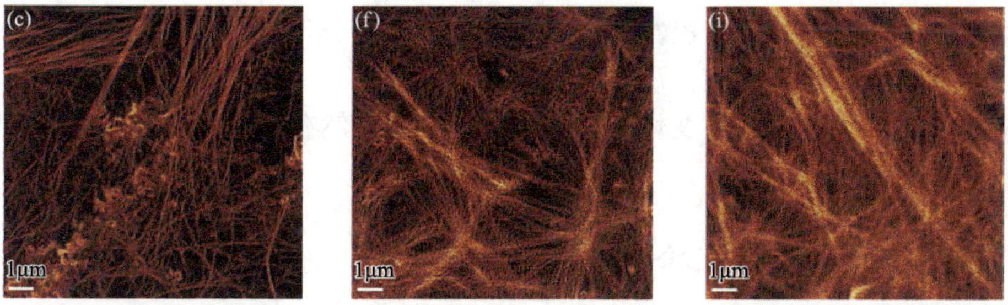


图 14.8　Skylna-NS 可用于长时间非线性结构光照明成像，并保持高的时空分辨率[16]

COS-7 细胞中 Skylan-NS［图 14.8（a）～（c）］、Dronpa［图 14.8（d）～（f）］和 rsEGFP2［图 14.8（g）～（i）］分别标记的肌动蛋白的活细胞 PN-NLSIM 成像。第一排：第 1 帧的 PA NL-SIM 图像。第二排：分别为 Skylan-NS、Dronpa 和 rsEGFP2 的第 25 帧、第 8 帧和第 60 帧图像。第三排：第一排中正方形框中的放大图像

选的荧光蛋白之一，对于 NL-SIM 成像而言，Skylan-NS 应该也是其首选的荧光蛋白。正如 mGeos 一样，Skylan 系列的潜力远不止于此，人们同样可以根据自己的需求从 Skylan 系列中选取适合自己的初始模板来进行筛选，而且虽然作者只应用 Skyaln 做了 SOFI 及 NL-SIM 成像方面的应用，但并不意味着其只能做这方面的应用。

Skylan-S 相比于之前用于 SOFI 成像的荧光蛋白 Dronpa 来说有突出的优点，这也是其被很好地应用在 SOFI 成像中的原因。波动状态下的荧光强度要比 Dronpa 高出 7 倍，同时波动范围是 Dronpa 的 4 倍，同时更好的光稳定性也能够使 SOFI 实现长时程的拍摄。Skylan-S 的单体性质可以使人们在进行融合蛋白表达时无后顾之忧。应用了 Skyaln-S 的 SOFI 实现了高于 100nm 的分辨率，时间分辨率仅为 1.5s。因为其优良的光稳定性，SOFI 可以连续不断地对细胞进行长达 60s 以上的拍摄，相对于此 Dronpa 的表现则显得无奈。Dronpa 的分辨率无法达到如此，而且经过 30s 成像之后超过一半的分子被漂白。在实际操作过程中，使用 Skylan-S 及 Dronpa 进行标记同一结构，Skylan-S 可以很好地解析精细结构，而 Dronpa 仅能够提供信噪比欠佳的模糊图像。除了应用于 SOFI，Skylan-S 在波长为 488nm 左右的激发光照射下显现了良好的单分子特性外，这显示了其适用于 PALM 成像的潜力，特别是双色的 PALM。同时对于传统的共聚焦及双光子成像而言，Skylan-S 也能够胜任。该工作在线发表之后马上引起广泛的关注，多家网站报道和宣传了该工作，多家实验室申请使用荧光蛋白 Skylan-S。该工作入选中国激光杂志社“2015 中国光学重要成果”。

Skylan-NS 相对于 Skylan-S 而言光稳定性更好，光开关速度更快。如前文所述，光开关速度并不是越快越好，需要在信噪比之间取得一个平衡。经过实验作者发现 Skylan-NS 可以完全满足 NL-SIM 成像所提出的要求。利用光开关荧光蛋白实现 NL-SIM 成像的概念早先就被提出，但因为 Dronpa 的光开关速率及开关对比度达不到要求，所以活细胞内快速而且稳定的 NL-SIM 一直无法实现。一款优秀的探针能够为超分辨显微成像提供很大的帮助，并且为超分辨显微成像的实现节约很多精力和时间。应用于 NL-SIM 的 Skylan-NS 首次在活细胞内实现了高分辨率及高时间分辨率的成像，而且在激发光能量更低的同时成像所持续的时间更长，所能够观察的信息更多，得到的图像视野更大。由于 Skylan-NS 在光稳定性、开关循环数及信噪比等方面的绝对优势，其成为目前适用于该活细胞超高分辨

显微成像技术的最佳荧光蛋白探针。Skylan-NS 的发明为活细胞超高分辨成像中的重大突破，极大地促进了活细胞超高分辨成像技术的发展。

Skylan 系列其他位点的突变体的具体的潜在应用仍然在开发之中，下一步的计划将是双色 PALM 及 SIMBA。

### 14.2.3 新型超分辨成像技术——SIMBA

mEos3.2 的单体性质优良，同时单个单分子发射的光子数多定位精度高，可以很好地用于 PALM 成像。正当作者在思考如何进一步开发 mEos3.2 优良的单分子特性时，3B 技术映入眼帘。通过对荧光分子闪烁及漂白的贝叶斯分析，作者可以计算出某个点是荧光分子的概率从而对其进行定位，这个超分辨显微技术简称 3B[21]。3B 技术最大的缺点就是耗时太长，因此作者开发出了快速 3B 的算法，能从根本上提高 17 倍的计算速度。虽然速度更快了但其结构仍然会出现假象，为了能够更好地解析出亚细胞的结构，作者将单分子定位与 3B 分析结合起来构建出了全新的超分辨成像技术，作者将其命名为 SIMBA。SIMBA 的计算速度更快，时间分辨率可以达到 0.5～2s 一张图像，空间分辨率能够达到 50nm，并且计算结果相对于 3B 而言伪迹更少，解析出来的结构更加真实。

SIMBA 相对于 3B 而言最大的不同在于选取初始点时是利用光转换蛋白的红色单分子点，而 3B 是随机选取。随机选取的信号有可能是真实信号也有可能是错误信号，通过随机加入一个真实点或者随机移除一个虚假点，重复迭代这个步骤，最终应该会得到更多的真实点。作者设想，如果一开始所选取的模型就是真实点，那么将会加速作者在随机位置加入新的候选点，从而提升计算速度及分辨率。

作者对 mEos3.2 标记的细胞骨架同时进行 PALM、3B 及 SIMBA 成像，并且比对它们之间的差异，作者发现 3B 仍然存在比较严重的断点现象。同时随着选取计算区域的扩大，3B 的计算耗时呈指数上升，而 SIMBA 的计算耗时则基本保持恒定，选取的计算区域越大，SIMBA 的这一优势就越明显。对于 50×50 像素的图片大小而言，SIMBA 的计算速度大约是 3B 的 100 倍。如图 14.9 所示，作者对细胞囊泡进行 SIMBA 成像，SIMBA 能够成功解析出单个囊泡的环形结构，其空间分辨率大约达到了 50nm。

3B 作为新的超分辨成像工具，虽然拓展了超分辨成像的技术，但仍然有很多问题没有解决，首先其定位精度仍然不够，最终重构的结果仍然出现很严重的结构缺失。其次其计算重构一张图像极为耗时，一张 1.5μm$^2$ 大小的正方形图像的重构时间约为 6h，并且随着图形尺寸的增大，计算时间并不是线性增长，而是呈非线性的急速增长趋势。正是由于速度的限制，其在大尺度的细胞动态变化超分辨图像的重构就显得异常艰难。SIMBA 相较于 3B 适应性更强，无须额外的硬件设备便可以与全内反射显微成像、PALM 成像及光片层显微技术进行良好的兼容。另外，SIMBA 计算的伪迹更少，可以实现 50nm 的空间分辨率及 2s 的时间分辨率，而且其计算速度相比于 3B 大大减少，随着图像尺寸的增大，速度的优势越发明显。正因为重构时间快，所以大尺度的成像成为可能。该工作 2017 年在 *Cell Research* 上发表后被科学网等多家网站报道。该成果入选北京市自然科学基金“十二五”期间优秀成果选编。

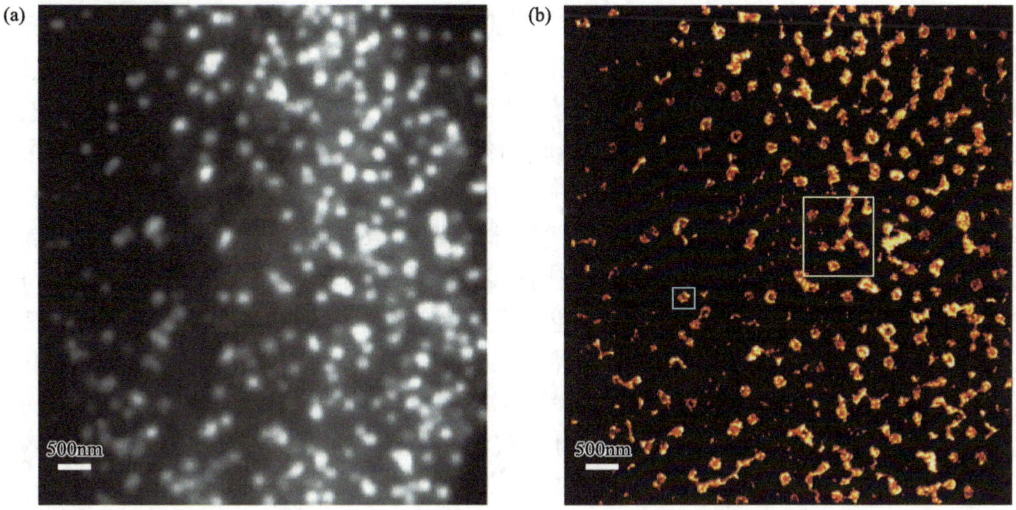


图 14.9 应用 SIMBA 技术对活细胞中 CCP 囊泡进行超高分辨成像[21]

（a）TIRFM；（b）SIMBA

### 14.2.4 冷冻光电关联成像

除了作为常规的超分辨显微成像技术以外，SIMBA 在光电联合领域也有极大的应用空间和潜能。电子显微镜样品的制备过程会伴随荧光的损失，即使目前对锇酸耐受性最好的荧光蛋白在最终样品制备完毕进行成像时其荧光强度也会变得非常微弱。例如，mEos4b 在进行 PALM 成像时根本不可能达到足够的采样密度，低密度的采样必然伴随着细节的缺失。但是如果应用 SIMBA 进行光学显微拍摄的话，则可以不必在乎这个问题。对于 SIMBA 而言，最终重构出一幅超分辨图像只要 50～200 张足够，在这个时间段内 mEos4b 的荧光强度及单分子还处在可以接受的程度。虽然 PALM 的定位精度更高，但是在细节缺失的情况下谈论分辨率是没有意义的，只有保证信息不缺失，在此基础上提高分辨率才能为人们提供更加准确的信息。

细胞生物学研究中一个重要的目的和方向就是在精确的细胞结构之中准确定位到目标蛋白的位置，尽管免疫电镜在原理上能够实现，但实际操作过程中标记密度过低制约着这一技术的应用。超分辨显微技术的出现为此提供了更多的选择，然而电镜制样过程中的各种操作不可避免地会对荧光造成巨大的损失。高压冷冻及冷冻替代可以最大限度地保持荧光及细胞超微结构，但是却牺牲了电镜的衬度，后染色虽然可以提高电镜成像的衬度，但却会造成样品的形变从而给光电联合造成困难。冷冻电镜样品制备是一个具有前景性的技术，可以在保持原本的细胞结构的同时保持荧光的强度，但其遇到的问题也很棘手。首先就是样品厚度需要很薄，这也就意味着其对大型的组织样品无能为力。其次与之配套的在低温下进行成像的光学系统并不完善。作者通过联合冷冻切片技术及超分辨显微成像，从而实现大体积样品的三维光电联合重构[22]。

作者将样品制备成 200nm 的切片以便进行成像，同时对物镜进行金属包裹并且加热以防成像过程中水汽冷凝。冷冻样品被隔离在冷冻室里面，由液氮控制温度。同时作者对不同荧光蛋白在低温下的光学性质也做了测试，作者发现 mEos3.2 虽然在常温下的光转化特性特别好，但是在低温下却需要大约室温下 100 倍的 400nm 光强才能使其进行光转换。有趣的是，作者发现 Dronpa 在低温下的光稳定性要优于常温下的光稳定性，而且低温下 Dronpa 的光谱出现了蓝移并且发射峰也收缩得更窄，除此之外其发射的光子数最多，在与其他的光开关蛋白同时在镜下成像发现，Dronpa 的荧光特性是其中最好的。

作者将 Dronpa 定位于 293T 细胞的线粒体外膜上，在冷冻制样之前已经通过共聚焦验证其定位是正确的。经过高压冷冻与冷冻切片之后，作者选取 200nm 厚度的切片进行成像。荧光信号的采集并不如室温下理想，这也许是因为使用了空气镜，所以作者加强了激发光强，想以此获得更多的单分子光子数，然而高强度的激光照射引发了冷冻样品的融化，于是作者将碳膜替换为对光吸收更少的无碳芳华膜。虽然无碳芳华膜的导电性不佳，可能会导致样品辐射损伤或者形变，但是如果使用低能量的电子光束及选取靠近铜网的位置，利用铜网的导电性，作者最终得到的图形没有明显的损伤以及形变，结果如图 14.10 所示。

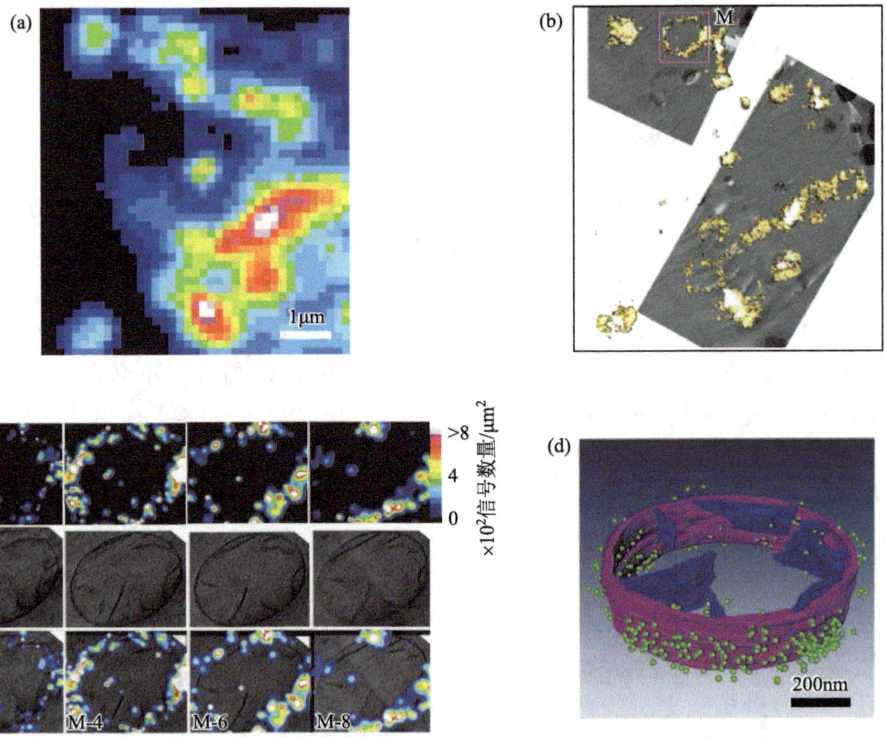


图 14.10　表达 TOM20-Dronpa 的 HEK293 细胞的冷冻切片的 3D 光电关联图像[22]

（a）单分子数据的叠加图像。（b）图(a)单分子数据 PALM 重构图像与电镜图像的光电关联。（c）为（b）中方框的放大图像。第一排：单层 3D PALM；第二排：单层低温-电子断层扫描（electron tomography，ET）；第三排：光电关联图像。（d）线粒体外膜和嵴的三维重构光电关联显微成像（correlative light and electron microscopy，CLEM）示意图。线粒体外膜和嵴分别用紫色和蓝色表示。Dronpa 分子标记的外膜用绿点表示

对比之前的光电联合方法，此方法避免了化学固定及重金属染色从而减轻了结构的形变及荧光的猝灭，而且在低温环境下荧光蛋白的稳定性更好，这就意味着作者可以使用比平常能量更高的激光进行激发从而获得更高的光子数。未来作者还可以联合红色的光激活

荧光蛋白一起实现双色的光电关联成像，而且冷冻切片可以使作者更好地研究厚组织样品。光电联合的一个阶段性目标就是在成熟的常规样品制备流程下，人们依然能够观测到光学信号，对目标蛋白进行定位。人们可以对样品制备过程进行改造，但是目前的电镜制备流程已经趋于成熟，改造的空间略小。另一个突破点就是抗锇酸荧光蛋白的开发，虽然现在 mEos4b 的锇酸耐受特性最为优良，但离成熟应用还有很长一段路要走。

## 14.3　讨论与展望

超分辨显微技术虽然为生命科学领域的科研工作者提供了非常多可靠和宝贵的信息，但发展得仍然不是十分成熟。虽然超分辨显微成像突破了传统的透镜成像的衍射极限，但其分辨率仍然有很大的提升空间。在实际解决问题的操作中作者发现，目前的分辨率相对于传统显微镜是有提升但面对很多问题仍然无能为力。细胞内部的分子及亚细胞的尺度实在是太小了，要想观察到更多的细节，更高分辨率的光学显微镜就必须被开发出来。虽然电子显微镜可以解决光学显微镜分辨率不够的问题，但是电镜样品制备的过程中细胞或者组织的形变将可能会为人们提供错误的信息，从而得出错误的结论，即使电子显微镜的样品制备技术能够很大程度地保持原有细胞结构，但是从根本上来讲电镜样品本身并不能提供某一个分子的定位信息，这也是荧光显微镜最大的优势所在。

除了空间分辨率不够之外，目前超分辨显微技术的时间分辨率也不能满足很多情况下的要求。就以目前成像速度最快的 SIM 技术来说，对一幅图像的拍摄过程耗时也要大于 0.1s，但是这是在分辨率仅仅提高了 2 倍的前提下，若想进一步提高分辨率，那么成像拍摄的时间就要更加延长。造成时间分辨率低下的根本原因在于目前几乎所有的超分辨技术都经过两步，分别是采样及重构。几乎所有的超分辨成像技术的采样步骤都不同于宽场的瞬间采样，都是同时采集连续的多张或者采取点扫描的方式进行采样。重构的步骤也十分耗时，但可以在拍摄之后进行独立操作，因此不影响拍摄过程中的动态捕捉，可以说采样过程是超分辨显微技术时间分辨率的限速步骤。

目前几乎所有的荧光显微镜都是基于荧光探针的强度信息，其实一个荧光蛋白能够提供给人们的信息不只是荧光强度。荧光偏振、荧光光谱、荧光寿命等都是荧光蛋白本身所具有的特性。对于透镜而言，荧光强度信息是最容易得到也是最容易进行观察的，同样也是荧光蛋白最显著的特性。但是如果人们能够得到荧光蛋白的其他信息，就可以预想荧光寿命或者荧光偏振单独或者与荧光强度结合起来肯定能够为我们提供关于细胞内结构或者定位方面的更多信息，人们还可以利用荧光寿命或者荧光偏振开发出针对不同分子或者生命活动的荧光探针。目前已经开始进行了初步的尝试，并且取得了不错的成果[23]。

传统的荧光蛋白只是在激发光照射下发射荧光，人们利用荧光蛋白的这一特性来标记目的分子。随后出现的光激活、光开关及光转换蛋白则让人们意识到荧光蛋白不只是能够用来观测，还能够用来进行操控。通过不同波长激光的照射荧光蛋白可以在明暗及双色之间进行转换，这也为 PALM、SIM 及 RESOLFT 等超分辨显微技术提供了基础，如果没有这些光调控荧光蛋白，很多超分辨显微技术将无法实现，荧光蛋白的光调控特性为新技术的开发提供了更多的可能，但这也是目前荧光蛋白的缺陷所在。荧光蛋白的结构非常保守，几乎所有的荧光蛋白都呈现出桶状结构，发色团位于桶的中心。荧光蛋白保守的分子结构及极小的分子量使其注定不能够像合成化学探针那样随心所欲进行开发，目前人们可以利用光开关或光转换荧光蛋白进行超分辨成像，但也仅仅是如此，更多功能性的荧光蛋白急需被开发出来。

目前在超分辨领域应用最为广泛的有两类荧光蛋白，分别是光开关荧光蛋白及光转换荧光蛋白。对于荧光蛋白而言，亮度、稳定性和单体性质是影响荧光蛋白在生物成像中良好运用的三大因素。但从目前来看在这三大因素上面都达到相当优良效果的荧光蛋白却并没有被开发出来，所以人们选择荧光蛋白主要是根据最关心的实际性需求来选择。对于超分辨成像而言需要考虑的因素则更多，如对于 RESOLFT 及 NL-SIM，人们需要一款光关闭速度极快并且能够采集到更多的光子数的探针，但是这两者之间却存在此消彼长的关系。光关闭速度变快之后，荧光蛋白将会在很短的时间内进入暗状态，这就导致了能够采集到的光子数会变少，要想解决这一问题就需要荧光强度超出目前所有荧光蛋白至少一个量级的探针，目前这仍然是一个不小的挑战。总的来说，目前的荧光蛋白的各种性质还并不是最优良的状态，还有很大的开发空间。

加强多学科之间的交叉，从边缘实现创新，这将是超分辨成像技术未来的发展方向之一。随着目前大数据及人工智能时代的到来，深度学习在很多方面改变了人们的生活，将深度学习应用至超分辨领域就是多学科交叉取得成果的很好的例子[24]。超分辨成像领域应当汇集多个专业领域的科研工作者加入，这样每个人就能够从自己的经历及专业方面针对超分辨成像这一研究方向提出自己的想法，不同方向及专业的研究团队可以展开积极交流进而加强边缘科学的发展，这是超分辨成像领域目前急需做的，更是未来发展的趋势，同时也应该成为其他学科未来发展及研究的方向。

加强交叉边缘学科的发展可以为超分辨领域提供创新动力，同时也应该加强光学领域内部技术的转化。如何将光学领域内最新成果嫁接至超分辨成像领域将是科研工作者应该进行思考的问题。运用超透镜及超材料技术人们可以实现超分辨成像，但距离运用到生物成像领域还有很长一段路要走。同步辐射波长短，若是能够用来进行生物成像将从根本上实现超分辨，但是目前仍然缺乏相配套的透镜、探针及样品制备技术。微球透镜的发展也为超分辨技术的提升提供了更多的选择。除了物理光学领域的理论基础外，计算机领域的科研工作者也为超分辨技术提供了许多创新的算法，如 SOFI 及 SIMBA。而且提升图像的分辨率一直以来也是计算机领域重要的研究课题，将相应的成果移植到生物超分辨成像领域将会大大推动这一领域的发展。

作为超分辨成像不可或缺的探针，荧光蛋白的开发目前正处于瓶颈期。基于超分辨成像应用的荧光蛋白探针更多的是在原有基础上进行修修补补。开发出具有其他光调控特性的荧光蛋白是非常有必要的，不只是在超分辨成像领域，在生物传感器及生物探针领域都急需具有多种调控特性的荧光蛋白，如可逆光转换蛋白、上转化荧光蛋白及超大斯托克斯位移荧光蛋白等。具有其他调控特性及成像特性的荧光蛋白对于超分辨成像领域也许是不能够提供帮助的，要想加速超分辨领域的发展，对于荧光蛋白的开发就要有目的性，这就对致力于开发荧光探针的科研工作者提出了要求。首先要对应用成熟的超分辨成像技术的理论基础及实际操作流程做到完全了解，不能存在偏差及主观理解。在完全了解的基础上找到制约超分辨成像技术的瓶颈点，还要对关键点进行评估，依此来确认关键点的突破能否通过荧光探针的开发来实现。确认好之后便要开始针对关键点对荧光探针所提出的要求着手进行开发。例如，对于 PALM 成像而言，光转换荧光蛋白是最为常用的成像探针，要想取得更高分辨率的结果，要求探针的亮度足够，能够提供足够的光子数从而提供更高的定位精度。除此之外，光转换速率要保持在一定的范围之内，若转换速率过快则容易产生一个衍射范围内多个点同时出现的情况，若过慢则会增加成像耗时，同时会增加荧光蛋白漂白的程度。

与根据超分辨显微技术的特点来开发荧光探针的策略相反，人们也可以利用荧光探针的性质来开发新型的超分辨显微成像技术。如上所述，荧光蛋白可供开发的性质还有很多，这些性质及特点除了用来适应超分辨显微成像技术以外，还可以为新型成像技术的开发提供灵感及启发。例如，3B 成像技术就是根据荧光蛋白在成像过程中会发生闪烁及漂白的性质计算某一荧光信号为荧光分子的概率，以此来进行精确定位从而提高分辨率。开发出具有更多性质的荧光蛋白将会为超分辨成像技术的开发提供更多的帮助。

超分辨成像在今后很长一段时间内有一个重要的方向值得人们去探索，那就是联合。超分辨显微成像的终极目的就是能够在超高分辨率的情况下观察细胞内的结构及变化信息。这里的超高分辨率是一个相对的数值，人们希望能够达到电子显微镜的分辨率，但是就目前的发展水平来看这几乎是不可能的。对于观察细胞内的精细结构而言，电子显微镜已经能够胜任，但是光学显微镜的优势在于能够提供某一个目的分子的定位特性，把二者结合起来将会起到一加一大于二的结果。目前超分辨光电联合的难点在于没有适合的荧光蛋白探针，荧光蛋白既要具有良好的光开关或者光转换特性，又要抵抗电镜制样过程中苛刻的条件。目前的光电联合荧光蛋白探针虽然在电镜制样之后仍然能够采集到信号，但是信噪比却很低，这无疑制约了超分辨成像的效果。

超分辨显微成像技术现在仍处于发展阶段，在某些方面仍然不能够替代传统显微镜，特别是在一些需要高时间分辨率事件的记录方面。未来超分辨显微成像的目标之一就是能够达到完全替代传统显微镜的效果，但就目前阶段的发展状况而言，人们仍然可以做一些初步的工作，将超分辨显微成像与生物传感器结合起来为人们提供更加全面的信息。生物传感器如生物膜电荷探针能够探测细胞膜所携带的电荷，但根据研究表明生物膜电荷的分布是不均一的，处在不同状态下的细胞膜电荷在不同区域的分布都呈现各异的姿态[25]。这给人们一个启发，那就是细胞内部是否存在其他方面的微区，如钙微区、pH 微区或电压微区。如果微区的面积足够小，那么传统显微镜就不能分辨出来，利用超分辨显微技术可以很好地获得这一信息，甚至人们可以大胆猜测，线粒体膜两侧的电压变化可能是不一致的，对于这一点，传统显微镜根本无能为力。最近，孙育杰等也将新开发的超分辨探针与生物传感器的思想结合起来研究蛋白质的相互作用[18]。

今后的研究对象将从单个细胞发展至组织及个体，在大体积的组织和个体之中进行成像遇到的最大问题就是背景噪声太大，这是由激光在穿透大体积样品时样品的散射等导致的，甚至很多深层次的样品激光根本就不能够穿透。目前人们在进行大体积样品成像时运用最多的方法就是双光子显微成像技术，将双光子成像与超分辨成像结合起来将会为人们研究大体积样品提供更加便捷及准确的工具。目前这一领域发展并不成熟，主要是由于基于双光子激发的超分辨成像技术还不够完善及双光子探针的匮乏。

超分辨领域的发展及成熟除了在基础科研层面努力之外，成果转化不可或缺。很多超分辨技术理论完善、操作成熟，但离广泛应用还差很远。超分辨成像技术的成果转化和产业化是与基础科研完全不同的领域，很多基础科研工作者并不想把大量时间耗费在枯燥的产业化之中，但仍然要积极地推动超分辨技术的普及与应用，目前的状况是超分辨显微成像技术仍然由实验室所掌握，这不利于超分辨成像技术的大范围推广。当然超分辨技术的推广度不够可能也是由于技术本身并不成熟，但超分辨显微成像技术未来的目标之一就是能够完全替代传统的显微成像技术，成为每一个生命科学领域的科研工作者不可或缺的工具。

本章作者：徐涛①②，徐平勇①②，彭鼎铭①②，贺文婷①

①中国科学院生物物理研究所；②中国科学院大学

## 参 考 文 献

[1] Ando R, Mizuno H, Miyawaki A, et al. Regulated fast nucleocytoplasmic shuttling observed by reversible protein highlighting. Science，2004，306（5700）：1370-1373.

[2] Ando R，Hama H，Yamamotohino M，et al. An optical marker based on the UV-induced green-to-red photoconversion of a fluorescent protein. Proc Natl Acad Sci USA，2002，99（20）：12651-12656.

[3] Wiedenmann J，Ivanchenko S，Oswald F，et al. EosFP，a fluorescent marker protein with UV-inducible green-to-red fluorescence conversion. Proc Natl Acad Sci USA，2004，101（45）：15905-15910.

[4] Betzig E，Patterson G H，Sougrat R，et al. Imaging intracellular fluorescent proteins at nanometer resolution. Science，2006，313（5793）：1642-1645.

[5] Xu F，Zhang M，He W，et al. Live cell single molecule-guided Bayesian localization super resolution microscopy. Cell Res，2016，27（5）：713-716.

[6] Dertinger T，Colyer R A，Iyer G，et al. Fast，background-free，3D super-resolution optical fluctuation imaging（SOFI）. Proc Natl Acad Sci USA，2009，106（52）：22287-22292.

[7] Hofmann M，Eggeling C，Jakobs S，et al. Breaking the diffraction barrier in fluorescence microscopy at low light intensities by using reversibly photoswitchable proteins. Proc Natl Acad Sci USA，2005，102（49）：17565-17569.

[8] Gustafsson M G L. Surpassing the lateral resolution limit by a factor of two using structured illumination microscopy. J Microsc，2000，198（2）：82-87.

[9] Gustafsson M G L. Nonlinear structured-illumination microscopy：wide-field fluorescence imaging with theoretically unlimited resolution. Proc Natl Acad Sci USA，2005，102（37）：13081-13086.

[10] Mckinney S A，Murphy C S，Hazelwood K L，et al. A bright and photostable photoconvertible fluorescent protein. Nat Methods，2009，6（2）：131-133.

[11] Zhang M S, Chang H, Zhang Y D M, et al. Rational design of true monomeric and bright photoactivatable fluorescent proteins. Nat Methods，2012，9（7）：727-729.

[12] Paezsegala M G, Sun M G, Shtengel G, et al. Fixation-resistant photoactivatable fluorescent proteins for CLEM. Nat Methods，2015，12（3）：215-218.

[13] Wang S，Moffitt J R，Dempsey G T，et al. Characterization and development of photoactivatable fluorescent proteins for single-molecule-based superresolution imaging. Proc Natl Acad Sci USA，2014，111（23）：8452-8457.

[14] Chang H，Zhang M，Ji W，et al. A unique series of reversibly switchable fluorescent proteins with beneficial properties for various applications. Proc Natl Acad Sci USA，2012，109（12）：4455-4460.

[15] Zhang X，Chen X，Zeng Z，et al. Development of a reversibly switchable fluorescent protein for super-resolution optical fluctuation imaging（SOFI）. ACS Nano，2015，9（3）：2659-2667.

[16] Zhang X，Zhang M，Li D，et al. Highly photostable，reversibly photoswitchable fluorescent protein with high contrast ratio for live-cell superresolution microscopy. Proc Natl Acad Sci USA，2016，113（37）：10364-10369.

[17] Wang S，Chen X，Chang L，et al. GMars-Q enables long-term live-cell parallelized reversible saturable optical fluorescence transitions nanoscopy. ACS Nano，2016，10（10）：9136-9144.

[18] Wang S，Chen X，Chang L，et al. GMars-T enabling multimodal subdiffraction structural and functional fluorescence imaging in live cells. Analytical Chemistry，2018，90（11）：6626-6634.

[19] Grotjohann T，Testa I，Reuss M，et al. rsEGFP2 enables fast RESOLFT nanoscopy of living cells. Elife，2012，1：e00248.

[20] Li D，Shao L，Chen B C，et al. Extended-resolution structured illumination imaging of endocytic and cytoskeletal dynamics. Science，2015，349（6251）：aab3500.

[21] Cox S，Rosten E，Monypenny J，et al. Bayesian localization microscopy reveals nanoscale podosome dynamics. Nat Methods，2012，9（2）：195-200.

[22] Liu B，Xue Y，Zhao W，et al. Three-dimensional super-resolution protein localization correlated with vitrified cellular context. Sci Rep，2015，5（1）：13017.

[23] Zhanghao K，Chen L，Yang X，et al. Super-resolution dipole orientation mapping via polarization demodulation. Light-Sci Appl，2016，5（10）：e16166.

[24] Ouyang W，Aristov A，Lelek M，et al. Deep learning massively accelerates super-resolution localization microscopy. Nat Biotechnol，2018，36（5）：460-468.

[25] Ma Y，Yamamoto Y，Nicovich P R，et al. A FRET sensor enables quantitative measurements of membrane charges in live cells. Nat Biotechnol，2017，35（4）：363-370.

# 第三篇

# 基于化学探针的细胞信号转导研究

# 第 15 章 白血病细胞分化的分子机制与小分子干预

## 15.1 引 言

白血病（leukemia）是一组高度异质性的造血干细胞（hematopoietic stem cell，HSC）恶性克隆性疾病。根据起病的缓急，白血病可分为急性白血病（acute leukemia）和慢性白血病（chronic leukemia）；按受累的细胞类型，白血病可分为淋巴细胞性白血病和髓细胞性白血病。传统治疗白血病的细胞毒化疗、放疗等手段主要是通过化学或物理的方法抑制白血病细胞增殖、诱导细胞凋亡。然而，由于这些治疗方法缺乏特异性，会不同程度地损害正常细胞，导致严重的毒副作用。不仅如此，最新的研究成果认识到导致白血病细胞恶性增殖的罪魁祸首来自于具有自我更新能力的白血病干细胞，而这些细胞具有非常强的耐药、耐放射线等特性[1]，导致白血病患者在化疗、放疗得到完全缓解后的复发率仍非常高。

### 15.1.1 白血病与化学生物学

在发病学上，白血病尤其是各种类型的急性髓细胞性白血病（acute myeloid leukemia，AML）的发生通常是由于特异的细胞遗传学改变，尤其是染色体易位（chromosome translocation）产生的异常基因造成 HSC 分化受阻在某一幼稚阶段，并发生恶性增殖和凋亡“无能”。因此，AML 发病时，表现为骨髓中异常的原始和幼稚细胞大量增殖，蓄积于骨髓并抑制正常造血，广泛浸润肝、脾、淋巴结等髓外脏器，临床上表现为贫血、出血、感染和浸润等征象。相应地，应用诱导分化剂有效地诱导白血病细胞分化成熟，即“诱导分化治疗”已经成为国际肿瘤学界的重要研究内容之一。从这种实际需求出发，研究白血病细胞分化信号传递网络，继而挖掘诱导分化的药物靶标显得非常重要。

基因组学、表观基因组学、蛋白质组学、代谢组学、基因编辑、生物信息学技术的快速发展，为综合分析重要细胞生命活动的分子信号网络提供了重要契机。与此同时，靶标特异性的小分子化合物大大加强了我们研究复杂生物途径和过程的能力。透过细胞膜的小分子化合物能快速与目标蛋白结合，从而抑制或加强目标蛋白调控生物途径或网络的能力，影响整个生物体的基因表现型。这一在传统药理学上被用于研究药物作用机理的方法现已被广泛地应用于基因/蛋白质功能的研究，并在此基础上发展成一门新的学科——化学生物学（chemical biology），即运用小分子活性化合物作为探针调控生物大分子的功能，揭示重要细胞生命活动的分子机制和信号传递网络。化学生物学是化学、生命组学（基因组学、蛋白质组学、代谢组学等）、生物信息学、计算生物学、药物学等科学的综合交叉，为化学家、生物学家和医学家进行交叉合作研究提供了新的舞台。

实践表明，与遗传学和功能基因组学方法形成互补，化学生物学技术已经成为研究基因功能和重要细胞生命活动的有效工具，为功能基因组和创新药物研究提供了一种新的思路、策略和方法。与此同时，由于取材方便，易于观察疗效的“特有”优势，白血病已经成为化学生物学研究的重要对象和开展靶向治疗药物研究的有效模型[2]。这可以从过去十多年中在白血病治疗学上的两大重要发现得到充分反映。其一是有效治疗慢性粒细胞性白血病（chronic myelocytic leukemia，CML）的 Gleevec（也称 imatinib，STI-571）的发现。大约 95%的 CML 患者因 t（9；22）易位而表达 BCR-ABL 融合蛋白。该蛋白具有强烈的酪氨酸激酶活性，显著影响细胞周期和细胞凋亡信号传递途径，导致细胞异常增殖和凋亡受阻。于是，以 BCR-ABL 融合蛋白作为靶标进行药物筛选的策略应运而生。在这种背景下，Gleevec 被发现能够有效地抑制 BCR-ABL 激酶活性，并有效治疗 CML。但是，Gleevec 的激酶抑制活性依赖于它与 ABL 的 ATP 结合位点的紧密结合。因此，当 ABL 结合区的蛋白质结构因突变而改变时，CML 细胞将产生耐药性。针对这一问题，一些新的强效、口服的 BCR-ABL 激酶抑制剂如 Dasatinib（BMS-354825）被发现。与此同时，Gleevec 和 Dasatinib 等作为分子探针的应用快速推动了对于激酶相关的信号网络和 CML 发病学的认识。

其二是全反式维 A 酸（all-trans retinoic acid，ATRA）和砷剂[包括三氧化二砷（$As_2O_3$）和硫化砷]在治疗急性早幼粒细胞性白血病（acute promyelocytic leukemia，APL）中的成功实践。APL，俗称 M3 型白血病，由 L. K. Hillestad 在 1957 年首先报道，是一种最为凶险、独特的 AML 亚型。细胞和分子遗传学研究发现，95%以上的 APL 患者存在 15 及 17 号染色体的交互易位 t（15；17）（q22；q21），此易位使 17q21 的维 A 酸受体（retinoic acid receptor，RAR）α 基因与 15q22 的 PML 基因融合，编码产生 PML-RARα 融合蛋白。在极少 APL 患者中也存在累积 RARα 的染色体易位，如 t（5；17）（q35；q21）、t（11；17）（ql3；q21）、t（4；17）（q12；q21）和 dup（17）（q21.3；q23）等，形成相应的 RARα 融合基因。RARα 是核受体超家族的成员，其与维甲类 X 受体（retinoid X receptor，RXR）形成的异二聚体与靶基因启动子区域的维 A 酸反应元件（retinoic acid responsive element，RARE）结合，调控靶基因的表达。PML 与其他多种蛋白质构成被称为核体（nuclear body，NB）的球形亚细胞器结构，广泛参与各种细胞生命活动。PML-RARα 融合蛋白几乎保留了 PML 和 RARα 的全部功能区域，如 RARα 的 DNA 结合域、维 A 酸结合域和 RXR 结合域，以及 PML 的环状-B 盒-螺旋环螺旋（Ring，B boxes，and Coiled-Coil，RBCC）功能区域。PML-RARα 融合蛋白通过干预野生型 PML 和 RARα 及其伙伴蛋白 RXR 的功能或获得新的功能，促进白血病干/祖细胞的自我更新及阻滞分化，在 APL 发病机制中起关键作用。

以往的 APL 治疗主要为化疗，其副作用常由于引起纤维蛋白原减少及弥散性血管内凝血而导致严重出血，早期死亡率高。20 世纪 80 年代起，上海第二医科大学（现上海交通大学医学院）附属瑞金医院上海血液学研究所王振义教授领衔的团队在临床上率先使用 ATRA 诱导分化治疗 APL 取得成功，临床完全缓解率（complete remission，CR）达到 90%，但复发率较高，并且容易产生耐药性。在此之前，哈尔滨医科大学第一附属医院的一组医生，如韩太云、张亭栋等，将一个由中药砒霜、轻粉（氯化亚汞）和蟾酥等配制而成的民间验方改制成水针剂，命名为“713”或“癌灵 1 号”注射液，并以此治疗白血病。

1973 年，他们报道了 6 例 CML 患者，治疗效果为临床改善。随后，他们发现纯 $As_2O_3$ 制剂能够有效治疗 APL。1994 年开始，上海血液学研究所与哈尔滨医科大学合作，应用纯 $As_2O_3$ 制剂成功治疗 ATRA 和化疗耐药复发及初发的 APL 患者，完全缓解率达到 80%[3]。这一结果在国际上报道后，引起国际同行的高度重视，并得到广泛应用。在随后的研究中，上海血液学研究所创建了砷剂和 ATRA 协同靶向治疗 APL 的“上海方案”，目前已被全球广泛应用，成为转化医学研究的成功典范。该方案治疗初发 APL 患者的五年无病生存率达 90%以上，使 APL 成为第一种可基本治愈的 AML[4]。

同时，ATRA 和砷剂的发现不仅使 APL 成为可治愈的白血病，而且两者都能够破坏（剪切或降解）APL 细胞特有的 PML-RARα 融合蛋白[5, 6]。其中，砷剂直接靶向结合 PML 蛋白 RBCC 区的半胱氨酸残基，引起 PML 蛋白的聚合，促进癌蛋白 PML-RARα 与类泛素样蛋白（small ubiquitin-like modifier，SUMO）结合酶 UBC9 相互作用，使其发生类泛素化样修饰进而降解[7]。因此，作为小分子探针，ATRA 和砷剂大大地推动了人们对白血病细胞分化的分子机制和白血病发病学的认识。应用这些小分子活性化合物，许多造血分化相关的转录因子和其他信号分子不断被发现。例如，我们以分化诱导剂 ATRA 和佛波酯（phorbol 12-myristate 13-acetate，PMA）作为探针，发现磷脂爬行酶 1（phospholipid scramblase 1，PLSCR1）通过参与蛋白激酶 Cδ（protein kinase C delta，PKCδ）信号相关的白血病细胞分化过程，发挥抗白血病效应[8, 9]。此外，基于 ATRA 和 PMA 都可以活化 PKCδ，而其他诱导分化剂如二甲基亚砜（dimethyl sulfoxide，DMSO）、丁酸钠和维生素 $D_3$ 既不调节 PLSCR1 表达也不活化 PKCδ的事实，我们提出 PKCδ介导 PLSCR1 的表达调控，该过程涉及 c-Jun 氨基末端激酶（c-Jun N-terminal kinase，JNK）和 STAT3（signal transducer and activator of transcription 3）的顺序活化[10]。

然而，纵观近二十多年的临床实践，目前诱导分化治疗的成功临床实践主要限于 APL。寻找新型的低毒性广谱分化诱导剂和发展克服维 A 酸耐药的新的化合物一直是人们追求的目标。同样的，从化学生物学的角度出发，寻找能够克服白血病细胞分化障碍，呈现抗白血病活性的天然小分子化合物，或针对影响白血病细胞分化的重要蛋白设计合成靶向的小分子化合物的方法非常值得尝试，将极大地拓展分化治疗策略在治疗白血病方面的发展。

### 15.1.2　天然产物与白血病化学生物学

在过去十多年中，我国许多化学家和植物学家从庞大的天然植物中分离了大量的天然活性化合物。天然产物（natural product）及其衍生物由于具有结构多样性和新颖性，往往具有独特的生理活性和新的作用机制，是创新药物一直以来的主要源泉，也是开展化学生物学研究的重要工具。目前超过 50%的临床药物都直接或间接来源于天然产物。我国有极其丰富的天然药物资源，药用植物一万多种，且科属品种繁多，分布在全国不同的地理环境中，目前绝大多数天然产物尚未被进行深入研究。萜类化合物是结构变化最大的一类天然产物，除了一部分是一次代谢产物（如植醇、类胡萝卜素、植物激素赤霉素）外，大部分萜类是典型的植物二次代谢产物。在众多的萜类化合物中，二萜类化合物是除了倍半萜系类化合物外，迄今结构类型最丰富和化合物种类最多的一类天然产物，其在生源上均是以焦磷酸香叶基香叶酯作为前驱体衍生而来的一大类天然产物，多含有 20 个碳原子，相当于 4 个异戊烯基结构单元，化学结构丰富多样，根据骨架环系类型主要分为无环、二环、三环、四环和大环二萜，以及与其相关环系骨架的多种断裂、碳链移位、基团移位和骨架重排等多类型的化合物。二萜类化合物具有非常明显的抗肿瘤药用价值，如临床上的抗肿瘤药物紫杉醇（*taxol*）和雷公藤甲素（*triptolide*）等。

唇形科（labiatae）香茶菜属（*isodon*）植物在亚洲东部和非洲西部广为分布，全世界约有 150 种，我国有 90 余种。香茶菜作为中草药，具有清热解毒、活血化瘀、抗菌消炎、抗肿瘤和治疗肝炎的功效。但是作为中药应用，之前对香茶菜的有效成分并不了解。中国科学院昆明植物研究所孙汉董院士于20世纪70年代开始对该属植物进行一系列的分离鉴定工作，在该领域做了大量卓有成效的工作，从香茶菜属植物中分离鉴定了 500 余种新化合物，其中许多具有广谱的抗肿瘤活性，且细胞毒性低。研究表明，二萜类化合物是香茶菜属植物中含量最丰富、最具典型特征的化学成分，其中又以对映-贝壳杉烷类化合物为多。研究表明，云南产毛萼香茶菜（*I. eriocalyx*）提取物毛萼乙素（eriocalyxin B）能够诱导含有融合蛋白质 AML1-ETO 的 M2 型白血病细胞凋亡，其作用机制是通过抑制 NF-κB、活化 MAPK 激酶，进而降解 AML1-ETO 融合蛋白诱发白血病细胞凋亡，并且显著延长 M2 型白血病小鼠的生存期。相关研究显示毛萼乙素能够在体外通过直接结合 NF-κB 的 p65 和 p50 亚单位抑制其转录活性。药用植物冬凌草（*I. rubescens*）提取物冬凌草甲素（oridonin）也显示能够体外诱发肝癌、咽喉癌、胃癌等实体肿瘤细胞发生周期阻滞和凋亡，其主要的机制是抑制 NF-κB、升高细胞内的活性氧、活化 MAPK 等激酶及损伤 DNA。冬凌草甲素能够降解 AML1-ETO 融合蛋白质，显著延长 M2 型白血病小鼠的生存期，展示了良好的抗肿瘤的药物前景。川藏香茶菜甲素（pharicin A）通过影响 BubR1 的功能引起急性淋巴细胞白血病细胞有丝分裂阻滞，是作用于纺锤体检查点的一种新型抗肿瘤先导化合物[11]。川藏香茶菜乙素（pharicin B）可通过稳定 RARα 蛋白质在 AML 细胞系及初发 AML 患者的原代细胞中明显地增强 ATRA 诱导的白血病细胞分化，并且能够恢复部分维 A 酸耐药的 APL 细胞对 ATRA 的敏感性，在抗维 A 酸耐药的白血病中有良好的药物前景[12]。

本章重点介绍本课题组在国家自然科学基金委员会重大研究计划“基于化学小分子探针的信号转导过程研究”的资助下，以 AML 为主要研究对象，围绕“利用小分子化合物探索和阐述信号转导途径的分子事件”这一核心科学问题，利用“发现抗白血病活性化合物→探索相应药物靶标→揭示白血病细胞命运决定的分子机制”等策略，以二萜类化合物腺花素（adenanthin，图 15.1）为探针，通过从化合物到靶标的正向化学生物学（forward chemical biology）和从发现的靶标到活性化合物的反向化学生物学（reverse chemical biology）手段，开展白血病细胞分化的化学生物学研究[13]。

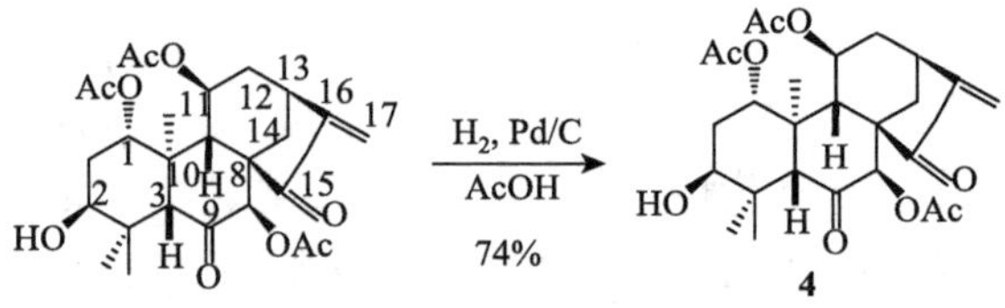

腺花素

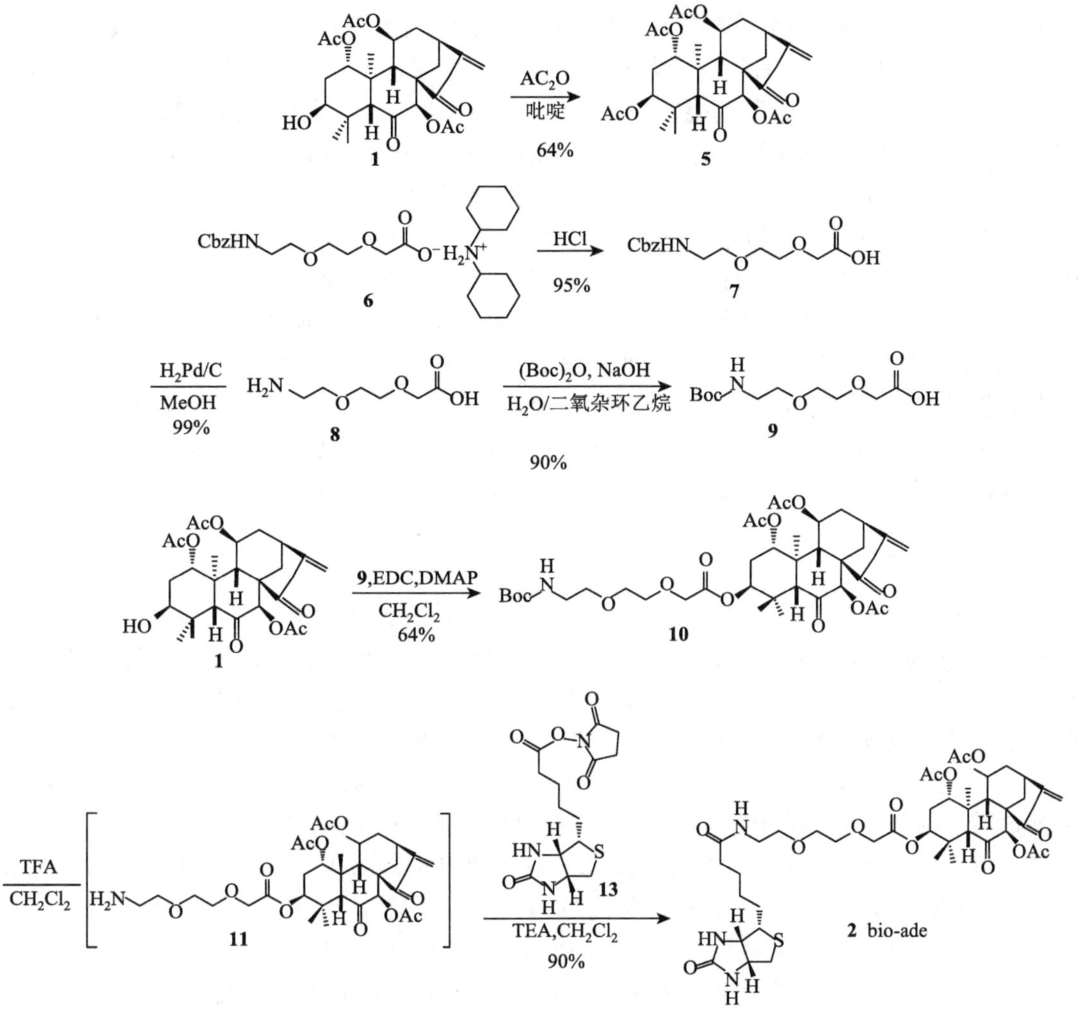

图 15.1　腺花素的分子结构和生物素标记腺花素探针的合成[13]

# 15.2　研究进展与成果

## 15.2.1　腺花素诱导 AML 细胞分化

1. 体外效应

腺花素是一种从腺花香茶菜（*Rabdosia adenantha*）的叶子中提取的天然对映-贝壳杉烷类化合物。为明确腺花素在白血病细胞命运决定中的作用，以不同浓度的腺花素处理 ATRA 敏感的 APL 细胞系 NB4 细胞及 3 株 ATRA 耐药的 NB4 衍生细胞系 NB4-LR1、NB4-LR2 和 NB4-MR2，发现腺花素剂量依赖性地抑制这些细胞的生长。其中，高浓度（4μmol/L）腺花素诱导细胞死亡，而低浓度（1μmol/L 或 2μmol/L）腺花素处理 3 天或 5 天后的 NB4 细胞生长受到抑制，伴随 $G_1$ 期细胞明显增多，S 期细胞减少。与此同时，我们通过相差显微镜观察发现，悬浮生长的白血病细胞开始贴壁，并通过瑞氏-吉姆萨染色发现腺花素处理后的 NB4 细胞核形态发生明显改变呈棒状或杆状，细胞体积变小，胞质变大，核质比例变小。进一步发现腺花素处理增加NB4细胞的四唑氮蓝（nitroblue tetrazolium，NBT）染色阳性细胞，后者是用于反映髓系细胞分化的一个功能性指标。随后，我们分析了分化相关的细胞表面分子的改变，发现腺花素处理明显增加了 CD11b 和 CD11c 阳性细胞的比例，也明显上调了粒系-巨噬细胞集落刺激因子受体（GM-CSFR）和巨噬细胞集落刺激因子受体（M-CSFR）的表达。所有的这些改变都支持腺花素诱导 NB4 细胞分化。与此同时，腺花素也可以诱导 ATRA 耐药的三株 NB4 衍生细胞 NB4-LR1、NB4-LR2 和 NB4-MR2 的分化。为了进一步证实腺花素的分化诱导效应，我们收集了 8 例初发 AML 患者的骨髓细胞，并将他们的原代白血病细胞使用 2μmol/L 腺花素处理，通过流式细胞仪检测 CD11b 和 CD11c 阳性细胞比率，并通过瑞色-吉姆萨染色观察其形态改变，发现腺花素可以诱导部分非 M3 型 AML 患者的原代白血病细胞分化[14]。

2. 体内效应

为了验证腺花素在白血病小鼠体内的效应及其治疗潜力，我们经尾静脉注射，给予单剂量为 5mg/kg 的腺花素于小鼠，开展药代动力学研究。给药前、给药后不同时间，收集 5 只雄性和 5 只雌性小鼠血液，并立即处理离心收集血浆。经药代动力学实验表明，虽然腺花素代谢半衰期很短，但是最大血药浓度（$C_{max}$）依然达到了体外诱导分化的浓度。

于是，我们利用 hMRP8-PML-RARα 转基因小鼠产生的白血病细胞通过骨髓移植到亚致死剂量照射的同系小鼠体内，建立小鼠白血病模型，包括 ATRA 敏感（AS）的白血病小鼠，以及因 PML-RARα 点突变而削弱 ATRA 与 PML-RARα 结合能力从而造成 ATRA 耐药的（AR）的白血病小鼠。小鼠骨髓移植两天后随机分组给予给药处理，未接受移植的同系健康小鼠作为正常对照。腺花素处理组每天尾静脉注射 5mg/kg 的剂量，相同体积注射 10%DMSO 组作为空载处理对照组，而 ATRA 处理对照组每天腹腔注射 10mg/kg 剂量。结果发现，DMSO 空白对照处理组的所有白血病小鼠均发生了白血病。移植 $2\times10^5$ 细胞数后，小鼠生存期为 27～30 天。与 DMSO 处理的白血病小鼠相比，无论是 AS 还是 AR 的白血病小鼠，腺花素均能显著延长白血病小鼠的生存时间。进一步地，当 DMSO 处理组小鼠死亡时，收集小鼠外周血、骨髓和肝脾组织进行组织学和细胞学检测，发现正常对照组小鼠的外周血和骨髓细胞涂片都呈现正常状态，而在 DMSO 处理及 ATRA 处理的 AR 小鼠的外周血和骨髓细胞涂片中都可以发现大量早幼粒样的幼稚细胞，而腺花素处理组的小鼠涂片中则很难见到这种细胞。同样地，与其他组小鼠相比，DMSO 处理和 ATRA 处理的 AR 白血病小鼠的脾脏明显增大，而腺花素处理组小鼠的脾脏则与正常对照组无异。类似的结果也见于肝脏组织中，DMSO 处理组小鼠及 ATRA 处理的 AR 白血病小鼠的肝脏均被大量白血病细胞浸润，而腺花素处理组小鼠肝脏中仅在门脉血管和小叶中心静脉周围存在少量白血病细胞。以上结果表明，腺花素能够显著抑制白血病细胞浸润小鼠骨髓、脾脏、肝脏等。

在以上实验过程中，我们发现腺花素处理白血病小鼠的外周血和骨髓中的白细胞表现为核内染色质浓缩、细胞核环形等形态，这种细胞与正常小鼠的成熟粒细胞的形态相似。

进一步地，根据粒细胞在流式细胞仪检测中前向、侧向散射的特征，选择并分析脾脏组织中粒细胞的细胞表面分化相关抗原 Gr-1 和 Mac-1 的表达。结果发现，腺花素处理组白血病小鼠的脾脏粒细胞中，Gr-1$^+$和 Mac-1$^+$细胞的比例与正常小鼠相似，明显高于 DMSO 处理组白血病小鼠中的比例。以上结果说明，腺花素具有诱导体内白血病细胞分化的作用。

3. 腺花素减少白血病起始细胞

Guibal 等[15]报道认为 CD34$^+$/c-kit$^+$/FcγRⅢ/Ⅱ$^+$/Gr1$^{int}$ 细胞即为 APL 肿瘤起始细胞。我们先从小鼠骨髓细胞中除去 B 细胞、T 细胞和 Sca1$^+$细胞，然后利用 c-kit 和 CD34 两个标记将余下细胞分为两群，c-kit$^+$/CD34$^+$和 c-kit$^-$/CD34$^-$，再在这两群细胞的基础上进一步分析 FcγRⅢ/Ⅱ和 Gr1 的表达情况。与 Guibal 报道的一致，在 DMSO 处理的 AS 白血病小鼠骨髓细胞中 CD34$^+$/c-kit$^+$/FcγRⅢ/Ⅱ$^+$/Gr1$^{int}$ 细胞比例明显增加，同时 c-kit$^-$/CD34$^-$/FcγRⅢ/Ⅱ$^+$/Gr1$^{int}$ 这群分化成熟的粒细胞比例减少。有趣的是，腺花素处理明显减少了 CD34$^+$/c-kit$^+$/ FcγRⅢ/Ⅱ$^+$/Gr1$^{int}$ 细胞的比例，同时使分化成熟的粒细胞比例明显增加，这表示腺花素体内处理可以有效地减少 APL 起始细胞。

### 15.2.2　腺花素的构效关系和分子探针的合成

1. 腺花素不改变 PML-RARα 融合蛋白

如前所述，APL 是一类特殊的 AML，通常携带有（15；17）染色体异位，从而表达 APL 特异的融合蛋白 PML-RARα。ATRA 和 $As_2O_3$ 直接结合并破坏 PML-RARα 融合蛋白，被认为是两种药物有效治疗 APL 的重要分子基础。前面的实验结果显示，腺花素体内和体外均可以有效诱导 APL 细胞分化，于是我们试图研究腺花素是否也会引起 PML-RARα 融合蛋白的改变。我们对抗 PML 的抗体进行免疫荧光实验发现，在 DMSO 空载处理组细胞中，经典的 PML 核体的结构被破坏，而 ATRA 处理可以通过剪切 PML-RARα 融合蛋白从而使 PML 核体恢复到正常形态。但是，腺花素处理却没有改变 PML 核体的形态和分布，也并未造成 PML-RARα 融合蛋白的剪切或者降解，排除腺花素通过靶向 PML-RARα 而诱导 APL 细胞分化的可能性。

2. NF-κB 信号通路不参与腺花素诱导的细胞分化

据报道，一些对映-贝壳杉烷类二萜化合物是 NF-κB 的抑制剂，通过抑制 NF-κB 的转录活性发挥抗炎症效应。先前的筛选工作表明腺花素的确是潜在的 NF-κB 抑制剂，于是，我们利用 NB4-GFP 和 NB4-MAD 细胞进行相关实验。其中，NB4-MAD 细胞表达 GFP 标记的 NF-κB 抑制蛋白 I-κBα 上 32 和 36 位磷酸化位点突变成丙氨酸的突变体。这两个磷酸化位点的突变使得 I-κBα 抵抗由信号通路激活引起的自身磷酸化及随后引发的被蛋白酶体降解，因而可以有效扣押 NF-κB 在胞质内，阻止其活化进入细胞核内。因此，MAD 可被看作是稳定存在的 NF-κB 的超级抑制蛋白。我们首先用 10ng/mL TNFα 处理 NB4-GFP 和 NB4-MAD 细胞 30min，再用抗 NF-κB/p65 的特异抗体进行免疫荧光实验，证实 NB4-

MAD 细胞可以有效拮抗 TNFα 诱导的 NF-κB 的入核活化。但是，相比于 NB4-GFP 细胞，腺花素以同样的效率诱导 NB4-MAD 细胞分化，提示 NF-κB 信号通路并未参与腺花素诱导的细胞分化。

3. *α*, *β*-不饱和酮双键还原破坏腺花素的体外体内活性

基于上述初步研究结果，我们认为腺花素可能通过其独有的分子靶标诱导白血病细胞分化。为此，我们先识别其潜在的活性基团，以便合成可标记的分子探针。腺花素属于对映-贝壳杉烷二萜类小分子化合物。该类化合物有一个基本的活性中心被认为是 *α*, *β*-不饱和酮基。的确，通过化学方法破坏 *α*, *β*-不饱和酮的 C(16)═C(17)双键，使之还原成单键的化合物 **4**（图 15.1）不能诱导 NB4 细胞的体外分化。体内研究也发现，化合物 **4** 完全丧失体内抗白血病功能。这些结果提示了 *α*, *β*-不饱和酮对腺花素诱导细胞分化的重要性。

4. 生物素标记腺花素探针的合成

在尽可能减少因修饰而造成的腺花素与目标蛋白结合空间位阻的前提下，添加生物素标记的理想位置应在远离 17 位 C 原子并使生物素标记朝向腺花素与目标蛋白结合口袋的外面，于是我们选择了远离 C（17）的 3 位碳原子作为修饰位点。在 3 位碳原子羟基乙酰化后得到的 **3** 号化合物产生了更强的生长抑制效应（$IC_{50}$ = 0.5μmol/L，小于腺花素的 1.3μmol/L）。在这个修饰的提示下，我们进一步在 3 位 C 原子羟基上添加了一末端带 Boc 保护基团的 PEG3 长链结构（化合物 **8**，图 15.1），发现这样一个长链的添加依然保持了腺花素的生物活性（$IC_{50}$ 为 0.4μmol/L）。随后，我们去掉了 Boc 保护基团，将生物素成功标记到长链上，并最终得到生物素标记的腺花素探针，将其命名为生物素标记腺花素（biotin-adenanthin，bio-ade，化合物 **2**，图 15.1）。更重要的是这些修饰后的小分子依然保持了腺花素诱导 NB4 细胞分化的生物学活性。

### 15.2.3 腺花素靶向过氧化物还原酶Ⅰ/Ⅱ

1. 化学蛋白质组学技术寻找腺花素的直接靶点

NB4 细胞裂解液与 bio-ade 或单独的生物素孵育，孵育后的产物与包被链霉亲和素（streptavidin）的琼脂糖微球进行混合。将沉淀物进行十二烷基硫酸钠（sodium dodecyl sulfate，SDS）凝胶电泳，然后银染。有趣的是，在 bio-ade 与细胞裂解液孵育的沉淀物在凝胶电泳胶中，仅见一条清晰的，分子量约为 23000 的蛋白条带。该条带在单独 biotin 孵育组中并没有出现，而且可以被高浓度的未被生物素标记的腺花素竞争抑制。随后的质谱鉴定结果显示，该条带中的蛋白是过氧化物还原酶 Prdx Ⅰ和 Prdx Ⅱ。因为 Prdx Ⅰ和 Prdx Ⅱ蛋白在胞质和核内均有定位并且它们的分子量仅差 1 个氨基酸，很难通过 SDS-polyacrylamide gel electrophoresis（PAGE）胶区分开来。

2. Prdx 家族的结构特点

Prdx 属于抗氧化酶系，广泛存在于各种生物体内。哺乳动物的 Prdx 家族包括 Prdx Ⅰ～Ⅵ

6 个成员。该家族所有蛋白的 N 端均具有保守的过氧化活性半胱氨酸（Cys）残基（peroxidatic cysteine，$C_P$），部分成员的 C 端也具有保守的 Cys（resolving cysteine，$C_R$）。根据其保守 Cys 的数目，Prdx 可分为 2 个亚家族，即 1-Cys Prdx（Prdx Ⅵ）和 2-Cys Prdx（Prdx Ⅰ～Ⅴ）。其中，1-Cys Prdx Ⅵ只在 N 端含 1 个保守 Cys 残基，且只需这个 Cys 即可发挥氧化还原作用，而 2-Cys Prdx 包括典型的 2-Cys Prdx 和非典型的 2-Cys Prdx。前者包括 Prdx Ⅰ～Ⅳ，其 N 端和 C 端分别有一个高度保守 Cys，且需要这两个残基共同参与氧化还原反应。其中，$C_P$ 被 $H_2O_2$ 氧化成为 $C_P$-SOH，而后与 $C_R$ 反应形成分子间二硫键。这个同源二聚体可被硫氧还蛋白（thioredoxin，Trx）特异性还原成 Prdx。而被氧化的 Trx 又利用还原型辅酶Ⅱ（还原型烟酰胺腺嘌呤二核苷酸磷酸，nicotinamide adenine dinucleotide phosphate，NADPH）提供的还原电子在硫氧还蛋白还原酶（thioredoxin reductase，TrxR）作用下恢复成还原态。非典型的 2-Cys Prdx Ⅴ包含 2 个位于同一肽段中的 Cys。在氧化还原过程中，分子内氧化态的 Cys 与还原态的 Cys 形成分子内二硫键。

该家族 6 个成员存在组织表达与细胞定位上的差异。Prdx Ⅰ定位于细胞质和细胞核，在多种组织中表达，尤其在成体肝脏、肾脏及胚胎中高表达，并且在氧化应激及某些恶性肿瘤细胞中表达显著增高；Prdx Ⅱ也定位于细胞质和细胞膜，且在成体的肾脏组织中表达水平最高；Prdx Ⅲ定位于线粒体，该蛋白在内质网合成后，经线粒体定位信号转运至线粒体；Prdx Ⅳ的 N 端含有分泌信号，在内质网合成后转运至细胞外；Prdx Ⅴ存在于细胞质、过氧化物还原酶体和线粒体；Prdx Ⅵ可在多种组织中检测到，在肺脏中表达最高，它存在于细胞质中。

### 3. 腺花素有效结合 Prdx Ⅰ/Ⅱ

我们进一步用针对 6 个 Prdx 的特异性抗体检测由化合物 bio-ade“垂钓”下来的组分，结果表明 bio-ade 的确可以有效地结合 Prdx Ⅰ和 Prdx Ⅱ蛋白，与 Prdx Ⅳ～Ⅵ却没有结合。我们进一步利用体外纯化的带有 6×His 标签的 Prdx Ⅰ和 Prdx Ⅱ重组蛋白与 bio-ade 孵育 30min，用带有 Streptavidin 的抗体检测发现 bio-ade 能够有效地与体外重组的 Prdx Ⅰ和 Prdx Ⅱ蛋白结合，而且这种结合可以被更高浓度的腺花素而非化合物 **4** 竞争抑制。这也进一步提示了 C(16)—C(17)双键是腺花素与 Prdx Ⅰ/Ⅱ蛋白结合所必需的。

我们继续通过抗 Prdx Ⅰ/Ⅱ的特异性抗体和 FITC 标记的 Streptavidin 共染的免疫荧光染色实验，分析 biotin-ade 是否与 Prdx Ⅰ/Ⅱ蛋白在细胞内共定位，结果表明两者在胞质和核内的确存在共定位，提示腺花素可以直接靶向 Prdx Ⅰ/Ⅱ蛋白。值得一提的是，我们也注意到 biotin-ade 可以免疫沉淀下来很少的 Prdx Ⅲ，Prdx Ⅲ是 Prdx 家族中表达丰度最高的成员且主要分布在线粒体内。我们通过抗 Prdx Ⅲ的特异性抗体和 FITC 标记的 Streptavidin 及标记线粒体的荧光探针共染，发现 Prdx Ⅲ的确定位在线粒体内，但 biotin-ade 在线粒体中却几乎没有分布。进一步的体外重组的 Prdx Ⅲ蛋白与 biotin-ade 体外孵育实验也表明 biotin-ade 与 Prdx Ⅲ仅存在很弱的结合。为了显示 biotin-ade 和 Prdx Ⅰ/Ⅱ/Ⅲ蛋白的结合强弱，我们将体外重组的 6×His-Prdx Ⅰ、6×His-Prdx Ⅱ和 Prdx Ⅲ蛋白与 biotin-ade 孵育不同时间，利用 Streptavidin 抗体检测生物素，实验结果表明 Prdx Ⅰ和腺花素的结合能力远强于 Prdx Ⅱ，而 Prdx Ⅲ和腺花素仅有很弱的结合。

4. Prdx Ⅰ/Ⅱ与腺花素结合的动力学特点

对于不可逆共价结合的抑制剂来说，传统的测量 $IC_{50}$ 的方法因为不同孵育时间内测定的值变动很大，所以并不能充分地衡量该抑制剂的结合能力、选择性及结构-活性关系。因此，我们利用不同浓度的 biotin-ade 和 Prdx Ⅰ/Ⅱ作用不同的时间点来测定两者结合程度。结果发现 Prdx Ⅰ/Ⅱ与某一浓度 biotin-ade 孵育时，结合程度呈现随作用时间延长逐渐趋于饱和的特点，这与不可逆的共价抑制剂结合到目标蛋白的作用机制相一致。我们随即在某一特定 biotin-ade 浓度、不同作用时间点作用下，通过灰度扫描得到数值，并获得该浓度下的结合速率常数 $k_{obs}$。继而以不同浓度所应对的 $k_{obs}$ 值获得饱和曲线图，该图显示腺花素先通过可逆的非共价作用结合到目标蛋白 Prdx Ⅰ/Ⅱ上（第一步反应速率的常数，$K_i$），使腺花素的亲电子的活性基团和目标蛋白上特异性的亲核位点充分靠近接触，继而发生第二步的不可逆的共价结合（第二步反应速率的常数，$K_{inact}$），最终使得 Prdx Ⅰ/Ⅱ蛋白失活。基于此，我们计算得出 Prdx Ⅰ和 Prdx Ⅱ的 $K_{inact}$ 值分别为 $0.11min^{-1}$ 和 $0.04min^{-1}$，而 Prdx Ⅰ和 Prdx Ⅱ的 $K_i$ 值分别为 3.9μmol/L 和 6.3μmol/L。进一步分析 Prdx-ade 的结合效率（$K_i/K_{inact}$），发现 Prdx Ⅰ-ade 复合物的结合效率为 470.1mol/(L·s)，远远高于 Prdx Ⅰ-ade 复合物的 105.8mol/(L·s)。

5. 腺花素共价结合到 Prdx Ⅰ/Ⅱ蛋白的 $C_R$ 位点

我们将体外纯化的 Prdx Ⅰ重组蛋白与腺花素或 DMSO 直接孵育，进而进行质谱分析。鉴于 Cys-SH 是理想的可与迈克尔受体结合的亲核基团，即可能是潜在的结合位点，继而含有 Cys 位点的肽段成为重点关注对象。Prdx Ⅰ蛋白上有 4 个 Cys 位点，分别为 $Cys^{52}$、$Cys^{71}$、$Cys^{83}$ 和 $Cys^{173}$，我们推断理论上经过胰酶消化后，只要 Cys 所处的肽段足够大，这 4 个 Cys 位点均可以通过 ESI-MS 分析检测到。两组处理的质谱分析结果检测到了 83% 的 Prdx Ⅰ蛋白序列及期望的 Cys 位点所处其中的四段肽段。进一步通过串联质谱进行精确的修饰位点分析，对两组处理中质谱显示的含 $Cys^{173}$ 位点的肽段进行一系列 y 离子片段分析发现，两处理组中由 y2 到 y5 显示的质荷比毫无差异，但是腺花素孵育组的 y6 相较空白孵育组发生了 490.2 的位移，提示腺花素可共价结合到 Prdx Ⅰ的 $Cys^{173}$ 位点。随后，我们将 4 个 Cys 位点突变的 Prdx Ⅰ和 3 个 Cys 位点突变的 Prdx Ⅱ重组蛋白体外分别与 biotin-ade 孵育，结果表明 Prdx Ⅰ的 $Cys^{173}$ 和 Prdx Ⅱ的 $Cys^{172}$ 的确是腺花素的共价结合位点，这些 Cys 位点正是 Prdx Ⅰ/Ⅱ的 $C_R$ 位点。

### 15.2.4 Prdx Ⅰ/Ⅱ是腺花素诱导白血病细胞分化的有效靶标

1. 腺花素抑制 Prdx Ⅰ/Ⅱ蛋白的酶活性

还原型的半胱氨酸（$C_R$）是 Prdx Ⅰ/Ⅱ蛋白行使过氧化物还原酶活性所必需的。腺花素可以共价修饰这个重要位点，所以推测这种共价修饰可能会影响 Prdx Ⅰ/Ⅱ的酶活。于是，我们将体外重组的 Prdx Ⅰ/Ⅱ蛋白用腺花素或其衍生物预处理 1h 后，在 100μmol/L

$H_2O_2$底物存在的情况下反应 1200s，用 A340 吸光值反映 Prdx Ⅰ/Ⅱ的酶活。结果发现腺花素以剂量依赖的方式显著抑制重组 Prdx Ⅰ/Ⅱ蛋白的酶活，而 biotin-ade 及其中间产物仍然抑制重组 Prdx Ⅰ/Ⅱ蛋白的酶活，而化合物 **4** 则不能。值得一提的是，腺花素对于 Prdx Ⅰ酶活的抑制远远大于其对 Prdx Ⅱ的酶活抑制。

2. 敲除 Prdx Ⅰ或 Prdx Ⅱ可以自发诱导 APL 细胞生长阻滞和分化

为了证明腺花素是否是通过靶向 Prdx Ⅰ/Ⅱ蛋白并抑制其活性从而发挥诱导分化效应，我们利用 siRNA 干扰技术分别针对 Prdx Ⅰ和 Prdx Ⅱ各设计了两对干扰片段，并将相应的干扰片段克隆进反转录病毒载体中。经病毒感染 NB4 细胞，建立稳转细胞株。免疫印迹实验显示 siPrdx Ⅰ显著减少了 Prdx Ⅰ蛋白表达量，而对 Prdx Ⅱ的蛋白表达没有影响。同样地，siPrdx Ⅱ几乎完全抑制 Prdx Ⅱ的蛋白表达量，但不影响 Prdx Ⅰ蛋白的表达。重要的是，在敲除掉 Prdx Ⅰ或 Prdx Ⅱ蛋白以后，我们观察到了与腺花素处理一致的细胞表现型，即生长抑制且阻滞在 $G_1$ 期和细胞分化。同样的结果也在 ATRA 耐药的 APL 细胞系上发现。

### 15.2.5　腺花素靶向 Prdx Ⅰ/Ⅱ诱导白血病细胞分化的信号机制

1. 过氧化氢（$H_2O_2$）介导腺花素的诱导分化效应

活性氧（reactive oxygen species，ROS）是一类由氧形成的、化学性质较基态氧活泼的含氧代谢物质，主要包括超氧阴离子（$\cdot O_2^-$）、羟自由基（$\cdot OH$）、$H_2O_2$、单线态氧（$^1O_2$）及脂质过氧化物的中间产物等，这些不成对的电子使 ROS 具有不稳定性和高反应性。细胞代谢和氧化应激均可产生 ROS。大量 ROS 聚集可引起 DNA 断裂、蛋白交联和脂质过氧化而使细胞损伤，广泛参与多种疾病如癌症的发病过程。同时，生物体内清除 ROS 酶系统和抗氧化剂，如超氧化物歧化酶（SOD）、过氧化氢酶（CAT）、谷胱甘肽过氧化氢酶（GSH-Px）、Prdxs、维生素 C、维生素 E 等能够有效清除 ROS，使其维持到极低的、有利无害的水平。正常生理状态下，ROS 不断地产生。长期以来，人们对 ROS 的认识局限于它们对生物体的毒害，如损伤生物大分子。但是，越来越多的证据表明 ROS 也可以作为第二信使参与细胞的信号传导，在细胞分化、衰老、转化和凋亡等过程中发挥重要作用。

在正常细胞中，2-Cys Prdxs 与 Trx 和 TrxR 间的循环可以有效地控制瞬间产生的 $H_2O_2$ 浓度。持续升高的 $H_2O_2$ 使 2-Cys Prdxs 过氧化，生成 2-Cys Prdxs 半胱氨酸亚磺酸（$SO_2H$）。过氧化的 2-Cys Prdxs 蛋白质形成分子伴侣，保护细胞内重要蛋白质。2-Cys Prdxs 的功能多样，具有抗氧化、调节细胞内信号转导、参与细胞周期进程和发挥分子伴侣等功能。抗氧化作用是其最主要的功能，而 $H_2O_2$ 作为信号转导的第二信使越来越受到重视，因而作为 $H_2O_2$ 重要调节物的 Prdxs 成为研究热点，其过氧化形式引起的功能改变也引起了研究者的关注。我们的研究发现，与体外腺花素抑制 Prdx Ⅰ/Ⅱ酶活相一致的，腺花素可以引起细胞内 $H_2O_2$ 水平中度上调，而 $H_2O_2$ 的清除剂乙酰半胱氨酸（*N*-acetyl-l-cysteine，NAC）预处理能够阻断腺花素细胞内上调 $H_2O_2$ 水平。相应地，NAC 预处理完全拮抗腺花素引起的生长阻滞和诱导分化效应，提示 $H_2O_2$ 累积是腺花素诱导白血病细胞分化所必需的。

2. C/EBPβ 在腺花素诱导的分化效应中发挥重要作用

通过免疫印迹和实时定量 PCR，我们发现腺花素处理 ATRA 敏感及耐药的 APL 细胞后，C/EBPβ 的表达显著上调，后者被认为在粒细胞和单核细胞分化中具有重要作用。进一步地，敲除 Prdx Ⅰ或 Prdx Ⅱ也直接导致 C/EBPβ 蛋白的累积，而抗氧化剂 NAC 的处理却可以抑制 C/EBPβ 表达的上调。

3. ERK 活化介导腺花素诱导的 C/EBPβ 上调

我们发现腺花素在诱导分化时快速活化胞外信号调节蛋白激酶（extracellular signal-regulated protein kinases，ERK1/2）和 p38，表现在这些激酶的磷酸化水平明显增加，并上调 c-Jun 的表达。后者被报道是可以调控 C/EBPβ 的重要转录因子。为进一步证实 ERK1/2 和 p38 激酶活化在腺花素诱导分化中的作用，我们使用各自的特异的化学抑制剂处理 NB4 细胞，发现 ERK 抑制剂 PD98059 明显拮抗腺花素的诱导分化效应。相应地，该抑制剂处理也拮抗了腺花素诱导的 c-Jun 和 C/EBPβ 的上调。这些结果提示 ERK1/2 的活化正是 C/EBPβ 表达增强的上游事件。我们进一步发现抗氧化剂 NAC 处理几乎完全抑制了腺花素诱导的 ERK1/2 的活化及下游 c-Jun 和 C/EBPβ 的表达。综合这些结果，我们得出结论：腺花素诱导的 $H_2O_2$ 累积是通过活化 ERK 激酶增强了 c-Jun 表达继而上调分化相关转录因子 C/EBPβ 的表达（图 15.2）。

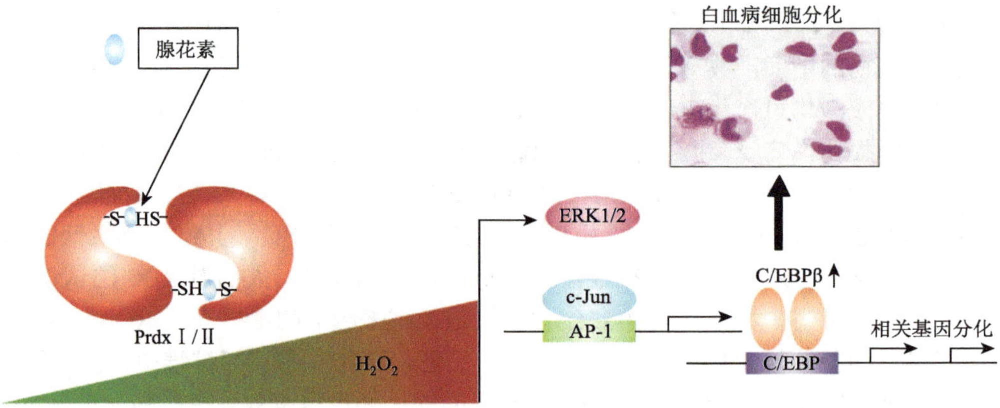


图 15.2　腺花素靶向 Prdx Ⅰ/Ⅱ诱导白血病细胞分化的分子机制模式图

## 15.3　讨论与展望

我们有关腺花素的研究工作在 *Nature Chemical Biology* 作为封面亮点推荐论文发表后，德国马克斯-普朗克研究院的 Waldmann 教授等将该成果作为药物靶标识别的十个成功案例之一[16]，且该研究入选 2012 年度“中国科学十大进展”。Tew 等课题组[17]将其作为氧化应激和细胞分化治疗的案例进行总结。但是，Prdx Ⅰ/Ⅱ可能并不是腺花素的唯一结合蛋白。实际上，我们也发现，腺花素能够抑制 NF-κB 活性，有效预防和治疗实验性自身免疫性脑脊髓炎[18]。此外，它也可能结合 Trx-TrxR 系统、蛋白质二硫键异构酶（protein disulfide isomerase，PDI）[19]、Glutathione 等[20]。因此，我们的工作提出 Prdx Ⅰ/Ⅱ可以作为诱导白血病细胞分化的药物靶标。有趣的是，新近浙江大学药学院何俏军课题组报道了 CDK2（cyclin-dependent kinase 2）通过直接维持 Prdx Ⅱ的活性阻断 AML 细胞分化[21]。

### 15.3.1 *ent*-Jungermannenone C 以与腺花素相似的机制诱导 AML 细胞分化

叶苔类（*liverworts*）植物中含有丰富的萜类和芳香化合物，其中一些化合物碳骨架非常新奇，并显示出极有意义的生物活性。目前已报道从叶苔类中已分离提取出很多四环二萜类化合物，如 Jungermannenone A～D、ent-11α-hydroxy-16-kauren-15-one（KD）等。研究发现 Jungermannenone A、B 对前列腺癌细胞有很好的抗肿瘤活性，Jungermannenone C、D 和 KD 对 AML 细胞 HL-60 有很强的杀伤力，但其生物学机制尚不完全清楚。北京大学雷晓光课题组开展了 Jungermannenone 系列四环二萜类化合物的化学全合成工作，获得了大量且纯净的化合物[22]。新近的研究工作中，雷晓光课题组发现四环二萜类天然产物 Jungermannenone C 对于白血病有很好的抗肿瘤活性。有意思的是，不同构型的 Jungermannenone C 生物活性差别很大，*ent*-Jungermannenone C 的抗肿瘤活性及诱导分化活性都明显优于其光学纯构型。于是，他们运用化学生物学手段合成生物素标记阳性探针及失活的阴性探针，进行 pulldown 实验和 LC-MS/MS 蛋白质谱分析，发现 *ent*-Jungermannenone C 的目标蛋白为 Prdx Ⅰ和 Prdx Ⅱ。在相同条件下，*ent*-Jungermannenone C 与 Prdx Ⅰ的结合作用强于 Prdx Ⅱ。与腺花素一样，保守氨基酸 $Cys^{173}$ 和 $Cys^{172}$ 分别是 Prdx Ⅰ和 Prdx Ⅱ与 *ent*-Jungermannenone C 的共价结合位点[23]。这项工作继腺花素的研究工作后，再次证明了 Prdx Ⅰ是一个新的白血病细胞诱导分化作用靶点。同时，由于 Jungermannenone 系列化合物已可全合成，这项工作也为将来开发新型诱导分化药物提供了可靠的物质保证。

### 15.3.2 以 Prdx Ⅰ为靶标发现新的诱导 AML 细胞分化的新化合物

为了发现新的 Prdx Ⅰ抑制剂，上海交通大学医学院吴英理课题组采用 Glide version 5.5（Schrodinger Suite 2009）软件，以 Prdx Ⅰ（PDB entry：1QQ2）的催化残基 $Cys^{52}$ 为中心，以其 14Å 以内的晶格空间为化合物对接的口袋，对商业化合物库 SPECS 的 18 万个化合物分别进行分子对接。根据化合物的结合模式和计算的结合能，从排名最靠前的 100 个化合物中人工挑选并购买了 38 个，并对其进行后续活性检测。结果显示，H7 对 Prdx Ⅰ的抑制能力最强。从分子对接结果来看，H7 结合在一个由 $Leu^{46}$、$Phe^{48}$、$Phe^{50}$、$Val^{51}$、$Cys^{52}$、$Lys^{120}$、$Ile^{125}$、$Arg^{128}$ 和 $Asp^{146}$ 等氨基酸组成的口袋中，其磺酰基团和羰基可以与 $Lys^{120}$、$Arg^{128}$、$Asp^{146}$ 的侧链，以及 $Val^{51}$ 的主链形成 4 个氢键，从而稳定结合 Prdx Ⅰ并抑制其酶活性。表面等离子共振（surface plasmon resonance SPR）技术显示，H7 可以与固定在芯片上的 Prdx Ⅰ快速结合后解离。细胞热力学稳定性迁移分析（cellular thermal shift assay，CETSA）显示，与 DMSO 组相比，H7 可以在不同温度下增加细胞裂解液中 Prdx Ⅰ蛋白的稳定性，但是 H7 不影响 Prdx Ⅱ～Ⅴ蛋白的稳定性，说明 H7 在细胞内可选择性结合

Prdx Ⅰ。流式细胞术检测发现，H7 处理后细胞内 ROS 的水平增加。这些结果提示 H7 可以在体外及细胞内与 Prdx Ⅰ蛋白结合，并可以通过抑制 Prdx Ⅰ的酶活导致细胞内活性氧发生一定程度的积累。随后，他们检测了 Prdx Ⅰ在正常人脐带血或骨髓单个核细胞，以及白血病细胞系和原代白血病细胞中的蛋白水平。和正常细胞相比，Prdx Ⅰ蛋白在 U937、HL60、NB4 细胞及部分原代白血病细胞中表达水平显著增高。与 DMSO 组相比，H7 处理后的 NB4 细胞、CD11b 和 CD14 阳性细胞的比例明显增高，出现核质比减小、细胞核凹陷等分化表现。H7 诱导的细胞分化效应并不局限于 NB4 细胞中，H7 也可以诱导 U937、HL60 及部分原代白血病细胞分化。ROS 的清除剂 NAC 显著抑制 H7 诱导的细胞分化。进一步的实验结果表明，H7 通过 ROS-Erk1/2-C/EBPβ 通路诱导细胞的分化。此外，他们也利用 hMRP8-PML-RAR 转基因小鼠模型，发现 H7 治疗后的白血病细胞出现分化相关的形态学特征，如核内染色质浓聚，马蹄铁形或环形的细胞核，骨髓中 Gr-1 和 Mac-1 阳性细胞的比例增加[24]。但是，H7 具有一定的毒性，会导致小鼠尾巴的干性坏疽，还有待在今后的工作中进一步优化。总之，该项研究工作进一步证实了 Prdx Ⅰ是一个新的白血病细胞分化的治疗靶标，充分体现了从小分子（腺花素）到靶标（Prdx），再从靶标（Prdx）到小分子（H7）的化学生物学研究特色，也为今后发展更为有效的 Prdx Ⅰ抑制剂提供了先导化合物。

### 15.3.3 腺花素靶向 Prdx Ⅰ/Ⅱ的抗肿瘤效应的拓展[25]

Prdx 是生物体内普遍存在的一类重要的具有抗氧化活性的抗氧化蛋白家族。越来越多的研究显示，不同的 Prdx 家族成员在多种类型的肿瘤中异常表达。癌症细胞中高表达的 Prdx Ⅰ使得癌细胞的侵袭性增加，并且对放、化疗产生抵抗。因此 Prdx 家族被认为是肿瘤化疗的潜在药物筛选靶标之一。我们发现腺花素能够在一定浓度（3～9μmol/L）下呈时间和剂量依赖性地诱导肝细胞癌细胞凋亡而不影响正常肝细胞活力。完全沉默 Prdx Ⅰ可以使得肝细胞癌细胞发生自发的凋亡而对正常肝细胞无影响；部分沉默 Prdx Ⅰ和 Prdx Ⅱ都会增加肝细胞癌细胞对腺花素诱导凋亡的敏感性，却不会影响正常细胞对一定剂量腺花素诱导凋亡的抵抗；在部分沉默 Prdx Ⅰ和 Prdx Ⅱ的肝细胞癌细胞系中回复表达抵抗 siRNA 的 Prdx Ⅰ和 Prdx Ⅱ均可以回复其对腺花素诱导凋亡的敏感性。在动物实验中，10mg/kg 和 20mg/kg 的腺花素均会明显抑制荷瘤小鼠的肿瘤生长。我们的研究提示腺花素通过抑制 Prdx Ⅰ和 Prdx Ⅱ后引起的 ROS 累积，不仅能诱导白血病细胞分化，而且可以选择性地诱导肝细胞癌细胞凋亡而不影响正常肝细胞的活力。这为开展靶向 Prdx Ⅰ和 Prdx Ⅱ的抗肿瘤药物研发提供了实验室依据。

致谢：在本项目实施过程中，刘传绪、周虎臣博士等发挥了重要作用。孙汉董院士提供了腺花素。感谢国家自然科学基金委员会重大研究计划“基于化学小分子探针的信号转导过程研究”的资助。

本章作者：陈国强

上海交通大学

# 参 考 文 献


[1] Duan C W，Shi J，Chen J，et al. Leukemia propagating cells rebuild an evolving niche in response to therapy. Cancer Cell，2014，25：778-793.

[2] Chen G Q，Wang L S，Wu Y L，et al. Leukemia，an effective model for chemical biology and target therapy. Acta Pharmacol Sin，2007，28：1316-1324.

[3] Shen Z X，Chen G Q，Ni J H，et al. Use of arsenic trioxide（$As_2O_3$）in the treatment of acute promyelocytic leukemia（APL）：Ⅱ. Clinical efficacy and pharmacokinetics in relapsed patients. Blood，1997，89：3354-3360.

[4] Hu J，Liu Y F，Wu C F，et al. Long-term efficacy and safety of all-trans retinoic acid/arsenic trioxide-based therapy in newly diagnosed acute promyelocytic leukemia. Proceedings of the National Academy of Sciences of the United States of America，2009，106：3342-3347.

[5] Chen G Q，Zhu J，Shi X G，et al. *In vitro* studies on cellular and molecular mechanisms of arsenic trioxide（$As_2O_3$）in the treatment of acute promyelocytic leukemia：$As_2O_3$ induces NB4 cell apoptosis with downregulation of Bcl-2 expression and modulation of PML-RAR alpha/PML proteins. Blood，1996，88：1052-1061.

[6] Chen G Q，Shi X G，Tang W，et al. Use of arsenic trioxide（$As_2O_3$）in the treatment of acute promyelocytic leukemia（APL）：Ⅰ. $As_2O_3$ exerts dose-dependent dual effects on APL cells. Blood，1997，89：3345-3353.

[7] Zhang X W，Yan X J，Zhou Z R，et al. Arsenic trioxide controls the fate of the PML-RARalpha oncoprotein by directly binding PML. Science，2010，328：240-243.

[8] Zhao K W，Li X，Zhao Q，et al. Protein kinase Cdelta mediates retinoic acid and phorbol myristate acetate-induced phospholipid scramblase 1 gene expression：its role in leukemic cell differentiation. Blood，2004，104：3731-3738.

[9] Huang Y，Zhao Q，Zhou C X，et al. Antileukemic roles of human phospholipid scramblase 1 gene，evidence from inducible PLSCR1-expressing leukemic cells. Oncogene，2006，25：6618-6627.

[10] Zhao K W，Li D，Zhao Q，et al. Interferon-alpha-induced expression of phospholipid scramblase 1 through STAT1 requires the sequential activation of protein kinase Cdelta and JNK. J Biol Chem，2005，280：42707-42714.

[11] Xu H Z，Huang Y，Wu Y L，et al. Pharicin A，a novel natural ent-kaurene diterpenoid，induces mitotic arrest and mitotic catastrophe of cancer cells by interfering with BubR1 function. Cell Cycle，2010，9：2897-2907.

[12] Gu Z M，Wu Y L，Zhou M Y，et al. Pharicin B stabilizes retinoic acid receptor-alpha and presents synergistic differentiation induction with ATRA in myeloid leukemic cells. Blood，2010，116：5289-5297.

[13] Liu C X，Yin Q Q，Zhou H C，et al. Adenanthin targets peroxiredoxin Ⅰ and Ⅱ to induce differentiation of leukemic cells. Nat Chem Biol，2012，8：486-493.

[14] Liu C X，Zhou H C，Yin Q Q，et al. Targeting peroxiredoxins against leukemia. Exp Cell Res，2013，319：170-176.

[15] Guibal F C，Alberich-Jorda M，Hirai H，et al. Identification of a myeloid committed progenitor as the cancer-initiating cell in acute promyelocytic leukemia. Blood，2009，114：5415-5425.

[16] Ziegler S，Pries V，Hedberg C，et al. Target identification for small bioactive molecules：finding the needle in the haystack. Angew Chem，2013，52：2744-2792.

[17] Ye Z W，Zhang J，Townsend D M，et al. Oxidative stress，redox regulation and diseases of cellular differentiation. Biochimica et Biophysica Acta，2015，1850：1607-1621.

[18] Yin Q Q，Liu C X，Wu Y L，et al. Preventive and therapeutic effects of adenanthin on experimental autoimmune encephalomyelitis by inhibiting NF-kappaB signaling. J Immunol，2013，191：2115-2125.

[19] Muchowicz A，Firczuk M，Chlebowska J，et al. Adenanthin targets proteins involved in the regulation of disulphide bonds. Biochem Pharmacol，2014，89：210-216.

[20] Soethoudt M，Peskin A V，Dickerhof N，et al. Interaction of adenanthin with glutathione and thiol enzymes：selectivity for thioredoxin reductase and inhibition of peroxiredoxin recycling. Free Radical Bio Med，2014，77：331-339.

[21] Ying M，Shao X，Jing H，et al. Ubiquitin-dependent degradation of CDK2 drives the therapeutic differentiation of AML by

targeting PRDX2. Blood，2018，131：2698-2711.

[22] Liu W，Li H，Cai P J，et al. Scalable total synthesis of *rac*-Jungermannenones B and C. Angew Chem，2016，55：3112-3116.

[23] Yue Z，Xiao X，Wu J，et al. *ent*-Jungermannenone C triggers reactive oxygen species-dependent cell differentiation in leukemia cells. J Nat Prod，2018，81：298-306.

[24] Wei W，Ma C M，Cao Y，et al. Identification of H7 as a novel peroxiredoxin Ⅰ inhibitor to induce differentiation of leukemia cells. Oncotarget，2016，7：3873-3883.

[25] Hou J K，Huang Y，He W，et al. Adenanthin targets peroxiredoxin Ⅰ/Ⅱ to kill hepatocellular carcinoma cells. Cell Death Dis，2014，5：e1400.

# 第 16 章　细胞可塑性的调控机制研究

## 16.1　引　　言

细胞是生命活动的最小单元，蛋白质是细胞活动的重要执行者。细胞生命活动的调控在分子水平上表现为蛋白质-蛋白质的相互作用网络。该网络的有机交联及其作用的物理学和化学内涵决定了细胞的动力学及可塑性[1]。

细胞精确的自我复制是其生活史的重要组成部分，复制的高保真性在生物及物种的繁衍生息过程中举足轻重。在细胞复制过程中，包含在染色体中的父代遗传信息经历了诸多复杂的运动，均匀地、准确无误地传递给了两个子细胞。整个细胞分裂过程是通过纺锤体丝与染色体着丝粒的协同作用来完成的。正确的染色体与纺锤体丝相互作用是细胞健康的保证，同时，染色体与纺锤体丝连接异常将导致染色体丢失、易位等，从而使细胞生长失控，如癌症[2]。但至今人们对细胞有丝分裂纺锤体检验点信号转导的具体环节及其变异导致染色体丢失和癌症发生与发展的分子基础知之甚少。其中的一个技术瓶颈是缺乏具有特异性、可逆性调控纺锤体检验点信号转导的小分子化学探针。

动点（kinetochore）是位于着丝粒（centromere）上的多组分蛋白质超结构（图 16.1），它直接维系纺锤体丝与染色体的衔接，调控染色体运动分离的时空序列性及保真性[3]。动点的组装受到位于动点的蛋白激酶调控，这些激酶包括 CDK1、Nek2、Aurora A/B、PLK1、Mps1 及 Bub1/BubR1，它们在细胞周期行进及基因组稳定性维系方面起着重要作用。尽管对一些有丝分裂蛋白激酶的功能研究已经取得了较大的进展[4]，目前我们仍不清楚这些蛋白激酶的结构与功能相关性及其分子调节。

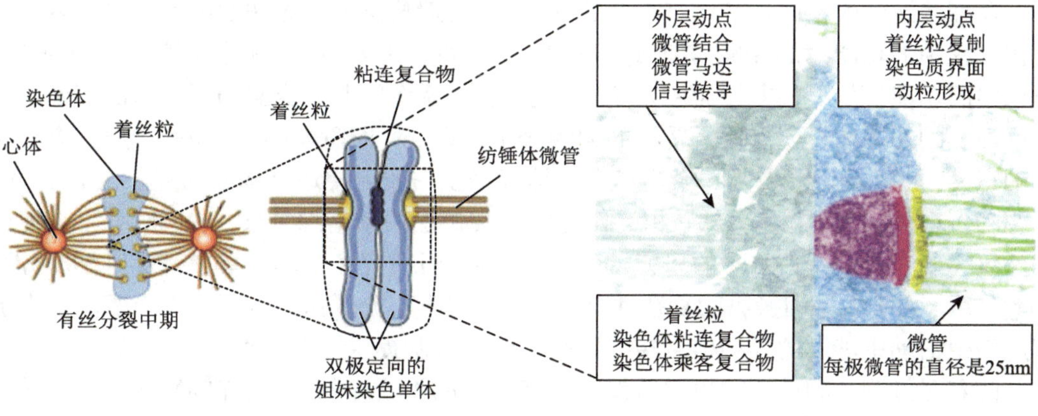


图 16.1　着丝粒动态组装是细胞可塑性及基因组稳定性的保证

Bub1/BubR1 是调控细胞有丝分裂可塑性及染色体稳定性的重要机制——纺锤体组装检验点的两个重要蛋白激酶[5]。目前对 BubR1 蛋白激酶的研究主要局限于对非洲爪蟾及小鼠模式动物中蛋白激酶域[6-9]，而对 BubR1 激酶分子的系统功能所知甚少。由于同一种蛋白激酶在细胞活动的不同环节均有重要的功能，经典遗传学方法无法解剖其在时空两相较为紧密过程中的功能（如染色体在赤道板上的排列与中心纺锤体的形成）。此外，由于一个蛋白激酶通常修饰多个底物，阐明其修饰底物的时空动力学特征及其与底物作用的特异性均需要可逆性细胞膜通透性化学探针。

化学生物学是一门交叉性的前沿学科，最早由加州大学伯克利分校的 P. Schultz 及哈佛大学的 S. Schreiber 所倡导。它是运用化学的方法及手段去研究及辅助解决生物学中的问题，并通过生物学分子机理的研究，优化化学探针的结构及功能，使之（先导化合物）最终成为安全有效的药物造福于人类。同时化学生物学也可利用生物学原理及手段解决化学研究中的一些难题，促进化学学科的发展。

以化学生物学方法为手段系统剖析细胞增殖可塑性及其所涉及的检验点信号转导的调控机制对于理解生命活动的本质具有十分重要的意义。细胞有丝分裂是一个由多个蛋白激酶调控通路构成的复杂生命活动，各个蛋白激酶的功能、作用方式及时空动力学特征各不相同，构成了一个纵横交错的四维蛋白质作用网络，维系细胞有丝分裂过程中的染色体稳定性。为此，对蛋白激酶分子功能的阐明不仅需要在单个分子水平进行研究，而且还需同时研究多个蛋白激酶在细胞分裂同一时间的空间协同作用。由于多基因操纵的复杂性及局限性，化学小分子探针为研究多个蛋白激酶调控细胞增殖活动中涉及的各种信号转导通路的作用机制提供了有效途径和技术平台。此外，由于有丝分裂激酶的可塑性在肿瘤细胞中存在不同程度的变异（如 BubR1、Aurora B），PLK1 特异性的小分子抑制剂 BI2536[10] 及 Aurora B 抑制剂 VX680 等均已进入临床Ⅱ、Ⅲ期试验。由此可见，针对有丝分裂激酶的小分子探针不仅是基础研究不可缺少的工具，也可成为疾病治疗的潜能药物。

微管驱动蛋白（kinesin）是基于微管细胞骨架的运动蛋白质超家族，其调控细胞分裂过程中的染色体运动、细胞器动力学和蛋白复合体及 RNA 的转运等。由于同一马达驱动蛋白在细胞运动的不同环节均有重要的功能，经典遗传学方法无法解剖其在时空两相较为紧密过程中的功能[如 CENP-E 马达蛋白在染色体排列及中心纺锤体微管（central spindle）形成中的功能][11-13]。以化学生物学方法为手段，系统阐明人类驱动蛋白质的特殊功能及其所涉及的纺锤体检验点信号转导的调控分子机理，对于理解生命活动的本质具有十分重要的意义[14-16]。细胞分裂是一个由多个马达驱动蛋白质调控通路构成的复杂生命活动，各个驱动蛋白的功能、作用方式、相互作用模式及调控关系错综复杂，它们对分子功能的阐明不仅需要在单个蛋白水平的研究，而且还需要同时研究多个驱动蛋白在实时细胞分裂过程的作用。由于多基因操纵的复杂性及局限性，化学小分子探针为研究多个驱动蛋白调控细胞增殖活动中涉及的各种信号转导途径的作用机制提供了有效途径及技术平台。

随着对细胞可塑性调控蛋白质作用网络研究的不断深入，我们深刻地认识到仅了解细胞分裂、程序化死亡及凋亡调控的蛋白质作用网络及其涉及的生物化学通路并不能提供一个有关细胞增殖分子调控的全息画面，应在研究重要调控蛋白质结构与功能相关性的同时，评估在活细胞实时运动过程中，甚至在模式动物体内功能蛋白质的时空效应

（spatiotemporal effect）机制。同一蛋白质在不同时空状态下由于与不同蛋白质的结合从而发挥不同的生物学效应。为此，研究细胞重要生命活动过程中重要调控蛋白质（群）的时空效应机制是后基因组时代的重要命题，对细胞动力学规律的阐明必将成为生命科学领域重要的研究内容和方向。为此，以化学小分子探针为手段系统阐明细胞可塑性调控所涉及的信号转导分子机理及时空动力学特征，对于理解生命活动的本质具有十分重要的意义。

在国家自然科学基金委员会重大研究计划“基于化学小分子探针的信号转导过程研究”的支持下，我们开展了对马达驱动蛋白 CENP-E 的化学生物学研究，利用细胞表型筛选技术发掘了一类新颖的马达驱动蛋白 CENP-E 化学小分子探针 Syntelin[15, 17]，并利用 Syntelin 解析了 CENP-E 马达在细胞有丝分裂过程中不同时相与环境影响下的分子功能与机制。化学小分子探针与生物光子学技术相结合，使我们能够清楚地把体外生化反应的静态结果转换成动态过程的全息画面。

## 16.2　研究进展与成果

### 16.2.1　细胞有丝分裂的化学生物学研究

#### 1. 有丝分裂马达蛋白 CENP-E 的化学生物学研究

在有丝分裂过程中，复制后的染色体均等地分配到两个子细胞中对于生命体个体的健康和物种的繁衍至关重要。精确的染色体分离离不开纺锤体微管和染色体动点的正确连接。细胞内存在复杂的机制调控正确的动点-微管连接，参与其中的关键分子包括 CDK1、PLK1、Aurora B 等有丝分裂激酶和众多的动点定位的微管结合蛋白以及马达蛋白。CDK1 作为有丝分裂的引擎控制有丝分裂的进入和精确完成，但是，我们对 CDK1 活性如何调控染色体分离的保真性这一关键的科学问题仍然知之甚少。着丝粒蛋白质机器在染色体上定位和稳定传送的分子机理，是染色质高级结构调控研究与蛋白质机器装配机制研究中亟待解决的一个重要科学问题。目前，国际上主要采用体外生化重组着丝粒的亚复合体、结构生物学分析及模式动物体系的功能分析相结合的策略解析着丝粒组装的结构-功能相关性[18, 19]，但对着丝粒的原位动态组装研究及着丝粒蛋白动态修饰在着丝粒可塑性与功能调控方面的研究仍未正式起步。

分子马达是生物体内能将化学键中的化学能转换成动能从而实现微观尺度上运动的生物大分子，但这种机械运动与化学能之间偶联的关系并没有被清晰地揭示。真核细胞的马达蛋白主要分为三个家族：myosin、dynein 和 kinesin。基于微管的驱动蛋白超家族的分子马达调控包括细胞器转运及染色体运动等在内的一系列细胞动力学过程。人类 CENP-E 属于 kinesin-7 家族，目前的研究将其定义为作为动点-微管连接的物理位点，它沿微管负极向正极运动。然而通过激光切割姐妹染色单体研究染色体列队的实验发现，向赤道板运动的染色体主要受到拉力的作用而非推力，提示 CENP-E 在帮助建立动点-微管连接和染色体列队过程中，或者得到另外某个未知的负极导向的马达蛋白的辅助，或者 CENP-E 的马达活性和微管行走特性另有玄机。为了进一步揭示 CENP-E 马达活性在细胞有丝分裂过程中的详尽功能，我们将细胞动力学和化学生物学方法相结合，搭建了一个能进行高通量筛选马达蛋白小分子抑制剂的工作平台，并成功筛选出全新的 CENP-E 的小分子抑制剂 Syntelin[15]。Syntelin 特异性地抑制 CENP-E 的马达活性，导致染色体排列异常。如果将培养基中的 Syntelin 洗去，细胞很快会进行正常的有丝分裂。为此，可逆性 CENP-E 小分子抑制剂的发掘为详尽研究纳米尺度染色体与微管衔接机制和动力学提供了契机及有效手段。我们的研究表明，Syntelin 是研究检验点调控和染色体动力学调控机制的一个有重要价值的工具（图 16.2）。鉴于 CENP-E 马达蛋白在细胞有丝分裂中的重要作用及在肿瘤细胞中的高活性表型，国际著名制药公司如美国葛兰素史克（GSK）等投入大量人力、物力用于 CENP-E 马达小分子抑制剂的研发。GSK 在 2010 年报道了他们的 CENP-E 小分子抑制剂 GSK923295[20]。从化学结构上来看，Syntelin 的化学合成步骤更为简洁，其生物学作用机制不同于 GSK923295[15]。因此，Syntelin 是一类新型的 CENP-E 小分子抑制剂。GSK 的报道证实了微管马达蛋白 CENP-E 小分子抑制剂对实体瘤的抑制作用[20]以及对三阴性乳腺癌的治疗作用[21]，并提示 Syntelin 及其衍生物的抗肿瘤活性具有开发前景[16]。我们认为，马达蛋白小分子抑制剂将是有丝分裂细胞动力学分子机制解析及实体瘤精准治疗策划的有效工具[17]。目前，我们正在结合肿瘤类器官体系，解析 Syntelin 对三阴性乳腺癌细胞浸润、转移的细胞动力学特征，探讨以类器官作为新药临床评估的新模式体系[22, 23]。

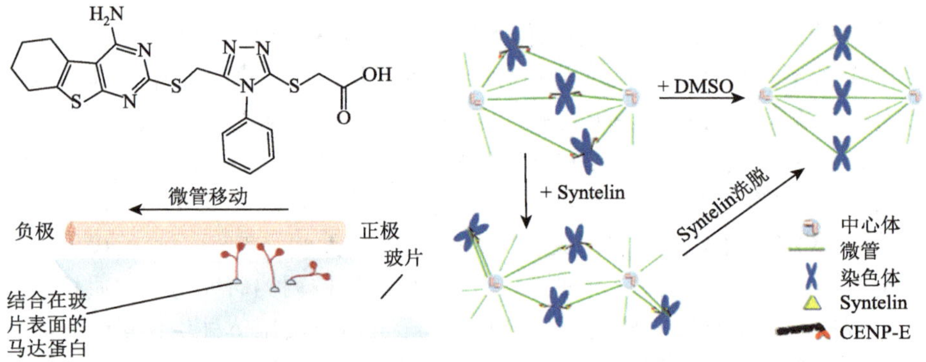


图 16.2　细胞有丝分裂马达蛋白 CENP-E 的功能及小分子抑制剂 Syntelin

左上：Syntelin 的结构式；左下：马达蛋白活性体外评估示意图；右图：利用 Syntelin 作为探针解析 CENP-E 功能的示意图[15]

### 2. 细胞有丝分裂纺锤体微管末端追踪蛋白质机器的翻译后修饰与调控

在有丝分裂进程中，染色体的精确分离受到细胞内信号网络的精准控制。前期工作揭示了磷酸化修饰调控纺锤体可塑性的信号网络。最新研究提示：赖氨酸的乙酰化修饰广泛而普遍地存在于细胞可塑性调控重要蛋白质，其乙酰化修饰主要发生在赖氨酸侧链上，并中和正电荷。蛋白质的乙酰化研究时间最长也最深入的是组蛋白乙酰化修饰。目前，越来越多的研究开始关注非组蛋白的乙酰化机制与调控模式。

组蛋白乙酰化最早在 1964 年被发现，并被认为参与了调控基因的表达[24]。1995 年，第一个组蛋白乙酰转移酶被发现，使得具体地研究（组）蛋白乙酰化修饰功能成为可能[25]。

次年，PCAF（p300/CBP associated factor）首先被生化鉴定具有乙酰转移酶的活性[26]。此后，乙酰化底物的鉴定工作主要围绕在组蛋白及细胞能量代谢通路的研究[27, 28]。

细胞有丝分裂的进行与完成需要一系列的信号调控机制参与[29, 30]，目前已知参与有丝分裂的翻译后修饰主要包括磷酸化和乙酰化，这些修饰往往影响了蛋白质的相互作用，进而对生物反应过程进行调控[31]。第一个被详尽研究的有丝分裂期乙酰化非组蛋白底物是着丝粒蛋白 BubR1[32]，PCAF 通过乙酰化 BubR1 的 Lys250，抑制了 BubR1 的泛素化和降解，从而协调了 BubR1 及其作用网络在细胞有丝分裂不同时相的功能动态性。细胞有丝分裂的退出由泛素化介导的降解推动，因此，赖氨酸的修饰形式（乙酰化或泛素化）是决定有丝分裂期细胞命运的抉择点。

在有丝分裂过程中，微管正端示踪蛋白 EB1 调控其他微管正端示踪蛋白结合到正在生长的微管正末端，并通过这些多价的动态弱作用有机地协同调节纺锤体对有丝分裂期染色体的精准分离[32]。EB1 分子含有特征性的 N 端 calponin homologue（CH）结构域，并通过 CH 结构域结合到微管正末端，但是其详尽的分子识别基础、结合机制与调控模式至今仍不甚明确。EB1 通过其 C 端的卷曲结构域（coiled-coil）介导其同源二聚化，进而形成一个包含 4 螺旋束的尾部对称结构，这个结构包含 2 个对称的疏水窝，负责结合 APC、CLASP、MCAK、TIP150 等其他微管正端示踪蛋白[34-37]。虽然晶体及波谱结构方法已经揭示了 EB1 如何结合其他微管正端示踪蛋白[38, 39]，但是对于细胞命运抉择过程中如何调控它们之间的结合仍未可知。我们在解析着丝粒蛋白质组学时发现了 EB1 等一系列着丝粒蛋白的翻译后修饰。非常有意思的是，2009 年，Mann 课题组的质谱学数据提示：EB1 蛋白第 220 位的赖氨酸在抑制去乙酰化酶时产生乙酰化。但是，EB1 蛋白第 220 位的赖氨酸乙酰化的生理学意义是什么？EB1 蛋白第 220 位的赖氨酸何时被乙酰化，以及其上游的乙酰转移酶是什么？

鉴于 K220 位于 EB1 蛋白的高度保守的 C 端区域，该区域负责 EB1 与其他微管正端示踪蛋白的结合。鉴于 PCAF 在着丝粒的功能，我们利用生化与酶学反应评估了 PCAF-EB1 相互作用的物质基础。我们的研究揭示：EB1 是 PCAF 的新颖底物及 EB1 蛋白乙酰化的动态特征，EB1 K220 位乙酰化调控含 SxIP motif 的微管正端示踪蛋白结合的分子机制[40]。利用位点特异性的乙酰化抗体，我们发现：EB1 第 K220 位乙酰化在细胞进入有丝分裂期开始逐步增高，并在中期（metaphase）达到最高。为了评估 K220 位乙酰化是否调控 EB1 蛋白疏水小窝（hydrophobic caveat）可塑性，我们利用核磁共振评估了含 SxIP motif 的 APC 片断与 EB1 野生型及模拟乙酰化突变体之间的相互作用，结果显示：EB1 的模拟乙酰化突变体不与 APC 结合，提示 EB1 与 SxIP motif 的结合受到 K220 位乙酰化修饰调控进而控制有丝分裂进程。事实上，细胞表型分析显示：持续的 K220 乙酰化导致染色体无法完美排列于有丝分裂中期赤道板并使得纺锤体检验点持续激活。我们的研究结果揭示了 EB1 的可逆乙酰化修饰在调控动点功能可塑性中的作用，提示 K220 位的乙酰化修饰与去修饰可能通过调控 EB1 与其他微管正端示踪蛋白的结合来激活纺锤体检验点并参与纠错机制。纠错完成以后，K220 位乙酰化修饰减弱，使得 EB1 能够与其他微管正端示踪蛋白结合并稳定微管-动点连接，进而使染色体得以正确队列在赤道板并允许细胞进入有丝分裂后期。为此，我们的研究表明：EB1 第 K220

位乙酰化通过影响其与一系列微管正端示踪蛋白的结合，调控了有丝分裂期染色体动态性（图 16.3）。

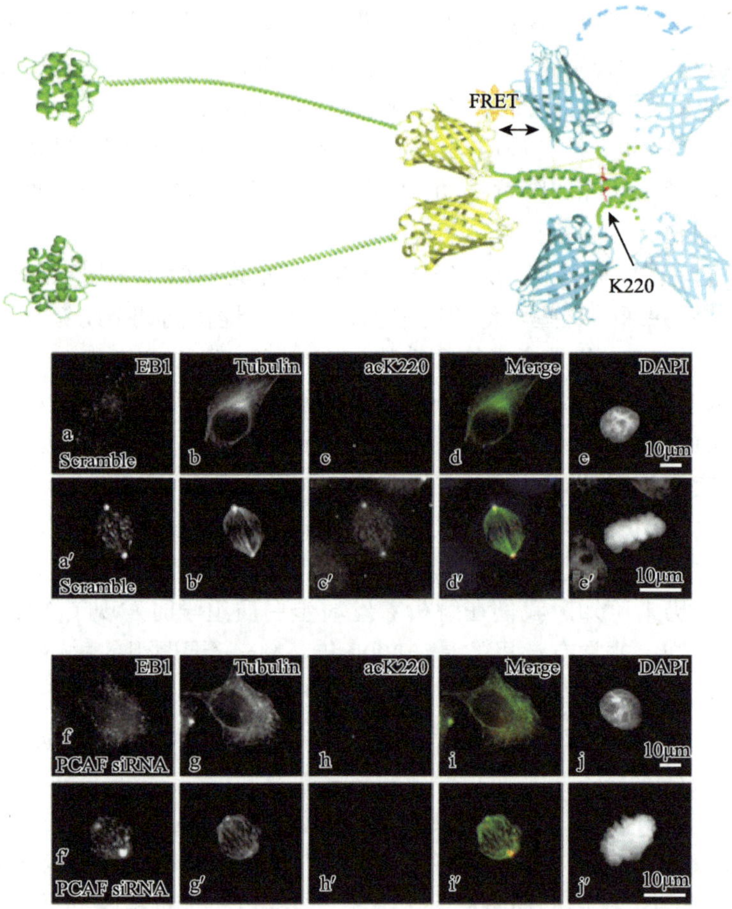


图 16.3　纺锤体微管正端追踪蛋白 EB1 动态乙酰化精细调控细胞可塑性

着丝粒相关的乙酰转移酶 PCAF 可以特异性地对 EB1 蛋白的 220 位赖氨酸进行乙酰化修饰，这个修饰影响了 EB1 蛋白中一个疏水窝状结构的稳定性，从而动态调节微管示踪蛋白质机器的组装。该项研究首次发现翻译后修饰对于微管正端示踪蛋白超复合物组装的时空动力学调控机制及其在染色体稳定性维系中的功能。该调控机制的阐明对于进一步理解有丝分裂的精密调控具有重要意义[40]

在人类乳腺癌及肝癌中，持续的高乙酰化水平通过影响中心体复制而导致基因组不稳定[41]，这个结论提示乙酰化的动态调节对染色体正确分离及有丝分裂中染色体稳定的重要性。值得一提的是，如 vorinostat 等去乙酰化酶抑制剂已被证明阻止了有丝分裂进程，并被应用于多种癌症的治疗中。我们的研究证实去乙酰化酶的抑制剂会导致 EB1 的 K220 位持续乙酰化，这可能会是这些去乙酰化酶抑制剂阻碍癌细胞有丝分裂进程并抑制癌症的作用通路之一。我们的研究发表之后，微管研究领域著名生物学家 Anna Akhmanova 在 F1000 对其做了推荐，她认为我们的研究为微管末端动态蛋白质网络的调控增添了一层新的复杂性{Akhmanova A：F1000Prime Recommendation of[Xia P et al.，Proc Natl Acad

Sci USA 2012 109（41）：16564-9]. In F1000Prime，15 Oct 2012；10.3410/f.717957299.793462740}。

目前，我们结合荧光寿命成像技术和荧光共振能量转移检测的优势[42]，定量测定细胞有丝分裂过程中乙酰转移酶与激酶活性的时空动态性，为解析细胞有丝分裂，特别是不对称分裂可塑性调控的分子机制奠定基础。

3. 蛋白激酶-乙酰转移酶协同作用调控有丝分裂的分子机制研究

TIP60 乙酰转移酶是一个广义的肿瘤抑制子，其通过参与 DNA 损伤修复维系基因组稳定性。但是 TIP60 乙酰转移酶是否参与细胞有丝分裂一直是领域关注的重要科学问题。利用 Syntelin 为化学小分子工具，我们发现排列错误的染色体着丝粒呈现较高的 TIP60 乙酰转移酶活性及稳定的 Aurora B 激酶活性，该发现提示 TIP60-Aurora B 信号轴可能参与并及时纠正了错误排列染色体与纺锤体的衔接。

我们进一步的细胞生物学实验提示：乙酰转移酶 TIP60 定位在动点外层并精确地调控染色体分离和中后期转换。利用特异性的 TIP60 小分子抑制剂 MG149 与 NU9056，我们发现：TIP60 乙酰转移酶活性抑制可导致有丝分裂细胞染色体排列异常，主要的表型为染色体后滞及有丝分裂后期染色体联桥。活细胞表型分析提示，TIP60 乙酰转移酶活性在细胞有丝分裂的进程与中-后期转变中起重要作用。鉴于 Cyclin B1 在后滞染色体着丝粒的富集现象，我们评估了 CDK1/Cyclin B1 在动点是否与 TIP60 乙酰转移酶有相互作用，进一步研究表明：CDK1-Cyclin B1 在有丝分裂进入时磷酸化 TIP60 的 90 位丝氨酸残基。这一事件作为“预热”进一步激活了 GSK3β 对 TIP60 的 86 位丝氨酸残基磷酸化并最终致使 TIP60 乙酰转移酶活性的活化。Aurora B 激酶作为染色体乘客复合物的催化亚基，是调控精确的染色体分离的核心因子。我们的研究表明动点 TIP60 乙酰化 Aurora B 激酶的 215 位赖氨酸残基，上调了 Aurora B 激酶的活性，保证了精准的有丝分裂完成。我们进一步揭示了 TIP60 上调 Aurora B 激酶活性的分子机制：215 位赖氨酸残基的乙酰化阻止了 PP2A 磷酸酶对 Aurora B 的激活环 Thr232 残基的去磷酸化。我们进一步实验证实：抑制 TIP60 乙酰转移酶活性、Aurora B 激酶或 CDK1 激酶活性导致染色体的排列错误。基于 TIP60 乙酰转移酶活性调控的结构-效应关联特征，我们进一步通过非天然氨基酸嵌入与酶动力学分析，成功地揭示了 CDK1-TIP60-Aurora B 信号轴在错误衔接染色体排列纠正过程中的级联正反馈机制（图 16.4）[43]。这项工作在发表后立即得到国内及国际同行关注。国际著名细胞生物学家 George Zachos 以“Cell division：TIPs for shaping Aurora B activity”为标题在同期 *Nature Chemical Biology* 评述了我们的发现[44]。他认为：此项研究揭示了 CDK1- TIP60-Aurora B 通路，为解析染色体不稳定性与肿瘤形成的机制提供了契机。

为系统研究细胞有丝分裂激酶信号轴如何调控纺锤体可塑性，我们利用质谱学分析 TIP60 在有丝分裂期的下游效应分子，发现了纺锤体可塑性与间期细胞核质运输调控重要蛋白 Ran 是 TIP60 的新颖底物。从分子机制上来说，TIP60 介导的第 134 位赖氨酸的乙酰化破坏了 Ran 小 G 蛋白结合鸟苷酸释放因子 Mog1 的氢键，进而保证了 Ran 不被锁定在

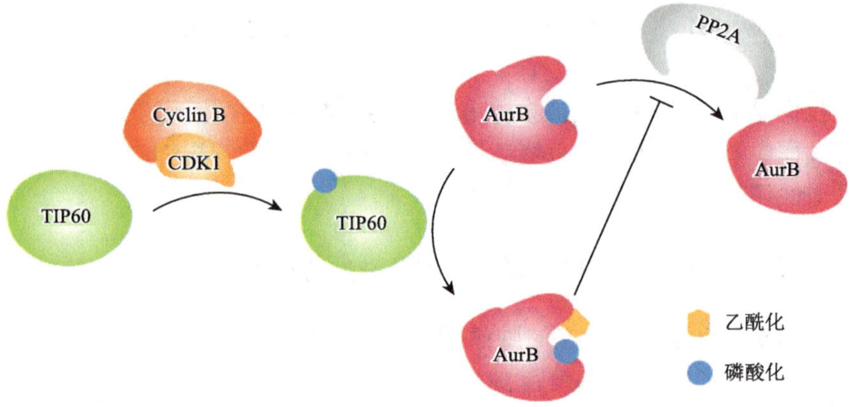


图 16.4　CDK1-TIP60-Aurora B 信号轴

细胞有丝分裂主控激酶 CDK1 通过周期性地磷酸化 TIP60，提高了 TIP60 在有丝分裂前中期的乙酰转移酶活性，促进了 Aurora B 激酶对未排列好染色体错误动点-微管连接的有效纠正，从而保证了姐妹染色单体的正确分离与染色体稳定性的细胞动力学机制。鉴于 Aurora B 激酶功能变异在肿瘤发生与发展过程中的作用，针对 Aurora B 激酶靶点的多个小分子药物已进入三期临床。TIP60 调控 Aurora B 激酶分子机制的揭示，将为肿瘤的精准干预提供新的切入点[43]

非活性状态，以便 Ran 能够与鸟苷酸置换因子 RCC1 结合，提升局部 Ran-GTP 浓度，为建立准确的纺锤体构架奠定基础。相关研究论文在国际知名期刊 *J. Mol. Cell Biol.*上发表[45]。这项工作在发表后立即得到国内及国际同行关注，国际著名结构与细胞生物学家 Hongtao Yu 以“Partner switching for Ran during the mitosis dance”为标题在同期 *J. Mol. Cell Biol.*评述了我们的发现[46]。

NDC80 复合物是一个在真核细胞中普遍存在的异四聚复合物，通过组成蛋白 Hec1、Nuf2、Spc24、Spc25 以 1∶1∶1∶1 的比例形成哑铃状结构，Spc24/Spc25 同 Mis12/CENP-T 相连接作为 NDC80 复合物锚定在动点上的构架基础。而 Hec1 则通过在它的 N 端形成的球状折叠区域同微管直接相连，维系纺锤体微管与染色体的有机结合。其中 Hec1 的 N 端 1～80 个氨基酸虽然没有参与球状折叠区的形成，但是这段的缺失将导致显著的动点-微管的连接异常。在 Hec1 的 1～80 区域内含有许多的磷酸化位点，Aurora B 激酶对于这一区域内的磷酸化将导致动点连接不稳定，进而介导后续的动点-微管连接纠错机制。Hec1 的功能受到多种蛋白修饰调控，虽然在 Hec1 上已经有多个乙酰化位点被鉴定出来，但是这些位点的具体调控机制及其行使的功能都不是很清楚。

我们在系统发掘有丝分裂期 TIP60 底物时，发现 Hec1 与 TIP60 存在潜在的相互作用。进一步免疫荧光实验，发现 TIP60 在有丝分裂的前中期和 Hec1 在动点上存在共定位，提示 TIP60-Hec1 相互作用在细胞有丝分裂期具有潜在的功能。体外生化实验证实了 TIP60 和 Hec1 的相互作用，并找到了介导它们相互作用的区段正是 Hec1 上 1～80 区域。随后的体内体外实验均证明了 Hec1 是 TIP60 的乙酰化底物，乙酰化位点位于 Hec1 N 端 1～80 区域的 K53 位和 K59 位赖氨酸。对这两个位点进行突变后，模拟不可乙酰化状态导致细胞周期显著延长，提示 Hec1 在有丝分裂过程中起着重要作用。随后，我们的系统研究提示：TIP60 通过乙酰化 Hec1 N 端 K53、K59 位，动态调控 Hec1 和 Nuf2 的 N 端 CH domain 与微管的有效结合，促进 NDC80 复合物与染色体的稳定性。当细胞进入有丝分裂中期后，去乙酰化酶 Sirt1 活性上升，负责这两个位点的去乙酰化，促进中后期有丝分裂的进行，从而确保了细胞周期过程中的基因组稳定性。

传统的细胞生物学研究往往基于大量细胞平均测量所获得的结果，但新近研究表明，特定的单个细胞行为具有决定性的意义。传统细胞群的研究方法严重掩盖了独立个体样本的行为及细胞异质性。为此，我们已建立了纳米尺度评估蛋白质分子与化学小分子相互作用的技术平台——荧光互补光敏定位显微镜（photoactivatable complementary fluorescent）[47]，它使我们能够在35nm的分辨率下观察与评估EB1蛋白二聚化分子应答细胞因子的分子动力学特征[47]。PACF 的建立为纳米尺度研究化学小分子探针与目标蛋白分子的作用动力学提供了有效的工具。鉴于 PACF 是建立在 TIRFM 基础上的超高分辨，将晶格层光（lattice light-sheet）的成像方法与 PACF 设计结合能清晰地解释细胞动力学。

### 16.2.2　细胞命运抉择可塑性的化学生物学研究

细胞死亡与细胞周期均为生命活动的重要过程，且二者关联密切，细胞生长与死亡的精密调控与平衡决定组织与器官的可塑性与稳态维系。目前我们所认知的细胞死亡的两种主要方式是：细胞坏死（necrosis）和细胞凋亡（apoptosis）。但是我们对于这两种细胞死亡方式的精确分子作用机制还没有完全了解。

细胞坏死是近年来广为关注的细胞非凋亡性的细胞死亡，其信号通路一直不为人们所知。长期以来，细胞坏死被认为不被调控，而近些年的研究表明细胞坏死也是一种程序性的细胞死亡，受到基因严格调控。例如，在肿瘤坏死因子诱导的细胞坏死通路中，激酶 RIPK1 是必需的，而与 RIPK1 同家族的 RIPK3 蛋白被证明在细胞坏死途径中起着关键的调控作用，是细胞凋亡与细胞坏死相互转换的分子开关。然而，究竟细胞坏死最终是如何执行的，目前还不清楚。

细胞凋亡一般分为细胞外途径和细胞内途径。细胞内途径是在线粒体水平启动的细胞死亡，细胞外途径是位于细胞膜的死亡受体（death receptor）传导的细胞死亡信号而引起的细胞凋亡途径。肿瘤坏死因子相关的凋亡诱导配体（TRAIL）信号传导通路是指以 TRAIL 为配体，通过与死亡受体（DR4、DR5）结合而启动凋亡信号，最终诱导细胞凋亡。TRAIL 蛋白是近年来一直被广泛关注的能够选择性地诱导癌症细胞凋亡的抗癌药物。但是遗憾的是其临床实验的结果并不理想。因此，发展新颖的小分子化合物激活 TRAIL 通路的细胞凋亡，无论是对细胞凋亡的分子作用机制研究还是对发展高效的抗癌药物都具有重要意义。

此外，NF-κB 是一类具有多向转录调节作用的核蛋白因子，广泛存在于多种组织细胞中，激活后参与许多基因的转录调控，在免疫、炎症、氧化应激、细胞增殖、细胞凋亡等生理病理过程中发挥作用。近年的研究表明，NF-κB 与细胞凋亡的关系密切，其参与多种凋亡相关基因的转录调控。首先证实 NF-κB 具有抑制细胞凋亡作用的是对 $RelA^{-/-}$小鼠模型的研究。实验中发现剔除 RelA 基因的胎鼠发育到妊娠中期时死于大片肝细胞的凋亡，其机制是肿瘤坏死因子受体 1（TNFR1）介导。目前的许多研究提示 NF-κB 的激活对细胞的生存具有重要意义。NF-κB 抗细胞凋亡是一个涉及多个信号通路的复杂过程，但其主要方式是通过诱导或上调抗凋亡基因的表达实现的。这些基因调节位点上有 NF-κB 的结合位点，他们的表达产物通过抑制细胞凋亡的死亡受体途径或线粒体途径发挥作用。到目前为止，研究发现细胞凋亡抑制蛋白（inhibitor of apoptosis proteins，IAP）、Bcl-2 家族、TNFR-associated factor（TRAF1、TRAF2）、JNK、c-FLIP、IEX-1L 等都参与了 NF-κB 激活后的抗细胞凋亡过程，但具体机制还有待进一步详细阐明。

天然产物及其衍生物一直以来都是创新药物的主要源泉，也是生物医学研究的重要工具分子。目前超过 50%的临床应用药物都直接或间接来源于天然产物。因此，针对具有重要生物功能的天然产物的合成及生物作用机制研究具有重要的意义。

兔耳风属（*Ainsliaea DC*）是菊科帚菊木族中的一属，该属植物含有多种类型的化学成分，主要为倍半萜内酯及苷类成分，此外还有三萜、黄酮、甾醇、酚酸、长链脂肪酸及挥发油等类成分。(+) -Ainsliadimer A 是从我国传统中草药大头兔耳风中分离出来的一个具有非常复杂且独特新颖结构的倍半萜内酯二聚体。同时，它还具有重要的抗炎和抗肿瘤作用，但是其生物作用靶点和分子作用机制并不清楚。在前期完成的首次不对称全合成工作基础上[48]，北京大学雷晓光课题组进一步开展了对于复杂天然产物 Ainsliadimer A 的探针化与化学生物学研究（图 16.5）。首先，通过生物活性筛选，发现该天然产物可以高效、特异性地抑制炎症反应和促进肿瘤细胞凋亡；其次，通过化学合成高效制备了天然产物分子探针并利用化学遗传学手段首次揭示出该天然产物的生物作用靶点为 NF-κB 通路中的关键调控蛋白 IKK 激酶；最后，结合深入的生物学研究详细阐明了其抑制炎症反应和促进细胞凋亡作用是通过一个全新的变构抑制机制实现的[49]。此外，雷晓光课题组还进一步利用该天然产物进行了创新型抗炎、抗肿瘤药物的初步研发工作，相关成果已经申

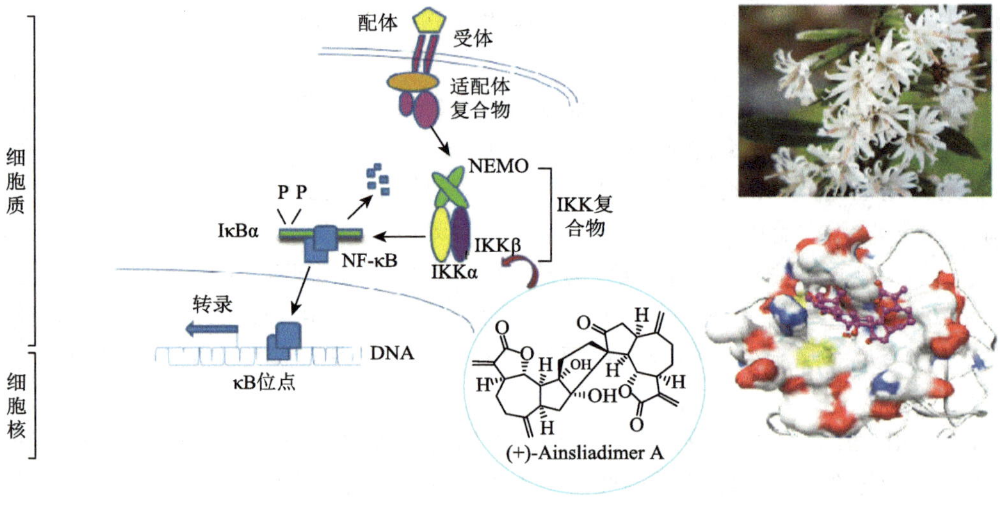


图 16.5　利用 Ainsliadimer A 为探针揭示抗炎新机制

NF-κB 的异常活化与癌症和自身免疫疾病、炎性疾病的发展有关。IKK 被公认为是 NF-κB 通路的关键调节因子，因此成为小分子抑制剂干预的最有吸引力的靶标。雷晓光课题组的研究表明天然产物 Ainsliadimer A 是 NF-κB 通路的有效抑制剂。Ainsliadimer A 选择性结合 IKKα/β 的保守的 46 位半胱氨酸残基并通过变构效应抑制它们的活性，导致经典和非经典 NF-κB 通路的抑制。值得注意的是，Ainsliadimer A 诱导各种癌细胞的死亡并抑制体内肿瘤生长和内毒素介导的炎症反应。因此，Ainsliadimer A 通过靶向 IKKα/β 的 46 位半胱氨酸阻断 NF-κB 信号传导，具有用于开发抗癌和抗炎疗法的巨大潜力[49]

请了国际发明专利（PCT/CN2014/076123），目前正在开展相关药物先导化合物的临床前研究，今后有望能够获得临床批件。

自 20 世纪 80 年代以来，天然产物学家从传统中药桑白皮中分离得到了上百个具有多样结构的 Diels-Alder 类型的天然产物。这类天然产物具有重要的生物活性：抗炎、抗肿瘤、抗 HIV 等。其中代表性天然产物 kuwanon H 已经作为治疗艾滋病的药物在临床上使用。虽然该类天然产物具有新颖的化学结构和重要的生物功能，但是迄今还没有这类天然产物的不对称全合成的报道。

雷晓光课题组与美国密歇根州立大学的 William Wulff 教授实验室合作，利用 William Wulff 教授课题组开发的 VANOL 配体发展了手性硼酸复合物催化的不对称的 Diels- Alder 反应方法学，应用该方法学帮助完成了（–）-kuwanon I、（+）-kuwanon J、（–）-brosimone A 和（–）-brosimone B 四个天然产物的核心骨架的构建。此外，雷晓光课题组还首次发展了钌复合物 $Ru(bpy)_3Cl_2 \cdot 6H_2O$ 作为光敏剂催化的区域选择性的 Schenck-ene 反应，以及分子间 Diels-Alder/分子内 Diels-Alder“一锅法”的串联反应等新的仿生合成策略。整个全合成从共同的中间体出发，运用了 7 步连续的有机化学反应完成了（–）-kuwanon I、（+）-kuwanon J、（–）-brosimone A 和（–）-brosimone B 的不对称仿生全合成。该工作为推进 Diels-Alder 类型的天然产物合成化学的发展提供了指导，同时也为后续天然产物导向的化学生物学研究奠定了基础[50]。

目前，雷晓光课题组关注天然产物全合成工作后续的延伸与创新，深入利用活性天然产物分子探针及新型生物正交反应开展化学生物学研究，发掘天然产物生物靶点和阐明新的生物作用机制，为生物大分子动态修饰的机制研究提供了具有化学特征的新工具和新模式，加速了从基础研究到药物开发的转化。

## 16.3 讨论与展望

细胞命运抉择可塑性调控蛋白质机器——着丝粒的结构与功能研究在过去的三十年间取得了迅猛的发展。生物化学研究发现并鉴定了大量的着丝粒蛋白及其翻译后修饰；结构生物学研究解析和阐明了部分关键蛋白质的结构和作用机制。然而一系列的挑战仍然存在，如何解析着丝粒蛋白质机器高级结构的变化与其对应的细胞命运抉择是领域难题。着丝粒蛋白质机器调控细胞命运抉择的动态调控规律将是下一阶段的关键科学问题，从新型着丝粒蛋白质机器的发现与组装动态机制、着丝粒蛋白质机器调控细胞命运抉择机制，以及开发解析蛋白质机器的高时空分辨新技术与先导化合物等方面着手，阐明细胞命运抉择调控相关蛋白质机器的构-效关联机制与调控规律，在纳米尺度解析具有重要生物学功能着丝粒蛋白质机器组装与调控的时空动力学规律，揭示这些蛋白质机器动力学变化的规律与细胞命运抉择如干细胞不对称分裂干性传送与维系的内在关系。针对细胞分裂与命运抉择调控重要蛋白质机器的可塑性及动力学研究，不仅是揭示细胞的生命现象本质的必要基础，也必将为解析个体发育、疾病发生与发展的分子机制提供更为详实的证据。

细胞生命活动的调控在分子水平表现为蛋白质-蛋白质的动态相互作用，蛋白质组成的功能复合体与蛋白质机器在不同时间与空间因其结合不同蛋白质而扮演不同角色。由于瞬间作用与动态蛋白质机器无法通过传统的机械分离手段得到，近来发展的一类适用于活体细胞的自由基化学反应，其能够将细胞中指定区域的生物大分子高效地标记出来，并利用质谱学方法加以识别。该技术的核心是一类经工程改造的自由基催化酶 APEX，以及人工合成的小分子底物。在细胞中，APEX 酶催化底物分子生成能够与生物大分子反应的自由基中间体。由于自由基具有有限的寿命和扩散半径，只有 APEX 附近几十纳米范围内的生物分子可被标记，从而实现空间特异性，为解析细胞周期（如对称与不对称分裂）过程中着丝粒蛋白质机器动力学提供有效技术支撑。此外，着丝粒蛋白质机器组成和可塑性调控研究将充分利用和结合果蝇、斑马鱼和小鼠等模式动物及其发育模型，深入开展分析着丝粒蛋白质机器及其调控机制在细胞对称及不对称性分裂中的作用机制，探索其如何决定干细胞干性维持、增殖、分化及凋亡等细胞命运。此方法的优化版 APEX2 将为解析着丝粒蛋白质机器的动态组装与调控细胞命运抉择的分子机制提供非常有力的技术支撑[51]。例如，APEX2 可以与染色体特异性的标示联用，用以解析不同染色体着丝粒上蛋白质机器的差异与动态变化机制。此外，APEX2 可以解析决定细胞可塑性蛋白质机器的动态修饰谱，为解析细胞应答外界环境下可塑性调控的分子机制提供清晰的线路图。

光学衍射极限制约了传统荧光显微镜在细胞内进行蛋白质机器组装动力学研究。通过发展高时空分辨显微成像新技术如优化片层光显微成像，为阐明着丝粒蛋白质机器动态组装及其调控细胞命运抉择的时空动力学规律提供了新颖的技术平台。

在高分辨细胞动力学成像过程中，生物样品折射率的空间变化导致了光学畸变的产生，这是制约高分辨快速三维成像的技术瓶颈。自适应光学（adaptive optics）技术通过快速反应的变形镜使镜面发生形变来补偿像差[52]，自适应光学技术与晶格层光成像结合可以校正光学畸变，快速获得高分辨的深层亚细胞分子动力学活动。自适应光晶格层光成像技术无疑将为细胞可塑性调控的分子机制提供一个新颖的技术平台。

光遗传学（optogenetics）是一门 2005 年才诞生的技术，当年斯坦福大学 Karl Deisseroth 实验室发现，通过在神经细胞中表达光敏蛋白，可响应不同波长的光刺激实现对神经功能的调控，精准操控大脑的神经细胞[53]。光遗传学精准控制特定细胞在空间与时间上的活动，其时间上精准程度可达到毫秒，用于解析时间序列较近的调控环节。为此，光遗传学的技术与理念可以促进细胞可塑性的时空调节研究。事实上，近来研究展示了利用光遗传学技术调控微管正端追踪蛋白 EB1[54]。

类器官模型是一种三维细胞培养系统，其与体内的来源组织或器官高度相似。这些三维系统可复制出已分化组织的复杂空间形态，并能够表现出细胞与细胞、细胞与代谢产物及细胞与基质之间的相互作用。理想状态下，类器官与体内分化的组织具有相似的生理反应。虽然最早的三维类器官模型创立于 40 年前，但是其应用直到最近仍很有限，这是因为早期的类器官模型需要大量起始细胞、不适于高通量筛选，而且经常呈现出较低的体外活力。随着多能干、祖细胞分离技术的提高，早期类器官模型的缺陷大部分均得以克服，这使得研究人员能够研发出高重复性、寿命长的类器官。

2009 年，Hans Clevers 及其团队利用来源于小鼠肠道的成体干细胞培育出首个微型肠道（mini-guts）类器官[55]。后来，他们将这个方法扩展到人上皮类器官的培养上[56]。这些类器官可能会使研究者对肠道的健康与疾病，包括结直肠癌等产生新的认知。类器官制备的典型方法首先要分离出胚胎或多能干细胞，然后将它们培养在一个支持介质（如基质胶 Matrigel）上，使其能够三维生长。类器官中包含多种已分化的细胞类型，这些细胞类型在体内相应的器官中也有存在。例如，小肠上皮的所有细胞类型在 Sato 等报道的小肠类器官模型中均有体现[55]。为此，类器官将成为研究细胞可塑性的一个新颖的模式体系，用于解析分子生物学机制与评估疾病干预的精准方案。

在分子水平，细胞可塑性的分子基础是生物大分子的动态修饰与稳态调控。为此，发现和阐明生物大分子化学修饰的动态特性，揭示其生物学效应和调控机制，不仅具有重要的细胞生物学理论意义，而且对生物大分子动态修饰的靶向化学干预，将为先导化合物的发掘与疾病机制的解析提供有效的平台技术与新工具。2017 年新启动的“生物大分子动态修饰与化学干预”重大研究计划将发挥化学、生命科学和医学的特点及学科交叉的优势，促进化学与生命科学和医学研究的衔接和交叉集成，形成新的学科生长点，造就一支学科深度交叉、具有国际影响力的化学生物学科研队伍[57, 58]。

本章作者：刘　行，姚雪彪

中国科学技术大学

## 参 考 文 献

[1] Yao X，Fang G. Visualization and orchestration of the dynamic molecular society in cells. Cell Res，2009，19（2）：152-155.

[2] Ly P，Cleveland D W. Rebuilding chromosomes after catastrophe：emerging mechanisms of chromothripsis. Trends Cell Biol，2017，27（12）：917-930.

[3] Cleveland D W，Mao Y，Sullivan K F. Centromeres and kinetochores：from epigenetics to mitotic checkpoint signaling. Cell，2003，112（4）：407-421.

[4] Musacchio A，Salmon E D. The spindle-assembly checkpoint in space and time. Nat Rev Mol Cell Biol，2007，8（5）：379-393.

[5] Hoyt M A，Totis L，Roberts B T. S. cerevisiae genes required for cell cycle arrest in response to loss of microtubule function. Cell，1991，66（3）：507-517.

[6] Malmanche N，Owen S，Gegick S，et al. Drosophila BubR1 is essential for meiotic sister-chromatid cohesion and maintenance of synaptonemal complex. Curr Biol：CB，2007，17（17）：1489-1497.

[7] Kulukian A，Han J S，Cleveland D W. Unattached kinetochores catalyze production of an anaphase inhibitor that requires a Mad2 template to prime Cdc20 for BubR1 binding. Dev Cell，2009，16（1）：105-117.

[8] Malureanu L A，Jeganathan K B，Hamada M，et al. BubR1 N terminus acts as a soluble inhibitor of cyclin B degradation by APC/C（Cdc20）in interphase. Dev Cell，2009，16（1）：118-131.

[9] Han J S，Holland A J，Fachinetti D，et al. Catalytic assembly of the mitotic checkpoint inhibitor BubR1-Cdc20 by a Mad2-induced functional switch in Cdc20. Molecular Cell，2013，51（1）：92-104.

[10] Bruinsma W，Raaijmakers J A，Medema R H. Switching Polo-like kinase-1 on and off in time and space. Trends Biochem Sci，2012，37（12）：534-542.

[11] Yao X，Anderson K L，Cleveland D W. The microtubule-dependent motor centromere-associated protein E（CENP-E）is an integral component of kinetochore corona fibers that link centromeres to spindle microtubules. J Cell Biol，1997，139（2）：435-447.

[12] Huang Y，Wang W，Yao P，et al. CENP-E kinesin interacts with SKAP protein to orchestrate accurate chromosome segregation in mitosis. J Biol Chem，2012，287（2）：1500-1509.

[13] Liu D，Zhang N，Du J，et al. Interaction of Skp1 with CENP-E at the midbody is essential for cytokinesis. Biochem Biophys Res Commun，2006，345（1）：394-402.

[14] Mayer T U，Kapoor T M，Haggarty S J，et al. Small molecule inhibitor of mitotic spindle bipolarity identified in a phenotype-based screen. Science，1999，286（5441）：971-974.

[15] Ding X，Yan f，Yao P，et al. Probing CENP-E function in chromosome dynamics using small molecule inhibitor syntelin. Cell Res，2010，20（12）：1386-1389.

[16] Rath O，Kozielski F. Kinesins and cancer. Nat Rev Cancer，2012，12（8）：527-539.

[17] 刘行，姚雪彪. 细胞有丝分裂马达蛋白的化学生物学研究与展望. 科学通报，2014，59（31）：3025-3034.

[18] Holland A J，Cleveland D W. Boveri revisited：chromosomal instability，aneuploidy and tumorigenesis. Nat Rev Mol Cell Biol，2009，10（7）：478-487.

[19] Mckinley K L，Cheeseman I M. Large-scale analysis of CRISPR/Cas9 cell-cycle knockouts reveals the diversity of p53-dependent responses to cell-cycle defects. Dev Cell，2017，40（4）：405-420.

[20] Wood K W，Lad L，Luo L，et al. Antitumor activity of an allosteric inhibitor of centromere-associated protein-E. Proc Natl Acad Sci USA，2010，107（13）：5839-5844.

[21] Kung P P，Martinez R，Zhu Z，et al. Chemogenetic evaluation of the mitotic kinesin CENP-E reveals a critical role in triple-negative breast cancer. Mol Cancer Ther，2014，13（8）：2104-2115.

[22] Yao X，Smolka A J. Gastric parietal cell physiology and helicobacter pylori-induced disease. Gastroenterology，2019，156（8）：2158-2173.

[23] Liu X，Xu L，Li J，et al. Mitotic motor CENP-E cooperates with PRC1 in temporal control of central spindle assembly. Journal of molecular cell biology，2019，doi：10.1093/jmcb/mjz051.

[24] Allfrey V G，Faulkner R，Mirsky A E. Acetylation and methylation of histones and their possible role in the regulation of RNA synthesis. Proc Natl Acad Sci USA，1964，51：786-794.

[25] Brownell J E，Allis C D. An activity gel assay detects a single，catalytically active histone acetyltransferase subunit in Tetrahymena macronuclei. Proc Natl Acad Sci USA，1995，92（14）：6364-6368.

[26] Yang X J，Ogryzko V V，Nishikawa J，et al. A p300/CBP-associated factor that competes with the adenoviral oncoprotein E1A. Nature，1996，382（6589）：319-324.

[27] Wang Q，Zhang Y，Yang C，et al. Acetylation of metabolic enzymes coordinates carbon source utilization and metabolic flux. Science，2010，327（5968）：1004-1007.

[28] Zhao S，Xu W，Jiang W，et al. Regulation of cellular metabolism by protein lysine acetylation. Science，2010，327（5968）：1000-1004.

[29] Cheeseman I M，Desai A. Molecular architecture of the kinetochore-microtubule interface. Nat Rev Mol Cell Biol，2008，9（1）：33-46.

[30] Srivastava S，Zasadzinska E，Foltz D R. Posttranslational mechanisms controlling centromere function and assembly. Curr Opin Cell Biol，2018，52：126-135.

[31] Choudhary C，Kumar C，Gnad F，et al. Lysine acetylation targets protein complexes and co-regulates major cellular functions. Science，2009，325（5942）：834-840.

[32] Choi E，Choe H，Min J，et al. BubR1 acetylation at prometaphase is required for modulating APC/C activity and timing of mitosis. The EMBO Journal，2009，28（14）：2077-2089.

[33] Akhmanova A，Steinmetz M O. Tracking the ends：a dynamic protein network controls the fate of microtubule tips. Nat Rev Mol Cell Biol，2008，9（4）：309-322.

[34] Honnappa S，Gouveia S M，Weisbrich A，et al. An EB1-binding motif acts as a microtubule tip localization signal. Cell，2009，138（2）：366-376.

[35] Jiang K，Wang J，Liu J，et al. TIP150 interacts with and targets MCAK at the microtubule plus ends. EMBO Reports，2009，10（8）：857-865.

[36] Liu J，Wang Z，Jiang K，et al. PRC1 cooperates with CLASP1 to organize central spindle plasticity in mitosis. J Biol Chem，2009，284（34）：23059-23071.

[37] Slep K C. Structural and mechanistic insights into microtubule end-binding proteins. Curr Opin Cell Biol，2010，22（1）：88-95.

[38] Hayashi I，Ikura M. Crystal structure of the amino-terminal microtubule-binding domain of end-binding protein 1（EB1）. J Biol Chem，2003，278（38）：36430-36434.

[39] Slep K C，Vale R D. Structural basis of microtubule plus end tracking by XMAP215，CLIP-170，and EB1. Mol Cell，2007，27（6）：976-991.

[40] Xia P，Wang Z，Liu X，et al. EB1 acetylation by P300/CBP-associated factor（PCAF）ensures accurate kinetochore-microtubule interactions in mitosis. Proc Natl Acad Sci USA，2012，109（41）：16564-16569.

[41] Kim H S，Vassilopoulos A，Wang R H，et al. SIRT2 maintains genome integrity and suppresses tumorigenesis through regulating APC/C activity. Cancer Cell，2011，20（4）：487-499.

[42] Laviv T，Kim B B，Chu J，et al. Simultaneous dual-color fluorescence lifetime imaging with novel red-shifted fluorescent proteins. Nat Methods，2016，13（12）：989-992.

[43] Mo F，Zhuang X，Liu X，et al. Acetylation of Aurora B by TIP60 ensures accurate chromosomal segregation. Nat Chem Biol，2016，12（4）：226-232.

[44] Zachos G. Cell division：TIPs for shaping Aurora B activity. Nat Chem Biol，2016，12（4）：204-205.

[45] Bao X，Liu H，Liu X，et al. Mitosis-specific acetylation tunes Ran effector binding for chromosome segregation. J mol Cell Biol，2018，10（1）：18-32.

[46] Yang Y，Yu H. Partner switching for Ran during the mitosis dance. J mol Cell Biol，2018，10（1）：89-90.

[47] Xia P，Liu X，Wu B，et al. Superresolution imaging reveals structural features of EB1 in microtubule plus-end tracking. Mol Biol Cell，2014，25（25）：4166-4173.

[48] Li C，Yu X，Lei X. A biomimetic total synthesis of（+）-Ainsliadimer A. Org Lett，2010，12（19）：4284-4287.

[49] Dong T，Li C，Wang X，et al. Ainsliadimer A selectively inhibits IKKalpha/beta by covalently binding a conserved cysteine. Nat Commun，2015，6：6522.

[50] Han J，Li X，Guan Y，et al. Enantioselective biomimetic total syntheses of kuwanons I and J and brosimones A and B. Angew Chem Int Ed Engl，2014，53（35）：9257-9261.

[51] Gao X D，Tu L C，Mir A，et al. C-BERST：defining subnuclear proteomic landscapes at genomic elements with dCas9-APEX2. Nat Methods，2018，15（6）：433-436.

[52] Liu T L，Upadhyayula S，Milkie D E，et al. Observing the cell in its native state：imaging subcellular dynamics in multicellular organisms. Science，2018，360（6386）：1392.

[53] Miller G. Optogenetics. Shining new light on neural circuits. Science，2006，314（5806）：1674-1676.

[54] van Haren J，Charafeddine R A，Ettinger A，et al. Local control of intracellular microtubule dynamics by EB1 photodissociation. Nat Cell Biol，2018，20（3）：252-261.

[55] Sato T，Vries R G，Snippert H J，et al. Single Lgr5 stem cells build crypt-villus structures *in vitro* without a mesenchymal niche. Nature，2009，459（7244）：262-265.

[56] Sato T，Stange D E，Ferrante M，et al. Long-term expansion of epithelial organoids from human colon，adenoma，adenocarcinoma，and Barrett's epithelium. Gastroenterology，2011，141（5）：1762-1772.

[57] Huang Y，Lin L，Liu X，et al. BubR1 phosphorylates CENP-E as a switch enabling the transition from lateral association to end-on capture of spindle microtubules. Cell Research，2019，29（7）：562-578.

[58] Limzerwala J F，van Deursen J M. Crystallizing BubR1's kinase activity. Cell Research，2019，29（8）：605-606.

# 第 17 章　靶向 Wnt 信号通路的小分子调节剂

## 17.1　引　　言

Wnt 蛋白是一类糖基化修饰的分泌型蛋白质。Wnt 蛋白与细胞膜上的受体结合，激活细胞内级联信号转导反应，从而调节下游靶基因的表达。Wnt 蛋白介导的信号转导通路即为 Wnt 信号通路，是一条高度保守的信号通路，从无脊椎的简单多细胞生物到哺乳动物都存在这条保守的信号通路。Wnt 信号通路在传递生长和发育信号，控制胚胎分化、胚胎轴向的确立，以及维持成体组织平衡等众多生命活动中扮演着重要角色。根据 Wnt 信号通路的信号转导是否依赖蛋白质 β-catenin，Wnt 信号通路可以被分成两大类，即依赖 β-catenin 的经典 Wnt 信号通路和不依赖 β-catenin 的非经典 Wnt 信号通路。目前国际上对经典 Wnt 信号通路的研究更为广泛和深入，经典 Wnt 信号通路也是我们课题组近二十年研究的重点。在经典 Wnt 信号通路中，当没有 Wnt 信号时，细胞处于静息状态，这时，β-catenin 和骨架蛋白 Axin 及 APC，以及蛋白激酶 GSK3β 和 CK1 等形成一个复合物，在这个复合物中，β-catenin 被 CK1 和 GSK3β 两个激酶先后磷酸化，随后被泛素化修饰并被蛋白酶体降解，从而维持静息状态下细胞质内游离的 β-catenin 处在一个较低的水平，因此，这个复合物又被称为“β-catenin 降解复合物”。当 Wnt 蛋白和细胞膜上的受体 Frizzled 及共受体 LRP5/6 结合后，一个称为 Dishevelled（Dvl）的蛋白质被激活，Dvl 的激活促使 Axin 和 GSK3β、CK1 被招募到 LRP5/6 上，GSK3β 和 CK1 对 LRP5/6 进行磷酸化，磷酸化的 LRP5/6 进一步开启 Wnt 信号的传递，这一系列事件导致“β-catenin 降解复合物”的活性被抑制，使得 β-catenin 逃脱了被降解的命运，并在细胞质内得以不断累积，并最终进入细胞核中，与转录因子 TCF/LEF1 结合，激活 Wnt 通路下游靶基因的表达（图 17.1）。

正因为 Wnt 信号通路在胚胎发育、组织稳态维持和干细胞干性维持等众多生命活动中都扮演重要角色，所以不难想象，Wnt 信号通路的失调会导致各种疾病的发生和发展，包括肿瘤。目前，已发现十几种高发性癌变，如结肠癌、乳腺癌、肺癌等都与 Wnt 信号通路的失调密切相关。此外，其他人类疾病包括一些神经性疾病、骨质疏松症及心血管疾病等也与 Wnt 信号通路的失调有着紧密的关联。在这些疾病中，Wnt 信号通路的失调和肿瘤发生发展的关系目前研究得最为广泛深入。Wnt 信号通路在很多癌症中都表现为过度激活，因此 Wnt 信号通路通常被认为是一条促癌信号通路[1]。Wnt 信号通路除了在肿瘤的细胞增殖中扮演重要角色，还与肿瘤干细胞的维持及肿瘤的转移和扩散密切相关[2, 3]，因此，抑制 Wnt 信号通路的过度激活，理论上不仅可以抑制肿瘤的生长，还可能阻止其复发和转移。同时，Wnt 信号是维持干细胞的关键信号之一，在不同的干细胞中，包括小肠、胃、皮肤、毛囊及乳腺等干细胞中，都发现了关键的 Wnt 靶基因的表达，Wnt 信号通路

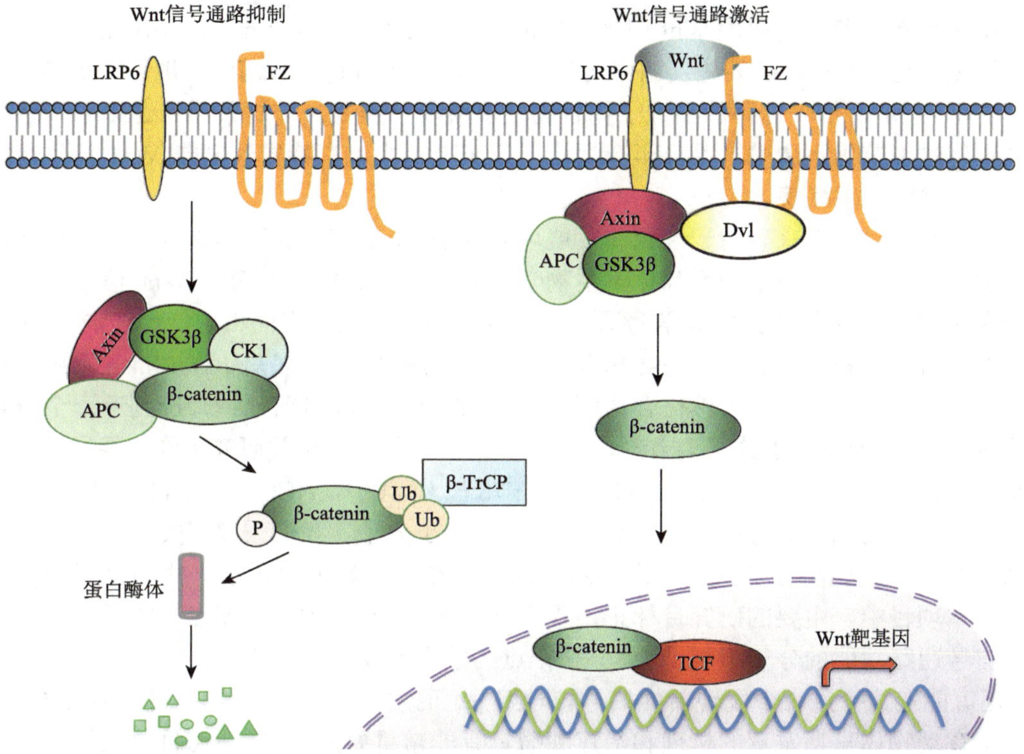


图 17.1　经典 Wnt 信号通路模式图

在没有 Wnt 信号刺激下，Axin、APC、GSK3β、CK1 及 β-catenin 组成“β-catenin 降解复合物”。在这个复合物中，β-catenin 被磷酸化，随后被泛素化修饰并被蛋白酶体降解。而 Wnt 信号开启后，Dvl 蛋白被激活，导致 β-catenin 降解复合物解聚，Axin 和 GSK3β 及 CK1 上膜活化 LRP5/6，β-catenin 不再被降解，并在细胞内不断累积，最终进入细胞核中，与转录因子 TCF/LEF1 结合，开启了下游 Wnt 靶基因的表达。FZ 是 Frizzled 的简写，是 Wnt 的受体。β-TrCP 表示 E3 泛素化连接酶

对成体中这些正常干细胞的维持至关重要，Wnt 信号通路的下调将影响这些干细胞的功能，从而引发疾病[4, 5]。此外，在一些神经性疾病、糖尿病等其他疾病中，Wnt 信号通路的下调而不是上调促进了这些疾病的发生与发展[6, 7]。因此，Wnt 信号通路的异常上调和下调都有可能导致疾病的发生，对应的，Wnt 信号通路的抑制剂可用于治疗 Wnt 信号过度激活的肿瘤，而激活剂则可以用于干细胞体外扩增，缓解骨质疏松，促进骨折、肝脏等的损伤修复，以及治疗一些神经性和代谢疾病等。由于 Wnt 信号通路在人类疾病中扮演重要角色，靶向这条信号通路的小分子化合物、多肽及抗体的研发一直是国际上生物学和医学领域研究的热点。针对 Wnt 信号通路的小分子除了可以作为潜在的治疗 Wnt 通路相关疾病的药物，还可以作为生物探针，为研究 Wnt 信号通路的信号转导和调控机制提供可贵的研究工具。如前所述，Wnt 信号的传递包含多个步骤：Wnt 蛋白的正确折叠和分泌、Wnt 蛋白和受体的结合、Wnt 信号膜上的传递、β-catenin 降解复合物的抑制、β-catenin 的入核、β-catenin/TCF 转录复合物的激活等。这些过程中的每一个步骤出现问题都可能导致疾病的发生与发展。对应的，在过去研发靶向 Wnt 信号通路药物的不断努力中，特别是过去十年基于高通量的大规模筛选中，发现了针对 Wnt 信号通路不同信号转导事件的小分子化合物、多肽或抗体，这些调控剂通过抑制或促进 Wnt 信号通路不同层面的功能

从而发挥正向或者反向调控 Wnt 信号通路的功能。虽然目前对 Wnt 信号通路的主要成员、信号传递机制，以及其在某些疾病中的致病机制已经了解得比较清楚，并且也获得了一定数量的靶向 Wnt 信号通路的小分子化合物及多肽等，但是目前这条信号通路中一些信号转导事件的细节仍不清楚，并且至今为止，临床上仍尚未有特异性靶向 Wnt 信号通路的药物用于治疗相关疾病。

我们实验室近年来致力于寻找和发展可以调控 Wnt 信号通路的小分子化合物。通过和化学家们合作，展开了一系列化学生物学研究，一方面期待以靶向 Wnt 信号通路的小分子为探针，探索和揭示 Wnt 信号通路调控的新机制，另一方面希望能为靶向 Wnt 信号通路失调引起的相关疾病提供先导化合物。我们利用 Wnt 报告基因 TOPflash 系统，对多个合成小分子化合物库及天然化合物库进行了高通量筛选，目前已经筛选到近十个特异性调控 Wnt 信号通路的小分子调节剂，并且有 3 个小分子的相关研究工作已经发表，这 3 个小分子的代号分别是 NC043、PTL 和 HLY78[8-11]。其中，NC043 和 PTL 是 Wnt 信号通路的抑制剂，而 HLY78 则是激活剂，针对这 3 个小分子，我们采取了类似的研究策略，成功地鉴定了这些小分子的细胞内作用靶点，并在此基础上揭示了这些小分子的作用机制。在本项目中，主要的研究目标正是鉴定 NC043 细胞内的作用靶点，解析其发挥抑制 Wnt 信号通路功能的分子机制。对小分子靶点的鉴定不仅可以促进对小分子作用机制的理解，还可能在这个过程中发现新的信号转导组分。而发现和鉴定信号转导网络中的新组分对于了解动物体早期发育的机理和治疗肿瘤具有非常重要的意义。我们目前已经发展了一套比较完善的靶点鉴定策略。首先，对小分子进行生物素标记；其次，以生物素标记的小分子为分子探针，通过亲和纯化结合质谱分析手段寻找其在细胞内作用的蛋白质靶点；再次，在分子细胞水平阐述该靶点分子对信号通路的调节机制；然后，进一步通过斑马鱼表型分析、肿瘤细胞生长特性分析、小鼠模型等系统对该靶点蛋白质的生理病理功能进行探讨；最后，将在研究小分子分子构效关系的基础上，通过化学改造手段获得一系列相关的衍生物，系统地比较小分子及其衍生物的构效关系，寻找生物毒性更小，但对信号通路调控能力更强，特异性更好的衍生物。

经典 Wnt 信号通路已被广泛研究，但仍有一些分子机理，特别是细胞核内的转录复合物调控机理和细胞膜上信号转导的分子机理还没有被透彻地了解。我们筛选得到的小分子 NC043 和 HLY78 正是分别通过调控细胞核内的转录复合物和细胞膜上的信号传递，从而负向或正向调控 Wnt 信号通路的活性。以 NC043 和 HLY78 小分子作为分子探针，一方面将有利于深入研究 Wnt 信号转导与调控的机理；另一方面也将为治疗由 Wnt 信号通路失调导致的疾病提供可能的先导化合物。

## 17.2 研究进展与成果

### 17.2.1 NC043

1. NC043 的发现

NC043 最初是通过高通量筛选获得的。为了获得靶向 Wnt 信号通路的小分子，我们对一个由 4000 个化合物组成的小分子库进行了规模化筛选。我们使用的筛选方法是基于 Wnt 信号通路荧光报告基因的 TOPflash 检测方法，整个筛选过程由三轮组成。第一轮筛选在 HEK293T 细胞中进行。我们在 HEK293T 细胞中共转 TOPflash 和 Wnt1 质粒。Wnt1 是 Wnt 信号通路的配体，它与细胞膜上的受体结合从而激活 Wnt 信号通路，最终诱导报告基因的表达。随后，我们逐一加入小分子库中的各种化合物，如果加入的小分子能够抑制 Wnt1 引起的 TOPflash 活性的升高，且抑制率超过 50%，这个小分子将进入第一轮的第二步筛选。在第二步筛选中，我们将用含有 Wnt3a 的培养液和 LiCl 分别处理细胞，Wnt3a 培养液和 LiCl 是两种不同的 Wnt 信号通路的激活剂。Wnt3a 作为 Wnt 信号通路的胞外配体，在上游结合膜上受体 LRP5/6 和 Frizzled 从而激活 Wnt 信号通路，而 LiCl 则通过抑制降解复合物中 GSK3β 的活性，从而抑制 β-catenin 的降解，促进 β-catenin 入核和 Wnt 信号通路的激活，因此，Wnt3a 和 LiCl 分别作用在 β-catenin 稳定性的上游和下游，激活 Wnt 信号通路。因此，如果小分子既可以抑制 Wnt3a 引起的 TOPflash 活性的升高，也能够抑制 LiCl 刺激下的 TOPflash 活性的升高，这就暗示该小分子作用在 β-catenin 降解复合物的下游。通过第一轮的两步筛选，对 Wnt3a 或 LiCl 诱导的 TOPflash 活性抑制率超过 50%的被认为是阳性小分子。第二轮筛选在结肠癌细胞系 SW480 和/或 Caco-2 中进行。在这两个细胞系中，由于 β-catenin 降解复合物中的重要成员 APC 的突变，β-catenin 被持续性激活。因此，在第二轮筛选中，对 Wnt 信号通路的靶基因表达有显著抑制的小分子的作用也是在 β-catenin 降解复合物的下游。这个筛选结果也可以视为对第一轮第二步筛选中 LiCl 诱导的 Wnt 信号通路抑制活性的验证。在这些阳性小分子中，代号 NC043 的小分子表现出了最强的活性，它对 Wnt3a 和 LiCl 诱导的 TOPflash 活性及 SW480 和 Caco-2 细胞中的 Wnt 靶基因表达都表现出明显的抑制（图 17.2）[8]。

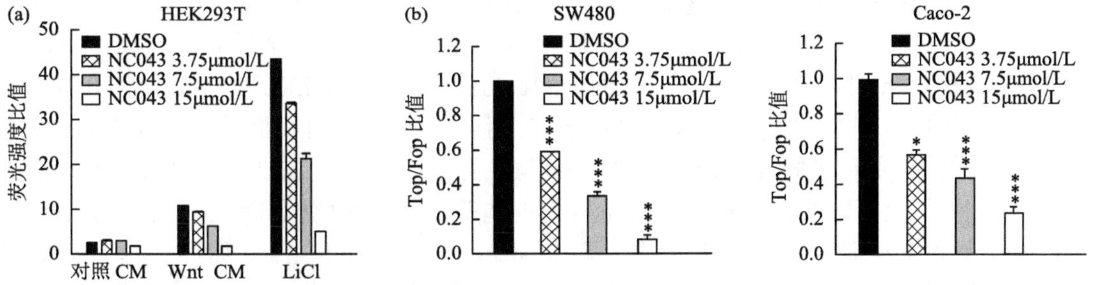


图 17.2 NC043 剂量依赖性地抑制 TOPflash 活性。(a)HEK293T 细胞中，NC043 剂量依赖性抑制 Wnt CM 或 LiCl 诱导的 TOPflash 活性。(b) 在结肠癌细胞系 SW480 和 Caco-2 中，由于 APC 突变，Wnt 信号通路被持续激活，NC043 剂量依赖性地抑制这两个肿瘤细胞系中的 Wnt 报告基因活性

CM 表示条件培养基。$*p<0.05$；$***p<0.001$

NC043 小分子的化学名称是 15-氧代绣线菊内酯（15-oxospiramilactone），它是一个半合成的天然化合物的衍生物，其天然化合物的前体来自于绣线菊。绣线菊广泛分布于我国云南地区，它的子、叶、根都可作药用，有祛风清热、明目退翳的作用，民间用它消炎和镇痛。例如，《贵州民间药物》记载“止咳，镇痛，治翳明目”。此外，绣线菊还是三大神圣德鲁伊 Druid 草药之一，长期以来一直是欧洲民间秘方药。通过筛选，发现 15-氧

代绣线菊内酯具有抑制 Wnt 信号通路的活性。为了研究 NC043 的结构和功能的关系，我们合成了一系列 NC043 的衍生物，测试了它们对 Wnt 报告基因 TOPflash 活性的影响。通过对这些衍生物活性的测定，我们发现 NC043 的 15 位的羰基基团对其活性至关重要，这个基团如果被替换成一个羟基（即代号 S1 的衍生物），则衍生物 S1 抑制 Wnt 信号通路的活性丧失（图 17.3）[8]。

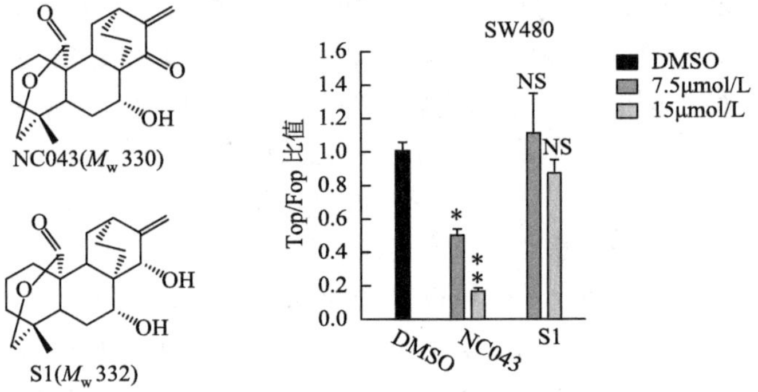


图 17.3　NC043 的 15 位羰基基团对其活性至关重要

$*p<0.05$；$**p<0.01$

在第一阶段的研究中，我们对 NC043 活性的测试都是基于检测 TOPflash 活性。接下来，为了进一步确认 NC043 对 Wnt 信号通路的抑制，我们检测了 NC043 对 Wnt 信号通路靶基因表达的影响。实验结果表明 NC043 可以剂量依赖性地抑制 Wnt 靶基因 *Axin2* 和 *Survivin* 的 mRNA 水平，以及靶基因 *Survivin* 和 *Cyclin D1* 的蛋白质水平。这一结果进一步支持了 NC043 是 Wnt 信号通路的抑制剂。如前所述，在筛选的过程中，我们发现 NC043 可以抑制 LiCl 刺激下的 TOPflash 的活性，暗示 NC043 作用在 β-catenin 稳定性的下游。接下来，我们为了进一步确定 NC043 作用在 Wnt 信号通路的哪个层面，检测了 NC043 和 S1 对 β-catenin 表达水平及核质分布的影响。为此，我们在 HEK293T 和 SW480 细胞中分别加入 NC043，收集细胞后分离了细胞质和细胞核组分，同时我们利用没有活性的小分子 S1 作为对照组进行了同样的处理。实验结果与我们预想的一致，NC043 并不影响 β-catenin 的蛋白质水平，也不影响 β-catenin 在细胞核与细胞质中的分布比例。因此，我们猜测 NC043 很可能作用在 Wnt 信号通路的更下游，即 β-catenin/TCF 转录复合物层面。为了验证这个猜测，我们将细胞核组分用 β-catenin 抗体进行免疫沉淀，比较 NC043 和对照小分子对 β-catenin 结合的 TCF4 的蛋白质量是否有影响。实验结果表明 NC043 剂量依赖性地抑制 β-catenin 和 TCF4 之间的相互作用。

β-catenin/TCF4 转录复合物中除了 β-catenin 和 TCF4，还存在许多其他蛋白质，这些蛋白质一起参与协调 TCF/LEF1 转录复合物的活性，使 TCF/LEF1 转录复合物的活性获得精确调控。因此，我们猜测 NC043 的作用机制有两种可能性：①NC043 可能通过直接结合 β-catenin 或者 TCF4，如 β-catenin 和 TCF4 的交界面，从而直接破坏 β-catenin 和 TCF4 的相互作用；②NC043 作用在 β-catenin/TCF4 转录复合物中的另外一个蛋白质上，从而间接地影响了 β-catenin 和 TCF4 的相互作用。为了确认 NC043 是直接还是间接抑制 β-catenin 和 TCF 的相互作用，我们测试了 NC043 对 β-catenin 和 TCF4 体外结合的影响。在体外结合实验中，我们首先用大肠杆菌原核表达系统分别表达和纯化了 β-catenin 和 TCF4 蛋白，然后在体外让二者结合，这样就基本排除了其他蛋白质参与 β-catenin/TCF4 相互作用的可能性。检测蛋白质和蛋白质相互作用的方法有很多，如酵母双杂交、荧光能量转移（fluorescence energy transfer，FRET）、表面等离子共振（surface plasmon resonance，SPR）技术等。其中，SPR 更为广泛地用于体外蛋白质相互作用的研究，此外，与其他方法相比，SPR 可以快速地测定相互作用的动力学参数。因此，我们用 *E.coli* 分别表达和纯化了 β-catenin 和 TCF4 蛋白，然后利用 SPR 方法，在 biacore（基于 SPR 原理的分析仪器）上测试了 NC043 对 β-catenin 和 TCF4 相互作用的影响。Biacore 的实验结果表明 β-catenin 和 TCF4 之间存在显著相互作用，但是 NC043 对它们的相互作用并没有明显影响，这一结果暗示 NC043 并不直接作用于 β-catenin 和 TCF 的相互作用，因此，NC043 非常有可能作用在 β-catenin/TCF4 复合物中的其他蛋白质上，从而间接影响了 β-catenin/TCF4 复合物的稳定性。

目前已知有很多蛋白质参与了 β-catenin/TCF 复合物的形成。例如，Groucho 蛋白是一个转录的负调控子，Groucho 和 TCF4 的结合会招募组蛋白去乙酰化酶 HDAC，对靶基因区域的组蛋白进行去乙酰化，从而抑制了 TCF4 的转录活性。而另外一些蛋白质，如 Brg1、CBP/p300、BCL9 和 Pygopus 等，是转录激活子，其与 β-catenin 一起，激活 TCF/LEF1 的转录活性，促使 TCF/LEF1 从转录抑制状态转变为转录激活状态。目前，我们已经知道 NC043 作用在 β-catenin/TCF 复合物上，影响其稳定性，那么接下来一个重要的问题是 NC043 对转录复合物的作用是否会影响转录复合物和 TBE 区域的结合。TBE（TCF binding element）是 TCF 结合的 DNA 序列，这段序列在脊椎动物及果蝇中都是非常保守的。前面多次提到的 TOPflash 荧光报告基因系统，就是串联了多个 TBE，从而可以用来监测 Wnt 信号的激活强度。为了检测 NC043 是否影响 TCF4 和 TBE 的结合，我们首先利用 TOPflash 系统，发现 NC043 可以抑制持续性激活的 β-catenin 引起的 TOPflash 活性，而当转入一个持续性激活的 LEF 质粒（ΔN-LEF-VP16）时，NC043 对 Wnt 信号通路的抑制活性消失。ΔN-LEF-VP16 的 β-catenin 结合位点被去掉，同时连有一个疱疹病毒 VP16 的转录激活结构域，因此 ΔN-LEF-VP16 的活性不再依赖 β-catenin。这个实验的结果再一次支持了 NC043 作用于 β-catenin 和 TCF/LEF1 的相互作用上，而不是直接影响 TCF/LEF1 和 DNA 的结合。与这个结果一致的是用 β-catenin 和 TCF 的抗体进行 ChIP 实验的结果，实验结果表明 NC043 可以减少 β-catenin 在 Wnt 靶基因 *Cyclin D1* 启动子区域的富集，但是对于 TCF4 在该区域的聚集则没有显著影响。这些结果再一次确认了 NC043 通过影响 β-catenin/TCF 复合物的装配，而不是影响 TCF 和 DNA 的结合发挥功能。

我们现在已经确定 NC043 是一个 Wnt 信号通路的抑制剂，并且其作用在 Wnt 信号通路的 β-catenin/TCF4 转录复合物层面，需要思考的一个问题是，NC043 对 Wnt 信号通路的抑制是否具有特异性？小分子的特异性是一个需要考虑的很重要的问题，因为如果小分子的活性没有一定的特异性，即在体内作用于过多的靶点，那么它所产生的副作用也会随之增多，当毒性超过疗效，就失去了作为治疗疾病的药物价值。因此，接下来，我们测试了 NC043 的活性是否具有一定的特异性。为此，我们测试了 NC043 对活化 T 细胞核因子（nuclear factor of activated T cells，NFAT）和 CRE 两条信号通路的影响。我们的研究结果表明 NC043 对这两条信号通路的报告基因的激活并没有显著影响［图 17.4（a）］[8]。这个实验结果表明 NC043 对 Wnt 信号通路的抑制活性是具有一定特异性的。同时，NC043 作用在 β-catenin/TCF 复合物上，而 β-catenin 除了参与经典 Wnt 信号通路外，还与一些其他蛋白质相互作用，执行另外的功能，其中，最主要的一个功能是 β-catenin 通过与 E-cadherin 相互作用，在细胞黏附中发挥作用。如果 NC043 对 β-catenin/E-cadherin 的相互作用也有影响，则可能会破坏细胞黏附，导致杀伤正常的细胞。为了检测 NC043 是否对 β-catenin/E-cadherin 复合物也有影响，我们在 SW480 结肠癌细胞中，对内源性的 E-cadherin 进行了免疫共沉淀实验。实验结果表明 NC043 对 β-catenin 和 E-cadherin 的相互作用并没有显著影响［图 17.4（b）］[8]，这个结果再一次表明 NC043 抑制 Wnt 信号通路的活性是具有一定特异性的。

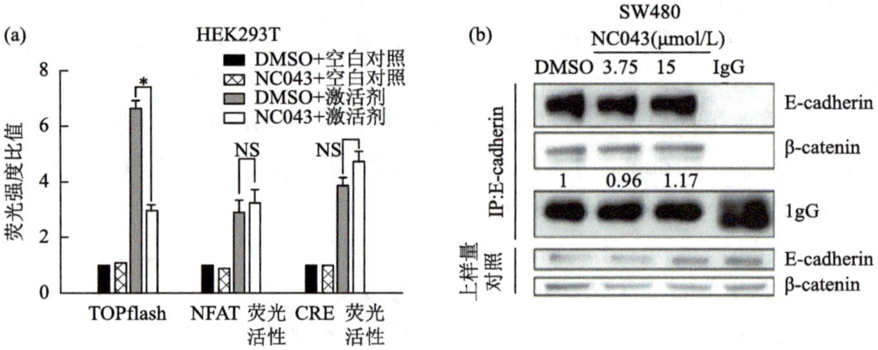


图 17.4　NC043 的特异性检测。（a）NC043 对 NFAT 和 CRE 这两条信号通路报告基因的激活并没有显著影响。（b）NC043 对 β-catenin/E-cadherin 相互作用没有显著影响

IP：免疫沉淀

前面基于细胞水平的研究验证了 NC043 抑制肿瘤细胞的生长，在转录水平抑制 Wnt 信号通路，且这种抑制具有一定的选择性，接下来，我们想知道，NC043 在动物模型中是否确实可以抑制肿瘤的生长。为此，我们在 SW480 结肠癌移植瘤小鼠中检测了 NC043 对小鼠肿瘤生长的影响。研究结果表明每天注射 NC043（剂量为 45μg/kg 和 90μg/kg）连续 17 天后，与阴性对照相比，NC043 注射的小鼠其肿瘤的大小和肿瘤的质量发生显著的减少现象，这一体内的研究结果进一步证实了 NC043 具有抑制 Wnt 信号通路失调引起的肿瘤生长的活性（图 17.5）。

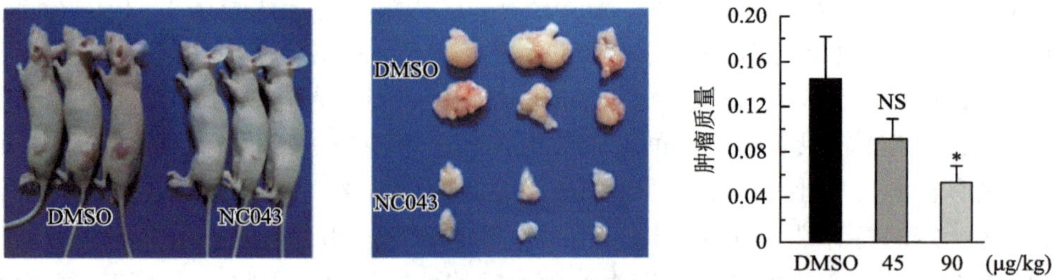


图 17.5　NC043 显著抑制 SW480 结肠癌移植瘤的生长

至此，我们发现了一个 Wnt 信号通路的小分子抑制剂——NC043，它通过抑制 Wnt 信号通路下游的 β-catenin/TCF 复合物而发挥功能，并且可以有效抑制结肠癌肿瘤细胞系

和小鼠移植瘤的生长。然而，至此 NC043 细胞内的蛋白质靶点并不知道，其抑制 Wnt 信号通路的具体分子机制也还不清楚，我们的研究暗示 NC043 的靶点很可能是 β-catenin/TCF 复合物中的一个成员“X”，NC043 通过结合这个成员，间接地影响了 β-catenin/TCF 复合物的稳定性（图 17.6）。

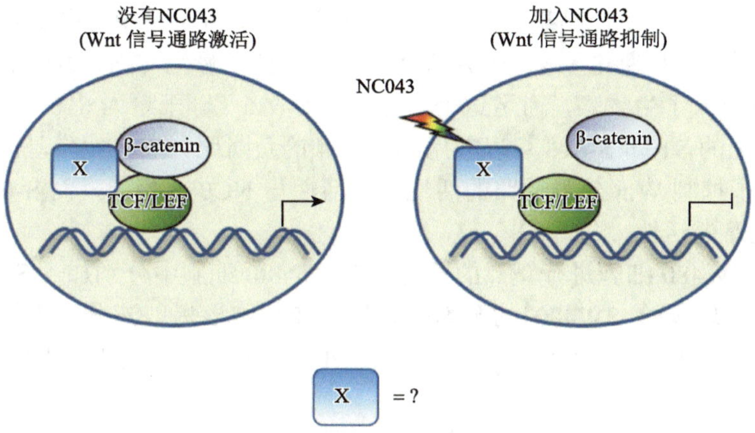


图 17.6　NC043 的作用机制。NC043 很可能通过结合其靶点“X 蛋白”，破坏了 β-catenin/TCF 复合物的稳定性

2. NC043 靶点 CARF 蛋白的发现

前面的研究表明 NC043 阻滞具有 Wnt 信号通路组成型激活特性的结肠癌细胞的增殖，并能够很好地抑制裸鼠结肠癌移植瘤的生长，这些结果都表明 NC043 有可能作为针对 Wnt 信号通路的药物前体。我们的初步机制研究表明 NC043 作用在 β-catenin/TCF 转录复合体层面，但是 NC043 并不直接抑制 β-catenin 和 TCF 之间的相互作用，它可能作用在这个复合物中的另外一个蛋白“X”上，从而通过某种机制间接地影响了 β-catenin 和 TCF 之间的相互作用。如前所述，目前已知有许多的蛋白质参与 β-catenin/TCF 转录复合体的形成，它们有的促进转录，有的抑制转录，这些蛋白质都有可能是 NC043 潜在的作用靶点。同时，可能还有一些未知的蛋白质也参与到 β-catenin/TCF 转录复合物中，NC043 也有可能作用在这些未知蛋白质中的其中一个，从而影响 β-catenin/TCF 转录复合物的装配。因此 NC043 的靶点既可能是众多已知的转录复合物调控子中的一个，也可能是一个未知的蛋白质，并不在已经发现的 β-catenin/TCF 转录复合体的成员中。那么我们该如何才能找到 NC043 的靶点蛋白呢？目前寻找靶点的方法有很多，如基于质谱的蛋白质组学、计算机模拟、药物亲和反应的靶点稳定性技术及生物信息学方法等。其中，基于质谱的蛋白质组学是一种最为经典和被广泛使用的方法，它的基本流程是，将小分子进行标记（通常是生物素标记），随后和细胞裂解液混合，然后利用亲和层析的方法将与小分子结合的蛋白质进行分离，最后用高灵敏度的质谱进行鉴定和分析。因此，要使用这个方法寻找靶点的一个前提是要对小分子进行标记。而要对 NC043 进行生物素标记，我们首先需要知道 NC043 上哪些基团对其活性重要，哪些基团不重要，从而将生物素标签结合在不重

要的基团上。生物素标记的 NC043 与没有标记的 NC043 相比，活性没有发生明显变化。前面提到，我们对 NC043 的不同位置进行了修饰，合成了一系列 NC043 的衍生物，并通过 Wnt 报告基因 TOP flash 系统，测试了这些衍生物抑制 Wnt 信号通路的活性。通过比较这些衍生物和 NC043 对 Wnt 信号通路的抑制活性，我们发现在 NC043 的 7-OH 位置进行修饰不会改变 NC043 的活性，而在 C15 位羰基基团进行修饰，即衍生物 S1，将导致小分子的活性完全丧失。基于此结果，我们在 7-OH 位点引入了生物素修饰，并命名这个位点生物素修饰的 NC043 为 S-614，因为这个小分子的分子量为 614，同时我们也在衍生物 S1 的同样位点引入了生物素，命名这个衍生物为 S-616（分子量为 616），由于 S1 没有活性，生物素标记的 S1 即 S-616 可以被用作 S-614 的负对照。Wnt 报告基因检测实验确认了 S-614 保留了抑制 Wnt 信号通路的活性，其活性与 NC043 相当，而 S-616 则失去了抑制 Wnt 信号通路的活性。

我们选取 SW480 细胞进行靶点的鉴定，在 SW480 细胞中分别加入 S-614 和 S-616，然后将小分子处理过的 SW480 的全细胞裂解液和细胞核提取液分别进行生物素沉淀实验，随后进行了基于质谱（MS）的定量蛋白质组学分析，所用策略如图 17.7 所示。

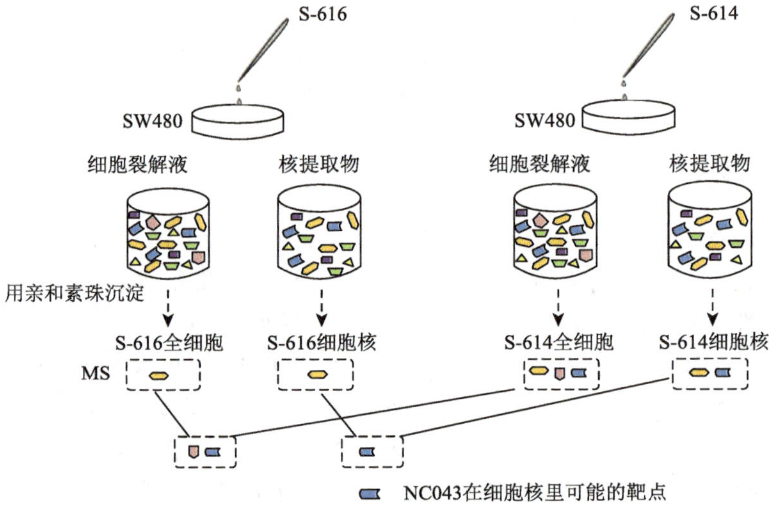


图 17.7 寻找 NC043 细胞核内靶点的策略

通过对比 S-614 和 S-616 所获得的数据，我们发现在全细胞裂解液中，S-614 特异性的结合蛋白质与在细胞核提取物中鉴定到的 S-614 特异性结合的蛋白质有 8 个重叠，即这 8 个蛋白质既在全细胞裂解液中被鉴定到，又在细胞核提取液中被鉴定到。在这 8 个蛋白质中，其中 2 个因为是 condensin 复合物的亚基而被排除，余下的 6 个蛋白质分别是 CARF、ATRIP、ESRP1、NUDT21、PAICS 和 EPS8L2。理论上，这 6 个蛋白质都有可能是 NC043 的靶点。为了确定这 6 个蛋白质中哪一个或哪几个是 NC043 作用在 Wnt 信号通路上的靶点，我们在 SW480 细胞中分别敲低（RNAi）这 6 个蛋白质，检测其对 Wnt 靶基因 *lef1* 表达的影响。实验结果表明在这 6 个蛋白质中，只有 CARF 蛋白的敲低对 *lef1* 的表达产生了明显的影响，暗示 CARF 很可能是 NC043 的靶点［图 17.8（a）］[9]。我们接着检测了 CARF 和 NC043 的结合，发现 S-614 确实可以结合 CARF 蛋白，而 S-616 则不能，由于 NC043 和 S-614 可以竞争结合 CARF，所以 NC043 会剂量依赖性地减弱 S-614 和 CARF 的结合。这些结果暗示 CARF 是 NC043 细胞内的一个作用靶点［图 17.8（b）］[9]。

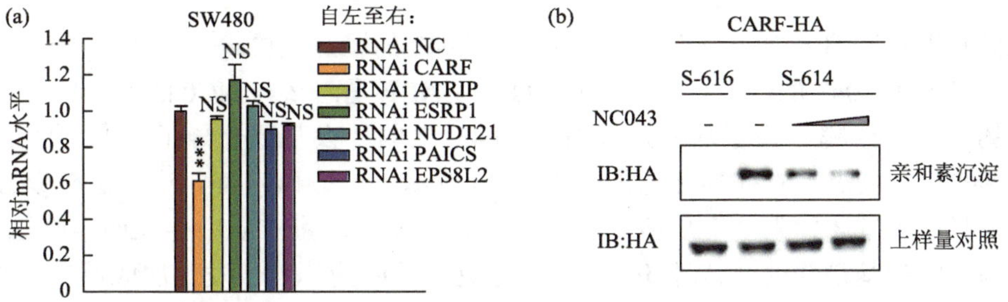


图 17.8 （a）在 6 个候选潜在 NC043 的目标蛋白中，只有 CARF 蛋白的敲低明显影响了 Wnt 靶基因 *lef1* 的表达。（b）免疫沉淀实验确认 S-614 结合 CARF 蛋白，而 S-616 则不能，且 CARF 和 S-614 的结合可以被 NC043 剂量依赖性地竞争掉

IB：免疫印迹杂交。NS 表示没有统计差别。$***p<0.001$。HA 是一个常用蛋白标签

### 3. CARF 蛋白

CARF 蛋白最初是作为与 ARF 相互作用的一个蛋白质被发现的。肿瘤中经常发现染色体 9p21 位点的 *INK4a* 基因发生异常。这个位点通过阅读框的改变，编码 2 个结构类似的肿瘤抑制子，$p16^{INK4a}$ 和 ARF。最初的一些研究认为 ARF 通过阻止 MDM2 出核来抑制 MDM2 介导的 p53 的降解，从而促进 p53 的激活。后来的一项研究表明，MDM2 重定位到细胞核并不影响 ARF 介导的 p53 的稳定性，这一结果暗示 ARF 可能通过与 MDM2 以外的其他蛋白质相互作用而发挥功能。2002 年，在利用酵母双杂交系统寻找 ARF 的结合蛋白时，发现了一个新的 ARF 结合蛋白，氨基酸序列分析表明这个蛋白质和当时数据库已有的蛋白质都不符合，是一个新的蛋白质，它被命名为 CARF（collaborates/cooperates with ARF）[12]。CARF 可以结合 ARF，并与 ARF 一起促进 p53 蛋白的激活。在人细胞中，CARF 的表达十分广泛，人源 CARF 蛋白一共包含 580 个氨基酸残基，分子量约为 61000，其中包括多个磷酸化、糖基化在内的翻译后修饰位点。CARF 位于氨基酸 350～380 的区域是一个结合 DNA 的结构域，而在 462～537 区域处具有一个结合双链 RNA 的结构域。此外，在 CARF 蛋白的氮端存在着一个螺旋-转角-螺旋的结构域，该结构域被认为与蛋白质的相互作用有关。关于 CARF 早期的研究认为 CARF 是通过 ARF 才参与调控 p53 功能的，随后的研究发现 CARF 在不依赖 ARF 的情况下也能激活 p53 的活性，并且在某些情况下，CARF 甚至可以不依赖 p53 发挥功能[13, 14]。例如，一项研究表明，在内源 CARF 被敲低的情况下，不依赖于 p53 而是通过调控 ATR/CHK1 进而触发 DNA 损伤应答并最终导致细胞凋亡的发生[15]。值得一提的是，在 p53 缺陷的细胞中 CARF 的超高表达（superexpression），一方面会激活 E2F1 和 MMP，抑制 P21WAF1 促进细胞的生长；另一方面会促进肿瘤的侵袭和转移[16]。在小鼠移植瘤实验中，研究人员发现 CARF 作为一个肿瘤促进因子发挥生物学作用，敲低 CARF 可以抑制小鼠移植瘤的生长[15]。这些研究表明在一些情况下，如 p53 缺陷，CARF 发挥着促进肿瘤发生、发展的作用。然而，对 CARF

是以何种机制参与调控肿瘤发生发展的，以及 CARF 这种对肿瘤生长的影响是否具有某种特异性仍知之甚少。

4. NC043 共价结合 CARF

我们基于质谱的蛋白质组学分析找到了 NC043 的靶点蛋白——CARF，随后，我们确认了 CARF 和 NC043 的结合。下一个问题是，CARF 是怎么与 NC043 结合的，即 CARF 蛋白上的哪一个或哪一些氨基酸残基与 NC043 上的什么基团介导了它们之间的相互作用？要回答这个问题，首先要注意的是 NC043 含有一个碳碳双键，这个碳碳双键作为受体可以与吸电子基团发生共轭反应，即迈克尔反应。例如，蛋白质中存在的半胱氨酸残基，这个残基中的巯基是强的亲核基团，易于与迈克尔反应受体分子发生加成反应。与此一致的是，我们前面的实验结果表明，如果对 NC043 的这个迈克尔受体进行修饰获得衍生物 S1，则 S1 完全失去了抑制 Wnt 信号通路的活性，暗示 NC043 的这个迈克尔受体位点很可能在结合 CARF 中发挥关键性的作用，我们猜测 NC043 上的这个迈克尔受体很可能与 CARF 上的某个半胱氨酸残基发生了迈克尔反应，形成了共价键。为了验证我们的这个假设，确定 NC043 是否与 CARF 形成了共价键，我们设计了一个实验，即先加入 S-614，再加入 NC043。如果 S-614 与 CARF 形成的是共价键，那么后来加入的 NC043 就不再能与 S-614 竞争结合 CARF；如果不是形成共价键，那么它们的结合是可逆的，S-614 和 NC043 之间对 CARF 的竞争性结合将不受它们加入先后顺序的影响。实验结果表明，当 NC043 和 S-614 同时加入时，NC043 可以和 S-614 竞争结合 CARF 蛋白，但是，当 S-614 先加入 0.5h，再加入 NC043 时，NC043 则不再能把 S-614 从 CARF 蛋白上竞争下来［图 17.9（a）］[9]。这一结果清楚地表明，S-614 和 CARF 蛋白形成了共价键。接下来，我们想找到 CARF 蛋白上究竟哪个半胱氨酸残基参与了和 NC043 的迈克尔反应。为此，我们首先把 CARF 蛋白分成两个片段——氨端片段 N2（氨基酸 1～428）和碳端片段 C1（氨基酸 429～578）。我们分别测试了这两个片段和 NC043 的相互作用，结果显示 C1 而不是 N2 片段介导了 CARF 和 NC043 之间的结合。C1 片段上一共有 4 个半胱氨酸残基，我们对这 4 个半胱氨酸残基依次进行了突变，比较了这 4 个突变体和野生型 CARF 对 NC043 的结合。实验结果显示，在这 4 个半胱氨酸残基中，只有 Cys-516 位的突变明显地减弱了 CARF 和 NC043 的结合［图 17.9（b）］[9]。由此，我们得出结论，CARF 蛋白的 Cys-516 是负责结合 NC043 的关键氨基酸残基，这个半胱氨酸残基非常可能与 NC043 的碳碳双键发生了迈克尔反应，从而形成一个共价键。

NC043 具有抑制 Wnt 信号通路的活性，而 CARF 是 NC043 细胞内的一个作用靶点。那么一个很明显的问题就是 CARF 是否在 Wnt 信号通路中扮演了某种角色？为了揭示 CARF 在 Wnt 信号的传递中发挥什么样的功能，我们首先检查了 CARF 对 Wnt 报告基因激活的影响。实验结果表明，CARF 过表达时可以剂量依赖性地促进 Wnt3a 诱导的 TOPflash 活性［图 17.10（a）］[9]，而敲低 CARF 则可以减弱 TOPflash 活性。接下来，我们研究 CARF 敲低对 Wnt 靶基因 *Axin2* 的影响，结果表明 CARF 敲低显著减弱了 *Axin2* 的表达，而再次转入 CARF 可以回复 *Axin2* 的表达。这些结果都暗示 CARF 很可能是 Wnt 信号通路的一个正向调控子。前面提到，CARF 为人熟知的一个功能是以依赖或者不依赖

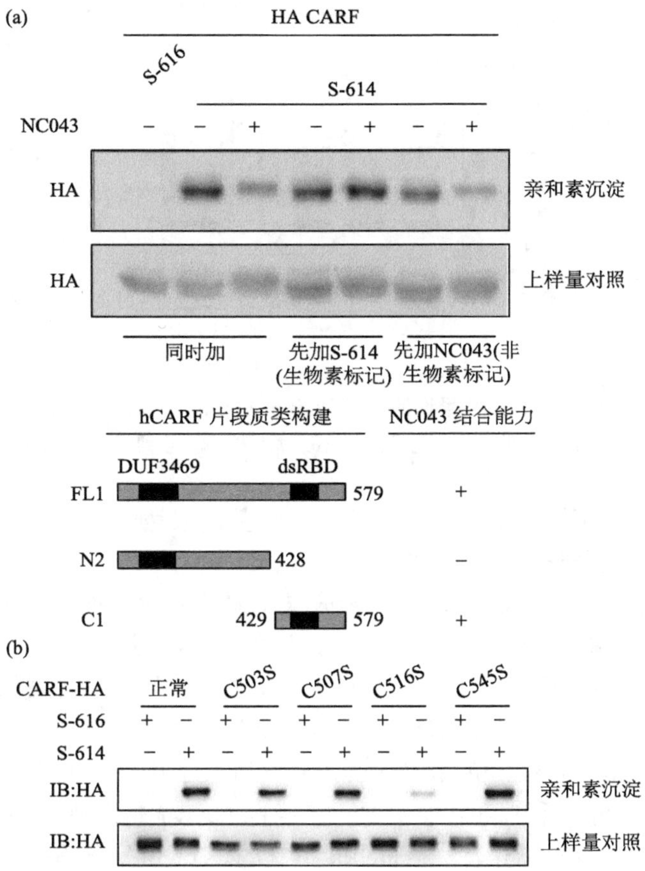


图 17.9　(a) S-614 和 CARF 共价结合。如果先加 S-614，NC043 不能与 S614 竞争结合 CARF，如果同时加，则可以竞争。(b) CARF 碳末端的片段 C1 负责和 NC043 结合。CARF 碳末端片段上的 4 个半胱氨酸残基，只有 C-516 位的突变体和 CARF 结合能力明显减弱

ARF 的方式促进 p53 的活性。那么接下来的一个问题是我们发现的 CARF 对 Wnt 信号的调控是否是 CARF 调控 p53 通路间接导致的结果？为了检测 CARF 对 Wnt 信号通路的调控是否与 p53 信号通路相关，我们选取了 Saos-2 细胞系进行下面的研究。Saos-2 是一个 p53 缺失的骨肉瘤细胞系，因此 CARF 在这个细胞系中所表现的功能和 p53 将不再相关。我们发现在 Saos-2 细胞系中敲低 CARF，仍然可以观察到 Wnt3a 诱导下的靶基因 *Axin2* 和 *lef1* 表达的显著降低，由此，我们得出结论，CARF 对 Wnt 信号通路的调控和 CARF 在 p53 通路中的功能并不相关［图 17.10（b）］[9]。

目前我们的实验结果已经表明 CARF 是 Wnt 信号通路的一个正向调控子，为了进一步确定 CARF 在 Wnt 信号通路中的功能，定量地分析了由 CARF 缺失所引起的 Wnt 信号通路靶基因表达的变化。如果 CARF 确实是 Wnt 信号通路的正向调控子，那么 CARF 的功能缺失将引起 Wnt 靶基因的下调，下调的靶基因的数目和 CARF 在 Wnt 信号通路中执行功能的重要性有关，可以认为，CARF 的功能对 Wnt 信号通路越不可或缺，因它的缺失所引起下调的 Wnt 靶基因也会越多。接下来，我们利用基因芯片（microarray）

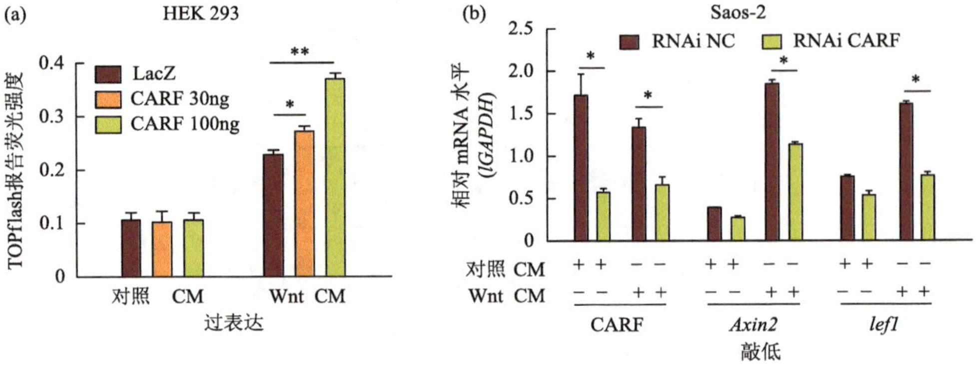


图 17.10　CARF 正向调控经典 Wnt 信号通路且不依赖 p53。(a) 过表达 CARF 可以促进 Wnt3a 诱导的 TOPflash 活性。(b) 在 Saos-2 细胞系中敲低 CARF，依然可以抑制 Wnt 靶基因 *Axin2* 和 *lef1* 的表达

技术，分析了 Saos-2 细胞中敲低 CARF 后 Wnt 靶基因表达的变化。β-catenin 的敲低作为一个阳性对照也加入了分析。结果表明 Wnt3a 诱导了 78 个表达上调（大于 1.5 倍的变化）的基因中，有 73 个在敲低 β-catenin 后，上升被抑制了超过 20%，而有 41 个在 CARF 敲低后，上升被抑制了超过 20%。更重要的是，被敲低 β-catenin 抑制的和被敲低 CARF 抑制的 Wnt 靶基因中有 40 个共同基因，它们被 Wnt3a 诱导的上升既被敲低 β-catenin 抑制也被敲低 CARF 抑制。随后，我们随机在这 40 个基因中抽取了 6 个基因，分别是 *lef1*、*BMP4*、*Wnt11*、*Dock4*、*OPG* 和 *SLC38A4*，对其进行了进一步的确认。实验结果验证了我们基于基因芯片分析结果的可靠性，进一步确定 CARF 是经典 Wnt 信号通路的一个正向调控子。值得一提的是，与敲低 β-catenin 抑制的 Wnt 信号通路的基因相比，受 CARF 敲低影响的基因数目显著减少，这一结果暗示，CARF 很可能是 Wnt 信号通路的一个调控子，而不是像 β-catenin 那样作为 Wnt 信号通路的核心成员执行关键性的功能。

5. CARF 调控 Wnt 信号通路的分子机制

我们前期的工作表明 NC043 通过抑制细胞核中 TCF/LEF1 转录复合物的活性抑制 Wnt 信号通路，暗示 CARF 作为 NC043 的靶点很可能作用在细胞核中。与这个猜想一致，我们的研究表明 CARF 敲低既不会影响 LRP6 的磷酸化，也不会影响 β-catenin 的磷酸化。我们随后检测了 SW480 细胞中，CARF 敲低对 Wnt 靶基因的影响。结果表明，CARF 敲低导致 Wnt 靶基因 *Axin2*、*c-Myc*、*CCND1* 和 *NKD1* 表达的下调。SW480 是结肠癌细胞系，其中 APC 基因发生功能缺失突变，APC 是 β-catenin 降解复合物的核心成员，APC 的功能缺失将导致 β-catenin 的累积，最终入核激活 LEF1/TCF4 转录复合物，80%的结肠癌中都发现了 APC 的突变。我们观察到 CARF 的敲低在 APC 突变的结肠癌细胞系中仍然引起 Wnt 靶基因的下调，暗示 CARF 可能作用在 β-catenin 降解复合物的下游。接下来，我们对 HEK293 细胞进行了 LiCl 刺激，LiCl 可以抑制 GSK3β 的活性，从而抑制降解复合物的活性，导致 β-catenin 的累积。我们发现过转 CARF 可以进一步提高 LiCl 诱导的 TOPflash 活性的升高。与此一致，细胞中转入持续性激活的 β-catenin，即 ΔN-β-catenin（氮端 1～45 个氨基酸缺失，从而不受降解复合物调控），其诱导的 TOPflash 活性的升高可以

被 CARF 进一步提高。这些实验结果和前面 NC043 的研究结果一致，暗示 CARF 作用在 Wnt 信号通路中 β-catenin 降解复合物的下游。接下来，我们考察了 CARF 是否影响 β-catenin 的出入核，发现 CARF 敲低并不影响 β-catenin 出入核。综合以上结果，我们推断 CARF 与 NC043 一致，作用在细胞核中 LEF1/TCF4 转录复合物水平。

前面提到，LEF1/TCF4 转录复合物由多个蛋白质组成，这些蛋白质通过不同的机制或正向或反向调控 LEF1/TCF4 转录复合物的活性。我们实验室在早前一项针对 β-catenin/TCF 转录复合物的调控机制研究中，发现 Dvl 也存在于细胞核中，且 Dvl 在细胞核中的功能对于经典 Wnt 信号通路是必需的。Dvl 蛋白作为 Wnt 信号通路的核心成员之一，发挥正向调控 Wnt 信号通路的功能，它在细胞质中的功能被广泛认可。而在我们实验室前期的这项研究中，我们发现细胞核内 Dvl、β-catenin、c-Jun 与转录因子 TCF4 通过一系列相互作用形成四元复合物，促进 β-catenin/TCF 转录复合物的活性，协同调控 Wnt 下游靶基因的转录表达［图 17.11（a）］[17]。这一结果揭示了 Dvl 在细胞核中促进经典 Wnt 信号通路的一个重要机制，我们的这一发现后来被多个来自其他实验室的研究工作证实，目前国际上 Wnt 研究领域基本认可了 Dvl 在细胞核中存在功能。在我们实验室前期另一项工作中，我们发现了一个 TCF/LEF1 新的相互作用蛋白——TDG（thymine DNA glycosylase）[18]。在 Wnt 信号激活后，TDG 与已知的 β-catenin 转录共激活子——乙酰化酶 CBP 相互依赖地介导 β-catenin 与 TCF/LEF1 形成多元转录复合物，增强下游 Wnt 靶基因启动子区 H4

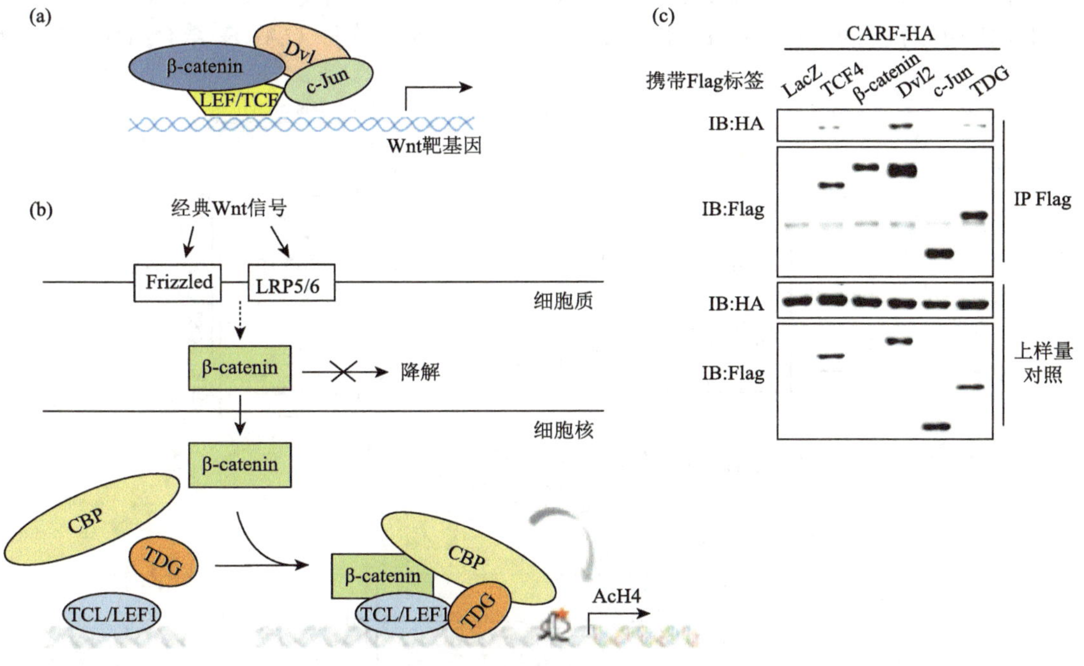


图 17.11　鉴定 CARF 在 β-catenin/TCF 复合物中相互作用的蛋白。（a）早前一项研究揭示 Dvl 通过介导 Dvl-c-Jun-β-catenin-TCF 四元转录复合物的形成，促进 Wnt 靶基因的表达。（b）前期另一项研究发现 TDG 和 CBP 相互依赖，介导 β-catenin 与 TCF/LEF1 形成多元转录复合物，促进基因的转录表达。（c）检测 CARF 和 TCFs、β-catenin、Dvls、c-Jun 和 TDG 等 TCF/LEF1 转录复合物成员之间的相互作用

乙酰化水平，促进基因的转录表达［图 17.11（b）］[18]。我们猜测 CARF 可能通过与包括上述这些蛋白质的 TCF/LEF1 复合物中的一个或多个成员相互作用，从而参与调控 TCF/LEF1 转录复合物。基于此，我们首先检测了 CARF 和 TCFs、β-catenin、Dvls、c-Jun 和 TDG 的相互作用［图 17.5（c）］[9]。实验结果显示在这些蛋白质中，Dvl 显示出与 CARF 最强的相互作用。

人源 Dvl 家族包含 3 个成员——Dvl1、Dvl2 和 Dvl3，我们发现这 3 个成员都与 CARF 存在相互作用。接下来，我们想知道 CARF 是如何与 Dvl 相互作用的，即 CARF 参与与 Dvl 相互作用的区间。研究结果表明 CARF 与 Dvl 相互作用的区间是位于 CARF 碳端的 C1 片段。值得注意的是前面提到，C1 也是 CARF 负责结合 NC043 的区间。因此，一个显而易见的问题是，CARF 的 C1 片段与 NC043 的结合是否会影响这个区间与 Dvl 的结合？为了回答这个问题，我们进行了内源的免疫共沉淀实验，结果表明，NC043 的加入确实会显著减弱内源 CARF 与 Dvl 的相互作用［图 17.12（a）］[9]。为了进一步确定这一结果，我们又进行了体外结合实验。我们利用大肠杆菌表达系统体外分别表达和纯化了 CARF 蛋白和 Dvl 蛋白，其中 CARF 的氮端带有 1 个 GST 标签，Dvl 的氮端带有 1 个 His 标签，然后我们进行了 GST-pulldown 实验。实验结果表明 Dvl 和 CARF 在体外存在直接相互作用，并且这个相互作用可以被加入的 NC043 破坏［图 17.12（b）］[9]。有趣的是，在这些实验中，我们发现 CARF 结合 NC043 的关键位点 Cys-516 位的突变并不影响 CARF 和 Dvl 的结合，NC043 可以显著削弱野生型 CARF 和 Dvl 的相互作用，但是对 $CARF^{C516S}$ 和 Dvl 的相互作用则没有影响［图 17.12（c）］[9]，这一结果说明 CARF 结合 Dvl 不依赖

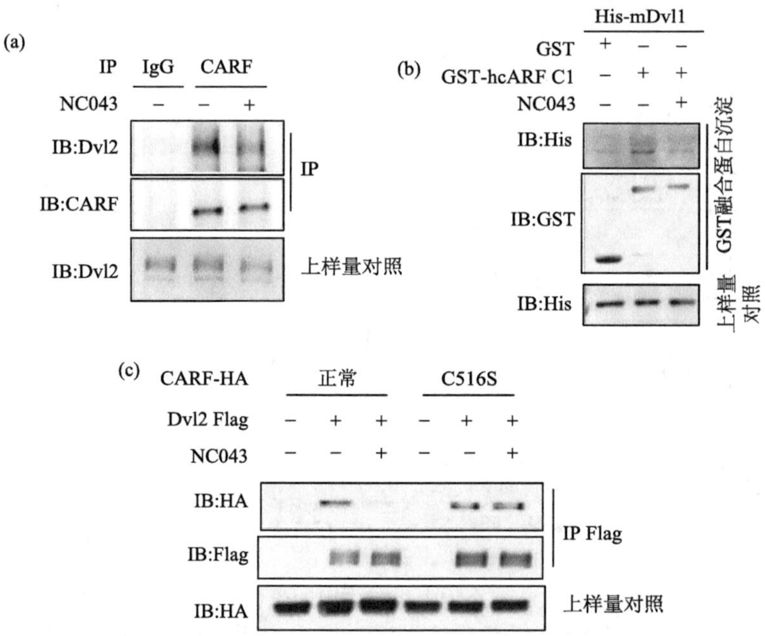


图 17.12　CARF 与 Dvl 结合，且它们的结合受 NC043 抑制。（a）内源 CARF 与 Dvl 的相互作用能被 NC043 抑制。（b）体外结合实验表明 CARF 与 Dvl 直接相互作用，而 NC043 可以抑制它们之间的结合。（c）CARF 与 Dvl 的结合不依赖第 516 位 Cys 残基

于 Cys-516，同时也进一步支持了 NC043 通过与 CARF 第 516 位的半胱氨酸残基结合，从而破坏 CARF 和 Dvl 之间的相互作用。

6. CARF 增强了 β-catenin/TCF 转录复合物的稳定性

我们发现 CARF 和 Dvl 之间存在相互作用，并猜测 CARF-Dvl 的相互作用有可能进一步促进了 Dvl-c-Jun-β-catenin-TCF 转录复合物的稳定性。为了验证这一猜测，我们通过 RNAi 技术敲低了细胞里的 CARF 蛋白，考察 CARF 的敲低对 TCF/LEF1 复合物装配的影响。和我们预料的一致，CARF 的缺失削弱了 Dvl 和 β-catenin 的相互作用，但是对它们的核质分布没有影响［图 17.13（a）］[9]。同样，CARF 的敲低也削弱了 β-catenin 和 TCF4 之间的相互作用［图 17.13（b）］[9]。与此一致，CARF 过表达则可以促进 β-catenin 和 TCF4 之间的相互作用。值得一提的是，野生型 CARF 和 CARF$^{C516S}$ 可以同等程度地促进 β-catenin 和 TCF4 之间的相互作用，但是 NC043 只能破坏野生型 CARF 对 β-catenin 和 TCF4 相互作用的促进，而 CARF$^{C516S}$ 对 β-catenin 和 TCF 相互作用的促进不再受 NC043 的影响。这些结果表明，CARF 可以促进 β-catenin/TCF 转录复合物的形成，且 CARF 的这个功能不依赖于其 Cys-516 这个位点。

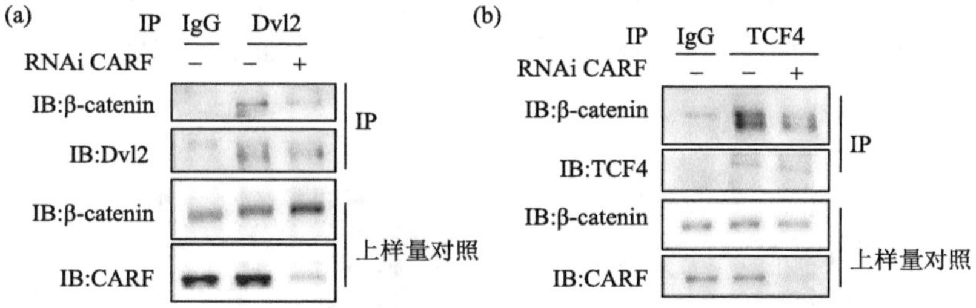


图 17.13　CARF 增强 β-catenin/TCF/Dvl 复合物的稳定性。（a）CARF 缺失导致 Dvl2 与 β-catenin 相互作用减弱。（b）CARF 缺失导致 TCF4 与 β-catenin 相互作用减弱

为了进一步确定 CARF 在 β-catenin/TCF 转录复合物的形成中所发挥的功能，我们在 SW480 细胞中进行了染色质免疫共沉淀（ChIP）实验。ChIP 实验结果表明 β-catenin 和 Dvl 在 Wnt 靶基因 *Axin2* 和 *NKD1* 的 TBE 区域（TCF-binding element）富集，CARF 的敲低会导致该富集的削弱。与此形成对比的是，TCF4 在 TBE 区间的富集不受 CARF 敲低的影响（图 17.14）[9]。这一结果与我们前期针对 NC043 的相关研究结果完全一致，即 CARF 不影响 TCF4 与 DNA 的结合，而影响 β-catenin/TCF 复合物的稳定性。

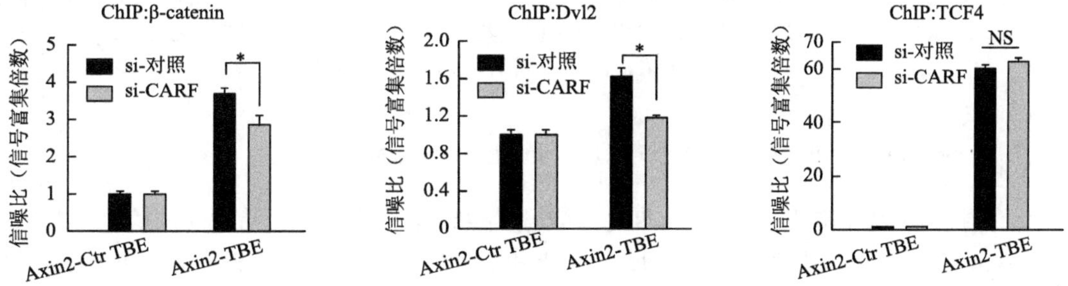

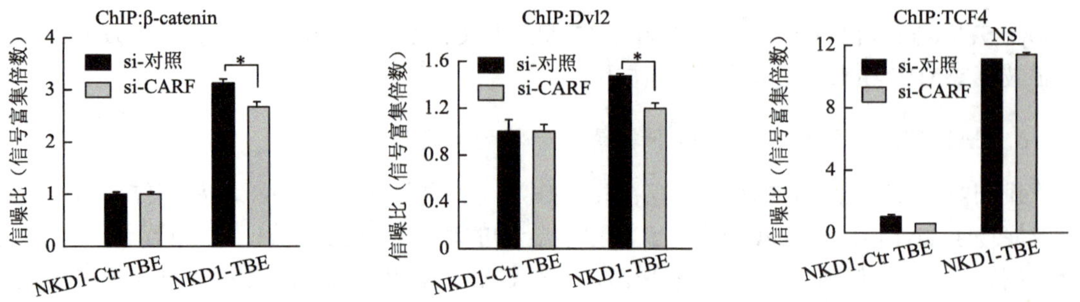


图 17.14　CARF 对于 β-catenin、Dvl2 和 TCF4 在 Wnt 靶基因 *Axin2* 和 *NKD1* 启动子区域富集的影响

接下来，我们要解决的一个问题是 CARF 在稳定 β-catenin/TCF 转录复合物中的功能和 Wnt 信号有什么关系。即 CARF 在复合物中 Dvl 及 β-catenin 等的相互作用是否受 Wnt 信号调控。为了回答这个问题，我们进行了内源共沉淀实验，实验结果显示在没有 Wnt 信号的情况下，CARF 与 Dvl 仍存在相互作用，同时，Wnt 信号的刺激明显促进了 CARF 与 β-catenin 相互作用［图 17.15（a）］[9]。基于这个结果，我们猜测 CARF 与 Dvl 存在持续的相互作用，而 Wnt 信号的刺激则促使 CARF-Dvl 复合物加入并促进 β-catenin/TCF 转录复合物的形成。NC043 结合到 CARF 蛋白后，破坏了 CARF 与 Dvl 相互作用，从而使 β-catenin/TCF 转录复合物稳定性下降，最终导致 Wnt 信号通路被抑制［图 17.15（b）］[9]。

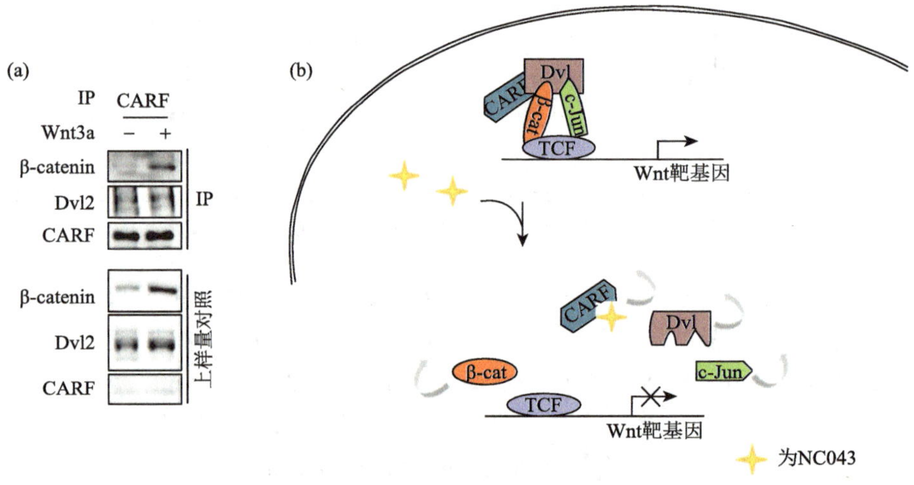


图 17.15　（a）CARF 与 β-catenin 的相互作用受 Wnt 信号影响，而 CARF 与 Dvl 的相互作用不受 Wnt 信号调控。（b）CARF/NC043 的作用机制模型：CARF 通过与 Dvl 相互作用促进 β-catenin/TCF 转录复合物的形成，NC043 结合到 CARF 蛋白后，破坏了 CARF 与 Dvl 相互作用，从而使 β-catenin/TCF 转录复合物稳定性下降，最终导致 Wnt 信号通路被抑制

7. CARF 通过正调控 Wnt 信号通路参与调控斑马鱼胚胎发育

前面提到，Wnt 信号传递生长和发育信号，控制胚胎分化、胚胎轴向的确立，胚胎发育期 Wnt 信号通路的失调会导致胚胎死亡或者多种发育缺陷。CARF 作为 Wnt 信号通路

的一个正向调控因子，理论上，它功能的缺失也有可能会导致发育缺陷。因此，为了研究 CARF 是否具有与 Wnt 信号通路正向调控子一致的生物学功能，我们以斑马鱼为模式生物，进行了一系列研究。我们首先分析了斑马鱼胚胎中 CARF 的表达，原位杂交表明 CARF 在受精后 4 天在不同发育阶段广泛表达。随后我们利用 Tg（*tcf*∶*egfp*）品系斑马鱼研究 CARF 在斑马鱼胚胎发育期间对 Wnt 信号通路的影响。Tg（*tcf*∶*egfp*）斑马鱼是携带 Wnt 报告基因的转基因斑马鱼品系，其中 EGFP 连入 TBE 位点，因此能够通过 EGFP 荧光的强弱判断 Wnt 信号通路激活的程度。当我们通过显微注射 CARF 特异性的反义寡核苷酸（morpholino）敲低内源的 CARF 时，可以观测到 EGFP 信号的减弱。这一结果表明 CARF 的缺失确实降低了 Wnt 信号通路的激活程度。接下来，我们又研究了 CARF 的缺失和 Wnt8 缺失表型的叠加情况。wnt8 morpholino 被广泛用于研究斑马鱼 Wnt 信号通路相关蛋白的生物学功能。广泛认为 wnt8 morpholino 导致的 Wnt 信号通路的抑制会引起中胚层缺陷及经典 Wnt 信号通路下游 2 个腹外侧中胚层标签基因 *cdx4* 和 *tbx6* 表达的下调。我们发现 CARF morpholino 进一步增强了上述 wnt8 morpholino 的效应，且这种增强不能通过敲低 p53 逆转（图 17.16）[9]，暗示 CARF 执行和 Wnt8 一类的功能，即正向促进 Wnt 信号通路。我们随后又建立了一个携带 CARF 功能缺失突变体的斑马鱼品系，并在这个品系中重复了上述实验，得到了和 CARF morpholino 一致的结论。

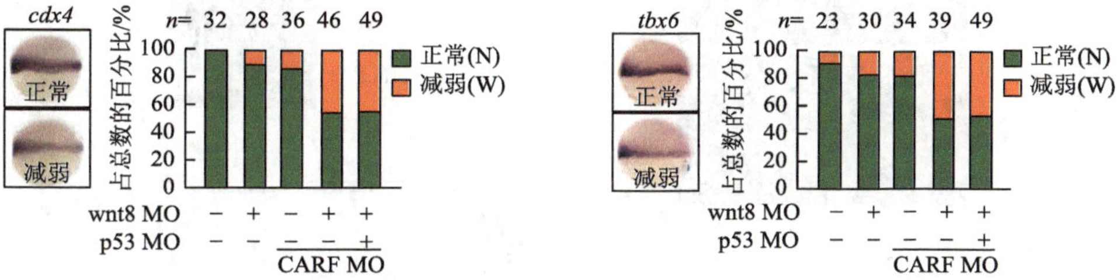


图 17.16　CARF morpholino 增强 wnt8 morpholino 下调 *cdx4* 和 *tbx6* 的效应，且这种增强不能通过 p53 morpholino 回复

8. CARF 对斑马鱼 HSPC 及鱼鳍再生至关重要

Wnt 信号在胚胎干细胞及多种成体干细胞的自我更新和维持中也扮演重要角色。干细胞是一类具有自我更新能力，同时也具备分化能力的细胞。通过对 Wnt 靶基因特别是 *Lgr5* 和 *Axin2* 的表达追踪，表明 Wnt 信号是维持干细胞的关键信号之一。造血干细胞和前体细胞（HSPC）是血液系统中的成体干细胞，具有长期自我更新的能力和分化成各类成熟血细胞的潜能。血红细胞形成早期，Wnt 信号已被激活，诱导造血前体细胞的形成。如果 CARF 确实是 Wnt 信号通路中的一个重要成员，那么我们在斑马鱼中拿掉 CARF，造血干细胞和造血前体细胞的形成必然会受到一定程度的影响。为了考察 CARF 缺失对斑马鱼 HSPC 形成的影响，我们在斑马鱼胚胎中注射了 CARF morpholino，然后检测 HSPC 的标签基因 *cmyb* 的表达。检测结果表明 CARF 的缺失导致表达 *cmyb* 的 HSPC 细胞显著减少［图 17.17（a）］[9]，且这一现象不能被 p53 突变所挽回。用携带 CARF 功能缺失突变体的斑马鱼品系检测其对 HSPC 的影响，得到与 CARF morpholino 相似的结论。与此一致，野

生型 CARF 的异源表达可以部分地挽回 CARF 功能缺失对 HSPC 造成的影响，而敲低 p53 则不能挽回。为了进一步确定 CARF morpholino 或者 CARF 功能缺失突变体所造成的 HSPC 缺陷是通过抑制 Wnt 信号通路所导致的，我们在斑马鱼胚胎中转入了一个能够持续性激活的 ΔN-β-catenin，结果表明 β-catenin 的激活可以回复 CARF 功能缺失所造成的斑马鱼 HSPC 的缺陷［图 17.17（b）］[9]。需要指出的是，虽然 CARF 功能缺失突变体导致斑马鱼造血功能显著的缺陷，但是仍有大约 17%的携带 CARF 功能缺失的斑马鱼可以存活下来，这一结果也支持了我们前面的结论，即 CARF 在 Wnt 信号通路中发挥调控子功能，而不是像 β-catenin 那样发挥核心的决定性功能。最后，我们检测了 CARF 在斑马鱼尾鳍再生中所扮演的角色。众所周知，Wnt 信号通路在尾鳍再生中发挥了必不可少的作用。同样的，如果 CARF 在 Wnt 信号通路中发挥重要的功能，那么 CARF 的功能缺失会导致 Wnt 信号通路失调，从而很可能导致尾鳍再生障碍。与预期的一致，实验结果表明，CARF 功能缺失的突变体确实导致斑马鱼尾鳍再生被显著地抑制，同时 Wnt 的靶基因 *lef1* 的表达也显著地下降，这一结果证实了 CARF 通过 Wnt 信号通路参与调控尾鳍再生过程。

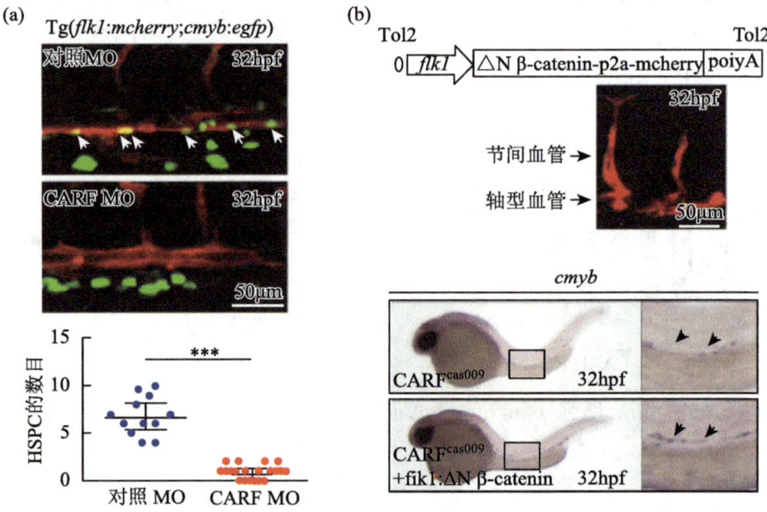


图 17.17　CARF 对斑马鱼 HSPC 的形成至关重要。（a）CARF 的缺失导致表达 *cmyb* 的 HSPC 细胞减少。（b）β-catenin 的激活可以回复 CARF 功能缺失所造成的斑马鱼 HSPC 的缺陷

hpf：受精后。Tg（*flk1*: *mcherry*: *cmyb*: *egfp*）为一个携带 Wnt 报告基因的斑马鱼品系

### 9. CARF 作为潜在肿瘤靶标的初步探索

到目前为止，我们确认了 CARF 是 NC043 细胞内的作用靶点，CARF 通过与 Dvl 相互作用，稳定 Wnt 信号通路下游 β-catenin/TCF 转录复合物的形成，在 Wnt 信号通路中发挥正向调控作用。我们在斑马鱼中观测到了 CARF 的功能缺失会减弱 Wnt 信号，从而引起斑马鱼胚胎发育的缺陷，并引起造血干细胞/前体细胞生成缺陷和尾鳍再生障碍。前面提到 Wnt 信号通路的失调，特别是过度激活在很多肿瘤的发生发展中扮演着重要的角色，然而 CARF 在 Wnt 信号通路失调相关肿瘤中扮演怎样的角色并不清楚。如果 CARF 对于某些 Wnt 诱导的癌症的发生发展至关重要，那么 CARF 在这些癌症中可能可以作为一个

诊断标签或者肿瘤治疗的靶标。为了深入认识 CARF 的功能缺失对肿瘤细胞生长的影响，我们通过慢病毒感染敲低 CARF 的方式对 60 株肿瘤细胞系进行了规模化的筛选，同时针对这些细胞系，平行对小分子 NC043 也进行了筛选。我们从肺癌、肝癌、乳腺癌、骨肉瘤、结肠癌、胰腺癌和骨肉瘤等 7 种常见癌症的 60 种细胞系中，分别筛选出对 CARF 功能缺失，以及对小分子 NC043 表现敏感的癌症类型或亚型。筛选结果表明，CARF 的缺失对肿瘤细胞系的增殖表现出选择性的影响，在我们筛选的 60 株肿瘤细胞系中，只有 6 株肿瘤细胞系的细胞增殖显著受到内源 CARF 蛋白减少的影响。值得一提的是，在同一种癌细胞系里，NC043 对细胞增殖的抑制率明显高于敲低 CARF 对细胞增殖的抑制率，一个原因可能是与 CARF 敲低的效率还不够高有关，另一个更可能的原因是 NC043 除了 CARF 以外，还存在其他作用靶点，即 NC043 可能通过多个作用靶点对细胞增殖起到抑制作用。我们的这些初步研究结果为后续推动靶向 CARF 的癌症精准治疗奠定了基础，也为潜在的抗癌药物的个性化分层研究做了尝试。

### 17.2.2　HLY78

1. HLY78 的发现

HLY78 也是通过筛选若干个小分子化合物库得到的，其中一个化合物库包含 200 多个合成的石蒜碱的衍生物。而 HLY78 正是这个库中的一员，因此，HLY78 的前体即是石蒜碱，它来源于红花石蒜，也被称为彼岸花。很久以前，我国民间就用它入药，用于祛痰、利尿、解毒、催吐、治喉风等。与 NC043 相反，HLY78 促进而不是抑制 Wnt 配体诱导的 TOPflash 的活性，但是对于组成型激活的 β-catenin 和 LiCl 诱导的 TOPflash 活性没有影响（图 17.18）[11]。与这个结果一致，HLY78 剂量依赖性地促进 Wnt3a 诱导的 Wnt 靶基因 *Axin2*、*DKK1* 和 *NKD1* 的表达。与此同时，我们发现 HLY78 对 NFAT、SRF 和 NK-κB 信号通路的报告基因活性没有影响。这些结果暗示 HLY78 特异性地协同 Wnt 配体激活 Wnt 信号通路，且可能作用在 β-catenin 降解复合物的上游。确实，随后的实验结果

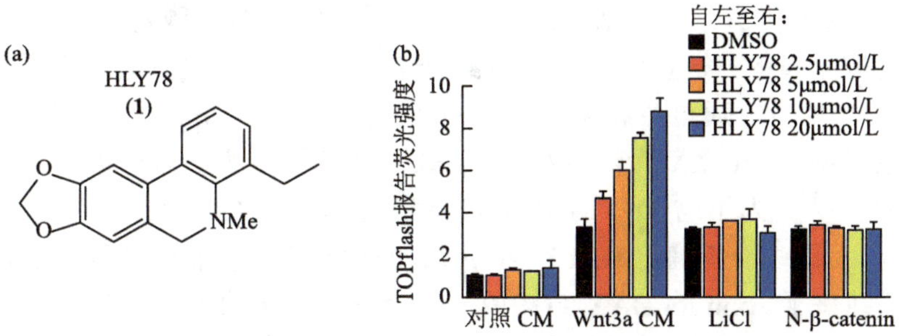


图 17.18　HLY78 剂量依赖性地激活 Wnt 信号通路。(a) HLY78 的化学结构式。(b) HLY78 剂量依赖性地促进 Wnt3a 诱导的 TOPflash 的活性，但是对于 LiCl 和组成型激活的 β-catenin（N-β-catenin），诱导的 TOPflash 活性没有影响

表明 HLY78 影响 β-catenin 的稳定性，在 Wnt3a 刺激下，可以进一步增强细胞质和细胞核中 β-catenin 的量。

2. HLY78 靶点为 Axin 蛋白

接下来，同样地，为了找到 HLY78 细胞内的作用靶点，我们进行了基于质谱的蛋白质组学分析。为了确定 HLY78 上可以进行生物素修饰的位点，我们首先进行了 HLY78 的构效研究，以确定 HLY78 上对其功能没有影响的基团。我们的研究表明 HLY78 上的二羟基对其协同 Wnt3a 促进 Wnt 信号通路的功能没有影响，因此我们对这个基团进行了生物素标记，并命名生物素标记的 HLY78 为 HLY179，然后采取与 NC043 类似的策略进行生物素沉淀和高灵敏度的质谱分析，通过基于质谱的蛋白质组学分析寻找其细胞内作用靶点。质谱分析结果给出了 92 个潜在候选靶点蛋白质，其中 Axin 以鉴定到 17 个肽段排在首位。因此，我们首先验证了 HLY78 和 Axin 的结合，同时，我们考察了 HLY78 和其他一些 Wnt 信号通路主要成员之间是否有相互作用，包括 GSK3、Dvl2、LRP6 和 Frizzled。结果表明 HLY78 只与 Axin 存在相互作用（图 17.19）[11]。

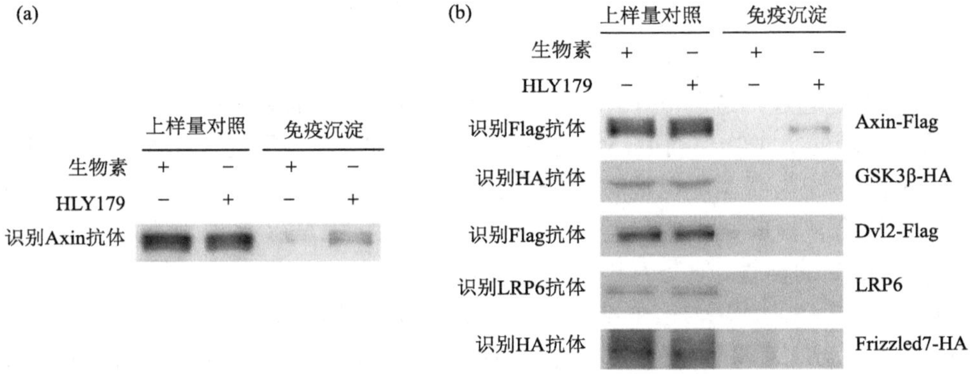


图 17.19 （a）验证 HLY179 和 Axin 的结合。（b）GSK3、Dvl2、LRP6 和 Frizzled 都不与 HLY179 相互作用

在确认了 Axin 和小分子的结合后，下一个需要解决的问题是，Axin 上哪个区间及这个区间上的哪个（些）氨基酸残基负责结合 HLY78。为了回答这个问题，我们首先将 Axin 分成了几个片段，通过生物素 Pulldown 实验，寻找和小分子 HLY179 作用的 Axin 的片段。结果表明 Axin 上负责结合小分子 HLY78 的区域为 Axin 碳末端的 DIX 结构域［图 17.20（a）］[11]。为了与 Dvl 的 DIX 结构域区分，我们将 Axin 的 DIX 结构域称为 DAX 结构域。为了进一步确定 HLY78 和 Axin 的相互作用，我们在体外利用大肠杆菌表达体系表达并纯化了 Axin 的 DAX 结构域，并用异源纯化的 DAX 和 HLY78 进行了体外结合实验，实验结果再一次确认了 DAX 结构域与 HLY78 的结合。

接下来，我们想知道 DAX 结构域上哪些氨基酸残基参与结合 HLY78。为此，我们进行了 Docking，一种计算模拟蛋白质和小分子结合的技术。我们利用已有的蛋白质三维结构数据库（protein data bank，PDB）中 Axin 的 DAX 结构域的晶体结构信息，对 Axin 的

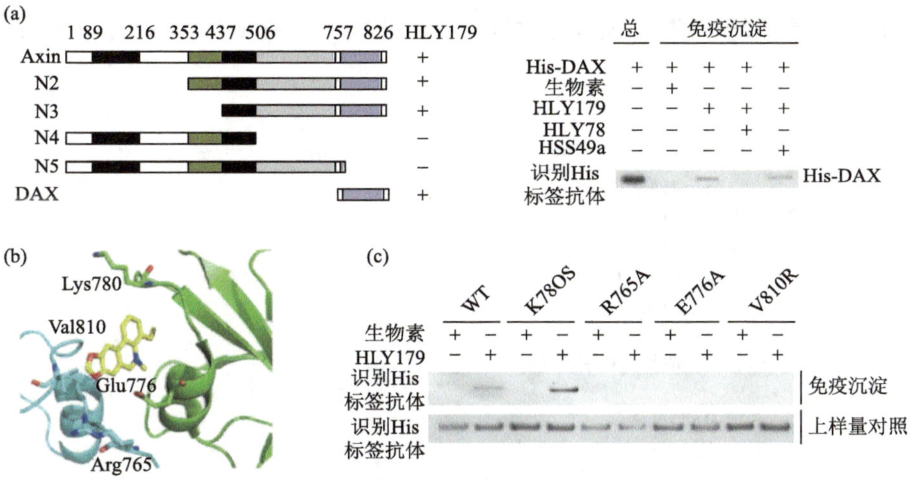


图 17.20　鉴定 Axin 负责结合 HLY78 的片段和关键氨基酸。(a) 通过生物素 Pulldown 实验，发现 Axin 结合 HLY78 的片段为 DAX 结构域。(b) 利用已有的 PDB 三维结构数据库中 Axin 的 DIX 结构域的晶体结构，在 Autodock 中，对 HLY78 和 DIX 的结合进行了结构模拟。(c) 在结构模拟的基础上，通过对潜在的可能参与结合 HLY78 的 Axin 的氨基酸残基进行突变，并体外分析突变体和 HLY78 结合能力，确认了参与结合的关键氨基酸残基

DAX 结构域和 HLY78 的结合进行了结构模拟［图 17.20 (b)］[11]。通过结构模拟，我们预测了 DIX 结构域上结合 HLY78 可能的关键位点。为了验证结构模拟的正确性，我们随后对预测的 Axin 结合 HLY78 的关键位点进行了突变。通过对这些氨基酸残基的突变体和 HLY78 体外结合的实验分析，确认了结构模拟的正确性并找到了 Axin 参与结合 HLY78 的关键氨基酸残基［图 17.20 (c)］[11]。随后利用 SPR 方法，在 Biacore 仪器上测定了 HLY78 和 DAX 的结合常数为 8.83μmol/L，与之形成对比的是突变体 E776A，在浓度高达 50μmol/L 时，仍未检测出与 HLY78 的相互作用，这一结果确认了 Axin 和 HLY78 的结合，并确认了 Axin 上结合 HLY78 的关键位点。

3. HLY78 促进了 Axin-LRP6 相互作用

我们目前已经确定了 HLY78 的靶点蛋白是 Axin，而且还鉴定了 Axin 上负责结合 HLY78 的关键氨基酸，接下来一个核心的问题是为什么 HLY78 结合 Axin 会协同 Wnt3a 促进 Wnt 信号通路？要回答这个问题，首先要说明 Axin 在 Wnt 信号通路中的功能。Axin 在 Wnt 信号通路中好似一把双刃剑，在没有 Wnt 信号刺激时，它介导“β-catenin 降解复合物”的形成，阻止 β-catenin 入核激活下游靶基因，从而发挥负向调控 Wnt 信号通路的功能；而当 Wnt 信号分子结合细胞膜上受体时，Axin 发生转移并介导“LRP6 信号体”的形成，从而促进 Wnt 信号向下游的传递。由于 Axin 在细胞中的丰度极低，在上述两种功能不同的复合物的形成过程中，Axin 被认为是限速因素。基于 Axin 的这两个功能，我们猜测 HLY78 很可能促进了 Axin 介导“LRP6 信号体”形成的功能，从而促进了 Wnt 信号通路。为了验证这个假设，我们通过免疫共沉淀实验研究了 HLY78 对 Axin 和 LRP6 相互作用的影响。与我们猜测的一致，实验结果表明 HLY78 可以促进内源 Axin-LRP6

的相互作用，但是不能促进 Axin 失去结合 HLY78 能力的突变体 E776A 和 LRP6 的结合（图 17.21）[11]。

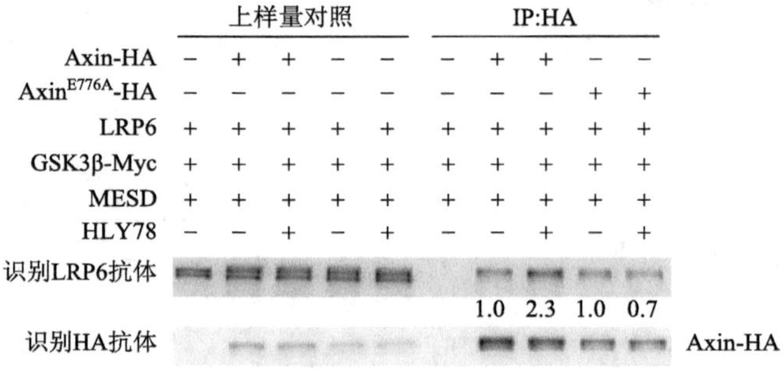


图 17.21 HLY78 促进野生型 Axin 和 LRP6 的相互作用，但是不能促进 E776A 突变体和 LRP6 的相互作用

与这个结果一致的是，我们观察到了 HLY78 可以促进 Axin 上膜。并且，HLY78 表现出剂量依赖性地协同促进 Wnt3a 诱导的 LRP6 的磷酸化。为了确定 HLY78 是否直接作用于 Axin 和 LRP6 的相互作用，我们在大肠杆菌表达系统里表达了氮端携带 GST 标签的 LRP6 的胞内段（GST-LRP6C），然后考察了 HLY78 对 GST-LRP6C 和 Axin 相互作用的影响。我们的结果表明，HLY78 可以增强 LRP6-Axin 相互作用［图 17.22（a）］[11]，但是 HLY78 对 LRP6-Dvl、Axin-GSK3 及 Axin-β-catenin 之间的相互作用都没有影响。这一结果再次表明 HLY78 特异性地作用在 Axin 和 LRP6 的相互作用上。与此一致，HLY78 也表现出剂量依赖性地促进 Wnt3a 诱导的 LRP6 的磷酸化［图 17.22（b）］。接下来，为了进一步确定 Axin 是 HLY78 促进 Wnt 信号通路功能的直接靶点，我们通过 RNAi 敲低 Axin，然后考察 HLY78 的功能。我们的结果表明，内源 Axin1 和 Axin2 敲低后，只有回转野生型 Axin 可以回复 HLY78 对 Wnt3a 诱导的 LRP6 磷酸化的促进，而回转 Axin 的 E776A 突变体则不能回复。至此，我们确定了 Axin 是 HLY78 促进 Wnt 信号通路功能的作用靶点。

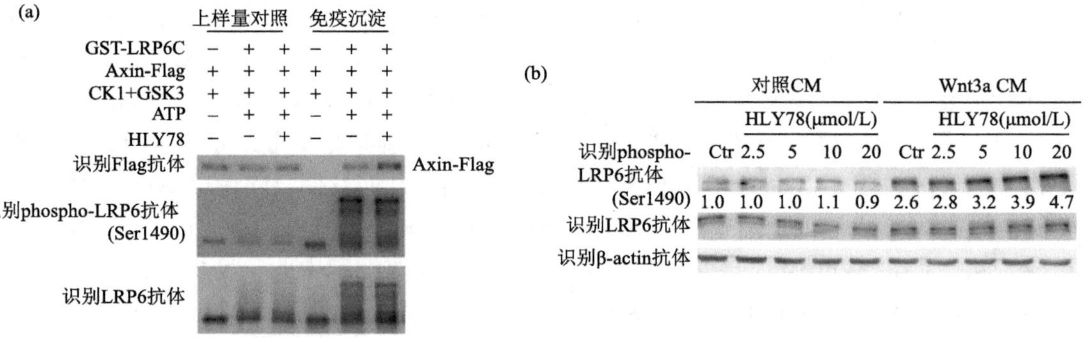


图 17.22 （a）体外结合实验表明 HLY78 直接作用于 Axin 和 LRP6 的相互作用。（b）HLY78 剂量依赖性地促进 Wnt3a 诱导的 LRP6 的磷酸化

4. HLY78 促进了 Axin 自抑制构象的打开

在确定了 HLY78 细胞内靶点是 Axin，并且揭示了 HLY78 对 Axin 的结合可以促进 Axin 和 LRP6 的相互作用之后，接下来的一个重要问题是，HLY78 结合 Axin 为什么或者说怎么能够促进 Axin 和 LRP6 的结合？在回答这个问题前，我们回忆起先前发表的一项关于 Axin 和 LRP6 相互作用的研究[19]，这个研究揭示 Axin 的 N 端 352 个氨基酸残基被截取的片段（353～826）比全长 Axin 和 LRP6 的结合力更强。根据这个结果，我们猜测 Axin 分子内部可能存在某种相互作用，从而使其与 LRP6 的结合位点被遮挡。因此，我们将 Axin 分成两个片段，N2 片段（1～353）和 ΔN2 片段（353～826），通过免疫共沉淀实验，研究 Axin 分子内的 N2 和 ΔN2 之间的相互作用，以及 HLY78 对它们的相互作用是否有影响。我们发现 Axin 的 N2 和 ΔN2 这两个片段确实存在相互作用。并且，Axin 的 ΔN2 片段比全长 Axin 和 LRP6 结合更强，而 HLY78 不再能够增强 ΔN2 片段和 LRP6 之间的相互作用，暗示 Axin 的 ΔN2 片段由于没有 N2 片段遮挡，结合 LRP6 的位点已经暴露，所以与 LRP6 结合更强，同时也不再受 HLY78 调控。同时，N2 和 ΔN2 片段存在的相互作用可以被 HLY78 打断［图 17.23（a）］[11]，但是 N2 和 ΔN2 E776A 突变体的相互作用则不再能被 HLY78 打断［图 17.23（b）］[11]，这一结果再次支持了 HLY78 通过结合 DAX 结构域的 E776 等氨基酸破坏了 Axin 的分子内相互作用。基于这些结果，我们认为 Axin 的 N2 和 ΔN2 相互作用，形成了一个自抑制构象，使 Axin 不易与 LRP6 相互作用，而小分子 HLY78 对 Axin 的结合很可能促进了 Axin 这种自抑制构象的打开，从而促进了 Axin 和 LRP6 的相互作用。接下来，我们发现 LRP6 的结合也可以打断 N2 和 ΔN2 片段之间的相互作用［图 17.23（c）］，暗示 LRP6 的结合需要 Axin 自抑制构象的打开，而 HLY78 正是打开了 Axin 的自抑制构象，所以促进了 Axin 和 LRP6 的结合。基于研究结果，我们提出了 HLY78 的作用机制模型：HLY78 通过促进 Axin 自抑制构象的打开，促进了 Axin 和 LRP6 的相互作用，从而促进了 LRP6 的磷酸化和活化，最终促进了 Wnt 信号通路的激活［图 17.23（d）］[11]。

5. HLY78 正向调控斑马鱼胚胎发育和 HSC 的形成

在解析了 HLY78 促进 Wnt 信号通路的机理后，我们同样利用斑马鱼为模式生物，检

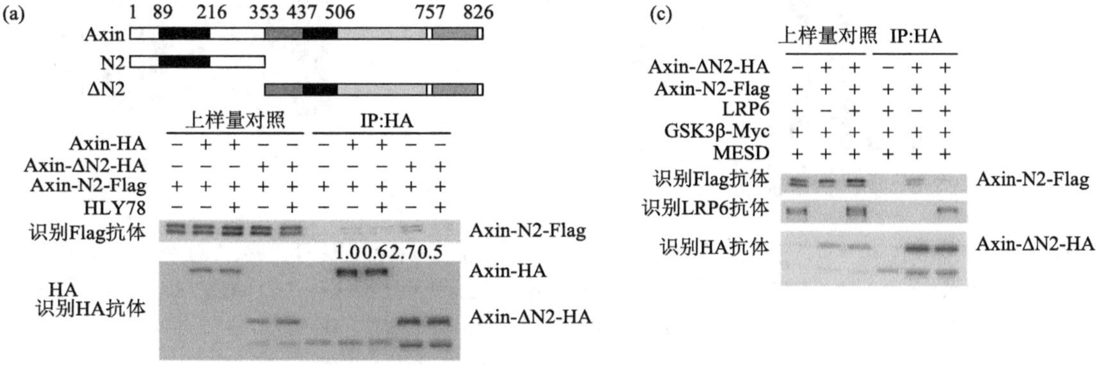

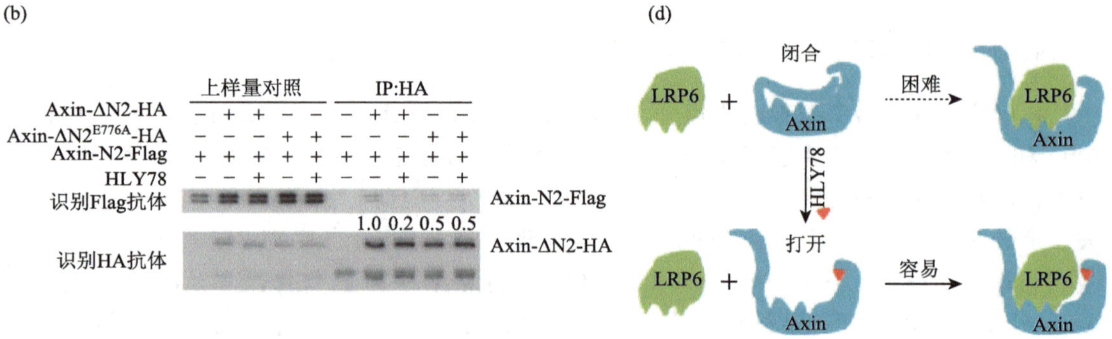


图 17.23　HLY78 通过打开 Axin 的自抑制构象促进 Axin-LRP6 相互作用。（a）Axin 的 N2 和 ΔN2 存在相互作用，HLY78 抑制这个相互作用。（b）HLY78 不能抑制 Axin 的 N2 和 ΔN2 E776A 突变体之间的相互作用。（c）LRP6 也能够抑制 Axin 的 N2 和 ΔN2 之间的相互作用。（d）HLY78 作用机制模型：开放构象的 Axin 和 LRP6 的亲和力更强，而 HLY78 正是通过促进 Axin 构象从自抑制向开放构象转变，从而促进了 Axin 和 LRP6 的相互作用

测了 HLY78 对斑马鱼发育的影响。当斑马鱼 Wnt 信号被过度激活时，例如，通过注射 *wnt8* 的 mRNA，引起中胚层发育缺陷，以及头部截短、眼睛缺陷等表型。如果 HLY78 是 Wnt 信号通路的一个激活子，理论上它会增强 *wnt8* 过表达的表型。与我们设想的一致，研究结果表明，一方面 HLY78 确实可以增强 *wnt8* 过表达产生的斑马鱼眼部缺陷表型［图 17.24（a）］[11]；另一方面，与前面的 NC043 相反，HLY78 可以减轻 *wnt8* morpholinos

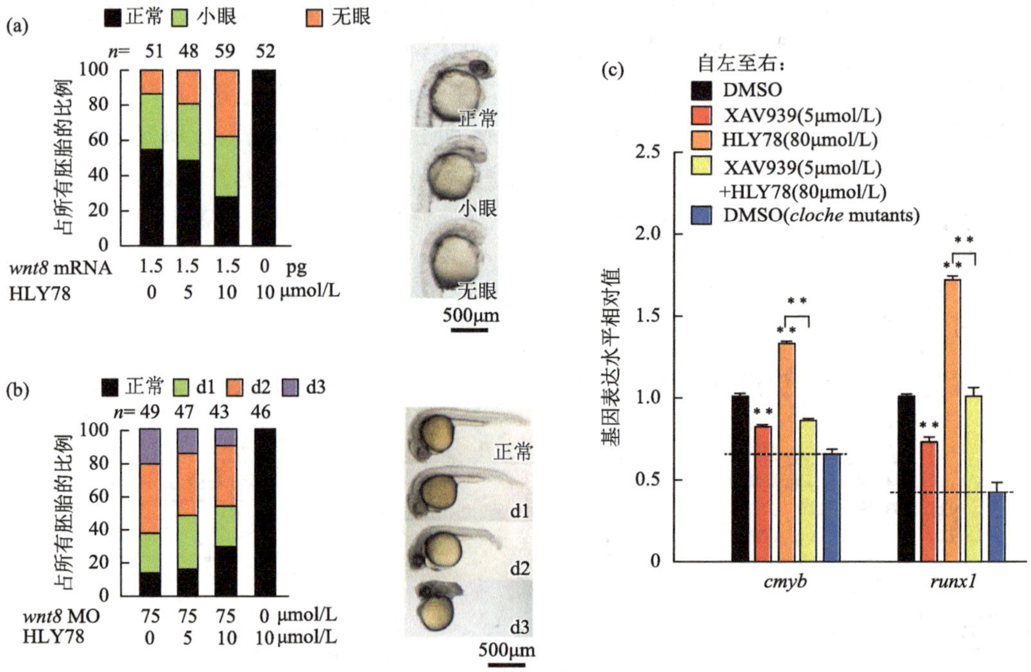


图 17.24　HLY78 在斑马鱼胚胎发育和造血干细胞形成中正向促进 Wnt 信号通路。（a）HLY78 增强 *wnt8* 过表达产生的表型。（b）HLY78 可以回复 *wnt8* morpholinos 产生的表型。（c）HLY78 可以增加 HSC 标签蛋白 *runx1* 和 *cmyb* 的表达。XAV939 为 Wnt 信号通路的抑制剂，作为负对照

*cloche* mutants：缺少成血管细胞的斑马鱼突变品系

产生的斑马鱼表型［图 17.24（b）］[11]。与此一致，原位杂交实验结果表明 HLY78 可以很大程度回复 *wnt8* morpholinos 造成的 Wnt 靶基因的下调。同时，作为 Wnt 信号通路的激活剂，HLY78 理论上可以促进造血干细胞的生成。而我们的实验结果与猜测的一致，即 HLY78 可以促进斑马鱼造血干细胞的生成。研究结果表明，HLY78 可以增加表达 HSC 标签蛋白 *runx1* 和 *cmyb* 的胚胎数目，而另一个经典的 Wnt 信号通路抑制剂 XAV939，作为负对照，则表现出与 HLY78 相反的功能，即抑制 HSC 标签蛋白的表达［图 17.24（c）］[11]。这些基于斑马鱼的生物学研究进一步支持了 HLY78 是经典 Wnt 信号通路的一个激活剂，同时也暗示 HLY78 可能可以作为 HSC 维持的潜在药物，应用于器官移植等组织再生过程。

## 17.3　讨论与展望

Wnt/β-catenin 信号通路的异常激活和很多癌症的发生发展密切相关。靶向 Wnt 信号通路的药物研发对于肿瘤及其他 Wnt 相关疾病的治疗具有重要的意义。虽然近十年来，Wnt 信号通路一直是医学和生物学研究的一个热点领域，靶向这条信号通路的相关专利申请数量可观，并且有相当种类药物进入了临床前测试阶段，但是到目前为止，仍未有特异性靶向 Wnt 信号通路的药物在临床上用于疾病的治疗。相比其他的信号通路如 EGFR 通路等，靶向 Wnt 信号通路的药物研究显得不那么成功。究其原因，国际上靶向 Wnt 信号通路药物研发的难点之一是这条信号通路所涉及的特异性蛋白酶较少，不利于研发针对调控蛋白酶活的高活性高特异性药物；另一个研发的难点在于 Wnt 信号通路涉及的生命活动众多，虽然在疾病的产生中扮演重要角色，但是同时这条信号通路对于维持生命的正常活动也是必要的，因此，肿瘤中的 Wnt 信号通路需要被恢复到正常水平，而不是完全被抑制。

传统的靶向 Wnt 信号通路的药物筛选方法主要是利用 Wnt 报告基因系统，这个系统是基于细胞水平，检测调节剂对 Wnt 信号通路转录活性的激活，这种方法适合高通量筛选，是目前使用最多，应用最为广泛的一种方法，但是这种方法的一个重要缺陷是它不能反映出生物体内 Wnt 信号通路的复杂性。因此，近年来，一些更接近体内复杂状态的药物筛选系统被使用，如类器官等。目前针对 Wnt 信号通路的化合物，多肽等调控子主要集中在调控 Wnt 受体和配体的结合，调控 β-catenin 降解复合物的活性及调控 β-catenin/TCF4 转录复合物的活性这三个层面，用关键词 Wnt 搜索 USPTO（United States Patent and Trade Office）专利数据库，显示靶向 Wnt 通路的相关专利多达近千条，这些小分子化合物或者多肽，大多数靶向 Wnt 信号转导的胞外事件，如 Wnt 蛋白的正确折叠和分泌及 Wnt 蛋白和受体的结合等。其中一些小分子化合物及多肽已经进入临床前测试。在 clinicaltrials.gov 网站用关键词“Wnt”搜索，显示 78 条临床测试，其中正在招募的有 36 个，还有一些在临床前准备状态，另有一些已经结束或因为种种原因终止。这些药物的靶点主要集中在 Wnt 的分泌及 Wnt 和膜上受体的结合步骤。例如，LGK974、WNT974 和 CGX1321 都是靶向酰基转移酶 Porcupine 的。Porcupine 介导的棕榈酰化对于 Wnt 蛋白的分泌及与其他蛋白相互作用起到重要作用。没有棕榈酰化修饰的 Wnt 没有激活 Wnt 信号通路的活性。OMP-18R5、OTSA101、Foxy-5 和 Niclosamide 都是靶向膜上受体 Frizzled 蛋白的，还有其他一些药物分别靶向 β-catenin 降解复合物及 β-catenin/TCF4 转录复合物。如 PRI-724，这个药物靶向 CBP/β-catenin 复合物，CBP 通过与 β-catenin 结合，促进 TCF4/LEF1 转录复合物从转录抑制状态向转录激活状态转变。PRI-724 通过抑制 β-catenin 和 CBP 的相互作用，从而抑制了 TCF4/LEF1 转录复合物的激活。从这些临床前研究可以看出，目前 Wnt 信号通路中的靶点还是很有限的，这在很大程度上限制了靶向 Wnt 信号通路治疗策略的开发。

靶向 Wnt 信号通路小分子的研发，除了为靶向 Wnt 信号通路失调引起的疾病提供药物先导化合物，还为信号转导的机制研究提供了可贵的分子探针。以小分子为工具的化学生物学研究，比起细胞生物学、分子生物学等更为传统的生物学研究，一个显著的不同是它利用化学探针和生物体在体内或体外发生化学反应，直接地探索某个生物学问题，它涉及众多领域，如医学化学、生物化学、高分子化学和有机化学等。化学探针往往通过靶向一个特定目标的筛选获得，获得的探针可以进一步被标记，分子探针通过化学反应干扰一个生物过程，因此，以它为工具可以帮助揭示这个生物过程的分子机理，同时，在探索这些机制的同时，也会推动对化学探针本身作用机制的理解，从而有可能促进新的药物靶点的发现并推动药物分子的进一步优化。我们实验室近年来致力于用化学生物学研究经典 Wnt 信号通路，这条通路中很多细节，特别是 Wnt 信号的膜质传递机制，β-catenin 的入核机制及 β-catenin/TCF 转录复合物的调控机制，目前还不清楚，这也很大程度上限制了靶向 Wnt 信号通路治疗策略的发展。对这些重要机制的深入理解，有可能会导致新靶点的发现。例如，在 Wnt 信号的传递中一个非常重要的事件——β-catenin 的入核，其调控机制目前仍不清楚。前面提到 β-catenin 降解复合物的功能受抑制时，如 APC 的突变等，β-catenin 不再被降解，在细胞质中积累，但是有研究表明 β-catenin 在细胞质中的积累似乎并不能直接导致 β-catenin 入核，很可能还存在一个额外的“开关”，控制 β-catenin 的出入核，这个“开关”无疑是一个重要的药物靶点，找到这个“开关”，不仅对于加深对 Wnt 信号通路的认识意义重大，也为治疗 Wnt 信号通路失调引发的疾病提供了可贵的新的治疗策略。基于此，β-catenin 入核机制的研究一直是 Wnt 领域研究的一个热点，我们实验室近年来也在努力寻找 β-catenin 入核的这个“开关”，我们进行了多次基因组全基因的 RNAi 筛选，试图寻找到影响 β-catenin 入核的关键基因，同时还对多个小分子化合物库进行了筛选，希望能找到影响 β-catenin 出入核的小分子化合物，发展靶向 β-catenin 入核的先导化合物。目前，相关工作仍在进行中，希望能早日揭开 β-catenin 入核如何被调控这一 Wnt 领域的谜题。

综上所述，我们实验室在过去近十年利用化学生物学研究 Wnt 信号通路的不断努力中，发现了若干具有调控 Wnt 信号通路的小分子调节剂。其中，NC043 是一个 Wnt 信号通路的抑制剂，而 HLY78 则是一个激活剂。我们利用生物素标记的 NC043，通过基于质谱的蛋白质组学分析，找到了 NC043 细胞内的作用靶点之一——CARF 蛋白，并揭示了 CARF 正向调控 Wnt 信号通路的分子机制：CARF 和 Dvl 相互作用，稳定了 β-catenin/TCF4 转录复合物。CARF 通过其羧基端的一个半胱氨酸残基——Cys-516，与 NC043 结合并形成了一个共价键，CARF 和 NC043 的结合打断了 CARF 和 Dvl 的相互作用，从而抑制了 Wnt 信号通路。生物学功能方面，敲低 CARF 能够抑制斑马鱼早期发育过程中 Wnt 信号通路靶基因的表达水平，诱导产生类似于 Wnt 通路受抑制的背部化表型；在斑马鱼中敲低 CARF 还能抑制造血干细胞的增殖。我们目前的临床前研究结果表明，NC043 有较强的首过效应，不利于直接成药。因此我们对 NC043 进行了结构的优化，对 NC043 的 7 位羟基、内酯环结构还有迈克尔受体 3 个重要基团进行了多类型的结构修饰改造，以期得到活性更强、特异性更好、代谢上更加稳定的衍生物。通过系统的构效关系分析，我们的结论是：总体上讲，7 位羟基酰化对其活性改变不大，内酯环打开后能一定程度增强其对 Wnt 的抑制能力，引入新的迈克尔受体后能显著增加对 Wnt 信号通路的抑制能力。而针对另一小分子化合物 HLY78，采取类似的策略，找到了其细胞内的作用靶点为 Axin，通过一系列生化研究，揭示了 HLY78 的作用机制：HLY78 结合在 Axin 的 DAX 结构域，从而促使 Axin 的自抑制构象打开，构象打开的 Axin 和 LRP6 的亲和力更强，因此促进了 LRP6 的活化和 Wnt 信号通路的激活。而以斑马鱼为模式生物的研究也确认了 HLY78 作为 Wnt 信号通路激活剂，在胚胎发育及干细胞维持中发挥正向调控作用。我们目前对 HLY78 进行了一系列结构优化，并获得了溶解性更高、激活 Wnt 信号通路活性更强的衍生物。

目前，针对 Wnt 信号通路的特异并有效的小分子抑制剂并不多，而激活剂就更少。Wnt 信号通路的抑制剂具有潜在的治疗肿瘤的药物价值，而激活剂在器官再生、干细胞扩增，以及治疗一些 Wnt 信号下调产生的疾病中具有潜在的药物价值。Wnt 信号通路包含一系列信号转导事件，其中 Wnt 信号膜质传递中 LRP6 的活化和细胞核中 β-catenin/ TCF4 转录复合物的调控机制并不完全清楚，特别是 β-catenin/TCF4 转录复合物作为 Wnt 信号通路最下游的响应子，靶向它的药物理论上可以更快速更有效地抑制 Wnt 信号的传递。我们通过高通量筛选发现的小分子 NC043 和 HLY78，可分别作为 Wnt 信号通路有效的抑制剂和激活剂，这是一个创新的发现，目前这两个小分子已经被多篇综述论文归纳到 Wnt 信号通路小分子调节剂的系列中。更有意义的是，通过这两个小分子探针的化学生物学研究，我们揭示的小分子靶点机制对拓宽和加深 Wnt 信号通路转录调控机制的认识有重要的意义，这些发现也具有显著的创新性和新颖性。

本章作者：宋晓敏，李　林

中国科学院分子细胞科学卓越创新中心

## 参 考 文 献


[1] Sheikh A，Niazi A K，Ahmed M Z，et al. The role of Wnt signaling pathway in carcinogenesis and implications for anticancer therapeutics. Hered Cancer Clin Pr，2014，12：13.

[2] Nusse R，Clevers H. Wnt/beta-catenin signaling，disease，and emerging therapeutic modalities. Cell，2017，169：985-999.

[3] Katoh M. Canonical and non-canonical WNT signaling in cancer stem cells and their niches：cellular heterogeneity，omics reprogramming，targeted therapy and tumor plasticity（Review）. Int J Oncol，2017，51：1357-1369.

[4] Ouyang H，Zhuo Y，Zhang，K. WNT signaling in stem cell differentiation and tumor formation. J Clin Invest，2013，123：

1422-1424.

[5] Clevers H，Loh K M，Nusse R. An integral program for tissue renewal and regeneration：Wnt signaling and stem cell control. Science，2014，346：54.

[6] Cheyette K A M B N R. Neurodevelopmental perspectives on wnt signaling in psychiatry. Mol Neuropsychiatry，2016，2：27.

[7] Gaudio A，Privitera F，Battaglia K，et al. Sclerostin levels associated with inhibition of the Wnt/beta-catenin signaling and reduced bone turnover in type 2 diabetes mellitus. J Clin Endocr Metab，2012，97：3744-3750.

[8] Wang W，Liu H，Wang S，et al. A diterpenoid derivative 15-oxospiramilactone inhibits Wnt/beta-catenin signaling and colon cancer cell tumorigenesis. Cell Res，2011，21：730-740.

[9] He X L，Zhang W J，Yan C，et al. Chemical biology reveals CARF as a positive regulator of canonical Wnt signaling by promoting TCF/beta-catenin transcriptional activity. Cell Discov，2017，3：17003.

[10] Zhu X L，Yuan C M，Tian C Y，et al. The plant sesquiterpene lactone parthenolide inhibits Wnt/β-catenin signaling by blocking synthesis of the transcriptional regulators TCF4/LEF1. J Biol Chem，2018，293：5335-5344.

[11] Wang S，Yin J L，Chen D Z，et al. Small-molecule modulation of Wnt signaling via modulating the Axin-LRP5/6 interaction. Nat Chem Biol，2013，9：579.

[12] Hasan M K，Yaguchi T，Sugihara T，et al. CARF is a novel protein that cooperates with mouse p19ARF（human p14ARF）in activating p53. J Biol Chem，2002，277：37765-37770.

[13] Hasan M K，Yaguchi T，Minoda Y，et al. Alternative reading frame protein（ARF）-independent function of CARF（collaborator of ARF）involves its interactions with p53：evidence for a novel p53-activation pathway and its negative feedback control. Biochem J，2004，380：605-610.

[14] Hasan M K，Yaguchi T，Harada J I，et al. CARF（collaborator of ARF）interacts with HDM2：evidence for a novel regulatory feedback regulation of CARF-p53-HDM2-p21WAF1 pathway. Int J Oncol，2008，32：663-671.

[15] Cheung C T，Singh R，Yoon A R，et al. Molecular characterization of apoptosis induced by CARF silencing in human cancer cells. Cell Death Differ，2011，18：589-601.

[16] Kalra R S，Cheung C T，Chaudhary A，et al. CARF（collaborator of ARF）overexpression in p53-deficient cells promotes carcinogenesis. Mol Oncol，2015，9：1877-1889.

[17] Gan X Q，Wang J Y，Xi Y，et al. Nuclear Dvl，c-Jun，β-catenin，and TCF form a complex leading to stabilization of β-catenin-TCF interaction. J Cell Biol，2008，180：1087-1100.

[18] Jia Y Y，Nie F，Du A Y，et al. Thymine DNA glycosylase promotes transactivation of β-catenin/TCFs by cooperating with CBP. J Mol Cell Biol，2014，6：231-239.

[19] Mao J H，Wang J Y，Liu B，et al. Low-density lipoprotein receptor-related protein-5 binds to Axin and regulates the canonical Wnt signaling pathway. Mol Cell，2001，7：801-809.

# 第 18 章　细胞的糖脂代谢

## 18.1　引　　言

随着我国经济的快速发展、人民生活水平的迅速提高，以及生活方式的改变，与肥胖相关的心血管疾病、糖尿病、脂肪肝等代谢性疾病已成为威胁国民健康和生活质量的重大隐患，给社会带来沉重的经济负担。糖脂代谢调控发生紊乱是导致代谢性疾病的关键因素。因此，全面解析糖脂代谢平衡的分子调控机制能促进我们深入了解糖脂代谢紊乱发生与发展的病理学基础，为代谢性疾病的预防和治疗提供新的理论依据。糖脂代谢途径错综复杂，涉及多种代谢组织器官和许多重要基因、蛋白和小分子代谢物，而特定小分子代谢物又对糖脂代谢具有至关重要的调控作用。所以，在分子、细胞与机体水平上，探索小分子化合物调控细胞代谢的信号转导途径，揭示糖脂代谢平衡的分子基础，是阐明代谢性疾病病理学机制的重要一环。本章紧密围绕胆固醇类脂质代谢途径和细胞内质网应激通路，以小分子化合物为辅助手段，对糖脂代谢途径的调控机制展开了深入细致的探索研究。

### 18.1.1　胆固醇代谢平衡的调控

脂质代谢是高度动态的复杂过程，包括脂质合成、吸收、运输、储存等环节，仅胆固醇合成代谢就有 30 多个步骤。胆固醇最早发现于胆结石中，是存在于真核动物细胞上的甾醇类小分子，具有环戊烷多氢菲的基本结构，即一个四个碳环组成的刚性疏水的身和一个亲水极性的羟基头。胆固醇对于有机生命的生存和机能至关重要。一方面，它渗入到磷脂双分子膜，成为细胞膜的主要组成成分之一，调节细胞膜的流动性和相变[1, 2]。另一方面，胆固醇也是包括胆汁酸[3]、脂溶性维生素和甾醇类激素等生物活性分子的合成前体[4]。以胆固醇为原料合成的各类类固醇激素参与机体的多种代谢调节，如肾上腺皮质激素（皮质醇、醛固酮等）[1]等。同时，胆固醇还通过蛋白质修饰，参与了包括 Hedgehog 信号通路在内的一些重要信号通路转导的调控[5]。然而，过多的胆固醇又会导致一系列严重的慢性代谢疾病，包括动脉粥样硬化。此外，胆固醇代谢异常还会引起胆结石、脂肪肝、阿尔茨海默病等疾病[2]，胆固醇在细胞内的运输异常还会导致如尼曼-皮克病 C 型（Niemann-Pick type C，NPC）等神经退行性疾病[6, 7]。所以，体内胆固醇平衡的严密精准调控对于机体的生理功能至关重要。

胆固醇的代谢过程包括内源胆固醇的从头合成、外源胆固醇的吸收以及胆固醇的转化和外排，其平衡调节涉及多种蛋白复合物、信号转导途径和小分子化合物的相互作用。对胆固醇内源合成的负反馈调控是机体维持胆固醇代谢平衡的主要机制，包括转录水平和蛋白水平两个方面。在转录水平上，转录因子甾醇调控元件结合蛋白（sterol regulate element binding protein，SREBP）调节胆固醇和脂肪酸等脂质合成基因的表达，高水平胆固醇会抑制活性形式 SREBP 的产生，从而负反馈调控脂质的生物合成。筛查、获取新的靶向 SREBP 途径的特异性抑制剂，将为动脉粥样硬化等代谢性疾病的防治提供新的手段。在蛋白水平上，羟甲基戊二酰辅酶 A 还原酶（HMG CoA Reductase，HMGCR）是限速酶，它的活性在多个水平受其下游合成的小分子代谢物的负反馈调控[8]。HMGCR 是一个多次跨膜的内质网膜蛋白，其蛋白降解过程是膜蛋白 Insig 介导的泛素-蛋白酶体途径，该途径中的特异性泛素连接酶 gp78 和降解关键蛋白 VCP 的作用尤其重要。其中特异性调控 HMGCR 降解的内源甾醇类小分子——羊毛脂固醇（lanosterol）及内源萜类小分子——geranylgeraniol（GGOH）[9-12]促进 HMGCR 蛋白的泛素化修饰和降解。另外，一种类萜化合物维生素 E，也能够模拟甾醇类分子的调控作用[6]。然而，这些化合物调控胆固醇合成途径的分子机理还不十分清晰，能否通过结构优化得到先导化合物用于临床研究，以及该通路中是否有其他未知的关键蛋白尚不清楚。利用已发现的调控胆固醇负反馈调控途径的内源小分子结构，设计合成可偶联的小分子探针，能够加快探索小分子化合物的代谢调控机制，为治疗胆固醇代谢相关疾病提供新的线索。同时，基于胆固醇负反馈调控机制筛选获得的小分子化合物，势必在治疗糖脂代谢紊乱相关的代谢性疾病中发挥重要作用。

胆固醇在血液中以脂蛋白的形式进行运输，其中低密度脂蛋白（low-density lipoprotein，LDL）负责将肝脏合成的内源性胆固醇运往全身各处，供各组织细胞使用。而在组织细胞中，LDL 通过位于细胞质膜上的受体 LDLR 介导的内吞途径进入细胞，与早期内体（early endosome）相结合，进入晚期内体（late endosome）和溶酶体（lysosome）中；随后 LDL 从 LDLR 上解离下来，在多种胆固醇酯酶作用下分解为脂肪酸和游离胆固醇[13]。水解释放出的胆固醇在溶酶体内继续由 NPC1、NPC2 蛋白进行运输。NPC1 是一种位于溶酶体膜上的具有 13 次跨膜结构的膜蛋白，而 NPC2 是位于溶酶体腔中的可溶性蛋白。尽管 NPC1、NPC2 在溶酶体内转运胆固醇的研究模型已经存在[14]，但胆固醇在到达溶酶体膜上之后如何离开溶酶体，又如何到达其他细胞器上，在细胞中又有哪些蛋白质负责这一运输过程，目前依然是胆固醇运输研究领域亟须解决的重要问题。此外，近期研究表明，胆固醇还可以修饰 Hedgehog（Hh）蛋白，而且胆固醇修饰对 Hh 的功能具有重要的影响。胆固醇修饰作为一种重要的翻译后调节机制，是否还存在 Hh 以外的其他靶标分子，目前也是非常有趣的重要科学问题。

### 18.1.2　内质网应激与糖脂代谢平衡

真核细胞中，内质网不仅是蛋白质折叠、加工及质量监控的重要场所，也是细胞中钙离子的储存地，行使精确调控细胞内蛋白折叠和分泌平衡的功能。同时，内质网还是糖脂代谢途径中多种生物化学反应及脂蛋白装配的场所。在特定条件下，当细胞难以承担内质网中未折叠蛋白或错误折叠蛋白的负荷时即发生内质网应激（ER stress）。已有的大量研究表明，内质网应激信号通路在糖脂代谢调控中发挥极为重要的作用[15-17]。内质网中蛋白折叠的超负荷能够激活细胞的未折叠蛋白响应信号[17]，以增强细胞对蛋白折叠的应对处理能力和对压力环境的适应能力。在哺乳动物细胞中，感应内质网应激的未折叠蛋白响应信号通路主要有三条，分别由位于内质网上的跨膜蛋白——PERK 激酶、ATF6 转录因子和 IRE1（Inositol Requiring Enzyme 1）蛋白所启动介导[15]。IRE1 是内质网应激通路中决定细胞存活与凋亡的关键分子[18]。在细胞应激条件下，IRE1 蛋白形成二聚体并通过自身磷酸化激活，进而介导编码转录因子 XBP1（X-box Binding Protein 1）的 mRNA 发生非经典剪切，由此产生具有活性功能的转录因子 XBP1s 蛋白。XBP1s 蛋白通过调节未折叠蛋白响应下游基因的表达，最终促进细胞适应外界的应激环境[19]。此外，IRE1 在特定条件下能够通过 IRE1 依赖性 mRNA 降解（IRE1-dependent decay of mRNA，RIDD）过程降解多种底物 mRNA，而且可以与众多信号转导蛋白分子相互作用。最近研究结果显示，哺乳动物细胞中 IRE1α 及 XBP1 在机体糖脂代谢调控过程中发挥重要的作用。在胰岛 β 细胞中，葡萄糖可以刺激 IRE1α 磷酸化，并通过脚手架（scaffold）蛋白 RACK1 与磷酸酶 PP2A 调控 IRE1α 的磷酸化水平而最终调节胰岛素的生物合成[20]。在肝细胞中，胰高血糖素激活 G 蛋白偶联受体（GPCR）-cAMP-蛋白激酶 A（PKA）的信号通路，通过 PKA 直接使 IRE1α 蛋白发生磷酸化，从而调控肝细胞中的糖异生通路[21]。利用 XBP1 基因敲除小鼠及 3T3-L1 细胞研究发现，脂肪细胞分化需要激活 IRE1α-XBP1 信号通路[22]。XBP1 通过同 FoxO1 蛋白[23]以及 PI3K 亚基 p85α 和 p85β[24]相互作用而调节葡萄糖代谢。小鼠在高碳水化合物饮食后，肝脏 XBP1 蛋白水平明显升高并伴随脂肪酸合成通路关键蛋白表达量的升高。同时，在 XBP1 肝特异性敲除小鼠中肝细胞的脂合成能力显著降低[25]。这些研究显示，IRE1α 所具有的激酶活性及核酸内切酶活性在糖脂代谢调控过程中发挥不同的作用，但 IRE1α 如何感受机体糖脂水平、继而如何进一步调控糖脂代谢并维持机体的能量稳态平衡，目前在具体机制上依旧模糊不清。

在多种代谢组织中，内质网可以被视为细胞内具备营养感应功能的细胞器，而内质网应激又与代谢炎症有密切的机制关联[26]。因此，深入探索 IRE1α 信号通路在不同营养状态下对糖脂代谢的调控机制，通过靶向 IRE1α 筛选出的候选小分子抑制剂作为探针，检测小分子化合物逆转代谢紊乱及改善糖脂代谢指标的活性效力，将为进一步开发小分子候选药物提供重要的理论基础。

总之，本项目从胆固醇代谢途径和细胞内质网应激通路入手，旨在探讨调控糖脂代谢平衡的分子机制，力图筛查、鉴定调控糖脂代谢的特异小分子化合物，同时发现并解析新的信号转导途径和关键调节蛋白，为进一步优化小分子结构、获取先导化合物，继而研发具有自主知识产权的创新药物提供新的理论基础。

## 18.2　研究进展与成果

本章围绕胆固醇代谢的调控通路和内质网应激信号通路开展了深入的探索研究，利用小分子探针发现了新的调控蛋白、信号通路和作用机制；同时，基于相关的代谢调控蛋白和通路，筛查、鉴定了新的代谢调节活性小分子。这些在胆固醇代谢和内质网应激领域的系统性工作，大大推动了该领域的发展，得到了国际同行的高度关注和认可。

### 18.2.1　揭示胆固醇代谢过程的调控机制

通过利用小分子化合物，深入解析了胆固醇代谢过程的调控机制（图 18.1），发现了胆固醇代谢相关疾病的新靶点和先导化合物，取得了以下多项创新性成果。

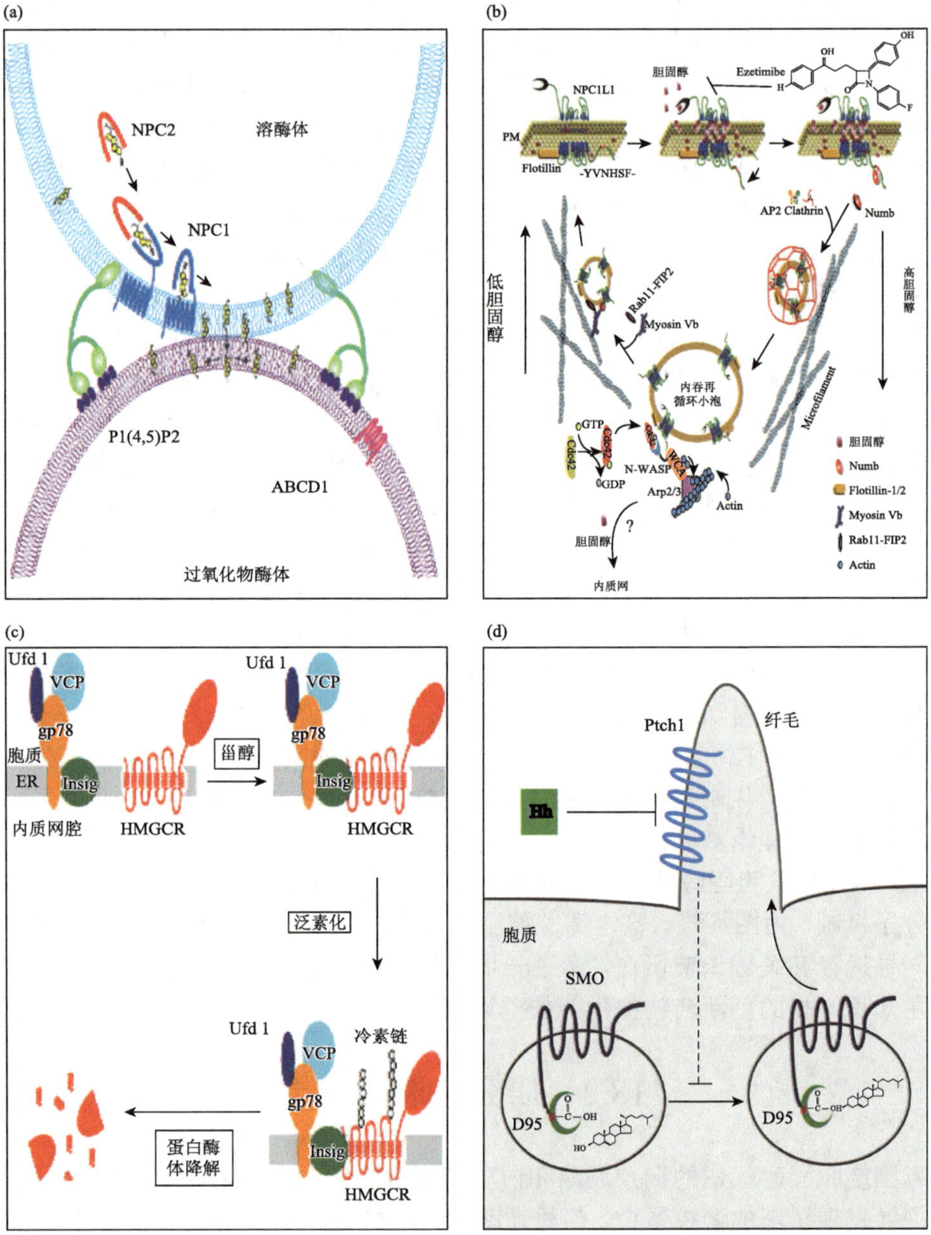


图 18.1　揭示胆固醇代谢平衡调控的分子机制。(a) 溶酶体通过与过氧化物酶体形成膜接触介导细胞内胆固醇转运。(b) NPC1L1 蛋白通过囊泡内吞机制介导肠道胆固醇吸收。(c) 胆固醇合成途径限速酶 HMGCR 降解调控的分子机制。(d) SMO 蛋白的胆固醇共价修饰对其活性至关重要

1. 胆固醇合成代谢的调控机制

胆固醇的合成代谢受到严格的负反馈调控。甾醇调控的 HMGCR 蛋白降解是一条非常重要的负反馈调控途径，控制胆固醇的内源合成。我们系统研究了通过泛素-蛋白酶体途径 HMGCR 的降解，发现甾醇特异性促进 HMGCR 的泛素化修饰，并鉴定出了泛素连接酶 gp78 及其复合物。进而对 gp78 肝脏特异性基因敲除小鼠分析，发现 gp78 除了介导 HMGCR 降解外，还促进 Insig 降解，后者是 SREBP 途径的负调控因子。gp78 基因敲除的小鼠，一方面 HMGCR 蛋白量增多，另一方面 Insig 蛋白增多，抑制 SREBP 途径，最终效果是胆固醇合成减少。小鼠还表现为 FGF21 因子分泌增多，激活棕色脂肪和能量消耗，肥胖和胰岛素敏感性改善。化合物白桦酯醇通过抑制脂质内源合成，降低胆固醇和甘油三酯水平，改善机体代谢并预防代谢性疾病的发生（Cell Metab-2012，Cell Metab-2011）。

2. 小肠胆固醇吸收的调节机制

小肠胆固醇吸收是人体获得胆固醇的重要方式，也是引起高脂血症的主要原因，长期以来对该途径的研究一直非常缓慢。我们的研究首先证明，膜蛋白 NPC1L1 通过囊泡内吞机制介导胆固醇吸收；利用生物化学和遗传学等方法，鉴定出胆固醇吸收途径中的重要调控蛋白，阐明了小肠胆固醇吸收的分子途径（Nature Med-2014，JBC-2014，PNAS-2011）。

3. 细胞内胆固醇运输的调控机制

胆固醇在细胞内的分布极不均匀且呈现高度动态的运输模式，对于细胞的正常生命活动至关重要。针对这一胆固醇代谢领域的根本问题，同时也是一个基本的细胞生物学问题，我们通过巧妙设计，筛选鉴定出 300 多个胆固醇运输相关的基因，并发现溶酶体通过和过氧化物酶体相互接触，将胆固醇转移给后者，进而运输至其他细胞器。该工作揭示了一种全新的胆固醇转运途径，发现了过氧化物酶体细胞器的新功能，并为与过氧化物酶体紊乱相关疾病的治疗提供了新的理论基础（Cell-2015）。

4. 细胞内胆固醇共价修饰 SMO 蛋白的调控机制

自 1996 年以来，Hedgehog 蛋白一直被认为是唯一的胆固醇修饰蛋白。20 多年来，虽然关于新的胆固醇修饰蛋白的猜想一直都有，很多实验室不断尝试，但从来没有新的胆固醇修饰蛋白被报道。相对于经典的翻译后修饰，胆固醇修饰作为一种特殊的修饰一直没有很好的鉴定方法。我们设计、合成了新的胆固醇分子探针，并利用此探针建立了一套以点击化学反应和化学生物学为基础的新筛选方法，结合质谱手段，发现 Hedgehog 通路的重要下游信号转导蛋白 SMO 可以被胆固醇修饰，并鉴定到 SMO 的修饰位点在其 N 端的 Asp95（D95）位。我们通过大量生物实验，证明了胆固醇修饰是其发挥功能所必需的，Smoothened 的修饰位点突变可导致小鼠胚胎发育畸形而致死。由于 Hedgehog 信号通路在肿瘤发生过程中起重要作用，该发现提示 Smoothened 的胆固醇修饰可以作为治疗相关肿瘤的新靶点（Molecular Cell-2017）。

### 18.2.2　揭示 IRE1α 通路在糖脂代谢调控中的作用机制

通过生理学与化学生物学的交叉合作，深入解析了 IRE1α 在不同组织细胞中的代谢调控效应，发现了 IRE1α 在内质网应激诱发糖脂代谢紊乱中的关键作用机理（图 18.2），并对 IRE1α 小分子调控剂进行了靶标验证，取得了以下原创性成果。

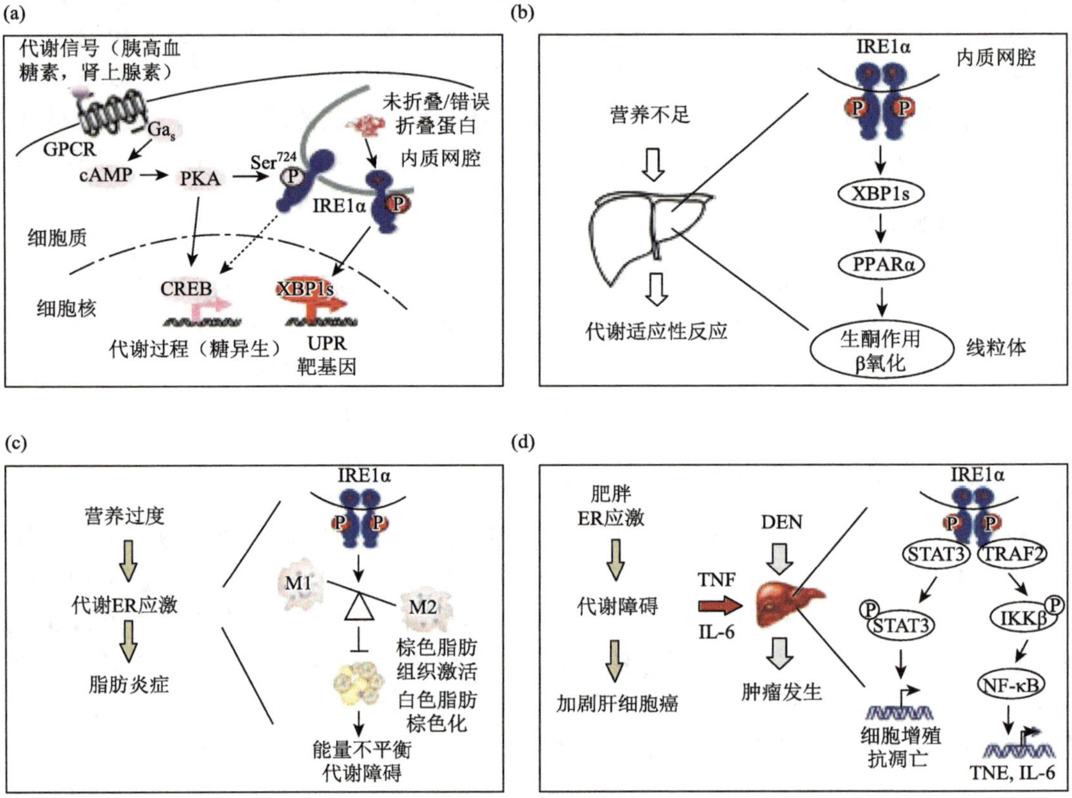


图 18.2　内质网应激感应蛋白 IRE1α 在代谢调节及炎症与癌变中的关键调控作用。(a) 肝脏 IRE1α 通过代谢性激活调控糖异生过程。(b) 肝脏 IRE1α 通过 PPARα 调控脂代谢适应性转换。(c) IRE1α 通过调控巨噬细胞极性活化影响脂肪组织重构。(d) IRE1α 通过促进肝脏炎症加剧肝细胞癌的发生发展

#### 1. 胰岛 β 细胞中 IRE1α 通路的调控与功能

在胰岛β细胞中，葡萄糖刺激或内质网应激能够诱导信号脚手架蛋白RACK1与IRE1α的相互作用；而 RACK1 与蛋白磷酸酶 PP2A 可以组成性地结合，进而调控 IRE1α 磷酸化激活水平，在 IRE1α 信号通路的生理动态调节中行使着“分子刹车”的作用，而这一调控机制的长期失灵则可能在 β 细胞功能失调导致 2 型糖尿病的病理过程中扮演重要的角色。随后在组织特异性基因敲除的小鼠模型中发现，在肥胖诱发的代谢应激状态下，IRE1α 信号通路在胰岛 β 细胞的代偿性增殖过程中发挥重要的调节作用（Sci Signal-2010；Cell Res-2014）。

2. 肝脏中 IRE1α 通路的代谢调控机制与功能

动物模型的研究发现，肝脏中 IRE1α 通路可以感应机体能量变化，在禁食情况下被磷酸化激活。在胰高血糖素（Glucagon）刺激下，蛋白激酶 A 能够直接使 IRE1α 激酶发生磷酸化；借此活化的 IRE1α 参与胰高血糖素对肝脏糖异生通路的调节；在肥胖小鼠模型中 IRE1α 处于代谢应激下的过度激活状态，抑制 IRE1α 通路则显著改善了血糖水平并提高了机体的葡萄糖耐受能力，这证明了 IRE1α 不仅是蛋白折叠状况，也是营养与代谢信号的感应器，提示特异调节肝脏 IRE1α 的活性具有防治 2 型糖尿病的潜力。通过条件性敲除肝脏 IRE1α 的小鼠模型研究显示，肝脏中 IRE1α 通路也是机体分解代谢信号的感应分子，在饥饿引发的能量代谢适应性转换（即葡萄糖的利用转变为脂肪酸的利用）过程中发挥重要的调控作用（PNAS-2011；Nat Commun-2014）。

3. 巨噬细胞中 IRE1α 信号通路促进肥胖与代谢紊乱发生的作用机制

为了解析 IRE1α 通路与肥胖引发的内质网应激与代谢性炎症过程之间的机制关联，我们构建了髓性细胞中特异敲除 IRE1α 的 MΦKO 小鼠模型。在高脂饮食喂养下，MΦKO 小鼠能够抵御肥胖，有胰岛素抵抗、高血脂和脂肪肝等代谢紊乱症状的发生。肥胖引起的巨噬细胞的浸润，在 MΦKO 小鼠的白色脂肪中明显减少，同时脂肪组织中的 M1 巨噬细胞减少，而 M2 巨噬细胞增多。IRE1α 缺失能够抑制脂多糖（LPS）诱导的 M1 巨噬细胞激活，促进白介素 4（IL-4）诱导的 M2 巨噬细胞激活。同时，靶向 IRE1α 核酸酶的小分子抑制剂 4μ8C，能够明显促进 IL-4 诱导的 M2 激活，表明特异性抑制巨噬细胞中 IRE1α 通路具有治疗肥胖、2 型糖尿病及脂肪肝相关慢性肝病的潜力（Nature Immunology-2017）。

4. 肝脏中 IRE1α 通路在脂肪性肝炎与肝癌发生发展中的作用机制

利用四氯化碳诱导和肝脏切除的小鼠肝损伤模型发现，肝细胞中特异性敲除 IRE1α 能导致更为严重的肝损伤，并使肝脏的再生能力下降。进一步的机制研究表明，IRE1α 可以通过与 STAT3 的直接相互作用促进其磷酸化激活水平，从而参与肝脏再生过程的调控（Journal of Hepatology-2015）。利用肝脏特异性敲除 IRE1α 的小鼠，通过 diethylnitrosamine（DEN）并辅以高脂喂食诱导肝细胞癌（hepacellular carcinoma，HCC）的快速发生。研究结果显示，高脂喂养导致的肥胖能加速小鼠 HCC 的发生过程，但 IRE1α 缺失的肝脏特异性敲除（LKO）小鼠中 HCC 的发生程度显著减轻，肝脏中的肿瘤数目和大小均远小于对照组小鼠。进一步研究发现，高脂喂养后肝脏 IRE1α 敲除小鼠的肝脏甘油三酯含量降低、脂肪肝症状明显减轻；同时，炎症信号通路在 IRE1α 敲除小鼠肝脏中的激活水平也显著降低。这些结果表明，在肥胖导致的代谢应激状况下，肝脏 IRE1α 可能通过调控脂代谢通路与炎症信号通路推动 HCC 的发生发展进程（Hepatology-2018）。

### 18.2.3 系列成果：溶酶体与过氧化物酶体形成膜接触介导胆固醇转运

1. 胆固醇细胞内运输关键基因的筛选

为了回答胆固醇在细胞内是如何运输的，到达溶酶体后，又是如何离开溶酶体，进而到达其他细胞器上。我们设计了一套筛选方法来富集细胞内胆固醇运输缺陷的细胞株[图 18.3（a）]。在这个筛选方法里，我们先将细胞培养在含有低密度脂蛋白（LDL）、U18666A、lovastatin 和 mevalonate 的去脂蛋白血清培养基中。其中，lovastatin 抑制内源性胆固醇合成，并提高 LDLR 表达，低浓度 mevalonate 保证细胞的正常功能，而 LDL 和 U18666A 导致大量胆固醇在溶酶体和细胞内堆积。随后，我们使用环化糊精短时间处理细胞，去除掉质膜上的胆固醇，再将细胞培养基更换为不含 U18666A 的培养基。这时，在胆

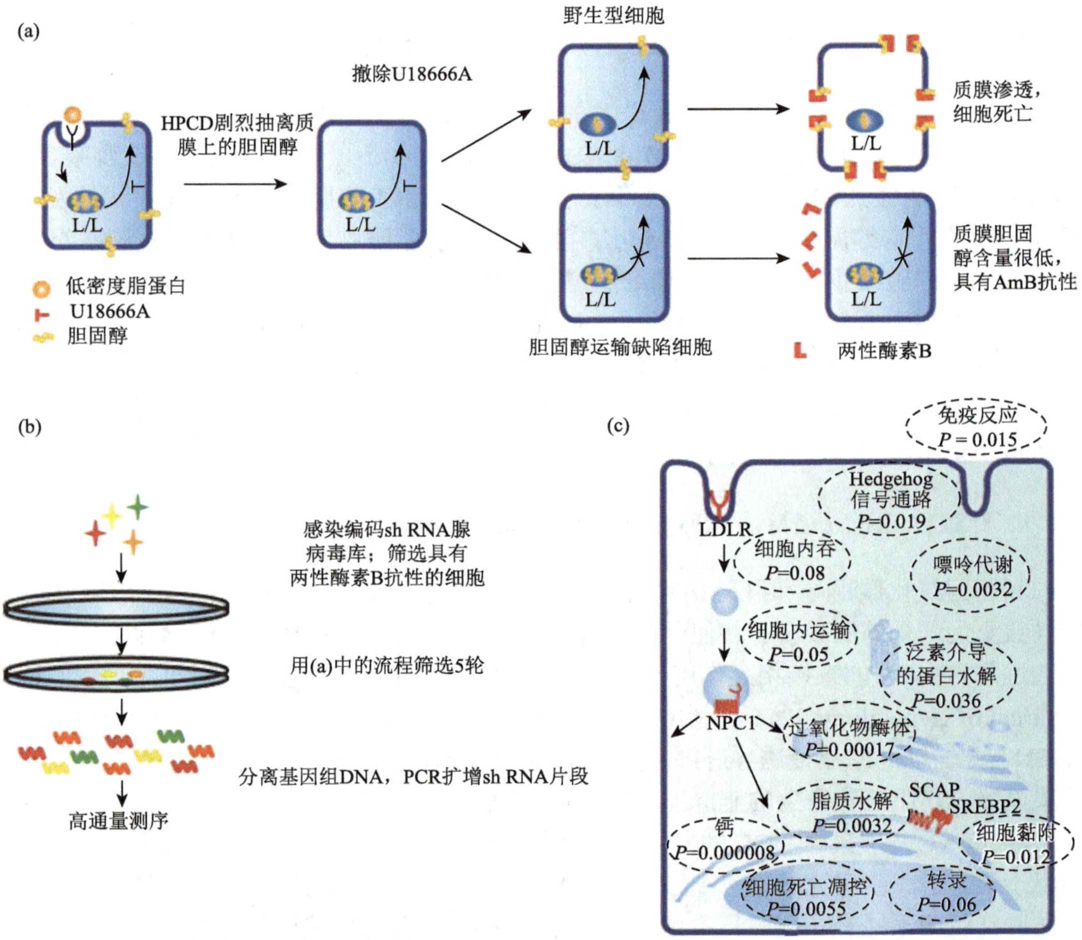


图 18.3 胆固醇细胞内运输关键基因的筛选。(a) 胆固醇运输缺陷细胞株的筛选策略。(b) 大规模 RNAi 筛选胆固醇细胞内运输关键基因的流程。(c) 生物信息学分析参与细胞内胆固醇运输的生物学过程和通路，$P$ 值表示 GO 分析中相应生物学过程和通路显著性

固醇转运正常的细胞中，胆固醇会从溶酶体中转运到细胞质膜上。此时利用一种称为两性霉素 B 的小分子处理细胞。两性霉素 B 具有一个特性，它可以结合细胞质膜上的胆固醇，形成孔道结构，增大细胞通透性，造成细胞内容物外泄，最终导致细胞死亡。这样，用两性霉素 B 处理胆固醇运输正常的细胞，细胞会穿孔死亡。而在胆固醇运输有缺陷的细胞中，溶酶体内的胆固醇无法转运到细胞质膜上，则两性霉素 B 的处理起不到作用，细胞从而存活下来。因此，用这个方法可以杀死正常细胞而富集胆固醇运输有缺陷的细胞。

在建立了筛选方法之后，对参与胆固醇运输的基因进行大规模的筛选［图 18.3（b）]。首先，用慢病毒介导的全基因组 shRNA 文库感染 Hela 细胞，经过 puromycin 筛选，获得基因组稳定整合 shRNA 细胞群。然后，用上述筛选方法对文库感染的细胞进行 5 轮两性霉素 B 筛选，逐步富集具有两性霉素 B 抗性的细胞株。最后，对这些胆固醇运输缺陷的细胞株抽提基因组，PCR 扩增 sh RNA 插入序列，结合高通量测序，鉴定在这些胆固醇运输缺陷细胞中被敲低的基因。

获得高通量测序结果后，我们对数据进行了对数转换，并通过 *Z*-score 来衡量候选基因的显著性，选取 *Z*-score 大于或等于 1.96 的基因作为候选基因，我们认为有 341 个基因在被敲低后显著影响了胆固醇细胞内运输。这些候选基因中包括影响胆固醇运输的关键基因 *NPC1*，负责胆固醇合成调控的关键转录因子 SREBP2 和辅助它剪切的胆固醇调节元件结合蛋白裂解激活蛋白（sterol regulatory element binding proteins cleavage-activating protein，SCAP）蛋白，以及负责低密度脂蛋白吸收的受体 LDLR［图 18.2（c）]。这些候选基因的出现验证了筛选的可靠性。进一步用 Gene Ontology 和 KEGG pathway analysis 等生物信息学分析工具来分析这些候选基因。我们发现，参与细胞内运输（$P = 0.05$）、脂质代谢（$P = 0.0032$）、钙调控（$P = 0.000008$）、嘌呤代谢（$P = 0.0032$）等类群的基因被显著地富集。出乎意料的是，与过氧化物酶体（$P = 0.00017$）相关的基因也在筛选中被显著地富集。

2. 溶酶体和过氧化物酶体间存在膜接触

为了探讨过氧化物酶体如何影响胆固醇的细胞内运输，我们对过氧化物酶体蛋白质 PMP70 进行内源性抗体染色，以过表达过氧化物酶体蛋白 ABCD1 来标记过氧化物酶体。在荧光显微镜下观察发现，红色荧光标记的过氧化物酶体（ABCD1-mcherry 标记）和绿色荧光标记的溶酶体（LAMP1-EGFP 标记）之间存在信号的重叠［图 18.4（a)]。为了

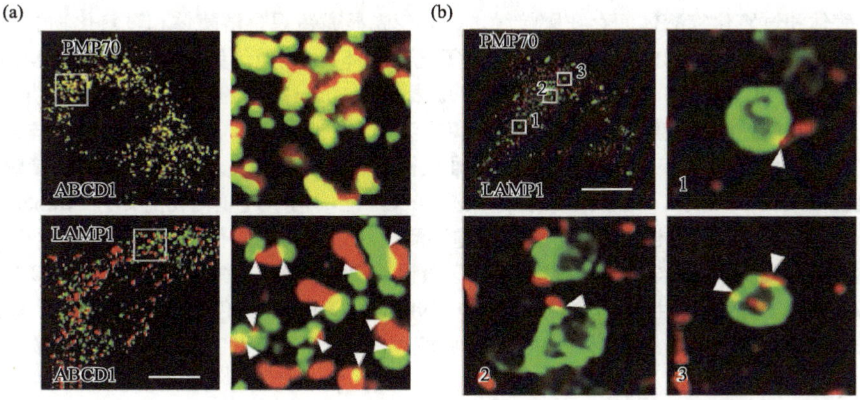

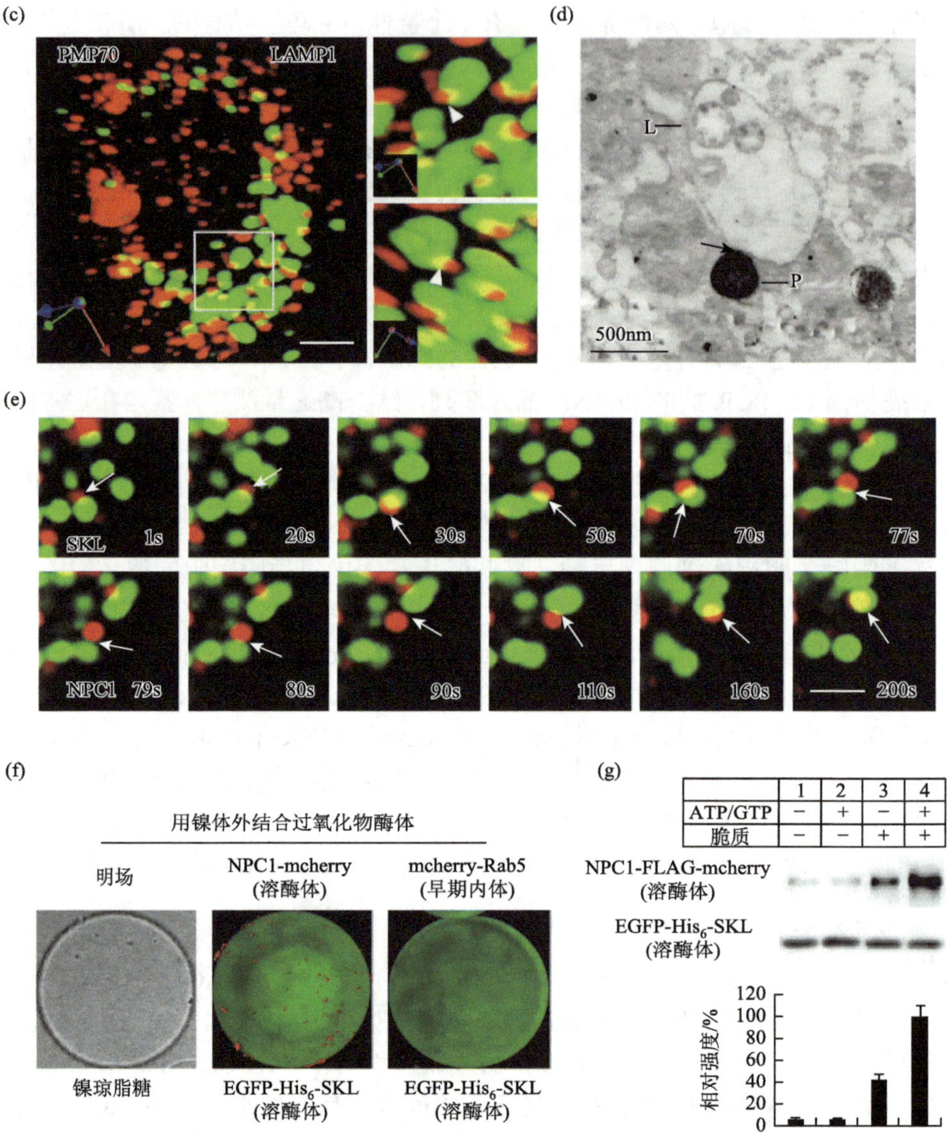


图 18.4　溶酶体和过氧化物酶体间存在膜接触。(a）荧光显微镜观察溶酶体和过氧化物酶体间膜接触。SV589 细胞转染 mcherry-ABCD1（红色，指示过氧化物酶体），共染色免疫荧光染色 LAMP1（绿色，指示溶酶体）或 PMP70（绿色，指示过氧化物酶体）。标尺，10μm。(b）结构照明超高分辨率显微镜观察溶酶体和过氧化物酶体间膜接触。SV589 共染色免疫荧光染色 LAMP1（绿色，指示溶酶体）、PMP70（红色，指示过氧化物酶体）。标尺，10μm。(c）三维重构观察溶酶体和过氧化物酶体间膜接触。Hela 细胞免疫荧光染色 LAMP1（绿色，指示溶酶体）、PMP70（红色，指示过氧化物酶体），Volocity-3D 软件分析。标尺，10μm。(d）透射电镜观察小鼠肝细胞溶酶体和过氧化物酶体间膜接触。L，溶酶体；P，过氧化物酶体。标尺，500nm。(e）活体实时荧光显微镜观察溶酶体和过氧化物酶体间膜接触。SV589 细胞共转染 EGFP-SKL（绿色，指示过氧化物酶体）、NPC1-mcherry（红色，指示溶酶体）。标尺，500nm。

（f）溶酶体和过氧化物酶体细胞器免疫共沉淀。(g）溶酶体和过氧化物酶体体外重组确认在显微镜下看到的溶酶体与过氧化物酶体间的接触，并排除它是由显微镜分辨率不够造成的假象，我们进一步用结构照明超高分辨率显微镜来观察，同样也观察到了过氧化物酶体和溶酶体接触的现象［图 18.4（b)］。随后，我们利用 PerkinElmer UltraView VoX 三维系统从不同角度来观察过氧化物酶体和溶酶体间的接触［图 18.4（c)］。除了利用荧光显微镜观察外，还使用了透射电镜，并在小鼠原代肝细胞中观察到了过氧化物酶体和溶酶体间的接触［图 18.4（d)］。除了在静息状态下观察了过氧化物酶体和溶酶体间的接触，我们还采用活体细胞实时成像技术观察了这两个细胞器间的动态接触。我们发现，过氧化物酶体与溶酶体间存在短暂动态接触，且并未出现两者的融合［图 18.4（e)］。

除了利用显微镜手段，我们还设计了一系列方法，在体内和体外分别验证溶酶体和过氧化物酶体间的接触。首先，我们设计了一个细胞器共沉淀方法。在这个方法中，我们构建了 Hela 细胞 EGFP-$His_6$-SKL 的稳定表达株，并在其中过表达 NPC1-mcherry（用于标记溶酶体）或 Rab5-mcherry（用于标记早期溶酶体）。接着，在不含去垢剂的缓冲液中裂解细胞，利用 Ni 珠和 His 标签的结合将过氧化物酶体偶联到 Ni 珠上。我们观察到，NPC1-mcherry 标记的红色的溶酶体能够与过氧化物酶体相互作用，一起偶联到 Ni 珠上，而 Rab5-mcherry 标记的早期内吞体则不能被偶联到 Ni 珠上［图 18.4（f)］。这个实验提示在体内溶酶体和过氧化物酶体间存在接触。此外，我们还在体外重构了这两个细胞器间的接触。我们通过碘克沙醇密度梯度离心分别纯化 EGFP-$His_6$-SKL 标记的过氧化物酶体和 NPC1-mcherry 标记的溶酶体，用 Ni 珠偶联过氧化物酶体，并在体系中加入溶酶体，发现在 ATP/GTP 及细胞质存在的情况下，溶酶体能在体外与过氧化物酶体接触［图 18.4（g)］。

### 3. 溶酶体和过氧化物酶体的接触机制

在确认了溶酶体和过氧化物酶体可以发生接触这一现象后，我们进一步寻找这两个细胞器间接触的机制。我们采用了溶酶体的蛋白质组分析、过氧化物酶体的蛋白质组分析，以及溶酶体膜上负责转运胆固醇的蛋白质 NPC1 的亲和纯化质谱连用，从中筛选参与膜融合及细胞器动态运输的候选基因分别敲低进行表型分析。从中发现，SynaptotagminⅦ（SytⅦ）这一基因在被敲低之后细胞内出现了胆固醇堆积。Synaptotagmin 是一类广泛存在于内分泌细胞和神经细胞分泌囊泡上的蛋白质家族，可以结合钙离子调控胞吐过程。Syt Ⅶ编辑的是位于溶酶体膜上的膜蛋白，它的蛋白质结构包含一个 N 段的跨膜结构域和 C2A、C2B 两个钙离子结合结构域［图 18.5（a)］。之前的文献报道，SytⅦ可以调控溶酶体的胞吐过程。在 SV589 细胞中敲低 SytⅦ后，过氧化物酶体和溶酶体间的接触减少，在溶酶体内出现胆固醇堆积［图 18.5（b)］。

此外，我们还发现 SytⅦ的缺失会降低溶酶体和过氧化物酶体在体外的接触。由此我们认为，是溶酶体上的 SytⅦ介导了溶酶体和过氧化物酶体间的接触。接下来需要解决的问题是，过氧化物酶体上负责这两个细胞器间接触的分子是什么。Synaptotagmin 蛋白质家族据报道能与 SNEAR 蛋白和磷脂结合。但在之前的报道中，过氧化物酶体上并未出现过 SNEAR 蛋白，在我们的过氧化物酶体蛋白质组中也没有 SNEAR 蛋白的存在，所以我们把注意力集中在磷脂上。我们重组表达了 SytⅦ-C2AB 蛋白，通过 PIP-strip assay，发现 SytⅦ倾向于与磷脂酰肌醇 PI（4, 5）P2 相互作用［图 18.5（c)］。为了验证这一相互作用，

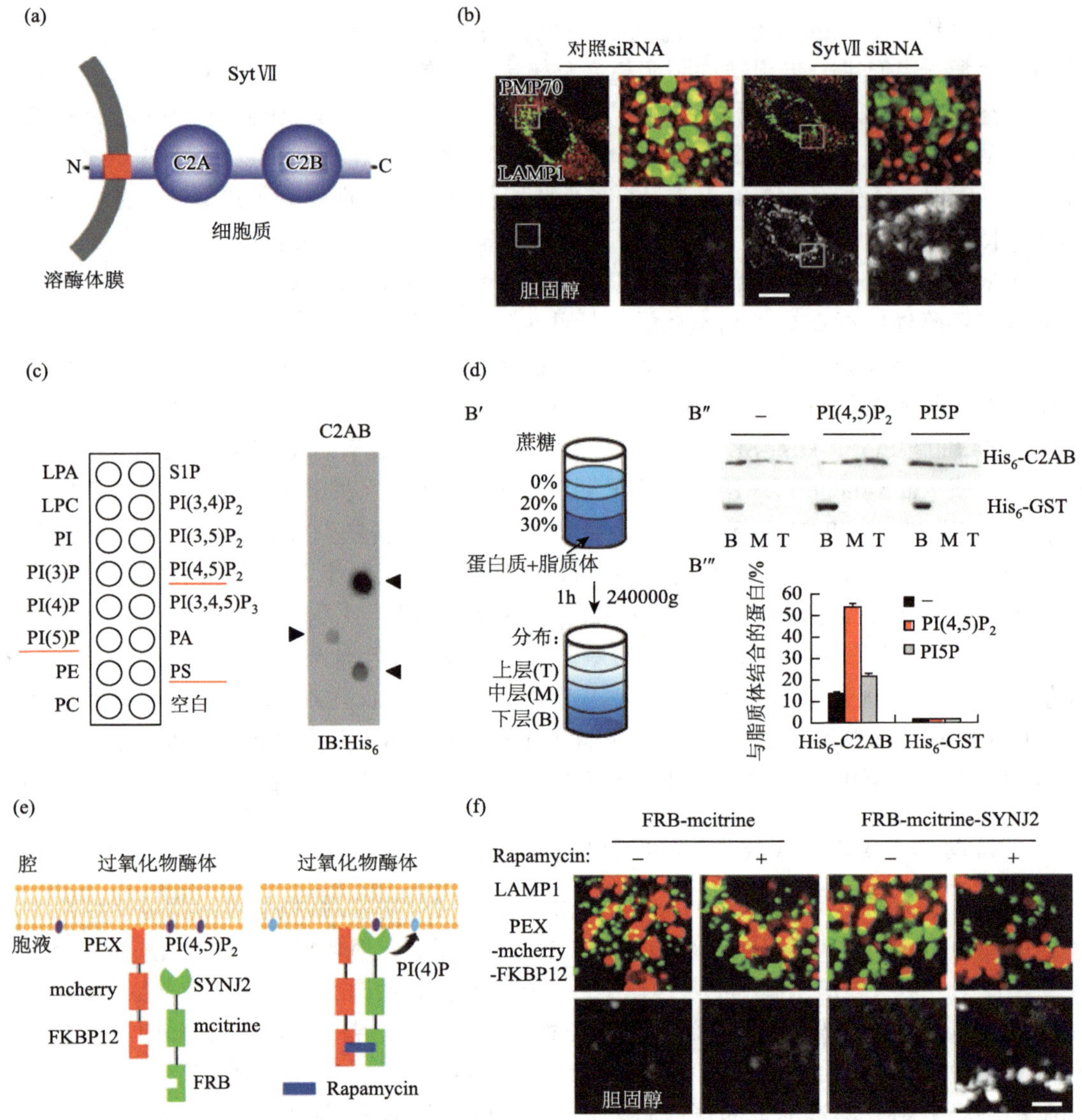


图 18.5 溶酶体和过氧化物酶体的接触机制。(a) SytⅦ蛋白质结构示意图。(b) SytⅦ被敲低后溶酶体过氧化物酶体接触减少，胆固醇出现堆积。SV589 细胞转染相应的 siRNA。转染 48h 后，固定细胞，共染色 filipin（灰色，指示胆固醇），免疫荧光染色 LAMP1（绿色，指示溶酶体），PMP70（红色，指示过氧化物酶体）。标尺，10μm。(c) SytⅦ C2AB domain PIP-strip assay。箭头所指对应红色下划线标记的磷脂。(d) SytⅦ C2AB domain 与 PI（4, 5）P2 脂质体漂浮实验。对应重组表达蛋白在上层组分（T）、中层组分（M）、下层组分（B）的分部通过免疫印迹实验显示。(e) Rapamycin 招募系统去除过氧化物酶体膜上 PI（4, 5）P2 示意图。(f) 过氧化物酶体膜上 PI（4, 5）P2 被去除后溶酶体过氧化物酶体接触减少，胆固醇出现堆积。SV589 细胞共转染 PEX-mcherry-FKBP12 与 FRB-mcritrine-SYNJ2 质粒，转染 48h 后用 Rapamycin 处理，共染色 filipin（灰色，指示胆固醇），免疫荧光染色 LAMP1。标尺，10μm

我们进一步进行脂质体漂浮实验。我们发现，SytⅦ的 C2AB 结构域能与含 PI（4, 5）P2 的脂质体共漂浮［图 18.5（d)］，这进一步说明 SytⅦ和 PI（4, 5）P2 间存在相互作用。当采用 Rapamycin 招募系统特异性水解掉过氧化物酶体膜上的 PI（4, 5）P2 后[图 18.5（e）]，溶酶体过氧化物酶体间接触减少，溶酶体内出现胆固醇堆积［图 18.5（f）］，这提示了过氧化物酶体膜上的 PI（4, 5）P2 参与介导了溶酶体和过氧化物酶体间的接触。

4. 胆固醇通过溶酶体和过氧化物酶体间的膜接触运输

在确认了溶酶体和过氧化物酶体的接触机制后，我们进一步找寻这两个细胞器间接触的功能，希望验证胆固醇是否能通过溶酶体和过氧化物酶体间的接触发生转运。我们给 Hela/NPC1-FLAG-mcherry 细胞的溶酶体标记了 3H-胆固醇，用碘克沙醇密度梯度离心分别纯化了溶酶体和过氧化物酶体，在体外重组了它们的膜接触。我们观察到，过氧化物酶体中的 3H-胆固醇含量随着和溶酶体孵育时间的延长而增加。而当溶酶体过氧化物酶体间的接触在 NPC1、SytⅦ被敲低或被 PI（4, 5）P2 抗体阻断的情况下，由溶酶体向过氧化物酶体的 3H-胆固醇的转运就被阻断了［图 18.6（a）和（b）］。由此我们提出了胆固醇由溶酶体向过氧化物酶体转运的模型：低密度脂蛋白（LDL）被运输到溶酶体中后，LDL 中的胆固醇被水解释放，胆固醇的烷基侧链被 NPC2 结合，而暴露在外的 OH 基和母核被 NPC1 蛋白的 N 段结构域识别结合，并进一步插入溶酶体膜上。这时溶酶体上的 SytⅦ结合过氧化物酶体膜上的 PI（4, 5）P2，从而介导了溶酶体和过氧化物酶体间的膜接触。胆固醇通过两者的膜接触由溶酶体转运到过氧化物酶体［图 18.6（c）］。

5. 羟丙基-$\beta$-环化糊精（HPCD）通过缓解胆固醇堆积治疗过氧化物酶体疾病

过氧化物酶体疾病是一类由位于过氧化物酶体上的基因突变所导致的疾病，可以分为过氧化物酶体生成缺陷症（PBD）及单过氧化物酶体酶缺陷症[1, 2]。过氧化物酶体疾病患者通常具有代谢紊乱、进行性神经系统病变等症状[2]。我们之前的工作发现，过氧化物酶体除了具有经典的氧化功能外，还参与了细胞内胆固醇的运输。并且值得注意的是，过氧化物酶体紊乱疾病的某些症状与胆固醇运输异常造成的尼曼-皮克 C 型疾病较为相似。由此我们大胆假设，胆固醇运输的异常可能是导致过氧化物酶体疾病的病因之一。

6. 过氧化物酶体疾病基因突变细胞中存在胆固醇堆积

为检验过氧化物酶体疾病是否存在胆固醇运输的异常，我们在细胞中分别敲低了过氧化物酶体疾病的突变基因［图 18.7（a）］。在 16 个过氧化物酶体的相关基因中，其中 10 个在敲低后细胞内出现了胆固醇的堆积［图 18.7（b）］，在这中间既包含了过氧化物酶体生成缺陷症基因，也包含了单过氧化物酶体酶缺陷症基因。我们之前的工作发现，过氧化物酶体上的 PI（4, 5）P2 参与介导了溶酶体和过氧化物酶体间的接触，从而影响了胆固醇由溶酶体向过氧化物酶体的转运。与之一致的是，在这 10 个出现了胆固醇堆积的过氧化物体疾病突变细胞中，过氧化物酶体上的 PI（4, 5）P2 水平也发生了下降［图 18.7（e）和（f）］，并且过氧化物酶体与溶酶体间的接触也相应减少［图 18.7（c）］。在这 10 个过氧化物酶体疾病突变基因中，Pex1、Pex3、Pex6、Pex10、Pex26 的突变导致了约 90%的过氧化物酶体生成缺陷症[1]，而 ABCD1 突变所导致的 X-ALD 疾病则是发病率最高的过氧化物酶体疾病，它的发病率约为 1/20000[3]。我们之前的实验结果观察到，在 ABCD1 敲

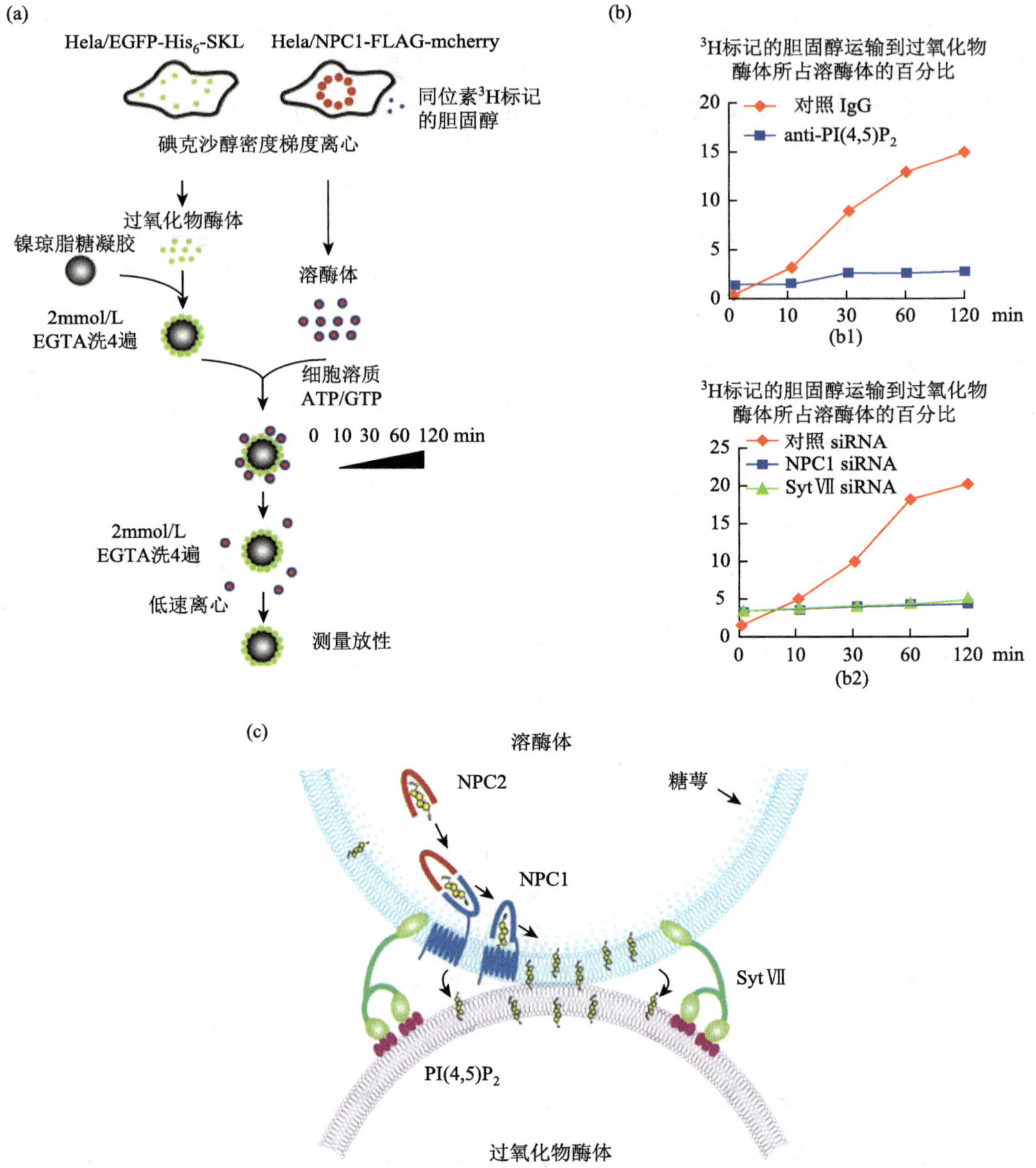


图 18.6　胆固醇通过溶酶体和过氧化物酶体间的膜接触运输。(a) $^3$H 标记的胆固醇转运体外重组示意图。(b) 胆固醇由溶酶体向过氧化物酶体转运随时间延长而增加。Ni 珠结合的过氧化物酶体与 PI (4, 5) P2 抗体预孵育后用于 $^3$H 胆固醇转运实验 (b1)，或从转染指定 siRNA 细胞中纯化的溶酶体与 WT 细胞中纯化的过氧化物酶体孵育后用于 $^3$H 胆固醇转运实验 (b2)。结果显示为重组后过氧化物酶体 $^3$H 胆固醇量占重组反应前溶酶体 $^3$H 胆固醇量百分比。(c) 胆固醇转运出溶酶体模型

除小鼠的脑及肾上腺中，存在大量的游离胆固醇的堆积。并且在 3 种不同的过氧化物酶体疾病的患者细胞中，我们也观察到了胆固醇的堆积。由此推测，在过氧化物酶体疾病中普遍存在胆固醇运输异常的现象，接下来，我们将注意力集中在 10 个突变后引起胆固醇堆积的过氧化物体疾病基因。

(a)

| 组别 | 基因名称 | 过氧化物酶体疾病 |
| --- | --- | --- |
| 过氧化物酶体生成缺陷 | *pex1, 3, 6, 10, 11b, 26* | ZS, NSLD, IRD |
| | *pex7* | RCDP1 |
| 单一过氧化物酶体的酶缺乏 | *abcd1* | X-ALD |
| | *acox1* | ACOX1 缺陷 |
| | *hsd17b4* | DBP/MFP2 缺陷 |
| | *amacr* | AMACR 缺陷 |
| | *gnpat* | RCDP2 |
| | *agps* | RCDP3 |
| | *phyh* | 雷弗素姆氏病 |
| | *agxt* | 1型高草酸尿症 |
| | *cat* | 过氧化氢酶缺乏症 |

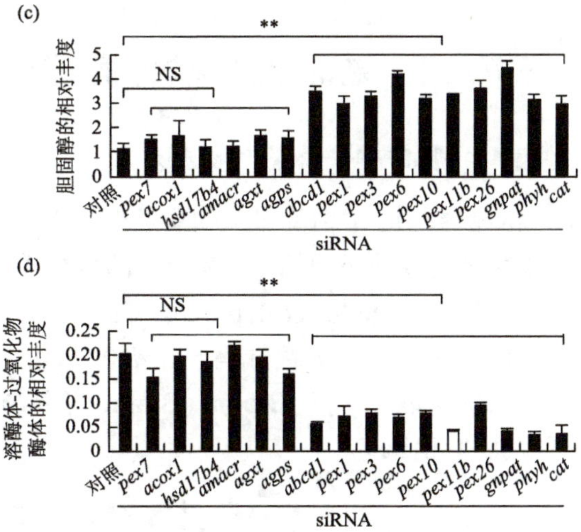


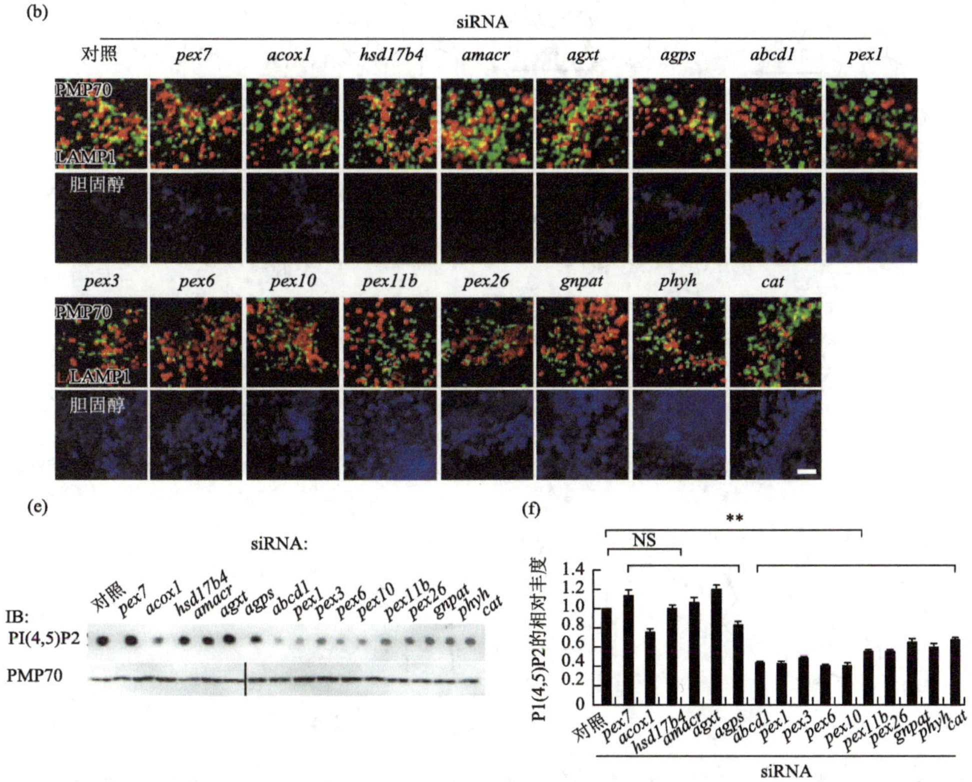


图 18.7　过氧化物酶体疾病基因突变细胞中存在胆固醇堆积。(a) 过氧化物酶体疾病与其相应的突变基因。(b) 胆固醇、溶酶体及过氧化物酶体的共染色。SV589 细胞转染相应的 siRNA。转染 48h 后，固定细胞，共染色 filipin（蓝色，指示胆固醇），免疫荧光染色 LAMP1（红色，指示溶酶体），PMP70（绿色，指示过氧化物酶体）。标尺，2μm。(c)(b) 中胆固醇堆积的定量。NS，无显著差别，$^{**}p<0.01$。(d)(b) 中溶酶体过氧化物酶体接触定量。NS，无显著差别，$^{**}p<0.01$。(e) PI (4, 5) P2 点印迹。纯化转染相应 siRNA 细胞中的过氧化物酶体，从过氧化物酶体组分中提取脂质成分，用抗 PI (4, 5) P2 抗体对脂质成分中 PI (4, 5) P2 进行检测。过氧化物酶体含量用 PMP70 抗体检测。(f)(e) 中 PI (4, 5) P2 相对含量的统计。NS，无显著差别，$^{**}p<0.01$

### 18.2.4　系列成果：新的胆固醇修饰蛋白筛选鉴定及功能

1. 建立新的胆固醇修饰蛋白鉴定方法

由胆固醇修饰 Hh 蛋白的过程可知，胆固醇修饰发生过程中，胆固醇的羟基和蛋白质的氨基酸残基羧基端是必需的，而其疏水的游离端则不是必需的。我们合成了如图 18.8（a）所示的胆固醇探针（cholesterol probe，CP），如图 18.8（b）所示，胆固醇探针与天然胆固醇的唯一区别是疏水的游离端有一个叠氮基团，此叠氮基团可以与炔基 Biotin 发生点击化学反应，共价交联上一个 Biotin。Biotin 可以与亲和素（Avidin）发生结合，可以用来进行免疫沉淀和纯化。

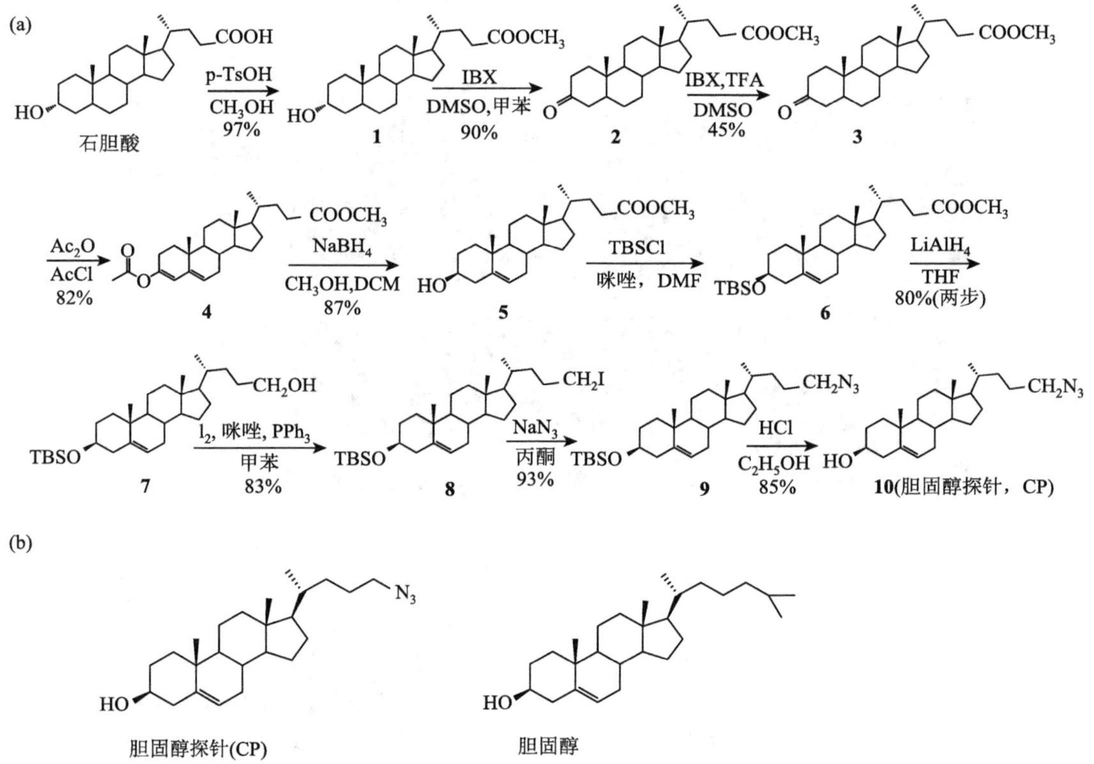


图 18.8　胆固醇探针合成示意图。（a）胆固醇探针（CP）合成路线图。（b）胆固醇探针和天然胆固醇的结构对比

2. 建立基于点击化学反应的新胆固醇修饰蛋白鉴定系统

运用上述胆固醇探针，我们建立基于点击化学反应的新胆固醇修饰蛋白鉴定系统［图 18.9（a）］。用已知的胆固醇修饰蛋白 Shh 作为对照。在 293T 细胞中，转染 pCMV-3×Myc-Shh 质粒，16h 后，在胆固醇饥饿的条件下，加入溶剂对照或者胆固醇探针，37℃，培养 24h，使胆固醇探针充分修饰 Shh 蛋白或潜在的胆固醇修饰蛋白。再用 RIPA buffer

裂解细胞［图 18.9（a）细分 1］，透析去除没有修饰蛋白的游离胆固醇探针。在体外进行点击化学反应，分别加入炔基 Biotin［结构见图 18.9（a）绿色部分］、维生素 C 钠盐、铜离子和 TBTA{tris[(1-benzyl-1H-1, 2, 3-triazol-4-yl)methyl] amine}。首先，维生素 C 钠盐还原二价铜离子为一价亚铜离子，TBTA 起到稳定一价亚铜离子的作用。在一价亚铜离子的催化作用下，胆固醇探针上的叠氮基团和炔基 Biotin 的炔基，发生 Husigen 环加成反应，将 Biotin 和胆固醇探针修饰的蛋白共价连接到一起，为胆固醇探针修饰的蛋白再连上一个 Biotin（细分 2）。进行第二次透析，去除没有发生点击化学反应的炔基 Biotin。最后采用 Avidin beads 进行免疫沉淀，特异性富集被胆固醇探针修饰的 Shh 蛋白（细分 4）。对以上各个组分进行 Western Bloting 检测。

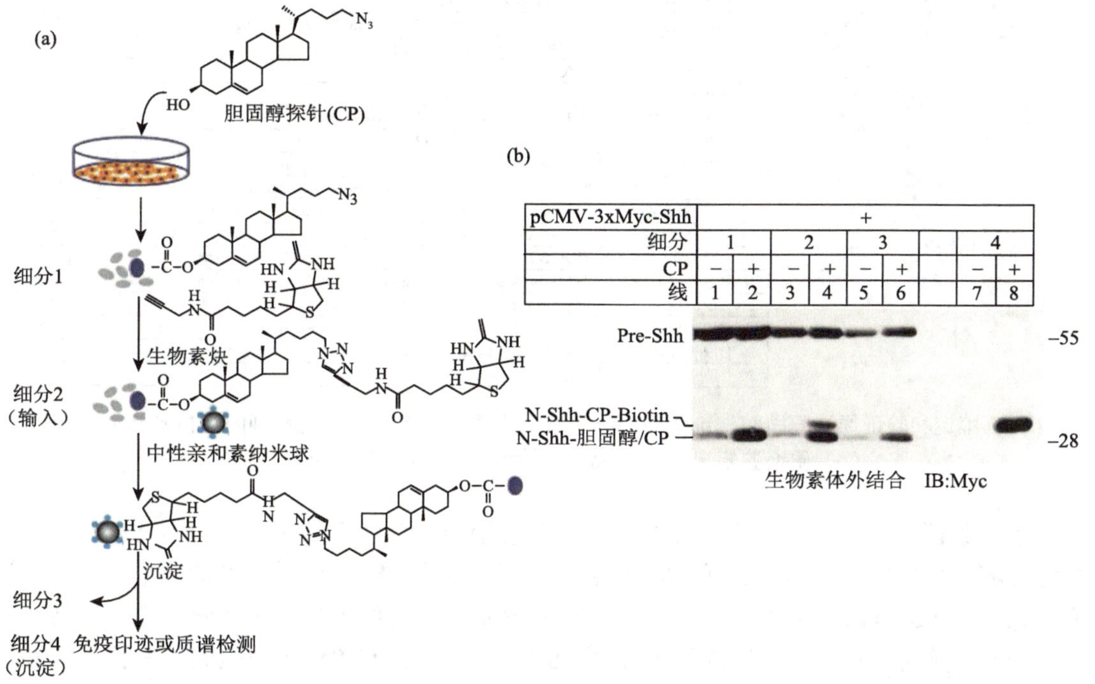


图 18.9　新的胆固醇修饰蛋白鉴定系统。（a）新的胆固醇修饰蛋白鉴定系统流程示意图。（b）新的胆固醇修饰蛋白鉴定系统可以很好地鉴定 Shh 蛋白的胆固醇修饰

结果如图 18.9(b)所示：比较细分 1 中的线 1 和线 2 可知，加入胆固醇探针可以促进 Shh 蛋白剪切成熟。比较细分 2 中的线 3 和线 4，可以看出发生点击化学反应后线 4 有明显的分子量上浮，这是由于被胆固醇探针修饰的 Shh 再被 Biotin 共价修饰后，分子量变大。进一步，细分 4 中只有加入了胆固醇探针的线 8 可以免疫沉淀下来 Shh 蛋白，并且只有分子量发生上浮的 Shh 被免疫沉淀下来。以上结果说明，新的胆固醇修饰蛋白鉴定系统可以很好地鉴定已知的胆固醇修饰蛋白 Shh 的胆固醇修饰。

### 3. 大规模纯化和质谱鉴定胆固醇修饰候选蛋白

运用上述建立的鉴定系统，结合大规模纯化，对 293T 细胞内源的胆固醇修饰蛋白进行了富集，并用质谱手段鉴定了只特异性被加探针组免疫沉淀下来的蛋白。我们克隆了丰度在前 20 位的蛋白（图 18.10），并运用图 18.9（a）所示的胆固醇修饰蛋白鉴定系统对 20 种候选蛋白进行了鉴定。

(a)

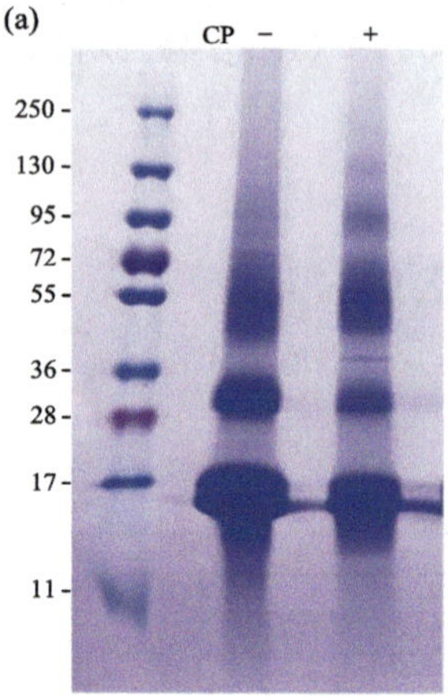


(b)

| 序号 | NP 序号 | 蛋白描述 | $M_w$ |
|---|---|---|---|
| 1 | NP_003842.1 | CREG1 Protein CREG1 | 24059 |
| 2 | NP_004568.2 | PSPH Phosphoserine phosphatase | 24992 |
| 3 | NP_001166932.1 | SHISA6 Isoform 1 of Protein shisa-6 homolog | 55729 |
| 4 | NP_065858.1 | ZNF319 Zinc finger protein 319 | 65504 |
| 5 | NP_892021.1 | ZNF326 cDNA FLJ50345,highly simliar to Zinc finger protein326 | 55535 |
| 6 | NP_001177367.1 | NCOR1 Uncharaccterized protein | 63430 |
| 7 | NP_005622.1 | SMO Smoothened homolog | 86341 |
| 8 | NP_001180350.1 | TSHZ2 Teashirt homolog 2 | 114933 |
| 9 | NP_002941.1 | BPN1 Dolichyl-diphosphooligosaccharide | 72733 |
| 10 | NP_660319.1 | ZNF563 Similar to ZFP37 | 26720 |
| 11 | NP_055227.1 | CACYBP Isoform 1 of Calcyclin-binding protein | 23148 |
| 12 | NP_005000.1 | NME4 Nucleoside diphosphate kinase,mitochondrial | 20646 |
| 13 | NP_001269460.1 | RNF40 Isoform 4 of E3 ubiquitin-protein ligase BRE 1B | 101984 |
| 14 | NP_037425.1 | TRA2A Isoform Long of Transformer-2 protein homolog alpha | 32669 |
| 15 | NP_004584.1 | TRA2B Isoform 1 of Transformer-2 protein homlolg beta | 33646 |
| 16 | NP_000007.1 | ACADM Isoform of Medium-chain specific acyl-CoA dehydrogenase | 46559 |
| 17 | NP_002286.2 | RPSA Laminin receptor-like protein | 32975 |
| 18 | NP_001419.1 | ENO1 Isoform alpha-enolase of Alpha-enolase | 47139 |
| 19 | NP_071505.2 | TIA1 Isoform Long of Nucleolysin TIA-1 isoform p40 | 42936 |
| 20 | NP_116116.1 | INA Alpha-internexin | 55357 |

图 18.10　鉴定和验证候选胆固醇修饰蛋白。（a）减加胆固醇探针免疫沉淀得到的蛋白考马斯亮蓝染色。（b）质谱鉴定出的只出现加探针组的丰度前 20 位的蛋白名单

通过验证，我们发现只有 SMO 蛋白可以被特异性免疫沉淀下来，并且 SMO 的胆固醇修饰随着胆固醇探针浓度的增加有浓度梯度效应［图 18.11（a）］。除此之外，我们对细胞内源的 SMO 蛋白运用以上鉴定系统进行了鉴定，发现细胞内源的 SMO 也可以像外转的 SMO 一样进行胆固醇探针的修饰［图 18.11（b）］。并且 SMO 的胆固醇修饰可以在多种细胞系中发生。如上所述，SMO 蛋白是 Hh 通路的重要蛋白，是属于 7 次跨膜的 GPCR 家族蛋白的一员，与 Wnt 通路的 Fzd 结构类似，所以我们又对 Wnt 通路相关蛋白进行了鉴定，其中包括 FZD7、LRP5、Wnt1、Wnt11 和 Dvl3，以及另外的 GPCR 蛋白 GPR119、Hh 通路的 Ptch1 进行了鉴定，发现以上这些蛋白都不能被我们的鉴定系统免疫沉淀下来［图 18.11（c）］，证明 SMO 的胆固醇修饰是特异性的。

为了进一步确认 SMO 的胆固醇修饰，并且鉴定 SMO 的胆固醇修饰位点，进行了质谱鉴定。我们用 Shh 蛋白作为阳性对照，经过反复摸索，建立了胆固醇修饰的质谱鉴定方法。由于 Shh 蛋白的第 195 位氨基酸残基为 K，与其胆固醇修饰位点 G198 位置过近，质谱消化时会造成肽段过短而无法检测出，所以我们首先将 195 位的 K 突变为 A，并检测证明 K195A 并不影响 Shh 蛋白的胆固醇修饰。对上述 Shh-K195A 突变体进行免疫纯化后，进行质谱检测。质谱鉴定结果显示 Shh 的 G198 位氨基酸残基上有一个大小为 368.3443 的分子量增加，刚好等于胆固醇的分子量（386.3548）减去水分子的分子量（18.0105）。

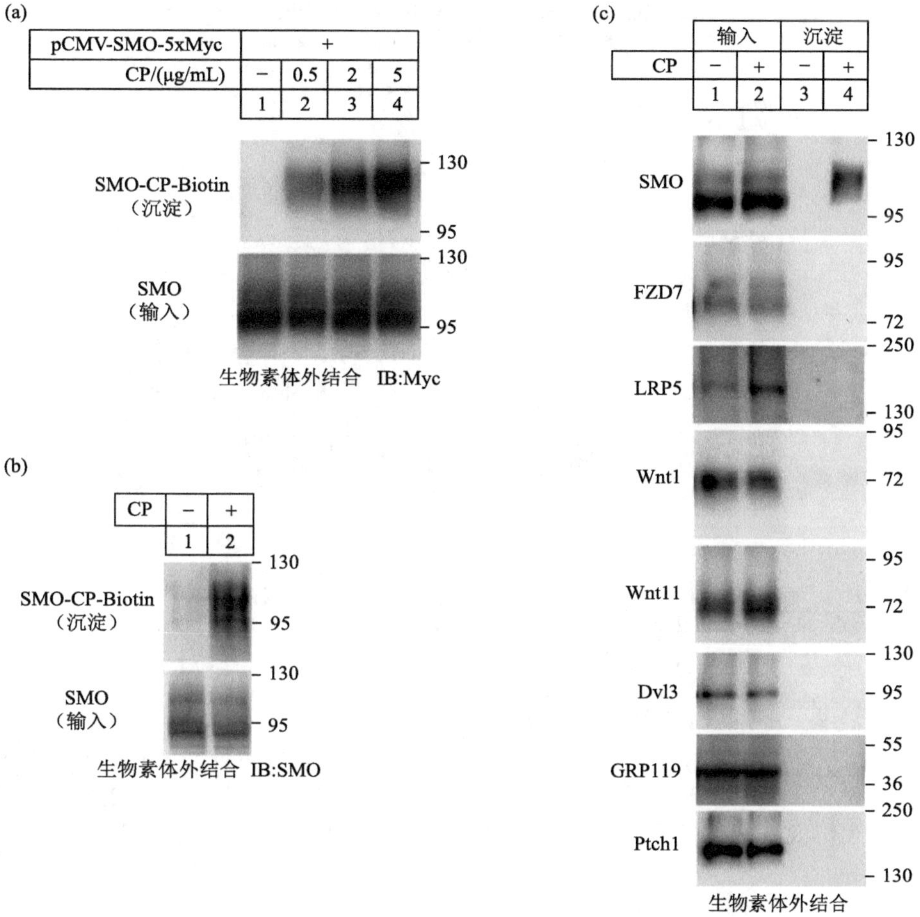


图 18.11　SMO 蛋白可以被胆固醇探针特异性免疫沉淀。(a) SMO 的胆固醇修饰具有浓度梯度效应；(b) 细胞的内源 SMO 也可以被胆固醇修饰；(c) Wnt 信号通路和 GPCR 家族相关蛋白的胆固醇修饰分析

我们免疫纯化了人源的 SMO 蛋白，质谱鉴定结果发现 SMO 的 D95 位氨基酸残基上也有一个大小为 368.3443 的分子量增加［图 18.12 (a)］，以上结果确认了 SMO 的胆固醇修饰并证明了 SMO 的胆固醇修饰位点在其 D95 位上。D95 位氨基酸残基位于 SMO 蛋白的 N 端，物种间保守性分析发现，D95 在进化过程中高度保守［图 18.12 (c)］。

进一步的点突变分析发现，SMO 的 D95N 突变体完全丧失了胆固醇修饰能力。而质谱显示没有胆固醇修饰的位点 E71 和 D97，分别突变为 E71Q 和 D97N 后，则完全不影响 SMO 的修饰效率［图 18.12 (b)］。另外，我们对 SMO 蛋白进行了 Truncation 突变体分析，发现只有缺失了 D95 位点的突变体会完全丧失胆固醇的修饰［图 18.12 (d)］，此结果与点突变的结果是一致的。以上结果说明，SMO 蛋白的胆固醇修饰位点是 D95。

如前所述，D95 位于 SMO 的 N 端的 Cystein 富集区域（CRD），并且 D95 是一个进化上保守的区域。有文章报道 SMO 可以结合胆固醇和 20-OHC，并激活 Hh 通路，所以我们探究了 SMO 胆固醇修饰和结合之间的关系。根据 SMO 突变体和 20-OHC 结合的强弱，我们将 SMO 的突变体分为三大类，第一类对 SMO 结合胆固醇非常关键的氨基酸包

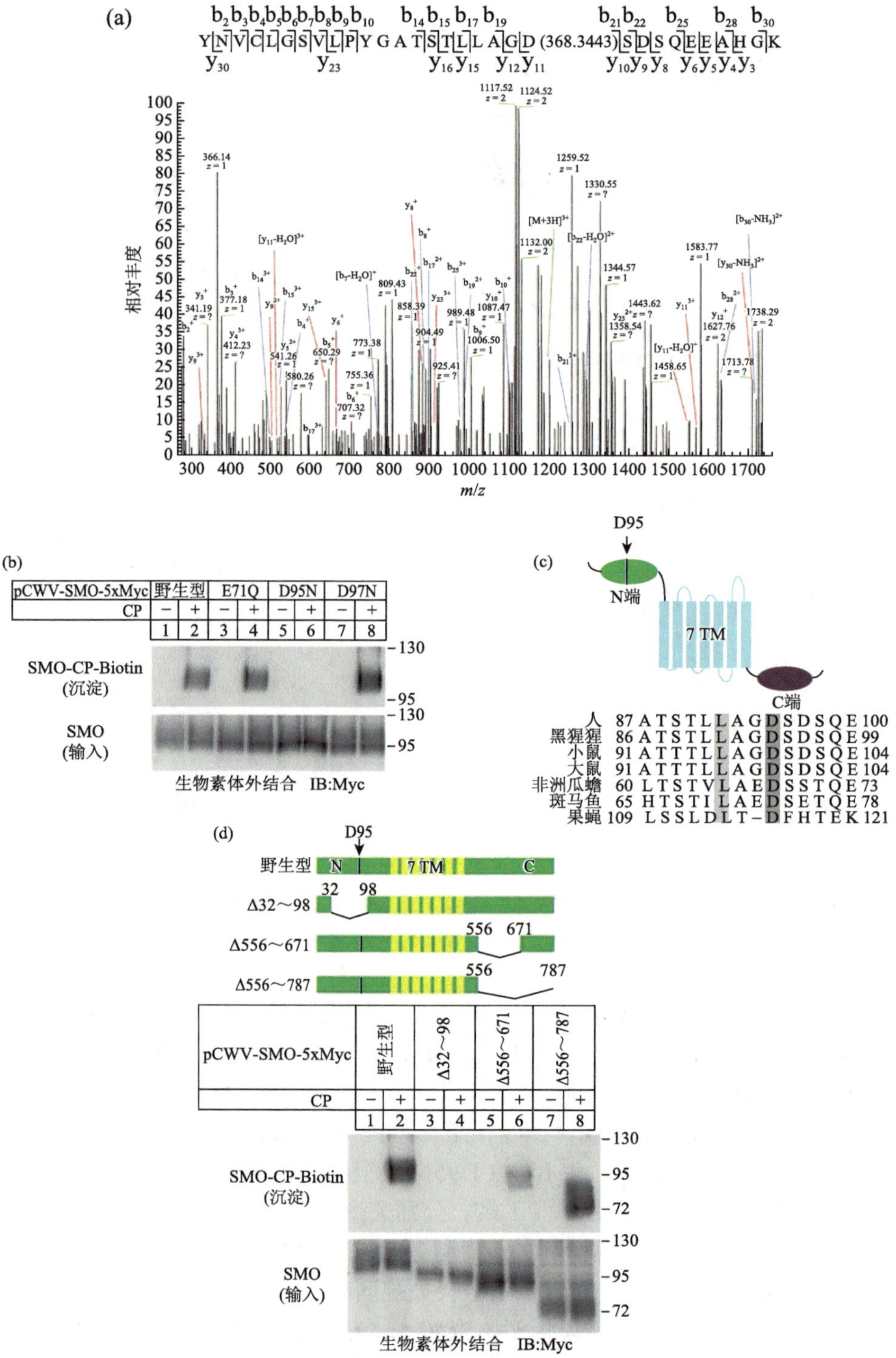


图 18.12　人源的 SMO 蛋白修饰位点在 D95 位。（a）质谱结果显示，SMO 的 D95 位点被胆固醇修饰。（b）点突变实验发现，SMO D95N 突变体可以完全阻止 SMO 发生胆固醇修饰，而 E71Q 或 D97N 则不影响。（c）SMO 蛋白的拓扑结构示意图和物种间保守性分析。（d）SMO Truncation 突变体的胆固醇修饰分析。发现只有缺失包含了 D95 位点的 Truncation 突变体才能完全阻止 SMO 的胆固醇修饰

括 D95、L112、Y130、P164 和 F166，如图 18.13 红色标记所示；第二类对 SMO 结合胆固醇有部分作用的氨基酸包括 L108、G111、P116、E158 和 G162，如图 18.13 橙色标记所示；第三类对 SMO 结合胆固醇没有影响的氨基酸包括 N114 和 R161，如图 18.13 黑色标记所示。

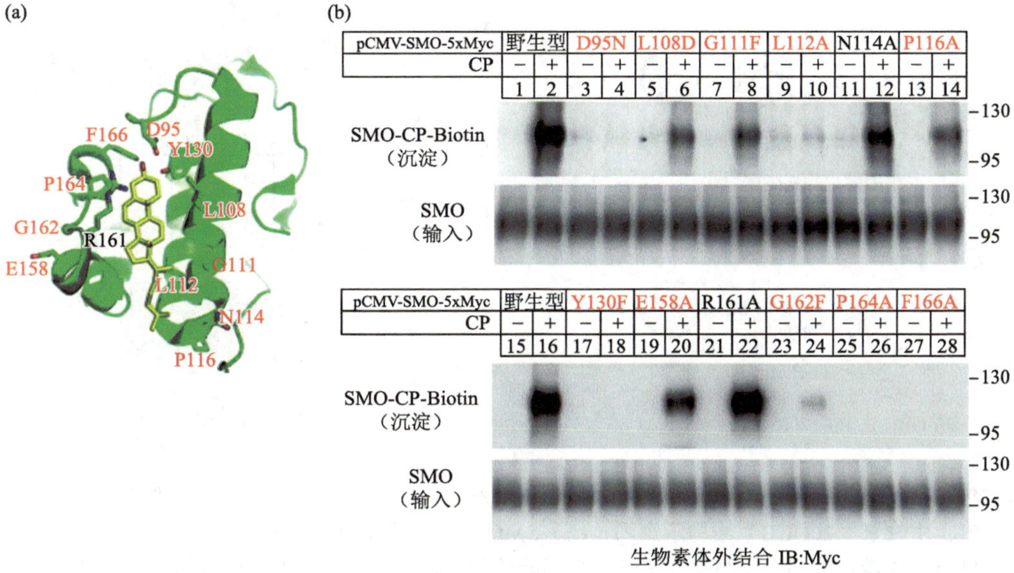


图 18.13　SMO 胆固醇结合相关氨基酸位点的修饰分析。（a）SMO 蛋白 CRD 区域胆固醇结合相关氨基酸位点示意图。红色标记代表第一类对 SMO 结合胆固醇非常关键的氨基酸；橙色标记代表第二类对 SMO 结合胆固醇有部分作用的氨基酸；黑色标记代表第三类对 SMO 结合胆固醇没有影响的氨基酸。（b）对（a）中描述的 SMO 突变体进行胆固醇修饰分析，发现胆固醇结合相关的氨基酸位点对胆固醇修饰的作用是一致的

我们分别构建了以上 SMO 突变体的质粒，转染 293T 细胞后，运用胆固醇修饰蛋白鉴定系统进行分析。我们发现对 SMO 胆固醇结合必需的第一类氨基酸对 SMO 胆固醇修饰也是必需的；对 SMO 胆固醇结合有部分影响的第二类氨基酸对 SMO 胆固醇修饰也有部分作用；对 SMO 胆固醇结合没有影响的第三类氨基酸对 SMO 胆固醇修饰也没有影响。

为了分析 SMO 蛋白及其突变体和胆固醇或者其氧化型甾醇衍生物的结合，我们制备了胆固醇-Biotin 探针和 20-OHC-Biotin 探针，如图 18.14（a）所示。将以上两个探针与对照 Biotin 结合到 Avidin beads 上后，分别纯化了 SMO 野生型和 D95N 突变体蛋白。通过体外结合实验，我们发现 SMO WT 可以结合胆固醇或者 20-OHC，而 SMO D95N 突变体则不能结合胆固醇或者 20-OHC。以上结果证明，胆固醇结合对胆固醇修饰是必需的，并且提示胆固醇先结合 SMO，再发生修饰。

4. 胆固醇修饰对 SMO 转导 Hedgehog 信号是必需的

胆固醇修饰对 Hh 蛋白的定位和功能有重要作用，我们要探究的下一个问题是胆固醇修饰对 SMO 有什么作用。为了回答这个问题，我们检测了 SMO WT、D95N、D97N 和

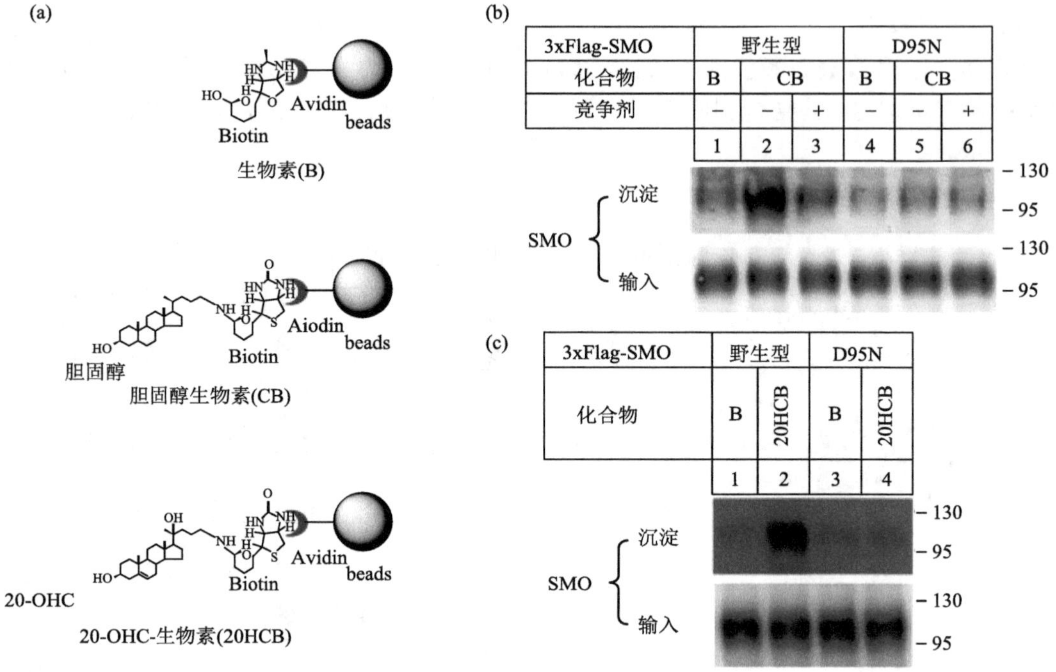


图 18.14　SMO D95N 突变体和胆固醇或 20-OHC 体外结合分析。(a) 生物素 (B)、胆固醇生物素 (CB) 和 20-OHC-生物素 (20HCB) 结构示意图。(b) SMO 野生型和 D95N 体外结合胆固醇分析。SMO 野生型可以结合胆固醇，但 D95N 则丧失了结合胆固醇的能力。(c) SMO D95N 突变体也不能结合 20-OHC

Y130F 突变体的纤毛定位情况。其中 SMO WT 和 D97N 被证明不会影响 SMO 的胆固醇修饰，SMO D95N 和 Y130F 则会完全抑制 SMO 的胆固醇修饰［图 18.12 (b) 和图 18.13 (b)］。我们发现，不管是在基底水平还是在 Shh-N 刺激情况下，相对于 SMO WT 和 D97N，SMO D95N 和 Y130F 会严重影响 SMO 向纤毛上的转运［图 18.15 (a)］。统计结果也显示 SMO D95N 和 Y130F 突变体向纤毛上转运的数量和强度显著减少［图 18.15 (b) 和 (c)］。

进一步的小鼠胚胎分析发现，纯合子的 SMO 小鼠胚胎不能发生正常的胚胎翻转 (turning)，胚胎发育被阻止在 9.5 天。纯合子的小鼠胚胎心脏不能发生向右循环，并且有严重的心包水肿［图 18.16 (a)］。小鼠胚胎切片的 HE 染色发现，纯合子的小鼠胚胎心脏隔膜形成障碍及心脏缓冲缺陷［图 18.16 (b)］。纯合子的小鼠胚胎神经管中，几乎检测不到 Hh pathway 下游基因 *Olig2* 和 *NKX6.1* 的表达［图 18.16 (c)］。以上纯合子 Smo D99N Knock In 小鼠的表型和纯合子 Smo Knock Out 小鼠的表型几乎一致。

根据对 SMO 胆固醇修饰的机制及功能研究，我们提出了 SMO 胆固醇修饰调控及功能模型 (图 18.17)。在没有 Hh 蛋白存在的情况下，Ptch1 定位于纤毛上，通过某种机制抑制了 SMO 的胆固醇修饰。未发生胆固醇修饰的 SMO 被滞留在细胞内的囊泡上，从而抑制了 SMO 向纤毛上的转运，进而抑制了 Hh 途径的激活。而当成熟的 Hh 蛋白存在时，定位于纤毛上的 Ptch1 可以和 Hh 蛋白结合，进而被内吞进细胞。从而释放 Ptch1 对 SMO 胆固醇修饰的抑制，发生胆固醇修饰后的 SMO 转运到纤毛上，进而激活下游转录因子 Gli-A，入核，促进 Hh 下游靶基因的表达。

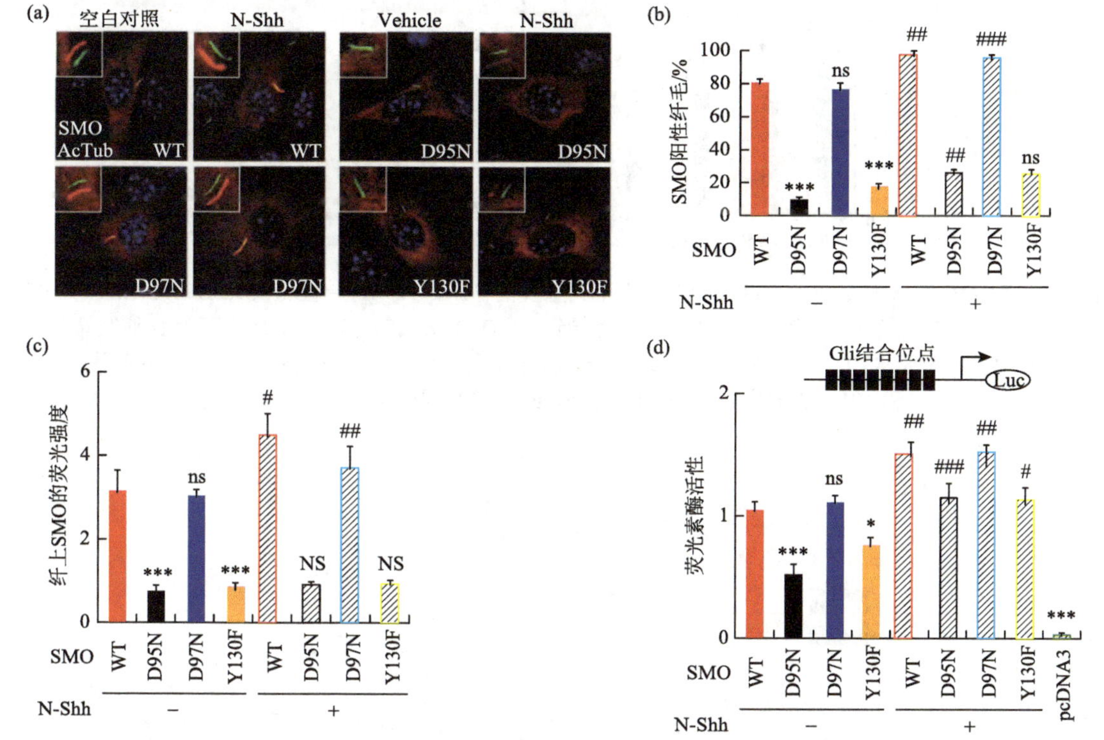


图 18.15　在细胞水平上，SMO D95 氨基酸残基上的胆固醇修饰对其转导 Hh 信号是必需的。(a) SMO WT、D95N、D97N 和 Y130F 突变体的纤毛定位情况分析。(b) (a) 中纤毛定位的 SMO 统计分析结果，其中实验重复数 $n = 80 \sim 100$。(c) SMO 定位在纤毛上的荧光强度定量，其中实验重复数 $n = 30 \sim 40$。(d) SMO WT、D95N、D97N 和 Y130F 突变体的 Gli 荧光素酶报告实验

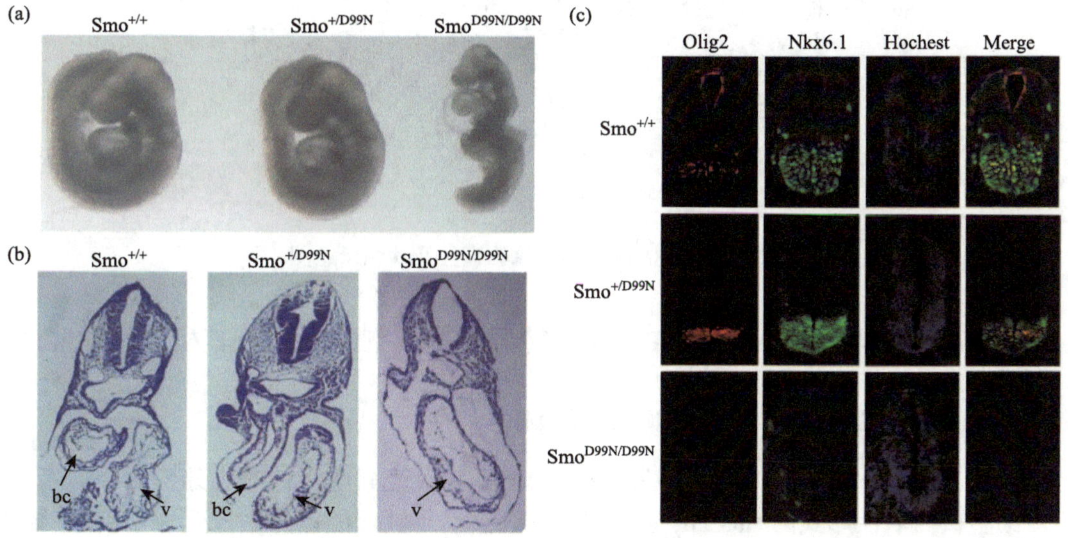

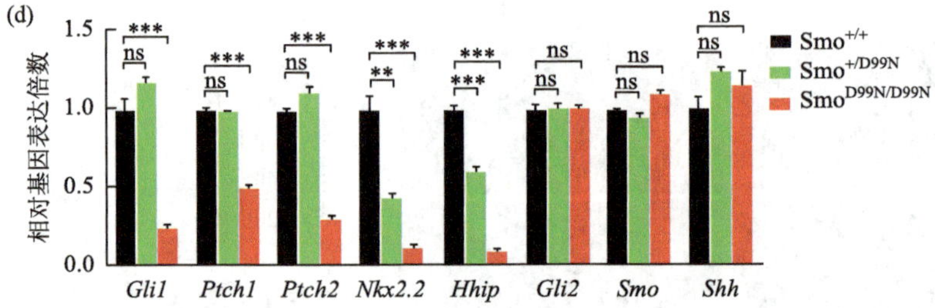


图 18.16　SMO 胆固醇修饰对小鼠胚胎发育有至关重要的作用。（a）野生型，SMO D99N Knock In 杂合子和纯合子 9.5dpc 的外部形态。（b）HE 染色显示 SMO D99N Knock In 纯合子胚胎心脏发育障碍。（c）免疫荧光显示 SMO D99N Knock In 纯合子胚胎神经管中几乎检测不到 Hh pathway 下游基因 *Olig2* 和 *NKX6.1* 的表达。（d）Hh pathway 相关基因的全胚胎表达量检测

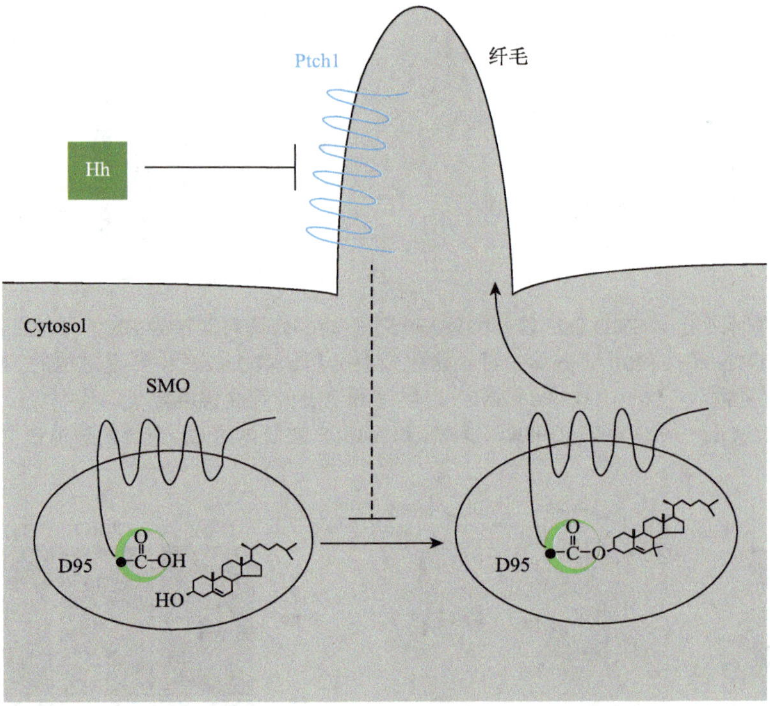


图 18.17　SMO 胆固醇修饰调控及功能示意图

## 18.2.5　系列成果：SCAP-SREBP 途径特异性抑制剂的发现及其机理与功能研究

1. 白桦酯醇是 SCAP-SREBP 途径的抑制剂

1）利用 Huh-7/SRE-Luc 报告基因系统筛选调控荧光素酶活性的小分子化合物库

细胞核内活性形式的 SREBP 通过与靶基因启动子区域的甾醇调控元件（SRE）结合，启动下游基因的表达，进而促进脂质的生物合成。我们构建了荧光素酶报告基因系统，该荧光素酶的启动子区包含一个 SRE，在人的肝癌细胞系 Huh-7 细胞中稳定表达该荧光素酶，最终得到 Huh-7/SRE-Luc 细胞［图 18.18（a）］，并将其用作筛选 SREBP 途径的小分

子抑制剂。采用不同的候选化合物处理该细胞一定时间后，收集细胞并检测其荧光素酶活性的变化。通过对大量的化合物进行筛选，我们发现化合物白桦酯醇（betulin）[lup-20（29）-ene-3β，28-diol] 能够有效降低荧光素酶的活性［图 18.18（b)]。白桦酯醇是一类在自然界丰富存在的五环三萜类物质［图 18.18（c)]，可以通过简单的分离方法（分离得率在 30%以上）从桦树皮中进行大量的抽提制备。

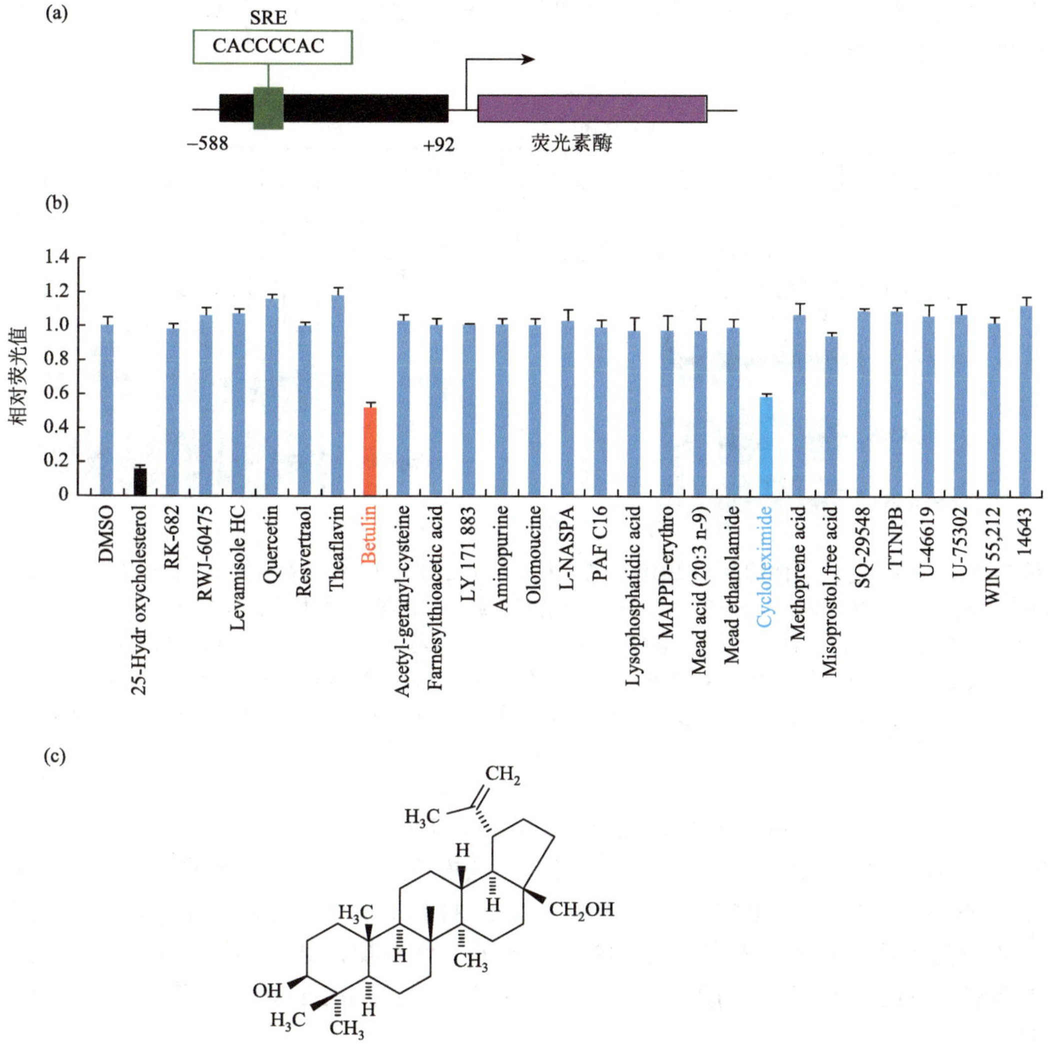


图 18.18　白桦酯醇显著降低荧光素酶活性。(a) Huh-7/SRE-Luc 报告基因系统示意图。(b) 利用 Huh-7/SRE-Luc 报告基因系统对数千种化合物进行活性分析，红色标注的化合物（Betulin）白桦酯醇能显著降低荧光素酶活性。(c) 白桦酯醇结构图

2）白桦酯醇特异性抑制 SREBP 剪切成熟

进一步，我们比较了白桦酯醇和 25-羟胆固醇在抑制 SREBP 剪切成熟方面的作用效

果及特异性。25-羟胆固醇有 3 个主要的效果：抑制 SREBP-2 剪切，减少细胞核内活性形式的 SREBP-2［图 18.19（a）］；激活 LXR 信号通路，上调 SREBP-1 转录，组成性地上调细胞核内活性形式的 SREBP-1［图 18.19（a）］；促进胆固醇合成途径 HMGCR 蛋白的降解［图 18.19（b）］[4]。与 25-羟胆固醇不同的是，白桦酯醇能够同时抑制 SREBP-1、SREBP-2 的剪切［图 18.19（a）］，但是不会激活 LXR 信号通路，而且不促进 HMGCR 蛋白降解［图 18.19（b）］，体内泛素化实验结果表明白桦酯醇不促进 HMGCR 泛素化。所以，白桦酯醇这一化合物具有特异性的抑制 SREBP 途径，同时不会激活 LXR 信号通路，不促进 HMGCR 蛋白降解。

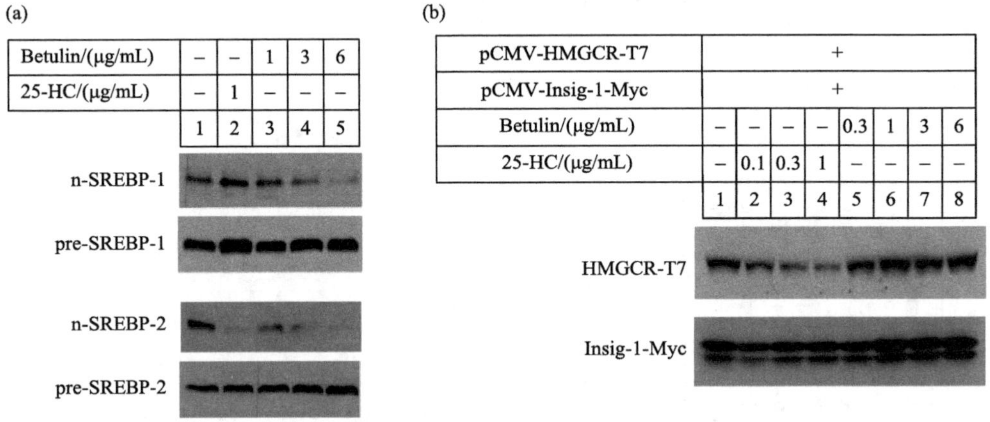


图 18.19　白桦酯醇特异性抑制 SREBP 剪切入核。（a）CRL-1601 细胞在含有 5% LPDS、10μmol/L compactin 和 10μmol/L mevalonate 的培养基 B 中培养 16h 后，白桦酯醇处理细胞 6h 时，收集细胞膜蛋白和核蛋白，Western Blot（WB）检测细胞 SREBP-1、SREBP-2 剪切调控。（b）CHO-7 细胞共转染 HMGCR 和 Insig 表达质粒，细胞在含有 5% LPDS、10μmol/L compactin 和 10μmol/L mevalonate 的培养基 A 中培养 16h 后，白桦酯醇处理细胞 6h，收集细胞全蛋白裂解液，WB 检测白桦酯醇和 25-HC 对 HMGCR 降解调控

3）白桦酯醇抑制 SREBP 剪切成熟是 Insig 依赖性的

已知 SREBP 剪切成熟过程中 Insig 蛋白是关键因子之一，在细胞甾醇水平较低时通过结合 SCAP 蛋白，将 SREBP 前体滞留在 ER，抑制其成熟。在我们的实验中，采用瞬时转染方法检测白桦酯醇对外源性 SREBP-2 的剪切调控，结果显示，白桦酯醇能完全抑制外源性 SREBP-2 的剪切入核，并且这一抑制效果是 Insig 蛋白依赖性的（图 18.20，条带 3～11）。

4）白桦酯醇特异性结合 SCAP，促进 SCAP 和 Insig 的相互作用

前期结果显示，白桦酯醇能完全抑制外源性 SREBP-2 的剪切入核是 Insig 蛋白依赖性的（图 18.20，条带 3～11）；蛋白免疫共沉淀实验证实了白桦酯醇能促进 SCAP 和 Insig 蛋白的相互作用（图 18.21，条带 4～5），该实验初步揭示了白桦酯醇的作用机制。

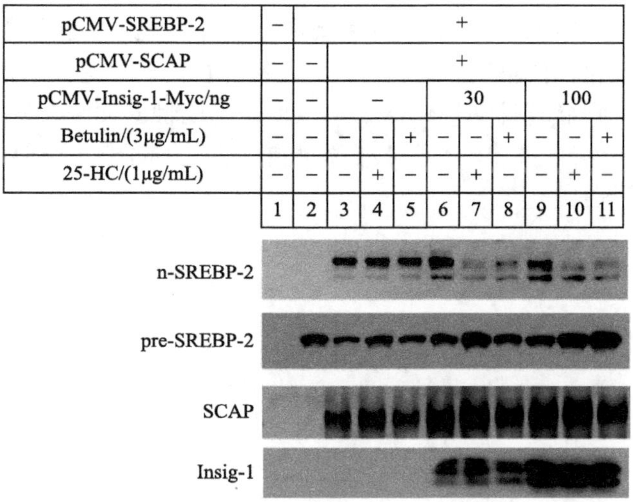


图 18.20　白桦酯醇抑制 SREBP 剪切成熟是 Insig 依赖性的。向 SRD-13A（SCAP 缺陷）细胞株共转染 SREBP、SCAP、Insig-1 表达质粒，检测白桦酯醇和 25-HC 对外源性 SREBP 的剪切调控

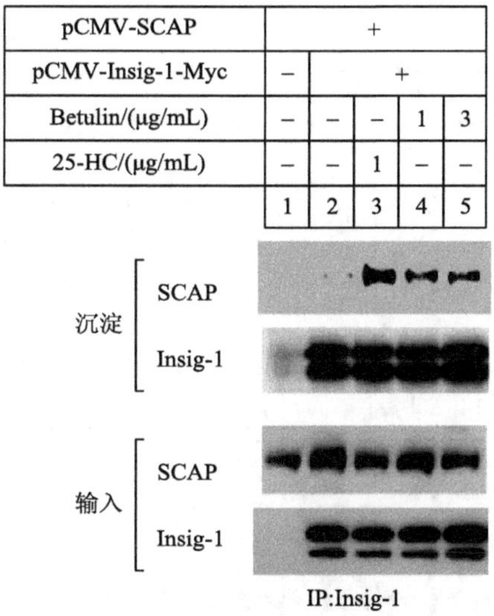


图 18.21　白桦酯醇增强 SCAP 蛋白和 Insig 蛋白的相互作用。向 SRD-13A 细胞株共转染 SCAP，Insig 表达质粒，按照图 18.20 方法处理细胞，裂解细胞后 IP Insig-1-Myc，沉淀和上清液分别用 anti-SCAP 或 anti-Myc 抗体 WB 检测 SCAP 和 Insig 的相互作用

进一步，我们推测白桦酯醇的直接靶蛋白是 SCAP 蛋白，为验证这一假说，基于白桦酯醇的结构特征，合成其小分子探针并将其命名为化合物 1［图 18.22（a）］。化合物 1 以白桦酯醇为主结构，在其侧链连接光激活基团和叠氮基团，当靶蛋白被探针分子标记之后，可收集蛋白样品，通过点击化学连接叠氮修饰的报告基团，进行靶点检测、富集和鉴定。首先检测到化合物 1 具有类似于白桦酯醇的生物学活性［图 18.22（b）］。该化合物与细胞

膜蛋白孵育后首先经 UV 照射使化合物 1 与其靶蛋白共价结合，然后进行后续的 click 环加成反应，最后通过生物素-亲和素反应使靶蛋白充分富集。实验结果显示：在 1μmol/L 和 3μmol/L 化合物 1 存在的情况下，SCAP 与之特异性结合，这一结合作用在高浓度白桦酯醇存在的情况下受到显著抑制［图 18.22（c）］，作为阴性对照，转铁蛋白受体（transferrin receptor）与探针分子结合很弱，且不被白桦酯醇竞争性抑制。上述结果证实了白桦酯醇特异性结合 SCAP 蛋白。

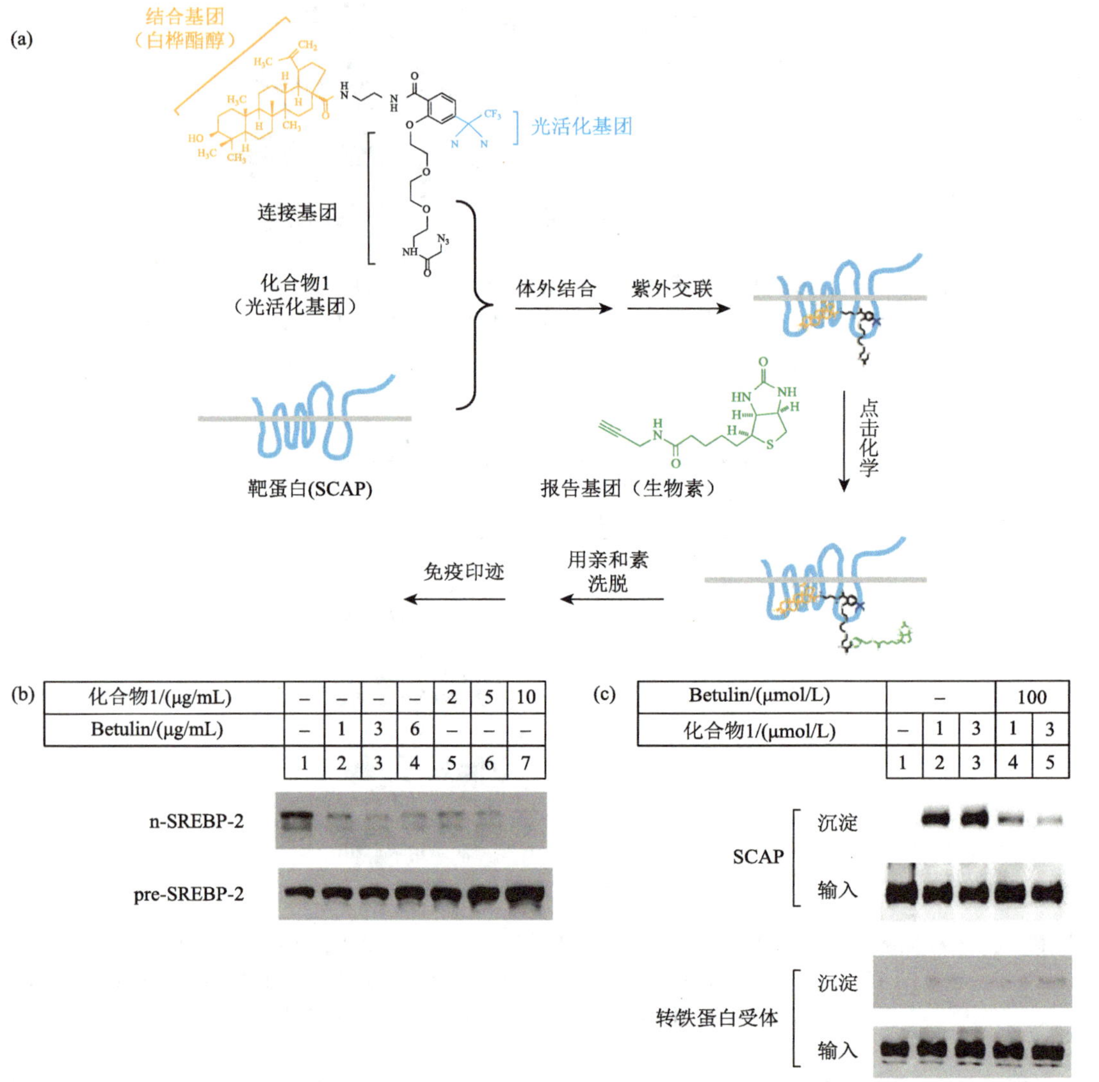


图 18.22　白桦酯醇特异性结合 SCAP 蛋白。(a) 基于白桦酯醇合成的光亲和标记探针（化合物 1）及体外光亲和标记实验流程示意图。(b) CHO-7 细胞按照（a）中方法处理后，收集细胞膜组分和核组分，检测 SREBP-2 剪切调控。(c) CHO-7 细胞饥饿培养 16h 后，收集细胞膜组分，光亲和标记探针的靶蛋白，然后通过点击化学偶联上生物素基团，利用生物素-亲和素结合反应富集靶蛋白。WB 检测 SCAP 和转铁蛋白受体

## 2. 白桦酯醇下调 SREBP 靶基因表达并降低细胞脂质合成

1）白桦酯醇下调胆固醇合成途径和脂肪酸合成途径的 SREBP 靶基因表达

前期工作证实，白桦酯醇特异性减少细胞核内活性形式的 SREBP-1/-2，由于 SREBP-2 是其本身的靶基因[5]，所以 SREBP-2 的转录在白桦酯醇处理后下调大约 40%。与此同时，我们检测到其他参与胆固醇合成途径的数十种 SREBP-2 靶基因如 HMGCR、HMG-CoA 合成酶（HMGCS）和 squalene epoxidase（SE）等的转录在白桦酯醇处理后均显著下调［图 18.23（a）］。同时，参与细胞脂肪酸合成途径的基因和酶类如 SREBP-1c、fatty acid synthase（FAS）、acetyl-Co A carboxylase alpha（ACC）等转录水平均被白桦酯醇显著下调［图 18.23（b）］。此外，与之前观察到的结果一致的是：LXR 的靶基因如 ABCG5 和 ABCG8 的表达不受白桦酯醇的影响［图 18.23（c）］。

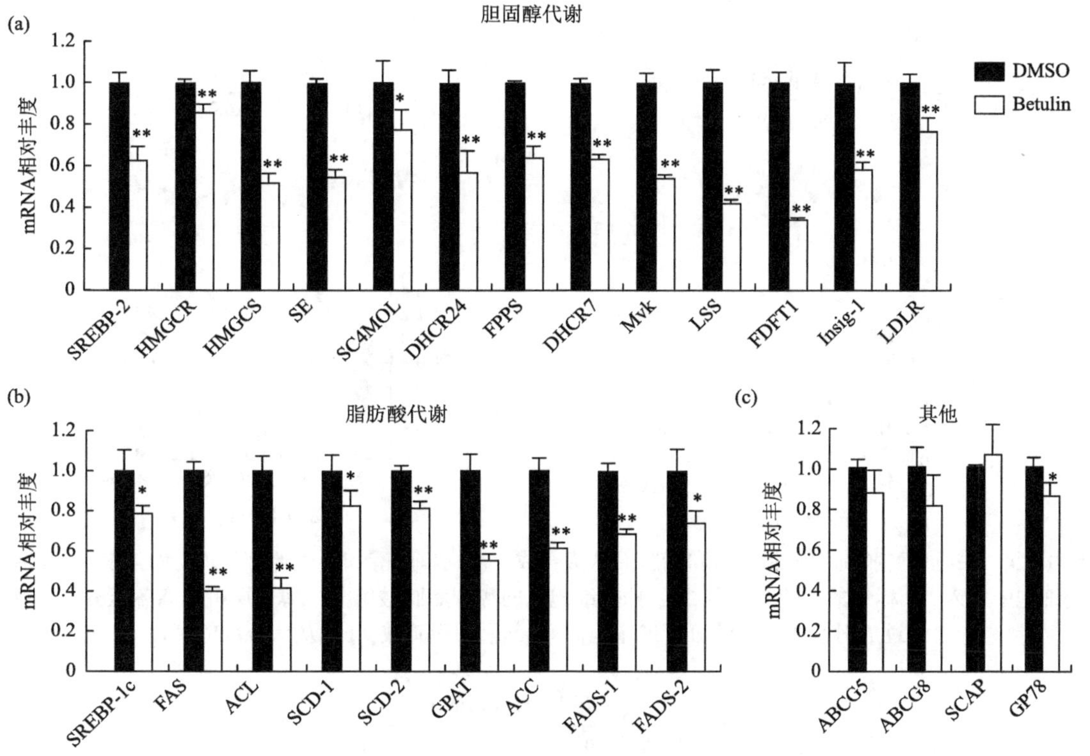


图 18.23　白桦酯醇下调胆固醇合成途径和脂肪酸合成途径的 SREBP 靶基因转录表达。CRL-1601 细胞按照图 18.20 方法处理后，抽提细胞 RNA，逆转录得到 cDNA，采用实时荧光定量 PCR 检测胆固醇合成途径、脂肪酸合成途径和其他一些非脂质合成途径基因的转录变化。误差线代表标准误。处理组和对照组的比较方法采用了生物统计学的 Student's *T*-检验方法。*表示 $p<0.05$；**表示 $p<0.01$，与对照组相比，均具有显著性差异

2）白桦酯醇抑制细胞胆固醇和脂肪酸从头合成

上述实验结果证实白桦酯醇显著下调细胞脂质合成途径的基因和酶类表达，接下来我们通过同位素示踪方法分析白桦酯醇对细胞胆固醇和脂肪酸的从头合成过程的影响。

CRL-1601 细胞以 $^{14}C$-乙酸盐作为底物，同时用不同浓度的白桦酯醇处理细胞一段时间，抽提细胞的脂质成分，通过薄层层析分离胆固醇和脂肪酸组分，放射自显影后检测不同浓度白桦酯醇处理后细胞胆固醇和脂肪酸合成过程的变化。实验结果显示：白桦酯醇能有效抑制细胞胆固醇和脂肪酸从头合成过程（图 18.24）。

3）白桦酯醇显著降低细胞脂质水平

在没有外源胆固醇供给的情况下，细胞内源性胆固醇合成是细胞生长所必需的。将 CHO-7 细胞培养在含有去脂蛋白血清的培养基中，该培养条件下细胞不能获得外源胆固醇，其生长所需的胆固醇来源于内源合成途径。此时给予细胞不同浓度梯度的白桦酯醇处理，一段时间后，随着化合物处理浓度的升高，细胞死亡（图 18.24）。如果在给予白桦酯醇的同时向培养基中补加一定量的外源胆固醇，则能够使细胞在较高的白桦酯醇浓度下存活（图 18.25），说明白桦酯醇处理后细胞死亡的原因是胆固醇缺失，这与白桦酯醇有效抑制细胞脂质合成、降低细胞脂质水平相一致。

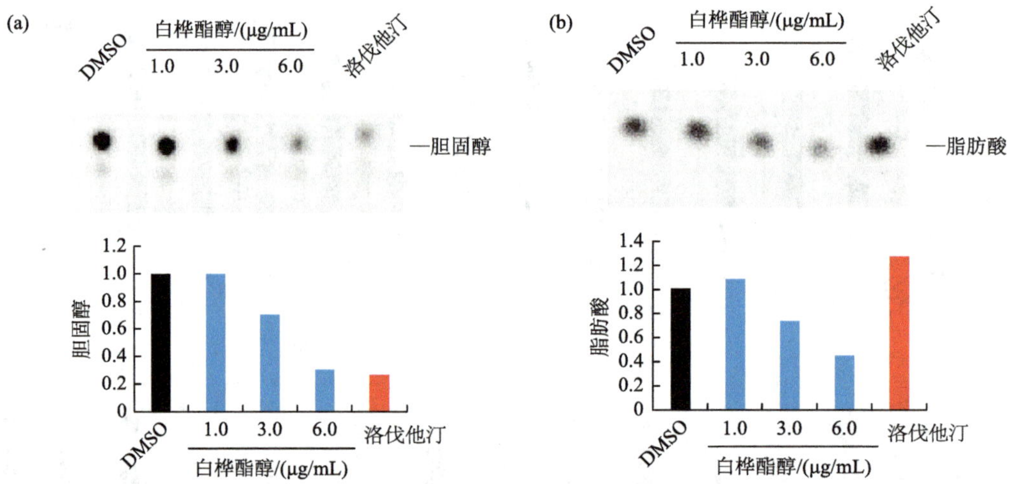


图 18.24　白桦酯醇抑制细胞胆固醇和脂肪酸从头合成。用白桦酯醇和洛伐他汀处理 CRL-1601 16h 后，向细胞中加入 $^{14}C$ 标记的乙酸盐培养 2h。抽提细胞胆固醇和脂肪酸组分，薄层层析分离各组分的产物。通过放射性成像方法分析细胞胆固醇（a）和脂肪酸（b）从头合成的变化

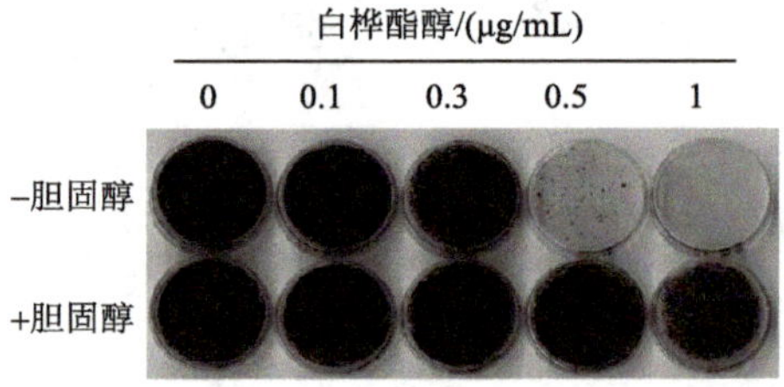


图 18.25　白桦酯醇显著降低细胞胆固醇水平。CHO-7 在含有 5% LPDS 的培养基中用不同浓度的白桦酯醇处理细胞，每隔 2～3 天给细胞换液，连续培养 10 天后，固定细胞并采用结晶紫染色方法分析细胞生长情况

接下来，我们采用脂质染色实验方法分析细胞胆固醇和中性脂质（主要是胆固醇酯和

甘油三酯）[图 18.26（a）和（b）] 的量在白桦酯醇处理前后的变化。结果显示与对照组相比，白桦酯醇处理后细胞脂质水平有明显的降低。

综上所述，我们的结果证实了白桦酯醇能够通过抑制 SREBP 途径，下调胆固醇和脂肪酸生物合成，降低细胞脂质水平。

3. 白桦酯醇逆转饮食诱导肥胖小鼠的体重增加，改善小鼠血液、肝脏及脂肪组织的脂质组成

1）在高胆固醇高脂饲料喂养条件下，白桦酯醇显著逆转小鼠体重增加

已知洛伐他汀是 HMGCR 的特异性抑制剂，其对代谢性疾病的疗效已经被人们广泛接受。我们比较了白桦酯醇和洛伐他汀的生物学效果。C57BL/6J 小鼠在被喂养高胆固醇高脂肪饲料的同时分别通过灌胃的方法被给予生理盐水、洛伐他汀 [30mg/(kg·d)] 或者白桦酯醇 [15mg/(kg·d)、30mg/(kg·d)]，6 周后统计分析小鼠的体重变化。实验结果显示与灌胃生理盐水的对照组相比，在食物摄取量没有明显变化 [图 18.27（a）] 的情况下，洛伐他汀或者白桦酯醇均能显著降低小鼠的体重（约降低 11%）及体重增加值（约降低 40%）[图 18.27（b）]。核磁共振分光光度计分析小鼠的脂肪组织与肌肉组织的比值变化，以及脂肪组织与体重的比值变化，结果显示：与对照组相比，这两个比值在白桦酯醇处理后均下调了 35%～40% [图 18.27（c）和（d）]。

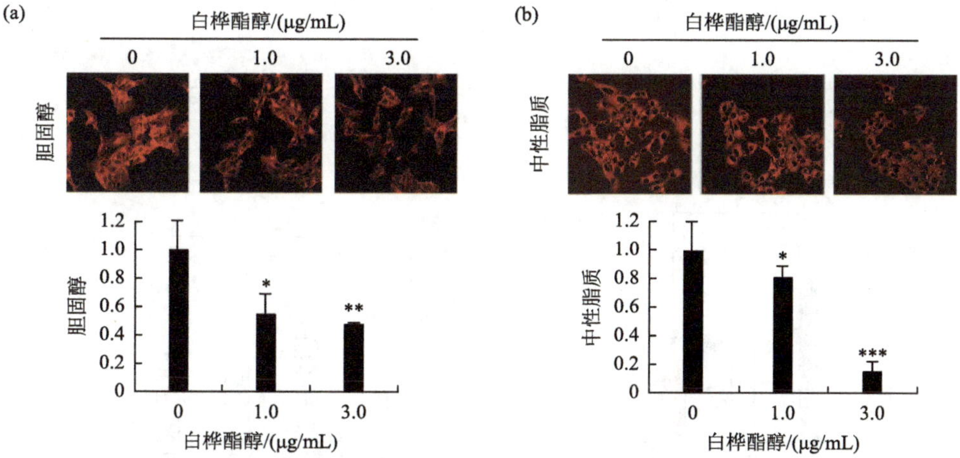


图 18.26　白桦酯醇降低细胞脂质水平。CRL-1601 细胞在白桦酯醇处理后经固定，分别进行菲律宾和尼罗红染色，荧光显微镜观察细胞中胆固醇和包括脂肪酸在内的中性脂质水平变化。图下方为定量结果。误差线代表标准误，处理组和对照组的比较方法采用了生物统计学的 one-way ANOVA（donnett post test）检验方法，其中*表示 $p<0.05$，**表示 $p<0.01$，***表示 $p<0.001$，与对照组相比，均具有显著性差异

2）代谢笼检测高胆固醇高脂饲料喂养条件下，小鼠能量摄入、排出及在机体内的代谢变化

为进一步阐述白桦酯醇和他汀抗肥胖的机理，C57BL/6J 小鼠在被喂养高胆固醇高脂肪饲料的同时分别通过灌胃的方法被给予生理盐水、洛伐他汀 [30mg/(kg·d)] 或者白桦酯醇

［15mg/(kg·d)、30mg/(kg·d)］，6 周后进行代谢笼测试，分析小鼠脂质吸收、物理活动频率、能量消耗等因素的变化。实验结果显示：洛伐他汀处理组小鼠呼吸熵较对照组有增加，这表明机体倾向于以葡萄糖和蛋白质为底物进行能量动员，而非以脂质氧化的能量来源，所以他汀组小鼠整体耗氧量和能量消耗与对照组无明显差异［图 18.27（d）和（f）］。同时他汀组小鼠粪便胆固醇和甘油三酯水平明显高于对照组［图 18.28（a）和（b）］，这提示他汀抗肥胖的机制之一是它有效抑制脂质吸收促进脂质排泄。这一实验结果与前期 Nielsen 等[6-9]的数据是一致的。与他汀不同的是，白桦酯醇处理组小鼠脂质吸收/外排基本上没有变化，物理活动没有明显不同［图 18.28（a）和（c）］，但是氧气消耗和能量消耗明显增加［图 18.28（e）和（f）］，提示这可能是白桦酯醇拮抗小鼠体重增加的原因。此外，白桦酯醇给药浓度达 30mg/(kg·d)时，小鼠在寒冷环境中体温较对照组明显偏高［图 18.28（g）］。这一现象与该组小鼠褐色脂肪组织中 *UCP-1* 和 *UCP-2* 两个产热关键基因的显著上调是一致的［图 18.28(h)］。同时与前期报道 SREBP-1c 转基因小鼠褐色脂肪组织 *UCP-1* 显著下调相一致[10]。

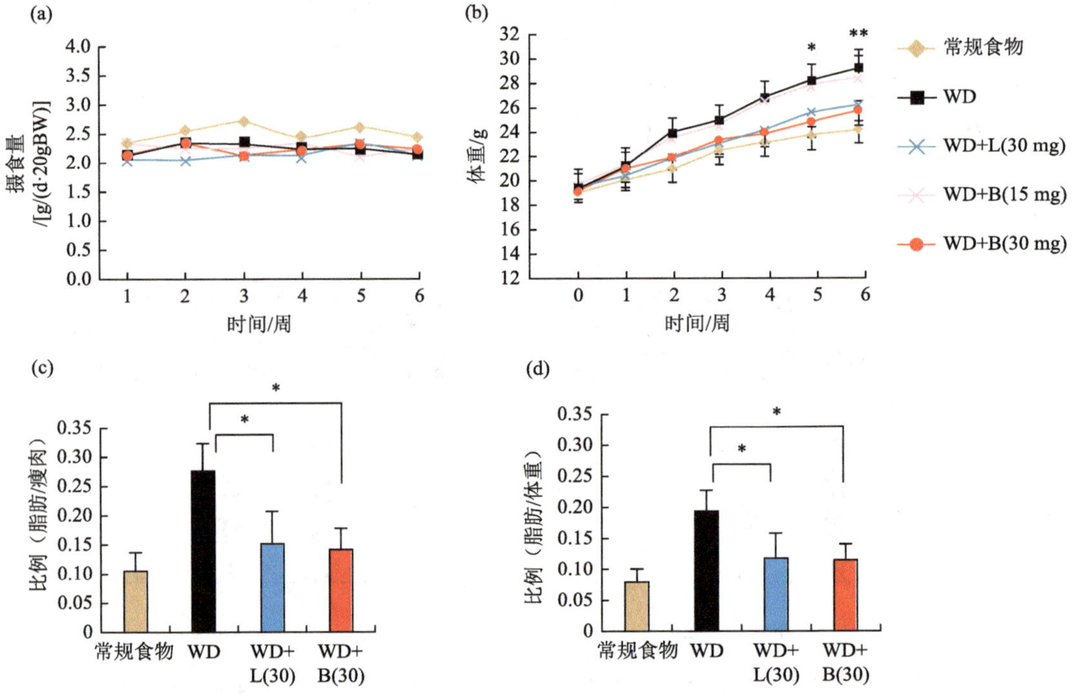


图 18.27　高胆固醇高脂饲料喂养条件下，白桦酯醇显著逆转小鼠体重增加。C57BL/6J 小鼠在被喂养高胆固醇高脂肪饲料的同时分别通过灌胃的方法被给予生理盐水、洛伐他汀［30mg/(kg·d)］或者白桦酯醇［15mg/(kg·d)、30mg/(kg·d)］，6 周后统计分析小鼠的摄食量变化（a）和体重变化（b），并采用核磁共振仪分析小鼠脂肪组织所占比例的变化［(c）和（d)］。其中，WD 表示 western-type diet（含有质量比为 1.25%胆固醇、20%猪油和 0.5%胆汁酸的基础饲料）；L 表示洛伐他汀（lovastatin）；B 表示白桦酯醇（betulin）。误差线代表标准误，处理组和对照组的比较方法：（b）图采用生物统计学的 two-way ANOVA（bonferroni post test）检验方法，其中*表示 $p<0.05$，**表示 $p<0.01$，与对照组相比，均具有显著性差异；（c）和（d）图采用生物统计学的 one-way ANOVA（donnett post test）检验方法，白桦酯醇处理组与对照组相比，均具有显著性差异

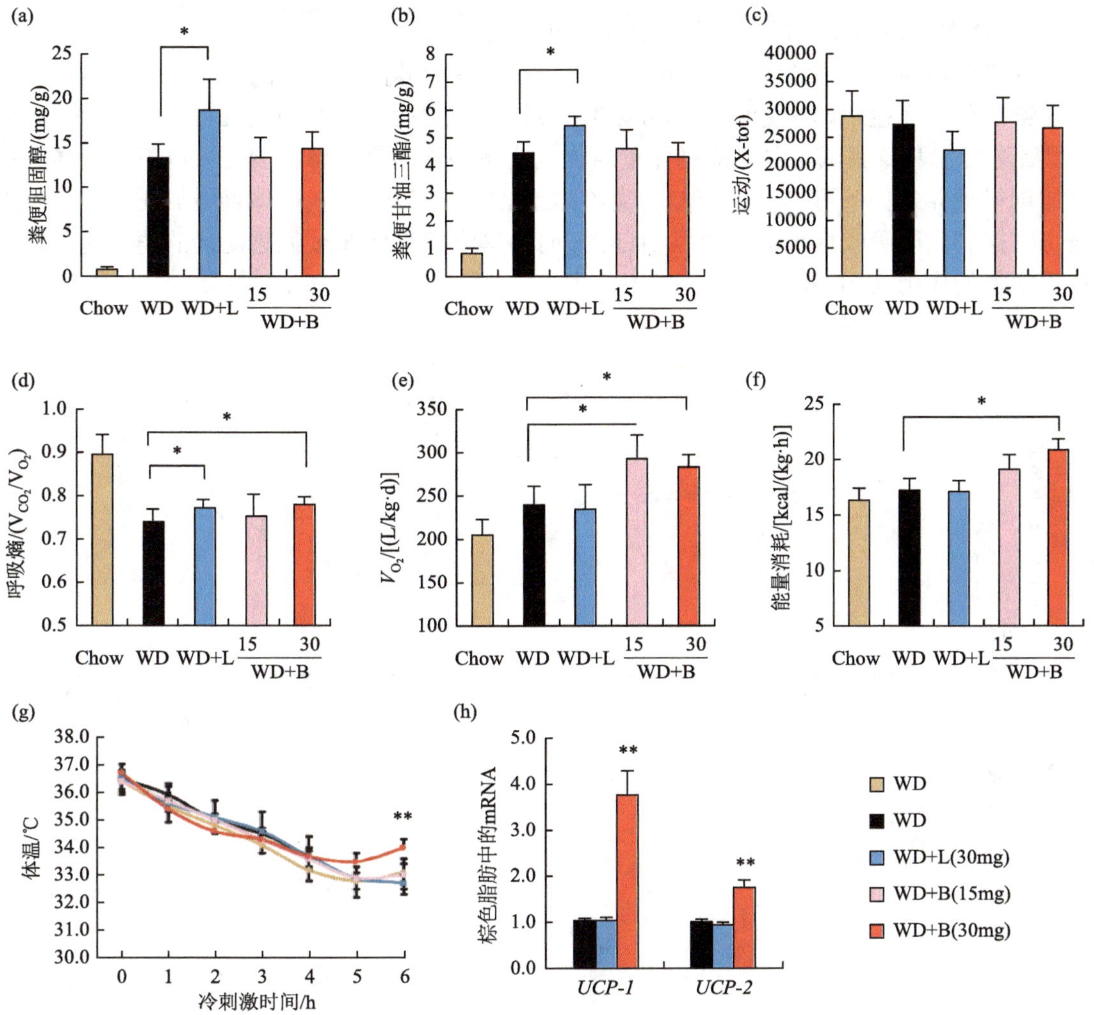


图 18.28　高胆固醇高脂饲料喂养条件下，白桦酯醇对小鼠脂质吸收及能量代谢的影响。C57BL/6J 小鼠随机分组后，在被喂养高胆固醇高脂肪饲料的同时分别通过灌胃的方法被给予生理盐水、洛伐他汀［30mg/(kg·d)］或者白桦酯醇［15mg/(kg·d)、30mg/(kg·d)］，6 周后小鼠被转移至综合性实验动物监视系统（columbus instruments，Columbus，OH），并按照仪器操作指南连续监视 24h，此为动物适应期。此后连续 24h 统计小鼠 $O_2$ 消耗体积和 $CO_2$ 生成体积的变化，进而计算呼吸熵（$O_2$ 消耗体积：$CO_2$ 生成体积）变化；同时统计小鼠物理活动变化；并采集小鼠粪便检测其胆固醇和甘油三酯的变化；实验结束后处死小鼠，收集脂肪组织等。（a）小鼠粪便胆固醇水平变化。（b）小鼠粪便甘油三酯水平变化。（c）小鼠物理活动变化。（d）小鼠呼吸熵变化。（e）小鼠氧气消耗量变化。（f）小鼠能量消耗的变化。（g）寒冷环境中，小鼠直肠温度变化。（h）小鼠褐色脂肪组织中 *UCP-1*、*UCP-2* 基因转录变化。误差线代表标准误，处理组和对照组的比较方法：（a）～（f）图采用生物统计学的 one-way ANOVA（donnett post test）检验方法；（g）图采用生物统计学 two-way ANOVA（bonferroni post test）检验方法；（h）图采用生物统计学的 one-way ANOVA（donnett post test）检验方法。其中*表示 $p<0.05$，**表示 $p<0.01$，与对照组相比，均具有显著性差异

3）代谢笼检测高脂饲料喂养条件下，小鼠能量代谢变化

为进一步验证上述结论，我们给 C57BL/6J 小鼠喂养高脂饲料的同时分别通过灌胃的方法给予其生理盐水、洛伐他汀[30mg/(kg·d)]或者白桦酯醇[15mg/(kg·d)、30mg/(kg·d)]，6 周后进行代谢笼测试，主要检测体重增加变化及寒冷条件下体温变化。以下数据显示在高脂饲料喂养条件下可以得出相似的实验结论：我们认为他汀减少体重增加在一定程度上是由它抑制脂质吸收增加脂质排泄引起的，而白桦酯醇主要通过促进能量的消耗起到拮抗体重增加的作用（图 18.29）。

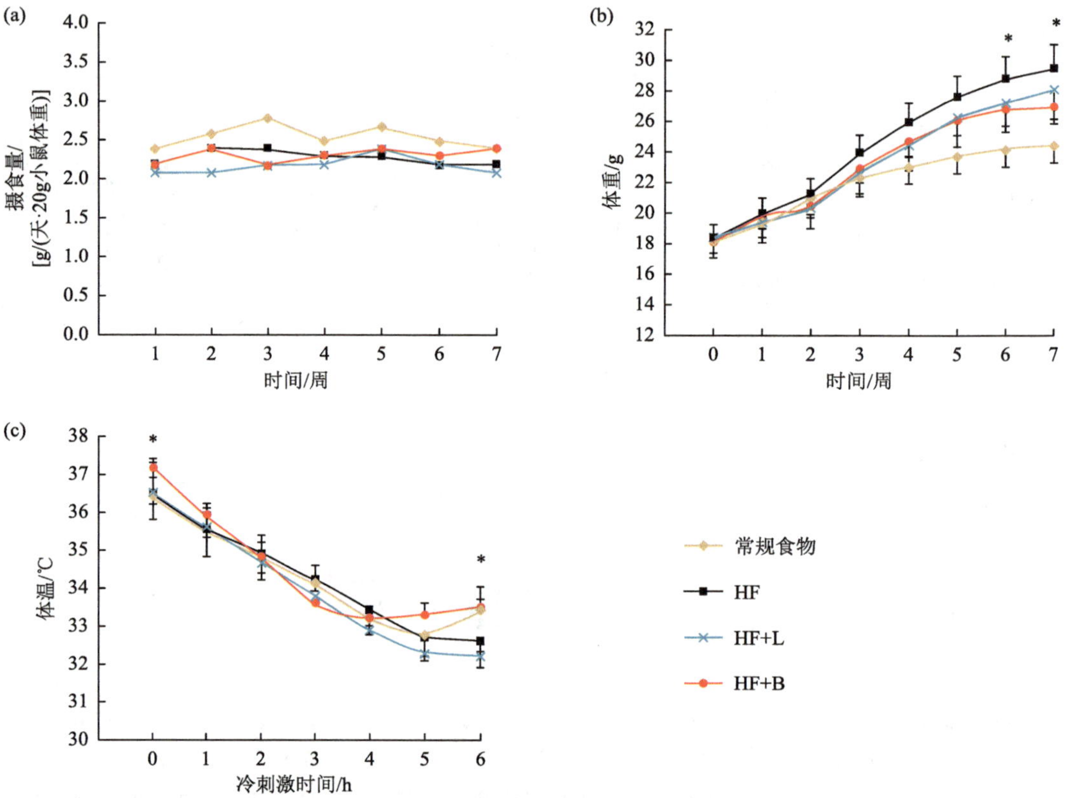


图 18.29　高脂饲料喂养条件下，白桦酯醇对小鼠体重和能量代谢的影响。C57BL/6J 小鼠随机分组后，按照图 18.27 方法进行喂养和处理，区别仅在于本实验中喂养饲料为高脂饲料。误差线代表标准误，处理组和对照组的比较方法：（a）、（b）和（c）图采用生物统计学的 two-way ANOVA（bonferroni post test）检验方法。其中*表示 $p<0.05$，与对照组相比，具有显著性差异

4）白桦酯醇显著降低小鼠血液的脂质水平

C57BL/6J 小鼠在被喂养高胆固醇高脂肪饲料的同时分别通过灌胃的方法被给予生理盐水、洛伐他汀［30mg/(kg·d)］或者白桦酯醇［15mg/(kg·d)、30mg/(kg·d)］，6 周后统计分析小鼠的血液脂质水平。实验结果显示：血清总胆固醇和总甘油三酯，低密度脂蛋白胆固醇在白桦酯醇处理组他汀和白桦酯醇处理组均显著降低［图 18.30（a）～（c）］，同时 HDL 胆固醇量显著升高［图 18.30（d）］。

5）白桦酯醇显著降低小鼠肝脏脂质水平

在小鼠肝脏当中，白桦酯醇和洛伐他汀均能够下调总胆固醇水平，但有趣的是，只有白桦酯醇能够下调总甘油三酯水平，下调程度约为 36%［图 18.31（b）］，这显示了白桦酯醇相比他汀所具有的优势效果。

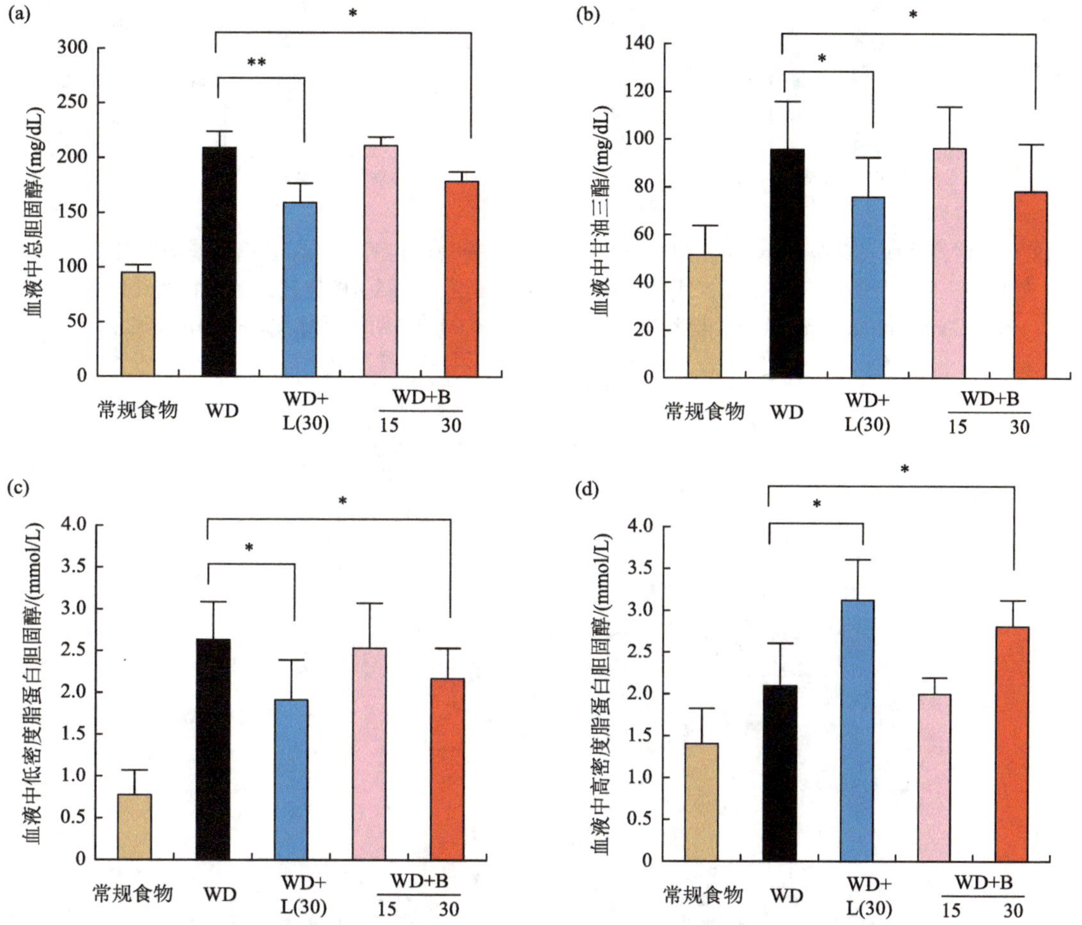


图 18.30　高胆固醇高脂肪饲料喂养条件下，白桦酯醇显著减低小鼠血液和脂质水平。小鼠实验条件同图 18.28（a）～（d）6 周后检测血液总胆固醇水平、总甘油三酯水平、低密度脂蛋白胆固醇水平、高密度脂蛋白胆固醇水平变化。其中误差线代表标准误，处理组和对照组的比较采用生物统计学的 one-way ANOVA（donnett post test）检验方法，*表示 $p<0.05$，**表示 $p<0.01$，与对照组相比，均具有显著性差异

6）白桦酯醇显著减低肝脏和脂肪组织的脂质堆积

对小鼠脂肪组织的组织病理学分析结果显示：白桦酯醇能够有效减小白色脂肪组织和褐色脂肪组织中脂肪细胞的大小，而洛伐他汀仅能够减小褐色脂肪组织中脂肪细胞的大小（图 18.32，中图和右图）。对小鼠肝脏组织切片进行油红 O 染色，结果表明白桦酯醇及洛伐他汀处理组小鼠的肝脏组织中中性脂质的含量显著少于对照组（图 18.32，左图）。这一结果与前面洛伐他汀和白桦酯醇降低肝脏脂质含量的结果一致。

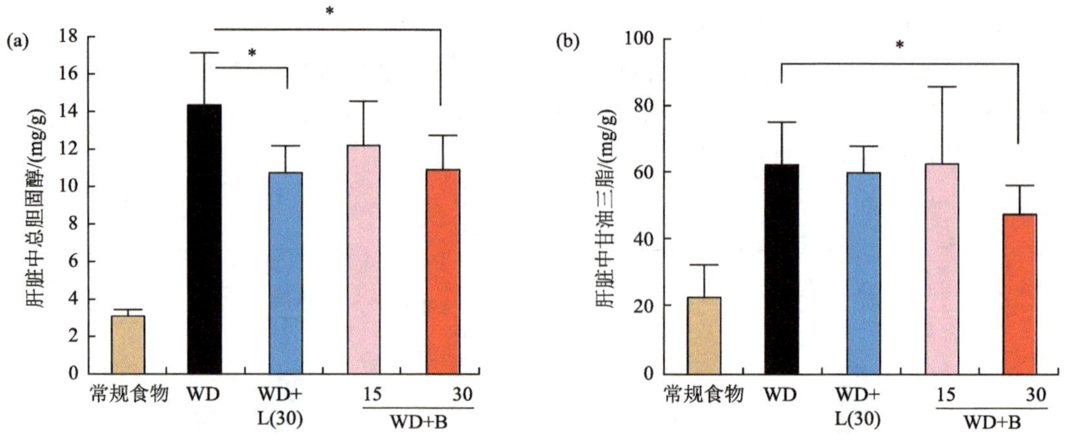


图 18.31　白桦酯醇显著降低小鼠肝脏脂质水平。小鼠实验条件同图 18.28。6 周后检测肝脏总胆固醇水平、总甘油三酯水平变化。其中误差线代表标准误，处理组和对照组的比较采用生物统计学的 one-way ANOVA（donnett post test）检验方法，*表示 $p<0.05$，与对照组相比，具有显著性差异

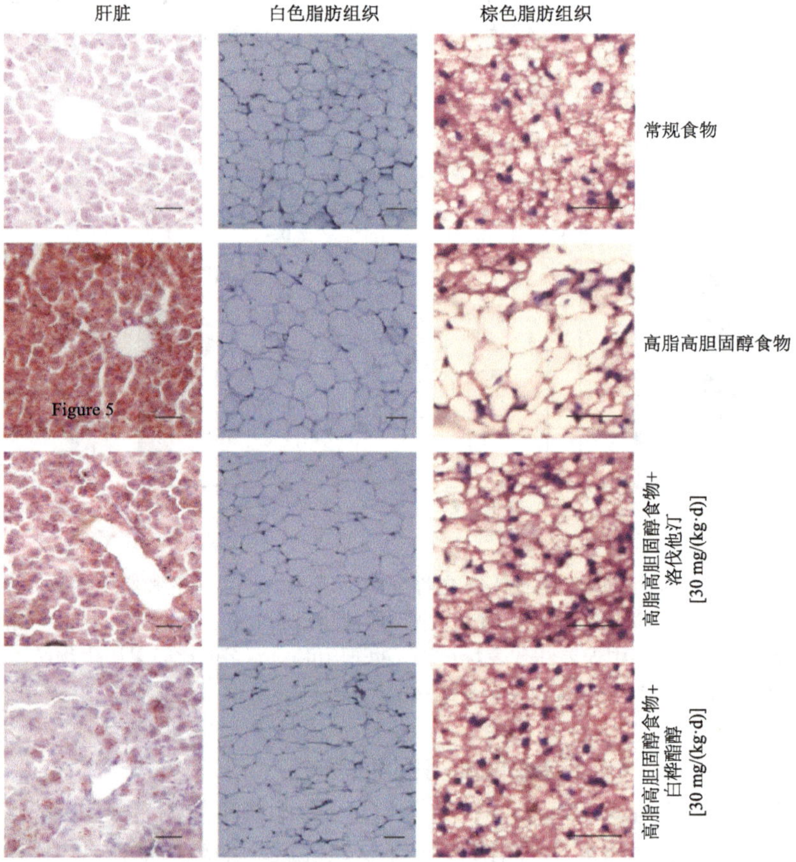


图 18.32　白桦酯醇显著减低肝脏和脂肪组织的脂质堆积。小鼠实验条件同图 18.28。6 周后取肝组织切片进行油红 O 染色，检测中性脂质变化（左图）。同时取白色脂肪组织（中图）和褐色脂肪组织（右图）做 HE 染色检测脂肪组织脂质水平的变化。比例尺：100μm

7）白桦酯醇显著降低小鼠血液脂质水平是 SCAP 蛋白依赖性的

为深入探讨白桦酯醇在个体水平的作用效果是否通过调控 SCAP-SREBP 途径，我们利用腺病毒介导的 RNA 干扰实验使小鼠肝脏 SCAP 沉默表达后，检测肝脏基因表达变化及小鼠血液脂质水平的变化。腺病毒介导 SCAP shRNA 在小鼠肝脏表达后，肝脏 SCAP 基因表达水平下调大于 50%［图 18.33（a）］，表明基因沉默效果佳。同时，与前期结果一致的是 shRNA 对照组中，白桦酯醇处理前后 SREBP-2、HMGCS 和 SS（squalene synthase）等脂质合成途径基因表达有明显下调；SCAP shRNA 处理组由于 SREBP 无法正常入核，这些基因表达水平组成型下调，白桦酯醇处理后没有看到进一步下调效果［图 18.33（a）］。小鼠血液 TC、TG、LDL-c 和 HDL-c 检测结果显示：shRNA 对照组白桦酯醇处理前后血液脂质水平变化与前期结果一致，而 SCAP shRNA 处理组白桦酯醇处理后没有明显效果［图 18.33（b）～（e）］。该结果提示白桦酯醇在动物体内通过抑制 SCAP-SREBP 途径起到降低脂质水平的作用效果。

4. 白桦酯醇显著提高饮食诱导肥胖小鼠的胰岛素敏感性

已知脂肪酸和甘油三酯代谢异常是诱发胰岛素抵抗和 2 型糖尿病的重要原因。由于白桦酯醇能够有效降低血液和组织中包括脂肪酸和甘油三酯的脂质水平，接下来的工作中我们检测了白桦酯醇对小鼠胰岛素敏感性的作用效果。与喂养基础饲料的小鼠相比，高胆固

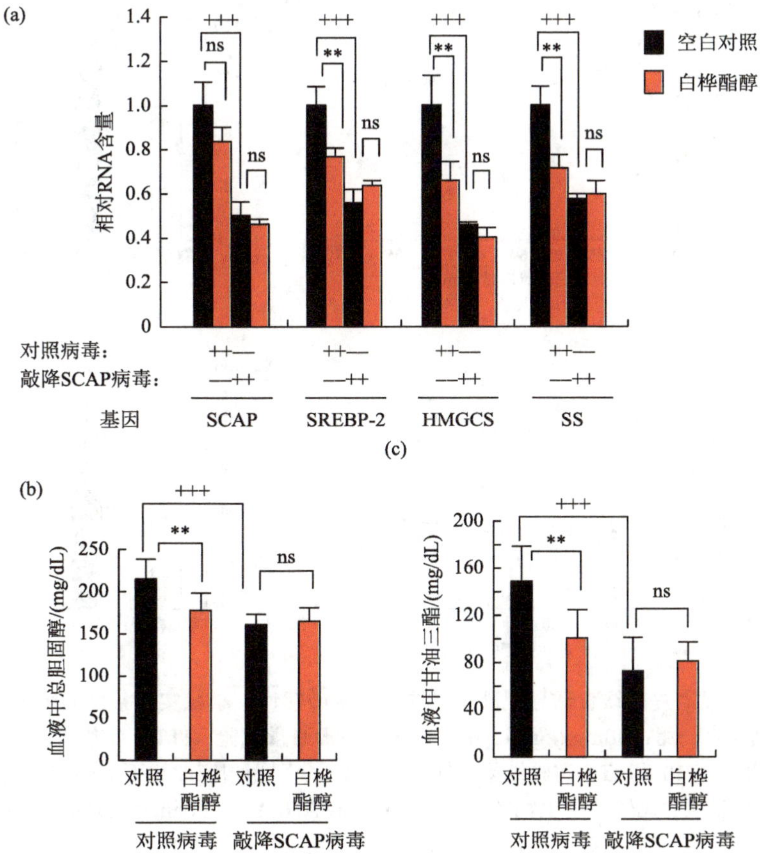

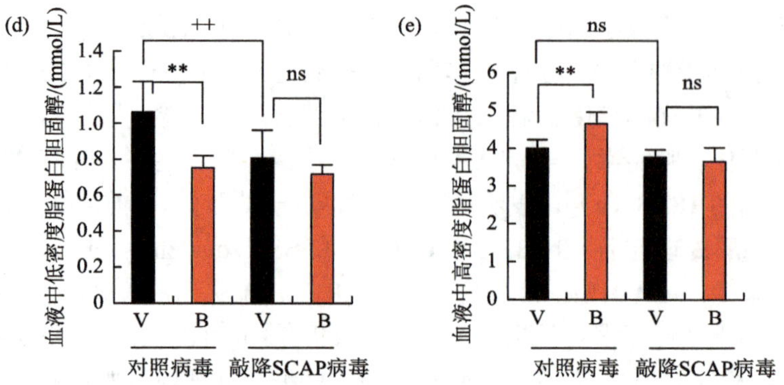


图 18.33　白桦酯醇显著减低血液脂质水平是 SCAP 蛋白依赖性的。C57BL/6J 小鼠在喂养高胆固醇高脂肪饲料的同时分别通过灌胃的方法给予生理盐水、洛伐他汀［30mg/(kg·d)］或者白桦酯醇［30mg/(kg·d)］，4 周后按照每只小鼠 $5\times10^8$pfu 的感染量对小鼠采用尾静脉注射腺病毒。此后继续灌胃 5 天，处死小鼠，取血液和肝脏组织检测肝脏基因表达变化和血液脂质水平变化

醇高脂肪饮食诱导的肥胖小鼠表现出葡萄糖耐受和胰岛素耐受。白桦酯醇或者洛伐他汀处理后，可以观察到小鼠的葡萄糖耐受和胰岛素耐受均得到明显改善（图 18.34）。

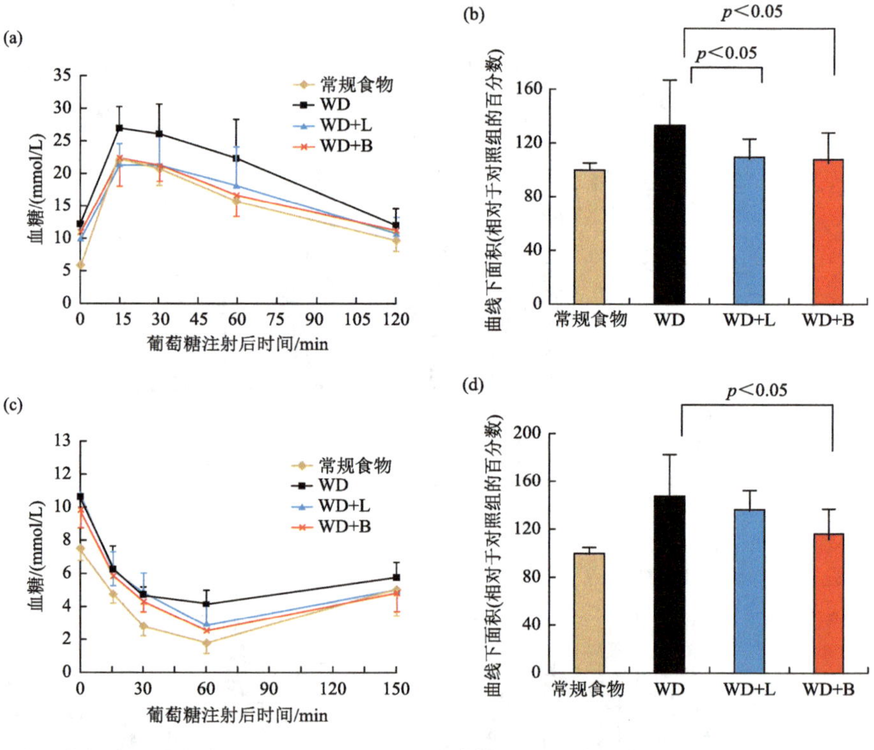


图 18.34　白桦酯醇显著提高饮食诱导肥胖小鼠的胰岛素敏感性。小鼠实验条件同图 18.28，区别在于白桦酯醇处理浓度只有一组：30mg/(kg·d)。6 周后做胰岛素耐量试验（ITT）和葡萄糖耐量试验（GTT）。（a）和（c）分别为 GTT 和 ITT 实验结果，（b）和（d）分别为相应曲线下的面积。其中误差线代表标准误，处理组和对照组的比较采用生物统计学的 one-way ANOVA（donnett post test）检验方法，与对照组相比，白桦酯醇处理后具有显著性差异

进一步，在饮食诱导的肥胖小鼠中，禁食引起的血液葡萄糖和胰岛素水平的升高在白桦酯醇处理组显著降低，洛伐他汀则没有该效果（图 18.35）。

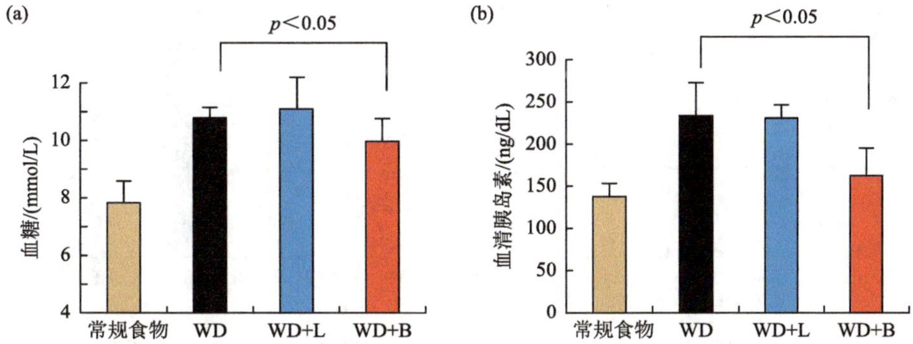


图 18.35 高脂肪高胆固醇饲料喂养条件下，白桦酯醇显著降低饮食诱导肥胖小鼠体内的葡萄糖水平和胰岛素水平。小鼠实验条件同图 18.33，先完成 ITT 和 GTT 实验，3 天后处死小鼠，取血液样品，检测各组小鼠血液葡萄糖和胰岛素水平。图（a）和（b）分别为小鼠血液葡萄糖和胰岛素水平。其中误差线代表标准误，处理组和对照组的比较采用生物统计学的 one-way ANOVA（donnett post test）检验方法，与对照组相比，白桦酯醇处理具有显著性差异

同时我们在喂养高脂饲料的实验组之间也观察到同样的化合物作用效果（图 18.36）。综合来讲，上述数据说明白桦酯醇可明显改善饮食诱导肥胖鼠的胰岛素耐受情况。

5. 在动物体内，白桦酯醇有效调控脂质代谢基因的表达变化

白桦酯醇对饮食诱导肥胖鼠肝脏和脂肪组织中基因表达的调控特征可反映出该化合物的有益效果。白桦酯醇处理后小鼠肝脏中 SREBP-2 mRNA 水平下调约 30%［图 18.37（a）］。因此，该处理组小鼠肝脏中，由 SREBP-2 调控的参与细胞胆固醇合成途径的一系列基因和酶类如 HMGCS、HMGCR、squalene synthase（SS）等均被下调 31%～65%［图 18.37（a）］。

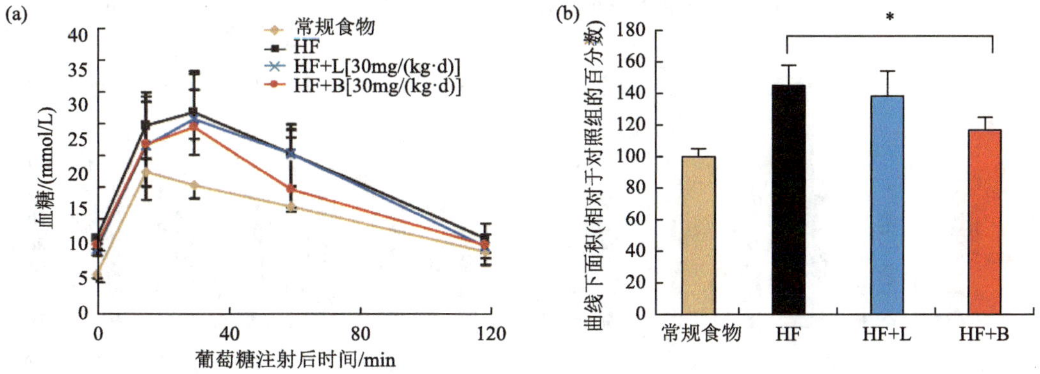

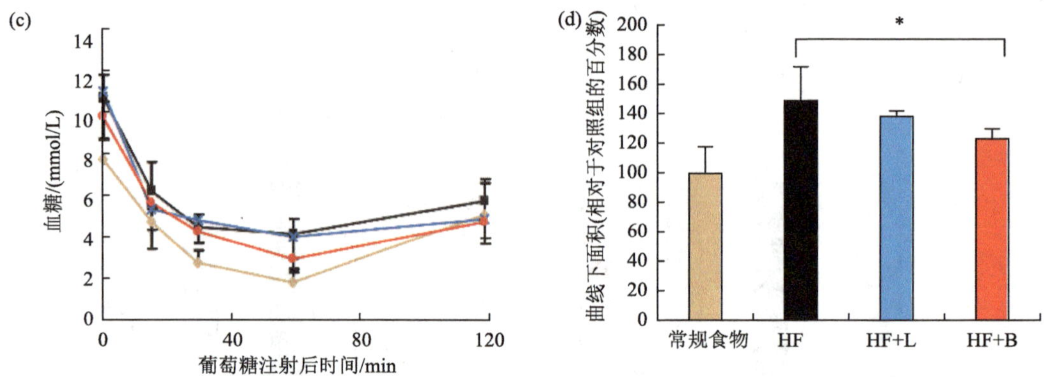


图 18.36　高脂肪饲料喂养条件下，白桦酯醇显著降低饮食诱导肥胖小鼠体内的葡萄糖水平和胰岛素水平。小鼠实验条件同图 18.34，区别是小鼠饲料为高脂饲料。6 周后做 ITT 和 GTT 实验。(a) 和 (c) 分别为 GTT 和 ITT 实验结果，(b) 和 (d) 为相应曲线下的面积。其中误差线代表标准误，处理组和对照组的比较采用生物统计学的 one-way ANOVA (donnett post test) 检验方法，与对照组相比，白桦酯醇处理具有显著性差异

同时白桦酯醇显著下调脂肪酸代谢相关基因，例如，SREBP-1c 被下调约 32%，其靶基因脂肪酸合成酶 FAS 被下调约 39%，SCD-1 被下调约 20%。同时 malic enzyme 和 PPARα 分别被上调约 31%和 59% [图 18.37 (b)]。提示白桦酯醇可能是通过降低细胞脂肪酸合成，及促进脂肪水解反应起到降低脂质水平的作用[11]。肝酯酶 (HL) 和载脂蛋白 ApoE 的 mRNA 水平在白桦酯醇处理后被上调 [图 18.37 (c)]，这进一步促进了白桦酯醇的降血脂效果[12]。

此外，对于糖代谢相关的基因，白桦酯醇显著增加了葡萄糖-6-磷酸脱氢酶 (G-6-PD) 的 mRNA 水平，不影响 PEPCK、IRS-1、IRS-2 或葡萄糖激酶等的 mRNA 水平 (图 18.38)。

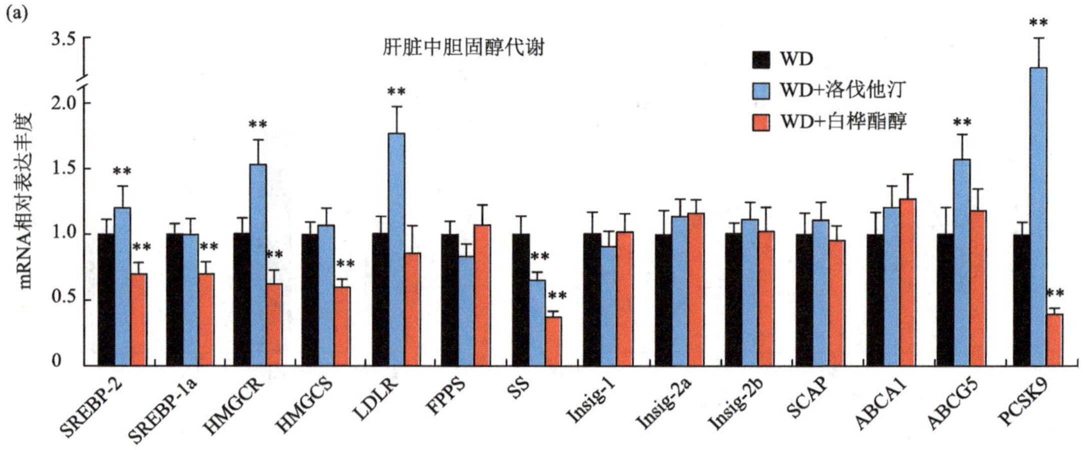

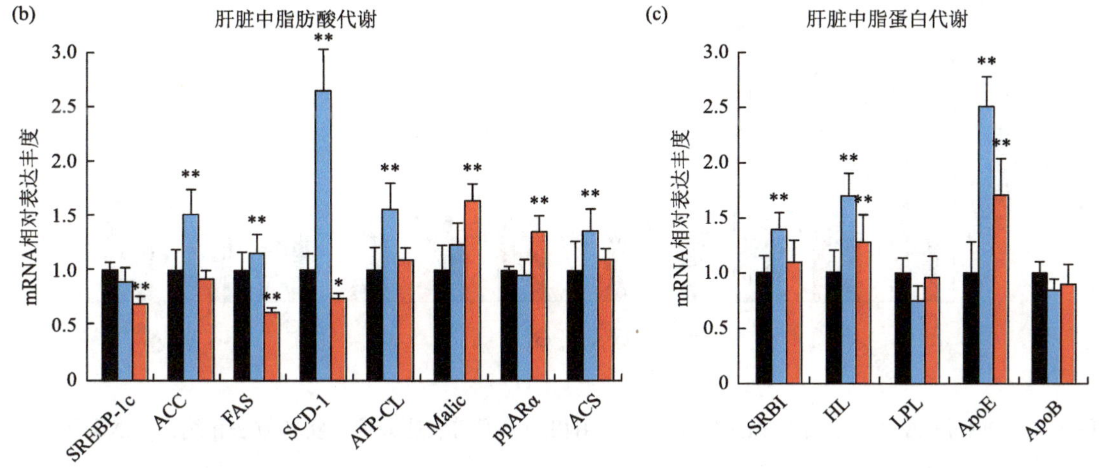


图 18.37　白桦酯醇有效调控小鼠肝脏脂质代谢基因的表达变化。随机取图 18.28 实验中各组小鼠 3～5 只，抽提 RNA，每只小鼠取等量 RNA 混合作为模板，RT-PCR 得到 cDNA，以 cDNA 为模板，实时荧光定量 PCR 检测胆固醇合成途径、脂肪酸合成途径及脂蛋白代谢途径的一系列基因和酶类表达变化，其中 GAPDH 作为内参。WD 对照组小鼠的基因表达水平定义为 1，各处理组与 WD 组相比得到相对表达变化结果。其中误差线代表标准误，处理组和对照组的比较采用生物统计学的 one-way ANOVA（donnett post test）检验方法，其中*表示 $p<0.05$，**表示 $p<0.01$，与对照组相比，均具有显著性差异

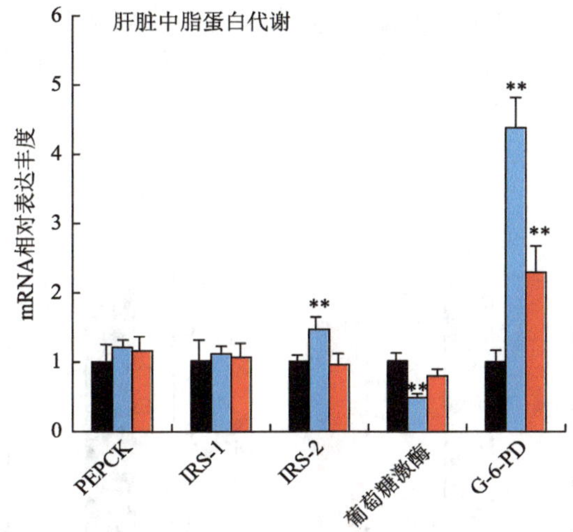


图 18.38　白桦酯醇对糖代谢通路中相关基因的表达调控。实验方法和统计方法同图 18.37 一致

白色脂肪组织在机体能量代谢中具有重要作用，白桦酯醇能够显著促进白色脂肪组织中 *adiponectin*、*LPL* 及 *PPAR-γ*等基因的表达（图 18.39），而已知这些基因参与一系列重要生物学过程，它们的上调具有抗糖尿病和抗炎症的效果[12-14]。

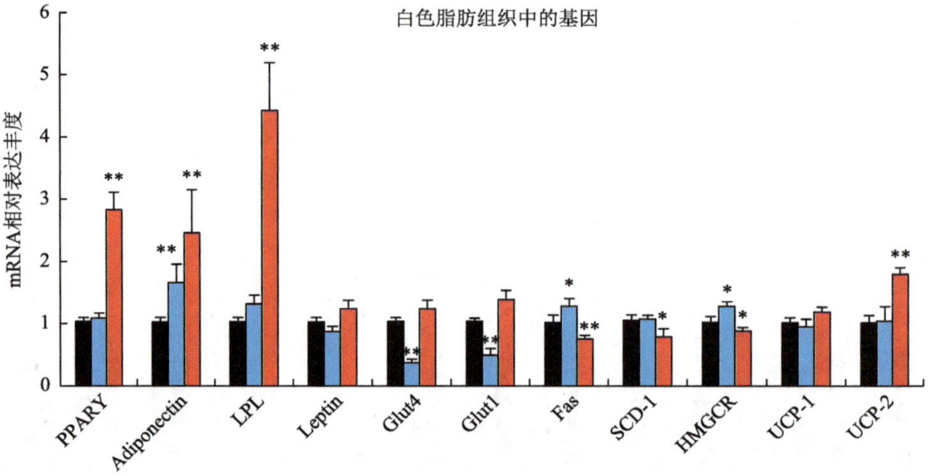


图 18.39　白桦酯醇对白色脂肪组织脂质分解利用相关基因的表达调控。实验方法和统计方法同图 18.27

综上所述，白桦酯醇调控小鼠肝脏和脂肪组织中一系列 SREBP 靶基因的表达，从而起到降低机体脂质水平，提高胰岛素敏感性的作用效果。

### 6. 白桦酯醇有效减少动脉粥样硬化斑块的形成并增加斑块的稳定性

我们采用 LDLR 基因敲除小鼠[15]作为研究对象检测白桦酯醇对动脉粥样硬化斑块形成的作用效果。与前期 C57BL/6J 小鼠实验方法类似，LDLR 基因敲除小鼠被喂养高胆固醇高脂饲料同时被灌胃他汀［30mg/(kg·d)］或者白桦酯醇［30mg/(kg·d)］，14 周后可诱导小鼠动脉粥样硬化形成。首先，我们观察到他汀和白桦酯醇给药组小鼠摄食量基本相同，同时体重增加无明显差异（图 18.40）。

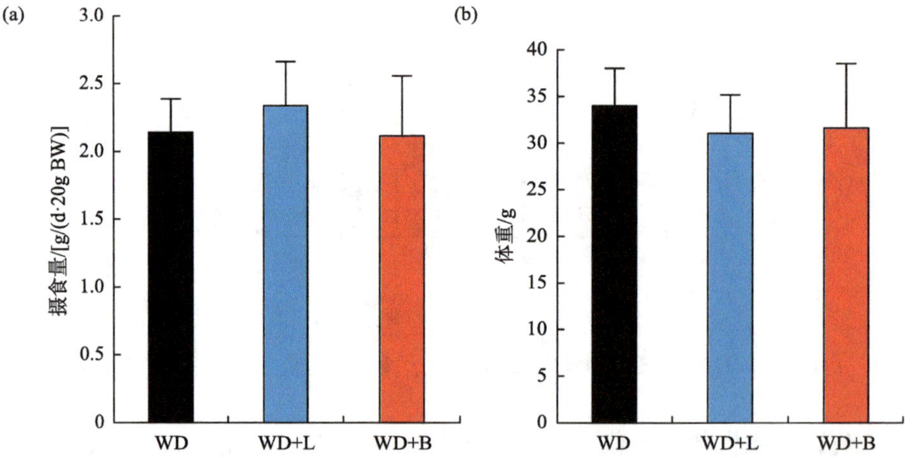


图 18.40　白桦酯醇处理 14 周后 LDLR 基因敲除小鼠摄食量和体重的变化。8 周龄雄性 $LDLR^{-/-}$随机分组，在喂养 WD 饲料条件下分别每天灌胃他汀［30mg/(kg·d)］者白桦酯醇［30mg/(kg·d)］。14 周后，统计平均日摄食量变化（a）和小鼠体重变化（b）

接下来对肝脏 *SREBP-1c* 和 *SREBP-2* 基因表达水平的分析结果显示这两个基因在白桦酯醇处理组是下调的，而脂质合成途径的基因如 *HMGCS*、*HMGCR*、*FAS* 在白桦酯醇处理组也是下调的（图 18.41）。而由于两个化合物作用机理不同，他汀在基因表达调控方面具有相反的调控趋势，例如，*HMGCR* 和 *FAS* 在他汀处理组明显上调（图 18.41）。

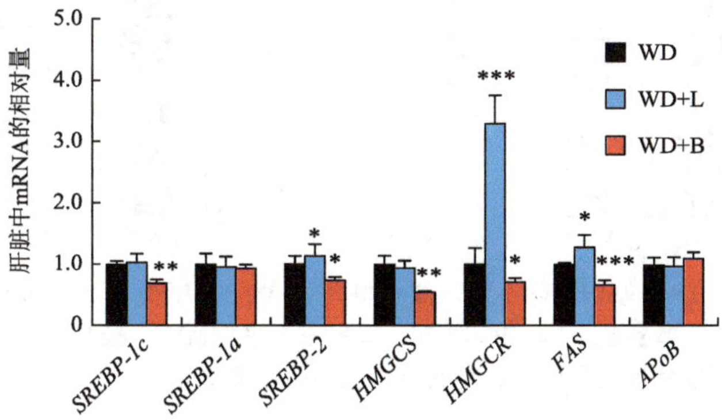


图 18.41　白桦酯醇处理 14 周后 LDLR 基因敲除小鼠肝脏脂质代谢相关基因表达变化。本实验小鼠同图 18.29，14 周后处死小鼠，取肝脏组织检测脂质代谢相关基因的表达变化。统计方法同图 18.37

接下来，我们重点分析了白桦酯醇对 LDLR 基因敲除小鼠血液 TC、TG、LDL-c 和 HDL-c 的作用效果，结果显示：白桦酯醇处理组的血脂变化与前期 C57BL/6J 小鼠实验结果类似（图 18.42）。

我们选择 LDLR 基因敲除小鼠做进一步实验的一个重要原因就是 LDLR 基因敲除小鼠是典型的动脉粥样硬化模型鼠，所以我们的实验数据中最重要的部分是对小鼠动脉粥样硬化斑块形成和病变程度的检测。我们分离了不同处理组的小鼠主动脉并对其进行苏丹染色，结果显示他汀组和白桦酯醇组的斑块脂质堆积与对照组相比有明显改善[图 18.43(a)]。局部定量结果显示主动脉弓［图 18.43（c）］和胸动脉［图 18.43（d）］处斑块的形成在实验组均有显著改善。这一结果是白桦酯醇具有抗动脉粥样硬化症的重要证据。

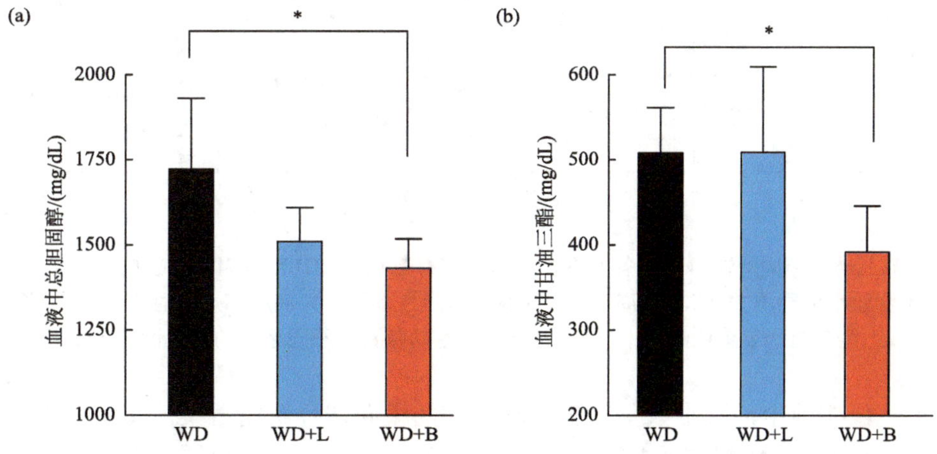

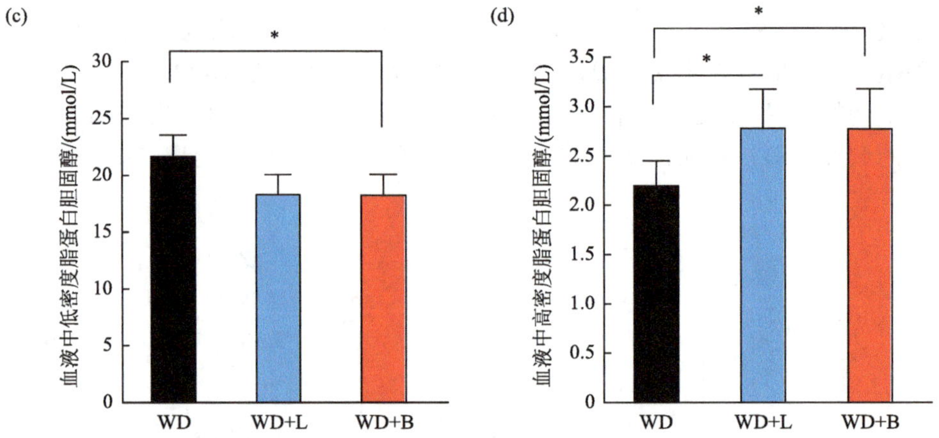


图 18.42　白桦酯醇对 LDLR 基因敲除小鼠血液总胆固醇、甘油三酯、低密度脂蛋白胆固醇和高密度脂蛋白胆固醇的作用效果。本实验小鼠同图 18.30，提前三天采集血清，检测小鼠血液总胆固醇、甘油三酯、低密度脂蛋白胆固醇、高密度脂蛋白胆固醇变化。统计方法同图 18.37

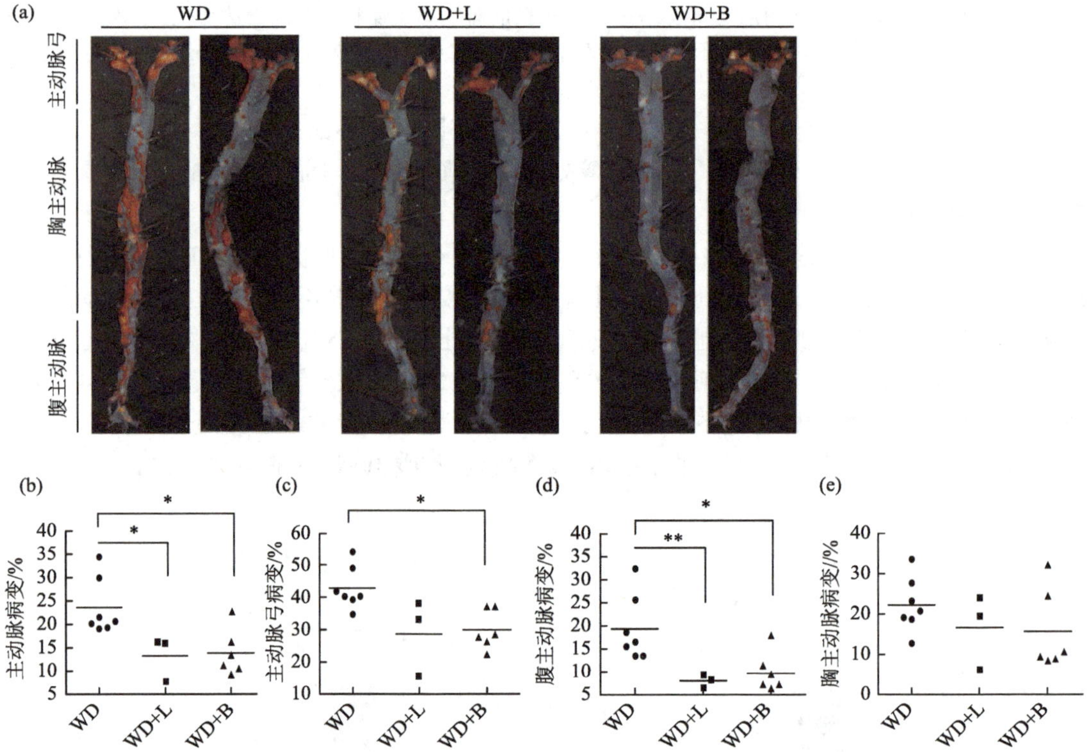


图 18.43　高脂肪高胆固醇饲料喂养条件下，白桦酯醇有效减少 LDLR 基因敲除小鼠动脉粥样硬化斑块的形成。本实验小鼠同图 18.40，14 周后处死小鼠，分离主动脉，并利用苏丹Ⅳ对主动脉进行脂质染色。（a）为三组小鼠染色结果；（b）～（e）为主动脉及其不同区段的斑块面积定量结果

在另一组实验中，取小鼠主动脉弓动脉窦的横向切片做脂质染色实验并进行定量分析，结果显示：与对照组相比，白桦酯醇处理能显著减少斑块的面积［图 18.44（a）］。此

外，我们通过免疫组化的实验方法检测斑块处巨噬细胞的标志分子 MOMA-2 和平滑肌细胞的标识分子 SMC-actin 的分布和面积，结果显示：与对照组相比，白桦酯醇处理后巨噬细胞斑块的累积减少约 55%［图 18.44（b）］，平滑肌细胞的量增加约 21%［图 18.44（c）］。表明 LDLR 基因敲除小鼠在高胆固醇高脂肪饲养条件下，白桦酯醇能够显著抑制动脉粥样硬化斑块的形成，并有效增加斑块的稳定性。

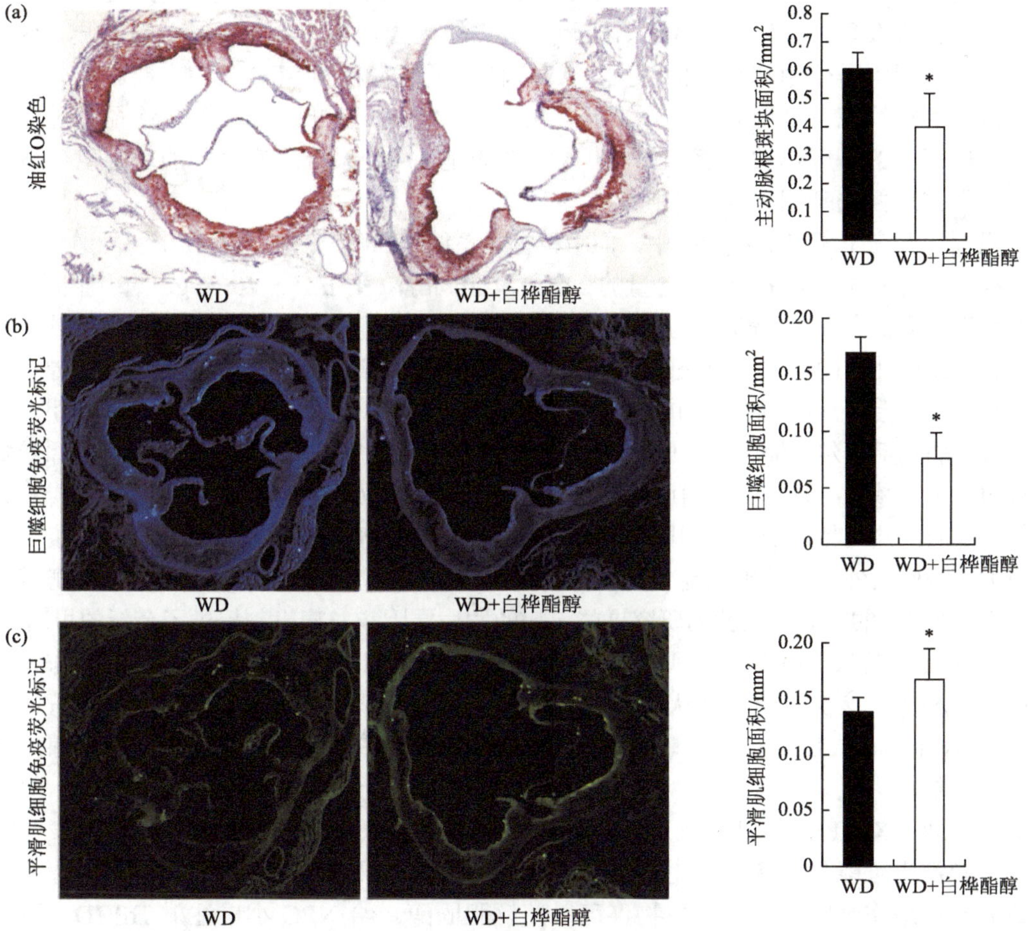


图 18.44　高胆固醇高脂肪饲料喂养条件下，白桦酯醇有效增加斑块的稳定性。本实验小鼠同图 18.30，14 周后处死小鼠，分离主动脉弓，制备连续的横向冰冻切片，(a)～(c) 分别为油红 O 染色、巨噬细胞免疫荧光标记、平滑肌细胞免疫荧光标记的结果。右侧为相应的定量结果

## 18.3　讨论与展望

本章聚焦于胆固醇代谢的调控通路和内质网应激信号通路，利用小分子探针和动物模型系统，深入探索新的调控蛋白、信号通路和分子作用机制，筛查、鉴定了新的代谢调节模式，为全面了解胆固醇代谢的稳态平衡机制和内质网应激的代谢调控作用提供了系统性的新线索。

### 18.3.1　溶酶体与过氧化物酶体形成膜接触介导胆固醇转运

胆固醇在细胞内如何运输是胆固醇研究领域中的一大问题。我们利用慢病毒介导的shRNA 文库感染 Hela 细胞，对细胞内胆固醇运输关键基因进行筛选。通过高通量测序分析，获得了 341 个可能参与细胞内胆固醇转运的关键基因。对这些候选基因进行 Gene Ontology 分析发现，参与脂类代谢、细胞内运输的基因在整个数据中被显著富集，这其中还包括参与胆固醇代谢和运输的基因，ABC 转运蛋白家族和 SLC 蛋白家族。此外，钙结合蛋白、免疫反应、细胞黏附、泛素介导的蛋白质水解、嘌呤代谢、Hh 途径和过氧化物酶体蛋白相关的基因也被显著富集。出人意料的是，神经系统疾病相关的基因也被显著富集，它们占总候选基因列表的 11%。

胆固醇存在于所有动物细胞中，而中枢神经系统（CNS）是哺乳动物中胆固醇含量最丰富的器官，大约占身体总胆固醇含量的 25%，其胆固醇浓度在 15～20mg/g。脑中胆固醇主要以非酯化游离状态存在于髓鞘、星形胶质细胞及神经细胞膜，它在脑细胞间网络式连接和维持细胞膜完整性方面是不可或缺的。胆固醇是大脑行使正常功能的基础，其合成、储存和代谢的紊乱可能会严重影响神经功能并导致脑部疾病的产生。已知的胆固醇代谢异常引发的神经系统疾病包括阿尔茨海默病、尼曼-皮克病 C 型、亨廷顿病等。这些疾病都是神经系统病变导致的以记忆减退、认知、语言障碍、活动不能自行控制及人格改变为主要症状的神经系统退行性疾病，共同特点表现为胆固醇代谢失衡。与这些疾病相关的基因都出现在我们的筛选列表中。除此之外，还发现其他一些与神经系统疾病相关基因的沉默也会导致胆固醇堆积及 PM 胆固醇水平的降低，这就为研究这些疾病的发病原因和发病机制提供了全新的思路。

研究还发现 X-连锁肾上腺脑白质营养不良（adreno leuko dystrophy，ALD）与胆固醇代谢异常相关。该疾病通常被认为是由于细胞中过氧化物酶体对甚长链脂肪酸（very long chain fatty acids，VLCFA）的氧化发生障碍，以致 VLCFA 在血、脑白质、肾上腺皮质等器官和组织内大量聚积，引起中枢神经系统脱髓鞘和肾上腺皮质萎缩或发育不良。但我们的实验发现，X-ALD 小鼠的血浆、小脑、肝脏、肾上腺中也堆积大量胆固醇，表明胆固醇代谢异常也可能是该疾病发生的重要原因。HPCD 是目前临床和药理实验研究最多、安全数据收集最完全的环糊精衍生物，可以溶解胆固醇。给 NPC 小鼠注射 HPCD，不仅使胆固醇水平降到正常范围之内，而且改善了肝功能，降低了神经退行性病变，并大大延长了寿命。同样的，HPCD 作用于 X-ALD 小鼠也会减轻其胆固醇的堆积状况。因此，以后治疗 X-ALD 疾病时，同时使用降低胆固醇的药物疗效可能会更好。

这部分工作还揭示了胆固醇转运出溶酶体到过氧化物酶体的分子机制。电镜、超高分辨率显微镜和免疫共沉淀等实验发现在细胞中溶酶体和过氧化物酶体相互接触；基因沉默过氧化物酶体膜蛋白 ABCD1，会导致溶酶体内胆固醇堆积，进入过氧化物酶体的胆固醇减少。表明胆固醇能够转运出溶酶体到达过氧化物酶体。

综上所述，这项研究工作具有三点重要意义：①发现了细胞内胆固醇运输的新途径；②揭示了过氧化物酶体这一细胞器的新功能；③证明胆固醇运输异常是导致过氧化物酶体紊乱疾病的病因之一，为治疗该类疾病提供了全新的思路。

## 18.3.2　胆固醇修饰 SMO 的调控及功能模型

1996 年，Hh 蛋白被鉴定出发生了胆固醇修饰。20 年后，我们鉴定出第二个胆固醇修饰蛋白——SMO。我们运用多种方法证明胆固醇共价修饰了 SMO。首先，我们建立的新的胆固醇修饰蛋白鉴定系统，需要经过两个过夜的透析过程，非共价的结合方式不可能继续存在而被免疫沉淀下来。我们的实验结果也证明，多种胆固醇结合蛋白是不能被我们的鉴定系统检测到的。其次，SMO 的胆固醇修饰在变性免疫沉淀的条件下也不受影响。已知在变性免疫沉淀的条件下，非共价的结合方式是不能存在的。最重要的是，我们通过质谱检测到了 SMO 的 D95 位上有一个胆固醇分子量大小的上浮，证明了胆固醇确实是共价修饰 SMO。

最近的发现证明胆固醇可以结合 SMO 的 CRD 区域，这很好地支持了我们的发现。尽管解析了 SMO 的 CRD 区域晶体结构，但由于分辨率的原因，这些工作不能排除 SMO 的胆固醇修饰。相反，我们的结果和这些发现很可能是互补的。我们发现影响胆固醇结合的突变体也一致地影响胆固醇修饰。不能发生胆固醇结合的 SMO 突变体也不能发生胆固醇修饰，并且几乎完全丧失了 SMO 在细胞和小鼠体内的功能。以上结果提示，胆固醇很有可能是先结合 SMO 的 CRD 区域，再通过胆固醇的 3'端羟基和 D95 的羧基发生酯化反应，从而将胆固醇共价修饰在 D95 位上。胆固醇结合和修饰可能都激活 SMO 及 Hh 下游基因，但胆固醇修饰，会增强 SMO 的功能并增加发挥功能的时间。

Hh 的胆固醇修饰是由其 C 端自我催化完成的。在 SMO 的情况下，由于 SMO 在发生胆固醇修饰后没有发生自剪切的情况，所以 SMO 的胆固醇修饰不大可能是由于自剪切发生的。我们的工作证明，SMO 的胆固醇修饰是受 Hh 和 Ptch1 调控的；Ptch1 可以抑制 SMO 发生胆固醇修饰，进而影响 Hh 通路的激活。Ptch1 有可能通过抑制 SMO 的胆固醇修饰酶来调控 SMO 的胆固醇修饰；更上游的 Hh 可能通过释放 Ptch1 对胆固醇修饰酶的抑制，来激活 SMO。具体的 SMO 修饰酶和机制还需进一步进行探索。另一个有趣的问题是，发生胆固醇修饰后的 SMO 是否存在发生胆固醇水解的可能？一种可能是胆固醇修饰不能被单独水解，而是通过 SMO 的降解而终止其对 Hh 通路的激活；另一种可能是，胆固醇修饰有可能被水解调控。Hh 和 Ptch1 有没有可能是通过调控 SMO 胆固醇修饰的水解酶，而不是修饰酶，来调控 SMO 的胆固醇修饰，也是一个很值得继续探索的问题。

此工作的重要意义包括以下几点：①近 20 年来首次发现了一个新的胆固醇修饰蛋白 SMO，并鉴定了其胆固醇修饰位点；②证明了 Hh 和 Ptch1 调控 SMO 的胆固醇修饰；③分别在细胞和小鼠体内证明了胆固醇修饰对 SMO 的功能是必需的；④我们的发现提供了一个治疗 Hh pathway 相关癌症的新靶点。

## 18.3.3　白桦酯醇是 SREBP 途径的特异性抑制剂

SREBP 蛋白是调控胆固醇脂肪酸及其他脂质生物合成的关键转录因子[16]。我们构建了一个细胞生物学的分析方法，利用该方法高通量筛选特异性调控 SREBP 途径的小分子，并鉴定出白桦酯醇是 SREBP 途径的特异性抑制剂。白桦酯醇通过促进 SCAP 与 Insig 的相互作用将 SREBP 滞留在内质网，从而抑制 SREBP 剪切入核，下调胆固醇和脂肪酸合成途径的基因及酶类的表达，抑制细胞脂质合成途径，降低细胞脂质水平。在饮食诱导的肥胖小鼠中，白桦酯醇可降低机体总胆固醇和总甘油三酯水平，提高其胰岛素敏感性。更进一步地，白桦酯醇在动脉粥样硬化模型小鼠 LDLR 基因敲除小鼠中能够有效抗动脉粥样硬化的形成。作为 SREBP 抑制剂，在机体水平，白桦酯醇具有多方面的良好疗效，这证明 SREBP 途径可作为潜在的针对代谢性疾病的药物靶点，尤其针对 2 型糖尿病和动脉粥样硬化症等。

在过去的几十年中，Brown-Goldstein 实验室的工作已经揭示了 SREBP 途径[16, 17]。核内活性形式的 SREBP 在启动下游靶基因表达后会快速通过 $SCF^{Fbw7}$ 介导的泛素化途径进行降解。这一调控过程的复杂性意味着存在多种不同的策略可以使 SREBP 失去或者降低活性。例如，促进 SCAP 与 Insig 的相互作用，抑制 S1P 或者 S2P 蛋白酶活性，促进核内活性形式的 SREBP 降解等。在我们的工作中，通过建立细胞水平的报告基因分析方法，可以用它来筛选激活或者抑制 SREBP 途径的小分子，这些小分子的作用靶点可以作用在上述调控过程中的任何一个步骤。对白桦酯醇的筛选和鉴定的结果证实了我们构建的这一系统的有效性。比较有趣的一点在于，白桦酯醇的作用机制是促进 SCAP 与 Insig 的相互作用，这也正是细胞内源性的调控因子如胆固醇或者 25-羟胆固醇等的调控机制。

25-羟胆固醇是多种已知的 SREBP 抑制剂中效力最佳的一种，其效力是胆固醇的 100 倍以上，而我们这里鉴定得到的白桦酯醇的效力与 25-羟胆固醇相当。并且，白桦酯醇不激活 LXR 信号通路，不促进 HMGCR 降解。其高效力和高特异性的特点使其能够显著降低胆固醇和脂肪酸水平，显著改善机体的脂质代谢情况，有效抗动脉粥样硬化症和 2 型糖尿病。

虽然胆固醇和 25-羟胆固醇都能够促进 SCAP 与 Insig 的相互作用，但是两者的作用机制是不同的。胆固醇可以直接结合在 SCAP 蛋白的甾醇感受域（SSD）[18]，25-羟胆固醇结合 Insig 蛋白。而白桦酯醇的直接靶点经初步实验验证结果表明：白桦酯醇的结构类似于胆固醇，而且它不促进 HMGCR 降解，体外实验中其探针特异性结合 SCAP，这三点提示白桦酯醇可能像胆固醇一样，在生理条件下直接结合 SCAP。

他汀是目前被广泛应用于治疗高胆固醇症的一线药物。作为 HMGCR 的抑制剂，他汀可有效抑制胆固醇合成，同时，肝脏中胆固醇合成受到抑制以后会上调 SREBP 和 LDLR 的表达从而促进 LDL 的吸收[17]。通过这两种机制，他汀可有效地降低血浆中胆固醇的水平。然而，他汀活化 SREBP 表达后将促进肝脏胆固醇和脂肪酸合成途径的基因和酶类的表达，导致不良的后果[19, 20]。与此不同的是，白桦酯醇直接抑制 SREBP 途径，下调胆固醇和其他脂质的生物合成。等剂量的洛伐他汀和白桦酯醇的给药条件下，白桦酯醇表现出与他汀相当甚至更佳的作用效果。例如，白桦酯醇降低小鼠血液、肝脏、褐色脂肪组织、白色脂肪组织中的脂质水平的效果优于洛伐他汀。而且白桦酯醇在改善胰岛素抵抗方面表现出比洛伐他汀更好的效果。原因在于白桦酯醇在抑制胆固醇合成的同时还有效抑制了脂肪酸甘油三酯的合成。

综上所述，我们鉴定出白桦酯醇是 SREBP 途径的特异性抑制剂，可以显著降低脂质水平，提高胰岛素的敏感性，抗动脉粥样硬化的形成。以上实验数据支持这样一种观点：抑制 SREBP 途径可以是一种有益的针对 2 型糖尿病和动脉粥样硬化症的策略。白桦酯醇可以作为一种潜在的治疗或者控制代谢性疾病的候选药物。

### 18.3.4　内质网应激 IRE1α 通路：代谢紊乱的干预靶标

营养失衡导致的肥胖可以引发多种组织与细胞处于"应激"状态，其中内质网应激是诱发免疫炎症、调节代谢组织重构的独特"分子关节"。我们的研究结果表明，内质网应激感应分子 IRE1α 在多种组织细胞中能够感应机体营养代谢状况的变化，在能量稳态及代谢紊乱中扮演重要的角色。在现有的工作基础上，继续围绕参与代谢调节过程的 IRE1α 通路，利用不同组织和细胞特异性基因敲除小鼠以筛选出的小分子化合物，进一步探索 IRE1α 在不同生理或病理条件下对脂肪和肝脏等组织代谢网络的调控作用，全面剖析 IRE1α 调节糖脂代谢过程的分子与细胞机制，解析内质网应激与肥胖、2 型糖尿病及非酒精性脂肪肝之间的病理学机制关联，将为 IRE1α 通路作为糖脂代谢紊乱的干预靶标提供扎实的原理验证基础。

本章作者：宋保亮，刘　勇，史熊杰

武汉大学

## 参 考 文 献

[1] Chang T Y，Chang C C Y，Ohgami N，et al. Cholesterol sensing，trafficking，and esterification. Annu Rev Cell Dev Biol，2006，22：129-157.

[2] Maxfield F R，Tabas I. Role of cholesterol and lipid organization in disease. Nature，2005，438：612-621.

[3] Russell D W. The enzymes，regulation，and genetics of bile acid synthesis. Annu Rev Biochem，2003，72：137-174.

[4] Payne A H，Hales D B. Overview of steroidogenic enzymes in the pathway from cholesterol to active steroid hormones. Endocrine Reviews，2004，25：947-970.

[5] Porter J A，Young K E，Beachy P A. Cholesterol modification of hedgehog signaling proteins in animal development. Science，1996，274：255-259.

[6] Carstea E D，Morris J A，Coleman K G，et al. Niemann-Pick C1 disease gene：homology to mediators of cholesterol homeostasis. Science，1997，277：228-231.

[7] Loftus S K，Morris J A，Carstea E D，et al. Murine model of Niemann-Pick C disease：mutation in a cholesterol homeostasis gene. Science，1997，277：232-235.

[8] Goldstein J L，Brown M S. Regulation of the mevalonate pathway. Nature，1990，343：425-430.

[9] Song B L，DeBose-Boyd R A. Ubiquitination of 3-hydroxy-3-methylglutaryl CoA reductase in permeabilized cells mediated by cytosolic E1 and a putative membrane-bound ubiquitin ligase. J Biol Chem，2004，279（27）：28798-28806.

[10] Song B L，DeBose-Boyd R A. Insig-dependent ubiquitination and degradation of 3-hydroxy-3-methylglutaryl coenzyme A reductase stimulated by δ-and γ-tocotrienols. J Biol Chem，2006，281：25054-25061.

[11] Song B L，Javitt N B，DeBose-Boyd R A. Insig-mediated degradation of HMG CoA reductase stimulated by lanosterol，an intermediate in the synthesis of cholesterol. Cell Metab，2005，1：179-189.

[12] Sever N，Song B L，Yabe D，et al. Insig-dependent ubiquitination and degradation of mammalian 3-hydroxy-3-methylglutaryl CoA reductase stimulated by sterols and geranylgeraniol. J Biol Chem，2003，278（52）：52479-52490.

[13] Brown M S，Goldstein J L. A receptor-mediated pathway for cholesterol homeostasis. Science，1986，232：34-47.

[14] Kwon H J，Abi-Mosleh L，Wang M L，et al. Structure of N-terminal domain of NPC1 reveals distinct subdomains for binding and transfer of cholesterol. Cell，2009，137：1213-1224.

[15] Lin J H，Walter P，Yen T S B. Endoplasmic reticulum stress in disease pathogenesis. Annu Rev Pathmechdis Mech Dis，2008，3：399-425.

[16] Kammoun H L，Hainault I，Ferre P，et al. Nutritional related liver disease：targeting the endoplasmic reticulum stress. Curr Opin Clin Nutr Metab Care，2009，12：575-582.

[17] Ron D，Walter P. Signal integration in the endoplasmic reticulum unfolded protein response. Nat Rev Mol Cell Biol，2007，8：519.

[18] Lin J H，Li H，Yasumura D，et al. IRE1 signaling affects cell fate during the unfolded protein response. Science，2007，318：944-949.

[19] Lee A H，Iwakoshi N N，Glimcher L H. XBP-1 regulates a subset of endoplasmic reticulum resident chaperone genes in the unfolded protein response. Mol Cell Biol，2003，23：7448-7459.

[20] Qiu Y，Mao T，Zhang Y，et al. A crucial role for RACK1 in the regulation of glucose-stimulated IRE1α activation in pancreatic β cells. Sci Signal，2010，3（106）：Ra7.

[21] Mao T，Shao M，Qiu Y，et al. PKA phosphorylation couples hepatic inositol-requiring enzyme 1alpha to glucagon signaling in glucose metabolism. Proc Natl Acad Sci USA，2011，108：15852-15857.

[22] Sha H，He Y，Chen H，et al. The IRE1α-XBP1 pathway of the unfolded protein response is required for adipogenesis. Cell Metab，2009，9：556-564.

[23] Zhou Y，Lee J，Reno C M，et al. Regulation of glucose homeostasis through a XBP-1-FoxO1 interaction. Nat Med，2011，17：356.

[24] Park S W，Zhou Y，Lee J，et al. The regulatory subunits of PI3K，p85α and p85β，interact with XBP-1 and increase its nuclear translocation. Nat Med，2010，16：429.

[25] Lee A H，Scapa E F，Cohen D E，et al. Regulation of hepatic lipogenesis by the transcription factor XBP1. Science，2008，320：1492-1496.

[26] Hotamisligil G S. Endoplasmic reticulum stress and the inflammatory basis of metabolic disease. Cell，2010，140：900-917.

# 第 19 章　核酸及其修饰物介导的信号转导研究

## 19.1　引　　言

生物细胞内的核酸携带有多种不同类型的化学修饰。一直以来，科学家认为这些修饰都是静态的，对细胞的生理活动仅起到微调的作用。而近些年的研究发现，部分核酸修饰在细胞内是动态变化的，且对高等真核生物的一系列细胞进程产生至关重要的影响。例如，众多的核酸修饰在生物细胞内起调控作用：DNA 上的 5-甲基胞嘧啶（5mC，也作 $m^5C$）及其氧化产物、$N^6$-甲基腺嘌呤（6mA，也作 $m^6A$）等修饰，RNA 上的 $m^6A$、假尿嘧啶（pseudouridine，ψ）、$m^5C$ 等修饰，均被证明在基因表达中起关键的调控作用[1]。核酸的动态修饰并不改变核酸的原始序列，但是能够通过上述调控作用影响生物的细胞进程及表型，这种可遗传的调控机制被称为“表观遗传”[2, 3]。在过去的十几年里，有关核酸动态修饰及其表观遗传调控机制的研究取得了许多振奋人心的进展，为包括个体发育与疾病发生在内的多个重大问题提供了新的解决思路。核酸的动态修饰毫无疑问地成为当前生命科学研究中备受关注的热点领域之一。

DNA 甲基化是一种常见的表观遗传标记，是指 DNA 甲基转移酶（DNA methyltransferase，DNMT）选择性地将甲基从 S-腺苷甲硫氨酸（S-adenosyl-L-methionine，SAM）转移到胞嘧啶的第 5 位碳原子上，形成 5mC 的过程[4]。不同物种基因组中的 DNA 甲基化水平有很大差异，人类的体细胞中 5mC 的含量约为 DNA 碱基总数的 1%，它们大多散布在高度重复的异染色质区域。哺乳动物中，70%～80%的 CpG 二核苷酸（CpG islands）中的胞嘧啶被甲基化形成 5mC，如果基因的启动子区域出现高频的 CpG 二核苷酸且被甲基化，相应的基因往往会出现表达下调或沉默[5]。

哺乳动物细胞中存在两种基础的甲基化模式（维持性甲基化和从头甲基化）及三种 DNA 甲基转移酶（DNMT 1、DNMT 3a 和 DNMT 3b）[6]。DNMT 1 主要负责 DNA 甲基化状态的维持：在 DNA 复制过程中，DNMT 1 与复制复合体相结合并识别亲代 DNA 的甲基化位点，同时在新合成的子代 DNA 对应的位置添加甲基，使子代 DNA 具有和亲本一样的甲基化模式。DNMT 3a 和 DNMT 3b 催化 DNA 的从头甲基化，这一过程不依赖 DNA 复制和亲代 DNA 的甲基化状态，可以将甲基引入完全没有甲基化的 CpG 位点。DNA 的从头甲基化在生殖细胞形成及胚胎发育的早期比较活跃，也可以发生在体细胞中[6]。

与胞嘧啶的甲基化过程相比，DNA 的主动去甲基化途径则要复杂得多（图 19.1）。现有的研究表明，十-十一易位蛋白家族（Tet）负责将 5mC 氧化形成 5-羟甲基胞嘧啶（5hmC），5hmC 可以被进一步氧化为 5-醛基胞嘧啶（5fC）和 5-羧基胞嘧啶（5caC），后两者可以被胸腺嘧啶 DNA 基化酶（TDG）介导的碱基切除修复途径清除，最终转变为正常的胞嘧啶[7-10]。DNA 的主动去甲基化过程对个体的胚胎发育及细胞命运改变意义重大。2011 年，中国科学院上海生命科学研究院生物化学与细胞生物学研究所徐国良课题组在 *Nature* 杂志上报道了 DNA 双加氧酶 Tet3 在卵母细胞的表观重编程过程中的功能。研究人员发现，在受精卵中，Tet3 可以将来自于父本基因组的 5mC 氧化为 5hmC，从而启动 DNA 的去甲基化过程。*Tet3* 缺陷会激活父本 *Oct4* 和 *Nanog* 等全能性基因的表达，而缺少 *Tet3* 基因的卵子则会降低对外源体细胞核的重编程能力。这些证据说明 *Tet3* 介导的 DNA 羟甲基化对于受精后合子中父本基因的表观遗传重编程发挥重要作用，且很可能影响动物克隆实验中的体细胞重编程事件[11]。此外，徐国良课题组通过对小鼠胚胎成纤维细胞（MEF）的体外重编程进行研究，发现 *Tet* 或者 *TDG* 基因敲除的 MEF 的重编程会发生停滞，而重新引入有催化活性的 Tet 或者 TDG 蛋白则能够恢复上述缺陷型 MEF 的重编程能力。上述结果表明氧化去甲基化所调控的基因表达在成纤维细胞的重编程过程中发挥着重要功能，这意味着表观遗传屏障在细胞谱系转变的过程中也发挥着不可或缺的作用[12]。

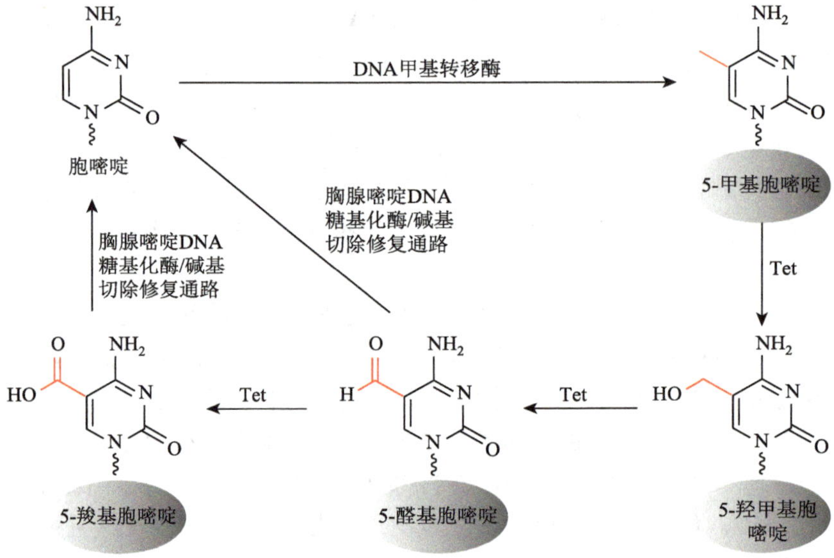


图 19.1　DNA 的甲基化与去甲基化途径

在 DNA 修饰方面，除了对第五碱基 5mC 及其氧化衍生物 5hmC、5fC 与 5caC 的研究之外，近年来的最新进展更是从经典的胞嘧啶修饰拓展到了嘌呤碱基修饰。$m^6A$ 是细菌 DNA 中存在的一种主要的核酸修饰，之前一直被认为是限制修饰系统（R-M systems）中重要的一部分，用来帮助宿主细胞区分外源 DNA 与自身 DNA，从而维持细菌自身基因组 DNA 的完整性。最近的研究表明，$m^6A$ 同样存在于真核生物的基因组中，且具有非常重要的基因调控功能[13-15]，这预示着腺嘌呤密码 $m^6A$ 很有可能作为另一个潜在的表观遗传学标记[16]。

在分子生物学的中心法则中，遗传信息从 DNA 流向 RNA 再流向蛋白质。已知基因组 DNA 和组蛋白受到可逆的化学修饰调控基因表达来定义细胞状态、影响细胞的分化和发育[17, 18]，RNA 作为中心法则中重要的一环，其上也存在许多化学修饰。

自 19 世纪中叶以来，科学家在各类生物中发现了超过 140 种 RNA 转录后修饰。这些修饰广泛分布于各种类型的 RNA 中，如信使 RNA（message RNA，mRNA）、转运 RNA （transfer RNA，tRNA）、核糖体 RNA（ribosomal RNA，rRNA）、核小 RNA（small nuclear RNA，snRNA）、核仁小 RNA（small nucleolar RNA，snoRNA）、微小 RNA（microRNA，miRNA）、长链非编码 RNA（long non-coding RNA，lncRNA）等。

RNA 修饰有很多不同的类型，它们的含量和功能皆存在很大差异。RNA 核苷上的甲基化修饰是 RNA 修饰的主要形式之一，约占 RNA 修饰总量的 2/3。RNA 甲基化修饰主要发生在碱基基团的氮原子、碳原子，以及核糖 2′-OH 的氧原子等位置上。在古细菌、细菌和真核生物中普遍存在的甲基化修饰包括 6-甲基腺嘌呤、6, 6-二甲基腺嘌呤、1-甲基腺嘌呤、5-甲基胞嘧啶、1-甲基鸟嘌呤、7-甲基鸟嘌呤、5-甲基尿嘧啶、2-氧甲基鸟嘌呤、2-氧甲基胞嘧啶、2-氧甲基尿嘧啶等[17]（图 19.2）。

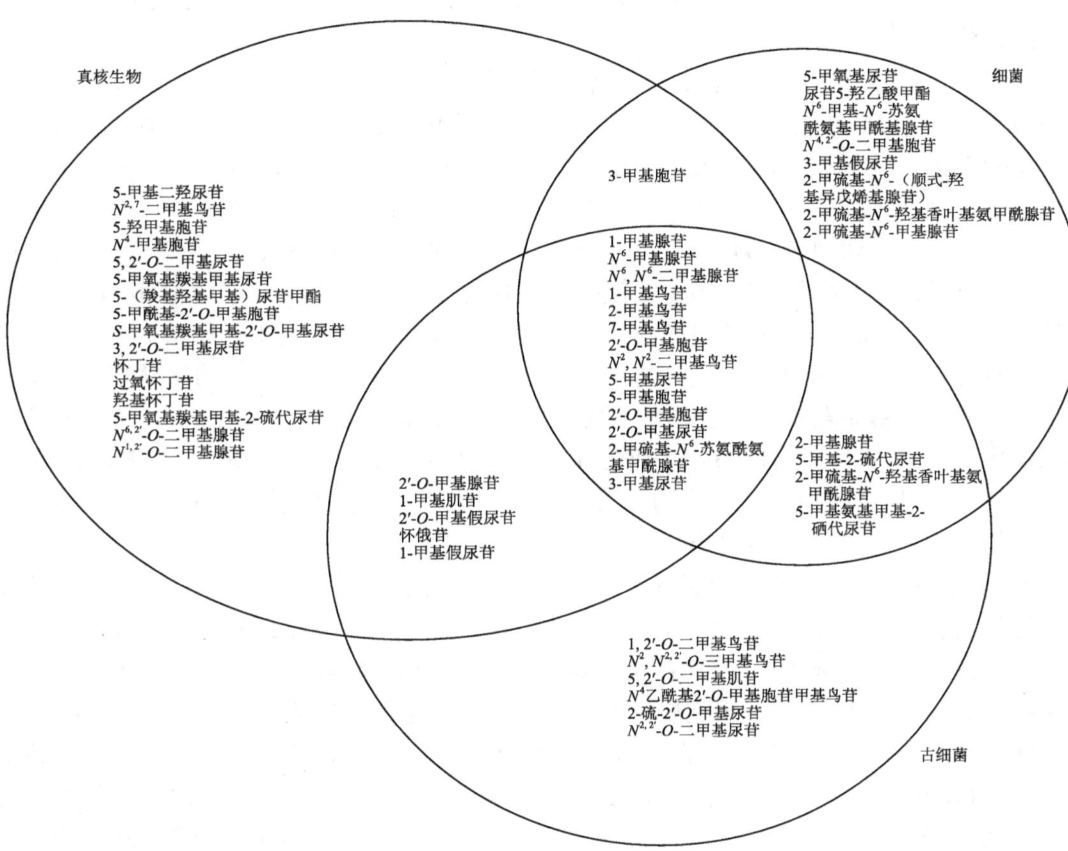


图 19.2　RNA 上所有已知的甲基化修饰类型在古细菌、细菌和真核生物中的分布

在哺乳动物的 RNA 中，$m^6A$ 占腺苷总量的 0.1%～0.4%（即平均每个 mRNA 有 3～5 个 $m^6A$ 位点）。它存在于 mRNA 的 5-非翻译区、编码区、3-非翻译区和前体 mRNA 的内含子，以及一些非编码 RNA 和 miRNA 中，是 mRNA 上最为广泛的修饰形式[19, 20]。

早期人们认为 RNA 上的甲基化修饰只是静态的修饰，现在已经发现有三类影响 $m^6A$ 的蛋白质，分别是甲基转移酶类（writer）、去甲基化酶类（eraser）和甲基结合蛋白类（reader），确定了 $m^6A$ 是一种可逆的动态修饰，具有生物学功能。

1994 年，Bokar 等从 HeLa 细胞体外甲基化系统中得到核提取物，对 $m^6A$ 的甲基转移酶复合物纯化，发现其由 3 个大小不同的独立组分组成，其中一个组分包含了带有 S-腺苷基甲硫氨酸（S-adenosyl metnionine，SAM）结合位点的亚基甲基转移酶样 3（methyltransferase like 3，METTL3）。从酵母菌到人类的真核生物中，METTL3 是高度保守的[18]。此外，研究者发现在甲基转移酶样 14（methyltransferase like 14，METTL14）敲除的 HeLa 细胞系中，$m^6A$ 存在显著的降低，且 METTL14 与 METTL3 能形成稳定的异源二聚体[7]。多种证据表明，METTL14 是 $m^6A$ 甲基转移酶复合物的另一蛋白。肾母细胞瘤相关蛋白（WT1 associated protein，WTAP）最初被认为是 1 类肾母细胞瘤（WT1）蛋白的剪切因子，对真核细胞生长和分化有重要影响。而在 WTAP 敲除的 HeLa 细胞系和 293T 细胞系中，$m^6A$ 的总水平显著下降。随后体外的生化验证确定了 WTAP 也是 $m^6A$ 甲基转移酶的组分之一[21]。

分子和生化层面的一系列实验，确定了 $m^6A$ 甲基转移酶复合物是由 METTL3、METTL14 及 WTAP 共同组成的，它能够在 RNA 中催化形成 $m^6A$，发挥重要的生物学作用。

作为人源 ALKB 双加氧酶蛋白家族成员，α-酮戊二酸依赖性双加氧酶（FTO）最初被发现于一种融合脚趾突变小鼠体内，后被证实与人的肥胖和能量稳态有关[19, 20]。2011 年，芝加哥大学的何川课题组发现 FTO 能在体外作用于含 $m^6A$ 的 RNA；将 FTO 基因敲除或过表达，会使得 mRNA 中 $m^6A$ 含量显著升高或降低；在细胞内 FTO 定位在核散斑处[22, 23]。根据以上结果，推测 FTO 的主要底物是 mRNA 上的 $m^6A$，并将其甲基化擦除。这一发现不仅为研究 FTO 的致病机制指明了方向，更重要的是首次发现了 RNA 的化学修饰是动态可逆的，开启了新的表观遗传学研究领域——RNA 表观转录组学。2012 年，研究人员对 ALKB 家族中的 9 种蛋白同系物均进行了去甲基化功能的研究，发现了 ALKBH5 也具有对 $m^6A$ 去甲基化的功能[24]。这两种目前已知的去甲基化酶在不同组织的表达有差异，也许生物体内还有其他未知的 $m^6A$ 去甲基化酶存在。

RNA 上的 $m^6A$ 除了具有可逆的特性，还存在特定的 $m^6A$ 甲基结合蛋白与之结合并发挥生物学功能（图 19.3）。以色列特拉维夫大学的 Dan 等用 RNA 亲和层析法发现了几个 $m^6A$ 结合蛋白质，其都属于 YTH 结构域家族（YTH domain family，YTHDF）[25]。接着，用免疫学实验方法确定了 3 种胞质中的 YTH 结构域家族蛋白质 YTHDF1、YTHDF2、YTHDF3，其是哺乳动物细胞中的选择性 $m^6A$ 结合蛋白[25, 26]。2014 年，何川课题组首次证实了 YTHDF2 是 $m^6A$ 结合蛋白，且在 mRNA 降解的过程中发挥作用。这项工作表明可逆的 $m^6A$ 修饰能被选择性结合蛋白识别，以影响 mRNA 的翻译状态和寿命，从而确定了 $m^6A$ 具有重要的生理学意义[27]。而后，YTHDF1 被报道可促进 $m^6A$ 修饰的 mRNA 分子的核糖体加载，并且通过与翻译起始因子相互作用促进靶 mRNA 的翻译[31]。YTHDF3 被发现与 YTHDF1 和 YTHDF2 有相互作用，可增强 YTHDF1 和 YTHDF2 对底物 $m^6A$-mRNA 的结合，从而促进 $m^6A$-mRNA 的翻译和降解[28, 29]。YTHDC1、YTHDC2 和 HNRNP 家族成员 HNRNPA2B1 也被证实可以结合 $m^6A$ 修饰的 RNA 并发挥生物学功能[30-33]。其他可能存在的 $m^6A$ 结合蛋白也在探索发现中。

$m^6A$ 修饰酶和去甲基化酶的发现，证明了 RNA 修饰同 DNA 甲基化修饰一样是动态可逆的，从而将 RNA 修饰由微调控机制提升到表观转录组的新层次。此外，RNA 中其他

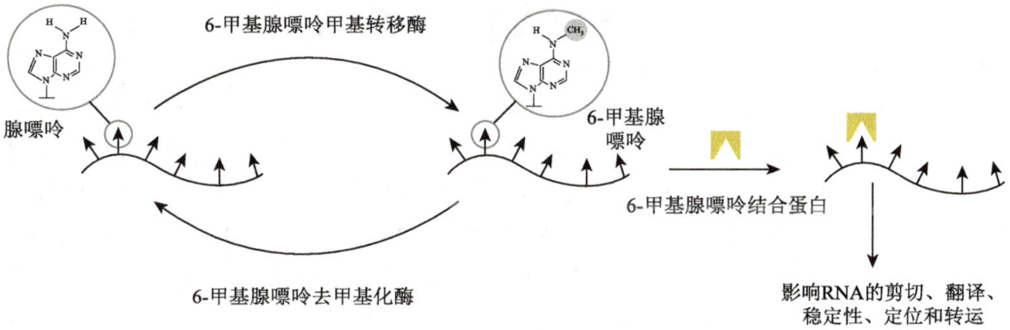


图 19.3　$m^6A$ 甲基转移酶、去甲基化酶和结合蛋白的作用

较为普遍的修饰，如 $m^5C$、$m^1A$ 和 ψ 的相关研究，也在推进着表观转录组学领域的发展。RNA 化学修饰介导的表观转录组学调控和功能已成为 RNA 生物学新的研究领域，也是表观遗传研究领域的新热点之一，得到了科学家们广泛而高度的关注[34-36]。

核酸修饰相关的功能与机制研究离不开检测技术，因此建立和发展新颖核酸修饰的化学标记与检测技术，对于揭示核酸动态修饰的调控机制及作用规律来说至关重要。研究核酸修饰的常用策略包括：①利用小分子化合物或者酶促反应对核酸修饰进行特异性化学标记，结合高通量测序技术及计算生物学等手段，实现对核酸修饰的富集、鉴定与动态功能组学分析；②针对核酸动态修饰的时空特异性，开发新颖的小分子探针，在细胞乃至活体水平上对其进行精准探测和高分辨率成像，阐述动态修饰发生的空间位置、时间节点和分子识别模式；③通过对相关的修饰酶、去修饰酶和读码器等蛋白设计突变体或进行人为化学修饰，深入研究核酸动态化学修饰对细胞性状的作用规律，并揭示其调控异常导致疾病发生的分子机制。在过去的十几年内，研究人员通过综合运用这些技术策略，成功解决了核酸修饰领域内多个重大的生物学问题，大大拓宽了人们对表观遗传学调控的理解与认识[37-41]。

除了表观遗传学领域的核酸修饰研究以外，研究生物调控功能（寡或环）核苷酸的修饰也是备受关注的热点领域之一。寡核酸药物相对于传统的小分子药物及蛋白药物具有高效高特异性、合成简单、靶标范围广泛、先导结构易于优化等诸多优势。干扰 RNA（siRNA、dsRNA）和反义核酸及酶性核酸在转录后水平调控基因沉默，实现特异性下调相关基因及蛋白的表达水平，具有广阔的应用前景，在基因组学及基因治疗等领域应用广泛[42, 43]。

然而核酸分子量较大、亲水性强、高负电性等固有性质严重影响了核酸药物的药代动力学性质，导致寡核苷酸药物难以在体内有效发挥其生物作用。很多 siRNA 通过修饰（包括端基缀合物）一定程度地提高了稳定性，甚至靶基因沉默活性。siRNA 的正义链在细胞内可能导致明显的脱靶效应，同时其双链结构是造成免疫原性的重要原因，如 dsRNA 依赖性蛋白激酶（PKR）及 Toll 样受体（TLR3、TLR7、TLR8）等，均可以识别不同结构的 dsRNA 并激活机体非特异性免疫应答反应。高效的载体递送也是改善寡核苷酸药物药代动力学性质的常用方法之一，其中阳离子脂质载体是经常使用的运载工具，近年出现的所谓中性脂质载体均为季铵盐结构，其通过电性作用与负电性核酸相互结合形成一定结构的纳米颗粒，通过细胞的内吞或内噬作用进入细胞并发挥沉默活性作用[44-46]。但至今多种载体运送 siRNA 及其修饰物体系仍多在临床 I / II 期阶段，极个别在临床III期阶段，十几年来仅有一例最近获批临床使用。已有化学修饰的反义核酸 6 例批准为临床用药，均作为孤儿药，无载体局部给药。

核酸适配体（aptamer）是一段寡聚（脱氧）核糖核苷酸，可以自身或在靶标诱导下形成特定三维结构，与靶标分子高特异性、高亲和力结合，主要通过指数富集的配基进化系统（SELEX）筛选得到，往往序列较长，亲和力不高。其与靶标结合区域的特异性构象取决于天然(脱氧)核糖、磷酸骨架结构，以及靶标分子的诱导作用。锁核苷(LNA)、开环核苷(UNA)、肽核苷（PNA）、2′-甲氧基核苷、2′-氟代核苷、硫代碱基、磷硫骨架等是主要的修饰核酸适配体方法。目前只有一例临床局部用药，用于治疗老年视网膜黄斑病变[47-49]。

本章中重点介绍国内核酸药物的异核苷修饰、肽缀合及中性核苷脂材包载研究策略，如图 19.4 所示。研究生物调控功能（寡或环）核苷酸的修饰，利用 D-/L-异核苷/2′-O-MOE/磷硫烷基化修饰寡核苷酸或肽-核苷酸缀合物，进行其靶标结合模式和作用机制研究；构建寡核苷酸修饰物或缀合物靶向制剂，开展其体内分布代谢和跨膜机制及胞内定位代谢研究；发展中性核苷脂材（DNCA）包载体系的酶稳定性和有效作用浓度、细胞跨膜途径和胞内分布代谢，研究活性及稳定性提高的修饰物结构基础，确定先导结构及 DNCA 等载体制剂组分及制备工艺，可以为功能寡核苷酸更好地作为工具分子开展化学生物学研究及其成药性提高奠定基础。

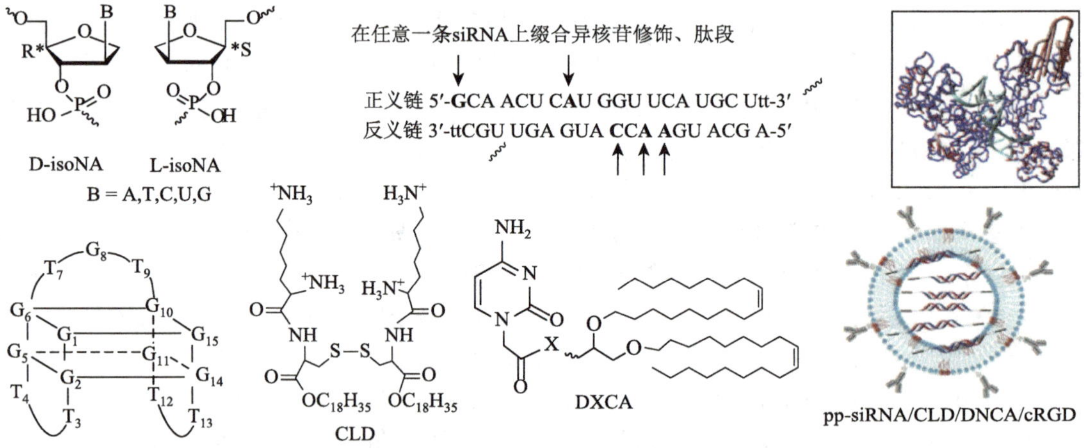


图 19.4　核酸药物的异核苷修饰、肽缀合及中性核苷脂材包载研究策略

## 19.2　研究进展与成果

核酸的化学修饰，尤其是基因组及转录组中具有表观遗传功能的核酸修饰，对基因的表达、细胞命运的决定及个体发育等过程均起到关键的调控作用。正因为动态可逆的核酸化学修饰在生命过程中发挥着十分重要的作用，核酸修饰相关的研究一直以来也是生命科学与医学领域的一个热点。无论对于基础的表观遗传学研究，还是对于包括癌症在内的多种临床疾病的早期诊断，检测生物学样品中相应核酸修饰的含量与分布情况都有极其重要的意义。近几年，国内的科研工作者开发出了许多利用小分子化合物来检测核酸修饰的新技术，这些

技术成果不仅受到了国际同行的广泛认可，也极大地促进了相关领域的蓬勃发展。

### 19.2.1　DNA 中胞嘧啶衍生物的检测技术

对于 5mC 的检测，目前业界广泛使用的方法是亚硫酸氢钠测序[50, 51]。在亚硫酸氢钠处理条件下，胞嘧啶会很快脱氨变成尿嘧啶（U），而 5mC 脱氨转化成胸腺嘧啶（T）的速率却远远低于前者[52]。因此利用二者反应速率上的差异，在处理后进行聚合酶链式反应（PCR）扩增就能准确区分 C 与 5mC。然而，该方法同时存在操作烦琐、成本高昂及 DNA 降解严重等缺点，因此越来越多的研究人员开始寻求更加方便快捷的方法来实现对 5mC 的检测。利用 5mC 和 C 的嘧啶环上双键的亲核性及空间位阻的差异，武汉大学周翔课题组设计了 *N*-氯代-硝基苯磺酰胺钠盐及 *N*-溴代-硝基苯磺酰胺钠盐两种化合物，这两种化合物均可与胞嘧啶反应，但只有后者可以同时进攻 5mC 和 C[53]。利用这种亲核进攻的差异性，结合聚丙烯酰胺凝胶电泳实验，就可以准确地检测 DNA 序列中 5mC 的数量和分布。与传统的亚硫酸氢钠法相比，该方法具有操作简便、成本低廉及毒性低等特点，为 5mC 的快速检测提供了一种可靠的方法。

5hmC 在 Tet 蛋白介导的 5mC 氧化过程中扮演着重要角色，其分布和含量已经开始被作为多种癌症疾病早期诊断的标记物[53, 54]。2012 年，芝加哥大学的何川教授课题组与剑桥大学的 Shankar Balasubramanian 课题组分别开发了在全基因组范围内单碱基分辨率水平检测 5hmC 的方法 TAB-seq[55]和 oxBS-seq[56]。这两种技术均结合了亚硫酸氢钠测序法，目前仍是 5hmC 检测的主流方法。然而，这两种方法或者需要 TET 酶的催化，或者需要 $KRuO_4$ 重金属离子的作用，因此存在成本过高、操作烦琐及重金属毒性等问题。针对这些局限性，武汉大学周翔课题组设计了一类带有苯甲醛结构的荧光探针，这些探针可以选择性地与 5hmC 反应生成 1, 3-*O*, *N*-杂环结构的化合物，从而实现对 5hmC 的标记与成像[57]。该方法还具有廉价易得、操作方便、毒性低和选择性高等优点，为用化学手段解决 5hmC 检测的问题提供了一种崭新的思路。此外，周翔课题组还利用 $KRuO_4$ 特异性氧化 5hmC 到 5fC 的特性，通过加入羟胺类荧光探针对氧化形成的 5-醛基胞嘧啶进行标记，最后结合阳离子共轭聚合物的 FRET 效应，设计出了一种能够在基因组 DNA 中定量检测 5hmC 含量的方法[58]。该方法能够成功检测出实际样品中基因组 DNA 中 5hmC 的含量，为基因组 DNA 中 5hmC 分布的定量检测提供了一种简便的新方法。

5fC 已被发现存在于多种细胞及器官中，但是它的含量仅为胞嘧啶的 0.02%～0.2%[8, 59]，因此需要开发高度选择性和特异性的方法，才能实现对这种胞嘧啶衍生物的检测。此外，由于 5fC 可以形成分子内氢键，其醛基的反应活性较普通醛基要低，这种惰性使得 5fC 的标记也变得更加困难。由于氨基可以与醛基反应生成席夫碱，武汉大学周翔课题组首先通过一系列研究发现烷基链上的氨基对 5fC 有非常高的反应活性，而与芳香环直接相连的氨基很难与 5fC 发生反应[60]。基于此，它们设计了一系列高反应活性的氨基荧光类化合物，这些化合物可以对 DNA 链上的 5fC 进行荧光标记，从而实现了对 5fC 的特异性检测。该反应在室温下即可进行，不需要任何催化剂且具有很高的产率。此外，周翔课题组还设计了一类羟胺荧光化合物用于 5fC 的特异性标记，并成功将这些探针应用于小鼠胚胎干细胞中 5fC 的检测[61]。这些氨基或羟胺类探针对 5fC 的标记具有很高的活性与选择性，同时荧光检测的手段也具有简便易行和灵敏度高的特点。除了上述荧光标记与检测技术，基因组范围内检测 5-醛基胞嘧啶分布模式的方法一直以来也是国际上的研究热点。基于小分子标记、酶促反应标记或者抗体识别的技术实现了对 5fC 的特异性富集[62-64]，但这些方法检测的分辨率非常有限。尽管也有单碱基分辨率检测 5fC 的技术被报道[64-67]，但是这些技术基于亚硫酸氢钠处理，因此会造成非常严重的 DNA 降解；另外，没有对含有 5fC 的 DNA 进行富集，使得全基因组范围的 5fC 检测需要很高的测序深度，大大增加了研究的成本。2015 年，北京大学伊成器课题组报道了一种在全基因组范围内单碱基分辨率水平检测 5fC 的测序技术 fC-CET[68]。研究人员首先根据 Friedländer 反应的机理设计了特异性标记 5fC 的小分子化合物叠氮-1, 3-茚二酮，该化合物能够与 5fC 发生分子内成环反应，并在 PCR 过程中实现由 C 到 T 的信号转变（图 19.5）。此外，带有标记产物的 DNA 后续可以通过 Click 反应进行富集，从而大大降低了测序成本。通过 fC-CET 对小鼠胚胎干细胞（mESC）的基因组 DNA 进行测序，研究人员首次揭示了全基因组范围内 5fC 的

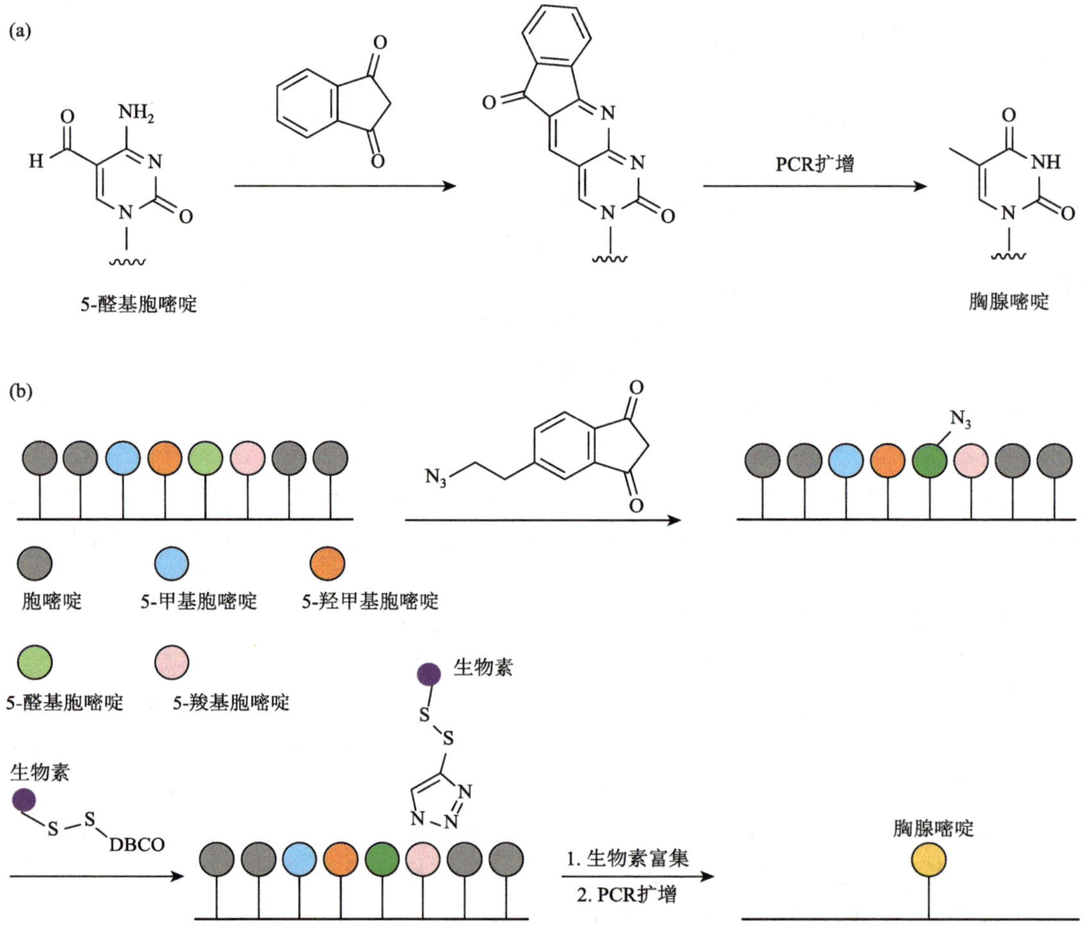


图 19.5　fC-CET 的原理。(a) 使用化合物 1, 3-茚二酮标记 5fC，通过 PCR 反应实现 C-T 转变；(b) 1, 3-茚二酮的叠氮衍生物介导对含有 5fC DNA 片段的特异性标记与富集

单碱基分辨率分布图谱，并发现 5-醛基胞嘧啶很可能作为一个比 5fC 更加活跃的标记物出现在基因组上。该反应的条件非常温和，不会造成任何的 DNA 降解，克服了之前测序技术依赖于亚硫酸氢盐处理的弊端。基于该反应的上述优点，北京大学的伊成器课题组进一步利用另一种小分子化合物丙二腈实现了单细胞内 5fC 的标记与检测，并开发了相应的测序方法 CLEVER-seq[69]。丙二腈的水溶性非常好，这使得标记反应能够应用到极小量的样品中；标记反应同时具有很好的生物兼容性，不需要额外的纯化步骤，且标记产物不会阻碍 DNA 聚合酶的复制。研究人员利用 CLEVER-seq 对小鼠各个时期的早期胚胎进行了单细胞测序，揭示了胚胎发育不同阶段细胞 5fC 图谱的动态变化和异质性。此外，结合单细胞转录组的测序数据，他们进一步诠释了 5fC 的产生与转录的时空顺序，并首次发现基因启动子区域 5fC 的产生要早于对应基因表达的上调。

### 19.2.2　RNA 修饰检测技术

将免疫沉淀（immunoprecipitation，IP）技术和高通量测序技术结合起来研究 RNA/DNA 和蛋白质相互作用的技术称为免疫沉淀测序（immunoprecipitation sequencing，IP-Seq）技术，其中 ChIP-Seq、RIP-Seq、CLIP、PAR-CLIP 等技术的发展已十分成熟并被广泛使用。对于有 IP 级别抗体的 RNA 修饰，可以类似地开发其 IP-Seq 方法。目前有分别针对 $m^6A$ 的 MeRIP-Seq、$m^6A$-Seq、PA-$m^6A$-Seq 和 miCLIP 等技术，也有针对 $m^1A$ 的 $m^1A$-Seq 和 $m^1A$-ID-Seq 技术。

但是对于很多种修饰，目前并没有比较好的 IP 级别的特异性抗体，这时就需要利用化学手段进行区分和测序，假尿嘧啶就是其中之一。目前已有直接利用 CMC 标记进而测序的方法：Psi-Seq、Pseudo-Seq 和 ψ-Seq，以及最新的利用 CMC 衍生物进行测序的方法 CeU-Seq（CMC-enriched pseudouridine sequencing）。

1. $m^6A$ 测序技术

为进一步了解 $m^6A$ 的功能和意义，首先需要清楚其在 RNA 上的分布。由于 RNA 中 $m^6A$ 修饰并不改变原有碱基序列，也不会影响碱基互补配对，一直以来缺乏有效而直接的手段对其定位，因此 $m^6A$ 的全基因组分布的测定一直是个难题。2012 年，研究人员利用免疫沉淀与高通量测序技术相结合，开发了 $m^6A$-Seq 和 MeRIP-Seq 两项技术，成功以 100～200nt 的分辨率对 mRNA 上的 $m^6A$ 全基因组水平的分布进行了测绘[25, 70]。

在这类技术中，只有含有 $m^6A$ 的片段能在 IP 后被拉下来。在生物信息分析时，通过与对照样本对比可以发现，$m^6A$ 附近区域有明显的富集峰。峰的宽度和片段的长度有关，通常在 100～200nt。由于 $m^6A$ 在碱基配对中与腺嘌呤一样，也是和胸腺嘧啶配对，所以只能通过已知的 $m^6A$ 的周围特异序列 RRACH（R 为嘌呤，H 为 A、C 或 U）对 $m^6A$ 修饰位置进行推测，当然一个峰可能对应不止一个 $m^6A$ 位点。因此，MeRIP-Seq 和 $m^6A$-Seq 技术在分辨率方面都有一定的局限性。2016 年，结合 PAR-CLIP 技术和传统的 $m^6A$-Seq 技术，芝加哥大学何川团队创新性地开发了高分辨率的紫外交联辅助的 $m^6A$ 测序技术 PA-$m^6A$-Seq（photo-crosslinking-assisted $m^6A$-sequencing）。在 PAR-CLIP 技术中，首先用具有光活性的核糖核苷类似物 4-硫尿苷（4-thiouridine，4SU）处理细胞，新生成的 mRNA 上会掺入这些类似物，然后用特定波长的紫外线照射细胞后，这些类似物会被诱导与 RNA 结合蛋白上位置邻近的核苷酸发生交联，这种交联会产生 T→C 的碱基突变，从而可以精确地确定 RNA 与蛋白的作用位点[71]。PA-m$^6$A-Seq 技术受 PAR-CLIP 技术启发，利用了 4SU 交联后会产生突变的特性。在生物信息分析时，人们可以根据富集峰中是否存在 T→C 的突变来去除假阳性。此外，交联后 RNA 酶 T1 的高效切割使得 PA-m$^6$A-Seq 可以达到约 23nt 的分辨精度，基本实现了 m$^6$A 位点的精确定位，相较于之前的技术，可以更精确地找到更多的 m$^6$A 位点。

PA-m$^6$A-Seq 技术大大提高了测序精度，但还不能达到单碱基分辨率的要求。为了实现单碱基分辨率的目标，研究人员又利用高特异性的 m$^6$A 抗体，开发出了单碱基分辨率的 m$^6$A 测序方法——甲基化的单碱基分辨率的交联和免疫沉淀方法（miCLIP，methylation individual-nucleotide-resolution crosslinking and immunoprecipitation）和 m$^6$A-iCLIP[72, 73]。

在 iCLIP 技术中，紫外交联后共价结合在碱基上的氨基酸残基可以导致反转录终止。基于该特点，研究人员猜测 m$^6$A 抗体在紫外交联后也可以产生类似的效应，从而可以作为特异识别标记用来确定 m$^6$A 的位点。因此，研究人员首先构建了含有单个 m$^6$A 修饰位点的模式 RNA 序列，再用几种不同的商业化 m$^6$A 抗体进行 IP 测试。筛选到合适的抗体之后，再对真实 mRNA 样品进行处理和文库构建。生物信息学的分析显示，这种方法可以准确地得到 m$^6$A 的位置信息，从而实现了单碱基分辨率。这一研究思路为其他有高特异性抗体的核酸修饰提供了单碱基分辨率测序方法的参考。

### 2. m$^1$A 测序技术

m$^1$A 很早就被发现存在于 tRNA 的第 9 位和第 58 位及 rRNA 上，后来人们才证实 mRNA 上也有 m$^1$A 修饰。早期，研究人员利用商业化的 m$^1$A 特异性抗体，开发出了低分辨率的 m$^1$A-Seq 和 m$^1$A-ID-Seq 技术。m$^1$A-Seq 和 m$^1$A-ID-Seq 的基本原理都是先利用特异性的抗体对含有 m$^1$A 的片段进行富集，然后再建库测序[74, 75]。m$^1$A 在碱基互补配对过程中会导致 A→T 的碱基错配，同时有一定的可能性使反转录酶停在其 3′末端后一位碱基处，这使得在直接 IP 测序组得到的一个峰的中间部分相对于两边较低，可作为判断 m$^1$A 修饰位点的特征。同时，在 m$^1$A-Seq 中，研究人员利用碱性条件下 m$^1$A 会发生 Dimroth 重排反应，将其转变为不影响碱基配对的形式；在 m$^1$A-ID-Seq 中，研究人员利用了一个去甲基化酶，使得 m$^1$A 去甲基化转变为正常的 A。两种方法的基本思路相同，都是通过将 m$^1$A 进行转变，降低或消除其对碱基配对和反转录的影响，从而可以在生物信息分析的过程中与未经处理的 IP 测序组进行对比，减少假阳性信号，提高测序的可靠性。但是，上述两种测序方法都没有做到单碱基分辨率，检测精度在 50～200nt。

2017 年，研究人员又开发了单碱基分辨率的新 m$^1$A-Seq 和 m$^1$A-MAP 技术[76, 77]。两种技术对反转录条件做了调整，使用了 TGIRT 反转录酶，使互补 DNA（cDNA）更多地在 m$^1$A 处产生碱基错配。通过分析高通量测序数据中的碱基错配信息，即可找到 m$^1$A 修饰位点。新 m$^1$A-Seq 利用 Dimroth 重排这一化学反应实现了 m$^1$A 的去甲基化，而 m$^1$A-MAP 用去甲基化酶 AlkB 介导的酶促反应实现了 m$^1$A 的去甲基化。相比之下，酶促反应的去甲基化效率更高，同时反应条件也更加温和，减少了 RNA 的降解。此外，两者在 IP 后回收

RNA 的方法也不相同，新 $m^1A$-Seq 方法洗脱回收所有的 RNA，$m^1A$-MAP 方法用 $m^1A$ 单核苷竞争洗脱 RNA，因此后者回收得到的 RNA 的信噪比更高。同时，$m^1A$-MAP 方法在测序接头中引入了 10 个随机序列，用该随机序列去除 PCR 扩增造成的重复；新 $m^1A$-Seq 方法直接根据比对结果去除 PCR 重复。两者相比，$m^1A$-MAP 去重方法的特异性和准确度更高。上述重要技术环节不同，使得 $m^1A$-MAP 更为灵敏，且鉴定到了更多的 $m^1A$ 位点。

3. 假尿嘧啶的测序技术

假尿嘧啶是目前已知的在总 RNA 中含量最多的化学修饰。假尿嘧啶的化学性质和尿嘧啶接近，都与腺嘌呤配对；而且目前没有 IP 级别的抗体，因此只能利用化学手段进行区分和测序。化合物 CMC［1-环己基-2-(吗啉乙基)碳二亚胺，cyclohexyl-*N'*-(2-morpholinoethyl)-carbod ii mide］和尿嘧啶、假尿嘧啶及鸟嘌呤都可以发生反应，但在经过碱性条件（pH = 10.4）处理之后，只有假尿嘧啶的 3 号氮原子（N3）和 CMC 的反应产物会得到保留。由于 N3 位在沃森-克里克碱基配对面，CMC 的加成会阻止碱基配对，导致在反转录过程中反转录酶停在假尿嘧啶的 3′末端，产生截短的 cDNA 片段。利用 CMC 的特异性反应，结合高通量测序手段，近年来出现了多种假尿嘧啶单碱基分辨率的全转录组高通量测序方法，包括 Psi-Seq、Pseudo-Seq、ψ-Seq 和 CeU-Seq[78-81]。

Psi-Seq、Pseudo-Seq 和 ψ-Seq 方法测序之前没有特异性的富集过程，因此对于修饰比例较低或者表达量较低的转录本上的位点，不能够很好地进行区分，而且测序背景也比较高，可能会引入一些假阳性位点。在最新的 CeU-Seq 方法中，科学家利用点击化学反应改造出 CMC 衍生物，生成 ψ-CMC-生物素的反应产物，可以对 mRNA 片段进行免疫共沉淀富集[79]。该处理实现了对含有假尿嘧啶片段的提前富集，很好地解决了上述问题，为深入研究假嘧啶的生物学功能提供了更为强大的工具。

除了上述几种修饰，针对 RNA 上的 5mC 修饰和次黄嘌呤核苷（inosine，I）修饰，也分别发展出了不同的测序方法。利用这些方法，深入解析 RNA 修饰分布特征和规律，揭示不同生理条件下不同表观转录组学修饰的动态变化，对于人们研究其生物学功能有着重要的指导意义。

### 19.2.3　生物调控功能（寡或环）核苷酸的修饰研究

寡核酸药物相对于传统的小分子药物及蛋白药物均具有高效高特异性、合成简单、靶标范围广泛、先导结构易于优化等诸多优势。干扰 RNA（siRNA、dsRNA）和反义核酸及酶性核酸在转录后水平调控基因沉默，实现特异性下调相关基因及蛋白的表达水平，具有广阔的应用前景，在基因组学以及基因治疗等领域应用广泛。

1. 干扰 RNA（siRNA）和脱氧核酶（DNAzyme）修饰中的化学生物学研究

北京大学的杨振军课题组利用异核苷（D-/L-isoNA，一类碱基位移至 2′位的脱氧核苷酸类似物）修饰 siRNA，发现修饰正义链可提高或保持靶基因沉默活性，同时降低正义链引起的脱靶效应；反义链除了第 5 位外大部分位点 D-异核苷修饰的 siRNA 沉默活性保持；

反义链大部分位点 L-异核苷修饰活性明显降低，而第 5 位只是略有降低[82]；5′末端异核苷修饰，会影响 siRNA 与 Ago2 蛋白的结合，明显降低修饰链的沉默活性，一定程度提高未修饰链的沉默活性，即影响 siRNA 形成 RISC 的链选择性[83]；验证了核酶降解 siRNA 的区域选择性，发现正义链 3′端附近区域异核苷修饰、磷硫代和 3′-肽缀合等，能有效提高 siRNA 血清稳定性[84]。利用分子动力学模拟、酶切动力学及 X 射线晶体衍射等技术，证明了正义链 8 位 D-异核苷修饰，可促进 siRNA 的义链裂解离去，加速活性 RISC 复合体的形成，从而提高 siRNA 的沉默活性[85]。发现 D-isoNA 修饰反义链第 8 位普遍使 siRNA 活性提高或保持，修饰某些序列反义链第 7 位、第 10 位活性也有所提高[85]。2′-甲氧乙基修饰反义链的第 9 位及第 10 位，可以明显抑制正义链的脱靶效应[86]。以上研究结果表明，Ago 2 蛋白对 siRNA 各位点局部构象的要求不同，形成 RISC 复合体时主导链各位点（特别是种子区）核苷构象对靶基因识别及沉默的重要性明显不同。

对脱氧核酶的催化中心和识别区域进行了系统的 D-/L-异核苷修饰，A15 位 D-异核苷和 T8 位 L-异核苷修饰可显著提高其催化水解靶标 RNA 的效率。

2. 干扰 RNA（siRNA）制剂体系优化中的化学生物学研究

杨振军课题组设计合成了以胱氨酸为骨架的 gemini-like 阳离子脂材 CLD，证明其可以安全有效地递送 siRNA[87]。进一步证实了 CLD 中二硫键能够被胞内还原性物质降解，形成单链结构并具有较高的胞内体膜融合作用，增加 siRNA 溶酶体的逃逸。发现正义链 3′末端肽缀合明显提高了 siRNA 的酶稳定性，且对靶基因沉默活性有一定提高，而反义链 3′末端肽缀合物活性略有降低。通过结合自由能计算，证明了 siRNA 双链两端的热力学稳定性差异是影响核酶进攻链选择性的主要因素[88]。以黑色素瘤为疾病模型，发现 3′, 3″-双肽-siRNA（pp-siRNA）缀合物/Lipo 对靶基因的沉默作用时效延长，体内代谢肝脏中分布相对较多。双-3′-肽-siRNA 缀合物能够提高 siRNA 的酶稳定性并延长作用时间，较低浓度阳离子脂质载体（CLD）能够与其双重结合而实现跨膜吸收和胞内释放[89]。利用 CLD 包载 pp-siRNA，除静电吸附外，肽与 CLD 的疏水尾链发生额外的非极性“扦插/锚定”作用而形成相对致密的纳米颗粒。pp-siRNA/CLD 依赖小窝蛋白介导内吞和巨胞饮途径进入细胞的比例要显著高于 siRNA/CLD，MT 法制剂依赖巨胞饮途径内吞入胞的比例显著高于 AT 法制剂，从而明显避免了 siRNA 制剂的主要以网格蛋白介导入胞，且最大限度地避开或降低了溶酶体的识别和降解；这使得该制剂能够较早地内化入胞，经酶解后释放出 siRNA，在较低浓度下高效沉默靶 mRNA 而有效地抑制黑色素瘤细胞的侵袭和转移[90, 91]。

3. 核酸适配体的修饰及制剂体系优化中的化学生物学研究

核酸适配体 AS1411 是 26nt 富 G 脱氧核苷酸的二聚体，具有 8 个 G4 平面，靶向核仁素（分子量约 110000）。杨振军课题组利用 D-/L-isoNA 和 2′-脱氧肌苷（2′-dI）进行修饰，获得了靶标结合力明显提高的双位点及三位点 AS1411 修饰物，其更加显著地抑制了肿瘤细胞的 DNA 复制，对乳腺癌 MCF-7 细胞增殖的抑制能力明显提高，可将更多比例细胞阻滞于 DNA 复制活跃的 S 期。更显著上调 4 个已报道的 MCF-7 乳腺癌细胞表达特异性下调的 miRNA，更显著下调 3 个已报道的乳腺癌肿瘤细胞组织表达特异性上调的 miRNA，均可以抑制解旋酶对双链的解旋作用，进而影响 DNA 复制过程。计算机模拟初步表明，修饰可以舒展 loop 区及第 24 位的邻近碱基，提高其与靶蛋白界面氨基酸残基的静电作用和氢键作用，增加了诱导契合的识别结合能力；显示一条链的第 6 位、第 12 位与另一条链的第 24 位，构成了其与核仁素及其他可能靶标发生结合作用的重要结构域；动物腹腔注射给药对乳腺癌移植瘤生长抑制作用与 AS1411 有明显差异（$p<0.05$）；对慢性髓性白血病细胞多药耐药基因抑制能力更强，可以恢复其药物敏感性，改善原位耐药白血病小鼠生存状态[92, 93]。以 D-/L-isoT 修饰凝血酶核酸适配体（TBA）loop 区，发现 3L-isoNA、7D-isoNA、9L-isoNA 和 12L-isoNA 修饰后，其热力学稳定性、G4 链体（包括凝血酶诱导）形成能力、目标蛋白结合力和体外抗凝能力都明显提高，特别是 12L 生物学性质提高更明显，其靶标结合力是天然 TBA 的 3 倍。计算机模拟发现其与凝血酶形成两个新的结合位点[94]。以上结果表明，以 D-/L-isoT 修饰调整核酸适配体局部构象是一种通用高效的修饰方法，具有非常重要的应用价值。

#### 4. 新型中性脂质载体的构建及其应用

杨振军课题组发现 5′-氨基-2′, 5′-双脱氧胸腺嘧啶核苷-3′-单磷酸甘油醚酯具有良好的跨膜能力，其可在水溶液中形成多层膜、水凝胶、超螺旋及囊泡等多种超分子结构，能够通过氢键作用及 π-π 堆积作用结合单链或双链 DNA，有望作为新型生物材料实现生物学应用[95]。发现呈电中性的新型核苷碱基脂质载体的核苷碱基以氢键或 π-π 堆积作用与寡核苷酸的碱基结合，实现了核酸适配体、反义寡核苷酸、单链 siRNA 及质粒 DNA 的有效包载和跨膜转运，其中以胞嘧啶为亲水头部的 DNCA 效果最好，其显著降低了 AS1411 及反义核酸的使用剂量，在核酸药物研究及基因编辑研究领域具有广阔的应用前景[96]。利用快速高效的寡核苷酸磷硫选择性烷基化修饰策略，以中性核苷碱基脂材为载体，对修饰和改造的凝血酶核酸适配体 TBA 进行了活性评价，发现烷基的引入和 loop 区的扩展改造，干扰了 TBA 抗凝 G-4 链体结构的形成，使得修饰物提高或保持抗肿瘤活性，并显著降低了抗凝作用，通过 loop 区域的多位点硫代修饰，获得了抗肿瘤活性显著提高的修饰物[97]。

## 19.3　讨论与展望

在过去的 20 年里，关于表观遗传调控的研究取得了重大的进展。核酸上的修饰是动态变化的，并且对高等真核生物的各个生理环节产生都有着至关重要的影响，这为更好地理解正常发育及人类重大疾病的治疗提供了重要的理论依据。深入解析核酸修饰的分布特征和规律，揭示不同生理条件下不同表观遗传学修饰的动态变化，可以更好地帮助人们理解和研究各类生物学现象和功能。

运用表观遗传学领域不断涌现的新的检测技术，我们能够更好地确定表观状态改变和基因表达改变之间的关系。但是，核酸上的表观遗传学的检测技术仍然存在一些瓶颈，对于技术的许多要求有待满足，例如，①定量要求：绝对定量某个位置上的修饰比例；②分辨率要求：准确定位单碱基，而不是检测峰的区域；③起始量要求：减少抗体富集步骤，使技术能运用到小量样品中甚至是单细胞层面；④样本要求：技术能灵活运用于组织样本的细胞中……目前来看，虽然新技术层出不穷，对于很多修饰，还没有任何一项技术能够全面地满足这些要求。但是，日益旺盛的修饰检测需求，终将促进更具有竞争力的测序技术出现。

除了对单个修饰的技术要求，同时检测多修饰也将会是热点之一。由于修饰性质的不同，若能用不同的方式将其标记或者富集，也许能够实现，难度在于具有特异性标记或富集修饰的过程。另外，随着第三代测序技术的出现，其测序性质也让直接的表观遗传学修饰检测成为可能。以 Pacbio Sequel 为例，该平台可以直接检测到甲基化信息，同步进行表观遗传学性别识别。其原理是，当碱基有额外修饰时 DNA 聚合酶的合成速度会减慢，对应的信号会被检测出来。每种碱基修饰事件都会使聚合酶的“停顿模式”产生微小差异，最终反映到荧光脉冲信号的间隔上。除了甲基化修饰，目前已确定还能检测 5-hC、5-hmU、5-hU、1-mA、6-mA、8-oxoA、BPDE、6-mT、6-mG 等碱基修饰，甚至可以鉴别传统亚硫酸氢盐测序法无法区分的甲基化修饰和羟甲基化修饰。随后，只需对测序数据选择合适的软件即可分析碱基修饰信息。当然，第三代测序的起始量大，成本较高，这些问题往往让人望而止步。如果第二代测序能够同时检测多种修饰会有更大的发展和应用空间。

正如德国哲学家莱布尼茨所言，天地间没有两片完全相同的树叶。在每个生命机体中，复杂的表观遗传体系使得即便是相同基因组的细胞也可以呈现不同的表观基因组、转录组，从而分化出不同的形态功能。表观遗传学相关的研究充满魅力，也许还有许多欠缺，但研究人员始终在路上，让我们可以期待未来与之相关的突破性探索。

本章作者：伊成器，杨振军，彭金英

北京大学

## 参 考 文 献

[1] Chen K，Zhao B S，He C. Nucleic acid modifications in regulation of gene expression. Cell Chem Biol，2016，23（1）：74-85.

[2] Fu Y，He C. Nucleic acid modifications with epigenetic significance. Curr Opin Chem Biol，2012，16（5-6）：516-524.

[3] Chen Y，Hong T，Wang S，et al. Epigenetic modification of nucleic acids：from basic studies to medical applications. Chem Soc Rev，2017，46（10）：2844-2872.

[4] Lande-Diner L，Zhang J，Ben-Porath I，et al. Role of DNA methylation in stable gene repression. J Biol Chem，2007，282（16）：12194-12200.

[5] Lander E S，Linton L M，Birren B，et al. Initial sequencing and analysis of the human genome. Nature，2001，409（6822）：860-921.

[6] Li E，Zhang Y. DNA methylation in mammals. Cold Spring Harb Perspect Biol，2014，6（5）：a019133.

[7] Tahiliani M，Koh K P，Shen Y，et al. Conversion of 5-methylcytosine to 5-hydroxymethylcytosine in mammalian DNA by MLL partner TET1. Science，2009，324（5929）：930-935.

[8] Ito S，Shen L，Dai Q，et al. Tet proteins can convert 5-methylcytosine to 5-formylcytosine and 5-carboxylcytosine. Science，2011，333（6047）：1300-1303.

[9] He Y F，Li B Z，Li Z，et al. Tet-mediated formation of 5-carboxylcytosine and its excision by TDG in mammalian DNA. Science，2011，333（6047）：1303-1307.

[10] Maiti A，Drohat A C. Thymine DNA glycosylase can rapidly excise 5-formylcytosine and 5-carboxylcytosine：potential

implications for active demethylation of CpG sites. J Biol Chem，2011，286（41）：35334-35338.

[11] Gu T P，Guo F，Yang H，et al. The role of Tet3 DNA dioxygenase in epigenetic reprogramming by oocytes. Nature，2011，477（7366）：606-610.

[12] Hu X，Zhang L，Mao S Q，et al. Tet and TDG mediate DNA demethylation essential for mesenchymal-to-epithelial transition in somatic cell reprogramming. Cell Stem Cell，2014，14（4）：512-522.

[13] Fu Y，Luo G Z，Chen K，et al. $N^6$-methyldeoxyadenosine marks active transcription start sites in chlamydomonas. Cell，2015，161（4）：879-892.

[14] Greer Eric L，Blanco Mario A，Gu L，et al. DNA methylation on $N^6$-adenine in C. elegans. Cell，2015，161（4）：868-878.

[15] Zhang G，Huang H，Liu D，et al. $N^6$-methyladenine DNA modification in drosophila. Cell，2015，161（4）：893-906.

[16] Heyn H，Esteller M. An adenine code for DNA：a second life for $N^6$-methyladenine. Cell，2015，161（4）：710-713.

[17] Motorin Y，Helm M. RNA nucleotide methylation. Wiley Interdiscip Rev RNA，2011，2（5）：611-631.

[18] Bokar J A，Rath-Shambaugh M E，Ludwiczak R，et al. Characterization and partial purification of mRNA $N^6$-adenosine methyltransferase from HeLa cell nuclei. Internal mRNA methylation requires a multisubunit complex. J Biol Chem，1994，269（26）：17697-17704.

[19] Dina C，Meyre D，Gallina S，et al. Variation in FTO contributes to childhood obesity and severe adult obesity. Nat Genet，2007，39（6）：724-726.

[20] Frayling T M，Timpson N J，Weedon M N，et al. A common variant in the FTO gene is associated with body mass index and predisposes to childhood and adult obesity. Science，2007，316（5826）：889-894.

[21] Liu J，Yue Y，Han D，et al. A METTL3-METTL14 complex mediates mammalian nuclear RNA $N^6$-adenosine methylation. Nat Chem Biol，2014，10（2）：93-95.

[22] Jia G，Fu Y，Zhao X，et al. $N^6$-methyladenosine in nuclear RNA is a major substrate of the obesity-associated FTO. Nat Chem Biol，2011，7（12）：885-887.

[23] Jia G，Yang C G，Yang S，et al. Oxidative demethylation of 3-methylthymine and 3-methyluracil in single-stranded DNA and RNA by mouse and human FTO. FEBS Lett，2008，582（23-24）：3313-3319.

[24] Zheng G，Dahl J A，Niu Y，et al. ALKBH5 is a mammalian RNA demethylase that impacts RNA metabolism and mouse fertility. Mol Cell，2013，49（1）：18-29.

[25] Dominissini D，Moshitch-Moshkovitz S，Schwartz S，et al. Topology of the human and mouse $m^6A$ RNA methylomes revealed by m6A-seq. Nature，2012，485（7397）：201-206.

[26] Wang X，Lu Z，Gomez A，et al. $N^6$-methyladenosine-dependent regulation of messenger RNA stability. Nature，2014，505（7481）：117-120.

[27] Wang X，He C. Reading RNA methylation codes through methyl-specific binding proteins. RNA Biol，2014，11（6）：669-672.

[28] Li A，Chen Y S，Ping X L，et al. Cytoplasmic $m^6A$ reader YTHDF3 promotes mRNA translation. Cell Res，2017，27（3）：444-447.

[29] Shi H，Wang X，Lu Z，et al. YTHDF3 facilitates translation and decay of $N^6$-methyladenosine-modified RNA. Cell Res，2017，27（3）：315-328.

[30] Alarcon C R，Goodarzi H，Lee H，et al. HNRNPA2B1 is a mediator of $m^6A$-dependent nuclear RNA processing events. Cell，2015，162（6）：1299-1308.

[31] Hsu P J，Zhu Y，Ma H，et al. Ythdc2 is an $N^6$-methyladenosine binding protein that regulates mammalian spermatogenesis. Cell Res，2017，27（9）：1115-1127.

[32] Roundtree I A，Luo G Z，Zhang Z，et al. YTHDC1 mediates nuclear export of $N^6$-methyladenosine methylated mRNAs. Elife，2017，6：e31311.

[33] Wojtas M N，Pandey R R，Mendel M，et al. Regulation of $m^6A$ Transcripts by the 3′→5′ RNA helicase YTHDC2 is essential for a successful meiotic program in the mammalian germline. Mol Cell，2017，68（2）：374-387.

[34] Alagia A，Eritja R. siRNA and RNAi optimization. Wiley Interdiscip Rev RNA，2016，7（3）：316-329.

[35] Alagia A，Terrazas M，Eritja R. RNA/aTNA chimeras：RNAi effects and nucleases resistance of single and double stranded RNAs. Molecules，2014，19（11）：17872-17896.

[36] Braasch D A，Jensen S，Liu Y H，et al. RNA interference in mammalian cells by chemically-modified RNA. Biochemistry-Us，2003，42（26）：7967-7975.

[37] Chak L L，Okamura K. Argonaute-dependent small RNAs derived from single-stranded，non-structured precursors. Front Genet，2014，5（5）：172.

[38] Fedorov Y，Anderson E M，Birmingham A，et al. Off-target effects by siRNA can induce toxic phenotype. RNA：a Publication of the RNA Society，2006，12（7）：1188-1196.

[39] Haringsma H J，Li J J，Soriano F，et al. mRNA knockdown by single strand RNA is improved by chemical modifications. Nucleic Acids Res，2012，40（9）：4125-4136.

[40] Hornung V，Guenthner-Biller M，Bourquin C，et al. Sequence-specific potent induction of IFN-alpha by short interfering RNA in plasmacytoid dendritic cells through TLR7. Nat Med，2005，11（3）：263-270.

[41] Lima W F，Prakash T P，Murray H M，et al. Single-stranded siRNAs activate RNAi in animals. Cell，2012，150（5）：883-894.

[42] Schultheis B，Strumberg D，Santel A，et al. First-in-human phase I study of the liposomal RNA interference therapeutic Atu027 in patients with advanced solid tumors. J Clin Oncol，2014，32（36）：4141-4148.

[43] Theodoraki M N，Yerneni S，Sarkar S N，et al. Helicase-driven activation of NF kappa B-COX2 pathway mediates the immunosuppressive component of dsRNA-driven inflammation in the human tumor microenvironment. Cancer Res，2018，78（15）：4292-4302.

[44] Tiemann K，Hohn B，Ehsani A，et al. Dual-targeting siRNAs. RNA，2010，16（6）：1275-1284.

[45] Wittrup A，Lieberman J. Knocking down disease：a progress report on siRNA therapeutics. Nat Rev Genet，2015，16（9）：543-552.

[46] Yu D B，Pendergraff H，Liu J，et al. Single-stranded RNAs use RNAi to potently and allele-selectively inhibit mutant huntingtin expression. Cell，2012，150（5）：895-908.

[47] Pendergraff H M，Debacker A J，Watts J K. Single-stranded silencing RNAs：hit rate and chemical modification. Nucleic Acid Ther，2016，26（4）：216-222.

[48] Prakash T P，Allerson C R，Dande P，et al. Positional effect of chemical modifications on short interference RNA activity in mammalian cells. J Med Chem，2005，48（13）：4247-4253.

[49] Robbins M，Judge A，Maclachlan I. siRNA and innate immunity. Oligonucleotides，2009，19（2）：89-101.

[50] Shapiro R，Servis R E，Welcher M. Reactions of uracil and cytosine derivatives with sodium bisulfite. A specific deamination method. J Am Chem Soc，1970，92（2）：422.

[51] Hayatsu H，Wataya Y，Kazushige K. The addition of sodium bisulfite to uracil and to cytosine. J Am Chem Soc，1970，92（3）：724-726.

[52] Lister R，Pelizzola M，Dowen R H，et al. Human DNA methylomes at base resolution show widespread epigenomic differences. Nature，2009，462（7271）：315-322.

[53] Wang T，Hong T，Tang T，et al. Application of *N*-halogeno-*N*-sodiobenzenesulfonamide reagents to the selective detection of 5-methylcytosine in DNA sequences. J Am Chem Soc，2013，135（4）：1240-1243.

[54] Lian C G，Xu Y F，Ceol C，et al. Loss of 5-hydroxymethylcytosine is an epigenetic hallmark of melanoma. Cell，2012，150（6）：1135-1146.

[55] Yu M，Hon G C，Szulwach K E，et al. Base-resolution analysis of 5-hydroxymethylcytosine in the mammalian genome. Cell，2012，149（6）：1368-1380.

[56] Booth M J，Branco M R，Ficz G，et al. Quantitative sequencing of 5-methylcytosine and 5-hydroxymethylcytosine at single-base resolution. Science，2012，336（6083）：934-937.

[57] Yan S Y，Xu X W，Guo P，et al. A selective turn-on fluorescence strategy for the detection of 5-hydroxymethyl-2′-deoxycytidine. Rsc Adv，2013，3（30）：12066-12068.

[58] Hong T T，Wang T L，Guo P，et al. Fluorescent strategy based on cationic conjugated polymer fluorescence resonance energy transfer for the quantification of 5-（hydroxymethyl）cytosine in genomic DNA. Anal Chem，2013，85（22）：10797-10802.

[59] Pfaffeneder T，Hackner B，Truss M，et al. The discovery of 5-formylcytosine in embryonic stem cell DNA. Angew Chem Int Ed Engl，2011，50（31）：7008-7012.

[60] Hu J，Xing X，Xu X，et al. Selective chemical labelling of 5-formylcytosine in DNA by fluorescent dyes. Chemistry，2013，19（19）：5836-5840.

[61] Guo P，Yan S Y，Hu J L，et al. Selective detection of 5-formyl-2-deoxycytidine in DNA using a fluorogenic hydroxylamine reagent. Org Lett，2013，15（13）：3266-3269.

[62] Raiber E A，Beraldi D，Ficz G，et al. Genome-wide distribution of 5-formylcytosine in embryonic stem cells is associated with transcription and depends on thymine DNA glycosylase. Genome Biology，2012，13（8）：R69.

[63] Shen L，Wu H，Diep D，et al. Genome-wide analysis reveals TET- and TDG-dependent 5-methylcytosine oxidation dynamics. Cell，2013，153（3）：692-706.

[64] Song C X，Szulwach K E，Dai Q，et al. Genome-wide profiling of 5-formylcytosine reveals its roles in epigenetic priming. Cell，2013，153（3）：678-691.

[65] Booth M J，Marsico G，Bachman M，et al. Quantitative sequencing of 5-formylcytosine in DNA at single-base resolution. Nat Chem，2014，6（5）：435-440.

[66] Lu X Y，Han D L，Zhao B S，et al. Base-resolution maps of 5-formylcytosine and 5-carboxylcytosine reveal genome-wide DNA demethylation dynamics. Cell Res，2015，25（3）：386-389.

[67] Wu H，Wu X J，Shen L，et al. Single-base resolution analysis of active DNA demethylation using methylase-assisted bisulfite sequencing. Nat Biotechnol，2014，32（12）：1231.

[68] Xia B，Han D，Lu X，et al. Bisulfite-free，base-resolution analysis of 5-formylcytosine at the genome scale. Nat Methods，2015，12（11）：1047-1050.

[69] Zhu C，Gao Y，Guo H，et al. Single-cell 5-formylcytosine landscapes of mammalian early embryos and ESCs at single-base resolution. Cell Stem Cell，2017，20（5）：1-12.

[70] Meyer K D，Saletore Y，Zumbo P，et al. Comprehensive analysis of mRNA methylation reveals enrichment in 3′ UTRs and near stop codons. Cell，2012，149（7）：1635-1646.

[71] Chen K，Lu Z，Wang X，et al. High-resolution $N^6$-methyladenosine($m^6A$)map using photo-crosslinking-assisted $m^6A$ sequencing. Angew Chem Int Ed Engl，2015，54（5）：1587-1590.

[72] Ke S，Alemu E A，Mertens C，et al. A majority of $m^6A$ residues are in the last exons，allowing the potential for 3′ UTR regulation. Genes Dev，2015，29（19）：2037-2053.

[73] Linder B，Grozhik A V，Olarerin-George A O，et al. Single-nucleotide-resolution mapping of $m^6A$ and $m^6Am$ throughout the transcriptome. Nature Methods，2015，12（8）：767-772.

[74] Dominissini D，Nachtergaele S，Moshitch-Moshkovitz S，et al. The dynamic $N^1$-methyladenosine methylome in eukaryotic messenger RNA. Nature，2016，530（7591）：441-446.

[75] Li X，Xiong X，Wang K，et al. Transcriptome-wide mapping reveals reversible and dynamic $N^1$-methyladenosine methylome. Nature Chemical Biology，2016，12（5）：311-316.

[76] Li X，Xiong X，Zhang M，et al. Base-resolution mapping reveals distinct $m^1A$ methylome in nuclear-and mitochondrial-encoded transcripts. Mol Cell，2017，68（5）：993-1005.

[77] Safra M，Sas-Chen A，Nir R，et al. The $m^1A$ landscape on cytosolic and mitochondrial mRNA at single-base resolution. Nature，2017，551：251-255.

[78] Carlile T M，Rojas-Duran M F，Zinshteyn B，et al. Pseudouridine profiling reveals regulated mRNA pseudouridylation in yeast and human cells. Nature，2014，515（7525）：143-146.

[79] Li X，Zhu P，Ma S，et al. Chemical pulldown reveals dynamic pseudouridylation of the mammalian transcriptome. Nat Chem Biol，2015，11（8）：592-597.

[80] Preiss T，Lovejoy A F，Riordan D P，et al. Transcriptome-wide mapping of pseudouridines：pseudouridine synthases modify specific mRNAs in S cerevisiae. PLoS ONE，2014，9（10）：e110799.

[81] Schwartz S，Bernstein D A，Mumbach M R，et al. Transcriptome-wide mapping reveals widespread dynamic-regulated pseudouridylation of ncRNA and mRNA. Cell，2014，159（1）：148-162.

[82] Huang Y，Chen Z，Chen Y，et al. Effects of conformational alteration induced by D-/L-isonucleoside incorporation in siRNA on their stability in serum and silencing activity. Bioconjugate Chem，2013，24（6）：951-959.

[83] Huang Y，Chen Z，Wang Z，et al. Loss of silencing activity caused by 5′-terminal modification with D/L-isonucleotide（isoNA）or locked nucleic acid（LNA）could not be restored by 5′-terminal phosphorylation. Sci China Chem，2014，57（2）：329-334.

[84] Huang Y，Ma Y，Guo Y J，et al. Exploring directional invasion of serum nuclease into siRNA duplexes by asymmetrical terminal modifications. Chem Med Chem，2014，9（9）：2111-2119.

[85] Huang Y，Tian M，Zhang Y C，et al. D-isonucleotide（isoNA）incorporation around cleavage site of passenger strand promotes the vibration of Ago2-PAZ domain and enhances *in vitro* potency of siRNA. Org Biomol Chem，2015，13（44）：10825-10833.

[86] Song X Y，Wang X X，Ma Y，et al. Site-specific modification using the 2′-methoxyethyl group improves the specificity and activity of siRNAs. Mol Ther-Nucl Acids，2017，9：242-250.

[87] Zheng Y，Guo Y J，Li Y T，et al. A novel gemini-like cationic lipid for the efficient delivery of siRNA. New J Chem，2014，38（10）：4952-4962.

[88] Wang X F，Huang Y，Liu Y，et al. Synthesis and biological evaluation of peptide-siRNA conjugates with phosphodiester unit as linker. Sci China Chem，2013，56（11）：1542-1549.

[89] Fan X M，Zhang Y F，Liu X J，et al. Biological properties of a 3′, 3″-bis-peptide-siRNA conjugate *in vitro* and *in vivo*. Bioconjugate Chem，2016，27（4）：1131-1142.

[90] Sun J，Qiu C，Diao Y P，et al. Delivery pathway regulation of 3′, 3″-bis-peptide-siRNA conjugate via nanocarrier architecture engineering. Mol Ther-Nucl Acids，2018，10：75-90.

[91] Zhou Z X，Liu S，Zhang Y F，et al. Reductive nanocomplex encapsulation of cRGD-siRNA conjugates for enhanced targeting to cancer cells. Int J Nanomed，2017，12：7255-7272.

[92] Fan X M，Sun L D，Li K F，et al. The Bioactivity of D-/L-isonucleoside-and 2′- deoxyinosine-incorporated aptamer AS1411s including DNA replication/microRNA expression. Mol Ther-Nucl Acids，2017，9：218-229.

[93] Fan X M，Sun L D，Wu Y，et al. Bioactivity of 2′-deoxyinosine-incorporated aptamer AS1411. Sci Rep-UK，2016，6：25799.

[94] Cai B B，Yang X T，Sun L D，et al. Stability and bioactivity of thrombin binding aptamers modified with D-/L-isothymidine in the loop regions. Org Biomol Chem，2014，12（44）：8866-8876.

[95] Pan D L，Sun J，Jin H W，et al. Supramolecular assemblies of novel aminonucleoside phospholipids and their bonding to nucleic acids. Chem Commun，2015，51（3）：469-472.

[96] Ma Y，Zhu Y J，Wang C，et al. Annealing novel nucleobase-lipids with oligonucleotides or plasmid DNA based on H-bonding or $\pi$-$\pi$ interaction：assemblies and transfections. Biomaterials，2018，178：147-157.

[97] Yang X T，Zhu Y J，Wang C，et al. Alkylation of phosphorothioated thrombin binding aptamers improves the selectivity of inhibition of tumor cell proliferation upon anticoagulation. BBA-Gen，2017，1861（7）：1864-1869.

# 第 20 章　靶向细胞信号转导的天然产物生物合成路径与机制

## 20.1　引　　言

运用化学科学的基本原理、技术方法和研究手段探讨生命现象的基本规律，是化学生物学研究的重要主题[1]。随着人类基因组计划的完成和后基因组计划的实施，对结构基因的功能揭示已从简单、静态的个体表象分析深入到复杂、动态的系统过程解析。其中，以化学小分子与生物大分子之间的相互作用为基础建立的体内信号转导途径是结构基因展示功能、生物体系表现复杂生理现象的分子基础。鉴于研究方法学的需要，近年来化学生物学的兴起为这一方面的研究提供了一条新的途径。以化学小分子为探针的信号转导过程研究是一种高效率的现代生命科学研究方法。采用化学小分子作为探针，可以在信号转导的不同阶段和层次研究生物大分子的功能和相互作用关系，并解析生命体系中十分精确的“时空”调控机制[2-4]。显然，以化学小分子为探针的信号转导过程研究不但有利于从分子水平揭示生物大分子的功能和与之相关的细胞分化、凋亡等重要生命现象的基本规律，而且为发现新型的蛋白靶点和以之为基础筛选高效、特异的化疗药物创造了条件[5]。

小分子探针的化学结构多样性和作用细胞信号转导途径的多样化是这类研究的重要特点。在过去几十年里，包括抗生素在内、具有生物活性的天然产物一直是人类治疗疾病的主要药物来源[6]。与合成化合物相比，天然产物在化学结构方面体现了更为复杂和丰富的多样性。由于产生于自然，其化学结构和生物活性之间的关系在长期的进化过程中得以选择和优化，独特的化学结构赋予了许多天然产物与特定靶点专一性结合的能力。许多具有重要生物活性的天然产物的作用机制并不清楚；同时，这些天然产物及其衍生物本身可以用作化学小分子探针，通过其介导的细胞效应研究在分子水平的信号转导途径。诸如环孢素、他克莫司、西罗莫司等天然产物作为有效的工具药物，在揭示与细胞增殖相关的信号转导途径方面发挥了十分重要的作用。此外，由于许多天然产物所具有的显著生物活性，以天然产物为切入点进行化学生物学的研究还将加速将活性化合物转变为治疗药物的进程。

以天然产物结构衍生为基础的构效关系研究可以通过细胞效应的变化反映化合物结构的改变对信号通路的影响，是发展活性小分子探针、切入信号转导机制研究的有效途径。但是，由于大部分天然产物的结构十分复杂，采用化学方法进行合成或结构修饰非常困难。作为有机合成的重要补充，近年来发展的组合生物合成（combinatorial biosynthesis）技术为复杂天然产物及其类似物的获得提供了一条生物合成的方法，使人们可以特异性地遗传修饰天然产物的次级代谢途径，以此获得基因重组菌株生物合成所需要的天然产物及其类似物；或者从基因水平对天然产物的生物合成途径进行重组，建立结构复杂的天然产物类似物库[7]。这一策略的成功运用，关键是在基因和蛋白功能水平上认识和理解复杂天然产物的生物合成及其调控机制，这是在微生物体内针对代谢途径进行遗传操作的分子和生化基础。

近年来，国际上针对天然产物代谢途径的组合生物合成取得了显著进展，大量结构复杂、通过化学合成方法难以制备得到的活性天然产物的结构类似物作为新型的微生物代谢产物被生物合成出来。这些研究充分体现了组合生物合成在扩展天然产物结构多样性方面的巨大潜力。本章中，刘文课题组对具有免疫抑制、抗肿瘤和抗感染等活性的复杂天然产物的生物合成机制进行的研究，就是基于运用组合生物合成的手段创造其结构的多样性以达到有效切入构效关系和作用机制研究的目的。主要研究成果包括：①临床抗感染抗生素林可霉素（lincomycin）生物合成机制的研究，突破了国际上有关小分子硫醇功能的现有认知，是为洞悉小分子硫醇在生物体系中的内在功能所迈出的重要一步，对相关化学品的“生物制造”意义重大；②螺环乙酰乙酸内酯/内酰胺抗感染抗生素骨架构筑的生化机制研究，为证实狄尔斯-阿尔德（Diels-Alder）{[4 + 2]环加成}反应酶的天然存在提供了有力的证据，有助于以多样性为导向的生物和化学合成手段的发展，以应对药物化学研究中对于分子结构多样性的要求和化学生物学研究中对于特异性分子探针的制备需求；③具有抗感染、抗疟、抗肿瘤及免疫抑制等活性的硫肽类抗生素的生物合成机制和作用机制研究取得一系列重要突破，有利于以生物合成机制为指导拓展硫肽家族成员的结构多样性，并在现有基础上提高硫肽家族成员的生物活性，极大促进硫肽类抗生素的临床应用；④以具有强烈抗真菌、抗虫和抗肿瘤等多种生物活性的抗霉素产生体系为模型，在国际上首次提出了“以多样性为导向的生物合成”策略，发展了一种复用组合生物合成技术，极大地丰富了抗霉素家族成员的结构多样性；⑤具有抗感染、免疫抑制等活性的联二吡啶类抗生素代表性成员青蓝霉素和克里斯霉素的生物合成机制研究，揭示了由非典型的复合酶系通过特殊的环化和重排催化联二吡啶核心骨架构筑的基本逻辑，完善了对于引入结构多样性的后修饰途径的认识，推进了联二吡啶类抗生素的新发现。这些研究不但为有针对性地发展不同用途、具有高度选择性的药物提供了依据，也为作为工具的化学小分子探针的制备提供了反应位点。

## 20.2 研究进展与成果

### 20.2.1 以硫醇化学为核心的林可酰胺类抗生素的生物合成机制研究

小分子硫醇是一类含巯基的有机化合物，广泛存在于所有真核和原核生物体系中，在维持细胞体内的稳态方面至关重要。它们不仅可以通过调节硫醇与二硫醚的比例来维持细胞体内氧化还原平衡，还能够作为还原性辅因子或直接底物参与细胞的解毒途径。小分子硫醇家族成员多样，但在不同的生物体内分布形式不一。其中，辅酶 A 广泛分布于所有真核原核生物中，作为酰基载体可参与多种重要生化反应，如三羧酸循环、脂肪酸代谢等。而其他小分子硫醇大多只存在于一些特定生物体内：谷胱甘肽为真核生物与革兰氏阴性菌中最广泛存在的主要小分子硫醇；放线硫醇（mycothiol，MSH）则是革兰氏阳性放线菌中所特有的半胱氨酸-假二糖结构硫醇；麦角硫因（ergothioneine，EGT）是由真菌和分枝杆菌产生，并能通过同化吸收存在于人和动植物体内的一种组氨酸类似物硫醇。另外，还有一些比较少见的硫醇近年来也有所报道，如锥虫和利什曼虫属中的锥虫胱甘肽（trypanothione）、芽孢杆菌中的杆菌硫醇（bacillithiol）及产甲烷古细菌中的辅酶 M 和辅酶 B 等。尽管这些小分子硫醇结构迥异，但过去的大多数研究表明，它们主要在生物体内扮演与氧化还原相关的保护性角色[8-10]（图 20.1）。

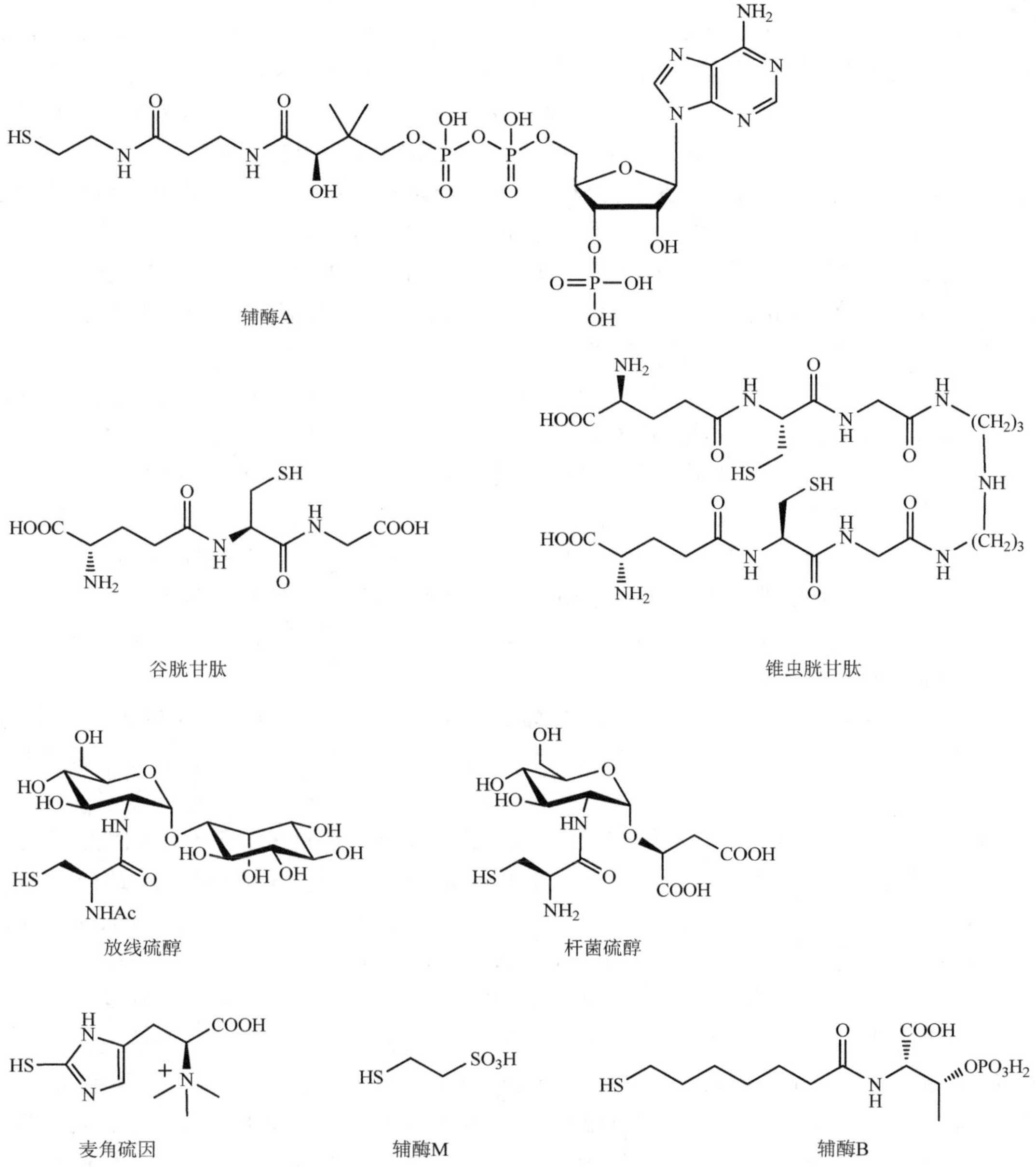


图 20.1　生物体内的代表性小分子硫醇

林可霉素是一种含硫的林可酰胺类抗生素，在临床上被长期广泛应用于治疗革兰氏阳性菌引起的感染。但对于其生物合成机制尤其是硫的来源和上载机制，一直都不清楚。刘文课题组在对林可霉素生物合成机制研究中，发现其基因簇中存在一个编码放线硫醇解毒蛋白（Mca）的相关基因。为了解该蛋白在林可霉素生物合成中的真实功能，他们对放线硫醇的功能展开了深入研究，确证其为硫元素供体参与林可霉素的生物合成。同时，他们还发现另一种小分子硫醇麦角硫因也参与其中，起到分子骨架组装的载体作用。通过一系列的体内体外实验，最终阐明林可霉素的生物合成是在这两个小分子硫醇相互配合且精确有序的指导下完成的。麦角硫因作为硫载体介导了八碳糖单元的活化、转移和修饰；而放线硫醇则在与麦角硫因发生硫醇交换后成为硫元素的供体[11]（图 20.2）。

作为位居碳、氢、氧、氮和磷之后的第六大元素，硫元素为生命所必需并广泛存在于各种生物体系中，但是对于如何将其有效引入活性功能分子的生化机制却知之甚少[12]。小分子硫醇通过两个罕见的 *S*-糖苷化反应主导了林可霉素的生物合成进程，不但代表了麦角硫因参与生化反应的首个范例，而且提供了一种放线硫醇依赖的硫元素引入的新模式。更重要的是，这一发现显然突破了对小分子硫醇生物学功能的现有认知：小分子硫醇不但可以充当广为人知的“保护性”角色，而且可以前所未有地扮演“建设性”的角色用于指导和参与活性功能分子的体内组装。

另外，通过对目前已测序基因组中基因功能的分析扫描，他们发现了大量与放线硫醇、麦角硫因代谢偶联的同源基因，其中大部分的功能尚未解析。以 DinB-2（与硫醇相关）超家族为例，这类蛋白由偶联小分子硫醇的保守功能域和一个或多个未知功能的结构域以不同组织结构排列组合而成[13]，可能参与了生物体内各种复杂多样的生物化学过程。该家族成员众多，广泛分布于多种微生物基因组中（如芽孢杆菌、放线菌等）；将来对该家族蛋白功能的研究将会促使更多小分子硫醇依赖反应的发现，同时进一步丰富人们对于小分子硫醇功能和相关生命现象基本规律的认识。该课题组受邀于 *BioEssays* 杂志对小分子硫醇的功能进行相关综述和展望[14]。

这一发现代表了洞悉小分子硫醇在生物体系中的内在功能方面所迈出的重要一步（化学生物学），对于相关化学品的“生物制造”意义重大（合成生物学），研究成果最近发表于 *Nature* 杂志[11]。对于该项研究，美国新墨西哥大学的生化学家 Melancon 教授在 *Nature* 杂志的“News & Views”栏目，以“Elusive source of sulfur unravelled”为题同期发表专文评述[15]；对于该研究的重要意义，东京大学的 Ikuro Abe 教授（F1000Prime 2015，doi：10.3410/f.725320497.7933503602）和耶鲁大学的 Jason Crawford 教授（F1000Prime 2015，doi：10.3410/f.725320497.7933503765）等也撰文予以高度评价。

以硫醇化学为核心的林可霉素生物合成机制的揭示，为运用组合生物合成的原理和技术扩展林可酰胺类抗生素结构的多样性创造了条件。天然来源的林可酰胺类抗生素都是由链霉菌产生，主要包括林可霉素及其结构类似物天青菌素（celesticetin）。但明显不同的是，最终产物的结构中却存在两种不同的硫修饰基团：在林可霉素中是硫甲基，而在天青菌素中是巯基乙醇的两碳单元（图 20.3）。围绕林可酰胺类抗生素中不同硫修饰的形成机制，刘文课题组展开了一系列详尽的体内（*in vivo*）及体外（*in vitro*）研究。他们发现：在天青菌素的后期生物合成途径中，放线硫醇来源的半胱氨酸结合物（分离于 *ΔccbF* 突变株），

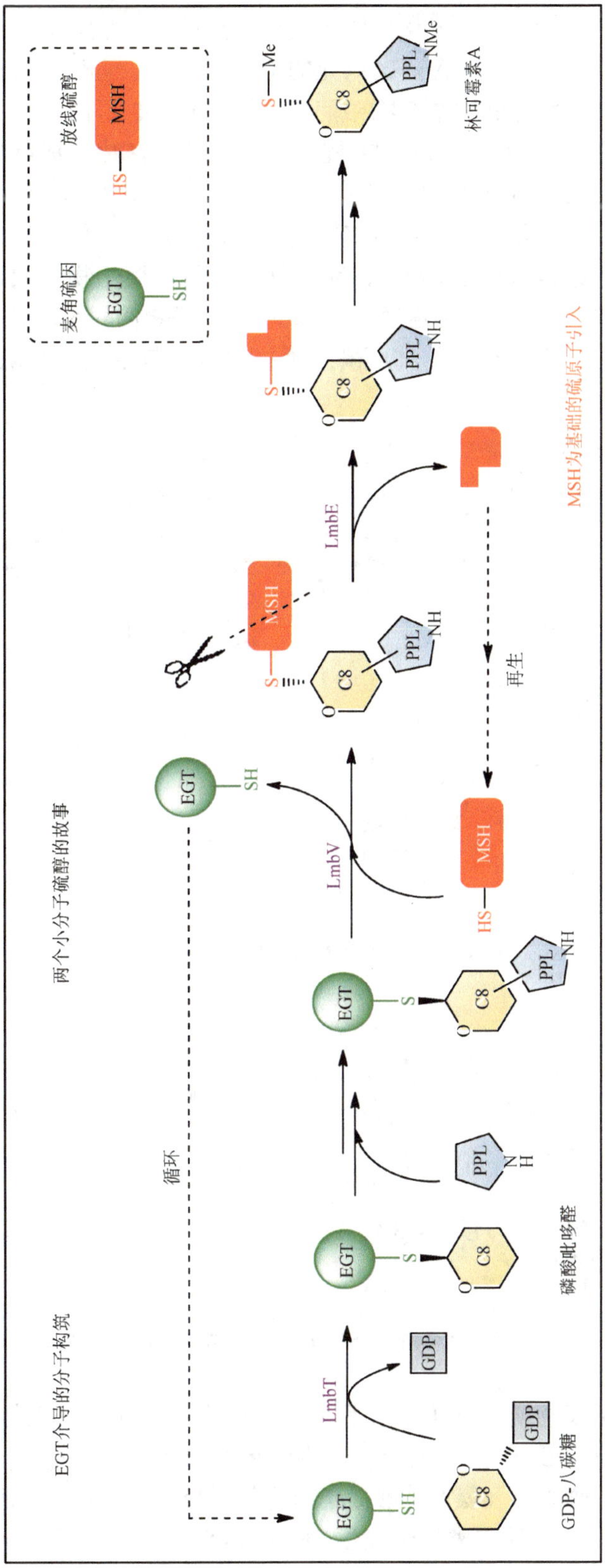


图 20.2　两个小分子硫醇指导参与的林可霉素的生物合成途径

在 CcbF 蛋白催化下发生特殊的氧化性脱羧反应生成醛式产物，随后在 *O*-甲基化酶 Ccb4 及还原酶 Ccb5 作用下最终生成含两碳单元的 Desalicetin；而在林可霉素的后期生物合成途径中，也存在类似的半胱氨酸结合物中间体，其在 LmbF 蛋白催化下发生 β 裂解反应生成自由的巯基中间产物，随后在 LmbG 催化下发生硫甲基化生成终产物林可霉素。这一对序列上高度同源但活性截然不同的磷酸吡哆醛（PLP）酶 CcbF 和 LmbF 决定了不同的半胱氨酸基团剪切方式，再在不同的后修饰酶的协同作用下，最终生成了林可霉素和天青菌素中不同的硫修饰结构（图 20.4）。在完全阐明两种后期生物合成途径后，他们采用体外组合生物合成的方式，对这两种途径中共同的半胱氨酸中间体分别进行不同的硫处理及后修饰，成功得到了一系列杂合的林可酰胺类抗生素（包括天然来源的 Bu-2545）[16]。

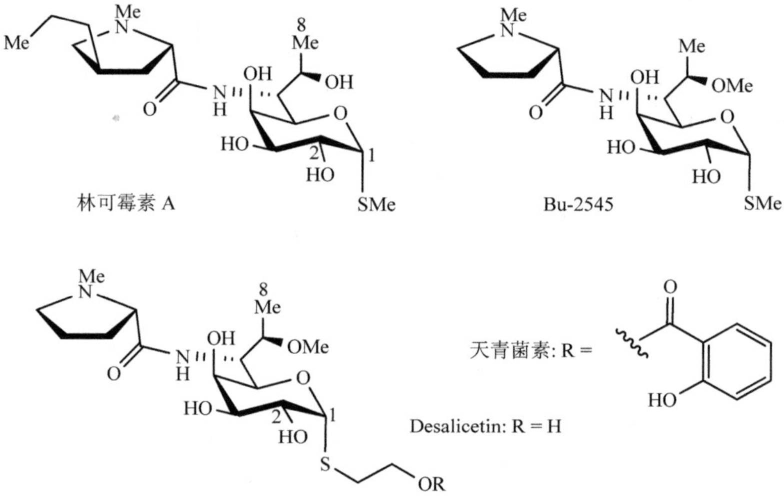

图 20.3　代表性林可酰胺类抗生素结构

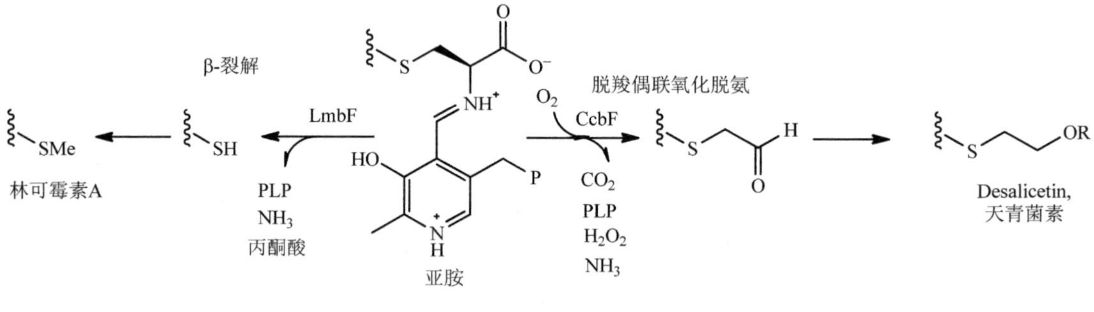

图 20.4　林可酰胺类抗生素的不同硫修饰形成机制

以上研究发现不仅阐明了林可酰胺类抗生素结构差异的产生机制，也证实了 PLP 酶学反应的多样性，及其在合成生物学中的应用。PLP 依赖的酶是生物体内广泛存在的一大类蛋白，参与多种重要的涉及氨基（酸）底物的代谢反应，如转氨、脱羧、异构化、消除、Claisen 缩合等。而在林可酰胺类抗生素生物合成体系中，CcbF 和 LmbF 这两种 PLP 依赖的酶虽然同一性高达 40%（很可能源于共同的进化祖先），催化的底物结构也类似，但是催化的反应类型却截然不同。后者催化的是较常见的 β 消除反应，而前者却是一种罕见的氧气依赖的酶，催化特殊的脱羧偶联的氧化性脱氨反应。目前，人们熟知的 PLP 酶活性的多样性都是来源于 PLP 稳定碳负离子的能力，而只有极少数 PLP 依赖的酶能活化氧气发生氧化性反应。根据相关生化实验结果及目前已知的氧气活化机制，CcbF 催化的反应很可能经历单电子转移生成过氧自由基负离子的过程。PLP 蛋白的酶学活性及其催化机制的阐明必将促进更多新颖的 PLP 相关的生化反应及生理功能的发现。

多种放线细菌来源的天然产物，如林可霉素、安曲霉素（anthramycin）、西伯利亚霉素（sibiromycin）、茅屋霉素（tomaymycin）等均含有 4-烷基-l-（脱氢）脯氨酸［4-alkyl-l-(dehydro) proline，ALDP］的非天然氨基酸单元。刘文课题组研究发现，一组注释为 γ-GT 的同源蛋白参与了 ALDP 的生物合成过程。他们以林可霉素的产生菌林可酰胺链霉菌作为模式体系，表征了两个 γ-GT 同源蛋白。这两个蛋白均可以通过分子内肽键的断裂而自我激活，产生的两个蛋白亚基形成有功能的异源二聚体，并暴露出位于大亚基 N 端的苏氨酸残基作为亲核试剂以介导 ALDP 生物合成中的一步关键的 C—C 断裂反应。这是放线细菌中 γ-GT 同源蛋白的首次功能解析，也是 Ntn 水解酶催化 C—C 断裂反应的第一例报道。相关研究拓展了对于 γ-GT 和 Ntn 水解酶超家族的认识，代表了酶催化 C—C 断裂反应的一种新机制。相关成果于 *Nature Communications* 上发表了两篇研究论文（图 20.5）[17, 18]。

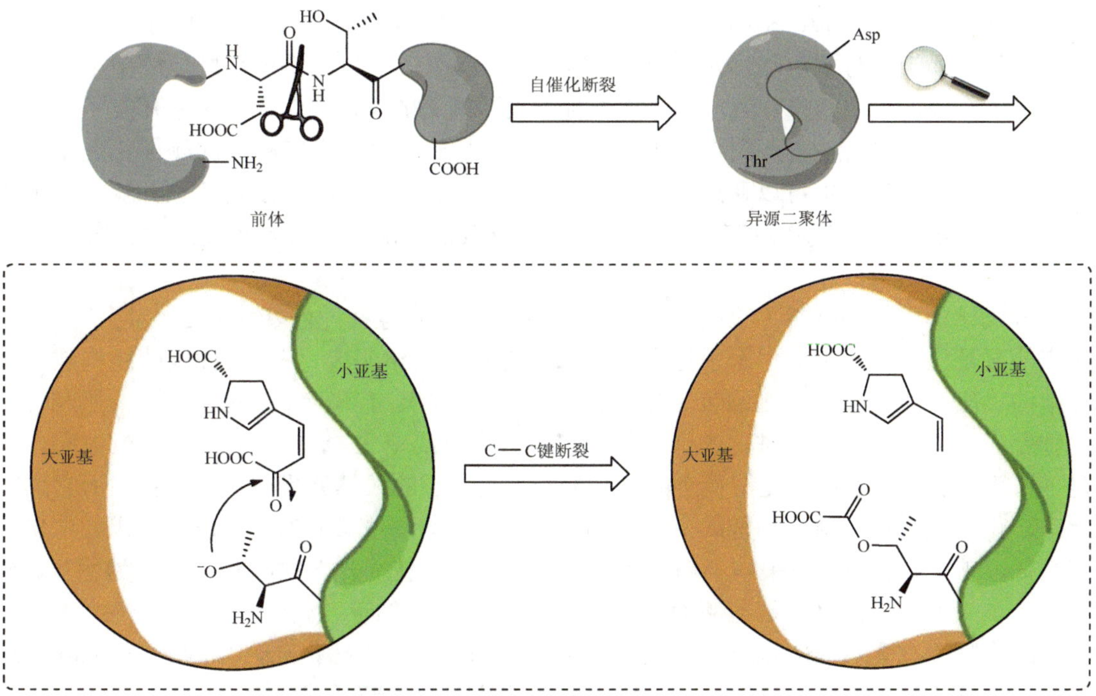


图 20.5　N 端亲核水解酶催化 C—C 键的断裂反应

鉴于在林可霉素生物合成机制研究上的屡次重大突破，刘文课题组于 2018 年在美国化学会刊物 *Accounts of Chemical Research* 上对林可霉素生物合成的相关研究成果进行了系统总结和深度思考[19]。林可酰胺类抗生素生物合成机制的阐明、“古老”的酶类（如 γ-GT 和 PLP 依赖的酶）的新功能的发现、对于小分子硫醇生物功能的重新认识，可以使人们更好地理解生物体与其环境之间如何相互作用形成生物合成途径的普适性和特异性，从而更好地人为推进进化进程，扩展小分子结构的多样性。

### 20.2.2 螺环乙酰乙酸内酯/内酰胺类抗生素骨架构筑的生化机制研究

螺环乙酰乙酸内酯/内酰胺类抗生素是一类来源于不同微生物、具有多种生物活性的抗生素家族；但是，其复杂的化学结构为合成化学带来了巨大的挑战。在项目执行前，刘文课题组对该家族开展了系统的生物合成机制研究，在国际上首次报道了多个成员骨架构筑的遗传、生化和代谢基础[20-25]，并受邀在美国化学学会期刊撰写综述[26]，总结了产物形成和修饰方面的研究进展。项目执行期间，刘文课题组进一步对螺环乙酰乙酸内酯/内酰胺抗感染抗生素骨架构筑的生化机制进行了深入的研究。

Diels-Alder 反应（D-A 反应）是合成化学中最重要的反应类型之一。D-A 反应是一类能够直接形成 C—C 键的重要有机反应，可以高效地实现对于杂环、手性螺环和桥环等复杂结构的构筑，可广泛地应用于合成化学、药物化学、材料化学等领域。近年来一些特殊的 D-A 反应还被开发为“点击化学”和“生物正交化学”（bioorthogonal chemistry），并应用于材料科学和生命科学的研究中。通过对于天然产物生源合成途径的分析，诸多天然产物的骨架构筑过程中可能涉及 D-A 反应，因此 D-A 反应也经常被巧妙地应用于天然产物的仿生合成研究中。一方面，随着分子前线轨道理论的发展，合成化学家开发了一系列能够促进 D-A 反应的小分子催化剂；另一方面，基于著名化学家鲍林的酶催化理论（生物大分子在催化过程中可以通过主-客体相互作用稳定底物小分子的反应过渡态），人工筛选、制备的能够识别底物反应过渡态的抗体酶或核酶也能够在一定程度上催化分子间的 D-A 反应。

合成化学中的 D-A 反应屡见不鲜，而自然界中是否存在能够催化 D-A 反应的酶，多年来一直是生物学家和化学家争论和悬而未决的焦点科学问题。作为一种碳碳键构建极为有效的手段，科学家们早已预言 D-A 反应可能参与了具有环己烯单元的大量天然产物的生物合成，并且通过人为进化的手段创造了能够催化简单 D-A 反应的抗体酶或核酶。但是，目前自然界中发现的能够促进[4 + 2]D-A 环化反应的天然酶蛋白仅有 5 例；而它们在此类转化中是否存在催化功能的争论依旧，原因是这些酶或者具有多种功能，或者催化效率很低，或者相应的反应根本不需酶就可以自发进行，使得相关的机制研究尤为困难，导致数十年来人们无法确切地判断 D-A 反应酶到底是否天然存在。

吡咯吲哚霉素（pyrroindomycin，PYR）是一类来源于链霉菌（*Streptomyces rugosporus*）的螺环乙酰乙酸内酰胺类抗生素，对耐甲氧西林的金黄色葡萄球菌（MRSA）和耐万古霉素的肠球菌（VRE）均有较强的杀伤作用；另外，该分子结构中含有一个[6, 6]并环和一个[6, 5]螺环，这样两个可能由酶促 D-A 反应构筑的结构单元引起了合成化学家和生物化学家们的极大兴趣。在前期的研究中，刘文课题组在国际上首次报道了 PYR 的生物合成基因簇[25]。通过体内、体外实验相结合，该课题组进一步阐明了 PYR 分子母核的刚性五环骨架需要由连续两步的酶促 D-A 反应构筑，两种不同的[4 + 2] D-A 环化酶以催化串联反应的方式，将具有两套共轭双烯与亲双烯体单元的线性中间体有效地转化为单一对映体的刚性五环骨架。与之前的例证不同，在没有相应的酶蛋白存在下，上述具有高度区域和立体选择性的[4 + 2]环加成反应无法自发发生，同时所依赖的酶蛋白功能单一、效率高，是非常理想的验证 D-A 反应生物催化机制的研究对象（图 20.6）。该发现发表于 *Nature* 子刊——*Nature Chemical Biology*，为证实 D-A 反应酶的天然存在提供了有力的证据[27]。

PyrI4 为其中一个催化用于构筑[6, 5]螺环结构 D-A 反应的酶。刘文课题组与潘李锋课题组合作，解析了 PyrI4 蛋白酶的晶体结构（apo-型）（图 20.6），发现其具备由 β-筒状结构构成的刚性骨架；然后通过大量的条件筛选，他们又获得了 PyrI4 结合底物小分子的过渡态的复合物晶体结构（holo-型）（图 20.7），并基于晶体结构，通过进一步的生物化学研究阐明了该蛋白酶的催化活性空腔与重要氨基酸残基；随后，通过比较 apo-型与 holo-型蛋白结构的差异并结合蛋白核磁共振分析，他们发现 PyrI4 蛋白 N 端的前 22 个氨基酸具有柔性很大的无序结构，而当底物存在时，该部分序列会参与底物分子的识别，并通过与底物及 β-筒状结构之间的特异性相互作用，诱导其自身形成一个特殊的 α-螺旋结构，像“盖子”一样把底物分子挤压到 β-筒状结构的空腔中，这样“盖状”结构的形成能够释放大量的能量，由此将不利于反应发生的“熵减效应”转化为利于反应进行的“焓效应”。最后，根据一系列的生化实验和理论计算，他们最终提出 PyrI4 作为催化 PYR[6，5]螺环结构形成过程中 D-A 反应的高效催化剂，主要发挥作用如下：①作为“熵陷阱”（entropy trap），有效地将长链底物中二烯体和亲二烯体两部分结构折叠成能够有利于发生 D-A 反应的构象（即 D-A 反应的过渡态构象）；②活性位点处的 Q115 氨基酸残基能够通过与底物亲双烯体部分形成双氢键，降低该部分的 LUMO 能量，从而促进反应的发生；③活性空腔中富含酸性氨基酸，酸性的空腔能够实现质子转移，防止 $pK_a$ 较低的酸性底物带有负电荷；④由底物诱导的 N 端“盖状”结构能够通过在蛋白残基之间形成大量氢键和盐键而释放能量，从而稳定蛋白-小分子复合物的结构，并将原本对反应不利的熵减效应转化为对反应有利的焓效应。相关成果发表于 *Cell* 子刊——*Cell Chemical Biology* 杂志[28]。

在此前的研究中，国际上仅有两例[4 + 2]环加成酶的晶体结构被报道，但都因为缺乏底物-蛋白复合物的结构而未能阐明其催化机制；另外，这两例报道也均存在较大的争议。PyrI4 蛋白结构和功能的阐明，证实了自然界中存在天然的类似于人工抗体酶的催化机制：酶与底物结合放出能量后，两者相互的构象诱导使得小分子的构象与 D-A 反应过渡态的构象极为相似，由此降低了活化能（$E_a$）并大大促进了反应的速率，而这一切正是源于自然界中蛋白质与小分子的共同进化。

事实上，自然界中螺环乙酰乙酸内酯/内酰胺抗生素产生于各种来源的微生物，目前该家族已有数十个成员的化学结构得以确证。这些抗生素具有强烈的抗感染、肿瘤抑制等重要的生物活性，长期以来一直是生物学、药学和化学领域共同关注的研究热点。然而由于结构的复杂性，化学合成或修饰往往面临产率和效率方面的严峻挑战。刘文课题组研究

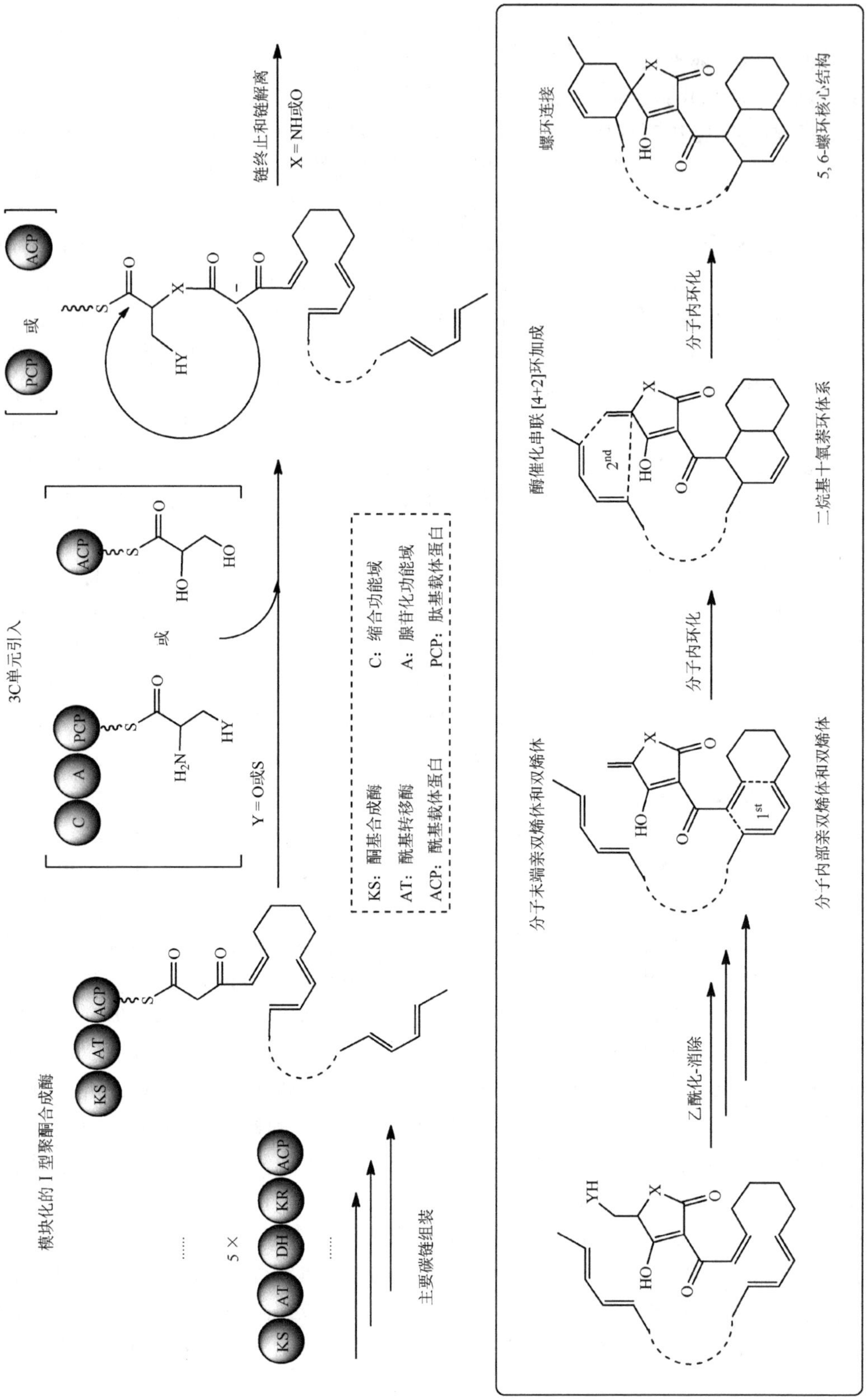


图 20.6 螺环乙酰内酯类抗生素骨架形成过程中酶催化的[4+2]环加成反应

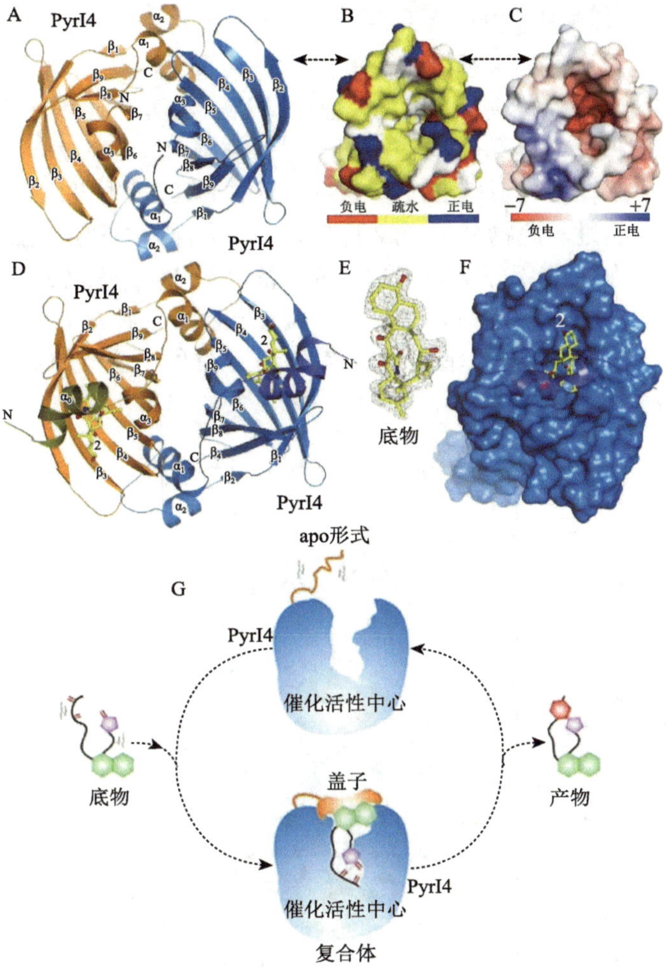


图 20.7　PyrI4 蛋白酶的晶体结构（A、B、C：apo-型；D、E、F：holo-型）及其作用机制

发现，所有螺环乙酰乙酸内酯/内酰胺成员均采用了相似的生物合成策略，即通过酶促的[4 + 2]环加成反应完成线性中间体的刚性交联；两个不同酶催化的环化反应可以偶联也可以去偶联，从而解释了自然界中如何创造核心骨架相似、但整体结构不同的抗生素分子。可以预期，以两个酶催化的串联[4 + 2]环加成反应为中心的合成策略如能有效运用，将极大地促进以多样性为导向的生物和化学合成手段的发展，通过建立相应天然产物的类似物分子库，以应对药物化学研究中对于分子结构多样性的要求和化学生物学研究中对于特异性分子探针的制备需求。

基于前期的研究成果，刘文课题组提出了天然 D-A 酶催化过程中的“过渡态模板作用”；为了实现这一作用，酶与小分子底物相互作用过程中会放出大量能量并发生三维构象的变化，从而提供一个用于稳定 D-A 反应过渡态的完美反应微环境[29]。通过与螺醇缩酮类天然产物生物合成途径的对比，还可将此类“底物过渡态构象折叠”酶的反应机制推广到更多的酶促协同反应中。为今后人工设计、开发协同反应的生物大分子催化剂提供了重要的实验基础和方向，并将在未来的合成化学和合成生物学研究中发挥重要的作用。

刘文课题组与潘李峰课题组再次合作，解析了黄素 FAD 依赖的 D-A 酶 PyrE3 的晶体结构，这也是国际上首个结构被解析的黄素依赖 D-A 酶[30]（图 20.8）。基于所获得的晶体结构，他们综合使用分子对接模拟、生物信息学分析、氨基酸定点突变、光谱学分析等手段，指出了 PyrE3 的催化空腔和 FAD 在催化过程中的作用。他们发现，与其他 FAD 依赖的加氧酶不同，PyrE3 在催化反应的过程中并不要求 FAD 发生氧化态的变化；FAD 能够稳定蛋白的结构，并通过与底物分子形成氢键来释放结合能并稳定其过渡态构象。国际上先后有几例辅因子（如腺苷甲硫氨酸 SAM 等）依赖的 D-A 酶报道，但是这些辅因子在 D-A 酶催化过程中的作用并不明确。该研究的相关成果为今后人工设计、改造或开发协同反应的生物大分子催化剂（尤其是辅因子依赖的蛋白）提供了重要的实验基础和理论方向，可能在未来的合成化学和合成生物学研究中发挥重要的作用。

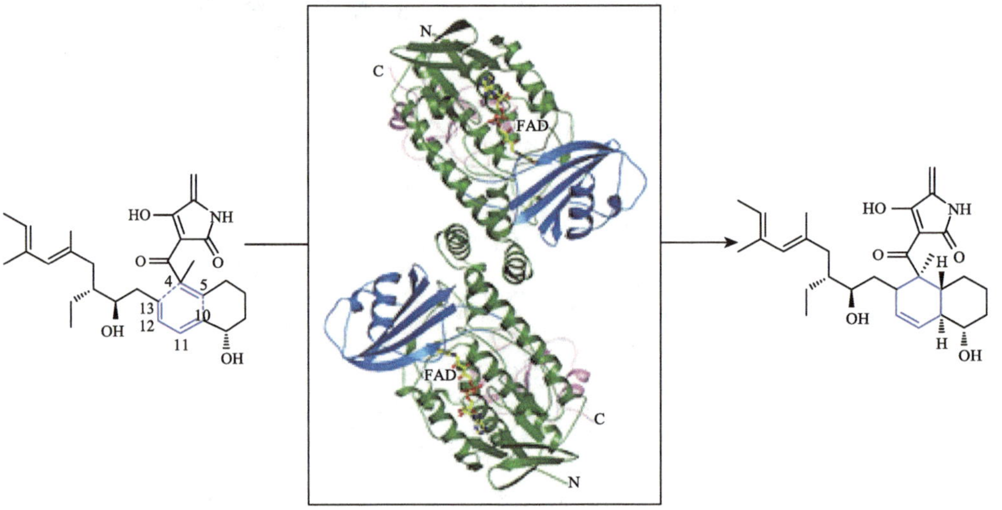


图 20.8　黄素依赖蛋白 PyrE3 催化的类 D-A[4 + 2]环加成反应

### 20.2.3　硫肽类抗生素的生物合成机制和作用机制研究

硫肽类抗生素是一类富含元素硫、结构被高度修饰的大环聚肽类天然产物，迄今已有大约 100 个天然成员被发现。这类抗生素选择性地作用于细菌的核糖体，从而抑制其蛋白质的合成；部分成员对于具有多种耐药性的条件致病菌杀伤效果良好，近年来细菌耐药性的日益泛滥引起了医药界的高度重视。此外，随着硫肽类抗生素强烈的抗疟、抗肿瘤及免疫抑制等活性的陆续报道，如何通过结构的衍生改善其理化性质的缺陷（如由于水溶性差带来的较低生物利用度等）以满足临床应用的需要成为当前研究的重点之一。

刘文课题组针对硫肽类抗生素的生物合成开展了大量的前期研究工作，引起了国内外同行的广泛关注。硫肽类抗生素的结构非常复杂而独特，所有成员都拥有一个 3 位或 4 位取代的 6 元含氮杂环，以及由多个脱水氨基酸和噻唑环或咪唑环构成的环肽中心。自 1948 年首个成员被发现以来，这类抗生素生物合成的起源一直存在争论。2009 年，该课题组以硫链丝菌素（thiostrepton，TSR）作为模型分子，与国际上著名的研究团队一起（包括哈佛大学的 Walsh 课题组和加州理工大学的 Kelly 课题组等），几乎在同一时间报道了硫肽类抗生素的生物合成源，揭示了硫肽类抗生素核糖体肽的生源途径，结果显示尽管结构高度复杂，其成员均是以一条长 35～50aa（amino acid，氨基酸）的前体肽为底物，通过保守的翻译后修饰来形成共有的特征性环肽骨架（图 20.9），解决了长达 20 余年关于硫肽起源的争论。此项研究成果获得了 *Nature* 系列杂志 *Science-Business eXchange*（SciBX），以及权威杂志 *Angewandte Chemie International Edition* 和 *Natural Product Reports* 同时撰文的亮点评述，并成为 *Chemistry & Biology* 杂志当年点击率最高（most read papers）的文章之一。课题组还通过实验手段（异源互补）验证了硫肽类抗生素共有特征结构形成的保守性，为在遗传可操作的产生体系中重构更为复杂的成员的代谢途径，并以此为基础扩展其结构的多样性创造了条件[32, 33]。关于硫肽类抗生素生物合成的共性机制，课题组受邀在权威综述性杂志 *Natural Product Reports* 上撰写综述并总结相关研究进展[34]；并在著名综述性杂志 *Current Opinion in Chemical Biology* 上，就硫肽类抗生素生物合成逻辑研究的机遇和挑战进行了分析[35]。课题组以代表性成员诺丝七肽（nosiheptide，NOS）和硫链丝菌素为对象，开展了针对硫肽类抗生素结构多样性的个性化前期探索，揭示了不同生物合成途径构筑相同结构单元的“趋同性”[36, 37]和同一生物前体产生不同结构单元的“趋异性”[38]。特别是在诺丝七肽生物合成途径中，发现了一个 *S*-腺苷甲硫氨酸（SAM）依赖的新型酶蛋白，以自由基介导的方式独立负责了 3-甲基-2-吲哚酸的合成，这一复杂的转化包含了不同寻常的“片段化重组”（fragmentation-recombination）过程。这一研究结果以全文的方式发表于 *Nature* 子刊——*Nature Chemical Biology* 杂志[39]和随后的 *Journal of Biological Chemistry* 杂志[40]，代表了在理解 SAM 依赖的自由基蛋白所催化的复杂结构重排反应方面迈出的重要一步。课题组因此受邀在著名期刊 *Accounts of Chemical Research*、*Journal of Biological Chemistry* 上发表综述[41, 42]，总结近几年在此领域的研究进展。对于该项研究成果，*Science* 杂志的 Editors’ Choice 栏目以“Targeting Tryptophan”为题进行了亮点评述；美国宾夕法尼亚州立大学的生物化学家 S. J. Booker 教授在同期发表的 *Nature Chemical Biology* 杂志上，以“Radical Break-up，Blissful Make-up”为题对该发现的意义进行了专文评述（2011）；同时，该项研究成果还得到 *Nat. China* 杂志的亮点评述和 *Faculty of 1000：Biology and Medicine* 的收录。

刘文课题组的研究表明，将前体肽底物转化为硫肽分子的特征性骨架结构需要以下翻译后修饰的化学反应：由环化脱水酶/FAD 依赖脱氢酶催化的聚噻唑或噁唑的形成；来源于丝氨酸或苏氨酸、由脱水酶负责的脱水氨基酸的合成；以及线性中间产物通过分子内的[4 + 2]环化反应形成含氮六元杂环核心，同时完成大环骨架的构建。然而，这些共同的翻译后修饰反应尚未在体外得以重构。除了一些实验技术方面的原因（包括高质量酶蛋白的制备和不稳定线性肽类中间产物的阐明等），对于硫肽分子的生物合成逻辑缺乏足够的认识是目前主要的障碍。课题组在综述性杂志 *Current Opinion in Chemical Biology* 上，以诺丝七肽作为模式分子，对硫肽生物合成逻辑研究中存在的机遇和挑战进行了系统分析，同时预测：在组合共有的修饰策略形成特征性的硫肽骨架过程中，可能穿插了一些不可或缺的特异性翻译后修饰反应[35]。

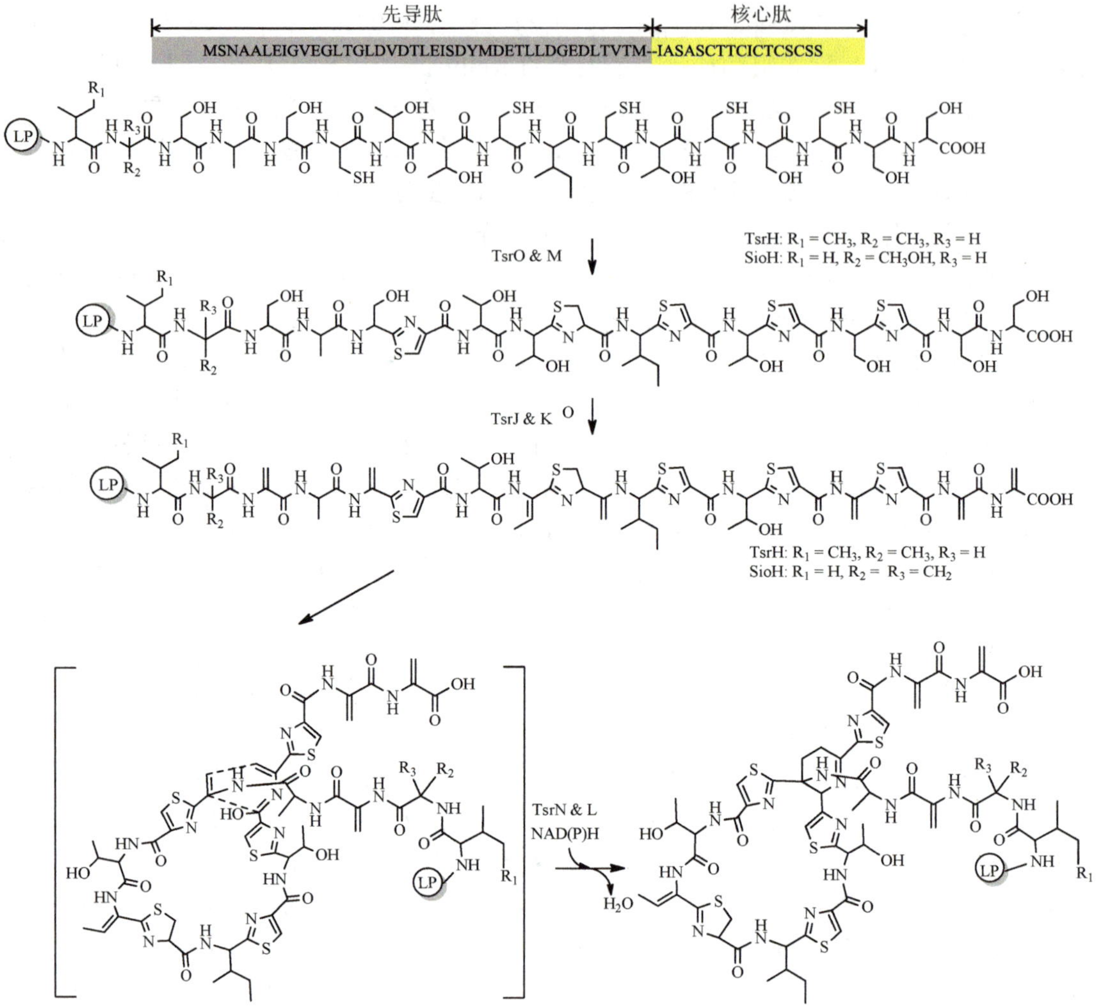


图 20.9　以硫链丝菌素为例展示硫肽类抗生素核糖体肽来源特征性环肽骨架形成途径

刘文课题组的进一步研究为上述预测提供了有力的实验证据。课题组在一株诺丝七肽的突变菌株中，分离获得了一个吲哚侧环已经构建而环肽主体骨架尚未形成的线性化合物。阻断吲哚单元的上载则完全终止了硫肽抗生素的产生，显示对于双环硫肽成员的诺丝七肽而言，核心六元杂环的合成（即硫肽特征性骨架的构建）依赖于前体肽上吲哚单元上载的特异性翻译后修饰。这一发现揭示了以共有和特异性翻译后修饰反应的相互依赖与交叉为特征、高度复杂的硫肽生物合成逻辑，为在体外实现硫肽骨架的重构、解析其催化反应的顺序和机制创造了条件，发表于英国皇家化学会综合性杂志 *Chemical Science*[43]。

硫肽类抗生素是一类古老的生物活性肽类抗生素，其家族中的诺丝七肽和硫链丝菌素已被广泛应用在动物饲料添加剂中，用于清除动物肠道寄生菌；其家族中 GE2270A 的衍生物 LFF571 正处于临床Ⅱ期实验中，用以治疗艰难梭状杆菌引发的感染性疾病。但是由于溶解度较差、生物利用度较低等，大多数硫肽类抗生素并没有引起临床科研工作者的足够重视。刘文课题组通过对于硫链丝菌素生物合成逻辑的分析，从合成化学的角度优化路线，对硫肽类抗生素进行分子设计，获得了一系列结构类似物。他们制备了硫链丝菌素生物合成前体——喹萘啶酸的衍生物文库[44]，并基于计算机辅助药物设计，从合成生物学角度出发选择性地使用这些构筑模块对于硫链丝菌素产生菌的突变株进行化学喂养，由此获得了理化性质和生物活性大为改善的硫链丝菌素衍生物，并制备了数个含有氟元素和氯元素的硫链丝菌素分子。通过体外活性测试，他们发现这些衍生物溶解度有所提高，且对于多种临床常见耐药菌均有极好的杀灭作用，相关研究成果以封面文章的形式发表于英国皇家化学会 *Organic Chemistry Frontiers* 杂志[45]。他们于 *Current Opinion in Biotechnology* 杂志上发表综述，总结了在硫肽类结构改造方面取得的进展[46]（图 20.10）。

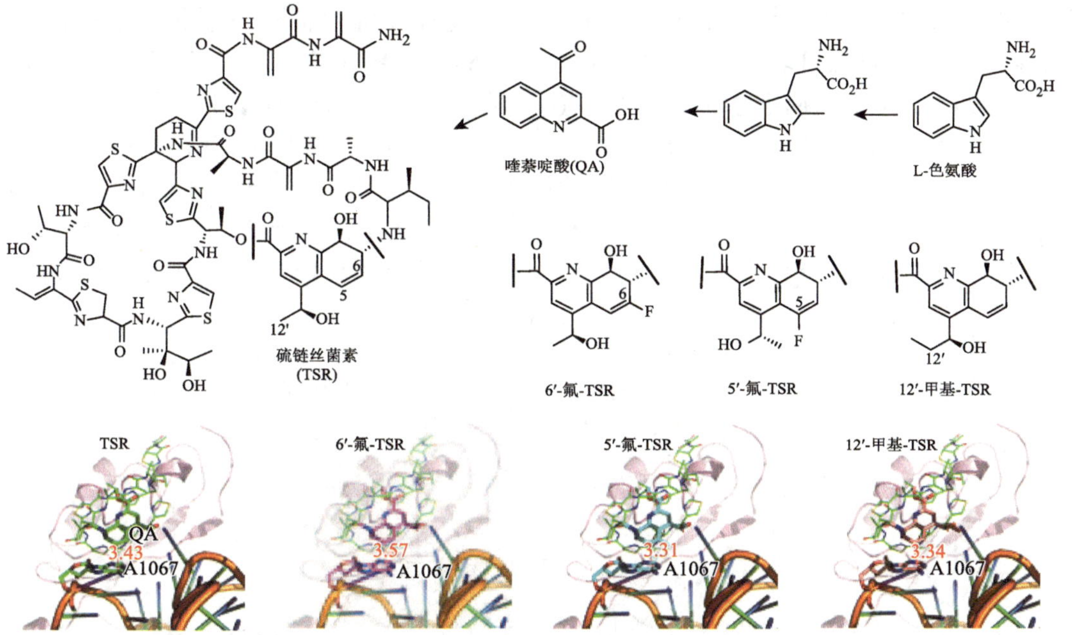


图 20.10　硫肽类抗生素的分子设计

他们进一步尝试将氟元素引入硫肽类抗生素分子的不同位置以提高其生物活性[47, 48]。研究过程中，还取得了一些“意料之外”的重要发现。由于氟原子的引入影响并减慢生物体中的酶催化过程，从而积累了生物合成的中间产物，对于中间产物的鉴定，为进一步用于阐明此类抗生素长期以来尚未解决的生物合成关键步骤提供了契机。他们在使用前体 7-F-QA 喂养突变株 *ΔtsrT* 时，发现了一个侧环结构不完整的氟代 TSR 衍生物，其中喹萘啶酸（QA）结构单元没有发生相应的氧化后修饰。他们对此具备二酮结构特征的硫链丝菌素结构类似物进行了分离鉴定，以此为契机，研究了硫链丝菌素生物合成途径与分子骨架氧化后修饰相关的基因功能。通过基因敲除/回补、化学喂养、体外酶学测活等手段，最终确定了 P450 蛋白 TsrP 负责硫链丝菌素侧环形成过程中 QA 结构单元的环氧化反应[49]。

继续沿用“前体导向突变生物合成”的策略，通过优化 6-F-QA 作为前体喂养突变株 *ΔtsrT* 后的发酵时间，他们成功分离、鉴定了一个侧环尚未关闭但 QA 基团已经发生环氧化的关键氟代中间体。正是氟原子的引入，降低了催化侧环形成的关键蛋白的酶活，从而导致了这样一个中间体的短暂积累；而继续延长发酵时间，该中间体会被转化为最终成熟的 6′-氟-TSR 分子。该中间体的分离和鉴定为硫链丝菌素侧环生物合成途径中的酶学机制研究奠定了重要基础。通过生物信息学分析，他们锁定了硫链丝菌素生物合成基因簇中一个功能尚未得到归属的基因 *tsrI*，其编码的蛋白隶属于 α/β 水解酶超家族。综合使用基因敲除/回补、化学半合成模拟底物制备、体外酶学测活、化学喂养等手段，他们证实了 TsrI 是硫链丝菌素侧环生物合成过程中的关键蛋白，该蛋白同时负责了先导肽的切除和硫链丝菌素侧环关闭过程的大环化反应。另外，通过序列比对、同源建模和氨基酸点突变研究，他们还在 TsrI 中确定了 α/β 水解酶超家族高度保守的“催化三联体”氨基酸残基（Asp-His-Ser）。虽然目前已有 10 余种 α/β 水解酶超家族蛋白的不同活性相继被报道，但是同时兼具蛋白内切酶活性和催化游离氨基进行环氧开环活性的“双功能”α/β 水解酶在此前的研究中却从未被发现。该研究中关于 TsrI 功能的阐明，不但解决了长期以来困扰人们的双环硫肽抗生素侧环如何关闭的问题，更拓展了人们对于 α/β 水解酶这一超家族蛋白生化功能的进一步认识和理解，同时为基于合成生物学策略改造双大环硫肽类抗生素分子结构的研究奠定了基础。相关成果发表于国际著名期刊 *Proc. Natl. Acad. Sci. USA*.[50]（图 20.11）。

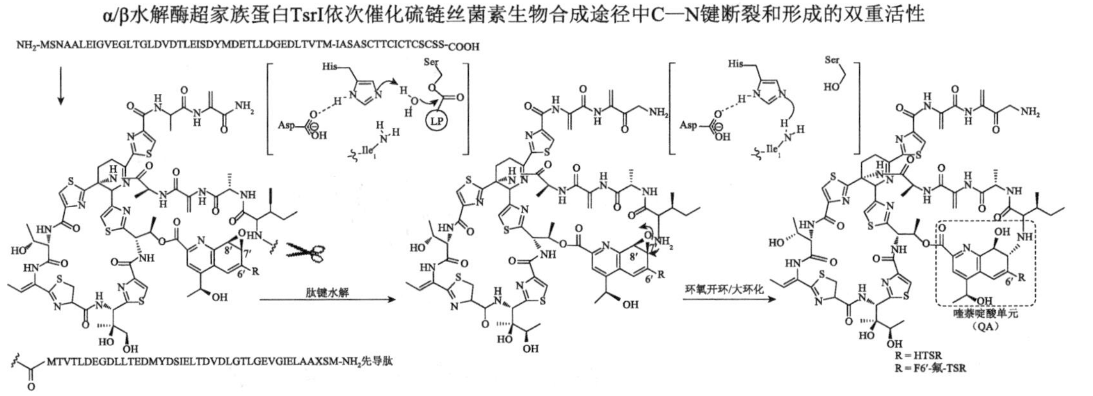


图 20.11　硫链丝菌素侧环形成过程中关键大环化反应的酶学机制

QA 的生物合成起源于 L-色氨酸，但如何进行分子内的重排扩环反应形成关键的中间体喹啉酮（quinoline ketone）并不清楚。结合体内生物转化、体外生化验证等多种手段，研究人员发现黄素依赖的加氧酶 TsrE 能够以还原态黄素 FADH2 为辅因子，利用 O2 立体专一性地氧化中间体 2-甲基吲哚-3-丙酮酸并形成 C3 位为 S 构型的高活泼性的羟基中间体，从而诱发了包括 C—N 的断裂和重新形成紧密偶联在内的水解开环、环化和芳构化反应，促使吲哚转化为喹啉单元；后者经过修饰与活化之后，与来源于前体肽的硫肽核心骨架整合，形成 TSR-型双环硫肽成员所特有的侧环体系。郭寅龙研究员课题组的张芳副研究员运用质谱分析手段，对这一不同寻常的扩环重排过程中产生的高活泼性中间体进行了捕获和鉴定，报道了一例黄素依赖的加氧酶通过底物的立体专一性氧化来促进吲哚五元环的扩环重排，揭示了自然界中一种喹啉单元形成的酶学新机制。相关研究成果发表于 *J. Am. Chem. Soc.*[51]（图 20.12）。上述发现代表了色氨酸官能团化的一种新策略，丰富了有关 TSR-型双环硫肽侧环构筑的认知，所催化的选择性氧化反应在有机化学合成中具有潜在的应用价值。有趣的是，这种吲哚扩环机制在自然界中可能普遍存在，例如，植物来源的抗疟药奎宁（quinine）类天然产物的形成也经历了类似的选择性氧化诱发的扩环过程。

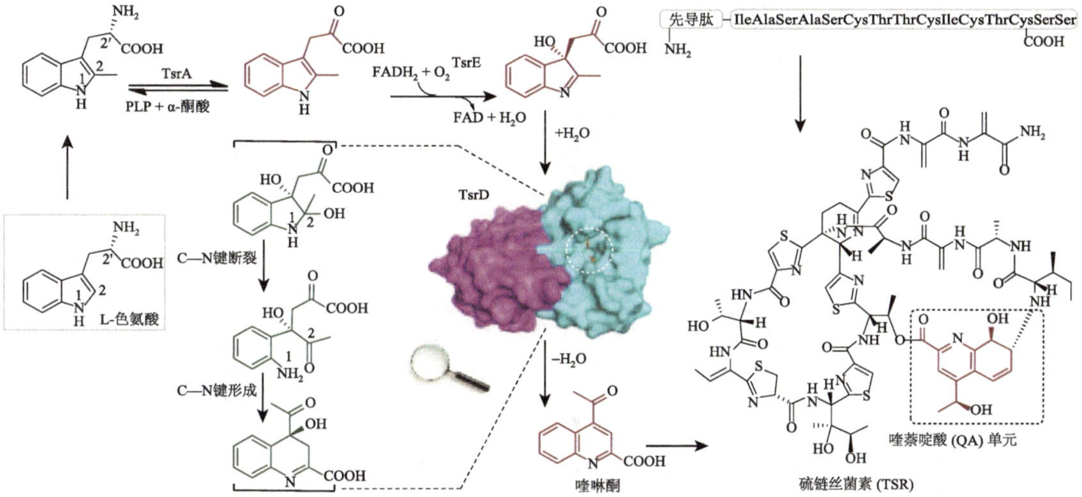


图 20.12　硫链丝菌素生物合成途径中喹啉单元的形成机制

他们进一步阐明了侧环的上载机制。在硫肽类抗生素诺丝七肽中通过体内生物转化、体外生化验证等多种手段发现诺丝七肽特殊的侧环单元甲基吲哚酸（methyl indolic acid，MIA）是以一种类似于非核糖体肽合酶（non-ribosomal peptide synthetase，NRPS）形式上载到诺丝七肽的主体骨架上：NosI（ATP-dependent acyl-CoA synthetase）催化 MIA 上载到 NosJ（peptidyl carrier protein）上得到活化的 MIA 蛋白供体，接着由 NosK（α/β-hydrolase fold protein）催化转移 MIA 到五噻唑肽中间体上得到不稳定的酰基化产物。研究者们通过高分辨质谱及串联质谱对上述中间体进行了表征。相关研究成果发表于 *J. Am. Chem. Soc.*[52]（图 20.13）。上述发现不仅详细地解析了诺丝七肽特殊侧环上载生物合成机制，还进一步拓展了硫肽类抗生素的结构多样性，同时为基于合成生物学策略改造双大环硫肽类抗生素分子结构的研究奠定了基础。

感染性疾病是目前全球范围内第二大威胁人类健康的致死疾病，由于抗生素滥用等原因，临床耐药菌的不断产生使得这一现状更为严峻，尤其是由多重耐药结核杆菌等胞内寄生菌感染引起的疾病，临床治疗更加困难。目前新型抗生素的研发速度远慢于临床中耐药

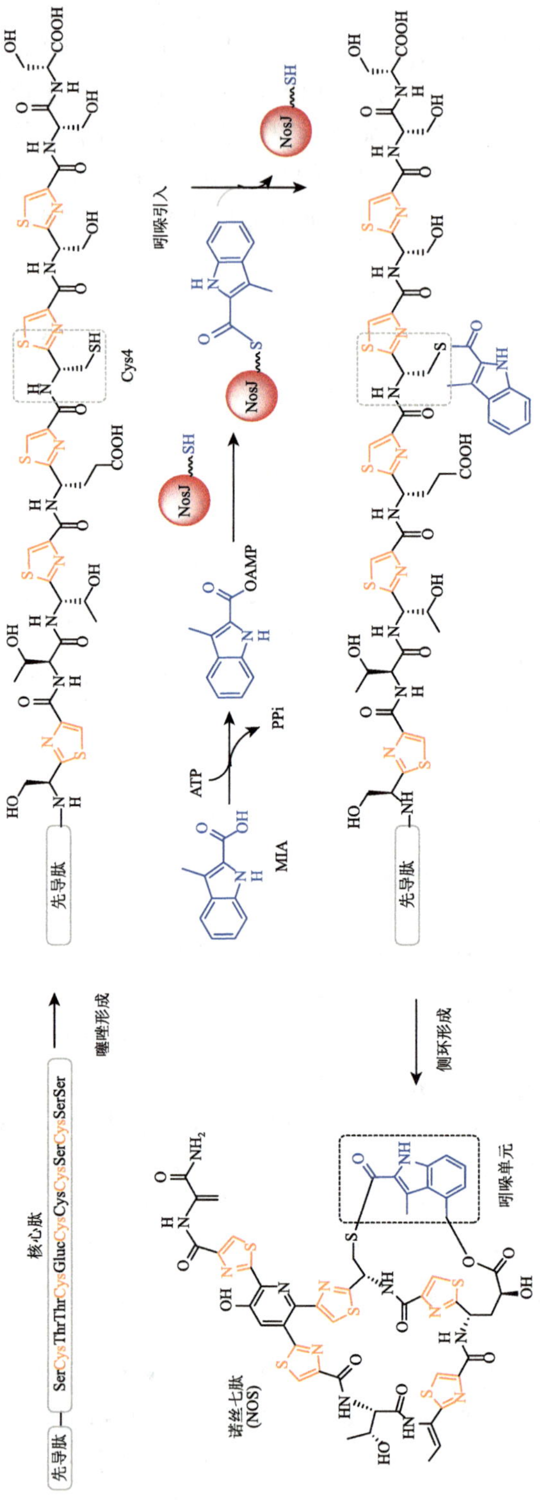


图 20.13　诺丝七肽生物合成途径中 MIA 的上载机制

菌的产生速度，每当推出一种能够临床安全应用的抗生素，很快就能检测到对其耐药的病原菌，如此往复下去很可能造成最终对感染性疾病“无药可用”的境地。合成化学家和药物化学家均从自己的研究视角出发对此做出努力，其中“老药新用”不失为一个简洁高效的策略。刘文研究员课题组与复旦大学高谦课题组展开合作，阐明了硫肽类抗生素——硫链丝菌素有效杀灭胞内寄生菌的作用机制。刘文课题组与高谦课题组测试了上述硫链丝菌素衍生物的抗胞内寄生菌活性，他们选取海分枝杆菌（一种研究结核杆菌常用的模式菌）感染的斑马鱼幼鱼和成鱼动物模型，以及巨噬细胞感染模型，从动物实验和细胞生物学实验水平分别比较了各个衍生物的活性差异，发现体内实验和此前的体外实验结果存在一定的“不一致性”。经过仔细的分析推敲和实验论证，他们最终发现了一种此前不为人知的抗生素抗菌模式：硫链丝菌素除了能够直接与细菌的核糖体结合从而抑制其蛋白质合成之外，还能够通过诱导宿主细胞的内质网应激，继而激活宿主细胞发生有利于自我防御和清除病原菌的生理过程——细胞自噬。硫链丝菌素及其衍生物是目前发现的唯一一类能够主动作用于宿主和胞内寄生菌，并在杀灭病原菌的同时提高宿主免疫防御能力的抗生素。由于其作用靶点位置的特殊性，目前临床中尚未发现对于硫链丝菌素的耐药菌，且相关报道中均未发现其具有明显的毒副作用。该研究中不但发现硫链丝菌素具有治疗胞内寄生菌感染性疾病的潜力，还发现此前获得的三个衍生物均具有比母化合物更好的抗胞内菌活性，可能作为一类药物前体被临床工作者所重视，而这样一种同时作用于宿主和寄生菌的独特抗菌作用模式比起传统药物的抗菌机制更不易产生耐药性，也将为未来抗感染药物的设计给出新的启示。相关成果发表于 *Cell* 子刊 *Chemistry & Biology* 杂志上[53]（图 20.14）。

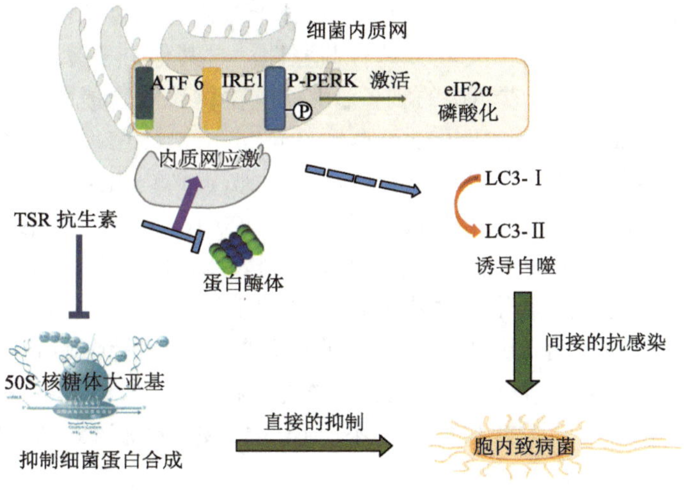


图 20.14　硫链丝菌素发挥抗菌活性的作用机制

## 20.2.4　复用组合生物合成技术建立天然产物类似物库

活性天然产物与其作用的大分子配基在长期共同进化的过程中保持了对于生命现象的精确控制，因而在药物发现与发展（药物化学）和生物有机化学基本规律（化学生物学）

的研究方面扮演了十分重要的角色。构建既有数量又有质量的天然产物类似物库是当前以多样性为导向的化学合成（diversity-oriented synthesis，DOS）领域的主要研究内容之一，其目的是与高通量筛选技术保持同步，满足结构多样性和发展小分子工具探针两方面的需求。为此，化学合成的可行性和有效性往往面临由天然产物的结构复杂性所带来的一系列挑战。刘文课题组在解析其生物合成机制的基础上[54]，发展了一种复用组合生物合成技术（multiplex combinatorial biosynthesis，MCB）（图 20.15）。

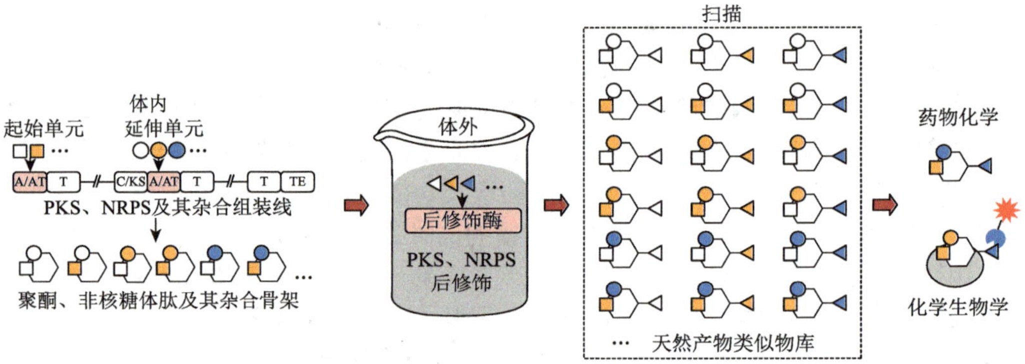


图 20.15　复用组合生物合成技术研究策略

抗霉素是一类由链霉菌所产生，具有强烈抗真菌、抗虫和抗肿瘤等多种生物活性的聚酮-聚肽杂合类抗生素，也是化学生物学研究中经常使用的工具药物。刘文课题组前期的研究表明[54]，一套由非核糖体聚肽合成酶和聚酮合成酶组成的复合酶系负责了九元双内酯骨架的形成。抗霉素的生物合成逻辑具有普遍性，与其他许多聚酮、聚肽及聚酮-聚肽杂合天然产物一样，包含了合成切块的制备、由非核糖体聚肽合成酶或聚酮合成酶催化的线性聚合和骨架后修饰等三个阶段。以抗霉素（antimycins，ANT）产生体系为模型，他们运用以多样性为导向的生物合成（diversity-oriented bio-synthesis，DOBS）策略构建了包含数百个成员的双内酯天然产物类似物库[55]（图 20.16），首先在生化层面鉴别了抗霉素生物合成中发生结构变化的决定因子，接着在技术层面综合运用了体内突变生物合成、途径修饰和体外化学酶催化的生物转化等多种手段，最后在策略层面将组合化学的思路应用于生物合成中起始单元的制备、延伸取代的选择和骨架后修饰的变化上。通过上述努力，一共获得了数百个双内酯天然产物类似物。其中，93.6%为新化合物，拥有大量药学上重要、化学上活泼或自然界中不存在的各种功能基团，从而极大地扩展了分子的多样性和用途。

该天然产物类似物库具有很高的质量。生物活性测试表明，随机选取的 34 个成熟分子与标准天然组分 ANT-3b 相比，约 64.7%的细胞毒性获得提高，约 20.6%的抗真菌活性得以增强；尤其是通过三个位点取代基团的不同组合，分子的细胞毒性/抗真菌活性比例可以达到 8 个数量级的差异，因而为有针对性地发展不同用途、具有高度选择性的药物提供了依据。此外，体内的细胞标记实验证实，包括天然不存在的炔基等基团的引入增强了分子的反应性，从而为工具小分子的制备提供了反应位点。

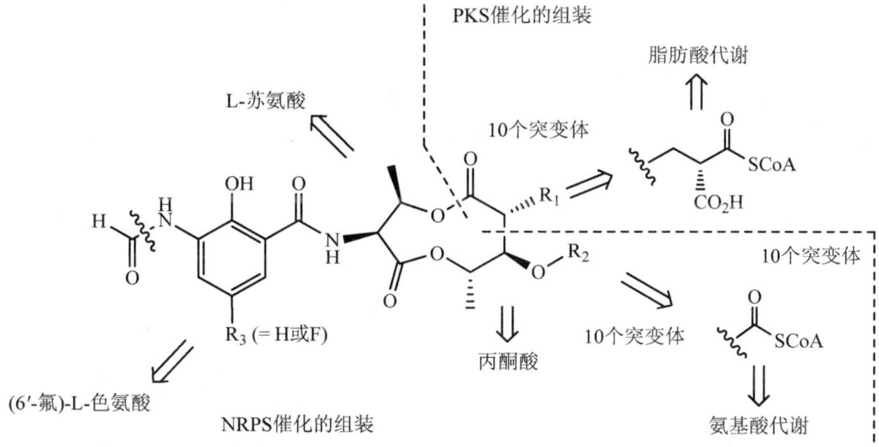


图 20.16　以抗霉素产生体系为模型构建双内酯天然产物类似物库

为了定性和定量的方便，他们在遗传改造的生物合成系统中合成了比较复杂的双内酯结构骨架，而在体外进行最后的 C8 位酰基取代反应以完成分子的成熟。这一策略的优势是成熟反应可以在 96 孔板中进行，便于定量并快速用于活性测试。筛选获得的活性分子再通过放大反应可以大量制备，以满足后续的结构验证、活性验证或其他测试的需求。

与化学合成相比，生物合成在复杂分子制备方面的优势早已为人所知；然而，采用生物合成的方法构建天然产物类似物库却并不普遍。其主要原因在于，当前对于具有高度兼容性的生物合成体系的理解、发展和运用等方面还存在诸多限制。复用组合生物合成技术和以多样性为导向的生物合成策略的成功运用，核心在于将组合化学的理念运用于生物合成的各个阶段。随着对于生物合成机制认识的不断深入和包括蛋白与途径工程改造技术的不断成熟，该技术与策略的运用将对构建针对其他具有相似生物合成逻辑的聚酮、聚肽及聚酮-聚肽杂合天然产物的类似物库提供有效帮助。

## 20.2.5　联二吡啶类抗生素骨架构筑和结构修饰的生物合成机制研究

2, 2′-联二吡啶（2, 2′-bipyridine）作为很多金属螯合配体的核心结构，在催化中心的空间排布过程中发挥“桥梁”的作用。由于联二吡啶的核心骨架易于官能化，通过丰富的取代基修饰可以极大地拓展这类化合物结构和功能的多样性。具有联二吡啶核心骨架的天然产物包括青蓝霉素（caerulomycins，CAE）、克里斯霉素（collismycins，COL）、奥来毒素（orellanine）、喜树碱（camptothecin）、链黑霉素（streptonigrin）等（图 20.17）。其中，青蓝霉素和克里斯霉素在联二吡啶核心骨架的取代修饰上高度相似，仅在 A 环 C5 位上的硫取代修饰不同。青蓝霉素具有抗细菌、抗真菌、抗变形虫、免疫抑制活性和植物性毒性，克里斯霉素物具有抗真菌活性和细胞毒性。青蓝霉素和克里斯霉素的化学结构简单、区别明显，生物活性良好，产生体系明确、操作方便，适合作为理想的对象进行联二吡啶核心骨架构筑和结构修饰机制的比较研究。

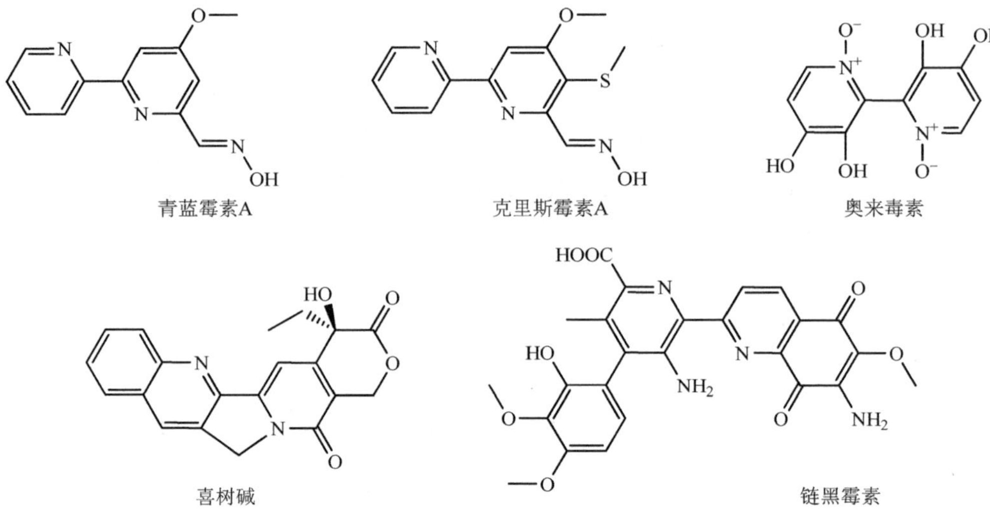


图 20.17　具有联二吡啶核心骨架的天然产物

在前期研究中，刘文课题组同时报道了青蓝霉素和克里斯霉素的生物合成基因簇。通过生物信息学分析，他们发现两者具有很高的组织相似性和序列同源性。通过体内基因敲除和同源回补实验，他们确定了两者生物合成基因簇的核心区域，包含与特殊起始单元 2-吡啶甲酸生物合成相关的基因，负责骨架链组装及成型的聚酮合酶（polyketide synthase，PKS）-非核糖体肽合成酶（non-ribosomal peptide synthetase，NRPS）复合酶系基因。根据同位素标记实验、PKS/NRPS 功能域分析和腺苷化（A）功能域的测活结果，刘文课题组报道了从特殊起始单元 2-吡啶甲酸到延伸单元丙二酰 CoA、L-半胱氨酸、L-亮氨酸的识别、上载和缩合，直至上载后底物的环化及芳构化形成联二吡啶骨架的一般生物合成途径（图 20.18）。该研究首次揭示了由非典型的 PKS-NRPS 复合酶系通过特殊的环化和重排催化联二吡啶核心骨架形成的生物合成逻辑。相关研究成果发表于 *J. Am. Chem. Soc.*[56]。

含有核心骨架结构的 2, 2′-联二吡啶-L-亮氨酸中间体从复合酶系上解离之后，还需要通过 L-亮氨酸残基脱除和其他后修饰最终得到结构多样的青蓝霉素和克里斯霉素。刘文课题组报道了一种金属离子依赖的酰胺水解酶 CaeD/ColD 能够在线下催化 L-亮氨酸残基的去除。与先前报道的许多金属离子依赖的酰胺水解酶不同，这种蛋白（特别是 CaeD）显示出极强的锌离子结合能力。该研究丰富了人们对于天然产物生物合成中金属离子依赖的酰胺水解酶的认识，相关成果发表于 *Synth. Syst. Biotechnol.*[57]。此外，刘文课题组还在青蓝霉素的后修饰过程中发现了一个黄素依赖的单加氧酶 CaeB6 与氧甲基转移酶 CaeG1，两者互相竞争与协作，导致青蓝霉素的后修饰过程发生分支，最终得到 A 环 3 位与 4 位不同取代的系列化合物，相关成果发表于 *Org. Biomol. Chem.*[58]。基于长期系统的研究，该课题组受邀在 *J. Ind. Microbiol. Biotechnol.* 上就近年来以青蓝霉素和克里斯霉素为代表的联二吡啶类抗生素的新发现进行综述。

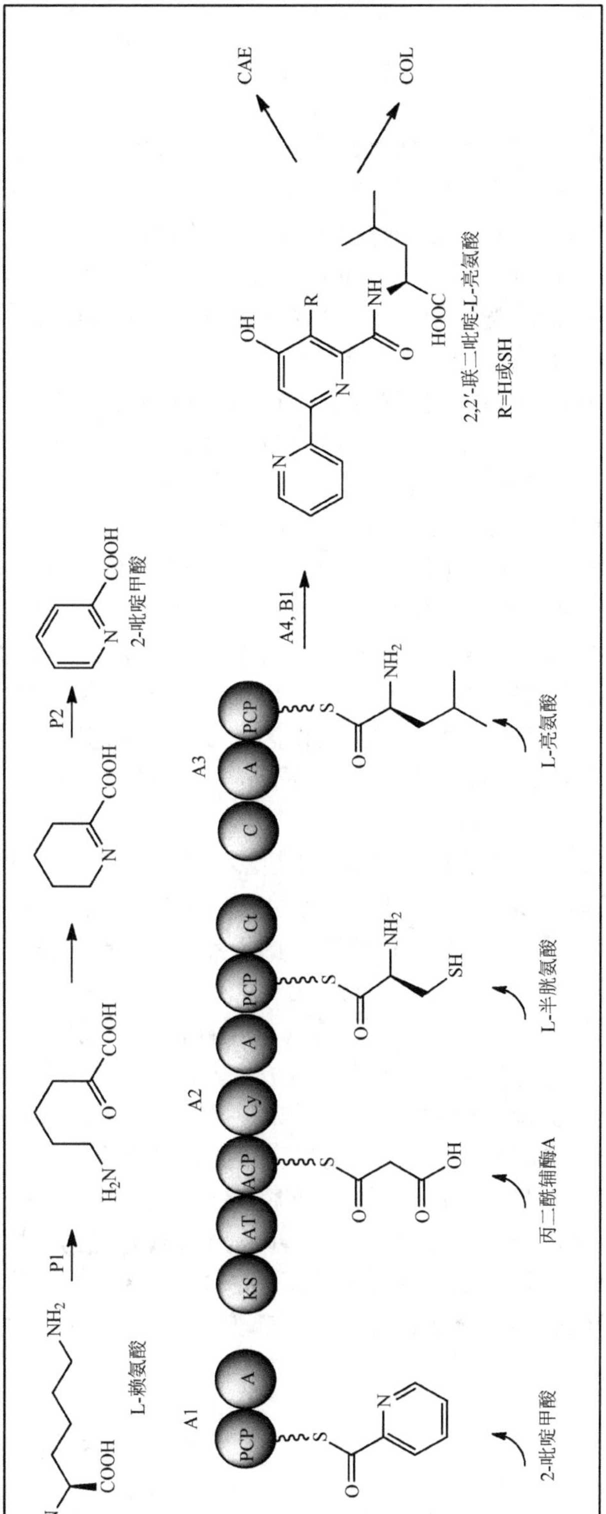


图 20.18　青蓝霉素和克里斯霉素的一般生物合成途径

## 20.3　讨论与展望

天然产物是新药发现和发展的重要源泉，也是行之有效的探针工具。与合成化合物相比，天然产物在化学结构方面体现出更为复杂和丰富的多样性。由于产生于自然，其化学结构和生物活性之间的关系在长期的进化过程中得以选择和优化，独特的化学结构赋予了许多天然产物与特定靶点专一性结合的能力，可以用于在不同阶段和层次研究生物大分子的功能和互作关系。然而，微生物的天然产物产生能力远未得到充分释放，已有天然产物的数量和质量无法与高通量筛选技术保持同步。

目前，采用生物合成的方法扩展分子的结构多样性和用途还不具备普适性。其主要原因在于，当前对于具有高度兼容性的生物合成体系的理解、发展和运用还存在诸多限制。在合成生物学研究中，设计和组装的生物合成体系能否有效运作成为高效的药物分子“生产机器”，需要解决不同化合物（包括中间体）之间、化合物与酶蛋白/细胞之间、不同酶蛋白之间、不同代谢途径之间的相容性问题。在今后的研究中，我们需要针对不同的活性天然产物生物合成机制进行比较研究，进一步学习自然如何将负责不同单元形成的基因元器件（群）进行有效组合，建立各种生物合成途径以完成不同化学分子实体的构筑策略；进而指导在人工操作的技术层面，如何通过决定途径组装和结构变化的关键因子（结构基因或作为催化剂的酶蛋白）的工程性改造，拓展其相关酶学反应的适应性，最终在整个生物合成途径的水平考察并优化可实现多样化合成的体系兼容性。

遵循“师从于自然、认知于自然、创新于自然”的研究思路，基于生物合成途径的建立和新型酶学机理的阐明，在基因、蛋白、途径和功能等不同层次的系统性研究丰富了天然产物创制基本法则的认知。发展基因组水平的天然产物发现新策略，把组合化学的思想应用到生物合成的各个阶段，并运用合成生物学的理念加速小分子的演化过程，将最大限度地丰富分子的多样性和用途。例如，在硫肽类化合物的研究方面，由于结构的复杂性，硫肽的化学合成与修饰十分困难。相比化学合成，基于生物合成创造的硫肽新分子展现了显著的优势。除上述刘文课题组的工作外，美国科学院院士 C. T. Walsh 教授[59-61]、W. L. Kelly 教授[62, 63]等研究团队通过前体肽氨基酸序列的排列组合，获得了上百个新硫肽成员；W. W. Bowers 教授等[64]采用化学酶体外催化的策略获得了数十个新硫肽；T. S. Young 等[65]还将炔基引入硫肽，可以通过 Click 反应进一步拓展硫肽分子的多样性。目前，基于生物合成创造的硫肽新分子数量上已经远远超过了过去 70 年从自然中分离鉴别的总和。基于生物合成机制阐明的组合生物合成，展现了创建工具小分子库的“光明前景”，将为药物研发和分子探针提供大量先导化合物。

本章作者：赵群飞①②，陈单丹①，刘　文①

①中国科学院上海有机化学研究所；②上海中医药大学

## 参考文献


[1] Walsh D P，Chang Y T. Chemical genetics. Chem Rev，2006，106：2476-2530.

[2] Nawrot B，Gaggelli E. Understanding the chemical mechanisms of life. Nat Chem Biol，2007，3：745-749.

[3] Newman R H，Zhang J. Small molecules and chemical tools at the interface. Nat Chem Biol，2008，4：382-386.

[4] Castoreno A B，Eggert U S. Small molecule probes of cellular pathways and networks. ACS Chem Biol，2011，6：86-94.

[5] Arkin M R，Wells J A. Small-molecule inhibitors of protein-protein interactions：progressing towards the dream. Nat Rev Drug Discov，2004，3：301-317.

[6] Newman D J. Natural products as leads to potential drugs：an old process or the new hope for drug discovery? J Med Chem，2008，51：2589-2599.

[7] Yeh B J，Lim W A. Synthetic biology：lessons from the history of synthetic organic chemistry. Nat Chem Biol，2007，3：521-525.

[8] Fahey R C. Glutathione analogs in prokaryotes. Biochim Biophys Acta，2013，1830：3182-3198.

[9] Hand C E，Honek J F. Biological chemistry of naturally occurring thiols of microbial and marine origin. J Nat Prod，2005，68：293-308.

[10] Van Laer K，Hamilton C J，Messens J，et al. Low-molecular-weight thiols in thiol-disulfide exchange. Antioxid Redox Sign，2013，18：1642-1653.

[11] Zhao Q F，Wang M，Xu D X，et al. Metabolic coupling of two small-molecule thiols programs the biosynthesis of lincomycin A. Nature，2015，518：115-119.

[12] Ma M，Lohman J R，Liu T，et al. C—S bond cleavage by a polyketide synthase domain. Proc Natl Acad Sci USA，2015，112：10359-10364.

[13] Newton G L，Leung S S，Wakabayashi J I，et al. The DinB superfamily includes novel mycothiol，bacillithiol，and glutathione *S*-transferases. Biochem，2011，50：10751-10760.

[14] Wang M，Zhao Q F，Liu W. The versatile low-molecular-weight thiols：beyond cell protection. Bioessays，2015，37：1262-1267.

[15] Melancon C E. Biochemistry：elusive source of sulfur unravelled. Nature，2015，518：45-46.

[16] Wang M，Zhao Q F，Zhang Q L，et al. Differences in PLP-dependent cysteinyl processing lead to diverse S-functionalization of lincosamide antibiotics. J Am Chem Soc，2016，138：6348-6351.

[17] Zhong G N，Zhao Q F，Zhang Q L，et al. 4-Alkyl-L-（dehydro）proline biosynthesis in actinobacteria involves *N*-terminal nucleophile-hydrolase activity of gamma-glutamyltranspeptidase homolog for C—C bond cleavage. Nat Commun，2017，8：16109.

[18] Zhong G N，Chen H，Liu W. Reply to ‘C—C bond cleavage in biosynthesis of 4-alkyl-L-proline precursors of lincomycin and anthramycin cannot precede *C*-methylation’. Nat Commun，2018，9：3168.

[19] Zhang D Z，Tang Z J，Liu W. Biosynthesis of lincosamide antibiotics：reactions associated with degradation and detoxification pathways play a constructive role. Acc Chem Res，2018，51：1496-1506.

[20] Jia X Y，Tian Z H，Shao L，et al. Genetic characterization of the chlorothricin gene cluster as a model for spirotetronate antibiotic biosynthesis. Chem Biol，2006，13：575-585.

[21] Shao L，Qu X D，Jia X Y，et al. Cloning and characterization of a bacterial iterative type Ⅰ polyketide synthase gene encoding the 6-methylsalicyclic acid synthase. Biochem Biophys Res Commun，2006，345：133-139.

[22] Fang J，Zhang Y P，Huang L J，et al. Cloning and characterization of the tetrocarcin A gene cluster from Micromonospora chalcea NRRL 11289 reveals a highly conserved strategy for tetronate biosynthesis in spirotetronate antibiotics. J Bacteriol，2008，190：6014-6025.

[23] He Q L，Jia X Y，Tang M C，et al. Dissection of two acyl-transfer reactions centered on acyl-S-carrier protein intermediates for incorporating 5-chloro-6-methyl-*O*-methylsalicyclic acid into chlorothricin. ChemBioChem，2009，10：813-819.

[24] Ding W，Lei C，He Q L，et al. Insights into bacterial 6-methylsalicylic acid synthase and its engineering to orsellinic acid synthase for spirotetronate generation. Chem Biol，2010，17：495-503.

[25] Wu Q Q，Wu Z H，Qu X D，et al. Insights into pyrroindomycin biosynthesis reveal a uniform paradigm for tetramate/tetronate formation. J Am Chem Soc，2012，134：17342-17345.

[26] Zhang Q，Pang B，Ding W，et al. Aromatic polyketides produced by bacterial Iterative type I polyketide synthases. ACS Catalyst，2013，3：1439-1447.

[27] Tian Z H，Sun P，Yan Y，et al. An enzymatic [4 + 2] cyclization cascade creates the pentacyclic core of pyrroindomycins. Nat Chem Biol，2015，11：259-265.

[28] Zheng Q F，Guo Y J，Yang L L，et al. Enzyme-dependent [4 + 2] cycloaddition depends on lid-like interaction of the N-terminal sequence with the catalytic core in PyrI4. Cell Chem Biol，2016，23：352-360.

[29] Zheng Q F，Tian Z H，Liu W. Recent advances in understanding the enzymatic reactions of [4 + 2] cycloaddition and spiroketalization. Curr Opin Chem Biol，2016，31：95-102.

[30] Zheng Q F，Gong Y K，Guo Y J，et al. Structural insights into a flavin-dependent [4 + 2] cyclase that catalyzes trans-decalin formation in pyrroindomycin biosynthesis. Cell Chem Biol，2018，25：718-727..

[31] Liao R J，Duan L，Lei C，et al. Thiopeptide biosynthesis featuring ribosomally synthesized precursor peptides and conserved posttranslational modifications. Chem Biol，2009，16：141-147.

[32] Yu Y，Duan L，Zhang Q，et al. Nosiheptide biosynthesis featuring a unique indole side ring formation on the characteristic thiopeptide framework. ACS Chem Biol，2009，4：855-864.

[33] Ding Y，Yu Y，Pan H X，et al. Moving posttranslational modifications forward to biosynthesize the glycosylated thiopeptide nocathiacin I in *Nocardia* sp. ATCC202099. Mol BioSyst，2010，6：1180-1185.

[34] Zhang Q，Liu W. Biosynthesis of thiopeptide antibiotics and their pathway engineering. Nat Prod Rep，2013，30：218-226.

[35] Wang S F，Zhou S X，Liu W. Opportunities and challenges from current investigations into the biosynthetic logic of nosiheptide-represented thiopeptide antibiotics. Curr Opin Chem Biol，2013，17：626-634.

[36] Yu Y，Guo H，Zhang Q，et al. NosA catalyzing carboxyl-terminal amide formation in nosiheptide maturation via an enamine dealkylation on the serine-extended precursor peptide. J Am Chem Soc，2010，132：16324-16326.

[37] Liao R J，Liu W. Thiostrepton maturation involving a deesterification—Amidation way to process the C-terminally methylated peptide backbone. J Am Chem Soc，2011，133：2852-2855.

[38] Duan L，Wang S F，Liao R J，et al. Insights into quinaldic acid moiety formation in thiostrepton biosynthesis facilitating fluorinated thiopeptide generation. Chem Biol，2012，19：443-448.

[39] Zhang Q，Li Y X，Chen D D，et al. Radical-mediated enzymatic carbon chain fragmentation-recombination. Nat Chem Biol，2011，7：154-160.

[40] Zhang Q，Chen D D，Lin J，et al. Characterization of NocL involved in thiopeptide nocathiacin I biosynthesis a [4Fe-4S] cluster and the catalysis of a radical S-adenosylmethionine enzyme. J Biol Chem，2011，286：21287-21294.

[41] Zhang Q，van der Donk W A，Liu W. Radical-mediated enzymatic methylation：a tale of two SAMS. Acc Chem Res，2011，45：555-564.

[42] Zhang Q，Liu W. Complex biotransformations catalyzed by radical S-adenosylmethionine enzymes. J Biol Chem，2011，286：30245-30252.

[43] Guo H，Wang J，Li Y M，et al. Insight into bicyclic thiopeptide biosynthesis benefited from development of a uniform approach for molecular engineering and production improvement. Chem Sci，2014，5：240-246.

[44] Zheng Q F，Wang S F，Liu W. Discovery and efficient synthesis of a biologically active alkaloid inspired by thiostrepton biosynthesis. Tetrahedron，2014，70：7686-7690.

[45] Wang S F，Zheng Q F，Wang J F，et al. Target-oriented design and biosynthesis of thiostrepton-derived thiopeptide antibiotics with improved pharmaceutical properties. Org Chem Front，2015，2：106-109.

[46] Lin Z，He Q L，Liu W. Bio-inspired engineering of thiopeptide antibiotics advances the expansion of molecular diversity and

utility. Curr Opin Biotechnol，2017，48：210-219.

[47] Wang S F，Zheng Q F，Wang J F，et al. Concurrent modifications of the C-terminus and side ring of thiostrepton and their synergistic effects with respect to improving antibacterial activities. Org Chem Front，2016，3：496-500.

[48] Duan P P，Zheng Q F，Lin Z，et al. Molecular engineering of thiostrepton via single "base"-based mutagenesis to generate side ring-derived variants. Org Chem Front，2016，3：1254-1258.

[49] Zheng Q F，Wang S F，Liao R J，et al. Precursor-directed mutational biosynthesis facilitates the functional assignment of two cytochromes P450 in thiostrepton biosynthesis. ACS Chem Biol，2016，11：2673-2678.

[50] Zheng Q F，Wang S F，Duan P P，et al. An alpha/beta-hydrolase fold protein in the biosynthesis of thiostrepton exhibits a dual activity for endopeptidyl hydrolysis and epoxide ring opening/macrocyclization. Proc Natl Acad Sci USA，2016，113：14318-14323.

[51] Lin Z，Ji J，Zhou S X，et al. Processing 2-methyl-L-tryptophan through tandem transamination and selective oxygenation initiates indole ring expansion in the biosynthesis of thiostrepton. J Am Chem Soc，2017，139：12105-12108.

[52] Qiu Y P，Du Y N，Zhang F，et al. Thiolation protein-based transfer of indolyl to a ribosomally synthesized polythiazolyl peptide intermediate during the biosynthesis of the side-ring system of nosiheptide. J Am Chem Soc，2017，139：18186-18189.

[53] Zheng Q F，Wang Q L，Wang S F，et al. Thiopeptide antibiotics exhibit a dual mode of action against intracellular pathogens by affecting both host and microbe. Chem Biol，2015，22：1002-1007.

[54] Yan Y，Zhang L H，Ito T，et al. Biosynthetic pathway for high structural diversity of a common dilactone core in antimycin production. Org Lett，2012，14：4142-4145.

[55] Yan Y，Chen J，Zhang L H，et al. Multiplexing of combinatorial chemistry in antimycin biosynthesis：expansion of molecular diversity and utility. Angew Chem Int Ed，2013，52：12308-12312.

[56] Qu X D，Pang B，Zhang Z C，et al. Caerulomycins and collismycins share a common paradigm for 2, 2'-bipyridine biosynthesis via an unusual hybrid polyketide-peptide assembly logic. J Am Chem Soc，2012，134：9038-9041.

[57] Chen M，Pang B，Du Y N，et al. Characterization of the metallo-dependent amidohydrolases responsible for "auxiliary" leucinyl removal in the biosynthesis of 2, 2′-bipyridine antibiotics. Synth Syst Biotechnol，2017，2：137-146.

[58] Chen M，Zhang Y P，Du Y N，et al. Enzymatic competition and cooperation branch the caerulomycin biosynthetic pathway toward different 2, 2′-bipyridine members. Org Biomol Chem，2017，15：5472-5475.

[59] Bowers A A，Acker M G，Young T S，et al. Generation of thiocillin ring size variants by prepeptide gene replacement and *in vivo* processing by *Bacillus cereus*. J Am Chem Soc，2012，134：10313-10316.

[60] Young T S，Dorrestein P C，Walsh C T. Codon randomization for rapid exploration of chemical space in thiopeptide antibiotic variants. Chem Biol，2012，19：1600-1610.

[61] Bowers A A，Acker M G，Koglin A，et al. Manipulation of thiocillin variants by prepeptide gene replacement：structure，conformation，and activity of heterocycle substitution mutants. J Am Chem Soc，2010，132：7519-7527.

[62] Zhang F，Li C，Kelly W L. Thiostrepton variants containing a contracted quinaldic acid macrocycle result from mutagenesis of the second residue. ACS Chem Biol，2016，11：415-424.

[63] Zhang F，Kelly W L. Saturation mutagenesis of TsrA Ala4 unveils a highly mutable residue of thiostrepton A. ACS Chem Biol，2015，10：998-1009.

[64] Wever W J，Bogart J W，Bowers A A. Identification of pyridine synthase recognition sequences allows a modular solid-phase route to thiopeptide variants. J Am Chem Soc，2016，138：13461-13464.

[65] Luo X，Zambaldo C，Liu T，et al. Recombinant thiopeptides containing noncanonical amino acids. Proc Natl Acad Sci U S A，2016，113：3615-3620.

# 第四篇

# 基于信号转导途径的药物靶标
# 和先导化合物发掘

# 第21章　抗肿瘤药物新靶标功能确证和先导化合物设计

## 21.1　引　　言

恶性肿瘤严重危害人类的生命健康，是生命科学及药物发现领域最大的热点。21世纪以来，随着基因组学、蛋白质组学、转录组学、代谢组学及微生物组学的飞速发展及大规模商业化应用，人们对肿瘤的认识更加深入：从致癌驱动基因突变引起细胞信号转导通路的失调，到表观遗传的改变引起下游致癌基因表达水平的改变，到肿瘤细胞亚克隆演变，再到包括肠道微生物多样性的改变等多种因素引起的免疫监视逃逸、肿瘤微环境的改变等，最终细胞无限增殖[1, 2]。与之相对应的，抗肿瘤相关靶标功能确证及药物发现也经历了重大转变。

### 21.1.1　主要进展概述

在靶点功能方面，最为突出的是靶向蛋白酪氨酸激酶的药物发现。首个上市的酪氨酸激酶抑制剂是靶向Bcl-Abl融合蛋白的格列卫（伊马替尼），2001年，它的上市使得带有相关融合蛋白的某些突变型慢性髓系白血病患者的中位生存期大大延长。以酪氨酸激酶抑制剂为代表的靶向药物，正式吹响了人类对抗肿瘤的号角[3]。从2001年至今，针对酪氨酸激酶，包括ALK、BCR-Abl、BTK、c-Met、EGFR家族、PDGFR、RET、Src家族及VEGFR家族的抗肿瘤药物中已经有超过39种获得美国食品药品监督管理局（Food and Drug Administration，FDA）批准上市。另外，靶向细胞内信号转导分子的代表PI3K-AKT-mTOR信号通路的多个药物如艾德拉尼、库潘尼西、西罗莫司和依维莫司等，靶向细胞周期蛋白如CDK4/6的药物帕布昔利布、瑞博西尼等，靶向DNA修复蛋白PARP的药物奥拉帕尼、鲁卡帕尼和尼拉帕尼等，靶向蛋白酶体的药物硼替佐米、卡非佐米和伊沙佐米，靶向表观遗传修饰酶HDAC及DNMT的伏立诺他、罗米地辛、贝林司他、西达本胺、帕比司他、阿扎胞苷、地西他滨等，靶向肿瘤代谢相关酶IDH2的药物恩西地平，靶向细胞凋亡的相关蛋白BCL2与BAK、BAX相互作用的药物维奈妥拉，靶向肿瘤微环境的癌相关成纤维细胞基质因子CXCR4的药物普乐沙福的获批上市极大地丰富了抗肿瘤联合用药的策略，人类与肿瘤的抗争手段更加多样。国内自主研发的呋喹替尼（已申报上市）、阿帕替尼、埃克替尼、西达本胺也在这期间崭露头角。2015年以来，除了小分子药物在肿瘤领域大放异彩，单克隆抗体、抗体偶联药物、嵌合抗原受体T细胞、溶瘤病毒等生物技术药物发展也是突飞猛进，肿瘤免疫组合疗法更是在多个肿瘤适应证上颠覆了传统的一线化疗标准疗法。至此，人类与肿瘤的抗争已进入战略相持阶段，下一步的目标已经是将大部分肿瘤彻底转化为慢性疾病。

新概念新技术的引入大大拓展了小分子药物的靶向空间。2013 年，FDA 批准了首个通过理性药物设计得到的变构药物曲美替尼，该药物由葛兰素史克公司开发，靶向 MEK1/2 激酶异构位点；2016 年，FDA 批准了首个蛋白质-蛋白质相互作用抑制剂维奈妥拉，由艾伯维公司通过核磁共振筛选得到并完成后续研发[4]；2016 年，美国西奈山伊坎医学院的 E. Premkumar Reddy 发现 Rigosertib 可以阻断突变的 RAS 及 RAS 结合结构域（RBD）的蛋白质-蛋白质相互作用[5]，该药物已于 2015 年进入临床Ⅲ期治疗阿扎胞苷或地西他滨治疗失败的骨髓增生异常综合征；2018 年，蛋白水解靶向嵌合体 PROTAC 技术先驱 Craig 创立的 ARVINAS 公司开发的雄激素受体 PROTAC、雌激素受体 PROTAC 申报临床。

### 21.1.2　研究策略与目标

尽管在肿瘤发生发展中扮演不同功能的成熟靶点上取得了巨大的进步，细胞内众多的重要功能靶点却很难通过传统的药物发现策略去干预。例如，蛋白质-蛋白质相互作用作为药物靶标，其结合界面宽广而平坦，没有很好的活性口袋，现有化学空间很少覆盖具有竞争酶活底物（非激酶的 ATP）能力的化学骨架。我们基于药物设计新方法（靶标评价、虚拟筛选药物设计、类药性评估），对筛选得到的化合物进行结构优化，得到先导化合物（高通量筛选及活性验证），进行靶标确证及作用机制研究（靶标确证、体内药效、作用机制）。研究目标为：①系统、高效地运用针对蛋白质-蛋白质相互作用的计算生物学及药物设计新方法，构建稳定可靠的特异性虚拟筛选评价模型，解决目前蛋白质-蛋白质相互作用调控化合物活性差的难点；②建立和完善针对蛋白质-蛋白质相互作用的小分子调控剂的高通量筛选及确证平台，发现并确证几类具有新型母核结构的蛋白质-蛋白质相互作用的选择性调控剂；③建立蛋白质-蛋白质相互作用小分子调控剂的细胞水平评价技术平台，确证具有良好细胞活性的蛋白质-蛋白质相互作用小分子调控剂；④表征蛋白质-小分子复合物晶体结构，基于晶体复合物结构指导药物化学合成优化；⑤深入揭示分子、细胞等层面上小分子调控剂的作用机制。

### 21.1.3　技术路径

（1）蛋白质-蛋白质相互作用计算生物学和药物设计新方法。①使用分子动力学模拟分析蛋白质-蛋白质相互作用结合界面的构象变化和动力学特征，获得蛋白质-蛋白质相互作用界面与小分子相互作用的活性构象；②计算潜在结合位点中功能残基的贡献比例，发展识别和预测界面上热点残基的方法；③利用已知的蛋白质-蛋白质相互作用的实验数据和统计学习方法，构建相应的蛋白质-蛋白质相互作用可靶性预测模型；④发展适应蛋白质-蛋白质相互作用研究体系的打分函数，发展考虑构象熵及去溶剂化效应的打分函数，增强结合界面残基构象采样的诱导契合对接方法，构建基于动态蛋白结构的药效团模型。

（2）蛋白质-蛋白质相互作用小分子调控剂的体外体内筛选方法。首先，建立基于荧光偏振和时间分辨荧光的化合物高通量筛选方法，进行快速筛选；其次，通过蛋白热稳定性迁移、表面等离子共振、等温量热滴定、核磁共振等多种生化、生物物理学方法在体外对化合物进行活性测定及作用机制验证；最后，在细胞水平通过细胞水平蛋白热迁移、qPCR 靶基因表达水平分析、免疫共沉淀、细胞共定位等方法研究化合物在细胞内的作用机制。

（3）蛋白质-蛋白质相互作用目标蛋白与小分子调控剂复合物晶体结构与功能研究。①通过解析小分子调控剂与目标蛋白的复合物晶体结构，对小分子与目标蛋白的关键相互作用进行分析；②研究目标蛋白的致病机制，通过对其导致疾病发生的调控网络进行分析，获得与目标蛋白相关的一系列肿瘤标志物，用于临床诊断分析；③在动物水平验证靶标的成药性及蛋白质-蛋白质相互作用化合物的抗肿瘤活性，并为后续临床前研究提供指导。

（4）蛋白质-蛋白质相互作用小分子调控剂的药物化学优化。在得到小分子调控剂与目标蛋白的复合物晶体结构后，通过联合使用基于结构的药物设计和基于片段的药物设计策略，结合优势片段嫁接和骨架跃迁的研究思路，对蛋白质-蛋白质相互作用小分子抑制剂进行优化。

（5）非蛋白质-蛋白质相互作用小分子调控剂的发现、确证、药物化学优化、功能机制研究等除了靶标可靶性研究与以上策略不同，基本沿用蛋白质-蛋白质相互作用小分子调控剂的基本研究框架。

## 21.2　研究进展与成果

针对“抗肿瘤药物新靶标功能确证和先导化合物设计”的重点之一，我们对靶点的结构进行分析，针对不同结构特点设计研究策略。靶点结构上，根据小分子结合位点的形状及理化性质可分为：酶的活性位点、蛋白质-蛋白质相互作用界面或其他功能未知的结合位点。而功能未知的结合位点可以用作酶的活性或蛋白质-蛋白质相互作用的变构调控位点。蒋华良与何川等通过对铜离子转运蛋白 Atox1 的可靶性进行化学生物学研究，运用计算机辅助药物设计的手段，筛选出结合在 Atox1 及其同源蛋白 hCCS 相互作用界面的化合物，该项研究不仅为该类抗肿瘤靶点提供了活性优良的先导化合物，也拓宽了抗肿瘤的功能性靶点，并且为基于蛋白质-蛋白质相互作用的小分子抑制剂提供了良好的方法[6]；此外，蒋华良、杨财广与刘江通过基于结构的药物设计，发现了结合在 SPOP 表面的小分子化合物 6b，干预 SPOP 与 PTEN 相互作用，为特异性靶向肾癌的新药研究初步验证了新靶标，提供了新颖的先导化合物[7]；在非蛋白质-蛋白质相互作用抗肿瘤靶标确证及先导化合物设计方面，罗成与陈畅等通过基于配体与受体相结合的虚拟筛选方法，辅以分子及细胞水平生物实验确证，发现了第一个 PI4KⅡα 的底物（PI）竞争性抑制剂 PI-273，同时该抑制剂为 PIK 家族第三个抑制剂，PI-273 特异性作用于底物 PI 结合的棕榈酰化位点，显示了良好的 PIK 亚型选择性，为抗肿瘤药物靶标 PI4KⅡα 提供了良好的先导化合物[8]。

### 21.2.1　靶向铜离子转运蛋白 ATOX1 的药物设计及作用机制研究

1. 研究背景

作为生命体抗氧化防御多种酶的辅因子，铜离子是多种生物体的必需元素，通过参与多种通路，在生物体的多种生物学过程中发挥重要的作用（图 21.1）。此外，铜离子的稳态还与血管内皮细胞的生长和增殖密切相关[9]。在铜离子的参与下，血管内皮细胞的增殖被诱导，并变得更加活跃[10]。在漫长的生物进化过程中，铜离子成为具有生物活性的元素，主要是由于它独特的电化学性质。然而对于生物体来说，不受控制的铜离子水平，会对生物体系造成损害。

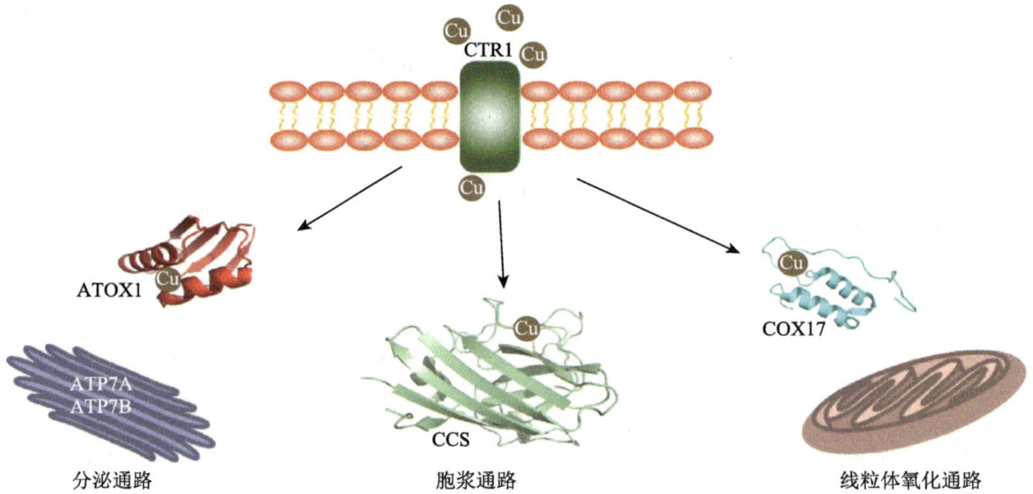


图 21.1　哺乳动物细胞中主要的铜离子通路图

在真核细胞中，活性氧（reactive oxygen species，ROS）主要来源于呼吸链中分子氧的单电子还原过程。这个过程中产生的超氧化物具有很高的反应性，因此会对一些催化氧化还原反应的重要酶或复合物造成损害。在体内，抗氧化酶 Cu/Zn 超氧化物歧化酶（antioxidant enzyme Cu/Zn superoxide dismutase，SOD）主要负责清除这些超氧化物。在哺乳动物中，一共有三种 SOD 酶，其具有不同的亚细胞定位，而铜离子对于 SOD1 正常的氧化还原循环是必需的。SOD1 蛋白是一种含有 Cu/Zn 离子的同型二聚体酶，能够通过铜离子循环性地氧化和还原，催化过氧化物与过氧化氢及氧气的反应。最近有研究发现，对 SOD1 的抑制，能够减弱血管内皮细胞在血管生成过程中对抗升高的 ROS 水平的能力，进而抑制血管的生成及肿瘤的发展和转移。

与铜离子有关的疾病大致可以分为两大类：①铜离子不足相关的疾病，如门克斯病[11]；②铜离子过量相关的疾病，如威尔逊氏症和原发性铜中毒等[12]。近年来，铜离子在人体内的调控机制，已经成为肿瘤生物学的一个重要分支。越来越多的证据表明，铜离子在外伤修复、肿瘤生长及神经退行性疾病等过程中，也起到了关键的作用[13]。与正常细胞相比，肿瘤细胞中的铜离子含量是明显升高的。越来越多的证据表明，靶向铜离子调控与转运的新策略，有望成为抗肿瘤药物研发的新方向。目前在临床上，治疗铜离子紊乱的唯一手段，是使用非选择性的金属离子螯合剂。虽然有研究表明，这种治疗方法能显著抑制严重联合免疫缺陷小鼠的肿瘤生长，但是这些非选择性的金属离子螯合剂会造成严重的毒副作用。一方面，使用这些非选择性金属离子螯合剂以后，铜离子的含量会变得过低。另一方面，这些非选择性的金属离子螯合剂，会影响其他金属离子的含量，引起严重的毒副作用[14, 15]。因此，寻找安全的铜含量调控策略，是非常重要且迫切的。

近年来的研究发现，与正常细胞相比，铜离子伴侣蛋白 Atox1（antioxidant 1 copper chaperone）和 CCS（copper chaperone for superoxide dismutase）在多种肿瘤细胞中的表达量显著升高。研究表明，细胞膜表面的转运蛋白 CTR1 在铜离子的摄取中发挥关键的作用。一旦进入细胞，铜离子会通过不同的途径，分布至生物体不同的位置。在铜离子进入细胞质以后，会与 Atox1 和 CCS 结合，因此铜离子的调控是由蛋白-蛋白相互作用介导的。Atox1 蛋白通过一段保守的 CXXC 基序，与 Cu(Ⅰ)离子结合，并通过分泌途径把铜离子运送至 ATP7A 和 ATP7B 的金属离子结合结构域[16]。而 CCS 蛋白则通过一段与 Atox1 蛋白同源的 CXXC 铜离子结合基序，把铜离子运送至 SOD1 蛋白[17]。越来越多的证据表明，这些铜离子伴侣蛋白对于肿瘤细胞的增殖是必不可少的。此外也发现，当 Atox1 和 CCS 被抑制时，肿瘤细胞的增殖明显变慢了[18]。因此，寻找靶向这些铜离子伴侣蛋白的小分子化合物，如 Atox1 和 CCS，是很有必要的。

基于分子对接的虚拟筛选，是先导化合物和化学探针发现的一种重要策略。基于这些铜离子伴侣蛋白的结构，我们采用虚拟筛选的策略，综合运用多种分子对接工具与打分函数，首次发现了一系列靶向 Atox1 和 CCS 界面的小分子抑制剂。通过基于分子对接的虚拟筛选、CScore 等打分函数的评价、结构聚类分析及相似性搜索等多种药物设计的方法，最终获得了在分子、细胞和动物水平均展现出良好效果的小分子抑制剂。实验证明，这些小分子抑制剂能够在人源 Atox1 和 CCS 蛋白的铜离子转运的界面与蛋白结合。而小分子化合物与蛋白的结合，能够有效抑制铜离子的转运（图 21.2），进而抑制肿瘤细胞的增殖和生长。这个系列的化合物，除了具有抗肿瘤活性，还能抑制细胞中的铜离子摄取，因此，其对铜离子代谢紊乱相关的疾病也具有潜在的应用前景。

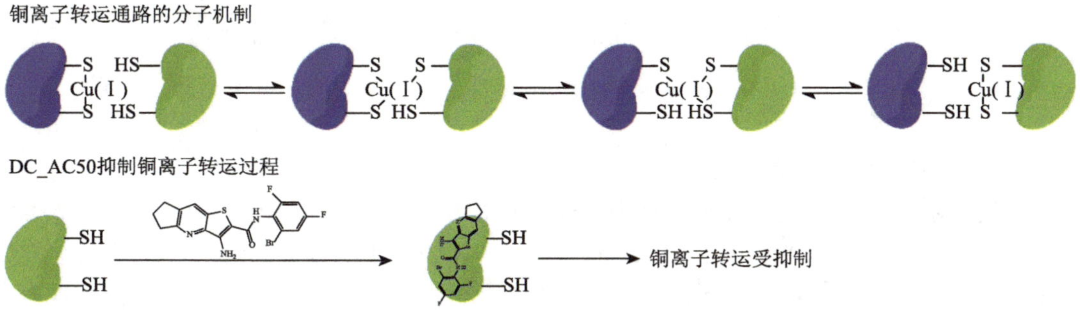


图 21.2　铜离子转运的分子机制及虚拟筛选的策略

2. 研究方法

研究采用基于分子对接的多层逐级虚拟筛选策略与基于配体相似性的结构搜索相结合的方法，开展了针对 Atox1 蛋白的小分子抑制剂的发现与设计，具体流程见图 21.3。首先，采用 DOCK4.0[19]软件，对荷兰 Specs 公司的小分子化合物数据库，包含 202328 个化合物，进行基于分子对接的第一轮虚拟筛选。这一轮排名靠前的 10125 个化合物被挑选出来，并用 CScore[20]重新打分，打分高于 4 的 1075 个化合物被挑选出来，并进行第二轮基于分子对接的虚拟筛选，采用的是 AutoDock3.0.5[21]软件。根据打分和 $K_i$ 值，挑选出最优的 301 个待测试的候选化合物。最后对这些化合物进行结构聚类，并最终挑选了 127 个化合物，作为第二轮筛选的结果，以进行实验的验证。经过酶活的测试，4 个苗头化合物展现出对于 Atox1 的抑制活性。为了寻找更多活性或成药性提高的活性化合物，基于二维或三维结构相似性，又找到了 520 个类似物或新骨架化合物。经过水溶性预测，241 个化合物被挑选出来进行结构聚类。随后 110 个候选化合物被挑选出来进行酶活检测。最终，6 个活性更好的能够抑制 Atox1 蛋白的化合物被发现。

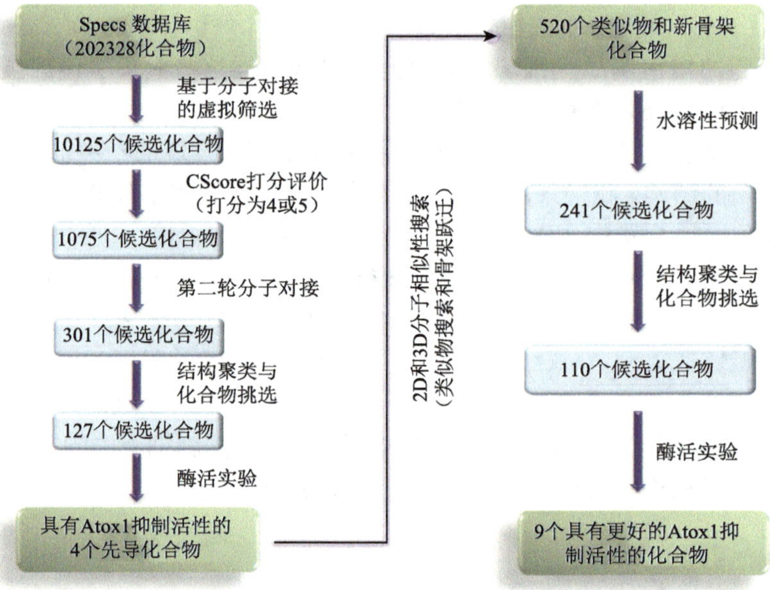


图 21.3　基于分子对接的多层逐级虚拟筛选获得苗头化合物的总流程

1）基于分子对接的虚拟筛选

在进行基于分子对接的虚拟筛选前，需要先对 Specs 数据库中的小分子化合物数据进行一定的预处理。研究中使用了 Discovery Studio 2.1 中的 Ligand Preparation 模块，对当时 Specs 数据库中的 202328 个小分子化合物进行了预处理。具体来说，就是去除含有金属离子的化合物，给化合物加上氢原子，并预测化合物在 pH 范围 5.1～9.1 之间的质子化状态，最终将化合物的二维结构转换为合理的三维结构，为后续的分子对接做准备。在对小分子化合物产生三维构象的过程中，使用了 CAESAR[22]程序进行构象分析。为了节约计算时间，最大构象的数目设定为 200。

除了对小分子化合物数据进行预处理，研究中还对 Atox1 蛋白与铜离子结合的二聚体进行了一定的处理。研究的目的是寻找能够阻断二聚体形成的小分子抑制剂，因此选用了二聚体的其中一个单体，作为虚拟筛选中分子对接的受体。第一步，需要补全蛋白缺失的残基与原子，然后删除结构中的配体、离子和水分子，并给蛋白加上全部的氢原子及 Kollman AⅡ类型的原子电荷。第二步，选择二聚体的相互作用界面，并使用 Sybyl 程序以 V19 残基为中心，以周围 4Å 以内的残基定义为分子对接的结合位点。第三步，使用 DOCK4.0 程序中的 AutoMS 模块，计算活性位点的分子表面，然后利用 Sphgen 程序产生描述活性位点的球集，并选择球集聚类的第一类。第四步，产生一个包含所选球集的空间盒子，并使用 Grid 程序计算盒子内静电相互作用和范德瓦耳斯相互作用的网格文件。第五步，将 Specs 数据库的化合物对接进入处理好的活性位点，进行分子对接及打分评价。

2）打分函数评价及逐级分子对接

作为对第一轮分子对接的补充，针对 DOCK4.0 对接得到的化合物结合构象，使用 Sybyl 软件中的 CScore 模块，综合评价小分子化合物与活性口袋的结合亲和力。由于不同的打分函数采用了不同的评价方法，并基于不同的训练集进行参数的拟合，各自具有一定的优点和缺点，因此综合使用多种打分函数来评价小分子化合物与蛋白质受体的亲和力，是比较合理的策略。而 CScore 综合了多种不同类型的打分函数对小分子配体与蛋白质受体的结合亲和力进行排序，比单一的打分函数可靠性更高。综合考虑打分结果与化合物的结合模式，我们挑选出打分靠前的 1075 个化合物，并采用 AutoDock3.0.5 软件进行第二轮基于分子对接的虚拟筛选。AutoDock 采用了拉马克遗传算法，与 DOCK4.0 相比能够更好地搜索小分子化合物在结合口袋中的活性构象，并且在打分函数中加入了考虑溶剂化效应的自由能计算项。在完成分子对接后，AutoDock 程序既能预测配体与受体的相互结合能，又能预测配体与受体的结合常数 $K_i$，为候选化合物的挑选提供了理论依据。

3）结构聚类与基于配体的相似性搜索

由于 Specs 等化合物库存在大量骨架相同或相似的化合物，为了最大化候选化合物覆盖的化学空间，有必要对虚拟筛选得到的化合物进行基于配体相似性的结构聚类。研究中使用了 PipelinePilot 软件，对经过第二轮分子对接得到的 301 个化合物，进行了基于骨架结构相似性的聚类分析。选择 FCFP_4 的聚类方法，以保证最大化结构多样性为原则，以 RMSD 的差值为聚类距离，将这些化合物聚为 60 类。从每一个子类中挑选 2～3 个化合物，最终得到 127 个候选化合物用于后续的生物活性实验测试。

在获得初步的苗头化合物后，为了寻找活性更好的衍生物或结构类似的化合物，研究中使用了 ChemMapper 在线服务器，进行基于配体相似性的化合物搜索。该工具使用 SHAFTS 程序，综合考虑分子形状匹配和化学特征匹配来计算和排序。研究中将搜索的相似性阈值设为 1（范围 0～2），得到了 520 个苗头化合物的二维和三维结构类似的化合物。从中去除 lg*S* 值小于–6 的化合物，得到了 241 个候选化合物。对这些化合物再次进行结构聚类和分析，最终挑选了 110 个化合物进行实验测定。

3. 研究结果（分子、细胞机理实验由芝加哥大学何川课题组完成，动物实验由 Emory 大学 Jing Chen 课题组完成）

在分子水平化合物活性验证中利用 FRET eCALWY3 传感器来验证虚拟筛选所得化合物的活性。实验中发现了 6 个活性化合物，化合物 2、30、49、50、61、71 的 $IC_{50}$ 值分别为 8μmol/L、25μmol/L、30μmol/L、7μmol/L、18μmol/L、29μmol/L。其中活性较好的是化合物 2 和化合物 50。

我们后续利用酪氨酸/色氨酸荧光实验来检测化合物 DC_AC2 和化合物 DC_AC50 对 Atox、hCCS 和 WD4 的结合亲和力。由于 3 种蛋白在序列上有很高的相似性，化合物对这 3 种蛋白的结合亲和力相差不大［图 21.4（b）］。结果表明，基于多层逐级分子对接的虚拟筛选得到的化合物对作用的靶标有较强的亲和力和分子水平活性。

进一步验证化合物 DC_AC2 和化合物 DC_AC50 对肿瘤细胞的抑制作用。实验结果表明化合物 DC_AC50 对多种肿瘤细胞存在有效的抑制作用，且不会对正常细胞产生毒副作用［图 21.4（c）］。后续我们进一步验证化合物 DC_AC50 在细胞中对铜离子转运的影响。细胞实验的结果表明，化合物 DC_AC50 在 H1299 细胞中能引起铜离子的累积、ROS 水平的升高，并降低 $NADPH/NADP^+$ 的比例。值得注意的是，化合物 DC_AC50 并不直接与铜离子产生相互作用，因此不会影响正常细胞内铜离子的功能。与对照组相比，化合物 DC_AC50 处理的小鼠的肿瘤生长受到了显著的抑制［图 21.4（d）］。

(a)

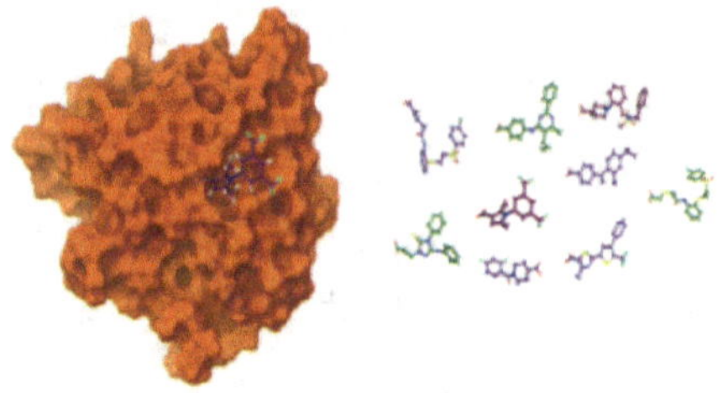

基于结构的虚拟筛选挑选出110个化合物

(b)

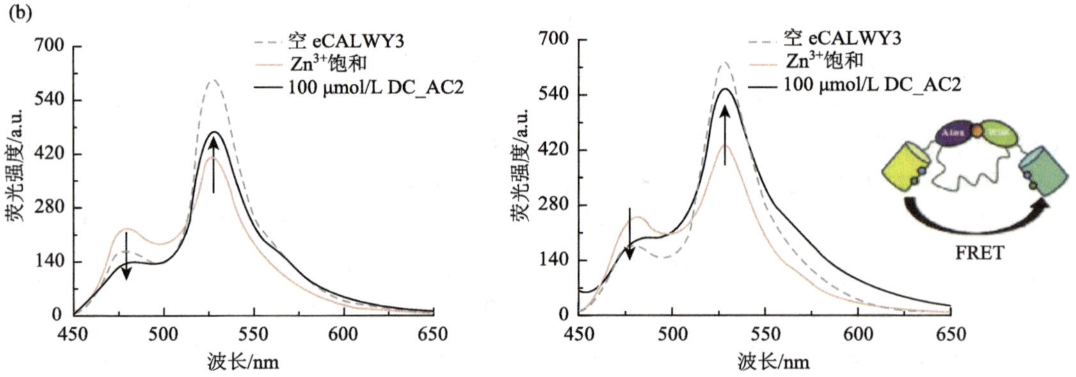


FRET传感器验证小分子活性得到活性较好的DC_AC2和DC_AC50

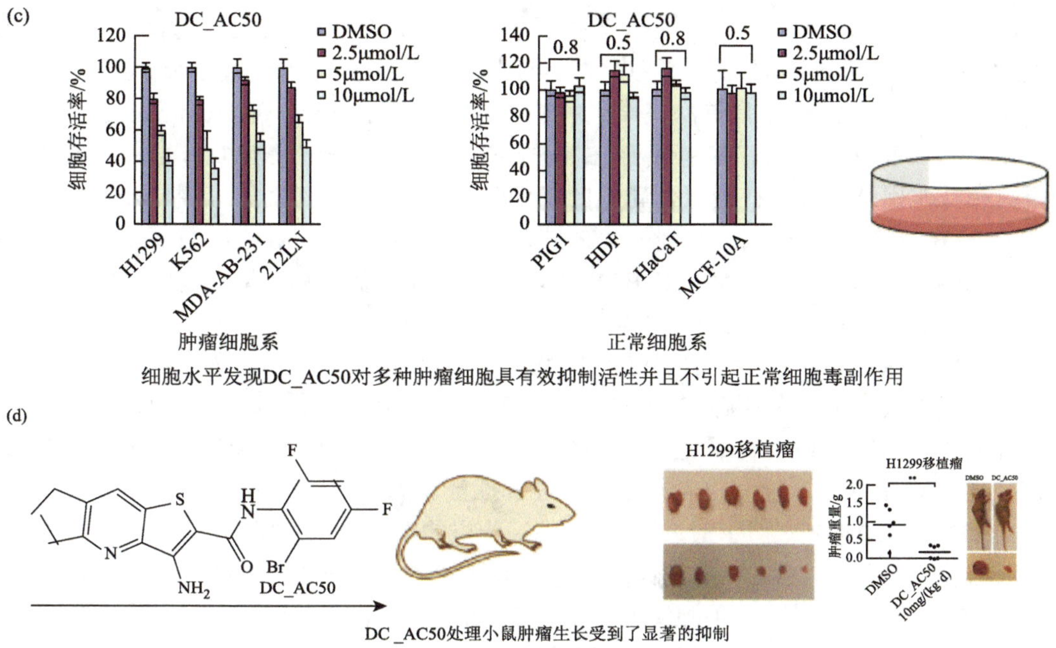


图 21.4　DC_AC50 研发路径图

该研究综合采用了计算方法与实验技术相结合的研究策略（图 21.4），通过靶向蛋白质-蛋白质相互作用界面，为抗肿瘤药物研发提供了新的重要策略，为加速创新药物的研发提供了新的手段。目前该项研究成果相应的知识产权已成功转让。

### 21.2.2　靶向 E3 泛素连接酶 SPOP 的药物设计及作用机制研究

1. 背景

泛素信号通路通过泛素化作用介导胞内底物蛋白的降解，调控多种细胞活动，如转录调控[23-25]、细胞信号转导[26-30]、DNA 修复[31, 32]和细胞凋亡等[33-35]。由泛素化信号通路介导的蛋白泛素化及降解依赖于由泛素激活酶（E1）、泛素结合酶（E2）和泛素连接酶（E3）组成的串联酶系统的多步酶催化反应，其主要包含三步反应过程：首先在 ATP 供能的情况下泛素由激活酶 E1 加上引物；其次被转移到结合酶 E2 上通过硫酯键与 E2 的活性位点的半胱氨酸残基相连；最后由 E3 将其连接到指定的底物上，进而通过 26S 蛋白酶体降解底物蛋白[36, 37]。这个过程的特异性主要由多种不同的 E3 泛素连接酶决定，因为它们能通过大量的特异性调节因子来招募底物，而且 E3 是直接催化泛素与底物反应的酶[38-40]。

泛素连接酶 E3 主要分为两大类：HECT（homologous to E6-AP carboxyl terminus）E3 泛素连接酶和 RING（really interesting new gene）E3 连接酶。HECT E3 泛素连接酶将泛素转到底物蛋白之前，先与泛素形成共价的 E3-泛素中间体[41, 42]。而 RING E3 泛素连接酶直接催化泛素从 E2 转移到底物上[43, 44]。RING E3 泛素连接酶又能进一步分为三大家族：Simple RING、Cullin RING 连接酶（cullin RING ligase，CRL）和后期促进复合物（anaphase promoting complex，APC）[43]。在人类基因组中，有基于不同 Cullin 的五大主要的 CRL 家族，它们具有不同的底物接头蛋白[45, 46]。其中，包含 BTB 结构域蛋白是 Cullin3 的特异性接头蛋白。BTB 结构域是首次在果蝇的转录抑制因子 Bricabrack-Tramtrack-Broad 复合物中发现的二聚模体[47]。许多包含 BTB 结构域的蛋白同时含有 MATH、Kelch 或者其他的蛋白相互作用结构域，在泛素化靶标的识别中起一定作用[26, 48-51]。其中 MATH-BTB 是最大的 BTB 亚家族，它的特点是在 BTB 结构域的 N 端有一个 MATH（meprin-associated TRAF homology）结构域，MATH-BTB 出现在 113 种细菌和真核生物基因组中，在生物体抗病毒防护机制中发挥重要作用[52-54]。

SPOP（speckel-type POZ protein）是 MATH-BTB 蛋白的一员。人类 SPOP 蛋白已经在八种组织中被发现，包括心脏、大脑、肺、肝、肾、胰腺、胎盘和骨骼肌，并在生物个体发育及肿瘤的发生和发展中发挥重要作用[55, 56]。在哺乳动物中，SPOP 与 MacroH2A 和 DAXX 的泛素化有关，能调控 MacroH2A 在非激活状态的 X 染色体上的沉积并调控凋亡蛋白如 p53 的转录抑制[57, 58]。最近，SPOP 基因位点的系统分析发现，在乳腺癌中此位点有高比例的基因丢失，并且 SPOP 的恢复表达能抑制 SRC-3 介导的致癌信号和肿瘤发生[59]。Liu 等对来自不同器官的 18 种肿瘤所表达的 SPOP 进行组织芯片筛选，结果发现在肾透明细胞癌中 SPOP 有高达 99%的表达，且相关机制研究表明过表达的核蛋白 SPOP 会在细胞质中大量累积[60]。因此，SPOP 是一种重要的全新抗癌靶标，是针对肾透明细胞癌等极易耐药肿瘤的潜在干预靶点。

2. 研究具体成果

1）结合多层虚拟筛选与分子相似性搜索的药物设计

小分子抑制剂的设计采用基于受体的药效团模型筛选、分子对接筛选及分子相似性搜索等方法相结合的策略，具体流程见图 21.5。

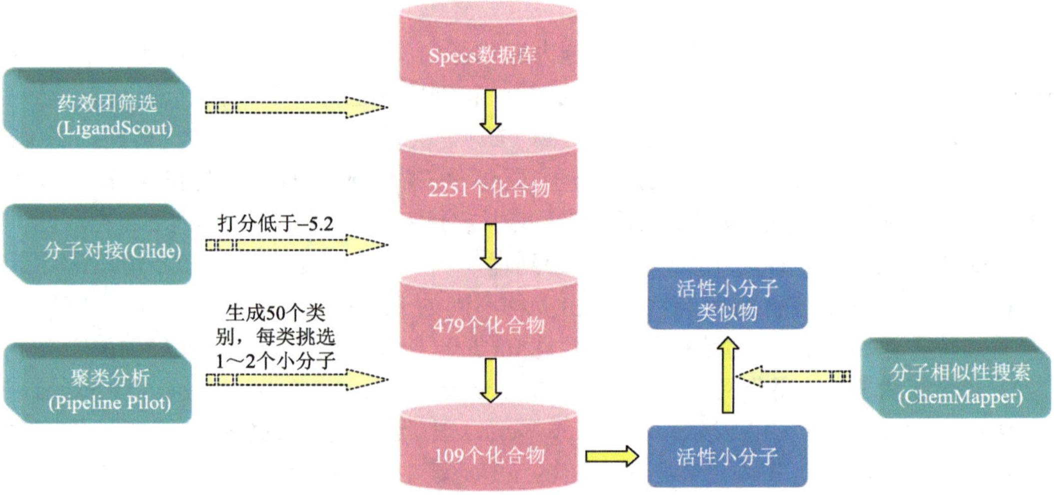


图 21.5　SPOP 小分子抑制剂的筛选和改造流程图

（1）基于药效团的虚拟筛选。蛋白底物与 SPOP 结合部位的多肽序列有共同的特征，被称为 SBC 模体[61]。SBC 模体包含 5 个残基，分别为 φ-π-S-S/T-S/T，其中 φ 为非极性残基，π 为极性残基。从晶体结构 3IVB 出发，以其中的 SPOP 蛋白为受体，组蛋白 MacroH2A.1 多肽链中的 SBC 模体 ADSTT 短肽链为配体，使用 LigandScout 2.0.2 软件的 create pharmacophore（catalyst）模块生成药效团模型，该模型包含 7 个药效团特征[62]。通常来说，用来筛选的药效团模型特征应该在 5 个以内，因此需要对这 7 个特征进行挑选。我们搜集了现有 SPOP 与底物多肽的复合物晶体结构，用相同的方法对其中的不同 SBC 模体生成相应的药效团模型，这些模体除 ADSTT（3IVB、3HQH、3HSV）外还有 VTSTT（3HQI、3HQL、3HU6、3IVV）和 VSSST（3HQM、3IVQ）。从这些药效团模型中，选择了其中所有模型共有的最重要的 4 个药效团特征为最终的药效团模型。该模型包含 2 个氢键受体、1 个氢键供体和 1 个疏水基团。在 ADSTT 的 SBC 模体中，非极性残基丙氨酸（alanine，A）作为主要的疏水基团部分，极性残基天冬氨酸（aspatic acid，D）的羧基氧原子与末端残基苏氨酸（threonine，T）的侧链羟基氧原子作为氢键受体，而中间残基丝氨酸（serine，S）的侧链羟基则作为氢键供体。同时，为了描述结合位点的形状特征，SBC 模体周围 6.0Å 范围外的氨基酸残基重原子的位置都被标识为排斥体积，防止在匹配过程中配体分子与受体发生碰撞。用此药效团模型，使用 DiscoveryStudio2.1（Accelrys Inc，San Diego，CA）程序对 SPECS 小分子数据库进行第一轮的虚拟筛选。根据筛选出来的化合物与构建的药效团之间的匹配值（fit value），得到 2251 个小分子候选化合物。

（2）基于分子对接的虚拟筛选。为了对药效团模型筛选得到的化合物进行后续打分评价，我们使用分子对接方法进一步进行过滤筛选。为了找到最适合 SPOP 这一体系的分子对接软件，我们对之前使用过的 SPOP 复合物晶体结构中的 SBC 模体多肽分别用 DOCK4.0[19, 63]、AutoDock3.0[64, 65]及 Glide[66-68]软件进行了还原对接。通过对比对接结果的构象与晶体结构的构象，对于 SPOP 这一体系来说，对接的准确度为 Glide＞AutoDock3.0＞DOCK4.0。因此，我们最终选择了用 Glide 软件对药效团筛选出的小分子进行进一步的分子对接筛选。同时，由于现有数个 SPOP 晶体结构，在对小分子进行对接筛选之前，先用 Glide 软件对所有可用晶体结构进行了还原对接。结果显示各晶体结构的对接打分都较低，而其中 3HQM 的打分最低，为–7.950。因此，选择 3HQM 晶体结构中 SPOP 的构象作为分子对接的受体结构。首先我们对受体蛋白进行预处理，在 Maestro（version 7.5，Schrödinger，LLC，New York，NY，2005）中加上氢原子，并对它们的位置进行优化。选取 ADSTT 模体的中心残基 S 的主链碳原子作为对接时的格点中心，然后对格点中心 10Å 范围内的受体原子生成能量格点。接着使用 Glide XP 模式对药效团初筛得到的 2251 个小分子进行对接和打分。最后得到打分（GScore）低于–5.2 的小分子 479 个。对这些小分子用 Pipeline Pilot 进行结构的聚类分析，共分为 50 大类，再在每一类中挑选 1～2 个小分子，共选出 109 个小分子进行实验测定。

2）苗头化合物的生化确证

首先，我们建立荧光偏振实验筛选平台来验证虚拟筛选得到的化合物。为了寻找 SPOP 最适合的实验浓度，先用 SPOP 的底物（FITC-pep）进行 FP 结合实验。该底物的 $K_D$ 值为 5.93μmol/L，与文献报道的亲和力一致，证明实验使用 SPOP 蛋白正确折叠，处活性状态[61]。

我们利用该平台对虚拟筛选得到化合物进行初步确证，其中化合物 6a 可与底物 puc_SBC1 多肽竞争结合 SPOP，结合解离常数在 62μmol/L 左右。随后通过药物化学优化获得活性更强的化合物 6b，其解离常数为 35μmol/L。体外蛋白拉下实验进一步证明化合物 6b 可破坏 SPOP 与 PTEN 的相互作用，而阴性化合物 6c 不能破坏 SPOP 与底物多肽的相互作用。

然后，我们利用多种生物物理方法进行进一步验证获得先导化合物，防止化合物由泛筛选干扰作用造成实验的假阳性。圆二色谱结果显示，在化合物 6b 过量 40 倍的情况下，SPOP 蛋白没有明显结构扰动。高效液相色谱显示化合物纯度＞99%，没有杂质干扰。动态光散射显示化合物高浓度时在实验使用缓冲液中没有形成颗粒或化合物聚集，且没有自发荧光干扰。

为了进一步探究化合物的作用机制，我们综合采用多种生物物理方法来验证化合物与目标蛋白的结合。表面等离子体共振实验显示化合物 6b 与 SPOP 全长蛋白及截短体 $^{23\text{-}337}$ 的结合解离常数在 19μmol/L 左右，而在相同实验条件下，阴性化合物 6c 没有显著响应值。在一维核磁共振实验中，我们分别采集化合物在 SPOP 蛋白加入前后的自旋回波（CPMG）图谱。结果显示在 SPOP 蛋白与 6b 共孵育的样品的图谱中，化合物 6b 的信号强度显著减弱，证明了化合物 6b 和 SPOP 蛋白发生了结合。此外同时采集的饱和转移差谱（STD）也显示了较强的化合物信号，进一步证明了两者之间的结合。在阴性对照实验中，加入 SPOP 蛋白对化合物 6c 核磁信号没有影响，证明了实验方法的特异性。突变体 $SPOP^{23\text{-}337}$（K129A D130A W131A K133A）和 $SPOP^{23\text{-}337}$（Y87A W131A）在不影响蛋白整体结构和性质情况下，与化合物的亲和力显著减弱。我们利用分子对接的理论模拟手段，模拟了化合物与目标蛋白可能的结合模式，为后续化合物的结构改造奠定分子基础。

由于细胞内环境比蛋白水平更为复杂，小分子化合物更容易脱靶，且不同化合物胞膜渗透性不同，我们采用细胞内蛋白热迁移实验来进一步确证细胞内靶标与化合物之间的结合。化合物 6b 与 HEK293 裂解液孵育后，我们采用免疫印迹实验检测 52～68℃上清可溶性 SPOP 蛋白量，发现化合物 6b 可提高蛋白稳定性，而阴性化合物 6c 对细胞内蛋白的热稳定性没有显著影响。

3）化合物的细胞活性评估

在正常细胞中，SPOP 定位于核内，在细胞凋亡等生理进程中扮演重要角色。然而在透明肾细胞癌中，SPOP 过表达并在胞质内累积，促进增殖和肿瘤的发生[69]。这样的区别也提示我们靶向细胞质内 SPOP 可以实现选择性地杀伤透明肾细胞癌细胞，而不影响正常细胞，为透明肾细胞癌的治疗提供全新的手段。细胞增殖实验结果表明，化合物 6b 可选择地性抑制 6 株肾透明细胞癌细胞（Caki-2、A498、786-O、769-P、Ketr-3、OS-RC-2）和人原代透明肾细胞癌细胞增殖，而不影响近曲小管上皮正常细胞增殖（HK-2）。

之前的研究表明，SPOP 可直接与 PTEN 和 DUSP7 等底物结合[69]。SPOP 通过泛素化作用控制 PTEN 和 DUSP7 的降解。PTEN 磷酸酯酶是 PI3K/Akt 的负性调控因子[70]。DUSP7 主要负责 ERK 激酶的去磷酸化，对细胞的生长、凋亡及分化具有非常重要的作用[71]。我们推测 SPOP 抑制剂是通过增加胞内 PTEN 和 DUSP7 的量，抑制下游信号通路从而发挥抗肿瘤药效。首先，我们采用免疫共沉淀的研究方法证明我们发现的 SPOP 抑制剂可破坏细胞内 SPOP 与底物蛋白相互作用。结果表明化合物 6b 可浓度依赖地显著破坏 SPOP 与 PTEN 和 DUSP7 相互作用，而阴性化合物 6c 不能。SPOP 抑制剂 6b 在 HEK293 细胞中可显著浓度依赖地抑制 PTEN 和 DUSP7 的泛素化，在 A498 细胞中化合物 12h 可明显促进蛋白的累积。肿瘤抑制因子 PTEN 和 DUSP7 累积抑制了下游 Akt 和 ERK 的磷酸化，与我们推测的表型完全一致。

4）化合物的体内药效学评价

为了进一步探究化合物在动物模型上的效果，我们首先在裸鼠模型上评估化合物的药代动力学性质。在 80mg/kg 剂量下，腹腔注射化合物 0.5h 后，化合物可达到峰浓度 1070ng/mL，半衰期约为 6.52h，24h 后化合物几乎已被完全清除。急性毒性实验结果表明化合物在每天给药一次的频率和 80mg/kg 的药物剂量下，BALB/c 小鼠体重及各主要脏器质量均没有显著变化，结合血浆生化分析，证明 80mg/kg 是化合物的安全剂量，可用于后续的移植瘤模型药效学评价。

我们建立了 A498 小鼠移植瘤模型，化合物以腹腔注射形式给药，在 80mg/kg 剂量下给药 21 天，结果显示化合物可在不影响小鼠体重的情况下，显著抑制瘤体的生长。苏木精伊红染色显示除肾脏外主要器官均与溶剂对照组没有显著性差别，证明了化合物的安全性。同时我们使用瘤体样本检测了 SPOP 底物含量及下游信号通路，免疫印迹结果显示化合物处理后 SPOP 底物 PTEN 和 DUSP 的蛋白量显著提高，并抑制了下游 Akt 和 ERK 的磷酸化，证明了动物水平化合物的在靶效应。

3. 总结

由 E1-E2-E3 酶级联反应介导的泛素化反应是调控蛋白功能的一种主要的机制。E3 泛素连接酶则是决定泛素化修饰的底物选择性的关键酶。E3 连接酶最大的家族为 CRL 家族，它们通过底物接头蛋白来识别自己的泛素化靶标。底物接头蛋白至少有两大功能区：一个招募底物的蛋白质-蛋白质相互作用结构域，另一个招募 cullin 的结构域。SPOP 是 MATH-BTB 的一员，通过 BTB 结构域与 Cul3 结合。SPOP 有多种蛋白底物，如 Puc、Ci、MacroH2A 和 Daxx，在不同的信号通路中起泛素化作用[25, 57]。近年的研究表明，泛素化信号通路的异常与多种恶性肿瘤的发生和发展密切相关[72-74]。研究发现 SPOP 在肾癌的第一大亚类透明肾细胞癌中过度表达，是非常重要的抗肿瘤全新靶点[60]。近年来，已有许多靶向 E3 泛素连接酶和底物蛋白质-蛋白质相互作用的小分子抑制剂的报道，如 MDM2（murine double minute 2）、VHL（von hippel-lindau disease tumor suppressor）和 KEAP1（kelch-like ECH-assocociated protein 1）抑制剂等，但还没有 SPOP-底物 PPI 抑制剂的报道，这阻碍了进一步的功能研究。

因此我们基于 SPOP 与其天然蛋白底物的 PPI 分析，综合利用理论模拟技术和化学生物学实验手段，开展 SPOP 的小分子抑制剂发现工作。通过药效团筛选、分子对接筛选等基于结构的药物设计策略，得到了体外活性良好的苗头化合物 6a。后续我们通过药化改造得到了活性更强的 6b 先导化合物。在透明肾细胞癌中，SPOP 抑制剂 6b 抑制 SPOP 介导的下游 Akt/ERK 信号通路，在动物移植瘤模型上化合物可显著抑制肿瘤生长（图 21.6）。

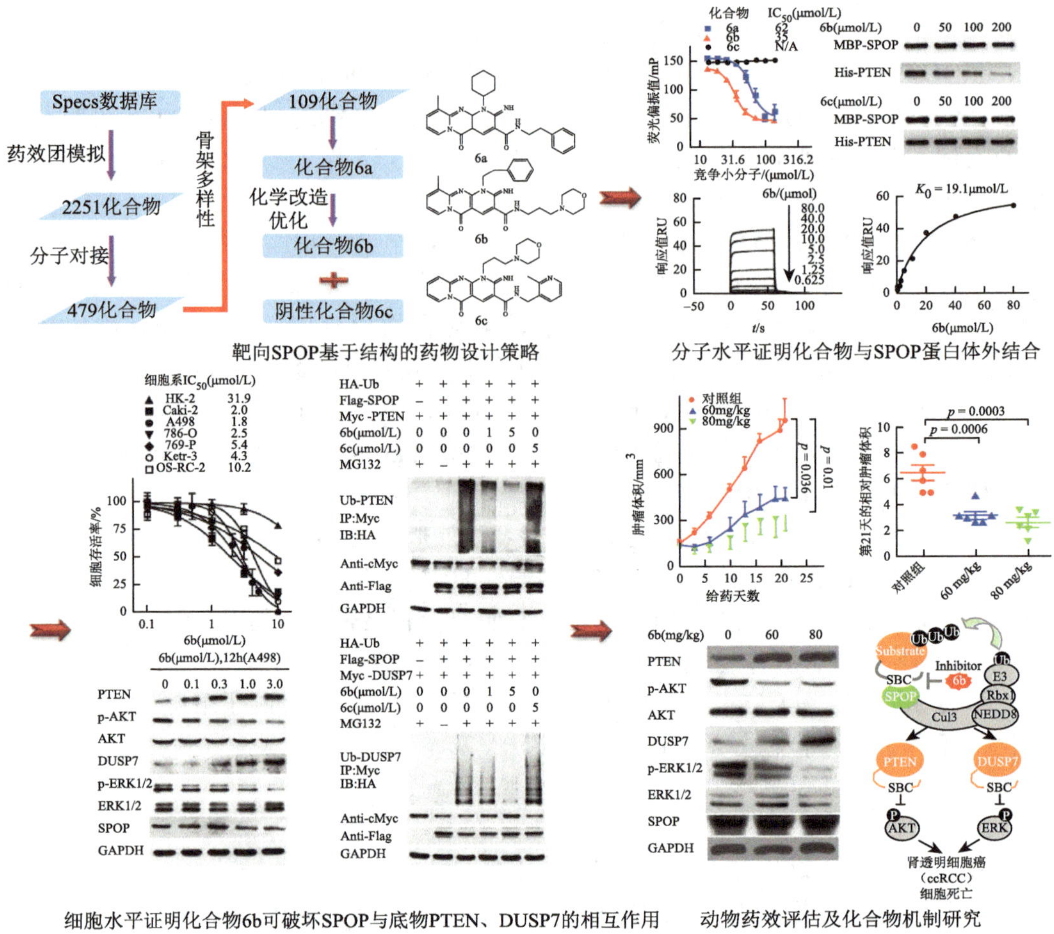


图 21.6　靶向 E3 泛素连接酶 SPOP 的药物设计及作用机制研究

该项 SPOP 小分子抑制剂的发现工作，首次证明了 E3 连接酶接头蛋白 SPOP 与底物肿瘤抑制因子 PTEN 和 DUSP7 蛋白质-蛋白质相互作用的可靶性，对靶向泛素化信号通路其他成员的药物设计工作也具有非常重要的借鉴意义。该项工作发现的 SPOP 小分子抑制剂不仅可作为泛素化信号通路的功能研究的重要化学工具，同时为靶向 SPOP 的肾癌的诊断和治疗提供了新的基础和依据。

### 21.2.3　靶向脂类激酶 PI4KⅡα 的药物设计及作用机制研究

1. *激酶介绍及家族分类*

激酶是可以将高能供体分子（如腺苷三磷酸 ATP）的磷酸基转移到特定底物上使其发生磷酸化作用的一类酶（图 21.7），几乎参与了调控细胞生物活动的各个方面，包括凋亡、细胞周期进程、细胞骨架重排、分化、发育、免疫、神经系统功能及转录等信号调控过程。激酶活性异常可引发肿瘤、糖尿病、自身免疫疾病、心血管疾病、炎症及神经紊乱等多种疾病，因此，激酶已成为目前最具吸引力的药物研发靶标之一。

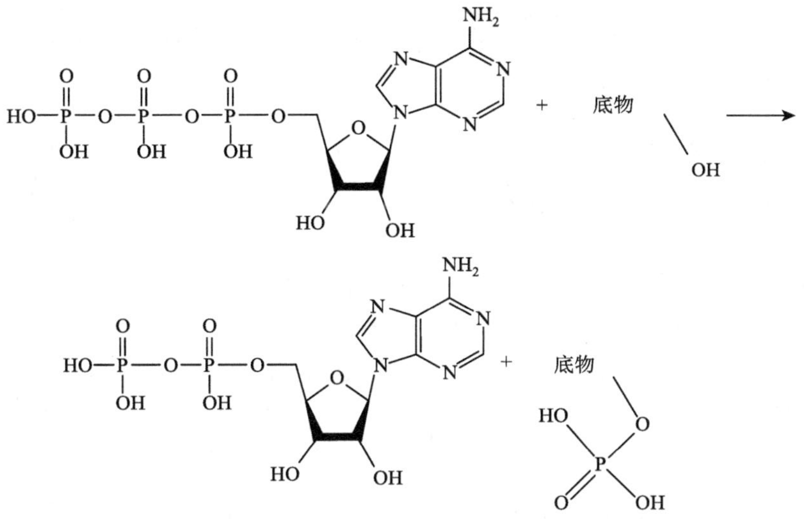

图 21.7　激酶的催化反应

根据激酶磷酸化底物的不同可以将激酶分为以下几类。①蛋白激酶。根据磷酸化底物残基的不同，蛋白激酶可以分为丝氨酸/苏氨酸（Ser/Thr）蛋白激酶及酪氨酸（Tyr）蛋白激酶等[75]。②糖类激酶。在糖代谢过程中，糖类激酶催化糖类底物发生磷酸化，为机体生理活动提供能量。糖类激酶包括己糖激酶（hexokinases）、磷酸果糖激酶（phosphofructokinases）等[76]。③脂类激酶。脂类激酶可以磷酸化细胞膜及细胞器膜中的脂类，最早发现的可发生磷酸化作用的脂类为磷脂酰肌醇（phosphatidylinositol，PI），随着研究的不断深入，这些脂类还包括磷酸化的甘油酯（glycerolipid）、甘油二酯（diacylglycerol，DAG）、磷脂酰肌醇（phosphatidylinositol phosphates，phosphoinositides）及鞘氨醇（sphingosine）等。研究相对广泛的脂类激酶包括磷脂酰肌醇-3-激酶（phosphoinositide 3-kinase，PI3K）、磷脂酰肌醇-4-激酶（phosphoinositide 4-kinase，PI4K）、磷脂酰肌醇-4-磷酸-5-激酶（phosphatidylinositol 4-phosphate-5 kinase，PI4P5K，PIP5K，PI5K）及鞘磷脂激酶（sphingolipid kinase，SK）等[77]。④其他激酶。除了磷酸化蛋白质、脂类及糖类外，激酶的底物还包括核苷酸（DNA 和 RNA）[78]、肌酸[79]、磷酸甘油酸酯[80]、核黄素[81]、二羟基丙酮[82]及莽草酸[83]等。

### 2. 脂类激酶 PI4KⅡα 小分子抑制剂开发的意义

PI［图 21.8（a）］信号通路在跨膜信号转导和多种信号通路中起核心作用，该信号通路一方面可以产生三磷酸肌醇（1, 4, 5-trisphosphoinositol，IP3）和 DAG 作为第二信使引发胞内钙释放，激活蛋白激酶 C（protein kinase C，PKC），启动细胞内的双信使系统；另一方面可以产生磷脂酰肌醇三磷酸（3, 4, 5-phosphatidyl-inosidide trisphosphate，PIP3），影响蛋白激酶 B（protein kinase B，AKT）的磷酸化，从而调控细胞生长分化、凋亡、蛋白合成及细胞代谢调节各个生物学过程[84]［图 21.8（b）］。PI4K 作为 PI 信号通路中第一个起重要作用的激酶，在 PI 循环过程中能催化 PI 环 D4 位磷酸化产生 4-磷酸磷脂酰肌醇（4-phosphatidyl-inositide，PI4P），PI4K 不仅是 PI 信号通路的起始，而且近年研究发现 PI4P

本身也具有重要的生物学功能[84-86]。因此，PI4K 作为 PI 信号通路中的关键分子，其功能研究引起了人们越来越多的关注。

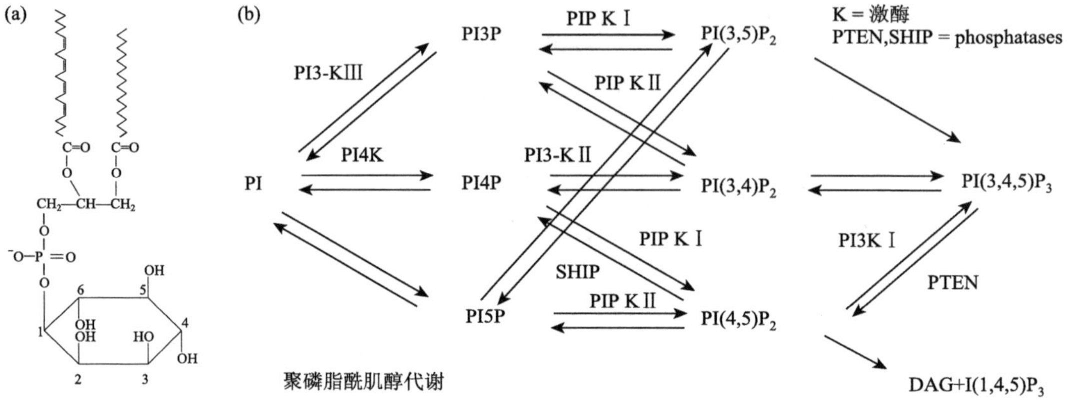


图 21.8　（a）PI 结构式；（b）PI 信号通路

根据对抑制剂敏感性的不同，PI4K 分为两个亚型，分别为二型磷脂酰肌醇-4-激酶（PI4KⅡα 和 PI4KⅡβ）和三型磷脂酰肌醇-4-激酶（PI4KⅢα 和 PI4KⅢβ）[87]。最近越来越多的实验证明不同亚型的 PI4K 产生的 PI4P 行使不同的生物学功能，PI4KⅡα（phosphatidylinositol 4-kinase typeⅡα，二型磷脂酰肌醇-4-激酶 α）的催化产生的 PI4P 也同样被报道了其亚型特异的功能，且这种功能并不是通过通常的产生第二信使或者为 PI3K 提供反应底物的方式实现，主要功能体现在与顺式高尔基体相关的膜转运密切相关[88, 89]。此外，PI4KⅡα 在神经递质释放、宿主细胞激活、调控内皮生长因子（EGF）内吞转运等方面均被报道起着重要作用[90, 91]。PI4KⅡα 功能异常可引发包括戈谢病（Gaucher disease，GD）[92]、遗传性痉挛性截瘫（hereditary spastic paraplegia，HSP）[93]、阿尔茨海默病（Alzheimer's disease，AD）[94]及肿瘤[95-98]等多种疾病。

研究表明在多种癌症组织中，PI4KⅡα 表达升高，特异性地干扰 PI4KⅡα 蛋白表达可以显著抑制肿瘤的生长。在研究细胞缺氧效应时，缺氧能诱导 PI4KⅡα 表达和活性显著升高并导致 HIF-1α 显著升高。由于 HIF-1α 直接与肿瘤生长密切相关，进一步研究 PI4KⅡα 在肿瘤发生、发展中的作用，表明 PI4KⅡα 通过特异地调控 HER-2/PI3K、ERK1/2 信号通路，调控 HIF-1α 蛋白的合成，进而影响 HIF-1 下游促血管生成因子 VEGF、iNOS 等蛋白的表达，影响内皮细胞的成管及迁移能力进而影响血管新生，最终调控肿瘤的生长，预示 PI4KⅡα 可能是一个特异的有效的肿瘤治疗靶点，值得深入探讨和研究[99]。

### 3. 针对 PI4KⅡα 的虚拟筛选

目前对于 PI4KⅡα 抑制剂的报道极为缺乏，如表没食子儿茶素（epigallocatechin gallate，EGCG）[100]及白藜芦醇（resveratrol）[101]等不仅抑制效果微弱，还不具备特异性作用。为了开发活性可观、选择性优异的 PI4KⅡα 小分子抑制剂，鉴于 PI 激酶的结构特征，以及 PI 结合位点对于 PI4KⅡα 具有较高特异性，我们优先考虑针对 PI 位点进行药物设计。又因 PI 与 PI4KⅡα 的复合结构不能由晶体结构直接得到，我们考虑首先从配体出发设计 PI 位点的小分子抑制剂。

由于 PI 结合位点近区 174-175（CCPCC）的 loop 区结构缺失，所以我们通过应用 Discovery studio 2.5（Accelrys Inc，San Diego，CA）程序包中的 align sequence to templates 及 build homology models 模块将该段缺失残基补充完整，该完整的结构作为下一步虚拟筛选的结构基础。基于上述补全 CCPCC-loop 区的 PI4KⅡα 结构及底物 PI（考虑到 PI 长侧链的柔性，以丁酰基侧链取代天然 PI 侧链作为代替小分子输入），我们开展了基于配体与受体相结合的虚拟筛选，筛选流程如图 21.9 所示。

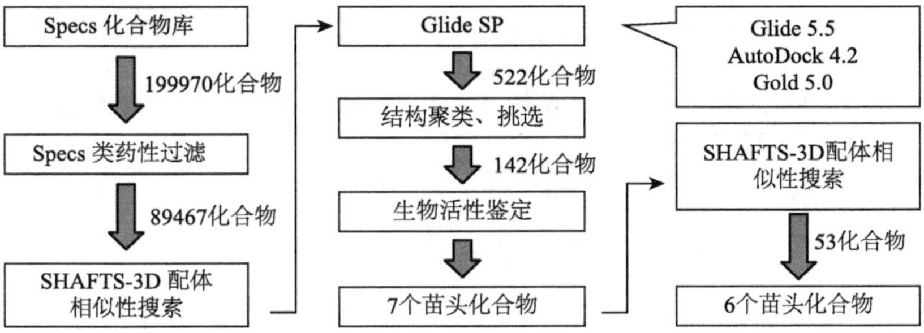


图 21.9　基于配体与受体相结合的虚拟筛选流程

Specs 数据库是由荷兰 Specs 公司开发的小分子库，该数据库会根据各个化合物的库存量定期更新，并且所有化合物都可以在 Specs 公司购买。我们首先对 Specs 数据库中的小分子化合物进行类药性过滤。Lipinski 五规则是药物研发领域常用的用于筛选类药分子的基本法则，通过该法则可以摒除不适合称为药物的分子，缩小筛选范围并降低药物研发成本。我们对 Lipinski 规则稍作改动，通过 Pipeline Pilot 7.5 对 Specs 化合物进行过滤，参数设置为：①分子中氮原子、氧原子总数不大于 14；②化合物的分子量不大于 500；③化合物中的氢键供体数量不超过 7 个；④AlogP 不大于 5；⑤分子溶解性参数不小于−7；⑥ADMET 溶解性参数不小于−5；⑦ADMET 溶解性水平不小于 2。

SHAFTS-3D 小分子相似性搜索使用 ChemMapper 网络服务器（http://lilab.ecust.edu.cn/chemmapper/index.html）对 PI 侧链缩短，以代替小分子进行骨架跃迁，寻找与其相似的小分子。ChemMapper 网络服务器运用 SHAFTS 方法进行运算，SHAFTS 算法同时考虑了分子形状匹配和化学特征匹配，对多种代表性激酶的骨架跃迁能力都具有良好的预测结果[23]。我们将搜索的相似性阈值设定为 1，同时选择过滤后的 Specs 化合物库作为相似性小分子搜索库，提交到网络服务器进行搜索。

在综合比较 GLIDE 5.5、AutoDock 4.2 及 GOLD 5.0 三种对接软件对本体系的筛选适用性后，确定使用准确性相对最高的 GLIDE 5.5 Maestro 模块进行分子对接。选取补充完 CCPCC-loop 的 PI4KⅡα 结构作为受体分子，对 Specs 类药库针对 PI 进行骨架跃迁后的小分子库作为配体分子，对接模式选择 SP（standard predision）模式，以 LI-L4 为中心的 20Å 盒子定义为活性位点，其他选择默认参数进行分子对接。对接结果按照 GScore 打分排序，挑选出打分靠前的 522 个小分子进行聚类。小分子聚类应用 Pepeline Pilot 7.5 软件，为保证小分子结构的多样性，将小分子聚成 60 类，从每一类中根据类药性及结合模式挑选出 2～3 个小分子。第一轮选取 142 个小分子进行生物活性测试。

4. 苗头化合物的体外及体内确证（体外及体内确证主要由中国科学院生物物理研究所陈畅课题组及上海科技大学李江美老师完成）

经过两轮筛选后，我们得到了 6 个活性化合物（PI-273、PI-274、PI-277、PI-294、PI-295、PI-308），以 PI-273 为代表，PI-273 对于 PI4KⅡα 的 $IC_{50}$ 为 470nmol/L；PI69/PI-107/PI-114 与活性化合物具有相同的母核，但是未表现出对于 PI4KⅡα 的抑制活性，作为阴性对照化合物。这些化合物的结构及活性数据如表 21.1 所示。进一步，测试这些化合物对于 MCF-7/Hs 578T/T-47D 三种乳腺癌细胞系的细胞增殖的半数抑制浓度，其中 PI-273 活性最佳，如表 21.2 所示。

**表 21.1 PI-273 类似物的化学结构及对于 PI4KⅡα 的分子水平抑制活性数据**

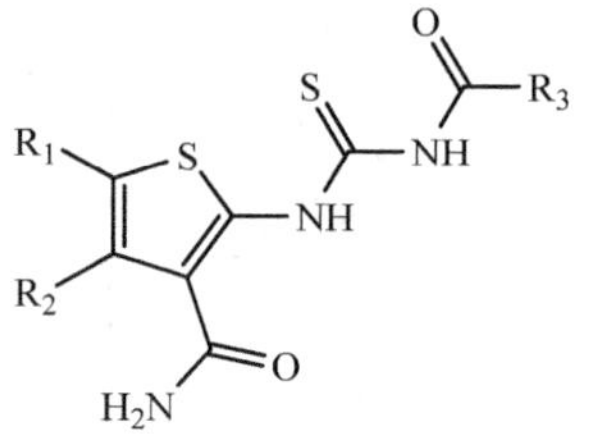


| 化合物 | 取代基 | | | 激酶活性 $IC_{50}$(μmol/L) |
|---|---|---|---|---|
| | $R_1$ | $R_2$ | $R_3$ | |
| PI-69 | —$CH_3$ | —$CH_3$ | 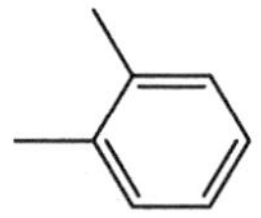 | ＞100 |
| PI-107 | —$CH_3$ | —$CH_3$ | 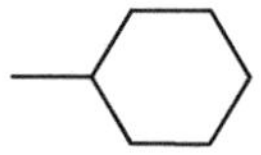 | ＞100 |
| PI-114 | —$CH_3$ | —$CH_3$ | —$CH_2CH(CH_3)_2$ | ＞100 |
| PI-273 | —$CH_3$ | —$CH_2CH_3$ | 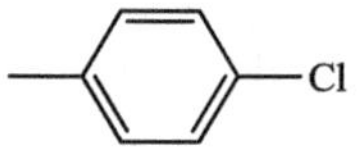 | 0.47 |
| PI-274 | —$CH_3$ | —$CH_2CH_3$ | 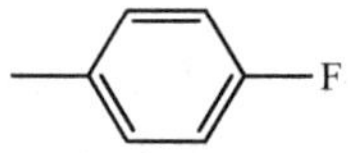 | 0.49 |
| PI-277 | —$CH_3$ | —$CH_2CH_3$ | 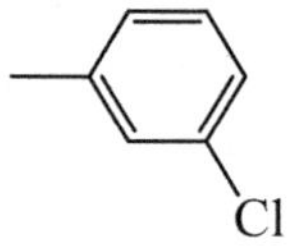 | 0.44 |
| PI-294 | —$CH_3$ | —$CH_3$ | 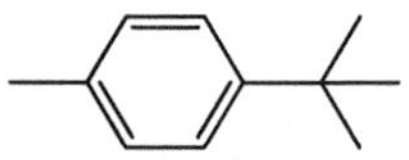 | 0.41 |
| PI-295 |  | — | —$CH_2CH(CH_3)_2$ | 0.45 |
| PI-308 | 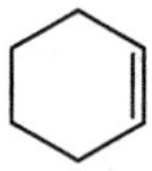 | — | —$CH_2CH(CH_3)_2$ | 0.98 |

**表 21.2　PI-273 类似物对于 PI4KⅡα 的细胞水平抑制活性数据[$IC_{50}$/(μmol/L)]**

| 化合物 | 细胞系 | | |
|---|---|---|---|
| | MCF-7 | Hs 578T | T-47D |
| PI-273 | 3.51 | 10.36 | 3.17 |
| PI-274 | >50 | >50 | >50 |
| PI-277 | >50 | 27.62 | >50 |
| PI-294 | 29.57 | 17.39 | >50 |
| PI-295 | >50 | 28.54 | >50 |
| PI-308 | 46.24 | 48.14 | >50 |
| PI-69 | >50 | >50 | >50 |
| PI-107 | >50 | >50 | >50 |
| PI-114 | >50 | >50 | >50 |

为了证明 PI-273 与 PI4KⅡα 的直接相互作用，我们进行了蛋白热稳定性分析（protein thermal shift）、表面等离子共振（surface plasmon resonance，SPR）实验、细胞热转变分析（cellular thermal shift assay，CETSA）[图 21.10（a）和（b）]。在蛋白热稳定性分析中，PI-273 与 PI4KⅡα 蛋白处理后，蛋白 $\Delta T_m$ 值最高达 4.58℃；SPR 实验显示 PI-273 与 PI4KⅡα 的结合解离常数为 9.49μmol/L，结合速率常数 $k_{on}=2.08\times10^2M^{-1}\cdot s^{-1}$，解离速率常数 $k_{off}=2.13\times10^{-3}s^{-1}$；细胞热转变分析显示 DMSO 对照组、1μmol/L PI-273 处理组及 20μmol/L PI-273 处理组中 50% PI4KⅡα 降解分别发生在 60℃、70℃及 75℃，即 PI-273 处理后 PI4KⅡα 蛋白的稳定性增加。这些实验都证实了 PI-273 与 PI4KⅡα 的直接作用，说明我们通过虚拟筛选得到的化合物切实通过作用于 PI4KⅡα 蛋白而产生抑制效果。

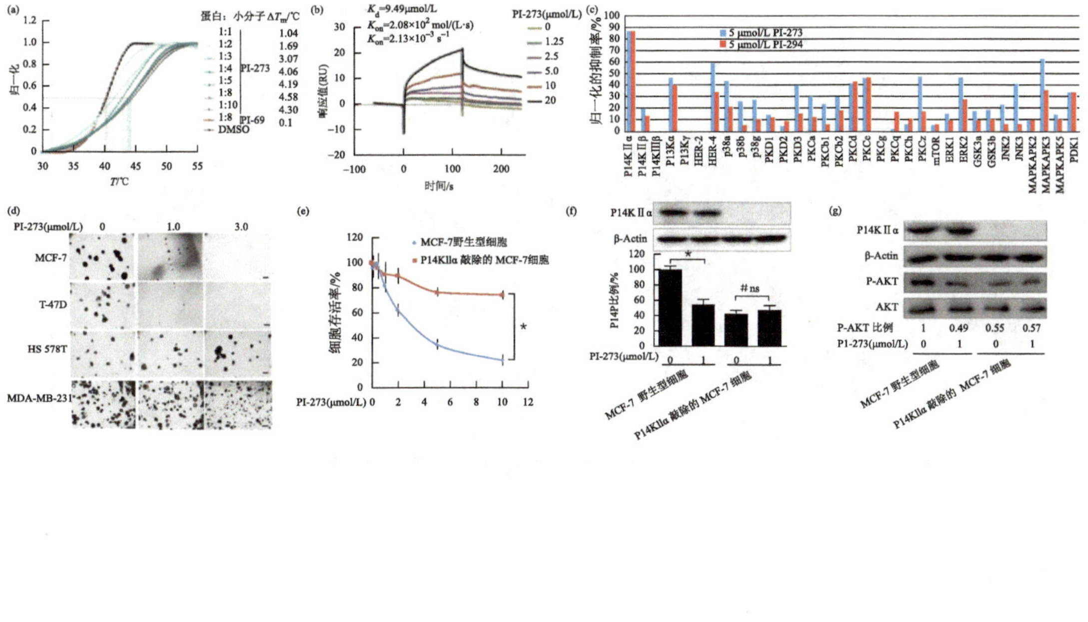

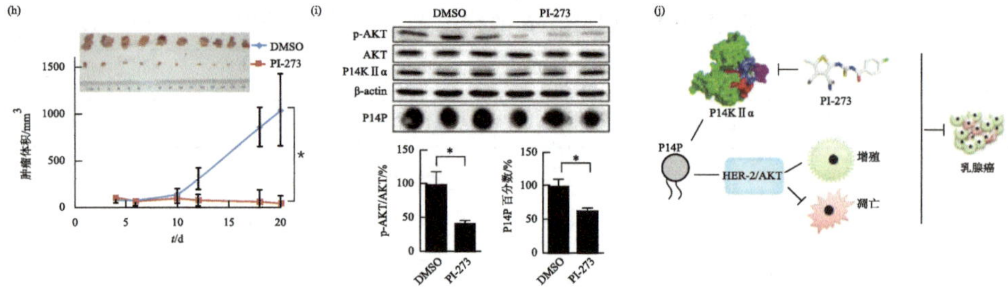


图 21.10　PI-273 研发历程图。（a）蛋白热稳定性分析；（b）表面等离子共振；（c）PI-273 及 PI-294 的激酶酶谱实验；（d）PI-273 对于 MCF-7、T-47D、Hs 578T 及 MDA-MB-231 细胞的克隆（集落）形成检测；（e）PI-273 对于野生型 MCF-7 细胞及 PI4KⅡα 敲除 MCF-7 细胞的增殖抑制能力；（f）PI-273 对于野生型 MCF-7 细胞及 PI4KⅡα 敲除 MCF-7 细胞的 PI4P 含量影响；（g）PI-273 对于野生型 MCF-7 细胞及 PI4KⅡα 敲除 MCF-7 细胞的 AKT 信号通路的影响；（h）肿瘤生长曲线；（i）PI4P 含量及 AKT 磷酸化水平检测；（j）PI4KⅡα 的抗肿瘤作用机制示意图

更进一步地，检测细胞内 PI4KⅡα 的产物（PI4P）的含量变化可表征细胞内 PI4KⅡα 酶活变化情况，PI-273 处理细胞后，PI4KⅡα 蛋白水平无明显改变，同时 PI4P 的含量呈 PI-273 剂量依赖性降低，这说明 PI-273 可以抑制 PI4KⅡα 活性从而导致其产物 PI4P 含量减少。

接着，我们通过对接来分析 PI-273 与 PI4KⅡα 结合模式，PI-273 与 PI4KⅡα 的对接结果如图 21.11 所示，PI-273 处于由残基 Lys165、Thr167、Lys168、Leu170、Gln171、Lys172、Phe179、Asp412、Gln415 及 K418 所构成的结合口袋中，通过疏水、静电及 π-π 作用与棕榈酰化位点形成相互结合。为了验证分子对接结果，我们通过考察 PI-273 与 PI4KⅡα 突变体的热稳定性变化情况来确定其结合位点。当野生型 PI4KⅡα 与 PI-273 处理后，蛋白热稳定性显著增大（PI4KⅡα 蛋白溶解温度升高 5.37℃）；当截断或突变 PI 结合位点时，蛋白的溶解温度不变或变化幅度减小（对于棕榈酰化位点中 165～173 位氨基酸截断蛋白，

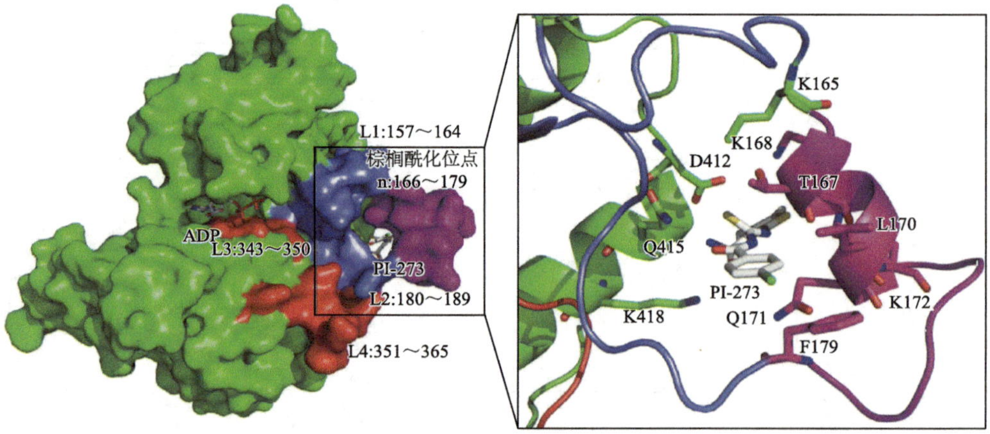


图 21.11　PI-273 与 PI4KⅡα 的结合模式

蛋白溶解温度不变；对于突变体 K165E/K168E/K172E，蛋白溶解温度只增大 2.23℃）；当突变 ATP 结合位点（K152A/D346A）时，蛋白热稳定性显著增大。以上结果显示 PI-273 切实通过作用于棕榈酰化位点与 PI4KⅡα 相互作用。

更进一步地，我们通过酶动力学分析实验验证 PI-273 的作用位点，对于非竞争性抑制剂来说，增大抑制剂浓度，米氏常数（$K_M$）不变，最大反应速率（$V_{max}$）减小；对于竞争性抑制剂来说，增大抑制剂浓度，$K_M$ 变大，$V_{max}$ 不变。曲线与 $y$ 轴交点值为 $1/V_{max}$，可见增大 PI-273 浓度时，PI4KⅡα 与 ATP 的 $V_{max}$ 降低，而 PI4KⅡα 与 PI 的 $V_{max}$ 不变。另外，增大 PI-273 浓度，对于 PI4KⅡα 与 ATP 反应的 $K_M$ 无影响，而 PI4KⅡα 与 PI 反应的 $K_M$ 变大。这说明 PI-273 是底物 PI 而非 ATP 的竞争性抑制剂。

接着，我们对 PI-273 进行了抗肿瘤功能的研究。首先，我们进行了 PI-273 对于 PI4KⅡα 的选择性作用研究。一方面，在体外，PI-273 对于 PI4KⅡα 相较于 PIK 信号通路中其他 32 种激酶表现出了良好的选择性［图 21.10（c）］；另一方面，在体内，PI4KⅡα 敲除后，PI-273 对 MCF-7 乳腺癌细胞增殖的抑制效果显著减弱，PI4KⅡα 下游信号通路 HER2/AKT 同样受到 PI-273 的影响，PI273 可剂量依赖性地抑制 HER2 及 AKT 磷酸化水平，对比野生型 MCF-7 细胞及 PI4KⅡα 敲除 MCF-7 细胞，PI-273 可导致野生型处理组 PI4P 含量减少约 50%，而敲除组不受影响，说明 PI-273 特异作用于 PI4KⅡα［图 21.10（f）］，此外，PI-273 可导致野生型处理组 AKT 磷酸化水平降低约 50%，敲除组同样不受影响［图 21.10（g）］。综上，我们在体外及细胞内信号通路两个方面均证明了 PI-273 对于 PI4KⅡα 作用的高度选择性。

其次，我们考察了 PI-273 对于不同种类乳腺癌细胞的抑制效果，结果显示 PI-273 对 MCF-7、T-47D、SK-BR-3、BT-474 和 MDA-MB-468 细胞增殖的半数抑制浓度分别为 3.5μmol/L、3.1μmol/L、2.3μmol/L、2.1μmol/L 和 3.9μmol/L，而对于 RAS 突变细胞系 MDA-MB-231（KRAS 突变）、SUM229PE（KRAS 突变）、SUM159PT（HRAS 突变）和 Hs 578T（HRAS 突变）的半数抑制浓度均大于 10μmol/L。集落形成实验可反映细胞存活率及增殖能力，实验表明 PI-273 显著降低了 MCF-7 及 T-47D 细胞的克隆形成率[图 21.10(d)]。TUNEL（TdT mediated dUTP Nick End Labeling）法检测细胞凋亡情况，结果显示 PI-273 可以明显促进 MCF-7、SK-BR-3 及 T-47D 细胞系的凋亡。同时，我们通过碘化丙啶（propidium，PI）染色实验考察了 PI-273 对细胞周期的影响，PI-273 可以阻滞 MCF-7、SK-BR-3 及 T-47D 细胞系的细胞周期在 G2/M 期，对于 RAS 突变型 Hs 578T、MDA-MB-231 及 SUM229PE 细胞系的细胞周期没有显著影响。综上所述，这些实验证实了 PI-273 对于 RAS 野生型乳腺癌细胞系的细胞增殖抑制作用。

最后，我们考察了 PI-273 在移植瘤模型中的抗肿瘤作用。将 MCF-7 细胞移植到 BALB/c 裸小鼠上，腹腔注射 25mg/(kg·d)的 PI-273 和 5% DMSO 对照溶液，结果显示 PI-273 可显著减小肿瘤尺寸和质量［图 21.10（h）］，同时未见小鼠体重降低、嗜睡及其他显著病症。这说明 PI-273 在移植瘤模型中表现出良好抗肿瘤效果的同时兼具安全可靠性。进一步地，我们发现 PI-273 处理后，肿瘤组织中 PI4P 含量及 AKT 磷酸化水平均显著降低［图 21.10（i）］。Ki-67 抗原可反映乳腺癌细胞的增殖活性，Ki-67 为阳性则说明肿瘤细胞增殖活跃。PI-273 处理组相较于对照组 Ki-67 抗原阳性细胞显著减少，同时，我们对于肿瘤组织中 PI-273 的促细胞凋亡作用进行了进一步探索，TUNEL 染色可反映肿瘤组织中的细胞凋亡情况，PI-273 处理组相较于对照组可显著促进肿瘤组织细胞凋亡，即 PI-273 可显著抑制肿瘤组织细胞的增殖。这进一步证实了 PI-273 通过抑制 PI4KⅡα 活性，降低 PI4P 产量进而影响 AKT 信号通路，达到抑制肿瘤细胞增殖和促进肿瘤细胞凋亡的作用，最终产生抑制肿瘤细胞生长的效果［图 21.10（j）］。

PI4KⅡα 水平与肿瘤等多种疾病密切相关，然而作为抗肿瘤作用的有效靶点，关于其抑制剂的报道寥寥无几。由于 PIK 与底物复合物的结构信息，很难开发底物竞争型抑制剂，但是我们通过基于配体与受体相结合的虚拟筛选方法，辅以分子及细胞水平生物实验确证，发现了第一个 PI4KⅡα 的底物（PI）竞争性抑制剂 PI-273，这是第三个 PIK 家族抑制剂。PI-273 在分子水平中对 PI4KⅡα 的 $IC_{50}$ 为 0.47μmol/L，在细胞水平中对多种乳腺癌细胞均表现出显著抑制效果（如 PI-273 对 MCF-7 细胞的 $IC_{50}$ 为 3.51μmol/L），在动物水平中对移植瘤模型以 25mg/(kg·d)给药也可见明显的抑瘤作用，同时安全且可靠。正因为 PI-273 作用于底物 PI 结合的棕榈酰化位点，故其在体内外均表现出了良好的选择性抑制作用。抗肿瘤功能研究显示 PI-273 通过选择性抑制 PI4KⅡα 活性，降低 PI4P 含量而抑制 HER2/AKT 信号通路，阻滞细胞周期于 G2/M 期，抑制肿瘤细胞增殖的同时促进肿瘤细胞凋亡，最终达到抑制肿瘤细胞生长的效果。PI-273 是第一个亚型特异且第一个作用于 PI4K 家族底物作用位点的抑制剂，具有活性优异、结合位点新颖、高选择性和低毒性等诸多优势，展现出了良好的开发前景，为 PI4KⅡα 抑制剂及相关功能等的后续研究奠定了先导化合物的物质基础。

## 21.3 讨论与展望

关于改善现有的癌症疗法，目前制药界已经开展了深入的研究。相对细胞毒药物，靶向治疗是当前癌症研发的主要焦点。然而，虽然靶向药物具有比细胞毒性化合物更好的选择性，靶向药物及目前的靶向策略仍然存在一些问题。①关键的致癌驱动基因如 *KRAS* 和 *MYC* 依然对许多癌症患者构成威胁。以前者为代表的 RAS 家族蛋白中的 3 个 RAS 致癌驱动基因 *KRAS*、*NRAS* 和 *HRAS* 的突变存在于超过 30%的肿瘤中。它们作为双向开关，与下游效应蛋白 RAF、PI3K、Ral 鸟嘌呤核苷酸分解刺激因子等相互作用，调控细胞内信号引起基因表达和细胞增殖；以 MYC、MYB、NF-κB 为代表的转录因子与数量众多的辅因子形成复杂的转录复合物，是大部分肿瘤发生发展的驱动因子。由于这些致癌因子与下游蛋白的蛋白质-蛋白质相互作用界面宽而平坦，小分子无法占据有效的竞争性结合位点，它们一直被认为“无成药性”。②靶向如 KRAS、MYC 等“无成药性”蛋白的受阻对完全了解肿瘤的异质性、药物敏感性及耐药机制构成了障碍。肿瘤通过激活 RAS 进而旁路激活而对激酶抑制剂耐药，类似的，肿瘤细胞中 *MYC* 的过度表达及 NF-κB 的激活，通常是对靶向治疗的抗性的原因。该类靶点抑制剂的开发受阻限制了激酶药物耐药的机制研究及药物开发。“无成药性”更应该被解读为难以靶向[102]，历史的经验告诉我们，难以靶向的靶点最终很有可能成功开发出靶向药物。1991 年，当蛋白激酶 A 的三维结构被解析出来时，人们发现不同激酶中参与结合 ATP 的残基高度保守。这一发现延续了一个神话，即开发具有必需效力和特异性的蛋白激酶抑制剂是“不可能的”。直到发现环孢素的胞内靶点及多激酶抑制剂 HA1077 的开发，激酶抑制剂领域的研究迅速发展。展望未来，随着全外显子测序、单细胞测序等技术的应用，肿瘤生物学认识的进一步深入，传统计算机辅助药物设计方法的逐渐成熟，小分子药物开发新概念新技术的引入，小分子药物的靶点空间，包括蛋白靶点、RNA 靶点都将得到极大的拓展[103]。

### 21.3.1　药物的蛋白靶点空间的拓展

1. 靶向蛋白质-蛋白质相互作用界面药物开发

蛋白质-蛋白质相互作用的复杂网络对生物系统和疾病状态发展的重要性已得到广泛认可。尽管如此，开发针对蛋白质-蛋白质相互作用热点口袋的小分子抑制剂，同时保持物理化学性质（如分子量和亲脂性）具有相当的挑战性。近年来的工作已经开始表明，某些类别的蛋白质-蛋白质相互作用适合小分子抑制剂的开发；通常，这些抑制剂通过结合在球状蛋白表面的口袋来破坏球蛋白和配偶蛋白上的单个肽链之间的相互作用[104]。蛋白质-蛋白质相互作用可以基于球状蛋白和肽链中的共同结构元件进行分类。其中，肽链内存在二级结构特征，如 α-螺旋和 β-折叠，更适合设计拟肽类小分子抑制剂。①高通量筛选。高通量筛选仍然是丰富现有小分子抑制剂骨架的有效手段，相对于传统的药物靶标，针对蛋白质-蛋白质相互作用界面的高通量筛选平台（如 ALPHA、HTRF、FP 等）筛选却面临不少问题：命中率相对较低、小分子结合能力较弱、化合物结构难以优化等。主要问题来源于现有小分子化合物库的化学空间更适合于成熟靶点的筛选，能很好地占据蛋白质-蛋白质相互作用界面相对平坦而宽的特点的小分子的相对丰度低。构建适用于不同体系的化合物库，可以显著地提升高通量实验筛选的效率。②基于片段的药物发现及化合物结构优化。基于片段的药物发现手段是药物化学家的常规武器，片段库的筛选同样面临化合物活性弱的问题。更适合于用蛋白热迁移、表面等离子共振、核磁共振、晶体结构解析、等温热量滴定法等生物物理手段检测片段库与球形蛋白的结合。近来的经验表明，有效的片段倾向于带电、体积稍大、脂溶性好、更平面的片段[105]。通常这一类的片段更倾向于占据蛋白质-蛋白质相互作用界面的一个热区，通过连接占据不同热区的小分子片段的策略目前看来不那么成功。有针对性地构建小分子片段库、选择具有合适热区的球状蛋白靶点进行筛选将会提高这一策略的效率。③拟肽设计。基于肽或者基于小分子的拟肽药物设计不同于传统的小分子药物发现策略，拟肽的设计需要精心地选择合适的骨架，取代相关的氨基酸侧链等[106]。针对 α 螺旋、β 折叠及转角，分别有装订肽、三联苯骨架，β 折叠类似物哌啶-哌啶酮，转角大环化等方式设计拟肽。基于结构的多肽类拟肽仍然存在过膜性差等问题，而针对 β 折叠类似物更多的是需要通过小分子构象限制提高刚性。拟肽设计的小分子骨架数量有限，离真正成药还有一段距离。结合蛋白-小分子复合物晶体结构有效地指导高通量筛选得到的 Hit 改造，将为蛋白质-蛋白质相互作用小分子抑制剂的发现提供新的路径。④计算机辅助药物设计。计算机辅助药物设计在传统小分子药物发现中广泛应用，在蛋白质-蛋白质相互作用小分子抑制剂的开发中也不可或缺。Dr. PIAS 等平台可用来评估蛋白质-蛋白质相互作用界面的口袋相似性及成药性。与成熟靶点不同的是，蛋白质-蛋白质相互作用结合位点氨基酸的柔韧性及溶剂暴露性质使得传统的刚性分子对接方法的应用受到局限。将水和甲醇的混合溶剂替代水分子，进行分子动力学模拟。溶剂极性的降低能稳定蛋白质-蛋白质相互作用表面暴露的疏水基团，有利于形成与小分子结合的疏水口袋。通过结合共溶剂和增强采样，更容易得到可靶的构象进而开展基于分子对接的虚拟筛选[107]。

综上，通过对给定的蛋白质-蛋白质相互作用类型进行相互作用分类（球蛋白-螺旋肽、球蛋白-连续肽、球蛋白-嵌合肽、球蛋白-非连续表位、多肽-多肽）[104]，对结合界面进行可靶性分析，设计有针对性的化合物库，结合分子动力学模拟、分子对接、高通量筛选、基于片段的药物发现等筛选手段筛选得到目标化合物后，结合蛋白-小分子复合物晶体结构及拟肽设计等改造思路对目标化合物进行改造，能更高效地开发出先导化合物。

2. 蛋白变构调控剂的开发

变构位点通常保守性较低，即使在同一蛋白质家族的其他成员中也是如此，所以变构药物可以具有高选择性。尽管变构调控剂有许多潜在的优点，我们仍然缺乏系统性的可预测的变构药物发现方法。相对传统靶点基于底物的药物开发自身的特点：①正性结合位点更容易建立筛选方法；②有大量的高分辨率的晶体复合物结构；③能基于配体或受体的计算方法优化小分子化合物的改造。变构调控剂的理性药物设计具有相当的挑战：①建立实验体系后，更直接的是检测正性结合的效果，而不是变构位点的结合，变构调控剂的有效开发需要同时考虑结合亲和力及变构活性的复杂的构效关系；②变构位点的相对不保守不仅提高了变构调控剂的亚型选择性，也提高了进行抗性的机会，使得进化关系上稍远的动物模型的测试更加复杂；③变构调控剂特别容易受到“模式转换”的影响，相对小的化学变化会极大地影响配体结合效率，因此结构相似的药物代谢物可能出现不可预测的变构效应，这给变构调控剂的化学结构改造提出了很高的要求；④对有限数量的已知变构口袋的分析显示它们通常较浅，构效关系并不显著[108]。

尽管存在上述问题，针对 GPCR、离子通道、激酶 MEK 等及解析出来的晶体复合物结构使得多个变构调控剂得以开发，如曲美替尼等的上市。蛋白变构调控剂理性设计的方法有：①采用“异体网络”正交配体设计策略，在蛋白质结构层面，靶向蛋白质的单一功能或者靶向蛋白与单独配体的相互作用；在信号通路水平上，针对低连接度的上游蛋白，而不是直接靶向高连接度的信号蛋白；在蛋白变构调控剂的早期靶点选择上，采用“异体网络”选择的靶点其成药性可能更高。②结合分子动力学对蛋白晶体结构开展基于几何、经验及能量的口袋搜索，寻找潜在的变构位点。③基于现成的各类软件及网站服务器进行蛋白功能序列分析、进化分析，分子动力学、蒙特卡罗模拟及马尔可夫状态模型分析相关性运动、描绘构象图景预测变构位点与正性结合位点之间的动态变化关系来指导变构调控剂的改造设计[109]。随着基于马尔可夫状态模型的理论框架及马尔可夫状态模型构建软件的进一步发展、分子动力学模拟的算力提升、口袋及可靶性位点的探测算法的优化，蛋白变构调控剂的发现方法将极大地拓展目前药物可靶向的蛋白空间，以快节奏及高质量标准应用于靶向药物的工业开发。

3. 蛋白水解靶向嵌合体 PROTAC

蛋白水解靶向嵌合体 PROTAC 技术起源于 2001 年美国加利福尼亚大学洛杉矶分校 Sakamoto 实验室在 *PNAS* 上发表的一篇文章，他们设计了 Protec-1 分子，通过招募 E3 泛素连接酶 beta-TRCP 将目标蛋白 amino peptidase-2（MetAP-2）降解。近几年 PROTAC 在多个蛋白尤其是 BET 族蛋白显示了高细胞活性和良好的药代性质，迅速成为整个小分子药物开发领域关注的焦点。开发蛋白降解药物的研究人员设计出一种具有双端活性的小分子，一端与靶向的蛋白相结合，另一端与 E3 泛素连接酶相结合。这种双功能小分子能够让泛素与靶向蛋白相结合、形成稳定的复合物，靶蛋白被泛素化后被运送至蛋白酶体而降解[110]。而小分子可以继续靶向其他蛋白，进而迅速降低靶蛋白的浓度水平。与传统的小分子药物不同，这类小分子更像催化剂。理论上，PROTAC 有以下优点：①只需要催化剂量即可；②小分子无须占据目标蛋白的活性口袋；③无须与内源性配体竞争、无须活性很高；④在目标蛋白合成之前（平均十几小时）药物无须存在，药物代谢要求也更低；⑤与目标蛋白的结合是整个过程的第一步，目标蛋白能否被泛素化还需其与 E3 连接酶有合适的空间关系及相互作用[111]，低选择性的小分子也可能产生高选择性的 PROTAC 效果。PROTAC 目前也有自身的问题[112]：①分子量太大使得成药的可能性减小无法避免，分子本身的长度、亲水性均需要优化以提高过膜性；②连接活性小分子两端的 linker 的研究仍不系统，linker 的刚性控制需要更加优化以稳定 E3 连接酶与目标蛋白的结合；③现在对泛素化的整个过程仍然理解不足，很多 PROTAC 无法将目标蛋白贴上泛素；④内源性的 E3 连接酶数目高达 700 个，而目前 PROTAC 技术使用较多的 E3 连接酶仅限于 VHL、CRBN、MDM2 及 cIAP1 等少数几个，更多的 E3 连接酶的调动才能有效拓展靶向目标蛋白的范围。

虽然存在上述问题，从 2016 年至今，制药界的巨头纷纷布局 PROTAC，其中诺华已经成功降解了 30 多个蛋白。随着资本与技术的持续投入，将来几乎所有蛋白都可能被 PROTAC 降解，目前难以靶向的蛋白也将被很好地调控。

### 21.3.2　靶向 RNA 的小分子药物开发

现在的小分子药物多数是蛋白调控剂，但人体基因组只有 1.5%约 2 万个基因表达蛋白，这些蛋白也只有部分（10%～15%）与疾病明确有关，疾病相关蛋白还有很多难以靶向。虽然只有 700 个左右蛋白有了上市药物，但剩下可成药的蛋白靶点可能已经不多。难以靶向的蛋白可以在 mRNA 阶段调控，而 70%的基因转录成非编码 RNA，这些非编码 RNA 也在疾病过程中有一定作用，最著名的 microRNA 是一类热门的新药靶点。据估计人类有 15000 个长非编码 RNA，可能令小分子药靶增加一个数量级[113]。有效、可重复和可扩展的 RNA 靶向药物发现需要三个关键组成部分：①疗效明确的 RNA 靶标；②发现具有药理学性质的类药先导化合物的筛选方法；③鉴定具有足够信息含量的 RNA 基序，从而实现对高质量口袋的高特异性和高效力结合。当然，生物学上经过充分验证的 RNA 靶标很重要，但需要做出更大的努力来确保这些靶标的“可配体性”。

存在的问题：①RNA 靶点的发现暂时没有系统的方法，现在已上市或在临床阶段的 RNA 靶向小分子药物都是通过表型筛选得到、后期验证才明确的；②与 RNA 相互作用更多的是蛋白，寻找合适的 RNA 靶标需要 RNA 本身具有可识别特征，即足够大的结构信息量，但现在对 RNA 口袋本身的理解并不成熟；③蛋白这一类靶标本身有很多内源性小分子配体，而 RNA 却缺乏内源性小分子的调控，这在一定程度上限制了靶向 RNA 的先导化合物的来源；④早期发现的 RNA 小分子配体碱性高、结构较为平面，虽然活性不错，但是选择性较差，难以作为可靠的先导化合物；⑤我们对上万个可能存在的能靶向的 RNA 的理解暂不成熟，系统评价化合物在 RNA 本身的选择性也是一个障碍；⑥靶点 RNA 在小鼠、大鼠等动物模型上的转录水平、与人源 RNA 的序列差异引起的三维结构及结合口袋的差异对临床前验证的影响需要进一步明确并有效地解决。

不过，可靶向的 RNA 基序似乎无处不在，RNA 结构和折叠的原理相对蛋白质的原理更为简单，随着我们对构成高质量 RNA 靶标的更多信息的了解，RNA 可能不会比蛋白质更难以靶向。

综上，现在的小分子药物大多数针对酶和受体，这类蛋白通常具有某个合适的疏水结合口袋，利于分子量小于 500 的小分子化合物的结合。该模式已有很多成功例子，但这类“低挂的果实”大多已被“采摘”、现在产出越来越低。“高挂的果实”如许多蛋白（如 KRAS 等）的内源性配体结合力很强、竞争困难，小分子化合物对体内其他蛋白的选择性难以系统鉴定，令许多小分子药物在临床III期结束之前，随时可能发生脱靶毒性而停滞。而蛋白质-蛋白质相互作用小分子抑制剂、变构调控剂、RNA 靶向小分子等策略的快速崛起能逐步解决难以竞争内源性配体的问题，PROTAC 技术最有希望解决小分子药物的选择性问题及其带来的脱靶毒性。相信随着技术的演进和更多新技术新概念的引入，抗肿瘤小分子靶向药物将在不久的将来迎来新的突破。

本章作者：罗　成，蒋华良，万　伟，徐　珩，陆文超，张汝康

中国科学院上海药物研究所

## 参 考 文 献

[1] Hanahan D，Robert A. Weinberg，hallmarks of cancer：the next generation. Cell，2011，144（5）：646-674.

[2] Weinberg R. Beyond hallmarks. Trends in Cancer，2015，1（1）：4-5.

[3] Bhullar K S，Lagaron N O，Mcgowan E M，et al. Kinase-targeted cancer therapies：progress，challenges and future directions. Mol Cancer，2018，17（1）：48.

[4] Petros A M，Dinges J，Augeri D J，et al. Discovery of a potent inhibitor of the antiapoptotic protein Bcl-xL from nmr and parallel synthesis. J Med Chem，2006，49（2）：656-663.

[5] Athuluri-Divakar S K，Garpio R V，Dutta K，et al. A small molecule RAS-mimetic disrupts RAS association with effector proteins to block signaling. Cell，2016，165（3）：643-655.

[6] Wang J，Luo C，Shan C L，et al. Inhibition of human copper trafficking by a small molecule significantly attenuates cancer cell proliferation. Nat Chem，2015，7：968.

[7] Guo Z Q，Zheng T，Chen B N，et al. Small-molecule targeting of E3 ligase adaptor SPOP in kidney cancer. Cancer Cell，2016，30（3）：474-484.

[8] Li J M，Gao Z，Zhao D，et al. PI-273，a substrate-competitive，specific small-molecule inhibitor of PI4K II α，inhibits the

growth of breast cancer cells. Cancer Res，2017，77（22）：6253.

[9] Hu G F. Copper stimulates proliferation of human endothelial cells under culture. J Cell Biochem，1998，69（3）：326-335.

[10] Folkman J. Tumor angiogenesis：therapeutic implications. N Engl J Med，1971，285（21）：1182-1186.

[11] Menkes J H，Alter M，Steigleder G K，et al. A sex-linked recessive disorder with retardation of growth，peculiar hair，and focal cerebral and cerebellar degeneration. Pediatrics，1962，29：764-779.

[12] Muller T，Muller W，Feichtinger H. Idiopathic copper toxicosis. Am J Clin Nutr，1998，67（5 Suppl）：1082-1086.

[13] Lowndes S A，Harris A L. The role of copper in tumour angiogenesis. J Mammary Gland Biol Neoplasia，2005，10（4）：299-310.

[14] Horder M，Elser R C，Gerhardt W，et al. International federation of clinical chemistry. Scientific division，committee on enzymes. IFCC methods for the measurement of catalytic concentration of enzymes. Part 7. IFCC method for creatine kinase（ATP：creatine N-phosphotransferase，EC 2.7.3.2）. IFCC recommendations. Clin Chim Acta，1990，190（1-2）：4-40.

[15] Redman B G，Esper P，Pan Q，et al. Phase Ⅱ trial of tetrathiomolybdate in patients with advanced kidney cancer. Clin Cancer Res，2003，9（5）：1666-1672.

[16] Lutsenko S，Gupta A，Burkhead J L，et al. Cellular multitasking：the dual role of human Cu-ATPases in cofactor delivery and intracellular copper balance. Arch Biochem Biophys，2008，476（1）：22-32.

[17] Lin S J，Pufahl R A，Dancis A，et al. A role for the Saccharomyces cerevisiae ATX1 gene in copper trafficking and iron transport. J Biol Chem，1997，272（14）：9215-9220.

[18] Banci L，Bertini I，Cantini F，et al. Human superoxide dismutase 1（hSOD1）maturation through interaction with human copper chaperone for SOD1（hCCS）. Proc Natl Acad Sci USA，2012，109（34）：13555-13560.

[19] Ewing T J，Makino S，Skillman A G，et al. DOCK 4.0：search strategies for automated molecular docking of flexible molecule databases. J Comput Aided Mol Des，2001，15（5）：411-428.

[20] Muegge I，Martin Y C. A general and fast scoring function for protein-ligand interactions：a simplified potential approach. J Med Chem，1999，42（5）：791-804.

[21] Goodsell D S，Morris G M，Olson A J. Automated docking of flexible ligands：applications of AutoDock. J Mol Recognit，1996，9（1）：1-5.

[22] Li J，Ehlers T，Sutter J，et al. CAESAR：a new conformer generation algorithm based on recursive buildup and local rotational symmetry consideration. J Chem Inf Model，2007，47（5）：1923-1932.

[23] Jaakkola P，Mole D R，Tian Y M，et al. Targeting of HIF-alpha to the von Hippel-Lindau ubiquitylation complex by O2-regulated prolyl hydroxylation. Science，2001，292（5516）：468-472.

[24] Kobayashi M，Yamamoto M. Molecular mechanisms activating the Nrf2-Keap1 pathway of antioxidant gene regulation. Antioxid Redox Signal，2005，7（3-4）：385-394.

[25] Zhang Q，Zhang L，Wang B，et al. A hedgehog-induced BTB protein modulates hedgehog signaling by degrading Ci/Gli transcription factor. Dev Cell，2006，10（6）：719-729.

[26] Angers S，Thorpe C J，Biechele T L，et al. The KLHL12-Cullin-3 ubiquitin ligase negatively regulates the Wnt-beta-catenin pathway by targeting Dishevelled for degradation. Nat Cell Biol，2006，8（4）：348-357.

[27] Chen Z J. Ubiquitin signalling in the NF-kappaB pathway. Nat Cell Biol，2005，7（8）：758-765.

[28] Marikawa Y，Elinson R. beta-TrCP is a negative regulator of Wnt/beta-catenin signaling pathway and dorsal axis formation in Xenopus embryos. Mech Dev，1998，77（1）：75-80.

[29] Wertz I E，O'Rourke K M，Zhou H，et al. De-ubiquitination and ubiquitin ligase domains of A20 downregulate NF-kappaB signalling. Nature，2004，430（7000）：694-699.

[30] Wu C J，Conze D B，Li T，et al. NEMO is a sensor of Lys 63-linked polyubiquitination and functions in NF-kappa B activation. Nat Cell Biol，2006，8（4）：398-406.

[31] Angers S，Li T，Yi X H，et al. Molecular architecture and assembly of the DDB1-CUL4A ubiquitin ligase machinery. Nature，2006，443（7111）：590-593.

[32] Scrima A，Konickova R，Czyzewski B，et al. Structural basis of UV DNA-damage recognition by the DDB1-DDB2 complex. Cell，2008，135（7）：1213-1223.

[33] Brooks C L，Gu W. p53 ubiquitination：Mdm2 and beyond. Mol Cell，2006，21（3）：307-315.

[34] Clegg H V，Itahana K，Zhang Y. Unlocking the Mdm2-p53 loop：ubiquitin is the key. Cell Cycle，2008，7（3）：287-292.

[35] Kuo M L，den Besten W，Bertwistle D，et al. N-terminal polyubiquitination and degradation of the Arf tumor suppressor. Genes Dev，2004，18（15）：1862-1874.

[36] Huang D T，Hunt H W，Zhuang M，et al. Basis for a ubiquitin-like protein thioester switch toggling E1-E2 affinity. Nature，2007，445（7126）：394-398.

[37] Huang D T，Paydar A，Zhuang M，et al. Structural basis for recruitment of Ubc12 by an E2 binding domain in NEDD8's E1. Mol Cell，2005，17（3）：341-350.

[38] Lois L M，Lima C D. Structures of the SUMO E1 provide mechanistic insights into SUMO activation and E2 recruitment to E1. Embo Journal，2005，24（3）：439-451.

[39] Pickart C M. Mechanisms underlying ubiquitination. Annu Rev Biochem，2001，70：503-533.

[40] Hershko A，Ciechanover A. The ubiquitin system. Annu Rev Biochem，1998，67.

[41] Huang L，Kinnucan E，Wang G L，et al. Structure of an E6AP-UbcH7 complex：insights into ubiquitination by the E2-E3 enzyme cascade. Science，1999，286（5443）：1321-1326.

[42] Huibregtse J M，Scheffner M，Beaudenon S，et al. A family of proteins structurally and functionally related to the E6-AP ubiquitin-protein ligase. Proc Natl Acad Sci USA，1995，92（7）：2563-2567.

[43] Joazeiro C A P，Wing S S，Huang H，et al. The tyrosine kinase negative regulator c-Cbl as a RING-type，E2-dependent ubiquitin-protein ligase. Science，1999，286（5438）：309-312.

[44] Lorick K L，Jensen J P，Fang S，et al. RING fingers mediate ubiquitin-conjugating enzyme（E2）-dependent ubiquitination. Proc Natl Acad Sci USA，1999，96（20）：11364-11369.

[45] Schulman B A，Carrano A C，Jeffrey P D，et al. Insights into SCF ubiquitin ligases from the structure of the Skp1-Skp2 complex. Nature，2000，408（6810）：381-386.

[46] Zheng N，Schulman B A，Song L Z，et al. Structure of the Cul1-Rbx1-Skp1-F boxSkp2 SCF ubiquitin ligase complex. Nature，2002，416（6882）：703-709.

[47] Zollman S，Godt D，Privé G G，et al. The Btb domain，found primarily in zinc-finger proteins，defines an evolutionarily conserved family that includes several developmentally-regulated genes in Drosophila. Proc Natl Acad Sci USA，1994，91（22）：10717-10721.

[48] Allen E，Ding J Q，Wang W，et al. Gigaxonin-controlled degradation of MAP1B light chain is critical to neuronal survival. Nature，2005，438（7065）：224-228.

[49] Cullinan S B，Gordan J D，Jin J P，et al. The Keap1-BTB protein is an adaptor that bridges Nrf2 to a Cul3-based E3 ligase：oxidative stress sensing by a Cul3-Keap1 ligase. Mol Cell Biol，2004，24（19）：8477-8486.

[50] Liu J，et al. Analysis of drosophila segmentation network identifies a JNK pathway factor overexpressed in kidney cancer. Science，2009，323（5918）：1218-1222.

[51] Sumara I，Quadroni M，Frei C，et al. A Cul3-based E3 ligase removes aurora B from mitotic chromosomes，regulating mitotic progression and completion of cytokinesis in human cells. Dev Cell，2007，12（6）：887-900.

[52] Furukawa M，He Y J，Borchers C，et al. Targeting of protein ubiquitination by BTB-Cullin 3-Roc1 ubiquitin ligases. Nat Cell Biol，2003，5（11）：1001-1007.

[53] Vogel C，Bashton M，Kerrison N D，et al. Structure，function and evolution of multidomain proteins. Curr Opin Struct Biol，2004，14（2）：208-216.

[54] Gingerich D J，Hanada K，Shiu S，et al. Large-scale，lineage-specific expansion of a bric-a-brac/tramtrack/broad complex ubiquitin-ligase gene family in rice. Plant Cell，2007，19（8）：2329-2348.

[55] Nagai Y，Kojima T，Muro Y，et al. Identification of a novel nuclear speckle-type protein. SPO FEBS Lett，1997，418（1-2）：

23-26.

[56] An J，Wang C J，Deng Y B，et al. Destruction of full-length androgen receptor by wild-type SPOP，but not prostate-cancer-associated mutants. Cell Rep，2014，6（4）：657-669.

[57] Kwon J E，La M，Oh K H，et al. BTB domain-containing speckle-type POZ protein（SPOP）serves as an adaptor of Daxx for ubiquitination by Cul3-based ubiquitin ligase. J Biol Chem，2006，281（18）：12664-12672.

[58] Hernandez-Munoz I，Lund A H，van Der Stoop P，et al. Stable X chromosome inactivation involves the PRC1 Polycomb complex and requires histone MACROH2A1 and the CULLIN3/SPOP ubiquitin E3 ligase. Proc Natl Acad Sci USA，2005，102（21）：7635-7640.

[59] Li C，Ao J P，Fu J J，et al，Tumor-suppressor role for the SPOP ubiquitin ligase in signal-dependent proteolysis of the oncogenic co-activator SRC-3/AIB1. Oncogene，2011，30（42）：4350-4364.

[60] Liu J，et al. Analysis of Drosophila segmentation network identifies a JNK pathway factor overexpressed in kidney cancer. Science，2009，323（5918）：1218-1222.

[61] Zhuang M，Calabrese M F，Liu J，et al. Structures of SPOP-substrate complexes：insights into molecular architectures of BTB-Cul3 ubiquitin ligases. Mol Cell，2009，36（1）：39-50.

[62] Wolber G，Langer T Ligand Scout：3-d pharmacophores derived from protein-bound ligands and their use as virtual screening filters. J Chem Inf Mod，2005，45（1）：160-169.

[63] Kuntz I D，Blaney J M，Oatley S J，et al. A geometric approach to macromolecule-ligand interactions. J Mol Biol，1982，161（2）：269-288.

[64] Goodsell D S，Olson A J. Automated docking of substrates to proteins by simulated annealing. Proteins，1990，8（3）：195-202.

[65] Morris G M，Goodsell D S，Halliday R S，et al. Automated docking using a Lamarckian genetic algorithm and an empirical binding free energy function. J Comput Chem，1998，19（14）：1639-1662.

[66] Friesner R A，Banks J L，Murphy R B，et al. Glide：a new approach for rapid，accurate docking and scoring. 1. Method and assessment of docking accuracy. J Med Chem，2004，47（7）：1739-1749.

[67] Halgren T A，Murphy R B，Friesner R A，et al. Glide：a new approach for rapid，accurate docking and scoring. 2. Enrichment factors in database screening. J Med Chem，2004，47（7）：1750-1759.

[68] Friesner R A，Murphy R B，Repasky M P，et al. Extra precision glide：docking and scoring incorporating a model of hydrophobic enclosure for protein-ligand complexes. J Med Chem，2006，49（21）：6177-6196.

[69] Li G Q，Ci W M，Karmakar S，et al. SPOP promotes tumorigenesis by acting as a key regulatory hub in kidney cancer. Cancer Cell，2014，25（4）：455-468.

[70] Wu X Y，Senechal K，Neshat M S，et al. The PTEN/MMAC1 tumor suppressor phosphatase functions as a negative regulator of the phosphoinositide 3-kinase/Akt pathway. Proc Natl Acad Sci USA，1998，95（26）：15587-15591.

[71] Chappell J，Sun Y H，Singh A M，et al. MYC/MAX control ERK signaling and pluripotency by regulation of dual-specificity phosphatases 2 and 7. Genes Dev，Gonzalezherrera I G，Santamaria A，2013，27（7）：725-733.

[72] Anderica-Romero A C，Gonzalezhewera I G，Santamaria A，et al. Cullin 3 as a novel target in diverse pathologies. Redox Biol，2013，1（1）：366-372.

[73] Chene P. Inhibition of the p53-MDM2 interaction：targeting a protein-protein interface. Mol Cancer Res，2004，2（1）：20-28.

[74] Nakayama K I，Nakayama K. Ubiquitin ligases：cell-cycle control and cancer. Nat Rev Cancer，2006，6（5）：369-381.

[75] Roskoski R. Classification of small molecule protein kinase inhibitors based upon the structures of their drug-enzyme complexes. Pharmacol Res，2016，103：26-48.

[76] Moreno-Sanchez R，Rodriguezenriquez S，Marinhernandez A，et al，Energy metabolism in tumor cells. FEBS J，2007，274（6）：1393-1418.

[77] Karataeva N A，Nevinsky G A. Enzymes phosphorylating lipids and polysaccharides. Biochemistry（Mosc），2007，72（4）：367-379.

[78] Van Rompay A R，Johansson M，Karlsson A. Phosphorylation of nucleosides and nucleoside analogs by mammalian nucleoside monophosphate kinases. Pharmacol Ther，2000，87（2-3）：189-198.

[79] Wyss M，Kaddurah-Daouk R. Creatine and creatinine metabolism. Physiol Rev，2000，80（3）：1107-1213.

[80] Chiarelli L R，Morera S M，Bianchi P，et al. Molecular insights on pathogenic effects of mutations causing phosphoglycerate kinase deficiency. PLoS One，2012，7（2）：e32065.

[81] Karthikeyan S，Zhou Q X，Mseeh F，et al. Crystal structure of human riboflavin kinase reveals a beta barrel fold and a novel active site arch. Structure，2003，11（3）：265-273.

[82] Ouellette M，Makkay A M，Papke R T. Dihydroxyacetone metabolism in Haloferax volcanⅡ. Front Microbiol，2013，4：376.

[83] Pereira J H，Oliveira J S，Canduri F，et al. Structure of shikimate kinase from *Mycobacterium tuberculosis* reveals the binding of shikimic acid. Acta Crystallogr D Biol Crystallogr，2004，60（Pt 12 Pt 2）：2310-2319.

[84] Di Paolo G，De Camilli. Phosphoinositides in cell regulation and membrane dynamics. Nature，2006，443（7112）：651-657.

[85] Heilmeyer L M G，Szivak I，Vereb G，et al. Mammalian phosphatidylinositol 4-kinases. IUBMB Life，2003，55（2）：59-65.

[86] Balla A，Balla T. Phosphatidylinositol 4-kinases：old enzymes with emerging functions. Trends Cell Biol，2006，16（7）：351-361.

[87] Shears S B. The versatility of inositol phosphates as cellular signals. Biochimica et Biophysica Acta（BBA）-Molecular and Cell Biology of Lipids，1998，1436（1）：49-67.

[88] Wang Y J，Wang J，Sun H Q，et al. Phosphatidylinositol 4 phosphate regulates targeting of clathrin adaptor AP-1 complexes to the Golgi. Cell，2003，114（3）：299-310.

[89] Graham T R，Burd C G. Coordination of Golgi functions by phosphatidylinositol 4-kinases. Trends Cell Biol，2011，21（2）：113-121.

[90] Minogue S，Waugh M G，de Matteis M A，et al. Phosphatidylinositol 4-kinase is required for endosomal trafficking and degradation of the EGF receptor. Journal of Cell Science，2006，119（3）：571-580.

[91] Guo J，Wenk M R，Pellegrini L，et al. Phosphatidylinositol 4-kinase type Ⅱα is responsible for the phosphatidylinositol 4-kinase activity associated with synaptic vesicles. Proc Natl Acad Sci USA，2003，100（7）：3995-4000.

[92] Jović M，Kean M J，Szentpetery Z，et al. Two phosphatidylinositol 4-kinases control lysosomal delivery of the Gaucher disease enzyme，β-glucocerebrosidase. Mol Biol Cell，2012，23（8）：1533-1545.

[93] Simons J P，Al shawi R，Minogue S，et al. Loss of phosphatidylinositol 4-kinase 2α activity causes late onset degeneration of spinal cord axons. Proc Natl Acad Sci USA，2009，106（28）：11535-11539.

[94] Zubenko G S，Stiffler J S，Hughes H B，et al. Reductions in brain phosphatidylinositol kinase activities in alzheimer's disease. Biol Psychiat，1999，45（6）：731-736.

[95] Waugh M G. Phosphatidylinositol 4-kinases，phosphatidylinositol 4-phosphate and cancer. Cancer Lett，2012，325（2）：125-131.

[96] Li J M，Zhang L F，Gao Z，et al. Dual inhibition of EGFR at protein and activity level via combinatorial blocking of PI4KⅡα as anti-tumor strategy. Protein Cell，2014，5（6）：457-468.

[97] Tokuda E，Itoh T，Hasegawa J，et al. Phosphatidylinositol 4-phosphate in the golgi apparatus regulates cell-cell adhesion and invasive cell migration in human breast cancer. Cancer Res，2014，74（11）：3054-3066.

[98] Waugh M G. Amplification of chromosome 1q genes encoding the phosphoinositide signalling enzymes PI4KB，AKT3，PIP5K1A and PI3KC2B in breast cancer. J Cancer，2014，5（9）：790-796.

[99] Li J X，Lu Y，Zhang J，et al. PI4KⅡα is a novel regulator of tumor growth by its action on angiogenesis and HIF-1α regulation. Oncogene，2010，29：2550-2559.

[100] Sinha R K，Patel R Y，Bojjireddy N，et al. Epigallocatechin gallate（EGCG）inhibits type Ⅱ phosphatidylinositol 4-kinases：a key component in pathways of phosphoinositide turnover. Arch Biochem Biophys，2011，516（1）：45-51.

[101] Srivastava R，Ratheesh A，Gude R K，et al. Resveratrol inhibits type Ⅱ phosphatidylinositol 4-kinase：a key component in

pathways of phosphoinositide turn over. Biochem Pharmacol，2005，70（7）：1048-1055.

[102] Dang C V，Reddy E P，Shokat K，et al. Drugging the “undruggable” cancer targets. Nat Rev Cancer，2017，17：502-508.

[103] Where is the future of drug discovery for cancer? Cell，2017，168（4）：564-565.

[104] Scott D E，Bayly A R，Abell C，et al. Small molecules，big targets：drug discovery faces the protein-protein interaction challenge. Nat Rev Drug Discov，2016，15（8）：533-550.

[105] Valkov E，et al. Targeting protein-protein interactions and fragment-based drug discovery，in fragment-based drug discovery and X-ray crystallography. Davies T G，Hyvönen M. Berlin Heidelberg：Springer，2012：145-179.

[106] Pelay-Gimeno M，Glas A，Koch O，et al. Structure-based design of inhibitors of protein-protein interactions：mimicking peptide binding epitopes. Angew Chem Int Ed，2015，54（31）：8896-8927.

[107] Johnson D K，Karanicolas J. Computational screening and design for compounds that disrupt protein-protein interactions. Curr Top Med Chem，2017，17（23）：2703-2714.

[108] Wenthur C J，Gentry P R，Mathews T P，et al. Drugs for allosteric sites on receptors. Annu Rev Pharmacol Toxicol，2014，54：165-184.

[109] Wagner J R，Lee C T，Durrant J D，et al. Emerging computational methods for the rational discovery of allosteric drugs. Chem Rev，2016，116（11）：6370-6390.

[110] Neklesa T K，Winkler J D. Crews C M. Targeted protein degradation by PROTACs. Pharmacol Therapeut，2017，174：138-144.

[111] Gadd M S，Testa A，Lucas X，et al. Structural basis of PROTAC cooperative recognition for selective protein degradation. Nat Chem Biol，2017，13：514-521.

[112] Salami J，Crews C M. Waste disposal：an attractive strategy for cancer therapy. Science，2017，355（6330）：1163-1167.

[113] Warner K D，Hajdin C E，Weeks K M. principles for targeting RNA with drug-like small molecules. Nat Rev Drug Discov，2018，17（8）：547-558.

# 第 22 章　抗炎药物新靶点的发现和确证

## 22.1　引　　言

炎症反应在对抗细菌、病毒感染过程中发挥着至关重要的作用。一旦炎症反应不能得到适时和适当的控制，将会引起自发炎症或自身免疫性疾病。目前针对炎症反应的临床抗炎药物主要分为非甾类抗炎药物、糖皮质激素类甾体药物、消散素（resolvins）及生物制剂类抗炎药等[1, 2]。

最早发现的抗炎药物是非甾类药物，如第一个抗炎药物阿司匹林。通常情况下，细胞内花生四烯酸与细胞膜磷脂结合。当组织受到刺激后，花生四烯酸在磷脂酶 A2 作用下被释放，此时游离的花生四烯酸在环加氧酶 COX（包括 COX-1 和 COX-2）催化下生成炎性介质前列腺素（prostaglandins，PG）和血栓素（thromboxanes）。非甾类药物则通过抑制环加氧酶 COX 来抑制炎性介质的生成，从而抑制炎症。一般认为，COX-1 产生的 PG 用于维持细胞的基本功能，而 COX-2 诱导产生的 PG 则引发炎症。然而，近期研究表明，正常组织中的 COX-2 也有一些有益功能，如保护胃黏膜、维持肾脏稳态等。基于 COX 催化前列腺素引发炎症的特点，抗炎药物也在不断地改进。早期的非甾类抗炎药物无选择性地靶向 COX，副作用比较明显。改进的药物则可选择性地抑制 COX-2 活性，而对 COX-1 活性影响较小。1991 年，FDA 批准了第一种 COX-2 的选择性抑制剂药物 celecoxib。随后，一系列抗炎药物如 rofecoxib、valdecoxib、parecoxib、aceclofenac 和 etoricoxib 陆续上市。相对于非选择性靶向 COX 而言，这类非甾类药物的副作用明显降低。此外，非甾类药物除了抑制环加氧酶活性之外，还具有减少超氧自由基、诱导凋亡、抑制黏附分子表达、减少氮氧化物合成、降低促炎分子表达，以及改变细胞膜通透性等重要功能[3]。

糖皮质激素类相关的甾体抗炎药物在炎症疾病中也发挥重要的治疗作用，特别是针对一些自身免疫的炎性疾病。糖皮质激素是由肾上腺素分泌的一种甾体类激素，通过人工合成可获得糖皮质类激素。糖皮质激素药物与胞内的类固醇受体结合，进入细胞核识别特定的 DNA 序列，通过拮抗 AP-1 和 NF-κB 发挥抗炎作用。AP-1 和 NF-κB 几乎可以调控所有促炎细胞因子的表达，糖皮质激素抗炎作用主要就是通过抑制炎症因子的转录来下调炎症反应[4]。此外，糖皮质激素还可以抑制 IL-2、IL-4、IL-15 及 IFN-γ 等生长因子的表达，从而抑制淋巴细胞生长而调控炎症。在炎症反应过程中，TNF-α 和 IL-1β 通常会诱导 COX-2、氮氧合酶及黏附分子-1 的表达，而糖皮质激素则可以抑制这一诱导过程。另外，糖皮质激素还可以上调一些抗炎分子的表达，如 IL-10 和Ⅱ型 IL-1 受体等。

消散素也是具有重要功能的抗炎药物。首先，炎性因子产生后会招募单核细胞、中性粒细胞等骨髓来源细胞进入感染组织中；随后，浸润的骨髓来源细胞释放花生四烯酸氧化产物（omega-6），主要是 PG 和脂氧素（LTB4），引起炎症反应；而另一类产物二十碳五烯酸（omega-3）氧化产物，主要包括 PG3 和 LTB5，则具有抗炎的作用。omega-3 类脂肪酸的氧化产物包括消散素 E 和 D 两个系列，其中，E 系列的消散素几乎在所有哺乳动物的炎症部位出现，包括 RvE1 和 RvE2；而 D 系列的消散素则由二十二碳六烯酸衍生而来。在动物实验中，消散素表现出抑制炎症而不影响免疫功能的特点。目前，消散素抑制炎症的机制比较明确，一些特异的抗炎受体也被鉴定[5]。在动物实验中，消散素可以减少骨髓来源的中性粒细胞和巨噬细胞在炎症部位的浸润，并且可以抑制 TNF-α、IL-1β 及 VEGF 表达，达到抑制炎症的目的[6]。目前，一些消散素的药物正逐步推向临床，例如，人工合成的消散素 RvE1 被用于治疗眼科疾病及一些局部的炎症反应。

生物制剂利用现代生物技术，借助某些微生物、植物或动物来生产所需药品，在生产工艺上与一般的药物不同，可用于预防、治疗和诊断疾病。同样，越来越多的生物制剂药物被用于治疗炎症，它们通过靶向不同的靶点发挥抗炎的作用。根据不同的药物靶点可将生物制剂类的抗炎药物进行分类，主要包括以下几类。

（1）蛋白激酶抑制剂。在哺乳动物体内存在大量的蛋白激酶，它们可以通过磷酸化和自磷酸化的作用调控机体内的各种信号通路，其中包括炎症相关信号通路。例如，MAPK 家族的 p38 促分裂原活化蛋白激酶可以通过调控炎症过程中的细胞因子、趋化因子及 COX-2 表达等过程调控炎症反应。因此，理论上 p38 抑制剂都是潜在的抗炎药物。

（2）他汀类（statins）药物。血清中的 C 型反应蛋白可以很好地指示心血管疾病的风险，在冠状动脉疾病中通常伴随着 C 型反应蛋白上升的炎症反应。临床试验表明，他汀类药物不仅可以显著抑制 C 型反应蛋白的水平，也可以抑制炎性细胞因子、炎性趋化因子和黏附分子的表达水平。

（3）组蛋白去乙酰化抑制剂。组蛋白乙酰化可以促进基因转录。在炎症反应过程中，很多炎症因子的表达受到组蛋白乙酰化的调控，因此，抑制组蛋白的乙酰化提供了一种抗炎的新思路。例如，组蛋白去乙酰化抑制剂伏立诺他可以通过抑制细胞因子而展现出良好的抗炎功能[7]。

（4）抗凝剂。蛋白 C 是由肝脏合成的一种以无活性形式存在于血液中的维生素 K 依赖的糖蛋白酶类物质，而活化的蛋白 C（aPC）可以减少凝血酶的产生，具有抗凝作用。另外，aPC 可以抑制 NF-κB，从而阻止促炎因子 IL-1β 和 TNF-α 的产生。

（5）补体抑制剂。过敏毒素 C5a 是补体系统活化的终产物。C5a 通过结合到其受体，调控炎性细胞因子、趋化因子及黏附分子的产生，进而促进炎症。在脓毒症、风湿性关节炎及肾炎等疾病中，C5a 都发挥重要的促炎作用。这些 C5a 及其受体的作用机制也为许多补体抑制剂类药物的抗炎研发提供重要的思路。例如，萘莫司他（nafamostat）可以通过抑制补体的活化抑制小鼠脑脊髓炎过程中枢神经系统的炎症[8]。

（6）核受体靶点生物制剂。炎症发生后，机体可以通过抑制促炎因子、黏附分子和 COX-2 等达到缓解炎症的目的。在这一过程中，核受体超家族成员发挥非常重要的作用。例如，法尼酯衍生物 X 受体（farnesoid X receptor，FXR）激活后可以抑制 NF-κB 的转录活性，进而抑制下游的促炎症基因如 TNF-α 和 IL-6 等的表达。在给予脂多糖的情况下，敲除 FXR 基因的小鼠比野生型小鼠更易形成严重的炎症[9]。其他相关的核受体靶点药物，将在后面的章节中给予详细叙述。

（7）蛋白质-蛋白质、蛋白质-核酸的相互作用通常被认为是非传统药物靶点（undruggable target）。此类靶点的第一例成功案例是 FDA 批准上市的临床药物 Venetoclax，它可以通过阻断抗凋亡的 Bcl-2 蛋白与其促凋亡 BH3 配体结合而发挥作用，用于慢性淋巴细胞白血病和非霍奇金淋巴瘤的治疗。在此推动下，靶向 TLR 家族蛋白所对应的蛋白质-蛋白质、蛋白质-核酸相互作用的小分子调节剂迅速发展。

# 22.2　研究进展与成果

## 22.2.1　炎症相关的重要信号转导通路

尽管抗炎症药物开发取得了很大的进展，但患者对药物响应的差异及抗药性等问题仍然存在。通过对炎症相关信号通路的深入探究，尤其是对 NF-κB 和 MAPK 等经典炎症信号通路的研究，必将极大地促进新药物靶点的发现，为临床治疗提供有效方案。

### 1. NF-κB 信号通路

NF-κB 是一种重要的核转录因子，普遍存在于细胞质中。已知 NF-κB 调控的靶基因超过 150 种，在炎症、应激、免疫反应、细胞增殖和凋亡、肿瘤发生发展等过程中起着广泛和至关重要的作用。

1）经典的 NF-κB 激活途径

细胞在静息状态下，NF-κB 与其抑制蛋白 IκB 的中心区结合，在细胞质中形成无活性的复合体。当细胞受到氧化、应激或炎症等信号刺激后，上游激酶磷酸化 IKKβ，后者进一步磷酸化 IKKα，导致 IKK 激酶复合物活性迅速升高，进而磷酸化 IκB，导致其空间构象改变，从而被 ATP 依赖的 26S 蛋白酶体识别并降解[10]。IκB 的降解导致 NF-κB 迅速从 NF-κB/IκB 复合体中游离并活化，通过核孔复合体进入细胞核，与特定的 DNA 序列结合，进而调节炎性细胞因子、细胞增殖、细胞凋亡等基因的转录，参与炎症调节、免疫细胞成熟与分化、免疫器官的发生，甚至肿瘤的发生发展等生物学过程。

2）NF-κB 通路的负调控

NF-κB 通路的激活是免疫反应中至关重要的步骤，但这个反应并不能长久维持，需要被适度地终止，以避免组织损伤甚至是休克和器官衰竭导致的死亡。参与 NF-κB 通路负调控有很多不同的机制。例如，新合成的 IκBα 以单体的形式入核与 p65/p50 复合物结合，导致其失活并促进其核输出，由此形成简单的反馈环来抑制激活的 NF-κB 通路。在免疫信号激活后，与启动子结合的 p65 被蛋白酶体降解也是导致 NF-κB 通路终止的一条重要途径[11]。另外，在活化的巨噬细胞中，IKKα 也是 NF-κB 通路的负调控因子，它能够磷酸化 p65，从而加速 p65 的降解[12]。

3）NF-κB 转录后修饰对其转录激活活性的调节

尽管细胞应激状态下 IκB 的降解导致的 NF-κB 激活被认为是 NF-κB 最主要的激活方式，但是对 p65 蛋白的直接修饰（如磷酸化和乙酰化）同样能够调节 NF-κB 的转录激活活性。在 IκBα 被 IKK 磷酸化并降解之后，p65 的第 276 位丝氨酸能够被蛋白激酶 PKA 磷酸化，这对于促进 p65 和转录辅激活子的结合十分重要[13]。另外，GSK3β[14]、TBK1[15]、IKKα[16]和 PKCζ[17]都能够通过磷酸化 p65 对 NF-κB 的转录激活活性产生重要的调控作用。因此，p65 的磷酸化很大程度上影响其 DNA 结合和 NF-κB 转录激活活性。

在转录因子调节下游基因表达的机制中，乙酰化酶（HAT）和去乙酰化酶（HDAC）对组蛋白的乙酰化修饰非常重要[18]。NF-κB 能够与 HAT（如 CBP/p300）结合，从而刺激下游基因表达。而 p65 和 p50 都能与 HDAC 结合来负调控转录进程[19]。有趣的是，p65 和 CBP/p300 或 HDAC1 的结合是由其磷酸化水平决定的。蛋白激酶 PKA 对 p65 的磷酸化和 IKKβ 对 p65 的磷酸化导致 p65 自身乙酰化，乙酰化的 p65 与 IκBα 的结合减弱，而 HDAC3 对 p65 的去乙酰化则加强 p65 和 IκBα 的结合，从而加速 NF-κB 复合物的核输出[20]。

4）围绕 NF-κB 的抗炎药物

在从果蝇到哺乳动物进化过程中，NF-κB 具有高度的保守性，可以调节众多的基因表达，包括细胞因子、趋化因子、免疫受体细胞表面黏附分子等。这些基因的功能多种多样，参与了凋亡、增殖、免疫和炎症等众多的生命调控过程。在免疫反应中，NF-κB 占据重要的地位。缺失 NF-κB 家族蛋白的小鼠在 B 细胞和 T 细胞的增殖、激活、细胞因子释放等方面都存在不同程度的缺陷[21]。

由于 NF-κB 广泛参与人类的炎症相关疾病，以 NF-κB 为靶点的药物研发越来越引起人们的关注。针对 NF-κB 通路的激活需要 IKK 磷酸化这一关键环节，研究人员发现白皮衫醇（piceatannol）[22]、卡诺醇（carnosol）[23]、木樨草素（luteolin）、白杨素（chrysin）、山柰酚（kaempferol）、芹黄素类黄酮（flavonoids apigenin）[24]、橡黄素（quercetin）[25]等都可以抑制 IKK 活性。针对 IKK 被激活后磷酸化 IκB 进而促进其被蛋白酶体降解的特性，人们又发现一些活性化合物可以抑制 IκB 被磷酸化，包括白藜芦醇（resveratrol）[26]、金合欢素（acacetin）[27]、儿茶酚（catechin）、表儿茶酚（epicatechin）[28]、单宁酸（gallotannin）[29]等可以通过抑制 IκB 的降解达到抑制炎症的目的。p65 磷酸化后的入核同样对于 NF-κB 通路的激活至关重要，白藜芦醇、白皮衫醇等则可以抑制 p65 蛋白的磷酸化从而抑制其入核。其他一些化合物如儿茶酚、表儿茶酚等可以抑制 NF-κB 家族的 p50 蛋白入核。此外，中药橄榄多酚（oleuropein）[30]和姜黄素（curcumin）[31]可以靶向 NF-κB 入核之后与 DNA 结合的这一过程，从而达到抗炎的效果。羟基酪醇（hydroxytyrosol）[30]、姜黄素、白杨素、桑色素（morin）[32]等则靶向 NF-κB 与 DNA 结合之后的转录活性调控。

2. p38 信号转导通路

p38 是哺乳动物 MAPK 经典信号通路中的一个重要蛋白，有 4 个异构体，p38α、p38β、p38γ 和 p38δ。其中，p38α 在各种组织中广泛存在；p38β 在脑组织中含量最丰富；p38γ 主要存在于骨骼肌中；而 p38δ 则多见于睾丸、胰腺、前列腺、小肠等处[33]。

1）p38 的众多底物

作为丝氨酸/苏氨酸蛋白激酶，p38 能够磷酸化众多的下游底物，这些磷酸化的底物发挥不同的生物学功能，从而广泛参与细胞生长、增殖及分化等调控。p38 对下游底物的磷酸化都发生在苏氨酸（Thr）或丝氨酸（Ser）位点上，它们后面都紧跟着一个脯氨酸（Pro），即 Thr-Pro 或 Ser-Pro 基序。这两个基序非常普遍地存在于大量的蛋白序列中，因此 p38 存在许多潜在的底物。

2）p38 在炎症反应中的功能

p38 的生物学功能取决于其下游底物。在细胞应激（如射线、化疗药物、氧化应激等）和炎症信号刺激（如激活的 TLR 通路和细胞因子刺激）时，p38 通过磷酸化不同的下游底物参与炎症反应的调节过程[34, 35]，其中最主要的功能是对细胞因子及炎性介质表达的调控。在巨噬细胞和树突状细胞中，p38 受 TLR 通路激活，进而促进许多炎症相关基因的表达[36]。另外，抗原刺激的 CD4 和 CD8 T 淋巴细胞的 TCR 通路也能激活 p38，并调控 IFN-γ 的表达[37-39]。

p38 可以在转录和转录后水平对炎症相关细胞因子的表达进行调控。在转录水平上，许多炎症相关的转录因子都是 p38 的下游底物。p38 对这些转录因子的磷酸化能够提高蛋白的稳定性，增强基因的转录活性，或者蛋白结合 DNA 的能力，进而调控下游靶基因的转录。p38 还可以通过对基础转录元件的磷酸化来刺激炎症相关转录因子的转录活性。p38 也可以磷酸化转录辅因子（如 p300），增强辅激活子和转录因子的结合能力，进一步促进炎症相关因子的转录[40]。

在转录后水平上，p38 主要通过影响下游基因 mRNA 的稳定性来实现。许多炎症相关基因的 3′-UTR 都富含 AU 序列（AUUUA），称为 ARE（AU-rich element）。它能够与许多 mRNA 结合蛋白结合，是调节 mRNA 稳定性的关键序列[41, 42]。p38 则通过对 ARE 结合蛋白的磷酸化修饰进行转录后水平的调控。

3）以 p38 为靶点的抗炎药物

由于 p38 信号通路对炎症反应过程中的各种细胞因子和炎性介质的产生和释放具有至关重要的调控作用，p38 已成为一个潜在的抗炎药物靶点。特别是随着 p38 晶体结构的解析，以 p38 为靶点的小分子抑制剂大量涌现（表 22.1），其中很多抑制剂已经进入临床实验。遗憾的是，其中大部分试验都因为各种原因而终止。

**表 22.1　p38 抑制剂的临床实验总结[43]**

| 药物名称 | 公司 | 治疗疾病 | 研发状态 |
|---|---|---|---|
| GSK-681323<br>SB-85635 | GlaxoSmithKline | 类风湿性关节炎<br>慢性阻塞性肺病<br>急性冠脉综合征 | Phase Ⅰ（2002）<br>Phase Ⅱ（2005） |
| AMG-548 | Amgen | 类风湿性关节炎<br>慢性阻塞性肺病 | Phase Ⅰ（终止） |
| AVE-9940 | Sanofi-Aventis | 类风湿性关节炎 | Phase Ⅰ（终止） |
| PS-540446<br>PS-516895 | Pharmacopoeia<br>Bristol Myers Squibb | 类风湿性关节炎 | Phase Ⅰ（2005）<br>Phase Ⅰ（2004） |

续表

| 药物名称 | 公司 | 治疗疾病 | 研发状态 |
|---|---|---|---|
| SCIO-469 | Scios | 多发性骨髓瘤<br>类风湿性关节炎<br>牙痛 | Phase Ⅱ（2005） |
| SC80036 | Pfizer | 类风湿性关节炎 | 终止 |
| PH-797804 | Pfizer | 类风湿性关节炎 | Phase Ⅱ（2007） |
| BIRB-796 | Boehringer Ingelheim | 类风湿性关节炎<br>克罗恩病<br>牛皮癣 | Phase Ⅱ（终止） |
| VX-745<br>VX-702 | Vertex | 类风湿性关节炎<br>急性冠脉综合征 | VX-745 停止<br>VX-702-Phase Ⅱ（2005） |
| RO4402257 | Roche | 类风湿性关节炎 | Phase Ⅱ（2006） |
| RWJ67657 | Johnson & Johnson | 抗炎 | Phase Ⅰ（终止） |
| TAK-715 | Takeda | 类风湿性关节炎 | Phase Ⅱ（2005） |

1997 年，研究者发现以 SB203580 为代表的嘧啶-咪唑类化合物能够直接结合 p38 的 ATP 结合口袋，从而显著抑制 p38 激酶活性[44]。然而，这一类药物并不具备作为口服药的物理特性，还存在脱靶效应，以及影响 MAPK 家族其他成员的活性。第二类 p38 抑制剂（如 VX-745 和 VX-702）能够与 p38 的第 110 位甘氨酸（Gly110）形成氢键。p38 的 Gly110 在 MAPK 家族中具有特异性，因此这类抑制剂比第一类抑制剂可能具有更好的特异性[45]。遗憾的是，这类抑制剂在Ⅱ期临床实验中的效能却不能持久。第三类 p38 抑制剂以 BIRB-796 为代表，与第一类和第二类抑制剂不同的是，这类抑制剂的结合覆盖了 p38 的激活区域，从而阻断了上游激酶 MKK6 对 p38 的磷酸化，使 p38 维持在非激活状态[46, 47]。但是，这类药物在克罗恩病的临床研究中也出现了类似的情况，即在处理 1 周时炎症指标降低，随后又恢复到起始水平，并且由于对肝功能的损伤，BIRB-796 目前已经被终止临床实验[43]。

由于已有的 p38 抑制剂存在效率不稳定和很多安全问题，研究者开始对 p38 抑制剂的研发策略进行反思，研究重点从对 p38 激酶的 ATP 竞争转向 p38 通路上其他相关的分子。其中比较突出的例子是苯胺类化合物 CMPD1。CMPD1 的作用机制在于阻断 p38 和下游激酶 MK2 的结合，进而抑制 MK2 下游包括 TNF-α 和 IL-6 等一系列促炎细胞因子的表达。重要的是，CMPD1 对 p38 下游的其他激酶，如 ATF-2、MBP 等活性没有影响，由此可能避免 p38 抑制剂的脱靶效应和其他副作用[48, 49]。

### 3. TLR 信号通路

Toll 样受体（toll-like receptor，TLR）在先天性免疫过程中发挥重要作用，它是一类相对保守的模式识别受体，可以识别损伤相关分子模式（damage-associated molecular patterns，DAMP）与病原相关分子模式（pathogen-associated molecular patterns，PAMP），进而启动下游的免疫信号与应答。TLR 信号通路的紊乱与失调会引起各类的炎症反应、癌症与自身免疫疾病等。由此，发展针对 TLR 蛋白为靶点的调节剂具有重要意义，有望在抗炎药物的设计与开发中发挥关键作用。

通过综合运用一系列药物化学、化学生物学手段，研究者致力于开发针对某个特定TLR 的高效选择性调节剂，并取得了诸多实质性的进展。其中的代表性成果包括但不限于：尹航课题组开发了 TLR1/2 的小分子抑制剂 CU-CPT-22、TLR1/2 的小分子激活剂CU-T12-9、TLR3 的小分子抑制剂 4a、TLR5 的小分子抑制剂 TH1020、TLR8 的小分子抑制剂 CU-CPT-8m 等；Alexander D. MacKerell Jr. 与 Stefanie N. Vogel 课题组开发了 TLR2的 Toll-IL-1 受体结构域（toll-IL-1 receptor domain，TIR 域）抑制剂邻香草醛衍生物；Cottam课题组开发了嘧啶并吲哚衍生物作为 TLR4 选择性激活剂。这些成果的取得为抗炎药物的设计与开发提供了新方向与新视野。尽管 TLR 调节剂的开发在近年来取得了相当的进展与成果，其中依然存在一些亟待解决的问题，主要在于：靶向 TLR7 选择性的小分子调节剂、靶向 TLR9 选择性的小分子调节剂尚有待进一步地探索与开发；目前已经成功发展的TLR 小分子调节剂在成药性上仍表现欠佳，有待进一步改善。

尹航课题组致力于开发 TLR 高效选择性的小分子调节剂，以此进一步应用于相关疾病如风湿性关节炎、败血症甚至是肿瘤的治疗药物。首先，通过建立通用的特异性 TLR免疫调节剂高通量筛选平台，解决了针对同源家族蛋白的传统高通量筛选存在的选择性差、效率低等缺点，为 TLR 及其他类似的同源家族蛋白高通量筛选的设计铺平了道路。具体途径是建立单独过表达的 TLR 人胚肾细胞系（HEK293-TLR 细胞），并利用野生型HEK293 细胞作为低表达 TLR 的对照，以此进行高通量筛选开发选择性的 TLR 调节剂，快速评价化合物的活性、选择性与细胞毒性。

其次，通过基于结构的理性设计，实现了化学探针的系统性研究。结合计算模拟和小分子构效关系的分析，以研究先导化合物与蛋白质的结合与机制。进一步通过 TLR 蛋白与小分子配体共结晶研究与分析，与已建立的构效关系研究形成互补，有助于揭示小分子与 TLR 蛋白的明确作用机制，为开发新型的高效选择性抑制剂提供新思路。在此策略下，尹航课题组成功地证实了 TLR8 在非激活状态下也会以二聚体的形式存在，改变了以往对TLR 家族蛋白的认知，而针对这一机制开发的选择性抑制剂 CU-CPT-8m 则能够在此基础上“锁住”非激活态，使得它无法被激活。这一成果不仅揭示了 TLR 家族蛋白小分子调节剂的新型作用机制，也可以作为成功的研究策略促进相关研究。

最后，在成功开发高效选择性的 TLR 小分子调节剂的基础上，应用针对 TLR 家族蛋白的小分子作为探针，探索相应的分子识别机制与免疫信号的研究。例如，利用 TLR1/2的小分子抑制剂 CU-CPT22 作为相应的分子探针进行疾病研究，发现 TLR1/2 在帕金森综合征的发展过程中起到了重要作用，以此为治疗该疾病提供了新思路；此外，更为成熟的如 TLR4 的抑制剂 TAK242 等，已经被广泛地应用于 TLR 相关疾病的探索与研究中。

总之，针对目前在 TLR 小分子调节剂研究发展中尚且存在的不足，建立相应的蛋白质-蛋白质、蛋白质-核酸相互作用研究平台，辅以计算机模拟的理性设计与高通量筛选技术，寻找高效选择性的化学探针，通过细胞生物学的手段进行生物评价并结合结构生物学的技术进行优化设计，以此开发高效选择性的 TLR 小分子调节剂。在此基础上，无论作为化学探针进行相关的免疫学研究与分子识别机制的研究，还是进一步开发作为新型的抗炎药物，都具有重要的科学意义。

### 22.2.2 抗炎药物的靶点

随着药物研究的深入，以不同生物大分子为靶点的抗炎药物层出不穷，这些都得益于对生物大分子作用机制的深入研究。

1. *以核受体为靶点的抗炎药物*

核受体由一大类配体激活的转录因子超家族成员组成，它们与靶基因上相关的应答元件（response elements，RE）结合，从而调控基因转录和表达，在机体的炎症反应过程中发挥重要的调节作用。核受体可以通过直接与其特异的应答元件结合，激活或者抑制下游基因的转录表达。类固醇受体，如糖皮质激素受体（glucocorticoid receptor，GR），通常以配体依赖的同源二聚体结合到相应的 RE 上；而非类固醇类受体，如过氧化物酶体增殖物激活受体（peroxisome proliferator-activated receptor，PPAR）和肝 X 受体（liver X receptor，LXR），通常与维 A 酸 X 受体（retinoid receptor，RXR）形成异源二聚体调控基因转录和表达。另一类孤儿受体的转录调控则可以通过多种形式，包括单体、同源二聚体或与 RXR 形成异源二聚体等形式。

核受体超家族成员在免疫反应中的调控功能已有广泛报道。目前核受体抗炎药物应用最广的是 PPAR。PPAR 家族主要有三种亚型：PPARα、PPARδ 和 PPARγ，分别由不同基因编码。当它们被配体激活之后，与另外的核受体超家族成员 RXRα 形成异源二聚体，结合到其调控元件 PPRE 上，从而调节靶基因的转录。PPAR 的激活不仅在脂质转运和代谢方面具有重要作用，在炎症相关信号通路中也起着至关重要的作用，其激动剂通过激活 PPAR 可以下调炎症因子、趋化因子及黏附分子等表达[50]。由于 PPAR 在调控炎症方面的关键作用，其家族成员已经成为一类很重要的抗炎靶点，并以此研发出许多抗炎药物。临床上应用较多的一类人工合成的 PPAR 激动剂是噻唑烷二酮（TZD）类的化合物，主要包括曲格列酮、吡格列酮和罗格列酮等。对于血液中的单核细胞，吡格列酮可以通过激活 PPARγ 而抑制 TLR2、TLR4、IL-1β、TNF-α、IL-6 及单核细胞趋化蛋白-1。在动物实验中，吡格列酮可以降低脂多糖引起的 TLR2 和 TLR4 的表达，从而抑制炎症[51]。临床上吡格列酮主要用于治疗 2 型糖尿病，可降低血清中的 C 型反应蛋白和 TNF-α，但也提高了 VEGF 水平，而 VEGF 的升高对于抗炎不利。在小鼠狼疮肾炎的模型中，口服罗格列酮药物可以有效地降低小鼠肾内的 TNF-α、IL-1β 和 VCAM-1 的合成，减少肾脏的炎症反应[52]。

其他核受体也展现出很好的抗炎前景。以糖皮质激素受体作为抗炎靶点的药物研究也非常多，其配体 GR 和激动剂地塞米松（dexamethasone）已作为抗炎药物被广泛使用。GR 受体可以与 AP-1 及 NF-κB 家族成员结合，影响转录辅激活因子的募集，进而抑制这两条通路下游的大量前炎症因子的表达。例如，IRF3 是 NF-κB 启动下游基因转录的重要辅激活子；GR 与 NF-κB 的亚基 p65 结合削弱了 NF-κB 与 IRF3 的结合[53]。类似地，GR 还能够阻断 p65 与 PTEFb（positive transcription elongation factor b）的结合，进而抑制 NF-κB 下游大量炎症相关靶基因的激活[54]。同时，GR 还能够募集 GR 受体结合蛋白 GRIP1；当

GR 与 NF-κB 或 AP-1 结合时，会激活 GRIP1 特异性抑制区域，使 GRIP1 从辅激活因子转变为辅抑制因子，进而抑制下游基因的转录[55]。肝 X 受体（LXR）在机体炎症反应中也具有调节作用。当小鼠缺失 LXR 时会加剧 LPS 诱导的炎症反应，而 GW3965 及 T1317 等人工合成的 LXR 激活剂则可以抑制巨噬细胞表达的炎症因子及 IL-1β、IL-6、MMP-9、iNOS 和 COX-2 等[56, 57]。另外，LXR 能够抑制病原菌引起的巨噬细胞凋亡。在 LXR 激活剂刺激下降低炭疽芽孢杆菌（*Bacillus anthracis*）、大肠杆菌（*Escherichia coli*）、肠道沙门氏菌（*Salmonella enteric* serovar Typhimurium）引起的巨噬细胞凋亡[58]；而缺失 LXR 的小鼠在李斯特菌（Listeria monocytogenes）感染后会引起巨噬细胞凋亡的急剧增加，降低对病原菌的清除能力，从而导致宿主的大量死亡[59]。维生素 D 受体（vitamin D receptor，VDR）的配体 1α, 25-二羟基维生素 $D_3$ 或者类似物也都可抑制系统性红斑狼疮、炎性肠病、银屑病、实验性自身免疫性脑脊髓炎、自身免疫性糖尿病等自身免疫疾病[60, 61]。

#### 2. 以 TLR 为靶点的抗炎药物

TLR 是先天免疫的重要受体，在生物体的炎症反应过程中起到重要的调节作用，研究 TLR 信号通路与治疗自身免疫疾病的药物靶点发现发展密切相关。这项研究的最大挑战是在抑制疾病诱导的炎症信号产生和稳定原有的免疫系统功能中找到平衡。因为调节 TLR 及其引发的信号通路的同时，会对固有免疫系统产生过度抑制，也会对其他信号通路产生影响。目前已有数例 TLR 的靶向药物在临床研究方向的应用（表 22.2）。TLR3 的蛋白质抗体激活剂 Ampligen 已进入对慢性疲劳综合征临床Ⅱ期实验。在化学探针方向上，用于败血症治疗的 TLR4 抑制剂，武田制药（Takeda）的 TAK-242 和卫才药业（Eisai）的 Eritoran 双双在临床Ⅲ期实验中失败；吉列德（Gilead Sciences）公司的 TLR7 激活剂 GS-9620，可以刺激免疫系统抑制乙型肝炎病毒的感染，正在进行临床Ⅲ期实验阶段；3M 公司的 TLR7 和 TLR8 共激活剂咪喹莫特（Imiquimod），可诱导体内产生 INF-α 等细胞因子产生抗病毒活性，已成为临床治疗尖锐湿疣的首选药物，但同样存在着许多副作用。开发建立研发高效特异性的 TLR 化学探针是一个十分有前景也亟待解决的问题。为此，尹航教授课题组发展了一系列的 TLR 的小分子调节剂，如首次报道的 TLR1/2、TLR3、TLR5、TLR8 的小分子抑制剂和 TLR1/2 的小分子激活剂。通过协和医院的患者样本验证，TLR8 小分子抑制剂 CU-CPT-8m 可有效降低 RA 患者血液样本的炎症因子 IL-1β 和 TNF-α 的水平，具有发展为抗炎药物的潜力。

**表 22.2　TLR 靶向药物**

| 药物名称 | 靶点 | 临床阶段 | 适应证 | 研发公司 |
|---|---|---|---|---|
| Ampligen | TLR3 | 临床Ⅱ期 | 慢性疲劳综合征 | Hemispherx Biopharma |
| Poly ICLC | TLR3、MDA5 | 临床Ⅰ期 | 癌症（成人急性髓系白血病）、HIV | |
| AS01 | TLR4 | 批准 | 疟疾 | GSK |
| AS04 | TLR4 | 批准 | HBV、HPV | GSK |
| RC-529 | TLR4 | 批准 | HBV | Dynavax |
| GLA-SE | TLR4 | 临床前 | 流感 | |

续表

| 药物名称 | 靶点 | 临床阶段 | 适应证 | 研发公司 |
|---|---|---|---|---|
| Flagellin | TLR5 | 临床 I 期 | 流感 | |
| Imiquimod | TLR7、TLR8 | 批准 | 黑色素瘤和光线性角化病 | 3M |
| CpG ODN | TLR9 | 批准 | HBV、疟疾、流感炭疽、癌症 | |
| IC31 | TLR9 | 临床 I 期 | 肺结核 | |

### 22.2.3　孤儿核受体 Nur77

Nur77（也称 TR3、NGFI-B 和 NAK1）是由立早基因（immediate-early genes）NR4A1 编码的蛋白，属于类固醇/甲状腺/维 A 酸受体超家族成员[62]。虽然 Nur77 在结构上具有核受体的典型特征［包括 DNA 结合区域（DNA-binding domain，DBD）、两个转录激活活性区域（activation function，AF-1 和 AF-2），以及一个配体结合区域（ligand-binding domain，LBD）］，但是其特异性体内配体至今未被发现，因此被归纳为孤儿核受体（orphan nuclear receptor）。NR4A 家族有三个成员，分别为 Nur77、Nurr1 和 Nor1。作为立早基因的产物，Nur77 以细胞特异的方式被促有丝分裂药物如血清、EGF，或促凋亡药物如 TPA、VP-16 诱导表达，并在细胞增殖、分化、凋亡和发育等过程中发挥重要的作用[63]。

1. Nur77 与基因转录调控

作为转录因子，Nur77 可以通过其 DBD 区域与应答元件结合，从而调控许多下游基因的转录。Nur77 与应答元件的结合形式主要有三种。第一种是以单体的形式结合到应答元件 NBRE[64]；第二种形式是以同源二聚体或者与 Nur77 家族的另两个成员 NOR1 或 Nurr1 形成异源二聚体结合到应答元件 NurRE[65]；第三种形式是在视黄素受体 RXR 的配体 9-cis RA 存在时，Nur77 与 RXR 形成异源二聚体并结合到视黄酸应答元件 DR-5 上，发挥转录激活活性[66]。

2. Nur77 通过蛋白互作方式进行调控

Nur77 还可以作为调控蛋白，通过与其他蛋白的相互作用而影响它们的生物学功能。首先，Nur77 通过与其他转录因子结合影响它们的转录激活活性。例如，Nur77 和 GR 结合可以互相抑制对方的转录激活活性[67]。我们实验室的研究也发现 Nur77 与 β-catenin 的结合可以抑制 β-catenin 转录激活活性，从而影响 Wnt 信号通路的激活[68]。

其次，Nur77 可以与细胞中各种酶，包括蛋白激酶、乙酰化转移酶及甲基化转移酶等相互作用而抑制酶活性。例如，Nur77 的 LBD 区域能够介导 Nur77 与 PKCθ 的结合，从而抑制 PKCθ 的激酶活性[69]。我们前期研究发现，p300 的 TRAM（transcriptional adapter motif）区域能够结合到 Nur77 LBD 上的 FLELFIL 序列，反过来抑制 p300 的乙酰化转移酶活性。Nur77 和甲基化转移酶 PRMT1 催化活性区域的相互作用抑制了 PRMT1 对底物的甲基化[70]。

最后，Nur77 与一些蛋白的结合还将逆转这些蛋白的功能。Nur77 定位于线粒体可以引起细胞凋亡，其功能的发挥是通过与线粒体上的凋亡抑制蛋白 Bcl-2 结合来实现的。Nur77 与 Bcl-2 的结合使 Bcl-2 发生变构，暴露出 BH3 结构域，使得 Bcl-2 无法再行使抑制凋亡诱导蛋白 Bax 和 Bak 的功能；相反地，进一步抑制另一凋亡抑制蛋白 Bcl-xL 功能，则使 Bcl-2 从凋亡抑制蛋白转变为凋亡诱导蛋白[71,72]。

3. Nur77 的磷酸化修饰

人源 Nur77 由 598 个氨基酸残基组成，其中包含 69 个丝氨酸、29 个苏氨酸和 15 个酪氨酸。如此密集的磷酸化底物氨基酸的存在，提示 Nur77 很有可能被不同激酶磷酸化。研究也证明，组织细胞中 Nur77 的分子量经常在 65000～75000 之间迁移，提示 Nur77 在不同生理条件下可能处于不同程度的磷酸化状态。不同的刺激条件可以激活不同的蛋白激酶，从而磷酸化 Nur77 分子上的不同位点，导致 Nur77 发挥不同的生物学功能。

1）磷酸化调控 Nur77 的蛋白水平

我们实验室一系列的研究发现，Nur77 的磷酸化水平与其蛋白表达紧密相关。Nur77 的 Ser95 位点磷酸化后发生异构化，抑制 Nur77 的降解，并稳定 Nur77 的蛋白水平[73]。在结肠癌细胞 SW620 中，激活的 Chk2 能够磷酸化 Nur77 的 Thr88 位点，从而提高 Nur77 的蛋白表达水平[74]。而茴香霉素诱导的 JNK 对 Nur77 N 端第 95 位丝氨酸的磷酸化却增强了 Nur77 的泛素化水平，导致 Nur77 被降解[75]。

2）磷酸化调控 Nur77 的亚细胞定位

磷酸化能够影响 Nur77 的亚细胞定位。处于高度磷酸化状态的 Nur77 一般定位于细胞质中，而细胞核内的 Nur77 则处于轻度或非磷酸化状态[76]。在大鼠肾上腺嗜铬细胞瘤细胞 PC12 中，Nur77 处于低磷酸化状态，定位于细胞核内。当以 NGF 处理细胞时，Trk/Ras/MAPK 通路激活，磷酸化 Nur77，使其核输出序列 NES 暴露，导致 Nur77 出核转运[77]。不同位点的磷酸化同样可以抑制 Nur77 的出核转运，促进其入核转运。例如，在大鼠小脑颗粒神经元细胞中，EGF 可以通过激活 ERK2 磷酸化 Nur77，抑制谷氨酸诱导的 Nur77 出核转运；如果转染 ERK2 的显性负作用突变体，EGF 则丧失抑制谷氨酸诱导的 Nur77 转运出核的能力[78, 79]。另外，Nur77 的线粒体定位是其诱导细胞凋亡的重要环节。当 Nur77 缺失其 N 端主要的磷酸化区域后，将无法定位到线粒体[63, 71]。我们实验室的研究也发现，Akt 可以磷酸化 Nur77 的 N 端，并通过抑制 Nur77 与 Bcl-2 的相互作用，阻止 Nur77 的线粒体定位[80]。

3）磷酸化调控 Nur77 的转录激活能力

Nur77 的 DNA 结合结构域 DBD 发生磷酸化一般会削弱其与应答元件的结合能力；同样，Nur77 的 TAD 转录激活区域的磷酸化也可以影响 Nur77 的转录激活活性。我们实验室的研究发现，在顺铂 Cisplatin 的诱导下，Chk2 可对 Nur77 的 Thr88 位点进行磷酸化，从而抑制 Nur77 下游抗凋亡基因的转录，促进 Cisplatin 诱导的结肠癌细胞凋亡[74]。Nur77 的磷酸化也可以提高 Nur77 的转录激活活性。例如，在 T 细胞活化介导的细胞凋亡过程中，ERK5 通过磷酸化 Nur77 提高 Nur77 的转录激活能力[81]。

4. Nur77 调控炎症反应的功能

Nur77 在炎症反应中具有重要的调控作用。许多文献证明，Nur77 的表达水平在炎症信号刺激下能够被迅速上调。在人动脉粥样硬化及关节炎病理切片中可以看到大量的 Nur77 表达[82]。在 LPS、细胞因子等炎症信号刺激下，巨噬细胞中的 Nur77 及其他两个 NR4A 家族成员 NURR1 和 NOR-1 的 mRNA 及蛋白水平均被提高[83]，这个过程可能是由 NF-κB 介导的。Nur77 的基因启动子上有两个高度保守的 NF-κB 应答元件。一旦对这两段 DNA 序列进行点突变，LPS 就无法再诱导 Nur77 蛋白表达。

过量表达的 Nur77 通常具有抑制炎症的功能。在血管内皮细胞中过表达 Nur77 能够显著提高 NF-κB 的抑制因子 IκBα 的表达，抵抗 TNF-α 和 IL-1β 诱导的内皮细胞激活[84]。在人源白血病细胞系 Jurkat 中，过表达 Nur77 抑制促炎因子 IL-2 的转录[85]。动脉粥样硬化是一种慢性炎症，病程伴随着单核/巨噬细胞和淋巴细胞浸润到血管壁。在低密度脂蛋白 LDL 的刺激下，巨噬细胞转变为泡沫细胞（foam cell）。泡沫细胞能够吞噬胆固醇等，释放大量的促炎细胞因子、趋化因子和蛋白酶类，最终导致血管壁的损伤。Nur77 全身性敲除的小鼠在高脂喂养的情况下表现出更为严重的动脉粥样硬化。在单核细胞和巨噬细胞中，Nur77 的缺失导致巨噬细胞向促炎的 M1 表型转化，并诱导 TNF-α、IL-12 和 iNOS 等促炎因子的表达[86]。Nur77 敲除的骨髓来源的巨噬细胞在 LPS 的刺激下，促炎因子的表达增多，尤其是多效性趋化因子 SDF-1α 增加，表现出更强的细胞迁移能力[87]。也有少量研究报道 Nur77 具有促炎的能力。例如，人源的 IKKi 启动子上含有一个 Nur77 的应答元件 NBRE。在巨噬细胞中过表达 Nur77，诱导 IKKi 基因表达上调，进而促进 NF-κB 通路的激活[88]。然而这个结果并没有得到广泛认同，因为除了人源的 IKKi 启动子，其他源性（如小鼠、大鼠）的 IKKi 启动子都不具备 NBRE，提示 Nur77 促炎的结论很有可能是体外实验的假象。

## 22.2.4　Nur77 激动剂的发现

孤儿核受体 Nur77 在细胞增殖与凋亡、代谢、炎症反应等多方面都有重要的调控作用。然而，Nur77 的体内生理性配体至今还没有被发现，因此，以 Nur77 为靶点的体外激动剂/拮抗剂的研究十分重要。NR4A 家族成员包括了 Nur77、Nurr1 和 Nor1。

1. NR4A 家族成员配体结合域的晶体结构

2003，NR4A 家族受体在果蝇中的直系同源基因编码的蛋白 DHR38 和 NR4A 家族受体成员 Nurr1 的配体结合域（LBD）晶体结构分别被解析[89, 90]。研究显示，DHR38 和 Nurr1 在 LBD 的结构几乎完全相同。与众多典型的核受体结构相比，DHR38 和 Nurr1 的 LBD 的经典配体结合口袋（ligand binding pocket，LBP）[91]被 6 个保守的疏水氨基酸［Phe405（H3）、Leu409（H3）、Leu443（H5）、Phe446（H5）、Phe478（loop H6-H7）和 Trp481（H7）］的庞大芳香基团占据，因此没有空间再容纳配体[91]。但是它们却是以经典核受体激活状态下的构象存在，这与经典核受体需要配体结合后发生构象变化启动转录是完全不同的。

此外，DHR38 和 Nurr1 的 LBD 都没有典型的辅激活因子结合位点，因为结合辅激活因子的 H3-H4-H12 疏水沟在 NR4A 家族中更亲水，不适合于 LXXLL 模式的结合[90, 91]。2005 年，大鼠源 Nur77 的 LBD 结构也得到解析[91]，结果与 DHR38 和 Nurr1 的 LBD 相同，Nur77 LBD 也没有经典的 LBP 存在，提示 NR4A 家族成员很可能没有内源性配体，属于孤儿核受体。最近，其他的研究报道，当 PPARγ 配体结合口袋的关键氨基酸突变后，PPARγ 仍然可以发挥其调控脂肪生成的功能，表明在其 LBD 上除了公认的典型配体结合位点之外很可能还存在其他的“配体”结合部位[92]。因此，NR4A 家族成员虽然没有典型的 LBP 口袋可供配体结合，但是并不能排除配体能够通过与 LBD 上其他部位的结合来发挥作用。

2012 年，我们实验室解析出了人源 Nur77 的 LBD 晶体结构为一个不对称的二聚体结构，分别被命名为分子Ⅰ和分子Ⅱ[93]。这两个分子通过 H11 和 H12 上许多疏水氨基酸的疏水作用形成二聚体。分子Ⅱ的构象与原来网上公布的 PDB（protein data bank）中的 Nur77 LBD 构象完全一致，而分子Ⅰ在 H9～H10 区域与分子Ⅱ有比较明显的差别（图 22.1）。

2. Nur77 激动剂的筛选与确定

为了筛选 Nur77 的体外激动剂，我们利用 Nur77 转录因子的特性（即荧光素酶报告基因检测）和 Nur77 核质转运的特性（即观察 GFP-Nur77 核质转运），在微生物代谢产物库（由厦门大学生命科学学院微生物药物课题组提供）进行筛选，最终在桐花树树皮内生真菌的天然产物中筛选出一个可以特异激活 Nur77 转录激活活性和诱导 Nur77 核质转运的天然产物 Cytosporone-B［Csn-B，图 22.2（a）］。通过荧光滴定、BIAcore 和圆二色谱法等检测手段证实 Csn-B 与 Nur77 有很强的结合能力，而且 Csn-B 能够引起 Nur77 构象改变。首先，荧光滴定方法证实 Nur77 蛋白序列上含有多个受激发可以自身产生荧光的色氨酸（W）和酪氨酸（Y）残基，在 280nmol/L 波长激发下可以检测到 Nur77 在 285～430nmol/L

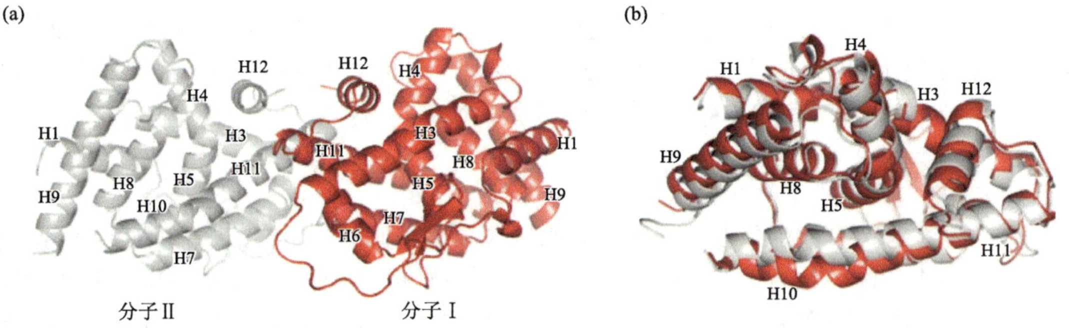


图 22.1 Nur77 LBD（配体结合域）的晶体结构。（a）我们解析的两个不对称的分子构象分别被命名为分子Ⅰ（深色）和分子Ⅱ（浅色）。分子Ⅱ结构与 PDB（ID：2QW4）公布的 LBD 构象一致。（b）分子Ⅰ（深色）和分子Ⅱ（浅色）的叠加。叠加后可见分子Ⅰ在 H9～H10 区域与分子Ⅱ有明显的差别

区间有一明显的发射峰（荧光），峰值在 336nmol/L 处。当 Csn-B 逐滴加进 Nur77 溶液后，Nur77 自发荧光值就会发生荧光猝灭，说明二者存在相互作用［图 22.2（b）］。其次，生物分子相互作用分析技术（BIAcore）表明，在偶联 GST-Nur77 蛋白的芯片上加入 Csn-B 后可以检测到芯片表面的光学信号增强，也证实了 Csn-B 与 Nur77 蛋白的特异性结合［图 22.2（c）］。最后，圆二色光谱法分析显示 Nur77 蛋白在 208nmol/L 处有一个明显的峰值，Csn-B 基本呈直线，说明 Csn-B 不具有手性结构，不会因为其自身的圆二色性给实验结果带来干扰。当 Csn-B 与 Nur77 共孵育后，Nur77 在 208nmol/L 处的峰值改变了，表明 Csn-B 可以引起 Nur77 的构象发生变化［图 22.2（d）］。综上，各种化学生物学实验方法一致证明，Csn-B 可以特异性地结合 Nur77，并引起其蛋白构象发生改变。

我们进一步开展 Csn-B 生物学功能的研究，发现 Csn-B 能够诱导肿瘤细胞的 Nur77 由细胞核转运到细胞质，定位线粒体，通过诱导细胞色素 C 释放而发挥诱导肿瘤细胞凋亡的功能。裸鼠模型也证实 Csn-B 能够有效地抑制移植瘤的生长。另外，在基因突变引起的高血糖和高脂喂养引起的高血糖的小鼠模型中还发现 Csn-B 通过 Nur77 提高小鼠的空腹血糖水平，且部分作用是通过促进 Nur77 对糖异生相关酶基因的转录调控实现的。在此，我们首次发现了 Nur77 的激动剂（即外源配体）Csn-B，不仅为 Nur77 的基础研究和相关疾病治疗提供了重要的化合物，也为进一步寻找 Nur77 的内源配体和其他激动剂或拮抗剂提供了重要的研究思路。

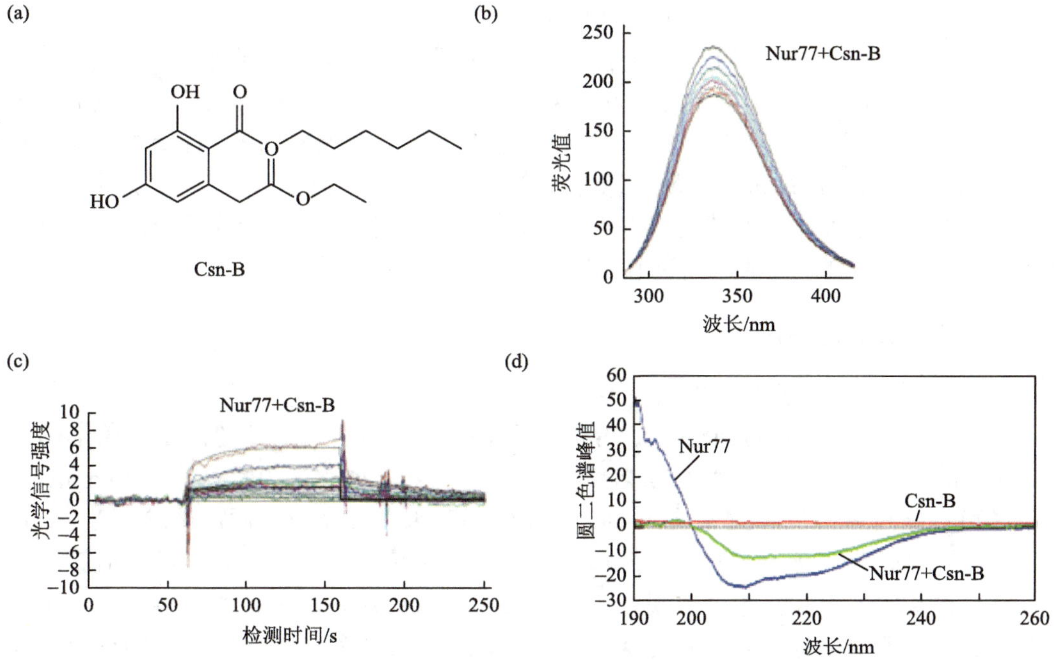


图 22.2　Csn-B 结合 Nur77 并引起其蛋白构象改变。(a)Csn-B 结构式。(b)荧光滴定方法显示加入 Csn-B 导致 Nur77 分子发生荧光猝灭。(c) BIAcore 分析显示 Csn-B 加入后偶联 GST-Nur77 蛋白的芯片表面的光学信号增强。(d) 圆二色谱法分析显示 Csn-B 与 Nur77 共孵育后 Nur77 在 208nmol/L 处的峰值改变

### 22.2.5 脓毒症及相关的小鼠模型

脓毒症（sepsis）是感染后继发的一种全身性炎症反应综合征，是感染、创伤、术后、休克等临床危重病患者常见的并发症，进一步发展可导致感染性休克、急性呼吸窘迫综合征和多脏器功能衰竭[94]。

1. 脓毒症的主要致病机制

机体免疫功能的紊乱是脓毒症发生的主要因素。脓毒症早期通常表现为过激的炎症反应[95]。例如，内皮细胞表达黏附分子和趋化因子，促进免疫细胞（主要是巨噬细胞、中性粒细胞和淋巴细胞）向感染部位的转移和富集。免疫细胞不仅能直接识别并吞噬病原体，还能促进炎性介质的释放［如肿瘤坏死因子 α（TNF-α）、白细胞介素（IL-1、IL-2、IL-6）干扰素 γ（IFN-γ）等］，从而参与炎症反应的驱动和调节；与此同时，许多免疫细胞还释放一氧化氮（NO）和活性氧族（ROS），迅速杀伤入侵的病原体和受感染的组织细胞，并增加血管通透性。在脓毒症发展的中晚期主要是免疫抑制期，其发生机制还未被完全阐明。在这个阶段中，淋巴细胞大量凋亡，中性粒细胞和巨噬细胞的吞噬活性、细菌杀伤能力、活性氧的产生和细胞因子的释放均被削弱[96, 97]。大量的抗炎因子（如 IL-4、IL-10、可溶性 TNF 受体及蛋白激酶 C）表达上调[98]，从而对抗促炎性介质的作用，防止过度炎性反应，此时患者对病原体的易感性明显增加。

大量研究表明，脓毒症的发病与免疫功能的紊乱密切相关。当促炎反应与免疫抑制二者的拮抗作用减弱时，机体就表现为过度炎性反应，引起全身炎性反应综合征及血管内皮损伤，进一步发展则出现多脏器功能障碍。若患者度过全身炎性反应，促炎性反应则逐渐减弱，患者就进入代偿性抗炎性反应综合征阶段。无论是促炎性介质还是抗炎性介质的水平升高，均预示脓毒症患者的病情严重和预后不良[99]。因此，脓毒症的致病过程其实是促炎反应和免疫抑制反应的平衡过程。

2. 研究脓毒症的小鼠模型

1）脂多糖诱导的内毒素休克模型

脂多糖（lipopolysaccharides，LPS）是脓毒症致病菌之一的革兰氏阴性菌细胞壁上广泛存在的一种成分，在细菌死亡溶解后被释放出来，也称为内毒素（endotoxin）。少量 LPS 可以通过激活巨噬细胞直接吞噬或释放细胞因子等炎症介质而清除；但当病灶中革兰氏阴性病原菌大量死亡时，大量释放出来的内毒素进入血液，则会造成血管功能紊乱，导致微循环障碍，临床则表现为微循环衰竭、低血压、缺氧、酸中毒等，甚至患者休克，这种病理反应称为内毒素休克[100]。LPS 进入血液和组织器官后，通过细胞膜受体 CD14 和 TLR4 激活机体的巨噬细胞、中性粒细胞、内皮细胞等免疫细胞。激活的免疫细胞进一步启动炎症相关信号通路，包括 NF-κB、MAPK、AP-1 等，导致大量白细胞介素（IL-1、IL-6、IL-8）、肿瘤坏死因子 TNF、干扰素 IFN 等细胞因子和组胺、激肽等炎性介质的释放[101]。

使用 LPS 腹腔注射能够诱导全身性的炎症反应，模拟脓毒症早期的症状，如 TNF-α、IL-1β 等前炎症因子的释放等，但并不会出现菌血症[102]。LPS 的刺激同样会造成严重脓毒症所观察到的多组织器官损伤，尤其是肾脏、肝脏等，并伴随着大量粒细胞、巨噬细胞的浸润[103, 104]。在 LPS 诱导的动物内毒素休克模型中，促炎介质的过量释放是导致死亡的主要原因。因此，使用 TNF-α 或 IL-1 的抗体对这些细胞因子进行阻断可以缓解脓毒症的症状[105, 106]。但是这种方法在人类脓毒症治疗中却收效甚微[107, 108]，主要原因在于人类脓毒症病因比单独的 LPS 刺激更加复杂。目前，LPS 注射的动物模型依然是研究脓毒症发生及炎症反应的分子机制的重要模型之一。

2）盲肠结扎穿刺诱导的脓毒症模型

盲肠结扎穿刺（cecal ligation and puncture，CLP）模型在脓毒症研究中被广泛应用。这种方法是通过对动物的盲肠结扎，并在结扎的盲端进行穿刺，使粪便泄漏至腹腔，引起多病原体诱发的菌血症和脓毒症[109, 110]。与单一的 LPS 刺激不同，这个方法诱发的脓毒症通常能够在血液中检测到大量的病原菌。另外，CLP 诱导的脓毒症模型中会出现大量的淋巴细胞凋亡和抑炎因子的释放，更好地模拟了人类脓毒症中晚期的免疫抑制过程。尽管很多研究者认为为 CLP 模型更类似于人体脓毒症的发病过程，但是这个模型在操作的标准化方面存在较大的弊端[111]。例如，要在盲肠的哪个位置进行结扎？用多大的针头？泄漏多少粪便？这些问题因动物的个体差异而导致同批操作的动物脓毒症的发病进程也可能存在差异。

### 22.2.6　以 Nur77 为靶点的抗脓毒症先导化合物的研究

一些研究表明，孤儿核受体 Nur77 在炎症反应中具有重要的调控功能。那么，Nur77 是否在脓毒症的发生发展中发挥作用呢？Nur77 的抑炎功能又是如何发挥的呢？我们的研究揭示了 Nur77 在脓毒症发生发展中的调控功能，阐明了一条 p38α-Nur77-NF-κB 信号调控新途径，并且筛选出了一个以 Nur77 为靶点的小分子化合物 PDNPA，它具有明显的抑炎功能和潜在的应用价值。

1. Nur77 敲除小鼠对脓毒症更敏感

我们首先建立了脂多糖［LPS 腹腔注射（10mg/kg）］和盲肠结扎穿刺小鼠诱导脓毒症的模型，以 8～12 周的野生型小鼠（WT）和 Nur77 敲除小鼠（KO）观察小鼠死亡情况。结果显示，KO 小鼠死亡率明显高于 WT 小鼠。在 LPS 注射第四天 KO 小鼠全部死亡，而 WT 小鼠 7 天后还保持约 30%的存活率［图 22.3（a）］。同样，在 CLP 手术后，KO 小鼠在 3 天内全部死亡，WT 小鼠在 7 天后还保持 20%以上的存活率［图 22.3（a）］，说明 Nur77 表达对脓毒症具有一定的抵抗作用。一旦 Nur77 缺失，小鼠对脓毒症更为敏感，抵抗力更弱，特别是免疫反应更为强烈，包括 KO 小鼠在 LPS 刺激下释放出过量的细胞因子和炎性介质［图 22.3（b）］，产生更为严重的肾损伤［图 22.3（c）］，血液中的细菌含量显著高于 WT 小鼠［图 22.3（d）］。

我们进一步在细胞水平验证 Nur77 在炎症反应中的功能。分别将野生型及 Nur77 敲除小鼠的腹腔巨噬细胞分离出来，进行 LPS 刺激，并在不同的时间点收集细胞培养液进行 ELISA 检测。结果显示，KO 小鼠的腹腔巨噬细胞释放的 TNF-α、IL-6、IL-1β 和 NO 含量都明显高于 WT 小鼠的腹腔巨噬细胞。这一结果与上面的小鼠模型结果吻合，证实了巨噬细胞中 Nur77 对 LPS 下游细胞因子的调控作用。

2. Nur77 抑制 NF-κB 活性

那么，在脓毒症过程中 Nur77 究竟通过哪条信号通路的调控参与抑制炎症因子的释放呢？为此，我们进行基因芯片的分析，确定了 Nur77 参与调控 NF-κB 信号通路［图 22.4（a）］。已知在 LPS 诱导的炎症反应中，NF-κB 通路的激活是细胞因子产生的重要调节中枢。通常所说的 NF-κB 是指 p65/p50 二聚体，其中，p50 缺乏转录激活活性区域，只有 p65 亚基能够介导 NF-κB 的激活。那么，Nur77 是否及如何影响 NF-κB 通路呢？通过荧光素酶活性实验，我们证实了过表达 Nur77 能够明显抑制 p65 诱导的 NF-κB 报告基因活性［图 22.4（b）左图］。在小鼠单核/巨噬细胞系 RAW264.7 中转染 NF-κB 的报告基因，24h 后以 LPS 刺激细胞 9h 能够产生明显的 NF-κB 激活信号。当细胞中 Nur77 被敲低后，NF-κB 的报告基因活性得到进一步提高［图 22.4（b）右图］，由此证明 Nur77 对 NF-κB 通路的抑制功能。

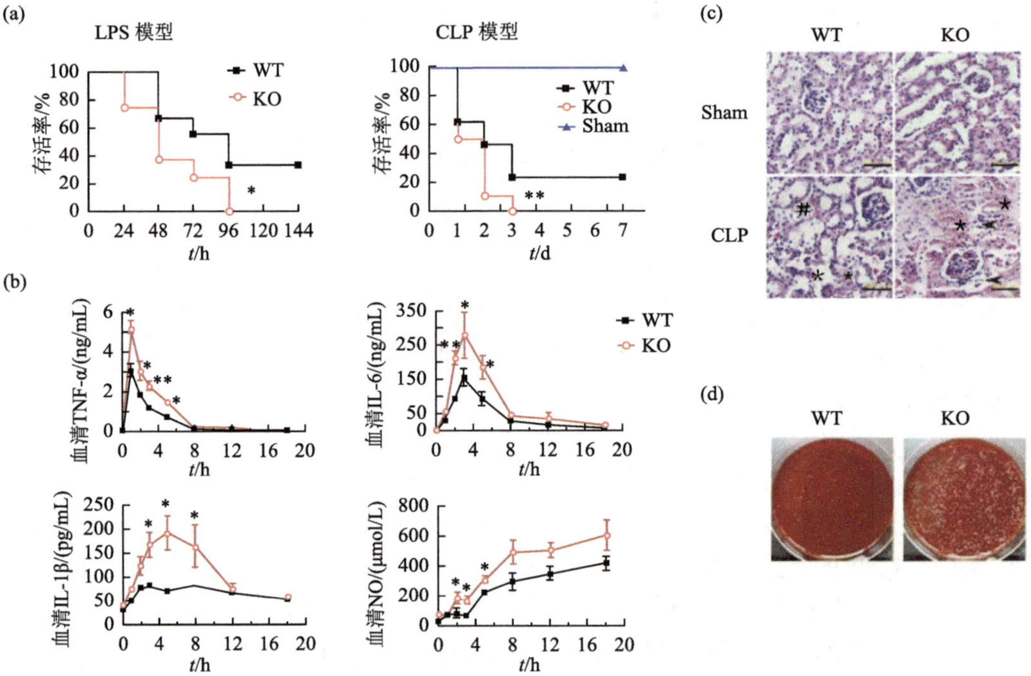


图 22.3　KO 小鼠在脓毒症诱导中的变化。（a）在 LPS 和 CLP 诱导的脓毒症模型中，WT 小鼠和 KO 小鼠的存活率（$n=15$）［横坐标：LPS 处理（左）或者盲肠结扎穿刺后（右）的时间］。（b）LPS 刺激下 WT 和 KO 小鼠血清中细胞因子及炎性介质的释放（横坐标：LPS 处理后的采血时间，纵坐标：不同因子的检测浓度）。（c）WT 及 KO 小鼠在 CLP 模型中的肾损伤情况（Sham 代表没有进行盲肠结扎穿刺的对照组）。（d）KO 小鼠血液中的细菌含量显著高于 WT 小鼠

纯体外条件下原核表达的 His-p65 能够直接与 NF-κB 探针结合，但是这种特异性的结合会被共孵育的 GST-Nur77 抑制，并呈现浓度梯度效应［图 22.4（c）］。同时，只有与 p65 结合的 Nur77 TAD 区域［图 22.4（d）］才能够抑制 NF-κB 报告基因活性［图 22.4（e）］，进而抑制 LPS 诱导的细胞因子的表达；而不与 p65 结合的 LBD 区则不影响 NF-κB 活性。因此，Nur77 通过其 TAD 区域直接与 p65 结合是其抑制 NF-κB 活性及下游细胞因子表达的必要条件。

### 3. p38α 磷酸化削弱 Nur77 对 NF-κB 通路的抑制能力

许多激酶在 LPS 刺激下被激活，并通过磷酸化转录因子来调节许多炎症相关基因的表达。我们用 LPS 处理 RAW264.7 细胞，发现在 LPS 处理组中，Nur77 的苏氨酸磷酸化水平明显提高，而相应的丝氨酸磷酸化没有明显变化［图 22.5（a）］。同时，在 LPS 刺激下，ERK、p38、JNK 和 IKK 的磷酸化水平都被提高［图 22.5（b）］，提示 LPS 的确能够激活一系列蛋白激酶。那么，究竟哪个激酶磷酸化 Nur77 呢？通过一系列蛋白激酶抑制剂预处理巨噬细胞，LPS 刺激后再进行磷酸化检测。结果显示，只有 p38 抑制剂 SB202190 能够显著抑制 LPS 诱导的 Nur77 磷酸化。过表达 p38 的确能够诱导 Nur77 磷酸化［图 22.5（c）］。

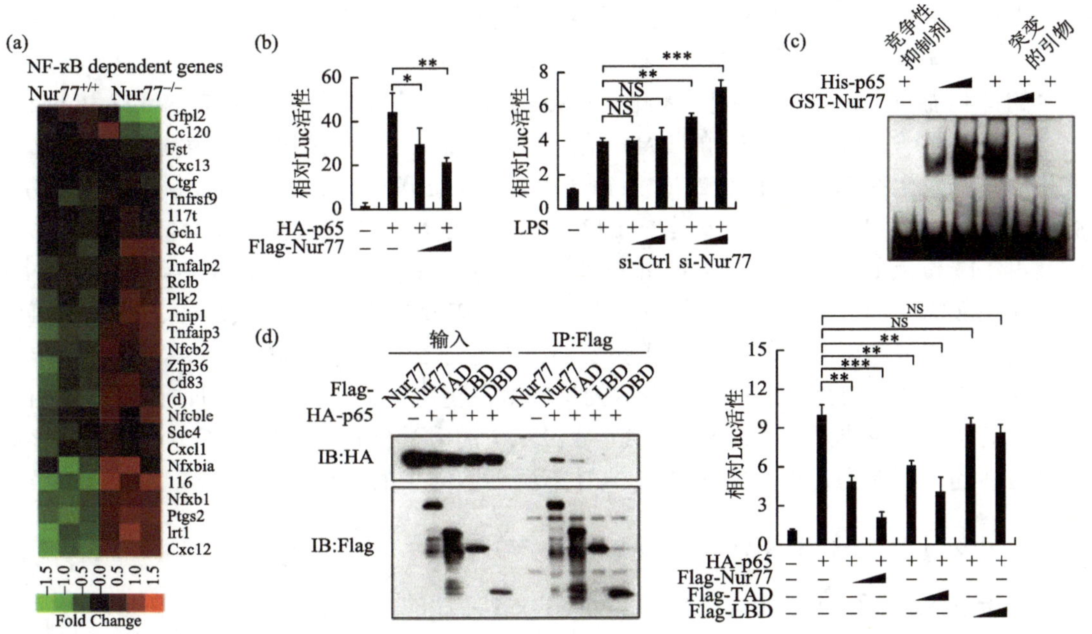


图 22.4 Nur77 通过阻断 p65 结合 DNA 抑制 NF-κB 活性。(a)基因芯片分析确定 Nur77 参与调控 NF-κB 信号通路。(b) 荧光素酶报告基因检测（纵坐标）显示，过表达 Nur77 抑制 NF-κB 活性（左），而敲低 Nur77 则提高 LPS 诱导的 NF-κB 活性（右）。(c) 体外凝胶阻抑实验证明 Nur77 抑制 p65 与 DNA 的结合能力。(d) p65 结合 Nur77 转录激活区（TAD，左），从而抑制 NF-κB 活性（Luc 表示荧光素酶报告基因）

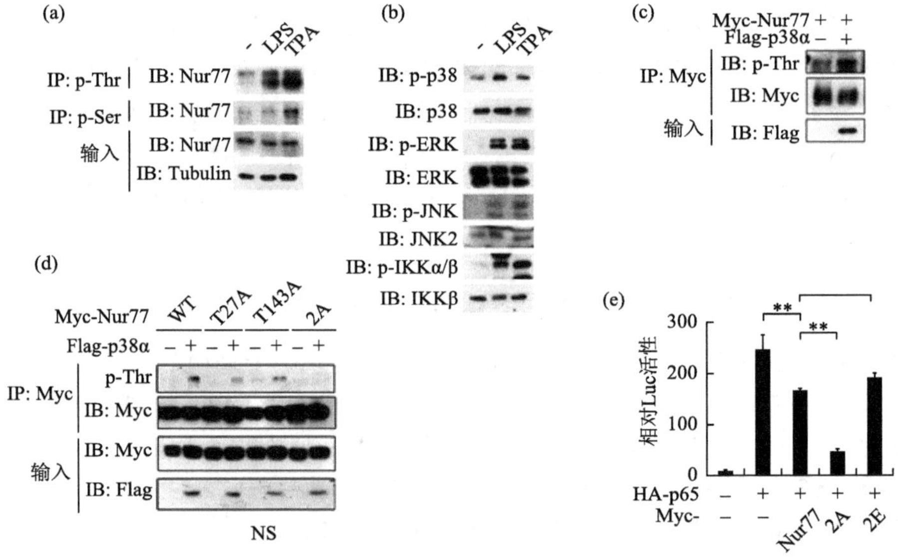


图 22.5　p38α磷酸化 Nur77 导致 NF-κB 活性的增强。（a）LPS 诱导 Nur77 苏氨酸位点的磷酸化。（b）LPS 诱导 ERK、p38、JNK 和 IKK 的磷酸化。（c）p38α 磷酸化 Nur77。（d）p38α 磷酸化 Nur77 的第 27 位及第 143 位的苏氨酸。（e）Nur77 及其点突变（2A 和 2E 表示）对 NF-κB 转录活性的影响

那么，p38α 磷酸化对 Nur77 功能产生什么影响？这种影响又会导致怎样的生物学效应呢？p65 与 DNA 结合实验显示，一旦 Nur77 被 p38α 磷酸化，则丧失了对 p65 与 DNA 结合的抑制能力［图 22.5（d)］，因此，p38α 对 Nur77 的磷酸化可能阻断 Nur77 和 p65 的结合，从而影响 Nur77 对 p65 的 DNA 结合的抑制能力。一系列的分子实验证实 p38α 磷酸化 Nur77 发生在 Nur77 的第 27 位及第 143 位的苏氨酸位点。在 NF-κB 报告基因活性检测中，让我们感到意外的是，不能被 p38α 磷酸化的 Nur77 双位点突变体（2A，即第 27 位及第 143 位点的苏氨酸突变）能够发挥比野生型 Nur77 更强的抑制 NF-κB 转录活性的能力［图 22.5（e)］，而模拟磷酸化的点突变体（2E）的抑制能力则被大大削弱。我们也在 RAW264.7 细胞中分别转染这些点突变体，再进行 LPS 刺激。同样，2A 对 LPS 诱导的 NF-κB 转录活性和 TNF-α mRNA 表达的抑制效果更为明显，而 2E 的抑制能力与野生型 Nur77 相当。这些结果充分证明，p38α 对 Nur77 的磷酸化极大地削弱了 Nur77 对 NF-κB 转录活性的抑制能力，进而影响了 NF-κB 下游细胞因子的表达。

#### 4. 小分子化合物 PDNPA 通过 Nur77 介导的抑炎功能

由于 p38α 的磷酸化削弱了 Nur77 对 NF-κB 活性的抑制能力，因此，在 LPS 引起的炎症反应中，低磷酸化状态的 Nur77 应该具有更强的抑炎功能。我们推测：通过阻断 p38α 和 Nur77 的结合，能够削弱 p38α 对 Nur77 的磷酸化，从而使 Nur77 发挥更强的抑炎能力。由于 p38α 结合于 Nur77 的 LBD 区域，而这个区域是很多化合物小分子的结合部位，为此，我们以 LPS 刺激 RAW264.7 细胞检测 NF-κB 报告基因活性为模型进行筛选，最终从自己构建的小分子化合物库中筛选到了一个化合物正戊基-2-[3, 5-二羟基-2-（1-萘酰基）苯基]乙酸酯｛*n*-pentyl-2-[3, 5-dihydroxy-2-（1-nonanoyl）phenyl]acetate，PDNPA｝

[图 22.6（a)]，其可能具有显著的抑炎功能。

首先，在 LPS 诱导 RAW264.7 细胞炎症反应时加入 PDNPA 能够显著抑制 NF-κB 转录活性，并且 PDNPA 是以 Nur77 为特异靶点，因为在 Nur77 敲低的 RAW264.7 细胞中，PDNPA 丧失其抑制 NF-κB 转录活性的能力［图 22.6（b)]。其次，在野生型小鼠腹腔巨噬细胞中，LPS 诱导的 p65 结合 DNA 能够被 PDNPA 明显地抑制；然而在 Nur77 敲除的腹腔巨噬细胞中，LPS 诱导的 p65 与 DNA 结合不能被 PDNPA 抑制［图 22.6（c)]，由此导致细胞因子的表达水平显著高于野生型细胞，并且不能被 PDNPA 抑制［图 22.6（d)]。最后，PDNPA 既不会直接影响 p38α 的激酶活性，也不会影响 p65 与 Nur77 的结合；但是能够抑制 p38α 对 Nur77 的磷酸化，主要是通过阻碍 p38α 与 Nur77 的结合［图 22.6（e)]，使得未磷酸化状态的 Nur77 能够与 p65 结合，由此抑制 p65 的 DNA 结合。这些实验结果证明了 p38α-Nur77 信号通路的存在，而且 PDNPA 在 Nur77 的介导下能够抑制 NF-κB 转录活性及下游细胞因子的表达。

5. 共晶结构分析 PDNPA 干扰 p38α 与 Nur77 的结合

Nur77 配体结合域 LBD 被证明是与 p38α 直接相互作用的区域，PDNPA 也结合在 LBD，那么，Nur77 与 p38α 之间是否存在一种与 PDNPA 竞争结合的关系呢？我们利用 X

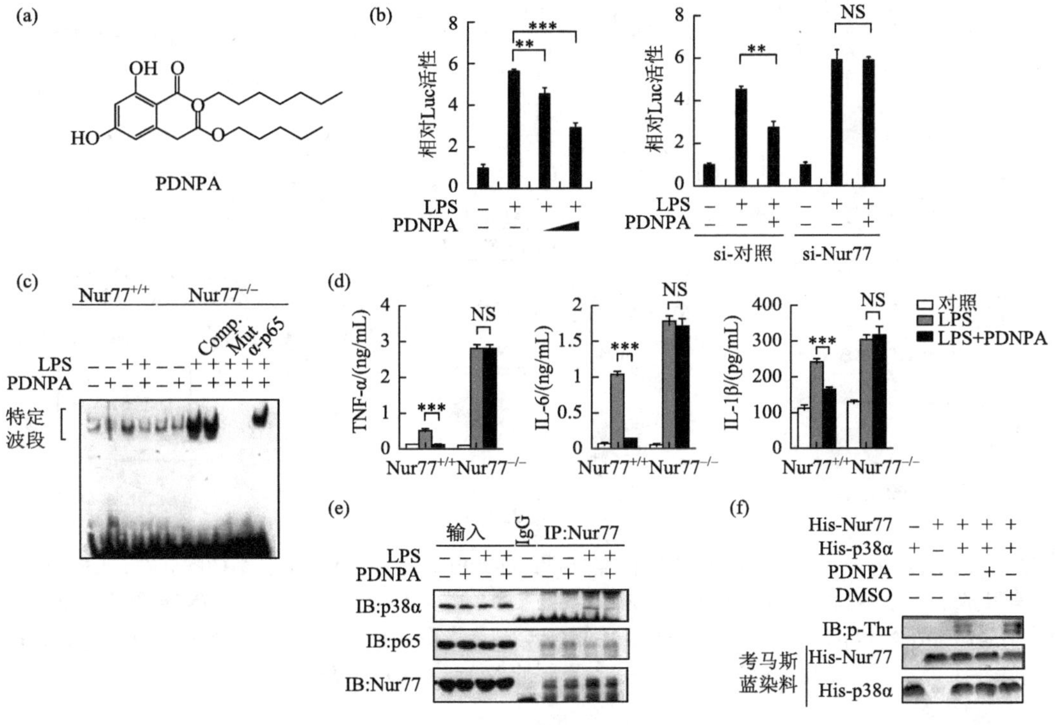


图 22.6　PDNPA 抑制 LPS 诱导的 NF-κB 活性和 p38α-Nur77 结合。(a) PDNPA 结构式。(b) PDNPA 以 Nur77 为靶点抑制 NF-κB 转录活性（Luc 表示荧光素酶报告基因)。(c) PDNPA 通过 Nur77 的介导抑制 p65 结合 DNA（Comp.表示竞争性抑制剂；Mut 表示突变的引物；α-p65 表示 p65 抗体)。(d) PDNPA 在 Nur77 介导下抑制 NF-κB 下游不同细胞因子的表达。(e) 免疫共沉淀实验证明 PDNPA 影响 p38α-Nur77 相互作用但不影响 p65-Nur77 的相互作用。(f) PDNPA 抑制 p38α 对 Nur77 的磷酸化

射线晶体学方法首先解析小分子化合物 PDNPA 与 Nur77 的 LBD 结合，得到了 PDNPA-LBD 的共晶结构。Nur77 LBD 结构为一个非对称分子的二聚体结构，它们通过疏水作用形成二聚体，分别将其命名为分子Ⅰ和分子Ⅱ。分子Ⅰ具有更开放的构象，只有在分子Ⅰ中才能看到 PDNPA 的结合［图 22.7（a）］。PDNPA 结合位点位于 α 螺旋 H4、H5、H11 和 H12 包围形成的一个浅缝中［图 22.7（b）］，这与核受体的经典配体结合口袋是不同的位置。根据共晶结构，我们对 PDNPA 与 LBD 可能结合的位点进行突变，包括 L437W、S441W、D594E 及这 3 个位点的共突变 LSD Mut。通过荧光滴定实验确定其与 PDNPA 的结合能力。结果显示，L437W、S441W 和 D594E 单位点突变都对 PDNPA 的结合有一定程度的削弱，解离常数分别为 2.74μmol/L、2.41μmol/L 和 1.84μmol/L。一旦这 3 个位点同时突变（LSD Mut）则极大地阻断 PDNPA 与 LBD 的结合。晶体结构显示这三个位点都在浅缝的底部，并与 PDNPA 的苯环位置靠近，说明底部可能是 PDNPA 结合的主要区域。

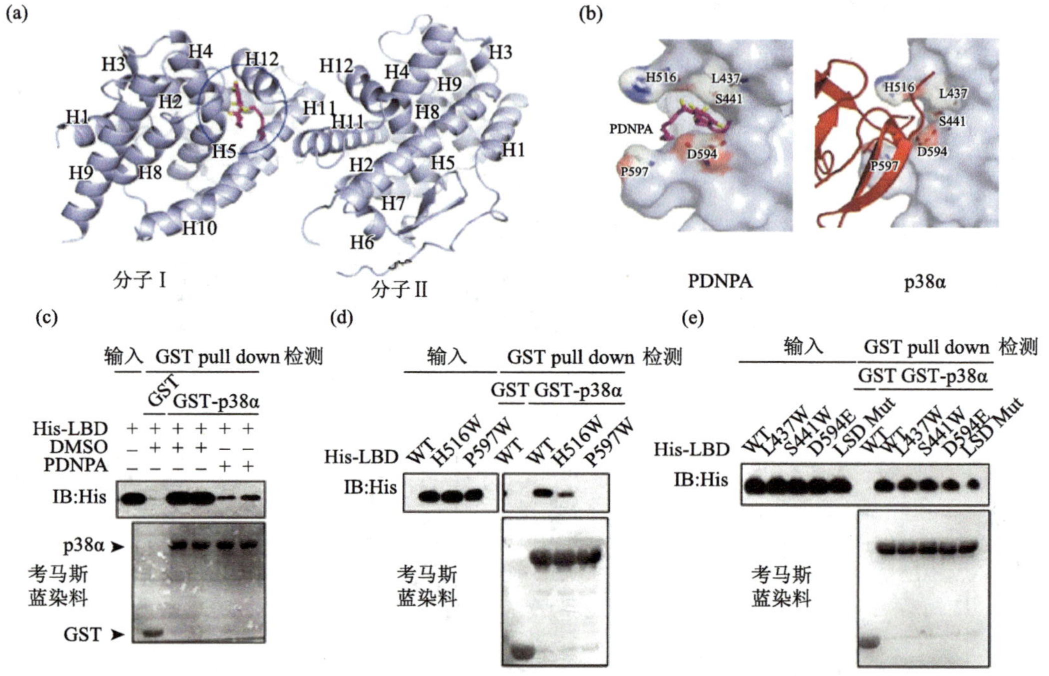


图 22.7　PDNPA 结合 Nur77 LBD 的作用位点分析。（a）PDNPA-LBD 共结晶结构图。左：LBD 的分子Ⅰ具有开放的构象，可以与 PDNPA 结合。右：PDNPA 不能结合到分子Ⅱ上。（b）PDNPA 结合 Nur77 LBD 的共结晶图（左）和 p38α 与 Nur77 LBD 结合的分子对接模型（右）。（c）PDNPA 抑制 p38α 与 LBD 的结合。（d）、（e）p38α 与不同的 Nur77 LBD 点突变体的结合

PDNPA 显著地抑制 p38α 与 LBD 的结合［图 22.7（c）］。那么，p38α 与 Nur77 LBD 的结合状况又是怎样的呢？通过计算机分子对接（docking）模拟 p38α 与 LBD 的结合，可以看到 p38α 与 Nur77 LBD 的结合位点非常接近，并且有一部分 p38α 的氨基酸序列也是直接插入这个浅缝中［图 22.7（b）］。根据这个模型，我们对有可能影响 p38α 与 LBD

结合的氨基酸进行点突变，包括顶部的 516 位组氨酸（H516W）和 597 位的脯氨酸（P597W）。体外 GST-pull down 实验显示，H516W 突变能够大大减弱 LBD 与 p38α 的结合力，而 P597W 则是完全丧失 LBD 与 p38α 的结合力［图 22.7（d）］，说明这两个位点是 LBD 与 p38α 结合的关键位点。另外，我们还检测了 PDNPA 结合的关键位点 L437W、S441W 及 D594E 对 p38α 结合的影响。结果显示，这 3 个位点的单突变完全不影响 LBD 与 p38α 的结合，只有 3 点共同突变（LSD Mut）时对 p38α 的结合有微弱的抑制作用［图 22.7（e）］。

以上实验一致证明 p38α 和 PDNPA 都结合于 LBD 的相同位置，PDNPA 与 LBD 的结合可能占据了 Site A，导致 p38α 无法结合，进而阻碍 p38α 与 LBD 的结合。通过 GST-pull down 实验，我们也确实证明了在 p38α 与 LBD 的孵育体系中加入 PDNPA 能够显著地抑制两者的结合。显然，PDNPA 通过与 p38α 竞争结合 LBD，有效地阻断了 p38α 与 LBD 的结合，抑制了 p38α 对 Nur77 的磷酸化。

6. PDNPA 对小鼠脓毒症的抑制作用

我们首先检测 PDNPA 在 LPS 诱导的小鼠脓毒症中的生理功能。野生型小鼠在 LPS 诱导的脓毒症模型中只有 20%的存活率，而对应的 PDNPA 处理组中野生型小鼠的存活率提高到 50%。然而在 Nur77 敲除小鼠中，无论是否进行 PDNPA 预处理，小鼠依然保持很高的死亡率，并在 4 天左右全部死亡［图 22.8（a）］。同样，PDNPA 处理组的小鼠血清 TNF-α、IL-6 和 IL-1β 的水平都显著低于对照组［图 22.8（b）］。结果说明 PDNPA 能够增强野生型小鼠对 LPS 的抵抗能力，而且 Nur77 是 PDNPA 发挥功能所必需的介导因子。我们也在 CLP 诱导的脓毒症中验证了 PDNPA 的生理功能。与 LPS 诱导的脓毒症模型相似，PDNPA 注射组能够显著提高野生型小鼠的存活率，而对 Nur77 敲除小鼠则没有影响［图 22.8（c）］。我们也检测了小鼠血清中的细胞因子水平。在野生型小鼠血清中，PDNPA 处理组的各种细胞因子水平都显著低于对照组；而 Nur77 缺失小鼠血清细胞因子的水平虽然高于野生型小鼠，但是在 PDNPA 处理后并没有明显变化［图 22.8（d）］。

综上研究，我们发现 Nur77 敲除小鼠对 LPS 及 CLP 诱导的脓毒症更为敏感，体内促炎细胞因子的表达水平明显高于野生型小鼠。这提示 Nur77 在免疫反应中可能是一个负调控因子。机理分析进一步证明了 Nur77 通过与 p65 的结合，抑制了 p65 的 DNA 结合能力，进而抑制了 NF-κB 转录激活活性及其下游细胞因子的释放。然而，在 LPS 的刺激下，激活的 p38α 能够磷酸化 Nur77 的第 27 位及第 143 位苏氨酸，由此阻断 Nur77 对 NF-κB 活性的抑制功能。因此，低磷酸化状态的 Nur77 能够更有效地抑制 NF-κB 通路。根据这一作用机制，我们以 NF-κB 活性检测为筛选平台，发现一个以 Nur77 为靶点的小分子化合物 PDNPA。PDNPA 能够通过与 Nur77 LBD 的结合，竞争性地阻断 p38α 与 LBD 的结合，进而阻碍 p38α 对 Nur77 的磷酸化，使 Nur77 得以高效地发挥抑制 LPS 诱导炎症的功能（图 22.9）。因此，我们的研究不仅揭示了 Nur77 是一个固有免疫反应的重要负调控因子，并阐明了一条新的 Nur77 抑制炎症反应的信号途径；同时为免疫性疾病的治疗提供了一个新靶点 Nur77，也为抗炎先导化合物的筛选提供了可行的筛选模型和思路。

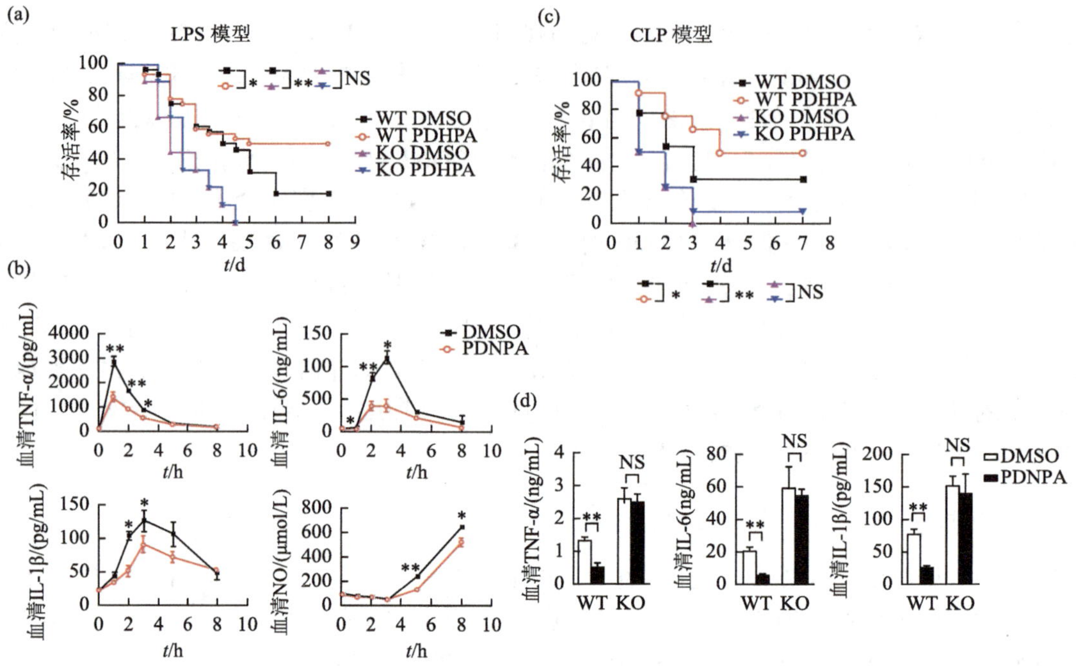


图 22.8　PDNPA 增强野生型小鼠对 LPS 诱导脓毒症的抵抗力。(a) PDNPA 能够增强野生型小鼠对 LPS 的抵抗力而对 Nur77 敲除小鼠没有影响（横坐标：LPS 处理后的时间）。(b) PDNPA 对野生型小鼠血清细胞因子和 NO 的影响。(c) PDNPA 提高 CLP 诱导脓毒症的小鼠存活率（横坐标：CLP 处理后的时间）。(d) PDNPA 降低野生型小鼠血清中不同细胞因子水平而对 Nur77 敲除小鼠没有影响

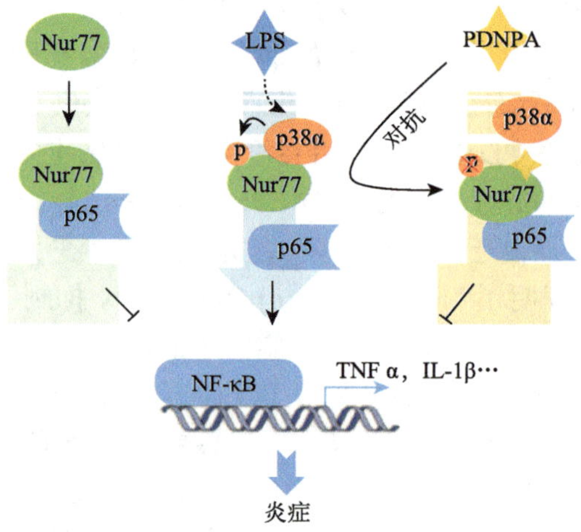


图 22.9　Nur77 在 p38α-NF-κB 通路中的作用及以 Nur77 为靶点的小分子化合物 PDNPA 的作用机制模式图

## 22.2.7　靶向 TLR 的小分子探针

1. Toll 样受体的化学探针

Toll 样受体是一类模式识别受体，在固有免疫和适应性免疫系统中起到重要作用，其

名称源于 1985 年德国科学家 Christiane Nüsslein-Volhard 在研究果蝇的免疫过程中发现的关键基因而发出的一句感叹“Das ist ja toll!”（这令人难以置信！）。在脊椎动物中已发现的 Toll 样受体家族有 TLR1、TLR2、…、TLR13、TLR21、TLR22、TLR23 共 16 种蛋白，其中前 10 种在人体内存在，具有高度保守性。TLR 属于 I 型跨膜蛋白，在外膜有富亮氨酸重复序列（LxxLxLxxN，Leucine-rich repeats，LRR）和膜内的 Toll/白细胞介素-1 受体区（toll/interleukin-1 receptor，TIR），以及疏水性的跨膜区。在人体细胞中，TLR1、TLR2、TLR4、TLR5、TLR6、TLR10 在细胞膜上表达，TLR3、TLR7、TLR8、TLR9 存在于细胞内的核内体上[112]。Toll 样受体可以识别并结合进入人体内的微生物分子的保守结构（如存在于病毒中的核酸和细菌中的脂多糖等），即病原体相关分子模式及损伤相关分子模式，从而激活下游蛋白激酶，如核因子-κB（nuclear factor-κB，NF-κB）和干扰素调节因子（interferon-regulatory factors，IRF），然后通过调控基因表达或转录水平产生促炎性细胞因子和 I 型干扰素，最终产生肿瘤坏死因子和白细胞介素-1β 等炎症因子，引发炎症反应，并促进人体内的抗原特异性获得性免疫。

作为抗炎药物的靶点，使用化学探针调控 TLR 蛋白的功能存在一定的优势（表 22.3）。化学探针的分子量在 1000 以下，相较于需要通过特定通道蛋白穿过细胞膜的抗体而言，小分子能够通过扩散作用跨过细胞膜，有更好的成药潜力。

**表 22.3　化学探针作用于蛋白上的优势**

| 方面 | 优势 |
| --- | --- |
| 实时反应 | 蛋白质行使直接生命功能，相较于基因调节或 RNA 调节的滞后性，使用小分子或抗体能够直接对蛋白质进行调控 |
| 多样性 | 结构相对简单的小分子可以从小分子化合物库中进行高效筛选，有助于发现新靶点并推动药物研发 |
| 可逆性 | 小分子与蛋白质的结合依靠分子间作用力，通过变构作用调节蛋白质功能，在小分子离去时，蛋白质可以恢复其原有功能 |
| 可控性 | 小分子可以定量靶向至细胞内，因此对小分子药物的机理研究能够更加深入 |
| 发展前景 | 通过结构-活性关系分析（structure-activity relationship，SAR），对小分子结构进行化学修饰，使小分子药物有着进一步发展潜力，能够开发出下一代更高效特异性的药物 |

蛋白质-蛋白质作用和蛋白质-核酸作用是非传统的药物靶点。与传统配体的结合位点相比，蛋白质-蛋白质/核酸作用接触界面大且平坦，很难找到合适的小分子特异性发挥结合作用，且有效结合位点往往不连续。此外，进行相关生物活性实验比较困难。TLR 家族蛋白的高同源性导致化学探针的开发存在一定难度，尹航课题组使用化学生物学的方法，对传统的“尚无药物可及”的蛋白质-蛋白质作用和蛋白质-核酸作用建立起了一套研究方法与平台，研究激活并引发免疫反应的 TLR 蛋白家族的作用机制，并针对 TLR 的靶点，开发出了能够结合特定的 Toll 样受体，并特异性调控下游炎症因子表达的一系列化学探针及调节剂。

TLR 家族蛋白化学探针的开发综合运用了化学生物学、药物化学等一系列技术手段，通过高通量筛选及计算机辅助的理性设计，确认先导化合物；进而通过化学生物学的手段进行结构-活性关系的分析，以优化先导化合物的活性与选择性。最后确认小分子与 TLR 靶点在细胞体系内的相互作用，一般的方法包括结构-活性关系的分析；荧光标记小分子与靶点蛋白共定位；分析突变、过表达或者敲除靶点蛋白对小分子活性的影响；检测小分子对于靶点蛋白上下游信号的影响等。

2. 以 TLR2 的二聚体为靶点——蛋白质-蛋白质相互作用的化学探针开发

Toll 样受体-2（toll like receptor-2，TLR2）是膜蛋白，能够识别外来多酰化半胱氨酸脂肽和脂磷壁酸、肽聚糖（来源于细菌、真菌、病毒等），并将信号传递给免疫系统。TLR2 在多种细胞内表达，包括树突状细胞、B 细胞、T 细胞、单核细胞、巨噬细胞等，能够与同一亚家族的 TLR1 或 TLR6 结合形成 TLR1/2、TLR2/6 的异质二聚体。

Toll 样受体-1/2（toll like receptor-1/2，TLR1/2）是 TLR1 与 TLR2 通过表面氢键和疏水性作用力结合形成“M”形的 TLR1/2 异源二聚体，在细胞膜上的 TLR1/2 能特异性识别并结合革兰氏阳性菌的三酰基脂肽［$Pam_3CSK_4$、$Pam_3Cys$-Ser-$(Lys)_4$］，其 3 个脂链结合在 TLR1/2 的疏水性口袋中。TLR1/2 结合 $Pam_3CSK_4$［图 22.10（a）］，可以激活下游 NF-κB 信号通路引起炎症反应。

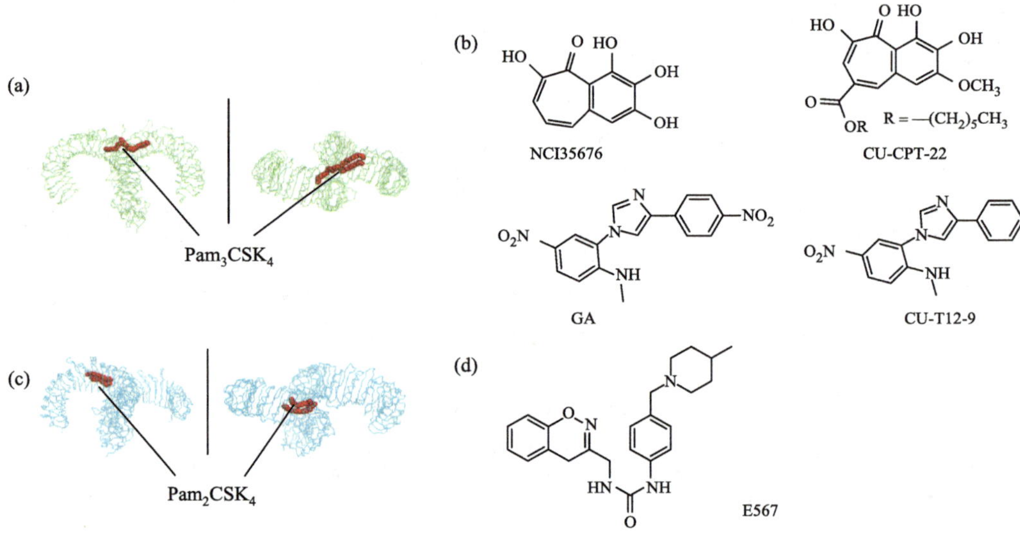


图 22.10　（a）TLR1/2 与 $Pam_3CSK_4$ 结合（PDB：2Z7X）。（b）TLR1/2 的小分子调节剂的化学结构式。（c）TLR2/6 与 $Pam_2CSK_4$ 结合（PDB：3A79）。（d）TLR2/6 的小分子抑制剂

人体的 TLR1/2 可以被人巨细胞病毒（hCMV）、淋巴细胞性脉络膜丛脑膜炎病毒（LCMV）和单纯疱疹病毒（HSV-1）调控，并促进急慢性炎症疾病（如粉刺、败血症甚至部分肿瘤等）的发生；在疾病模型研究中，研究者发现 TLR1/2 能够介导帕金森综合征的发病过程[113]，因此 TLR1/2 是一个关键的抗炎药物靶点，针对 TLR1/2 的信号通路开发出的小分子抑制剂具有很强的药物研发应用潜力。另外，TLR1/2 的激活在抗病毒疫苗的开发中作为良好的疫苗添加剂。尹航课题组针对 TLR1/2 开发出了特异性小分子抑制剂 CU-CPT-22 和激动剂 CU-T12-9。

CU-CPT-22［图 22.10（b）］是首个被报道的能抑制 TLR1/2 形成二聚体的小分子[114]。

通过基于细胞表型的筛选，程魁等在 1363 个小分子库中高通量筛选出了特异性抑制 TLR1/2 的 NCI35676［图 22.10（b），$IC_{50}$ =（2.45±0.25）μmol/L］。NCI35676 曾被报道具有抗氧化和抗癌活性，能够调节炎症反应活性，经测试评估，NCI35676 对其他 TLR 的活性没有影响。基于以上结果，再将 NCI35676 的分子结构进行优化，针对关键效应团苯唑三烯环戊酮评价结构-活性关系，设计并合成出了一系列 NCI35676 的同系物，经过对比 26 个同系物之后，得到了小分子化合物 CU-CPT-22［$IC_{50}$ =（0.58±0.09）μmol/L］，在细胞实验中，对 $Pam_3CSK_4$ 与 TLR1/2 竞争性结合的抑制常数（$K_i$）为（0.41±0.07）μmol/L，CU-CPT-22 不但对 TLR1/2 高效特异性地抑制，还对下游促炎症因子的产生具有明显抑制性（其浓度在 8μmol/L 时，对 TNF-α、IL-1β 的抑制率分别为 60%和 95%）。在 CU-CPT-22 浓度为 100μmol/L 时在小鼠巨噬细胞系 RAW264.7 中没有发现明显的细胞毒性。目前，CU-CPT-22 化合物已转化授权给 Brickell Biotech 公司进行商业开发。

CU-T12-9［图 22.10（b）］是首个被报道的特异性促进 TLR1 和 TLR2 聚合并稳定 TLR1/2 二聚体的小分子[115]，其可激活 NF-κB 信号通路，促进下游因子（如 TNF-α、IL-10、iNOS 等）的释放。通过靶向蛋白质-蛋白质相互作用，合作者开展人结肠上皮细胞 SW620 由 IL-8 介导的荧光素酶标记筛选，从 24000 个小分子中得到化合物 *N*-甲基-4-硝基-2-[4-(4-硝基苯基）1H-咪唑-1-基]苯胺（GA）［图 22.10（b）］，并确定激活 TLR1/2 的核心结构为 1, 4-二苯基-1H-咪唑。GA 在体外试验中被证实了其下游表现出活性为 TLR 家族激活的信号通路，但 GA 结合靶点尚不明确。尹航课题组研究寻找到了小分子 GA 的直接作用靶标。通过分泌型碱性磷酸酶（secreted embryontic alkaline phosphatase，SEAP）测试证明了 GA［$EC_{50}$ =（2.51±0.42）μmol/L］仅在 TLR2 过表达的细胞中激活炎症信号通路，并基于此评价构效关系，开发出更高效和特异性的小分子免疫系统刺激物 CU-T12-9［$EC_{50}$ =（52.9±6.2）nmol/L］。作为激动剂，小分子 CU-T12-9 在 5μmol/L 时与 $Pam_3CSK_4$ 浓度为 100μmol/L 的激活效果相当，证明了其高效性。而 CU-T12-9 不会激活其他 TLR 家族蛋白，特别是 Toll 样受体-2/6（toll like receptor-2/6，TLR2/6）。尽管 TLR1/2 和 TLR2/6 是结构极其相似的二聚体，CU-T12-9 在 60nmol/L 就检测出 TLR1/2 激活的 SEAP 信号，而在实验浓度高达 10μg/mL 时也未发现 TLR2/6 激活的 SEAP 信号。$Pam_3CSK_4$ 的一条肽链不能与 TLR2/6 中 TLR6 的疏水区域口袋结合，CU-T12-9 的原理与分别作为 TLR1/2 和 TLR2/6 的激动剂 $Pam_3CSK_4$ 和 $Pam_2CSK_4$ 的选择性一致。作为 $Pam_3CSK_4$ 的竞争性结合分子，通过生物物理学测试，激动剂 CU-T12-9 抑制 $Pam_3CSK_4$ 与 TLR1/2 的 $IC_{50}$ 值为（54.4±3.6）nmol/L。CU-T12-9 与 TLR1 和 TLR2 单体的结合常数（$K_d$）分别为（229±66）nmol/L 和（449±114）nmol/L，远大于其与 TLR1/2 的结合常数，实验结果证明了 CU-T12-9 结合在 TLR1 与 TLR2 交界面处，并只与 TLR1/2 结合，同时，还促进了 TLR1 和 TLR2 的二聚并能稳定 TLR1/2。在下游因子测试中，证明了 CU-T12-9 激活 TLR1/2 和 NF-κB 信号通路。CU-T12-9 在小鼠巨噬细胞系 RAW264.7 中可以激活炎症因子 TNF-α 和 NO 的产生［$EC_{50}$ =（60.46±16.99）nmol/L］。作为 TLR1/2 的小分子激动剂，CU-T12-9 在新药发现研究方面具有潜在的应用价值。目前，CU-CPT-22 和 CU-T12-9 这两个小分子已经迈向商业化，通过成果转让进入了药物研发的临床前阶段。

TLR2/6 是 TLR6 与 TLR2 结合形成 TLR2/6 异源二聚体，在细胞膜上特异性识别革兰氏阳性菌的二酰基脂肽（$Pam_2CSK_4$）。$Pam_2CSK_4$缺少了一段肽链，因此相较于$Pam_3CSK_4$不能与 TLR1/2 的 TLR1 部分疏水区结合。研究发现，TLR2/6 的信号下游通路与癌症（胰腺癌、乳腺癌）、病毒感染有关[116, 117]。TLR2/6 二聚体结合$Pam_3CSK_4$的晶体结构见图 22.10（c）。

Zhou 等[118]通过高通量筛选，从化合物库中筛选出 10 个具有潜在抗炎活性的小分子。其中，化合物 E567［图 22.10（d）］在人细胞与鼠细胞中能够高效抑制由 LCMV 和 I 型单纯疱疹病毒引发的炎症反应，其机理是 E567 与 TLR2/6 结合，抑制了下游 CD14-MyD88/Mal 信号通路引发 NF-κB 转录，从而减弱炎症反应的程度。这也表明 TLR2/6 作为靶点开发抗病毒药物的潜力。

3. *以 TLR3 为靶点——蛋白质-核酸相互作用的化学探针研究*

Toll 样受体-3（toll like receptor-3，TLR3）能够识别病毒复制时或炎症时坏死细胞产生的双链 RNA（dsRNA）。TLR3 的激活会诱导产生 I 型干扰素和促炎性细胞因子，如 TNF-α、IL-1、IL-6 等，在微生物感染时激活免疫细胞，引发免疫反应，在相关疾病中有着十分密切的联系，也凸显出调控 TLR3 信号通路的重要性。与其他识别 dsRNA 的受体不同，TLR3 定位在细胞核内体上，通过蛋白质-核酸进行相互作用。TLR3 在 pH 小于 6.5 时会与 dsRNA 一段长 46 个碱基对区域结合，TLR3 被 dsRNA 激活，会上调单核细胞趋化蛋白-1（monocyte chemotactic protein-1，MCP-1）和受激活调节正常 T 细胞表达和分泌因子（regulated upon activation，normal T cell expressed and presumably secreted，RANTES）的表达量。TLR3 及 TLR3 二聚体结合 dsRNA 的晶体结构见图 22.11（a）和（b）。

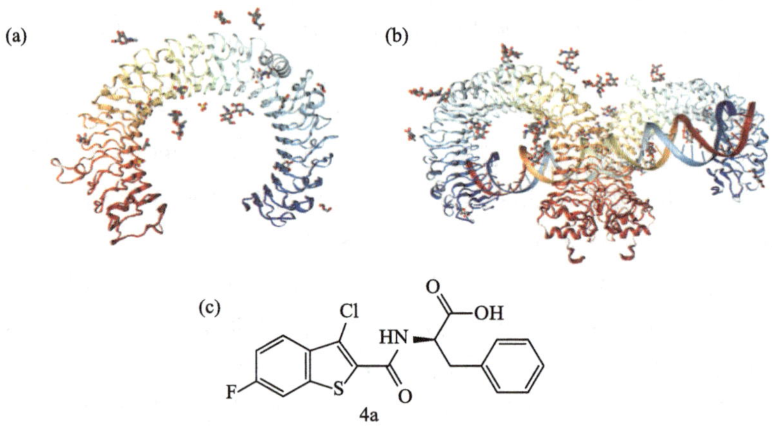


图 22.11　（a）TLR3 单体的晶体结构（PDB：1ZIW）；（b）TLR3 二聚体与 dsRNA 结合的晶体结构（PDB：3CIY）；（c）化合物 4a 的化学结构式

蛋白质-核酸相互作用的接触面区域广，结合能高，因此提高了小分子竞争抑制的难度；相对于蛋白质，RNA 的分子结构刚性低，且没有蛋白质的三级、四级结构，骨架中的电荷低，获得高分辨结构难度大，因此基于结构的理性设计小分子难度更高。TLR3 的激动剂有聚肌胞苷酸［polyinosinc-polycytidylic acid，poly（I：C）］和聚腺尿苷酸［polyadenylic-polyuridylic acid，poly（A：U）］，poly（I：C）和 poly（A：U）均是双链

RNA 的类似物。尹航课题组首次报道了在内含体 TLR 家族蛋白的化学探针——化合物 4a［图 22.11（c）］[119]，其能够有效抑制 dsRNA［如 poly（I∶C）］与 TLR3 的结合。通过高通量筛选包含 1200000 种化合物的 Enamine 数据库，找到了 9 个有希望成为结合 dsRNA 的 TLR3 的化学探针。其中，化合物 T5528092 在计算机模拟筛选时被发现含有 D-氨基酸连接的芳香基团，此基团也被发现具有对 TLR3-dsRNA 复合体的成药性。T5626448 和 T5260630 在细胞内对 TLR3 具有一定的抑制性，其 $IC_{50}$ 值分别为（154±6）μmol/L 和（145±4）μmol/L。在设计出 T5626448 和 T5260630 的合成路线后，进一步评价结构-活性关系，开发出了 T5626448 的衍生物，对苯并噻吩基团 3, 5, 6 号位上进行修饰，使其与 TLR3 疏水口袋结合力更强，得到了更高效和特异性的小分子化合物 4a［$IC_{50}$ 值为（3.44±0.41）μmol/L］。化合物 4a 为 *R* 手性，较 *S* 手性的对应异构体化合物 4b［$IC_{50}$ 值为（21.9±0.7）μmol/L］抑制 poly（I∶C）与 TLR3 结合的能力增强，证实了其结合具有立体选择性。在细胞实验中的活性测试和荧光偏振分析法测量到化合物 4a 与双链 RNA 与 TLR3 竞争性结合的抑制常数（$K_i$）为（2.96±0.32）μmol/L。测试化合物 4a 对 TLR 家族蛋白的选择性的结果表明，化合物 4a 能显著地抑制 TLR3 且不影响其他 TLR 的信号通路，特异性良好。此外，4a 可显著抑制 TLR3 信号通路介导的下游炎症因子 IL-1β 的释放。化合物 4a 在浓度高达 100μmol/L 时对细胞没有明显毒性。在动物模型实验中，尹航课题组与德国波恩大学的 Sabastian 实验室合作，获得了化合物 4a 在小鼠模型中的作用效果评价，与野生型小鼠相比，TLR3 基因敲除（$TLR3^{-/-}$）的小鼠在 poly（I∶C）的刺激下，不能产生 MCP-1。加入化合物 4a 能够有效抑制由 TLR3 激活而产生的 MCP-1 和 RANTES。目前，化合物 4a 已经被广泛应用于研究 TLR3 的信号通路。TLR3 在细胞炎症反应、心血管疾病中起到了重要作用，因此发现 TLR3 的小分子抑制剂能够给相关疾病治疗带来的思路，目前已经由 EMD Millipore 和 Sigma-Aldrich 公司进行商业化发展。美国化学会会刊 C&EN 曾报道了这项工作，并称以化合物 4a 为代表的一系列化学探针“准确地在药物中一类重要的挑战（促进炎症的 TLR 家族）上找到了（小分子作用的）靶向”。

#### 4. 以 TLR4 为靶点——脂多糖-蛋白质相互作用的化学探针开发

Toll 样受体-4（toll like receptor-4，TLR4）是第一个被发现的 TLR 家族蛋白，可以识别革兰氏阴性菌细胞壁组分 LPS，在机体对抗细菌入侵产生的免疫反应中起重要作用，与心血管疾病与肾脏的炎症与损伤等有密切关系。

TLR4 对 LPS 的识别需要配体蛋白 MD-2 的协助，MD-2 为可溶性蛋白质，可通过直接与 TLR4 结合来提高 TLR4 对 LPS 的敏感性。尹航课题组与合作者的研究表明[120-122]，阿片类药物经由 TLR4 信号转导途径引起神经胶质细胞激活；而 TLR4 的激活则导致了阿片耐受性和依赖性。进而首次提出通过抑制阿片类药物诱导的 TLR4 激活而降低神经胶质细胞的活化，从而避免吗啡的耐受性和依赖性等副作用。TLR4 和 MD-2 二聚体及结合 LPS 的晶体结构见图 22.12（a）和（b）。

尹航课题组首先对阿片类药物的作用机制进行了研究，以证明 TLR4/MD-2 复合物是一个药物开发的可行性靶点[123]。首先，用 RNA 干扰（RNAi）的方法降低小神经胶质细胞系 BV-2 中 TLR4 和 MD-2 的表达量，结果导致由吗啡激活的小神经胶质细胞分泌的炎

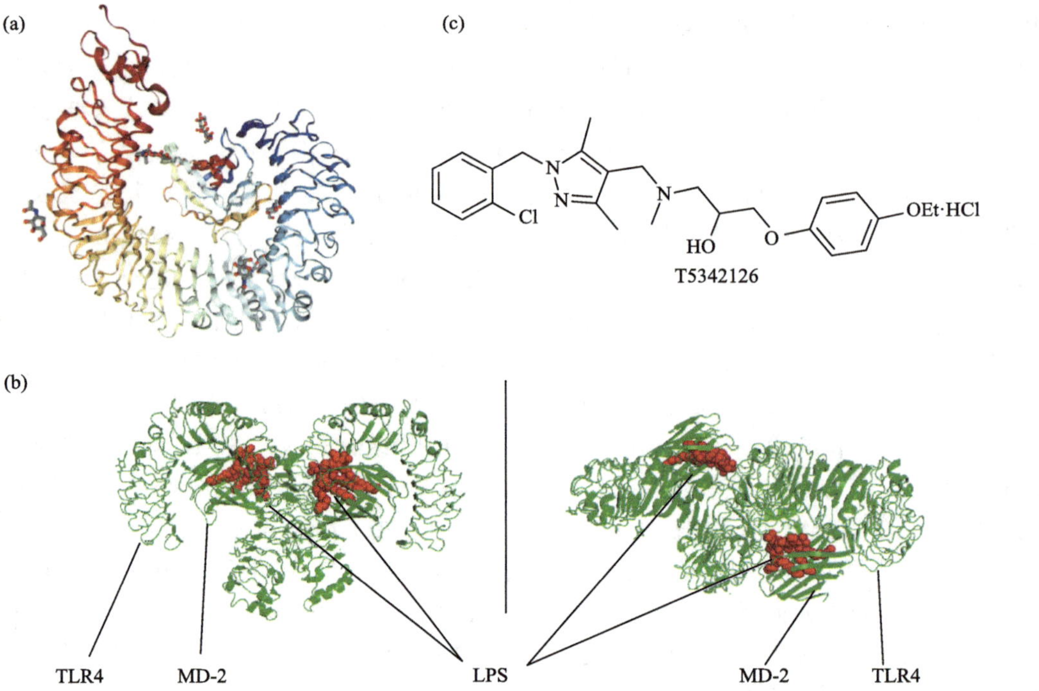


图 22.12　（a）TLR4/MD-2 的结构（PDB：5IJB）；（b）TLR4/MD-2 二聚体和 LPS 结合的结构（PDB：3VQ2）；（c）T5342126 的化学结构式

症因子（IL-1β、NO 和 TNF-α）水平降低。这些结果证明 TLR4/MD-2 蛋白复合物可以作为抑制由吗啡引起的神经胶质细胞的激活过程的新型药物靶点。其次，通过计算机模拟高通量筛选的方法，利用分子动力学/隐式溶剂结合自由能评估模型，开发了一种新的靶向 TLR4/MD-2 界面的化学探针 T5342126［图 22.12（c）］，该化合物具有良好的药动学性质和药效学性质（PK/PD）[124, 125]。利用小鼠小神经胶质 BV-2 细胞系体外测试了 T5342126 对吗啡诱导引起的胶质细胞激活的抑制作用。同时，细胞内毒性实验数据显示 T5342126 不影响细胞的正常功能。另外，在小鼠巨噬细胞（RAW264.7）中，T5342126 在浓度为 30μmol/L 时，可以特异性地抑制由 LPS 诱导的 TLR4 的激活，而对其他 TLR 受体无明显影响。此外，还建立了大鼠动物模型进行 T5342126 对急性吗啡镇痛的增效作用评估[123]。在评估过程中，使用经典的哈格里夫斯试验模型来测量未被束缚的大鼠对辐射热致痛的甩尾和缩足反应的潜伏期。注射 T5342126 后，大鼠无明显行为异常。实验结果显示，T5342126 在单独给药测试中对疼痛没有作用，但与吗啡共同给药时则可以明显地增强吗啡的急性镇痛效果。在测试中，大鼠耐痛能力明显增强（为避免组织损伤，加热 10s 自动终止）。而且 T5342126 仅增强了吗啡对野生型小鼠的镇痛作用，对 TLR4 基因敲除（TLR4-KO）小鼠无影响，这表明 T5342126 是特异性通过 TLR4 信号通路进行调节的。

该工作首次尝试通过靶向神经胶质细胞，来调节阿片诱导的镇痛作用并研究其作用机制；发现一种新型小分子抑制剂 T5342126 可以特异性阻断 TLR4 与 MD-2 的蛋白质-蛋白质相互作用，体外和体内实验均证明了小分子的有效性和特异性。该技术已获得国际专利保护，并进行了相应的成果转化。该工作首次阐明了 TLR4 所调控的神经炎症反应在吗啡药物依赖性和耐受性形成机制中的作用。通过抑制吗啡诱导神经胶质的激活，增加了吗啡的镇痛功效，同时减缓了阿片耐受性和依赖性的发展。*Nature* 杂志以此项工作作为亮点进行了报道。另外，T5342126 及其衍生物在人全血中对 LPS 引起的炎症反应也同样有抑制作用，证实了 TLR4-MD-2 复合体可以作为治疗败血症的新型靶点[126]。

5. *以 TLR5 为靶点——蛋白质-蛋白质相互作用的化学探针开发*

Toll 样受体-5（toll like receptor-5，TLR5）主要识别细菌鞭毛蛋白（flagellin）并形成异源二聚体，然后启动自身免疫的信号通路。在免疫研究领域广泛使用的小鼠巨噬细胞系中，TLR5 并无生物活性，造成这个重要的免疫受体在炎症反应中的功能长期受到忽视。尹航课题组首次阐明存在于真核细胞核内的高迁移率族蛋白 1（HMGB1）是神经胶质细胞上 TLR5 所认知的一种新的配体[127]。通过综合运用生物物理、生物化学、细胞生物学技术证实了 HMGB1 通过其酸性尾部区段和 TLR5 蛋白的结合，激活神经炎症反应，引发疼痛。此外，通过高通量筛选及理性设计相结合的方法，尹航教授课题组成功研发出第一个靶向 TLR5 的高效专一的小分子抑制剂 TH1020[128]，为治疗 TLR5 介导的相关疾病的临床研究奠定了基础。利用 TH1020，他们首次确立了 TLR5/HMGB1 复合体可以作为一个潜在药物靶点，可以通过化学探针对 TLR5 介导的炎症反应进行化学干预。

该工作首次确立了 TLR5 是 HMGB1 的一种免疫受体，以及 HMGB1 通过 TLR5 激活疼痛反应的生物化学机理，并研发出了第一个靶向 TLR5 的新型小分子抑制剂 TH1020（图 22.13）。相关工作获选 *ChemMedChem*（《蛋白质-蛋白质相互作用》）特刊封面，扩展了已知的自身免疫的识别配体，表明广泛使用的小鼠巨噬细胞系在研究 TLR5 信号通路上的限制，并为治疗 TLR5 介导的相关疾病的临床研究奠定了基础。

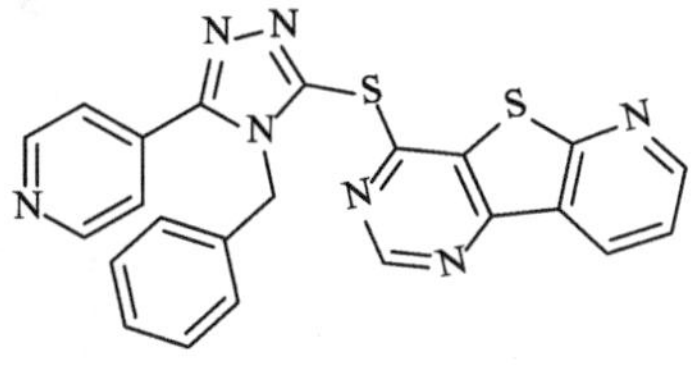

图 22.13 TH1020 的化学结构式

6. *以 TLR8 为靶点——核酸-蛋白质相互作用的化学探针开发*

TLR8 识别病毒的单链 RNA 成分，主要表达于单核细胞、巨噬细胞及髓系树突状细胞。当 TLR8 识别病毒的单链 RNA 后，通过 MyD88 等一系列信号通路激活 NF-κB，进而启动抗病毒免疫。但 TLR8 受体在病原体不存在时变得过度活跃，过度激活 TLR8 信号通路则会导致自身免疫疾病。因此靶向 TLR8 的抑制剂很有可能成为炎症反应和自身免疫疾病的治疗剂，其前景十分广阔。

尹航课题组首次报道了 TLR8 的特异性小分子抑制剂[129]。借助高通量筛选，首先确定了吡唑并[1, 5-α]嘧啶骨架类结构的小分子对 TLR8 具有较好的抑制活性。通过初步优化，得到抑制效果优异的先导化合物 8m，其 $IC_{50}$ 值为（0.07±0.01）μmol/L，同时细胞测试结果表明其毒性可以忽略不计。利用等温滴定量热法测定化合物 8m 与 TLR8 结合的 $K_d$ 值为 0.22μmol/L。在过表达各种 TLR 的 HEK-Blue 细胞测试中，显示 8m 能够特异性地抑制 TLR8 的信号通路，而不影响其他 TLR 信号通路。进一步的实验结果显示 8m 也能显著抑制人单核细胞中 R848 诱导的炎症因子 TNF-α 和 IL-8 的释放。在人单核/巨噬细胞

（THP-1）和健康人外周血单核细胞（PBMC）中，CU-CPT-8m 可以剂量依赖性地抑制由 TLR8 介导的肿瘤坏死因子（TNF-α）的产生。由此，尹航课题组得到了针对 TLR8 的抑制作用强、特异性高、细胞毒性低的化合物 CU-CPT-8m［图 22.14（a）］。

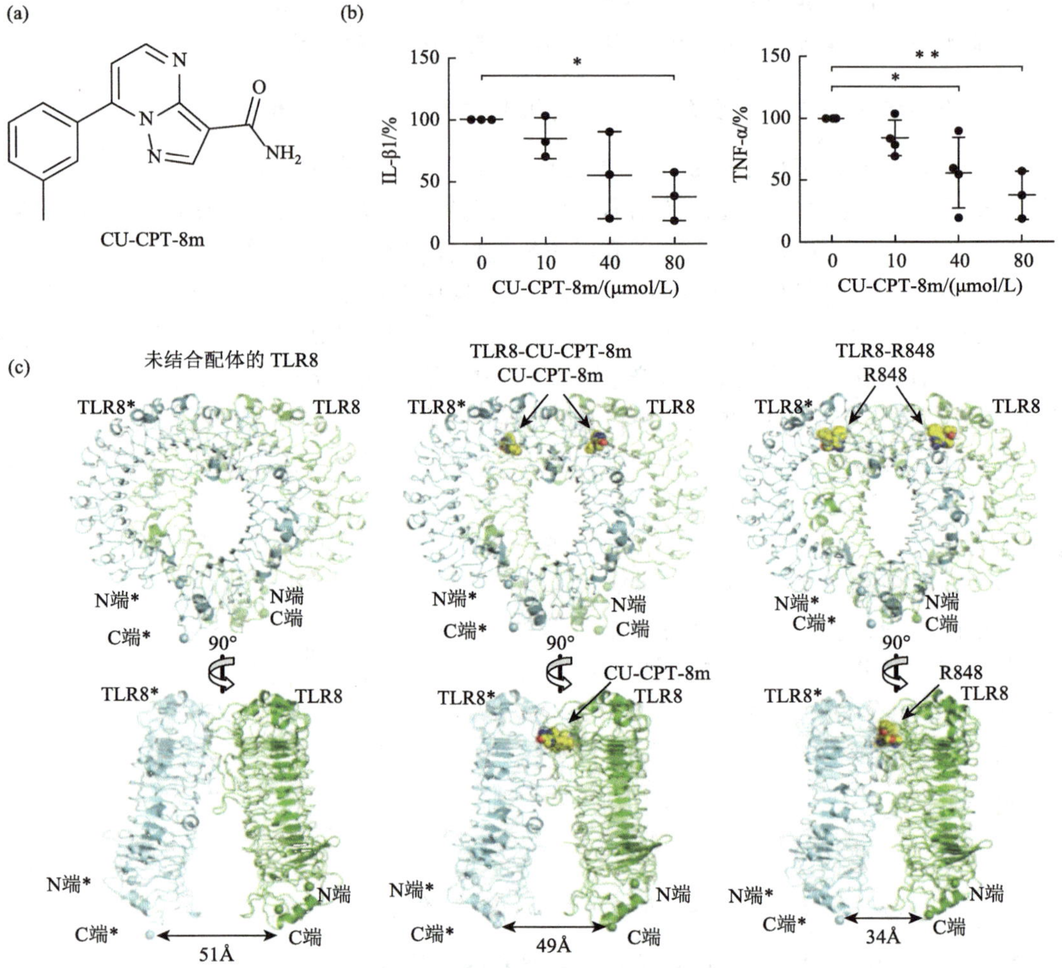


图 22.14　（a）CU-CPT-8m 的化学结构式。（b）CU-CPT-8m 抑制细胞分泌 TNF-α 和 IL-1β（$*p<0.05$，$**p<0.01$）。（c）TLR8 蛋白及其二聚体与 CU-CPT-8m、R848 结合的结构[129]

该化学探针可以作为研究 TLR8 在相关疾病中的作用机制和 TLR8 信号通路转导的有效工具。利用这个新型探针，尹航课题组确定了 TLR8 在风湿性关节炎发病中所起的作用，为 TLR8 相关自身免疫疾病的治疗提供了新的方法。为了进一步深入研究 8m 分子的作用机制，尹航课题组与日本东京大学 Toshiyuki Shimizu 课题组合作成功获得了 TLR8 与 8m 复合物的高分辨晶体[129]，结构分析表明 8m 分子可以选择性地作用在蛋白质复合体结合界面的一个新位点，进而稳定 TLR8 受体的静息态构象［图 22.14（c）］。令人惊讶的发现是，CU-CPT-8m 及其衍生物通过识别 TLR8 蛋白质二聚体界面上的新的结合位点，从而选择性地结合到 TLR8 二聚体上，由此稳定 TLR8 使其保持在静息态构象。结果表明，TLR8 二聚体与激活剂的结合使得两个 TLR8 蛋白的 C 端靠近至 34Å 从而引发下游信号转导；

而与拮抗剂（如 CU-CPT-8m）在新位点的结合则将 TLR8 二聚体锁定在 C 端相距 49Å 的静息态，从而阻止 TLR8 的激活。

这是一个有重要影响的发现，因为 TLR 调节剂的开发一直是一个活跃的研究领域，而过去几乎所有工作都集中在识别 TLR 的激活构象。以前认为，只有与 PAMP 配体（如 LPS）结合后，TLR 家族蛋白才会同时发生构象变化，从而把活化的二聚体作为治疗设计的靶标。而尹航课题组的研究结果表明，CU-CPT-8m 的衍生物和小分子激动剂（如尿苷，R848）与 TLR8 结合的口袋不同，而是稳定其预先形成的静息态 TLR8 二聚体，从而抑制 TLR8 的活化。之前科学家们普遍认为，TLR 受体最初是以单体的形式出现的，只有在它们与病原体分子结合后才能产生二聚体。但尹航课题组的研究表明，一些 TLR 可能会自发地形成二聚体，在病原体分子与二聚体结合后启动炎症信号转导。非配体的二聚体 TLR8 不仅在生物学上是相关的，而且是药物发现的新靶点，提供了一种潜在的通用的方法来调节所有 TLR。基于这个新发现的配体结合位点，尹航课题组提出新策略，通过靶向这个独特的位点并锁定 TLR8 二聚体的静息状态来调节 TLR8，从而阻止其激活。因为口袋中的一些结构特征（如 S516 和 Q519）未被 CU-CPT-8m 利用，推测有较大的进一步优化的潜力。前期结果表明，在 CU-CPT-8m 的苄基环上衍生出羟基或氨基将使其抑制 TLR8 信号转导的效果增加 1000 倍，这也支持了所提出的假设。尹航课题组计划利用其研究团队建立的生物物理、生物化学和结构方法来优化这些早期的先导化合物。还计划使用已经成功建立的类风湿性关节炎（RA）模型来测试这些 TLR8 抑制剂对 RA 患者体内分离的外周血单核细胞和滑膜细胞的作用。虽然以前的证据表明 TLR8 在 RA 中发挥重要作用，但通过抑制 TLR8 靶向这些疾病的可行性尚未确定。期望强效和高选择性的 TLR8 调节剂的发现可以提供有用的工具，来检验 TLR8 作为 RA 和其他自身免疫性疾病的有效治疗靶点的假设。这项研究的成果预计会为类风湿性关节炎的小分子治疗提供新思路和潜在的药物前体。

尹航课题组首次报道了 TLR8 的特异性小分子抑制剂 8m，并研究了其对 TLR8 信号通路中相关因子的影响，填补了 TLR8 抑制剂领域的空白。同时得到了 TLR8 与 8m 复合物的高分辨晶体，进一步明确了 8m 分子的作用机制。此项工作推翻了以往的关于 TLR 蛋白必须和配体结合才能形成二聚体并激活的观点；首次证明了 TLR 蛋白可以在无配体结合时形成静息态二聚体。这种通过稳定“二聚体蛋白”达到抑制 TLR 受体的机理也可能存在于 TLR 家族的其他成员（如 TLR5 和 TLR9），为 TLR 蛋白调节剂的设计提供了崭新的思路。此工作被 *Nature Chemical Biology* 选为 2018 年 1 月的封面文章。而美国化学会会刊 C&EN 也评价此工作为“paradigm shifting”（范式转换），并认为其可以为 TLR 受体蛋白的小分子调控的研究指明新方向。

## 22.3 讨论与展望

### 22.3.1 抗炎药物研发存在的问题

虽然抗炎药物的开发取得了很多的成果，但是还有不少的药物安全问题存在。常见的问题包括药物过敏、机体毒副作用、免疫抑制，以及影响机体正常的生理功能等，这些问题都给抗炎药物的使用带来很大的困扰。

自从非甾类抗炎药物应用于临床以来，关于这类药物的安全性问题一直备受人们的关注。从 1902 年第一例报道的由阿司匹林引起的过敏反应，到 2011 年由非甾类抗炎药物引起的过敏反应占到所有药物引起副作用事件的 21%～25%[130]，非甾类药物过敏性问题必须引起我们的极大重视。尽管阿司匹林可以预防中风及一些其他的心血管疾病，但是它作为一种最经典、常见的非甾类药物，不可逆地抑制 COX 活性。随着研究的深入，人们开发出了选择性抑制 COX-2 的非甾类抗炎药物，如昔布类药物对于 COX-2 具有高度选择性，在保证抗炎效果的同时大大降低了药物的副作用，使得整体药物质量改善了很多。当然，长期使用 COX-2 选择性抑制剂类药物也会带来很多副作用，包括引起心血管疾病、增加血栓等风险，其原因可能是由于抑制环前列腺素生成，进而抑制了血小板的活化。由于种种副作用，很多药物不得不离开临床。例如，2004 年默沙东公司做出决定，抗炎药物罗非昔布由于心血管方面的副作用而全球下线。虽然现在靶向 COX-2 的非甾类药物相对而言已经做了很大的优化改良，副作用也得到了明显的改善，但这些药物仍然还存在一定的安全问题，急需开发出更有效、更安全的 COX 抑制剂类药物。

糖皮质激素作为一类抗炎药物广泛应用于慢性自身免疫疾病的治疗，此外，在心脏代偿失调等疾病中也被广泛应用[131, 132]。但是在动物实验模型中发现，长期使用糖皮质类激素可能会产生很多的副作用，如糖尿病[133]、皮肤萎缩[134]等现象，并且还会引起记忆力下降、注意力不集中，甚至肠道钙吸收能力下降，造成钙平衡紊乱以及骨质疏松症等[135]。此外，这类药物可能还会造成免疫抑制，皮肤的中性粒细胞、B 细胞、T 细胞、单核细胞、巨噬细胞等数量减少或功能缺陷，严重地影响机体的免疫系统[136]。可见，这些潜在的副作用给患者带来了很多的安全隐患。

人类的固有免疫系统能够感知内在产生或外来的病原相关分子模式（PAMP）和损伤相关分子模式（DAMP）。自身识别外来物是固有免疫的一个基本问题，也是药物发现的重要研究目标。TLR 与疾病密切相关。其中，越来越多的研究或实验证据表明由 TLR 的激活诱导促炎症因子和 I 型干扰素的产生，导致自身免疫结缔组织病（autoimmune connective tissue diseases，ACTD）[137]。自身免疫性结缔组织病是自发产生对抗自身细胞核与细胞质的抗体激活免疫系统应答，引发炎症反应，影响全身的结缔组织的疾病，其产生由多方面引起，如自身基因、荷尔蒙水平和环境因素。ACTD 的代表性疾病包括系统性红斑狼疮（SLE）、类风湿性关节炎（RA）、系统性硬化病（SSc）、干燥综合征（SS）及混合性结缔组织病（MCTD），是人类健康中仅次于心血管疾病和癌症的第三大威胁，据估计，中国约有 1 亿患者饱受此类疾病带来的困扰。类风湿性关节炎是一种较为常见，且严重影响着人类健康与生活质量的慢性疾病。类风湿性关节炎常发生于手、足、腕部等的关节处，在疾病早期关节发生红肿热痛情况与功能障碍，在晚期会出现不同程度的关节僵硬畸形，产生骨与骨骼肌等萎缩、致残现象，是一种慢性、进行性与侵袭性疾病，严重影响患者的行动能力，为患者和社会带来沉重负担。据统计，在中国，类风湿性关节炎的发病率为每 10 万人 14.7 人，人均伤残调整寿命 4.92 年，人均经济负担 15717.91 元/年；根据协和医院在北京门头沟地区的流行病学调查显示，类风湿性关节炎在北京的发病率约 0.41%，高于世界平均水平。治疗类风湿性关节炎时，长期卧床或服用激素会引起免疫功能低下，并产生肺炎、泌尿系统感染、口腔溃疡等副作用。2015 年，全球销售量前四的药物中，有三种药物用于治疗自身免疫性疾病，排名第一的是治疗类风湿性关节炎的修美乐（Humira，阿达木 TNF-α 单抗），其更是连续三年销售量突破百亿美元；在国内，因其药价过高，这种特效药在 2015 年仅售 3600 万元，治疗自身免疫性疾病药物在国内和全球的市场前景十分广阔。

对于生物制剂类抗炎药物而言，虽然它们展现出抗炎效果好、效价高等优势，但是也会抑制机体的免疫系统，降低机体抗感染的能力。例如，多数情况下使用抗细胞因子类药物，在感染部位产生的炎症就会很快地被清除，炎症部位的炎症因子几乎不会伤害机体，甚至很多炎性细胞因子在损伤修复中还起到修复作用。然而，当阻断细胞因子时，可能在减少炎症的同时对机体的免疫系统产生抑制作用，由此大大减弱机体的抗感染能力。同样，一些生物制剂类抗炎药物也会产生组织毒副作用。例如，尽管靶向核受体 PPAR 的激动剂药物展现出很好的抗炎潜力，但在治疗 2 型糖尿病过程中，患者长期服用噻唑烷二酮类药物，特别是罗格列酮时，存在心血管疾病甚至死亡的风险。此外，生物制剂类药物还面临着一个巨大的难题：一个药物靶点的生物学功能一般不会单一地限制于炎症，而是会参与维持生物体各方面的功能。那么，我们如何靶向特定的靶点发挥专一的抑炎作用而尽量少甚至不干扰靶点其他方面的生物学功能呢？以靶向激酶 p38 的抗炎药物为例，p38 通路形成了一个反馈调节抑制其上游激酶 MAP3K 家族，而 MAP3K 家族在炎症通路中的关系非常复杂，p38 抑制剂可能会造成 MAP3K 的过度激活，由此进一步持续激活 JNK 和 IKKβ，对肝脏产生非常不利的影响。究其原因是由于 p38 在机体内具有各种各样的生理功能而不仅限于炎症刺激，抑制 p38 活性可能会对许多非炎症的功能造成不利影响。事实上，对于所有生物制剂类药物都存在类似的难题。作为一个理想的药物需要在抗炎的同时，降低对组织或器官的毒性作用，防止由于免疫抑制受到感染或者肿瘤的发生，还要确保机体正常的生理功能得以正常维持。因此，如何开发更加安全、有效的抗炎药物还需更多的探索。

以 p38 作为靶点的抗炎药物最普遍的研发思路是筛选与 ATP 竞争结合 p38 的抑制剂。从 2007 年至今，约有 20 种 p38 抑制剂进入临床实验，但是只有 3 家公司的 3 种药物（BIRB796、SCIO469 和 VX702）进入Ⅱ期临床，其中 BIRB796 已经被撤回[138-140]。这些药物的主要副作用显示在肝脏和中枢神经系统，也有一些皮肤、肾脏方面受损伤的报道。基于 p38 抑制剂诸多不良副作用，研究人员又逐渐把目光转向 p38 通路相关的上下游蛋白，如 p38 下游底物 MK2。经过高通量筛选的小分子化合物 CMPD1 已被报道可以结合 p38α，改变其催化位点的某些氨基酸残基，进而导致 MK2 磷酸化水平的降低。我们在研究 Nur77 抑制 NF-κB 信号通路的机制基础上，筛选到的小分子化合物 PDNPA 并不直接影响 p38α 激酶活性，而是直接靶向 Nur77，阻断 p38α-Nur77 的结合，使 Nur77 维持低磷酸化状态，从而发挥更高效抑制炎症的功能。这种间接途径阻断 p38 激酶的功能有可能降低药物的毒副作用。当然，还有许多问题需要我们更深入的研究。

通过 PDNPA/LBD 共结晶和一系列的生理生化实验，我们最终确定了 PDNPA 与 Nur77 的结合部位在 LBD 底部的 L437、S441 及 D594 位点，这为我们详细阐明 PDNPA 的作用机制提供了结构基础。通过计算机分子对接（docking）和分子生化实验，我们进一步证明了 p38α 与 LBD 结合于顶部的 P597 及 H516 位点，而且 p38α 的部分氨基酸残基可以插入缝隙。一旦结合口袋被 PDNPA 占据，原本插入的 p38α 氨基酸残基则无法再进入口袋，造成空间位阻，从而阻碍 p38α 与 LBD 的结合。更有趣的是，我们实验室之前报道的另一个小分子化合物 TMPA 也是定位在 LBD 表面，与 PDNPA 位置非常接近，但结合的具体位点存在细微差异。然而，通过细胞、分子、生化及小鼠等一系列研究，我们发现这两种化合物分别通过 Nur77 的介导发挥完全不同的生物学和生理性功能。TMPA 在降低糖尿病小鼠的血糖水平中发挥作用，而 PDNPA 对小鼠血糖没有调控功能；PDNPA 在小鼠 LPS 及 CLP 引起的脓毒症中抑制过度的炎症反应，从而增强小鼠对炎症的抵抗能力，而 TMPA 则完全不参与炎症反应的调控。可见，小分子化合物能够通过特异靶向蛋白质来发挥强大的生物学功能，并且这种调控是极其精密的。事实上，在生物机体内普遍存在这样精确的调控体系。以干扰素（interferon，IFN）为例，Ⅰ型 IFN 的 16 个成员（12 个 IFNα 亚型以及 IFNβ、IFNε、IFNκ 和 IFNω）之间有 20%～60%的序列相似性。虽然它们都通过同一个受体复合物 IFNAR 进行信号转导，但是在抗病毒、抗肿瘤的生物学活性上却不尽相同。根据已经解析的 IFNα2 及 IFNω 与受体 IFNAR1、IFNAR2 的晶体结构可以发现，这两个 IFN 与受体 IFNAR1、IFNAR2 的结合区域完全一致，而结合区域表面关键氨基酸基团的变化是决定其不同生物学活性的主要原因[143]。因此，深入探究分子结构及与药物结合构象将极大地促进药物的优化和改造，创造出更多的低毒高效的药物，造福于人类。

TLR 家族蛋白与多种病症相关（图 22.15）。此前在 TLR1/2 的研究中提到，TLR1/2

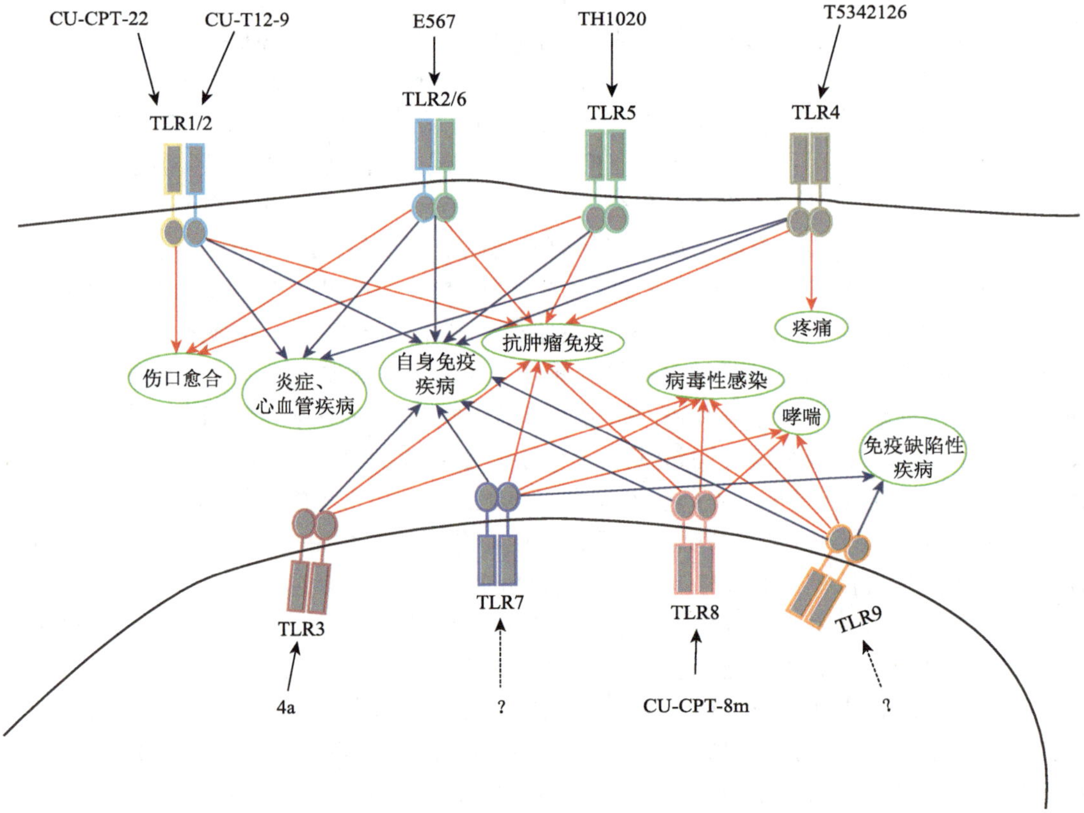


图 22.15　TLR 与相关疾病的联系，以及对应已发现的小分子探针。
其中，“┈▸”表示抑制剂，“→”表示激动剂

介导帕金森病的发展[113]，TLR1/2 蛋白会与错误折叠的 α-突触蛋白的聚积物相互作用，并引发炎症反应，引起慢性炎症导致的神经退行性疾病。此外，TLR 也被证实与动脉粥样硬化有着密切联系[144]，TLR2、TLR4 表现出促粥样硬化作用，TLR4/6 与促炎性细胞因子产生相关，TLR7、TLR9 可抑制动脉粥样硬化。在此类病症的研究中显示出了关键性作用。最近的一篇文章显示，TLR7 和 TLR8 的共激活剂 R848 会让原本促进肿瘤生长的肿瘤相关巨噬细胞（tumor-associated macrophages，TAM）的抑制免疫系统功能改变表型，促进免疫监视作用，给免疫治疗带来了新思路[145]。免疫调节剂除了对自身免疫疾病、炎症有治疗效果，针对新兴的癌症免疫疗法也发挥着重要的辅助作用，因此备受人们关注，是一个新兴与热门的研究方向。

### 22.3.2　今后炎症领域研究的可能突破口

炎症与肿瘤的发生发展息息相关。早在 1863 年，Rudolf Virchow 就提出慢性炎症会导致肿瘤[146]。随着生物技术和转基因动物的发展，有关炎症细胞、细胞因子等对肿瘤炎性微环境的形成、肿瘤发生的机制逐步被阐明。2004 年，两个研究小组先后报道了 NF-κB 介导的炎症促进肠癌[147]和肝癌[148]的发生。当然，不是所有的炎症都会导致肿瘤，这与炎症发生的部位密切相关。通常，肠道及肝脏的炎症会显著提高肿瘤发生的风险，而关节及肌肉等部位的炎症一般不会诱导肿瘤发生[149]。

炎症可以影响肿瘤多个方面，包括发生、生长、恶化、侵袭、转移、血管生成等[149]，因此抗炎药也被作为肿瘤治疗候选药物。1991 年，一项大规模的人群调查报告显示非甾体药物可以降低结直肠癌的致死率[150]，后续的研究又发现非甾体药物可以减少大肠息肉和肿瘤的复发[151]。此外，阿司匹林也被报道可以降低患乳腺癌风险[152]。抗炎药物的靶标是机体内的免疫细胞，这些细胞基因组不会像肿瘤细胞频繁突变或者发生表观遗传修饰的改变，因此，抗炎药物效果会相对稳定有效。当然，抗炎药物很难直接杀伤肿瘤细胞，需要与其他一些治疗措施联合使用。

反过来，肿瘤也可以调控炎症。当所处微环境营养不足或者微生物入侵时，肿瘤就会发生坏死，坏死的肿瘤释放多种炎症因子，如 IL-1、HMGB1 等[153]，这些炎症因子可以造成免疫抑制或者削弱抗肿瘤免疫[154]，进而促进肿瘤进程。更糟糕的是，治疗肿瘤的常见三种方案——切除手术治疗、化疗和放疗，均可能引发局部或者全身性炎症，且治疗肿瘤过程同样会导致肿瘤坏死并造成肿瘤相关的炎症反应，最终存活下来的肿瘤经常发生抗放化疗的恶性转化[149]。因此，如何降低肿瘤治疗过程诱发的炎症是摆在我们面前的一个难题，如果能有效地控制肿瘤治疗过程中的炎症反应，将进一步改善肿瘤治疗的效果。

目前，越来越多的研究开始关注肠道菌群。有益的肠道菌群可以塑造或促进形成良性、抑癌的微环境，建立与机体互利共生的稳态。肠道微生物基因组的总量为人类基因组的 150 倍[155]，为机体行使正常功能提供许多补充。例如，肠道菌群可以产生维生素及一些微量元素，并且利用一些机体不可分解的碳水化合物为机体提供营养和能量[156]。此外，肠道菌群也可以通过竞争物质资源来抵抗外来有害微生物的入侵[157]。一旦这种稳态被破坏，将会提高癌症发生的风险。最常见的一个例子就是当感染幽门螺旋菌时，胃部长期处于一种慢性炎症环境，由此提高胃癌的风险[158]。癌症患者肠道菌群多处于促炎状态，使得肠道菌群与宿主由互利共生的良性循环转向促进疾病如肿瘤的发生。因此，肠道菌群与炎症、肿瘤关系密不可分。肠道菌群可以影响炎症，调控机体的免疫及肿瘤的发生。炎性微环境可以影响肠道菌群的结构，而肠道菌群也具有重塑炎性微环境的潜能。当机体遭受外部病理性感染等不利刺激产生炎症时，肠道菌群与机体互利共生的稳态被打破，有益健康的菌群生长受到抑制，反过来则促进致病菌群的生长，最终导致整个菌群失调，处于一种促炎的状态。这样的恶性循环将为肿瘤的发生和发展提供条件[159]。

针对 TLR 免疫调节剂的研究，首先，建立通用的特异性 TLR 免疫调节剂筛选平台。同源家族蛋白的传统高通量筛选存在选择性差、效率低等缺点，尹航课题组建立了单独过表达的 TLR 人胚肾细胞系用于 TLR 的平行高通量筛选，开发了拮抗剂和激动剂，快速评价化合物的选择性和细胞毒性，这个方法也可适用于同源的结构相近的蛋白家族。其次，基于结构的理性设计，进行化学探针的系统性研究。结合计算模拟和 X 射线结晶学，寻找初选得到的小分子的结合与功能机制。TLR 蛋白与小分子配体进行共结晶，基于得到的结构进行优化，与结构-活性关系研究形成互补，揭示小分子的作用机制。综合以上内容，建立 TLR4/MD-2、TLR3/双链 RNA、TLR9/DNA 等的蛋白质-蛋白质、蛋白质-核酸作用研究平台，辅以计算机模拟技术和结构测定方法，寻找化学探针并结合结构生物学反馈优化分子设计，开发蛋白质-蛋白质调节剂和蛋白质-核酸调节剂。

对于靶向性的化学探针机理，研究证实了 TLR8 在非激活态会以二聚体形式存在，改变了已有认知。在激活态时，TLR8 二聚体的两碳端距离会缩短，而针对这一机制开发的抑制剂 CU-CPT-8m 能够“锁住”非激活态，使其无法被激活，这是 TLR 家族化学探针的新作用机制，尤其是对开发出特异性抑制剂而言，找到了颠覆性的精准免疫调控手段；利用 TLR1/2 的小分子抑制剂 CU-CPT-22 进行疾病研究，发现了 TLR1/2 会加剧帕金森综合征的发展；找到了首个对内含体 TLR 的 TLR3 与双链 RNA 相互作用的抑制剂化合物 4a，解决了蛋白质-核酸相互作用难以作为典型药物靶标的难题。

有关靶向 TLR 家族蛋白的化学探针，尚有 TLR7 的小分子抑制剂，TLR9 的小分子调节剂未被发现。化学探针对于 TLR7 而言，其与 TLR8 在蛋白质结构上的高度同源性是制约 TLR7 选择性小分子抑制剂开发的主要问题。目前已有的针对 TLR7 选择性小分子抑制剂的研究工作的主要问题在于其对 TLR8 也会有相当的抑制作用，通常会超过对 TLR7 的活性造成的影响。由此，得到的往往是 TLR7/8 共抑制剂或者 TLR8 的选择性抑制剂。因此，针对 TLR7、TLR8 之间微小的结构差别进行小分子结构的理性设计与优化，有望成为开发 TLR7 选择性小分子抑制剂的可能手段。据此，通过计算机辅助的分析手段，寻找并比对 TLR7、TLR8 与小分子结合口袋的重要位点，进而模拟、优化小分子与蛋白的结合作用，以达到设计 TLR7 选择性抑制剂的目的。最后，通过生物体系的评价确认其抑制活性与选择性。该流程有望成为未来开发 TLR7 选择性抑制剂的一般性策略。

TLR9 识别的配体是病原微生物的富含 CG 序列的 DNA（CpG-DNA），目前对于 TLR9 小分子调节剂的研究工作报道很少，广泛应用的 TLR9 激活剂均属于核酸分子，其中富含 CG 序列的寡聚脱氧核苷酸（CpG-ODN）是最常见的一大类 TLR9 激活剂。而 TLR9 的抑制剂如一些抗疟药氯喹等，都不直接作用于 TLR9 蛋白，而是与 TLR9 的配体 CpG-DNA

作用，进而抑制 TLR9 信号。在高通量筛选 TLR9 小分子抑制剂的过程中，不可避免地会遇到一些间接的抑制结果，即某些小分子表现出抑制活性，然而却是与 TLR9 的配体核酸结合以发挥抑制活性。此外，小分子抑制剂对于 TLR9 与 TLR7/8 的选择性不佳也是制约 TLR9 选择性小分子抑制剂发展的因素。针对这些可能存在的问题，目前较佳的策略仍旧是以计算机辅助理性设计结合化学生物学的手段来进行小分子的设计与优化。

针对目前已有的化学探针，进一步优化得到活性与选择性更佳的小分子调节剂依旧是这类研究中需要进一步开展的工作，同时，类似于 CU-CPT-8m 确定了小分子与 TLR8 的一种新型抑制模式，小分子与 TLR 家族蛋白的新型结合模式也是相当的创新点与难点。综合运用化学生物学、药物化学及计算机辅助的理性设计，将是深入与完善该领域工作的方法与策略。

本章作者：吴　乔①，尹　航②，张　莹②，陈旗涛①，李　莉①，梁家琦②，孙高歌②，陈和恺②

①厦门大学；②清华大学

## 参 考 文 献

[1] Dinarello C A. Anti-inflammatory agents：present and future. Cell，2010，140（6）：935-950.

[2] Dhingra A K. An update on anti-inflammatory compounds：a review. Antiinflamm Antiallergy Agents Med Chem，2015，14（2）：81-97.

[3] Auriel E，Regev K，Korczyn A D. Nonsteroidal anti-inflammatory drugs exposure and the central nervous system. J Clin Neurol，2014，119：577-584.

[4] Rhen T，Cidlowski J A. Anti-inflammatory action of glucocorticoids：new mechanisms for old drugs. New Engl J Med，2005，353（16）：1711-1723.

[5] Krishnamoorthy S，Recchiuti A，Chiang N，et al. Resolvin D1 binds human phagocytes with evidence for proresolving receptors. Proc Natl Acad Sci USA，2010，107（4）：1660-1665.

[6] Jin Y，Arita M，Zhang Q，et al. Anti-angiogenesis effect of the novel anti-inflammatory and pro-resolving lipid mediators. Invest Ophth Vis Sci，2009，50（10）：4743-4752.

[7] Leoni F，Zaliani A，Bertolini G，et al. The antitumor histone deacetylase inhibitor suberoylanilide hydroxamic acid exhibits antiinflammatory properties via suppression of cytokines. Proc Natl Acad Sci USA，2002，99（5）：2995-3000.

[8] Li Q，Nacion K，Bu H，et al. The complement inhibitor FUT-175 suppresses T cell autoreactivity in experimental autoimmune encephalomyelitis. Am J Pathol，2009，175（2）：661-667.

[9] Wang Y D，Chen W D，Wang M，et al. Farnesoid X receptor antagonizes nuclear factor κB in hepatic inflammatory response. Hepatology，2008，48（5）：1632-1643.

[10] Brown K，Gerstberger S，Carlson L，et al. Control of I κB-α proteolysis by site-specific，signal-induced phosphorylation. Science，1995，267（5203）：1485-1488.

[11] Natoli G，Chiocca S. Nuclear ubiquitin ligases，NF-κB degradation，and the control of inflammation. Sci Signal，2008，1（1）：1.

[12] Lawrence T，Bebien M，Liu G Y，et al. IKKalpha limits macrophage NF-kappaB activation and contributes to the resolution of inflammation. Nature，2005，434（7037）：1138-1143.

[13] Zhong H，Voll R E，Ghosh S. Phosphorylation of NF-kappa B p65 by PKA stimulates transcriptional activity by promoting a novel bivalent interaction with the coactivator CBP/p300. Mol Cell，1998，1（5）：661-671.

[14] Hoeflich K P, Luo J, Rubie E A, et al. Requirement for glycogen synthase kinase-3beta in cell survival and NF-kappaB activation. Nature, 2000, 406 (6791): 86-90.

[15] Bonnard M, Mirtsos C, Suzuki S, et al. Deficiency of T2K leads to apoptotic liver degeneration and impaired NF-kappaB-dependent gene transcription. EMBO J, 2000, 19 (18): 4976-4985.

[16] Sizemore N, Lerner N, Dombrowski N, et al. Distinct roles of the Ikappa B kinase alpha and beta subunits in liberating nuclear factor kappa B (NF-kappa B) from Ikappa B and in phosphorylating the p65 subunit of NF-kappa B. J Biol Chem, 2002, 277 (6): 3863-3869.

[17] Leitges M, Sanz L, Martin P, et al. Targeted disruption of the zetaPKC gene results in the impairment of the NF-kappaB pathway. Mol Cell, 2001, 8 (4): 771-780.

[18] Eberharter A, Becker P B. Histone acetylation: a switch between repressive and permissive chromatin. Second in review series on chromatin dynamics. EMBO Rep, 2002, 3 (3): 224-229.

[19] Ashburner B P, Westerheide S D, Baldwin A S Jr. The p65 (RelA) subunit of NF-kappaB interacts with the histone deacetylase (HDAC) corepressors HDAC1 and HDAC2 to negatively regulate gene expression. Mole Cell Bio, 2001, 21 (20): 7065-7077.

[20] Chen L, Fischle W, Verdin E, et al. Duration of nuclear NF-kappaB action regulated by reversible acetylation. Science, 2001, 293 (5535): 1653-1657.

[21] Gerondakis S, Grumont R, Rourke I, et al. The regulation and roles of Rel/NF-kappa B transcription factors during lymphocyte activation. Curr Opin Immunol, 1998, 10 (3): 353-359.

[22] Son P S, Park S A, Na H K, et al. Piceatannol, a catechol-type polyphenol, inhibits phorbol ester-induced NF-{kappa}B activation and cyclooxygenase-2 expression in human breast epithelial cells: cysteine 179 of IKK{beta} as a potential target. Carcinogenesis, 2010, 31 (8): 1442-1449.

[23] Lo A H, Liang Y. C, Lin-Shiau S. Y, et al. Carnosol, an antioxidant in rosemary, suppresses inducible nitric oxide synthase through down-regulating nuclear factor-kappaB in mouse macrophages. Carcinogenesis, 2002, 23 (6): 983-891.

[24] Chen C C, Chow M P, Huang W C, et al. Flavonoids inhibit tumor necrosis factor-alpha-induced up-regulation of intercellular adhesion molecule-1 (ICAM-1) in respiratory epithelial cells through activator protein-1 and nuclear factor-kappaB: structure-activity relationships. Mol Pharmacol, 2004, 66 (3): 683-693.

[25] Chen J C, Ho F M, Pei-Dawn Lee C, et al. Inhibition of iNOS gene expression by quercetin is mediated by the inhibition of IkappaB kinase, nuclear factor-kappa B and STAT1, and depends on heme oxygenase-1 induction in mouse BV-2 microglia. Eur J Pharmacol, 2005, 521 (1-3): 9-20.

[26] Manna S K, Mukhopadhyay A, Aggarwal B B. Resveratrol suppresses TNF-induced activation of nuclear transcription factors NF-kappa B, activator protein-1, and apoptosis: potential role of reactive oxygen intermediates and lipid peroxidation. J Immunol (Baltimore, Md. : 1950), 2000, 164 (12): 6509-6519.

[27] Pan M H, Lai C S, Wang Y J, et al. Acacetin suppressed LPS-induced up-expression of iNOS and COX-2 in murine macrophages and TPA-induced tumor promotion in mice. Biochem Pharmacol, 2006, 72 (10): 1293-1303.

[28] Mackenzie G G, Carrasquedo F, Delfino J M, et al. Epicatechin, catechin, and dimeric procyanidins inhibit PMA-induced NF-kappaB activation at multiple steps in Jurkat T cells. FASEB Journal: Official Publication of the Federation of American Societies for Experimental Biology, 2004, 18 (1): 167-169.

[29] Erdelyi K, Kiss A, Bakondi E, et al. Gallotannin inhibits the expression of chemokines and inflammatory cytokines in A549 cells. Mol Pharmacol, 2005, 68 (3): 895-904.

[30] Carluccio M A, Siculella L, Ancora M A, et al. Olive oil and red wine antioxidant polyphenols inhibit endothelial activation: antiatherogenic properties of Mediterranean diet phytochemicals. Arterioscler Thromb Vasc Biol, 2003, 23 (4): 622-629.

[31] Kang G, Kong P J, Yuh Y J, et al. Curcumin suppresses lipopolysaccharide-induced cyclooxygenase-2 expression by inhibiting activator protein 1 and nuclear factor kappaB bindings in BV2 microglial cells. J Pharmacol Sci, 2004, 94 (3): 325-328.

[32] Manna S K, Aggarwal R S, Sethi G, et al. Morin (3, 5, 7, 2′, 4′-pentahydroxyflavone) abolishes nuclear factor-kappaB activation induced by various carcinogens and inflammatory stimuli, leading to suppression of nuclear factor-kappaB-regulated

gene expression and up-regulation of apoptosis. Clinical Cancer Research：An Official Journal of the American Association for Cancer Research，2007，13（7）：2290-2297.

[33] Hale K K，Trollinger D，Rihanek M，et al. Differential expression and activation of p38 mitogen-activated protein kinase alpha，beta，gamma，and delta in inflammatory cell lineages. J Immunol（Baltimore，Md. ：1950），1999，162（7）：4246-4252.

[34] Thornton T M，Rincon M. Non-classical p38 map kinase functions：cell cycle checkpoints and survival. Int J Biol Sci，2009，5（1）：44-51.

[35] Hui L，Bakiri L，Stepniak E，et al. p38alpha：a suppressor of cell proliferation and tumorigenesis. Cell Cycle，2007，6（20）：2429-2433.

[36] Ashwell J D. The many paths to p38 mitogen-activated protein kinase activation in the immune system. Nat Rev Immunol，2006，6（7）：532-540.

[37] Aicher A，Shu G L，Magaletti D，et al. Differential role for p38 mitogen-activated protein kinase in regulating CD40-induced gene expression in dendritic cells and B cells. J Immunol（Baltimore，Md. ：1950），1999，163（11）：5786-5795.

[38] Xie J，Qian J，Wang S，et al. Novel and detrimental effects of lipopolysaccharide on *in vitro* generation of immature dendritic cells：involvement of mitogen-activated protein kinase p38. J Immunol（Baltimore，Md. ：1950），2003，171（9）：4792-4800.

[39] Mittelstadt P R，Yamaguchi H，Appella E，et al. T cell receptor-mediated activation of p38{alpha} by mono-phosphorylation of the activation loop results in altered substrate specificity. J Biol Chem，2009，284（23）：15469-15474.

[40] Saha R N，Jana M，Pahan K. MAPK p38 regulates transcriptional activity of NF-kappaB in primary human astrocytes via acetylation of p65. J Immunol（Baltimore，Md. ：1950），2007，179（10）：7101-7109.

[41] Dean J L，Sully G，Clark A R，et al. The involvement of AU-rich element-binding proteins in p38 mitogen-activated protein kinase pathway-mediated mRNA stabilisation. Cell Signal，2004，16（10）：1113-1121.

[42] Khabar K S. The AU-rich transcriptome：more than interferons and cytokines，and its role in disease. Journal of Interferon & Cytokine Research：the Official Journal of the International Society for Interferon and Cytokine Research，2005，25（1）：1-10.

[43] Schindler J F，Monahan J B，Smith W G. p38 pathway kinases as anti-inflammatory drug targets. J Dent Res，2007，86（9）：800-811.

[44] Young P R，McLaughlin M M，Kumar S，et al. Pyridinyl imidazole inhibitors of p38 mitogen-activated protein kinase bind in the ATP site. J Biol Chem，1997，272（18）：12116-12121.

[45] Fitzgerald C E，Patel S B，Becker J W，et al. Structural basis for p38alpha MAP kinase quinazolinone and pyridol-pyrimidine inhibitor specificity. Nat Struct Biol，2003，10（9）：764-769.

[46] Pargellis C，Tong L，Churchill L，et al. Inhibition of p38 MAP kinase by utilizing a novel allosteric binding site. Nat Struct Biol，2002，9（4）：268-272.

[47] Sullivan J E，Holdgate G A，Campbell D，et al. Prevention of MKK6-dependent activation by binding to p38alpha MAP kinase. Biochemistry，2005，44（50）：16475-16490.

[48] Davidson W，Frego L，Peet G W，et al. Discovery and characterization of a substrate selective p38alpha inhibitor. Biochemistry，2004，43（37）：11658-11671.

[49] Zhang J，Shen B，Lin A. Novel strategies for inhibition of the p38 MAPK pathway. Trends Pharmacol Sci，2007，28（6）：286-295.

[50] Costa G，Francisco V，Lopes M C，et al. Intracellular signaling pathways modulated by phenolic compounds：application for new anti-inflammatory drugs discovery. Curr Med Chem，2012，19（18）：2876-2900.

[51] Dasu M R，Park S，Devaraj S，et al. Pioglitazone inhibits toll-like receptor expression and activity in human monocytes and db/db mice. Endocrinology，2009，150（8）：3457-3464.

[52] Zhao W，Thacker S G，Hodgin J B，et al. The peroxisome proliferator-activated receptor gamma agonist pioglitazone improves cardiometabolic risk and renal inflammation in murine lupus. J Immunol（Baltimore，Md. ：1950），2009，183（4）：2729-2740.

[53] Leung T H，Hoffmann A，Baltimore D. One nucleotide in a kappaB site can determine cofactor specificity for NF-kappaB dimers. Cell，2004，118（4）：453-464.

[54] Luecke H F，Yamamoto K R. The glucocorticoid receptor blocks P-TEFb recruitment by NFkappaB to effect promoter-specific transcriptional repression. Gene Dev，2005，19（9）：1116-1127.

[55] Rogatsky I，Luecke H F，Leitman D C，et al. Alternate surfaces of transcriptional coregulator GRIP1 function in different glucocorticoid receptor activation and repression contexts. Proc Natl Acad Sci USA，2002，99（26）：16701-16706.

[56] Joseph S B，Castrillo A，Laffitte B A，et al. Reciprocal regulation of inflammation and lipid metabolism by liver X receptors. Nat Med，2003，9（2）：213-219.

[57] Castrillo A，Joseph S B，Marathe C，et al. Liver X receptor-dependent repression of matrix metalloproteinase-9 expression in macrophages. J Biol Chem，2003，278（12）：10443-10449.

[58] Valledor A F，Hsu L C，Ogawa S，et al. Activation of liver X receptors and retinoid X receptors prevents bacterial-induced macrophage apoptosis. Proc Natl Acad Sci USA，2004，101（51）：17813-17818.

[59] Joseph S B，Bradley M N，Castrillo A，et al. LXR-dependent gene expression is important for macrophage survival and the innate immune response. Cell，2004，119（2）：299-309.

[60] Adorini L. Immunomodulatory effects of vitamin D receptor ligands in autoimmune diseases. Int Immunopharmacol，2002，2（7）：1017-1028.

[61] Ashcroft D M，Po A L，Williams H C，et al. Systematic review of comparative efficacy and tolerability of calcipotriol in treating chronic plaque psoriasis. BMJ（Clinical research ed.），2000，320（7240）：963-967.

[62] Hazel T G，Nathans D，Lau L F. A gene inducible by serum growth factors encodes a member of the steroid and thyroid hormone receptor superfamily. Proc Natl Acad Sci USA，1988，85（22）：8444-8448.

[63] Li H，Kolluri S K，Gu J，et al. Cytochrome c release and apoptosis induced by mitochondrial targeting of nuclear orphan receptor TR3. Science，2000，289（5482）：1159-1164.

[64] Wilson T E，Fahrner T J，Johnston M，et al. Identification of the DNA binding site for NGFI-B by genetic selection in yeast. Science，1991，252（5010）：1296-1300.

[65] Meinke G，Sigler P B. DNA-binding mechanism of the monomeric orphan nuclear receptor NGFI-B. Nat Struct Biol，1999，6（5）：471-477.

[66] Perlmann T，Jansson L. A novel pathway for vitamin A signaling mediated by RXR heterodimerization with NGFI-B and NURR1. Gene Dev，1995，9（7）：769-782.

[67] Martens C，Bilodeau S，Maira M，et al. Protein-protein interactions and transcriptional antagonism between the subfamily of NGFI-B/Nur77 orphan nuclear receptors and glucocorticoid receptor. Mol Endocrinol（Baltimore，Md.），2005，19（4）：885-897.

[68] Chen H Z，Liu Q F，Li L，et al. The orphan receptor TR3 suppresses intestinal tumorigenesis in mice by downregulating Wnt signalling. Gut，2012，61（5）：714-724.

[69] Kim H，Kim B Y，Soh J W，et al. A novel function of Nur77：physical and functional association with protein kinase C. Biochem Biophys Res Commun，2006，348（3）：950-956.

[70] Lei N Z，Zhang X Y，Chen H Z，et al. A feedback regulatory loop between methyltransferase PRMT1 and orphan receptor TR3. Nucleic Acids Res，2009，37（3）：832-848.

[71] Lin B，Kolluri S K，Lin F，et al. Conversion of Bcl-2 from protector to killer by interaction with nuclear orphan receptor Nur77/TR3. Cell，2004，116（4）：527-540.

[72] Kolluri S K，Zhu X，Zhou X，et al. A short Nur77-derived peptide converts Bcl-2 from a protector to a killer. Cancer cell，2008，14（4）：285-298.

[73] Chen H Z，Li L，Wang W J，et al. Prolyl isomerase Pin1 stabilizes and activates orphan nuclear receptor TR3 to promote mitogenesis. Oncogene，2012，31（23）：2876-2887.

[74] Yao L M，He J P，Chen H Z，et al. Orphan receptor TR3 participates in cisplatin-induced apoptosis via Chk2 phosphorylation to repress intestinal tumorigenesis. Carcinogenesis，2012，33（2）：301-311.

[75] Liu B，Wu J F，Zhan Y Y，et al. Regulation of the orphan receptor TR3 nuclear functions by c-Jun N terminal kinase

phosphorylation. Endocrinology，2007，148（1）：34-44.

[76] Fahrner T J，Carroll S L，Milbrandt J. The NGFI-B protein，an inducible member of the thyroid/steroid receptor family，is rapidly modified posttranslationally. Mole Cell Biol，1990，10（12）：6454-6459.

[77] Katagiri Y，Takeda K，Yu Z X，et al. Modulation of retinoid signalling through NGF-induced nuclear export of NGFI-B. Nat Cell Biol，2000，2（7）：435-340.

[78] Jacobs C M，Paulsen R E. Crosstalk between ERK2 and RXR regulates nuclear import of transcription factor NGFI-B. Biochem Biophys Res Commun，2005，336（2）：646-652.

[79] Castro-Obregon S，Rao R V，del Rio G，et al. Alternative，nonapoptotic programmed cell death：mediation by arrestin 2，ERK2，and Nur77. J Biol Chem，2004，279（17）：17543-17553.

[80] Chen H Z，Zhao B X，Zhao W X，et al. Akt phosphorylates the TR3 orphan receptor and blocks its targeting to the mitochondria. Carcinogenesis，2008，29（11）：2078-2088.

[81] Fujii Y，Matsuda S，Takayama G，et al. ERK5 is involved in TCR-induced apoptosis through the modification of Nur77. Genes to Cells：Devoted to Molecular & Cellular Mechanisms，2008，13（5）：411-419.

[82] Bonta P I，van Tiel C M，Vos M，et al. Nuclear receptors Nur77，Nurr1，and NOR-1 expressed in atherosclerotic lesion macrophages reduce lipid loading and inflammatory responses. Arterioscler Thromb Vasc Biol，2006，26（10）：2288-2294.

[83] Pei L，Castrillo A，Chen M，et al. Induction of NR4A orphan nuclear receptor expression in macrophages in response to inflammatory stimuli. J Biol Chem，2005，280（32）：29256-29262.

[84] You B，Jiang Y Y，Chen S，et al. The orphan nuclear receptor Nur77 suppresses endothelial cell activation through induction of IkappaBalpha expression. Circ Res，2009，104（6）：742-749.

[85] Harant H，Lindley I J. Negative cross-talk between the human orphan nuclear receptor Nur77/NAK-1/TR3 and nuclear factor-kappaB. Nucleic Acids Res，2004，32（17）：5280-5290.

[86] Hanna R N，Shaked I，Hubbeling H G，et al. NR4A1（Nur77）deletion polarizes macrophages toward an inflammatory phenotype and increases atherosclerosis. Circ Res，2012，110（3）：416-427.

[87] Hamers A A，Vos M，Rassam F，et al. Bone marrow-specific deficiency of nuclear receptor Nur77 enhances atherosclerosis. Circ Res，2012，110（3）：428-438.

[88] Pei L，Castrillo A，Tontonoz P. Regulation of macrophage inflammatory gene expression by the orphan nuclear receptor Nur77. Mol Endocrinol（Baltimore，Md.），2006，20（4）：786-794.

[89] Baker K D，Shewchuk L M，Kozlova T，et al. The Drosophila orphan nuclear receptor DHR38 mediates an atypical ecdysteroid signaling pathway. Cell，2003，113（6）：731-742.

[90] Wang Z，Benoit G，Liu J，et al. Structure and function of Nurr1 identifies a class of ligand-independent nuclear receptors. Nature，2003，423（6939）：555-560.

[91] Flaig R，Greschik H，Peluso-Iltis C，et al. Structural basis for the cell-specific activities of the NGFI-B and the Nurr1 ligand-binding domain. J Biol Chem，2005，280（19）：19250-19258.

[92] Xu H E，Li Y. Ligand-dependent and-independent regulation of PPAR gamma and orphan nuclear receptors. Sci Signal，2008，1（48）：52.

[93] Zhan Y Y，Chen Y，Zhang Q，et al. The orphan nuclear receptor Nur77 regulates LKB1 localization and activates AMPK. Nat Chem Biol，2012，8（11）：897-904.

[94] Lever A，Mackenzie I. Sepsis：definition，epidemiology，and diagnosis. BMJ（Clinical research ed.），2007，335（7625）：879-883.

[95] Rittirsch D，Flierl M A，Ward P A. Harmful molecular mechanisms in sepsis. Nat Rev Immunol，2008，8（10）：776-787.

[96] Hotchkiss R S，Tinsley K W，Karl I E. Role of apoptotic cell death in sepsis. Scand J Infect Dis，2003，35（9）：585-592.

[97] Hotchkiss R S，Swanson P E，Freeman B D，et al. Apoptotic cell death in patients with sepsis，shock，and multiple organ dysfunction. Crit Care Med，1999，27（7）：1230-1251.

[98] van der Poll T，van Deventer S J. Cytokines and anticytokines in the pathogenesis of sepsis. Infect Disease clin North Am，

1999, 13 (2): 413-426.

[99] Ayala A, Chaudry I H. Immune dysfunction in murine polymicrobial sepsis: mediators, macrophages, lymphocytes and apoptosis. Shock (Augusta, Ga.), 1996, 6 (Suppl 1): 27-38.

[100] Remick D G, Newcomb D E, Bolgos G L, et al. Comparison of the mortality and inflammatory response of two models of sepsis: lipopolysaccharide *vs*. cecal ligation and puncture. Shock (Augusta, Ga.), 2000, 13 (2): 110-116.

[101] Michie H R, Manogue K R, Spriggs D R, et al. Detection of circulating tumor necrosis factor after endotoxin administration. New Engl J Med, 1988, 318 (23): 1481-1486.

[102] Rittirsch D, Hoesel L M, Ward P A. The disconnect between animal models of sepsis and human sepsis. J Leukocyte Biol, 2007, 81 (1): 137-143.

[103] Tiwari M M, Brock R W, Megyesi J K, et al. Disruption of renal peritubular blood flow in lipopolysaccharide-induced renal failure: role of nitric oxide and caspases. Am J Physiol Renal Physiol, 2005, 289 (6): 1324-F1332.

[104] Knotek M, Rogachev B, Wang W, et al. Endotoxemic renal failure in mice: role of tumor necrosis factor independent of inducible nitric oxide synthase. Kidney Int, 2001, 59 (6): 2243-2249.

[105] Tracey K J, Fong Y, Hesse D G, et al. Anti-cachectin/TNF monoclonal antibodies prevent septic shock during lethal bacteraemia. Nature, 1987, 330 (6149): 662-664.

[106] McNamara M J, Norton J A, Nauta R J, et al. Interleukin-1 receptor antibody (IL-1rab) protection and treatment against lethal endotoxemia in mice. J Surg Res, 1993, 54 (4): 316-321.

[107] Fisher C J Jr, Dhainaut J F, Opal S M, et al. Recombinant human interleukin 1 receptor antagonist in the treatment of patients with sepsis syndrome. Results from a randomized, double-blind, placebo-controlled trial. Phase Ⅲ rhIL-1ra Sepsis Syndrome Study Group. Jama, 1994, 271 (23): 1836-1843.

[108] Eskandari M K, Bolgos G, Miller C, et al. Anti-tumor necrosis factor antibody therapy fails to prevent lethality after cecal ligation and puncture or endotoxemia. J Immunol (Baltimore, Md. : 1950), 1992, 148 (9): 2724-2730.

[109] Wichterman K A, Baue A E, Chaudry I H. Sepsis and septic shock: a review of laboratory models and a proposal. J Surg Res, 1980, 29 (2): 189-201.

[110] Maier S, Traeger T, Entleutner M, et al. Cecal ligation and puncture versus colon ascendens stent peritonitis: two distinct animal models for polymicrobial sepsis. Shock (Augusta, Ga.), 2004, 21 (6): 505-511.

[111] Baker C C, Chaudry I H, Gaines H O, et al. Evaluation of factors affecting mortality rate after sepsis in a murine cecal ligation and puncture model. Surgery, 1983, 94 (2): 331-335.

[112] Wang X, Smith C, Hang Y. Targeting Toll-like receptors with small molecule agents. Chem Soc Rev, 2013, 42 (12): 4859-4866.

[113] Daniele S G, Béraud D, Davenport C, et al. Activation of MyD88-dependent TLR1/2 signaling by misfolded α-synuclein, a protein linked to neurodegenerative disorders. Sci Signal, 2015, 8 (376): 45.

[114] Cheng K, Wang X, Zhang S, et al. Discovery of small molecule inhibitors of the TLR1-TLR2 complex. Angew Chem (International ed. in English), 2012, 51 (49): 12246-12249.

[115] Cheng K, Gao M, Godfroy J I, et al. Specific activation of the TLR1-TLR2 heterodimer by small-molecule agonists. Sci Adv, 2015, 1 (3): e1400139.

[116] Chen J, Ng M M, Chu J J. Activation of TLR2 and TLR6 by dengue NS1 protein and its implications in the immunopathogenesis of dengue virus infection. Plos Path, 2015, 11 (7): e1005053.

[117] Schmidt J, Welsch T, Jäger D, et al. Intratumoural injection of the toll-like receptor-2/6 agonist 'macrophage-activating lipopeptide-2' in patients with pancreatic carcinoma: a phase Ⅰ/Ⅱ trial. Brit J Cancer, 2007, 97 (5): 598-604.

[118] Zhou S, Cerny A M, Bowen G, et al. Discovery of a novel TLR2 signaling inhibitor with anti-viral activity. Antivir Res, 2010, 87 (3): 295-306.

[119] Cheng K, Wang X, Yin H. Small molecule inhibitors of the TLR3/dsRNA complex. J Am Chem Soc, 2011, 133 (11): 3764-3767.

[120] Hutchinson M R，Coats S S L D，Rezvani N，et al. Possible involvement of toll-like receptor 4/myeloid differentiation factor-2 activity of opioid inactive isomers causes spinal proinflammation and related behavioral consequences. Neuroscience，2010，167（3）：880-893.

[121] Hutchinson M R，Zhang Y，Shridhar M，et al. Evidence that opioids may have toll like receptor 4 and MD-2 effects. Brain Behav Immun，2010，24（1）：83-95.

[122] Lewis S S，Hutchinson M R，Rezvani N，et al. Evidence that intrathecal morphine-3-glucuronide may cause pain enhancement via toll-like receptor 4/MD-2 and interleukin-1beta. Neuroscience，2010，165（2）：569-583.

[123] Wang X，Loram L C，Ramos K，et al. Morphine activates neuroinflammation in a manner parallel to endotoxin. Proc Natl Acad Sci USA，2012，109（16）：6325-6330.

[124] Joce C，Stahl J A，Shridhar M，et al. Application of a novel in silico high-throughput screen to identify selective inhibitors for protein-protein interactions. Bioorgan Med Chem Lett，2010，20（18）：5411-5413.

[125] Bevan D E，Martinko A J，Loram L C，et al. Preparation，and evaluation of small-molecule inhibitors of toll-like receptor 4. Acs Med Chem Lett，2010，1（5）：194-198.

[126] Chavez S A，Martinko A J，Lau C，et al. Development of β-amino alcohol derivatives that inhibit Toll-like receptor 4 mediated inflammatory response as potential antiseptics. J Med Chem，2011，54（13）：4659-4669.

[127] Das N，Dewan V，Grace P M，et al. HMGB1 activates proinflammatory signaling via TLR5 leading to Allodynia. Cell Rep，2016，17（4）：1128-1140.

[128] Yan L，Liang J，Yao C，et al. Cover picture：pyrimidine triazole thioether derivatives as toll-like receptor 5（TLR5）/flagellin complex inhibitors（ChemMedChem 8/2016）. Chemmedchem，2016，11（8）：822-826.

[129] Zhang S，Hu Z，Tanji H，et al. Small-molecule inhibition of TLR8 through stabilization of its resting state. Nat Chem Biol，2017，14：58-64.

[130] Kowalski M L，Makowska J S，Blanca M，et al. Hypersensitivity to nonsteroidal anti-inflammatory drugs（NSAIDs）-classification，diagnosis and management：review of the EAACI/ENDA（#）and GA2LEN/HANNA*. Allergy，2011，66（7）：818-829.

[131] Zhang H，Liu C，Ji Z，et al. Prednisone adding to usual care treatment for refractory decompensated congestive heart failure. Int Heart J，2008，49（5）：587-595.

[132] Liu C，Liu G，Zhou C，et al. Potent diuretic effects of prednisone in heart failure patients with refractory diuretic resistance. Can J Cardiol，2007，23（11）：865-868.

[133] van Raalte D H，Diamant M. Steroid diabetes：from mechanism to treatment?. Neth J Med，2014，72（2）：62-72.

[134] Coghlan M J，Jacobson P B，Lane B，et al. A novel antiinflammatory maintains glucocorticoid efficacy with reduced side effects. Mol Endocrinol（Baltimore，Md.），2003，17（5）：860-869.

[135] Gennari C. Differential effect of glucocorticoids on calcium absorption and bone mass. Rheumatol，1993，32（Suppl 2）：11-14.

[136] Klein N C，Go C H，Cunha B A. Infections associated with steroid use. Infect Dis Clin North Am，2001，15（2）：423-432.

[137] Li J，Wang X，Zhang F，et al. Toll-like receptors as therapeutic targets for autoimmune connective tissue diseases. Pharmacol Therapeut，2013，138（3）：441-451.

[138] Peifer C，Wagner G，Laufer S. New approaches to the treatment of inflammatory disorders small molecule inhibitors of p38 MAP kinase. Curr Top Med Chem，2006，6（2）：113-149.

[139] Hynes J Jr，Leftheri K. Small molecule p38 inhibitors：novel structural features and advances from 2002-2005. Curr Top Med Chem，2005，5（10）：967-985.

[140] Pettus L H，Wurz R P. Small molecule p38 MAP kinase inhibitors for the treatment of inflammatory diseases：novel structures and developments during 2006-2008. Curr Top Med Chem，2008，8（16）：1452-1467.

[141] Genovese M C. Inhibition of p38：has the fat lady sung?. Arthritis Rheum，2009，60（2）：317-320.

[142] Goldstein D M，Gabriel T. Pathway to the clinic：inhibition of P38 MAP kinase. A review of ten chemotypes selected for development. Curr Top Med Chem，2005，5（10）：1017-1029.

[143] Thomas C，Moraga I，Levin D，et al. Structural linkage between ligand discrimination and receptor activation by type Ⅰ

interferons. Cell，2011，146（4）：621-632.

[144] Baldrighi M，Mallat Z，Li X. NLRP3 inflammasome pathways in atherosclerosis. Atherosclerosis，2017，267：127.

[145] Cully M. Cancer：Re-educating tumour-associated macrophages with nanoparticles. Nat Rev Drug Discov，2018，17（7）：468.

[146] Coussens L M，Werb Z. Inflammation and cancer. Nature，2002，420（6917）：860-867.

[147] Greten F R，Eckmann L，Greten T F，et al. IKKbeta links inflammation and tumorigenesis in a mouse model of colitis-associated cancer. Cell，2004，118（3）：285-296.

[148] Pikarsky E，Porat R M，Stein I，et al. NF-kappaB functions as a tumour promoter in inflammation-associated cancer. Nature，2004，431（7007）：461-466.

[149] Grivennikov S I，Greten F R，Karin M. Immunity，inflammation，and cancer. Cell，2010，140（6）：883-899.

[150] Thun M J，Namboodiri M M，Heath C W Jr. Aspirin use and reduced risk of fatal colon cancer. New Engl J Med，1991，325（23）：1593-1596.

[151] Sandler R S，Halabi S，Baron J A，et al. A randomized trial of aspirin to prevent colorectal adenomas in patients with previous colorectal cancer. New Engl J Med，2003，348（10）：883-890.

[152] Gierach G L，Lacey J V Jr，Schatzkin A，et al. Nonsteroidal anti-inflammatory drugs and breast cancer risk in the national institutes of health-AARP diet and health study. Breast Cancer Res，2008，10（2）：R38.

[153] Vakkila J，Lotze M T. Inflammation and necrosis promote tumour growth. Nat Rev Immunol，2004，4（8）：641-648.

[154] Shalapour S，Karin M. Immunity，inflammation，and cancer：an eternal fight between good and evil. The Journal of clinical investigation，2015，125（9）：3347-3355.

[155] Qin J，Li R，Raes J，et al. A human gut microbial gene catalogue established by metagenomic sequencing. Nature，2010，464（7285）：59-65.

[156] Hubbell S P. Neutral theory and the evolution of ecological equivalence. Ecology，2006，87（6）：1387-1398.

[157] Neish A S. Microbes in gastrointestinal health and disease. Gastroenterology，2009，136（1）：65-80.

[158] Parsonnet J，Friedman G D，Vandersteen D P，et al. Helicobacter pylori infection and the risk of gastric carcinoma. New Engl J Med，1991，325（16）：1127-1131.

[159] Candela M，Turroni S，Biagi E，et al. Inflammation and colorectal cancer，when microbiota-host mutualism breaks. World J gastroentero，2014，20（4）：908-922.

# 第 23 章　金属药物的抗肿瘤研究

## 23.1　引　　言

高效、低副作用的抗癌药物和抗癌手段一直是一个跨学科、高难度的研究热点。细胞内一些关键基因的累积突变引发的细胞增殖、分化与死亡模式上的改变会诱发癌变[1]，当癌变发展到一定时期，癌细胞可借助循环系统扩散迁移到其他组织器官并影响其正常功能[2]，癌细胞的这种行为模式给癌症治疗带来了极大的困难[3]。手术切除、放射性治疗和化学治疗是目前临床上治疗癌症的三种主要手段，然而这些治疗手段都存在着一些缺陷，如耐药性、毒副作用，容易引起癌症复发[4]。虽然新药研发与治疗手段革新曾创造了癌症致死率从 1999 年到 2009 年逐年降低了 1%以上的辉煌成就，但近年来抗癌新药研发步伐正在放缓，探索更加有效、更低副作用的抗癌药物与抗癌手段依旧任重道远，攻克癌细胞的耐药性是有效防止癌症复发的关键突破口。

光动力治疗（photodynamic therapy，PDT）就是在这样的一个时代背景下兴起的微创癌症治疗手段[5]，与传统的放、化疗不同，PDT 可以克服癌细胞的耐药性，且能够以最小的副作用达到抗癌效果。如图 23.1 所示，PDT 通过光激发的治疗方式赋予了药物活性在时间与空间上的选择性，极大地减弱了靶标外的副作用。光动力治疗过程是由三个基本要素组成的，即氧气、光敏剂和波长合适的光。这三个要素都是对人体无任何毒性的，但是当体内同时具备这三种要素时就会产生毒性：光敏剂通过能量转移或者电子转移的两种方式将光的能量转移到含氧气的物种上形成活性氧物种（reactive oxygen species，ROS），由于活性氧物种的反应性极强，且扩散半径很小（存在时间为 ns～μs 级别），会直接造成癌细胞死亡，或者通过损伤肿瘤血管，间接地抑制肿瘤发展，并激发机体的免疫功能清除癌变组织[6]。在实际应用中，仅有被照射过的组织会产生急性毒性，所以理想情况下 PDT 是副作用非常小的治疗方式，关于 PDT 应用于抗肿瘤方面的研究具有非常广阔的前景。

人类很早就有关于用日光治疗疾病的记载。19 世纪末期，丹麦人 Niels Finsen 拓展了这个光治疗的方法，他发现红光照射可以防止天花脓包的形成和破裂，也发现太阳的紫外光可以治疗皮肤结核病，这些发现开启了现代光治疗的新时代，Finsen 因此获得 1903 年诺贝尔奖。随着 W. Hausmann 首次发现血卟啉与光结合可以有效地杀伤细胞，卟啉衍生物作为光治疗药物逐渐引起广泛的重视[5, 8]。1993 年，Hematoporphyrin（Photonfrin）作为第一个 PDT 药物被 FDA 批准在临床上使用[9]。其后，科研工作者们针对卟啉结构的溶解性、光利用率、治疗效果等方面的缺陷进行改善，相继推出了 Protoporpyhrin Ⅸ（Levulan）、Temoporfin（Foscan）、Verteporfin（Visudyne）、Telaporfin（Laserphrin）、Ce6（Photolon）等临床 PDT 药物。比较特殊的是氨基乙酰丙酸（5-aminolevulinic acid，ALA），其本身并不是光敏剂，但在体内是 Protoporphyrin Ⅸ的生物合成先导化合物，也是具有 PDT 效果的

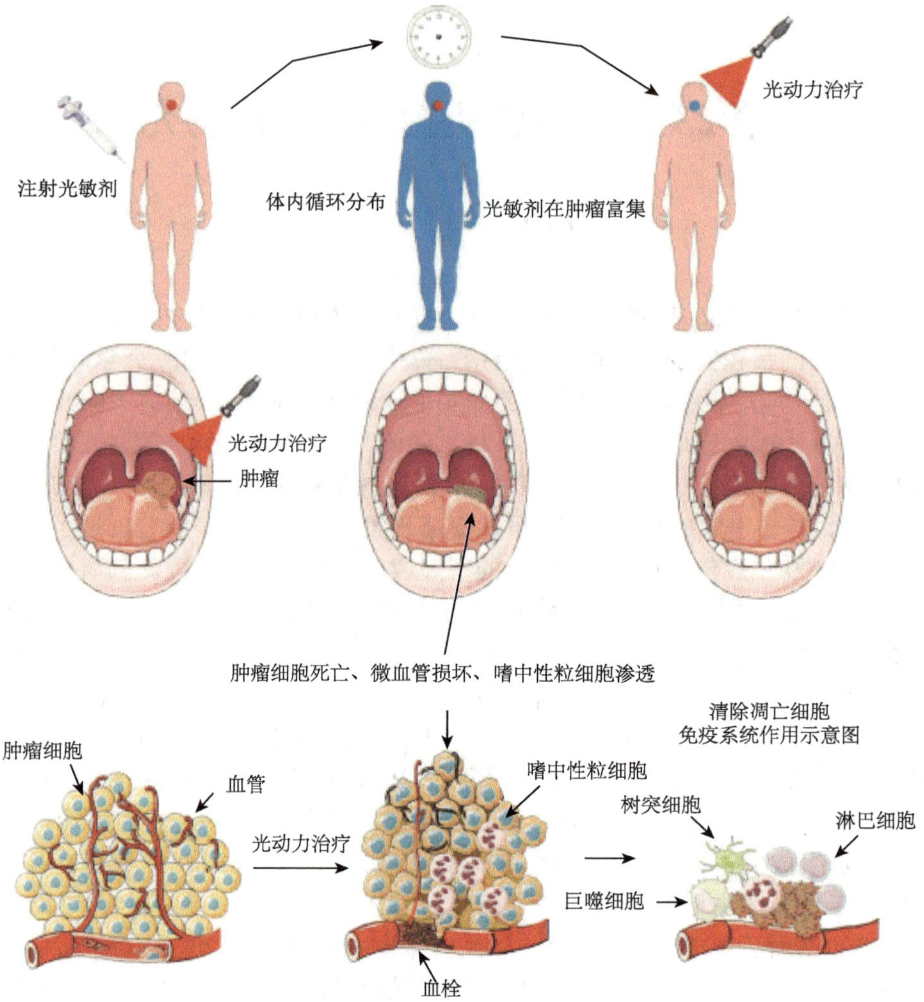


图 23.1　光动力治疗过程图解[7]

药物[10]。同时，卟啉类衍生物的固有缺陷也促进了其他类型光敏剂的发展，近年来逐渐出现了各种形式的 PDT 光敏剂，涵盖了其他类型的有机小分子[9-12]、金属（主要是贵金属）配合物[13-18]、纳米复合材料[19-24]等领域。过渡金属配合物特别是钌(Ⅱ)[25]、铱(Ⅱ)[26]等贵金属具有重原子效应，可以有效地发生自旋轨道耦合（spin-orbit coupling），打破 $S_1 \rightarrow T_1$ 系间窜越禁阻，并且普遍具有很好的光稳定性，对比卟啉衍生物、金丝桃素、甲基蓝、甲苯胺蓝等常见有机光敏剂分子具有明显优势。钌(Ⅱ)多吡啶配合物的激发态一般是在 $^3$MLCT 态，其磷光发射情况相对稳定，而环金属铱(Ⅲ)配合物的发光机理更为丰富和易于调控，具有 $^3$MLCT、$^3$LLCT 和 $^3$ILCT 各种三重激发态。此外，配合物比有机分子具有更多的结构修饰潜力，能实现不同亚细胞水平靶向[27]，且许多钌(Ⅱ)、铱(Ⅲ)等金属配合物具有双光子吸收性质[28]，可以实现 NIR 激发。过渡金属配合物作为新型多功能光敏剂应用于 PDT 近年来取得长足的发展，逐渐成为抗肿瘤研究的热点之一[29-32]。值得一提的是，在 2017 年，Mcfarland 和 Lilge 课题组率先将钌(Ⅱ)多吡啶配合物 **TLD1433** 作为光敏剂应用在非肌肉浸润性膀胱癌的临床治疗上[32]。

在开发设计抗肿瘤光敏剂时，我们面临的挑战性问题除了需要光敏剂满足光敏性好、性质稳定、暗毒性低等要求以外，还有难以在肿瘤中有效集齐光敏剂、光和氧气三个基本要素。也就是说，光敏剂到生物体内时，组织对激发光不同程度的吸收和散射、肿瘤中的乏氧情况，以及肿瘤靶向聚集能力不够都将明显削弱 PDT 的效果，对新型 PDT 光敏剂的探索主要是基于解决以上问题而展开的。目前，PDT 主要用在治疗食管癌、皮肤癌和肺癌等浅层癌变组织，对于处于组织深处的肿瘤治疗效果很不理想。对此，采用长波长的光特别是波长在 700～1000nm 的近红外光(NIR)可以实现比紫外-可见波段更深的组织穿透[33]，考虑到波段过长的 NIR（＞850nm）会有明显的热效应，激发效率不高，利用 700～850nm 的 NIR 可以实现更深组织、更好效果的 PDT 治疗。另外，实现光敏剂的肿瘤靶向性是降低 PDT 损伤正常机体的重要途径。对此，利用肿瘤普遍存在的异于正常体细胞的生理特性，如高水平的生物硫醇、ROS，较低的 pH、乏氧等可以设计一些特异性响应性激活的光敏剂[34]。由于细胞器是构成细胞的重要单元，在维持正常生理活动中具有重要意义，若将抗肿瘤药物靶向到细胞器则非常有可能显著提高抗肿瘤的效率，从而提高治疗效率[26]。最后，针对肿瘤乏氧的状况，除了治疗方式上可采用多疗程 PDT[5, 35]、高压氧疗法[36, 37]等方式增加靶点的氧压外，实现亚细胞水平的靶向 PDT 很可能也可保持治疗效果[21]。为了彻底避免乏氧导致的 PDT 效果不佳而造成癌症复发的隐患，最近的许多研究将包含 PDT 在内的多种光激发抗癌治疗方式包括化疗、热疗、气疗等联用到一起，极大地增强了抗肿瘤的治疗效果[38-43]。

针对上述这些问题，我们利用双光子技术，实现光敏剂在 NIR 区域的激发，并探讨改善双光子吸收的可能策略，尝试了不同的化学基团修饰、不同的金属中心、不同的光敏剂形式，实现了不同的细胞器靶向，赋予了肿瘤靶向响应能力；同时我们也对基于配合物的多模式 PDT 治疗进行了研究和疗效评价。最后，我们展望了金属配合物在抗肿瘤治疗上的潜在发展方向，并归纳了需要进一步优化的主要问题。

## 23.2　研究进展与成果

### 23.2.1　具有亚细胞水平靶向的 PDT 光敏剂

在 PDT 过程中，由于 ROS 特别是单线态氧（singlet oxygen，$^1O_2$）的寿命和扩散能力都非常有限，在光照之后，光敏剂所在位置及周边有限区域会迅速发生与单线态氧有关的氧化反应，引发所处位置对应的生物应答。因此，使用具有靶向性的光敏剂可以实现区域选择性地杀伤细胞，在本节中，我们将分别介绍不同细胞器及蛋白靶向的 PDT 光敏剂的设计和应用。

1. 线粒体靶向的 PDT

线粒体作为细胞内能量代谢工厂和细胞的凋亡中心，在维持正常的生理活动上有非常重要的作用[44-46]，线粒体的氧化还原失衡容易造成线粒体膜电位下降，并释放出细胞色素 C，开启细胞凋亡通路。已有证据表明，当光敏剂靶向线粒体时，细胞更倾向于通过凋亡而非坏死的方式死亡[47]，并且通过破坏线粒体的氧化还原平衡达到抗癌效果的药物更不容易产生耐药性[48, 49]。因此，通过靶向线粒体，我们可以实现更加有效的杀伤效果，对这类光敏剂的研究也更加有意义。目前有多种靶向线粒体的策略[50]，其中最经典的方式是利用线粒体的高膜电位与强亲脂性，在药物结构上引入兼具离域电荷与亲脂特性的三苯基膦（TPP）基团，从而实现线粒体靶向[51-53]。

在以往的研究中，我们发现钌(Ⅱ)配合物相比于传统的卟啉衍生物具有更有利的理化性质，如良好的水溶性、光稳定性、双光子光物理性质。此外，不同于卟啉衍生物在体内滞留过长，钌(Ⅱ)配合物在生物体内易于较快地代谢清除[54]，许多钌(Ⅱ)配合物已经被应用到癌症治疗的探索中[38, 55-64]。钌(Ⅱ)多吡啶配合物作为 DNA 光断裂试剂[65]和双光子细胞探针上的研究进展[66]启迪我们将钌(Ⅱ)多吡啶配合物进一步构建为靶向线粒体的 PDT 光敏剂。研究表明，采用 4, 7-二苯基-1, 10-邻菲罗啉（DIP）作为钌(Ⅱ)配合物的辅助配体，更有利于配合物的细胞摄取。我们在设计配合物时充分考虑其跨膜能力，使用 DIP 作为辅助配体，并在主配体中引入 TPP 基团，合成了一系列钌(Ⅱ)多吡啶配合物[**RuL1**～**RuL4**，图 23.2（a）]。

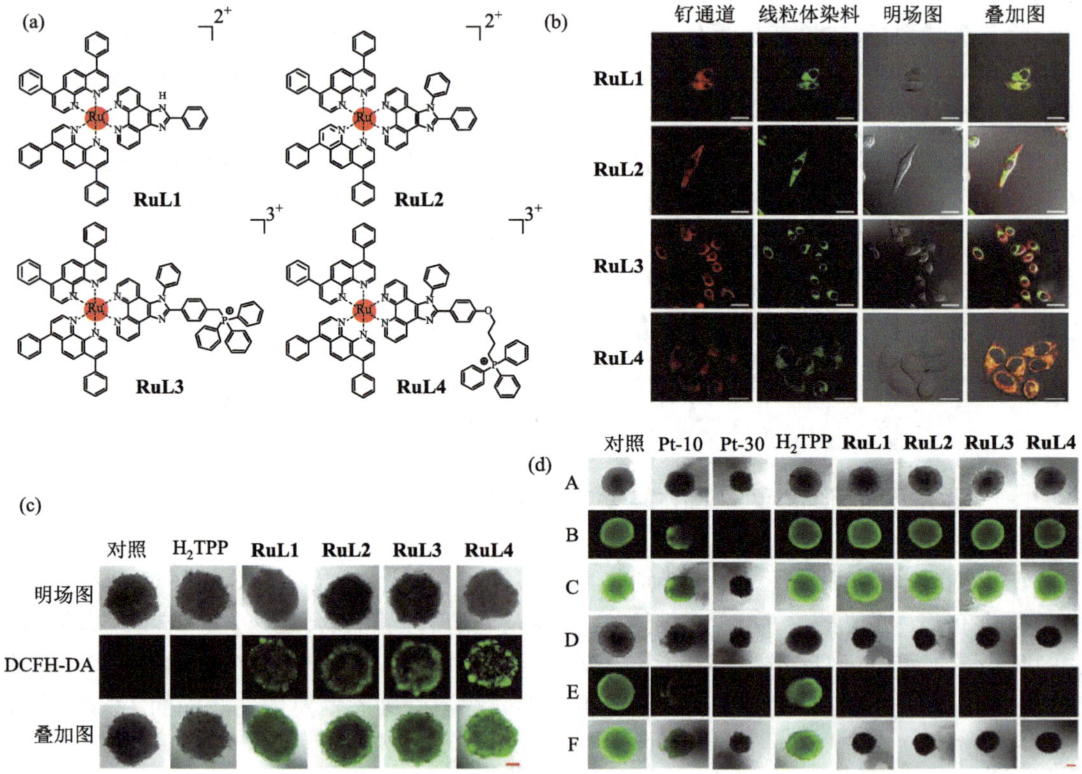


图 23.2　基于钌(Ⅱ)多吡啶配合物的线粒体靶向 PDT[67]。(a) 配合物结构；(b) 配合物在线粒体的共定位情况，比例尺：20μm；(c) 双光子激发细胞球中的配合物产生单线态氧，比例尺：200μm；(d) 细胞球在双光子 PDT 前（A～C）后（D～F）的活细胞荧光染色效果，比例尺：200μm

通过体外理化性质测试，我们发现了 4 个化合物都具有可观的单线态氧量子产率

（0.71～0.81）与双光子吸收截面（124～198GM），具有作为双光子激发 PDT 光敏剂的潜质。在细胞共定位实验中［图 23.2（b）］，我们发现这些配合物可以不同程度地与线粒体商用染料（MTG）重叠，进一步通过细胞器提取分离试剂盒处理配合物孵育后的细胞，并结合 ICP-MS 技术检测线粒体、细胞核及其他部分中钌金属的含量，发现 4 个配合物在线粒体中富集程度都在 64%以上，其中 **RuL4** 在线粒体中的聚集程度高达 85.3%。随后，我们采用 DCFH-DA 作为 ROS 探针预孵育接受 PDT 的贴壁细胞/细胞球［图 23.2（c）］，比较双光子飞秒脉冲激光激发细胞（球）内配合物的能力。研究表明，采用贴壁细胞评估的药效与活体实验结果存在巨大差异，这是因为活体的环境远比贴壁细胞复杂。在本系列配合物的研究中，我们首次采用细胞球作为筛选实验模型，论证单/双光子 PDT 的治疗效果差别，同时也对配合物的细胞球渗透能力进行了评估。激光共聚焦层扫结果表明，4 个化合物可以在 8h 内完全渗透到细胞球内部。基于 ATP 含量的细胞活力水平测试结果显示，4 个配合物的暗毒性都很小（$IC_{50}$＞100μmol/L），相比单光子 PDT，双光子 PDT 可以在更低的配合物浓度下获得相同的治疗效果。采用活细胞染料对双光子 PDT 后的细胞球进行发光染色，发现细胞球内的活细胞近乎消亡，很难观测到绿色荧光［图 23.2（d）］。这是因为与传统的贴壁细胞模型不同，细胞球是具有乏氧、细胞间质、组织厚度等特性的筛选模型，会产生乏氧、光吸收、光散射、药物运输阻力等不利于 PDT 的因素，更接近于体内的真实环境，而双光子激光处于 NIR 区域，可以更加有效地激发处于细胞球深处的光敏剂，更加有效地推进肿瘤细胞死亡。此外，**RuL4** 具有最佳的双光子 PDT 效果也表明光敏剂的靶向聚集程度、双光子吸收截面对于双光子 PDT 具有重要影响。我们的研究表明细胞球比贴壁细胞能够更真实地反映光敏剂在体内的 PDT 治疗效果，是更好的光敏剂药物筛选模型。

在具有靶向聚集效果的 PDT 中，人们往往面临着一个矛盾的困境，那就是为了保证足够的疗效，需要在靶点维持较高剂量的光敏剂，但是当光敏剂在靶点聚集时，非常容易产生聚集诱导发光猝灭（aggregation-caused quenching，ACQ）现象，这就大大降低了光敏剂在三重激发态的稳定性，严重削弱了激发三重态与氧气的接触机会，降低了光敏效果。近期发现具有聚集诱导发光（aggregation induced emission）的光敏剂可以有效地解决这个问题[68-73]。

我们的以往工作[74-76]表明环金属铱(III)配合物可以通过类似于亲脂性阳离子的作用方式靶向聚集到线粒体。此外，癌变细胞的线粒体具有更大的膜电位差值，倾向于吸收更多亲脂性阳离子[77, 78]，据此我们可以实现对癌细胞有更强光敏效果的 PDT 治疗。综上所述，我们设想将三苯胺与铱(III)配合物结合在一起，设计合成系列铱(III)配合物作为癌细胞线粒体靶向、聚集诱导引发双光子光动力治疗的光敏剂［图 23.3（a)］。

我们发现铱(III)配合物在与三苯胺共价结合后具有 AIE 活性，在 DMSO/$H_2O$ 比例达到 1∶9 时显现出最强的发光强度［图 23.3（b)］，形成了 90～250nm 大小的纳米颗粒。通过测试不同比例下光敏剂对单线态氧捕获剂 DPBF 的消耗，我们发现配合物在不同比例溶剂中的光敏效果与 AIE 发光能力的溶剂比例变化趋势完全吻合［图 23.3（c)］，说明该系列配合物可以通过聚集诱导增强光敏性，实现靶点上的增强 PDT 效果。细胞的激光共聚焦实验［图 23.3（d)］与 ICP-MS 定量分析结果均表明，超过 80%的光敏剂富集到了线

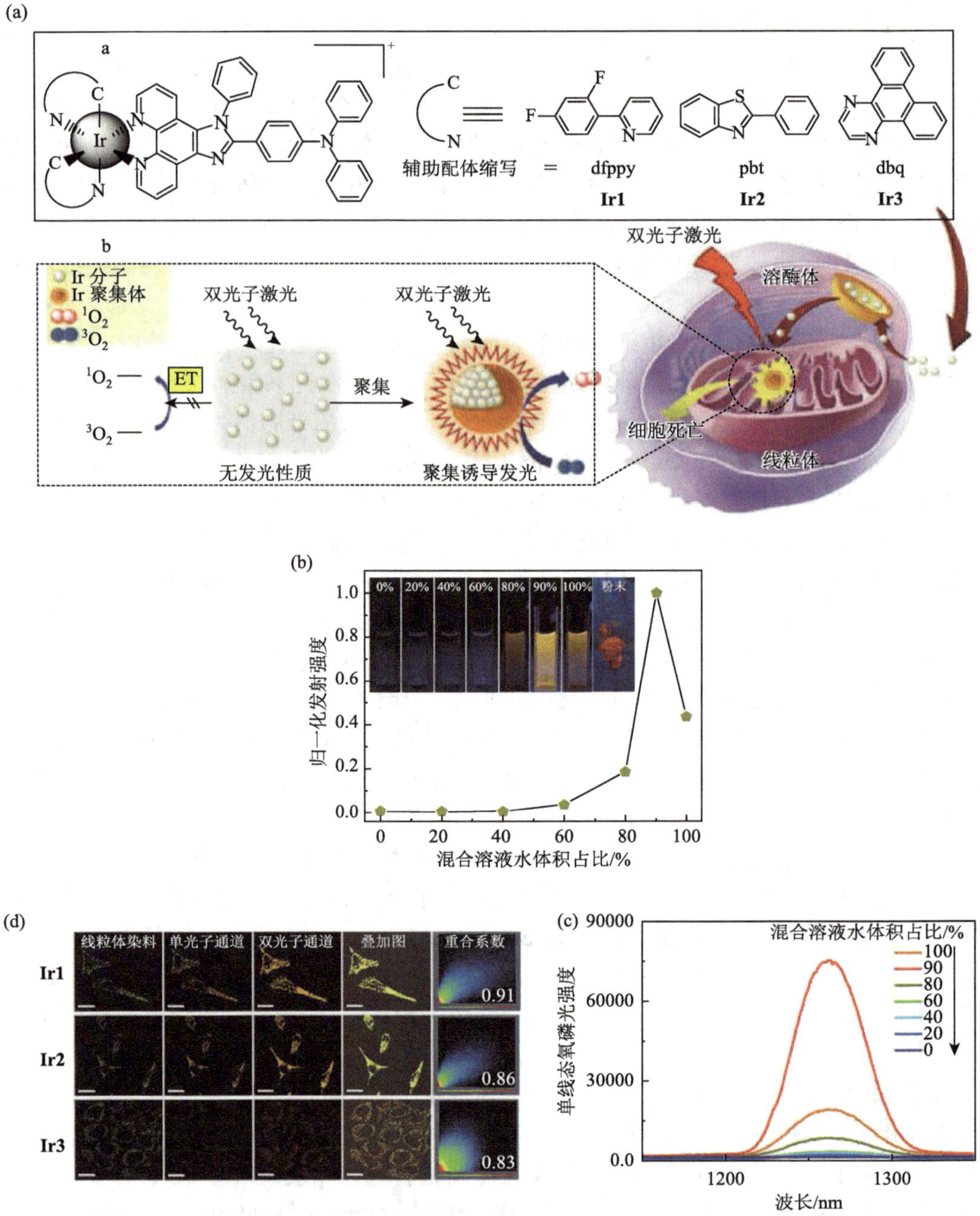


图 23.3　基于环金属铱(Ⅲ)配合物的线粒体靶向聚集诱导 PDT[79]。(a) 配合物结构 a 与作用示意图 b；(b) 配合物的 AIE 性质；(c) 配合物聚集状态与单线态氧产率关系；(d) 配合物在线粒体的共定位情况，比例尺：20μm

粒体。这些光敏剂在 0.5h 内即可达到细胞摄取平衡，且 HeLa 细胞的摄取量接近人胚胎肝细胞 L02 的两倍。我们通过共聚焦成像监测的手段，验证了光敏剂通过内吞作用进入细胞，且在溶酶体上不会出现聚集诱导发光，仅在线粒体上出现特异性的 AIE 效果。至此，我们已经实现了线粒体部位特异性聚集增强 PDT 的效果。此外，我们还发现细胞在 PDT

前后，其线粒体内的氧化磷酸化受到了非常严重的破坏，而细胞质中的糖酵解也受到了很大程度的影响，细胞的整体代谢水平明显减弱，并出现了大量的凋亡现象。由于 3 个配合物在最佳比例下的双光子吸收截面处在 28.2～214GM 区间，且 **Ir1** 的光敏性能突出，很可能具有双光子 PDT 效果。我们采用 DCFH-DA 预孵育细胞的办法验证了配合物 **Ir1** 可以在双光子激光激发下非常有效地产生单线态氧，并迅速破坏细胞膜与核膜的完整性，在短时间内（50s）可明显观测到细胞破碎死亡。而 **Ir2**、**Ir3** 的 PDT 效果则由于光敏性与双光子吸收截面较差而依次衰减。通过细胞球的存活率实验，我们发现配合物 **Ir1** 在相同光剂量下（$12J/cm^2$），双光子 PDT 下的 $IC_{50}$ 值达到了 0.35μmol/L，低于单光子 PDT（0.82μmol/L），充分体现了双光子 PDT 的优势。我们的研究表明，利用引入 AIE 基团，有可能孵育光敏剂相同的分子行为方式，从而克服靶点聚集带来的 PDT 效果削弱的影响，提高靶向 PDT 的效果。

PDT 虽然凭借光激活的方式获得了时空可控的光毒效果，但是在光照处依然可以对正常细胞造成损伤。如何减小光照下正常组织的损伤，同时保证患处的高光敏效果是一个巨大的挑战。虽然通过亚细胞水平的靶向设计，实现线粒体的富集，利用癌细胞更高的线粒体膜电位实现更高浓度的光敏剂富集，可以在一定程度上提高光敏剂在癌细胞上的效果[79, 80]，实现更低浓度光敏剂和更温和光条件下的 PDT，但是也会不可避免地造成光照区域肿瘤周边正常组织的损伤。如果能设计肿瘤靶向的光敏剂，就可以同时解决以上两个问题。在这方面，常见的策略是利用肿瘤细胞的生理特性，如较低的 pH、高含量的生物硫醇、高含量的 ROS 等进行特异性响应激活。偶氮基团是一种非常缺电子的基团，在引入配合物时非常容易发生光致电子效应，从而猝灭配合物的发光。我们以往的工作发现偶氮是一个可以被生物硫醇还原的基团，基于这些发现及之前研究成果的启发，我们将偶氮基团引入双核钌(Ⅱ)多吡啶配合物中，设计了一个可以对谷胱甘肽（GSH，生物硫醇中最主要的物种）进行响应性还原并恢复发光与光敏性的光敏剂［图 23.4（a）所示］。

(a)

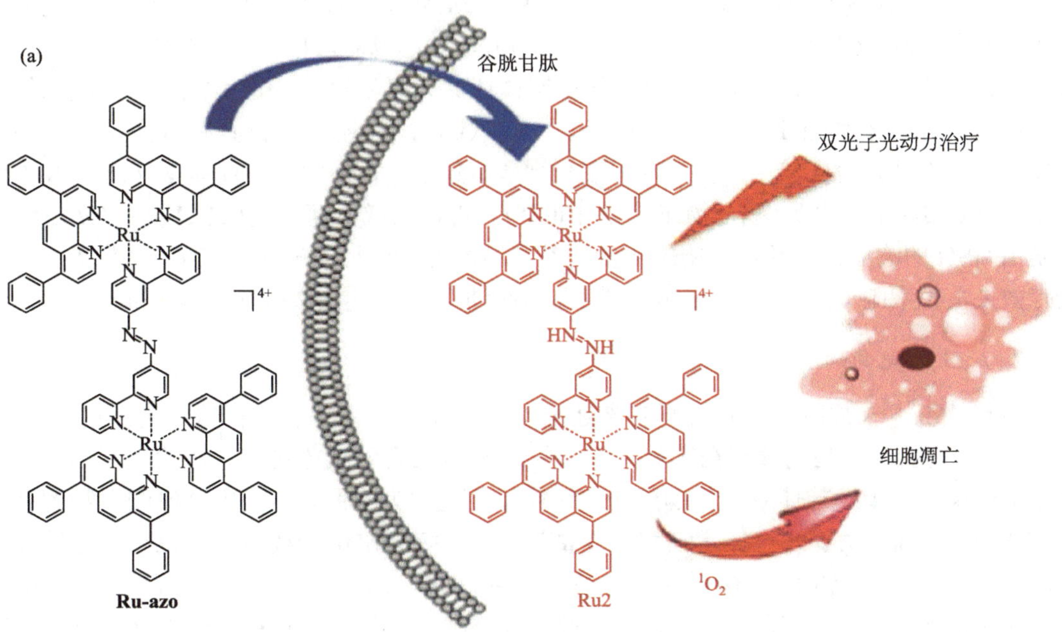

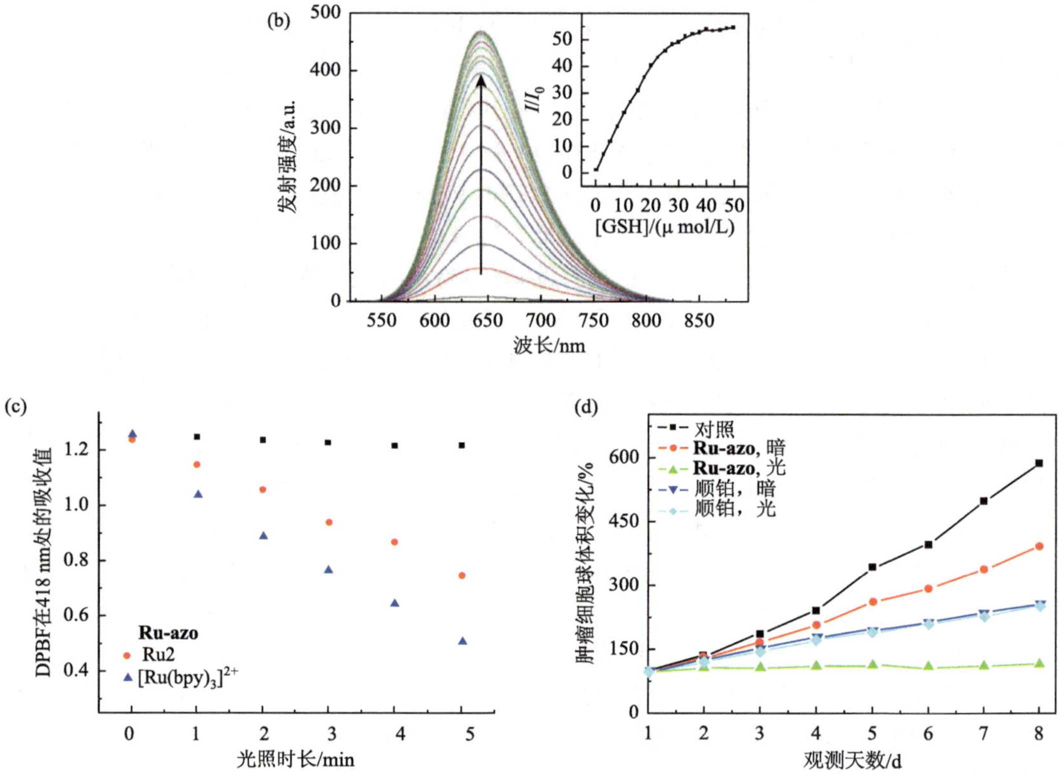


图 23.4　对 GSH 响应活化的钌(Ⅱ)多吡啶配合物用于线粒体靶向 PDT[81]。(a) 配合物结构与作用示意图；(b) 配合物的 GSH 滴定发光光谱；(c) 配合物的单线态氧产率；(d) 细胞球在双光子 PDT 后的生长曲线

通过 GSH 的发光滴定，我们发现配合物 **Ru-azo** 可以与 GSH 发生比例为 1∶2 的还原反应，并在 650nm 左右恢复发光［图 23.4（b）］，经过分离提纯对还原产物进行质谱与红外分析，发现配合物 **Ru-azo** 被还原后偶氮键被还原为联氨键，还原后配合物单线态氧量子产率从几乎没有增加到了中等水平［图 23.4（c）］，且还原产物具有双光子吸收性质（210GM）。在共定位实验中，我们发现配合物富集到了线粒体中，并且具有双光子 PDT 的效果。MTT 实验结果表明，配合物在 L-02 中的光/暗毒性均低于癌细胞株 HeLa/A549/A549R，这是由 GSH 的响应性激活及细胞摄取量的差异导致的。此外，**Ru-azo** 能够实现双光子 PDT 治疗效果，在细胞球的 PDT 对细胞球的生长抑制非常明显［图 23.4（d）］。

2. *溶酶体靶向的* PDT

理想状况下未被激发的光敏剂应该是无毒的，然而对于细胞器靶向的光敏剂来说这是一个巨大的挑战，这些光敏剂在富集到特定的细胞器之后要避免对细胞器的生理作用产生明显的影响。由于线粒体膜电位的影响，线粒体往往成为亲脂性、带电金属配合物的肿瘤细胞靶点。然而，由于线粒体是细胞的能量工厂，光敏剂定位于线粒体定位可能导致较高的暗毒性。此外，定位细胞核因为存在潜在诱导 DNA 突变容易产生遗传毒性，并非是降低暗毒性的理想靶点。因此，开发靶向线粒体或细胞核之外的其他细胞器的光敏剂就非常有必要。考虑到了所有这些要求，我们设计合成了高电荷钌(Ⅱ)多联吡啶配合物作为溶酶体靶向的双光子 PDT 药物，并进行了深入的化学生物学研究。这项研究表明，这类高电荷配合物在双光子光动力治疗药物中具有巨大潜力。

本研究选用$[Ru(bpy)_3]^{2+}$作为光敏剂核心结构，将不同长度的叔氨基引入配合物结构中，以获得更好的水溶性及高细胞膜亲和能力。这将促进肿瘤细胞通过内吞作用摄取大量的配合物分子，然后被运输到溶酶体。本章所用 3 个配合物的结构与作用示意图见图 23.5（a）。3 个配合物的双光子吸收截面落在 150～250GM 区间［图 23.5（b）］，在甲醇溶剂中的单线态氧量子产率达到了 0.92～0.99，在重水中则处于 0.49～0.67，均高于$[Ru(bpy)_3]^{2+}$。对 lg$P$ 值的测量发现，3 个配合物处在−1.55～−3.54 区间，是非常亲水的一系列配合物。配合物通过内吞作用进入细胞，且定位到溶酶体上［共定位系数 0.85，图 23.5（c）］。有趣的是，在共聚焦检测 PDT 过程的实验中，我们发现孵育了配合物的 HeLa 细胞在接收双光子 PDT 之后，处于溶酶体的光敏剂会迅速氧化溶酶体膜并逸散到细胞质中，紧接着逐渐透过核膜富集到细胞核内，形成二次损伤［图 23.5（d）］。利用 HeLa 细胞球模型评估该系列配合物的 PDT 效果，发现配合物 **RuL1** 在双光子 PDT 中的效果最佳，其 $IC_{50}$ 值达到了 1.9μmol/L，对应的 PI 值高达 250，是一个非常有潜力的双光子 PDT 光敏剂。

双光子 PDT 虽然是配合物光敏剂通向 NIR 区域激发的一条捷径，但是对仪器的要求更高，且受制于双光子作用光斑体积，对于较大的治疗对象尚需更多仪器上的创新性改造[25]。对此，如果能将光敏剂的单光子吸收区间拓展到 NIR 区域，就可以非常简便地实现有深度的 PDT 治疗。一种常见的方式是通过环金属化，然而环金属化之后的 HOMO 与 LUMO 往往能隙宽度太窄，导致激发态不够稳定，不能够有效发挥光敏作用，并且环金属容易带来极高的暗毒性[83]。抛开我们实验组常用钌(Ⅱ)、铱(Ⅲ)金属中心，锇(Ⅱ)也是一种具有

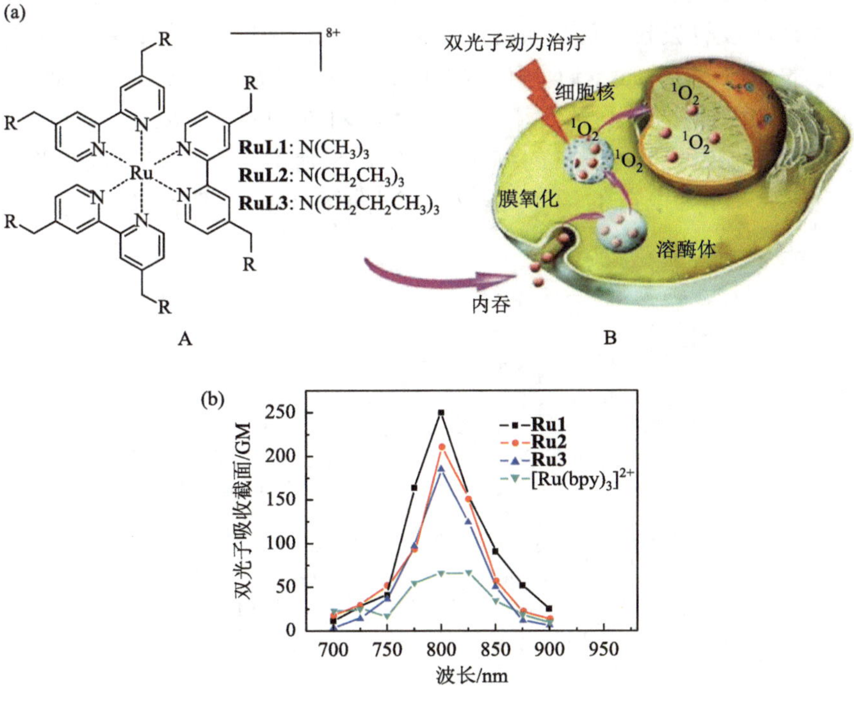

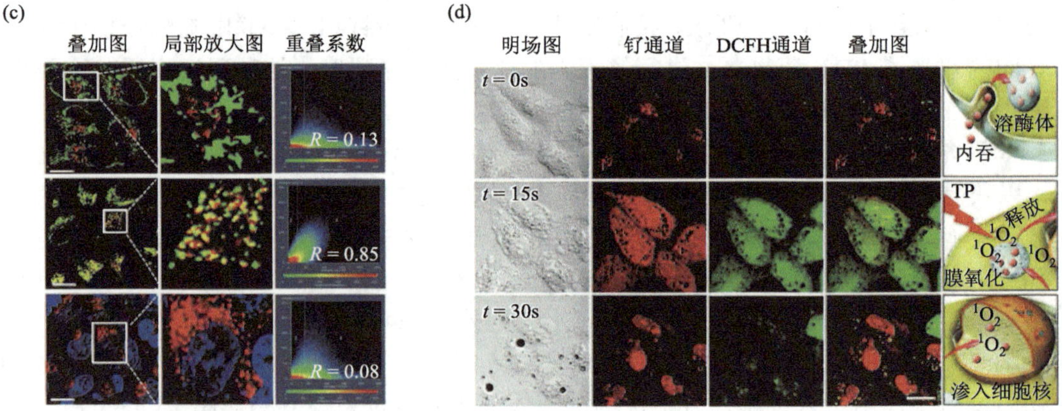


图 23.5　基于高电荷数钌(Ⅱ)多吡啶配合物的溶酶体靶向 PDT[82]。(a) 配合物结构 A 与作用示意图 B；(b) 配合物的双光子吸收性质；(c) 配合物在细胞内的分布情况，比例尺：30μm；(d) 双光子 PDT 中配合物在细胞内的作用迁移，比例尺：15μm

相似 PDT 特点的潜在光敏剂金属中心。目前，锇配合物多被用在可分解的配合物上作为抗肿瘤化疗试剂，仅有少数的多吡啶锇(Ⅱ)被报道作为细胞探针。与钌(Ⅱ)配合物相比，锇(Ⅱ)配合物的发射波长可以从红光区扩展到 NIR 区域，并且许多锇(Ⅱ)配合物在长波段依然具有吸收。

在本项目的研究中我们设计了两个具有相同配体不同金属中心（钌、锇）的两个配合物［图 23.6 (a)］，发现 **Os1** 的发射峰位于 700～850nm，而 **Ru1** 的发射峰处于 550～700nm。共定位结果显示 **Os1** 处于溶酶体中，而 **Ru1** 富集到了线粒体内［图 23.6 (b)］，细胞器提取与 ICP-MS 也支持了这个结果［图 23.6 (c)］。由于 **Os1** 在 600nm 以上依然具有吸收峰，而 **Ru1** 没有吸收，我们通过红光单光子 PDT 测试结果发现，**Os1** 在 633nm 处可以保持有效的 PDT 效果，而 **Ru1** 在该波段则完全没有 PDT 效果，仅在 465nm 产生 PDT 疗效。通过对多个细胞株的测试我们发现，**Os1** 对癌细胞株 HeLa、A549、HepG2 都具有明显的 PDT 效果，而对正常的细胞株 MRC-5 则不表现出光毒性与暗毒性，且配合物的光毒性高于目前报道的用于 PDT 尝试的锇（Ⅱ）多吡啶配合物 TLD1822、TLD1824、TLD1829。

(a)

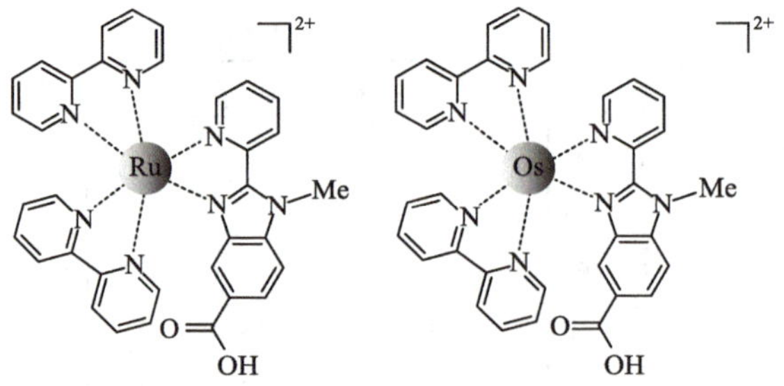


**Ru1**　　**Os1**

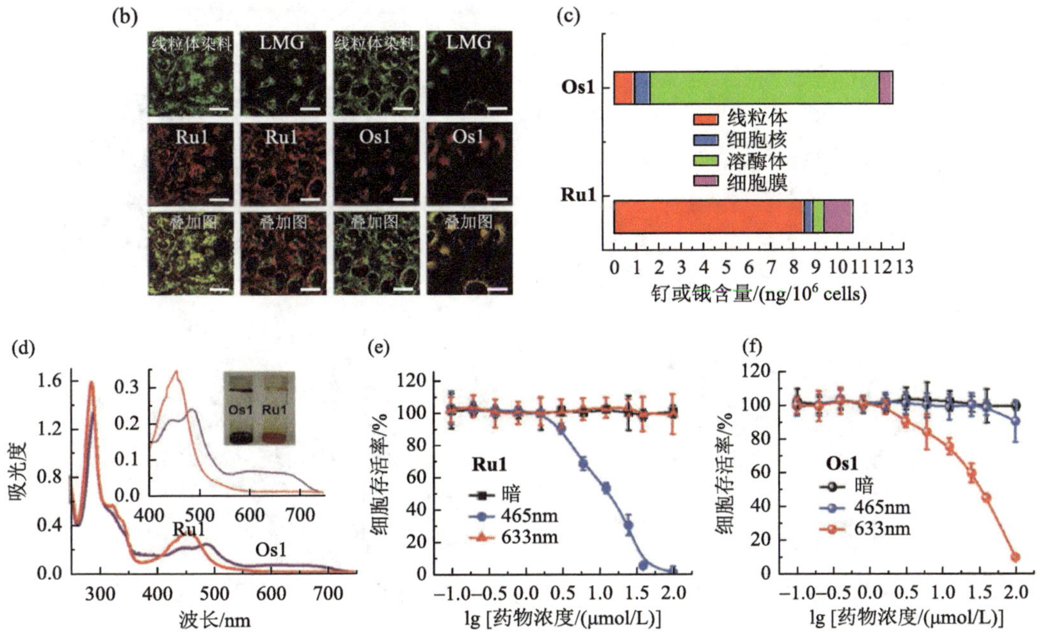


图 23.6　基于锇(Ⅱ)配合物的溶酶体靶向 PDT[84]。(a) 配合物结构；(b) 配合物在共聚焦显微镜下的共定位结果，比例尺：20μm；(c) 配合物在细胞内的分布占比情况；(d) 配合物的紫外吸收；(e) 钌配合物的 PDT 效果；(f) 锇(Ⅱ)配合物的 PDT 效果

3. 作用于某些特殊蛋白位点的 PDT

细胞中的蛋白非常容易被 PDT 中产生的 $^1O_2$ 所氧化，但是目前对于活细胞中的特殊蛋白位点靶向的 PDT 的报道比较罕见。在我们的合作工作中，报道了两个有机金属铱(III)配合物[图 23.7 (a)]，这两个配合物具有双光子激发能力（**1**-115GM，**2**-70GM），在细胞内表现出不一样的磷光寿命[**1**-404ns，**2**-1136ns，图 23.7 (b)]，且都具有很高的光敏能力（**1**-0.73ns，**2**-0.81ns），可以作为双光子 PDT 光敏剂。在细胞毒性测试中，我们发现黑暗下 **2** 对于 A549 与 MRC-5 无毒，而 **1** 对 A549 有较强毒性，光照后，两个化合物对细胞都有很高的毒性，其中 **2** 对 A549 的 PI 值甚至达到了 333。在采用 LC-MS/MS 技术对孵育了 **2** 并且接受了 PDT 治疗的 A549 细胞进行蛋白消化提取并进行筛选分析时发现，分子量 70000 的热休克蛋白（Hsp-70）中的氧化肽链 Ala329～Arg442，AQIHDIVLVGGSTR 的水平比黑暗对照组升高了 5.8 倍，其中特定的氧化位点是 His332 被氧化成 2-oxo-His332。另一个出现水平升高的氧化多肽链是来自醛糖还原酶（AR）的 Tyr178～Lys195，QIECHPYLTQEK，其水平比黑暗组升高了 3 倍，其中的 His188 被氧化成 2-oxo-His188 [图 23.7 (c)]。这说明配合物 **2** 可以在 PDT 中显著地氧化这两种蛋白的组氨酸残基，通过研究 **2** 对整个 A549 细胞代谢通路的影响，我们发现糖酵解通路的 9 种独特蛋白表达水平在 PDT 之后会出现 2.1～5.3 倍的上升，其中果糖二磷酸醛缩酶的增量是最大的，这是由于在 PDT 过程中，大量产生的 $^1O_2$ 会刺激细胞进入一轮高葡萄糖摄取及葡萄糖刺激 ROS 产生的过程，这个过程必然导致以糖酵解为主的癌细胞在其通路上各种蛋白的表达量升高，这个现象与前人的研究报道是一致的。在本项目中，我们首次报道了 PDT 中 Hsp70 与 AR 的组氨酸残基位点可以被特异性地氧化，并影响细胞的能量代谢过程。

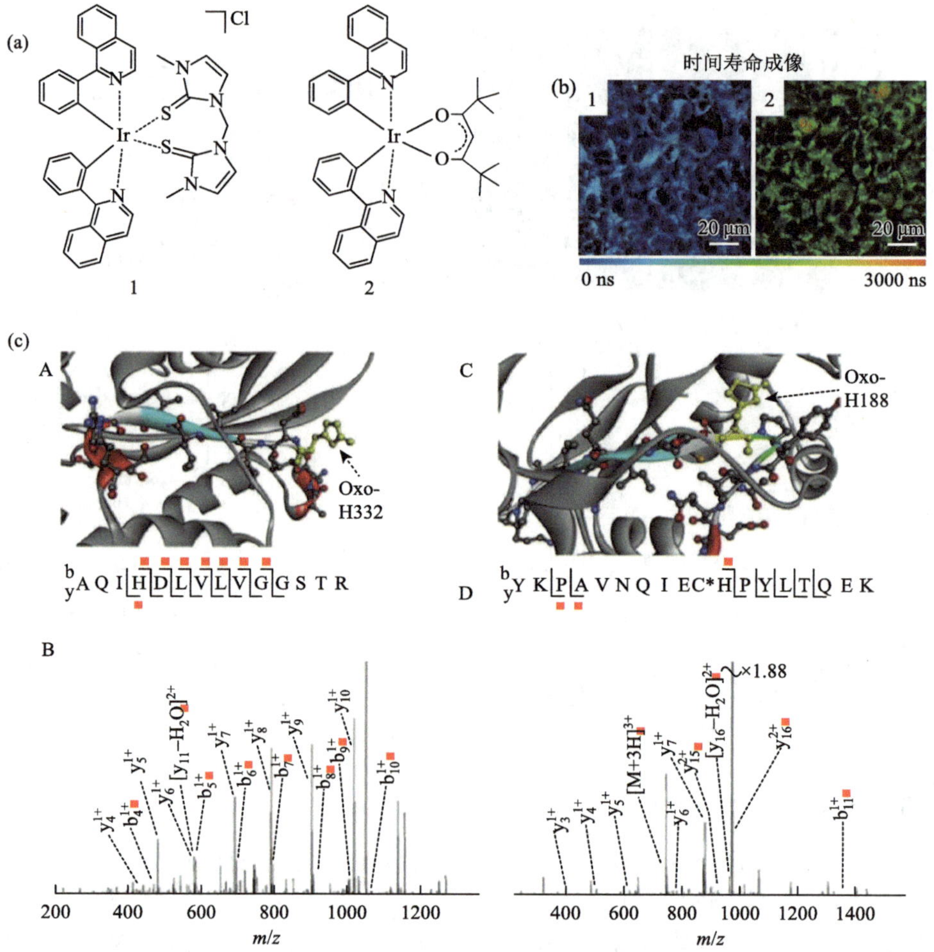

图 23.7　有机铱(Ⅱ)配合物用于靶向氧化醛糖还原酶与热休克蛋白（Hsp-70）组氨酸残基的 PDT[85]。（a）配合物结构与作用示意图；（b）具有氧化组氨酸残基的热休克蛋白（A）、醛糖还原酶（C）结构及其 LC MS/MS（CAD）质谱

4. 具有线粒体与细胞核双靶向的 PDT

细胞核是真核生物生命遗传物质 DNA 的主要储存场所，生命进程中的大部分关键命令都是从这里发出，对细胞核进行靶向破坏可以有效地杀伤肿瘤细胞[86]。一些经典的抗肿瘤药物可以对细胞核内的基因组及组蛋白作用而发挥毒性，如阿霉素、顺铂等。然而靶向细胞核的药物具有一定的风险，当药物改变了基因组却无法有效杀伤细胞时，非常容易产生遗传毒性[82]。如果能实现多个关键部位的靶向，将可以极大地增强抗肿瘤效果。线粒体作为真核细胞 DNA 的另一个栖身场所，本身是细胞能量代谢的中心，同时也是线粒体凋亡通路的起始点。如果光敏剂具有同时作用于线粒体与细胞核的能力，就可以实现最大程度的 PDT 杀伤效果。此外，双光子 PDT 对光敏剂提出了一定的要求，如果光敏剂的双光子吸收截面太低则需要提高双光子激光的功率以保证 PDT 效果，在对生物组织安全的激光功率阈值范围内，双光子吸收截面要求是存在下限的，吸收截面越大，双光子 PDT 治疗效果越好[87]。目前，如何提高双光子的吸收截面的策略并没有成型的理论，但是以往

的研究经验表明共轭面积越大，分子对称性越好，分子的双光子吸收能力越有可能增强[13, 25, 28]。超分子配位化合物由于良好的配位导向性与可逆性，以及尺寸形貌可控等优点，在生物领域的应用逐渐受到关注。例如，通过适当的调控，可以得到具有尺寸适当的内腔的超分子，在催化上表现为极高的效率。而通过限定分子内转动，可以得到具有极高发光效率的超分子配位化合物。基于这样的考虑，我们采用联吡啶钌(Ⅱ)配合物作为光敏剂核心结构，与铂(Ⅱ)前体通过配位驱动自组装，合成了具有对称与大共轭平面的超分子配位化合物[图 23.8(a)]，铂(Ⅱ)金属中心的引入更有利于组装体的发光红移，增加双光子吸收截面与光敏性。引入叔氨基基团，可以增加组装体的水溶性，有利于增加配合物的水溶性。

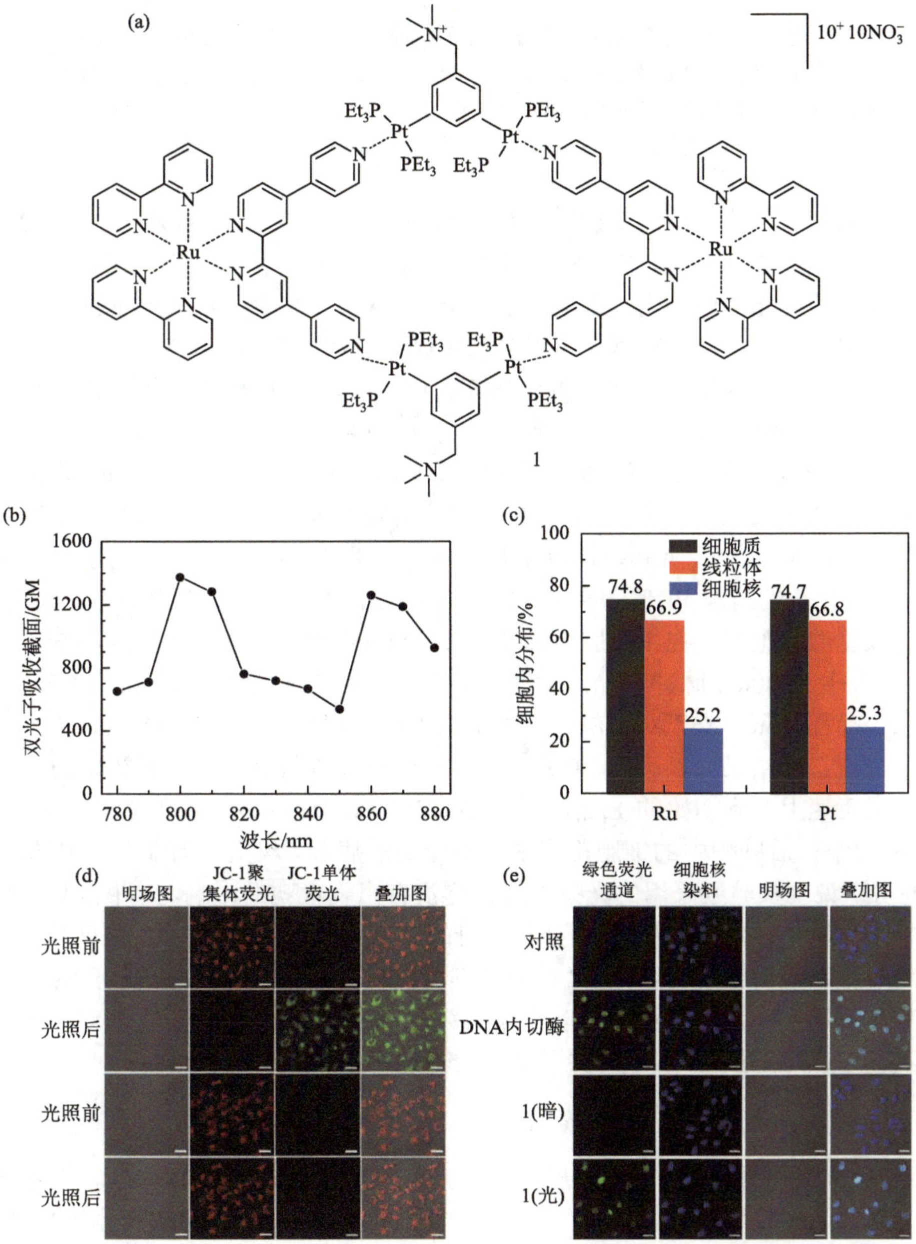

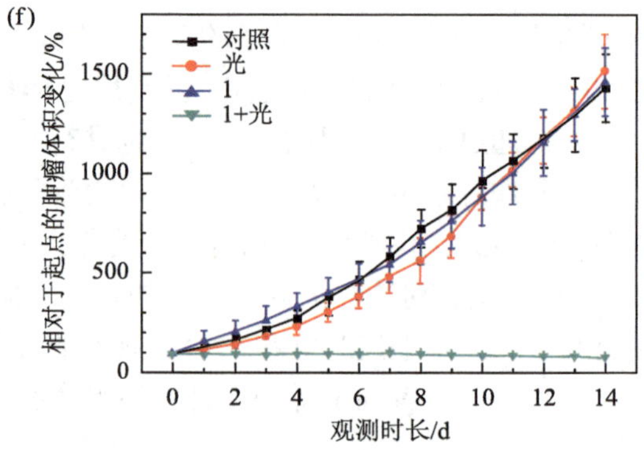


图 23.8　基于配位驱动自组装的钌/铂超分子配合物的线粒体与细胞核聚集的 PDT[88]。(a) 超分子结构；(b) 超分子配合物的双光子吸收性质；(c) 超分子配合物在细胞内的分布情况；(d) 线粒体膜电位在双光子 PDT 后损伤检测，比例尺：20μm；(e) 细胞核 DNA 在双光子 PDT 后损伤检测，比例尺：20μm；(f) 超分子配合物在小鼠异种移植瘤模型中的治疗效果

实验结果证明组装体磷光发射中心为 696nm，发光寿命达到 319ns，且在 800nm 处具有最高的双光子吸收截面 [1371GM，图 23.8 (b)]，远高于普通金属配合物的水平，组装体具有良好的抗光漂白能力与细胞内稳定能力，水溶性优良，在 A549 细胞株中孵育 12h 达到最高摄取量。此外，组装体具有很高的单线态氧量子产率 (0.89)，经过 2h 孵育，组装体通过内吞作用进入细胞，在线粒体与细胞核具有较高水平的聚集分布，其中约 69% 分布在线粒体，在细胞核中的部分达到 25% [图 23.8 (c)]。孵育组装体的 A549 细胞在双光子 PDT 后出现了明显线粒体膜电位损伤[图 23.8(d)]及细胞核 DNA 损伤[图 23.8(e)]，说明超分子组装体在双光子 PDT 中具有线粒体与细胞核双重损伤的效果，不同细胞的存活率实验表明，组装体对 A549 细胞株的光动力效果最为显著，光照后的 $IC_{50}$ 值达到了 0.71μmol/L，光毒性指数 PI 值达到了 114。我们在小鼠异种移植瘤模型中，采用了 A549 作为肿瘤成型的细胞株，在小鼠肿瘤体积达到 80mm$^3$ 时，在瘤内注射光敏剂，并接受双光子 PDT 治疗 (800nm 脉冲激光，功率 50mW，激光扫描速度 20s/mm)，在光照 7 天后进行第二个疗程光照，每天对小鼠进行体重与肿瘤体积测量，在第 15 天解剖小鼠，并进行病理学分析。从结果可以看出 PDT 后的实验组肿瘤体积逐渐下降到初始的 78%，而其余的对照组迅速上升到初始的 13 倍左右 [图 23.8 (f)]。对小鼠主要肿瘤切片 H&E 染色分析表明，PDT 后肿瘤中的细胞都出现了不可逆的病理学变化，而对照组则与空白组没有明显区别，说明实验所采用的光条件对细胞没有出现直观的影响。对小鼠其余脏器切片进行分析，发现实验组与对照组没有明显差异，且小鼠体重没有出现明显变化，说明组装体没有对小鼠造成明显的脏器损伤，对小鼠健康状况影响不大，毒性处在可以接受的范围。在这个项目的研究中，我们成功设计了具有多个靶向的光敏剂，且巨大的双光子吸收截面为实现活体中低光剂量的 PDT 提供了良好的基础。

5. 具有线粒体与细胞膜双靶向的 PDT

细胞膜作为保护细胞的第一道屏障，也是细胞与外界进行物质交换、信号传递的必经途径。如果 PDT 可以同时作用在细胞膜与线粒体中，很可能产生协同的杀伤效果。

我们之前的研究表明，钌(Ⅱ)多吡啶配合物具有靶向线粒体的效果，并且具有优良的双光子性质。鉴于氟化物无论在极性还是非极性的环境中都趋向于形成相分离，采用氟代配合物的配体很可能实现配合物在细胞膜上的滞留。对此，我们设计了 5 个不同程度的氟代配合物［图 23.9（a)］。这些配合物在孵育 0.5h 时基本都停滞在细胞膜上［图 23.9（b)］，将孵育时间延长至 4h 时，有部分配合物进入细胞内并富集到线粒体，另一部分的配合物依旧停滞在细胞膜中。这些配合物的双光子吸收截面为 163～191GM，单线态氧产率在 0.53～0.59，具有作为双光子 PDT 光敏剂的潜质。通过共聚焦监测双光子 PDT 过程，可以发现孵育时间为 4h 时，细胞对 PDT 的反应比孵育 0.5h 剧烈得多。从两种孵育时间方式的细胞毒性也可以看出明显区别，孵育 4h 的毒性明显高于孵育 0.5h，不幸的是暗毒性也随之上升。最后，我们将 **RuL4** 用于 HeLa 细胞小鼠异种移植瘤的治疗上，发现 **RuL4** 的双光子 PDT 对肿瘤的抑制效果非常明显，说明这一系列配合物具有非常重要的应用价值。

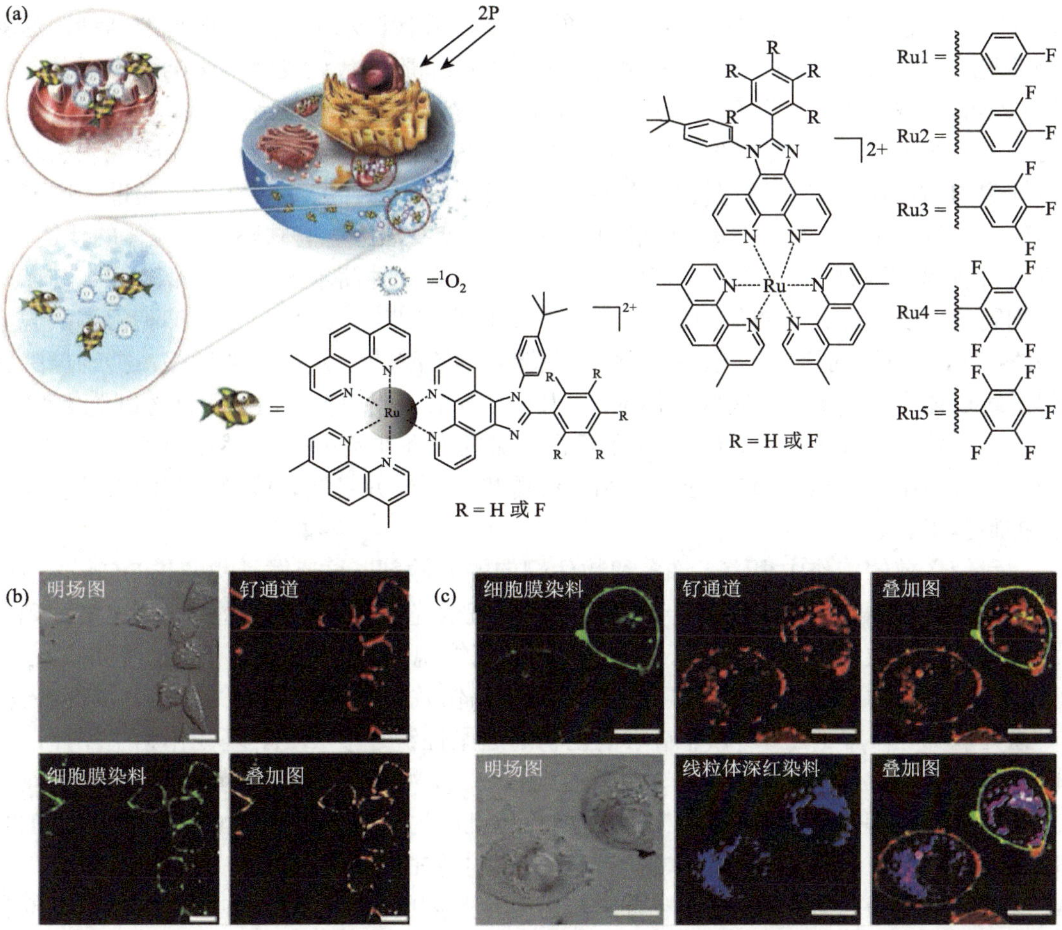


图 23.9　基于含氟钌（Ⅱ）多吡啶配合物的线粒体与细胞膜靶向聚集的 PDT[89]。(a）配合物结构；(b）短时（0.5h）孵育后共定位染色结果，比例尺：20μm；(c）长时（4h）孵育后共定位染色结果，比例尺：20μm

### 23.2.2 具有多模式抗肿瘤功能 PDT 光敏剂

由于肿瘤的复杂性、多样性和异质性，仅靠单一传统治疗手段治疗癌症往往存在局限性，多模式治疗是目前抗癌药物的发展趋势，多模式组合治疗可以达到超加性抗癌效果（即“1 + 1＞2”）[90-92]，而 PDT 光敏剂本身是一种低毒性药物，与其他治疗模式的药物产生毒性累加的可能性比较低。将 PDT 与其他治疗方式联合在一起，既可以排除乏氧造成的疗效欠佳，又可以降低肿瘤耐药的概率，排除肿瘤复发的隐患。

1. *具有化疗效果的 PDT 光敏剂*

研究表明，癌细胞的线粒体是有缺陷的，为了规避凋亡，癌细胞下调了线粒体的许多机能[93, 94]，例如，在生物能量学角度上，癌细胞大幅度地进行有氧糖酵解，线粒体的有氧呼吸由于会产生大量的具有凋亡风险的 ROS，其代谢水平受到了明显的抑制，这就是癌细胞的 Warburg 效应[95]，这种代谢表型使得癌细胞的代谢受氧气影响大为减弱。靶向线粒体的光敏剂虽然可以有效破坏线粒体氧化磷酸化过程，降低细胞整体的代谢水平，但对于发生在细胞质中的糖酵解的影响非常有限[79]。此外，研究表明，Warburg 表型增加了癌细胞的耐药能力[96]，而逆转代谢表型对于癌症治疗具有增敏效果[97]。通过靶向癌细胞内的一些特殊蛋白，可以实现癌细胞代谢逆转，恢复癌细胞有缺陷的线粒体的代谢功能，进而引发癌细胞凋亡[98, 99]。二氯乙酸（DCA）作为一种简单的小分子激酶抑制剂在逆转癌细胞代谢表型上具有明显的效果，已被广泛研究[97, 100-103]。DCA 通过抑制丙酮酸脱氢酶激酶-1（PDK1）的活性，重新打开丙酮酸转变到乙酰辅酶 A 的代谢通路，抑制糖酵解，促进线粒体有氧呼吸，提高线粒体 ROS 水平并降低其膜电位。由于正常体细胞 ATP 主要是靠线粒体有氧呼吸提供，DCA 对于正常细胞的毒性非常小[104]。然而癌细胞的 PDK1 分布于线粒体中，单纯的 DCA 小分子由于细胞摄取不佳并且缺乏线粒体靶向很难发挥有效的抑制作用。

我们之前的工作中报道了许多线粒体靶向的光敏剂，这启发了我们将 DCA 与线粒体靶向的光敏剂结合起来，设计一种新型的多机理的光敏剂。我们设想通过将 DCA 靶向到线粒体能够有效地引发癌细胞代谢逆转，增加癌细胞的治疗敏感性，再通过靶向线粒体的光敏剂的光动力治疗，产生更加理想的癌细胞杀伤效果。在本项目中，我们合成并表征了一系列以咪唑[4, 5-f][1, 10]邻菲咯啉衍生物通过柔性链连接 DCA 基团作为主配体，苯基吡啶作为辅助配体的铱(III)配合物［图 23.10（a)］，并研究它们作为线粒体靶向的双光子光敏剂及糖酵解抑制剂方面的应用。在线粒体靶向的具有代谢逆转增敏的双光子 PDT 光敏剂的方面的报道非常罕见，本研究具有重要的潜在价值。

实验结果表明 HeLa 细胞在孵育了带有化疗基团的光敏剂后出现了线粒体膜电位上的损伤，纯 DCA 则无法使线粒体去极化［图 23.10（b)］，而正常细胞 L02 则未受影响，这表明配合物中通过酯键连接的 DCA 基团被有效地运载到线粒体内，实现糖酵解抑制。在对 HeLa 细胞进行能量代谢分析时，我们发现细胞的糖酵解受到了抑制，而线粒体的氧化磷酸化出现了补偿性增强［图 23.10（c)］，同时乳酸含量下降［图 23.10（d)］而 ATP 含量

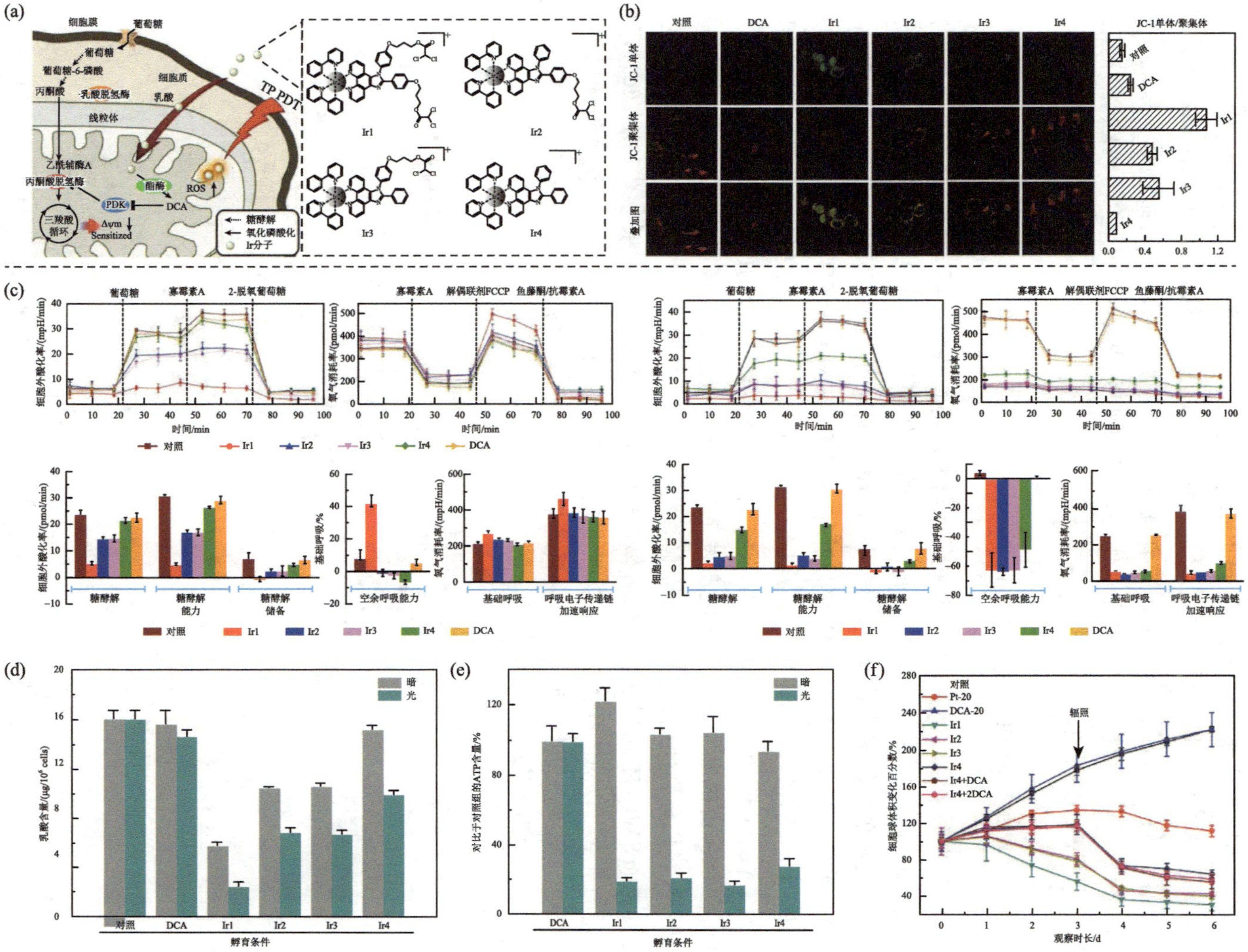


图 23.10　基于环金属铱（III）配合物的线粒体靶向糖酵解抑制敏化癌细胞的 PDT[92]。（a）配合物结构与作用示意图；（b）配合物对细胞膜电位损伤能力影响；（c）配合物对细胞代谢的抑制能力测试；（d）配合物对细胞乳酸含量的影响；（e）配合物对细胞 ATP 水平的影响；（f）双光子 PDT 对细胞球的生长抑制

出现上升［图 23.10（e）］，表明癌细胞的线粒体在糖酵解受到抑制时被重新激活功能，补偿性地进行氧化磷酸化，这将使得癌细胞变得更加脆弱。在接受 PDT 治疗之后，HeLa 细胞的糖酵解与氧化磷酸化均降到了非常低的水平，说明肿瘤细胞的能量代谢在化疗与 PDT 之后受到了强烈的破坏。通过细胞毒性测试，我们验证了 DCA 与线粒体靶向光敏剂之间存在着协同增强的效果。最后，我们通过具有乏氧特性的细胞球模型进行了 PDT 效果评估，发现具有与 DCA 共轭的光敏剂药物在 PDT 前对细胞球有延迟生长的效果，而在 PDT 后具有明显的抑制作用，其抑制效果明显好于单个 PDT 治疗模式的对照组［图 23.10（f）］。

2. *具有热疗效果的 PDT 光敏剂*

在多模式治疗药物中，纳米材料被广泛地用作药物载体，其本身往往带有光热治疗（photothermal therapy，PTT）效果。通过纳米颗粒的药物负载可以实现 EPR 效应，在活体中更能够实现肿瘤的靶向富集。我们采用单壁碳纳米管（SWCNT）作为载体，通过非共价作用负载钌(Ⅱ)多吡啶配合物，得到了具有 PTT 与双光子 PDT 双模式治疗效果的纳米复合材料 Ru@SWCNT［图 23.11（a）］。在实验中，我们发现这些复合材料可以在 NIR 区域的 PTT（808nm，0.25W/cm）作用下实现光控释放配合物光敏剂［图 23.11（b）］，该光敏剂可在 808nm 的脉冲飞秒激光的激发下产生 PDT 效果。在表征该纳米复合材料的抗肿瘤效果时，我们分别使用贴壁细胞、细胞球及小鼠异种移植瘤三种模型进行了效果评估。结果表明 Ru@SWCNT 可以在体外或者体内非常高效地产生光热效果［图 23.11（c）］，并且在低光剂量下可以对肿瘤的生长发挥明显的抑制效果［图 23.11（d）］。这个设计思路具有广泛应用前景和普适性，可以为其他配合物光敏剂的提升提供宝贵的参考。

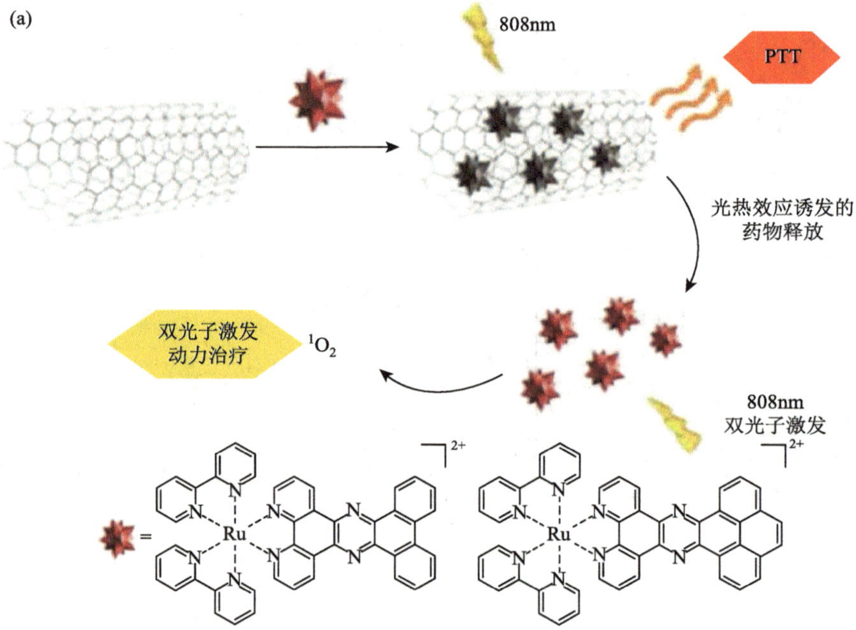

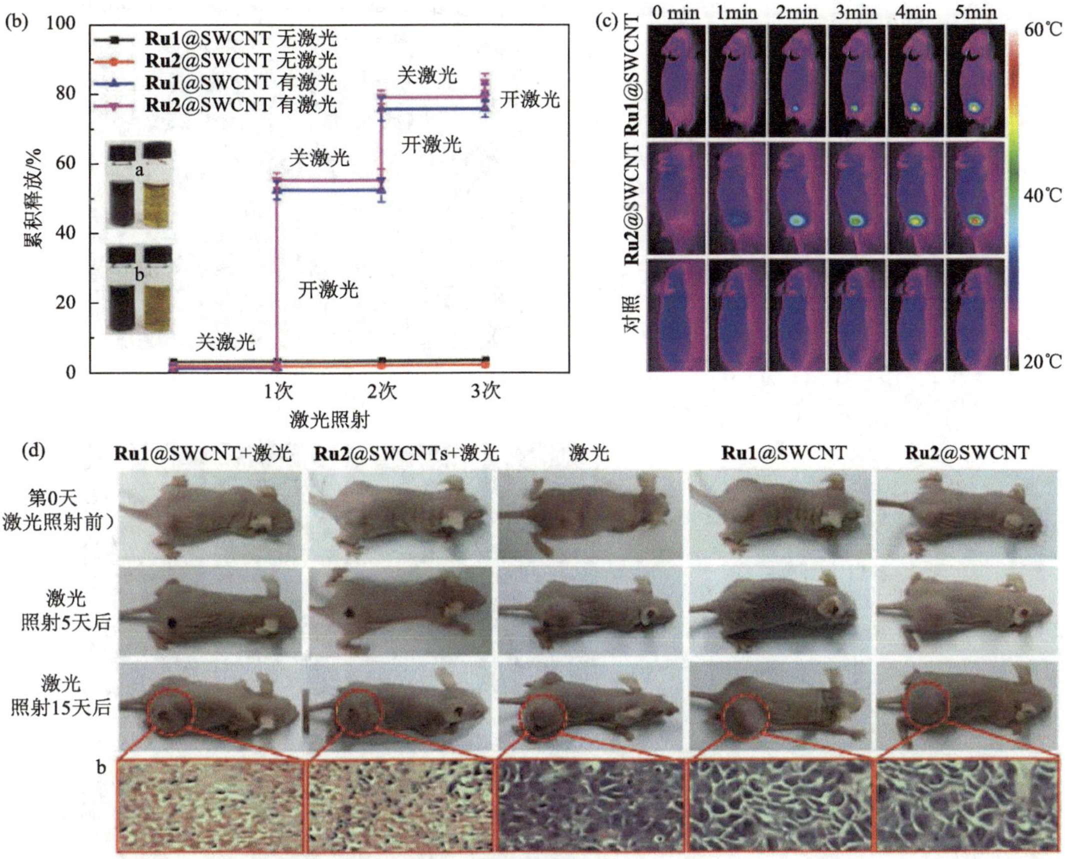


图 23.11　负载多吡啶钌(Ⅱ)配合物的碳纳米管用于光响应释放的 PDT 与 PTT 联合治疗[41]。(a）配合物结构与碳纳米管作用示意图；（b）碳纳米管光控释放配合物能力测试；（c）碳纳米管在异种移植瘤内的 PTT 效果；（d）碳纳米管在异种移植瘤内的联合治疗效果评估

### 3. 线粒体固化、影响能量代谢的金属配合物

我们设计合成了能够固化于线粒体并在线粒体中累积的环金属铱(Ⅲ)配合物。由于配合物中含有活泼的苄基氯原子，其可以与线粒体蛋白中半胱氨酸残基上的自由巯基发生共价结合，增加了配合物在肿瘤线粒体的摄取量与滞留时间，可以引起线粒体内一系列功能紊乱（图 23.12）。利用基因芯片技术，我们在基因组水平上证明了配合物使肿瘤细胞在能量供给代谢和大分子合成代谢方面受到阻滞并启动了凋亡通路[105-107]。氮杂环卡宾配合物的生物医学应用获得了越来越多的关注，此类化合物倾向于在线粒体富集。我们设计了系列线粒体靶向的铱氮杂环卡宾配合物，研究了其抗癌活性及机理。配合物对多种肿瘤细胞株表现出优异的抗癌活性，在光照下，配合物对耐药性癌细胞的细胞毒性增加了 3488 倍。此外，它们能够快速进入细胞并选择性标记线粒体，可以对线粒体的损伤进行实时可视化跟踪［图 23.12（b)］[108]。线粒体自噬是一种重要的选择性降解功能失调线粒体的自噬过程。我们设计了两种磷光铱配合物，它们可积聚在线粒体并诱导线粒体自噬。由于其自身的磷光，它们可以选择性对线粒体进行成像并跟踪线粒体形态变化，从而作为新型的线粒体自噬过程中的可视化的诊疗剂［图 23.12（c)］[109]。

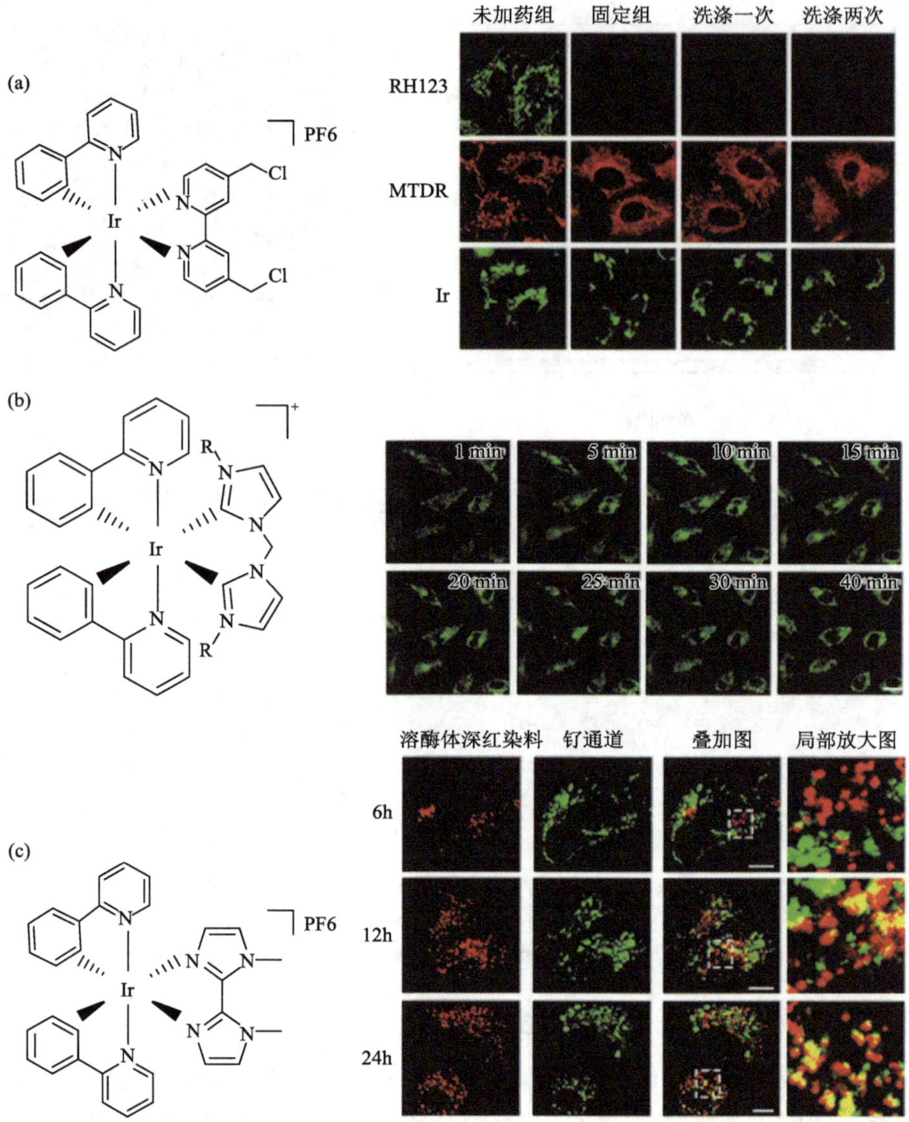


图 23.12　（a）能固化于线粒体并对线粒体代谢过程产生影响的铱(Ⅲ)配合物。（b）能在线粒体累计并能通过光损伤线粒体的铱(Ⅲ)-卡宾金属配合物。（c）铱(Ⅲ)配合物在诱导线粒体自噬的同时能对线粒体与溶酶体的融合过程进行观测，比例尺：10μm

我们之前的工作发现，铼配合物可以快速有效地进入细胞，其细胞毒性与亲水亲脂性呈正相关关系。其中，具有二苯基-1, 10-邻菲咯啉基团的 Re 配合物由于良好的脂溶性可以迅速地进入细胞并选择性富集于线粒体。在此基础上，我们设计了一种具有亚甲基氯修饰的多吡啶三羰基铼配合物［图 23.13（a）］，它可以有效地靶向线粒体，并通过与线粒体内蛋白的共价结合固定在线粒体内，增长了药物滞留时间，从而更有效地抑制线粒体呼吸与能量代谢、诱导线粒体损伤，最终表现出比顺铂更强的抗肿瘤活性，并选择性诱导癌细胞凋亡。同时，基于其优异的磷光特性和对氧气的敏感性，可实现癌细胞死亡过程中的线粒体形态及呼吸速率变化的实时追踪[110]。最近，我们还设计了含有二氯乙酸基团的多吡啶三羰基铼配合物 ReDCA［图 23.13（b）］。二氯乙酸（DCA）是目前唯一一个进入Ⅰ期临床抗肿瘤试验的丙酮酸脱氢酶激酶（PDK）抑制剂，通过抑制 PDK 活性使丙酮酸脱氢酶活性增加，逆转肿瘤细胞高水平的糖酵解，转而激活氧化磷酸化代谢途径并减少了乳酸产出，从而选择性地诱导癌细胞凋亡。细胞定位及毒性实验表明，ReDCA 能在 30min 内进入细胞且特异性地靶向线粒体，对于 PDK 高表达的 NCI-H1229，RKO 细胞和 PDK 中度表达的 A549 细胞，Re-DCA 都表现出了远远高于顺铂的细胞毒性，且是正常 LO2 细胞毒性的 33 倍，表明该配合物可以选择性地杀伤肿瘤细胞。机制研究发现，在药物处理早期 Re-DCA 可有效抑制 PDK 酶的活性，诱导癌细胞 ATP 水平上升、乳酸水平下降；同时，利用 ReDCA 的磷光寿命对氧气的敏感性，可以直观地监测线粒体呼吸耗氧量的变化，发现在药物处理早期线粒体呼吸耗氧量增加。这些结果证明 ReDCA 可有效逆转 PDK 高表达的癌细胞的代谢方式，使其从糖酵解变为氧化磷酸化。在药物处理后期，癌细胞的线粒体膜电位下降，ROS 水平升高，caspase 通路启动，最终导致细胞凋亡。ReDCA 不仅实现了癌细胞的选择性杀伤，还具有良好的抗血管生成活性，可以有效抑制肿瘤细胞的浸润与转移。进一步的活性实验证明，ReDCA 可以有效抑制小鼠肿瘤的生长，且对小鼠体重没有明显影响[111]。

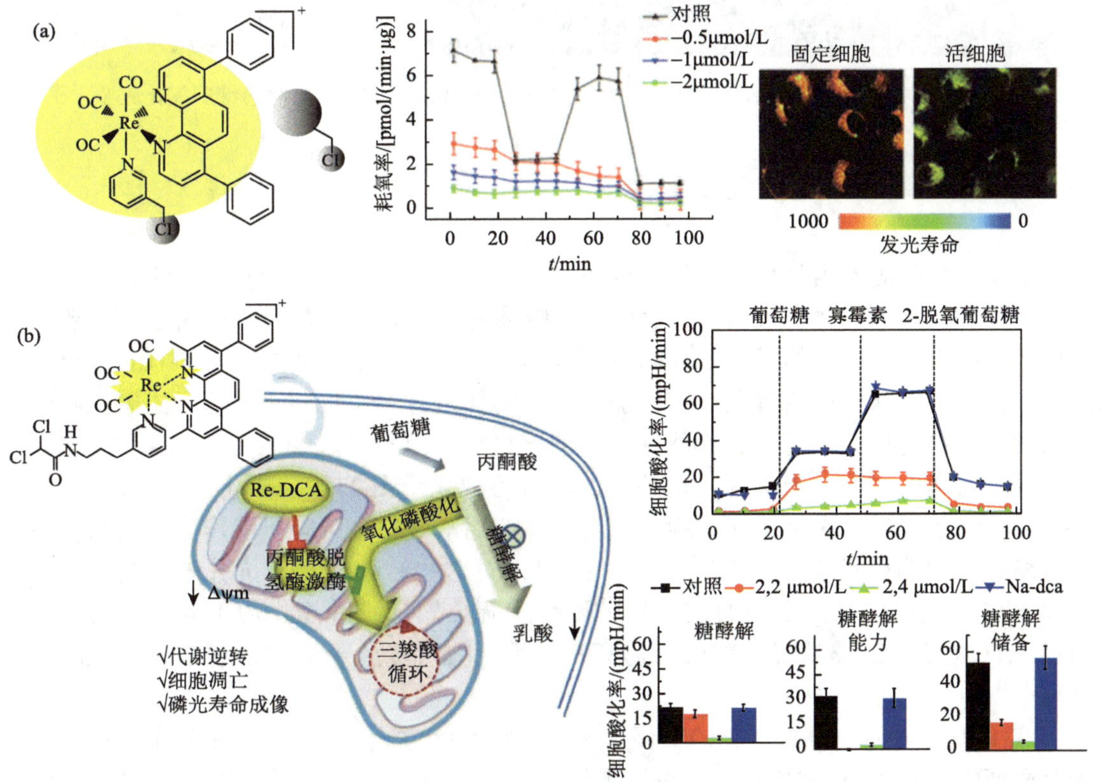


图 23.13　（a）磷光金属铼配合物通过与线粒体内蛋白的共价结合固定在线粒体内，诱导癌细胞代谢抑制并监测细胞呼吸速率变化；（b）线粒体靶向的 ReDCA 通过抑制 PDK 活性逆转肿瘤细胞代谢途径并减少乳酸产出，从而选择性地诱导肿瘤细胞凋亡、抑制肿瘤细胞浸润与转移

Ir 配合物是另一类非常有希望替代铂类药物的金属抗肿瘤药物，并且由于其三重激发态寿命长，从而可以作为单线态氧敏化剂。我们开发了一类 TEMPO 自由基功能化的环金属 Ir 配合物作为诊疗一体化的光敏剂（图 23.14）[112]，它具有优异的光化学特性、线粒体靶向能力、有效的单线态氧产率和监测细胞内氧化还原环境变化的能力。TEMPO 功能化可有效降低 Ir 配合物的暗度性、提高光动力指数，且对癌细胞的光毒性远远高于对正常细胞的光毒性。该类配合物还具有丰富的光物理性质和氧化还原响应性，在有效诱导线粒体氧化应激的同时可实现细胞氧化应激水平的双模态磷光成像（双光子共聚焦/双光子磷光寿命成像）。因此此类配合物不仅是潜在的光动力治疗试剂，还可以通过监测 PDT 治疗过程中细胞氧化应激水平的变化实现其光动力治疗效率的自我评估。

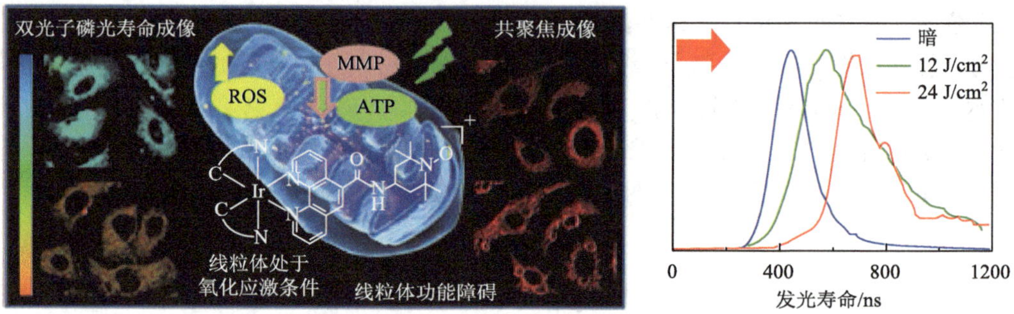


图 23.14　TEMPO 功能化的磷光金属铱配合物作为光动力药物同时诱导及监测癌细胞氧化应激水平变化

### 23.2.3　诱导细胞自噬的金属配合物

自噬是细胞对胞内物质进行周转的重要过程，在多种疾病如癌症中发挥作用。在自噬过程中，细胞内的物质被自噬体吞噬，自噬体将其传递到溶酶体内降解以便细胞循环利用。而调节自噬过程的关键是溶酶体成分的改变。我们设计并合成了铱(III)配合物作为监控自噬的溶酶体的诊疗剂。它们能够对溶酶体进行专一标记，并显示出磷光特性及很高的光学稳定性。同时，它们能够诱导细胞自噬，但不引起细胞凋亡。因此，它们可以在诱导自噬的同时使自噬体与溶酶体的融合可视化［图 23.15（a)］。更重要的是，它们能被双光子激发，这对于活细胞成像及活体应用非常有利，有可能作为研究自噬过程中溶酶体相关事件的有用工具[113]。此外，我们对这些铱配合物的抗肿瘤机制进行了详细地研究，发现与顺铂主要通过诱导肿瘤细胞凋亡发挥抗肿瘤作用不同，它们则主要通过 mTOR 信号通路诱导自噬性细胞死亡，因此有可能用于治疗耐顺铂或凋亡缺陷的肿瘤[114]。

PDT 是一种具有高选择性的非侵入性的癌症治疗方式。这种治疗手段的关键是寻找到合适高效的光敏剂。我们将具有可质子化/去质子化位点的 β-咔啉配体引入铱配合物中，使配合物具备 pH 响应的磷光和光活化产生单线态氧（$^1O_2$）特性。如图 23.15（a）所示，它们能够特异性地对细胞中的溶酶体标记，在可见光（425nm）的照射下，表现出对肿瘤细胞高选择性的光毒性。另外，由于这类配合物具有很好的磷光特性，在进行光动力治疗的过程中，我们可以对溶酶体进行监控，从而实时地评估光动力治疗的效果。该工作为构建亚细胞器靶向的磷光金属抗肿瘤光敏剂提供了一个有效的策略［图 23.15（b）］[115]。基于以上工作，我们还设计了一系列以苯并咪唑衍生物为配体的环金属铱(III)配合物。在酸性条件下，这类配合物的单线态氧产率显著提升，可以专一性损伤溶酶体。在黑暗条件下，配合物可抑制肿瘤细胞的侵袭、转移与集落形成能力，并且在细胞和活体水平证明了抗新生血管形成能力[116]。

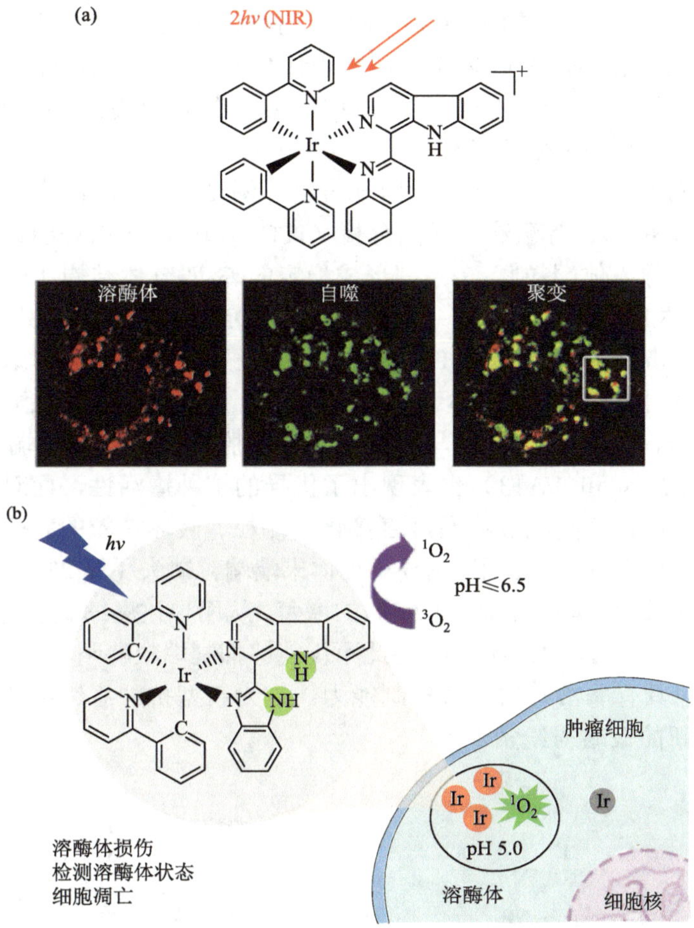


图 23.15　（a）用于单光子/双光子磷光示踪自噬溶酶体的诊疗铱配合物；（b）环金属铱配合物作为溶酶体靶向的抗肿瘤光敏剂

### 23.2.4　靶向 G-四链体、影响端粒的铂配合物

富含鸟嘌呤的核酸序列可以形成非典型的 G-四链体二级结构[117]。4 个鸟嘌呤首先通过 Hoogsteen 氢键相连形成基本的 G-四分体平面，2 个或多个 G-四分体平面互相 π-π 堆积，在一价阳离子如 $Na^+$或 $K^+$的稳定下形成更高级的 G-四链体结构[118]。研究表明，G-四链体

结构参与了生命体中许多重要的生理和病理过程，如基因的转录、复制和重组，保持染色体的稳定性，端粒的延长，以及肿瘤的形成与发展等[119-123]。近年来G-四链体DNA的生物学意义及其作为抗肿瘤药物靶点的应用前景引起了研究者们的高度关注，被认为是潜在有效的抗癌药物设计的新靶点[124, 125]。靶向G-四链体的小分子化合物与传统经典的DNA插入分子不同，它们能诱导和稳定G-四链体DNA的形成，抑制端粒酶活性和肿瘤细胞生长，进而达到抗癌效果；或者作为G-四链体DNA的荧光探针，辅助G-四链体DNA生物功能的研究及与之相关疾病的诊断[126, 127]。G-四链体DNA结构不同于双螺旋结构的特异性使得小分子药物具备了更强的选择性，降低了药物的细胞毒性，为发展抗癌药物提供了新的途径[128]。因此，我们针对G-四链体结构设计合成了一系列铂配合物，对各种几何构型铂配合物对 G-四链体的特异性结合、亲和力大小、结合模式、抗肿瘤活性进行了系统性研究[129, 130]，一些代表性成果如下。

我们设计合成了两个三叉星形铂(Ⅱ)配合物［图 23.16（a)］[131]，FRET 实验、表面等离子体共振（SPR)、等温滴定量热分析（ITC）和 CD 光谱证明该类配合物能在体外、体内特异性诱导人体端粒富 G 序列形成稳定的 G-四链体结构［图 23.16（b)］，而对启动子 G-四链体 DNA（$\Delta T_m$ = 6～18℃）和双链 DNA（$\Delta T_m$ = 1～3℃）的稳定能力大大减弱。我们进一步利用 G-四链体 DNA 抗体探针证明了在活细胞内这类铂配合物确实可以选择性诱导人体端粒 G-四链体 DNA 的形成。它们不仅在端粒酶过表达的癌细胞（Hela、A549 和 HTC75）中展现了与顺铂类似的细胞毒性，并且对端粒酶阴性的 ALT 细胞（SAOS2、U2OS 和 VA13）也表现出了优异的抗肿瘤活性，而对正常细胞的毒性较低。机制研究表明，这类配合物通过直接靶向端粒、破坏端粒的完整性进而引发强烈的 DNA 损伤应答［图 23.16（c)］，诱导染色体末端端粒缺失［图 23.16（d)］，并有效缩短癌细胞中端粒的长度，最终抑制肿瘤细胞的增殖，从而导致癌细胞衰老［图 23.16（e)］。这种作用机制是独立于端粒酶活性的，因此不仅能够抑制端粒酶阳性的癌细胞增殖，同时对 ALT 癌细胞也具有非常好的增殖抑制能力。这为新型抗肿瘤铂类药物的开发和作用机制研究提供了新的策略与线索。

(a)

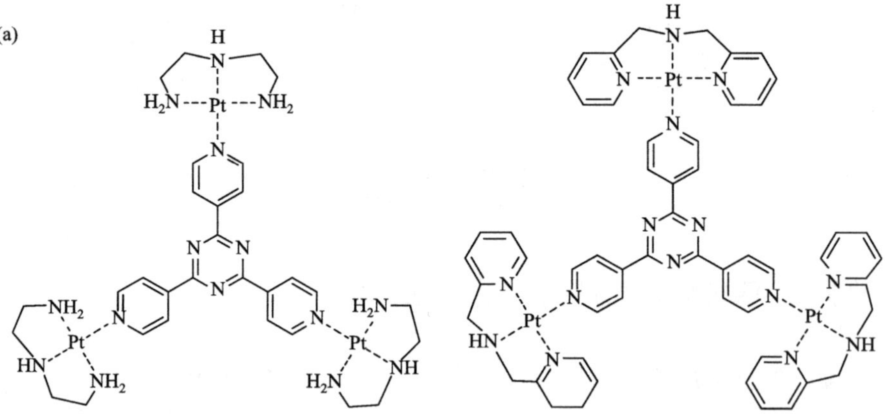

1　　2

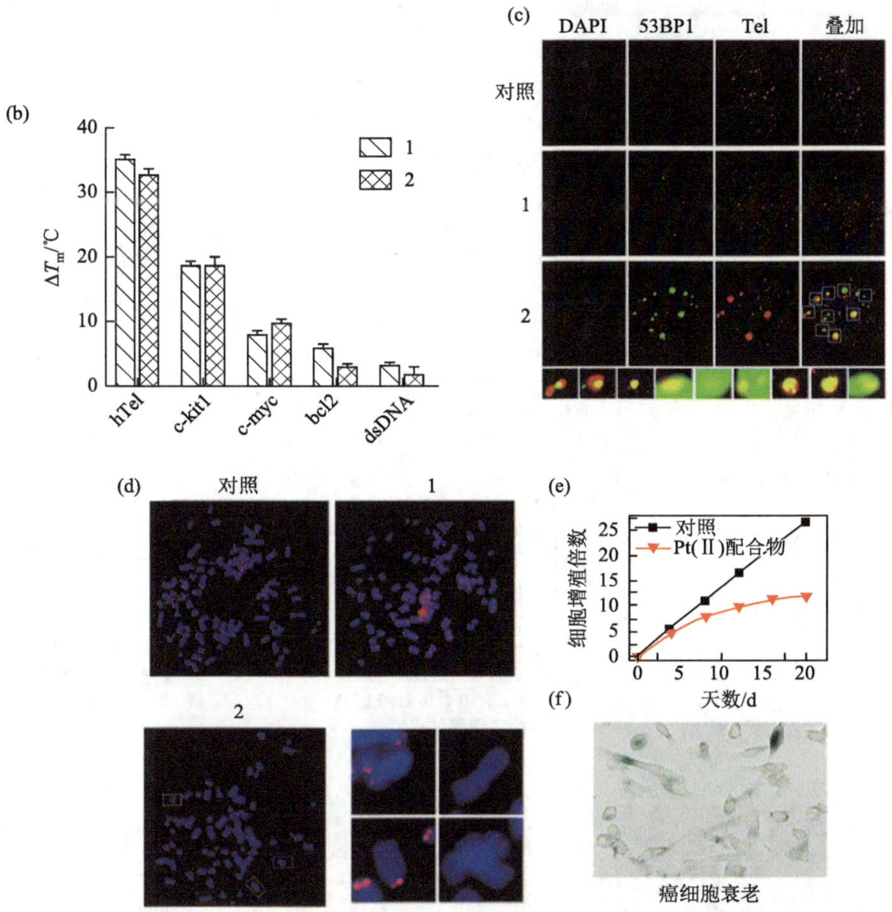


图 23.16　三核铂(Ⅱ)配合物通过 G-四链体介导的端粒 DNA 损伤和端粒末端缺失诱导癌细胞衰老。(a) 三核铂(Ⅱ)配合物结构；(b) FRET 实验测定三核铂配合物对不同的 G-四链体 DNA 与双链 DNA 的稳定温度 $\Delta T_m$；(c) IF-FISH 实验测定三核铂配合物诱导的端粒 DNA 损伤；(d) FISH 实验测定端粒末端缺失；(e) 三核铂配合物抑制细胞长期增殖；(f) 三核铂配合物诱导细胞衰老

另外，我们设计并合成了以三苯胺为中心配体的非平面三脚架铂(Ⅱ)配合物[图 23.17(a)]，并对它们的光动力治疗效果和抗肿瘤机制进行了研究[132]。研究表明以二乙烯三胺作为辅助配体的铂配合物能进入细胞核，并表现出很低的暗毒性和高的光毒性。FRET 实验表明铂配合物对 G-四链体 DNA 特别是人体端粒 G-四链体 DNA 具有很高的稳定能力，而对双链 DNA 的稳定能力较弱 [图 23.17 (b)]。竞争性 FRET 实验结果表明当 CT-DNA 是人体端粒 G-四链体 DNA 的 100 倍（碱基对浓度）时，铂配合物对人体端粒 G-四链体 DNA 的稳定能力依然维持在 52%，说明铂配合物对人体端粒 G-四链体 DNA 具有较好的选择性 [图 23.17 (b)]。激光共聚焦显微镜和 ICP-MS 实验显示，铂配合物能进入细胞核中并与 G-四链体 DNA 相互作用。机制研究表明这个配合物能与 G-四链体 DNA 结合后大大提高配合物的单线态氧量子产率，光照下诱导活性氧产生，导致 DNA 损伤 [图 23.17 (c)]，包括 G-四链体 DNA 损伤 [图 23.17 (d)]，引起细胞周期阻滞，最后诱导细胞发生凋亡。在小鼠实验中此铂配合物也表现出良好的光动力抗肿瘤效果 [图 23.17 (e) 和 (f)]。

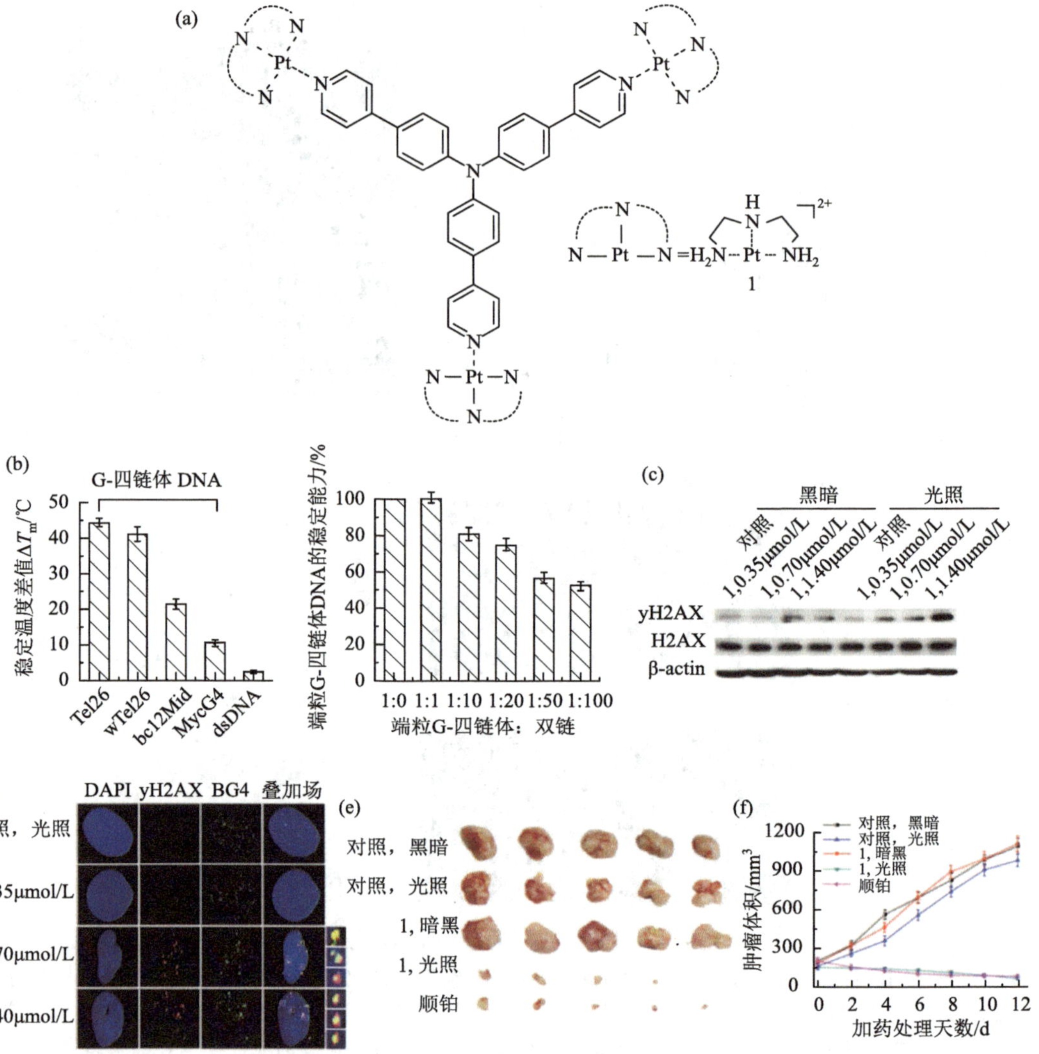


图 23.17　靶向 G-四链体的非平面三脚架铂(Ⅱ)配合物作为 PDT 抗肿瘤药物[59]。(a) 三核铂(Ⅱ)配合物结构；(b) FRET 实验测定三脚架铂配合物对不同的 G-四链体 DNA 与双链 DNA 的稳定温度 $\Delta T_m$；(c) 免疫印迹法研究三脚架铂配合物在黑暗和光照条件下对 HeLa 细胞的 γH2AX 蛋白表达水平的影响；(d) 三脚架铂配合物在光照条件下，HeLa 细胞核中 γH2AX 与 BG4 抗体共孵育的免疫荧光成像结果（1 表示铂配合物）；(e) 注射三脚架铂配合物后小鼠的肿瘤照片（1 表示铂配合物）；(f) 注射三脚架铂配合物后小鼠的肿瘤体积变化（1 表示铂配合物）

我们应用不同的技术对铂(Ⅱ)配合物与 G-四链体 DNA 相互作用的结合模式进行研究，包括早期的分子对接和 EPR 自旋标记，以及目前发展的 NMR 结构分析技术。我们设计合成了立体四核铂(Ⅱ)配合物［图 23.18 (a)］，研究表明它能选择性稳定人体端粒 G-四链体 DNA，并能有效抑制端粒酶活性[133]。Jop Plot 和 ITC 实验表明此铂配合物与人体端粒 G-四链体 DNA 的结合比为 6∶1，进一步通过分子对接阐明了四核铂配合物与 G-四链体 DNA 相互作用的结合模式［图 23.18 (b)］。

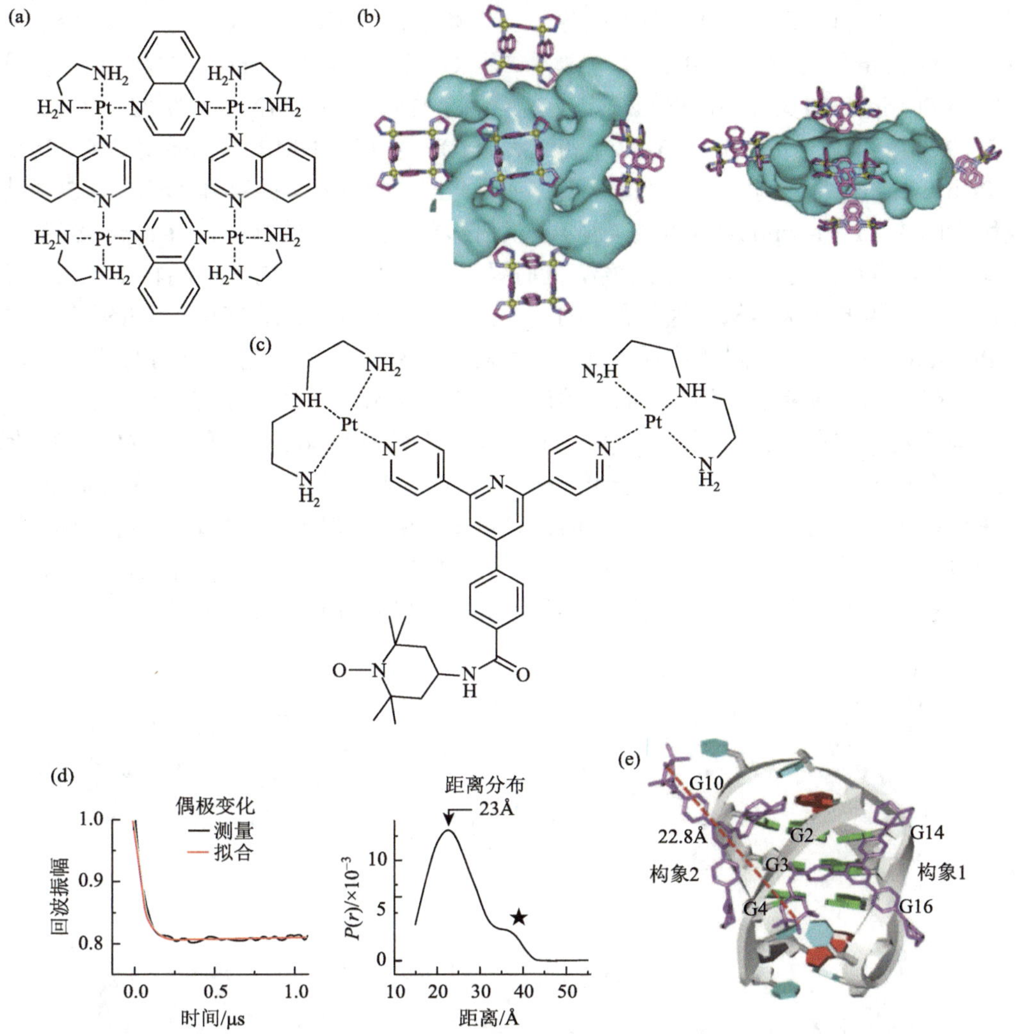


图 23.18　铂(II)配合物与 G-四链体 DNA 的结合模式研究[68]。(a) 立体四核铂(II)配合物结构；(b) 立体四核铂配合物与 G-四链体 DNA 的分子对接的结合模式示意图；(c) 带有自由基标记的 V 型双核铂(II)配合物的结构；(d) EPR 方法研究 V 型双核铂配合物与人体端粒 G-四链体 DNA 相互作用；(e) V 型双核铂配合物与人体端粒混合型 G-四链体 DNA 分子对接示意图

为了确定小分子与 G-四链体 DNA 靶点的相互作用模式，阐述构效关系，我们也用 DEER-EPR 自旋标记技术开展了铂(II)化合物与 G-四链体 DNA 复合物的结构研究[134]。我们首先合成表征了带有自由基修饰的双核铂(II)配合物［图 23.18 (c)］，实验表明其可以选择性诱导人体端粒序列形成反平行 G-四链体结构，表现出较高的稳定能力和端粒酶抑制能力。DEER-EPR 研究表明两个配合物上自由基之间的距离约为 23Å［图 23.18 (d)］，结合分子对接的数据分析发现配合物与 G-四链体是相邻沟槽结合［图 23.18 (e)］，本研究为探测小分子与 G-四链体复合物结构提供了新的策略。

最近，我们利用 NMR 技术深入探索了非共平面三脚架铂(II)配合物 Pt-tripod 与混合 I 型分子内人体端粒 G-四链体 DNA 序列 Tel26 的精细结构和动态键合[135-138]。NMR 研究表明，Pt-tripod 可以逐渐诱导混合 I 型分子内人体端粒 G-四链体 DNA 形成多个结构，包括单分子 G-四链体与 Pt-tripod 的复合物、二聚 G-四链体与 Pt-tripod 的复合物和多聚 G-四链体与 Pt-tripod 的复合物。我们确定了其中两个复合物的 NMR 溶液结构，分别是 1∶1［图 23.19（a）］和 4∶2 Pt-tripod-Tel26［图 23.19（b）］复合物。NMR 结构研究表明，Pt-tripod 在低 Pt-tripod/Tel26 比例（0～1）的情况下首先与人体端粒 G-四链体 DNA 的 5′端结合，形成稳定的 1∶1 Pt-tripod-Tel26 复合物结构。随着 Pt-tripod 的增加，Pt-tripod 继续与 G-四链体 DNA 相互作用，并结合在 3′端，同时诱导混合 I 型分子内人体端粒 G-四链体形成二聚体和多聚体的高级结构。通过解析 1∶1 和 4∶2 Pt-tripod-Tel26 复合物的溶液结构，表明 Pt-tripod 与 Tel26 G-四链体通过 π-π 堆积相互作用结合在末端 G-四分体平面上，通过铂基团的静电和氢键相互作用与 DNA 的磷酸骨架相互作用，诱导了 Tel26 两端的 loop 和侧链的构象发生转变，稳定了 loop 和侧链结构，以使 Pt-tripod 分子能与 Tel26 G-四链体更好地结合在一起。结构结果证明无论是小分子的结构，还是 G-四链体型的拓扑结构及侧链序列都对选择性结合 G-四链体结构具有重要影响。我们获得的结构信息为特异性靶向混合型人体端粒 G-四链体的化合物提供了结合机制，同时对研究 G-四链体 DNA 与小分子的动态结合及小分子诱导多聚体 G-四链体高级结构的形成具有指导性意义。

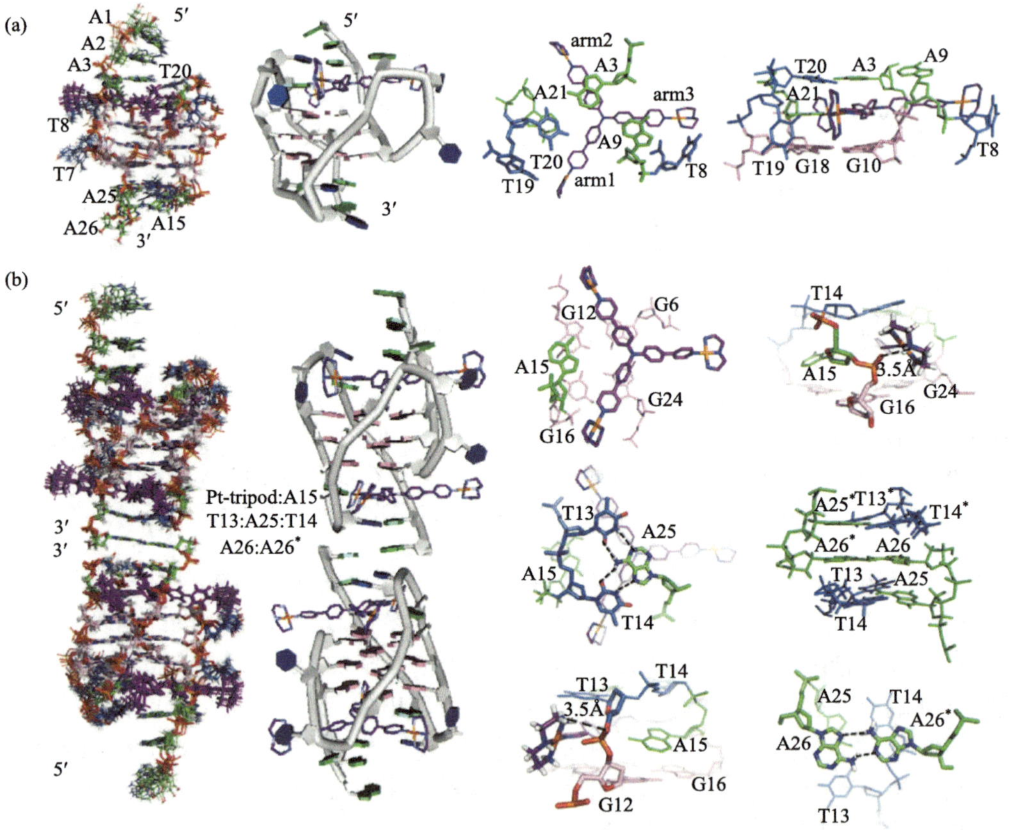


图 23.19　非平面三脚架铂（Ⅱ）配合物与人体端粒 G-四链体 DNA 的 NMR 溶液结构。（a）1∶1 Pt-tripod-Tel26 复合物结构；（b）4∶2 Pt-tripod-Tel26 复合物结构

# 23.3　讨论与展望

PDT 在临床抗肿瘤应用上依然面临许多问题，在科技发展日新月异的今天，推进 PDT 三个基本要素在靶点同时出现依然是 PDT 用于抗肿瘤方向的主流关注点，也是充分利用 PDT 这把利剑的主要手段。然而，现在的前沿研究不拘泥于这些方面的思考，有越来越多的工作倾向于设计并合成多功能的诊疗型光敏剂，同时活体实验也越来越普遍地被应用到 PDT 治疗效果评估中。在本章的最后部分，我们将对贵金属主要是钌(Ⅱ)、铱(Ⅲ)配合物运用在抗肿瘤 PDT 发展中存在的问题进行总结讨论，同时对一些关键领域进行展望。

（1）在实现生物治疗窗口区间的激发上，双光子技术并不是通用的解决方法，首先，双光子激光是一个高能脉冲激光（脉宽达到 fs 级别），对仪器设备的要求极高；其次，双光子激光的有效激发光斑范围约为 1$mm^3$，对于较大的目标仅依靠单光源层扫模式是一种比较低效率的做法，需要仪器上的改进，而且仅具有显著双光子吸收截面的配合物才可以实现有效的双光子 PDT。除了双光子策略，欲实现单光子 NIR 激发，在环金属铱(Ⅲ)配合物的分子设计中有三种途径：①在 N^C 或者 N^N 配体上扩展共轭芳环面积；②在配体上引入有机吸光团，如 BODIPY、Rhodamine 衍生物等；③将配合物共价连接到上转换纳米颗粒中。而对于钌(Ⅱ)配合物，环金属化可以获得 NIR 区域的吸收，有不少工作已经报道了环金属钌(Ⅱ)作为红光到 NIR 区域激发的光敏剂，但是这种策略值得商榷，一方面吸光度不高、光利用率低下，另一方面暗毒性急剧升高，不符合光敏剂无毒的初始设定。考虑到多吡啶配合物低生物毒性的优势，将钌(Ⅱ)多吡啶配合物的吸收有效地扩展到 NIR 区域将是一个富有挑战性和意义的研究方向。

（2）有观点认为，为了克服乏氧，可以使光敏剂的作用机理转为 Type Ⅰ，这个基于质子传递的自由基光敏过程在低氧压的情况下很可能依然可以发生，从而保持 PDT 的效果（图 23.20），这种设计思路简单直接，不需要涉及其他治疗手段即可克服乏氧带来的缺陷，是一个非常理想的选择。然而目前绝大部分的 PDT 都是基于 Type Ⅱ光敏剂，Type Ⅰ类型的金属配合物光敏剂凤毛麟角，最近，南京邮电大学赵强课题组报道了一例具有 Type Ⅰ行为的环金属铱（Ⅲ）配合物，其在低氧压下依然可以有效进行 PDT 治疗。在将来的探索里，关于 Type Ⅰ型金属配合物光敏剂的设计开发将是一个富有前景的研究领域。

（3）诊疗型光敏剂是光敏剂研究的发展趋势，在 PDT 研究中，光敏剂不仅可以通过简单的接入靶向基团实现靶向效果，还可以通过响应模式在靶点激发治疗效果，从而实现“Off-On”过程，这种诊疗设计可以带来更低的毒副作用，并且能够实现低毒副作用的诊断与监测。在分子设计上，多是借鉴有机分子探针的策略，引入相应的基团实现电子转移，如 ICT、FRET、PET 等，抑制配合物三重激发态的产生，在靶点反应后，实现发光恢复与光敏性增强的效果，这种诊疗设计思路对比纳米材料可行性高、稳定性好，可以在设计中广泛应用。

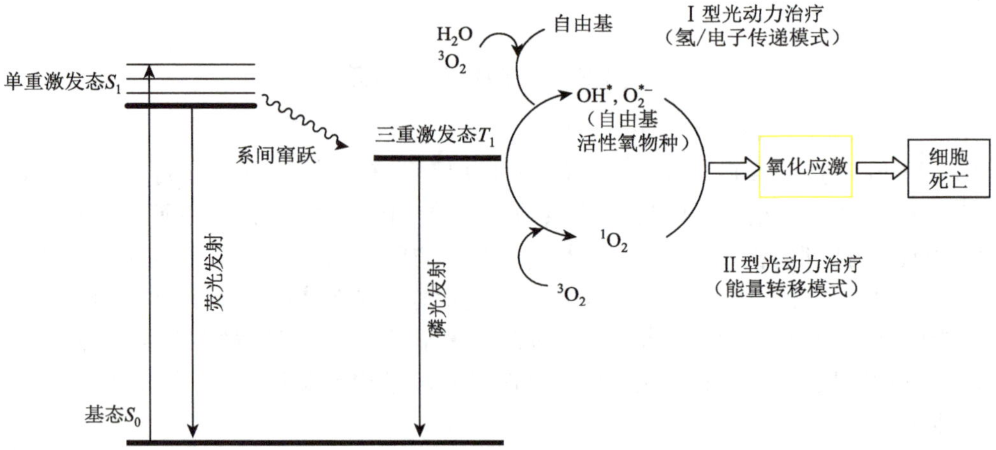


图 23.20　Ⅰ型/Ⅱ型光动力治疗产生自由基活性氧物种的过程[29]

（4）钌(Ⅱ)配合物在细胞内往往可以与核酸发生作用，无论是通过化疗还是 PDT，对核酸的损伤是有效杀伤细胞的途径之一，但是研究表明钌(Ⅱ)配合物在细胞内倾向于分布在细胞质中，如何将钌有效地运送到细胞核与线粒体是一个值得探讨的课题。此外，环金属铱(Ⅲ)配合物非常容易与蛋白发生作用，除了我们的研究涉及的蛋白以外，还有报道指出某些环金属铱(Ⅲ)配合物还可与 TNF-α、STAT3、mTOR 等许多蛋白发生非共价作用，这种与蛋白作用的特性结合点击化学及配合物本身潜在的 AIE 性质有可能实现具有靶向共价结合氧化蛋白的 PDT，在作用于影响生命进程的关键蛋白时将可以发挥巨大作用。

（5）一般来说，PDT 本身具有发光成像效果，可以与其他光治疗模式及成像模式联用，实现多模式成像及多模式光治疗，这种方式可以极大地增加治疗效果，并真正实现时空可控的精准治疗。除了发光成像，发光寿命成像、核磁显影成像、热成像、光声成像等都是可以作为诊断信号的形式，多模式成像可以更加准确地把握病灶在体内的部位，有助于靶向激发治疗的实施。对于钌、铱等贵金属配合物来说，光致化疗（photo activated chemotherapy，PACT）是一个除 PDT 以外的非常具有吸引力的治疗模式，不同于催化性质的 PDT，PACT 是一个剂量反应性质的治疗，但是该模式不需要氧气参与，与 PDT 呈现互补的态势。钌(Ⅱ)配合物用于 PACT 已有不少报道，而环金属铱(Ⅲ)的 PACT 报道比较少，将 PACT/PDT/化疗结合起来可以轻易实现 Photocaged 形式的多模式治疗。另外，从材料角度出发，无论是 MOF 还是无机纳米材料如多孔纳米硅、纳米金等，或者是碳基纳米材料，如碳纳米管、石墨烯等都具有一定的光热效果，这些材料载体在合理的设计下可以实现目标物刺激响应/光响应释放光敏剂，实现多种模式下的抗肿瘤治疗，这类设计具有更广泛的实用性。在将来的研究中，采用具有其他特殊性质的新型纳米材料，如上转换纳米材料、磁性材料与金属配合物结合，将会创造一个更加有效的多模式成像与治疗平台。

（6）自从人们发现 G-四链体是潜在的抗癌靶点以来，许多小分子化合物被设计和合成出来用于识别、稳定或者探测 G-四链体结构。与有机小分子相比，金属配合物作为 G-四链体配体具有许多优点：合成容易、几何结构刚柔相济、结构易调控、电化学性质丰富及具有光学、磁学和催化等多种性能等。这些优势使得金属配合物在特异性靶向某一特定序列的 G-四链体 DNA 结构的设计上拥有不容忽视的地位。因此，金属配合物作为识别稳定 G-四链体的小分子配体是一种优异的潜在的靶向抗肿瘤治疗药物。设计开发能特异性识别和稳定 G-四链体 DNA 的多核金属与有机功能配体所组成的配合物，研究其对核酸的调控机制及相关疾病起因与治疗对发展新型靶向金属药物具有重要科学意义。

（7）近年来，许多小分子化合物被开发作为识别、稳定或者探测具有生物学重要意义的 G-四链体 DNA。然而，小分子与 G-四链体 DNA 特异性相互作用的结构信息却相对较少有报道，特别是对于金属配合物的报道更加少。在研究 G-四链体结构的实验技术中，NMR 技术可以用于获得原子分辨率的 G-四链体结构及研究 G-四链体的动力学和相互作用。到目前为止，已经报道了 7 个分子内 G-四链体 DNA 与小分子化合物的 NMR 溶液结构，其中 4 个是关于 c-MYC G-四链体 DNA，另外 3 个是关于人体端粒 G-四链体 DNA。对 G-四链体的结构和动态变化进行完全解析可以为我们理解它们的存在和功能提供基本的认识。在分子水平上获得 G-四链体 DNA 与其靶向小分子相互作用的特异性结合模式对其分子机制的研究非常重要，同时也对基于结构的合理药物设计具有指导性意义。

（8）肿瘤的早期诊断及个性化新药的发现是精准医疗发展的重要目标。金属配合物作为靶向型的抗癌药物具有很多优点。例如，某些金属配合物多样的三维立体结构可以更为精确地与靶分子进行构象匹配；金属配合物具有丰富氧化还原、催化等特性，可以提供新颖的与蛋白质/核酸进行结合/损伤的模式；金属离子与氨基酸/碱基形成的配位键键能介于经典共价键和弱相互作用（如静电作用、疏水作用和氢键）之间，因此为其与靶分子的结合提供了更为丰富的模式；金属配合物具有丰富的光化学光物理特性，可能通过光活化的模式特异性损伤抗肿瘤的分子靶点，同时利用荧光寿命成像（FLIM）结合荧光共振能量转移（FRET）技术，对靶分子进行特异性的定量检测。但是目前这方面的研究相对较少，绝大部分金属配合物在细胞内的结合靶点都是未知的。在以后的研究工作中，关于已知活性化合物作用靶点及分子机制的探索，以及针对重要抗癌靶点的药物分子设计，是金属抗癌化合物需要着重加强的部分。

本章作者：巢　晖，刘疆平，谭彩萍，曹　乾，夏　炜，毛宗万，计亮年

中山大学

## 参 考 文 献

[1] Tsien R Y. Constructing and exploiting the fluorescent protein paintbox（nobel lecture）. Angew Chem Int Ed，2009，48：5612-5626.

[2] Sletten E M，Bertozzi C R. Bioorthogonal chemistry：fishing for selectivity in a sea of functionality. Angew Chem Int Ed，2009，48：6974-6998.

[3] Davies H，Bignell G R，Cox C，et al. Mutations of the BRAF gene in human cancer. Nature，2002，417：949-954.

[4] Knoll J D，Turro C. Control and utilization of ruthenium and rhodium metal complex excited states for photoactivated cancer therapy. Coord Chem Rev，2015，282-283：110-126.

[5] Friedl P，Wolf K. Tumour-cell invasion and migration：diversity and escape mechanisms. Nat Rev Cancer，2003，3：362-374.

[6] Makin G. Principles of chemotherapy. Paediatr Child H，2014，24：161-165.

[7] Dolmans D E J G J，Fukumura D，Jain R K. Photodynamic therapy for cancer. Nat Rev Cancer，2003，3：380-387.

[8] Sharman W M，Allen C M，van Lier J E. Photodynamic therapeutics：basic principles and clinical applications. Drug Discov Today，1999，4：507-517.

[9] Agostinis P，Berg K，Cengel K A，et al. Photodynamic therapy of cancer：an update. CA-Cancer J Clin，2011，61：250-281.

[10] Bonnett R. Photosensitizers of the porphyrin and phthalocyanine series for photodynamic therapy. Chem Soc Rev，1995，24：19-33.

[11] Zou Q，Fang Y，Zhao Y，et al. Synthesis and *in vitro* photocytotoxicity of coumarin derivatives for one-and two-photon excited photodynamic therapy. J Med Chem，2013，56：5288-5294.

[12] Kamkaew A，Lim S H，Lee H B，et al. BODIPY dyes in photodynamic therapy. Chem Soc Rev，2013，42：77-88.

[13] Yang Y，Guo Q，Chen H，et al. Thienopyrrole-expanded BODIPY as a potential NIR photosensitizer for photodynamic therapy. Chem Commun，2013，49：3940-3942.

[14] Zou Q，Zhao H，Zhao Y，et al. Effective two-photon excited photodynamic therapy of xenograft tumors sensitized by water-soluble bis（arylidene）cycloalkanone photosensitizers. J Med Chem，2015，58：7949-7958.

[15] Collins H A，Khurana M，Moriyama E H，et al. Blood-vessel closure using photosensitizers engineered for two-photon excitation. Nat Photon，2008，2：420-424.

[16] Boca SC，Four M，Bonne A，et al. An ethylene-glycol decorated ruthenium(Ⅱ)complex for two-photon photodynamic therapy. Chem Commun，2009，14（30）：4590-4592.

[17] Ke H，Wang H，Wong W K，et al. Responsive and mitochondria-specific ruthenium(Ⅱ)complex for dual *in vitro* applications：two-photon（near-infrared）induced imaging and regioselective cell killing. Chem Commun，2010，46：6678-6680.

[18] Ishi I T，Taguri Y，Kato S I，et al. Singlet oxygen generation by two-photon excitation of porphyrin derivatives having two-photon-absorbing benzothiadiazole chromophores. J Mater Chem，2007，17：3341-3346.

[19] Hammerer F，Garcia G，Chen S，et al. Synthesis and characterization of glycoconjugated porphyrin triphenylamine hybrids for targeted two-photon photodynamic therapy. J Org Chem，2014，79：1406-1417.

[20] Cho S，You Y，Nam W. Lysosome-specific one-photon fluorescence staining and two-photon singlet oxygen generation by molecular dyad. RSC Adv，2014，4：16913-16916.

[21] Fowley C，Nomikou N，McHale A P，et al. Water soluble quantum dots as hydrophilic carriers and two-photon excited energy donors in photodynamic therapy. J Mater Chem，2012，22：6456-6462.

[22] Fan W，Bu W，Shen B，et al. Intelligent $MnO_2$ nanosheets anchored with upconversion nanoprobes for concurrent pH-/$H_2O_2$-responsive UCL imaging and oxygen-elevated synergetic therapy. Adv Mater，2015，27：4155-4161.

[23] Lv W，Zhang Z，Zhang K Y，et al. A Mitochondria-targeted photosensitizer showing improved photodynamic therapy effects under hypoxia. Angew Chem，2016，128：10101-10105.

[24] Zhang C，Zhao K，Bu W，et al. Marriage of scintillator and semiconductor for synchronous radiotherapy and deep photodynamic therapy with diminished oxygen dependence. Angew Chem Int Ed，2015，54：1770-1774.

[25] Yu Z，Sun Q，Pan W，et al. A near-infrared triggered nanophotosensitizer inducing domino effect on mitochondrial reactive oxygen species burst for cancer therapy. ACS Nano，2015，9：11064-11074.

[26] Fan W，Shen B，Bu W，et al. Intranuclear biophotonics by smart design of nuclear-targeting photo-/radio-sensitizers co-loaded upconversion nanoparticles. Biomaterials，2015，69：89-98.

[27] Liu J，Zhang C，Rees T W，et al. Harnessing ruthenium(Ⅱ)as photodynamic agents：encouraging advances in cancer therapy. Coord Chem Rev，2018，363：17-28.

[28] Qiu K，Chen Y，Rees T W，et al. Organelle-targeting metal complexes：from molecular design to bio-applications. Coord Chem Rev，2019，378：66-86.

[29] You Y. Phosphorescence bioimaging using cyclometalated Ir（Ⅲ）complexes. Curr Opin Chem Biol，2013，17：699-707.

[30] Chen Y，Guan R，Zhang C，et al. Two-photon luminescent metal complexes for bioimaging and cancer phototherapy. Coord Chem Rev，2016，310：16-40.

[31] Zamora A，Vigueras G，Rodríguez V. Phosphorescence bioimaging using cyclometalated Ir（Ⅲ）complexes. Cyclometalated iridium（Ⅲ）luminescent complexes in therapy and phototherapy. Coord Chem Rev，2018，360：34-76.

[32] Caporale C，Massi M. Cyclometalated iridium（Ⅲ）complexes for life science. Coord Chem Rev，2018，363：71-91.

[33] Heinemann F，Karges J，Gasser G. Critical overview of the use of Ru（Ⅱ）polypyridyl complexes as photosensitizers in one-photon and two-photon photodynamic therapy. Acc Chem Res，2017，50：2727-2736.

[34] Arenas Y，Monro S，Shi G，et al. Photodynamic inactivation of Staphylococcus aureus and methicillin-resistant Staphylococcus aureus with Ru（Ⅱ）-based type Ⅰ/type Ⅱ photosensitizers. Photodiagnosis Photodyn Ther，2013，10：615-625.

[35] Bashkatov A N，Genina E A，Kochubey V I. Optical properties of human skin，subcutaneous and mucous tissues in the wavelength range from 400 to 2000nm. J Phys D Appl Phys，2005，38：2543.

[36] Piao W，Hanaoka K，Fujisawa T，et al. Development of an azo-based photosensitizer activated under mild hypoxia for photodynamic therapy. J Am Chem Soc，2017，139：13713-13719.

[37] Gary-Bobo M，Mir Y，Rouxel C，et al. Mannose-functionalized mesoporous silica nanoparticles for efficient two-photon photodynamic therapy of solid tumors. Angew Chem Int Ed，2011，50：11425-11429.

[38] Maier A，Anegg U，Fell B，et al. Hyperbaric oxygen and photodynamic therapy in the treatment of advanced carcinoma of the cardia and the esophagus. Lasers Surg Med，2000，26：308-315.

[39] Moen I，Stuhr L E B. Hyperbaric oxygen therapy and cancer：a review. Target Oncol，2012，7：233-242.

[40] Albani B A，Peña B，Leed N A，et al. Marked improvement in photoinduced cell death by a new tris-heteroleptic complex with dual action：singlet oxygen sensitization and ligand dissociation. J Am Chem Soc，2014，136：17095-17101.

[41] Loftus L M，White J K，Albani B A，et al. New $Ru^{II}$ complex for dual activity：photoinduced ligand release and $^1O_2$ production. Chem Eur J，2016，22：3704-3708.

[42] Wang T，Zhou Q，Zhang Y，et al. A ferrocenyl pyridine-based Ru(Ⅱ)arene complex capable of generating • OH and $^1O_2$ along with photoinduced ligand dissociation. RSC Adv，2016，6：45652-45659.

[43] Zhang P，Huang H，Huang J，et al. Noncovalent ruthenium（Ⅱ）complexes-single-walled carbon nanotube composites for bimodal photothermal and photodynamic therapy with near-infrared irradiation. ACS Appl Mater Inter，2015，7：23278-23290.

[44] Naik A，Rubbiani R，Gasser G，et al. Visible-light-induced annihilation of tumor cells with platinum-porphyrin conjugates. Angew Chem，2014，126：7058-7061.

[45] Fan W，Lu N，Huang P，et al. Glucose-responsive sequential generation of hydrogen peroxide and nitric oxide for synergistic cancer starving-like/gas therapy. Angew Chem Int Ed，2016，56：1229.

[46] Henze K，Martin W. Evolutionary biology：essence of mitochondria. Nature，2003，426：127-128.

[47] McBride H M，Neuspiel M，Wasiak S. Mitochondria：more than just a powerhouse. Curr Biol，2006，16：551-560.

[48] Green D R. Apoptotic pathways：the roads to ruin. Cell，1998，94：695-698.

[49] Pervaiz S，Olivo M. Art and science of photodynamic therapy. Clin Exp Pharmacol Physiol，2006，33：551-556.

[50] Fulda S，Galluzzi L，Kroemer G. Targeting mitochondria for cancer therapy. Nat Rev Drug Discov，2010，9：447-464.

[51] Robin A J，Smith R C H，Michael P M. Mitochondria-targeted small molecule therapeutics and probes. Antioxid Redox Sign，2011，15：3021-3038.

[52] Hoye A T，Davoren J E，Wipf P，et al. Targeting mitochondria. Acc Chem Res，2008，41：87-97.

[53] Dickinson B C，Chang C J. A targetable fluorescent probe for imaging hydrogen peroxide in the mitochondria of living cells. J Am Chem Soc，2008，130：9638-9639.

[54] Leung C W T，Hong Y，Chen S，et al. A photostable AIE luminogen for specific mitochondrial imaging and tracking. J Am Chem Soc，2012，135：62-65.

[55] Armstrong J S. Mitochondrial medicine：pharmacological targeting of mitochondria in disease. Br J Pharmacol，2007，151：10.

[56] Bergamo A，Sava G. Ruthenium complexes can target determinants of tumour malignancy. Dalton Trans，2007，7（13）：1267-1272.

[57] Albani B A，Peña B，Dunbar K R，et al. New cyclometallated Ru（Ⅱ）complex for potential application in

photochemotherapy?. Photochem Photobiol Sci，2014，13：272-280.

[58] Sgambellone M A，David A，Garner R N，et al. Cellular toxicity induced by the photorelease of a caged bioactive molecule：design of a potential dual-action Ru（Ⅱ）complex. J Am Chem Soc，2013，135：11274-11282.

[59] Higgins S L H，Brewer K J. Designing red-light-activated multifunctional agents for the photodynamic therapy. Angew Chem Int Ed，2012，51：11420-11422.

[60] Pierroz V，Joshi T，Leonidova A，et al. Molecular and cellular characterization of the biological Effects of ruthenium（Ⅱ）complexes incorporating 2-pyridyl-2-pyrimidine-4-carboxylic acid. J Am Chem Soc，2012，134：20376-20387.

[61] Mari C，Pierroz V，Ferrari S，et al. Combination of Ru（Ⅱ）complexes and light：new frontiers in cancer therapy. Chem Sci，2015，6：2660-2686.

[62] Joshi T，Pierroz V，Mari C，et al. A bis（dipyridophenazine）[2-（2-pyridyl）pyrimidine-4-carboxylicacid] ruthenium（Ⅱ）complex with anticancer action upon photodeprotection. Angew Chem，2014，126：3004-3007.

[63] Stephenson M，Reichardt C，Pinto M，et al. Ru（Ⅱ）dyads derived from 2-（1-pyrenyl）-1H-imidazo[4, 5-f][1, 10]phenanthroline：versatile photosensitizers for photodynamic applications. J Phys Chem A，2014，118：10507-10521.

[64] Lincoln R，Kohler L，Monro S，et al. Exploitation of long-lived 3IL excited states for metal-organic photodynamic therapy：verification in a metastatic melanoma model. J Am Chem Soc，2013，135：17161-17175.

[65] Monro S，Colon K L，Yin H，et al. Transition metal complexes and photodynamic therapy from a tumor-centered approach：challenges，opportunities，and highlights from the development of TLD1433. Chem Rev，2019，119；797-828.

[66] Truillet C，Lux F，Moreau J，et al. Bifunctional polypyridyl-Ru（Ⅱ）complex grafted onto gadolinium-based nanoparticles for MR-imaging and photodynamic therapy. Dalton Trans，2013，42：12410-12420.

[67] Yu H, Huang S, Kou J, et al. Synthesis, DNA-binding and photocleavage studies of ruthenium（Ⅱ）complexes $[Ru(btz)_3]^{2+}$and $[Ru(btz)(dppz)_2]^{2+}$. Sci China Ser B Chem，2009，52：1504-1511.

[68] Xu W, Zuo J, Wang L, et al. Dinuclear ruthenium（Ⅱ）polypyridyl complexes as single and two-photon luminescence cellular imaging probes. Chem Commun，2014，50：2123-2125.

[69] Liu J，Chen Y，Li G，et al. Ruthenium（Ⅱ）polypyridyl complexes as mitochondria-targeted two-photon photodynamic anticancer agents. Biomaterials，2015，56：140-153.

[70] Hong Y，Lam J W Y，Tang B Z. Aggregation-induced emission. Chem Soc Rev，2011，40：5361-5388.

[71] Porres L，Mongin O，Katan C，et al. Enhanced two-photon absorption with novel octupolar propeller-shaped fluorophores derived from triphenylamine. Org Lett，2004，6：47-50.

[72] Kim S，Zheng Q，He G S，et al. Aggregation-enhanced fluorescence and two-photon absorption in nanoaggregates of a 9, 10-bis[4′-（4″-aminostyryl）styryl]anthracene derivative. Adv Func Mater，2006，16：2317-2323.

[73] Kim S，Ohulchanskyy T Y，Pudavar H E，et al. Organically modified silica nanoparticles co-encapsulating photosensitizing drug and aggregation-enhanced two-photon absorbing fluorescent dye aggregates for two-photon photodynamic therapy. J Am Chem Soc，2007，129：2669-2675.

[74] Lovell J F, Liu T W B, Chen J, et al. Activatable photosensitizers for imaging and therapy. Chem Rev, 2010, 110: 2839-2857.

[75] Celli J P，Spring B Q，Rizvi I，et al. Imaging and photodynamic therapy：mechanisms，monitoring，and optimization. Chem Rev，2010，110：2795-2838.

[76] Chen Y，Qiao L P，Ji L N，et al. Phosphorescent iridium（Ⅲ）complexes as multicolor probes for specific mitochondrial imaging and tracking. Biomaterials，2014，35：2-13.

[77] Jin C，Liu J，Chen Y，et al. Cyclometalated iridium（Ⅲ）complexes as two-photon phosphorescent probes for specific mitochondrial dynamics tracking in living cells. Chem Eur J，2015，21：12000-12010.

[78] Jin C，Liu J，Chen Y，et al. Cyclometalated iridium（Ⅲ）complexes as AIE phosphorescent probes for real-time monitoring of mitophagy in living cells. Sci Rep，2016，6：22039.

[79] Modica-Napolitano J S，Aprille J R. Delocalized lipophilic cations selectively target the mitochondria of carcinoma cells. Adv Drug Deliv Rev，2001，49：63-70.

[80] Murphy M P，Smith R A. Targeting antioxidants to mitochondria by conjugation to lipophilic cations. Annu Rev Pharmacol Toxicol，2007，47：629-656.
[81] Liu J，Jin C，Yuan B，et al. Selectively lighting up two-photon photodynamic activity in mitochondria with AIE-active iridium（Ⅲ）complexes. Chem Commun，2017，53：2052-2055.
[82] Hu Q，Gao M，Feng G，et al. Mitochondria-targeted cancer therapy using a light-up probe with aggregation-induced-emission characteristics. Angew Chem Int Ed，2014，53：14225-14229.
[83] Zeng L，Kuang S，Li G，et al. A GSH-activatable ruthenium（Ⅱ）-azo photosensitizer for two-photon photodynamic therapy. Chem Commun，2017，53：1977-1980.
[84] Huang H，Yu B，Zhang P，et al. Highly charged ruthenium（Ⅱ）polypyridyl complexes as lysosome-localized photosensitizers for two-photon photodynamic therapy. Angew Chem Int Ed，2015，54：14049-14052.
[85] Huang H，Zhang P，Yu B，et al. Targeting nucleus DNA with a cyclometalated dipyridophenazineruthenium（Ⅱ）complex. J Med Chem，2014，57：8971-8983.
[86] Zhang P，Wang Y，Qiu K，et al. A NIR phosphorescent osmium（Ⅱ）complex as a lysosome tracking reagent and photodynamic therapeutic agent. Chem Commun，2017.
[87] Zhang P，ChiuK C C，Huang H，et al. Organoiridium photosensitizers induce specific oxidative attack on proteins within cancer cells. Angew Chem，2017，129：14968.
[88] Limin P，Jianan L，Jianlin S. Intranuclear photosensitizer delivery and photosensitization for enhanced photodynamic therapy with ultralow irradiance. Adv Func Mater，2014，24：7318-7327.
[89] Atif M，Dyer P E，Paget T A，et al. Two-photon excitation studies of m-THPC photosensitizer and photodynamic activity in an epithelial cell line. Photod Photodyn Ther，2007，4：106-111.
[90] Zhou Z，Liu J，Rees T W，et al. Heterometallic Ru-Pt metallacycle for two-photon photodynamic therapy. Proc Natl Acad Sci USA，2018.
[91] Qiu K，Wang J，Song C，et al. Crossfire for two-photon photodynamic therapy with fluorinated ruthenium（Ⅱ）photosensitizers. ACS Appl Mater Inter，2017，9：18482-18492.
[92] Fan W，Yung B，Huang P，et al. Nanotechnology for multimodal synergistic cancer therapy. Chem Rev，2017，117：13566-13638.
[93] Yoong S L，Wong B S，Zhou Q L，et al. Enhanced cytotoxicity to cancer cells by mitochondria-targeting MWCNTs containing platinum（Ⅳ）prodrug of cisplatin. Biomaterials，2014，35：748-759.
[94] Liu J，Jin C，Yuan B，et al. Enhanced cancer therapy by the marriage of metabolic alteration and mitochondrial-targeted photodynamic therapy using cyclometalated Ir（Ⅲ）complexes. Chem Commun，2017，53：9878-9881.
[95] Frezza C，Gottlieb E. Mitochondria in cancer：not just innocent bystanders. Semin Cancer Biol，2009，19：4-11.
[96] Saha S，Ghosh M，Dutta S K. A potent tumoricidal co-drug ‘Bet-CA’-an ester derivative of betulinic acid and dichloroacetate selectively and synergistically kills cancer cells. Sci Rep，2015，5：7762.
[97] Gatenby R A，Gillies R J. Why do cancers have high aerobic glycolysis?. Nat Rev Cancer，2004，4：891-899.
[98] Pelicano H，Xu R H，Du M，et al. Mitochondrial respiration defects in cancer cells cause activation of Akt survival pathway through a redox-mediated mechanism. J Cell Biol，2006，175：913-923.
[99] Zhou X，Chen R，Yu Z，et al. Dichloroacetate restores drug sensitivity in paclitaxel-resistant cells by inducing citric acid accumulation. Mol Cancer，2015，14：63.
[100] Garber K. Energy deregulation：licensing tumors to grow. Science，2006，312：1158-1159.
[101] Fantin V R，St-Pierre J，Leder P. Attenuation of LDH-A expression uncovers a link between glycolysis，mitochondrial physiology，and tumor maintenance. Cancer Cell，2006，9：425-434.
[102] Pearson H. Cancer patients opt for unapproved drug. Nature，2007，446：474-475.
[103] Stockwin L H，Yu S X，Borgel S，et al. Sodium dichloroacetate selectively targets cells with defects in the mitochondrial ETC. Int J Cancer，2010，127：2510-2519.

[104] Sun R，Fadia M，Dahlstrom J，et al. Reversal of the glycolytic phenotype by dichloroacetate inhibits metastatic breast cancer cell growth *in vitro* and *in vivo*. Breast Cancer Res Treat，2010，120：253-260.

[105] Zhang SL，Hu X，Zhang W，et al. Unexpected discovery of dichloroacetate derived adenosine triphosphate competitors targeting pyruvate dehydrogenase kinase to inhibit cancer proliferation. J Med Chem，2016，59：3562-3568.

[106] Bonnet S，Archer S L，Allalunis-Turner J，et al. A mitochondria-$K^+$channel axis is suppressed in cancer and its normalization promotes apoptosis and inhibits cancer growth. Cancer Cell，2007，11：37-51.

[107] Cao J J，Tan C P，Chen M H，et al. Targeting cancer cell metabolism with mitochondria-immobilized phosphorescent cyclometalated iridium（Ⅲ）complexes. Chem Sci，2017，8：631-640.

[108] Li Y，Tan C P，Zhang W，et al. Phosphorescent iridium（Ⅲ）-bis-N-heterocyclic carbene complexes as mitochondria-targeted theranostic and photodynamic anticancer agents. Biomaterials，2015，39：95-104.

[109] Chen M H，Wang F X，Cao J J，et al. Light-up mitophagy in live cells with dual-functional theranostic phosphorescent iridium（Ⅲ）complexes. ACS Appl Mater Interfaces，2017，9：13304-13314.

[110] Yang J，Cao Q，Zhang H，et al. Targeted reversal and phosphorescence lifetime imaging of cancer cell metabolism via a theranostic rhenium（Ⅰ）-DCA conjugate. Biomaterials，2018，176：94-105.

[111] Yang J，Zhao J X，Cao Q，et al. Simultaneously inducing and tracking cancer cell metabolism repression by mitochondria-immobilized rhenium（Ⅰ）complex. ACS Appl Mater Interfaces，2017，9（16）：13900-13912.

[112] Yang J，Cao Q，Hao L，et al. A self-assessed photosensitizer：inducing and dual-modal phosphorescence imaging of mitochondria oxidative stress. Chem Commun，2017，54（3）：271-274.

[113] He L，Tan C P，Ye R R，et al. Theranostic iridium（Ⅲ）complexes as one-and two-photon phosphorescent trackers to monitor autophagic lysosomes. Angew Chem Int Ed Engl，2014，53：12137-12141.

[114] He L，Liao S Y，Tan C P，et al. Cyclometalated iridium（Ⅲ）-beta-carboline complexes as potent autophagy-inducing agents. Chem Commun，2014，50：5611-5614.

[115] He L，Li Y，Tan C P，et al. Cyclometalated iridium（Ⅲ）complexes as lysosome-targeted photodynamic anticancer and real-time tracking agents. Chem Sci，2015，6：5409-5418.

[116] Wang F X，Chen M H，Lin Y N，et al. Dual functions of cyclometalated iridium（Ⅲ）complexes：anti-metastasis and lysosome-damaged photodynamic therapy. ACS Appl Mater Interfaces，2017，9：42471-42481.

[117] Gellert M，Lipsett M N，Davies D R. Helix formation by guanylic acid. P Natl Acad Sci USA，1962，48：2013-2018.

[118] Balasubramanian S，Hurley L H，Neidle S. Targeting G-quadruplexes in gene promoters：a novel anticancer strategy?. Nat Rev Drug Discov，2011，10（4）：261-275.

[119] Bryan T M，Cech T R. Telomerase and the maintenance of chromosome ends. Curr Opin Cell Biol，1999，11（3）：318-324.

[120] Shore D. Telomeric chromatin：replicating and wrapping up chromosome ends. Curr Opin Genet Dev，2001，11（2）：189-198.

[121] Siddiqui-Jain A，Grand C L，Bearss D J，et al. Direct evidence for a G-quadruplex in a promoter region and its targeting with a small molecule to repress c-MYC transcription. Proc Natl Acad Sci USA，2002，99（18）：11593-11598.

[122] Hewitt S M，Hamada S，Mcdonnell T J，et al. Regulation of the proto-oncogenes bcl2 and c-myc by the Wilms' tumor suppressor gene WT1. Cancer Res，1995，55（22）：5386-5389.

[123] Hurley L H，Siddiqui-Jain A. Developing therapeutics to target oncogenes. Genet Eng News，2005，25（1）：26.

[124] Neidle S. Quadruplex nucleic acids as targets for anticancer therapeutics. Nat Rev Chem，2017，1：0041.

[125] Hurley L H，Wheelhouse R T，Sun D，et al. G-quadruplexes as targets for drug design. Pharmacol Therapeut，2000，85（3）：141-158.

[126] Han H，Langley D R，Rangan A，et al. Selective interactions of cationic porphyrins with G-quadruplex structures. J Am Chem Soc，2001，123（37）：8902-8913.

[127] Bai M，Huang J，Zheng X，et al. Highly selective suppression of melanoma cells by inducible DNA cross-linking agents：bis（catechol）derivatives. J Am Chem Soc，2010，132（43）：15321-15327.

[128] Kaiser C E，Gokhale V，Yang D，et al. Gaining insights into the small molecule targeting of the G-quadruplex in the c-MYC

promoter using NMR and an allele-specific transcriptional assay. Top Curr Chem，2013，330：1-21.

[129] Cao Q，Li Y，Freisinger E，et al. G-quadruplex DNA targeted metal complexes acting as potential anticancer drugs. Inorg Chem Front，2017，4（1）：10-32.

[130] Xu C X，Zheng Y X，Zheng X H，et al. V-shaped dinuclear Pt（Ⅱ）complexes：selective interaction with human telomeric G-quadruplex and significant inhibition towards telomerase. Sci Rep，2013，3：2060.

[131] Zheng X H，Mu G，Zhong Y F，et al. Trigeminal star-like platinum complexes induce cancer cell senescence through quadruplex-mediated telomere dysfunction. Chem Commun，2016，52（98）：14101-14104.

[132] Zhong Y F，Zhang H，Liu W T，et al. A platinum（Ⅱ）-based photosensitive tripod as an effective photodynamic anticancer agent through DNA damage. Chem Eur J，2017，23（65）：16442-16446.

[133] Zheng X H，Chen H Y，Tong M L，et al. Platinum squares with high selectivity and affinity for human telomeric G-quadruplexes. Chem Commun，2012，48（61）：7607-7609.

[134] Xu C X，Zhang X，Zhou Y W，et al. A nitroxide-tagged platinum（Ⅱ）complex enables the identification of a DNA G-quadruplex binding mode. Chem Eur J，2016，22（10）：3405-3413.

[135] Liu W T，Zhong Y F，Liu L Y，et al. Solution structures of multiple G-quadruplex complexes induced by a platinum（Ⅱ）-based tripod reveal dynamic binding. Nat Commun，2018，9（1）：3496.

[136] Xia W，Li H，Yang X，et al. Metallo-GTPase HypB from *Helicobacter pylori* and its interaction with nickel chaperone protein HypA. J Bio Chem，2012，287：6753-6763.

[137] Xia W，Li H，Sun H. Functional disruption of HypB，a GTPase of *Helicobacter pylori*，by bismuth. Chem Commun，2014，50：1611-1614.

[138] He X，Liao X，Li H，et al. Bismuth-induced inactivation of ferric uptake regulator from Helicobacter pylori. Inorg Chem，2017，56：15041-15048.

# 第 24 章　抗细菌感染新靶标的发现和验证

## 24.1 引　　言

在抗生素发现之前，细菌感染是人类死亡的第一大杀手。例如，公元 1348～1451 年由鼠疫杆菌引起的黑死病在欧洲致死约 2.5 亿人，占当时欧洲人口的 1/3。这场鼠疫大流行，改变了欧洲的政治格局和历史进程。在历经漫长的黑暗时代后，抗生素的发现给人类带来了希望，它的临床应用是 20 世纪医学史上最伟大的革命，使得人类的平均寿命因此延长了 10～15 年[1]。

然而，随着抗生素在医疗、养殖业等方面的广泛使用甚至滥用，耐药性细菌的分离率也在快速攀升。世界各地不断报道新发现的"超级细菌"，人类也正在进入"后抗生素时代"，越来越多的细菌对抗生素产生耐药性，可以想象可怕的后果是使全球将面临抗生素类药品无效，细菌感染再次严重威胁着人类的生存和健康[2, 3]。根据 2016 年世界卫生组织（WHO）发布的《全球抗菌素耐药回顾》，到 2050 年因为抗菌药物耐药导致的全球死亡人数将达到 1000 万人/年，同时造成 100 万亿美元/年的经济损失[4]。2017 年，WHO 发布了亟须新型抗生素的 12 种重要病原菌清单，旨在指导和促进新型抗细菌感染新药的研究。其中，迫切（critical）需要研发新型抗生素的细菌种族为不动杆菌、假单胞菌和肠杆菌；高度（high）需要研发新型抗生素的细菌种族为屎肠球菌、金黄色葡萄球菌、幽门螺杆菌、弯曲杆菌、沙门氏菌、淋病奈瑟氏菌；中度（medium）需要研发新型抗生素的细菌种族为肺炎球菌、流感嗜血杆菌、志贺氏菌[5]。总的来说，细菌的耐药性已成为 21 世纪全球关注的热点，它对人类生命健康构成很大的威胁，被 WTO 认为是 21 世纪最大的公共卫生安全问题之一。

近年来，抗生素的开发时间越来越长、花费越来越大。在过去的 10 年里，获批上市的抗生素类化合物的数量一直在减少。在细菌抗生素耐药日益严峻的形势下，WHO 呼吁政府机构、科研院所、制药企业加强新型抗菌药物研发。与这种严峻的形势相对应的是，目前抗菌药物的研发逐渐进入瓶颈状态。在过去的 10 年里，FDA 只批准了 7 种抗生素，而 30 年前 FDA 每年大约批准 4 种抗生素[6, 7]。细菌耐药性促使了人们对新型抗细菌感染药物研究的审视，与疾病领域的个性化医学或精准医疗相类似，我们需要对特定的细菌感染进行针对性的治疗，尽量避免由于广谱抗生素的使用所引起的不良后果，如耐药菌株的出现、富集及传播。同时，在抗细菌感染治疗过程中广谱抗生素的大量使用及滥用，引起人体正常菌群失调，增加肥胖、糖尿病、过敏、哮喘、炎性肠病等风险[8, 9]。广谱抗生素的滥用会扰乱人体内微生物的稳定，打破人体与微生物之间的平衡，有可能导致人类微观环境的"《寂静的春天》"，并严重危害到了人类的代谢、免疫和认知能力[8]。

在抗生素时代，人们对细菌引发疾病的机制相对忽视，因为那时人类拥有各式各样的抗生素，足以应对大部分细菌的感染。然而，在人类大量使用抗生素之后，细菌能够很快地适应抗生素环境，并产生耐药性。研制出新型的、产生耐药性更为缓慢的抗细菌感染药物——这也许是攻克细菌抗生素耐药性的最根本方法[8]。但在这之前，人们只能通过严格限制抗生素的使用来延缓抗生素耐药性问题的不断扩大，为人类的健康和未来争取时间。目前，寻找新的干预策略是抗（耐药）细菌感染研究的重点和重要的发展趋势。除了致力于发现新型的抗生素，抗细菌致病力、噬菌体疗法、微生物菌群的调节、抗体和疫苗的研发等也正在成为抗细菌感染的重要研究方向[3, 10, 11]。

在本章中，我们以金黄色葡萄球菌为例，介绍我们关于细菌致病力的调控及干预方面的研究进展。主要包括：①发现 CcpE 蛋白是一个控制金黄色葡萄球菌致病力的代谢传感器；②揭示酪蛋白水解酶 ClpP 的作用机制，为化学干预奠定基础；③发现 CrtN 蛋白是一个具有成药性的抗金黄色葡萄球感染的分子靶点；④发现靶向 SrtA 蛋白的新的小分子抑制剂。这些研究为研发抗细菌致病力药物（anti-virulence drugs）[3, 12]提供了新的理论基础和实践依据。

## 24.2　研究进展与成果

### 24.2.1　CcpE 蛋白：控制金黄色葡萄球菌致病力的代谢传感器

金黄色葡萄球菌是一种重要的人类病原细菌，因具有金黄色的表面色素和球形的外表，并常聚集成葡萄状而得名。金黄色葡萄球菌属于革兰氏阳性细菌，是引起人类化脓感染中最常见的病原菌，可直接导致局部化脓感染、肺炎、伪膜性肠炎、心包炎等，甚至败血症、脓毒症等全身感染[13]。金黄色葡萄球菌的感染类型可分为医院获得型和社区获得型，后者的发现更增加了这种致病菌潜在的生物危害性和引起感染暴发的可能性[13]。迄今，抗生素是治疗金黄色葡萄球菌感染的常用药物，它可通过直接抑制细菌的生长或直接杀死细菌来达到临床治疗的效果，但在发挥其疗效的同时也催生、富集了耐药菌株，许多金黄色葡萄球菌表现出对抗生素的耐药性。其中，耐甲氧西林金黄色葡萄球（methicillin resistant *S. aureus*，MRSA）呈多药耐药，也称超级细菌（superbug），给临床抗感染治疗带来很大的困难[14, 15]。自发现至今，MRSA 的感染迅速扩散至全球，超过乙肝和艾滋病，位于世界三大最难解决的感染性疾患的首位[16, 17]。

新陈代谢是生物体（包括金黄色葡萄球菌）进行一切生命活动的基础[18-20]。在感染宿主的过程中，细菌需要调整自己的代谢状态以利于自身的生长繁殖；同时，细菌需要协调毒力因子的表达以成功地实现感染[18-20]。目前的研究表明金黄色葡萄球菌毒力因子的表达与其代谢状态之间可能存在着紧密的联系。例如，金黄色葡萄球菌的 CodY 蛋白通过感应支链氨基酸和 GTP 的浓度，来精确调控毒力相关因子（α-毒素、Spa 蛋白、透明质酸酶、蛋白酶、脂酶、核酸酶等）的表达。除此之外，金黄色葡萄球菌还可通过利用 CcpA（碳代谢响应的调节因子）、GlnR（氮代谢响应的调节因子）、Rex（氧化还原响应的调节因子），以及 Fur（金属离子响应的调节因子）等转录调节因子来感知代谢状态的变化，从而调节毒力因子的合成[18]。然而，细菌的代谢与毒力因子的表达之间相互关联的研究近年来才开始受到关注，其机理还存在着很多的未知[18]。

在先前的研究中，我们发现金黄色葡萄球菌 Newman 菌株中 *sav0672* 基因的失活可引起金黄色色素（金黄色葡萄球菌中一个重要的致病相关因子）的合成增加[21]。2013 年，Hartmann 等证明该基因的编码产物为转录调节因子 CcpE 蛋白[22]。*ccpE* 对金黄色色素合成的影响和 TCA 循环中编码柠檬酸合成酶的基因 *citZ* 相似，暗示两者在调节金黄色色素合成的机制上可能存在一定的联系。由此我们决定对 CcpE 的生物学功能及其分子机制进行进一步的研究，期望深入理解金黄色葡萄球菌毒力因子的表达调控机制，为抗致病力治疗策略提供一些实验和理论依据。

首先，我们通过基因定向敲除，在金黄色葡萄球菌 Newman 菌株中构建了 Δ*ccpE*（*ccpE* 的缺失菌株）。与 *ccpE* 的插入突变体相一致的是，Δ*ccpE* 菌株与野生型菌株及互补菌株相比，其金黄色色素的合成能力增强。随后，我们在 JE2 菌株及其相应的 *ccpE* 缺失突变菌株中，也观察到类似的现象。这说明 CcpE 负调控金黄色色素的合成，并且这种调控作用在金黄色葡萄球菌中具有广泛性。

为了进一步研究 *ccpE* 还有哪些生物调节功能，我们对野生型菌株和 Δ*ccpE* 菌株进行了基因表达谱分析。在 Δ*ccpE* 菌株中，我们发现了 55 个基因表达水平下调，而 71 个基因表达水平上调，这 126 个基因占据了 Newman 菌株中总基因数的 4.7%。为了验证上述结果的可靠性，我们从中选择了 10 个基因进行定量 PCR 分析，分析结果证实了基因芯片结果的可重复性。在这 126 个差异表达的基因中，有 34 个基因编码的是未知功能的蛋白，剩余 92 个基因编码了执行不同功能的蛋白，包括转录调控、蛋白运输、代谢和翻译过程、嘌呤合成等。值得注意的是，其中有 50 个基因与金黄色葡萄球菌的致病性密切相关，这些基因的编码产物包括超级抗原样蛋白、胞外蛋白酶、荚膜多糖合成酶、纤黏蛋白结合蛋白等基因，这说明 CcpE 是金黄色葡萄球菌中一个重要的毒力基因的转录调控因子。

在基因芯片的结果中，我们发现在 Δ*ccpE* 菌株中的 *citB* 基因的表达下降至野生型的 1/6，说明 CcpE 正向调控 *citB* 的表达。有意思的是，当我们在 Δ*ccpE* 中持续性表达 *citB* 时，又可以逆转 Δ*ccpE* 菌株中色素合成水平升高这一表型。这说明：CcpE 可能通过激活 *citB* 基因的表达，实现对色素合成的负调控作用。

我们随后利用 DNA 印迹实验，来进一步研究 CcpE 调控 *citB* 基因的分子位点。实验结果表明：CcpE 蛋白可特异地结合在 *citB* 启动子上，并且有两个明显的保护区域：保护区域Ⅰ包含了一个典型的 LysR 家族蛋白结合序列（AT-N11-AT，N 代表任意碱基）；保护位点Ⅱ则包含了一个 Box-Ⅱ样序列（AATA 或 TTAT）。CcpE 的这种结合特征与枯草芽孢杆菌中的 CcpC 蛋白相类似。据文献报道，CcpC 是一个响应柠檬酸的转录调节因子[23]。根据我们的分析，CcpC 和 CcpE 在氨基酸序列上具有 61%的相似性及 35%的一致性。

蛋白序列预测的分析结果显示 CcpE 是一个 LysR 类型的转录调节因子，该家族蛋白所结合的 DNA 序列包含一个典型的 LTTR 盒，即 T-N11-A（N 代表任意碱基）[24]。由于 CcpE 所结合的 *citB* 启动子位点包含了一个潜在的 LTTR 盒（ATAA-N7-TTAT），我们接下来通过缺失突变验证保护区域Ⅰ是否在 CcpE 和 *citB* 启动子的结合过程中发挥关键作用。EMSA 实验的结果说明：含有保护区域Ⅰ的 *citB* 启动子可以与 CcpE 结合；而缺失保护区域Ⅰ的 *citB* 启动子则不能与之结合。这些结果说明：*citB* 启动子上 LTTR 盒样的 DNA 序列对 CcpE 和 *citB* 启动子的结合是非常关键的。

类似地，当我们将 *citB* 启动子片段中的 LTTR 盒样序列进行突变时，发现突变的启动子序列也不能与 CcpE 结合，进一步证明了该 DNA 序列在 *citB* 启动子与 CcpE 结合过程中的重要作用。上述实验在体外证明了 LTTR 盒样序列是 CcpE 的结合位点。那么，在活细胞水平上，这一结合位点对于 CcpE 调控 *citB* 的表达是否是必需的呢？通过对 *citB-LacZ* 报告基因的分析，我们发现 LTTR 盒样序列的突变严重降低了野生型菌株中 *citB* 启动子的活性；但是，Δ*ccpE* 菌株中，LTTR 盒样序列的突变却对 *citB* 启动子的活性没有显著的影响。这些结果表明 LTTR 盒样 DNA 序列介导了 CcpE 激活 *citB* 启动子的功能。因此，我们认为 CcpE 可直接结合于 *citB* 的启动子区域并激活 *citB* 的表达。

由于转录组学分析无法区分 CcpE 的调控作用属于直接还是间接，我们进一步利用 EMSA 和 DNA 印迹实验，分析了 Δ*ccpE* 菌株中被明显上调（*cap5A*）和下调（*sav1168*）的基因是由 CcpE 直接调控还是间接调控的。EMSA 的实验结果表明：CcpE 可以直接结合至 *cap5A* 和 *sav1168* 的启动子区域。通过 DNA 印迹实验，我们在 *sav1168* 启动子区域也发现了两个明显的 CcpE 蛋白结合位点：位点 I 包含了经典的 LTTR 盒（T-N11-A），而位点Ⅱ包含了两个 Box-Ⅱ样序列（AATA 和 TTAT）。有意思的是，在 *sav1168* 启动子上的，CcpE 的结合位点 I 的 DNA 序列和 *citB* 启动子上的结合位点 I 的 DNA 序列十分相似。当我们将 *sav1168* 的启动子上的结合位点 I 进行突变后，启动子的活性明显下降；同时，突变的启动子丧失了对 CcpE 应答的能力。这一结果进一步确定了保护区域 I 在 CcpE 介导的基因表达调控中起着关键的作用。除基因芯片的结果外，报告基因实验结果和 qRT-PCR 的实验结果也证明了 CcpE 对 *sav1168* 和 *cap5A* 表达的调控作用：即 *ccpE* 的缺失导致了 *cap5A-lacZ* 的表达水平增加（负调控），*sav1168-lacZ* 的表达水平下降（正调控）。

除 Newman 菌株外，在 JE2 菌株中，*ccpE* 的缺失也导致 *citB-lacZ* 和 *sav1168-lacZ* 的表达水平较之于野生型菌株明显下降，暗示 CcpE 在金黄色葡萄球菌中具有保守的功能。因此，到目前为止，我们已经证明 CcpE 可直接调控 *citB* 基因、*cap5A* 操纵子和 *sav1168* 操纵子的表达。在金黄色葡萄球菌中，*cap5A* 操纵子由 16 个基因组成，并由 *cap5A* 启动子负责这些基因的转录，这些基因的编码产物参与了毒力因子荚膜多糖的合成；而 *sav1168* 操纵子则由 3 个基因（*sav1168*、*sav1167* 和 *sav1166*）组成，分别编码超级抗原样蛋白，超级抗原样蛋白在细菌的感染过程中也起着重要的作用。

*ccpE* 的缺失，引起了 *citB* 基因表达的显著下降，从而导致了细菌体内柠檬酸的累积。目前的研究表明：柠檬酸是铁载体生物合成的一个主要前体，而铁载体可以帮助金黄色葡萄球菌从低铁浓度的环境中（例如，真核细胞中游离的铁浓度仅为 $10^{-18}$mol/L）争夺有限的铁元素，从而在细菌对抗宿主的营养免疫的过程中发挥重要作用[25, 26]。由于 CcpE 可以导致柠檬酸的积累，因此，我们接下来考察 CcpE 是否可增加铁载体的合成。我们发现在缺铁培养基（RPMI）中培养金黄色葡萄球菌时，Δ*ccpE* 菌株合成铁载体的能力较之于野生型和互补菌株显著增加；而且，突变菌株在缺铁的环境中具有明显的生长优势，而在培养基中补充适量的铁离子后，Δ*ccpE* 菌株的这种生长优势消失。这些实验结果表明，*ccpE* 的失活可使细菌在缺铁环境下具有生长优势。我们在 JE2 菌株中也观察到相似的结果。另外，*ccpE* 的缺失除了使金黄色葡萄球菌中铁载体的合成增强外，还引起了细菌生长培养基中 pH 的下降。由于铁载体（可分泌至培养基）和酸性条件均可以促使铁离子从转铁蛋

白中释放[26]，因此我们测定了培养野生型和突变菌株的上清液对转铁蛋白中铁离子释放的影响。我们观察到：Δ*ccpE* 菌株的上清液较野生型和互补菌株而言，可明显增加铁离子在转铁蛋白中的释放速度。最后，为了确定 CcpE 是否影响细菌胞内铁元素水平的变化，我们使用原子吸收分光光度法测量了野生型、突变体和互补菌株中铁离子的浓度。结果证实了 CcpE 确实负调节金黄色葡萄球菌对铁摄取的能力。

在上述的研究中，我们发现 CcpE 是金黄色葡萄球菌中一个致病力密切相关的转录调控因子。然而，该调控因子可感知怎样的信号分子？其与信号分子相互作用的分子机制如何呢？在 Hartmann 等的研究中，柠檬酸不影响 CcpE 和 DNA 的结合[22]。然而，我们发现 CcpE 的结构序列及其所结合的 DNA 位点特征与枯草芽孢杆菌中柠檬酸响应的调节因子 CcpC 蛋白非常相似。在体内，*ccpE* 的缺失可导致 *citB* 表达水平的大幅下降，从而导致了柠檬酸的累积。这些现象都暗示着柠檬酸可能调节 CcpE 的转录调节功能。因此，我们首先分析了柠檬酸分子对 CcpE 和 DNA 结合能力的影响。我们发现柠檬酸钠可以明显增强 CcpE 蛋白和 *citB* 启动子的结合能力，并且这种结合能力具有浓度依赖性。这些结果初步说明柠檬酸可以影响 CcpE 与 DNA 的结合。然而，这一结论与先前 Hartmann 等报道的研究结果不同，可能的原因是 EMSA 实验中所使用的 buffer 体系不同。

为了进一步验证柠檬酸是否确为 CcpE 的信号分子，我们接下来进一步采用 FPLC、Thermal shift 等生化实验来进行论证。在 FPLC 实验中，我们发现 10mmol/L 的柠檬酸钠可以诱导 CcpE 蛋白从多聚体为主的状态转变为以四聚体为主的状态，而四聚体正是 LysR 家族蛋白的生物学活性状态，暗示着柠檬酸可激活 CcpE 的调节功能。在 Thermal shift 实验中，我们发现柠檬酸钠可以显著增强 CcpE 蛋白的热稳定性；而异柠檬酸钠对 CcpE 蛋白的热稳定性却没有明显的影响。这些结果表明柠檬酸确实为 CcpE 蛋白的信号分子，可以直接和 CcpE 蛋白结合并可能因此激活了 CcpE 的调节功能。

为了进一步探讨细菌体内柠檬酸的水平是否对 CcpE 的生物学功能产生了影响，我们通过报告基因在野生型、Δ*ccpE* 菌株、Δ*citB* 菌株和 *citB ccpE* 双突变菌株（Δ*citB*Δ*ccpE*）中检测了 *citB* 启动子的活性，结果发现：尽管在 Δ*citB*Δ*ccpE* 菌株中，柠檬酸的浓度较 Δ*citB* 菌株进一步升高，但是 *citB-lacZ* 的表达却降低至 Δ*ccpE* 菌株的水平。该结果进一步说明：在体内，柠檬酸激活 *citB* 的表达必须依赖于 CcpE 的功能。

为了进一步了解柠檬酸与 CcpE 的作用分子机理，我们尝试通过结构生物学的方式来了解 CcpE 蛋白与信号分子的互作机制。我们没有能成功地获得 CcpE 蛋白与柠檬酸的复合晶体，却成功结晶并解析出了 CcpE 辅因子结合区域（$CcpE_{IBD}$，包含 CcpE 蛋白 63～288 位氨基酸残基）的蛋白结构。从结构来看：$CcpE_{IBD}$ 是一个二聚体形式，与已知的其他 LysR 家族转录调控因子相似，每一个 $CcpE_{IBD}$ 包括两个潜在的调节结构域（RD1 和 RD2）。在每一个 IBD 中，两个反向平行的 β-折叠（β4 和 β9）的中心形成了一个铰链结构，连接着两个调节结构域[24]。这些结构特征与已知结构的 LysR 的辅因子结合区域的结构高度相似[13]。

由于 LysR 的辅因子结合位点（IBC）通常是位于 RD1 和 RD2 中间位置的表面，我们接下来将 CcpE 的 IBC 区域和 BenM、CatM、CysB 等 LysR 家族蛋白的 IBC 区域进行了基于三维结构的序列比对。在比对中，我们发现 $CcpE_{IBC}$ 区域中两个精氨酸残基（Arg145 和 Arg256）可能与柠檬酸分子发生潜在的直接相互作用。理由如下：①这两个残基位于

LysR 家族蛋白的潜在辅因子结合口袋中；②精氨酸残基通常和负电荷分子如柠檬酸等形成盐桥；③在来自于不同菌株的 CcpE 同源蛋白中，这两个精氨酸残基均高度保守。

为了确定 Arg145 和 Arg256 在 CcpE 响应柠檬酸中的作用，我们将这两个残基分别突变为 Ala。我们发现：在没有柠檬酸分子存在的情况下，点突变蛋白和野生型蛋白类似，都是以高聚体状态存在；而加入柠檬酸之后，野生型蛋白主要以活性状态的四聚体为主，CcpE R145A 以四聚体和二聚体为主，而 CcpE R256A 则主要以二聚体为主。这说明 Arg145 和 Arg256 位点对于柠檬酸诱导 CcpE 形成四聚体是非常重要的。此外，柠檬酸钠可以增强野生型 CcpE 蛋白的热变性温度，却并不能改变 CcpE R145A 或 CcpE R256A 蛋白的热变性温度，进一步表明 Arg145 和 Arg256 位点可能参与了 CcpE 和柠檬酸的直接相互作用。

在蛋白与 DNA 结合的 EMSA 实验中，我们发现柠檬酸可以增强 CcpE 结合 *citB* 启动子的能力，却不能增强 CcpE R145A 和 CcpE R256A 与 *citB* 启动子的结合能力。在体内，CcpE R145A 和 CcpE R256A 的表达水平与野生型 CcpE 相一致，但是其调控 *citB* 启动子的活性却分别下降了 60%和 84%。这说明点突变引起了 CcpE 调节功能的下降而非自身蛋白的表达水平。相应地，Arg145 或 Arg256 位点的突变，还严重影响了 CcpE 调节 *cap5A-lacZ* 或 *sav1168-lacZ* 表达的能力，体内外实验均表明这两个精氨酸残基对于 CcpE 调控基因表达的重要性。

根据我们前面的研究结果，*ccpE* 的缺失引起了金黄色色素合成的增加，提高了金黄色葡萄球菌对铁离子的摄取能力，改变了一系列与致病力相关的基因的表达。因此，我们推测 CcpE 极有可能对金黄色葡萄球菌的致病力产生重要的影响。在半体内水平上，*ccpE* 功能的失活显著增加了金黄色葡萄球菌对人体血液杀伤的抵抗能力。在动物感染的模型中，我们也发现 *ccpE* 的缺失显著增加了细菌在肾脏和肝脏等脏器中的定植能力。这些结果显示：CcpE 是控制金黄色葡萄球菌致病力的重要的负调节因子。

综上所述，CcpE 蛋白是一个感受柠檬酸分子的代谢传感器，对金黄色葡萄球菌毒力因子的表达及细菌的致病力具有重要的调节功能[27]（图 24.1）。

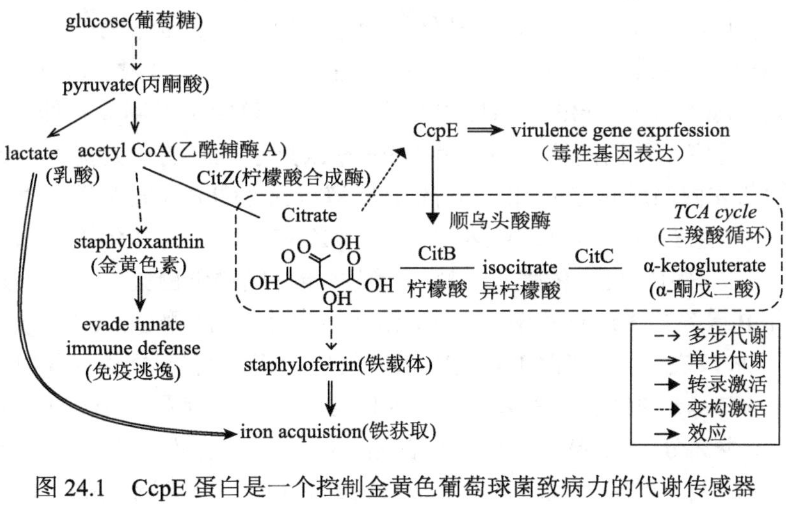


图 24.1 CcpE 蛋白是一个控制金黄色葡萄球菌致病力的代谢传感器

### 24.2.2 酪蛋白水解酶 ClpP：通过氨基酸的“多米诺骨牌”效应调控水解活性

酪蛋白水解酶 ClpP 是致病菌中高度保守的核心丝氨酸水解酶，金黄色葡萄球菌 ClpP 与致病力密切相关，为抗菌新药研究提供了全新的候选靶标。为了深入探讨该分子运动的分子机制及在致病菌 ClpP 中的普适性，已广泛开展功能调控的机理研究。另外，通过高通量筛选活性小分子化合物，可以深入研究小分子调控 ClpP 功能的结构变化特征和分子运动机制。不但进一步揭示了蛋白酶 ClpP 在致病菌感染中发挥生物学功能的结构基础，而且直接瞄准 ClpP 作为新靶标的验证，为基于分子间相互作用的新型抗菌药物研发奠定前提基础。因此开展 ClpP 的功能研究对于深入理解该靶标的成药性具有重要的科学价值和潜在的开发利用意义，促进了靶标成药性的评价及抗菌新药发现。本节我们将聚焦金黄色葡萄球菌 ClpP 发挥水解功能的结构基础及分子机制的研究成果进行论述。

在蛋白结构方面，金黄色葡萄球菌 ClpP 存在三种晶体构象，分别为：伸展构象、紧实构象、压缩构象。其中伸展构象的手柄区域 A133-T158 呈伸展状态，与下方对称单元形成紧密的相互作用，维持 ClpP 十四聚体的构象，并且在其手柄区域的 R171 和 D170 与其相邻单体的 R171 和 D170 均存在静电相互作用；紧实构象手柄区域的 125～137 位残基没有有序结构，手柄区域的 E 螺旋从 A140 到 T158 较伸展构象缺失两个氨基酸；对于我们首次解析得到 ClpP 压缩构象的晶体结构发现[28]，手柄区域 T134-T158 在 K144 处折断形成两段短的螺旋结构，螺旋 T134-K144 向 ClpP 腔体内弯曲，减弱了与下方对称单元的相互作用，且 R171 和 D170 之间只有微弱的作用，并不存在稳定的氢键与盐桥的作用。

在伸展构象中，ClpP 可以结合并水解底物，这一状态由活性位点与 R171/D170 的氢键网络维持。随着底物的降解，这一网络结构逐渐被破坏，ClpP 会由伸展构象转换为紧实构象，手柄区域开始弯曲，向压缩构象转换，释放底物。在外力的作用下，E137 与头部区域的氢键作用被破坏，压缩构象不能稳定维持，又会回复到伸展构象。在这一过程中，手柄区域上的 A140 扮演了一个“转轴”的角色，伸展构象中的手柄区域通过解旋/再折叠的过程调节着构象间的转换[29]。压缩构象可以被 E137 网络所稳定，随后被降解的底物碎片由压缩构象赤道处排出。E137 与头部区域相互作用，而稳定下来的压缩构象受到氢键作用的同时还存在静电排斥作用，这一动态平衡的状态会因环境发生改变，如 ClpX/ClpC 与 ClpP 的作用、底物进入 ClpP 的活性中心等，压缩构象便可以回复到伸展构象，从而开始新一轮的水解循环。我们的这一研究为 ClpP 家族分子机制的研究提供了新的线索。

ClpP 在细菌体内高度保守，在有伴侣蛋白 ATPase（ClpX/ClpA 等）存在时可以水解错误折叠及受损伤蛋白从而维持细胞内稳态。ClpX 和 ClpA 等伴侣蛋白通常以六聚体形式存在，它们可以识别底物，依赖于 ATP 水解供能将底物蛋白去折叠并通过轴孔通道将底物运送至 ClpP 水解腔内进行水解。结合生化及结构分析，推测 ClpX/A 主要是通过 IGF/L loop 与 ClpP 疏水口袋结合，而 ClpP 的输水口袋位于相邻两单体 N 端入口连接处。通过冷冻电镜发现 ATPase 的结合会引发 ClpP 入口变大，从而揭示了 ATPase 的存在会激活 ClpP。但由于缺少高分辨 ClpP/ATPase 复合晶体结构，目前还不知道蛋白质-蛋白质相互作用的具体激活机制。近年来发现在没有 ATPase 存在时，一类新型抗生素 ADEP 可以不依赖于 ATPase 而激活 ClpP 降解底物蛋白 FtsZ，从而抑制细胞分裂而杀菌，此外，ADEP 在与利福平联用时可以杀死持留菌，因此可以考虑将其发展成为治疗慢性感染的药物。通过晶体结构发现，ADEP 也占据了 ClpP 的疏水口袋，类似于 ATPase 与 ClpP 的结合方式，从而抑制了 ClpX/A 与 ClpP 的结合。ADEP 结合 ClpP 后会引发 ClpP 构象变化，即远离 ADEP 结合位点的区域会受到影响，轴孔变大利于底物进入水解腔内，这不同于伸展、压缩、紧实构象，这一别构变化被认为是 ADEP 介导 ClpP 激活的作用机制[30]。

我们实验室成功设计了金黄色葡萄球菌 ClpP 功能获得性突变体，将 ClpP 转换成不可控蛋白水解酶[31]。在体外实验中我们发现 ClpPY63A 可自身激活降解 β-casein。为了进一步研究 ClpPY63A 自身激活的作用机理，我们对 ClpP 的 63 位酪基酸进行了其他氨基酸的突变，发现 ClpPY63A 和 ClpPY63I 而 ClpPY63W、ClpPY63F 并没有表现出明显的降解 FtsZ 的活性。此外我们测定了 Y63 位分别突变成 A 后，ClpP 与 ClpX 作用降解 GFP-SsrA 的活性，发现反应进行 1h 后，野生型 ClpXP 可以水解 GFP-SsrA，而 ClpPY63A 对 GFP-SsrA 的降解活性减弱。这一研究表明 63 位的酪氨酸在 ClpX 对 ClpP 的活化作用中扮演着重要角色。随后我们通过 pull down 的实验验证了 ClpPY63A 与 ClpX 之间的相互作用被减弱。为进一步研究突变体的活化机理，我们解析了突变体的晶体结构，结合活性研究提出 ClpP 活化机理的推论，为理解 ClpP 的功能机制及靶向 ClpP 的药物设计提供了理论指导。ATPase 或者化合物与 ClpP 的 Y63 位作用后，牵引 63 位的酪氨酸残基发生反转，这一运动引起相邻氨基酸的相互作用改变，经过多米诺骨牌效应传递到上游 N 端 loop 区域和相关的 α 螺旋区域，引起 N42 位残基发生翻转，随之引起 N42 与 Y19 的作用消失，解除了 N 端区域的固定作用，从而使得构象发生变化；同时 N42 与 D38 形成稳定的氢键作用牵引 α 螺旋发生移动，ClpP 由伸展构象向紧实构象转变，紧实构象的 ClpP 处于底物水解的活化态，更容易接受和降解底物。对 ClpP 的活化机理的研究，不但发现了 N42、Y63 在 ClpP 功能活化中的调控作用，还进一步理解了 ClpP 的构象变化和分子运动机制。随后对 ClpPN42AY63A 突变体及 ClpPN42A 突变体进行活性、聚集状态研究。发现突变体 ClpPN42A 在体外没有明显的自激活活性，突变体 ClpPN42AY63A 体外自激活性较突变体 ClpPY63A 明显升高，能更快地完全降解底物 FtsZ，这说明 N42 位在 ClpPY63A 的自激活活性中起着关键的作用。进一步我们通过冷冻电镜实验发现，ClpPN42AY63A 具有更强的激活作用主要是通过 N 端入口的增大来实现的。我们知道在细菌水平上 ADEP 能够激活 ClpP 降解细菌体内的 FtsZ，由于 FtsZ 为细胞分裂相关的蛋白质，所以在细菌体内大量的 FtsZ 被降解后细菌就无法正常分裂，最后导致细菌生长速度减慢抑制细菌的生长。也有研究发现细菌体内的 FtsZ 被大量降解后细菌会出现个体变大的表型。基于这一研究理论我们发现 ClpPN42AY63A 能够降解体内 FtsZ，从而使得 ClpPN42AY63A 突变菌株生长速度变慢抑制生长，并且同样出现个体变大的表型。同时我们还发现 ClpPN42AY63A 与传统抗生素联用能够有效唤醒这些休眠细胞，使之杀死持留菌，这也具有与 ADEP 相同的特性。

ClpP 可以作为一个全新的抗菌靶标，发展一系列新骨架新机制小分子调控 ClpP 杀菌或抑菌[32]。小分子激动 ClpP，使其功能紊乱并导致细菌内某些功能蛋白大量降解，最终导致细菌死亡；小分子抑制 ClpP 后，小分子会占据 ClpP 与 ClpX 的结合口袋，破坏 ClpP

与 ClpX 的相互作用，从而使得某些特异性的底物不能被水解，细菌的致病力和生存力都将有不同程度的下降。由此可见 ClpP 作为抗菌靶标提供了双重的调控策略。因此我们期望可以针对生物学意义明确的抗致病菌感染的候选靶标 ClpP 蛋白酶，开展基于作用机制筛选小分子抑制剂，基于水解活性的全细胞筛选模型获得小分子激动剂，发展新类型抗生素。并从酶活、细菌等多层次上开展作用机制研究及活性验证。针对细菌体内高度保守的 ClpP 蛋白水解酶这一靶点，发展不同作用机制的小分子化合物，分别抗致病力和抗菌。

### 24.2.3　CrtN 蛋白：具有成药性的抗金黄色葡萄球菌感染的分子靶点

抗细菌致病力药物研究的一个关键瓶颈在于发现潜在的药物作用新靶点，从而可通过特异性地抑制这些因子或通路的功能以削减细菌的致病能力，达到临床治疗的目的[10]。在 2005 年，美国加州大学圣地亚哥分校（UCSD）Victor Nizet 教授等发现金黄色葡萄球菌的金黄色色素（staphyloxanthin）具有帮助金黄色葡萄球菌逃避人体先天免疫系统产生的活性氧的杀害能力，是决定细菌致病能力的一个关键因子[33]，暗示着抑制金黄色色素的产生有望削减金黄色葡萄球菌的致病能力。2008 年，美国伊利诺大学香槟校区 Eric Oldfield 教授等通过 X 射线衍射方法解析了金黄色葡萄球菌合成金黄色色素的关键酶——CrtM 蛋白的结构，并发现 CrtM 与人的鲨烯合酶（SQS）在三级结构上极为相似[34]。随后，作者进一步发现 SQS 的抑制剂 BPH-652 能与 CrtM 蛋白结合，并通过抑制了 CrtM 蛋白的活性阻断金黄色葡萄球菌内金黄色色素的形成，从而削减金黄色葡萄球菌在小鼠体内的致病能力[34]。BPH-652 虽然尚未上市，但该小分子已经在治疗人类高胆固醇的测试上通过多方临床试验，因此有望成为潜在的治疗药物。由于人体的 SQS 与 CrtM 在氨基酸序列及三级结构都具有相似性，开发特异性靶向 CrtM 小分子药物仍面临着严重的挑战。然而，这项研究工作为控制细菌感染，特别是耐药菌感染提供了潜在的可能和研究范例。

为了寻找新的可抑制金黄色葡萄球菌金黄色色素产生的化合物，我们对 412 个已上市药物进行了深孔板中的初筛和试管中的复筛。通过比较药物处理后金黄色葡萄球菌的色素合成水平，我们从中发现了 3 个可明显抑制金黄色色素合成的药物（分别是伊班膦酸钠、盐酸特比萘芬、盐酸萘替芬）。这三个药物之中，最好的是盐酸萘替芬，其抑制金黄色色素合成的 $IC_{50}$ 约为 296nmol/L。值得注意的是：即使在 0.2mmol/L（约 64.8μg/mL）的高浓度下，萘替芬对金黄色葡萄球菌的生长也没有显著的抑制作用。根据文献报道，萘替芬对金黄色葡萄球菌的 MIC＞256μg/mL，最低杀菌浓度高至 1.25%[35]。与此相对应的是，我们观察到萘替芬抑制金黄色葡萄球菌的 $MIC_{90}$ 大约为 0.5%（5mg/mL）。因此，萘替芬对金黄色色素的产生具有强烈的抑制作用，但对细菌的生长影响却很小。除 Newman 菌株之外，我们发现萘替芬也能在较低的微摩尔水平上抑制 MRSA 菌株（如 USA300LAC、USA400MW2、Mu50）中金黄色色素的合成，说明该药物可广泛地抑制金黄色葡萄球中色素的合成，不具有菌株特异性。

金黄色色素可以帮助金黄色葡萄球菌抵抗宿主的氧化杀伤。由于萘替芬可抑制色素的合成，我们随后研究了萘替芬是否会使金黄色葡萄球菌对于过氧化氢（$H_2O_2$）的杀伤变得更加敏感。我们将金黄色葡萄球菌与萘替芬共同培养 24h 后，收集菌体，并用 $H_2O_2$ 进行杀伤。结果表明：不加药组的金黄色葡萄球菌的存活率为 9.17%，而经萘替芬处理的金黄色葡萄球菌在 $H_2O_2$ 杀伤时的存活率仅为 0.07%。另外，在全血杀伤实验中，我们发现萘替芬处理组金黄色葡萄球菌的存活率仅为对照组的 1/20（1.1% *vs.* 20.2%）。上述两个实验结果表明萘替芬可以使得金黄色葡萄球菌对于氧化杀伤或人体的免疫清除变得更加敏感。

随后，我们决定研究萘替芬在动物体内是否也可以达到抗金黄色葡萄球菌感染的效果。我们首先选择了高剂量细菌感染的败血症小鼠模型，发现感染金黄色葡萄球菌 Newman 菌株后，对照组小鼠在一天内全部死亡；而治疗组小鼠在第 5 天才开始死亡。并且，在感染后第 12 天，治疗组还有 70%的小鼠（10/14）存活。高剂量感染的实验表明：萘替芬能显著地降低金黄色葡萄球菌在小鼠体内的致病能力。为了进一步确定萘替芬抗金黄色葡萄球菌感染的作用，我们降低了感染剂量，并且在感染后 96h 左右收集小鼠的肾脏、心脏和肝脏，以进行细菌定植数目的分析。我们发现：萘替芬治疗组中的细菌在上述三个脏器中的定植数目较对照组下降了 90%以上。除 Newman 菌株之外，我们发现萘替芬的治疗还可降低 USA400 MW2 和 Mu50 等 MRSA 菌株在小鼠体内的致病能力。

萘替芬具有抑制金黄色色素产生及细菌致病能力的良好活性。那么，萘替芬是如何抑制金黄色色素的合成的？是否是通过抑制色素的合成来抑制细菌的致病能力？我们随后对这两个问题进行了重点研究。我们首先研究了萘替芬抑制色素合成的机制。在金黄色葡萄球菌中，金黄色色素的合成是由 *crtOPQMN* 操纵子编码的 5 个酶催化的，而这一操纵子统一由 *crtO* 的启动子负责转录[36]。为了探明萘替芬抑制色素的合成是否通过抑制 *crtOPQMN* 这一操纵子的表达来实现，我们将 *crtO-lacZ* 报告基因导入金黄色葡萄球菌中，然后在不同的时间点取样，分析 LacZ 的活性。我们发现，萘替芬对 *crtO-lacZ* 报告基因的表达并没有明显的抑制作用。因此，我们认为萘替芬并不是通过抑制色素合成相关基因的表达来抑制金黄色色素的合成。

金黄色色素合成的第一步是脱氢鲨烯合酶（CrtM）通过首-首缩合的方式催化两分子 FPP 生成 4, 4′-脱氢鲨烯[36]。因此，我们的第二个猜测是，萘替芬是否通过影响了前体 FPP 的合成，从而影响了金黄色色素的合成？目前的研究表明 FPP 是由类异戊二烯途径中的最后一个酶 IspA 催化两分子 IPP 和一分子 DMAPP 所产生，由此我们从野生型、*ispA* 突变菌株、*ispA* 互补菌株中分别提取了类异戊二烯代谢产物，随后利用反相高效液相色谱进行了产物图谱分析。我们发现：*ispA* 的失活突变不但导致细菌无法产生金黄色色素，同时也明显改变了其类异戊二烯类代谢产物的 HPLC 图谱。与此不同的是，尽管萘替芬抑制了色素的产生，但对类异戊二烯代谢产物的 HPLC 图谱却没有明显的影响。另外，根据文献报道，伊班膦酸钠是 IspA 的一个竞争性抑制剂，我们也观察到伊班膦酸钠可显著改变野生型菌株中类异戊二烯类代谢产物的 HPLC 图谱。因此，伊班膦酸钠是通过抑制 IspA 的活性来抑制金黄色色素的合成，而盐酸萘替芬抑制色素的合成则不依赖于类异戊二烯途径。

*crtM* 和 *crtN* 两个基因同时表达时可使得大肠杆菌和肉葡萄球菌合成金黄色色素[36]。因此，我们推测萘替芬极可能是通过抑制 CrtM 和/或 CrtN 的功能来抑制色素的产生。我们分别对来自于野生型、*crtM* 突变体、*crtN* 突变体和 *crtN* 互补菌株中的类胡萝卜素代谢产物进行了 HPLC 分析。在 440nm 波长下，野生型和 *crtN* 互补菌株中可以看到一些明显

的吸收峰，而在 *crtM* 和 *crtN* 突变体中却没有这些吸收峰。该结果进一步证明了 CrtM 和 CrtN 对于合成金黄色色素类产物是必需的。当我们用萘替芬去处理野生型菌株时，这些特征吸收峰也消失了，说明萘替芬是通过抑制 CrtM 和/或 CrtN 的功能来抑制色素的产生。有意思的是，当我们在 286nm 波长处检测脱氢鲨烯（CrtM 的产物及 CrtN 的底物）时，经萘替芬处理的野生型菌株表现出与 *crtN* 突变体类似的代谢特征，表明萘替芬抑制了 CrtN 的生物学功能。为了进一步证明这一结论，我们在野生型菌株中过表达了 *crtN*，发现过表达 *crtN* 可以显著减弱萘替芬抑制色素合成的能力。萘替芬抑制 *crtN* 过表达菌株中色素合成的 $IC_{50}$ 为 21.1μmol/L，是其抑制野生型菌株色素合成 $IC_{50}$ 的 71 倍。当我们用 *crtN* 突变体去感染小鼠时，萘替芬不能够进一步降低细菌在小鼠肾脏、心脏和肝脏中的定植。这说明，萘替芬是通过抑制 CrtN 的功能来抑制金黄色色素的合成及细菌的致病能力的。

随后，我们纯化了 CrtN，并在体外进行了酶活测定。然而，在我们的酶活反应体系中，CrtN 的活性并不理想，目前原因未知。在随后的酶活分析中，我们使用了表达 CrtN 蛋白的全细胞裂解液进行活性测定。我们在体外观察到萘替芬对 CrtN 的酶活具有抑制作用（$IC_{50}$ 为 8.83μmol/L）。此外，酶学活性分析表明萘替芬可增加酶活反应的 $K_m$ 值，但却并不影响其最大反应速率 $V_{max}$，说明萘替芬是 CrtN 的竞争性抑制剂。通过采用 T1ρ 和饱和转移差别的核磁共振实验，我们证明了萘替芬可与 CrtN 蛋白直接结合。这些数据表明萘替芬可直接抑制 CrtN 的功能。

在最初的筛选工作中，我们也发现了同属烯丙胺类抗真菌药物的特比萘芬也能够抑制金黄色色素的合成，尽管其抑制色素合成的 $IC_{50}$ 值高于萘替芬。但是，萘替芬的另一结构类似物布替萘芬却在浓度高至 1.25mmol/L 时也没有抑制色素合成的能力。因而，我们拟在萘替芬的基础上合成结构新颖、活性更优的衍生物。我们发现：当萘替芬母核结构中的 *N*-甲基被替换或去除时，化合物基本丧失了抑制色素合成的能力；此外，萘替芬结构中的烯丙基对于其色素抑制活性也是必需的。总体而言，烷基取代或杂环取代不利于化合物的活性；但是，大的芳香基团取代可进一步改善现有活性。在萘替芬苯环结构的取代中，取代基团的活性优劣依次为：甲基＞叔丁基＞氢（萘替芬）。在我们的研究中，改造后活性最好的两个化合物，其抑制色素合成的能力较萘替芬提高了 10 倍左右。与之相对应的是，这两个化合物抑制 CrtN 酶活的能力分别较萘替芬提高了 10.8 倍和 82.5 倍。因此，基于萘替芬的分子基础，有望进一步开发高效的 CrtN 抑制剂。

由于萘替芬能够明显降低包括 MRSA 在内的金黄色葡萄球菌的致病能力，同时我们的研究表明萘替芬的分子靶点为 CrtN。因此，我们接下来进一步研究 CrtN 对金黄色葡萄球菌致病能力的影响。我们将野生型 Newman 菌株、*crtN* 突变体、*crtN* 互补菌株以相同剂量感染小鼠，而后分析不同菌株在小鼠肾脏、心脏和肝脏中的定植数目。结果表明：*crtN* 突变体在小鼠肾脏和心脏中的定植数目较野生型分别下降了 99%以上。在互补菌株感染的小鼠中，肾脏和心脏中定植的细菌数目较突变体又显著回升。我们在 MRSA 菌株 USA300 LAC 和 USA400 MW2 中也获得了类似的结果。因而，CrtN 对于金黄色葡萄球菌的致病能力具有很重要的促进作用，是抗金黄色葡萄球菌感染的一个潜在的药物作用靶点并呈现出良好的可成药性（druggability）。

在这项研究中，我们首先基于表型筛选，发现抗真菌老药盐酸萘替芬可在纳摩尔浓度的水平上显著地抑制金黄色葡萄球菌中金黄色色素的合成，并增加金黄色葡萄球菌对氧化应激、人体血液杀伤的敏感性。随后，我们通过化学生物学、遗传学等方法，发现萘替芬是通过竞争性地抑制金黄色色素生物合成途径中 CrtN 的功能，从而阻断了金黄色色素的合成，并因此降低了金黄色葡萄球菌对小鼠的致病能力（图 24.2）。这项研究揭示了 CrtN 蛋白是一个具有成药性的抗金黄色葡萄球菌感染的分子靶点，为抗生素替代品特别是抗致病力药物的研究及开发提供了新的切入点。相关的研究论文于 2016 年发表在 *Nat. Chem. Biol.*杂志[37]。

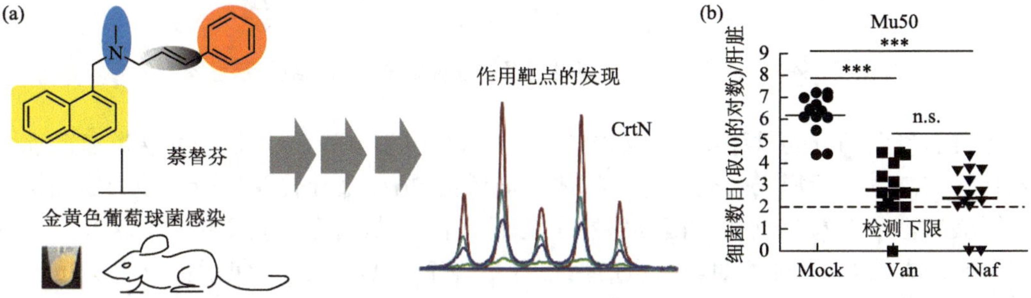


图 24.2　萘替芬的作用机理。(a) 萘替芬抑制金黄色葡萄球菌重要毒力相关因子——金黄色色素的生成从而减弱细菌对小鼠的致病能力，进一步研究发现金黄色葡萄球菌的 CrtN 蛋白是其作用位点；(b) 萘替芬（Naf）显著减少金黄色葡萄球菌 Mu50 菌株在小鼠肝脏的定植，其效果与万古霉素（Van）相当

在 2017 年 9 月，香港大学 Gao 等发表在 *MBio* 杂志上的研究也获得了与我们相类似的研究结果[38]。他们发现：化合物 NP16 可以抑制金黄色葡萄球菌中金黄色色素的合成。在以模式菌株 COL 为基础进行进一步的分子机制研究后，确证 NP16 抑制色素合成的靶点也为 CrtN 而非 CrtM。在半体外的实验中，该化合物通过抑制色素的合成使得金黄色葡萄球菌对 $H_2O_2$ 和嗜中性粒细胞的杀伤变得更加敏感。同时，在动物模型中，NP16 可通过靶向 CrtN 来降低金黄色葡萄球菌 COL 菌株的致病力；在另一临床菌株 AE052 中，他们也获得了类似的研究结果。这一研究成果进一步证明金黄色色素对于金黄色葡萄球菌致病力具有重要作用；同时，CrtN 可作为抗金黄色葡萄球菌感染的一个潜在药物靶标。

为了获得活性更优，并且具有自主知识产权的新结构衍生物，我们在前期研究工作的基础上进一步对 CrtN 的抑制剂进行了构效关系、毒理等方面的研究[39-45]。发现了一系列比萘替芬具有更强 CrtN 抑制活性的小分子化合物；其中，化合物 JX0626 显示出良好的成药性，目前正在进行进一步的临床前研究。

### 24.2.4　靶向 SrtA 蛋白：新的小分子抑制剂

Sortase A（SrtA）是 1999 年芝加哥大学 Olaf Schneewind 教授发现的一种革兰氏阳性菌细胞膜上的半胱氨酸转肽酶。它主要负责催化表面蛋白共价结合在革兰氏阳性菌的细胞壁上。Olaf 等以金黄色葡萄球菌中的表面蛋白 SpA 为模型，研究了表面蛋白 SpA 的锚定过程[46]。表面蛋白 SpA 羧基端包括保守氨基酸序列 LPXTG 基序、一个疏水区域和尾部带正电荷的氨基酸残基，这三个部分组成了表面蛋白 SpA 羧基端锚定细胞壁的信号部分，被称为细胞壁分选信号（cell wall sorting singal，CWS）[46]（图 24.3）。这些表面蛋白是由 N 端信号序列和 Sec 通路实现定位和分泌的[47]。

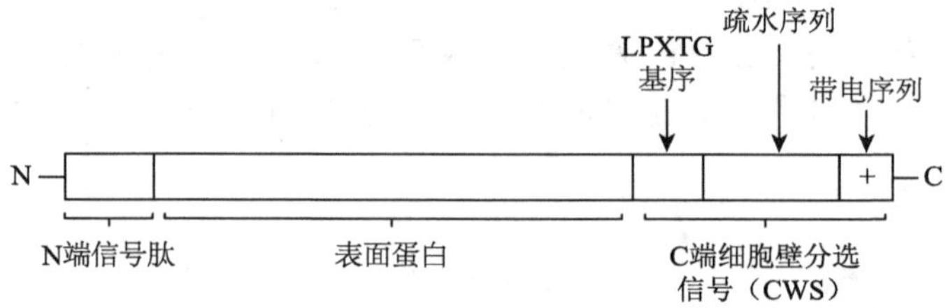


图 24.3　金黄色葡萄球菌表面蛋白细胞壁分选信号组成示意图

在表面蛋白的分泌过程中，LPXTG 基序被结合在膜上的 SrtA 识别并从苏氨酸和甘氨酸残基间切割，随后形成硫酯酰酶中间体，最后由 SrtA 介导转肽反应，使得表面蛋白 C 端苏氨酸残基与金黄色葡萄球菌细胞壁上的五肽甘氨酸交联桥形成共价交联[48]。目前的研究表明：大约有 20 种葡萄球菌蛋白携带有 C 端 LPXTG 基序，包括蛋白 A（SpA）、两种纤维蛋白结合蛋白（FnbpA 和 FnbpB）、两种凝集因子（ClfA 和 ClfB），一种胶原蛋白结合蛋白（Cna），三种血清天冬氨酸重复蛋白（SdrC、SdrD 和 SdrE）等[49]。在金黄色葡萄球菌中，这些表面蛋白在细菌黏附和侵染宿主组织、生物膜的形成及免疫逃避等过程中发挥重要的作用[50]。

SrtA 在革兰氏阳性菌致病过程中所起到的作用已被证实，因而被视为干预细菌致病力的重要靶点。2000 年，Mazmanian 等报道了里程碑式的发现：*srtA* 敲除的金黄色葡萄球菌中，不同的 LPXTG 基序蛋白在细胞壁上的锚定都存在缺陷；同时，该突变体在小鼠肾脓肿感染模型中的致病能力也显著降低[51]。随后，在大鼠心肌炎模型中，*srtA* 缺失突变体感染宿主能力的下降也得到证实[52]。SrtA 使得被巨噬细胞吞噬后的金黄色葡萄球菌得以存活，而 *srtA* 突变体更容易被巨噬细胞清除[53]。近年来的研究表明：SrtA 过表达的菌株，生物被膜形成的能力比普通金黄色葡萄球菌高[54]。进一步的研究发现：金黄色葡萄球菌的多种表面蛋白，在不依赖于多糖胞间黏附素（polysaccharide intercellular adhesin，PIA）的生物被膜形成（biofilm formation）过程中起着关键的作用。金黄色葡萄球菌细菌表面疏水性蛋白和多糖黏附素对于细菌在生物材料上形成生物被膜与其高黏附性与高耐药性直接相关。O'Neill 等报道表面蛋白 FnbpA 和 FnbpB 可以促进多种 MRSA 菌株中生物被膜的形成[55]。Foster 等发现金黄色葡萄球菌的表面蛋白 SasG 可以促进生物被膜的形成并增加其对鼻上皮细胞的黏附力[56]。Schroeder 等发现金黄色葡萄球菌的表面蛋白 SasC 在生物被膜的形成及细菌聚集过程中起着非常关键的作用[57]。复旦大学附属华山医院的李敏团队发现新的细胞壁锚定蛋白 SasX 影响金黄色葡萄球菌黏附聚集和定植能力，获得 *sasX* 基因的金黄色葡萄球菌更加容易定植到宿主易感部位，进而引发感染[58]。同时，中国医院分离的 MRSA 菌株中的 *sasX* 高于其他地区，*sasX* 的分离频率也极大地增加。2003～2011 年，临床分离的 MRSA 菌株中检测到 *sasX* 的水平从 21%增加到 39%。这表明：*sasX*

涉及的分子过程能帮助 MRSA 传播并引发疾病[58]。作为细胞壁锚定蛋白之一，SasX 的正确定位及其生物学功能的发挥是依赖于 SrtA 蛋白的。SrtA 抑制剂抑制表面蛋白锚定过程见图 24.4。

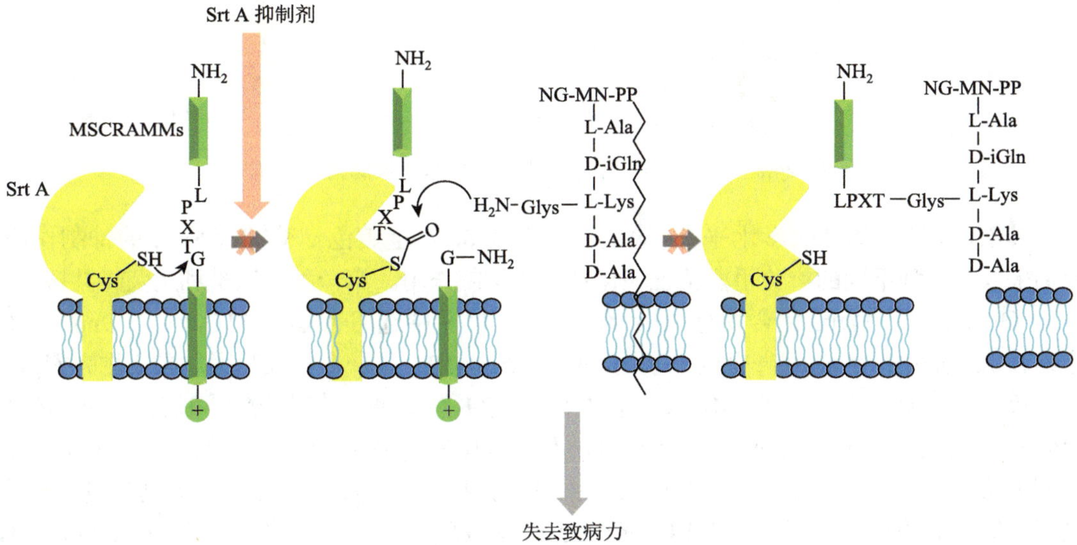


图 24.4　SrtA 抑制剂抑制表面蛋白锚定过程示意图[59]

目前，SrtA 抑制剂的发现主要有两种方法：①高通量筛选通过化学合成的化合物和天然产物；②虚拟筛选。通过这两种方法，很多 SrtA 的抑制剂被发现和报道。这些抑制剂主要分为天然产物类、合成小分子及多肽。

目前对于 SrtA 抑制剂的研究，绝大多数停留在酶学水平上抑制活性的确证，而缺乏细胞水平和动物水平的活性研究。在众多的 SrtA 抑制剂中，第一个在动物水平上验证具有生物学活性的是(Z)-3-(2, 5-二甲基)-2-(4-甲氧基苯基)丙烯腈(DMMA)。研究表明：通过小鼠尾静脉感染 Newman 菌株后，再给予 100mg/kg、20mg/kg 和 4mg/kg DMMA 的小鼠在 2 周内的生存率分别为 75%、100%和 97%，而未给药组小鼠全部死亡。该项研究首次在动物水平上验证了 SrtA 抑制剂对于金黄色葡萄球菌感染的治疗作用[60]。

我们在前面研究的基础上，通过虚拟筛选和结构优化得到化合物 6e，随后在体外酶学水平、细胞水平及动物水平上，系统地研究了化合物 6e 对于 SrtA 抑制作用的分子机理和生物学效应（图 24.5)，我们的实验结果进一步暗示 SrtA 是一个良好的抗致病力治疗靶点。特异性靶向 SrtA 的抑制剂有望通过降低细菌的致病力从而达到抗感染治疗的目的[61]。

首先，我们通过骨架跃迁和分子对接相结合的方式，以 SrtA 底物复合物的结构(PDB：2KID）模拟酶的活性位点，以天然产物 topsentin A 这一 SrtA 抑制剂作为配体模型，虚拟筛选了 Specs 数据库中约 300000 个类药小分子化合物。根据虚拟筛选的结果，我们挑选了其中 105 个化合物进一步进行活性验证，得到了化合物 6a。化合物 6a 的体外 $IC_{50}$ 值为 37.7μmol/L。为了得到活性更优的化合物前体，我们通过构效关系研究，最终得到了化合物 6e，化合物 6e 抑制 SrtA 的 $IC_{50}$ 值约为 9.3μmol/L。

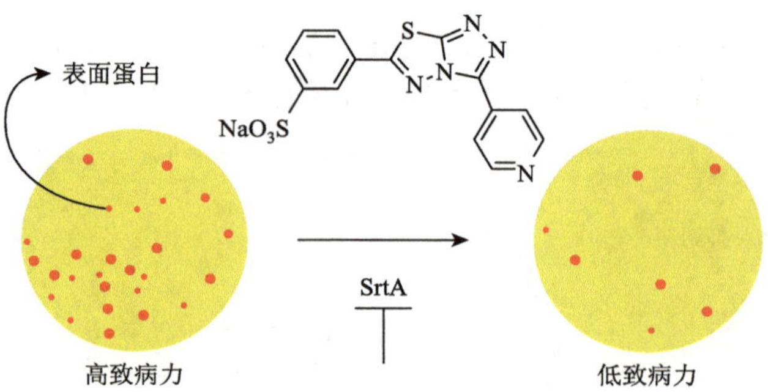


图 24.5 小分子 6e 降低金黄色葡萄球菌致病力示意图

其次，我们在体外酶学水平上，验证了化合物 6e 对金黄色葡萄球菌 SrtA 的抑制作用。我们采取了三种不同的实验手段验证该化合物的抑制作用。第一种方法是利用荧光共振能量转移（FRET）原理测定化合物对 SrtA 的抑制率。实验中选用 Abz-LPATG-Dap（Dnp）-$NH_2$ 作为 SrtA 的底物，Abz 是一个荧光基团，Dap(Dnp)-$NH_2$ 是一个猝灭基团。当底物完整时由于猝灭作用不会有荧光产生，SrtA 可以在底物的 T 和 G 两个氨基酸之间切开，从而使反应体系中的荧光信号发生变化。通过测定不同浓度的底物对应的反应初速率，可以得到不同浓度下化合物对 SrtA 的抑制率。为了排除化合物对荧光信号的干扰等因素，我们采用了第二种方法：利用 RP-HPLC，把反应产物从反应系统中分离，由于 Dap(Dnp)-$NH_2$ 在 350nm 处有紫外吸收，我们通过检测该波长下的反应产物的紫外吸收，从而可以定量计算加入不同浓度的化合物对 SrtA 反应速率的抑制情况。结果表明：化合物 6e 可以浓度依赖性地抑制 SrtA 的转肽反应速率。为了进一步验证 6e 对 SrtA 的抑制活性，我们纯化得到了 SrtA 的天然蛋白底物 IsdA，SrtA 可以识别 IsdAC 端的 LPXTG 序列，在加入另一个反应底物$(Gly)_3$时，SrtA 可以催化 IsdA 发生转肽反应，并将 IsdAC 端分子量大约 1500 的氨基酸序列切掉生成$\Delta C_{11}$-IsdA，转肽前后的表面蛋白 IsdA 分子量大小的变化可通过 15%的 SDS-PAGE 胶鉴定出来。实验证明化合物 6e 可以浓度依赖性地抑制 SrtA 对 IsdA 的转肽作用。通过小分子与蛋白孵育后快速稀释的方法，我们发现 SrtA 的活性恢复了约 90%，这证明化合物 6e 是以非共价的方式，可逆性地抑制 SrtA。

为了证明化合物 6e 在细胞水平上的作用，我们随后研究了 6e 是否可以抑制金黄色葡萄球菌中 SpA 蛋白的锚定。SpA 是金黄色葡萄球菌的一种重要的毒力因子，也是 SrtA 的底物之一。SpA 的前体 P1 在核糖体内合成以后由 N 端的分泌信号肽介导其分泌。在分泌过程中，N 端信号肽被切除并形成 P2 中间体，最后 P2 的 LPXTG 基序被 SrtA 识别，并被锚定到细胞壁上形成成熟的 SpA。在细菌的生长过程中，我们利用同位素[$^{35}$S]Met/Cys 标记金黄色葡萄球菌的蛋白，通过脉冲追踪实验和免疫沉淀的方法测量 SrtA 对 SpA 的锚定作用。结果发现：化合物 6e 可以有效地阻断 SrtA 对 P2 前体的锚定，细胞水平上 $IC_{50}$ 约为 68.7μmol/L。

为了进一步证明化合物 6e 在细胞水平上对 SrtA 的抑制活性，我们将 6e 加入金黄色葡萄球菌培养基中共培养，然后通过荧光基团 FITC 标记的 IgG 和蛋白免疫印迹两种方法，检测了细菌细胞壁上 SpA 的锚定量的变化。结果发现，100μmol/L 的化合物 6e 即可显著减少细菌表面的 SpA 含量，并且抑制作用具有浓度依赖性。化合物 6e 对 SpA 锚定的抑制作用，证明该抑制剂可以在活细胞水平上抑制 SrtA，从而发挥抗致病力的作用。同样，我们还发现化合物 6e 可以减少葡萄球菌与纤连蛋白原之间的结合，而这种结合是血液感染过程的关键机制。

最后，我们在动物水平上验证了化合物 6e 是否具有抗金黄色葡萄球菌感染的作用。我们分别使用 $1\times10^7$CFU 和 $5\times10^7$CFU 的 Newman 菌株对 BALB/c 小鼠进行感染。在化合物 6e 按 40mg/(kg·12h)的剂量给药治疗之后，显著地延长了小鼠的生存期。$5\times10^7$CFU 金黄色葡萄球菌感染的小鼠在 10 天内的存活率为 10%，而对照组小鼠在 2 天内全部死亡；$1\times10^7$CFU 金黄色葡萄球感染的小鼠 20 天内的生存率达到 60%，对照组小鼠在 11 天内全部死亡[61]。

此外，我们通过基于 FRET 的高通量筛选方式，筛选得到了以醌类为结构骨架的 SrtA 共价抑制剂[62]。首先发现了一种传统中草药紫草中的活性小分子——紫草素对 *S.aureus* SrtA 在酶学上具有很强的抑制活性，但是该种化合物对金黄色葡萄球菌具有很强的杀灭作用，因此难以进行进一步的抗致病力活性验证。随后，我们又发现了同为醌类结构的化合物 283，其在体外酶学水平上展现了很好的 SrtA 抑制活性。通过串联质谱的方式，验证了化合物 283 通过共价结合的方式，不可逆地与 SrtA 蛋白的 184 位的半胱氨酸结合。NMR 分析也确证了化合物与 SrtA 的直接相互作用。

在活性菌水平上，我们将化合物 283 与金黄色葡萄球菌 Newman 孵育培养，发现化合物 283 的加入，可以有效地抑制金黄色葡萄球菌表面蛋白 SpA 的锚定量，同时减少生物膜的形成，这表明化合物 283 可以有效地降低金黄色葡萄球菌的致病力。

但是酮醌类化合物，往往反应靶点众多，容易产生脱靶效应，因此该类化合物在作用于 SrtA 的同时，很有可能与其他蛋白质类靶点产生作用，因此该类化合物还需要进行进一步的细胞水平的在靶研究。

SrtA 是被公认的潜在抗致病力靶点，但其抑制剂抗菌感染的研究尚处于概念验证阶段。目前已有多种不同的 SrtA 抑制剂被报道，但是绝大多数抑制剂只用了体外酶学的模型对其活性进行验证，并没有进一步的细胞水平和动物水平的活性验证。目前，只有屈指可数的文献报道了 SrtA 小分子抑制剂在小鼠感染模型上抗金黄色葡萄球菌感染的结果。我们针对 SrtA 的晶体结构，通过虚拟筛选结合化合物合成优化，得到了化合物 6e，其是第一个完整地实现在酶学、细胞水平和动物水平上验证活性的 SrtA 小分子抑制剂，特别是在我们的工作之前没有 SrtA 小分子抑制剂被报道在活细菌内是否可以直接抑制 SrtA 的活性。然而仍然需要系统的工作，以深入验证 SrtA 抑制剂通过遏制金黄色葡萄球菌致病力抗菌感染的可行性。例如，SrtA 抑制剂对宿主益生菌相关蛋白质是否也会产生干预，进而导致副作用？又如，SrtA 抑制剂对宿主的水解酶是否有靶标选择性？这些是下一步针对 SrtA 抑制剂研究需要突破的关键科学问题。

## 24.3　讨论与展望

随着抗生素在临床、畜牧业上的大量使用，耐药性菌株的分离率也快速攀升。通常情况下，在抗生素类药物进入临床使用几年后便出现了耐药，其原因是繁杂且多因素的。首先，抗生素耐药的机制古老而多样，在人类使用之前就早已存在[63, 64]。同时，细菌的种群数量庞大，即使稀少的突变也会频繁发生；而编码抗生素耐药的基因又可通过水平转移在细菌种内甚至种间移动。总而言之，一系列诸多因素正导致编码抵抗最后一道防线抗生素，如多黏菌素[66, 67]和万古霉素[68, 69]的耐药基因在细菌中不断地传播。

如何应对细菌抗生素耐药性的威胁，是人类在 21 世纪所面临的共同挑战。通过抑制细菌毒力因子的表达来削弱细菌的致病力，是有望治疗细菌或抗生素耐药细菌感染的一个潜在策略[6]。这种方法与传统的抗生素相比，既有明显的优点，也有自身的局限性[3]。抗致病力药物最鼓舞人心的地方就在于它们有望减少、消除甚至逆转传统抗生素带来的选择压力[6, 70]。另外，抗致病力药物的另一个重要的特征，就是它与传统的抗生素相比，具有较好的细菌特异性，不会对人体内的正常菌群造成严重的破坏[71]——人体内的共生细菌数量是体细胞总数的 10 倍，这些细菌构成了我们的微生物群，与人类共同进化，并在人类的生命健康中发挥重要的作用，如促进免疫系统的发育、提高我们的代谢能力、帮助我们抵抗病原菌的定植。除了具有潜在的优点，抗致病力策略也面临着很多挑战。例如，可能需要多重综合的治疗来对抗多样繁杂的毒力因子、疗效可能不如抗生素、需要对病原菌的种类进行快速的鉴定等。

近几年来，针对细菌致病力的抗体药物，如 Bezlotoxumab（治疗艰难梭菌的感染）、Raxibacumab（炭疽杆菌）、Obiltoxaximab（炭疽杆菌）相继通过美国 FDA 的审批并已成功上市。一些毒素中和抗体药物，如治疗铜绿假单胞菌感染的 MEDI3902 和 MEDI4893、治疗金黄色葡萄球菌感染的 AR-301 和 ASN-100，正在进行临床研究。这些研究进展表明抗致病力策略已经从一个理念进入了临床应用，并有望在抵御细菌抗生素耐药性中发挥更大的作用。抗致病力药物研究一个非常重要的优势，就是存在着大量未开发的潜在药物靶标。结合医学、病原细菌学的最新研究进展，利用小分子作为工具，通过干扰/调节病原细菌的致病进展并阐释其作用机理，有望可以从现存的化合物库中发现抗细菌致病力化合物，并为新药发现提供理论依据和作用靶点。

本章作者：蓝乐夫①②，陈菲菲①，李家慧②，侯孝晨②，杨财广①②

①中国科学院上海药物研究所；②中国科学院大学

## 参 考 文 献

[1] Demain A L，Sanchez S. Microbial drug discovery：80 years of progress. J Antibiot，2009，62：5.

[2] Hawkey P M，Jones A M. The changing epidemiology of resistance. J Antimicrob Chemoth，2009，64（Suppl 1）：3-10.

[3] Dickey S W，Cheung G Y C，Otto M. Different drugs for bad bugs：antivirulence strategies in the age of antibiotic resistance. Nat Rev Drug Discov，2017，16（7）：457-471.

[4] Neill J O. Tackling drug-resistant infections globally：final report and recommendations. Review on Antimicrobial Resistance，2016：1-84.

[5] Ghebreyesus T A. Prioritization of pathogens to guide discovery，research and development of new antibiotics for drug resistant bacterial infections，including tuberculosis. World Health Organ，2017：88.

[6] Clatworthy A E，Pierson E，Hung D T. Targeting virulence：a new paradigm for antimicrobial therapy. China Animal

Husbandry & Veterinary Medicine，2007，3（9）：541.

[7] Theuretzbacher U. Accelerating resistance，inadequate antibacterial drug pipelines and international responses. Int J Antimicrob Agents，2012，39（4）：295-299.

[8] Blaser M J. The past and future biology of the human microbiome in an age of extinctions. Cell，2018，172（6）：1173-1177.

[9] Rubio C A，Schmidt P T. Severe defects in the macrophage barrier to gut microflora in inflammatory bowel disease and colon cancer. Anticancer Res，2018，38（7）：3811-3815.

[10] Rasko D A，Sperandio V. Anti-virulence strategies to combat bacteria-mediated disease. Nat Rev Drug Discov，2010，9（2）：117-128.

[11] Cegelski L，Marshall G R，Eldridge G R，et al. The biology and future prospects of antivirulence therapies. Nat Rev Microbiol，2008，6（1）：17-27.

[12] Munguia J，Nizet V. Pharmacological targeting of the host-pathogen interaction：alternatives to classical antibiotics to combat drug-resistant superbugs. Trends Pharmacol Sci，2017，38（5）：473-488.

[13] Tacconelli E，Tumbarello M，Cauda R. *Staphylococcus aureus* infections. N Engl J Med，1998，339（27）：2026-2027.

[14] Enright M C，Robinson D A，Randle G，et al. The evolutionary history of methicillin-resistant *Staphylococcus aureus*（MRSA）. Proc Natl Acad Sci USA，2002，99（11），7687-7692.

[15] Lee A S，de Lencastre H，Garau J，et al. Methicillin-resistant *Staphylococcus aureus*. Nat Rev Dis Primers，2018，4：18033.

[16] Ventola C L. The antibiotic resistance crisis：part 1：causes and threats. P T，2015，40（4）：277-283.

[17] 陈菲菲，狄红霞，蓝乐夫. 金黄色葡萄球菌重要毒力因子的功能及其抑制剂研究进展. 科学通报，2013，58（36）：3743-3752.

[18] Somerville G A，Proctor R A. At the crossroads of bacterial metabolism and virulence factor synthesis in *Staphylococci*. Microbiol Mol Biol Rev，2009，73（2）：233-248.

[19] Eisenreich W，Dandekar T，Heesemann J，et al. Carbon metabolism of intracellular bacterial pathogens and possible links to virulence. Nat Rev Microbiol，2010，8（6）：401-412.

[20] Rohmer L，Hocquet D，Miller S I. Are pathogenic bacteria just looking for food?. Metabolism and microbial pathogenesis. Trends Microbiol，2011，19（7）：341-348.

[21] Lan L，Cheng A，Dunman P M，et al. Golden pigment production and virulence gene expression are affected by metabolisms in *Staphylococcus aureus*. J Bacteriol，2010，192（12），3068-3077.

[22] Hartmann T，Zhang B，Baronian G，et al. Catabolite control protein E（CcpE）is a LysR-type transcriptional regulator of tricarboxylic acid cycle activity in *Staphylococcus aureus*. J Biol Chem，2013，288（50）：36116-36128.

[23] Kim S I，Jourlin-Castelli C，Wellington S R，et al. Mechanism of repression by *Bacillus subtilis* CcpC，a LysR family regulator. J Mol Biol，2003，334（4）：609-624.

[24] Maddocks S E，Oyston P C. Structure and function of the LysR-type transcriptional regulator（LTTR）family proteins. Microbiology，2008，154（Pt 12）：3609-3623.

[25] Skaar E P. The battle for iron between bacterial pathogens and their vertebrate hosts. PLoS Pathog，2010，6（8）：e1000949.

[26] Friedman D B，Stauff D L，Pishchany G，et al. *Staphylococcus aureus* redirects central metabolism to increase iron availability. PLoS Pathog，2006，2（8）：e87.

[27] Ding Y，Liu X，Chen F，et al. Metabolic sensor governing bacterial virulence in *Staphylococcus aureus*. Proc Natl Acad Sci USA，2014，111（46）：E4981-E4990.

[28] Zhang J，Ye F，Lan L，et al. Structural switching of *Staphylococcus aureus* Clp protease：a key to understanding protease dynamics. J Biol Chem，2011，286（43）：37590-37601.

[29] Ye F，Zhang J，Liu H，et al. Helix unfolding/refolding characterizes the functional dynamics of *Staphylococcus aureus* Clp protease. J Biol Chem，2013，288（24）：17643-17653.

[30] Malik I T，Br¨tz-Oesterhelt H. Conformational control of the bacterial Clp protease by natural product antibiotics. Nat Prod Rep，2017，34：815-831.

[31] Ni T，Ye F，Liu X，et al. Characterization of gain-of-function mutant provides new insights into ClpP structure. ACS Chem Biol，2016，11（7）：1964-1972.

[32] Ye F，Li J，Yang C G. The development of small-molecule modulators for ClpP protease activity. Mol BioSyst，2017，13：23-31.

[33] Liu G Y，Essex A，Buchanan J T，et al. *Staphylococcus aureus* golden pigment impairs neutrophil killing and promotes virulence through its antioxidant activity. J Exp Med，2005，202（2）：209-215.

[34] Liu C I，Liu G Y，Song Y，et al. A cholesterol biosynthesis inhibitor blocks *Staphylococcus aureus* virulence. Science，2008，319（5868）：1391-1394.

[35] Gupta A K，Ryder J E，Cooper E A. Naftifine：a review. J Cutan Med Surg，2008，12：51-58.

[36] Pelz A，Wieland K P，Putzbach K，et al. Structure and biosynthesis of staphyloxanthin from *Staphylococcus aureus*. J Biol Chem，2005，280（37）：32493-32498.

[37] Chen F，Di H，Wang Y，et al. Small-molecule targeting of a diapophytoene desaturase inhibits *S. aureus* virulence. Nat Chem Biol，2016，12（3）：174-179.

[38] Gao P，Davies J，Kao R Y T. Dehydrosqualene desaturase as a novel target for anti-virulence therapy against *Staphylococcus aureus*. MBio，2017，8（5）：e01224-17.

[39] Wang Y，Chen F，Di H，et al. Discovery of potent benzofuran-derived diapophytoene desaturase（CrtN）inhibitors with enhanced oral bioavailability for the treatment of methicillin-resistant *Staphylococcus* aureus（MRSA）infections. J Med Chem，2016，59（7）：3215-3230.

[40] Wang Y，Di H，Chen F，et al. Discovery of benzocycloalkane derivatives efficiently blocking bacterial virulence for the treatment of methicillin-resistant *S. aureus*（MRSA）infections by Targeting diapophytoene desaturase（CrtN）. J Med Chem，2016，59（10）：4831-4848.

[41] Ni S，Wei H，Li B，et al. Novel inhibitors of staphyloxanthin virulence factor in comparison with linezolid and *Vancomycin versus* methicillin-resistant，linezolid-resistant，and vancomycin-intermediate *Staphylococcus aureus* infections *in vivo*. J Med Chem，2017，60（19）：8145-8159.

[42] Li B，Ni S，Mao F，et al. Novel terminal bipheny-based diapophytoene desaturases（CrtN）Inhibitors as anti-MRSA/VISR/LRSA agents with reduced hERG activity. J Med Chem，2018，61（1）：224-250.

[43] Wei H，Mao F，Ni S，et al. Discovery of novel piperonyl derivatives as diapophytoene desaturase inhibitors for the treatment of methicillin-，vancomycin-and linezolid-resistant *Staphylococcus aureus* infections. Eur J Med Chem，2018，145：235-251.

[44] Li B，Ni S，Chen F，et al. Discovery of potent benzocycloalkane derived diapophytoene desaturase inhibitors with an enhanced safety profile for the treatment of MRSA，VISA，and LRSA infections. ACS Infect Dis，2018，4（3）：208-217.

[45] Ni S，Li B，Chen F，et al. Novel staphyloxanthin inhibitors with improved potency against multidrug resistant *Staphylococcus aureus*. ACS Med Chem Lett，2018，9（3）：233-237.

[46] Mazmanian S K，Liu G. Tonthat H，et al. *Staphylococcus aureus* sortase，an enzyme that anchors surface proteins to the cell wall. Science，1999，285（5428）：760-763.

[47] Schneewind O，Missiakas D. Sec-secretion and sortase-mediated anchoring of proteins in gram-postive *Bacteria*. Biochimica Et Biophysica Acta，2014，1843（8）：1687-1697.

[48] Mazmanian S K，Tonthat H，Schneewind O. Sortase-catalysed anchoring of surface proteins to the cell wall of Staphylococcus aureus. J Biol Chem，2002，277（9）：7447-7452.

[49] Nandakumar R，Nandakumar M P，Marten M R，et al. Proteome analysis of membrane and cell wall associated proteins from *Staphylococcus aureus*. J Proteome Res，2005，4（2）：250-257.

[50] Cascioferro，S，Totsika，M，Schillaci，D. Sortase A：An ideal target for anti-virulence drug development. Microb Pathog，2014，77：105-112.

[51] Mazmanian S K，Liu G，Jensen E R，et al. Staphylococcus aureus sortase mutants defective in the display of surface proteins and in the pathogenesis of animal infections. Proc Nat Acad Sci USA，2000，97（10）：5510-5515.

[52] Weiss W J，Lenoy E，Murphy T，et al. Effect of srtA and srtB gene expression on the virulence of *Staphylococcus aureus* in animal models of infection. J Antimicrob Chemoth，2004，53（3）：480-486.

[53] Kubica M，Guzik K，Koziel J，et al. A potential new pathway for *Staphylococcus aureus* dissemination：the silent survival of *S. aureus* phagocytosed by human monocyte-derived macrophages. Plos One，2008，3（1）：e1409.

[54] Sibbald M J，Yang X M，Tsompanidou E，et al. Partially overlapping substrate specificities of staphylococcal group A sortases. Proteomics，2012，12（19-20）：3049-3062.

[55] O'Neill E，Pozzi C，Houston P，et al. A novel *Staphylococcus aureus* biofilm phenotype mediated by the fibronectin-binding proteins，FnBPA and FnBPB. J Bacteriol，2008，190（11）：3835-3850.

[56] Corrigan R M，Rigby D，Handley P，et al. The role of *Staphylococcus aureus* surface protein SasG in adherence and biofilm formation. Microbiology，2007，153（8）：2435-2446.

[57] Schroeder K，Jularic M，Horsburgh S M，et al. Molecular characterization of a novel staphylococcus aureus surface protein（SasC）involved in cell aggregation and biofilm accumulation. Plos One，2009，4（10）：e7567.

[58] Li M，Du X，Villaruz A E，et al. MRSA epidemic linked to a quickly spreading colonization and virulence determinant. Nat Med，2012，18（6）：816-819.

[59] Cascioferro S，Raffa D，Maggio B，et al. Sortase A inhibitors：recent advances and future perspectives. J Med Chem，2015，58（23）：9108-9123.

[60] Oh K B，Nam K W，Ahn H，et al. Therapeutic effect of（*Z*）-3-（2，5-dimethoxyphenyl）-2-（4-methoxyphenyl）acrylonitrile（DMMA）against *Staphylococcus aureus* infection in a murine model. Biochem Biophys Res Commun，2010，396（2）：440-444.

[61] Zhang J，Liu H，Zhu K，et al. Antiinfective therapy with a small molecule inhibitor of *Staphylococcus aureus* sortase. Proc Natl Acad Sci USA，2014，111（37）：13517-13522.

[62] Hou X，Wang M，Wen Y，et al. Quinone skeleton as a new class of irreversible inhibitors against *Staphylococcus aureus* sortase A. Bioorg Med Chem Lett，2018，28（10）：1864-1869.

[63] Davies J，Davies D. Origins and evolution of antibiotic resistance. Microbiol Mol Biol Rev，2010，74（3）：417-433.

[64] D'Costa V M，King C E，Kalan L，et al. Antibiotic resistance is ancient. Nature，2011，477（7365）：457-461.

[65] Pehrsson E C，Tsukayama P，Patel S，et al. Interconnected microbiomes and resistomes in low-income human habitats. Nature，2016，533（7602）：212-216.

[66] Liu Y Y，Wang Y，Walsh T R，et al. Emergence of plasmid-mediated colistin resistance mechanism MCR-1 in animals and human beings in China：a microbiological and molecular biological study. Lancet Infect Dis，2016，16（2）：161-168.

[67] Hasman H，Hammerum A M，Hansen F，et al. Detection of mcr-1 encoding plasmid-mediated colistin-resistant *Escherichia coli* isolates from human bloodstream infection and imported chicken meat，Denmark 2015. Euro surveillance：bulletin Européen sur les maladies transmissibles = European Communicable Disease Bulletin，2015，20（49）：1-5.

[68] Woodford N. Vancomycin resistant *Staphylococcus aureus* in the United States. Eurosurveillance Weekly，2002，6（28）.

[69] Mohit K. Multidrug-Resistant *Staphylococcus aureus*，India，2013-2015. Emerging Infectious Diseases，2016，22（9）：1666-1667.

[70] Allen R C，Popat R，Diggle S P，et al. Targeting virulence：can we make evolution-proof drugs?. Nat Rev Microbiol，2014，12（4）：300-308.

[71] Moeller A H，Caroquintero A，Mjungu D，et al. Cospeciation of gut microbiota with hominids. Science，2016，353（6297）：380-382.

# 第25章　农药活性小分子探针及其作用机制

## 25.1　引　　言

农药在确保粮食安全方面发挥着不可替代的作用，使用农药是保证农业生产效益的最经济有效的手段[1-3]。据统计，全世界每年有10亿t左右的庄稼毁于病虫害，病、虫、草、鼠害等造成的作物减产幅度达20%～30%，如果一旦停止用药或严重的用药不当，一年后将减少收成25%～40%（与正常用药相比），两年后将减少40%～60%以至绝产。根据我国农业部门的统计，我国病虫草害常年发生面积约60亿亩①次，通过正确地使用农药，每年可挽回粮食480亿kg以上、棉花6亿kg、蔬菜4800万t、水果600万t，减少直接经济损失约800亿元。因此，大力加强农药科学基础研究，完善我国的绿色农药创新研究体系，对推动创新型国家建设，提升我国农业科技创新能力，实现建设世界科技强国的战略目标，无疑具有十分重要的意义。

绿色农药创制是一项十分复杂的多学科交叉集成的系统工程，具有投资大、周期长、风险高的特点。据统计，成功开发一种新农药，需要合成筛选15.9万种化合物，耗资2.86亿美元，从首次合成到进入市场平均历时11.5年[4]。从本质上来讲，农药科学基础研究需要着重解决的关键科学问题主要有两个：一是先导结构创新，即根据已知作用机制或靶标，通过合理设计发现结构新颖的先导化合物，或者利用某种生物活性评价模型通过对大量化合物（化合物库、天然产物等）的筛选来发现结构新颖的先导化合物，或者通过对已知生物活性的天然产物开展结构优化从而获得结构新颖的先导化合物；二是农药作用靶标或作用机制创新，即综合运用生物信息学、分子生物学和药理学等方法发现农药作用新靶标（农药分子的作用对象）和新作用机制，进而指导新先导结构的发现。2017年出版的 *The Pesticide Manual* 收录了世界范围内的862个农药品种。如果将这些商品化的农药品种按照作用靶标来分类的话，杀菌剂的作用靶标有52种、除草剂有20种、杀虫剂有26种[5]。这表明，农药的作用靶标是非常有限的。尤其是近几年开发成功的新农药，主要还是集中在几个热门的农药靶标上，几乎没有新靶标的出现。例如，2017年全球共上市了47种新农药，13种杀菌剂中有7种属于琥珀酸脱氢酶（SDHI）抑制剂，6种除草剂中有3种属于对羟基苯基丙酮酸双加氧酶（HPPD）抑制剂[6]。当然，无论是先导结构创新，还是作用靶标创新，对新农药创制的推动作用都是十分巨大的。例如，自从杜邦公司首次发现磺酰脲类化合物具有超高效除草活性以来，一大批性能优异的磺酰脲类除草剂相继上市。针对磺酰脲类化合物开展进一步的结构优化，又发现了磺酰胺和嘧啶水杨酸两类新骨架的超高效除草剂。以这些除草剂为探针分子开展作用机制研究，最终导致了乙酰羟酸合成酶（acetohydroxyacid synthase，AHAS）这一迄今最重要的除草剂作用靶标的发现。反

---

① 1亩≈666.67m$^2$。

过来，AHAS 的发现又促进了杂草抗药性的分子机制研究及新除草剂的发现[7]。此外，实践表明，一个新靶标的发现往往将导致一批农药新品种甚至是重磅炸弹式新品种的诞生[8-11]。例如，人们以天然产物 strobilurin A 和 oudemansin A 为探针分子发现了杀菌剂的作用靶标细胞色素 $bc_1$ 复合物，进而导致 20 多个甲氧丙烯酸酯类杀菌剂的成功开发，并诞生了嘧菌酯、吡唑醚菌酯等多个重磅炸弹新品种[8]，使得该类杀菌剂成为最重要的一类农用杀菌剂。鱼尼丁受体（RyR）的发现导致了双酰胺类杀虫剂家族的爆发式发展，并催生了康宽这一重磅炸弹新品种，使杜邦公司重新焕发生机[11]。

近年来，化学生物学技术在绿色农药创新领域的应用也日益受到人们的重视，尤其是在发现新作用靶标和新作用机制方面的优势日益凸显。例如，美国加州大学河滨分校 Sean R. Cutler 教授[12, 13]运用化学生物学手段，以人工合成的种子萌发抑制剂 pyrabactin 为探针，筛选出了拟南芥抗 pyrabactin 的突变株，从中分离得到了 pyrabactin resistance 1（*PYRl*）基因及 13 个 *PYRl* 的同源基因（*PYRl*-like，*PYL*），最终成功鉴定出了脱落酸（ABA）的作用靶标为 *PYR*/*PYL*。此外，比利时根特大学的 T. Beeckman 教授[14, 15]通过化学生物学手段筛选得到了能使拟南芥产生油菜素内酯（brassinosteriod，BR）组成型表达遗传表型的生物活性小分子 bikinin。作为 ATP 功能抑制的拮抗剂，bikinin 可以结合到 BR 信号传导负调节因子糖原合成激酶 3 中 BIN2 的 ATP 结合功能区，阻止 ATP 在该区域的结合，从而抑制 BIN2 的功能。作为探针分子，bikinin 为 BR 信号传导途径中 BIN2 下游的转录因子 BES1 和 BZR1 功能的发现起到了关键作用，并展现出传统研究手段所无法比拟的优势。

在国家自然科学基金委的持续支持下，我国的农药化学生物学研究也取得了显著进展，尤其是在高效性高选择性农药活性探针分子的设计、农药活性探针分子导向的作用靶标发现、农药作用靶标的结构生物学、农药抗性的分子机制及靶标抗性预测，以及化学生物学导向的生态农药新品种创制等方面形成了自身特色，构建了较为完善的化学生物学导向的绿色农药创制研究体系。例如，杨光富等发展了药效团连接碎片虚拟筛选（pharmacophore-linked fragment virtual screening，PFVS）的分子设计新方法，成功设计得到了迄今活性最高的细胞色素 $bc_1$ 复合物的 $Q_o$ 位点抑制剂（$k_i$ = 43～83 pmol/L），为细胞色素 $bc_1$ 复合物的生物学功能研究提供了新的特异性探针分子[16]。宋宝安等以绵羊体天然氨基膦酸分子为先导，通过系统的生物活性和成药性优化，创制出了我国第一个具有自主知识产权的抗植物病毒仿生新农药——毒氟磷，并以此为探针发现了植物抗病毒剂的新作用靶标——南方水稻黑条矮缩病毒（SRBSDV）基质蛋白 P9-1[17]。李正名研究组成功解析了由他们自主创制的新型除草剂单嘧磺隆与拟南芥乙酰羟酸合成酶催化亚基复合物的晶体结构[18]。席真研究组系统开展了多种属原卟啉原氧化酶（protoporphyrinogen oxidase，PPO）及其突变体的结构生物学与小分子探针的相关作用机制研究，揭示了针对 PPO 的除草剂种属选择性/抗性的分子基础，阐明了人类混合型卟啉症（variegated Porphyria，VP）致病的分子机制[19]，并成功设计出迄今在人源 PPO 和植物 PPO 之间具有最高种属选择性的新型探针分子[20]。杨青等成功解析了昆虫体内几丁质降解的关键代谢酶——己糖胺酶 *Of*Hex1 的晶体结构（2.1Å）及 *Of*Hex1 与纳摩尔水平抑制剂 TMG-chitotriomycin 的复合物晶体（2.0Å），在此基础上设计了多个新型靶向昆虫 *Of*Hex1 的非糖探针分子[21]。杨光富研究组系统解析了多个不同种属的野生型和突变型对羟基苯基丙酮酸双加氧酶（4-hydroxyphenyl-pyruvate dioxygenase，HPPD）及其与农药活性分子复合物的晶体结构，解析了第一个结合有天然底物 HPPA 的 HPPD 复合物的晶体结构，揭示了底物在酶催化口袋的结合模式，为深入理解 HPPD 抑制型除草剂的作用机制及酶催化反应机理奠定了坚实基础，在此基础上成功创制出超高效除草剂喹草酮[22]。席真和杨光富研究组建立了具有较高预测精度的分子靶标抗性预测方法，包括基于自由能微扰理论的计算突变扫描方法（computational mutation scanning，CMS）[23]和针对生物大分子氨基酸突变的定量结构-活性关系研究方法（mutation-dependent biomacromolecular QSAR，MB-QSAR）[24]。这些方法不仅可以用于靶标抗性预测，而且还可以用于研究农药靶标的作用机制及农药分子与农药靶标相互作用的分子机制，指导反抗性药物设计。

在深入开展农药化学生物学基础研究的同时，我们科学家针对农业生产中危害农作物生产安全的重大病虫草害防治的关键需求，建立了化学生物学导向的绿色农药创制研究体系，指导创制出毒氟磷、哌虫啶、环氧虫啶、喹草酮、氯苯醚酰胺、氟苯醚酰胺等多个具有自主知识产权的绿色农药新品种，显著提升了我国新农药创制能力，使我国成为世界上第五个具有新农药创制能力的国家。

## 25.2　研究进展与成果

### 25.2.1　毒氟磷的创制及其作用靶标的发现

近年来，植物病毒蛋白在病毒侵染过程中的重要作用成为学术界普遍关注的热点。然而，通过小分子化合物控制植物病毒关键靶标的研究较少，对植物重大病毒病的防控还存在着病毒复制、侵染、传播、致病分子机制等不明确因素。大多数植物细菌、病毒和宿主的重要蛋白功能主要是通过复制来实现的，因此合成和筛选有效抑制病毒和宿主重要蛋白复制的小分子化合物是发现植物抗病毒药物的关键。

宋宝安研究团队首次通过在绵羊体天然氨基膦酸分子中引入氟原子及杂环结构单元，实现了生物活性和成药性的优化，仿生合成了一系列 $\alpha$-氨基膦酸酯类化合物，从中创制出我国第一个具有自主知识产权的抗植物病毒仿生新农药——毒氟磷[25-27]，该农药获得我国新农药正式登记，并成为我国防治南方水稻黑条矮缩病和番茄病毒病的主打品种，其防效可达 50%～80%，显著高于传统抗病毒药剂。毒氟磷具有安全环保、内吸传导性、无致畸、致癌和致突变风险，对蜂、蚕、鸟和水生生物等非靶标生物安全等特点。

他们以烟草和烟草花叶病毒（tobacco mosaic virus，TMV）为互作模型，揭示了毒氟磷的抗 TMV 作用机制：通过激活细胞壁受体蛋白（harpin binding protein 1，HrBP1）[27, 28]，启动细胞内的水杨酸（salicylic acid，SA）、茉莉酸（jasmonic acid，JA）和乙烯（ethylene，ET）信号通路，诱导植物产生系统性获得性抗性，从而发挥抗病毒活性。他们针对烟草和 TMV 互作模型，采用分子生物学方法研究 SA 信号转导通路下游病程相关蛋白-1a（pathogensis-related protein-1a，*PR-la*）基因，比较毒氟磷和经典免疫激活剂 BTH 和外源性 SA 对 SA 信号通路的调控能力和对 PR-1a 的激活效率，结果发现经毒氟磷处理烟草后，

*PR-1a* 基因表达出现时间早，*PR-1a* 基因高表达的维持时间长（图 25.1）。同时，通过比较毒氟磷、经典免疫激活剂 BTH 和外源性的 SA 对心叶烟感染 TMV 后的枯斑数，发现毒氟磷处理组的枯斑数明显减少。

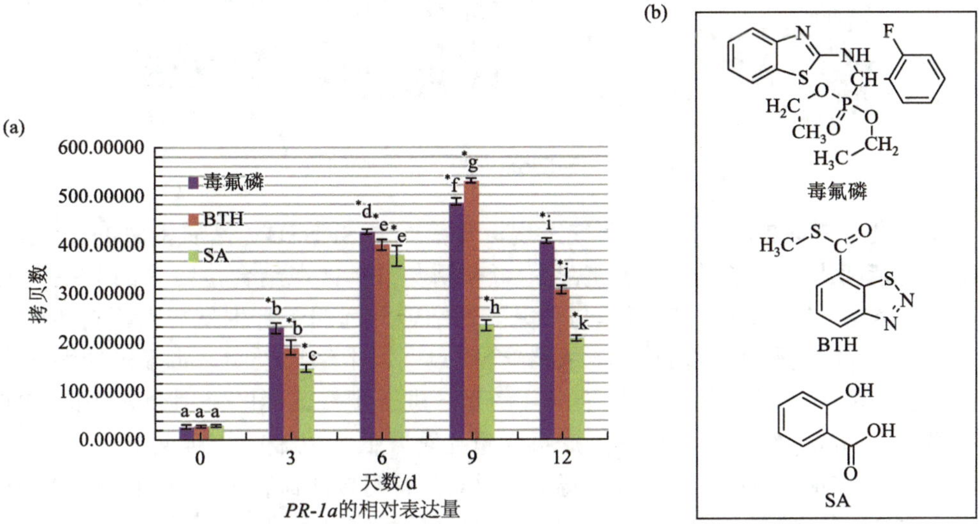


图 25.1　毒氟磷对诱导烟草 *PR-1a* 基因表达的能力

采用差异凝胶电泳（difference in gel electrophoresis，DIGE）发现毒氟磷诱导差异表达蛋白质，生物信息学计算发现独特的 SA 激活机制，研究差异表达蛋白质在各个处理间的表达趋势，通过脂质结合蛋白的 WB 试验验证和关键基因的实时定量聚合酶链反应（RT-qPCR）实验验证，基于分子功能、生物学进程和细胞位置对差异蛋白质进行分类构建，用 Pathway 方法分析毒氟磷的起始作用位点。结果发现，毒氟磷处理普通烟 K326 后，可上调 HrBP1 的表达，发现毒氟磷抗植物病毒病起始靶点为 HrBP1（图 25.2）。启动了细胞内的一条或者多条 SA/JA/ET 信号通路，诱导植物产生系统获得性抗性（systemic acquired resistance，SAR），发挥抗病毒活性。HrBP1 是 SA 信号通路中的信号起始蛋白，在植物 SAR 中起着重要作用[27, 28]。

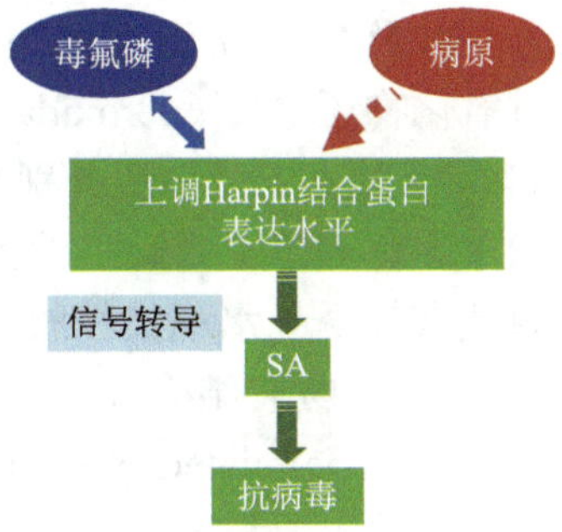


图 25.2　毒氟磷在烟草上的免疫激活作用机制

同时，宋宝安研究团队还证实了毒氟磷的潜在作用靶标是南方水稻黑条矮缩病毒 P9-1（southern rice black-streaked dwarf virus P9-1，SRBSDV P9-1）。SRBSDV 是当前严重危害我国南方稻区水稻生产的一种新型病毒，P9-1 是该病毒基因组合成和复制的关键蛋白质，与病毒的侵染密切相关，是抗植物病毒剂潜在的作用靶标。他们通过原核克隆表达方法，获得了 P9-1 可溶性表达蛋白质，并解析了分辨率为 2.2Å 的 P9-1 八聚物晶体结构（PDB code：5EFT）。P9-1 由 4 个二聚物组成内部中空的八聚物结构，每个二聚物通过 2 个单体的 C 端氨基酸残基上的氢键连接，每个 P9-1 单体由 9 个螺旋、9 个折叠和螺旋与折叠之间的环状结构组成（图 25.3）。

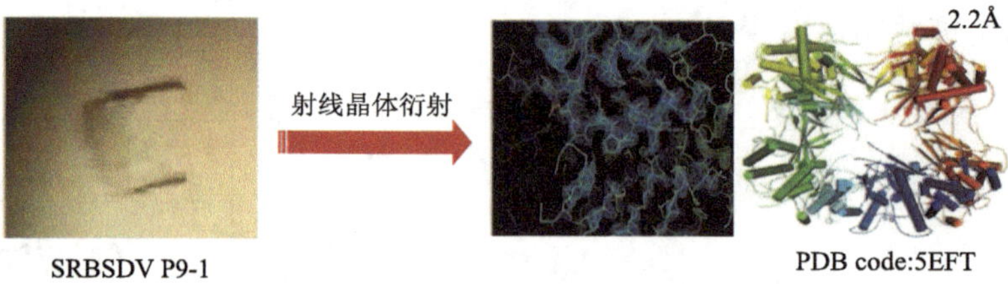


图 25.3　SRBSDV P9-1 八聚物结构

通过等温滴定量热法（ITC）研究发现，毒氟磷与 SRBSDV 基质蛋白 P9-1 之间表现出微摩级的亲和力。分子动力学模拟提示毒氟磷与 P9-1 在结合位点中的关键氨基酸是 Arg175。将 Arg175 突变后，突变体与毒氟磷的结合力远弱于野生型与毒氟磷的结合力，从而证明了 Arg175 是毒氟磷的一个关键结合位点。以上结果表明，毒氟磷的潜在作用靶标是南方水稻黑条矮缩病毒基质蛋白 P9-1[29, 30]。进一步，该团队采用介导法将 SRBSDV 转入水稻悬浮细胞，经毒氟磷处理后病毒含量显著降低。以 S9-1（编码 P9-1 蛋白）基因作为报告基因，在水稻悬浮细胞上发现毒氟磷对其具有明显抑制活性，当毒氟磷作用 20～24h 时抑制活性最明显，进一步验证了 P9-1 是毒氟磷的潜在作用靶标[31]。

随后，该团队针对水稻和 SRBSDV 的互作模型，采用非标记定量蛋白质组学技术，进一步研究了毒氟磷抗水稻 SRBSDV 的作用机理。蛋白质谱结果表明，在未感染水稻组和 SRBSDV 感染水稻组中，分别有 101 个和 64 个蛋白质在 3 种不同浓度的毒氟磷预处理组中上调表达。生物信息学分析显示，在未感染水稻组中，有 20.0%和 11.8%的上调蛋白分别涉及 SA 响应和 SAR 两个生物学过程。有 11.1%及 9.6%蛋白质分别具有水解酶活性、过氧化物还原酶（peroxidase，POD）活性分子功能；在感染 SRBSDV 水稻组中，有 10.9%和 6.7%的上调蛋白质分别与活性氧（reactive oxygen species，ROS）水平响应及 SA 响应相关。有 11.3%及 9.6%的蛋白质分别与血红素结合及 POD 活性分子功能相关。说明毒氟磷能有效诱导水稻抗性相关的蛋白质表达，且上调蛋白质主要集中在 SAR 通路上，如 POD、水杨酸结合蛋白 2（salicylic acid-binding protein 2，SABP2）、病程相关蛋白（pathogensis-related protein，PR）。采用 RT-qPCR 技术进一步分析与验证毒氟磷诱导的差异蛋白质主要与 SAR 通路相关。结果表明，毒氟磷能促进与 SAR 相关的 mRNA 的表达水平，与蛋白质组学数据相吻合，且在未感染水稻组中，上述蛋白质的 mRNA 表达水平与毒氟磷浓度呈正相关[32]。此外，POD 酶活性也与毒氟磷浓度呈正相关。综上，可以推测毒氟磷作用在宿主水稻上的关键通路为通过 POD 调控 ROS 水平，激活 SA 通路，进而诱导 SABP2 表达，使水稻 SAR 增强，从而形成大量 PRs，参与抵抗 SRBSDV 的感染（图 25.4）。

在明确毒氟磷作用机制和潜在靶标的基础上，宋宝安研究团队针对南方水稻黑条矮缩病和齿叶矮缩病及传媒昆虫稻飞虱，采用以“病毒生物学”结合“病毒生态学”的研究策略，创新提出了抗病毒药剂与媒介昆虫防治药剂联用的全程免疫控害新策略，成功构建了以毒氟磷免疫激活防病、毒氟磷与吡蚜酮种子处理、秧田重点保护和分蘖期协同作用的成套控害新技术，通过多年多点大面积的试验和示范工作，建立了一套高效实用的稻飞虱和

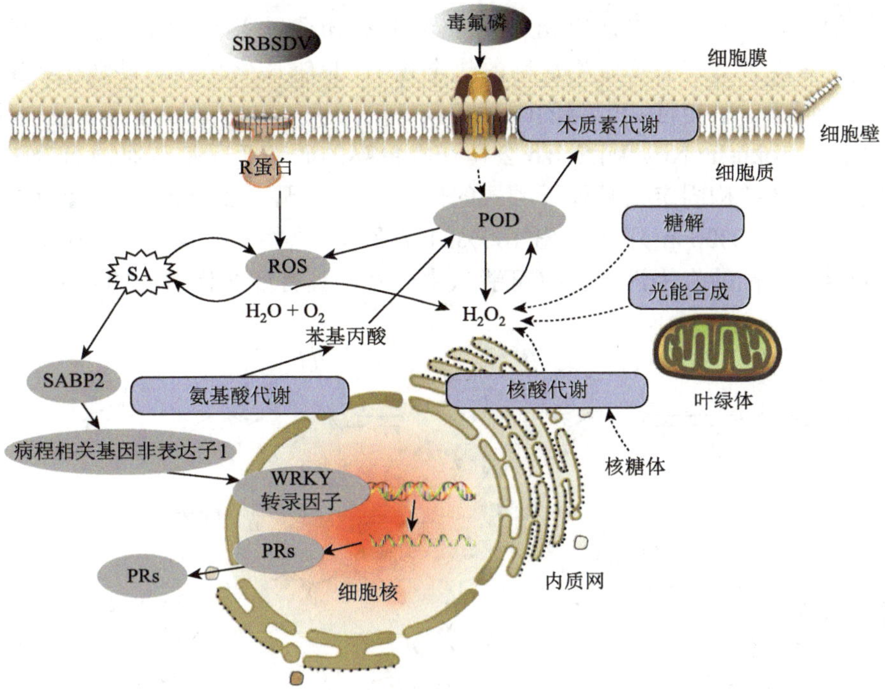


图 25.4　毒氟磷诱导水稻抗 SRBSDV 作用机制

南方水稻黑条矮缩病的防控配套技术措施[33, 34]，该措施具有防效突出、节本增收、可操作性强、对环境友好等优点。近年来，全程免疫综合防控技术体系在云南、湖南、江西、广西、贵州和福建等南方稻区广泛应用，基本解决了农作物病毒病防控的重大技术难题，相关研究成果获 2014 年国家科学技术进步二等奖。

### 25.2.2　环氧虫啶的创制及作用机制

烟碱乙酰胆碱受体（nAChRs）是一种调节神经系统的离子通道复合体，是杀虫剂的一个重要作用靶标。人们通过药理学、生物化学、分子生物学和免疫化学等途径对昆虫 nAChRs 进行了深入研究，通过对其天然配体烟碱的结构进行改造和优化，成功开发了一批具有高选择性，且对哺乳动物低毒性的新烟碱类农用杀虫剂，如吡虫啉、啶虫脒、噻虫嗪、噻虫胺等。这些新烟碱类杀虫剂的全球销售额超过 34 亿美元，约占全球杀虫剂销售额的 25%。新烟碱杀虫剂的作用模式研究表明：化合物中的硝基在其与 nAChRs 的作用中发挥了极其重要的作用，并且由于新烟碱类化合物中 C＝N 或 C＝C 的存在，硝基存在顺式和反式两种构型，其构型的变化会引起活性乃至作用机制的改变。

事实上，早期的作用模式研究都是基于硝基处于反式结构的基础上进行的。Kagabu 等通过分析吡虫啉的晶体结构发现，吡虫啉反式结构是优势构型[35]（图 25.5）。Casida 进一步通过计算证实，无论在气相还是在水相中，吡虫啉主要是以反式异构体形式存在的。在气相中，吡虫啉的反式异构体与顺式异构体的能量相差 9.9kcal/mol（在室温条件下，*Z* 式异构体仅占 0.000005%）[36]。相对于反式结构而言，固定硝基为顺式构型较为困难，因而顺式构型的新烟碱类杀虫剂研究相对缓慢。拜耳公司通过引入四氢嘧啶结构单元将硝基固定为顺式，发现了具有显著生物活性的化合物 **1**，尽管该化合物对果蝇 nAChRs 具有很强的亲和力，但由于稳定性、较强的碱性和较高的毒性等多方面原因而未能实现商品化。1988 年，Nihon Tokushu Noyaku Seizo 公司在吡虫啉的硝基亚甲基类似物 NTN32692 的基础上，通过引入环结构固定硝基处于顺式的位置[37]，发现化合物 **2**～**5** 对黑尾叶蝉具有高活性（图 25.5），在 200ppm 下表现出 100%的致死率。这些研究表明，顺式结构的新烟碱类化合物同样具有高的生物活性，有可能从中开发出具有商业化潜力的高活性化合物。

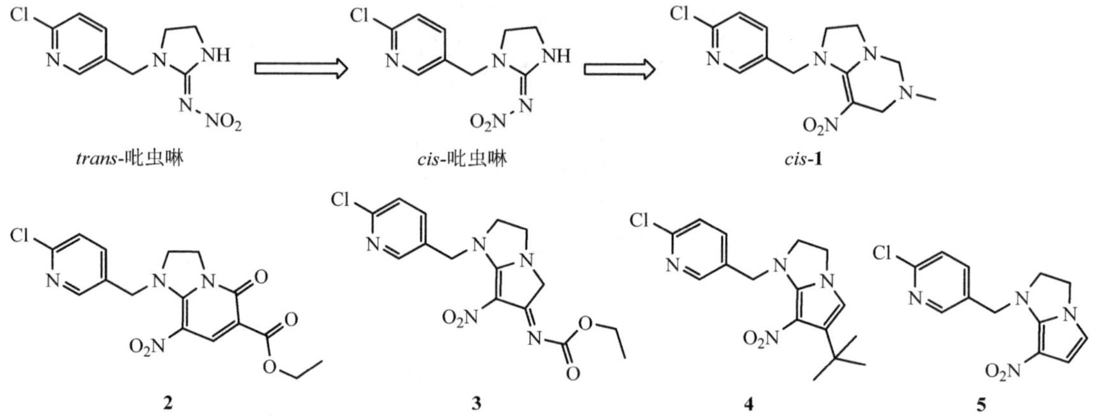


图 25.5　反式和顺式构型的新烟碱杀虫剂

为此，华东理工大学钱旭红和李忠研究团队以新烟碱化合物 **6**（NTN32692）为探针分子，通过成环策略固定硝基为顺式构型，系统研究分子结构中其他取代基对杀虫活性及作用机制的影响。该研究组通过引入稠环合成了双环、三环、螺环、桥环系列等几十个系列的顺式硝基烯类新烟碱探针分子，构建了一个顺式硝基烯探针分子库（图 25.6）[38-48]，发现部分探针分子与果蝇 nAChRs 具有很强的亲和力，并表现出独特的作用机制。其中，通过大位阻基团控制硝基构型的策略［图 25.6（e）］，发现 R 基团为五元芳环的化合物表现出很好的杀虫活性，不但对同翅目的豆蚜（*Aphis craccivora*）具有高活性，而且对鳞翅目的黏虫（*Pseudaletia separata*）也具有较高的活性。

新分子的发现最终导致了新作用机制的发现。钱旭红和李忠研究团队以大位阻基团控制硝基为顺式构型的硝基烯类新烟碱化合物 **7**（IPPA152201）为探针开展作用机制研究，结果表明其是昆虫烟碱乙酰胆碱受体的超级激动剂，而且是文献报道中活性最强的激动剂。进一步研究表明，化合物 **7** 以激动剂的形式作用于昆虫 nAChRs，褐飞虱的抗性主要是由 nAChRs 的 Y151S 突变引起的，而此突变对化合物 **7** 影响很小（亲和力降低约 1.5 倍），这就解释了其对抗性品系仍然表现出高活性的原因（图 25.7）[49]。以化合物 **7** 为先导开展进一步的结构优化和展开，最终开发出了我国第一个自主创制的顺式硝基烯新烟碱类杀虫剂环氧虫啶 **8**（图 25.7），该杀虫剂于 2018 年获新农药正式登记。

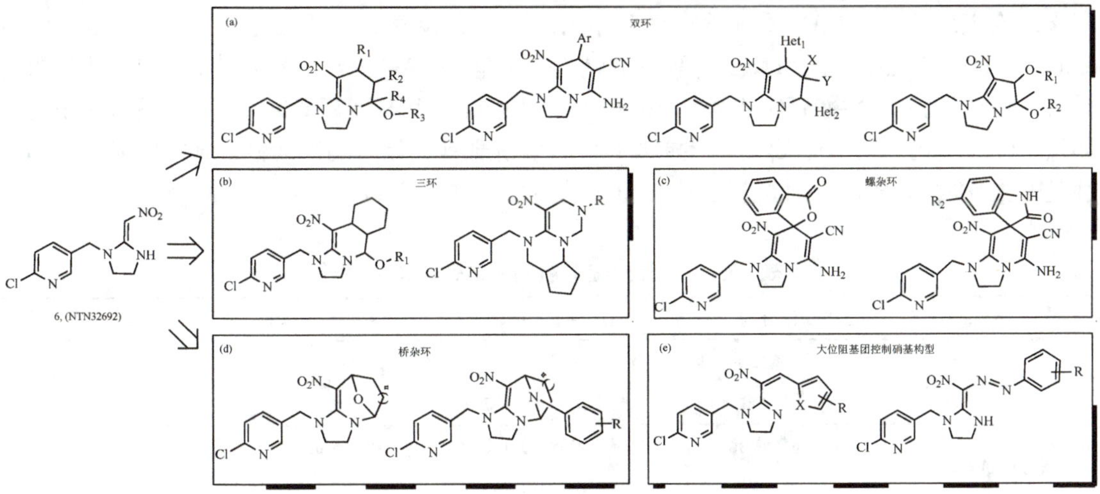


图 25.6　顺式构型新烟碱杀虫剂

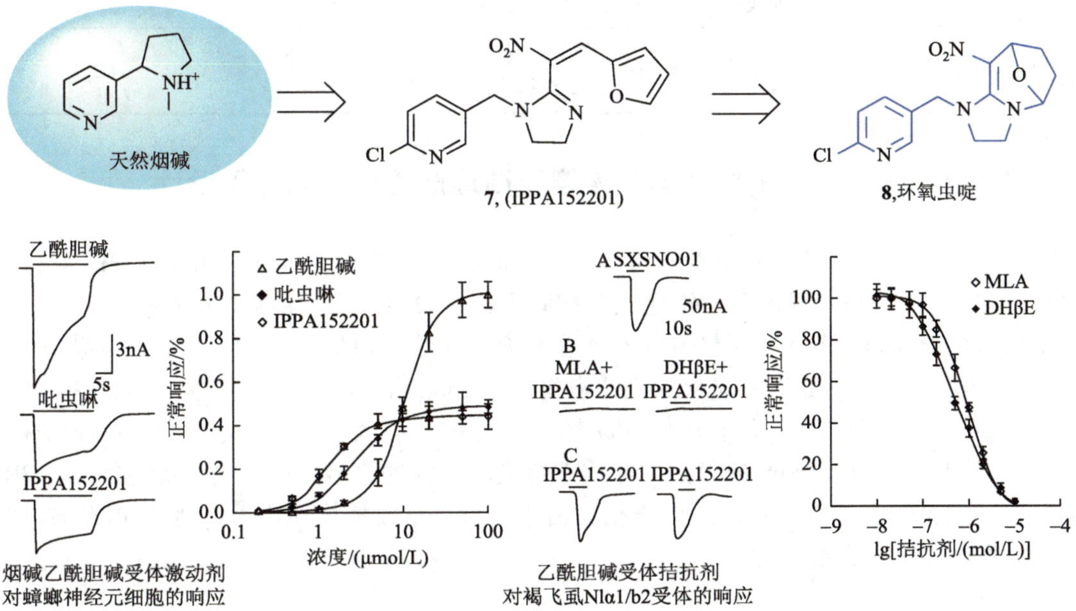


图 25.7　化合物 IPPA152201 与 nAChRs 的作用

国际杀虫剂抗性行动委员会 IRAC 将环氧虫啶列为未来开发的作用于 nAChRs 的杀虫剂，这也是唯一入选的国内自主研发杀虫剂。环氧虫啶具有杀虫谱广、药效高、无交互抗性，对作物无药害、低毒、低残留等特点，对半翅目的稻飞虱（褐飞虱、白背飞虱、灰飞虱）、蚜虫（麦蚜、棉蚜、苜蓿蚜、甘蓝蚜虫）等害虫有高杀虫活性，对鳞翅目类害虫如稻纵卷叶螟、黏虫和小菜蛾等有一定的杀虫效果。需要特别指出的是，环氧虫啶具有不同于已有烟碱类杀虫剂的作用机制。目前商品化的新烟碱杀虫剂都是昆虫 nAChRs 的激动剂，而电生理和同位素标记吡虫啉取代实验表明，环氧虫啶可以与 nAChRs 高亲和力结合，同时能够抑制激动剂乙酰胆碱的反应[50]，是 nAChRs 的拮抗剂；其对美国蜚蠊 nAChRs 和非洲爪蟾卵母细胞表达的 Nlα1/β2 受体没有激动作用；这些实验表明环氧虫啶在一定浓度范围内对 nAChRs 具有拮抗作用，与吡虫啉等新烟碱类杀虫剂是 nAChRs 的激动剂。正因为环氧虫啶具有与传统烟碱类杀虫剂不同的作用机制，所以其与吡虫啉等新烟碱类杀虫剂无交互抗性。环氧虫啶对室内抗吡虫啉褐飞虱、抗噻虫嗪的烟粉虱具有显著的高活性，对抗性褐飞虱的活性是吡虫啉的 50 多倍，对抗噻虫嗪烟粉虱的活性是噻虫嗪的 112 多倍（表 25.1）。

**表 25.1　环氧虫啶对敏感和抗性害虫的活性**

| 品系 | 化合物 | $y = a + bx$ | $LC_{50}$/(ng/pest) | 毒力比 [a] |
|---|---|---|---|---|
| 褐飞虱敏感品系 | 环氧虫啶 | $y = 7.3127 + 2.0474x$ | 0.074±0.011 | 1.77 |
| | 吡虫啉 | $y = 7.1823 + 2.4778x$ | 0.13±0.015 | |
| 褐飞虱抗性品系 | 环氧虫啶 | $y = 5.4068 + 1.3225x$ | 0.49±0.081 | 50.00 |
| | 吡虫啉 | $y = 2.5873 + 1.7930x$ | 22.16±3.75 | |
| 烟粉虱敏感品系 | 环氧虫啶 | $y = 4.21 + 1.46x$ | 3.49±0.59 | 5.17 |
| | 噻虫嗪 | $y = 1.50 + 2.78x$ | 18.06±2.01 | |
| 烟粉虱抗性品系 | 环氧虫啶 | $y = 3.13 + 1.71x$ | 12.33±2.16 | 112.5 |
| | 噻虫嗪 | $y = -4.24 + 2.94x$ | 1386.64±47.57 | |

### 25.2.3　原卟啉原氧化酶的化学生物学及高选择性探针的分子设计

广泛存在于动物、植物、真菌和细菌中的原卟啉原氧化酶（protoporphyrinogen oxidase，PPO，EC1.3.3.4）是叶绿素和亚铁血红素相同生物合成步骤中的最后一个酶[51]，它是一个高度保守的酶家族，催化叶绿素和血红素生物合成路线的最后一个共同步骤，即原卟啉原Ⅸ（protoporphyrinogen Ⅸ）氧化为原卟啉Ⅸ（protoporphyrin Ⅸ）的过程（图 25.8）[52]。PPO 自身的缺损或外源物质作用于 PPO 都会导致 PPO 相关生物途径的异常，进而对生物体造成影响。人体中 PPO 的异常是导致混合型卟啉症的直接原因。对于绿色植物，PPO 被外源物质抑制会导致植物组织的干枯与白化，最终造成植物死亡[53]。因而 PPO 成为除草剂开发的重要作用靶标之一。

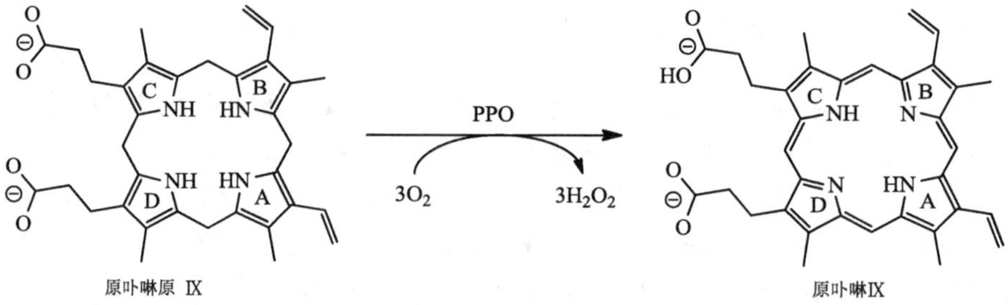


图 25.8　原卟啉原Ⅸ在 PPO 催化下氧化为原卟啉Ⅸ

在农药领域，以 PPO 为靶标的超高效除草剂是近 30 年来农药创制研究的热点和前沿[54]，并已经开发出了二苯醚、噁二唑、酞酰亚胺、三唑啉酮、噻二唑、噁唑啉二酮、苯基吡唑、嘧啶二酮等多种结构类型的商品化除草剂，最具代表性的是苯嘧磺草胺、丙炔氟草胺、甲磺草胺、唑草酮[55]。其中，苯嘧璜草胺是巴斯夫公司开发的最成功的 PPO 类除草剂，具有杀草谱广（可杀死对草甘膦和对 ACCase 抑制剂存在抗性的杂草）、作用效果快等突出优点[54]。与草甘膦所不同的是，该类除草剂的作用机制涉及光动力学反应，因此其用量极低，往往每亩 10g 以下，被誉为超高效除草剂。虽然 PPO 抑制型除草剂具有杂草防治效果好、在土壤中残留期短、不存在后茬作物药害问题等诸多优点，但由于 PPO 并非植物所特有，考虑到对人畜及环境的安全性，种属选择性是针对该靶标设计、开发除草剂必然面对的问题。现有的 PPO 除草剂对人的 PPO 具有一定的抑制活性[56]，当人体内的 PPO 活性被抑制时，原卟啉Ⅸ的富集会使人对光极为敏感，随之产生光毒效应[57]。此外，一些超高效 PPO 除草剂对环境生物具有一定的毒副作用[58]。因此，PPO 除草剂的安全性成为制约该类除草剂可持续发展的一大障碍。

广义上来讲，不同种属的酶可以看作是该酶进化中的不同突变体。这样，药物对靶标的选择性和靶标对药物的抗性从本质上来讲就是一个问题的两个方面。为此，席真和杨光富研究团队系统开展了多种属 PPO 及其突变体的比较化学生物学研究，成功解析了多个种属 PPO 及其突变体与小分子探针复合物的晶体结构，为选择性探针分子的设计及杂草抗药性分子机制研究奠定了结构基础（表 25.2）。

**表 25.2　解析的重要农药靶酶原卟啉原氧化酶（PPO）的晶体结构**

| PDB ID | 种属 | 除草剂 | 分辨率 | 发表刊物及时间 |
|---|---|---|---|---|
| 3I6D | 枯草芽孢杆菌 | 三氟羧草醚 | 2.9Å | *J. Struct. Biol.*，2010 |
| 3NKS | 人源 | 三氟羧草醚 | 1.9Å | *FASEB J.*，2011 |
| 4IVM | 人源 R59G 突变 | 三氟羧草醚 | 2.8Å | *J. Biol. Chem.*，2013 |
| 4IVO | 人源 R59Q 突变 | 三氟羧草醚 | 2.6Å | *J. Biol. Chem.*，2013 |
| 待投递 | 人源 | 乙氧氟草醚 | 2.3Å | 未发表 |
| 待投递 | 人源 | 氟磺胺草醚 | 2.0Å | 未发表 |

现有商品化抑制剂都是模拟 PPO 底物结构而设计的，因此揭示底物原卟啉原Ⅸ在酶活性腔中的结合模式对于酶的功能及探针的设计是至关重要的。为此，他们采用分子对接和分子动力学模拟等方法比较了不同结构类型抑制剂与烟草 PPO 的相互作用模式[59, 60]，发现抑制剂分子均模仿了底物的部分结构，但不同类型的抑制剂所模拟的区域却有所差异。例如，他们通过比较三氟羧草醚（AF）与人源（*Human*）及枯草芽孢杆菌（*Bacillus subtilis*）来源 PPO（*h*PPO 及 *bs*PPO）的复合物晶体结构，发现 AF 在两种 PPO 活性腔中的结合位置是不同的［图 25.9（a）和（b）］，但通过叠合两个复合物的结构可以发现，两个 AF 的结合位置的加合基本上与底物原卟啉原Ⅸ的结合区域一致［图 25.9（c）和（d）］。于是，他们以烟草线粒体 PPO（*Mitochondria tobacco* PPO，*mt*PPO）、*h*PPO 和 *bs*PPO 的晶体结构为基础，通过计算模拟获得了原卟啉原Ⅸ在三个种属 PPO 活性空腔中的结合模式［图 25.9（e）和（f)］，并进一步运用 PMF 方法研究了底物分子进出活性空腔的途径，

通过计算底物和产物的能量曲线，发现产物与酶的结合力更强，预测该体系存在产物反馈抑制现象，且该现象得到了实验的验证（图 25.10）[61]。该机制的发现对于新型 PPO 抑制剂的设计将产生重要影响。也就是说，以往的 PPO 抑制剂的设计都是基于底物的结合构象进行的，而产物反馈抑制的发现表明，基于产物的结合构象来设计 PPO 抑制剂应该是一种更加合理的途径[62]。

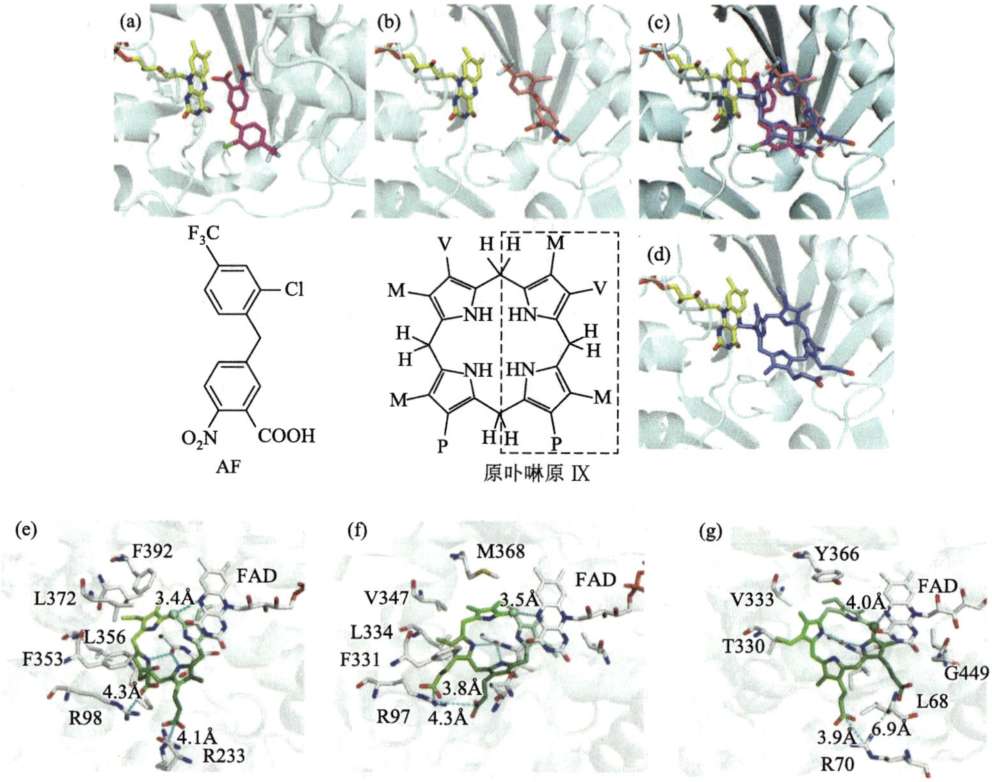


图 25.9　三氟羧草醚（AF）在 *h*PPO 及 *bs*PPO 的结合模式［(a)～(d)］及原卟啉原在 *h*PPO（e）、*mt*PPO（f）和 *bs*PPO（g）中的结合模式

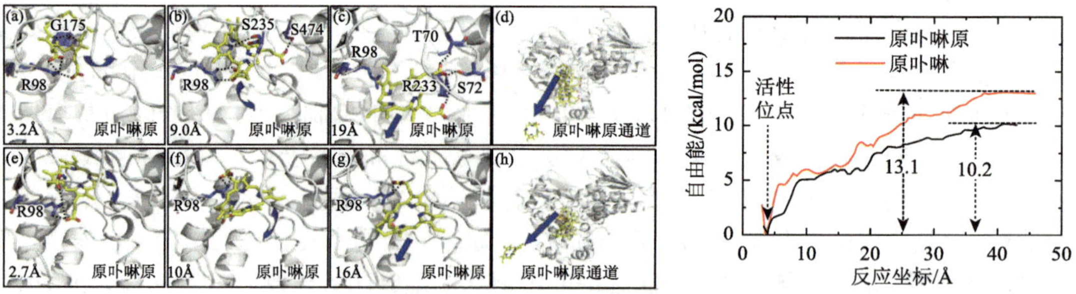


图 25.10　PPO 酶底物的识别及产物反馈抑制机制

一个非常有趣的现象是，*bs*PPO 具有多底物适应性[63]，除天然的底物原卟啉原Ⅸ外，

其还能催化氧化中卟啉原Ⅸ及粪卟啉原Ⅲ。这一特点使其区别于动物及其他细菌的 PPO，但与对原卟啉原Ⅸ和中卟啉原Ⅸ的催化活性相当的植物 PPO 相似。特别是 *bs*PPO 对二苯醚类除草剂（如 AF）具有天然的抗性[51]。为此，席真研究组系统比较了 *h*PPO、*bs*PPO、黏球菌（*Myxococcus xanthus*）PPO（*mx*PPO）与 AF 的复合物结构及 *mt*PPO 酶与抑制剂 1-甲基-3-（2-氟-4-氯-5-羧基苯基）-4-溴-5-三氟甲基吡唑（INH）的复合物结构。通过比较 PPO 活性空腔结构的体积及静电势，发现 *bs*PPO 与 AF 的结合方式不同于 AF/INH 在其他种属 PPO 中的结合方式（图 25.11），其底物结合空腔大小及电性也与其他种属 PPO 存在明显差异。基于此，他们认为较大的、高正电的底物结合空腔是造成 *bs*PPO 对二苯醚类抑制剂（如 AF 等）产生抗性的结构基础，这一结论得到了实验验证。在系统比较野生型和突变型 PPO 与不同结构类型抑制剂相互作用机制的基础上，进一步采用计算突变扫描方法（computational mutation scanning，CMS）预测得到了 R97G 突变型 *mt*PPO，该突变酶在保持原有生物功能的基础上，可以对二苯醚、噁二唑、酞酰亚胺类除草剂产生 10 倍左右的抗性，这就为抗除草剂作物的基因改良设计提供了理论依据。

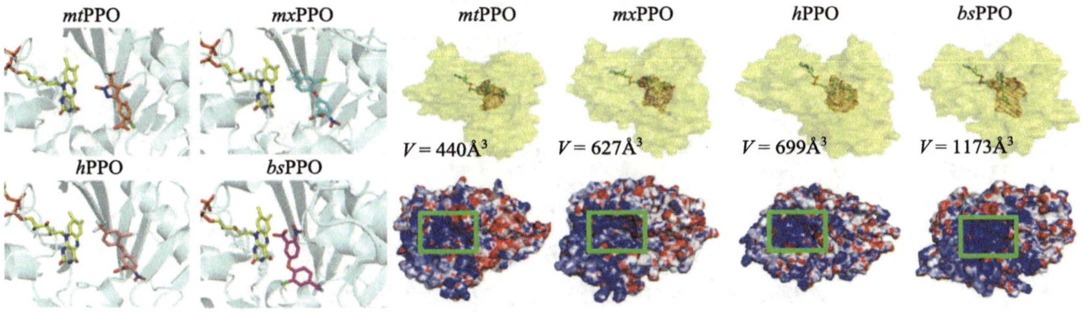


图 25.11　农药小分子在不同种属 PPO 中的结合方式及底物空腔的大小和电性

在系统开展不同种属 PPO 化学生物学研究的基础上，他们提出了计算碎片生成与连接（computational fragment generation & coupling，CFGC）的分子设计策略，成功设计出第一个在人源和烟草 PPO 之间选择性最高（2749 倍）的新型嘧啶二酮类探针分子（图 25.12）。该探针分子不仅表现出很高的酶抑制活性及种属选择性，而且还表现出良好的除草活性，与商品化除草剂甲磺草胺、丙炔氟草胺和苯嘧磺草胺相比，在保持较高除草活性的同时，其种属选择性有了极大的提高。与此同时，该探针分子对人体细胞表现出较低的光敏毒性[64]。

VP 是由于 PPO 缺陷而导致的一种遗传性疾病。目前已知 PPO 编码基因有 130 余种突变（Human Gene Mutation Database，http://www.hgmd.cf.ac.uk/ac/gene. php?gene_PPOX）可导致 VP。席真研究组构建了 44 个与 VP 相关的 *h*PPO 突变体［图 25.13（a）］，系统阐释了 *h*PPO 酶突变失活导致 VP 的结构基础[65]：①突变影响了酶与辅酶 FAD 的结合；②突变影响了酶与底物的结合；③一些残基对蛋白质的折叠是非常重要的；④一些蛋白表面残基可能影响了蛋白的聚集方式；⑤酶二级结构的破坏可能影响到酶局部构象的改变，从而导致蛋白不稳定。目前已知的 VP 病例中，90%以上的患者其 PPO 酶 R59 位发生了突变[66]。为深入理解 R59 位点在酶结构与功能中的作用，他们解析了 R59G 和 R59Q 两个突变体与抑制剂 AF 复合物的晶体结构，结果发现两个突变体的结构与野生型酶相比并无明显差别，即便是从突变位点局部观察，其差异也是十分有限的［图 25.13（a）和（b）］。但这两个突变体的催化活性与野生型相比差距是相当大的，分别只有野生型的 30%和 10%。为了揭示这两个突变体的致病机制，他们对一系列 *h*PPO 及其突变体与底物复合物进行分子动力学模拟，获取了每个研究体系的平衡态构象，通过统计分析，提出了优势构象群（privileged conformation）概念，并发现优势构象群的概率决定了酶活性[65]。借此，建立了 PPO 活性定量预测方法——Prenzyme［图 25.13（d）］，并进一步提出了酶活性的动态调控假说（dynamics regulates kinetics）。该研究为 PPO 抗除草剂突变体的设计提供了重要信息。

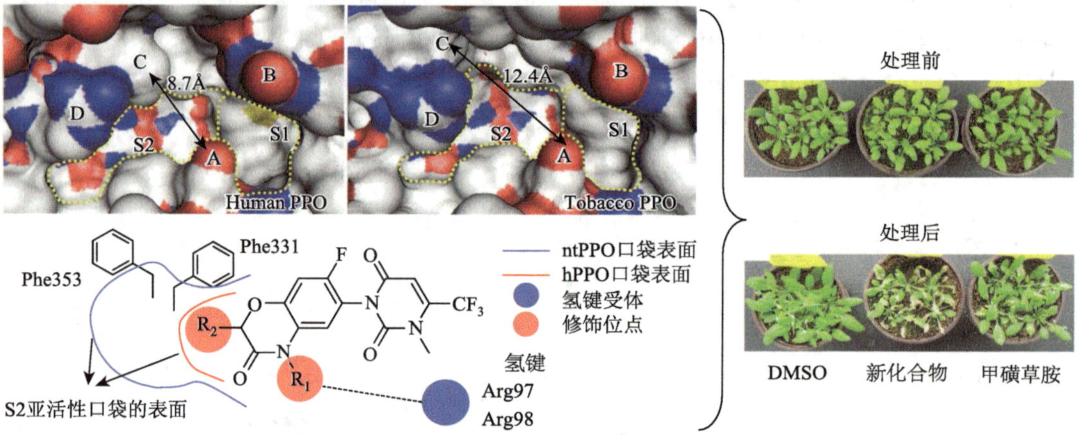


图 25.12　基于 CFGC 方法设计高选择性绿色除草剂

黄色虚线代表结合口袋的边界，蓝色线和红色线在图中已经标明

## 25.2.4　具有新颖骨架 HPPD 抑制剂的设计与超高效除草剂喹草酮的创制

对羟基苯基丙酮酸双加氧酶（4-hydroxyphenylpyruvate dioxygenase，HPPD）作为一种典型的非血红素亚铁依赖型的双加氧酶，广泛存在于除少数革兰氏阴性菌之外的所有需氧生物体中[67, 68]，其催化对羟基苯基丙酮酸（4-hydroxyphenylpyruvate，HPPA）转化为尿黑酸（2, 5-dihydroxyphenylacetate，HGA）。在微生物中，尿黑酸可以被氧化生成色素，还可以被代谢为马来酰乙酰乙酸（maleylacetoacetate acid，MAA）。在哺乳动物体内，尿黑酸会被进一步代谢，产物最终进入三羧酸循环当中[69]。在植物中，尿黑酸依次经过脱羧、聚戊二烯基化和烷基化进而生成质体醌和生育酚[70, 71]。而在高等植物中，生育酚和质体醌分别作为细胞膜的抗氧化剂及光合作用中电子传递的载体，一旦 HPPD 的活性被抑制，就会导致光合作用中的电子传递链受阻及质体的光氧化等多种现象，进而导致植株叶片出现白化症状甚至死亡[72, 73]。由于现有的大部分商品化 HPPD 抑制剂在植物和其他种属 HPPD 之间的选择性并不理想，随着该类除草剂在全球范围内的广泛应用，部分品种的生态风险逐渐显现。例如，部分研究表明环磺酮、硝磺草酮有可能对人类及动物产生毒副作用[74-76]。因此，提高种属选择性尤其是在植物和人之间的选择性，是开发新型 HPPD 抑制型除草剂必须要解决的关键问题。

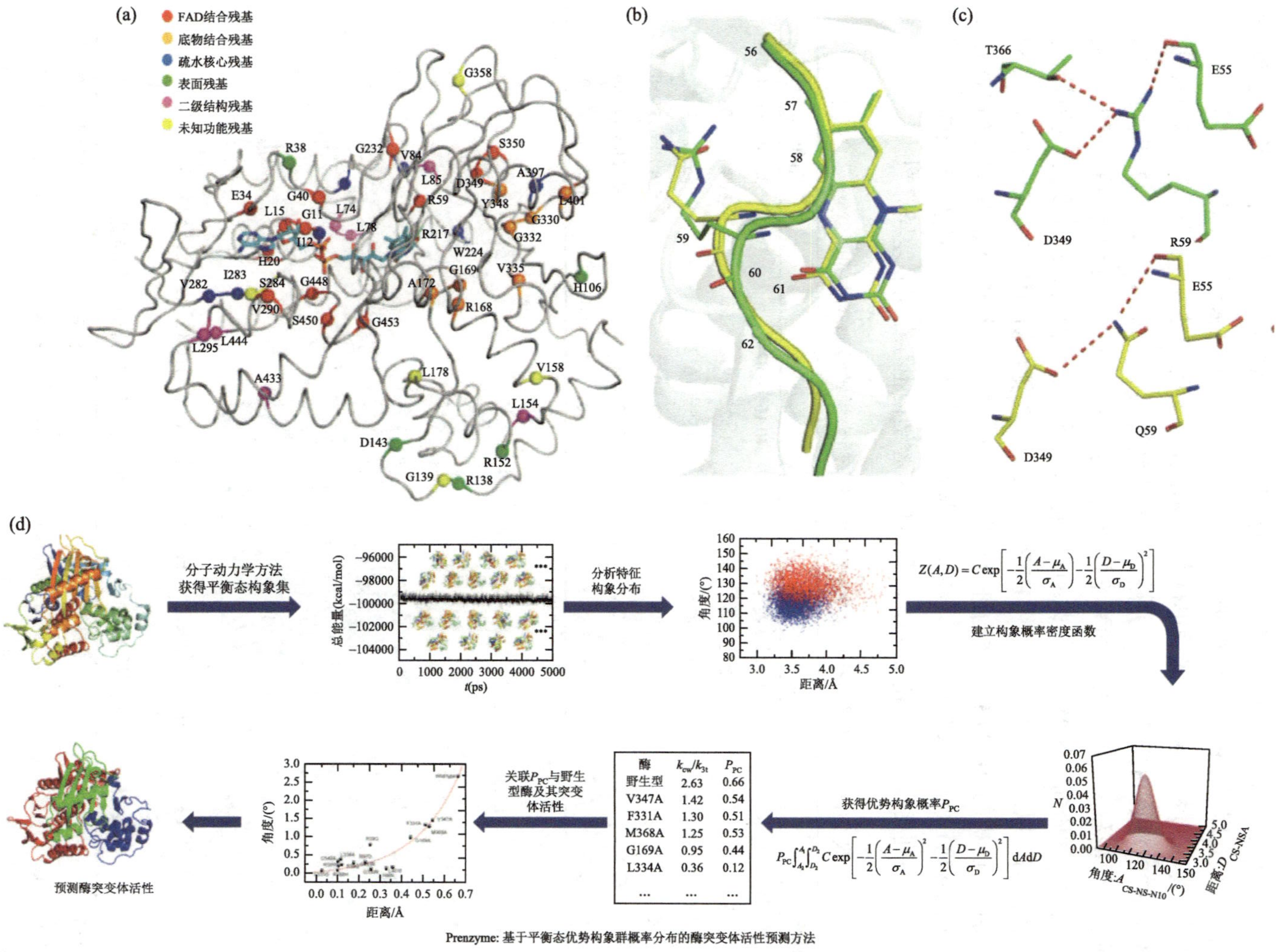


图 25.13　（a）*h*PPO 上 VP 相关突变的位置；（b）*h*PPO 野生型（绿色）和 R59Q（黄色）突变型 loop 结构的比较；（c）*h*PPO 野生型和 R59Q 突变型 59 位点与其他残基形成的氢键作用；（d）Prenzyme 方法

虽然靶向 HPPD 的除草剂创制得到了快速发展，但有关 HPPD 的化学生物学研究却明显滞后，一些制约该领域发展的关键问题长期以来未能得到解决。例如，底物 HPPA 在 HPPD 活性腔中的结合方式是怎样的；酶催化反应的详细机理如何；哪些氨基酸参与了酶催化反应；不同种属 HPPD 在结构上存在哪些差异；抑制剂慢结合的结构基础是什么；等等。为此，杨光富研究组系统开展了 HPPD 靶标组研究，完成了 10 个种属（人源、大鼠、三文鱼、玉米、高粱、小麦、小麦叶枯病菌、荧光假单孢菌、拟南芥和水稻）HPPD 的质粒构建和重组野生型及突变型 HPPD 蛋白的原核表达，并建立了两种活性测试方法（HPLC 方法和偶联方法），对不同种属野生型和突变体 HPPD 的酶学性质进行了表征，对不同结构类型的抑制剂进行了系统的抑制动力学研究（表 25.3）。与此同时，他们解析了多个种属 HPPD 及其与探针分子复合物的晶体结构，以及首个结合有底物 HPPA 的 *At*HPPD 复合物晶体结构（分辨率为 2.8Å，5XGK)。将已经解析的 HPPD 晶体结构进行一级序列比对和三维结构分析(图 25.14 和表 25.4)发现，植物 HPPD（如拟南芥和玉米）和哺乳动物（如人和大鼠）及微生物 HPPD（如荧光假单胞菌）的序列相似性均不超过 30%，其活性空腔结构也存在明显差异[76-80]。

**表 25.3　代表性 6 个种属 HPPD 的催化动力学常数和底物抑制常数**

| HPPD 种属 | $K_m$/(μmol/L) | $k_{cat}$/s$^{-1}$ | $K_{si}$/(μmol/L) |
|---|---|---|---|
| 拟南芥 | 12.80±0.97 | 0.16±0.02 | 338.10±73.90 |
| 人 | 30.20±2.64 | 1.52±0.016 | 708.70±103.10 |
| 大鼠 | 24.60±3.82 | 0.35±0.012 | 345.70±48.80 |
| 小麦 | 60.60±4.80 | 0.39±0.02 | 528.10±135.50 |
| 小麦叶枯病菌 | 97.50±20.20 | 0.22±0.03 | 626.30±177.90 |
| 荧光假单孢菌 | 70.96±3.82 | 0.10±0.01 | 675.80±85.30 |

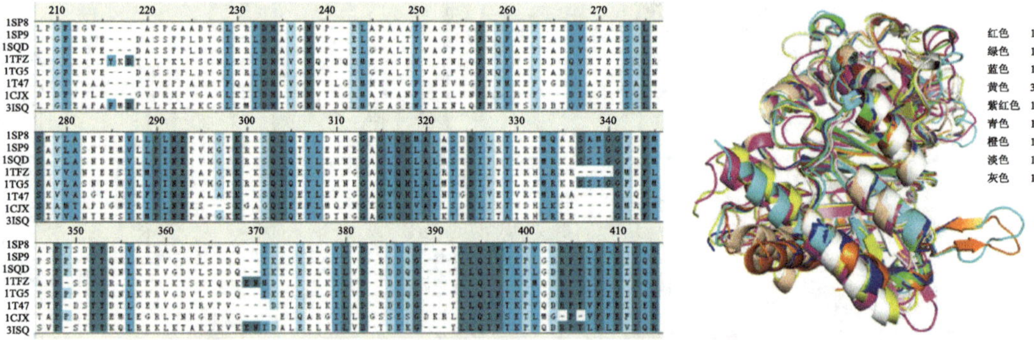


图 25.14　已有晶体结构报道的 HPPD 的氨基酸序列比对和三维结构叠加

**表 25.4　已报道的 HPPD 全酶（holo）和复合物晶体结构信息**

| PDB 编号 | 种属 | 分辨率/Å | 复合物/全酶 |
|---|---|---|---|
| 1SQD 1TFZ，1TG5 | 拟南芥（*Arabidopsis thaliana*） | ~1.90 | 复合物和全酶 |
| 1SP8 | 玉米（*Zea mays*） | 2.00 | 全酶 |
| 3ISQ | 人（*Homo sapiens*） | 1.75 | 全酶 |
| 1SQI | 大鼠（*Rattus norvegicus*） | 2.15 | 复合物 |

续表

| PDB 编号 | 种属 | 分辨率/Å | 复合物/全酶 |
|---|---|---|---|
| 1CJX | 荧光假单胞菌（*Pseudomonas fluorescens*） | 2.40 | 全酶 |
| 1T47 | 链霉菌（*Streptomyces avermitilis*） | 2.45 | 复合物 |

目前已知的 HPPD 抑制剂都属于底物竞争型抑制剂，因此底物 HPPA 与 *At*HPPD 复合物晶体结构的解析对于理解酶催化反应机理和新型抑制剂的设计均具有重要意义。为此，杨光富研究团队成功解析了第一个天然底物 HPPA 与 HPPD 复合物的晶体结构。如图 25.15 所示，在 *At*HPPD-HPPA 复合物晶体结构中，HPPA 的 α-酮酸部分与活性中心的金属离子形成双齿配位，酚羟基的氧原子与 Asn423 形成氢键，苯环部分与 Phe381 之间存在 T-π 疏水相互作用。将该复合物晶体结构与未结合配体的 holo-*At*HPPD 晶体结构（PDB 编号：1SQD）进行比较［图 25.15（a）和（b）］可以发现，当 HPPA 与 HPPD 结合时，Asn423 的侧链发生了构象变化并与 HPPA 的酚羟基形成氢键相互作用（距离～3.2Å）；Gln293 的侧链也发生了偏转并与 Gln307 形成氢键相互作用（距离～3.5Å）（图 25.15c），而在 holo 结构中，Gln293 与 Gln307 的距离为 5.1Å。根据文献报道[81, 82]，Gln307、Ser267 和 Asn282 组成的氢键网络对于 HPPD 的催化过程起着重要作用，而当 HPPA 结合在活性腔之后，Gln293 也参与到了这一氢键网络的之中［图 25.15（d）］。

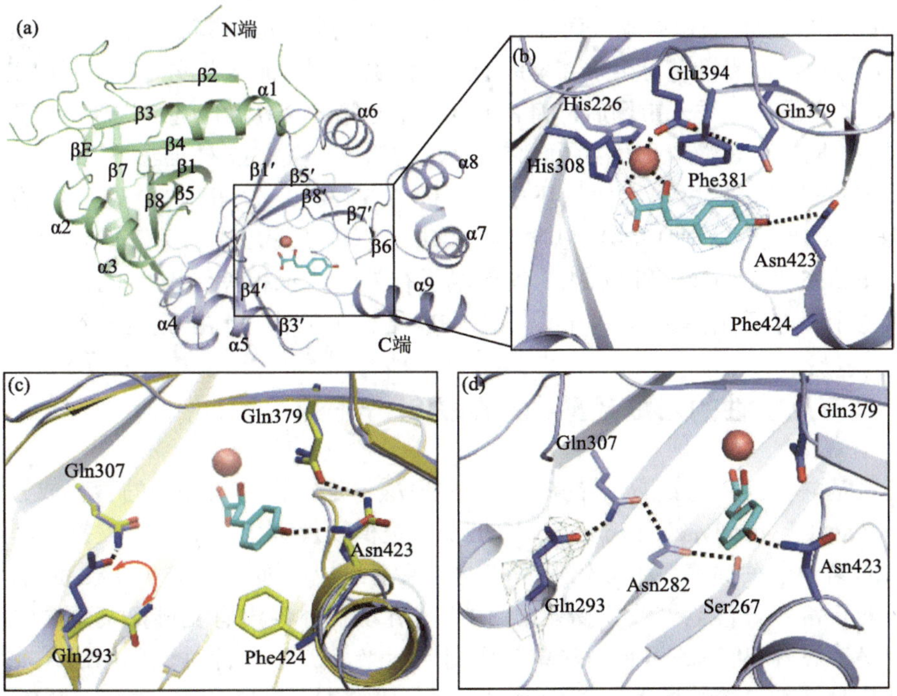


图 25.15　*At*HPPD-HPPA 结构分析和比较。（a）单体总体结构；（b）HPPA 在活性腔中的结合模式；（c）*At*HPPD-HPPA（主链和侧链用蓝紫色表示）与 *holo-At*HPPD（主链和侧链用黄色表示）结构叠合比较，红色箭头表示构象差异较大的氨基酸残基；（d）*At*HPPD-HPPA 结构中 Gln293 的电子云密度图和活性腔内的氢键网络

进一步通过定点突变实验发现，当 Gln293 突变成丙氨酸后，其 $k_{cat}/K_m$ 值相较于野生型 HPPD 降低了约 3700 倍 [$k_{cat,WT}$ =（1.0792±0.0530）$s^{-1}$，$k_{cat,Q293A}$ =（0.0139±0.0010）$s^{-1}$；$K_{m,WT}$ =（1.87±0.37）μmol/L，$K_{m,Q293A}$ =（90.41±11.33）μmol/L]，这表明 Gln293 在酶催化反应过程中起着重要作用。为方便起见，不妨将 HPPA 结合后的 Gln293 的构象定义为"活化构象"，将未结合底物时 Gln293 的构象定义为"非活化构象"。鉴于 Gln293 在底物 HPPA 结合前后的构象变化对于稳定底物及酶催化反应均具有重要意义，杨光富等提出了靶向 Gln293 构象变化的分子设计策略：如果能设计一种抑制剂来阻止 Gln293 从"非活化构象"向"活化构象"转变，那么 HPPD 就无法对底物 HPPA 进行有效结合，酶催化反应自然也就无法进行。按照这个思路，他们首先利用 PADFrag 分子碎片与三酮片段连接，建立了一个包含 15235 个化合物的虚拟分子库，以 Gln293 处于"非活化构象"的 HPPD 晶体结构为模板对该分子库进行虚拟筛选，从而发现了一系列高活性化合物，尤其是化合物 Y13161 的活性非常突出[22, 83-86]。通过多种属酶抑制动力学、温室筛选及田间药效试验，发现 Y13161 具有良好的酶抑制活性 [$K_{i,AtHPPD}$ =（24.10±0.30）nmol/L]，并在 105～150g/$hm^2$ 的剂量下对阔叶杂草及部分禾本科杂草表现出优异防效。尤其值得说明的是，Y13161 对野糜子和狗尾草这两种高粱及玉米地极难防治的重要杂草防效卓越，对高粱、玉米、小麦、甘蔗等多种作物表现出优异的作物安全性。此外，由于 Y13161 具有良好的种属选择性[对人源 HPPD 的活性较低，$K_i$ =（179.0±7.70）nmol/L]，因而表现出良好的毒理学性质，其对哺乳动物及蜂鸟鱼蚕等环境生物均为低毒。目前，该化合物被国家农药标准化技术委员会命名为喹草酮，由山东先达农化股份有限公司开展新农药登记，预计 2020 年初可被正式登记。需要指出的是，迄今全世界尚没有可用于高粱地的选择性除草剂，而喹草酮对高粱表现出高度安全性。因此，喹草酮一旦进入市场后，将有望成为全球第一个高粱地选择性超高效除草剂，从根本上解决长期制约高粱产业发展所面临的杂草防治这一关键技术难题。

为了验证分子设计思路，他们还成功解析了 Y13161 与 *At*HPPD 复合物的晶体结构（图 25.16）。结果表明，Y13161 包含的喹唑啉二酮分子片段中二甲基取代的苯环侧链与 Phe392、Met335 及 Leu368 和 Leu427 均形成了有效的疏水相互作用，而且 Gln293 侧链的构象确实处于"非活化构象"，与 holo-*At*HPPD 结构中的构象几乎完全一致。

### 25.2.5 具有反抗性的乙酰羟酸合成酶探针分子的设计

支链氨基酸（包括亮氨酸、异亮氨酸、缬氨酸）是植物生长必需的营养成分。乙酰羟酸合成酶（acetohydroxyacid synthase，AHAS）是植物及细菌、酵母中支链氨基酸生物合成途径中的第一个关键酶，由催化亚基和调控亚基组成。通过抑制 AHAS 的活性，可以抑制植物的正常生长甚至导致植物死亡。由于哺乳动物体内没有支链氨基酸的生物合成途径，因此 AHAS 被认为是理想的除草剂作用靶标[87, 88]。迄今针对该靶标已开发出众多超高效商品化除草剂，按结构大致划分为四大类：磺酰脲（SU）、咪唑啉酮（IMI）、三唑嘧啶磺酰胺（TP）及嘧啶水杨酸类（PYB）等。

由于世界范围内的广泛且长期使用，杂草对该类除草剂的抗性发展极为迅速。截至 2018 年 7 月，全世界已报道的 495 种抗性杂草类型中，涉及 AHAS 抑制型除草剂抗性的杂草

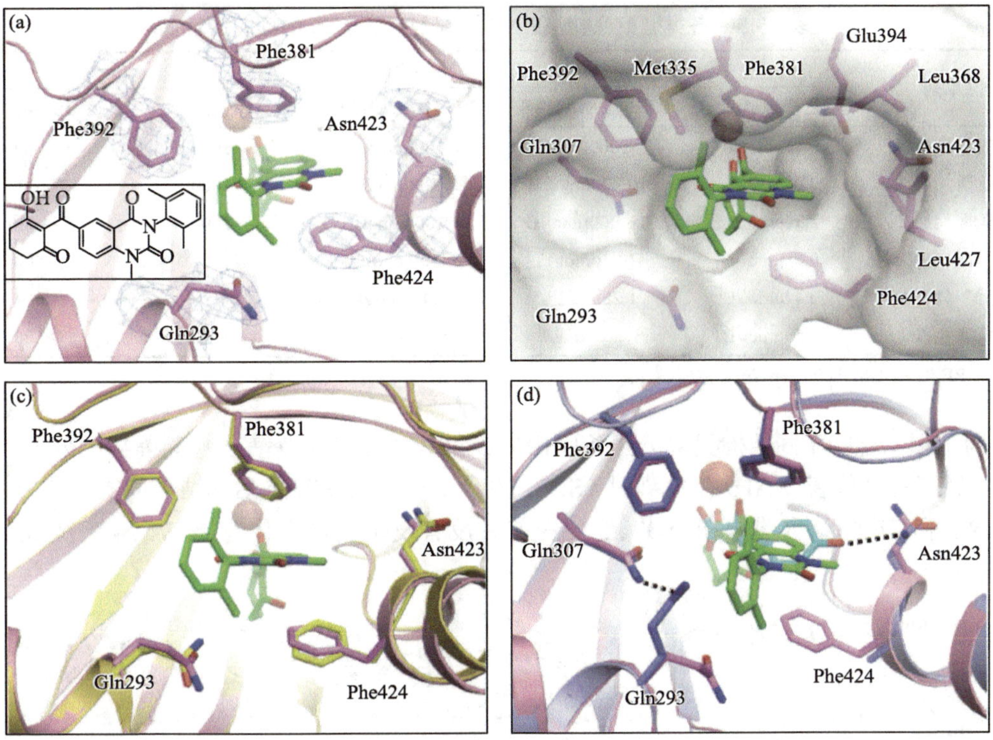


图 25.16　Y13161 与 *At*HPPD 复合物晶体结构分析。（a）Y13161 在 *At*HPPD 活性腔中结合模式；（b）Y13161 在 *At*HPPD 活性腔中结合模式的表面图；（c）*At*HPPD-Y13161（红色）与 holo-*At*HPPD（黄色）结构叠合比较图；（d）*At*HPPD-Y13161（红色）与 *At*HPPD-HPPA（紫色）结构叠合比较图，氢键相互作用用黑色虚线表示

种类高达 160 种，而且数量仍呈指数增长态势[89]。研究结果表明，杂草产生抗药性的分子机制是杂草 AHAS 催化亚基上的氨基酸序列发生了单点突变[90]。目前已经鉴定的抗性突变位点有 6 个，其中最严重的突变类型是 W574L 和 P197L（以拟南芥 AHAS 的氨基酸序列进行编号），它们对所有商品化的 AHAS 抑制型除草剂都产生至少 10 倍以上的抗性[91]。因此，如何规避 P197L 和 W574L 突变产生的抗性是针对 AHAS 设计合成新一代反抗性除草剂必须面临的一大挑战。

杨光富和席真研究团队一直致力于 AHAS 的化学生物学及反抗性分子设计研究。他们发现，虽然不同结构类型的 AHAS 抑制剂结合在相同的口袋中，但它们对同一突变的敏感程度是不一样的，有时甚至差异极为显著。为此，他们系统研究了几类代表性商品化除草剂与拟南芥 AHAS（*At*AHAS）及 P197L、W574L 突变体的相互作用。从表 25.5 可以看出，乙氧嘧磺隆、氯磺隆等 SU 类除草剂对 P197L 和 W574L 突变体几乎失去了活性，抗性倍数均大于 1000；IMI 类除草剂咪草烟表现出和 SU 类除草剂相似的抗性倍数；TP 类除草剂阔草清对 W574L 和 P197L 突变体的抗性倍数虽然低于 SU 和 IMI 类除草剂，但仍表现出中等水平的抗性；在 PYB 类除草剂中，嘧硫草醚和双草醚对 P197L 突变体的抗性倍数仅有 1.51 倍和 3.05 倍，属于低抗性；而针对 W574L 突变体，双草醚显示出中等抗性，嘧硫草醚的抗性倍数却超过了 500 倍。

**表 25.5　各类型商品化 AHAS 抑制剂对 AHAS 的抑制活性**

| 除草剂 | $K_i$/M | | | | |
|---|---|---|---|---|---|
| | 野生型 *At*AHAS | P197L *At*AHAS | W574L *At*AHAS | $RF_{P197L}$ | $RF_{W574L}$ |
| 乙氧嘧磺隆（SU） | 0.06μmol/L | ＞1000μmol/L | ＞1000μmol/L | ＞1000 | ＞1000 |
| 氯磺隆（SU） | 0.05μmol/L | 103.00μmol/L | ＞500μmol/L | ＞1000 | ＞1000 |
| 咪草烟（IMI） | 2.31μmol/L | ＞1000μmol/L | ＞1000μmol/L | ＞1000 | ＞1000 |
| 嘧硫草醚（PYB） | 0.68μmol/L | 1.03μmol/L | ＞500μmol/L | 1.51 | ＞500 |
| 双草醚（PYB） | 0.42μmol/L | 1.28μmol/L | 19.40μmol/L | 3.05 | 46.19 |
| 阔草清（TP） | 0.53μmol/L | 37.30μmol/L | ＞500μmol/L | 70.38 | ＞500 |

注：RF（resistant factor）= $K_{i,\ mutant}/K_{i,\ wild\text{-}type}$

为了揭示这些不同结构类型小分子对 P197L 和 W574L 两种突变体敏感差异的分子机制，他们比较了三种代表性 AHAS 除草剂（SU、TP 及 PYB）在突变前后的结合构象（图 25.17），发现 SU 和 TP 的结合构象在 W574L 突变前后没有发生明显变化，当 W574 突变成 L574

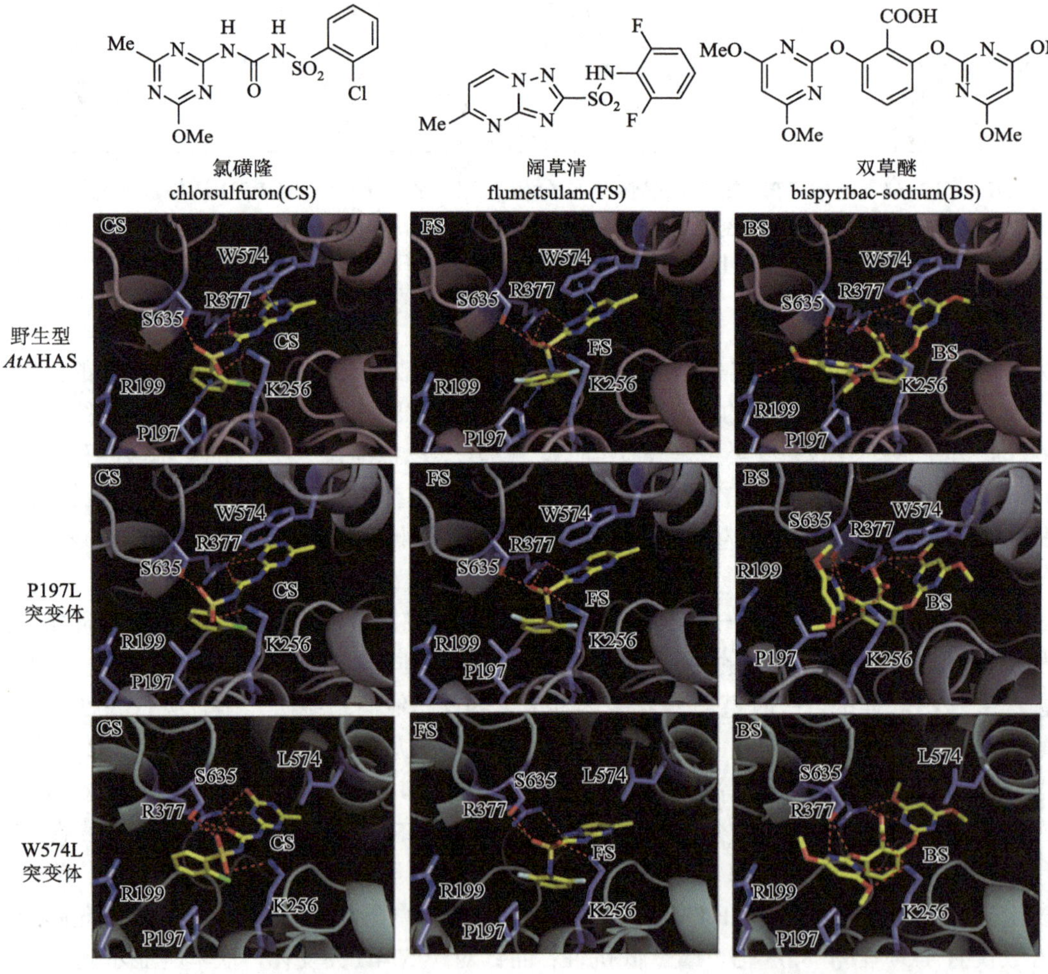


图 25.17　三种代表性除草剂在野生型及 P197L、W574L 突变体中的结合模式

之后，分子与 W574 之间的 π-π 堆积作用丢失，从而导致小分子的结合能大幅度下降；而位于活性通道入口处的 P197 突变为 L197 时，残基体积增大，具有刚性的 SU 及 TP 的构象不能有效偏转，使得分子结构中的芳环与 L197 之间产生了立体冲突，结合能也大幅度下降。相反，PYB 的结合构象在突变后均发生了明显的翻转或偏移，进而与其他氨基酸残基形成新的相互作用，在一定程度上弥补了与 W574 之间作用力的丢失或者避免了与大位阻残基 P197 之间的直接立体冲突，使得突变后分子的结合能未出现明显降低。以上结果表明，除草剂分子的构象柔性度与其反抗性能力是密切相关的，构象柔性越大，反抗性能力越强[92, 93]。

上述三类商品化除草剂中，PYB 类除草剂由于具有较好的构象柔性度，其反抗性能力要高于 SU 和 TP 类除草剂，但其分子结构中 6-位取代基对 PYB 类化合物的反抗性能力具有重要影响。为此，杨光富和席真研究团队利用自行发展的“基于药效团连接碎片的虚拟筛选（pharmacophore-linked fragment virtual screening，PFVS）”方法[16]开展反抗性 AHAS 抑制剂的合理设计，具体设计流程如下。

第一步：药效团的确立（图 25.18）。如前所述，PYB 类除草剂具有较好的反抗性能力，但其 6-位取代基对反抗性能力有重要影响。因此，他们将 2-(4, 6-二甲氧基嘧啶-2-氧基)苯甲酸作为药效团，希望通过对 6-位取代基的优化，发现具有优异反抗性能力和除草活性的先导化合物。

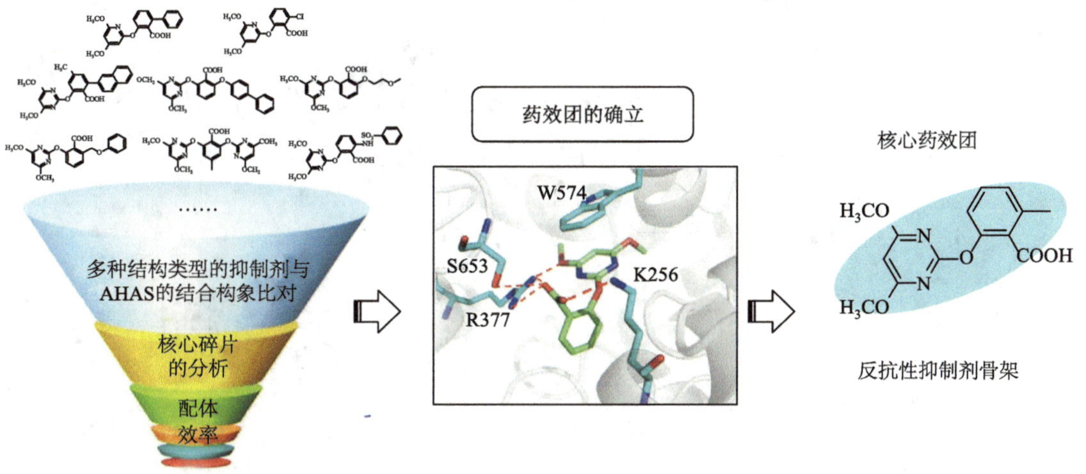


图 25.18　药效团的确立

第二步：碎片链接分子库的生成及评价（图 25.19）。他们利用建立的碎片库 PADFrag[94]，将碎片连接到野生型和 P197L 突变型 *At*AHAS 结合腔中药效团的 6-位上，生成相应的虚拟分子，并进行能量优化及结合自由能计算，根据结合自由能对分子进行排序。

第三步：苗头化合物的选择（图 25.20）。根据结合自由能打分情况，分别对两个体系中排名前 10 的药效团连接碎片分子进行深入分析，结果发现药效团 6-位连接有苯甲酰氧基的分子（化合物 **9**）在两个体系中均出现在打分前 10 名的苗头化合物中。酶水平筛选结果表明，该化合物对野生型及 P197L 突变型 *At*AHAS 均表现出较高的抑制活性，可以作为反抗性的苗头化合物深入研究。进一步的分子模拟表明，该苗头化合物具有较好的构象柔性度，可以通过调整其在活性腔中的构象从而与突变酶产生新的相互作用力，弥补因 P197L 突变而丢失的作用力。进一步针对化合物 **9** 的 6-位取代基进行结构优化发现，以萘环或呋喃环替代苯环得到的化合物 **10** 和 **11** 对野生型及 P197L 突变型 *At*AHAS 均表现出亚微摩尔水平的抑制活性，且抗性倍数小于 1，可以作为新的反抗性先导化合物深入研究。

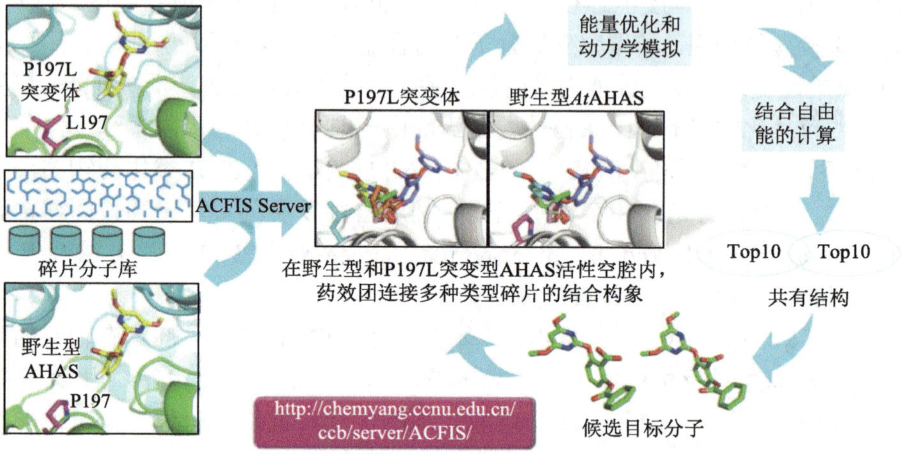


图 25.19　新型反抗性 AHAS 抑制剂的筛选流程

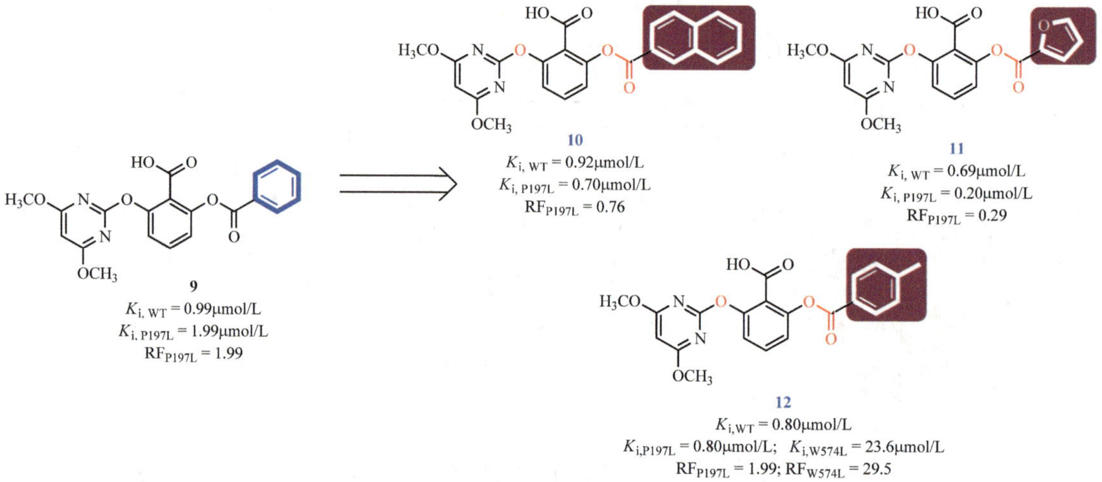


图 25.20　基于 PFVS 方法发现的反抗性苗头化合物及其优化

第四步：双重反抗性苗头化合物的发现及优化。前面的反抗性分子设计都是基于野生型 AHAS 和 P197L 这个突变体来展开的，对所获得的苗头化合物开展 W574L 突变体筛选时幸运地发现化合物 **12** 对 W574L 突变体也表现出较强的抑制活性（图 25.20），可以作为同时针对 P197L 和 W574L 两个高抗突变体设计反抗性化合物的探针。分子模拟表明，化合物 **12** 同样具有较好的构象柔性度，无论是发生 P197L 突变还是 W574 突变，化合物 **12** 都可以通过自身构象的调整以形成新的相互作用力，从而使其始终保持较高的结合能。由于化合物 **12** 对野生型和 P197L 突变型 *At*AHAS 表现出高抑制活性（<1μmol/L），所以结

构优化的主要目标是保持分子对野生型和 P197L 突变型 *At*AHAS 抑制活性的同时，提高对 W574L 突变型 *At*AHAS 的抑制活性。

考虑到化合物 **12** 分子结构中的酯基容易发生水解，导致其在活体筛选中并没有表现出理想的除草活性。因此，他们以化合物 **12** 为基础，采用骨架跃迁（scaffold hopping）策略[95]对分子结构中的酯基进行优化，设计了酰胺、砜、磺酰胺、磺酸酯四类化合物 **lead-A～lead-D**（图 25.21）。通过酶抑制活性筛选发现：**lead-D**（化合物 **13**）对野生型及 P197L、W574 突变型 *At*AHAS 均表现出较高的抑制活性，具有双重反抗性能力。需要指出的是，在此之前，同时针对两种高抗突变体的反抗性分子设计尚未见文献报道。为此，进一步的结构优化发现了 **14** 和 **15** 两个化合物，它们同时对野生型及 P197L、W574 突变型 *At*AHAS 表现出亚微摩尔级别的抑制活性，而且这两个化合物在 10g/亩的剂量下，对敏感及

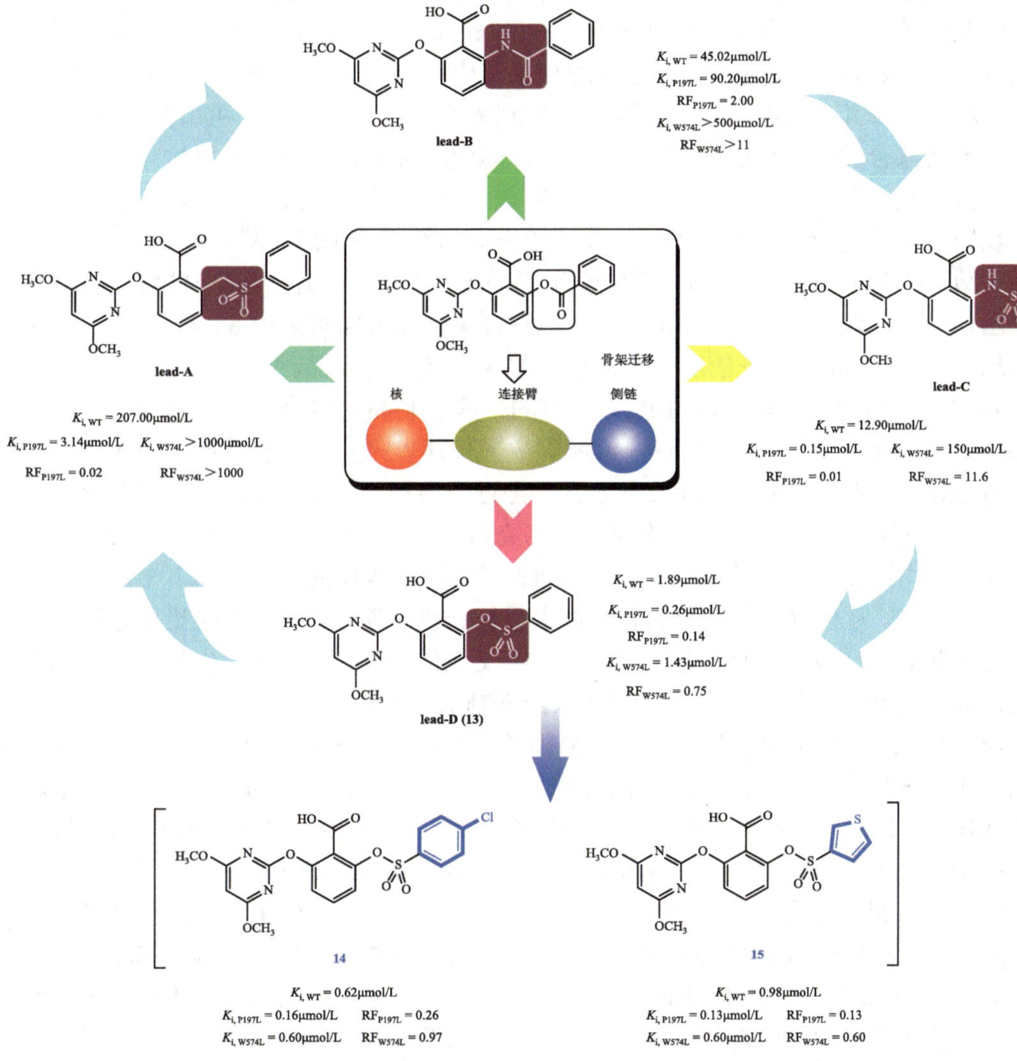


图 25.21　针对 P197L 和 W574L 突变体的双重反抗性 AHAS 抑制剂的发现

抗性（P197L 突变）播娘蒿均表现出优异的除草活性，相反，商品化除草剂嘧硫草醚仅对敏感播娘蒿表现出较高除草活性。以上结果为抗性杂草治理及新型除草剂创制奠定了坚实基础。

## 25.3　讨论与展望

随着科学技术的不断发展及农药登记管理的日趋严格，多学科之间的协同与渗透、新技术之间的交叉与集成已经成为农药科学发展的一个重要趋势，也是新农药创制研究的最显著特征。一方面，化学生物学、功能基因组学、蛋白质组学、结构生物学、理论与计算化学及环境毒理学成为支撑新农药创制的核心基础学科；另一方面，以基因编辑、高性能计算、大数据及人工智能为代表的颠覆性技术与新农药创制研究的结合越来越紧密，在农药创制中发挥越来越重要的作用，并逐步成为新农药创制的关键共性技术。与此同时，农药创制的难度越来越大，成本越来越高，竞争越来越激烈，导致世界农化行业开始了新一轮的兼并重组。2016 年，国际农药行业的领头羊先正达公司被中国化工收购。2017 年，美国杜邦和陶氏合并，富美实收购两家合并后剥离的资产；2018 年，孟山都被拜耳收购，巴斯夫收购两家合并后剥离的资产；2018 年，印度联合磷化收购爱利思达。这表明，世界农药科技的发展已经开始进入一个全新的时代，传统的研究模式已经不能适应新时代的要求，我国农药科技及产业发展正面临着前所未有的新机遇和新挑战。

经过数十年的发展和几代人的不懈努力，我国已经发展成为世界第一的农药生产大国和农药出口大国，农药年产量约 300 万 t（折百计算，国内需求量约 60 万 t，其余均出口国际市场）。但是，我国生产的农药产品中，绝大多数是仿制品种（约占 90%），具有完全自主知识产权的创制品种不足 10%，仅有的一些创制品种也尚未形成规模，还没有一个能够进入发达国家市场的创制品种，这就导致了长期以来我国的农药产业在国际竞争中处于劣势地位。值得欣慰的是，近二十年尤其是近十多年来，在国家自然科学基金等国家科技计划的持续协同资助下，我国构建了较为完善的农药创新研究体系，涵盖分子设计、化学合成、生物活性筛选、靶标发现及剂型研究等，使我国成为世界上第五个具有新农药创制能力的国家。从研究模式上来讲，在过去很长一段时期内，传统的随机筛选是我国科技人员开展新农药研发的主要手段。但随着学科交叉的不断深入，化学生物学导向的新农药创制研究已逐渐成为我国科学家开展新农药创制的主流模式。

当前，国际农药化学生物学研究的前沿领域主要集中在三个方面。①以具有农药活性的天然产物或未知作用机制的高活性化合物（如商品化农药品种）为探针分子，开展农药靶标发现研究。例如，巴斯夫公司以除草剂环庚草醚及其类似物为探针分子，成功发现了一个新的除草剂作用靶标——脂肪酸硫酯酶（fatty acid thioesterases，FAT）[96]。最近，我国科学家与美国科学家合作，采用抗性基因导向的策略，成功发现了具有除草活性的天然产物 aspterric acid 的作用靶标是支链氨基酸生物合成途径中的二羟酸脱水酶（dihydroxy-acid dehydratase，DHAD）[97]。②植物化学生物学[98]。长期以来，人们通常采用经典遗传学方法开展植物生理学研究。但是，随着研究工作的不断深入，人们认识到经典遗传学手段在研究非线性信号转导路径及冗余效应时存在明显不足，而功能性遗传冗余在植物体内是普遍存在的，因此需要新的研究工具来替代。生物活性小分子可以从分子甚至活体生物水平上来研究复杂的生命过程，尤其是在发现新的信号节点和解开冗余网络方面具有明显优势。小分子探针通常有三种主要的作用方式：抑制或增强靶标的活性；诱导靶标（特别是蛋白质）的构象变化；作为分子胶来增强它们的靶标与其他分子（如蛋白质）的相互作用，如蛋白质-蛋白质相互作用。因此，化学生物学有助于增强对植物细胞过程的理解，包括膜的迁移、激素的转运和细胞壁的生物合成等。例如，利用经典遗传学手段来发现 ABA 受体未能取得成功，但正是因为 Sean Cutler 以 Pyrabactin 为探针开展化学生物学研究，才导致 ABA 受体的成功发现[13]。植物化学生物学已经成为植物科学中一个发展十分迅速的新兴领域，并对植物学科基础知识做出了真正的贡献。③小分子化合物库的构建[99]。构建覆盖广泛化学空间的小分子化合物库是开展表型筛选、发现新机制的基础，小分子化合物库的构建始终是农药化学生物学研究的一个重要任务。为此，人们发展了多种策略来构建结构多样性化合物库以满足化学遗传学筛选或者是针对某一特定靶标来构建一个高度聚焦的化合物库。值得一提的是，美国陶氏农业科学公司通过文献收集具有农药活性的化合物，构建了一个“预合格库”（prequalified libraries）[100]。当然，那些与商品化农药分子具有高度相似药效团的化合物会被排除掉。通过这种方式构建的化合物库具有一个明显的特点，那就是化合物往往具有良好的细胞穿透能力，有利于发挥生物活性。此外，DNA 编码化合物库合成及筛选技术近年来在农药创制中也开始得到关注和应用[101]。

综上所述，化学生物学在农药创制研究中的作用将日益凸显，深刻把握国际科技前沿动向，聚焦我国农业生产所面临的重大病虫草害防治的现实需求，深入开展化学生物学导向的农药创制基础研究是提升我国农药原始创新能力的必由之路。

本章作者：杨光富①，宋宝安②，席　真③，李　忠④

①华中师范大学；②贵州大学；③南开大学；④华东理工大学

## 参 考 文 献

[1] Verger P J P，Boobis A R. Reevaluate pesticides for food security and safety. Science，2013，341：717-718.

[2] Lamberth C，Jeanmart S，Luksch T，et al. Current challenges and trends in the discovery of agrochemicals. Science，2013，341：742-746.

[3] Popp J，Pető K，Nagy J. Pesticide productivity and food security：a review. Agron Sustain Dev，2013，33：243-255.

[4] Sparks T C，Lorsbach B A. Perspectives on the agrochemical industry and agrochemical discovery. Pest Manage Sci，2017，73：672-677.

[5] Turner J A. The Pesticide Manual. UK：British Crop Protection Council，2015.

[6] Ndikuryayo F，Behrooz Moosavi B，Yang W C，et al. 4-Hydroxyphenylpyruvate dioxygenase inhibitors：from chemical biology to agrochemicals. J Agric Food Chem，2017，65：8523-8537.

[7] Garcia M D，Nouwens A，Lonhienne T G，et al. Comprehensive understanding of acetohydroxyacid synthase inhibition by different herbicide families. Proc Natl Acad Sci USA，2017，114：E1091-E1100.

[8] Sauter H，Steglich W，Anke T. Strobilurins：evolution of a new class of active substances. Angew Chem Int Ed，1999，38：1328-1349.

[9] Casida J E，Durkin K A. Novel GABA receptor pesticide targets. Pestic Biochem Physiol，2015，121：22-30.

[10] Beaudegnies R，Edmunds A J F，Fraser T E M，et al. Herbicidal 4-hydroxyphenylpyruvate dioxygenase inhibitors：a review

of the triketone chemistry story from a Syngenta perspective. Bioorg Med Chem，2009，1：4134-4152.

[11] Lahm G P，Cordova D，Barry J D. New and selective ryanodine receptor activators for insect control. Biorg Med Chem，2009，17：4127-4133.

[12] Zhao Y，Chow T F，Puckrin R S，et al. Chemical genetic interrogation of natural variation uncovers a molecule that is glycoactivated. Nat Chem Biol，2007，3：716-721.

[13] Park S Y，Fung P，Nishimura N，et al. Abscisic acid inhibits type 2C protein phosphatases via the PYR/PYL family of START proteins. Science，2009，324：1068-1071.

[14] De Rybel B，Audenaert D，Vert G，et al. Chemical inhibition of a subset of *Arabidopsis thaliana* GSK3-like kinases activates brassinosteroid signaling. Chem Biol，2009，16：594-604.

[15] Anne P，Azzopardi M，Gissot L，et al. OCTOPUS Negatively regulates BIN2 to control phloem differentiation in *Arabidopsis thaliana*. Curr Biol，2015，25：2584-2590.

[16] Hao G F，Wang F，Li H，et al. Computational discovery of picomolar $Q_o$ site inhibitors of cytochrome $bc_1$ complex. J Am Chem Soc，2012，134：11168-11176.

[17] Wang Z C，Li X Y，Wang W L，et al. Interaction research on the antiviral molecule dufulin targeting on southern rice black streaked dwarf virus p9-1 nonstructural protein. Viruses，2015，7：1454-1473.

[18] Wang J G，Lee P，Dong Y H，et al. Crystal structures of two novel sulfonylurea herbicides in complex with *Arabidopsis thaliana* acetohydroxyacid synthase. FEBS J，2009，276：1282-1290.

[19] Qin X H，Tan Y，Wang L L，et al.，Structural insight into human variegate porphyria disease. FASEB J，2011，25：653-664.

[20] Hao G F，Zuo Y，Yang S G，et al. Computational discovery of potent and bioselective protoporphyrinogen Ⅸ oxidase inhibitor via fragment deconstruction analysis. J Agric Food Chem，2017，65：5581-5588.

[21] Liu T，Zhang H T，Liu F Y，et al. Structural determinants of an insect β-N-acetyl-D-hexosaminidase specialized as a chitinolytic enzyme. J Biol Chem，2011，286：4049-4058.

[22] Lin H Y，Chen X，Chen J N，et al. Crystal structure of 4-hydroxyphenylpyruvate dioxygenase in complex with substrate reveals a new starting point for inhibitor discovery. Research，2019：2602414.

[23] Hao G F，Yang G F，Zhan C G. Computational mutation scanning and drug resistance mechanisms of HIV-1 protease inhibitors. J Phys Chem B，2010，114：9663-9676.

[24] He Y W，Niu C W，Wen X，et al. Biomacromolecular 3D-QSAR to decipher molecular herbicide resistance in acetohydroxyacid synthases. Mol Inf，2013，32：139-144.

[25] 宋宝安，张国平，胡德禹，等. *N*-取代苯并噻唑基-1-取代苯基-*O*, *O*-二烷基-烷基氨基膦酸酯类衍生物及制备方法和用途：中国，10003041.7. [2005-10-26].

[26] Song B A，Yang S，Jin L H，et al. Environment-friendly Anti-plant Viral Agent. Berlin：Springer Press，2010.

[27] 陈卓，杨松. 自主创制抗植物病毒新农药：毒氟磷. 世界农药，2009，31：52-53.

[28] Chen Z，Zeng M J，Song B A，et al. Dufulin activates HrBP1 to produce antiviral responses in tobacco. Plos One，2012，7：e37944.

[29] Li X Y，Liu J，Yang X，et al. Studies of binding interactions between Dufulin and southern rice black-streaked dwarf virus P9-1. Bioorg Med Chem，2015，23：3629-3637.

[30] Li X Y，Zhang W Y，Ding Y，et al. Characterization of the importance of terminal residues for southern rice black-streaked dwarf virus P9-1 viroplasm formations. Prot Expr Purif，2015，111：98-104.

[31] Yu D D，Wang Z C，Liu J J，et al. Screening anti-southern rice black-streaked dwarf virus drugs based on S7-1 gene expression in rice suspension cells. J Agric Food Chem，2013，61：8049-8055.

[32] 俞露. 毒氟磷诱导水稻抗南方水稻黑条矮缩病作用机制研究. 贵阳：贵州大学，2017.

[33] 宋宝安，金林红，郭荣. 南方水稻黑条矮缩病识别与防控技术. 北京：化学工业出版社，2014.

[34] Li X Y，Song B A. Progress in the development and application of plant-based antiviral agents. J Integ Agri，2017，16：2772-2783.

[35] Kagabu S，Matsuno H. Chloronicotinyl Insecticides. 8. Crystal and molecular structures of Imidacloprid and analogous

compounds. J Agric Food Chem，1997，45：276-281.

[36] Tomizawa M，Zhang N，Durkin K A，et al. The neonicotinoid electronegative pharmacophore plays the crucial role in the high affinity and selectivity for the Drosophila nicotinic receptor：an anomaly for the nicotinoid cation-π interaction model. Biochemistry，2003，42：7819-7827.

[37] Shiokawa K，Tsuboi S，Sasaki S，et al. Preparation of nitro-substituted heterocyclic compounds as insecticides. EP296453. [1988-05-06].

[38] Shao X S，Lee P W，Xu X Y，et al. *cis*-Configuration：a new tactic/rationale for neonicotinoid molecular design. J Agric Food Chem，2011，59：2943-2949.

[39] Shao X S，Ye Z J，Bao H B，et al. Advanced research on cis-neonicotinoids. Chimia，2011，65：957-960.

[40] Shao X S，Zhang W W，Peng Y Q，et al. *cis*-Nitromethylene Neonicotinoids as new nicotinic family：synthesis，structural diversity，and insecticidal evaluation of hexahydroimidazo[1, 2-a]pyridine. Bioorg Med Chem Lett，2008，18：6513-6516.

[41] Shao X S，Xu Z P，Zhao X F，et al. Synthesis，crystal structure，and insecticidal activities of highly congested hexahydroimidazo[1, 2-a]pyridine derivatives：effect of conformation on activities. J Agric Food Chem，2010，58：2690-2696.

[42] Ren L P，Lou Y P，Chen N Y，et al. Synthesis and insecticidal activities of tetrahydroimidazo[1, 2-a]pyridinones：further exploration on *cis*-Neonicotinoids. Synthetic Commun，2014，44：858-867.

[43] Tian Z Z，Jiang Z X，Li Z，et al. Syntheses and biological activities of Octahydro-1H-cyclopenta[d]pyrimidine derivatives. J Agric Food Chem，2007，55：143-147.

[44] Chen N Y，Ren L P，Xu Z P，et al. Design，synthesis and insecticidal activity of spiro heterocycle containing neonicotinoid analogs. Chin Chem Lett，2014，25：197-200.

[45] Shao X S，Fu H，Xu X Y，et al. Divalent and oxabridged neonicotinoids constructed by dialdehydes and nitromethylene analogues of imidacloprid：design，synthesis，crystal structure，and insecticidal activities. J Agric Food Chem，2010，58：2696-2702.

[46] Chen N Y，Xia S S，Zou M M，et al. Bridged heterocyclic neonicotinoid analogues：design，synthesis，and insecticidal activity. Res Chem Intermed，2015，41：5293-5300.

[47] Zhang J W，Shao X S，Li Z，et al. Bis-phenylazoneonicotinoids as divalent insecticides：design，synthesis and activity. Lett Drug Des Discov，2014，11：150-155.

[48] Shao X S，Li Z，Qian X H，et al. Design，synthesis and insecticidal activities of novel analogues of neonicotinoids：replacement of nitromethylene with nitro-conjugated system. J Agric Food Chem，2009，57：951-957.

[49] Zhang Y X，Xu X Y，Bao H B，et al. The binding properties of cycloxaprid on insect native nAChRs partially explain the low cross-resistance with imidacloprid in *Nilaparvata lugens*. Pest Manag Sci，2019，75（1）：246-251.

[50] Xu X Y，Bao H B，Shao X S，et al. Pharmacological of *cis*-ntromethylene neonicotinoids：overlapping one binding site of imidacloprid in the brown planthopper，*Nilaparvata lugens*. Insect Molec Biol，2010，19：1-8.

[51] Matringe M，Camadro J M，Labbe P，et al. Protoporphyrinogen oxidase as a molecular target for diphenyl ether herbicides. Biochem J，1989，260：231-235.

[52] Poulson R，Polglase W J. The enzymic conversion of protoporphyrinogen Ⅸ to protoporphyrin Ⅸ. Protoporphyrinogen oxidase activity in mitochondrial extracts of Saccharomyces cerevisiae. J Biol Chem，1975，250：1269-1274.

[53] Watanabe N，Che F S，Iwano M，et al. Dual targeting of spinach protoporphyrinogen oxidase Ⅱ to mitochondria and chloroplasts by alternative use of two in-frame initiation codons. J Biol Chem，2001，276：20474-20481.

[54] Grossmann K，Niggeweg R，Christiansen N，et al. The herbicide *Saflufenacil*［Kixor（TM）］is a new inhibitor of protoporphyrinogen Ⅸ oxidase activity. Weed Sci，2010，58：1-9.

[55] Hao G F，Zuo Y，Yang S G，et al. Protoporphyrinogen oxidase inhibitor：an ideal target for herbicide discovery. Chimia，2011，65：961-969.

[56] Birchfield N B，Latli B，Casida J E. Human protoporphyrinogen oxidase：relation between the herbicide binding site and the flavin cofactor. Biochemistry，1998，37：6905-6910.

[57] Dailey H A，Dailey T A. Characteristics of human protoporphyrinogen oxidase in controls and variegate porphyrias. Cell Mol Biol（Noisy-le-grand），1997，43：67-73.

[58] Zuo Y，Yang S G，Jiang L L，et al. Quantitative structure-activity relationships of 1, 3, 4-thiadiazol-2（3H）-ones and 1, 3, 4-oxadiazol-2（3H）-ones as human protoporphyrinogen oxidase inhibitors. Biorg Med Chem，2012，20：296-304.

[59] Hao G F，Tan Y，Yu N X，et al. Structure-activity relationships of diphenyl-ether as protoporphyrinogen oxidase inhibitors：insights from computational simulations. J Comput Aided Mol Des，2011，25：213-222.

[60] Hao G F，Zhu X L，Ji F Q，et al. Understanding the mechanism of drug resistance due to a codon deletion in protoporphyrinogen oxidase through computational modeling. J Phys Chem B，2009，113：4865-4875.

[61] Hao G F，Tan Y，Yang S G，et al. Computational and experimental insights into the mechanism of substrate recognition and feedback inhibition of protoporphyrinogen oxidase. Plos One，2013，8：9.

[62] Hao G F，Zhan C G，Yang G F. Mechanistic insights into the substrate recognition of PPO：toward the rational design of effective inhibitors. Future Med Chem，2014，6：597-599.

[63] Corrigall A V，Siziba K B，Maneli M H，et al. Purification of and kinetic studies on a cloned protoporphyrinogen oxidase from the aerobic bacterium *Bacillus subtilis*. Arch Biochem Biophys，1998，358：251-256.

[64] Hao G F，Zuo Y，Yang S G，et al. Computational discovery of potent and bioselective protoporphyrinogen Ⅸ oxidase inhibitor via fragment deconstruction analysis. J Agric Food Chem，2017，65：5581-5588.

[65] Wang B F，Wen X，Qin X H，et al. Quantitative structural insight into human variegate porphyria disease. J Biol Chem，2013，288：11731-11740.

[66] Meissner P N，Dailey T A，Hift R J，et al. A R59W mutation in human protoporphyrinogen oxidase results in decreased enzyme activity and is prevalent in South Africans with variegate porphyria. Nat Genet，1996，13：95-97.

[67] Wu C S，Huang J L，Sun Y S，et al. Mode of action of 4-hydroxyphenylpyruvate dioxygenase inhibition by triketone-type inhibitors. J Med Chem，2002，45：2222-2228.

[68] Raspail C，Graindorge M，Moreau Y，et al. 4-Hydroxyphenylpyruvate dioxygenase catalysis：identification of catalytic residues and production of a hydroxylated intermediate shared with a structurally unrelated enzyme. J Biol Chem，2011，286：26061-26070.

[69] Santucci A，Bernardini G，Braconi D，et al. 4-Hydroxyphenylpyruvate dioxygenase and its inhibition in plants and animals：small molecules as herbicides and agents for the treatment of human inherited diseases. J Med Chem，2017，60：4101-4125.

[70] Moran G R. 4-Hydroxyphenylpyruvate dioxygenase. Arch Biochem Biophys，2005，433：117-128.

[71] Gunsior M，Ravel J，Challis G L，et al. Engineering p-hydroxyphenylpyruvate dioxygenase to a p-hydroxymandelate synthase and evidence for the proposed benzene oxide intermediate in homogentisate formation. Biochemistry，2004，43：663-674.

[72] van Almsick A. New HPPD-inhibitors：a proven mode of action as a new hope to solve current weed problems. Outlooks Pest Manage，2009，20：27-30.

[73] Ahrens H，Lange G，Muller T，et al. 4-Hydroxyphenylpyruvate dioxygenase inhibitors in combination with safeners：solutions for modern and sustainable agriculture. Angew Chem Int Ed，2013，52：9388-9398.

[74] Zunec S，Kasuba V，Pavicic I，et al. Assessment of oxidative stress responses and the cytotoxic and genotoxic potential of the herbicide tembotrione in HepG2 cells. Food Chem Toxicol，2016，94：64-74.

[75] Lewis R W，Botham J W. A review of the mode of toxicity and relevance to humans of the triketone herbicide 2-（4-methylsulfonyl-2-nitrobenzoyl）-1, 3-cyclohexanedione. Crit Rev Toxicol，2013，43：185-199.

[76] Shaner D L. Herbicide safety relative to common targets in plants and mammals. Pest Manag Sci，2003，60：17-24.

[77] Serre L，Sailland A，Sy D，et al. Crystal structure of Pseudomonas fluorescens 4-hydroxyphenylpyruvate dioxygenase：an enzyme involved in the tyrosine degradation pathway. Structure，1999，7：977-988.

[78] Brownlee J M，Johnson-Winters K，Harrison D H，et al. Structure of the ferrous form of（4-hydroxyphenyl）pyruvate dioxygenase from *Streptomyces avermitilis* in complex with the therapeutic herbicide，NTBC. Biochemistry，2004，43：6370-6377.

[79] Rosenblum G，Meroueh S O，Kleifeld O，et al. Structural basis for potent slow binding inhibition of human matrix metalloproteinase-2（MMP-2）. J Biol Chem，2003，278：27009-27015.

[80] Fritze I M, Linden L, Freigang J, et al. The crystal structures of Zea mays and Arabidopsis 4-hydroxyphenylpyruvate dioxygenase. Plant Physiol, 2004, 134: 1388-1400.

[81] Lin J F, Sheih Y L, Chang T C, et al. The interactions in the carboxyl terminus of human 4-hydroxyphenylpyruvate dioxygenase are critical to mediate the conformation of the final helix and the tail to shield the active site for catalysis. Plos One, 2013, 8: e69733.

[82] Wojcik A, Broclawik E, Siegbahn P E M, et al. Role of substrate positioning in the catalytic reaction of 4-hydroxyphenylpyruvate dioxygenase-A QM/MM study. J Am Chem Soc, 2014, 136: 14472-14485.

[83] Lin H Y, Yang J F, Wang D W, et al. Molecular insights into the mechanism of 4-hydroxyphenylpyruvate dioxygenase inhibition: enzyme kinetics, X-ray crystallography and computational simulations. The FEBS J, 2019, 286: 975-990.

[84] Wang D W, Lin H Y, Cao R J, et al. Synthesis and herbicidal evaluation of triketone-containing quinazoline-2, 4-diones. J Agric Food Chem, 2014, 62: 11786-11796.

[85] Wang D W, Lin H Y, Cao R J, et al. Synthesis and herbicidal activity of triketone-quinoline hybrids as novel 4-hydroxyphenylpyruvate dioxygenase inhibitors. J Agric Food Chem, 2015, 63: 5587-5596.

[86] Wang D W, Lin H Y, Cao R J, et al. Design, synthesis and herbicidal activity of novel quinazoline-2, 4-diones as 4-hydroxyphenylpyruvate dioxygenase inhibitors. Pest Manag Sci, 2015, 71: 1122-1132.

[87] Bar-Ilan A, Balan V, Tittmann K, et al. Binding and activation of thiamin diphosphate in acetohydroxyacid synthase. Biochemistry, 2001, 40: 11946-11954.

[88] Duggleby R G, Pang S S. Acetohydroxyacid synthase. J Biochem Mol Biol, 2000, 33: 1-36.

[89] The International Survey of Herbicide-Resistant Weeds. http://www.weedscience.org. [2018-07-28].

[90] Yu Q, Powles S B. Resistance to AHAS inhibitor herbicides: current understanding. Pest Manag Sci, 2014, 70: 1340-1350.

[91] Zhang Y, Xu Y, Wang S, et al. Resistance mutations of Pro197, Asp376 and Trp574 in the acetohydroxyacid synthase (AHAS) affect pigments, growths, and competitiveness of *Descurainia sophia* L. Sci Rep, 2017, 7: 1-10.

[92] Ji F Q, Niu C W, Chen C N, et al. Computational design and discovery of conformationally flexible inhibitors of acetohydroxyacid synthase to overcome drug resistance associated with the W586L mutation. ChemMedChem, 2008, 3: 1203-1206.

[93] Liu Y C, Qu R Y, Chen Q, et al. Triazolopyrimidines as a new herbicidal lead for combating weed resistance associated with acetohydroxyacid synthase mutation. J Agric Food Chem, 2016, 64: 4845-4857.

[94] Yang J F, Wang F, Jiang W, et al. PADFrag: a database dedicated to explore bioactive fragment space for drug discovery. J Chem Inf Model, 2018.

[95] Schneider G, Neidhart W, Giller T, et al. "Scaffold-hopping" by topological pharmacophore search: a contribution to virtual screening. Angew Chem Int Ed, 1999, 38: 2894-2896.

[96] Campe R, Hollenbach E, Kämmere L, et al. A new herbicidal site of action: cinmethylin binds to acyl-ACP thioesterase and inhibits plant fatty acid biosynthesis. Pestic Biochem Physiol, 2018, 148: 116-125.

[97] Yan Y, Liu Q K, Zang X, et al. Resistance-gene-directed discovery of a natural product herbicide with a new mode of action. Nature, 2018, 559: 415-418.

[98] Hicks G R, Raikhel N V. Opportunities and challenges in plant chemical biology. Nat Chem Biol, 2009, 5: 268-272.

[99] Walsh T A. The emerging field of chemical genetics: potential applications for pesticide discovery. Pest Manage Sci, 2007, 63: 1165-1171.

[100] Walsh T A. Chemical genetic approaches to uncover new sites of pesticide action, in Pesticide Chemistry: Crop Protection, Public Health, Environmental Safety//Ohkawa H, Miyagawa H, Lee P W. Weinheim, Germany: Wiley-VCH, 2007: 285-294.

[101] Favalli N, Bassi G, Scheuermann J, et al. DNA-encoded chemical libraries-achievements and remaining challenges. FEBS Lett, 2018, 592: 2168-2180.